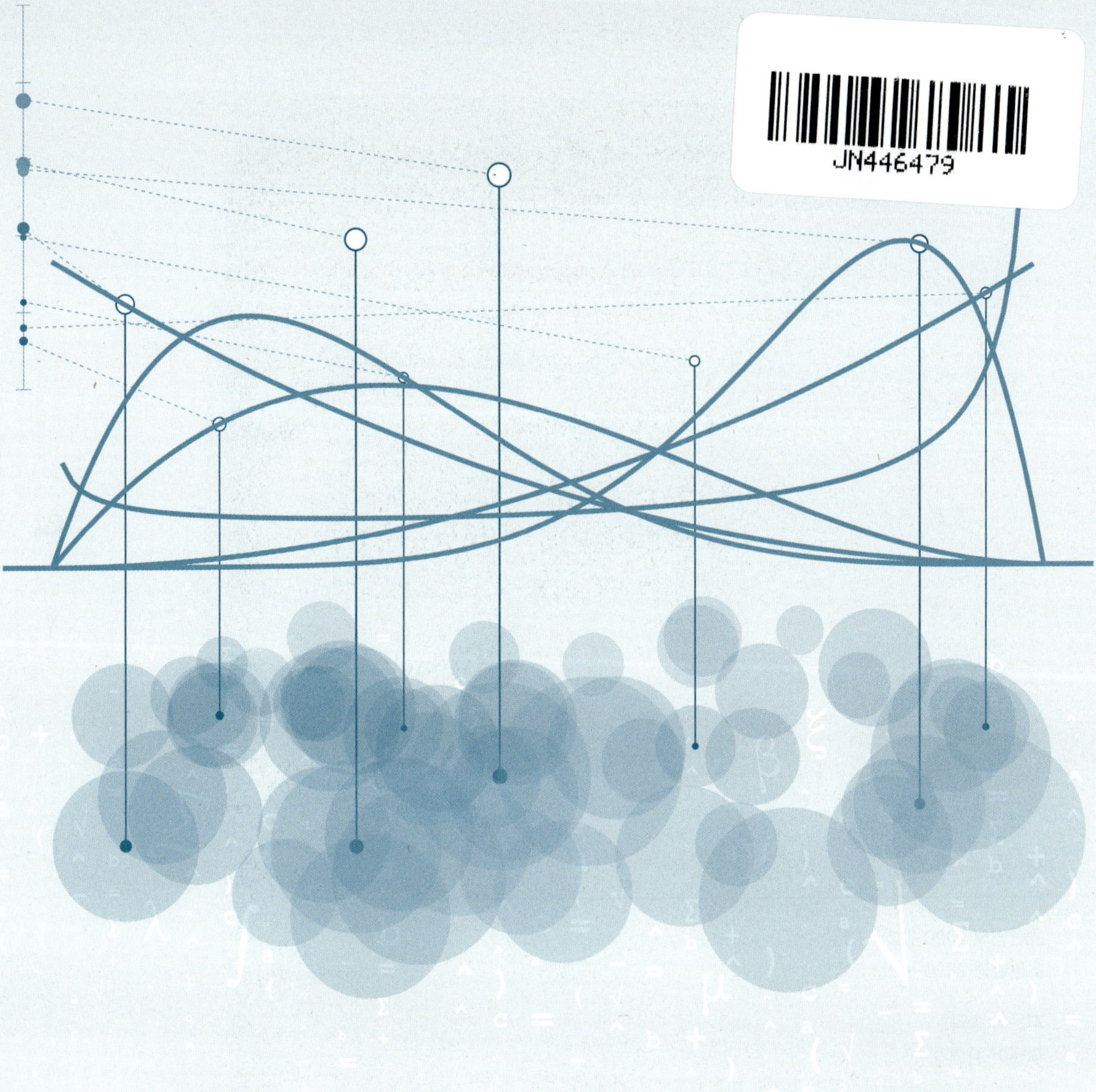

확률변수론

송익호 지음

생능출판

확률변수론

초판인쇄 2020년 2월 13일
초판발행 2020년 2월 20일

지은이 송익호
펴낸이 김승기
펴낸곳 (주) 생능출판사 / **주소** 경기도 파주시 광인사길 143
출판사 등록일 2005년 1월 21일 / **신고번호** 제406-2005-000002호
대표전화 (031) 955-0761 / **전송** (031) 955-0768
누리집 www.booksr.co.kr

책임편집 신성민 / **편집** 권소정, 김민보, 유제훈 / **디자인** 유준범
마케팅 김민수, 김민정, 김범용, 백수정, 심수경, 차종필, 최복락, 최태웅
인쇄 · 제본 천일문화사

ISBN 978-89-7050-383-7 93410
정가 30,000원

- 이 도서의 국립중앙도서관 출판예정도서목록은 (CIP) 서지정보유통지원시스템 누리집과 (http://seoji.nl.go.kr) 국가자료공동목록시스템에서 (http://www.nl.go.kr/kolisnet) 이용하실 수 있습니다.
(CIP제어번호: CIP2020004850)

배움의 아름다움을

알고 또 즐기는 사람들,

우리 식구, 그리고

학문적 식구

모두에게

머리말

학문의 어느 영역에서나 마찬가지이겠지만, 한 영역의 지식을 처음 생각한 수준에 맞추어 알맞게 잘 모으고, 새롭고 독특한 이론과 응용 또 원리와 방법을 내용으로 넣어 정리하는 일은 그리 쉬운 일이 아닌 듯 합니다. 이 책에는 확률과 확률변수라는 영역에서 기본적인 수준과 소양을 갖춘 사람이 한 단계 더 나아가려 할 때 읽을만한 내용을 담으려고 하였습니다. 그와 같은 까닭에, 여러 가지 개념을 명확히 뜻매김하고 수학의 몇몇 영역에서 조금 깊은 수준의 내용도 넣었습니다. 읽는이들이 이런 내용을 밑받침 삼아 확률변수를 더욱 깊이 있게 이해한 다음, 널리 자유롭게 응용하여 쓸 수 있도록 꾸미려고 힘썼습니다.

구체적으로, 1장에는 계단 함수와 충격 함수를 다루어 그 뒤에 군데군데에서, 특히 4장에서, 독특하게 응용할 수 있는 바탕으로 삼았고, 여러 상황에서 필요한 결과를 얻는 데에 쓸 수 있도록 감마 함수와 이항 계수를 복소수 영역에서도 생각하여 다루었습니다. 또한, 2장에서는 시그마 마당을 바탕으로 확률공간을 뜻매김하고, 전체 확률 정리와 베이스의 정리를 명확한 제한 조건과 함께 정리하여 소개하였으며, 3장에서는 확률변수와 그 변환을 소개하며, 확률변수를 다룰 때에 그 중심이라고 볼 수 있는 누적분포함수를 역누적분포함수와 함께 깊이 있게 다루었습니다. 이어서 4장에서는 확률벡터와 그 변환을 생각하였고, 확률벡터를 다룰 때 충격 함수의 독특한 응용 방안을 다루었습니다. 또, 5장에는 정규 확률벡터의 여러 가지 특성을 알기 쉽게 정리하였을 뿐만 아니라, 정규 확률벡터의 비선형 함수의 기댓값과 최근의 연구 결과인 곱 적률의 일반식을 자세히 다루었고, 안정 분포와 같은 몇가지 충격성 잡음을 소개하였습니다. 끝으로 6장에서는 확률변수 열의 수렴과 중심 극한 정리를 간결하게 다루었습니다. 한편, 중요한 내용을 손쉽게 찾아 볼 수 있도록 찾아보기를 매우 상세하게 넣었습니다.

특히, 복소수 영역에서의 감마 함수와 그 쓰임새, 충격 함수의 확률벡터에서의 응용, 정규 확률벡터의 곱적률의 일반식과 같은 내용은 다른 책에서는 쉽게 찾아 볼 수 없다는 점을 읽는이들이 미리 알아 두시면 더욱 좋을 것입니다. 다만, 그렇지 않아도 쉽지 않은 내용이 적지 않게 담겨 있는 까닭에, 순서 통계량, 순위 통계량, 확률과정에 대한 내용은 넣을 수 없었음이 마음에 걸리는 점 가운데 하나입니다.

제가 이 책을 쓰며 바르지 않은 것, 알맞지 아니한 것, 모자란 것이 없도록 꽤 힘썼습니다만, 미처 깨닫거나 생각하지 못한 여러 까닭으로 말미암아 고쳐야 할 것 또는 고치면 더 좋을 것이 읽는이들 눈에 뜨일 때에는 제게 그와 같은 것들을 일깨워 [1] 주시기 바랍니다.

[1]전자 주소 i.song@ieee.org로 보내시기 바랍니다. 또, 혹시라도 연습 문제를 풀어 둔 풀이 모음이 필요하면 이 전

이 책이 나오기까지 제가 받은 도움을 이루 다 헤아릴 수 없겠지만, 무엇보다도 한국연구재단 도약연구 사업의 (과제 번호 2018R1A2A1A05023192) 지원이 크나크게 역할하였다는 것을 밝힙니다. 그 뿐만 아니라, 어려운 출판 환경에서도 흔쾌하게 이 졸저의 출판을 독려해 주시고 이 책이 나오는 데에 여러 모로 신경 써 주신 생능출판사의 김승기 사장님과 직원 여러분께 여기서나마 제 마음 속의 고마움을 나타냅니다.

학문에 뜻을 둔 읽는이들이 시간과 노력을 넉넉히 들여 이 책에 담긴 내용을 하나하나 살펴보며 배우고 조금씩 더 알아 가는 기쁨을 누린다면 저는 더 없이 크게 보람을 느낄 것입니다.

고맙습니다.

단기 사천삼백오십삼년 (서기 2020년) 둘째 달　　　송익호

자 주소로 알려 주시기 바랍니다.

차례

제 1 장

기본 개념

제 1 장 기본 개념

확률변수의 바탕인 확률을 제대로 뜻매김하고 또 깊이 있게 다루는 데에는 집합이라는 개념과 함수라는 개념이 중요한 역할을 한다. 앞으로 확률과 확률변수를 다룰 때에 필요한 집합과 함수에 대한 쓸모 있는 여러 개념들을 이 장에서 생각해본다.

1.1 집합과 연산

1.1.1 집합

뜻매김 1.1.1 전체집합, 추상 공간, 공간[1]

다루려는 것들을 모두 모은 것을 전체집합, 추상 공간, 또는 공간이라고 부른다.

좁은 뜻에서는 수학적으로 명확히 구분할 수 있도록 모은 것만 집합으로 본다. 보기를 들면, '키가 1.5 m보다 큰 사람들의 모임'은 집합이다. 그러나 '키가 큰 사람들의 모임'은 '크다'의 뜻이 수학적으로 분명하지 않으므로 집합이 아니다. 다만, 모호 집합론[2]에서는 회원 함수[3]라는 개념을 써서 분명하지 않은 이와 같은 모임도 집합으로 다룬다.

뜻매김 1.1.2 원소, 구성원, 점[4]

추상 공간을 이루는 가장 작은 단위를 원소, 구성원, 또는 점이라고 부른다.

뜻매김 1.1.3 모임, 집합[5]

추상 공간의 원소를 몇 개 모은 것을 집합이라고 부른다.

추상 공간은 자주 Ω나 S로 쓴다. 추상 공간이나 집합을 나타낼 때에는 중괄호 '{ }'를 쓰는

[1] universal set, abstract space, space
[2] fuzzy set theory
[3] membership function
[4] element, component, point
[5] set

데, $\{1,2,3\}$과 같이 원소를 모두 쓰거나, $\{a_i\}$ 또는 $\{a_i\}_{i=1}^{n}$처럼 쓸 때도 있고, $\{\omega : 10 < \omega < 20\pi\}$처럼 '$\{\omega$: 원소의 성질$\}$'과 같은 꼴로도 쓴다.

보기 1.1.1 이진 디지털 통신에서 신호를 받아 처리한 결과는 추상 공간 $\Omega = \{0,1\}$로 나타낼 수 있고, 한글의 기본 홀소리 열 개 {ㅏ, ㅑ, $\cdots$, ㅣ}와 기본 닿소리 열네 개 {ㄱ, ㄴ, $\cdots$, ㅎ}을 써서 만들 수 있는 받침 없는 한 글자의 모음은 추상 공간 $\Omega =$ {가, 나, $\cdots$, 히}로 쓸 수 있다. 또, 9차원 2진 벡터 512개를 모두 모은 $S = \{(0,0,\cdots,0),(0,0,\cdots,1),\cdots,(1,1,\cdots,1)\}$도 추상 공간이고, 한글의 홀소리와 닿소리로 만들 수 있는 무한 수열을 모두 모은 것 또한 추상 공간이다. ◊

보기 1.1.2 보기 1.1.1에서 다룬 추상 공간 $\Omega = \{0,1\}$에서 0과 1은 원소이다. 한편, 추상 공간 $\Omega =$ {가, 나, $\cdots$, 히}에서 '다'는 원소 가운데에서 하나이고, 7차원 2진 벡터를 모두 모은 추상 공간 $S = \{(0,0,\cdots,0),(0,0,\cdots,0,1),\cdots,(1,1,\cdots,1)\}$에는 원소가 $2^7 = 128$개 들어 있다. ◊

보기 1.1.3 집합 $A = \{1,2,3,4\}$는 $A = \{\omega : \omega$는 5보다 작은 자연수$\}$라고 쓸 수도 있다. ◊

뜻매김 1.1.4 홑원소 집합, 점 집합[6]

추상 공간의 점 하나가 이루는 집합을 홑원소 집합 또는 점 집합이라고 부른다.

보기 1.1.4 추상 공간이 $\Omega = \{0,1,2\}$일 때 $\{0\}$, $\{1\}$, $\{2\}$, $\{0,1\}$, $\{0,2\}$, $\{1,2\}$, $\{0,1,2\}$는 집합이다. 이 가운데에서 $\{0\}$, $\{1\}$, $\{2\}$는 홑원소 집합이다. ◊

추상 공간 Ω와 그 원소의 집합 G를 생각하자. 이때, ω가 G에 들어 있으면

$$\omega \in G \tag{1.1.1}$$

과 같이, ω가 G에 들어 있지 않으면 $\omega \notin G$처럼 쓴다. 또한, $\omega \in G$는 $G \ni \omega$처럼[7] 쓸 때도 있고, $\omega \notin G$는 $G \not\ni \omega$처럼 쓰기도 한다.

보기 1.1.5 집합 $A = \{0,1\}$이면 $0 \in A$이고 $2 \notin A$이다. ◊

뜻매김 1.1.5 같음

집합 A의 원소가 모두 집합 B에 들어 있고 집합 B의 원소가 모두 집합 A에 들어 있으면, "두 집합 A와 B는 같다."라고 말하고 $A = B$로 쓴다.

보기 1.1.6 집합 $A = \{\omega : \omega$는 15보다 크고 99보다 작은 25의 배수$\}$는 $B = \{25,50,75\}$와 같고, 집합 $C = \{1,2,3\}$과 $D = \{3,1,2\}$는 같다. 곧, $A = B$이고 $C = D$이다. ◊

---

[6] point set 또는 singleton set

[7] 조금 더 엄밀하게 말하자면, $\omega \in G$는 "ω가 G에 들어 있다."를 나타내고 $G \ni \omega$는 "G가 ω를 품고 있다."를 뜻하므로, 그 뜻은 같되, 어느 것을 기준으로 보느냐가 조금 다르다.

뜻매김 1.1.6 부분집합[8]

집합 B의 원소가 모두 집합 A에 들어 있으면 B를 A의 부분집합이라고 부르고, $B \subseteq A$ 또는 $A \supseteq B$처럼 쓴다. 한편, B가 A의 부분집합이 아니면 $B \not\subseteq A$ 또는 $A \not\supseteq B$처럼 쓴다.

보기 1.1.7 집합 $A = \{0, 1, 2, 3\}$이고 $B = \{0, 1\}$이며 $C = \{2, 3\}$이면, B와 C는 A의 부분집합이고 $B \subseteq A$와 $A \supseteq C$로 쓸 수 있다. 또, $B \not\supseteq C$이고 $B \not\subseteq C$이며 $\{1, 5\} \not\subseteq A$이고 $B \not\supseteq \{1, 2\}$이며 $\{1, 3\} \subseteq A$이다. ◇

보기 1.1.8 어느 집합도 자신의 부분집합이다. 곧, A가 어떤 집합이더라도 $A \subseteq A$이다. ◇

뜻매김 1.1.7 진부분집합[9]

두 집합 A와 B를 생각할 때, $B \subseteq A$이고 $B \neq A$이면 B를 A의 진부분집합이라고 부르고, $B \subset A$ 또는 $A \supset B$처럼 쓴다.

보기 1.1.9 집합 $A = \{0, 1, 2, 3\}$이고 $B = \{0, 1\}$이면, B는 A의 진부분집합이고 $B \subset A$로 쓸 수 있다. ◇

다만, 부분집합 기호 $\subseteq$ 또는 $\supseteq$를 꼭 써야 하는 때가 아니면, 진부분집합과 부분집합을 굳이 나누지 않고 $\subseteq$과 $\subset$를 – 곧, $\supseteq$과 $\supset$를 – 섞어 쓰기도 한다.

정리 1.1.1 두 집합 A와 B가 같으면 $A \subseteq B$이고 $B \subseteq A$이다. 거꾸로, $A \subseteq B$이고 $B \subseteq A$이면 $A = B$이다. 곧,

$$A = B \quad \rightleftarrows \quad A \subseteq B, \ B \subseteq A \tag{1.1.2}$$

이다. ■■

정리 1.1.1은, 뒤에 나오는 정리 1.1.4를 증명할 때 볼 수 있듯이, 두 집합이 같은지를 보일 때에 쓸모 있다.

뜻매김 1.1.8 빈 집합, 공집합[10]

원소가 하나도 없는 집합을 빈 집합 또는 공집합이라고 부르고 $\emptyset$ 또는 $\{\ \}$로 쓴다.

빈 집합 $\emptyset$과 – 곧, $\{\ \}$과 – 0이라는 원소 하나가 이루는 집합 $\{0\}$은 다른 것이다. 빈 집합의 성질 가운데에서 아래 정리를 새겨서 둘 만하다.

정리 1.1.2 빈 집합은 모든 집합의 부분집합이다. ■■

보기 1.1.10 집합 $A = \{0, 1, 2, 3\}$과 $B = \{1, 5\}$를 생각하면 $\emptyset \subseteq A$이고 $\{\ \} \subseteq B$이다. ◇

---

[8] subset
[9] proper subset
[10] empty set 또는 null set

뜻매김 1.1.9 유한 집합, 무한 집합[11]

원소 수가 유한한 집합을 유한 집합이라고 부르고, 원소가 끝없이 많은 집합을 무한 집합이라고 부른다.

보기 1.1.11 집합 $\{1,2,3\}$은 유한 집합이고, 빈 집합 $\{\ \} = \emptyset$도 유한 집합이다. 한편, $\{\omega :$ ω는 자연수, $0<\omega<10\}$은 유한 집합이고, $\{\omega : \omega$는 실수, $0<\omega<10\}$은 무한 집합이다. ◇

뜻매김 1.1.10

정수의 집합을

$$\mathbb{J} = \{\cdots, -1, 0, 1, \cdots\} \tag{1.1.3}$$

처럼, 실수의 집합을

$$\mathbb{R} = \{x : x\text{는 실수}\} \tag{1.1.4}$$

처럼 쓰자.

보기 1.1.12 집합 $\mathbb{J}$와 $\mathbb{R}$은 무한 집합이다. ◇

뜻매김 1.1.11 구간, 구간 집합[12]

실수의 집합 $\mathbb{R}$의 서로 다른 두 원소 a와 b를 생각할 때, a와 b 사이의 모든 실수를 모은 무한 집합을 구간 또는 구간 집합이라고 부른다.

구간 집합은 닫힌 구간, 열린 구간, 반 열린 – 또는 반 닫힌 – 구간[13]으로 나눌 수 있다. 먼저, $a<b$라고 두자. 그러면 무한 집합 $\{\omega : \omega \in \mathbb{R},\ a \le \omega \le b\}$는 $[a,b]$처럼 쓰고 닫힌 구간이라고 부르며, 무한 집합 $\{\omega : \omega \in \mathbb{R},\ a < \omega < b\}$는 (a,b)처럼 쓰고 열린 구간이라고 부른다. 또, 무한 집합 $\{\omega : \omega \in \mathbb{R},\ a \le \omega < b\}$는 $[a,b)$처럼 쓰고, 무한 집합 $\{\omega : \omega \in \mathbb{R},\ a < \omega \le b\}$는 $(a,b]$처럼 쓰며, 이 둘을 반 열린 구간 또는 반 닫힌 구간이라고 부른다.

보기 1.1.13 집합 $[3,4] = \{\omega : \omega \in \mathbb{R},\ 3 \le \omega \le 4\}$는 닫힌 구간이다. 집합 $(2,5) = \{\omega : \omega \in \mathbb{R},\ 2 < \omega < 5\}$는 열린 구간이다. 집합 $(4,5] = \{\omega : \omega \in \mathbb{R},\ 4 < \omega \le 5\}$와 $[1,5) = \{\omega : \omega \in \mathbb{R},\ 1 \le \omega < 5\}$는 둘 다 반 닫힌 구간이고 또 반 열린 구간이다. ◇

뜻매김 1.1.12 집합 묶음, 집합 뭉치[14]

모든 원소가 집합인 집합을 집합의 집합, 집합 묶음, 또는 집합 뭉치라고 부른다.

집합 묶음은 묶음으로, 집합 뭉치는 뭉치로 줄여서 부르기도 한다. 또한, 점 하나가 이루는 집합을 홑원소 집합이라고 부르는 것과 비슷하게, 집합 하나가 이루는 묶음을 홑집합 묶음이라

[11] finite set, infinite set
[12] interval, interval set
[13] closed interval, open interval, half closed interval, half open interval
[14] set of sets, family of sets, 또는 class of sets

고 부른다. 다만, 쉽게 그 까닭을 알 수 있듯이, 집합이 묶음을 가리킬 때도 있는 것처럼 홑원소 집합이 홑집합 묶음을 가리킬 때도 있다.

보기 1.1.14 집합 $A = \{1,2\}$, $B = \{2,3\}$, $C = \{4,5\}$, $D = \{\ \}$를 생각하자. 그러면 $E = \{\{1,2\},\{4,5\},\{\ \}\}$는 집합 묶음이다. 또, 집합 $(1,2]$와 $[3,4)$를 생각하면 $E = \{(1,2],[3,4)\}$는 집합 묶음이다. ◇

보기 1.1.15 집합 $A = \{1,2\}$, $B = \{2,3\}$, $C = \{4,5\}$, $E = \{\{1,2\},\{4,5\},1,2,3\}$를 생각하자. 이때, $A \subseteq E$이고 $A \in E$이며, $B \subseteq E$이고 $B \notin E$이며, $C \not\subseteq E$이고 $C \in E$이다. 여기에서, E는 집합이기는 하지만 집합 묶음은 아니다. ◇

보기 1.1.16 집합 묶음 $A = \{\{3\}\}$과 $B = \{\{1,2\}\}$는 홑집합 묶음이고, $C = \{\{1,2\},\{3\}\}$은 홑집합 묶음이 아니다. ◇

뜻매김 1.1.13 거듭제곱 집합[15]

집합 Ω의 부분집합을 모두 모은 집합 묶음을 Ω의 거듭제곱 집합이라고 부르고, 자주 2^Ω로 쓴다.

보기 1.1.17 집합 $\Omega = \{3\}$의 거듭제곱 집합은 $2^\Omega = \{\emptyset,\{3\}\}$이다. 또, 집합 $\Omega = \{4,5\}$의 거듭제곱 집합은 $2^\Omega = \{\emptyset,\{4\},\{5\},\{4,5\}\}$이다. ◇

1.1.2 집합 연산

뜻매김 1.1.14 보집합, 여집합[16]

추상 공간 Ω와 그 부분집합 A를 생각할 때, Ω의 원소 가운데에서 A의 원소가 아닌 것들의 모음을 A의 보집합 또는 여집합이라고 부르고, A^c 또는 $\overline{A}$처럼 나타낸다.

곧, 추상 공간 Ω와 $A \subseteq \Omega$를 생각할 때 A의 여집합 $A^c = \overline{A}$는

$$A^c = \{\omega : \omega \notin A, \omega \in \Omega\} \tag{1.1.5}$$

이다. 그림 1.1.1에 집합과 그 여집합을 벤 그림[17]으로 보였다.

보기 1.1.18 추상 공간 Ω의 여집합은 $\Omega^c = \emptyset$이다. 어떤 집합 B를 생각하더라도 늘 $(B^c)^c = B$이다. ◇

보기 1.1.19 추상 공간이 $\Omega = \{0,1,2,3\}$이고 $B = \{0,1\}$이면 $B^c = \{2,3\}$이다. 또, 구간 $A = (-\infty,1]$의 여집합은 $A^c = (1,\infty)$이다[18]. ◇

[15]power set
[16]complement
[17]Venn diagram
[18]구간은 실수의 집합을 바탕으로 뜻매김하기 때문에, 구간의 여집합을 말할 때 굳이 추상 공간이 무엇인지를 밝히지 않아도 문제가 없다.

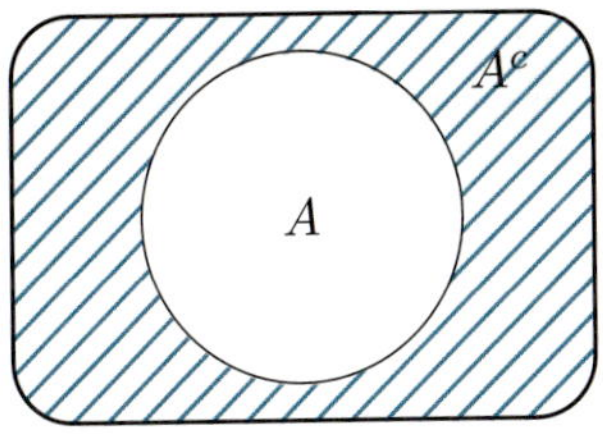

그림 1.1.1 집합 A와 그 여집합 A^c

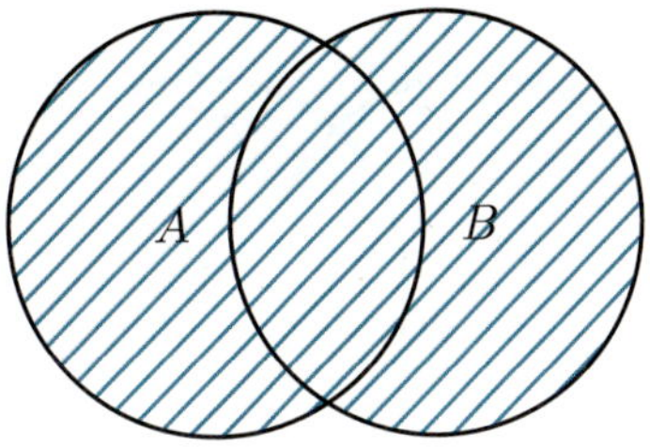

그림 1.1.2 집합 A와 B의 합집합 $A \cup B$

뜻매김 1.1.15 합, 합집합[19]

두 집합을 생각할 때, 어느 한 집합에라도 들어 있는 원소를 모두 모은 집합을 그 두 집합의 합 또는 합집합이라고 부르고, $\cup$ 또는 $+$로 나타낸다.

곧, 두 집합 A와 B의 합집합 $A \cup B = A + B$는

$$A \cup B \;=\; \{\omega : \omega \in A \text{ 또는 } \omega \in B\} \tag{1.1.6}$$

이다. 그림 1.1.2에 집합 A와 B의 합집합을 벤 그림으로 보였다. 한편 여러 집합의 합집합은

$$\bigcup_{i=1}^{n} A_i \;=\; A_1 \cup A_2 \cup \cdots \cup A_n \tag{1.1.7}$$

처럼 쓴다.

보기 1.1.20 집합 $A = \{1, 2, 3\}$이고 $B = \{0, 1\}$이면 $A \cup B = \{0, 1, 2, 3\}$이다. ◇

보기 1.1.21 어떤 집합 A와 B를 생각하더라도 $B \cup B = B$이고, $B \cup B^c = \Omega$이며, $B \cup \Omega = \Omega$이고, $B \cup \emptyset = B$이고, $A \subset (A \cup B)$이며, $B \subset (A \cup B)$이다. ◇

보기 1.1.22 두 집합 A와 B를 생각할 때 $A \subset B$이면 $A \cup B = B$이고 $A \cap B = A$이다. 또, 세 집합 A, B, C를 생각할 때 $A \subset C$이고 $B \subset C$이면 $(A \cup B) \subset C$이다. 한편, 네 집합 A, B, C, D를 생각할 때, $A \subset C$이고 $B \subset D$이면 $(A \cup B) \subset (C \cup D)$이다. ◇

뜻매김 1.1.16 곱, 곱집합, 교집합, 공통 집합[20]

두 집합을 생각할 때 두 집합 모두에 들어 있는 원소를 다 모은 집합을 그 두 집합의 곱, 곱집합, 교집합, 또는 공통 집합이라고 부르고, $\cap$ 또는 곱의 꼴로 나타낸다.

곧, 두 집합 A와 B의 곱집합 $A \cap B = AB$는

$$A \cap B \;=\; \{\omega : \omega \in A,\ \omega \in B\} \tag{1.1.8}$$

이다 그림 1.1.3에 집합 A와 B의 곱집합을 벤 그림으로 보였다. 한편 여러 집합의 곱집합은

[19] sum 또는 union

[20] product, intersection, 또는 common set

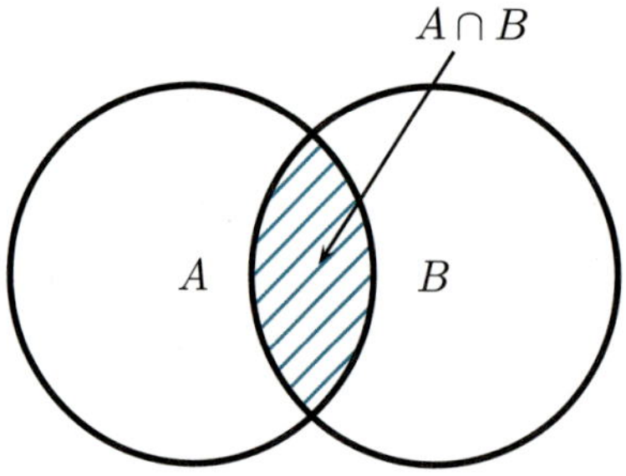

그림 1.1.3 집합 A와 B의 곱집합 $A \cap B$

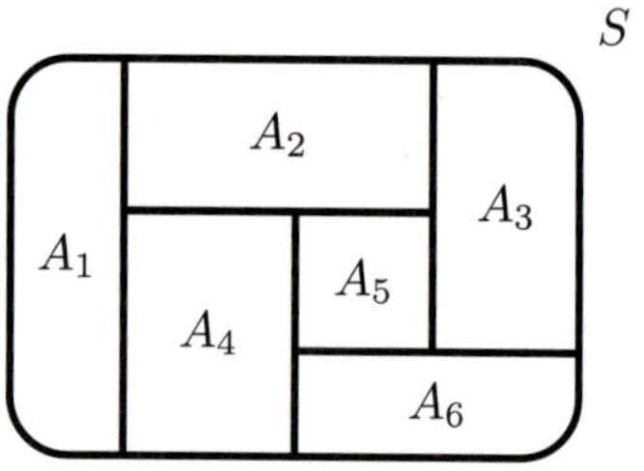

그림 1.1.4 집합 S의 쪼갬 $\{A_1, A_2, \cdots, A_6\}$

$$\bigcap_{i=1}^{n} A_i = A_1 \cap A_2 \cap \cdots \cap A_n \tag{1.1.9}$$

처럼 쓴다.

보기 1.1.23 집합 $A = \{1, 2, 3\}$이고 $B = \{0, 1\}$이면 $A \cap B = AB = \{1\}$이다. 구간 $[1, 3)$과 $(2, 5]$의 곱집합은 $[1, 3) \cap (2, 5] = (2, 3)$이다. ◇

보기 1.1.24 어떤 집합 A와 B를 생각하더라도 $B \cap B = B$이고 $B \cap B^c = \emptyset$이며 $B \cap \Omega = B$이고 $B \cap \emptyset = \emptyset$이며 $(A \cap B) \subset A$이고 $(A \cap B) \subset B$이다. ◇

보기 1.1.25 세 집합 A, B, C를 생각할 때 $B \subset C$이면 $(A \cap B) \subset (A \cap C)$이다. ◇

보기 1.1.26 함수 $f_1(x) = \frac{1}{x}$과 $f_2(x) = 2 \ln x$을 생각하자. 이제, $A = \left\{f_1(x) : x \geq \frac{1}{4}\right\}$이고 $B = \{f_2(x) : x \leq \sqrt{e}\}$일 때 $A \cup B$와 $A \cap B$를 얻어보시오.

풀이 먼저, $A = (0, 4]$이고 $B = (-\infty, 1]$이라는 것을 쉽게 알 수 있다. 따라서, $A \cap B = (0, 1]$이고 $A \cup B = (-\infty, 4]$이다. ◇

뜻매김 1.1.17 서로 소, 서로 배반[21]

두 집합의 곱이 빈 집합이면 – 곧, 두 집합 A와 B가 $A \cap B = AB = \emptyset$을 만족시키면 – 이 두 집합을 서로 소 또는 서로 배반이라고 부른다.

보기 1.1.27 집합 $C = \{1, 2, 3\}$과 $D = \{4, 5\}$는 서로 배반이다. 한편, 집합 $A = \{1, 2, 3, 4\}$와 $B = \{4, 5, 6\}$을 생각하면, $A \cap B = \{4\}$이므로 A와 B는 서로 배반이 아니다. 구간 $[1, 3)$과 $[3, 5]$는 서로 배반이고, $[3, 4]$와 $[4, 5]$는 서로 배반이 아니다. ◇

뜻매김 1.1.18 쪼갬, 분할[22]

어떤 집합이 있을 때, 서로 배반이고 합이 그 집합인 부분집합들의 묶음을 그 집합의 쪼갬 또는 분할이라고 부른다.

[21] mutually exclusive 또는 disjoint

곧,

$$\bigcup_{i=1}^{n} A_i = S \tag{1.1.10}$$

이고, $i \neq j$일 때

$$A_i \cap A_j = \emptyset \tag{1.1.11}$$

인 묶음 $\{A_i\}$를 집합 S의 조갬이라고 부른다. 그림 1.1.4에 집합 S의 조갬 가운데에서 하나인 $\{A_1, A_2, \cdots, A_6\}$을 보였다. 한편, 집합 S만으로 이루어진 묶음은 집합 S의 분할로 생각하지 않는다.

보기 1.1.28 집합 $A = \{1,2\}$와 집합 $B = \{1,2,3,4\}$를 생각하자. 그러면 $\{\{1\},\{2\}\}$는 A의 조갬이다. 한편, 묶음 $\{\{1\},\{2\},\{3\},\{4\}\}$도 B의 분할이고, 묶음 $\{\{1\},\{2\},\{3,4\}\}$도 B의 조갬이며, 묶음 $\{\{1\},\{2,3\},\{4\}\}$도 B의 분할이고, 묶음 $\{\{1,2\},\{3\},\{4\}\}$도 B의 조갬이며, 묶음 $\{\{1,2\}, \{3,4\}\}$도 B의 분할이다. ◇

보기 1.1.29 집합 묶음 $\{A, \emptyset\}$은 집합 A의 분할이고, $\{[3,3.3),[3.3,3.4],(3.4,3.6],(3.6,4)\}$는 구간 $[3,4)$의 조갬이다. ◇

보기 1.1.30 집합 $A = \{1,2,3\}$의 분할 가운데에서 빈 집합이 원소가 아닌 것을 모두 얻어보시오.

풀이 먼저, 집합 A에 원소가 셋 있으므로, 집합 A의 조갬 가운데에서 빈 집합이 원소가 아닌 분할은 원소가 하나인 집합과 원소가 둘인 집합으로 이루어지거나, 원소가 하나인 집합 셋으로 이루어질 것이다. 따라서, 묶음 $\{\{1\},\{2,3\}\}$, 묶음 $\{\{2\},\{1,3\}\}$, 묶음 $\{\{3\},\{1,2\}\}$, 묶음 $\{\{1\},\{2\},\{3\}\}$이 바라는 조갬들이다. ◇

뜻매김 1.1.19 차, 차집합[23]

두 집합을 생각할 때, 한 집합의 원소 가운데에서 다른 집합에도 들어 있는 것들을 뺀 나머지의 모음을 두 집합의 차 또는 차집합이라고 부르고, $-$ 또는 $\setminus$로 나타낸다.

곧, 두 집합 A와 B의 차집합 $A - B = A \setminus B$는

$$A - B = \{\omega : \omega \in A, \ \omega \notin B\} \tag{1.1.12}$$

와 $B - A = B \setminus A = \{\omega : \omega \in B, \ \omega \notin A\}$이다. 그림 1.1.5에 차집합 $A - B$를 벤 그림으로 보였다. 여기에서, $A \cap B^c = (A^c \cup B)^c = A - AB$이므로

[22]partition. 유한 집합 A에 원소가 n개 있을 때, A나 빈 집합이 들어 있는 조갬을 빼면, A의 두 조각짜리 조갬의 수는 ${}_{n-1}\mathrm{C}_1 + {}_{n-1}\mathrm{C}_2 + \cdots + {}_{n-1}\mathrm{C}_{n-1} = 2^{n-1} - 1$이다. 여기에서, ${}_n\mathrm{C}_r = \frac{n!}{(n-r)!r!}$는 1.4.3.1절에서 자세히 다루는 이항 계수이다 binomial coefficient. 한편, 조갬의 수를 모두 얻으려면 원소 n개를 두 뭉치로 나누는 방법의 가짓수, 원소 n개를 세 뭉치로 나누는 방법의 가짓수, $\cdots$, 원소 n개를 $n-1$ 뭉치로 나누는 방법의 가짓수를 모두 얻어 더해야 한다. 집합의 조갬은 수의 조갬과 매우 비슷한데, 부록 1.2에서 수의 조갬을 간단히 다루어 보았다.

[23]difference.

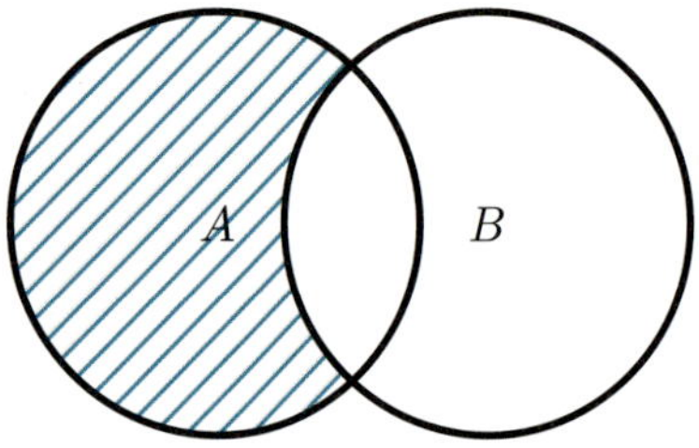

그림 1.1.5 차집합 $A - B$

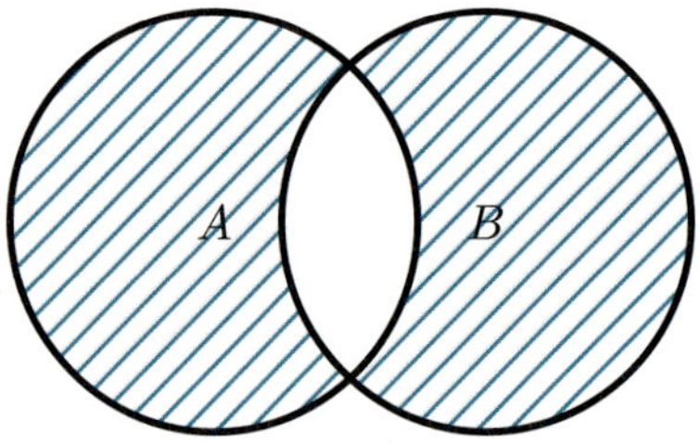

그림 1.1.6 집합 A와 B의 대칭 차 $A \triangle B$

$$\begin{aligned} A - B &= A \cap B^c \\ &= A - AB \end{aligned} \tag{1.1.13}$$

임을 새겨서 둘 만하다.

보기 1.1.31 집합 $A = \{1,2,3\}$이고 $B = \{0,1\}$이면 $A - B = \{2,3\}$이고 $B - A = \{0\}$이다. 구간 $[1,3)$과 $(2,5]$의 차를 생각하면 $[1,3) - (2,5] = [1,2]$이고 $(2,5] - [1,3) = [3,5]$이다. ◇

보기 1.1.32 어떤 집합 A를 생각하더라도 $\Omega - A = A^c$, $A - \Omega = \emptyset$, $A - A = \emptyset$, $A - \emptyset = A$, $A - A^c = A$, $(A + A) - A = \emptyset$, $A + (A - A) = A$이다. ◇

뜻매김 1.1.20 대칭 차[24]

두 집합의 모든 원소 가운데에서 한 집합에만 들어 있는 원소들을 모은 것을 그 두 집합의 대칭 차 또는 대칭 차집합이라고 부르고 $\triangle$를 써서 나타낸다.

두 집합 A와 B의 대칭 차를 식으로 나타내면

$$\begin{aligned} A \triangle B &= (A - B) \cup (B - A) \\ &= (A \cap B^c) \cup (A^c \cap B) \\ &= A \cup B - A \cap B \end{aligned} \tag{1.1.14}$$

이다. 그림 1.1.6에 집합 A와 B의 대칭 차 $A \triangle B$을 벤 그림으로 보였다.

보기 1.1.33 집합 $A = \{1,2,3,4\}$와 $B = \{4,5,6\}$을 생각하자. 그러면 $A \triangle B = \{1,2,3\} \cup \{5,6\} = \{1,2,3,4,5,6\} - \{4\} = \{1,2,3,5,6\}$이다. 구간 $[1,3)$과 $(2,5]$의 대칭차는 $[1,3) \triangle (2,5] = ([1,3) - (2,5]) \cup ((2,5] - [1,3)) = [1,2] \cup [3,5]$이다. ◇

보기 1.1.34 어떤 집합 A를 생각하더라도 $A \triangle A = \emptyset$, $A \triangle \emptyset = \emptyset \triangle A = A$, $A \triangle \Omega = \Omega \triangle A = A^c$, $A \triangle A^c = A^c \triangle A = \Omega$이다. ◇

[24]symmetric difference

보기 1.1.35 차집합과 대칭 차집합의 뜻매김에서 $A - B \neq B - A$이고 $A\triangle B = B\triangle A$라는 것을 쉽게 알 수 있다. 또한, $B \subset A$이면 $A\triangle B = A - B$라는 것을 새겨서 둘 만하다. ◇

보기 1.1.36 집합 $A_1\Delta A_2\Delta\cdots\Delta A_n$의 원소는 어느 것이나 $\{A_i\}_{i=1}^{n}$ 가운데에서 홀수 개에만 들어 있다는 것을 보이시오.

풀이 수학적 귀납법을 쓰자. 먼저, $n = 1$일 때에는 자명하다. 또, 집합 $A_1\Delta A_2$의 원소는 A_1 또는 A_2 가운데에서 하나에만 들어 있다는 것을 바로 알 수 있다. 다음에, 집합 $C = A_1\Delta A_2 \Delta\cdots\Delta A_n$의 원소가 어느 것이나 $\{A_i\}_{i=1}^{n}$ 가운데에서 홀수 개에만 들어 있다고 두고, 집합 $B = A_1\Delta A_2\Delta\cdots\ \Delta A_n\Delta A_{n+1} = C\Delta A_{n+1}$을 생각하자. 그러면 B의 어떤 원소도 A_{n+1}에 들어 있고 C에는 들어 있지 않거나, C에 들어 있고 A_{n+1}에는 들어 있지 않다. 곧, B에 들어 있는 원소는 어느 것이나 A_{n+1} 하나에만 들어 있거나, A_{n+1}에는 들어 있지 않고 $\{A_i\}_{i=1}^{n}$ 가운데에서 홀수 개에만 들어 있다. 바꾸어 말하면, B에 들어 있는 원소는 어느 것이나 $\{A_i\}_{i=1}^{n+1}$ 가운데에서 홀수 개에만 들어 있다. ◇

수의 연산 가운데에서 하나인 곱하기와 비슷한 것은 집합의 연산 가운데에서 곱집합이다. 그런데, 수의 연산 가운데에서 더하기와 비슷한 것은 합집합이 아니라, 오히려, 대칭 차이다. 보기를 들면, 수의 연산인 더하기에는 빼기라는 역 연산이 있는데, 합집합의 역 연산은 없으나 대칭 차에는 대칭 차라는 역 연산이 있다. 조금 더 구체적으로는 집합 A와 B가 어떤 집합이더라도 $A\triangle C = B$인 집합 C는 오직 하나 있으며 $C = A\triangle B$이다. 이것은 $A\triangle(A\triangle B) = B$라는 것을 $A\triangle C = B$와 견주어 보면 바로 알 수 있다.

1.1.3 집합 연산의 법칙

정리 1.1.3 교환 법칙, 결합 법칙, 분배 법칙 합집합과 곱집합은

1. 교환 법칙[25]

$$A \cup B = B \cup A, \quad (1.1.15)$$

$$A \cap B = B \cap A \quad (1.1.16)$$

2. 결합 법칙[26]

$$(A \cup B) \cup C = A \cup (B \cup C), \quad (1.1.17)$$

$$(A \cap B) \cap C = A \cap (B \cap C) \quad (1.1.18)$$

3. 분배 법칙 (배분 법칙)[27]

$$(A \cup B) \cap C = (A \cap C) \cup (B \cap C), \quad (1.1.19)$$

$$(A \cap B) \cup C = (A \cup C) \cap (B \cup C) \quad (1.1.20)$$

[25] commutative law
[26] associative law
[27] distributive law

을 따른다. ■■

보기 1.1.37 집합 $A = \{0,1,2,6\}$, $B = \{0,2,3,4\}$, $C = \{0,1,3,5\}$를 생각하자. 먼저, 교환 법칙과 결합 법칙이 성립한다는 것은 쉽게 알 수 있다. 이제, $(A \cup B) \cap C = \{0,1,2,3,4,6\} \cap \{0,1,3,5\} = \{0,1,3\}$이고 $(A \cap C) \cup (B \cap C) = \{0,1\} \cup \{0,3\} = \{0,1,3\}$이므로 (1.1.19)가 성립한다는 것을 볼 수 있다. 다음에, $(A \cap B) \cup C = \{0,2\} \cup \{0,1,3,5\} = \{0,1,2,3,5\}$이고 $(A \cup C) \cap (B \cup C) = \{0,1,2,3,5,6\} \cap \{0,1,2,3,4,5\} = \{0,1,2,3,5\}$이므로 (1.1.20)이 성립한다는 것을 볼 수 있다. ◇

한편, (1.1.19)와 (1.1.20)을 확장하면

$$B \cap \left(\bigcup_{i=1}^{n} A_i \right) = \bigcup_{i=1}^{n} (B \cap A_i) \tag{1.1.21}$$

과

$$B \cup \left(\bigcap_{i=1}^{n} A_i \right) = \bigcap_{i=1}^{n} (B \cup A_i) \tag{1.1.22}$$

를 얻는다.

정리 1.1.4 드 모르간의 법칙[28] 전체집합 S의 부분집합 A_1, A_2, $\cdots$, A_n을 생각하자. 그러면 A_i들의 합집합의 여집합은 A_i의 여집합 A_i^c들의 곱집합과 같고, A_i들의 곱집합의 여집합은 A_i의 여집합 A_i^c들의 합집합과 같다. 바꾸어 말하면 $\left(\bigcup_{i=1}^{n} A_i \right)^c = S - \left(\bigcup_{i=1}^{n} A_i \right) = \bigcap_{i=1}^{n} (S - A_i)$, 곧

$$\left(\bigcup_{i=1}^{n} A_i \right)^c = \bigcap_{i=1}^{n} A_i^c \tag{1.1.23}$$

이고

$$\left(\bigcap_{i=1}^{n} A_i \right)^c = \bigcup_{i=1}^{n} A_i^c \tag{1.1.24}$$

이다. ■■

증명 앞에서 다룬 정리 1.1.1을 – 곧, (1.1.2)를 – 바탕으로 이 정리를 보이자.
(가) (1.1.23)의 증명: 먼저, x가 $\left(\bigcup_{i=1}^{n} A_i \right)^c$의 원소라고 두자. 그러면 x는 $\bigcup_{i=1}^{n} A_i$의 원소가 아니므로 어느 A_i의 원소도 아니다. 곧, x는 모든 A_i^c의 원소이며, 이것은 x가 $\bigcap_{i=1}^{n} A_i^c$의 원소라는 것을 뜻한다. 그러므로,

$$\left(\bigcup_{i=1}^{n} A_i \right)^c \subset \bigcap_{i=1}^{n} A_i^c \tag{1.1.25}$$

이다. 다음에, x가 $\bigcap_{i=1}^{n} A_i^c$의 원소라고 두자. 그러면 x는 모든 A_i^c의 원소이므로 어느 A_i의 원소도 아니다. 곧, x는 $\bigcup_{i=1}^{n} A_i$의 원소가 아니므로 $\left(\bigcup_{i=1}^{n} A_i \right)^c$의 원소이다. 곧,

[28]de Morgan's law

$$\bigcap_{i=1}^{n} A_i^c \;\subset\; \left(\bigcup_{i=1}^{n} A_i\right)^c \tag{1.1.26}$$

이다. 식 (1.1.2), (1.1.25), (1.1.26)에서 바라는 결과를 얻는다.
(나) (1.1.24)의 증명: 먼저, (1.1.23)에서 A_i를 A_i^c로 바꾸어 넣고 (1.1.25)를 쓰면 $\left(\bigcup_{i=1}^{n} A_i^c\right)^c = \bigcap_{i=1}^{n} (A_i^c)^c = \bigcap_{i=1}^{n} A_i$이다. 이 식에서 두 변의 보집합을 생각하면 바라는 결과를 얻는다. □

보기 1.1.38 집합 $S = \{1,2,3,4\}$와 그 부분집합 $A_1 = \{1\}$, $A_2 = \{2,3\}$, $A_3 = \{1,3,4\}$를 생각하자. 그러면 $(A_1 + A_2)^c = \{1,2,3\}^c = \{4\}$이고, 이것은 $A_1^c A_2^c = \{2,3,4\} \cap \{1,4\} = \{4\}$와 같다. 마찬가지로, $(A_1 A_2)^c = \emptyset^c = S$인데, 이것은 $A_1^c + A_2^c = \{2,3,4\} \cup \{1,4\} = S$와 같다. 또, $(A_2 + A_3)^c = S^c = \emptyset$인데, 이것은 $A_2^c A_3^c = \{1,4\} \cap \{2\} = \emptyset$과 같다. 끝으로, $(A_1 A_3)^c = \{1\}^c = \{2,3,4\}$인데, 이것은 $A_1^c + A_3^c = \{2,3,4\} \cup \{2\} = \{2,3,4\}$와 같다. ◇

보기 1.1.39 세 집합 A, B, C에서, $A \subseteq B$이고 $C = B - A$이면 $A = B - C$라는 것을 보이시오.
풀이 먼저, $A = B$이면 $C = B - A = \emptyset$이므로 $B - C = B - \emptyset = A$이다. 다음에, $A \subset B$이면 (1.1.13)에서 $C = B \cap A^c$이고, (1.1.24)에서 $C^c = (B \cap A^c)^c = B^c \cup A$이다. 그러므로, (1.1.19)를 쓰면 $B \cap C^c = B \cap (B^c \cup A) = (B \cap B^c) \cup (B \cap A) = \emptyset \cup A = A$이다. 따라서, 다시 (1.1.13)을 쓰면 $B - C = B \cap C^c = A$이다. ◇

1.1.4 셀 수 없는 집합

자연수의 집합을 – 곧, 자연수를 모두 모은 집합을 –

$$\mathbb{J}_+ \;=\; \{1, 2, \cdots\} \tag{1.1.27}$$

로 쓰자.

뜻매김 1.1.21 일대일 대응[29]

두 집합을 생각할 때, 한 집합의 원소마다 다른 집합의 원소를 겹치지 않고 빠짐없이 하나씩만 이어 주는 관계를 일대일 대응이라고 부른다.

일대일 대응은 뜻매김 1.2.8에서 다시 다룬다. 이제, 자연수의 집합과 일대일 대응이라는 개념을 바탕으로 셀 수 있는 집합이 무엇인지 뜻매김하자.

뜻매김 1.1.22 셀 수 있는 집합[30]

어떤 집합과 $\mathbb{J}_+$의 부분집합을 일대일 대응으로 이을 수 있으면, 그 집합을 셀 수 있다고 한다.

셀 수 있는 집합의 원소들은 $a_1, a_2, \cdots, a_n, \cdots$처럼 번호를 붙여 쓸 수 있다. 유한 집합은 어느 것이나 셀 수 있다는 것을 뜻매김 1.1.22에서 쉽게 알 수 있다.

[29] one-to-one correspondence
[30] countable set, denumerable set, 또는 enumerable set

보기 1.1.40 집합 $\{1,2,3\}$도 셀 수 있고 집합 $\{1,10,100,1000\}$은 셀 수 있다. 그 까닭은 $\mathbb{J}_+$의 부분집합인 $\{1,2,3\}$과 $\{1,2,3,4\}$가 각각 이 두 집합과 일대일 대응하기 때문이다. $\diamondsuit$

보기 1.1.41 정수의 집합 $\mathbb{J}$는 셀 수 있다. 그 까닭은

$$\begin{array}{cccccccccc} 0 & -1 & 1 & -2 & 2 & \cdots & -n & n & \cdots \\ \updownarrow & \updownarrow & \updownarrow & \updownarrow & \updownarrow & \cdots & \updownarrow & \updownarrow & \cdots \\ 1 & 2 & 3 & 4 & 5 & \cdots & 2n & 2n+1 & \cdots \end{array} \tag{1.1.28}$$

처럼 생각하면, $\mathbb{J}_+$와 $\mathbb{J}$를 일대일 대응으로 이을 수 있기 때문이다. 이와 비슷하게 $n \leftrightarrow 2n$처럼 이어 주면 집합 $\{0$보다 큰 짝수$\}$가 셀 수 있는 집합이고, $n \leftrightarrow 2^n$처럼 이어 주면 집합 $\{2,4,\cdots,2^n,\cdots\}$도 셀 수 있는 집합이라는 것을 알 수 있다. $\diamondsuit$

정리 1.1.5 유리수의 집합

$$\mathbb{Q} = \{q : q\text{는 유리수}\} \tag{1.1.29}$$

는 셀 수 있다. ■■

증명

(방법 1) 정수 y와 0이 아닌 정수 x를 생각할 때, 2차원 평면에서 좌표가 (x,y)인 점이 유리수 $\frac{y}{x}$를 나타낸다고 두자. 그러면 $(1,0) \to (1,1) \to (-1,1) \to (-1,-1) \to (2,-1) \to (2,2) \to \cdots$과 같이 정수 좌표를 나사꼴로 읽어가되 거듭 나오는 유리수를 빼면, 유리수 집합과 자연수 집합 사이의 일대일 대응을 얻을 수 있다.

(방법 2) 유리수는 $\left\{\frac{p}{q} : q \in \mathbb{J}_+,\ p \in \mathbb{J}\right\}$ 꼴로 나타낼 수 있다는 것을 바탕으로

$$a_{ij} = \begin{cases} \frac{0}{1}, & i=j=0, \\ -\frac{i-j+1}{j}, & i=1,2,\cdots,\ j=1,2,\cdots,i, \\ \frac{j-i}{2i-j+1}, & i=1,2,\cdots,\ j=i+1,i+2,\cdots,2i \end{cases} \tag{1.1.30}$$

과 같은 수열을, 곧

$$\begin{array}{llllll} \frac{0}{1} & & & & & \\ -\frac{1}{1}, & \frac{1}{1} & & & & \\ -\frac{2}{1}, & -\frac{1}{2}, & \frac{1}{2}, & \frac{2}{1} & & \\ -\frac{3}{1}, & -\frac{2}{2}, & -\frac{1}{3}, & \frac{1}{3}, & \frac{2}{2}, & \frac{3}{1} \\ & & \vdots & & & \end{array} \tag{1.1.31}$$

을 생각하자. 이 수열을 첫 줄부터 차례로 한 줄씩 읽어 내려오되 거듭 나오는 것을 빼면, 유리수 집합과 자연수 집합 사이의 일대일 대응을 얻을 수 있다. □

정리 1.1.6 셀 수 있는 집합에는 아래와 같은 성질이 있다.

(가) 셀 수 있는 집합의 부분집합은 셀 수 있다.

(나) 어떤 무한 집합에도 셀 수 있는 부분집합이 들어 있다.

(다) 집합 A_1, A_2, $\cdots$이 모두 셀 수 있는 집합이면, $\bigcup\limits_{i=1}^{\infty} A_i = \lim\limits_{n\to\infty} \bigcup\limits_{i=1}^{n} A_i$도 셀 수 있다. ■■

증명

(가) 셀 수 있는 집합을 $A = \{a_1, a_2, \cdots\}$이라고 두면, 그 부분집합을 $B = \{a_{n_1}, a_{n_2}, \cdots\}$으로 쓸 수 있으며 $\mathbb{J}_+$와 B 사이에 $i \leftrightarrow a_{n_i}$라는 일대일 대응 관계를 찾을 수 있다.

(나) 무한 집합에서 아무렇게나 셀 수 있는 부분집합 $\{a_1, a_2, \cdots\}$을 고르면 바로 알 수 있다.

(다) 먼저,

$$\begin{aligned} B_1 &= A_1 \\ &= \{a_{1j}\}, \end{aligned} \tag{1.1.32}$$

$$\begin{aligned} B_2 &= A_2 - A_1 \\ &= \{a_{2j}\}, \end{aligned} \tag{1.1.33}$$

$$\begin{aligned} B_3 &= A_3 - (A_1 \cup A_2) \\ &= \{a_{3j}\}, \end{aligned} \tag{1.1.34}$$

$$\vdots$$

와 같은 집합 열[31] $\{B_i\}$를 생각하자. 그러면 집합 B_i들은 서로 배반이고, $\bigcup\limits_{i=1}^{\infty} A_i = \bigcup\limits_{i=1}^{\infty} B_i$라는 것을 쉽게 알 수 있다. 한편, $B_i \subset A_i$이므로 (가)로 말미암아 집합 B_i들은 모두 셀 수 있는 집합이다. 이제, 집합 B_i들의 원소들을

$$\begin{array}{ccccccccc}
a_{11} & \rightarrow & a_{12} & & a_{13} & \rightarrow & a_{14} & & \cdots \\
& \swarrow & & \nearrow & & \swarrow & & \nearrow & \\
a_{21} & & a_{22} & & a_{23} & & a_{24} & & \cdots \\
\downarrow & \nearrow & & \swarrow & & \nearrow & & & \\
a_{31} & & a_{32} & & a_{33} & & a_{34} & & \cdots \\
& \swarrow & & \nearrow & & & & & \\
a_{41} & & a_{42} & & a_{43} & & a_{44} & & \cdots \\
\downarrow & \nearrow & & & & & & & \\
a_{51} & & a_{52} & & a_{53} & & a_{54} & & \cdots \\
\vdots & & \vdots & & \vdots & & \vdots & & \vdots
\end{array} \tag{1.1.35}$$

처럼 늘어놓고 화살표대로 차례로 읽어가면, $\bigcup\limits_{i=1}^{\infty} B_i = \bigcup\limits_{i=1}^{\infty} A_i$와 $\mathbb{J}_+$ 사이의 일대일 대응을 얻을 수 있다. □

[31] set sequence

위에서, (다)가 말하는 바는 셀 수 있는 집합들을 셀 수 있게 끝없이 많이 합집합한 집합은 셀 수 있다는 것이다.

보기 1.1.42 (데카르트 곱) 셀 수 있는 집합들이 유한히 많을 때 그 데카르트 곱[32]을 셀 수 있는지 보이시오.

풀이 셀 수 있는 두 집합 A와 B의 데카르트 곱 $A \times B$를 셀 수 있다는 것을 보이면 충분하다. 두 집합 $A = \{a_1, a_2, \cdots\}$과 $B = \{b_1, b_2, \cdots\}$을 셀 수 있다고 할 때, 이 두 집합의 데카르트 곱 D의 원소들을 $(a_1, b_1), (a_1, b_2), (a_2, b_1), (a_1, b_3), (a_2, b_2), (a_3, b_1), \cdots$처럼 늘어 놓으면, D도 셀 수 있다. ◇

보기 1.1.43 (유한 수열의 집합) 셀 수 있는 집합에서 얻은 유한 수열들의 집합은 셀 수 있는지 보이시오.

풀이 먼저, 셀 수 있는 집합 A에서 얻은, 길이가 k인 유한 수열의 집합 B_k는 A의 k겹 데카르트 곱[33]과 같은 것이다. 그러므로, B_k는 셀 수 있다는 것을 보기 1.1.42에서 쉽게 알 수 있다. 한편, 유한 수열들의 집합은 길이가 $k = 1, 2, \cdots$인 수열의 집합을 셀 수 있을 만큼 합집합한 $\bigcup_{k=1}^{\infty} B_k$이다. 따라서, 정리 1.1.6의 (다)를 새기면 유한 수열들의 집합 또한 셀 수 있다. ◇

보기 1.1.44 유리수의 집합이 Q이고 $Q_1 = Q - \{0\}$일 때, $A = \left\{a^b : a, b \in Q_1\right\}$이 셀 수 있는 집합이라는 것을 쉽게 보일 수 있다. ◇

보기 1.1.45 (주기 무한 수열) 2진 무한 수열 가운데에서 주기를 지닌 것들을 모두 모은 집합 Υ_T는 셀 수 있다. 그 까닭은 주기가 1인 수열이 둘, 주기가 2인 수열이 둘, 주기가 3인 수열이 여섯, $\cdots$, $k \geq 2$일 때 주기가 k인 수열이 많아야 $2^k - 2$개, $\cdots$ 있다는 것을[34] 바탕으로, 주기가 짧은 것부터 생각하면 주기를 지닌 2진 무한 수열과 자연수 사이에서 일대일 대응을

$$\begin{array}{llll} \cdots 00 \cdots \to 1, & \cdots 11 \cdots \to 2, & \cdots 0101 \cdots \to 3, & \cdots 1010 \cdots \to 4, \\ \cdots 001001 \cdots \to 5, & \cdots 010010 \cdots \to 6, & \cdots 100100 \cdots \to 7, & \cdots 011011 \cdots \to 8, \\ \cdots 101101 \cdots \to 9, & \cdots 110110 \cdots \to 10, & \cdots . & \end{array}$$

처럼 찾을 수 있기 때문이다. ◇

뜻매김 1.1.23 셀 수 없는 집합[35]

어떤 집합과 $\mathbb{J}_+$의 부분집합 사이에서 일대일 대응을 찾을 수 없으면, 그 집합을 셀 수 없다고 한다.

---

[32] Cartesian product. 두 집합 A와 B의 원소를 하나씩 골라서 만든 2차원 벡터 – 또는 길이가 2인 수열 – 모두가 이루는 모임을 A와 B의 데카르트 곱이라고 부르고 $A \times B$라고 쓴다. 곧, $A = \{a_1, a_2, \cdots\}$와 $B = \{b_1, b_2, \cdots\}$의 데카르트 곱은 $A \times B = \{(a_i, b_j)\}$이다.

[33] 어떤 집합 A의 원소 가운데에서, 거듭 고를 수도 있을 때, k개를 골라서 만든 벡터 – 또는 수열 – 모두가 이루는 모임을 그 집합의 k겹 데카르트 곱이라고 부르고 A^k처럼 쓴다. 곧, $A = \{a_1, a_2, \cdots\}$의 k겹 데카르트 곱은 $A^k = \{(b_1, b_2, \cdots, b_k) : b_j \in A\}$를 일컫는 것이다.

[34] 여기에서, 보기를 들면, $\cdots 1010 \cdots$과 $\cdots 0101 \cdots$은 다른 것이라고 본다.

[35] uncountable set 또는 nondenumerable set

앞에서도 말하였듯이 유한 집합은 어느 것이나 다 셀 수 있다. 한편, 무한 집합 가운데에서 어떤 것은 셀 수 있으나, 어떤 것은 셀 수 없다.

정리 1.1.7 구간 집합 $[0,1] = \mathbb{R}_{[0,1]} = \{x : 0 \le x \le 1\}$은 셀 수 없다. ■■

증명 귀류법을 써 보자. 먼저, $a_{ij} \in \{0, 1, \cdots, 9\}$처럼 두면 집합 $\mathbb{R}_{[0,1]}$의 원소들을 $0.a_{i1}a_{i2}\cdots a_{in}\cdots$ 꼴로 쓸 수 있다. 이제, 집합 $\mathbb{R}_{[0,1]}$을 셀 수 있다고 두면, 그 원소들을

$$\alpha_1 = 0.a_{11}a_{12}\cdots a_{1n}\cdots \tag{1.1.36}$$

$$\alpha_2 = 0.a_{21}a_{22}\cdots a_{2n}\cdots \tag{1.1.37}$$

$$\vdots$$

$$\alpha_n = 0.a_{n1}a_{n2}\cdots a_{nn}\cdots \tag{1.1.38}$$

$$\vdots$$

과 같이 모두 늘어 놓을 수 있다. 이제, $b_i \ne a_{ii}$, $b_i \in \{0, 1, \cdots, 9\}$인 수 $\beta = 0.b_1b_2\cdots b_n\cdots$을 생각하자. 그러면, β는 틀림 없이 0과 1 사이의 수이고, $b_1 \ne a_{11}$이므로 α_1과 같지 않고, $b_2 \ne a_{22}$이므로 α_2과 같지 않고, $\cdots$. 바꾸어 말하면, β는 어느 α_i와도 같지 않으나 0과 1 사이의 수이다. 곧, 집합 $\mathbb{R}_{[0,1]}$의 원소들을 자연수와 일대일 대응을 이루도록 줄 세울 수 없다. □

보기 1.1.46 한쪽 2진 무한 수열을 모두 모은 집합 $\Upsilon = \{\alpha = (a_1\ a_2\ \cdots) : a_i \in \{0,1\}\}$은 셀 수 없다. 이것은 정리 1.1.7을 보인 것과 비슷한 방법으로 보일 수 있다. 곧, 집합 Υ을 셀 수 있다고 두고, 그 원소들 α_i를 모두 다음과 같이 줄 세웠다고 두자.

$$\alpha_1 = a_{11}a_{12}\cdots a_{1n}\cdots \tag{1.1.39}$$

$$\alpha_2 = a_{21}a_{22}\cdots a_{2n}\cdots \tag{1.1.40}$$

$$\vdots$$

이제, 2진수 x의 2의 보수를 $\overline{x}$처럼 쓸 때, 수열 $\overline{a_{11}}\ \overline{a_{22}}\cdots\overline{a_{nn}}\cdots$을 생각하면, 집합 Υ을 셀 수 있다는 것이 모순임을 알 수 있다. 곧, 집합 Υ은 셀 수 없다. ◇

보기 1.1.47 (칸토르 집합) 유한한 닫힌 영역에서 시작하여, 남은 영역의 한가운데에서 $\frac{1}{3}$을 열린 구간 꼴로 끝없이 뺄 때, 마지막으로 남은 영역을 칸토르 집합[36]이라고 부른다. 보기를 들어, 닫힌 구간 $[0,1]$을 생각하자. 첫 단계에서는 열린 구간 $D_{11} = \left(\frac{1}{3}, \frac{2}{3}\right)$를 뺀다. 둘째 단계에서는, 남은 영역 $\left[0, \frac{1}{3}\right] \cup \left[\frac{2}{3}, 1\right]$에서 열린 구간 $D_{21} = \left(\frac{1}{9}, \frac{2}{9}\right)$와 $D_{22} = \left(\frac{7}{9}, \frac{8}{9}\right)$을 빼고, $\cdots$, k째 단계에서는 길이가 3^{-k}인 구간 2^{k-1}개를 뺀다. $\cdots$. 이렇게 열린 구간을 끝없이 빼고 남은 영역 $\mathbb{C}$는 칸토르 집합이다. 이것은 $c_0 = 0$과 값이 0 또는 1인 수 $\{c_j\}_{j=1}^{k-1}$을 생각하여, 시작점이

$$\frac{1}{3^k} + \sum_{j=0}^{k-1} \frac{2}{3^j} c_j \tag{1.1.41}$$

[36]Cantor set

이고 끝점이

$$\frac{2}{3^k}+\sum_{j=0}^{k-1}\frac{2}{3^j}c_j \tag{1.1.42}$$

인 열린 구간을 $A_{2c_0,2c_1,2c_2,\cdots,2c_{k-1}}$처럼 쓰면, 칸토르 집합 $\mathbb{C}$를 얻는 과정의 k째 단계에서는 길이가 3^{-k}인 열린 구간 2^{k-1}개 $\{A_{2c_0,2c_1,2c_2,\cdots,2c_{k-1}}\}$을 없애는 것이라고 생각할 수 있다. 구체적으로, $k=1$일 때 $A_0=\left(\frac{1}{3},\frac{2}{3}\right)$이고, $k=2$일 때 $A_{0,0}=\left(\frac{1}{9},\frac{2}{9}\right)$이고 $A_{0,2}=\left(\frac{7}{9},\frac{8}{9}\right)$이며, $k=3$일 때 $A_{0,0,0}=\left(\frac{1}{27},\frac{2}{27}\right)$이고 $A_{0,0,2}=\left(\frac{7}{27},\frac{8}{27}\right)$이며 $A_{0,2,0}=\left(\frac{19}{27},\frac{20}{27}\right)$이고 $A_{0,2,2}=\left(\frac{25}{27},\frac{26}{27}\right)$이며, $\cdots$이다. ◊

보기 1.1.47에서 다룬 칸토르 집합 $\mathbb{C}$는 아래와 같은 성질을 지닌다.

(가) $B_1=[0,1]$, $B_2=\left[0,\frac{1}{3}\right]\cup\left[\frac{2}{3},1\right]$, $B_3=\left[0,\frac{1}{9}\right]\cup\left[\frac{2}{9},\frac{3}{9}\right]\cup\left[\frac{6}{9},\frac{7}{9}\right]\cup\left[\frac{8}{9},1\right]$, $\cdots$일 때, 집합 $\mathbb{C}$는 $\mathbb{C}=\bigcap_{i=1}^{\infty}B_i$로 나타낼 수 있다.

(나) 집합 $\mathbb{C}$는 셀 수 없는 집합이고 닫힌 집합이다.

(다) 집합 $\mathbb{C}$를 얻을 때 뺀 것은 열린 구간의 합집합이므로 열린 집합이고, 그 길이는 $\frac{1}{3}+\frac{2}{3^2}+\frac{4}{3^3}+\cdots=\frac{\frac{1}{3}}{1-\frac{2}{3}}=1$이다. 따라서, $\mathbb{C}$의 길이는 0이다.

(라) 집합 $\mathbb{C}$는 0과 1 사이의 실수 가운데에서 1을 쓰지 않고 나타낼 수 있는 3진수의 집합이다. 곧, $\mathbb{C}$의 어떤 원소도 $\sum_{n=1}^{\infty}\frac{x_n}{3^n}$, $x_n\in\{0,2\}$와 같은 꼴로 쓸 수 있다.

칸토르 집합은 1.3.3절에서 특이 함수를 하나 얻는 바탕으로 쓰인다.

보기 1.1.48 (칸토르 집합) 보기 1.1.47에서 다룬 칸토르 집합 $\mathbb{C}$는 길이가 0이다. 비슷한 방법으로 길이가 0보다 큰 칸토르 집합을 얻을 수 있다. 보기를 들면, 구간 $[0,1]$과 상수 $0<\alpha\le 1$을 생각하여, 첫 단계로 길이가 $\frac{\alpha}{2}$인 열린 구간 $\left(\frac{1}{2}-\frac{\alpha}{4},\frac{1}{2}+\frac{\alpha}{4}\right)$를 빼고, 둘째 단계로 남은 두 닫힌 구간마다 한가운데에서 길이가 $\frac{\alpha}{8}$인 열린 구간을 빼고, 셋째 단계로 남은 네 닫힌 구간마다 한가운데에서 길이가 $\frac{\alpha}{32}$인 열린 구간을 빼고, $\cdots$. 이렇게 끝없이 빼면, 뺀 영역의 길이의 합이 $\frac{\alpha}{2}+\frac{\alpha}{4}+\frac{\alpha}{8}+\cdots=\alpha$이므로 남은 집합은 길이가 $1-\alpha$인 칸토르 집합이다. ◊

뜻매김 1.1.24 거의 어디서나[37]

실수 영역에서 셀 수 있는 만큼 많은 구간들을 합집합한 것의 길이를 얼마든지 작게[38] 만들 수 있을 때, 그 구간들 안에 다 넣을 수 있는 점들의 집합을 길이가 0인 집합[39]이라고 한다. 또, '길이가 0인 집합을 뺀 나머지 모든 점에서'를 '거의 어디서나', '거의 언제나', '거의 틀림 없이', '확률 1로', '거의 확실히', 또는 '거의 모든 점에서'라고 말한다.

보기 1.1.49 구간 $[1,2)$와 $(1,2)$는 거의 어디서나 같다. 집합 $\{1,2,\cdots\}$과 $\{2,3,\cdots\}$은 거의 어디서나 같다. ◊

[37] almost everywhere (a.e.)

[38] arbitrarily small

[39] a set of measure zero

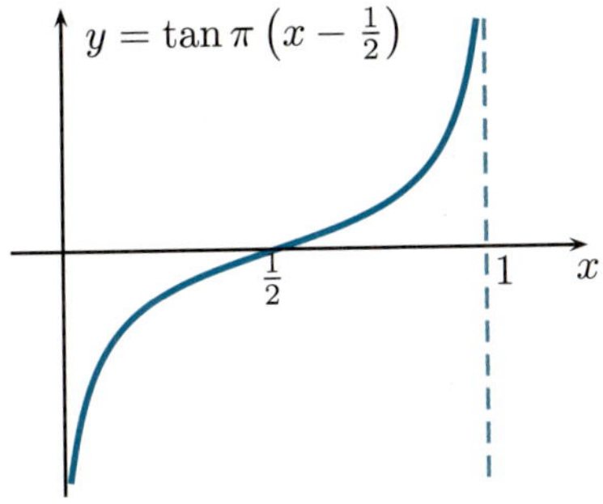

그림 1.1.7 구간 $(0,1)$과 실수 집합이 동등함을 – 곧, $(0,1) \sim \mathbb{R}$이라는 것을 – 보여주는 함수 $y = \tan\pi\left(x - \frac{1}{2}\right)$

한편, 정수 영역에서는 '유한한 집합을 뺀 나머지 모두에서'를 '거의 어디서나', '거의 언제나', '거의 틀림 없이', '확률 1로', '거의 확실히', 또는 '거의 모든 점에서'라고 말한다.

뜻매김 1.1.25 동등[40]

두 집합의 원소들이 일대일 대응하면 그 두 집합을 동등하다고 한다.

두 집합 M과 N이 동등하면 $M \sim N$처럼 쓴다.

보기 1.1.50 집합 $A = \{4,2,1,9\}$와 집합 $B = \{8,0,4,5\}$를 생각하면 $A \sim B$이다. ◇

보기 1.1.51 그림 1.1.7에서 볼 수 있는 것과 같이, $x \in (0,1)$일 때 대응 관계 $y = \tan\pi\left(x - \frac{1}{2}\right)$을 생각하면 $(0,1) \sim \mathbb{R}$이다. 한편, $a < b$이고 $c < d$일 때, a와 b 사이의 점 x는 c와 d 사이의 점 $y = \frac{(d-c)}{(b-a)}(x-a)+c$와 일대일 대응하므로 $[a,b] \sim [c,d]$이다. ◇

보기 1.1.52 실수의 집합 $\mathbb{R}$은 셀 수 없다. 실수 a와 그보다 큰 수 b로 얻을 수 있는 집합 $[a,b]$, 집합 $[a,b)$, 집합 $(a,b]$, 집합 (a,b)는 어느 것도 셀 수 없다. 이것은 정리 1.1.7과 보기 1.1.51을 새기면 바로 알 수 있다. ◇

보기 1.1.53 집합 A와 집합 B가 동등하면 $2^A \sim 2^B$이다. ◇

보기 1.1.54 집합 A는 무한 집합이고 집합 B는 셀 수 있는 집합일 때, $A \cup B \sim A$라는 것을 보이시오.

풀이 셀 수 있는 집합 $A_0 = \{a_0, a_1, \cdots\}$을 A에서 아무렇게나 고르자. 그러면 $A_0 \cup B$는 셀 수 있는 집합이므로 $A_0 \cup B$와 A_0은 일대일 대응한다. 그 일대일 대응을 $g(x)$라고 두자. 이제

$$h(x) = \begin{cases} g(x), & x \in A_0 \cup B, \\ x, & \text{그 밖에는} \end{cases} \tag{1.1.43}$$

은 $A \cup B$와 A를 잇는 일대일 대응이다. 곧, $A \cup B \sim A$이다. ◇

[40]equivalence. 두 집합이 "동등하다."를 두 집합의 "바탕 수가 cardinality 같다."라고 말하기도 한다.

보기 1.1.55 자연수 집합과 정수 집합은 동등하다. 한편, 무리수 집합과 실수 집합은 동등하다는 것은 문제 1.16에서 바로 알 수 있다. ◇

보기 1.1.56 칸토르 집합은 실수 집합 $\mathbb{R}$과 동등하다. ◇

정리 1.1.8 동등 정리[41] 집합 A가 집합 B의 부분집합과 동등하고 집합 B가 집합 A의 부분집합과 동등하면, 집합 A와 집합 B는 동등하다. ■■

보기 1.1.57 정리 1.1.5에서 보았듯이 자연수의 집합 $\mathbb{J}_+$와 유리수의 집합 $\mathbb{Q}$는 동등하다. 한편, $\mathbb{Q}$의 부분집합 $\mathbb{Q}_3 = \{t : t = \frac{q}{3}, q \in \mathbb{J}\}$는 정수의 집합 $\mathbb{J}$와 동등함을 쉽게 알 수 있다. 그러므로, $\mathbb{J}_+$는 $\mathbb{J}$의 부분집합이고 $\mathbb{Q}_3$은 $\mathbb{Q}$의 부분집합이라는 것을 새기면, 정리 1.1.8에서 정수의 집합 $\mathbb{J}$와 유리수의 집합 $\mathbb{Q}$는 동등함을 알 수 있다. ◇

1.2 사상과 함수

뜻매김 1.2.1 사상, 함수[42]

한 집합의 원소마다 다른 집합의 원소를 오직 하나씩만 이어 주는 관계를 함수 또는 사상이라고 부른다.

두 집합 Ω와 A에서 $\omega \in \Omega$일 때 $f(\omega)$가 A의 원소이면, 이 함수 f를 $f : \Omega \to A$로 나타내기도 한다. 이때, Ω를 정의역[43], A를 공역 또는 공변역[44]이라고 부른다.

보기 1.2.1 정의역 $\Omega = [-1, 1]$과 공변역 $A = [-2, 1]$을 생각할 때 $[-1, 0)$ 안의 점을 모두 공변역의 -1과 이어 주고 $[0, 1]$ 안의 점을 모두 공변역의 1과 이어 주는 관계는 함수이다. ◇

보기 1.2.2 정의역 $\Omega = [-1, 1]$과 공변역 $A = [-2, 1]$을 생각하자. 이때, $[-1, 0)$ 안의 점을 모두 공변역의 -1과 이어 주고 $(0, 1]$ 안의 점을 모두 공변역의 1과 이어 주는 관계를 생각하면, 정의역의 원소 0이 공변역의 어느 원소와도 이어지지 않으므로, 이 관계는 함수가 아니다. 한편, $[-1, 0]$ 안의 점을 모두 공변역의 -1과 이어 주고 $[0, 1]$ 안의 점을 모두 공변역의 1과 이어 주는 관계를 생각하면, 정의역의 원소 0에 공변역의 원소가 하나보다 많이 이어지므로, 이 관계도 함수가 아니다. ◇

뜻매김 1.2.2 집합 함수[45]

정의역이 집합 묶음인 함수를 집합 함수라고 부른다.

[41] equivalence theorem
[42] mapping, function
[43] domain
[44] codomain
[45] set function

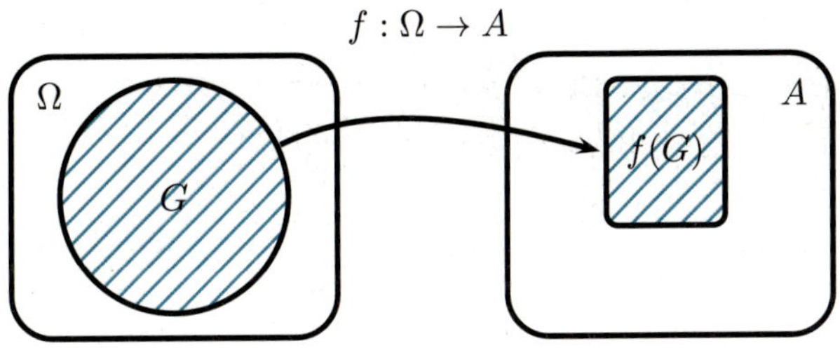

그림 1.2.1 함수 $f:\Omega \to A$에서 $G \subset \Omega$의 그림자 $f(G) \subset A$

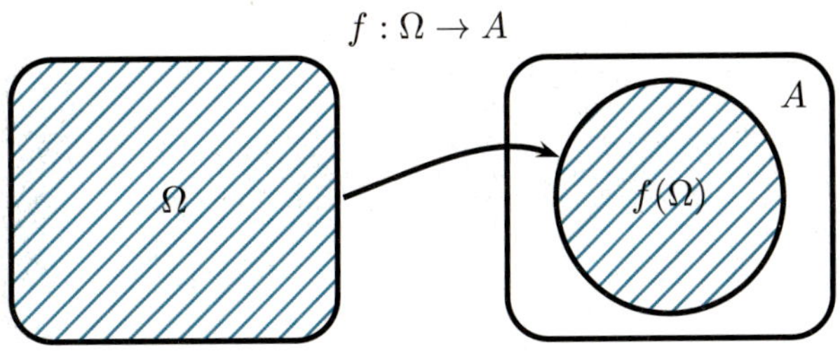

그림 1.2.2 함수 $f:\Omega \to A$의 치역 $f(\Omega) \subset A$

보기 1.2.3 집합 $A = \{3,4,5\}$의 부분집합을 모두 모은 묶음 $2^A = \{\emptyset, \{3\}, \{4\}, \{5\}, \{3,4\}, \{3,5\}, \{4,5\}, \{3,4,5\}\}$를 정의역이라고 두자. 이제, $B \in 2^A$일 때 B에 들어 있는 원소의 갯수를 나타내는 함수 $f(B)$는 집합 함수이다. 보기를 들면, $f(\{3\}) = 1$, $f(\{3,4\}) = 2$, $f(\{3,4,5\}) = 3$이다. ◇

뜻매김 1.2.3 그림자[46]

함수 $f:\Omega \to A$에서 Ω의 부분집합 G를 생각할 때, G의 원소와 이어지는 A의 원소를 모두 모은 집합을 G의 그림자 또는 상이라고 부른다.

뜻매김 1.2.4 치역[47]

함수 $f:\Omega \to A$에서 정의역 Ω의 그림자 $f(\Omega)$를 함수 f의 치역이라고 부른다.

곧 집합 $G \subset \Omega$의 그림자는, 그림 1.2.1에 보였듯이,

$$f(G) \;=\; \{a : a = f(\omega),\, \omega \in G\} \tag{1.2.1}$$

이고, f의 치역 $f(\Omega)$는 그림 1.2.2에 보인 것과 같다.

보기 1.2.4 정의역이 $\Omega = [-1,1]$이고 공변역이 $A = [-10,10]$인 함수 $f(\omega) = \omega^2$을 생각하자. 그러면 정의역 Ω의 부분집합인 $G_1 = \left(-\frac{1}{2}, \frac{1}{2}\right)$의 그림자는 $f(G_1) = [0, 0.25)$이고, $G_2 =$

[46] image
[47] range

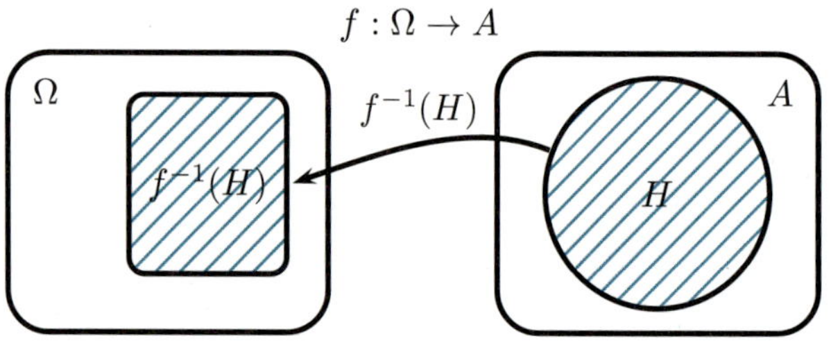

그림 1.2.3 함수 $f:\Omega\to A$에서 $H\subset A$의 본디 그림자 $f^{-1}(H)\subset\Omega$

$(0.1, 0.2)$의 그림자는 $f(G_2) = (0.01, 0.04)$이다. ◊

보기 1.2.5 보기 1.2.3에서 2^A의 부분집합인 $G = \{\{3\}, \{3, 4\}\}$를 생각하면, G의 그림자는 $f(G) = \{1, 2\}$이다. ◊

보기 1.2.6 정의역 $\Omega = [-1, 1]$과 공변역 $A = [-2, 1]$을 생각하자. 이때, $[-1, 0)$ 안의 점을 모두 공변역의 -1과 이어 주고 $[0, 1]$ 안의 점을 모두 공변역의 1과 이어 주는 함수의 치역 $f(\Omega) = f([-1, 1])$은 $\{-1, 1\}$이다. 보기 1.2.3에서 f의 치역은 $\{0, 1, 2, 3\}$이다. ◊

보기 1.2.6에서 볼 수 있듯이 치역이 공변역과 다를 때도 있다.

뜻매김 1.2.5 본디 그림자, 역상[48]

함수 $f:\Omega\to A$에서 A의 부분집합 H를 생각할 때, H의 원소와 이어지는 Ω의 원소를 모두 모은 집합을 H의 본디 그림자 또는 역상이라고 부른다.

곧, 집합 $H\subset A$의 본디 그림자는, 그림 1.2.3에 보였듯이,

$$f^{-1}(H) = \{\omega : f(\omega)\in H\} \tag{1.2.2}$$

이다.

보기 1.2.7 정의역이 $\Omega = [-1, 1]$이고 공변역이 $A = [-10, 10]$인 함수 $f(\omega) = \omega^2$을 생각하자. 그러면 공변역 A의 부분집합인 $H_1 = (-0.25, 1)$의 본디 그림자는 $f^{-1}(H_1) = (-1, 1)$이고, $H_2 = (-0.25, 0)$의 본디 그림자는 $f^{-1}(H_2) = f^{-1}((-0.25, 0)) = \emptyset$이다. ◊

보기 1.2.8 보기 1.2.3에서 $H = \{3\}$을 생각하면, H의 본디 그림자는 $f^{-1}(H) = \{\{3, 4, 5\}\}$이다. ◊

뜻매김 1.2.6 전사 함수[49]

치역이 공변역과 같은 함수를 위로 함수 또는 전사 함수라고 부른다.

[48] pre–image, inverse image

[49] onto function, surjective function, surjection

한편, 치역이 공변역과 같지 않은, 곧 치역이 공변역의 진부분집합인, 함수를 안으로 함수[50] 라고 부르기도 한다.

뜻매김 1.2.7 단사 함수[51]

공변역 어느 원소의 본디 그림자에도 원소가 많아야 하나 들어 있으면, 곧 치역 어느 원소의 본디 그림자에도 원소가 오직 하나 들어 있으면, 그 함수를 단사 함수라고 부른다.

위 뜻매김에서 '... 본디 그림자에도 원소가 많아야 하나 들어 있으면 ...'은 '... 본디 그림자도 빈집합, 홑원소 집합, 또는 홑집합 묶음이면 ...'으로, 또 '... 본디 그림자에도 원소가 오직 하나 들어 있으면 ...'은 '... 본디 그림자도 홑원소 집합 또는 홑집합 묶음이면 ...'으로 바꿀 수 있다. 단사 함수는 일대일 사상[52]이라고 부르기도 한다.

보기 1.2.9 정의역이 $\Omega = [-1, 1]$이고 공변역이 $A = [0, 1]$일 때 함수 $f(\omega) = \omega^2$을 생각하면 치역과 공변역이 같으므로 f는 전사 함수이다. 또한, 치역에서 0이 아닌 모든 원소의 본디 그림자는 원소가 둘인 집합이므로 f는 단사 함수가 아니다. ◇

보기 1.2.10 정의역이 $\Omega = [-1, 1]$이고 공변역이 $A = [-2, 2]$일 때 함수 $f(\omega) = \omega$를 생각하자. 그러면 치역 $[-1, 1]$이 공변역과 다르므로 f는 전사 함수가 아니다. 또한, 치역 어느 원소의 본디 그림자도 홑원소 집합이므로 f는 단사 함수이다. ◇

보기 1.2.11 정의역이 $\Omega = \{\{1\}, \{2, 3\}\}$이고 공변역이 $A = \{3, \{4\}, \{5, 6, 7\}\}$일 때 함수 $f(\{1\}) = 3$, $f(\{2, 3\}) = \{4\}$를 생각하자. 그러면, 치역 $\{3, \{4\}\}$가 공변역과 다르므로 f는 전사 함수가 아니다. 또, 치역 어느 원소의 본디 그림자에도 원소가 하나 들어 있으므로[53] f는 단사 함수이다. ◇

1.2.1 일대일 대응

뜻매김 1.2.8 일대일 대응

공변역 어떤 원소의 본디 그림자도 홑원소 집합 또는 홑집합 묶음인 함수를 일대일 대응이라고 부른다.

일대일 대응을 전단사 함수[54]라고 부르기도 한다. 말할 것도 없이, 전단사 함수는 전사 함수이자 단사 함수이다. 또, 일대일 대응은 일대일 사상 가운데에서 치역이 공변역과 같은 것을 일컫는 것이고, 일대일 대응이 아닌 일대일 사상의 치역은 공변역의 진부분집합이다.

보기 1.2.12 정의역이 $\Omega = [-1, 1]$이고 공변역이 $A = [-1, 1]$일 때 함수 $f(\omega) = \omega$라고 두면

[50] into function
[51] injective function, one-to-one function, injection
[52] one-to-one mapping
[53] 치역의 원소 $\{4\}$의 본디 그림자는 $\{2, 3\}$이 아니라 $\{\{2, 3\}\}$이고, 이 본디 그림자에는 원소가 $\{2, 3\}$ 하나 뿐이다.
[54] bijective function 또는 bijective mapping

치역과 공변역이 같으므로 f는 전사 함수이다. 또한, 치역의 어떤 점도 그 본디 그림자가 홑원소 집합이므로 f는 단사 함수이다. 따라서, 함수 f는 일대일 대응, 곧 전단사 함수이다. ◇

정리 1.2.1 함수 f가 일대일 대응이면, A와 B가 정의역의 부분집합이고 C와 D가 치역의 부분집합일 때

$$f(A \cup B) = f(A) \cup f(B), \tag{1.2.3}$$

$$f(A \cap B) = f(A) \cap f(B), \tag{1.2.4}$$

$$f^{-1}(C \cup D) = f^{-1}(C) \cup f^{-1}(D), \tag{1.2.5}$$

$$f^{-1}(C \cap D) = f^{-1}(C) \cap f^{-1}(D) \tag{1.2.6}$$

이다. ■■

증명 위 (1.2.3)–(1.2.6) 가운데에서 (1.2.5)만 보이자. 먼저, $x \in f^{-1}(A \cup B)$이면, $f(x) \in A \cup B$이므로 $f(x) \in A$ 또는 $f(x) \in B$이다. 그러면 $x \in f^{-1}(A)$ 또는 $x \in f^{-1}(B)$이므로 $x \in f^{-1}(A) \cup f^{-1}(B)$이다. 다음에, $x \in f^{-1}(A) \cup f^{-1}(B)$이면, $x \in f^{-1}(A)$ 또는 $x \in f^{-1}(B)$이므로 $f(x) \in A$ 또는 $f(x) \in B$이다. 그러므로, $f(x) \in A \cup B$이고, 따라서 $x \in f^{-1}(A \cup B)$라는 것을 알 수 있다. □

정리 1.2.1이 뜻하는 바는 함수 f가 일대일 대응일 때 그림자 $f(A \cup B)$와 $f(A \cap B)$를 그림자 $f(A)$와 $f(B)$로 나타낼 수 있을 뿐만 아니라, 본디 그림자 $f^{-1}(C \cup D)$와 $f^{-1}(C \cap D)$도 본디 그림자 $f^{-1}(C)$와 $f^{-1}(D)$로 나타낼 수 있다는 것이다.

위 (1.2.3)–(1.2.6)을 일반화하면, 함수 f가 일대일 대응이고, $A_1, A_2, \cdots, A_n$이 모두 정의역의 부분집합이며, $C_1, C_2, \cdots, C_m$이 모두 치역의 부분집합일 때, 아래를 얻을 수 있다.

$$f\left(\bigcup_{i=1}^{n} A_i\right) = \bigcup_{i=1}^{n} f(A_i). \tag{1.2.7}$$

$$f\left(\bigcap_{i=1}^{n} A_i\right) = \bigcap_{i=1}^{n} f(A_i). \tag{1.2.8}$$

$$f^{-1}\left(\bigcup_{i=1}^{m} C_i\right) = \bigcup_{i=1}^{m} f^{-1}(C_i). \tag{1.2.9}$$

$$f^{-1}\left(\bigcap_{i=1}^{m} C_i\right) = \bigcap_{i=1}^{m} f^{-1}(C_i). \tag{1.2.10}$$

1.2.2 거리 공간

뜻매김 1.2.9 거리 함수[55]

세 점 p, q, r을 어떻게 잡더라도 아래 셋을 만족시키는 함수 d를 거리 함수라고 부른다.
(가) $d(p,q) = d(q,p)$
(나) $p \neq q$이면 $d(p,q) > 0$이고, $p = q$이면 $d(p,q) = 0$
(다) $d(p,q) \leq d(p,r) + d(r,q)$
여기에서, $d(\omega_1, \omega_2)$를 ω_1과 ω_2 사이의 거리라고 부른다.

보기 1.2.13 실수 집합 D의 두 점을 a와 b라고 두고, 함수 $d(a,b) = |a-b|$을 생각하자. 그러면 $|a-b| = |b-a|$이고, $a \neq b$일 때 $|a-b| > 0$이며, $a = b$일 때 $|a-b| = 0$이다. 또한, α와 β가 실수일 때 $(|\alpha| + |\beta|)^2 - |\alpha + \beta|^2 = 2(|\alpha||\beta| - \alpha\beta) \geq 0$이므로, $|a-c| + |c-b| \geq |a-b|$이다. 따라서, 함수 $d(a,b) = |a-b|$은 거리 함수이다. ◇

보기 1.2.14 실수 집합 D의 두 점을 a와 b라고 두고, 함수 $d(a,b) = (a-b)^2$을 생각하자. 그러면 $(a-b)^2 = (b-a)^2$이고, $a \neq b$일 때 $(a-b)^2 > 0$이며, $a = b$일 때 $(a-b)^2 = 0$이다. 그렇지만, $(a-c)^2 + (c-b)^2 = (a-b)^2 + 2(c-a)(c-b)$는 $a < c < b$일 때 $(a-b)^2$보다 작으므로 함수 $d(a,b) = (a-b)^2$은 거리 함수가 아니다. ◇

뜻매김 1.2.10 거리 공간, 이웃, 반지름[56]

집합 안의 어떤 두 점을 잡더라도 거리를 생각할 수 있을 때 그 집합을 거리 공간이라고 부른다. 거리 함수가 d인 거리 공간 X를 생각할 때, $q \in X$이고 $d(p,q) < r$인 점 q를 모두 모은 집합을 p의 이웃이라고 부르고 $N_r(p)$처럼 쓴다. 이때, r을 $N_r(p)$의 반지름이라고 부른다.

보기 1.2.15 공간 $X = \{x : -2 \leq x \leq 5\}$에서 거리 함수가 $d(a,b) = |a-b|$일 때, 반지름이 1인 0의 이웃은 $N_1(0) = (-1,1)$이고, 반지름이 3인 0의 이웃은 $N_3(0) = [-2,3)$이다. ◇

뜻매김 1.2.11 극한점, 두름[57]

거리 공간의 부분집합 E를 생각할 때, 점 p의 어떤 이웃에도 p가 아닌 점이 적어도 하나 E에 들어 있으면, p를 집합 E의 극한점이라고 부른다. 거리 공간 X의 부분집합 E와 E의 극한점을 모두 모은 집합 E'의 합집합을 – 곧, 집합 $\bar{E} = E \cup E'$을 – E의 닫힘이라고 부른다.

보기 1.2.16 공간 $X = \{x : -2 \leq x \leq 5\}$에서 거리 함수 $d(a,b) = |a-b|$과 X의 부분집합 $Y = (-1,2]$를 생각하자. 그러면 Y의 극한점을 모두 모으면 $[-1,2]$이므로 Y의 두름은 $(-1,2] \cup [-1,2] = [-1,2]$이다. ◇

뜻매김 1.2.12 받침[58]

집합 $\{x : f(x) \neq 0\}$의 두름을 함수 $f(x)$의 받침이라고 부른다.

보기 1.2.17 함수

$$f(x) = \begin{cases} 1-|x|, & |x| \leq 1, \\ 0, & \text{그 밖에는} \end{cases} \tag{1.2.11}$$

의 받침은 그림 1.2.4에서도 볼 수 있듯이 $[-1,1]$이다. ◇

[55] distance function 또는 metric
[56] metric space, neighborhood, radius
[57] limit point, enclosure. 두름은 울타리 또는 닫힘이라고 부르기도 한다.
[58] support

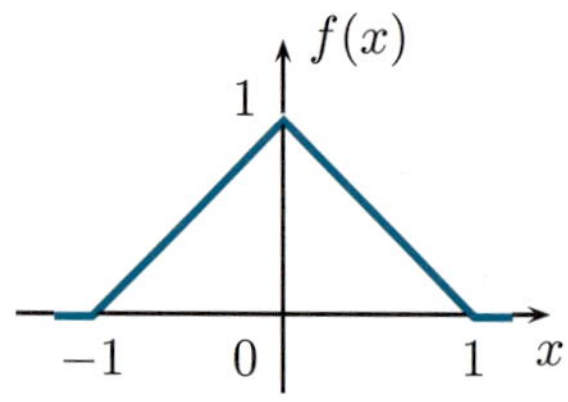

그림 1.2.4 받침이 $[-1, 1]$인 함수 하나

보기 1.2.18 함수 $f(x) = \sin x$는 n이 정수이고 $x = n\pi$일 때 그 값이 0이다. 그렇지만, 함수 $f(x)$의 받침은 실수 모두의 집합이다. ◇

1.3 함수의 연속성

수열 $\{x_n\}$이 주는 수열이고 $x_n > x$일 때 $x_n \downarrow x$처럼 쓰고, 수열 $\{x_n\}$이 느는 수열이고 $x_n < x$일 때 $x_n \uparrow x$처럼 쓴다. 이제, $x^- = \lim_{\varepsilon \downarrow 0}(x - \varepsilon) = \lim_{\varepsilon \uparrow 0}(x + \varepsilon)$처럼, 또, $x^+ = \lim_{\varepsilon \downarrow 0}(x + \varepsilon) = \lim_{\varepsilon \uparrow 0}(x - \varepsilon)$처럼 쓰자. 곧, x^-는 x보다 작고 x에 끝없이 가까운 수를, 또 x^+는 x보다 크고 x에 끝없이 가까운 수를 나타낸다.

함수 f와 점 x_0을 생각할 때, $f(x_0)$이 존재하고 $\lim_{x \to x_0} f(x) = f\left(x_0^-\right) = f\left(x_0^+\right)$이 존재하며 $f(x_0) = \lim_{x \to x_0} f(x)$이면 이 함수 f는 점 x_0에서 연속이라고 한다. 또, 구간 안의 점을 어떻게 잡더라도 함수 f가 그 점에서 연속이면 함수 f는 그 구간에서 연속이라고 한다. 이제 연속이라는 개념을 조금 더 자세하게 다루어 보자.

1.3.1 연속 함수

뜻매김 1.3.1 연속 함수[59]

영역 S 안의 점 x_0과 0보다 큰 수 ϵ을 어떻게 고르더라도, S 안의 모든 점 x에 대해 $|x - x_0| < \delta(x_0, \epsilon)$이면 $|f(x) - f(x_0)| < \epsilon$인 0보다 큰 수 $\delta(x_0, \epsilon)$이 존재하면 함수 f를 영역 S에서 연속이라고 한다.

거꾸로 말하면, S 안의 점 x_0과 0보다 큰 수 ϵ을 하나씩 골랐을 때, 0보다 큰 수 $\delta(x_0, \epsilon)$를 어떻게 고르더라도 $|x - x_0| < \delta(x_0, \epsilon)$이지만 $|f(x) - f(x_0)| \geq \epsilon$인 점 x가 S 안에 하나라도 있으면 함수 f는 영역 S에서 연속이 아니다.

보기 1.3.1 함수

$$u(x) = \begin{cases} 0, & x \leq 0, \\ 1, & x > 0 \end{cases} \tag{1.3.1}$$

[59] continuous function

을 생각하자. 먼저, $x_0 = 0$이고 $\epsilon = 1$이라고 두자. 이제, 0보다 큰 수 δ를 어떻게 고르더라도 점 $x = \frac{\delta}{2}$를 생각하면, $|x - x_0| = \frac{\delta}{2} < \delta$이지만 $|f(x) - f(x_0)| = 1 \geq \epsilon$이다. 그러므로 u는 연속이 아니다. ◇

정리 1.3.1 함수 f가 $x_p \in E$에서 연속이고, g가 $f(x_p)$에서 연속이며, $x \in E$일 때 $h(x) = g(f(x))$이면, h는 x_p에서 연속이다. ■■

증명 함수 g가 $f(x_p)$에서 연속이므로, 0보다 큰 수 ϵ을 어떻게 고르더라도 $y \in f(E)$일 때 $|y - f(x_p)| < \eta$이면 $|g(y) - g(f(x_p))| < \epsilon$인 수 η가 존재한다. 또한, f가 x_p에서 연속이므로, $x \in E$일 때 $|x - x_p| < \delta$이면 $|f(x) - f(x_p)| < \eta$인 수 δ가 존재한다. 곧, 0보다 큰 수 ϵ을 어떻게 고르더라도 $x \in E$일 때 $|x - x_p| < \delta$이면 $|h(x) - h(x_p)| = |g(y) - g(f(x_p))| < \epsilon$인 수 δ가 존재하는 것이므로 h는 x_p에서 연속이다. □

뜻매김 1.3.2 고른 연속[60]

0보다 큰 수 ϵ을 어떻게 고르더라도, 영역 S 안의 어떤 두 점 x와 x_0에 대해서도 $|x - x_0| < \delta(\epsilon)$이면 $|f(x) - f(x_0)| < \epsilon$인 0보다 큰 수 $\delta(\epsilon)$이 존재하면 함수 f를 영역 S에서 고르게 연속이라고 한다.

거꾸로 말하면, 0보다 큰 수 ϵ을 하나 골랐을 때, 0보다 큰 수 $\delta(\epsilon)$를 어떻게 고르더라도 $|x - x_0| < \delta(\epsilon)$이지만 $|f(x) - f(x_0)| \geq \epsilon$인 점 x과 x_0이 S 안에 하나씩이라도 있으면 함수 f는 영역 S에서 고르게 연속이 아니다.

절대 연속과 연속의 다른 점은 뜻매김에서 x_0, δ, ϵ의 순서에 있다. 구체적으로는, 연속을 뜻매김 할 – 또는 보일 – 때에는 x_0과 ϵ을 먼저 고르고 δ를 고르는 바, $\delta(x_0, \epsilon)$은 x_0과 ϵ의 함수이고 x와는 관련이 없다. 한편, 고른 연속을 뜻매김 할 – 또는 보일 – 때에는 ϵ을 먼저 고르고 δ를 고른 다음 x_0을 고르는 바, $\delta(\epsilon)$은 ϵ만의 함수이고, x나 x_0과는 관련이 없다. 곧, δ가 x_0과 ϵ의 함수인지 아니면 ϵ만의 함수인지가 다른 점이다.

고른 연속성은 x_1과 x_2를 어떻게 두어도 이 두 점을 함께 움직여 $f(x_1)$을 $f(x_2)$에 끝없이 가깝게 만들 수 있다는 것을 뜻한다. 또, 쉽게 알 수 있듯이 고르게 연속인 함수는 연속 함수이나, 연속 함수가 늘 고르게 연속인 것은 아니다. 바꾸어 말하면, 고른 연속은 연속보다 더 센 – 더 좁은 – 개념이다.

보기 1.3.2 함수 $f(x) = x$를 생각하여 0보다 큰 실수 ε을 어떻게 고르더라도 $\delta = \varepsilon$이라고 두자. 그러면 $|x - y| < \delta$일 때 $|f(x) - f(y)| = |x - y| < \delta = \varepsilon$이므로 함수 $f(x) = x$는 고르게 연속이다. 문제 1.23에서 보이는 것처럼 함수 $f(x) = \sqrt{x}$는 구간 $(0, \infty)$에서 고르게 연속이다. 한편, 함수 $f(x) = \frac{1}{x}$는 $a > 0$인 어느 구간 (a, ∞)에서도 고르게 연속이지만, 문제 1.22에서 보이는 것처럼 구간 $(0, \infty)$에서는 고르게 연속이 아니다. 함수 $f(x) = \tan x$는 구간 $\left(-\frac{\pi}{2}, \frac{\pi}{2}\right)$에서 연속이지만 고르게 연속은 아니다. ◇

[60] uniform continuity

보기 1.3.3 영역 $S=(0,\infty)$에서 $f(x)=x^2$을 생각하자. 먼저, 0보다 큰 수 ϵ과 S 안의 점 x_0을 어떻게 고르더라도 $a=x_0+1$이고 $\delta=\min\left(1,\frac{\epsilon}{2a}\right)$이라고 두자. 그러면 S 안의 점 x를 생각할 때, $|x-x_0|<\delta$라고 두면, $\delta\le 1$이므로 $|x-x_0|<1$이고 $x<x_0+1=a$이다. 곧, $x<a$이고 $x_0<a$이다. 이제, $\delta\le\frac{\epsilon}{2a}$이므로 $\left|x^2-x_0^2\right|=(x+x_0)\,|x-x_0|<2a\delta\le 2a\frac{\epsilon}{2a}=\epsilon$이고 f는 연속이다. 한편, $\epsilon=1$이라고 두고 0보다 큰 수 δ를 잡자. 이제, $x_0=\frac{1}{\delta}$, $x=x_0+\frac{\delta}{2}$처럼 두자. 그러면 $|x-x_0|=\frac{\delta}{2}<\delta$이지만 $\left|x^2-x_0^2\right|=\left|\left(\frac{1}{\delta}+\frac{\delta}{2}\right)^2-\frac{1}{\delta^2}\right|=1+\frac{\delta^2}{4}>1=\epsilon$이다. 그러므로 f는 고르게 연속이 아니다. 다만, 문제 1.21에서 보이는 것처럼, 함수 $f(x)=x^2$은 유한 영역에서는 고르게 연속이다. ◇

정리 1.3.2 영역 S 안에서 x와 y를 어떻게 고르더라도

$$|f(x)-f(y)| \;\le\; M|x-y| \tag{1.3.2}$$

이면 함수 f는 S에서 고르게 연속이다 ■■

위 정리에서 (1.3.2)와 M을 각각 리프쉬츠 부등식과 리프쉬츠 상수라고[61] 부른다.

보기 1.3.4 영역 $S=\mathbb{R}$과 $f(x)=3x+7$을 생각하자. 그러면 0보다 큰 수 ϵ을 어떻게 고르더라도 $\delta=\frac{\epsilon}{3}$이라고 둔 다음, S 안의 어떤 두 점 x와 x_0을 생각하더라도 $|x-x_0|<\delta$일 때 $|f(x)-f(x_0)|=3\,|x-x_0|<3\delta=\epsilon$이다. 그러므로 f는 고르게 연속이다. ◇

하이네-칸토르[62] 정리의 특별한 때로 아래 정리를 얻을 수 있다.

정리 1.3.3 미분할 수 있고 도함수가 유한한 함수는 고르게 연속이다. ■■

1.3.2 불연속 점

뜻매김 1.3.3 제1종 불연속[63]

세 값 $f(x^+)$, $f(x^-)$, $f(x)$가 모두 존재하되, $f(x^+)$와 $f(x^-)$ 가운데에서 적어도 하나가 $f(x)$와 다를 때, x를 제1종 불연속 점 또는 뜀 불연속점이라고 부르고, $f(x^+)-f(x^-)$를 x에서 함수 f의 뜀[64]이라고 부른다.

보기 1.3.5 그림 1.3.1에 보인 함수

$$f(x) \;=\; \begin{cases} x+1, & x>0,\\ 0, & x=0,\\ x-1, & x<0 \end{cases} \tag{1.3.3}$$

은 $x=0$에서 1종 불연속이고 뜀은 2이다. ◇

[61] Lipschitz inequality. Lipschitz constant
[62] Heine-Cantor
[63] type 1 discontinuity
[64] jump 또는 saltus

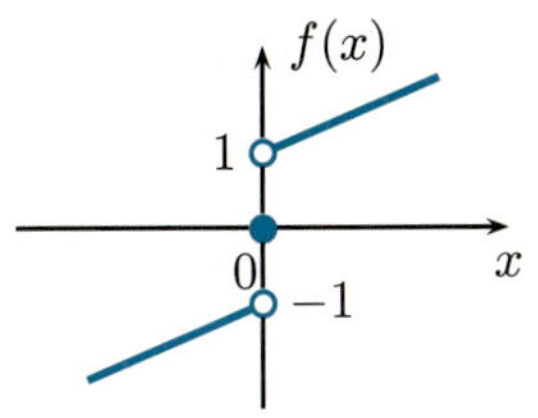

그림 1.3.1 보기: $x = 0$에서 1종 불연속인 함수

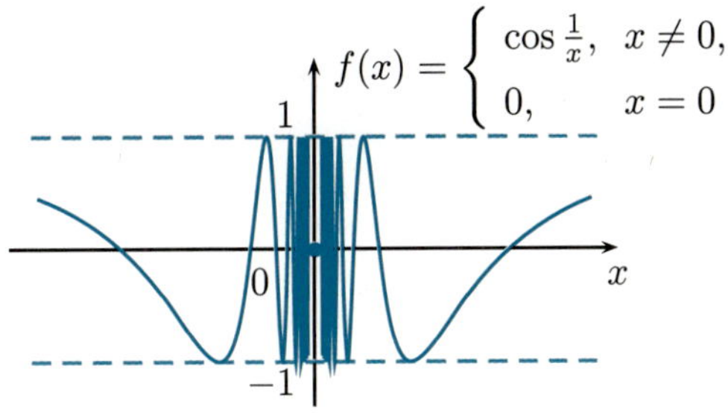

그림 1.3.2 보기: $x = 0$에서 2종 불연속인 함수

뜻매김 1.3.4 제2종 불연속[65]

두 값 $f(x^+)$와 $f(x^-)$ 가운데에서 적어도 하나가 없을 때, x를 제2종 불연속 점이라고 부른다.

보기 1.3.6 그림 1.3.2에 보인 함수

$$f(x) = \begin{cases} \cos\frac{1}{x}, & x \neq 0, \\ 0, & x = 0 \end{cases} \tag{1.3.4}$$

는 $x = 0$에서 2종 불연속이다. ◇

보기 1.3.7 함수

$$f(x) = \begin{cases} 1, & x = \text{유리수}, \\ 0, & x = \text{무리수} \end{cases} \tag{1.3.5}$$

는 어느 x에서도 2종 불연속이고, 함수

$$f(x) = \begin{cases} x, & x = \text{유리수}, \\ 0, & x = \text{무리수} \end{cases} \tag{1.3.6}$$

은 거의 어디서나 – 곧, $x = 0$일 때를 빼고 – 2종 불연속이다. ◇

보기 1.3.8 함수

$$f(x) = \begin{cases} 1, & x = [0,1]\text{안에 있는 유리수}, \\ 0, & x = \text{그 밖에는} \end{cases} \tag{1.3.7}$$

은 거의 어디서나 – 곧, x가 $[0,1]$안에 있는 유리수일 때를 빼고 – 연속이고, 불연속 점은 다 2종 불연속 점이다. ◇

보기 1.3.9 함수

$$f(x) = \begin{cases} \sin\frac{1}{x}, & x \neq 0, \\ 0, & x = 0 \end{cases} \tag{1.3.8}$$

[65] type 2 discontinuity

이 $x=0$에서 2종 불연속이고 $x \neq 0$일 때 연속이라는 것을 보이시오.

풀이 먼저, $f(0^+)$와 $f(0^-)$가 존재하지 않으므로 $f(x)$가 $x=0$일 때 2종 불연속이다. 한편, $|\sin x - \sin y| = 2\left|\sin\frac{x-y}{2}\cos\frac{x+y}{2}\right| \le 2\left|\sin\frac{x-y}{2}\right| \le |x-y|$를 새기면, $|x-y| < \delta = \epsilon$일 때 $|\sin x - \sin y| < \epsilon$이다. 그러므로 $\sin x$는 고르게 연속이다. 또, $\frac{1}{x}$은 $x \neq 0$일 때 연속이다. 따라서, $f(x)$도 $x \neq 0$에서 연속이라는 것을 정리 1.3.1에서 알 수 있다. ◇

1.3.3 절대 연속 함수와 특이 함수

뜻매김 1.3.5 절대 연속[66]

실수 c가 0보다 클 때, $a_k, b_k \in (-c, c)$인 겹치지 않는 구간의 유한 모음 $\{(a_k, b_k)\}_{k=1}^n$을 생각하자. 이제, 0보다 큰 두 수 c와 ε을 어떻게 두어도 $\sum_{k=1}^{n} |b_k - a_k| < \delta$일 때

$$\sum_{k=1}^{n} |f(b_k) - f(a_k)| < \varepsilon \tag{1.3.9}$$

인 수 $\delta = \delta(\varepsilon, c)$가 존재하면, 함수 f를 절대 연속 함수라고 부른다.

보기 1.3.10 (절대 연속 함수) 함수 $f_1(x) = x^2$과 $f_2(x) = \sin x$는 절대 연속 함수이고, $x > 0$일 때 함수 $f_3(x) = \frac{1}{x}$도 절대 연속 함수이다. ◇

함수 $f(x)$가 유한 구간 (a, b)에서 절대 연속이면, $-\infty < a < b < \infty$일 때

$$f(b) - f(a) = \int_a^b f'(x)dx \tag{1.3.10}$$

을 만족시키고 적분할 수 있는 함수 $f'(x)$가 존재하고, 그 역도 성립한다. 이때, $f'(x)$는 거의 모든 점에서 $f(x)$의 도함수이다. 그러나, $f(x)$가 절대 연속이 아니면, $f(x)$의 도함수가 거의 모든 점에서 존재하더라도 그 도함수가 (1.3.10)을 만족시키지는 않는다.

정리 1.3.4 거의 모든 점에서 도함수가 유한하고, 나머지 점에서는 왼 도함수와 오른 도함수가 존재하며, 유한 구간에서 적분할 수 있는 함수는 절대 연속이다. ■■

뜻매김 1.3.6 특이 함수[67]

연속 함수 가운데에서 절대 연속이 아닌 함수를 특이 함수라고 부른다.

곧, 연속 함수는 절대 연속 함수이거나 특이 함수이다.

보기 1.3.11 (특이 함수: 칸토르 함수, 르벡 함수) 보기 1.1.47에서 칸토르 집합 $\mathbb{C}$를 얻을 때 i 단계에서 j째로 빼는 영역을 D_{ij}라고 두자. 여기에서, $i = 1, 2, \cdots$이고 $j = 1, 2, \cdots, 2^{i-1}$이다. 이제, (x, y) 좌표 평면에 x축과 평행인 선분 $2^n - 1$개

[66] absolute continuity

[67] singular function

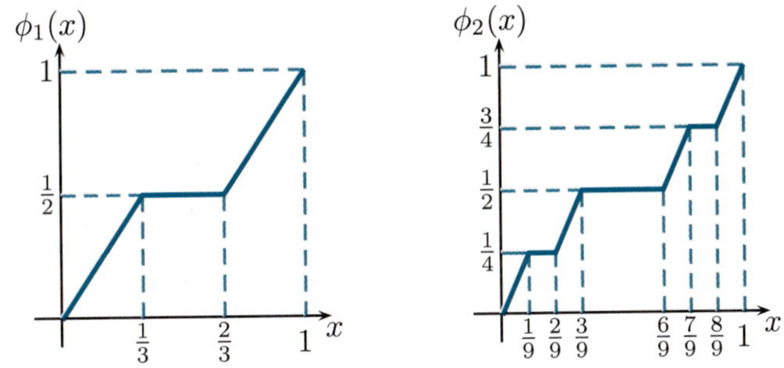

그림 1.3.3 칸토르 함수 $\phi_C(x)$로 수렴하는 함수 열 $\{\phi_n(x)\}$의 첫 두 함수 $\phi_1(x)$와 $\phi_2(x)$

$$\left\{y = \frac{2j-1}{2^i} : x \in D_{ij};\ j = 1, 2, \cdots, 2^{i-1};\ i = 1, 2, \cdots, n\right\} \tag{1.3.11}$$

을 그린다. 다음에, 점 $(0,0)$을 가장 가까운 선분의 왼쪽 끝과 곧게 잇고, 점 $(1,1)$을 가장 가까운 선분의 오른쪽 끝과 곧게 잇는다. 또, 모든 선분의 오른쪽 끝을 그 오른쪽에 있는 선분의 왼쪽 끝과 곧게 잇는다. 그 결과가 나타내는 함수를 $\phi_n(x)$라고 두자. 그러면 $\phi_n(x)$는 구간 $(0,1)$에서 연속이고, 높이는 2^{-n}이고 기울기가 $\left(\frac{3}{2}\right)^n$인 선분 2^n개와 그들을 잇는 수평 선분 $2^n - 1$개가 이루는 함수이다. 그림 1.3.3에 $\phi_1(x)$와 $\phi_2(x)$를 보였다. 이때, 함수 열 $\{\phi_n(x)\}$의 극한

$$\phi_C(x) \ = \ \lim_{n\to\infty} \phi_n(x) \tag{1.3.12}$$

를 칸토르 함수 또는 르벡 함수[68]라고 부른다. ◇

보기 1.1.47에서 다룬 칸토르 집합 $\mathbb{C}$의 점 x를 3진수로

$$x \ = \ 0.c_1c_2\cdots \tag{1.3.13}$$

처럼 썼을 때 칸토르 함수 $\phi_C(x)$는

$$\phi_C(x) \ = \ \begin{cases} 0.\frac{c_1}{2}\frac{c_2}{2}\cdots, & x \in \mathbb{C}, \\ \text{(1.3.11)에 보인 } y, & x \in [0,1] - \mathbb{C} \end{cases} \tag{1.3.14}$$

와 같이 쓸 수 있다. 곧, $\phi_C(x)$의 그림자는 $[0,1]$의 부분집합이다. 게다가, $y \in [0,1]$을 2진법으로 $y = 0.b_1b_2\cdots$ 처럼 쓰면

$$x \ = \ 0.(2b_1)(2b_2)\cdots \tag{1.3.15}$$

는 $\phi_C(x) = y$인 $\mathbb{C}$의 점이므로 $[0,1] \subset \phi_C(\mathbb{C})$이다. 따라서, $\phi_C(x)$의 치역은 $[0,1]$이다.

칸토르 함수 $\phi_C(x)$의 성질을 몇 가지 살펴 보면 아래와 같다.

(가) 칸토르 함수 $\phi_C(x)$는 줄지 않는 함수이고, 그 치역은 $[0,1]$이며, $\phi_C(x)$에는 뜀 불연속 점이 없다. 그리고, 늘지 않는 함수와 줄지 않는 함수에는 뜀 불연속 점을 빼고는 불연속 점이 없으므로, $\phi_C(x)$는 연속 함수이다.

[68]Cantor function 또는 Lebesgue function

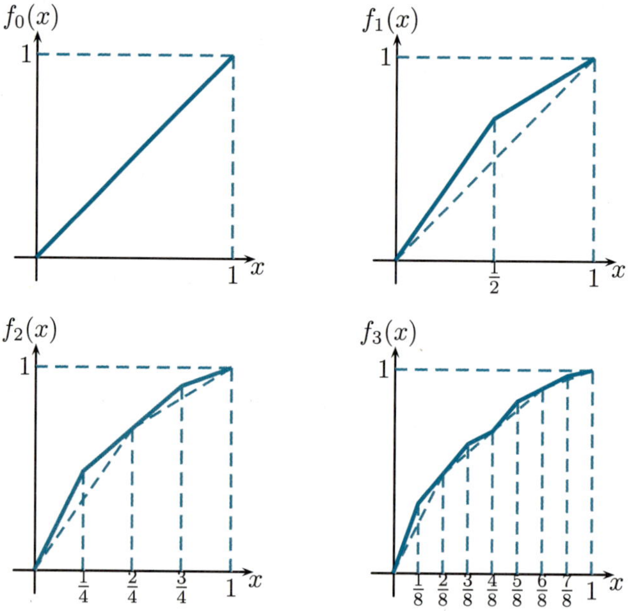

그림 1.3.4 느는 특이 함수로 수렴하는 함수 열 $\{f_n(x)\}$의 첫 네 함수 $(\lambda_0 = 0.7 = 1 - \lambda_1)$

(나) 칸토르 집합 $\mathbb{C}$를 만들 때 빼는 열린 구간들을 닫힌 구간으로 만드는 끝 점들의 – 곧, (1.1.41)과 (1.1.42)가 나타내는 점들의 – 집합을 E라고 할 때, 칸토르 함수 $\phi_C(x)$는 $x \in \mathbb{C} - E$일 때 느는 함수이고, $x \in [0,1] - \mathbb{C}$인 모든 점의 어떤 이웃에서 상수이다.

(다) 보기 1.1.47에서 보았듯이 $[0,1] - \mathbb{C}$의 길이는 1이고 칸토르 함수 $\phi_C(x)$는 $x \in [0,1] - \mathbb{C}$일 때 상수이다. 그러므로, $\phi_C(x)$의 도함수는 거의 어디서나 0이다.

보기 1.3.12 (특이 함수: 느는 특이 함수) 보기 1.3.11에서 다룬 칸토르 함수 $\phi_C(x)$는 줄지 않는 특이 함수이다. 이제, 느는 특이 함수를 하나 얻어보시오.

풀이 먼저, $\Delta_x > 0$이고 $\Delta_y > 0$이라고 두고, 2차원 평면에서 좌표가 (x, y)인 점 P와 좌표가 $(x + \Delta_x, y + \Delta_y)$인 점 Q를 잇는 선분 PQ를 생각하자. 또, $\lambda_0 > 0$이고 $\lambda_1 > 0$이며 $\lambda_0 + \lambda_1 = 1$일 때, 좌표가 $\left(x + \frac{\Delta_x}{2},\ y + \lambda_0 \Delta_y\right)$인 점 R을 생각하여 선분 PQ를 두 선분 PR과 RQ로 바꾸는 것을 "PQ를 $T(\lambda_0, \lambda_1)$로 변환한다."라고 말하자. 이제, 원점 O와 좌표가 $(1,1)$인 점 A를 잇는 선분 OA에서 시작하는 아래와 같은 수열 $\{f_n(x)\}_{n=0}^{\infty}$를 생각하자.

$$
\begin{aligned}
f_0(x) &= \text{선분 } OA, \\
f_1(x) &= f_0(x)\text{를 } T(\lambda_0, \lambda_1)\text{로 변환한 것}, \\
f_2(x) &= f_1(x)\text{를 이루는 두 선분을 선분마다 } T(\lambda_0, \lambda_1)\text{로 변환한 것}, \\
f_3(x) &= f_2(x)\text{를 이루는 네 선분을 선분마다 } T(\lambda_0, \lambda_1)\text{로 변환한 것}, \\
&\ \vdots
\end{aligned}
$$

곧, $f_p(x)$는 $f_p(0) = 0$에서 $f_p(1) = 1$까지 느는 함수이고, 선분 2^p개가 이루는 함수이며, 꺾임 점의 x 좌표는 $\left\{\frac{k}{2^p}\right\}_{k=1}^{2^p-1}$이다. 그림 1.3.4에 $\{f_n(x)\}_{n=0}^{3}$을 보였다. 함수 $f_p(x)$의 꺾임 점의 x

좌표를 2진수로 나타내어 $x = \sum_{j=1}^{p} \frac{\theta_j}{2^j} = 0.\theta_1\theta_2 \cdots \theta_p$, $\theta_j \in \{0, 1\}$처럼 쓰면, 그 y 좌표는

$$y = \sum_{k=1}^{p} \theta_k \prod_{j=1}^{k-1} \lambda_{\theta_j} \tag{1.3.16}$$

이다. 여기에서, $k = 1$일 때 $\prod_{j=1}^{k-1} \lambda_{\theta_j} = 1$이라고 둔다. 그러면 함수 열 $\{f_n(x)\}_{n=1}^{\infty}$의 극한 $f(x) = \lim_{n\to\infty} f_n(x)$는 느는 특이 함수이다. ◇

끝으로, 절대 연속 함수 둘을 길쌈[69]하면 늘 절대 연속 함수를 얻지만, 특이 함수 둘을 길쌈하면 절대 연속 함수를 얻을 때도 있다는 것을 새겨서 둘 만하다.

1.4 함수 몇 가지

1.4.1 단위 계단 함수

뜻매김 1.4.1 단위 계단 함수, 헤비사이드 함수[70]

함수

$$u(x) = \begin{cases} 0, & x < 0, \\ 1, & x > 0 \end{cases} \tag{1.4.1}$$

을 단위 계단 함수 또는 헤비사이드 함수라고 부르고 $H(x)$로 쓰기도 한다.

식 (1.4.1)에서 $u(0)$은 뜻매김하지 않았다. 다만, 때에 따라서, $u(0)$을 0, $\frac{1}{2}$, 1, 또는 0과 1 사이의 수 u_0으로 두기도 한다. 그림 1.4.1에 $u(0) = \frac{1}{2}$이라고 둔 단위 계단 함수를 보였다. 한편 단위 계단 함수는 1.4.2절에서 다루는 충격 함수[71]를 적분한 것이라고 생각할 수도 있다.

한편, $u(x)$를

$$\begin{aligned} u(x) &= \begin{cases} 0, & x < 0, \\ \frac{1}{2}, & x = 0, \\ 1, & x > 0 \end{cases} \\ &= \lim_{\alpha\to\infty} \left\{ \frac{1}{2} + \frac{1}{\pi} \tan^{-1}(\alpha x) \right\} \end{aligned} \tag{1.4.2}$$

또는

$$u(x) = \lim_{\alpha\to\infty} \frac{1}{1 + e^{-\alpha x}} \tag{1.4.3}$$

[69] convolution. 연산 $\int_{-\infty}^{\infty} g(x - v) f(v) dv = \int_{-\infty}^{\infty} g(v) f(x - v) dv$를 두 함수 f와 g의 길쌈 또는 중첩이라고 부르고 $f * g$ 또는 $g * f$ 처럼 나타낸다.

[70] unit step function 또는 Heaviside function

[71] impulse function, delta function

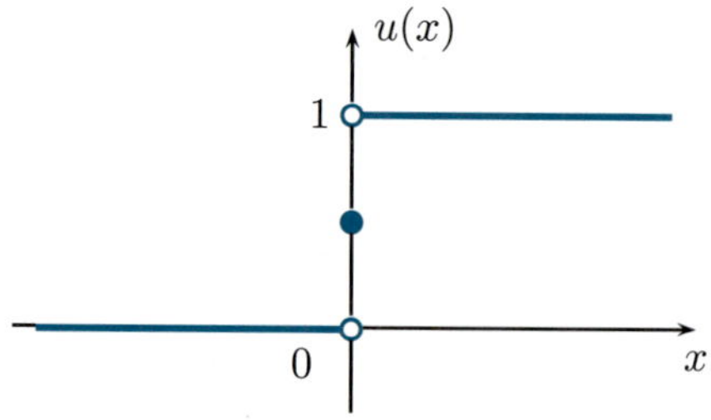

그림 1.4.1 단위 계단 함수: $u(0) = \frac{1}{2}$이라고 둘 때

처럼 연속 함수의 극한으로 나타낼 수 있으며

$$u(x) = \frac{1}{2} + \frac{1}{2\pi}\int_{-\infty}^{\infty} \frac{\sin(\omega x)}{\omega} d\omega \tag{1.4.4}$$

이다. 또 $x = 0$일 때의 값이 α인 단위 계단 함수를 $u_\alpha(x)$처럼 쓸 때도 있고, $\alpha = 0, \frac{1}{2}, 1$일 때를 각각 $u_+(x)$, $u(x)$, $u_-(x)$처럼 나타내기도 한다.

보기 1.4.1 단위 계단 함수에서 $u(0) = \frac{1}{2}$로 두면 $u(x) = 1 - u(-x)$이고 $u(a-x) = 1 - u(x-a)$이다. ◇

보기 1.4.2 단위 계단 함수의 뜻매김에서

$$\begin{aligned} u(x - |a|) &= u(x+a)u(x-a) \\ &= u\left(x^2 - a^2\right) u(x) \end{aligned} \tag{1.4.5}$$

이고[72],

$$u((x-a)(x-b)) = \begin{cases} 0, & \min(a,b) < x < \max(a,b), \\ 1, & x < \min(a,b) \text{ 또는 } x > \max(a,b) \end{cases} \tag{1.4.6}$$

이며,

$$\begin{aligned} u\left(x^2\right) &= u\left(|x|\right) \\ &= \begin{cases} u(0), & x = 0, \\ 1, & x \neq 0 \end{cases} \end{aligned} \tag{1.4.7}$$

임을 쉽게 알 수 있다. ◇

보기 1.4.3 (최대 함수, 최소 함수[73]) 단위 계단 함수에서 $u(0) = \frac{1}{2}$이라고 두자. 그러면 최소 함수 $\min(t,s) = \begin{cases} t, & t \le s, \\ s, & t \ge s \end{cases}$ 를

$$\min(t,s) = t\,u(s-t) + s\,u(t-s) \tag{1.4.8}$$

[72] 식 (1.4.5)에서는 $u(0) = 0$ 또는 1로 둔 셈이다.

[73] max, min

처럼 쓸 수 있다. 또, $t \geq 0$이고 $s \geq 0$일 때

$$\min(t, s) = \int_0^t u(s-y)dy \tag{1.4.9}$$

처럼 쓸 수도 있다. 한편, (1.4.8)과 비슷하게 최대 함수 $\max(t,s) = \begin{cases} t, & t \geq s, \\ s, & t \leq s \end{cases}$ 를

$$\max(t, s) = t\,u(t-s) + s\,u(s-t) \tag{1.4.10}$$

처럼 쓸 수 있다. 또, (1.4.9)를 새겨서, $t \geq 0$이고 $s \geq 0$일 때

$$\max(t, s) = t + s - \int_0^t u(s-y)dy \tag{1.4.11}$$

처럼 쓸 수도 있다. ◇

한편, 단위 계단 함수를 쓰면 조각 연속[74] 함수를 식 하나로 나타낼 수 있다.

보기 1.4.4 함수

$$F(x) = \begin{cases} x^2, & 0 < x < 1, \\ 3, & 1 < x < 2, \\ 0, & \text{그 밖에는} \end{cases} \tag{1.4.12}$$

를 $F(x) = x^2 u(x) - \left(x^2 - 3\right) u(x-1) - 3u(x-2)$처럼 쓸 수 있다. ◇

단위 계단 함수는 계단 수렴 수열[75]을 – 곧, 헤비사이드 수렴 수열 또는 헤비사이드 수열[76]을 – 먼저 뜻매김한 뒤, 계단 수렴 수열을 바탕으로 뜻매김할 수도 있다. 곧, 구간 $-\infty < x < \infty$에서 충분히 부드러운 함수 $f(x)$를 어떻게 고르더라도

$$\begin{aligned} \lim_{m\to\infty} \langle f(x), h_m(x) \rangle &= \int_0^\infty f(x)dx \\ &= \langle f(x), u(x) \rangle \end{aligned} \tag{1.4.13}$$

을 만족시키는 수열 $\{h_m(x)\}_{m=1}^{\infty}$를 계단 수렴 수열 또는 계단 수열이라고 부르고, 그 극한

$$\lim_{m\to\infty} h_m(x) \tag{1.4.14}$$

를 단위 계단 함수라고 부른다.

보기 1.4.5 (계단 수렴 수열) 그림 1.4.2에 보인 함수

$$h_m(x) = \begin{cases} 1, & x > \frac{1}{2m}, \\ mx + \frac{1}{2}, & -\frac{1}{2m} \leq x \leq \frac{1}{2m}, \\ 0, & x < -\frac{1}{2m} \end{cases} \tag{1.4.15}$$

[74] piecewise continuous
[75] step-convergent sequence

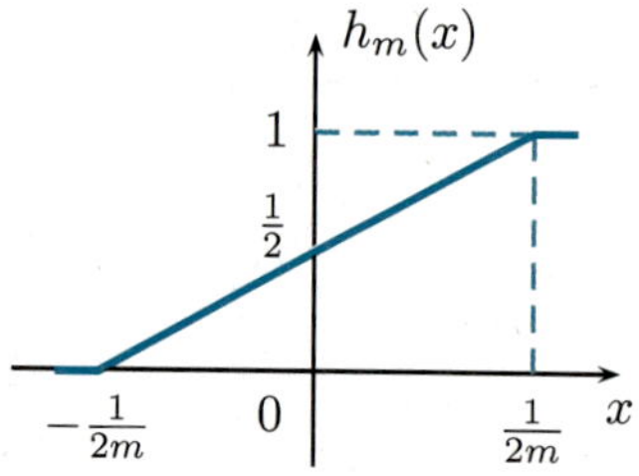

그림 1.4.2 계단 수렴 수열 $\{h_m(x)\}_{m=1}^{\infty}$

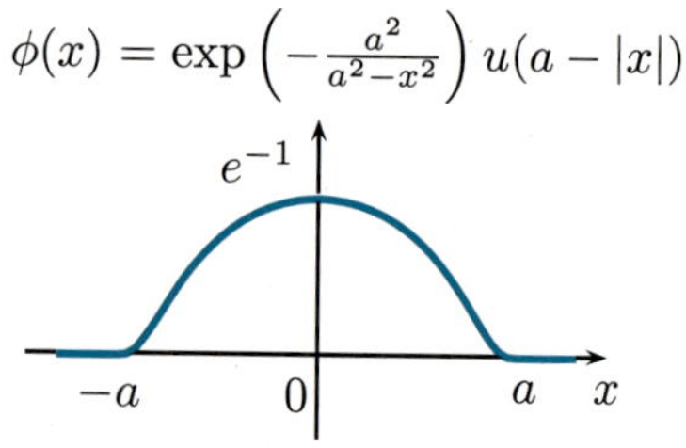

그림 1.4.3 검사 함수 $\phi(x)$

를 생각하자. 그러면 $m \to \infty$이고 $f(0) < \infty$일 때 $m\int_{-\frac{1}{2m}}^{\frac{1}{2m}} xf(x)dx \to 0$이고 $\int_{-\frac{1}{2m}}^{\frac{1}{2m}} f(x)dx \to 0$이므로 $\lim_{m\to\infty}\int_{-\infty}^{\infty} f(x)h_m(x)dx = \lim_{m\to\infty}\left\{\int_{-\frac{1}{2m}}^{\frac{1}{2m}}\left(mx+\frac{1}{2}\right)f(x)dx + \int_{\frac{1}{2m}}^{\infty} f(x)dx\right\} = \int_0^{\infty} f(x)dx = \langle f(x), u(x)\rangle$이다. 곧, 수열 $\{h_m(x)\}_{m=1}^{\infty}$는 계단 수렴 수열이고, 그 극한은 $\lim_{m\to\infty} h_m(x) = u(x)$이다. ◇

뜻매김 1.4.1에서 다룬 단위 계단 함수는 연속 공간 단위 계단 함수이다. 연속 공간 단위 계단 함수와 비슷하게 이산 공간에서도 단위 계단 함수를 뜻매김할 수 있다.

뜻매김 1.4.2 이산 공간 단위 계단 함수

함수

$$\tilde{u}(x) = \begin{cases} 1, & x = 0, 1, \cdots, \\ 0, & \text{그 밖에는} \end{cases} \tag{1.4.16}$$

을 이산 공간 단위 계단 함수라고 부른다.

여기에서, $x = 0$일 때 값이 정해지지 않은 연속 공간 단위 계단 함수 $u(x)$와 달리, 이산 공간 단위 계단 함수[77] $\tilde{u}(x)$는 $x = 0$일 때 값이 1이라는 것을 눈여겨볼 만하다. 또한, a가 0이 아닌 어떤 실수이더라도 $u(|a|x)$는 $u(x)$와 $x = 0$일 때를 빼고는 늘 같지만, a가 ± 1이 아니면 $\tilde{u}(|a|x)$는 $\tilde{u}(x)$와 끝없이 많은 점에서 다르다.

1.4.2 충격 함수

충격 함수는 일반화된 함수 또는 분포[78]라고도 부르는데, 이 책에서는 충격 함수와 일반화된 함수라는 두 낱말만 쓰고, 분포라는 낱말은 2장과 그 뒤에서 다루는 다른 개념을 일컬을 때 쓰도록 한다. 충격 함수는 여러 가지 방법으로 다룰 수 있다. 여기에서는 세 가지 방법으로 다루어 본다. 첫째는 계단 함수의 상징적 미분 또는 상징적 도함수[79]로 충격 함수를 생각하는 것이고, 둘째는 기본 성질을 바탕으로 충격 함수를 뜻매김하는 것이며, 셋째는 충격 수렴 수열을 먼저 생

[77] 연속 공간 단위 계단 함수는 연속 단위 계단 함수, 이산 공간 단위 계단 함수는 이산 단위 계단 함수라고 부르기도 한다. 다만, 앞뒤 문맥으로 보아 문제가 없을 때에는 이 둘을 모두 단위 계단 함수 또는 계단 함수로 부르자.

[78] generalized function 또는 distribution

[79] symbolic differentiation 또는 symbolic derivative

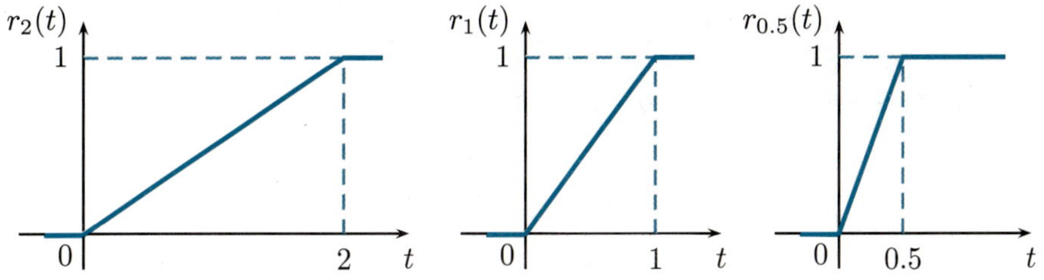

그림 1.4.4 비탈 함수 $r_2(t)$, $r_1(t)$, $r_{0.5}(t)$

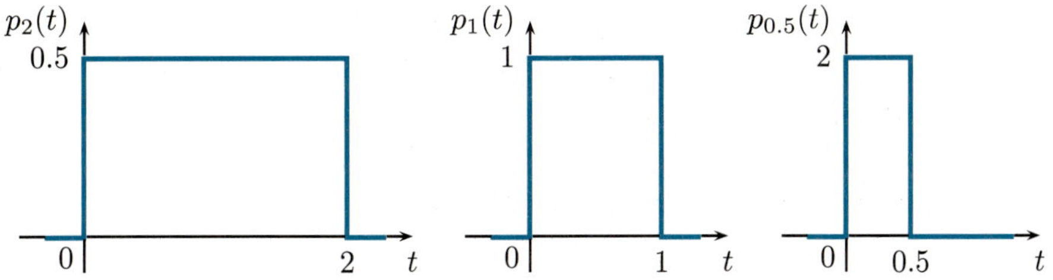

그림 1.4.5 네모 함수 $p_2(t)$, $p_1(t)$, $p_{0.5}(t)$

각하여 그 극한으로 충격 함수를 다루는 것이다.

1.4.2.1 뜻매김

쉽게 알 수 있듯이 그림 1.4.4에 보인 비탈 함수[80]

$$r_a(t) = \begin{cases} 0, & t \le 0, \\ \frac{t}{a}, & 0 \le t \le a, \\ 1, & t \ge a \end{cases} \tag{1.4.17}$$

은 연속 함수이지만, 미분할 수 있는 함수가 아니다. 다만 거의 모든 점에서 – 곧, $t = 0$ 또는 a가 아닌 모든 점에서 – 미분할 수 있다. 또, 그림 1.4.5에 보인 네모 함수[81]

$$p_a(t) = \begin{cases} 0, & t < 0 \text{ 또는 } t > a, \\ \frac{1}{a}, & 0 < t < a \end{cases} \tag{1.4.18}$$

은 연속 함수가 아니고 따라서 미분할 수 없다. 다만 거의 모든 점에서 – 곧, $t = 0$ 또는 a가 아닌 모든 점에서 – 연속이고 미분할 수 있다. 네모 함수는 거의 모든 점에서 비탈 함수의 도함수이다. 곧, $t \neq 0, a$일 때 $p_a(t) = \frac{d}{dt} r_a(t)$이다. 또, 그림 1.4.6에서 볼 수 있듯이 비탈 함수에서 $a \to 0$이면 단위 계단 함수를 얻을 수 있다.

이제 단위 계단 함수의 도함수를 생각해 보자. 연산의 순서를 늘 바꿀 수 있는 것은 아니지만, 그림 1.4.7과 1.4.8에 보였듯이 연산의 순서를 바꾸어 생각하면 단위 계단 함수 $u(t)$의 '도함수'는 비탈 함수 $r_a(t)$의 극한의 '도함수'이므로, 비탈 함수 $r_a(t)$의 '도함수'인 네모 함수 $p_a(t)$의

[80] ramp function. 오르막 함수라고도 부른다.
[81] rectangular function.

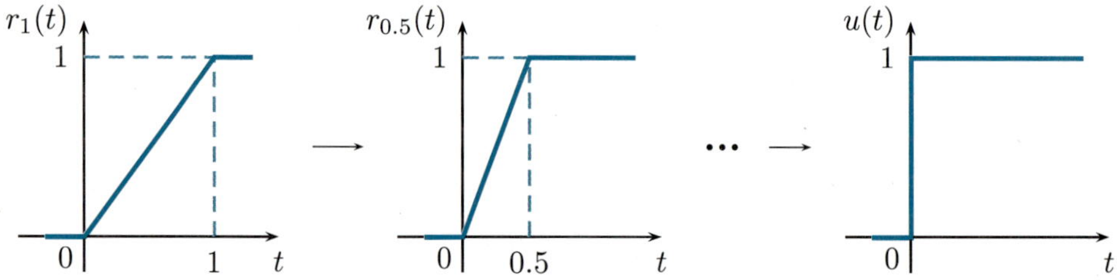

그림 1.4.6 비탈 함수 열 $\{r_a(t)\}$의 극한: 비탈 함수에서 (단위) 계단 함수로

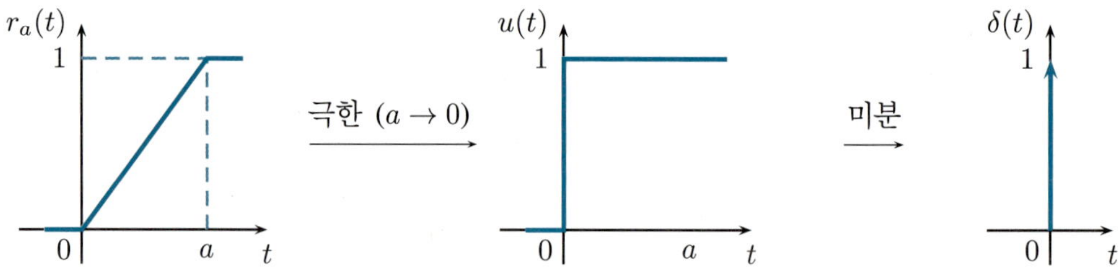

그림 1.4.7 비탈 함수 $\xrightarrow{\text{미분}}$ 네모 함수 $\xrightarrow{\text{극한}}$ 충격 함수

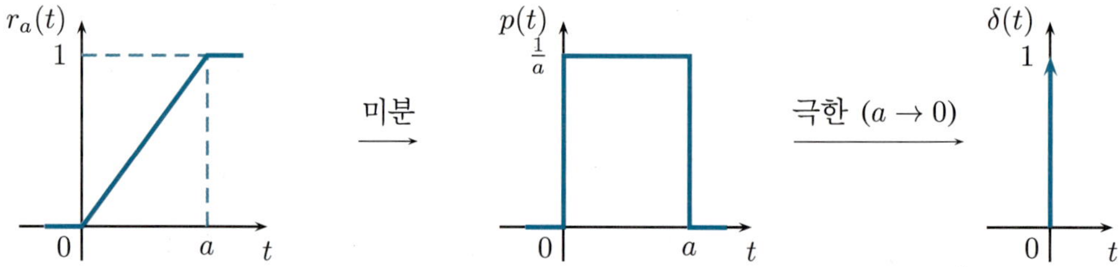

그림 1.4.8 비탈 함수 $\xrightarrow{\text{미분}}$ 네모 함수 $\xrightarrow{\text{극한}}$ 충격 함수

극한일 것이다. 곧, $\frac{d}{dt}u(t) = \frac{d}{dt}\left\{\lim\limits_{a\to 0} r_a(t)\right\} = \lim\limits_{a\to 0}\left\{\frac{d}{dt}r_a(t)\right\} = \lim\limits_{a\to 0} p_a(t)$처럼 볼 수 있다. 이와 같은 생각을 바탕으로 충격 함수를 아래와 같이 뜻매김할 수 있다.

뜻매김 1.4.3 충격 함수, 일반화된 함수

단위 계단 함수 $u(x)$를 미분한

$$\delta(x) = \frac{du(x)}{dx} \tag{1.4.19}$$

를 충격 함수라고 부른다.

이미 앞에서 살펴 보았듯이 단위 계단 함수 $u(x)$는 $x = 0$에서 연속이 아니고, 따라서 $x = 0$에서 미분할 수 없다. 곧, (1.4.19)는 좁게 보면 $x = 0$에서는 뜻이 없는 것이다. 그러나, (1.4.19)에 나온 미분을 $-\infty < x < \infty$에서 뜻이 있는 것으로 보면, (1.4.19)가 뜻하는 바를 "단위 계단 함수를 '상징적으로' 미분한 것을 $\delta(x)$라고 두자."라고 할 수 있다. 계단 함수 $u(x)$와 마찬가지로 충격 함수 $\delta(x)$도 $x = 0$일 때 뜻매김하지 않으나 $\delta(0) \to \infty$로[82] 보기도 한다.

[82] 식 (1.4.26)에 보이는 것처럼 $\delta(0) \to -\infty$인 때도 있다.

이제, 충격 함수를 뜻매김하는 둘째 방법으로 – 곧, 기본 성질을 바탕으로 – 충격 함수를 뜻매김해 보자.

뜻매김 1.4.4 충격 함수, 일반화된 함수

두 조건

$$\delta(x-c) = 0, \quad x \neq c\text{일 때}, \tag{1.4.20}$$

$$\int_{\alpha}^{\beta} \delta(x-c)dx = \begin{cases} 1, & \alpha < c < \beta\text{일 때}, \\ 0, & \alpha = \beta,\ c < \alpha < \beta,\ \text{또는 } \alpha < \beta < c\text{일 때} \end{cases} \tag{1.4.21}$$

을 만족시키는 함수 $\delta(x)$를 충격 함수 또는 일반화된 함수라고 부른다.

한편, $c = \alpha < \beta$ 또는 $\alpha < \beta = c$이면 $\int_{\alpha}^{\beta} \delta(x-c)dx$의 값을 정할 수 없으나, 어떨 때에는 그 값을 $\frac{1}{2}$로 두어야 함이 알려져 있다. 위 둘째 조건 (1.4.21)은, f가 충분히 부드러운 함수일 때,

$$\int_{-\infty}^{\infty} \delta(x-c)f(x)dx = f(c) \tag{1.4.22}$$

처럼 나타낼 수도 있다. 식 (1.4.22)를 충격 함수의 체침 성질[83] 또는 베낌 성질[84]이라고 한다.

충격 함수를 뜻매김하는 셋째 방법을 생각해 보자. 먼저, 뜻매김 1.4.4에 나온 두 조건을 모두 만족시키는 함수를 수학적으로 다루기는 쉽지 않다. 보기를 들면, 한 점을 뺀 나머지 점에서는 0인 함수는 어느 구간에서 적분하더라도 0이므로 위 두 조건은 좁은 뜻의 함수만 생각하면 서로 모순이다. 그런데,

$$\lim_{m\to\infty} \int_{-\infty}^{\infty} f(x)\frac{\sin mx}{\pi x}dx = f(0) \tag{1.4.23}$$

에서[85] 볼 수 있듯이 어떤 함수 열은 (1.4.22)를 만족시킨다. 이 사실을 바탕으로 알맞은 함수 열의 극한으로 충격 함수를 뜻매김할 수 있다. 먼저, 계단 수렴 수열을 생각했던 것과 비슷하게 아래와 같이 충격 수렴 수열을 생각해 보자.

뜻매김 1.4.5 충격 수렴 수열[86]

구간 $-\infty < x < \infty$에서 충분히 부드러운 함수 $f(x)$를 어떻게 고르더라도

$$\lim_{m\to\infty} \int_{-\infty}^{\infty} f(x)s_m(x)dx = f(0) \tag{1.4.24}$$

를 만족시키는 함수 열 $\{s_m(x)\}_{m=1}^{\infty}$를 충격 수렴 수열 또는 충격 수열이라고 한다.

보기 1.4.6 함수 열 $\left\{\frac{\sin mx}{\pi x}\right\}_{m=1}^{\infty}$, $\left\{\frac{1}{\pi}\frac{m}{1+m^2x^2}\right\}_{m=1}^{\infty}$, $\left\{\frac{m}{2}e^{-m|x|}\right\}_{m=1}^{\infty}$, $\left\{\frac{m}{\pi(e^{mx}+e^{-mx})}\right\}_{m=1}^{\infty}$, $\left\{\sqrt{\frac{m}{\pi}}\exp\left(-mx^2\right)\right\}_{m=1}^{\infty}$은 모두 충격 수렴 수열이다. ◇

---

[83] sifting property

[84] reproducing property

[85] 문제 1.24에서 다룬다.

[86] delta-convergent sequence 또는 impulse-convergent sequence

보기 1.4.7 함수

$$s_m(x) = m\ u\left(\frac{1}{2m} - |x|\right), \tag{1.4.25}$$

$$s_m(x) = \begin{cases} -m, & |x| < \frac{1}{2m}, \\ 2m, & \frac{1}{2m} \le |x| \le \frac{1}{m}, \\ 0, & \text{그 밖에는} \end{cases} \tag{1.4.26}$$

그리고

$$s_m(x) = \frac{(2m+1)!}{2^{2m+1}(m!)^2}\left(1-x^2\right)^m u(1-|x|) \tag{1.4.27}$$

이 뜻매김하는 함수 열 $\{s_m(x)\}_{m=1}^{\infty}$는 모두 충격 수렴 수열이다. ◇

보기 1.4.8 함수

$$s_m(x) = \begin{cases} 4m^2x + 2m, & -\frac{1}{2m} \le x \le 0, \\ -4m^2x + 2m, & 0 < x \le \frac{1}{2m}, \\ 0, & |x| > \frac{1}{2m} \end{cases} \tag{1.4.28}$$

과

$$s_m(x) = \begin{cases} m^2x + m, & -\frac{1}{m} \le x \le 0, \\ -m^2x + m, & 0 \le x \le \frac{1}{m}, \\ 0, & |x| > \frac{1}{m} \end{cases} \tag{1.4.29}$$

가 뜻매김하는 함수 열 $\{s_m(x)\}_{m=1}^{\infty}$는 둘 다 충격 수렴 수열이다. ◇

보기 1.4.9 함수 $f(x)$가 0보다 작지 않고 $\int_{-\infty}^{\infty} f(x)dx = 1$이면 함수 열 $\{mf(mx)\}_{m=1}^{\infty}$는 충격 수열이다. ◇

보기 1.4.10 식 (1.4.26)에서 $\delta(0) \to -\infty$일 때도 있다는 것을 알 수 있다. ◇

충격 수렴 수열을 바탕으로 아래와 같이 충격 함수를 뜻매김할 수 있다.

뜻매김 1.4.6 충격 함수

충격 수렴 수열 $\{s_m(x)\}_{m=1}^{\infty}$의 극한

$$\lim_{m\to\infty} s_m(x) = \delta(x) \tag{1.4.30}$$

을 충격 함수라고 부른다.

1.4.2.2 성질

이제,

$$\langle \phi(x), \psi(x) \rangle = \int_{-\infty}^{\infty} \phi(x)\psi(x)dx \tag{1.4.31}$$

처럼 쓰자. 그러면 δ가 충격 함수이고 ϕ와 f가 '보통' 함수이면

$$\langle \delta(x), \phi(x) \rangle = \phi(0), \tag{1.4.32}$$

$$\left\langle \delta^{(k)}(x), \phi(x) \right\rangle = (-1)^k \left\langle \delta(x), \phi^{(k)}(x) \right\rangle, \tag{1.4.33}$$

$$\langle f(x)\delta(x), \phi(x) \rangle = \langle \delta(x), f(x)\phi(x) \rangle \tag{1.4.34}$$

이고,

$$\langle \delta(ax), \phi(x) \rangle = \left\langle \delta(x), \frac{1}{|a|}\phi\left(\frac{x}{a}\right) \right\rangle \tag{1.4.35}$$

임을 쉽게 보일 수 있다.

위 (1.4.35)에서 $a = -1$로 두면 $\langle \delta(-x), \phi(x) \rangle = \langle \delta(x), \phi(-x) \rangle = \phi(0)$이다. 그러므로, (1.4.32)를 새기면

$$\delta(-x) = \delta(x) \tag{1.4.36}$$

임을 알 수 있다. 곧, $\delta(x)$는 짝함수[87]이다.

보기 1.4.11 (최대 함수와 최소 함수의 상징적 도함수) 이제, $t\delta(s-t) - s\delta(t-s) = t\delta(s-t) - t\delta(s-t) = 0$을 새겨서, (1.4.8)에서 본 $\min(t,s) = t\,u(s-t) + s\,u(t-s)$를 편미분하면 $\frac{\partial}{\partial t}\min(t,s) = u(s-t)$이고

$$\begin{aligned} \frac{\partial^2}{\partial s \partial t}\min(t,s) &= \delta(s-t) \\ &= \delta(t-s) \end{aligned} \tag{1.4.37}$$

임을 알 수 있다. 이것과 마찬가지로, $t\delta(s-t) - s\delta(t-s) = t\delta(s-t) - t\delta(s-t) = 0$이라는 것을 새겨서 두고, (1.4.10)에서 본 $\max(t,s) = t\,u(t-s) + s\,u(s-t)$를 편미분하면 $\frac{\partial}{\partial t}\max(t,s) = u(t-s)$이고

$$\begin{aligned} \frac{\partial^2}{\partial s \partial t}\max(t,s) &= -\delta(s-t) \\ &= -\delta(t-s) \end{aligned} \tag{1.4.38}$$

임을 알 수 있다. ◇

다음으로, $n = 1, 2, \cdots$일 때 충격 함수의 n계 도함수 – 곧, 상징적 n계 도함수 – $\delta^{(n)}(x)$와 함수의 곱을 살펴 보자. 이때 검사 함수를 먼저 뜻매김하는 것이 좋다.

뜻매김 1.4.7 검사 함수[88]

아래 두 조건을 만족시키는 실수 함수 ϕ를 검사 함수라고 부른다.
(가) 함수 $\phi(\underline{x})$는 어느 점 $\underline{x} = (x_1, x_2, \cdots, x_n)$에서도 끝없이 미분할 수 있다.
(나) 원점까지의 거리가 A보다 큰 – 곧, $\sqrt{x_1^2 + x_2^2 + \cdots + x_n^2} > A$인 – 어느 점 $\underline{x} = (x_1, x_2, \cdots, x_n)$을 생각하더라도 $\phi(\underline{x}) = 0$인 유한한 수 A가 있다.

[87] even function

위 조건 (가)를 만족시키는 함수를 C^∞ 함수라고도 부른다. 이 뜻매김에서 볼 수 있는 것처럼 일반적으로 n차원 공간에서 검사 함수를 뜻매김할 수 있으나, 이 책에서는 1차원 검사 함수만 다루자.

보기 1.4.12 그림 1.4.3에 보인 함수 $\phi(x) = \exp\left(-\frac{a^2}{a^2-x^2}\right) u(a-|x|)$은 검사 함수이다. ◇

이제, 아래 정리를 살펴 보자.

정리 1.4.1 **충격 함수의 도함수와 함수의 곱** 함수 $f(x)$를 이어서 n번 미분할 수 있다면

$$f(x)\delta^{(n)}(x-b) = (-1)^n \sum_{k=0}^{n} (-1)^k {}_n\mathrm{C}_k f^{(n-k)}(b)\delta^{(k)}(x-b) \tag{1.4.39}$$

이다. ■■

증명 알기 쉽도록 $b=0$이라고 두자. 검사 함수를 $\phi(x)$라고 두면, $x \to \pm\infty$일 때 $\phi(x)=0$이므로

$$\begin{aligned}\int_{-\infty}^{\infty} f(x)\delta^{(n)}(x)\phi(x)dx &= \int_{-\infty}^{\infty} \{f(x)\phi(x)\}\delta^{(n)}(x)dx \\ &= \Big[\{f(x)\phi(x)\}\,\delta^{(n-1)}(x)\Big]_{-\infty}^{\infty} - \int_{-\infty}^{\infty} \{f(x)\phi(x)\}'\delta^{(n-1)}(x)dx \\ &\ \ \vdots \\ &= (-1)^n \int_{-\infty}^{\infty} \{f(x)\phi(x)\}^{(n)}\delta(x)dx \end{aligned} \tag{1.4.40}$$

이다. 여기에서, $\{f(x)\phi(x)\}^{(n)} = f^{(n)}(x)\phi(x) + nf^{(n-1)}(x)\phi^{(1)}(x) + \cdots + f(x)\phi^{(n)}(x)$이므로, (1.4.40)은

$$\begin{aligned}\left\langle f(x)\delta^{(n)}(x), \phi(x)\right\rangle &= (-1)^n \Big\{ f^{(n)}(0)\,\langle\delta(x),\phi(x)\rangle \\ &\quad + (-1)^{-1} n f^{(n-1)}(0)\left\langle\delta^{(1)}(x),\phi(x)\right\rangle + (-1)^{-2}\frac{n(n-1)}{2!} f^{(n-2)}(0)\left\langle\delta^{(2)}(x),\phi(x)\right\rangle \\ &\quad \vdots \\ &\quad + (-1)^{-n} f(0)\left\langle\delta^{(n)}(x),\phi(x)\right\rangle\Big\} \end{aligned} \tag{1.4.41}$$

처럼 쓸 수 있다. 식 (1.4.41)은 상징적 표현인 (1.4.39)와 같다. □

넉넉히 부드러운 함수 $f(x)$와 $\delta^{(n)}(x-b)$의 곱은 $\left\{\delta^{(k)}(x-b)\right\}_{k=0}^{n}$의 선형 조합으로 나타낼 수 있다는 것을, 또 이때 $\delta^{(k)}(x-b)$의 계수는 $(-1)^{n-k}{}_n\mathrm{C}_k$와[89] $x=b$에서 함수 $f^{(n-k)}(x)$의 값 $f^{(n-k)}(b)$를 곱한 것이라는 것을 (1.4.39)에서 알 수 있다.

[88] test function

[89] 여기에서 $(-1)^{n+k} = (-1)^{n-k}$이다.

보기 1.4.13 식 (1.4.39)에서 $n=0$으로 두면

$$f(x)\delta(x-b) = f(b)\delta(x-b) \tag{1.4.42}$$

이다. 이 식은 눈여겨보아 둘 만한 것이다. ◇

보기 1.4.14 식 (1.4.39)를 $n=1,2,3$일 때 조금 더 보기 쉽도록 구체적으로 적으면

$$f(x)\delta'(x-b) = -f'(b)\delta(x-b)+f(b)\delta'(x-b) \tag{1.4.43}$$

이고

$$f(x)\delta''(x-b) = f''(b)\delta(x-b)-2f'(b)\delta'(x-b)+f(b)\delta''(x-b) \tag{1.4.44}$$

이며

$$\begin{aligned} f(x)\delta'''(x-b) &= -f'''(b)\delta(x-b)+3f''(b)\delta'(x-b) \\ &\quad -3f'(b)\delta''(x-b)+f(b)\delta'''(x-b) \end{aligned} \tag{1.4.45}$$

이다. ◇

보기 1.4.15 위 (1.4.43)을 쓰면 $\delta'(x)\sin x = -(\cos 0)\delta(x)+(\sin 0)\delta'(x) = -\delta(x)$이다. ◇

정리 1.4.2 **함수의 충격 함수** 함수 f의 단순 영[90]을 $\{x_m\}_{m=1}^n$이라고 두면

$$\delta\{f(x)\} = \sum_{m=1}^{n} \frac{\delta(x-x_m)}{|f'(x_m)|} \tag{1.4.46}$$

이다. ■■

증명 함수 f의 단순 영이 x_1뿐이라고 두고, $\alpha < x_1 < \beta$라고 할 때 좁은 구간 $I_{x_1}=(\alpha,\beta)$를 생각하자. 먼저, x_1이 단순 영이므로 $f'(x_1)\neq 0$이다. 이제, $f'(x_1)>0$이라고 두자. 그러면 x가 α에서 β까지 갈 때 $f(x)$는 $f(\alpha)$에서 $f(\beta)$까지 늘어난다. 따라서, I_{x_1}에서 $H(f(x)) = H(x-x_1)$이고 $\frac{d}{dx}H(f(x)) = \delta(x-x_1)$이다. 한편, $\frac{d}{dx}H(f(x)) = \frac{dH(f(x))}{df(x)}\frac{df(x)}{dx} = \delta(f(x))\left.\frac{df(x)}{dx}\right|_{\{x:f(x)=0\}} = \delta(f(x))f'(x_1)$이다. 이 두 결과에서

$$\delta(f(x)) = \frac{\delta(x-x_1)}{f'(x_1)} \tag{1.4.47}$$

을 얻는다. 마찬가지로, $f'(x_1)<0$이면 I_{x_1}에서 $H(f(x)) = H(x_1-x)$이므로 $\delta(f(x)) = -\frac{\delta(x-x_1)}{f'(x_1)}$이다. 곧,

$$\delta(f(x)) = \frac{\delta(x-x_1)}{|f'(x_1)|} \tag{1.4.48}$$

이다. 이제, 이 결과를 확장하여 f의 단순 영 모두에 대하여 생각하면 바라는 식 (1.4.46)을 얻을 수 있다. □

[90]simple zero. 이때, 실수인 단순 영만을 생각한다.

보기 1.4.16 식 (1.4.46)을 바탕으로

$$\delta(ax+b) = \frac{1}{|a|}\delta\left(x+\frac{b}{a}\right) \tag{1.4.49}$$

과 $\delta\left(x^3+3x\right) = \frac{1}{3}\delta(x)$를 쉽게 알 수 있다. ◇

보기 1.4.17 식 (1.4.46)을 바탕으로, $b>a$일 때 $\delta((x-a)(x-b)) = \frac{1}{b-a}\{\delta(x-a)+\delta(x-b)\}$, $-\frac{\pi}{2}<x<\frac{\pi}{2}$일 때 $\delta(\tan x)=\delta(x)$, 그리고, $0<x<\pi$일 때 $\delta(\cos x)=\delta\left(x-\frac{\pi}{2}\right)$를 보일 수 있다. ◇

한편, $\delta'\{f(x)\} = \left.\frac{d\delta(u)}{du}\right|_{u=f(x)}$, 곧

$$\delta'\{f(x)\} = \frac{d\delta(f(x))}{df(x)} \tag{1.4.50}$$

을[91] 생각하면 정리 1.4.2와 비슷하게 아래를 얻는다.

정리 1.4.3 함수 f의 단순 영을 $\{x_m\}_{m=1}^n$이라고 두면

$$\delta'\{f(x)\} = \sum_{m=1}^{n}\frac{1}{|f'(x_m)|}\left[\frac{\delta'(x-x_m)}{f'(x_m)}+\frac{f''(x_m)}{\{f'(x_m)\}^2}\delta(x-x_m)\right] \tag{1.4.51}$$

이다. ■■

증명 먼저, (1.4.43)에서

$$\frac{\delta'(x-x_m)}{f'(x)} = \frac{f''(x_m)}{\{f'(x_m)\}^2}\delta(x-x_m)+\frac{1}{f'(x_m)}\delta'(x-x_m) \tag{1.4.52}$$

이고, (1.4.46)에서

$$\frac{d}{dx}\delta\{f(x)\} = \sum_{m=1}^{n}\frac{\delta'(x-x_m)}{|f'(x_m)|} \tag{1.4.53}$$

임을 새겨서 두자. 그러면, $\delta'(f)=\frac{d\delta(f)}{df}=\frac{dx}{df}\frac{d\delta(f)}{dx}$이므로 (1.4.53)을 바탕으로

$$\begin{aligned}\delta'(f) &= \frac{1}{f'(x)}\sum_{m=1}^{n}\frac{\delta'(x-x_m)}{|f'(x_m)|}\\ &= \sum_{m=1}^{n}\frac{1}{|f'(x_m)|}\frac{\delta'(x-x_m)}{f'(x)}\end{aligned} \tag{1.4.54}$$

처럼 쓸 수 있다. 이제, (1.4.52)를 (1.4.54)에 쓰면

$$\delta'(f(x)) = \sum_{m=1}^{n}\frac{1}{|f'(x_m)|}\left[\frac{f''(x_m)}{\{f'(x_m)\}^2}\delta(x-x_m)+\frac{1}{f'(x_m)}\delta'(x-x_m)\right] \tag{1.4.55}$$

처럼 바라는 결과를 얻는다. □

[91] 여기에서, $g'\{f(x)\}=\left[\frac{dg(y)}{dy}\right]_{y=f(x)} \neq \frac{d}{dx}g(f(x))$라는 것을 새겨 두어야 한다. 곧, $g'\{f(x)\}$는 $\left[\frac{dg(y)}{dy}\right]_{y=f(x)}$ 또는 $\frac{dg(f)}{df}$를 가리키는 것이지, $\frac{d}{dx}g(f(x))$를 나타내는 것이 아니다.

넉넉히 부드러운 함수 $f(x)$의 단순 영이 $\{x_m\}_{m=1}^n$일 때, $\delta(f(x))$를 $\{\delta(x-x_m)\}_{m=1}^n$의 선형 조합으로 나타낼 수 있다는 것을 정리 1.4.2에서 알 수 있고, 이와 비슷하게 $\delta'\{f(x)\}$를 $\{\delta(x-x_m), \delta'(x-x_m)\}_{m=1}^n$의 선형 조합으로 나타낼 수 있다는 것을 정리 1.4.3에서 알 수 있다.

보기 1.4.18 함수 $f(x) = (x-1)(x-2)$의 단순 영은 $x = 1, 2$이다. 또, $f'(1) = -1$이고 $f''(1) = 2$이며 $f'(2) = 1$이고 $f''(2) = 2$이므로 $\delta'((x-1)(x-2)) = 2\delta(x-1) + 2\delta(x-2) - \delta'(x-1) + \delta'(x-2)$이다. ◇

보기 1.4.19 함수 $f(x) = \sinh 2x$의 단순 영은 $x = 0$이다. 따라서, $f'(0) = 2\cosh 0 = 2$이고 $f''(0) = 4\sinh 0 = 0$이므로 $\delta'(\sinh 2x) = \frac{1}{2}\left\{\frac{1}{2}\delta'(x) + 0\right\} = \frac{1}{4}\delta'(x)$를 얻는다. ◇

정리 1.4.4 함수 f가 연속 함수이고 유한한 수 k에서 $\left(1+x^2\right)^{-\frac{k}{2}} f(x)$가 유한하면, f의 일반화된 도함수 꼴로 $g(x) = f^{(r)}(x)$처럼 나타낼 수 있는 함수 g는 일반화된 함수이다. 또, 그 역도 성립한다. ■■

1.4.3 감마 함수

1.4.3.1 이어 곱하기와 이항 계수

뜻매김 1.4.8 내림 곱. 순차 곱[92]

기호

$$[m]_k = m(m-1)\cdots(m-k+1) \tag{1.4.56}$$

을 m의 k 내림 곱이라고 부른다. 또, 서로 다른 n개를 늘어 놓는 방법은, $n = 1, 2, \cdots$일 때

$$n! = [n]_n \tag{1.4.57}$$

가지이다. 여기에서, !를 이어 곱하기, 순차 곱, 순차 곱셈, 또는 계승이라고 부른다.

한편, 내림 곱에서

$$[m]_0 = 1 \tag{1.4.58}$$

처럼 둔다. 따라서

$$0! = 1 \tag{1.4.59}$$

이다.

보기 1.4.20 다섯 숫자 $\{1, 2, 3, 4, 5\}$를 한 번씩 쓰면 다섯 자리 수를 $5! = 5 \times 4 \times 3 \times 2 \times 1 = 120$개 만들 수 있다. ◇

[92] falling factorial. factorial

뜻매김 1.4.9 순열[93]

서로 다른 n개에서 k개를 서로 다르게 골라서 늘어 놓는 방법은, $k = 0, 1, \cdots, n$일 때

$$_n\mathsf{P}_k \;=\; [n]_k \tag{1.4.60}$$

가지이다. 여기에서, $_n\mathsf{P}_k$를 (n, k) 순열 또는 n 순열 k라고 부른다.

보기 1.4.21 다섯 숫자 $\{2, 3, 4, 5, 6\}$ 가운데에서 숫자를 둘 골라, 고른 숫자를 한 번씩 쓰면 두 자리 수를 $_5\mathrm{P}_2 = 20$개 만들 수 있다. 서양 놀이 딱지[94] 52장에서 다섯 장을 골라서 늘어 놓을 때, 모두 같은 무늬가 나오는 경우는 $4 \times {}_{13}\mathrm{P}_5 = 617760$가지이다. ◇

정리 1.4.5 중복 순열 같은 것을 다시 고를 수도 있을 때, 서로 다른 n개에서 k개를 골라서 늘어 놓는 방법은 모두 n^k가지이다. ■■

보기 1.4.22 숫자 넷을 써서 만들 수 있는 비밀 번호는 10^4가지이다. 한편, 세 숫자 $\{3, 4, 5\}$를 거듭 쓰면 네 자리 수를 $3^4 = 81$개 만들 수 있다. ◇

뜻매김 1.4.10 조합[95]

서로 다른 n개에서 k개를 서로 다르게 고르는 방법은, $k = 0, 1, \cdots, n$일 때

$$_n\mathsf{C}_k \;=\; \frac{n!}{(n-k)!k!} \tag{1.4.61}$$

가지이고, 이 식을 (n, k) 조합이라고 부른다.

위에 보인 수 $_n\mathrm{C}_k$는 이항 계수라고도 부르며, 이 수는

$$_n\mathrm{C}_k \;=\; {}_n\mathrm{C}_{n-k} \tag{1.4.62}$$

와 같은 대칭성을 지니고 있다. 한편, (1.4.60)과 (1.4.61)에서

$$_n\mathrm{C}_k \;=\; \frac{_n\mathrm{P}_k}{k!} \tag{1.4.63}$$

임을 알 수 있다.

보기 1.4.23 집합 $\{0, 1, 2, \cdots, 9\}$에서 두 수를 고르는 방법은 $_{10}\mathrm{C}_2 = 45$가지이다. 서양 딱지 52장에서 다섯 장을 고를 때, 두 장에 적힌 숫자 또는 문자가 같고 나머지 석 장에 적힌 숫자 또는 문자가 같은 경우는 $_{13}\mathrm{P}_2 \times {}_4\mathrm{C}_3 \times {}_4\mathrm{C}_2 = 3744$가지이다. ◇

정리 1.4.6 다항 계수 표본공간 $\Omega = \{\omega_1, \omega_2, \cdots, \omega_m\}$에서 실험을 n번 거듭할 때 ω_i가 n_i번 나타나는 경우의 가짓수는, $i = 1, 2, \cdots, m$이고 $n_i \in \{0, 1, \cdots, n\}$일 때

[93] permutation

[94] 서양 놀이 딱지 한 묶음은 52장인데, 마름모, 삽, 토끼풀 잎, 하트 네 무늬마다 열세 장이고, 그 열세 장에는 $2, 3, \cdots, 10$과 J, Q, K, A가 하나씩 적혀 있다. 앞으로는 서양 놀이 딱지를 '서양 딱지'라고도 부르자.

[95] combination

$$\binom{n}{n_1, n_2, \cdots, n_m} = \begin{cases} \frac{n!}{n_1!n_2!\cdots n_m!}, & \sum_{k=1}^{m} n_k = n \text{일 때}, \\ 0, & \text{그 밖에는} \end{cases} \tag{1.4.64}$$

이고, 이 식을 다항 계수[96]라고 부른다. ■■

증명 바라는 가짓수는 n번 가운데에서 ω_1이 n_1번 일어나고, 남은 $n-n_1$번 가운데에서 ω_2가 n_2번 일어나며, $\cdots$, 남은 $n-n_1-n_2\cdots-n_{m-1}$번 가운데에서 ω_m이 n_m번 일어나는 경우의 가짓수이므로

$$\begin{aligned} & \binom{n}{n_1}\binom{n-n_1}{n_2}\cdots\binom{n-n_1-n_2-\cdots-n_{m-1}}{n_m} \\ = & \frac{n!}{n_1!\,(n-n_1)!}\frac{(n-n_1)!}{n_2!\,(n-n_1-n_2)!}\cdots\frac{(n-n_1-n_2-\cdots-n_{m-1})!}{n_m!} \\ = & \frac{n!}{n_1!n_2!\cdots n_m!} \end{aligned} \tag{1.4.65}$$

이다. □

다항 계수는 여러 차원에서 쓰기에 알맞도록 이항 계수를 확장한 것이라고 할 수 있다.

보기 1.4.24 제대로 만든 주사위를 굴려 나온 눈을 생각하고, **가** $=\{1,2,3\}$, **나** $=\{4,5\}$, **다** $=\{6\}$이라고 두자. 이제, 이 주사위를 10번 던질 때 **가**가 네 번, **나**가 다섯 번, **다**가 한 번 나오는 가짓수는 $\binom{10}{4,5,1}=1260$이다. ◇

1.4.3.2 감마 함수

실수 α가 0보다 클 때

$$\Gamma(\alpha) = \int_0^\infty x^{\alpha-1}e^{-x}dx \tag{1.4.66}$$

을 감마 함수라고 부르는데, 이 함수는

$$\Gamma(\alpha) = (\alpha-1)\Gamma(\alpha-1) \tag{1.4.67}$$

을 만족시키고, n이 자연수일 때

$$\Gamma(n) = (n-1)! \tag{1.4.68}$$

이다. 곧, 감마 함수는 이어 곱하기를 일반화한 것이라고 볼 수 있다. 감마 함수를 조금 더 자세히 살펴 보자. 먼저, $\alpha<0$이고 $\alpha\neq 0,-1,-2,\cdots$ 일 때, $\alpha+k+1>0$인 가장 작은 정수를 k라고 두면

$$\Gamma(\alpha) = \frac{\Gamma(\alpha+k+1)}{\alpha(\alpha+1)(\alpha+2)\cdots(\alpha+k)}$$

[96] multinomial coefficient

처럼 α가 음수일 때의 감마 함수를 뜻매김할 수 있다. 다음으로, z가 복소수일 때

$$(z)_n = \begin{cases} z(z+1)\cdots(z+n-1), & n = 1, 2, \cdots, \\ 1, & n = 0 \end{cases} \tag{1.4.69}$$

처럼[97] 뜻매김하자. 그러면 α와 n이 0보다 작지 않은 정수일 때, 순차 곱을

$$\begin{aligned} \alpha! &= \frac{(\alpha+n)(\alpha+n-1)\cdots(\alpha+1)\alpha(\alpha-1)\cdots 1}{(\alpha+1)(\alpha+2)\cdots(\alpha+n)} \\ &= \frac{(\alpha+n)!}{(\alpha+1)_n} \end{aligned} \tag{1.4.70}$$

처럼 쓸 수 있다. 여기에서, (1.4.70)을 $\alpha! = \frac{(n+1)_\alpha\, n!}{(\alpha+1)_n}$, 곧

$$\alpha! = \frac{n^\alpha\, n!}{(\alpha+1)_n}\frac{(n+1)_\alpha}{n^\alpha} \tag{1.4.71}$$

처럼 바꾸어 쓴 다음, $\lim_{n\to\infty}\frac{(n+1)_\alpha}{n^\alpha} = \left(1+\frac{1}{n}\right)\left(1+\frac{2}{n}\right)\cdots\left(1+\frac{\alpha}{n}\right) = 1$을 새기면 $\alpha! = \lim_{n\to\infty}\frac{n^\alpha n!}{(\alpha+1)_n}$임을 알 수 있다. 이 식을 바탕으로, 복소수 α가 $\alpha \neq 0, -1, -2, \cdots$일 때 감마 함수를

$$\Gamma(\alpha) = \lim_{n\to\infty}\frac{n^{\alpha-1}\, n!}{(\alpha)_n} \tag{1.4.72}$$

처럼 뜻매김할 수 있다. 이 식은, $\lim_{n\to\infty}\frac{n^{\alpha-1}\, n!}{(\alpha)_n} = \lim_{n\to\infty}\frac{(\alpha+n)n^{\alpha-1}n!}{(\alpha)_{n+1}} = \lim_{n\to\infty}\frac{n^\alpha n!}{(\alpha)_{n+1}}\left(1+\frac{\alpha}{n}\right)$이므로,

$$\Gamma(\alpha) = \lim_{n\to\infty}\frac{n^\alpha n!}{(\alpha)_{n+1}} \tag{1.4.73}$$

처럼 쓸 수도 있다.

이제, $\Gamma(1) = \lim_{n\to\infty}\frac{n^0 n!}{(1)_n} = \lim_{n\to\infty}\frac{n!}{n!} = 1$과 $(\alpha+1)_n = (\alpha)_n\frac{\alpha+n}{\alpha}$을 새기면 $\Gamma(\alpha+1) = \lim_{n\to\infty}\frac{n^\alpha n!}{(\alpha+1)_n} = \lim_{n\to\infty}\frac{\alpha n}{\alpha+n}\lim_{n\to\infty}\frac{n^{\alpha-1}n!}{(\alpha)_n}$이므로

$$\Gamma(\alpha+1) = \alpha\Gamma(\alpha) \tag{1.4.74}$$

이다. 이 결과는 (1.4.67)과 같다. 식 (1.4.74)를 바탕으로 $\lim_{p\to 0} p\Gamma(p) = \lim_{p\to 0}\Gamma(p+1)$, 곧

$$\lim_{p\to 0} p\Gamma(p) = 1 \tag{1.4.75}$$

를 알 수 있다. 한편, $a \geq b$일 때 $\lim_{n\to\infty}(cn)^{b-a}\frac{\Gamma(cn+a)}{\Gamma(cn+b)} = \lim_{n\to\infty}(cn)^{b-a}(cn+a-1)(cn+a-2)\cdots(cn+b) = \lim_{n\to\infty}(cn)^{b-a}(cn)^{a-b}$, 곧

$$\lim_{n\to\infty}(cn)^{b-a}\frac{\Gamma(cn+a)}{\Gamma(cn+b)} = 1 \tag{1.4.76}$$

이고 $a < b$일 때에도 같은 결과를 얻을 수 있다.

[97] 여기에서, $(z)_n$은 포크해머의 기호라고 Pochhammer's symbol 부르는데, 아펠의 기호 Appell's symbol (z, n)과 같은 것이고 오름 곱 rising factorial, ascending factorial, rising sequential product, upper factorial, 포크해머 함수 Pochhammer function, 또는 포크해머 다항식이라고 Pochhammer polynomial 부르기도 한다.

감마 함수 $\Gamma(\alpha)$는 $\alpha \notin \{0, -1, -2, \cdots\}$일 때 해석적이다. 또한, $k = 0, 1, \cdots$일 때 $\lim_{\alpha\to -k} (\alpha + k)\Gamma(\alpha) = \lim_{\alpha\to -k} \lim_{n\to\infty} \frac{(\alpha+k)n^{\alpha-1}n!}{(\alpha)_n}$, 곧

$$\begin{aligned}\lim_{\alpha\to -k}(\alpha+k)\Gamma(\alpha) &= \lim_{n\to\infty} \frac{n^{-k-1}n!}{(-k)(-k+1)\cdots(-k+k-1)(-k+k+1)\cdots(-k+n-1)} \\ &= \frac{(-1)^k}{k!} \lim_{n\to\infty} \frac{n!}{n^{k+1}(n-k-1)!} \\ &= \frac{(-1)^k}{k!} \lim_{n\to\infty} \frac{(n-k)(n-k+1)\cdots n}{n^{k+1}} \\ &= \frac{(-1)^k}{k!} \lim_{n\to\infty} \left(1-\frac{k}{n}\right)\left(1-\frac{k-1}{n}\right)\cdots\left(1-\frac{1}{n}\right)\left(1-\frac{0}{n}\right) \\ &= \frac{(-1)^k}{k!} \end{aligned} \tag{1.4.77}$$

이므로, 감마 함수 $\Gamma(\alpha)$는 단순 영[98] $\alpha \in \{0, -1, -2, \cdots\}$에서 나머지[99]가 $\frac{(-1)^{-\alpha}}{(-\alpha)!}$이다.

한편, 뒤에 나오는 (1.부.31)–(1.부.39)에서 보이듯이, $0 < x < 1$일 때

$$\Gamma(1-x)\Gamma(x) = \frac{\pi}{\sin \pi x} \tag{1.4.78}$$

이다[100]. 식 (1.4.78)에 $x = n+1-\epsilon$을 넣으면 $\Gamma(\epsilon-n)\Gamma(n+1-\epsilon) = \frac{\pi}{\sin \pi\{(n+1)-\epsilon\}} = \frac{(-1)^n\pi}{\sin \pi\epsilon}$이고 $x = 1+\epsilon$을 넣으면 $\Gamma(-\epsilon)\Gamma(1+\epsilon) = \frac{\pi}{\sin(\pi+\pi\epsilon)} = -\frac{\pi}{\sin \pi\epsilon}$이므로

$$\Gamma(\epsilon-n) = (-1)^{n-1}\frac{\Gamma(-\epsilon)\Gamma(1+\epsilon)}{\Gamma(n+1-\epsilon)} \tag{1.4.79}$$

임을 알 수 있다. 또, (1.4.78)의 x 자리에 $\frac{1}{2}+x$를 넣으면

$$\Gamma\left(\frac{1}{2}-x\right)\Gamma\left(\frac{1}{2}+x\right) = \frac{\pi}{\cos \pi x} \tag{1.4.80}$$

을 얻고, $\frac{3}{4}+x$를 넣으면

$$\Gamma\left(\frac{1}{4}-x\right)\Gamma\left(\frac{3}{4}+x\right) = \frac{\sqrt{2}\pi}{\cos \pi x - \sin \pi x} \tag{1.4.81}$$

을 얻는다.

보기 1.4.25 식 (1.4.78)에서 $x = \frac{1}{2}$이라고 두면

$$\Gamma\left(\frac{1}{2}\right) = \sqrt{\pi} \tag{1.4.82}$$

를 얻을 수 있다. ◇

보기 1.4.26 자연수 k를 생각하면, $\Gamma\left(\frac{1}{2}\right) = \sqrt{\pi}$와 (1.4.74)에 보인 $\Gamma(x+1) = x\Gamma(x)$를 새겨서 $\Gamma\left(\frac{1}{2}+k\right) = \left(\frac{1}{2}+k-1\right) \times \left(\frac{1}{2}+k-2\right) \times \cdots \times \frac{1}{2}\Gamma\left(\frac{1}{2}\right) = \frac{1\times 3\times\cdots\times(2k-1)}{2^k}\sqrt{\pi}$, 곧

[98] simple pole

[99] residue

[100] 식 (1.4.78)을 오일러 반사 식이라고 Euler reflection formula 부른다.

표 1.4.1 $z=-\frac{9}{2},-\frac{7}{2},\cdots,\frac{9}{2}$일 때 $\Gamma(z)$의 값

z	$-\frac{9}{2}$	$-\frac{7}{2}$	$-\frac{5}{2}$	$-\frac{3}{2}$	$-\frac{1}{2}$	$\frac{1}{2}$	$\frac{3}{2}$	$\frac{5}{2}$	$\frac{7}{2}$	$\frac{9}{2}$
$\Gamma(z)$	$-\frac{32\sqrt{\pi}}{945}$	$\frac{16\sqrt{\pi}}{105}$	$-\frac{8\sqrt{\pi}}{15}$	$\frac{4\sqrt{\pi}}{3}$	$-2\sqrt{\pi}$	$\sqrt{\pi}$	$\frac{\sqrt{\pi}}{2}$	$\frac{3\sqrt{\pi}}{4}$	$\frac{15\sqrt{\pi}}{8}$	$\frac{105\sqrt{\pi}}{16}$

$$\Gamma\left(\frac{1}{2}+k\right) = \frac{(2k)!}{2^{2k}k!}\sqrt{\pi} \tag{1.4.83}$$

임을 알 수 있다. 이때, $(2k)!=\Gamma(2k+1)$, $k!=\Gamma(k+1)$처럼 바꾸어 쓰면 이 식에서

$$\frac{\Gamma(2k+1)}{\Gamma(k+1)} = \frac{2^{2k}}{\sqrt{\pi}}\Gamma\left(k+\frac{1}{2}\right) \tag{1.4.84}$$

임을 알 수 있다. 또, (1.4.83)과 비슷하게 $k=1,2,\cdots$일 때 $\Gamma\left(\frac{1}{2}\right)=\left(\frac{1}{2}-1\right)\left(\frac{1}{2}-2\right)\cdots\left(\frac{1}{2}-k\right)\Gamma\left(\frac{1}{2}-k\right)=(-1)^k\frac{1\times3\times\cdots\times(2k-1)}{2^k}\Gamma\left(\frac{1}{2}-k\right)=(-1)^k\frac{(2k)!}{2^{2k}k!}\Gamma\left(\frac{1}{2}-k\right)$이므로

$$\Gamma\left(\frac{1}{2}-k\right) = (-1)^k\frac{2^{2k}k!}{(2k)!}\sqrt{\pi} \tag{1.4.85}$$

이다. ◇

식 (1.4.83)과 (1.4.85)에서

$$\Gamma\left(\frac{1}{2}-k\right)\Gamma\left(\frac{1}{2}+k\right) = (-1)^k\pi \tag{1.4.86}$$

인데, 이 식은 (1.4.80)에서 x를 정수 k로 둔 것이다. 또, (1.4.83)과 (1.4.85)는 – 마땅히 – (1.4.80)을 만족시킨다. 식 (1.4.83)에서 $\Gamma\left(\frac{3}{2}\right)=0.5\Gamma(0.5)=\frac{\sqrt{\pi}}{2}$, $\Gamma(2.5)=1.5\Gamma\left(\frac{3}{2}\right)=\frac{3\sqrt{\pi}}{4}$, $\Gamma(3.5)=2.5\Gamma(2.5)=\frac{15\sqrt{\pi}}{8}$, $\cdots$을 알 수 있고, (1.4.85)에서 $\Gamma(-0.5)=\frac{\Gamma(0.5)}{-0.5}=-2\sqrt{\pi}$, $\Gamma(-1.5)=\frac{\Gamma(-0.5)}{-1.5}=\frac{4\sqrt{\pi}}{3}$, $\Gamma(-2.5)=\frac{\Gamma(-1.5)}{-2.5}=-\frac{8\sqrt{\pi}}{15}$, $\cdots$을 알 수 있다. 표 1.4.1에 이렇게 얻은 값을 몇 개 보였다.

이제, (1.4.74)에 보인 $\Gamma(x+1)=x\Gamma(x)$를 새겨서 (1.4.78)을 바꾸어 쓰면

$$\Gamma(1-x)\Gamma(1+x) = \frac{\pi x}{\sin\pi x} \tag{1.4.87}$$

임을 알 수 있고, (1.4.78)–(1.4.81), (1.4.86), (1.4.87)을 바탕으로 $\Gamma\left(\frac{1}{3}\right)\Gamma\left(\frac{2}{3}\right)=\frac{2\pi}{\sqrt{3}}$이며, $\Gamma\left(\frac{1}{4}\right)\Gamma\left(\frac{3}{4}\right)=\sqrt{2}\pi$이고, $\Gamma\left(\frac{1}{6}\right)\Gamma\left(\frac{5}{6}\right)=2\pi$임을[101] 알 수 있다. 또, $\beta>0$일 때 $v=t^\beta$라고 두면 $\int_0^\infty t^\alpha\exp\left(-t^\beta\right)dt=\int_0^\infty v^{\frac{\alpha}{\beta}}e^{-v}\frac{1}{\beta}v^{\frac{1}{\beta}-1}dv=\frac{1}{\beta}\int_0^\infty v^{\frac{\alpha+1}{\beta}-1}e^{-v}dv=\frac{1}{\beta}\Gamma\left(\frac{\alpha+1}{\beta}\right)$이고, 이 식과 비슷하게, $\beta<0$일 때 $v=t^\beta$라고 두면 $\int_0^\infty t^\alpha\exp\left(-t^\beta\right)dt=\int_\infty^0 v^{\frac{\alpha}{\beta}}e^{-v}\frac{1}{\beta}v^{\frac{1}{\beta}-1}dv=-\frac{1}{\beta}\Gamma\left(\frac{\alpha+1}{\beta}\right)$이므로,

$$\int_0^\infty t^\alpha\exp\left(-t^\beta\right)dt = \frac{1}{|\beta|}\Gamma\left(\frac{\alpha+1}{\beta}\right) \tag{1.4.88}$$

임을 새겨서 둘 만하다.

[101] 여기에서, $\sqrt{\pi}\approx1.7725$이고, $\frac{2\pi}{\sqrt{3}}\approx3.6276$이며, $\sqrt{2}\pi\approx4.4429$이다. 한편, $\Gamma\left(\frac{1}{8}\right)\approx7.5339$, $\Gamma\left(\frac{1}{7}\right)\approx6.5481$, $\Gamma\left(\frac{1}{6}\right)\approx5.5663$, $\Gamma\left(\frac{1}{5}\right)\approx4.5908$, $\Gamma\left(\frac{1}{4}\right)\approx3.6256$, $\Gamma\left(\frac{1}{3}\right)\approx2.6789$, $\Gamma\left(\frac{2}{3}\right)\approx1.3541$, $\Gamma\left(\frac{3}{4}\right)\approx1.2254$, $\Gamma\left(\frac{4}{5}\right)\approx0.4022$, $\Gamma\left(\frac{5}{6}\right)\approx0.2822$, $\Gamma\left(\frac{6}{7}\right)\approx0.2082$, $\Gamma\left(\frac{7}{8}\right)\approx0.1596$이다.

이제, $\alpha \to$ 음 정수일 때

$$\Gamma(\alpha+1) \;\to\; \pm\infty \tag{1.4.89}$$

인데, 이 식을 조금 더 자세히 쓰면 $\Gamma\left(\alpha+1^{\pm}\right)=\alpha^{\pm}!$의 값은

$$\Gamma\left(\alpha+1^{\pm}\right) \;\to\; \pm(-1)^{\alpha+1}\infty \tag{1.4.90}$$

이다. 보기를 들면, $\lim\limits_{\alpha\downarrow-1}\Gamma(\alpha+1)=+\infty$, $\lim\limits_{\alpha\uparrow-1}\Gamma(\alpha+1)=-\infty$, $\lim\limits_{\alpha\downarrow-2}\Gamma(\alpha+1)=-\infty$, $\lim\limits_{\alpha\uparrow-2}\Gamma(\alpha+1)=+\infty$, $\cdots$ 이다.

끝으로, $\alpha<0$이고 $\beta<0$이며 $\alpha-\beta$가 정수일 때, $\alpha-v$도 자연수이고 $\beta-v$도 자연수인 수 v를 – 곧, $k=1,2,\cdots$ 일 때 $v=\min(\alpha,\beta)-k$를 – 생각하자. 보기를 들어, $\alpha=-\pi$이고 $\beta=1-\pi$이면 v는 $\{-\pi-1,-\pi-2,\cdots\}$ 가운데에서 하나이고, $\alpha=-3.4$이고 $\beta=-5.4$이면 v는 $\{-6.4,-7.4,\cdots\}$ 가운데에서 하나이다. 이제, $\frac{\Gamma(\alpha+1)}{\Gamma(\beta+1)}=\frac{\Gamma(\alpha+1)}{\Gamma(v)}\frac{\Gamma(v)}{\Gamma(\beta+1)}=\frac{\alpha(\alpha-1)\cdots v}{\beta(\beta-1)\cdots v}$ 인데, 이 식을 바꾸어 쓰면

$$\begin{aligned}\frac{\Gamma(\alpha+1)}{\Gamma(\beta+1)} &= \frac{(-1)^{\alpha-v+1}(-v)(-v-1)\cdots(-\alpha+1)(-\alpha)}{(-1)^{\beta-v+1}(-v)(-v-1)\cdots(-\beta+1)(-\beta)}\\ &= (-1)^{\alpha-\beta}\frac{\Gamma(-v+1)}{\Gamma(-\alpha)}\frac{\Gamma(-\beta)}{\Gamma(-v+1)}\\ &= (-1)^{\alpha-\beta}\frac{\Gamma(-\beta)}{\Gamma(-\alpha)}\end{aligned} \tag{1.4.91}$$

이다. 이 결과를 바탕으로, α와 β가 음 정수일 때에 $\lim\limits_{x\downarrow\beta,\,y\downarrow\alpha}\frac{\Gamma(y+1)}{\Gamma(x+1)}=\lim\limits_{x\uparrow\beta,\,y\uparrow\alpha}\frac{\Gamma(y+1)}{\Gamma(x+1)}=(-1)^{\alpha-\beta}\frac{\Gamma(-\beta)}{\Gamma(-\alpha)}$처럼, 또 $\lim\limits_{x\downarrow\beta,\,y\uparrow\alpha}\frac{\Gamma(y+1)}{\Gamma(x+1)}=\lim\limits_{x\uparrow\beta,\,y\downarrow\alpha}\frac{\Gamma(y+1)}{\Gamma(x+1)}=(-1)^{\alpha-\beta+1}\frac{\Gamma(-\beta)}{\Gamma(-\alpha)}$처럼, 곧

$$\begin{cases}\frac{\Gamma\left(\alpha^{\pm}\right)}{\Gamma\left(\beta^{\pm}\right)}=(-1)^{\alpha-\beta}\frac{\Gamma(-\beta+1)}{\Gamma(-\alpha+1)},\\ \frac{\Gamma\left(\alpha^{\mp}\right)}{\Gamma\left(\beta^{\pm}\right)}=(-1)^{\alpha-\beta+1}\frac{\Gamma(-\beta+1)}{\Gamma(-\alpha+1)}\end{cases} \tag{1.4.92}$$

처럼 볼[102] 수 있다. 이 결과는 뒤에 나오는 (1.부.3)과 표 1.부.2에서 알게 되듯이 음 정수의 순열과 조합을 계산할 때 매우 쓸모 있다.

보기 1.4.27 식 (1.4.91)에서 $\frac{\Gamma(1-\pi)}{\Gamma(2-\pi)}=(-1)^{-1}\frac{\Gamma(\pi-1)}{\Gamma(\pi)}$임을 알 수 있다. 또, (1.4.91) 또는 (1.4.92)에서 $\frac{\Gamma\left(-5^{+}\right)}{\Gamma\left(-4^{+}\right)}=-\frac{\Gamma(5)}{\Gamma(6)}=-\frac{1}{5}$을 얻을 수 있다. ◇

보기 1.4.28 한편, $\Gamma(i)\approx-0.1550-i0.4980$임이 알려져 있다. 이제, $\Gamma(1-z)=-z\Gamma(-z)$에서 $\Gamma(-z)=-\frac{\Gamma(1-z)}{z}$라는 것을 새기자. 그 다음, 오일러 반사 식 (1.4.78)을 쓰면, $z\neq0,\pm1,\pm2,\cdots$ 일 때 $\Gamma(z)\Gamma(-z)=-\frac{\Gamma(z)\Gamma(1-z)}{z}$, 곧

$$\Gamma(z)\Gamma(-z) \;=\; -\frac{\pi}{z\sin\pi z} \tag{1.4.93}$$

이다. 이제, $e^{ix}=\cos x+i\sin x$이고 $e^{-ix}=\cos x-i\sin x$이므로 $\sin x=\frac{1}{2i}\left(e^{ix}-e^{-ix}\right)$이고 $\Gamma(\bar{z})=\overline{\Gamma(z)}$이며 $\Gamma(1-i)=-i\Gamma(-i)$라는 것을 새기면 $\Gamma(i)\Gamma(-i)=|\Gamma(i)|^2=-\frac{\pi}{i\sin\pi i}$, 곧

[102] 앞으로 이 식을 계산할 때에 다른 말이 없으면 α^{+}와 β^{+}로 생각한다.

$$|\Gamma(i)|^2 = \frac{2\pi}{e^{\pi} - e^{-\pi}} \tag{1.4.94}$$

이다[103]. ◇

보기 1.4.29 영역 $\alpha > 0$에서만 보면 감마 함수 $\Gamma(\alpha)$는 $\alpha = \alpha_0 \approx 1.4616$일 때 가장 작고 그 값은 $\Gamma(\alpha_0) \approx 0.8856$이며, $\Gamma''(\alpha) > 0$이므로 아래로 볼록하다. ◇

1.4.3.3 베타 함수

복소수 영역에서 베타 함수는

$$\tilde{B}(\alpha, \beta) = \int_0^1 x^{\alpha-1}(1-x)^{\beta-1}dx, \quad \text{Re}(\alpha) > 0,\ \text{Re}(\beta) > 0, \tag{1.4.95}$$

를[104] 일컫는다. 이제

$$\tilde{B}(\alpha, \beta) = \frac{\Gamma(\alpha)\Gamma(\beta)}{\Gamma(\alpha+\beta)} \tag{1.4.96}$$

을 보이자. 먼저, $\tilde{B}(\alpha, \beta+1) = \int_0^1 x^{\alpha-1}(1-x)(1-x)^{\beta-1}dx = \tilde{B}(\alpha, \beta) - \tilde{B}(\alpha+1, \beta)$이고, 또 다른 한편으로는 (1.4.95)를 바탕으로 부분 적분하면 $\tilde{B}(\alpha, \beta+1) = \frac{1}{\alpha}x^{\alpha}(1-x)^{\beta}\Big|_{x=0}^{1} + \frac{\beta}{\alpha}\int_0^1 x^{\alpha}(1-x)^{\beta-1}dx = \frac{\beta}{\alpha}\tilde{B}(\alpha+1, \beta)$이므로

$$\tilde{B}(\alpha, \beta) = \frac{\alpha+\beta}{\beta}\tilde{B}(\alpha, \beta+1) \tag{1.4.97}$$

이다. 식 (1.4.97)은 $\tilde{B}(\alpha, \beta+1) = \int_0^1 x^{\alpha+\beta-1}\left(\frac{1-x}{x}\right)^{\beta}dx = \frac{1}{\alpha+\beta}x^{\alpha+\beta}\left(\frac{1-x}{x}\right)^{\beta}\Big|_{x=0}^{1} + \frac{\beta}{\alpha+\beta}\int_0^1 x^{\alpha+\beta}\left(\frac{1-x}{x}\right)^{\beta-1}\frac{dx}{x^2} = \frac{\beta}{\alpha+\beta}\int_0^1 x^{\alpha-1}(1-x)^{\beta-1}dx = \frac{\beta}{\alpha+\beta}\tilde{B}(\alpha, \beta)$처럼 얻을 수도 있다. 이제, (1.4.97)을 거듭 쓰면

$$\begin{aligned}
\tilde{B}(\alpha, \beta) &= \frac{(\alpha+\beta)(\alpha+\beta+1)}{\beta(\beta+1)}\tilde{B}(\alpha, \beta+2) \\
&= \frac{(\alpha+\beta)(\alpha+\beta+1)(\alpha+\beta+2)}{\beta(\beta+1)(\beta+2)}\tilde{B}(\alpha, \beta+3) \\
&\ \ \vdots \\
&= \frac{(\alpha+\beta)_n}{(\beta)_n}\tilde{B}(\alpha, \beta+n)
\end{aligned} \tag{1.4.98}$$

이고, 이 식을 조금 바꾸어 쓰면

$$\begin{aligned}
\tilde{B}(\alpha, \beta) &= \frac{(\alpha+\beta)_n}{n!}\frac{n!}{(\beta)_n}\int_0^n \left(\frac{t}{n}\right)^{\alpha-1}\left(1-\frac{t}{n}\right)^{\beta+n-1}\frac{dt}{n} \\
&= \frac{(\alpha+\beta)_n}{n^{\alpha+\beta-1}n!}\frac{n^{\beta-1}n!}{(\beta)_n}\int_0^n t^{\alpha-1}\left(1-\frac{t}{n}\right)^{\beta+n-1}dt
\end{aligned} \tag{1.4.99}$$

[103] 여기에서 $\frac{2\pi}{e^{\pi}-e^{-\pi}} \approx 0.2720$이고 $0.1550^2 + 0.4980^2 \approx 0.2720$이다.

[104] 이 식의 등호 오른쪽을 제1종 오일러 적분이라고 Eulerian integral of the first kind 부르기도 한다.

이다. 그런데, $\lim_{n\to\infty}\left(1-\frac{t}{n}\right)^{\beta+n-1} = \lim_{n\to\infty}\left(1+\frac{-t}{n}\right)^n\left(1-\frac{t}{n}\right)^{\beta-1} = e^{-t}$이므로, (1.4.99)에서 $n\to\infty$라고 두고 감마 함수를 뜻매김하는 (1.4.72)를 새기면

$$\tilde{B}(\alpha,\beta) = \frac{\Gamma(\beta)}{\Gamma(\alpha+\beta)}\int_0^\infty t^{\alpha-1}e^{-t}dt \tag{1.4.100}$$

을 얻는다. 이제 베타 함수를 뜻매김하는 (1.4.95)에서 $\beta=1$이라고 둔 결과와 (1.4.100)에서

$$\begin{aligned}\tilde{B}(\alpha,1) &= \int_0^1 t^{\alpha-1}dt\\ &= \frac{1}{\alpha}\\ &= \frac{\Gamma(1)}{\Gamma(\alpha+1)}\int_0^\infty t^{\alpha-1}e^{-t}dt\end{aligned} \tag{1.4.101}$$

을 얻는다. 그러므로, $\Gamma(\alpha+1)=\alpha\Gamma(\alpha)$이고 $\Gamma(1)=1$이라는 것을 새기면

$$\int_0^\infty t^{\alpha-1}e^{-t}dt = \Gamma(\alpha) \tag{1.4.102}$$

임을[105] 알 수 있다. 따라서, (1.4.100)과 (1.4.102)에서 (1.4.96)을[106] 얻는다.

1.5 극한 집합

끝없이 많은 집합이 이루는 수열을 – 곧, 끝없이 긴 집합 열을 – 생각하고, 그 성질을 살펴 보자. 여기에서 다루는 내용은 2.1.2절에서 시그마 마당을 다룰 때와 부록 2.1에서 확률의 연속성을 다룰 때 중요한 역할을 한다.

1.5.1 수열의 상한과 하한

집합 열의 극한을 다루기에 앞서서 수열의 극한을 생각해보자. 실수 집합 A의 원소 a_i를 어떻게 고르더라도 $a_i \le u$이면 u를 A의 상한, $a_i \ge v$이면 v를 A의 하한이라고 부른다.

뜻매김 1.5.1 최소 상한, 최대 하한[107]

실수 $\mathbb{R}$의 부분집합 A를 생각할 때, A의 상한 가운데에서 가장 작은 것을 A의 최소 상한이라고 부르고 $\sup A$로 쓰며, A의 하한 가운데에서 가장 큰 것을 A의 최대 하한이라고 부르고 $\inf A$로 쓴다.

수열 $\{x_n\}_{n=1}^\infty$에서는 최소 상한을

$$\sup_{n\ge1} x_n = \sup\{x_n : n\ge1\} \tag{1.5.1}$$

처럼, 최대 하한을

[105] 이 식의 등호 왼쪽을 제2종 오일러 적분이라고 Eulerian integral of the second kind 부르기도 한다.

[106] 문제 1.38에서는 (1.4.96)을 보이는 다른 방법을 생각한다.

[107] least upper bound, greatest lower bound

$$\inf_{n\geq 1} x_n = \inf\{x_n : n \geq 1\} \tag{1.5.2}$$

처럼 쓴다. 한편, A의 상한이 없으면 $\sup A = \infty$로 쓰고, A의 하한이 없으면 $\inf A = -\infty$로 쓴다.

보기 1.5.1 집합 **가** $= \{1, 2, 3\}$의 최소 상한은 $\sup$ **가** $= 3$이고, 최대 하한은 $\inf$ **가** $= 1$이다. 수열 $\{a_n\} = \{0, 1, 0, 1, \cdots\}$의 최소 상한은 $\sup a_n = 1$이고, 최대 하한은 $\inf a_n = 0$이다. ◇

뜻매김 1.5.2 위 극한. 아래 극한[108]

수열 $\{x_n\}_{n=1}^{\infty}$에서

$$\begin{aligned}\limsup_{n\to\infty} x_n &= \overline{x_n} \\ &= \inf_{n\geq 1} \sup_{k\geq n} x_k \end{aligned} \tag{1.5.3}$$

을 위 극한이라고 부르고,

$$\begin{aligned}\liminf_{n\to\infty} x_n &= \underline{x_n} \\ &= \sup_{n\geq 1} \inf_{k\geq n} x_k \end{aligned} \tag{1.5.4}$$

를 아래 극한이라고 부른다.

보기 1.5.2 (위 극한과 아래 극한이 다른 수열) 수열 $x_n = \frac{1}{\sqrt{n}}\left\{\sqrt{4n+3} + (-1)^n\sqrt{4n-5}\right\}$, $y_n = \frac{5}{\sqrt{n}} + (-1)^n$, $z_n = 3\sin\left(\frac{n\pi}{2}\right)$를 생각하면 $\overline{x_n} = 4$이고 $\underline{x_n} = 0$이고, $\overline{y_n} = 1$이고 $\underline{y_n} = -1$이며, $\overline{z_n} = 3$이고 $\underline{z_n} = -3$이다. ◇

뜻매김 1.5.3 극한

수열 $\{x_n\}_{n=1}^{\infty}$에서 $\lim_{n\to\infty} x_n = y$와 $\limsup_{n\to\infty} x_n = \liminf_{n\to\infty} x_n = y$는 서로 필요충분조건이다. 이때, 이 조건을 만족시키면 y를 수열 $\{x_n\}_{n=1}^{\infty}$의 극한이라고 부른다.

보기 1.5.3 (위 극한과 아래 극한이 같은 수열) 세 수열

$$x_n = \begin{cases} \sqrt{2}, & n = 1, \\ \sqrt{2 + z_{n-1}}, & n = 2, 3, \cdots, \end{cases} \tag{1.5.5}$$

$$y_n = \begin{cases} \sqrt{n}, & n = 1, 2, \cdots 9, \\ 3, & n = 10, 11, \cdots 100, \\ \frac{3n}{5n+4}, & n = 101, 102, \cdots, \end{cases} \tag{1.5.6}$$

$$z_n = \frac{1}{2n}\left\{\sqrt{4n+3} + (-1)^n\sqrt{4n-5}\right\} \tag{1.5.7}$$

을 생각하면 $\overline{x_n} = \underline{x_n} = \lim_{n\to\infty} x_n = 2$이고[109], $\overline{y_n} = \underline{y_n} = \lim_{n\to\infty} y_n = \frac{3}{5}$이며, $\overline{z_n} = \underline{z_n} =$

[108] limit superior. limit inferior

[109] 이 값은 $x_n = \sqrt{2 + x_n}$을 풀어서 얻을 수 있다.

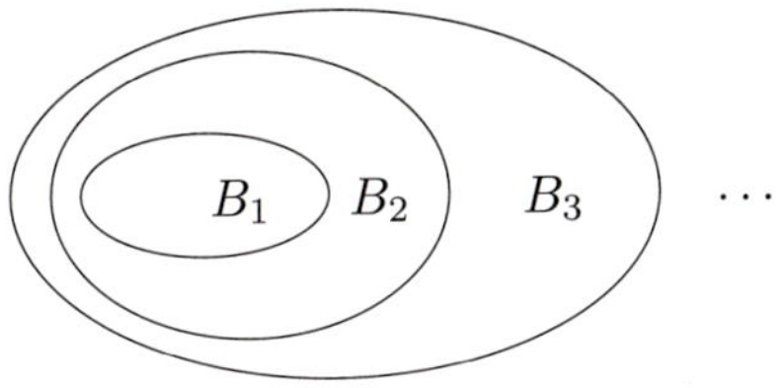

그림 1.5.1 느는 열 $\{B_n\}_{n=1}^{\infty}$: $B_{n+1} \supset B_n$

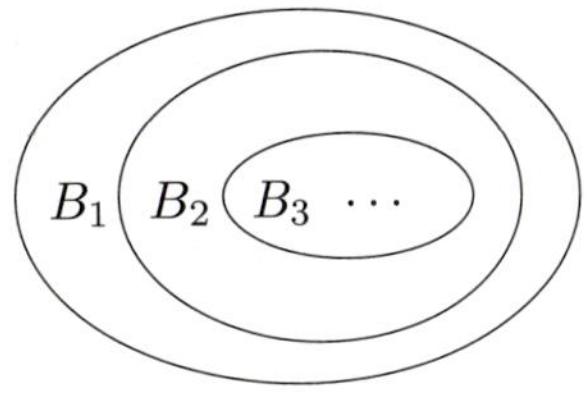

그림 1.5.2 주는 열 $\{B_n\}_{n=1}^{\infty}$: $B_{n+1} \subset B_n$

$\lim\limits_{n\to\infty} z_n = 0$이다. ◇

보기 1.5.4 (위 극한과 아래 극한이 다른 수열) 보기 1.5.2에서 다룬 수열 x_n, y_n, z_n은 위 극한과 아래 극한이 다르므로 어느 것도 극한이 없다. ◇

1.5.2 단조 집합 열의 극한

뜻매김 1.5.4 느는 열, 줄지 않는 열, 주는 열, 늘지 않는 열[110]

자연수 n이 어떤 값이더라도 $B_{n+1} \supset B_n$, $B_{n+1} \supseteq B_n$, $B_{n+1} \subset B_n$, $B_{n+1} \subseteq B_n$일 때 집합 열 $\{B_n\}_{n=1}^{\infty}$를 각각 느는 열 또는 증가 열, 줄지 않는 열, 주는 열 또는 감소 열, 늘지 않는 열이라고 한다.

보기 1.5.5 집합 열 $\left\{\left[1, 2-\frac{1}{n}\right)\right\}_{n=1}^{\infty}$와 집합 열 $\{(-n, a)\}_{n=1}^{\infty}$는 느는 열이다. 한편, 집합 열 $\left\{\left[1, 1+\frac{1}{n}\right)\right\}_{n=1}^{\infty}$와 $\left\{\left(1-\frac{1}{n}, 1+\frac{1}{n}\right)\right\}_{n=1}^{\infty}$는 주는 열이다. ◇

느는 열과 줄지 않는 열은, 또 주는 열과 늘지 않는 열은, 조금 다른 것이지만, 그리 크게 문제가 일어나지 않을 때에는 이 둘을 나누어 부르지 않기로 하자[111]. 한편, 줄지 않는 열 또는 늘지 않는 열을 단조 집합 열 또는 단조 열[112]이라고 한다. 그림 1.5.1과 1.5.2에 느는 열과 주는 열을 나타내 보였다.

뜻매김 1.5.5 단조 열의 극한 집합[113]

집합 열 $\{B_n\}_{n=1}^{\infty}$가 줄지 않는 열일 때

$$\lim_{n\to\infty} B_n = \bigcup_{i=1}^{\infty} B_i \tag{1.5.8}$$

을, 집합 열 $\{B_n\}_{n=1}^{\infty}$가 늘지 않는 열일 때

$$\lim_{n\to\infty} B_n = \bigcap_{i=1}^{\infty} B_i \tag{1.5.9}$$

를 $\{B_n\}_{n=1}^{\infty}$의 극한 집합 또는 극한이라고 부른다.

[110] increasing sequence, non-decreasing sequence, decreasing sequence, non-increasing sequence
[111] 느는 열은 엄격히 느는 열이라고, 또 주는 열은 엄격히 주는 열이라고 부르기도 한다.
[112] monotone sequence 또는 monotonic sequence

곧, $\{B_n\}_{n=1}^{\infty}$가 줄지 않는 열일 때 극한 $\lim_{n\to\infty} B_n$은 $\{B_n\}_{n=1}^{\infty}$ 가운데에서 적어도 하나에 들어 있는 점들을 모두 모은 집합을 가리키고, $\{B_n\}_{n=1}^{\infty}$가 늘지 않는 열일 때 극한 $\lim_{n\to\infty} B_n$은 $\{B_n\}_{n=1}^{\infty}$에 늘 들어 있는 점들만을 모은 집합을 가리킨다.

보기 1.5.6 보기 1.5.5에서 다룬 집합 열 $\left\{\left[1, 2-\frac{1}{n}\right)\right\}_{n=1}^{\infty}$은 줄지 않는 열이므로 그 극한 $\lim_{n\to\infty} B_n = \bigcup_{n=1}^{\infty}\left[1, 2-\frac{1}{n}\right) = [1,1) \cup \left[1, \frac{3}{2}\right) \cup \cdots$은

$$\lim_{n\to\infty} B_n = [1,2) \tag{1.5.10}$$

이다. 마찬가지로, 줄지 않는 집합 열 $\{(-n,a)\}_{n=1}^{\infty}$의 극한은 $\lim_{n\to\infty} B_n = \bigcup_{n=1}^{\infty}(-n,a) = (-\infty, a)$이다. ◇

보기 1.5.7 집합 열 $\left\{\left[a, a+\frac{1}{n}\right)\right\}_{n=1}^{\infty}$은 늘지 않는 열이고, 그 극한 $\lim_{n\to\infty} B_n = \bigcap_{n=1}^{\infty}\left[a, a+\frac{1}{n}\right)$, 곧

$$\lim_{n\to\infty} B_n = [a,a] \tag{1.5.11}$$

은 홑원소 집합 $\{a\}$이다. 한편, 늘지 않는 집합 열 $\left\{\left(1-\frac{1}{n}, 1+\frac{1}{n}\right)\right\}_{n=1}^{\infty}$의 극한 $\lim_{n\to\infty} B_n = \bigcap_{n=1}^{\infty}\left(1-\frac{1}{n}, 1+\frac{1}{n}\right) = (0,2) \cap \left(\frac{1}{2}, \frac{3}{2}\right) \cap \cdots = [1,1]$도 홑원소 집합이다. 위 (1.5.11)에서

$$\begin{aligned}\lim_{n\to\infty}\left[0, \frac{1}{n}\right) &= \{0\} \\ &\neq \left[0, \lim_{n\to\infty}\frac{1}{n}\right) \\ &= \emptyset\end{aligned} \tag{1.5.12}$$

임을 새겨서 두자. ◇

보기 1.5.8 집합 $S = \{x : 0 \le x \le 1\}$, 집합 $A_i = \left\{x : \frac{1}{i+1} < x \le 1\right\}$이 이루는 집합 열 $\{A_i\}_{i=1}^{\infty}$, 또 집합 $B_i = \left\{x : 0 < x < \frac{1}{i}\right\}$이 이루는 집합 열 $\{B_i\}_{i=1}^{\infty}$를 생각하자. 그러면 $\{A_i\}_{i=1}^{\infty}$는 줄지 않는 열이므로 $\lim_{n\to\infty} A_n = \left\{x : \frac{1}{2} < x \le 1\right\} \cup \left\{x : \frac{1}{3} < x \le 1\right\} \cup \cdots = \{x : 0 < x \le 1\}$이고 $S = \{0\} \cup \lim_{n\to\infty} A_n$이다. 또한, $\{B_i\}_{i=1}^{\infty}$는 늘지 않는 열이므로 $\lim_{n\to\infty} B_n = \{x : 0 < x < 1\} \cap \left\{x : 0 < x < \frac{1}{2}\right\} \cap \cdots = \{x : 0 < x \le 0\} = \emptyset$이다. ◇

보기 1.5.9 구간 집합 열 $\left\{\left(1+\frac{1}{n}, 2\right)\right\}_{n=1}^{\infty}$와 $\left\{\left(1+\frac{1}{n}, 2\right]\right\}_{n=1}^{\infty}$는 둘 다 줄지 않는 열이고 그 극한은 각각 $(1,2)$와 $(1,2]$이다. 구간 집합 열 $\left\{\left(1, 1+\frac{1}{n}\right)\right\}_{n=1}^{\infty}$와 $\left\{\left[1, 1+\frac{1}{n}\right)\right\}_{n=1}^{\infty}$는 둘 다 늘지 않는 열이고, 그 극한은 각각 $(1,1] = \emptyset$과 $[1,1] = \{1\}$이다. ◇

보기 1.5.10 구간 집합 열 $\left\{\left(1-\frac{1}{n}, 2\right)\right\}_{n=1}^{\infty}$와 $\left\{\left(1-\frac{1}{n}, 2\right]\right\}_{n=1}^{\infty}$는 둘 다 늘지 않는 열이고, 그 극한은 각각 $[1,2)$와 $[1,2]$이다. 구간 집합 열 $\left\{\left(1, 2-\frac{1}{n}\right]\right\}_{n=1}^{\infty}$와 $\left\{\left[1, 2-\frac{1}{n}\right]\right\}_{n=1}^{\infty}$는 둘 다 줄지 않는 열이고, 그 극한은 각각 $(1,2)$와 $[1,2)$이다. ◇

[113] limit set 또는 limit

보기 1.5.11 구간 집합 열 $\left\{\left[1+\frac{1}{n}, 3-\frac{1}{n}\right]\right\}_{n=1}^{\infty}$와 $\left\{\left[1+\frac{1}{n}, 3-\frac{1}{n}\right)\right\}_{n=1}^{\infty}$는 둘 다 줄지 않는 열이고, 그 극한은 $(1,3)$이다. 마찬가지로, $\left\{\left(1+\frac{1}{n}, 3-\frac{1}{n}\right]\right\}_{n=1}^{\infty}$와 $\left\{\left(1+\frac{1}{n}, 3-\frac{1}{n}\right)\right\}_{n=1}^{\infty}$도 둘 다 줄지 않는 열이고, 그 극한은 $(1,3)$이다[114]. ♢

보기 1.5.12 구간 집합 열 $\left\{\left[1-\frac{1}{n}, 3+\frac{1}{n}\right]\right\}_{n=1}^{\infty}$, $\left\{\left[1-\frac{1}{n}, 3+\frac{1}{n}\right)\right\}_{n=1}^{\infty}$, $\left\{\left(1-\frac{1}{n}, 3+\frac{1}{n}\right]\right\}_{n=1}^{\infty}$, $\left\{\left(1-\frac{1}{n}, 3+\frac{1}{n}\right)\right\}_{n=1}^{\infty}$는 다 늘지 않는 열이고, 그 극한은 모두 $[1,3]$이다[115]. ♢

1.5.3 일반 집합 열의 극한

앞 1.5.2절에서는 단조 열의 극한 집합을 다루었다. 이제, 단조 열의 극한 집합을 확장하여 일반적인 집합 열에서 생각해 보자. 먼저, 끝없이 긴 집합 열의 집합에 들어 있는 어떤 원소도

(가) 모든 집합에 들어 있든지,

(나) 유한한 수의 집합을 뺀 나머지 집합에 모두 들어 있든지,

(다) 끝없이 많은 집합에 들어 있지 않지만 나머지 끝없이 많은 집합에는 들어 있든지, 또는

(라) 유한한 수의 집합에만 들어 있을

것이다. 위 네 가지를 바탕으로 하한 집합과 상한 집합을 먼저 뜻매김하자.

뜻매김 1.5.6 하한 집합[116]

어떤 집합 열에서, 적어도 거의 모든 – 곧, 유한한 수를 뺀 나머지 모든 – 집합에 들어 있는 원소들의 모임을 이 집합 열의 하한 또는 하한 집합이라고 하고, $\liminf\limits_{n\to\infty}$ 처럼 쓰거나 아랫줄을 써서 $\underline{\lim}_{n\to\infty}$ 처럼 나타낸다.

이제, 집합 열 $\{B_n\}_{n=1}^{\infty}$의 하한 집합 $\liminf\limits_{n\to\infty} B_n = \underline{B_n}$을 식으로 나타내 보자. 먼저,

$$G_i = \bigcap_{k=i}^{\infty} B_k \tag{1.5.13}$$

은, 처음 $(i-1)$개 집합 $B_1, B_2, \cdots, B_{i-1}$에는 들어 있을지 어떨지 모르지만, 그 나머지 집합 $B_i, B_{i+1}, \cdots$에는 – 곧, 많아야 $(i-1)$개를 빼고는 모든 집합에 – 늘 들어 있는 원소들의 모임을 나타낸다. 구체적으로는 G_1은 모든 집합에 늘 들어 있는 원소들의 모임을, G_2는 첫 집합에는 들어 있을지 어떨지 모르지만 그 나머지 모든 집합에 늘 들어 있는 원소들의 모임을, G_3은 처음 두 집합에는 들어 있을지 어떨지 모르지만 그 나머지 모든 집합에 늘 들어 있는 원소들의 모임을, $\cdots$ 나타낸다. 이것은 $\{G_i\}_{i=1}^{\infty}$ 가운데에서 어느 하나에라도 들어 있는 원소는 거의 모든 집합에 들어 있는 원소라는 뜻이다. 그러므로, $\{G_i\}_{i=1}^{\infty}$ 가운데에서 적어도 하나에 들어 있는 원소를 모두 모으면 – 곧, $\{G_i\}_{i=1}^{\infty}$를 모두 합집합하면 – 그것이 바로 유한한 수를 뺀 나머지 모든 집합에 들어 있는 원소들을 모두 모은 것이다. 바꾸어 말하면, 적어도 거의 모든 집합

[114] 곧, 구간의 왼쪽에 $a+\frac{1}{n}$꼴이 있을 때에는 여는 괄호가 무엇이든 극한은 $(a, \cdots$꼴이고, 구간의 오른쪽에 $b-\frac{1}{n}$꼴이 있을 때에는 닫는 괄호가 무엇이든 극한은 $\cdots, b)$꼴이다.

[115] 곧, 구간의 왼쪽에 $a-\frac{1}{n}$꼴이 있을 때에는 여는 괄호가 무엇이든 극한은 $[a, \cdots$꼴이고, 구간의 오른쪽에 $b+\frac{1}{n}$꼴이 있을 때에는 닫는 괄호가 무엇이든 극한은 $\cdots, b]$꼴이다.

[116] lower limit. inf는 infimum 또는 inferior를 줄인 것이다.

에 들어 있는 원소들의 모임인 하한 집합 $\liminf_{n\to\infty} B_n$을

$$\begin{aligned}\liminf_{n\to\infty} B_n &= \bigcup_{i=1}^{\infty}\bigcap_{k=i}^{\infty} B_k \\ &= \{\text{마침내}^{117}\ B_n\}\end{aligned} \tag{1.5.14}$$

처럼 쓸 수 있다.

보기 1.5.13 유한 집합이 이루는 집합 열

$$\{B_n\}_{n=1}^{\infty} = \{0,1,3\},\{0,2\},\{0,1,2\},\{0,1\},\{0,1,2\},\{0,1\},\{0,1,2\},\{0,1\},\cdots \tag{1.5.15}$$

에서 하한 집합을 얻어보시오.

풀이 먼저, 0은 모든 집합에 들어 있고, 1은 둘째 집합을 빼고는 모든 집합에 들어 있으며, 2와 3은 끝없이 많은 집합에 들어 있지 않으므로, 이 집합 열의 하한 집합이 $\{0,1\}$이라는 것을 쉽게 알 수 있다. 이것은 $G_1 = \bigcap_{k=1}^{\infty} B_k = \{0\}$, $G_2 = \bigcap_{k=2}^{\infty} B_k = \{0\}$, $G_3 = \bigcap_{k=3}^{\infty} B_k = \{0,1\}$, $G_4 = \bigcap_{k=4}^{\infty} B_k = \{0,1\}$, $\cdots$이라는 것을 써서 $\liminf_{n\to\infty} B_n = \bigcup_{i=1}^{\infty}\bigcap_{k=i}^{\infty} B_k = \bigcup_{i=1}^{\infty} G_i = \{0,1\}$처럼 얻을 수도 있다. ◇

뜻매김 1.5.7 상한 집합[118]

어떤 집합 열이 있을 때, 그 가운데에서 끝없이 많은 집합에 들어 있는 원소들의 모임을 이 집합 열의 상한 또는 상한 집합이라고 부르고, $\limsup_{n\to\infty}$처럼 쓰거나 윗줄을 써서 $\overline{\lim}_{n\to\infty}$ 처럼 나타낸다.

곧, 집합 열 $\{B_n\}_{n=1}^{\infty}$의 상한 집합 $\limsup_{n\to\infty} B_n = \overline{B_n}$은 끝없이 많은 B_n에 들어 있는 원소들의 집합을 – 곧, 끝없이 많은 B_n이 일어나는 집합을, 또는 B_n이 끝없이 많이 일어남을 – 가리킨다. 그런데, 거의 모든 B_n^c에 들어 있는 원소는 유한한 수의 B_n에만 들어 있고, 그 역도 성립하므로

$$\begin{aligned}\limsup_{n\to\infty} B_n &= \left(\bigcup_{i=1}^{\infty}\bigcap_{k=i}^{\infty} B_k^c\right)^c \\ &= \bigcap_{i=1}^{\infty}\bigcup_{k=i}^{\infty} B_k \\ &= \{\text{끝없이 자주}^{119}\ B_n\}\end{aligned} \tag{1.5.16}$$

을 얻는다. 한편,

$$\begin{aligned}\{\text{유한히 자주}^{120}\ B_n\} &= \{\text{끝없이 자주}\ B_n\}^c \\ &= \bigcup_{i=1}^{\infty}\bigcap_{k=i}^{\infty} B_k^c\end{aligned} \tag{1.5.17}$$

을 새겨서 둘 만하다.

[117] eventually. 줄여서 ev.이라고 쓰기도 한다.
[118] upper limit. sup는 supremum 또는 superior를 줄인 것이다.
[119] infinitely often. 줄여서 i.o.라고 쓰기도 한다.
[120] finitely often. 줄여서 f.o.로 쓰기도 한다.

보기 1.5.14 보기 1.5.13에서 다룬 집합 열 $\{B_n\} = \{0,1,3\}, \{0,2\}, \{0,1,2\}, \{0,1\}, \{0,1,2\}, \{0,1\}, \{0,1,2\}, \{0,1\}, \cdots$을 다시 생각하여, 상한 집합을 얻어보시오.

풀이 먼저, $0,1,2$는 끝없이 많은 집합에 들어 있고, 3은 한 집합에만 들어 있으므로, 이 집합 열의 상한 집합은 $\{0,1,2\}$이다. 이것은 $H_1 = \bigcup_{k=1}^{\infty} B_k = \{0,1,2,3\}$, $H_2 = \bigcup_{k=2}^{\infty} B_k = \{0,1,2\}$, $H_3 = \bigcup_{k=3}^{\infty} B_k = \{0,1,2\}$, $H_4 = \bigcup_{k=4}^{\infty} B_k = \{0,1,2\}$, $\cdots$ 이라는 것을 써서 $\limsup_{n\to\infty} B_n = \bigcap_{i=1}^{\infty} \bigcup_{k=i}^{\infty} B_k = \bigcap_{i=1}^{\infty} H_i = \{0,1,2\}$처럼 얻을 수도 있다. 한편, 보기를 들어 $\Omega = \{0,1,2,3,4\}$라고 두면, $B_1^c = \{2,4\}$, $B_2^c = \{1,3,4\}$, $B_3^c = \{3,4\}$, $B_4^c = \{2,3,4\}$, $B_5^c = \{3,4\}$, $B_6^c = \{2,3,4\}$, $\cdots$ 이고 $\bigcap_{k=1}^{\infty} B_k^c = \{4\}$, $\bigcap_{k=2}^{\infty} B_k^c = \{3,4\}$, $\bigcap_{k=3}^{\infty} B_k^c = \{3,4\}$, $\cdots$ 이므로 $\limsup_{n\to\infty} B_n = \left(\bigcup_{i=1}^{\infty} \bigcap_{k=i}^{\infty} B_k^c\right)^c = (\{4\} \cup \{3,4\} \cup \{3,4\} \cup \cdots)^c = \{3,4\}^c = \{0,1,2\}$처럼 얻을 수도 있다. ◇

여기에서, 한 가지 짚고 넘어 가자. 먼저, 끝없는 집합 열에서 거의 모든 집합에 들어 있는 원소는 어느 것이나 끝없이 많은 집합에 들어 있으므로 늘

$$\liminf_{n\to\infty} B_n \subset \limsup_{n\to\infty} B_n \tag{1.5.18}$$

이다. 한편, 앞에서 말하였듯이 끝없이 많은 집합에 들어 있는 원소가 나머지 끝없이 많은 집합에는 들어 있지 않을 수도 있다. 보기를 들면, 홀수째 집합에는 늘 들어 있지만 짝수째 집합에는 어디에도 없는 원소를 생각할 수 있다. 그러므로, 어떤 원소가 끝없이 많은 집합에 들어 있더라도 그 원소가 반드시 거의 모든 집합에 들어 있는 것은 아니다. 다시 말하면,

$$\limsup_{n\to\infty} B_n \not\subset \liminf_{n\to\infty} B_n \tag{1.5.19}$$

일 때도 있다. 식 (1.5.18)과 (1.5.19)는, 물리적으로도 쉽게 알 수 있는, 상한이 하한보다 작지 않음을 뜻하는 것이다.

뜻매김 1.5.5에서는 단조 열의 극한 집합을 생각하였다. 이제, 일반적인 집합 열의 극한 집합을 생각해 보자.

뜻매김 1.5.8 집합의 수렴, 극한 집합

집합 열 $\{B_n\}_{n=1}^{\infty}$에서

$$\limsup_{n\to\infty} B_n \subset \liminf_{n\to\infty} B_n \tag{1.5.20}$$

이면, (1.5.18)과 (1.5.20)을 새겨서 (1.1.2)를 바탕으로

$$\begin{aligned}\limsup_{n\to\infty} B_n &= \liminf_{n\to\infty} B_n \\ &= B\end{aligned} \tag{1.5.21}$$

임을 알 수 있다. 이때, $\{B_n\}_{n=1}^{\infty}$은 B에 수렴한다고 말하고, $B_n \to B$ 또는 $\lim_{n\to\infty} B_n = B$로 쓰며, 집합 B를 $\{B_n\}_{n=1}^{\infty}$의 극한 집합 또는 극한이라고 부른다.

한편, 뜻매김 1.5.5에서 다룬 단조 열의 극한 집합은 – 마땅히 – 뜻매김 1.5.8과 어긋나지 않는다. 이것을 자세히 살펴 보자. 먼저, $\{B_n\}_{n=1}^{\infty}$가 줄지 않는 열이면 $\bigcap_{k=i}^{n} B_k = B_i$이므로

$\bigcap_{k=i}^{\infty} B_k = \lim_{n\to\infty} \bigcap_{k=i}^{n} B_k = \lim_{n\to\infty} B_i = B_i$이다. 또, i가 어떤 값이더라도 $\bigcup_{k=i}^{\infty} B_k = \lim_{n\to\infty} \bigcup_{k=i}^{n} B_k = \lim_{n\to\infty} B_n$이므로 $\bigcup_{k=1}^{\infty} B_k = \lim_{n\to\infty} B_n$이다. 이들을 쓰면 $\liminf_{n\to\infty} B_n = \bigcup_{i=1}^{\infty} \bigcap_{k=i}^{\infty} B_k$, 곧

$$\begin{aligned} \liminf_{n\to\infty} B_n &= \bigcup_{i=1}^{\infty} B_i \\ &= \lim_{n\to\infty} B_n \end{aligned} \qquad (1.5.22)$$

와 $\limsup_{n\to\infty} B_n = \bigcap_{i=1}^{\infty} \bigcup_{k=i}^{\infty} B_k$, 곧

$$\begin{aligned} \limsup_{n\to\infty} B_n &= \bigcap_{i=1}^{\infty} \lim_{n\to\infty} B_n \\ &= \lim_{n\to\infty} B_n \\ &= \liminf_{n\to\infty} B_n \end{aligned} \qquad (1.5.23)$$

을 얻는다. 마찬가지로, $\{B_n\}_{n=1}^{\infty}$가 늘지 않는 열이면, i가 어떤 값이더라도 $\bigcup_{k=i}^{n} B_k = B_i$이므로 $\bigcup_{k=i}^{\infty} B_k = B_i$이고, $\bigcap_{k=i}^{\infty} B_k = \lim_{n\to\infty} B_n$이므로 $\bigcap_{k=1}^{\infty} B_k = \lim_{n\to\infty} B_n$이다. 이것을 바탕으로 바라는 결과를 보일 수 있다.

보기 1.5.15 구간 집합 열 $\{B_n\}_{n=1}^{\infty} = \left\{\left(1-\frac{1}{n}, 3-\frac{1}{n}\right)\right\}_{n=1}^{\infty}$의 극한을 얻어보자. 먼저, $B_1 = (0,2)$, $B_2 = \left(\frac{1}{2}, \frac{5}{2}\right)$, $B_3 = \left(\frac{2}{3}, \frac{8}{3}\right)$, $B_4 = \left(\frac{3}{4}, \frac{11}{4}\right)$, $\cdots$이므로 $G_1 = \bigcap_{k=1}^{\infty} B_k = [1,2)$, $G_2 = \bigcap_{k=2}^{\infty} B_k = \left[1, \frac{5}{2}\right)$, $\cdots$이고, $H_1 = \bigcup_{k=1}^{\infty} B_k = (0,3)$, $H_2 = \bigcup_{k=2}^{\infty} B_k = \left(\frac{1}{2}, 3\right)$, $\cdots$이다. 따라서, 하한 집합은 $\liminf_{n\to\infty} B_n = \bigcup_{i=1}^{\infty} G_i = [1,3)$이고, 상한 집합은 $\limsup_{n\to\infty} B_n = \bigcap_{i=1}^{\infty} H_i = [1,3)$이다. 그러므로, 극한 집합은 $\lim_{n\to\infty} B_n = [1,3)$이다. 구간 집합 열 $\left\{\left(1-\frac{1}{n}, 3-\frac{1}{n}\right]\right\}_{n=1}^{\infty}$, $\left\{\left[1-\frac{1}{n}, 3-\frac{1}{n}\right)\right\}_{n=1}^{\infty}$, $\left\{\left[1-\frac{1}{n}, 3-\frac{1}{n}\right]\right\}_{n=1}^{\infty}$의 극한이 모두 $[1,3)$이라는 것을[121] 위와 비슷하게 보일 수 있다. ◇

보기 1.5.16 구간 집합 열 $\left\{\left(1+\frac{1}{n}, 3+\frac{1}{n}\right)\right\}_{n=1}^{\infty}$의 극한을 얻어보자. 먼저, $B_1 = (2,4)$, $B_2 = \left(\frac{3}{2}, \frac{7}{2}\right)$, $B_3 = \left(\frac{4}{3}, \frac{10}{3}\right)$, $B_4 = \left(\frac{5}{4}, \frac{13}{4}\right)$, $\cdots$이므로 $G_1 = \bigcap_{k=1}^{\infty} B_k = (2,3]$, $G_2 = \bigcap_{k=2}^{\infty} B_k = \left(\frac{3}{2}, 3\right]$, $\cdots$이고, $H_1 = \bigcup_{k=1}^{\infty} B_k = (1,4)$, $H_2 = \bigcup_{k=2}^{\infty} B_k = \left(1, \frac{7}{2}\right)$, $\cdots$이다. 따라서, 하한 집합은 $\liminf_{n\to\infty} B_n = \bigcup_{i=1}^{\infty} G_i = (1,3]$이고, 상한 집합은 $\limsup_{n\to\infty} B_n = \bigcap_{i=1}^{\infty} H_i = (1,3]$이다. 그러므로, 극한 집합은 $\lim_{n\to\infty} B_n = (1,3]$이다. 또, 구간 집합 열 $\left\{\left(1+\frac{1}{n}, 3+\frac{1}{n}\right]\right\}_{n=1}^{\infty}$, $\left\{\left[1+\frac{1}{n}, 3+\frac{1}{n}\right)\right\}_{n=1}^{\infty}$, $\left\{\left[1+\frac{1}{n}, 3+\frac{1}{n}\right]\right\}_{n=1}^{\infty}$의 극한이 모두 $(1,3]$이라는 것을 이것과 비슷하게 보일 수 있다. ◇

[121] 보기 1.5.11과 1.5.12의 꼬리말에서 말하였듯이 구간의 왼쪽에 $a-\frac{1}{n}$꼴이 있을 때에는 여는 괄호가 무엇이든 극한은 '$[a, \cdots$'꼴이고, 구간의 왼쪽에 $a+\frac{1}{n}$꼴이 있을 때에는 여는 괄호가 무엇이든 극한은 '$(a, \cdots$'꼴이며, 구간의 오른쪽에 $b+\frac{1}{n}$꼴이 있을 때에는 닫는 괄호가 무엇이든 극한은 '$\cdots, b]$'꼴이고, 구간의 오른쪽에 $b-\frac{1}{n}$꼴이 있을 때에는 닫는 괄호가 무엇이든 극한은 '$\cdots, b)$'꼴이라는 것을 다시 새겨서 두면 좋다.

부록

부록 1.1 복소 공간에서의 이어 곱하기와 이항 계수

이어 곱하기를 뜻매김한 (1.4.57)에 보인 $n! = n(n-1)\cdots 1$에서는 n이 자연수이다. 이제, 1.4.3절에 보인 감마 함수를 바탕으로 삼아 복소 공간에서 이어 곱하기를 생각해 보자. 그 다음 복소 공간에서의 이어 곱하기를 바탕으로 복소 공간에서 순열과 이항 계수를 다루어 보자.

(가) 복소 공간에서의 이어 곱하기와 순열

먼저, (1.4.74)에 보인 $\Gamma(\alpha+1) = \alpha\Gamma(\alpha)$에서

$$\alpha! = \Gamma(\alpha+1) \tag{1.부.1}$$

임을 생각하면, p가 복소수일 때 이어 곱하기 $p!$를

$$p! = \begin{cases} \pm\infty, & p\text{가 음 정수일 때,} \\ \Gamma(p+1), & \text{그 밖에는} \end{cases} \tag{1.부.2}$$

처럼 쓸 수 있다. 그러므로, $p=0$일 때에는 $0! = \Gamma(1) = 1$이다.

보기 1.부.1 위 (1.부.2)를 바탕으로 $(-2)! = \pm\infty$와 $\left(-\frac{1}{2}\right)! = \Gamma\left(\frac{1}{2}\right) = \sqrt{\pi}$을 얻는다. ◇

순열을 뜻매김한 (1.4.60)에 보인 ${}_n\mathrm{P}_k = \frac{n!}{(n-k)!}$에서는 n이 0이거나 자연수이고 $k = 0, 1, \cdots, n$이다. 이제, 조금 더 일반적으로 p와 q가 복소수이면 (1.4.92)와 (1.부.2)를 바탕으로 ${}_p\mathrm{P}_q = \frac{\Gamma(p+1)}{\Gamma(p-q+1)}$을

$${}_p\mathrm{P}_q = \begin{cases} \frac{\Gamma(p+1)}{\Gamma(p-q+1)}, & p\text{도 } p-q\text{도 음 정수가 아닐 때,} \\ (-1)^q \frac{\Gamma(-p+q)}{\Gamma(-p)}, & p\text{도 } p-q\text{도 음 정수일 때,} \\ 0, & p\text{는 음 정수가 아니고 } p-q\text{는 음 정수일 때,} \\ \pm\infty, & p\text{는 음 정수이고 } p-q\text{는 음 정수가 아닐 때} \end{cases} \tag{1.부.3}$$

처럼 쓸 수 있으며, 이 식의 둘째 줄에 있는 $(-1)^q \frac{\Gamma(-p+q)}{\Gamma(-p)}$는 $(-1)^q {}_{-p+q-1}\mathrm{P}_q$처럼 쓸 수 있다.

보기 1.부.2 어떤 수 z를 생각하더라도 ${}_z\mathrm{P}_0 = 1$이고 ${}_z\mathrm{P}_1 = z$이다. ◇

보기 1.부.3 한편, ${}_0\mathrm{P}_z = \frac{1}{\Gamma(1-z)}$이고 ${}_1\mathrm{P}_z = \frac{1}{\Gamma(2-z)}$이며 ${}_z\mathrm{P}_z = \Gamma(z+1)$이므로,

$${}_0\mathrm{P}_z = \begin{cases} 0, & z\text{가 자연수일 때,} \\ \frac{1}{\Gamma(1-z)}, & \text{그 밖에는} \end{cases} \tag{1.부.4}$$

이고

$${}_1\mathrm{P}_z = \begin{cases} 0, & z = 2, 3, \cdots \text{ 일 때,} \\ \frac{1}{\Gamma(2-z)}, & \text{그 밖에는} \end{cases} \tag{1.부.5}$$

표 1.부.1 순열 ${}_p\mathrm{P}_q$의 값 ($*$는 $\pm\infty$를 뜻함)

$p\downarrow\ \ q\rightarrow$	-2	$-\frac{3}{2}$	-1	$-\frac{1}{2}$	0	$\frac{1}{2}$	1	$\frac{3}{2}$	2
-2	$*$	$*$	-1	$*$	1	$*$	-2	$*$	6
$-\frac{3}{2}$	-4	$-2\sqrt{\pi}$	-2	0	1	0	$-\frac{3}{2}$	0	$\frac{15}{4}$
-1	$*$	$*$	$*$	$*$	1	$*$	-1	$*$	2
$-\frac{1}{2}$	$\frac{4}{3}$	$\sqrt{\pi}$	2	$\sqrt{\pi}$	1	0	$-\frac{1}{2}$	0	$\frac{3}{4}$
0	$\frac{1}{2}$	$\frac{4}{3\sqrt{\pi}}$	1	$\frac{2}{\sqrt{\pi}}$	1	$\frac{1}{\sqrt{\pi}}$	0	$-\frac{1}{2\sqrt{\pi}}$	0
$\frac{1}{2}$	$\frac{4}{15}$	$\frac{\sqrt{\pi}}{4}$	$\frac{2}{3}$	$\frac{\sqrt{\pi}}{2}$	1	$\frac{\sqrt{\pi}}{2}$	$\frac{1}{2}$	0	$-\frac{1}{4}$
1	$\frac{1}{6}$	$\frac{8}{15\sqrt{\pi}}$	$\frac{1}{2}$	$\frac{4}{3\sqrt{\pi}}$	1	$\frac{2}{\sqrt{\pi}}$	1	$\frac{1}{\sqrt{\pi}}$	0
$\frac{3}{2}$	$\frac{4}{35}$	$\frac{\sqrt{\pi}}{8}$	$\frac{2}{5}$	$\frac{3\sqrt{\pi}}{8}$	1	$\frac{3\sqrt{\pi}}{4}$	$\frac{3}{2}$	$\frac{3\sqrt{\pi}}{4}$	$\frac{3}{4}$
2	$\frac{1}{12}$	$\frac{32}{105\sqrt{\pi}}$	$\frac{1}{3}$	$\frac{16}{15\sqrt{\pi}}$	1	$\frac{8}{3\sqrt{\pi}}$	2	$\frac{4}{\sqrt{\pi}}$	2

이며

$$ {}_z\mathrm{P}_z = \begin{cases} \pm\infty, & z\text{가 음 정수일 때,} \\ \Gamma(z+1), & \text{그 밖에는} \end{cases} \tag{1.부.6} $$

이고

$$ \begin{aligned} {}_{-1}\mathrm{P}_z &= \begin{cases} (-1)^z\,{}_z\mathrm{P}_z, & z=0,1\ \cdots\text{일 때,} \\ \pm\infty, & \text{그 밖에는} \end{cases} \\ &= \begin{cases} (-1)^z\Gamma(z+1), & z=0,1\ \cdots\text{일 때,} \\ \pm\infty, & \text{그 밖에는} \end{cases} \end{aligned} \tag{1.부.7} $$

임을 알 수 있다. ◇

위 (1.부.3)을 쓰면 ${}_{-2}\mathrm{P}_{-0.3} = \pm\infty$, ${}_{-0.1}\mathrm{P}_{1.9} = 0$, ${}_0\mathrm{P}_3 = \frac{\Gamma(1)}{\Gamma(-2)} = 0$, ${}_{\frac{1}{2}}\mathrm{P}_3 = \frac{\Gamma\left(\frac{3}{2}\right)}{\Gamma\left(-\frac{3}{2}\right)} = \frac{3}{8}$, ${}_{\frac{1}{2}}\mathrm{P}_{0.8} = \frac{\Gamma\left(\frac{3}{2}\right)}{\Gamma(0.7)} = \frac{\sqrt{\pi}}{2\Gamma(0.7)}$, ${}_3\mathrm{P}_{\frac{1}{2}} = \frac{\Gamma(4)}{\Gamma\left(\frac{7}{2}\right)} = \frac{16}{5\sqrt{\pi}}$, ${}_3\mathrm{P}_{-\frac{1}{2}} = \frac{\Gamma(4)}{\Gamma\left(\frac{9}{2}\right)} = \frac{32}{35\sqrt{\pi}}$, ${}_3\mathrm{P}_{-2} = \frac{\Gamma(4)}{\Gamma(6)} = \frac{1}{20}$, ${}_{-\frac{1}{2}}\mathrm{P}_3 = \frac{\Gamma\left(\frac{1}{2}\right)}{\Gamma\left(-\frac{5}{2}\right)} = -\frac{8}{15}$, ${}_{-2}\mathrm{P}_3 = \frac{\Gamma(-1)}{\Gamma(-4)} = (-1)\frac{\Gamma(5)}{\Gamma(2)} = -24$임을 알 수 있다. 표 1.부.1에 순열 ${}_p\mathrm{P}_q$의 값을 몇 개 더 보였다.

(나) 복소 공간에서의 이항 계수

이항 계수를 뜻매김한 (1.4.61)에 보인 ${}_n\mathrm{C}_k = \frac{n!}{(n-k)!k!}$에서는 n과 k가 0이거나 자연수이고 $n \geq k$이다. 이제, 1.4.3절에 보인 감마 함수를 바탕으로 두면 복소수 공간에서의 이항 계수를 생각할 수 있다. 곧, (1.4.92)를 새겨서 p와 q가 복소수일 때 이항 계수 ${}_p\mathrm{C}_q = \frac{\Gamma(p+1)}{\Gamma(p-q+1)\Gamma(q+1)}$을 표 1.부.2에 보인 것처럼 나타낼 수 있다.

보기 1.부.4 이제, p와 $p-q$가 음 정수이고 q가 0보다 작지 않은 정수일 때에 ${}_p\mathrm{C}_q = (-1)^q$ ${}_{-p+q-1}\mathrm{C}_q$를

표 1.부.2 이항 계수 ${}_p\mathrm{C}_q = \frac{\Gamma(p+1)}{\Gamma(p-q+1)\Gamma(q+1)}$의 표현식

p 음 정수?	q 음 정수?	$p-q$ 음 정수?	${}_p\mathrm{C}_q$
아니오	아니오	아니오	$\frac{\Gamma(p+1)}{\Gamma(p-q+1)\Gamma(q+1)}$
예	예	아니오	$(-1)^{p-q}\frac{\Gamma(-q)}{\Gamma(p-q+1)\Gamma(-p)} = (-1)^{p-q}\ {}_{-q-1}\mathrm{C}_{p-q}$
예	아니오	예	$(-1)^{q}\frac{\Gamma(-p+q)}{\Gamma(-p)\Gamma(q+1)} = (-1)^{q}\ {}_{-p+q-1}\mathrm{C}_{q}$
예 아니오 아니오	예 예 아니오	예 아니오 예	0
예	아니오	아니오	$\pm\infty$

새김: 세 수 p, q, $p-q$ 가운데에서
$p-q$만 음 정수가 아니거나 (보기: $p=-2$, $q=-3$, $p-q=1$)
q만 음 정수가 아닐 때는 (보기: $p=-3$, $q=2$, $p-q=-5$) 있으나,
p만 음 정수가 아닐 때는 없다. 곧, q와 $p-q$가 음 정수이면 p는 늘 음 정수이다.

$$ {}_p\mathrm{C}_q = (-1)^q\ {}_{-p+q-1}\mathrm{C}_{-p-1} \tag{1.부.8} $$

처럼 쓸 수 있다. 또, (1.4.91)에서 보인 $\alpha<0$이고 $\beta<0$이며 $\alpha-\beta$가 정수일 때의 식 $\frac{\Gamma(\alpha+1)}{\Gamma(\beta+1)} = (-1)^{\alpha-\beta}\frac{\Gamma(-\beta)}{\Gamma(-\alpha)}$를 바탕으로, p가 0보다 작은 실수로서 정수가 아니고 q가 0보다 작지 않은 정수일 때의 식을 바꾸어 쓰면 ${}_p\mathrm{C}_q = \frac{\Gamma(p+1)}{\Gamma(p-q+1)}\frac{1}{\Gamma(q+1)} = (-1)^{p-p+q}\frac{\Gamma(q-p)}{\Gamma(-p)}\frac{1}{\Gamma(q+1)} = (-1)^q\frac{(q-p-1)!}{(-p-1)!q!}$, 곧

$$ {}_p\mathrm{C}_q = (-1)^q\ {}_{-p+q-1}\mathrm{C}_q \tag{1.부.9} $$

이다. 위 두 결과 (1.부.8)과 (1.부.9)는 $-r$이 0보다 작은 실수이고 x가 음이 아닌 정수일 때의 식 – 뒤에 나오는 (2.5.14) – ${}_{-r}\mathrm{C}_x = (-1)^x\ {}_{r+x-1}\mathrm{C}_x$와 같은 것이다. ◇

보기 1.부.5 표 1.부.2를 바탕으로 ${}_z\mathrm{C}_0 = {}_z\mathrm{C}_z = 1$이고 ${}_z\mathrm{C}_1 = {}_z\mathrm{C}_{z-1} = z$라는 것을 쉽게 알 수 있다. 또한, ${}_0\mathrm{C}_z = {}_0\mathrm{C}_{-z}$는

$$ \begin{aligned} {}_0\mathrm{C}_z &= \frac{1}{\Gamma(1-z)\Gamma(1+z)} \\ &= \begin{cases} 1, & z=0, \\ 0, & z=\pm1,\pm2,\cdots, \\ \frac{1}{\Gamma(1-z)\Gamma(1+z)}, & \text{그 밖에는} \end{cases} \end{aligned} \tag{1.부.10} $$

이고 ${}_1\mathrm{C}_z = {}_1\mathrm{C}_{1-z} = \frac{1}{\Gamma(2-z)\Gamma(1+z)}$는

$$ {}_1\mathrm{C}_z = \begin{cases} 1, & z=0,1, \\ 0, & z=-1,\pm2,\pm3,\cdots, \\ \frac{1}{\Gamma(2-z)\Gamma(1+z)}, & \text{그 밖에는} \end{cases} \tag{1.부.11} $$

이다. ◇

표 1.부.3 이항 계수 ${}_p\mathrm{C}_q$의 값 ($*$는 $\pm\infty$를 뜻함)

$p\downarrow$ $q\rightarrow$	-2	$-\frac{3}{2}$	-1	$-\frac{1}{2}$	0	$\frac{1}{2}$	1	$\frac{3}{2}$	2
-2	1	$*$	0	$*$	1	$*$	-2	$*$	3
$-\frac{3}{2}$	0	1	0	0	1	0	$-\frac{3}{2}$	0	$\frac{15}{8}$
-1	-1	$*$	1	$*$	1	$*$	-1	$*$	1
$-\frac{1}{2}$	0	$-\frac{1}{2}$	0	1	1	0	$-\frac{1}{2}$	0	$\frac{3}{8}$
0	0	$-\frac{2}{3\pi}$	0	$\frac{2}{\pi}$	1	$\frac{2}{\pi}$	0	$-\frac{2}{3\pi}$	0
$\frac{1}{2}$	0	$-\frac{1}{8}$	0	$\frac{1}{2}$	1	1	$\frac{1}{2}$	0	$-\frac{1}{8}$
1	0	$-\frac{4}{15\pi}$	0	$\frac{4}{3\pi}$	1	$\frac{4}{\pi}$	1	$\frac{4}{3\pi}$	0
$\frac{3}{2}$	0	$-\frac{1}{16}$	0	$\frac{3}{8}$	1	$\frac{3}{2}$	$\frac{3}{2}$	1	$\frac{3}{8}$
2	0	$-\frac{16}{105\pi}$	0	$\frac{16}{15\pi}$	1	$\frac{16}{3\pi}$	2	$\frac{16}{3\pi}$	1

위와 비슷하게 ${}_{-3}\mathrm{C}_{-2} = {}_{-3}\mathrm{C}_{-1} = \frac{(-3)!}{(-2)!(-1)!} = 0$, ${}_{-3}\mathrm{C}_2 = {}_{-3}\mathrm{C}_{-5} = \frac{(-3)!}{(-5)!2!} = (-1)^2\frac{4!}{2!2!} = {}_4\mathrm{C}_2$, ${}_{-7}\mathrm{C}_3 = {}_{-7}\mathrm{C}_{-10} = \frac{(-7)!}{(-10)!3!} = (-1)\frac{9!}{6!3!} = -{}_9\mathrm{C}_3$, ${}_{\frac{5}{2}}\mathrm{C}_2 = {}_{\frac{5}{2}}\mathrm{C}_{\frac{1}{2}} = \frac{\Gamma\left(\frac{7}{2}\right)}{\Gamma(2)\Gamma\left(\frac{3}{2}\right)} = \frac{15}{8}$을[122] 얻을 수 있다. 표 1.부.3에 이항 계수의 값을 몇 개 더 보였다.

보기 1.부.6 이제 위에서 다룬 이항 계수를 바탕으로, p가 실수일 때 $h(z) = (1+z)^p$을 급수 전개하면 어떤 식을 얻을 수 있는지 살펴 보시오.

풀이 먼저, $p \geq 0$일 때, 또는 $p < 0$이고 $|z| < 1$일 때에는 $(1+z)^p = \sum\limits_{k=0}^{\infty} \frac{h^{(k)}(0)}{k!} z^k = \sum\limits_{k=0}^{\infty} \frac{1}{k!} p(p-1)\cdots(p-k+1)z^k$, 곧

$$(1+z)^p = \sum_{k=0}^{\infty} {}_p\mathrm{C}_k z^k \tag{1.부.12}$$

이다. 여기에서, p가 0이거나 자연수이면 $k = p+1, p+2, \cdots$ 일 때 ${}_p\mathrm{C}_k = 0$이므로 (1.부.12)는 $(1+z)^p$의 이항 전개식

$$(1+z)^p = \sum_{k=0}^{p} {}_p\mathrm{C}_k z^k \tag{1.부.13}$$

과 같다. 또, (1.부.12)를 새기면, $p < 0$이고 $|z| > 1$일 때에는 $(1+z)^p = z^p\left(1+\frac{1}{z}\right)^p$에서

$$(1+z)^p = \sum_{k=0}^{\infty} {}_p\mathrm{C}_k z^{p-k} \tag{1.부.14}$$

를 얻는다. 따라서, (1.부.12)와 (1.부.14)를 묶어서

$$(1+z)^p = \begin{cases} \sum\limits_{k=0}^{\infty} {}_p\mathrm{C}_k z^k, & p \geq 0\text{일 때, 또 } p < 0\text{이고 } |z| < 1\text{일 때,} \\ \sum\limits_{k=0}^{\infty} {}_p\mathrm{C}_k z^{p-k}, & p < 0\text{이고 } |z| > 1\text{일 때} \end{cases} \tag{1.부.15}$$

[122] 한편, ${}_{-1}\mathrm{C}_z$와 ${}_{-2}\mathrm{C}_z$는 문제 1.39에서 다룬다.

처럼[123] 쓸 수 있다. 여기에서, k가 정수이므로, p, k, $p-k$ 가운데에서 p만 음 정수일 때는 없고, 따라서 (1.부.15) 안에 들어 있는 ${}_p\mathrm{C}_k$는 늘 유한하다. ◇

보기 1.부.7 식 (1.문.27)에서 알 수 있듯이 $k=0,1,\cdots$일 때 ${}_{-1}\mathrm{C}_k=(-1)^k$이므로, $p=-1$일 때를 생각하면 (1.부.15)에서

$$\begin{aligned}\frac{1}{1+z} &= \begin{cases}\sum\limits_{k=0}^{\infty}(-1)^k z^k, & |z|<1,\\ \sum\limits_{k=0}^{\infty}(-1)^k z^{-1-k}, & |z|>1\end{cases}\\ &= \begin{cases}1-z+z^2-z^3+\cdots, & |z|<1,\\ \frac{1}{z}-\frac{1}{z^2}+\frac{1}{z^3}-\cdots, & |z|>1\end{cases}\end{aligned} \tag{1.부.16}$$

임을 알 수 있다. ◇

보기 1.부.8 식 (1.문.28)에서 보이는 ${}_{-2}\mathrm{C}_k$를 새겨서 (1.부.15)를 쓰면

$$\begin{aligned}\frac{1}{(1+z)^2} &= \begin{cases}\sum\limits_{k=0}^{\infty}(-1)^k(k+1)z^k, & |z|<1,\\ \sum\limits_{k=0}^{\infty}(-1)^k(k+1)z^{-2-k}, & |z|>1\end{cases}\\ &= \begin{cases}1-2z+3z^2-4z^3+\cdots, & |z|<1,\\ \frac{1}{z^2}-\frac{2}{z^3}+\frac{3}{z^4}-\cdots, & |z|>1\end{cases}\end{aligned} \tag{1.부.17}$$

이다. 여기에서, $\left|-2z-z^2\right|<1$일 때 $\frac{1}{(1+z)^2}=\frac{1}{1-(-2z-z^2)}=\sum\limits_{k=0}^{\infty}\left(-2z-z^2\right)^k$이므로

$$\frac{1}{(1+z)^2} = 1+\left(-2z-z^2\right)+\left(4z^2+4z^3+z^4\right)+\left(-8z^3+\cdots\right)+\cdots \tag{1.부.18}$$

이다. 이 식은 $|z|<1$일 때 더하는 순서를 바꾸면

$$1-2z+\left(-z^2+4z^2\right)+\left(4z^3-8z^3\right)+\cdots = 1-2z+3z^2-4z^3+\cdots \tag{1.부.19}$$

처럼 쓸 수 있고 이 결과는 (1.부.17)에서 보인 결과와 같다. ◇

(다) 이항 계수에서 등식 두 가지

정리 1.부.1 추-방데르몽드 길쌈[124] 어떤 수 α와 β를 생각하더라도, $\gamma\in\{0,1,\cdots\}$일 때

$$\sum_{m=0}^{\gamma}\binom{\alpha}{\gamma-m}\binom{\beta}{m} = \binom{\alpha+\beta}{\gamma} \tag{1.부.20}$$

이다. ■■

[123] 또, $p<0$일 때 $z=1$이면 2^p이고, $z=-1$이면 ∞이다.

[124] Chu-Vandermonde convolution. 이 식은 방데르몽드 Vandermonde 길쌈이라고도 부른다.

위 정리는 문제 1.35에서 보인다. 한편, (1.부.20)은 하겐-로테[125] 등식

$$\sum_{m=0}^{\gamma} \frac{\alpha-\gamma c}{\alpha-mc}\binom{\alpha-mc}{\gamma-m}\frac{\beta}{\beta+mc}\binom{\beta+mc}{m} = \frac{\alpha+\beta-\gamma c}{\alpha+\beta}\binom{\alpha+\beta}{\gamma} \qquad (1.부.21)$$

에서 $c=0$으로 둔 것과 같고, 가우스의 초기하 정리[126]

$${}_2F_1(a,b;c;1) = \frac{\Gamma(c)\Gamma(c-a-b)}{\Gamma(c-a)\Gamma(c-b)}, \quad \mathrm{Re}(c) > \mathrm{Re}(a+b) \qquad (1.부.22)$$

에서 $a=\gamma$, $b=\alpha+\beta-\gamma$, $c=\alpha+\beta+1$로 둔 것과 같다. 여기에서,

$${}_2F_1(a,b;c;z) = \sum_{n=0}^{\infty}\frac{(a)_n(b)_n}{(c)_n}\frac{z^n}{n!}, \quad \mathrm{Re}(c) > \mathrm{Re}(b) > 0 \qquad (1.부.23)$$

은 초기하 함수[127]이고, 오일러 적분식[128]으로

$${}_2F_1(a,b;c;z) = \frac{1}{B(b,c-b)}\int_0^1 x^{b-1}(1-x)^{c-b-1}(1-zx)^{-a}dx \qquad (1.부.24)$$

처럼 쓸 수도 있다.

보기 1.부.9 항등식 (1.부.20)에서 $\alpha=2$, $\beta=\frac{1}{2}$, $\gamma=2$일 때를 생각해 보자. 그러면 이 항등식의 등호 왼쪽은 $\binom{2}{2}\binom{\frac{1}{2}}{0}+\binom{2}{1}\binom{\frac{1}{2}}{1}+\binom{2}{0}\binom{\frac{1}{2}}{2} = 1+2\frac{\left(\frac{1}{2}\right)!}{\left(-\frac{1}{2}\right)!1!}+\frac{\left(\frac{1}{2}\right)!}{\left(-\frac{3}{2}\right)!2!} = 1+1+\frac{\left(\frac{1}{2}\right)\left(-\frac{1}{2}\right)}{2!} = \frac{15}{8}$이고 오른쪽은 $\binom{\frac{5}{2}}{2} = \frac{\left(\frac{5}{2}\right)!}{\left(\frac{1}{2}\right)!2!} = \frac{15}{8}$이다. ◇

정리 1.부.2 정수 γ가 0보다 작지 않을 때, 집합 $\{0,1,\cdots,\gamma\}$ 안의 어떤 수 ζ를 생각하더라도

$$\sum_{m=0}^{\gamma}[m]_\zeta\binom{\alpha}{\gamma-m}\binom{\beta}{m} = [\beta]_\zeta\binom{\alpha+\beta-\zeta}{\gamma-\zeta} \qquad (1.부.25)$$

이다. ■■

증명

(방법 1) 수학적 귀납법으로 보이자. 먼저, 정리 1.부.1에서 다룬 추-방데르몽드 길쌈을 새기면, $\gamma\in\{0,1,\cdots\}$, α, β가 어떤 값이더라도, $\zeta=0$일 때 (1.부.25)가 성립한다. 다음에, $\zeta=\zeta_0$일 때 (1.부.25)가 성립한다고 두자: 곧, $\gamma\in\{0,1,\cdots\}$, α, β가 어떤 값이더라도

[125] Hagen-Rothe

[126] Gauss' hypergeometric theorem

[127] hypergeometric function. 이 함수 ${}_2F_1$은 가우스의 초기하 함수라고 부르기도 하고, 일반화된 초기하 함수

$${}_pF_q(\alpha_1,\alpha_2,\cdots,\alpha_p;\beta_1,\beta_2,\cdots,\beta_q;z) = \sum_{k=0}^{\infty}\frac{(\alpha_1)_k(\alpha_2)_k\cdots(\alpha_p)_k}{(\beta_1)_k(\beta_2)_k\cdots(\beta_q)_k}\frac{z^k}{k!}$$

의 특별한 때이다. 한편, ${}_2F_1\left(1,1;\frac{3}{2};\frac{1}{2}\right) = \frac{\pi}{2}$이다.

[128] Euler's integral formula

$$\begin{aligned}\sum_{m=0}^{\gamma}[m]_{\zeta_0}\binom{\alpha}{\gamma-m}\binom{\beta}{m} &= \sum_{m=\zeta_0}^{\gamma}[m]_{\zeta_0}\binom{\alpha}{\gamma-m}\binom{\beta}{m}\\ &= [\beta]_{\zeta_0}\binom{\alpha+\beta-\zeta_0}{\gamma-\zeta_0} \qquad (1.\text{부}.26)\end{aligned}$$

이라고 두자. 그러면 $(m+1)\binom{\beta}{m+1} = \beta\binom{\beta-1}{m}$이고 $[m+1]_{\zeta_0+1} = (m+1)[m]_{\zeta_0}$이라는 것을 새기고 (1.부.26)을 쓰면 $\sum_{m=0}^{\gamma}[m]_{\zeta_0+1}\binom{\alpha}{\gamma-m}\binom{\beta}{m} = \sum_{m=\zeta_0+1}^{\gamma}[m]_{\zeta_0+1}\binom{\alpha}{\gamma-m}\binom{\beta}{m} = \sum_{m=\zeta_0}^{\gamma-1}[m+1]_{\zeta_0+1}\binom{\alpha}{\gamma-m-1}\binom{\beta}{m+1} = \sum_{m=\zeta_0}^{\gamma-1}[m]_{\zeta_0}\binom{\alpha}{\gamma-1-m}(m+1)\binom{\beta}{m+1}$, 곧

$$\begin{aligned}\sum_{m=0}^{\gamma}[m]_{\zeta_0+1}\binom{\alpha}{\gamma-m}\binom{\beta}{m} &= \beta\sum_{m=\zeta_0}^{\gamma-1}[m]_{\zeta_0}\binom{\alpha}{\gamma-1-m}\binom{\beta-1}{m}\\ &= \beta[\beta-1]_{\zeta_0}\binom{\alpha+\beta-1-\zeta_0}{\gamma-1-\zeta_0}\\ &= [\beta]_{\zeta_0+1}\binom{\alpha+\beta-(\zeta_0+1)}{\gamma-(\zeta_0+1)} \qquad (1.\text{부}.27)\end{aligned}$$

을 얻는다. 이 식은, $\gamma \in \{0,1,\cdots\}$, α, β가 어떤 값이더라도 $\zeta=\zeta_0$일 때 (1.부.25)가 성립하면, $\gamma \in \{0,1,\cdots\}$, α, β가 어떤 값이더라도 $\zeta=\zeta_0+1$일 때 (1.부.25)가 성립한다는 것을 뜻한다. 따라서, (1.부.25)는 ζ가 0보다 크거나 같은 어떤 정수이더라도 성립한다.

(방법 2) 먼저, $[m]_\zeta\binom{\beta}{m} = [m]_\zeta\frac{[\beta]_\zeta[\beta-\zeta]_{m-\zeta}}{[m]_\zeta(m-\zeta)!} = [\beta]_\zeta\binom{\beta-\zeta}{m-\zeta}$임을 새기면 (1.부.25)를 $\sum_{m=\zeta}^{\gamma}\binom{\alpha}{\gamma-m}\binom{\beta-\zeta}{m-\zeta} = \binom{\alpha+\beta-\zeta}{\gamma-\zeta}$처럼 바꾸어 쓸 수 있는데 이 식은 추-방데르몽드 길쌈 $\sum_{k=0}^{\gamma-\zeta}\binom{\alpha}{\gamma-\zeta-k}\binom{\beta-\zeta}{k} = \binom{\alpha+\beta-\zeta}{\gamma-\zeta}$와 같은 것이다. □

쉽게 알 수 있듯이 항등식 (1.부.25)는 $\zeta \in \{\gamma+1, \gamma+2, \cdots\}$일 때에도 성립하며, 이때 이 항등식의 값은 0이다.

보기 1.부.10 항등식 (1.부.25)에서 $\alpha=7$, $\beta=3$, $\gamma=6$, $\zeta=2$일 때를 생각해 보자. 그러면 이 항등식의 등호 왼쪽은 $2\binom{7}{4}\binom{3}{2}+6\binom{7}{3}\binom{3}{3}=420$이고, 오른쪽은 $6\binom{8}{4}=420$이다. ◇

보기 1.부.11 항등식 (1.부.25)에서 $\alpha=-4$, $\beta=-1$, $\gamma=3$, $\zeta=2$일 때를 생각해 보자. 그러면 이 항등식의 등호 왼쪽은 $2\binom{-4}{1}\binom{-1}{2}+6\binom{-4}{0}\binom{-1}{3} = 2\times\frac{(-4)!}{(-5)!1!}\frac{(-1)!}{(-3)!2!}+6\times\frac{(-4)!}{(-4)!0!}\frac{(-1)!}{(-4)!3!} = -14$이고, 오른쪽은 $(-1)(-2)\binom{-7}{1} = 2\times\frac{(-7)!}{(-8)!1!} = -14$이다. ◇

보기 1.부.12 항등식 (1.부.25)는 α나 β가 정수가 아닐 때에도 성립한다. 보기를 들면, $\alpha=\frac{1}{2}$, $\beta=-\frac{1}{2}$, $\gamma=2$이고, $\zeta=1$이면, 왼쪽은 $\binom{\frac{1}{2}}{1}\binom{-\frac{1}{2}}{1}+2\binom{\frac{1}{2}}{0}\binom{-\frac{1}{2}}{2} = \frac{(\frac{1}{2})!}{(-\frac{1}{2})!1!}\frac{(-\frac{1}{2})!}{(-\frac{3}{2})!1!}+2\frac{(\frac{1}{2})!}{(\frac{1}{2})!0!}\frac{(-\frac{1}{2})!}{(-\frac{5}{2})!2!} = \frac{1}{2}$이고, 오른쪽은 $-\frac{1}{2}\times\binom{-1}{1} = -\frac{1}{2}\times\frac{\Gamma(0)}{\Gamma(-1)} = -\frac{1}{2}\times\frac{(-1)!}{(-2)!1!} = \frac{1}{2}$이다. ◇

보기 1.부.13 이제, 단위 허수를 $i=\sqrt{-1}$처럼 쓸 때, 항등식 (1.부.25)에서 $\alpha=e-i$, $\beta=\pi+2i$, $\gamma=4$, $\zeta=2$일 때를 생각해 보자. 그러면 이 항등식의 등호 왼쪽은 $0+0+2\times\binom{\alpha}{2}\binom{\beta}{2}+6\times$

$\binom{\alpha}{1}\binom{\beta}{3}+12\times\binom{\alpha}{0}\binom{\beta}{4} = \frac{1}{2}\alpha(\alpha-1)\beta(\beta-1)+\alpha\beta(\beta-1)(\beta-2)+\frac{1}{2}\beta(\beta-1)(\beta-2)(\beta-3) = \frac{1}{2}\beta(\beta-1)\{\alpha(\alpha-1)+2\alpha(\beta-2)+(\beta-2)(\beta-3)\} = \frac{1}{2}\beta(\beta-1)\{\alpha^2+\alpha(2\beta-5)+(\beta-2)(\beta-3)\} = \frac{1}{2}\beta(\beta-1)(\alpha+\beta-2)(\alpha+\beta-3)$이고, 오른쪽은

$$\begin{aligned} \beta(\beta-1)\binom{\alpha+\beta-2}{2} &= \beta(\beta-1)\frac{(\alpha+\beta-2)!}{(\alpha+\beta-4)!2!} \\ &= \frac{1}{2}\beta(\beta-1)(\alpha+\beta-2)(\alpha+\beta-3) \end{aligned} \quad (1.부.28)$$

이다. ◇

보기 1.부.14 항등식 (1.부.25)를 조금 더 구체적으로 쓰면, $\zeta=1$일 때

$$\begin{aligned} \sum_{m=0}^{\gamma} m\binom{\alpha}{\gamma-m}\binom{\beta}{m} &= \beta\binom{\alpha+\beta-1}{\gamma-1} \\ &= \frac{\beta\gamma}{\alpha+\beta}\binom{\alpha+\beta}{\gamma} \end{aligned} \quad (1.부.29)$$

이고, $\zeta=2$일 때

$$\begin{aligned} \sum_{m=0}^{\gamma} m(m-1)\binom{\alpha}{\gamma-m}\binom{\beta}{m} &= \beta(\beta-1)\binom{\alpha+\beta-2}{\gamma-2} \\ &= \frac{\beta(\beta-1)\gamma(\gamma-1)}{(\alpha+\beta)(\alpha+\beta-1)}\binom{\alpha+\beta}{\gamma} \end{aligned} \quad (1.부.30)$$

이다. 위 두 결과 (1.부.29)와 (1.부.30)은 문제 3.68에서 초기하 분포의 평균과 분산을 얻는 데에 쓸 수 있다. ◇

(라) 오일러 반사 식

다음에, (1.4.78)에 적어 둔 오일러 반사 식, 곧 $0<x<1$일 때

$$\Gamma(1-x)\Gamma(x) = \frac{\pi}{\sin \pi x} \quad (1.부.31)$$

을 보이자. 먼저, 베타 함수를 뜻매김하는 식 (1.4.95)에서 $x=\frac{s}{s+1}$라고 두면

$$\tilde{B}(\alpha,\beta) = \int_0^\infty \frac{s^{\alpha-1}}{(1+s)^{\alpha+\beta}}ds \quad (1.부.32)$$

이다. 다음에, (1.4.96)에서 $\Gamma(\alpha)\Gamma(\beta)=\Gamma(\alpha+\beta)\tilde{B}(\alpha,\beta)$이므로 (1.부.32)를 새겨서 $\alpha=x$이고 $\beta=1-x$라고 두면

$$\Gamma(1-x)\Gamma(x) = \int_0^\infty \frac{s^{x-1}}{1+s}ds \quad (1.부.33)$$

이다. 이제, 복소 영역에서

$$\int_C \frac{z^{x-1}}{z-1}dz \quad (1.부.34)$$

를 생각하여 (1.부.33)의 등호 오른쪽에 나온 적분을 얻어보자. 식 (1.부.34)에서 적분 길 C는 그림 1.부.1에 보인 바와 같으며, 바깥쪽 동그라미에서 반시계 방향으로 도는 길이다. 그러면 적분 길 C 안에 있는 극은 $z=1$뿐이므로 나머지 정리[129] $\int_C \frac{z^{x-1}}{z-1}dz = 2\pi j \operatorname*{Res}_{z=1}\frac{z^{x-1}}{z-1}$에서

[129] residue theorem. 나머지 정리는 코쉬의 적분 정리에서 Cauchy's integral theorem 얻을 수 있다.

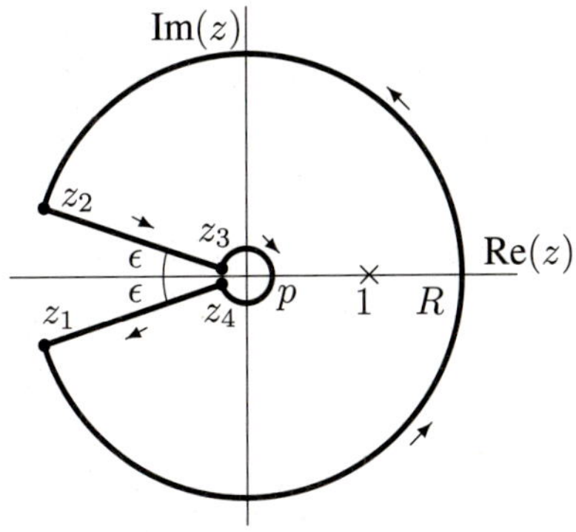

그림 1.부.1 적분 $\int_C \frac{z^{x-1}}{z-1}dz$의 적분 길 C $(0 < p < 1 < R)$

$$\int_C \frac{z^{x-1}}{z-1}dz \;=\; 2\pi j \tag{1.부.35}$$

이다. 이제, 적분 길 C를 따라서 가며 적분한다고 두자. 그러면 반지름이 R인 동그라미를 따라서 $z_1 = Re^{j(-\pi+\epsilon)}$에서 $z_2 = Re^{j(\pi-\epsilon)}$까지 가는 길에서는 $z = Re^{j\theta}$이고 $dz = jRe^{j\theta}d\theta$이며, 원점으로 가는 방사선을 따라서 $z_2 = Re^{j(\pi-\epsilon)}$에서 $z_3 = pe^{j(\pi-\epsilon)}$까지 가는 길에서는 $z = re^{j(\pi-\epsilon)}$이고 $dz = e^{j(\pi-\epsilon)}dr$이다. 또한, 반지름이 p인 동그라미를 따라서 $z_3 = pe^{j(\pi-\epsilon)}$에서 $z_4 = pe^{j(-\pi+\epsilon)}$까지 가는 길에서는 $z = pe^{j\theta}$이고 $dz = jpe^{j\theta}d\theta$이며, 원점에서 뻗는 방사선을 따라서 $z_4 = pe^{j(-\pi+\epsilon)}$에서 $z_1 = Re^{j(-\pi+\epsilon)}$까지 가는 길에서는 $z = re^{j(-\pi+\epsilon)}$이고 $dz = e^{j(-\pi+\epsilon)}dr$이다. 그러므로,

$$\begin{aligned}\int_C \frac{z^{x-1}}{z-1}dz \;=\;& \int_{-\pi+\epsilon}^{\pi-\epsilon} \frac{\left(Re^{j\theta}\right)^{x-1}}{Re^{j\theta}-1} jRe^{j\theta}d\theta + \int_R^p \frac{\left\{re^{j(\pi-\epsilon)}\right\}^{x-1}}{re^{j(\pi-\epsilon)}-1} e^{j(\pi-\epsilon)}dr \\ &+ \int_{\pi-\epsilon}^{-\pi+\epsilon} \frac{\left(pe^{j\theta}\right)^{x-1}}{pe^{j\theta}-1} jpe^{j\theta}d\theta + \int_p^R \frac{\left\{re^{j(-\pi+\epsilon)}\right\}^{x-1}}{re^{j(-\pi+\epsilon)}-1} e^{j(-\pi+\epsilon)}dr\end{aligned} \tag{1.부.36}$$

이고, 이 식을 정리하면

$$\begin{aligned}\int_C \frac{z^{x-1}}{z-1}dz \;=\;& \int_{-\pi+\epsilon}^{\pi-\epsilon} \frac{jR^x e^{j\theta x}}{Re^{j\theta}-1}d\theta + \int_R^p \frac{r^{x-1}e^{j(\pi-\epsilon)x}}{re^{j(\pi-\epsilon)}-1}dr \\ &+ \int_{\pi-\epsilon}^{-\pi+\epsilon} \frac{jp^x e^{j\theta x}}{pe^{j\theta}-1}d\theta + \int_p^R \frac{r^{x-1}e^{j(-\pi+\epsilon)x}}{re^{j(-\pi+\epsilon)}-1}dr\end{aligned} \tag{1.부.37}$$

이다. 이제, $x > 0$이면 $p \to 0$일 때 (1.부.37) 등호의 오른쪽 셋째 항은 $\lim\limits_{p\to 0} \int_{\pi-\epsilon}^{-\pi+\epsilon} \frac{jp^x e^{j\theta x}}{pe^{j\theta}-1}d\theta = 0$이다. 한편, $x < 1$이면 $R \to \infty$일 때 (1.부.37) 등호의 오른쪽 첫째 항에서 $\left|\frac{jR^x e^{j\theta x}}{Re^{j\theta}-1}\right| = \frac{R^x}{\sqrt{R^2-2R\cos\theta+1}} \le \frac{R^x}{R-1} \to 0$이다. 그러므로, $R \to \infty$, $p \to 0$, $\epsilon \to 0$일 때 (1.부.37)을 다시 쓰면, $0 < x < 1$일 때

$$\begin{aligned}\int_C \frac{z^{x-1}}{z-1}dz \;&=\; 0 \;+\; \int_\infty^0 \frac{r^{x-1}e^{j\pi x}}{-r-1}dr \;+\; 0 \;+\; \int_0^\infty \frac{r^{x-1}e^{-j\pi x}}{-r-1}dr \\ &=\; \left(e^{j\pi x} - e^{-j\pi x}\right)\int_0^\infty \frac{r^{x-1}}{r+1}dr \\ &=\; 2j\sin\pi x \int_0^\infty \frac{r^{x-1}}{r+1}dr\end{aligned} \tag{1.부.38}$$

이다. 그러므로, $0 < x < 1$일 때

$$\int_0^\infty \frac{r^{x-1}}{1+r} dr = \frac{\pi}{\sin \pi x} \tag{1.부.39}$$

임을 (1.부.35)와 (1.부.38)에서 알 수 있다. 식 (1.부.33)과 (1.부.39)에서, $0 < x < 1$일 때 (1.부.31)임을 알 수 있다.

부록 1.2 몇 가지 결과

(가) 징검다리

어느 시냇물에 디딤돌 $n-1$개로 징검다리를 만들었다. 이제, 한 쪽 냇가를 디딤돌 0, 다른 쪽 냇가를 디딤돌 n이라고 두자. 한 걸음 옮길 때 바로 다음 디딤돌로 가거나 하나 건너 뛰어 그 다음 디딤돌로 갈 수 있다고 두자.

(가) 시냇물을 k 걸음에 건너는 방법이 몇 가지인지 얻어보시오.

(나) 시냇물을 건너는 방법이 모두 몇 가지인지 얻어보시오.

풀이

(가) 시냇물을 k 걸음에 건너는 방법의 수를 $a(n,k)$라고 쓰자. 또, n이 홀수이면 $n_2 = \frac{n+1}{2}$, n이 짝수이면 $n_2 = \frac{n}{2}$처럼 – 곧,

$$n_2 = \left\lceil \frac{n}{2} \right\rceil \tag{1.부.40}$$

처럼 – 두자. 여기에서, $\lceil x \rceil$는 x보다 작지 않은 정수 가운데에서 가장 작은 정수를 나타내는데, 이 함수를 천장 함수 또는 올림 함수라고[130] 부른다. 한편, 한 걸음 옮길 때 바로 다음 디딤돌로 가는 횟수를 k_1이라고 두고, 하나 건너 뛰어 그 다음 디딤돌로 가는 횟수를 k_2라고 두면, $k_1 + k_2 = k$이고 $k_1 + 2k_2 = n$이다. 그러므로, $k_1 = 2k - n$이고 $k_2 = n - k$이다. 이제, k 걸음에 건너는 방법의 수는 1이 k_1개 있고 2가 k_2개 있을 때 이들을 늘어 놓는 방법의 수 $\frac{k!}{k_1!k_2!}$와 같다. 따라서, $k = n_2, n_2+1, \cdots, n$일 때 $a(n,k) = \frac{k!}{(2k-n)!(n-k)!}$, 곧

$$a(n,k) = {}_k\mathrm{C}_{n-k} \tag{1.부.41}$$

이다. 표 1.부.4에 $n = 1, 2, \cdots, 11$일 때 k 걸음에 시냇물을 건너는 방법의 수 $a(n,k)$를 보였다.

(나) 시냇물을 건너는 방법의 수를 $a(n)$이라고[131] 쓰면 $a(n) = \sum_{k=1}^{n} a(n,k)$이므로

$$a(n) = \sum_{k=n_2}^{n} {}_k\mathrm{C}_{n-k} \tag{1.부.42}$$

임을 쉽게 알 수 있다. 또, $a(1) = 1$이고, $a(2) = 2$라는 것을 바로 알 수 있다. 한편, $a(n)$은 디딤돌 $n-1$에서 n으로 가거나 디딤돌 $n-2$에서 바로 n으로 가는 방법의 수을 더한 것인데,

[130] ceiling function

[131] 이 수는 순서를 생각하여 1 또는 2를 여러 번 더해 n을 얻는 방법의 수를 나타내기도 한다.

표 1.부.4 한 걸음 옮길 때 바로 다음 디딤돌로 가거나 하나 건너 뛰어 그 다음 디딤돌로 갈 수 있을 때, 디딤돌 $(n-1)$개로 만든 징검다리를 k 걸음에 건너는 방법의 수 $a(n,k) = {}_k\mathrm{C}_{n-k}$

$k \downarrow n \rightarrow$	1	2	3	4	5	6	7	8	9	10	11
1	1	1	0	0	0	0	0	0	0	0	0
2	0	1	2	1	0	0	0	0	0	0	0
3	0	0	1	3	3	1	0	0	0	0	0
4	0	0	0	1	4	6	4	1	0	0	0
5	0	0	0	0	1	5	10	10	5	1	0
6	0	0	0	0	0	1	6	15	20	15	6
7	0	0	0	0	0	0	1	7	21	35	35
8	0	0	0	0	0	0	0	1	8	28	56
9	0	0	0	0	0	0	0	0	1	9	36
10	0	0	0	0	0	0	0	0	0	1	10
11	0	0	0	0	0	0	0	0	0	0	1

이때, 디딤돌 $n-1$까지 가는 방법의 수는 $a(n-1)$이고 디딤돌 $n-2$까지 가는 방법의 수는 $a(n-2)$이므로, $n = 3, 4, \cdots$일 때 $a(n) = a(n-1) + a(n-2)$임을 알 수 있다. 이 식을 풀면[132],

$$a(n) \;=\; \frac{1}{\sqrt{5}}\left\{\left(\frac{1+\sqrt{5}}{2}\right)^{n+1} - \left(\frac{1-\sqrt{5}}{2}\right)^{n+1}\right\} \tag{1.부.43}$$

을 얻을 수 있다. 뒤에 나오는 (1.부.58)에서 알 수 있듯이 n이 정수일 때 $a(n)$은 정수이다. 표 1.부.5에 $n = 1, 2, \cdots, 20$일 때 시냇물을 건너는 방법의 수 $a(n)$을 보였다. 참고로, $k = 0, 1, \cdots, n_2 - 1$일 때 ${}_k\mathrm{C}_{n-k} = 0$이라는 것을 새기면 (1.부.42)와 (1.부.43)에서

$$\sum_{k=0}^{n} {}_k\mathrm{C}_{n-k} \;=\; \frac{1}{\sqrt{5}}\left\{\left(\frac{1+\sqrt{5}}{2}\right)^{n+1} - \left(\frac{1-\sqrt{5}}{2}\right)^{n+1}\right\} \tag{1.부.44}$$

임을 알 수 있다. 이 식은, 피보나치[133] 수를 $\{F_n\}_{n=0,1,\dots}$처럼 쓸 때, 잘 알려진 결과 $F_{n+1} = \sum_{k=0}^{\lfloor \frac{n}{2} \rfloor} {}_{n-k}\mathrm{C}_k$와 같은 것이다. 여기에서, $\lfloor x \rfloor$는 x보다 크지 않은 정수 가운데에서 가장 큰 정수를 나타내며 바닥 함수 또는 내림 함수라고[134] 부르고, $[x]$처럼[135] 쓰기도 한다. 실수 x가 정수이면 $\lfloor x \rfloor = \lceil x \rceil = x$이고, x가 정수가 아니면 $\lfloor x \rfloor = \lceil x \rceil - 1$이다.

위에서 "한 걸음 옮길 때 바로 다음 디딤돌로 가거나 하나 건너 뛰어 그 다음 디딤돌로 갈 수 있다."는 조건을 "한 걸음 옮길 때 바로 다음 디딤돌로 가거나 둘 건너 뛸 수 있다."는 조건

[132] 한 가지 풀이법은 다음과 같다. 먼저, $a(n) = \theta^n$이라고 두면 (1.부.42)에서 $\theta^2 - \theta - 1 = 0$이므로 $\theta = \frac{1\pm\sqrt{5}}{2}$이다. 이제, $a(n) = c_1\left(\frac{1+\sqrt{5}}{2}\right)^n + c_2\left(\frac{1-\sqrt{5}}{2}\right)^n$이라고 두고 $a(1) = 1$과 $a(2) = 2$를 새기면 $c_1 = \frac{1+\sqrt{5}}{2\sqrt{5}}$와 $c_2 = -\frac{1-\sqrt{5}}{2\sqrt{5}}$를 얻는다.

[133] Fibonacci

[134] floor function

[135] 이 기호 $[x]$를 가우스 Gauss 함수라고 부른다.

표 1.부.5 한 걸음 옮길 때 바로 다음 디딤돌로 가거나 하나 건너 뛰어 그 다음 디딤돌로 갈 수 있을 때, 디딤돌 $(n-1)$개로 만든 징검다리를 건너는 방법의 수 $a(n) = \frac{1}{\sqrt{5}}\left\{\left(\frac{1+\sqrt{5}}{2}\right)^{n+1} - \left(\frac{1-\sqrt{5}}{2}\right)^{n+1}\right\}$

n	1	2	3	4	5	6	7	8	9	10
$a(n)$	1	2	3	5	8	13	21	34	55	89
n	11	12	13	14	15	16	17	18	19	20
$a(n)$	144	233	377	610	987	1597	2584	4181	6765	10946

으로 바꾸면 $n = 0, 1, \cdots$ 일 때

$$\sum_{m=n_3, n_3+2, \cdots}^{n} {}_m\mathrm{C}_{\frac{n-m}{2}} = a_{13} r_{13}^n + 2\mathrm{Re}\left\{c_{13} z_{13}^n\right\} \tag{1.부.45}$$

를 얻을 수 있다. 여기에서, $n_3 = n - 2\left\lfloor \frac{n}{3} \right\rfloor$이고, 단위 허수를 $i = \sqrt{-1}$이라고 쓸 때, 세 수 $r_{13} = \frac{1}{3}(1 + 2\epsilon_{13})$, $z_{13} = \frac{1}{3}\left\{1 - \epsilon_{13} - \sqrt{3(\epsilon_{13}^2 - 1)}i\right\}$, z_{13}^*은 초기 조건이 $a(1) = 1$, $a(2) = 1$, $a(3) = 2$인 차분 방정식 $a(n) = a(n-1) + a(n-3)$, $n \geq 4$의 풀이이자 $\theta^3 - \theta^2 - 1 = 0$의 세 풀이이고, $\epsilon_{13} = \frac{1}{2}\left\{\left(\frac{29-3\sqrt{93}}{2}\right)^{\frac{1}{3}} + \left(\frac{29+3\sqrt{93}}{2}\right)^{\frac{1}{3}}\right\} \approx 1.6984$이며, $a_{13} = \frac{(z_{13}-1)(z_{13}^*-1)+1}{r_{13}(r_{13}-z_{13})(r_{13}-z_{13}^*)} = \frac{|z_{13}-1|^2+1}{r_{13}|r_{13}-z_{13}|^2}$이고, $c_{13} = \frac{(r_{13}-1)(z_{13}^*-1)+1}{z_{13}(z_{13}-r_{13})(z_{13}-z_{13}^*)}$이다.

한편, "한 걸음 옮길 때 바로 다음 디딤돌로 가거나 하나 건너 뛰어 그 다음 디딤돌로 갈 수 있다."는 조건을 "한 걸음 옮길 때 하나 또는 둘 건너 뛸 수 있다."는 조건으로 바꾸면, $n = 2, 3, \cdots$ 일 때 $m = 0, 1, \cdots, \left\lceil \frac{n}{3} \right\rceil - 1$ 또는 $m = \left\lfloor \frac{n}{2} \right\rfloor + 1, \left\lfloor \frac{n}{2} \right\rfloor + 2, \cdots, n$이면 ${}_m\mathrm{C}_{n-2m} = \frac{m!}{(3m-n)!(n-2m)!} = 0$이라는 것을 새겨서,

$$\sum_{m=0}^{n} {}_m\mathrm{C}_{n-2m} = a_{23} r_{23}^n + 2\mathrm{Re}\left\{c_{23} z_{23}^n\right\} \tag{1.부.46}$$

을 얻을 수 있다. 여기에서, 세 수 $r_{23} = 2\epsilon_{23}$, $z_{23} = -\epsilon_{23} - \sqrt{3\epsilon_{23}^2 - 1}i$, z_{23}^*은 초기 조건이 $a(2) = 1$, $a(3) = 1$, $a(4) = 1$인 차분 방정식 $a(n) = a(n-2) + a(n-3)$, $n \geq 5$의 풀이이자 $\theta^3 - \theta - 1 = 0$의 세 풀이이며, $\epsilon_{23} = \left(\frac{9-\sqrt{69}}{144}\right)^{\frac{1}{3}} + \left(\frac{9+\sqrt{69}}{144}\right)^{\frac{1}{3}} \approx 0.6624$이고, $a_{23} = \frac{(z_{23}-1)(z_{23}^*-1)}{r_{23}^2(r_{23}-z_{23})(r_{23}-z_{23}^*)} = \frac{|z_{23}-1|^2}{r_{23}^2|r_{23}-z_{23}|^2}$이며, $c_{23} = \frac{(r_{23}-1)(z_{23}^*-1)}{z_{23}^2(z_{23}-r_{23})(z_{23}-z_{23}^*)}$이다.

식 (1.부.43), (1.부.45), (1.부.46)을 계산하여 얻는 수열을

$$\left\{\sum_{m=0}^{n} {}_m\mathrm{C}_{n-m}\right\}_{n=0}^{\infty} = \{1, 1, 2, 3, 5, 8, \cdots\}, \tag{1.부.47}$$

$$\left\{\sum_{m=n_3, n_3+2, \cdots}^{n} {}_m\mathrm{C}_{\frac{n-m}{2}}\right\}_{n=0}^{\infty} = \{1, 1, 1, 2, 3, 4, 6, 9, \cdots\}, \tag{1.부.48}$$

$$\left\{\sum_{m=0}^{n} {}_m\mathrm{C}_{n-2m}\right\}_{n=2}^{\infty} = \{1, 1, 1, 2, 2, 3, 4, 5, 7, 9, 12, \cdots\} \tag{1.부.49}$$

처럼 쓸 수 있다.

(나) 연산의 순서

극한, 적분, 미분과 같은 여러 가지를 이어서 연산할 때 보통 그 순서를 바꾸어도 값이 바뀌지 않으나 어떤 때에는 그렇지 않다. 순서가 바뀌면 그 결과가 달라지는 보기를 몇 개 여기에서 살펴 보자.

보기 1.부.15 (적분의 순서) 함수

$$f(x,y) = \begin{cases} y^{-2}, & 0<x<y<1, \\ -x^{-2}, & 0<y<x<1, \\ 0, & \text{그 밖에는} \end{cases} \quad (1.부.50)$$

을 생각하면 $\int_0^1 f(x,y)dx = \int_0^y \frac{dx}{y^2} - \int_y^1 \frac{dx}{x^2} = \frac{1}{y} + \left(1-\frac{1}{y}\right) = 1$이므로 $\int_0^1\int_0^1 f(x,y)dxdy = \int_0^1 dy = 1$이다. 한편, $\int_0^1 f(x,y)dy = -\int_0^x \frac{dy}{x^2} + \int_x^1 \frac{dy}{y^2} = -\frac{1}{x} - \left(1-\frac{1}{x}\right) = -1$이므로 $\int_0^1\int_0^1 f(x,y)dydx = \int_0^1(-1)dx = -1$이다. 곧, $\int_0^1\int_0^1 f(x,y)dxdy \neq \int_0^1\int_0^1 f(x,y)dydx$이다. ◇

보기 1.부.16 (적분과 극한의 순서) 받침이 $[0,1]$인 함수 열 $\left\{f_n(x) = n^2xe^{-nx}\right\}_{n=1}^{\infty}$을 생각하자. 그러면 $\lim\limits_{n\to\infty}\int_0^1 f_n(x)dx = \lim\limits_{n\to\infty}\left[-\left(nx+1\right)e^{-nx}\right]_0^1 = -\lim\limits_{n\to\infty}\{(n+1)e^{-n}-1\}$, 곧

$$\lim_{n\to\infty}\int_0^1 f_n(x)dx = 1 \quad (1.부.51)$$

이다. 한편, $x=0$일 때에는 $f_n(x)=0$이고 $0<x\le 1$일 때에는 $\lim\limits_{n\to\infty} f_n(x) = \frac{1}{x}\lim\limits_{n\to\infty}\frac{(nx)^2}{e^{nx}} = 0$이므로, $0\le x\le 1$일 때 $\lim\limits_{n\to\infty} f_n(x)$는 늘 0이다. 곧, $\int_0^1 \lim\limits_{n\to\infty} f_n(x)dx = \int_0^1 0dx = 0$이고, $\int_0^1 \lim\limits_{n\to\infty} f_n(x)dx \neq \lim\limits_{n\to\infty}\int_0^1 f_n(x)dx$이다. ◇

보기 1.부.17 (극한의 순서) 함수

$$f(x,y) = \begin{cases} \frac{x^2-y^2}{x^2+y^2}, & x^2+y^2\neq 0, \\ 0, & x=y=0 \end{cases} \quad (1.부.52)$$

를 생각하면 $\lim\limits_{x\to0}\lim\limits_{y\to0} f(x,y) = \lim\limits_{x\to0}\frac{x^2}{x^2} = 1$이고 $\lim\limits_{y\to0}\lim\limits_{x\to0} f(x,y) = \lim\limits_{y\to0}\frac{-y^2}{y^2} = -1$이므로 $\lim\limits_{x\to0}\lim\limits_{y\to0} f(x,y) \neq \lim\limits_{y\to0}\lim\limits_{x\to0} f(x,y)$이다. ◇

보기 1.부.18 (미분과 극한의 순서) 함수 열 $\{f_n(x)\}_{n=1}^{\infty}$에서 $|x|\le 1$일 때 $f_n(x) = \frac{x}{1+n^2x^2}$이라고 두자. 그러면 $\frac{d}{dx}\left\{\lim\limits_{n\to\infty} f_n(x)\right\} = 0$이지만

$$\begin{aligned} \lim_{n\to\infty}\left\{\frac{d}{dx}f_n(x)\right\} &= \lim_{n\to\infty}\frac{1-n^2x^2}{(1+n^2x^2)^2} \\ &= \begin{cases} 1, & x=0 \\ 0, & 0<|x|\le 1 \end{cases} \end{aligned} \quad (1.부.53)$$

이다. 곧, $\frac{d}{dx}\left\{\lim\limits_{n\to\infty} f_n(x)\right\} \neq \lim\limits_{n\to\infty}\left\{\frac{d}{dx}f_n(x)\right\}$이다. ◇

보기 1.부.19 (적분과 미분의 순서) 함수

$$f(x,y) = \begin{cases} \frac{x^3}{y^2}\exp\left(-\frac{x^2}{y}\right), & y>0, \\ 0, & y=0 \end{cases} \tag{1.부.54}$$

을 생각하자. 먼저, x가 어떤 값이더라도 $\int_0^1 f(x,y)dy = x\exp\left(-x^2\right)$이다. 이제, $g(x) = x\exp\left(-x^2\right)$이라고 두면, x가 어떤 값이더라도 $\frac{d}{dx}\int_0^1 f(x,y)dy = g'(x) = \left(1-2x^2\right)\exp\left(-x^2\right)$이다. 한편,

$$\frac{\partial}{\partial x}f(x,y) = \begin{cases} \left(\frac{3x^2}{y^2}-\frac{2x^4}{y^3}\right)\exp\left(-\frac{x^2}{y}\right), & y>0, \\ 0, & y=0 \end{cases} \tag{1.부.55}$$

인데, $x \neq 0$이면 $\frac{\partial}{\partial x}f(x,y) = \left(\frac{3x^2}{y^2}-\frac{2x^4}{y^3}\right)\exp\left(-\frac{x^2}{y}\right)$이지만, $x=0$이면 y가 어떤 값이더라도 $\frac{\partial}{\partial x}f(x,y)=0$이다. 곧,

$$\begin{aligned} \int_0^1 \frac{\partial}{\partial x}f(x,y)\ dy &= \begin{cases} \int_0^1 \left(\frac{3x^2}{y^2}-\frac{2x^4}{y^3}\right)\exp\left(-\frac{x^2}{y}\right)dy, & x\neq 0, \\ \int_0^1 0\ dy, & x=0 \end{cases} \\ &= \begin{cases} \left(1-2x^2\right)\exp\left(-x^2\right), & x\neq 0, \\ 0, & x=0 \end{cases} \end{aligned} \tag{1.부.56}$$

이다. 따라서, $\frac{d}{dx}\int_0^1 f(x,y)dy \neq \int_0^1 \frac{\partial}{\partial x}f(x,y)dy$이다. ◇

보기 1.부.20 보기 1.3.11에서 다룬 칸토르 함수 $\phi_C(x)$와 $x \in [0,1]$일 때 함수 $f(x) = 1$을 생각하자. 그러면 리만-스틸체즈[136] 또는 르벡-스틸체즈[137] 적분 모두 $\int_0^1 f(x)d\phi_C(x) = [f(x)\phi_C(x)]_0^1 - \int_0^1 \phi_C(x)df(x) = \phi_C(1)-\phi_C(0)-0$, 곧

$$\int_0^1 f(x)\ d\phi_C(x) = 1 \tag{1.부.57}$$

이지만, 르벡 적분은 $\int_0^1 f(x)\phi_C'(x)dx = \int_0^1 0dx = 0$이다. ◇

(다) 합과 곱이 정수인 두 실수의 거듭제곱 합

정리 1.부.3 두 수 α와 β의 합 $\alpha+\beta$도 정수이고 곱 $\alpha\beta$도 정수이면, n이 자연수일 때

$$\alpha^n + \beta^n = \text{정수} \tag{1.부.58}$$

이다. ■■

증명 수학적 귀납법으로 위를 보이자. 먼저, $n=2$일 때 $\alpha^2+\beta^2 = (\alpha+\beta)^2 - 2\alpha\beta$는 정수라는 것을 쉽게 알 수 있다. 다음에, $n = 1, 2, \cdots, k-1$일 때 $\alpha^n + \beta^n$이 정수라고 두면

[136] Riemann-Stieltjes
[137] Lebesgue-Stieltjes

$$\begin{aligned}\alpha^k+\beta^k &= (\alpha+\beta)^k - {}_k\mathrm{C}_1\alpha\beta\left(\alpha^{k-2}+\beta^{k-2}\right) - {}_k\mathrm{C}_2\,(\alpha\beta)^2\left(\alpha^{k-4}+\beta^{k-4}\right)\\ &\quad -\cdots-\begin{cases}{}_k\mathrm{C}_{\frac{k-1}{2}}\,(\alpha\beta)^{\frac{k-1}{2}}\,(\alpha+\beta), & k\text{가 홀수일 때,}\\ {}_k\mathrm{C}_{\frac{k}{2}}\,(\alpha\beta)^{\frac{k}{2}}, & k\text{가 짝수일 때}\end{cases}\end{aligned} \tag{1.부.59}$$

이다. 따라서, k가 자연수이고 $j=0,1,\cdots,k$일 때 이항 계수 ${}_k\mathrm{C}_j$가 늘 정수이므로, $n=k$일 때에도 $\alpha^n+\beta^n$이 정수이다. 곧, $\alpha\beta$와 $\alpha+\beta$가 정수이면, n이 자연수일 때 $\alpha^n+\beta^n$은 늘 정수이다. □

(라) 기하 수열의 차

정리 1.부.4 기하 수열의 차 두 기하 수열의 차

$$D_n = \alpha a^n - \beta b^n \tag{1.부.60}$$

을 생각하자. 여기에서, $\alpha>0$이고, $a>b>0$이며, $a\neq 1$이고, $b\neq 1$이다. 이제,

$$r = \frac{\ln\frac{(1-b)\beta}{(1-a)\alpha}}{\ln\frac{a}{b}} \tag{1.부.61}$$

처럼 두자. 그러면 $\{D_n\}_{n=1}^{\infty}$는

(1) $0<a<1$일 때, r이 정수가 아니면 $n=\lceil r\rceil$에서, r이 정수이면 $n=r$과 $n=r+1$에서 가장 크고,

(2) $a>1$일 때, r이 정수가 아니면 $n=\lceil r\rceil$에서, r이 정수이면 $n=r$과 $n=r+1$에서 가장 작다. ■■

증명 먼저, $0<a<1$일 때를 생각하자. 그러면 $D_{n+1}-D_n=b^n(1-b)\beta-a^n(1-a)\alpha$이므로 $n<r$일 때 $D_{n+1}>D_n$이고, $n=r$일 때 $D_{n+1}=D_n$이며, $n>r$일 때 $D_{n+1}<D_n$이고, 따라서 (1)을 알 수 있다. 이것과 비슷하게 (2)도 보일 수 있다. □

보기 1.부.21 수열 $\{\alpha a^n-\beta b^n\}_{n=1}^{\infty}$는

(1) $\frac{(1-b)\beta}{(1-a)\alpha}<\frac{a}{b}$이면 $a>1$일 때 느는 수열이고, $0<a<1$일 때 주는 수열이다.

(2) $\frac{(1-b)\beta}{(1-a)\alpha}>\frac{a}{b}$이면 $a>1$일 때 줄다가 느는 수열이고, $0<a<1$일 때 늘다가 주는 수열이다.

(3) $\frac{(1-b)\beta}{(1-a)\alpha}=\frac{a}{b}$이면, 곧 $\alpha a-\beta b=\alpha a^2-\beta b^2$이면, $a>1$일 때 느는 수열이고, $0<a<1$일 때 주는 수열이다. ◇

보기 1.부.22 이제, $\alpha=\beta$일 때를 살펴 보자. 그러면 $a>b$를 새겨서 보기 1.부.21에서 얻은 바를 바탕으로 아래를 알 수 있다.

(1) $a>1$이면 수열 $\{a^n-b^n\}_{n=1}^{\infty}$는 느는 수열이고, $a+b<1$이면 수열 $\{a^n-b^n\}_{n=1}^{\infty}$는 주는 수열이다.

(2) $a+b=1$이면 수열 $\{a^n-b^n\}_{n=2}^{\infty}$는 주는 수열이고 $a-b=a^2-b^2$이다.

(3) $a+b>1$이고 $0<a<1$이면 수열 $\{a^n-b^n\}_{n=1}^{\infty}$는 늘다가 주는 수열이고, r이 정수가 아니면 $n=\lceil r\rceil$에서, r이 정수이면 $n=r$과 $n=r+1$에서 가장 크다. ◇

보기 1.부.23 한편, $\alpha = \beta = 1$이고, $a = 0.95$이며, $b = 0.4$이면, $\lceil r \rceil = \left\lceil \frac{\ln \frac{0.6}{0.05}}{\ln \frac{0.95}{0.4}} \right\rceil \approx \lceil 2.87 \rceil = 3$이므로 $0.95 - 4 < 0.95^2 - 4^2 < 0.95^3 - 4^3$이고 $0.95^3 - 4^3 > 0.95^4 - 4^4 > \cdots$이다. ◇

(마) 모든 숫자가 적어도 한 번 들어가도록 고르기

서로 다른 숫자가 n개 있을 때 그 가운데에서 r개를 뽑는 방법의 가짓수는 ${}_n\mathrm{C}_r$이다. 이때, 어느 숫자든 다른 숫자보다 더 많이 또는 더 적게 뽑힐 까닭이 없으므로 ${}_n\mathrm{C}_r$가지를 모두 볼 때 숫자 하나가 나타나는 횟수는 ${}_n\mathrm{C}_r \times \frac{r}{n} = {}_{n-1}\mathrm{C}_{r-1}$이다.

이제, ${}_n\mathrm{C}_r$가지 가운데에서

$$m_1 = \left\lceil \frac{n}{r} \right\rceil \tag{1.부.62}$$

가지를 알맞게 잘 고르면 모든 숫자가 적어도 한 번 들어간다는 것은 쉽게 알 수 있다. 보기를 들어, 숫자 $\{1, 2, \cdots, 7\}$을 생각하여 $r = 3$일 때를 살펴 보면 $m_1 = \lceil \frac{7}{3} \rceil = 3$이고 $(1, 2, 3)$, $(4, 5, 6)$, $(1, 4, 7)$을 고르면 일곱 숫자가 적어도 한 번씩 들어 있다.

다음에, ${}_n\mathrm{C}_r$가지 가운데에서 ${}_{n-1}\mathrm{C}_r$가지 또는 그보다 적게 고르면 그 안에 어느 숫자가 들어 있지 않을 수 있으나

$$m_2 = 1 + {}_{n-1}\mathrm{C}_r \tag{1.부.63}$$

가지는 어떻게 고르더라도 그 안에 모든 숫자가 적어도 한 번은 들어간다. 여기에서,

$$\begin{aligned} {}_{n-1}\mathrm{C}_r &= \left(1 - \frac{r}{n}\right) {}_n\mathrm{C}_r \\ &= {}_n\mathrm{C}_r - \frac{r}{n} {}_n\mathrm{C}_r \end{aligned} \tag{1.부.64}$$

인데, 이 식은 n 숫자에서 r개 고를 때 어느 한 숫자가 들어 있지 않은 방법의 가짓수는 $n-1$ 숫자에서 r개 고르는 방법의 가짓수와 같고, n 숫자에서 r개 고르는 방법의 가짓수에서 n 숫자에서 r개 고를 때 한 숫자가 들어 가는 방법의 가짓수를 뺀 것과 같음을 나타낸다.

(바) 푸비니 정리

정리 1.부.5 푸비니[138] 정리 1 함수 $f(x, y)$가 네모꼴 $A = \{(x, y) : a \le x \le b,\ c \le y \le d\}$에서 연속이면

$$\begin{aligned} \int\!\!\int_A f(x, y) dx dy &= \int_c^d \int_a^b f(x, y) dx dy \\ &= \int_a^b \int_c^d f(x, y) dy dx \end{aligned} \tag{1.부.65}$$

이다. ■■

[138] Fubini

정리 1.부.6 푸비니 정리 2 함수 $f(x,y)$가 영역 A에서 연속이라고 두자. 그러면 영역이 $A = \{(x,y) : a \le x \le b,\ g_1(x) \le y \le g_2(x)\}$이고 함수 g_1과 g_2가 $[a,b]$에서 연속일 때에는

$$\int\int_A f(x,y)dxdy = \int_a^b \int_{g_1(x)}^{g_2(x)} f(x,y)dydx \tag{1.부.66}$$

이고, 영역이 $A = \{(x,y) : h_1(y) \le x \le h_2(y),\ c \le y \le d\}$이고 함수 h_1과 h_2가 $[c,d]$에서 연속일 때에는

$$\int\int_A f(x,y)dxdy = \int_c^d \int_{h_1(y)}^{h_2(y)} f(x,y)dxdy \tag{1.부.67}$$

이다. ■■

(사) 쪼갬

자연수를 여러 자연수의 합으로 나타내는 것도 쪼갬 또는 분할이라고 부른다. 자연수를 k개 더하여 자연수 n을 나타내는 쪼갬의 수를 $M(n,k)$라고 두면, 자연수 n의 쪼갬의 가짓수는

$$N(n) = \sum_{k=1}^{n} M(n,k) \tag{1.부.68}$$

처럼 쓸 수 있다. 보기들 들면,

$$\begin{aligned}
&1:\ \{1\} \\
&2:\ \{2\},\ \{1,1\} \\
&3:\ \{3\},\ \{2,1\},\ \{1,1,1\} \\
&4:\ \{4\},\ \{3,1\},\ \{2,2\},\ \{2,1,1\},\ \{1,1,1,1\} \\
&5:\ \{5\},\ \{4,1\},\ \{3,2\},\ \{3,1,1\},\ \{2,2,1\},\ \{2,1,1,1\},\ \{1,1,1,1,1\}
\end{aligned} \tag{1.부.69}$$

에서 알 수 있듯이 $N(1) = M(1,1) = 1$, $N(2) = M(2,1) + M(2,2) = 2$, $N(3) = M(3,1) + M(3,2) + M(3,3) = 3$이다. 또한, $M(4,1) = 1$, $M(4,2) = 2$, $M(4,3) = 1$, $M(4,4) = 1$, $M(5,1) = 1$, $M(5,2) = 2$, $M(5,3) = 2$, $M(5,4) = 1$, $M(5,5) = 1$이다.

한편, 일반적으로 $M(n,k)$는

$$M(n,k) = M(n-1,k-1) + M(n-k,k) \tag{1.부.70}$$

을 만족시킨다.

보기 1.부.24 식 (1.부.69)에 보인 것을 바탕으로 $M(5,3) = M(5-1,3-1) + M(5-3,3) = M(4,2) + M(2,3) = 2 + 0 = 2$라는 것을 알 수 있다. ◇

정리 1.부.7 쪼갬의 수 이어지는 k 자연수 $1, 2, \cdots, k$의 최소 공배수를 $\tilde{k}$이라고 쓰자. 또, n을 k로 나눌 때 몫을 Q_k라고 두고 나머지를 R_k라고 두자. 이제,

$$n \;=\; \tilde{k}Q_{\tilde{k}} + R_{\tilde{k}} \tag{1.부.71}$$

처럼 쓰면, 자연수 n을 자연수를 k개 더한 것으로 나타내는 쪼갬의 수 $M(n,k)$는 $Q_{\tilde{k}}$의 $k-1$차 다항식 $\tilde{k}$개로

$$M(n,k) \;=\; \sum_{i=0}^{k-1} c_{i,k}\left(R_{\tilde{k}}\right) Q_{\tilde{k}}^{i}, \quad R_{\tilde{k}} = 0, 1, \cdots, \tilde{k}-1 \tag{1.부.72}$$

처럼 나타낼 수 있다. ■■

이 정리를 바탕으로, 보기를 들면,

$$M(n,1) \;=\; 1 \tag{1.부.73}$$

이고,

$$M(n,2) \;=\; \begin{cases} \frac{n-1}{2}, & n\text{이 홀수일 때,} \\ \frac{n}{2}, & n\text{이 짝수일 때} \end{cases} \tag{1.부.74}$$

이며,

$$12\,M(n,3) \;=\; \begin{cases} n^2, & R_6 = 0; \quad n^2-1, \;\; R_6 = 1,5; \\ n^2-4, & R_6 = 2,4; \quad n^2+3, \;\; R_6 = 3 \end{cases} \tag{1.부.75}$$

이고,

$$144\,M(n,4) \;=\; \begin{cases} n^3+3n^2, & R_{12}=0; \quad n^3+3n^2-20, \;\; R_{12}=2; \\ n^3+3n^2+32, & R_{12}=4; \quad n^3+3n^2-36, \;\; R_{12}=6; \\ n^3+3n^2+16, & R_{12}=8, \\ n^3+3n^2-4, & R_{12}=10; \quad n^3+3n^2-9n+5, \;\; R_{12}=1,7; \\ n^3+3n^2-9n-27, & R_{12}=3,9; \quad n^3+3n^2-9n-11, \;\; R_{12}=5,11 \end{cases} \tag{1.부.76}$$

임을 알 수 있다. 한편, $k = 5$일 때 $M(n,5)$를 나타내는 Q_{60}의 4차 다항식 예순 개를 표 1.부.6에 보였다.

표 1.부.6 자연수를 k개 더하여 자연수 n을 나타내는 쪼갬의 수가 $M(n,k)$일 때 $M(n,5) = c_{4,5}(R_{60})Q_{60}^4 + c_{3,5}(R_{60})Q_{60}^3 + c_{2,5}(R_{60})Q_{60}^2 + c_{1,5}(R_{60})Q_{60} + c_{0,5}(R_{60})$의 계수 $\{c_{j,5}(r)\}_{j=4}^0$

r	$c_{4,5}(r), c_{3,5}(r), c_{2,5}(r), c_{1,5}(r), c_{0,5}(r)$	r	$c_{4,5}(r), c_{3,5}(r), c_{2,5}(r), c_{1,5}(r), c_{0,5}(r)$
0	4500, 750, 25/2, −5/2, 0	1	4500, 1050, 115/2, 1/2, 0
2	4500, 1350, 235/2, 3/2, 0	3	4500, 1650, 385/2, 17/2, 0
4	4500, 1950, 565/2, 29/2, 0	5	4500, 2250, 775/2, 55/2, 1
6	4500, 2550, 1015/2, 81/2, 1	7	4500, 2850, 1285/2, 123/2, 2
8	4500, 3150, 1585/2, 167/2, 3	9	4500, 3450, 1915/2, 229/2, 5
10	4500, 3750, 2275/2, 295/2, 7	11	4500, 4050, 2665/2, 381/2, 10
12	4500, 4350, 3085/2, 473/2, 13	13	4500, 4650, 3535/2, 587/2, 18
14	4500, 4950, 4015/2, 709/2, 23	15	4500, 5250, 4525/2, 855/2, 30
16	4500, 5550, 5065/2, 1011/2, 37	17	4500, 5850, 5635/2, 1193/2, 47
18	4500, 6150, 6235/2, 1387/2, 57	19	4500, 6450, 6865/2, 1609/2, 70
20	4500, 6750, 7525/2, 1845/2, 84	21	4500, 7050, 8215/2, 2111/2, 101
22	4500, 7350, 8935/2, 2393/2, 119	23	4500, 7650, 9685/2, 2707/2, 141
24	4500, 7950, 10465/2, 3039/2, 164	25	4500, 8250, 11275/2, 3405/2, 192
26	4500, 8550, 12115/2, 3791/2, 221	27	4500, 8850, 12985/2, 4213/2, 255
28	4500, 9150, 13885/2, 4657/2, 291	29	4500, 9450, 14815/2, 5139/2, 333
30	4500, 9750, 15775/2, 5645/2, 377	31	4500, 10050, 16765/2, 6191/2, 427
32	4500, 10350, 17785/2, 6763/2, 480	33	4500, 10650, 18835/2, 7377/2, 540
34	4500, 10950, 19915/2, 8019/2, 603	35	4500, 11250, 21025/2, 8705/2, 674
36	4500, 11550, 22165/2, 9421/2, 748	37	4500, 11850, 23335/2, 10183/2, 831
38	4500, 12150, 24535/2, 10977/2, 918	39	4500, 12450, 25765/2, 11819/2, 1014
40	4500, 12750, 27025/2, 12695/2, 1115	41	4500, 13050, 28315/2, 13621/2, 1226
42	4500, 13350, 29635/2, 14583/2, 1342	43	4500, 13650, 30985/2, 15597/2, 1469
44	4500, 13950, 32365/2, 16649/2, 1602	45	4500, 14250, 33775/2, 17755/2, 1747
46	4500, 14550, 35215/2, 18901/2, 1898	47	4500, 14850, 36685/2, 20103/2, 2062
48	4500, 15150, 38185/2, 21347/2, 2233	49	4500, 15450, 39715/2, 22649/2, 2418
50	4500, 15750, 41275/2, 23995/2, 2611	51	4500, 16050, 42865/2, 25401/2, 2818
52	4500, 16350, 44485/2, 26853/2, 3034	53	4500, 16650, 46135/2, 28367/2, 3266
54	4500, 16950, 47815/2, 29929/2, 3507	55	4500, 17250, 49525/2, 31555/2, 3765
56	4500, 17550, 51265/2, 33231/2, 4033	57	4500, 17850, 53035/2, 34973/2, 4319
58	4500, 18150, 54835/2, 36767/2, 4616	59	4500, 18450, 56665/2, 38629/2, 4932

연습 문제

문제 1.1 두 집합 A와 B를 생각할 때, $A \subseteq B$이면 $B^c \subseteq A^c$이라는 것을 보이시오.

문제 1.2 집합 열 $\{A_i\}_{i=1}^{\infty}$를 생각할 때, $\bigcap\limits_{i=1}^{\infty} A_i = \left(\bigcup\limits_{i=1}^{\infty} A_i^c\right)^c$이라는 것을 보이시오.

문제 1.3 두 집합 A와 B를 생각하여, 차집합 $A-B$를 곱집합과 대칭 차로만, 또 합집합 $A \cup B$를 곱집합과 대칭 차로만 나타내 보시오.

문제 1.4 유한 집합열 $\{A_i\}_{i=1}^{n}$을 생각하자. 이제, A_i 안에 있는 원소 수를 $|A_i|$라고 쓸 때

$$\begin{aligned} |A_1 \cup A_2 \cup \cdots \cup A_n| &= \sum_i |A_i| - \sum_{i<j} |A_i \cap A_j| + \sum_{i<j<k} |A_i \cap A_j \cap A_k| - \cdots \\ &\quad + (-1)^{n-1} |A_1 \cap A_2 \cap \cdots \cap A_n| \end{aligned} \tag{1.문.1}$$

이고

$$\begin{aligned} |A_1 \cap A_2 \cap \cdots \cap A_n| &= \sum_i |A_i| - \sum_{i<j} |A_i \cup A_j| + \sum_{i<j<k} |A_i \cup A_j \cup A_k| - \cdots \\ &\quad + (-1)^{n-1} |A_1 \cup A_2 \cup \cdots \cup A_n| \end{aligned} \tag{1.문.2}$$

임을 보이시오.

문제 1.5 유한 집합 $\{A_i\}_{i=1}^{n}$을 생각하자. 이제, A_i 안에 있는 원소 수를 $|A_i|$라고 쓸 때

$$\begin{aligned} |A_1 \triangle A_2 \triangle \cdots \triangle A_n| &= \sum_i |A_i| \ - \ 2\sum_{i<j} |A_i \cap A_j| \ + \ 4\sum_{i<j<k} |A_i \cap A_j \cap A_k| \\ &\quad - \ \cdots \ + (-2)^{n-1} |A_1 \cap A_2 \cap \cdots \cap A_n| \end{aligned} \tag{1.문.3}$$

임을 보이시오. (귀띔: 보기 1.1.36에서 보았듯이, 집합 $A_1 \Delta A_2 \Delta \cdots \Delta A_n$의 원소는 어느 것이나 $\{A_i\}_{i=1}^{n}$ 가운데에서 홀수 개에만 들어 있다는 것을 새겨서 보시오.)

문제 1.6 계수가 정수인 다항식들의 집합이 셀 수 있는 집합인지 알아보시오.

문제 1.7 대수적 수[139]들의 집합을 셀 수 있는지 밝히시오.

문제 1.8 다음 집합들은 셀 수 있다는 것을 보이시오.
(가) 셀 수 있는 집합 A의 유한 부분집합을 셀 수 있는 집합 B로 사상하는 함수들의 집합
(나) 수렴하는 자연수 열들의 집합

문제 1.9 끝점이 둘 다 실수이고 서로 겹치지 않는 열린 구간들을 모두 모은 묶음을 셀 수 있는지 아니면 셀 수 없는지 밝히시오.

문제 1.10 아래 첫째 집합 A에서 둘째 집합 B로의 단사 함수를 하나씩 얻으시오. 여기에서, $\mathbb{J}_0 = \mathbb{J}_+ \cup \{0\}$, 곧

---

[139]algebraic number. 계수 a_i가 모두 정수이고, $a_n \neq 0$이며, $n > 0$일 때, 방정식 $a_n z^n + a_{n-1} z^{n-1} + \cdots a_0 = 0$을 만족시키는 수 z를 대수적 수라고 부른다. 한편, 대수적 수가 아닌 수를 초월수라고 transcendental number 부른다.

$$\mathbb{J}_0 = \{0, 1, \cdots\} \qquad (1.문.4)$$

는 정수 가운데에서 0보다 작지 않은 것을 모두 모은 집합이다.
(가) $A = \mathbb{J}_0 \times \mathbb{J}_0$. $B = \mathbb{J}_0$.
(나) $A = (-\infty, \infty)$. $B = (0, 1)$.
(다) $A = \mathbb{R}$. $B =$ 0과 1이 이루는 무한 수열들의 집합.
(라) $A =$ 0과 1이 이루는 무한 수열들의 집합. $B = [0, 1]$.
(마) $A =$자연수가 이루는 무한 수열들의 집합. $B =$ 0과 1이 이루는 무한 수열들의 집합.
(바) $A =$실수가 이루는 무한 수열들의 집합. $B =$ 0과 1이 이루는 무한 수열들의 집합.

문제 1.11 아래 첫째 집합 A에서 둘째 집합 B로의 함수를 하나씩 얻으시오.
(가) $A = \mathbb{J}_0$. $B = \mathbb{J}_0 \times \mathbb{J}_0$.
(나) $A = \mathbb{J}_0$. $B = \mathbb{Q}$.
(다) $A =$칸토르 집합. $B = [0, 1]$.
(라) $A =$ 0과 1이 이루는 무한 수열들의 집합. $B = [0, 1]$.

문제 1.12 아래 첫째 집합 A와 둘째 집합 B 사이의 일대일 대응을 찾아보시오.
(가) $-\infty \le a < b \le \infty$이고 $-\infty \le c < d \le \infty$일 때, $A = (a, b)$. $B = (c, d)$.
(나) $A = 0, 1, 2$가 이루는 무한 수열들의 집합. $B =$ 0과 1이 이루는 무한 수열들의 집합.
(다) $A = [0, 1)$. $B = [0, 1) \times [0, 1)$.

문제 1.13 함수 $f_1 : A \to B$와 $f_2 : C \to D$가 둘 다 일대일 대응이고, $A \cap C = \emptyset$이며, $B \cap D = \emptyset$이라고 두자. 이제, $f = f_1 \cup f_2$가 – 곧, $f : A \cup C \to B \cup D$가 – 일대일 대응이라는 것을 보이시오.

문제 1.14 집합 $A = \mathbb{J}_0$과 $B = \mathbb{J}_0 \times \mathbb{J}_0$ 사이의 일대일 대응을[140] 얻으시오.

문제 1.15 실수 공간 $\mathbb{R}$에서 끝점이 유리수인 구간들의 집합이 셀 수 있는 집합인지 그렇지 않은지 밝히시오.

문제 1.16 집합 U는 셀 수 없는 집합이고 집합 C는 셀 수 있는 집합일 때 $U - C \sim U$를 보이시오.

문제 1.17 유리수에 유리수를 더한 것은 유리수인가? 그 결과에 유리수를 또 더하면 유리수인가? 유리수에 유리수를 끝없이 더한 것은 유리수인가?

문제 1.18
(가) 서로 다른 두 유리수 사이에 늘 유리수가 있는지 그렇지 않은지 밝히시오.
(나) 유리수와 무리수 사이에 늘 무리수가 있는지 그렇지 않은지 밝히시오.
(다) 서로 다른 두 유리수 사이에 늘 무리수가 있는지 그렇지 않은지 밝히시오.
(라) 서로 다른 두 무리수 사이에 늘 무리수가 있는지 그렇지 않은지 밝히시오.

[140] 이러한 일대일 대응 가운데 하나가 괴델 짝잇기 함수라고 Gödel pairing function 불리는 전단사 함수이다.

(마) 서로 다른 두 무리수 사이에 늘 유리수가 있는지 그렇지 않은지 밝히시오.
(바) 유리수와 무리수 사이에 늘 유리수가 있는지 그렇지 않은지 밝히시오.

문제 1.19 갑과 을이 다음과 같은 놀이를 한다. 먼저, 구간 $[0,1]$의 셀 수 있는 부분집합 A를 정한다. 갑과 을은 $\{0,1,\cdots,9\}$에서 번갈아 숫자를 하나씩 고른다. 갑이 고른 숫자들을 x_0, x_1, $\cdots$ 이라고 두고 을이 고른 숫자들을 y_0, y_1, $\cdots$ 이라고 할 때, 수 $0.x_1y_1x_2y_2\cdots$ 이 A에 들어 있으면 갑이 이기고 그렇지 않으면 을이 이긴다. 이때, 을이 갑을 이길 수 있는 방법을 말해 보시오.

문제 1.20 집합 함수 $f:\Omega\to\mathbb{R}$을 생각하여, $A,B\subset\mathbb{R}$일 때

$$f^{-1}(A^c) = \left(f^{-1}(A)\right)^c \tag{1.문.5}$$

이고,

$$f^{-1}(A\cup B) = f^{-1}(A)\cup f^{-1}(B) \tag{1.문.6}$$

이며,

$$f^{-1}(A\cap B) = f^{-1}(A)\cap f^{-1}(B) \tag{1.문.7}$$

임을 보이시오.

문제 1.21 함수 $f(x)=x^2$이 영역 $S=\{x:0<x<4\}$에서 고르게 연속임을 보이시오.

문제 1.22 영역 $S=(0,\infty)$에서 $f(x)=\frac{1}{x}$이 연속이지만 고르게 연속은 아님을 보이시오.

문제 1.23 영역 $S=(0,\infty)$에서 $f(x)=\sqrt{x}$이 고르게 연속임을 보이시오.

문제 1.24 식 (1.4.23)에 보인

$$\lim_{m\to\infty}\int_{-\infty}^{\infty} f(x)\frac{\sin mx}{\pi x}dx = f(0) \tag{1.문.8}$$

을 확인해 보시오. (귀띔: 곱의 역 푸리에 변환[141]을 생각해 보시오.)

문제 1.25 단위 계단 함수의 뜻매김을 바탕으로
(가) 함수 $u(ax+b)$, $u(\sin x)$, $u(e^x-\pi)$를 다른 꼴로 나타내시오.
(나) 적분 $\int_{-\infty}^{x} u(t-y)dt$를 얻으시오.

문제 1.26 단위 계단 함수 $u(x)$의 푸리에 변환을 아래에 보인 차례로 얻어보시오.
(가) 먼저, $\alpha>0$일 때 함수

$$s_\alpha(x) = \begin{cases} e^{-\alpha x}, & x>0, \\ -e^{\alpha x}, & x<0 \end{cases} \tag{1.문.9}$$

의 푸리에 변환을 $S_\alpha(\omega)=\mathcal{F}\{s_\alpha(x)\}$이라고 두자. 이때

[141] inverse Fourier transform

$$\lim_{\alpha \to 0} S_\alpha(\omega) = \frac{2}{j\omega} \tag{1.문.10}$$

임을 보이시오.

(나) 충격 함수 $\delta(x)$의 푸리에 변환이 $\mathcal{F}\{\delta(x)\} = 1$이라는 것을 보이고, 이 식을 새겨서 푸리에 변환의 성질을 바탕으로

$$\mathcal{F}\{1\} = 2\pi\,\delta(\omega) \tag{1.문.11}$$

임을 보이시오.

(다) 이제, $\text{sgn}(x) = 2u(x) - 1$이므로 $u(x) = \frac{1}{2}\{1 + \text{sgn}(x)\}$인데, (1.문.9)에서 $\text{sgn}(x) = \lim_{\alpha \to 0} s_\alpha(x)$이므로, $u(x) = \frac{1}{2}\left\{1 + \lim_{\alpha \to 0} s_\alpha(x)\right\}$이다. 이 식을 바탕으로 (1.문.10)과 (1.문.11)을 새겨서 단위 계단 함수 $u(x)$의 푸리에 변환

$$\mathcal{F}\{u(x)\} = \pi\delta(\omega) + \frac{1}{j\omega} \tag{1.문.12}$$

를 얻어보시오.

문제 1.27 함수 $\delta'(x)\cos x$를 다른 꼴로 나타내시오. (귀띔: (1.4.43)을 써 보시오.)

문제 1.28 적분 $\int_{-2\pi}^{2\pi} e^{\pi x}\delta\left(x^2 - \pi^2\right) dx$를 얻으시오. 또, $0 \le x < 2\pi$일 때 $\delta(\sin x)$를 다른 꼴로 나타내시오. (귀띔: (1.4.46)을 써 보시오.)

문제 1.29 적분 $\int_{-\infty}^{\infty} (\cos x + \sin x)\delta'\left(x^3 + x^2 + x\right) dx$를 얻으시오. (귀띔: (1.4.51)을 써 보시오.)

문제 1.30 다차원 충격 함수는

$$\delta(x_1, x_2, \cdots, x_n) = \prod_{i=1}^{n} \delta(x_i) \tag{1.문.13}$$

처럼 생각할 수 있다. 이제, $r = \sqrt{x^2 + y^2}$일 때

$$\delta(x, y) = \frac{\delta(r)}{\pi r} \tag{1.문.14}$$

와 $r = \sqrt{x^2 + y^2 + z^2}$일 때

$$\delta(x, y, z) = \frac{\delta(r)}{2\pi r^2} \tag{1.문.15}$$

를 보이시오.

문제 1.31 아래 구간 집합 열들의 극한을 얻으시오.

(가) $\left\{\left[1 + \frac{1}{n}, 2\right)\right\}_{n=1}^{\infty}$ (나) $\left\{\left[1 + \frac{1}{n}, 2\right]\right\}_{n=1}^{\infty}$ (다) $\left\{\left(1, 1 + \frac{1}{n}\right]\right\}_{n=1}^{\infty}$ (라) $\left\{\left[1, 1 + \frac{1}{n}\right]\right\}_{n=1}^{\infty}$

(마) $\left\{\left[1 - \frac{1}{n}, 2\right)\right\}_{n=1}^{\infty}$ (바) $\left\{\left[1 - \frac{1}{n}, 2\right]\right\}_{n=1}^{\infty}$ (사) $\left\{\left(1, 2 - \frac{1}{n}\right)\right\}_{n=1}^{\infty}$ (아) $\left\{\left[1, 2 - \frac{1}{n}\right)\right\}_{n=1}^{\infty}$

문제 1.32 함수 열 $\{f_n(x)\}_{n=1}^{\infty}$를

$$f_n(x) = \begin{cases} 2n^2 x, & 0 \le x \le \frac{1}{2n}, \\ 2n - 2n^2 x, & \frac{1}{2n} \le x \le \frac{1}{n}, \\ 0, & \frac{1}{n} \le x \le 1 \end{cases} \tag{1.문.16}$$

처럼 두자. 이때 $\int_0^1 \lim_{n\to\infty} f_n(x)dx$와 $\lim_{n\to\infty}\int_0^1 f_n(x)dx$를 얻어 적분과 극한의 순서를 늘 바꿀 수 있는 것은 아님을 보이시오.

문제 1.33 함수

$$f_n(x) = \begin{cases} 2n^3x, & 0 \le x \le \frac{1}{2n}, \\ 2n^2 - 2n^3x, & \frac{1}{2n} \le x \le \frac{1}{n}, \\ 0, & \frac{1}{n} \le x \le 1 \end{cases} \tag{1.문.17}$$

을 생각하여, $b \in (0,1]$일 때 $\int_0^b \lim_{n\to\infty} f_n(x)dx$와 $\lim_{n\to\infty}\int_0^b f_n(x)dx$를 얻어 적분과 극한의 순서를 늘 바꿀 수 있는 것은 아님을 보이시오.

문제 1.34 서로 다른 빨간 종이 열 장과 서로 다른 검은 종이 열 장을 아무렇게나 한 줄로 늘어놓는 방법의 가짓수를 얻으시오.

문제 1.35 다음을[142] 보이시오.

$${}_{a-1}\mathrm{C}_{b-1} + {}_{a-1}\mathrm{C}_b = {}_a\mathrm{C}_b. \tag{1.문.18}$$

$$\sum_{k=0}^{n} {}_p\mathrm{C}_k \, {}_q\mathrm{C}_{n-k} = {}_{p+q}\mathrm{C}_n. \tag{1.문.19}$$

$$\sum_{k=0}^{n} {}_k\mathrm{C}_j \, {}_{n-k}\mathrm{C}_{m-j} = {}_{n+1}\mathrm{C}_{m+1}. \tag{1.문.20}$$

위에서, a와 b는 복소수이되 $\{a = 0, b \ne$정수$\}$일 때는 생각하지 않고, p와 q는 복소수이며, $n \in \{0, 1, 2, \cdots\}$이고, j와 m은 $0 \le j \le m \le n$인 정수이다. (귀띔: 식 (1.문.19)를 보일 때에는 $(1+x)^{a+b} = (1+x)^a(1+x)^b$를 새기시오.)

문제 1.36 다음을 보이시오.

$$\sum_{k=0}^{n} \binom{n}{k}\binom{n}{k} = \binom{2n}{n}. \tag{1.문.21}$$

$$\sum_{k=0}^{n} \binom{k}{m} = \sum_{k=m}^{n} \binom{k}{m} = \binom{n+1}{m+1}. \tag{1.문.22}$$

또, $n \ge q$인 두 정수 n과 q를 생각할 때 다음을 보이시오.

$$\sum_{k=q}^{n} \binom{n}{k}\binom{k}{q} = 2^{n-q}\binom{n}{q}. \tag{1.문.23}$$

문제 1.37 다음을 보이시오.

$$\sum_{k_1=1}^{k_0}\sum_{k_2=1}^{k_1}\cdots\sum_{k_n=1}^{k_{n-1}} 1 = \sum_{k_1=1}^{k_0}\sum_{k_2=k_1}^{k_0}\cdots\sum_{k_n=k_{n-1}}^{k_0} 1 = \binom{k_0+n-1}{n}. \tag{1.문.24}$$

---

[142] 여기에서, (1.문.18)은 파스칼 등식 Pascal's identity 또는 파스칼 법칙이라고 Pascal's rule 부르고, (1.문.19)는 (1.부.20)에서 보았듯이 추-방데르몽드 길쌈이라고 Chu-Vandermonde convolution 부른다.

(귀띔: 같은 숫자를 거듭 뽑을 수 있을 때, k_0 숫자에서 n개를 뽑는 조합의 가짓수를 생각해 보시오.)

문제 1.38 식 (1.4.96)에서 다룬

$$\tilde{B}(\alpha,\beta) = \frac{\Gamma(\beta)\Gamma(\alpha)}{\Gamma(\alpha+\beta)} \tag{1.문.25}$$

를 부록 1.1에서 보인 바 있다. 이제,

$$\begin{aligned}\Gamma(\alpha)\Gamma(\beta) &= \int_0^\infty t^{\alpha-1}e^{-t}dt \int_0^\infty t^{\beta-1}e^{-t}dt \\ &= \int_0^\infty \int_0^\infty t^{\alpha-1}s^{\beta-1}e^{-(t+s)}dsdt \end{aligned} \tag{1.문.26}$$

을 바탕으로 (1.문.25)를 보이시오.

문제 1.39 표 1.부.2를 바탕으로

$${}_{-1}\mathrm{C}_z = \begin{cases} (-1)^z, & z=0,1,\cdots, \\ (-1)^{z+1}, & z=-1,-2,\cdots, \\ \pm\infty, & \text{그 밖에는} \end{cases} \tag{1.문.27}$$

과

$${}_{-2}\mathrm{C}_z = \begin{cases} (-1)^z(z+1), & z=-1,0,\cdots, \\ (-1)^{-z+1}(z+1), & z=-2,-3,\cdots, \\ \pm\infty, & \text{그 밖에는} \end{cases} \tag{1.문.28}$$

을 보이시오. 이 식들을 바탕으로 $a+b=-1$일 때 ${}_{-1}\mathrm{C}_a = {}_{-1}\mathrm{C}_b$와 $a+b=-2$일 때 ${}_{-2}\mathrm{C}_a = {}_{-2}\mathrm{C}_b$를 알 수 있다.

문제 1.40 아래를 보이시오

(가) $k=0,1,2,\cdots$일 때 ${}_{\frac{1}{2}}\mathrm{C}_k = \frac{(-1)^{k-1}}{2k-1}\frac{(2k)!}{2^{2k}(k!)^2}$.

(나) $k=0,1,2,\cdots$일 때 ${}_{-\frac{1}{2}}\mathrm{C}_k = -(2k-1)\ {}_{\frac{1}{2}}\mathrm{C}_k = (-1)^k\frac{(2k)!}{2^{2k}(k!)^2}$.

(다) $k=0,1,2,\cdots$이고 $m=0,1,2,\cdots$일 때 ${}_{-2k-1}\mathrm{C}_m = (-1)^m\frac{(2k+m)!}{(2k)!m!}$.

문제 1.41 식 (1.부.15)를 바탕으로 $p>0$일 때 ${}_p\mathrm{C}_0 - {}_p\mathrm{C}_1 + {}_p\mathrm{C}_2 - {}_p\mathrm{C}_3 + \cdots$의 값과 ${}_p\mathrm{C}_0 + {}_p\mathrm{C}_1 + {}_p\mathrm{C}_2 + {}_p\mathrm{C}_3 + \cdots$의 값을 얻으시오. 이 결과를 바탕으로 $p>0$일 때 $\sum_{k=0}^{\infty} {}_p\mathrm{C}_{2k+1}$과 $\sum_{k=0}^{\infty} {}_p\mathrm{C}_{2k}$를 얻으시오.

문제 1.42 함수 $g_1(z) = (1+z)^{\frac{1}{2}}$과 $g_2(z) = (1+z)^{-\frac{1}{2}}$을 급수 전개하시오.

문제 1.43 두 수 α와 β가 어느 것도 0보다 작지 않고 $\alpha+\beta \neq 0$일 때

$$\frac{\alpha\beta}{\alpha+\beta} \le \min(\alpha,\beta) \le \frac{2\alpha\beta}{\alpha+\beta} \le \sqrt{\alpha\beta} \le \frac{\alpha+\beta}{2} \le \max(\alpha,\beta) \tag{1.문.29}$$

를 보이시오.

제 2 장

기초 확률론

제 2 장 기초 확률론

이 장에서는 확률에 대한 여러 가지 개념과 응용 보기를 다룬다. 확률론[1]은 측도론[2]이라고 부르는 수학의 한 가지이다. 확률론에서는 확률성을 띠는 현상들을 수학적으로 다룬다. 한편, 확률론과 가까운 학문 영역인 통계학에서는 종종 확률론을 바탕으로 자료를 확률적으로 처리하는 방법, 기준, 원리를 다룬다.

측도론과 확률론에서는 추상 공간의 집합에 실수를 배정하는 집합 함수를 주로 다루는바, 그 값이 0보다 작지 않은 실수 집합 함수만 다룬다. 다만, 확률론에서는 집합 함수의 값이 0과 1 사이에 들어가도록 정규화하여 다룬다는 점이 측도론의 나머지 영역들과 조금 다를 뿐이다. 이 때, 집합에 배정한 함수 값을 그 집합의 확률이나 잣대[3]라고 부른다. 이 확률이라는 집합 함수는 집합의 '무게'나 '크기'를 나타낸다고 볼 수 있다. 우리에게 더 낯익은 넓이, 무게, 부피, 질량과 같은 것도 확률과 마찬가지로 잣대의 보기이다. 질량 밀도를 적분하거나 점 질량을 더하여 질량을 얻을 수 있듯이, 확률 밀도를 적분하거나 확률 질량을 더하여 확률을 얻을 수 있다.

2.1 마당과 시그마 마당

2.1.1 마당

뜻매김 2.1.1 마당, 대수[4]

집합 S의 부분집합의 묶음 $\mathcal{A}$가 두 조건

$$A \in \mathcal{A}\text{이고 } B \in \mathcal{A}\text{이면}, \quad A \cup B \in \mathcal{A}, \tag{2.1.1}$$

$$A \in \mathcal{A}\text{이면}, \quad A^c \in \mathcal{A} \tag{2.1.2}$$

를 만족시키면 이 묶음 $\mathcal{A}$를 S의 마당 또는 대수라고 부른다.

---

[1] probability theory
[2] measure theory
[3] measure
[4] algebra, field

보기 2.1.1 묶음 $\mathcal{A}_1 = \{\{1\},\{2\},S_1,\emptyset\}$은 집합 $S_1 = \{1,2\}$의 마당이다. 또, 묶음 $\mathcal{A}_2 = \{\{1\},\{2,3\},S_2,\emptyset\}$은 집합 $S_2 = \{1,2,3\}$의 마당이다. ◇

보기 2.1.2 드 모르간의 법칙을 쓰면 (2.1.1)과 (2.1.2)에서 $A \cap B \in \mathcal{A}$임을 알 수 있다. 그러므로, $\{A_i\}_{i=1}^n$가 모두 마당 $\mathcal{A}$의 원소이면

$$\bigcup_{i=1}^{n} A_i \in \mathcal{A} \tag{2.1.3}$$

이고

$$\bigcap_{i=1}^{n} A_i \in \mathcal{A} \tag{2.1.4}$$

이다. ◇

위 보기를 바탕으로 아래 정리를 얻을 수 있다.

정리 2.1.1 묶음 $\mathcal{A}$가 마당이면 $\mathcal{A}$의 원소들을 유한 번 어떻게 집합 연산하더라도 그 결과는 $\mathcal{A}$ 안에 들어 있다. ■■

한편, $A_i \in \mathcal{A}$일 때 늘 $A_i \cap A_i^c = \emptyset \in \mathcal{A}$이어야 하고 또 늘 $A_i \cup A_i^c = S \in \mathcal{A}$이어야 한다. 곧 아래 정리를 얻는다.

정리 2.1.2 집합 묶음 $\mathcal{A}$가 S의 마당일 때 언제나 $S \in \mathcal{A}$이고 $\emptyset \in \mathcal{A}$이다. ■■

거꾸로, 어떤 집합 묶음에 $\emptyset$이 들어 있지 않거나 S가 들어 있지 않으면 그 집합 묶음은 S의 마당일 수 없다.

보기 2.1.3 집합 $S = \{1,2,3\}$의 마당을 모두 얻어보시오.
풀이 집합 S의 마당에는 S와 $\emptyset$이 둘 다 들어 있다는 것을 새겨서 S의 마당을 모두 얻으면 $\mathcal{A}_1 = \{S,\emptyset\}$, $\mathcal{A}_2 = \{S,\{1\},\{2,3\},\emptyset\}$, $\mathcal{A}_3 = \{S,\{2\},\{1,3\},\emptyset\}$, $\mathcal{A}_4 = \{S,\{3\},\{1,2\},\emptyset\}$, $\mathcal{A}_5 = \{S,\{1\},\{2\},\{3\},\{1,2\},\{2,3\},\{1,3\},\emptyset\}$이다. ◇

보기 2.1.4 집합 S가 (1.1.27)에서 뜻매김한 자연수의 집합 $\mathbb{J}_+ = \{1,2,\cdots\}$일 때, 자연수 하나가 원소인 집합들 $\{1\}$, $\{2\}$, $\cdots$을 유한 번 합집합하여 얻은 집합들을 모두 모은 묶음 $\mathcal{A}_1$을 생각하자. 그러면 자연수가 하나씩만 들어 있는 집합들을 어떻게 유한 번 합집합하더라도 '자연수를 모두 모은 집합' $\mathbb{J}_+$를 얻을 수 없으므로, '자연수를 모두 모은 집합'은 $\mathcal{A}_1$의 원소가 아니다. 따라서, $\mathcal{A}_1$은 S의 마당이 아니다. ◇

뜻매김 2.1.2

어떤 집합에서 부분집합의 묶음 $\mathcal{C}$에 들어 있는 집합을 모두 품는 가장 작은 마당 $\mathcal{A}(\mathcal{C})$를 $\mathcal{C}$로 만든 마당이라고 부른다.

위에서, '마당 $\mathcal{A}(\mathcal{C})$가 가장 작음'은 '$\mathcal{C}$를 품는 다른 어떤 마당도 $\mathcal{A}(\mathcal{C})$를 품음'을 뜻한다.

보기 2.1.5 집합 $S = \{1,2,3\}$을 생각하여 $\mathcal{C} = \{\{1\}\}$이라고 두자. 그러면 보기 2.1.3에서 보았듯이 $\mathcal{C}$를 품는 마당은 $\mathcal{A}_2 = \{S,\{1\},\{2,3\},\emptyset\}$과 $\mathcal{A}_5 = \{S,\{1\},\{2\},\{3\},\{1,2\},\{2,3\},\{1,3\},\emptyset\}$인데, $\mathcal{A}_5$는 $\mathcal{A}_2$를 품는다. 곧, $\mathcal{C}$로 만든 – $\mathcal{C}$를 품는 가장 작은 – 마당은 $\mathcal{A}(\mathcal{C}) = \mathcal{A}_2 = \{S,\{1\},\{2,3\},\emptyset\}$이다. ◇

보기 2.1.6 집합 $S = \{a,b,c,d\}$와 S의 부분집합의 묶음 $\mathcal{C} = \{\{a\}\}$를 생각하자. 이때, $\mathcal{C}$를 품는 가장 작은 – 곧, $\mathcal{C}$로 만든 – 마당은 $\mathcal{A}(\mathcal{C}) = \{\emptyset,\ \{a\},\ \{b,c,d\},\ S\}$이다. ◇

정리 2.1.3 집합 S의 마당을 $\mathcal{A}$라고 두자. 이제, $\{A_i\}$를 $\mathcal{A}$에 들어 있는 집합 열이라고 두면, 두 조건

$$B_n \cap B_m = \emptyset, \qquad n \neq m \tag{2.1.5}$$

와

$$\bigcup_{i=1}^{\infty} B_i = \bigcup_{i=1}^{\infty} A_i \tag{2.1.6}$$

을 만족시키는 집합 열 $\{B_i\}$가 $\mathcal{A}$에 들어 있다. ■■

증명 식 (1.1.32)–(1.1.34)처럼 두어 보일 수 있다. □

보기 2.1.7 집합 $S = \{1,2,3\}$에서 마당 $\mathcal{A} = \{\{1\},\{2,3\},S,\emptyset\}$을 생각하자. 이때, $A_1 = \{1\}$, $A_2 = \{2,3\}$, $A_3 = S$라고 두면, $B_1 = \{1\}$이고 $B_2 = \{2,3\}$이다. ◇

보기 2.1.8 집합 $S = \{a,b,c,d\}$에서 $\mathcal{C} = \{\{a\},\ \{b\}\}$를 품는 가장 작은 마당 $\{\emptyset,\ \{a\},\ \{b\},\ \{a,b\},\ \{c,d\},\ \{b,c,d\},\ \{a,c,d\},\ S\}$를 생각하자. 이때, $A_1 = \{a,b\}$이고 $A_2 = \{b,c,d\}$라고 두면 $B_1 = \{a,b\}$이고 $B_2 = \{c,d\}$라고 할 수 있다. 또, $B_1 = \{a\}$이고 $B_2 = \{b,c,d\}$라고 할 수도 있다. ◇

보기 2.1.9 집합 $S = \{a,b,c,d\}$에서 $\mathcal{C} = \{\{a\},\ \{b\}\}$를 품는 가장 작은 마당 $\{\emptyset,\ \{a\},\ \{b\},\ \{a,b\},\ \{c,d\},\ \{b,c,d\},\ \{a,c,d\},\ S\}$를 생각할 때, $A_1 = \{a,b\}$, $A_2 = \{b,c,d\}$, $A_3 = \{a,c,d\}$라고 두면 $B_1 = \{a\}$, $B_2 = \{b\}$, $B_3 = \{c,d\}$를 얻을 수 있다. ◇

보기 2.1.10 마당 $\mathcal{A} = \mathcal{A}(\{\{1\},\{2\},\cdots\})$을 생각하여 $A_i = \{2,4,\ \cdots,2i\}$라고 두자. 그러면 $B_1 = \{2\}$, $B_2 = \{4\}$, $\cdots$, 곧 $B_i = \{2i\}$처럼 둘 수 있으며, $\bigcup_{i=1}^{\infty} B_i = \bigcup_{i=1}^{\infty} A_i$이다. ◇

2.1.2 시그마 마당

잘 알려진 바와 같이, 유한 영역에서 들어맞는 일이 무한 영역에서도 반드시 들어맞는 것은 아니다. 보기를 들면, 마당의 원소인 집합들을 유한 번 집합 연산한 결과는 그 마당의 원소라는 것을 뜻매김 2.1.1에서 알 수 있지만, 마당의 원소인 집합들을 끝없이 많이 집합 연산하면 그 결과가 반드시 그 마당의 원소인 것은 아니다. 이것은 마치 유리수들을 유한 번 더하면 – 곧, 유리

수를 유한 개 더하면 – 유리수이지만, 유리수를 끝없이 더하면 유리수가 아닐 수도 있음과 비슷한 것이다.

보기 2.1.11 자연수의 집합 $S = \{1, 2, \cdots\}$, S의 유한 부분집합의 묶음 $\mathcal{C}$, $\mathcal{C}$로 만든 S의 마당 $\mathcal{A}(\mathcal{C})$를 생각하자. 그러면 S는 $\mathcal{A}(\mathcal{C})$ 안의 집합을 끝없이 많이 집합 연산해야 얻을 수 있지만 $\mathcal{A}(\mathcal{C})$의 원소이다. 그러나, $\mathcal{A}(\mathcal{C})$ 안의 집합을 끝없이 많이 집합 연산하여야 얻을 수 있는 또 다른 집합 $\{2, 4, \cdots\}$은 $\mathcal{A}(\mathcal{C})$의 원소가 아니다. 곧, $\mathcal{A}(\mathcal{C})$의 원소를 유한 번 합집합한 것은 늘 $\mathcal{A}(\mathcal{C})$ 안에 들어 있으나, $\mathcal{A}(\mathcal{C})$의 원소를 끝없이 합집합한 것이 늘 $\mathcal{A}(\mathcal{C})$ 안에 들어 있는 것은 아니다. ◇

위 보기에서 알 수 있듯이, 마당은 우리가 바라는 – 곧, 어떤 묶음의 원소인 집합들을 셀 수 있을 만큼 끝없이 많이 집합 연산한 결과가 늘 그 묶음에 들어있다는 – 성질을 지니고 있지 않다. 이에, 쓸모 있는 성질을 마당에 하나 더 넣어 아래와 같이 시그마 마당을 생각한다.

뜻매김 2.1.3 시그마 마당, 시그마 대수[5]

마당의 원소를 셀 수 있을 만큼 많이 어떻게 고르더라도 그 합집합이 이 마당에 들어 있으면, 이 마당을 시그마 마당 또는 시그마 대수라고 부른다.

곧, 마당 $\mathcal{F}$의 원소인 집합 $A_1, A_2, \cdots$을 어떻게 고르더라도

$$\bigcup_{i=1}^{\infty} A_i \in \mathcal{F} \tag{2.1.7}$$

이면 $\mathcal{F}$는 시그마 마당이다. 쉽게 알 수 있듯이, 시그마 마당은 늘 마당이지만, 마당이 늘 시그마 마당인 것은 아니다. 마당은 덧셈꼴 집합 묶음[6]이라고도 부르고 시그마 마당은 완전 덧셈꼴 집합 묶음[7]이라고도 부른다.

보기 2.1.12 유한 집합에서 얻은 마당은 시그마 마당이다. ◇

보기 2.1.13 시그마 마당은 늘 마당이라는 사실과 정리 2.1.2에서, 집합 묶음 $\mathcal{F}$가 S의 시그마 마당이면 늘 $S \in \mathcal{F}$이고 $\emptyset \in \mathcal{F}$임을 알 수 있다. ◇

보기 2.1.14 집합 $S = \{a, b, c, d\}$에서 얻은 집합 묶음

$$\begin{aligned}\mathcal{F} = \{&\emptyset, \{a\}, \{b\}, \{c\}, \{d\}, \{a,b\}, \{a,c\}, \{a,d\}, \{b,c\}, \{b,d\}, \{c,d\},\\ &\{a,b,c\}, \{a,b,d\}, \{a,c,d\}, \{b,c,d\}, S\}\end{aligned} \tag{2.1.8}$$

은 시그마 마당이다. ◇

동전을 한 번 던질 때나 주사위를 한 번 굴릴 때와 같이 전체 집합이 유한할 때에는 극한이라는 – 곧, (2.1.7)에서 '끝없이' 합집합하는 – 것이 크게 뜻이 없고, 마당이 곧 시그마 마당이

[5] sigma algebra, sigma field, σ algebra, 또는 σ field
[6] additive class of sets
[7] completely additive class of sets

다. 그러나, 동전을 끝없이 던질 때 나오는 결과를 모두 모은 집합, 주사위를 끝없이 굴릴 때 나오는 결과를 모두 모은 집합, 또는 자연수의 집합과 같이 원소 집합이 끝없이 많이 들어 있는 마당을 생각하여 끝없이 집합 연산하면 그 결과는 그 마당에 다시 들어 있지 않을 수도 있다. 그 까닭은 마당이 끝없이 많은 집합 연산에 대하여 닫혀 있다는 것을 보장하는 것이 아니기 때문이다.

보기 2.1.15 보기 1.1.46에서 다루었듯이 한쪽 2진 수열을 모두 모은 공간 $\Upsilon = \{\mathbf{a} = (a_1, a_2, \cdots) : a_i \in \{0, 1\}\}$은 셀 수 없는 집합이다. 이제, Υ에 들어 있는 모든 홑원소 집합들 $\{\mathbf{a}_i\}$을 품는 가장 작은 – 곧, $\{\{\mathbf{a}_i\} : \mathbf{a}_i \in \Upsilon\}$로 만든 – 마당

$$\mathcal{A}_\Upsilon = \mathcal{A}(\{\{\mathbf{a}_i\} : \mathbf{a}_i \in \Upsilon\}) \tag{2.1.9}$$

를 생각하자. 이때, 한 점이 원소인 집합을 어떻게 유한 번 집합 연산하더라도, 쓸모 있고 셀 수 있는 무한 집합 가운데에서 어떤 것은 얻을 수 없다. 보기를 들면, 보기 1.1.45에서 다룬 집합

$$\Upsilon_T = \{2\text{진 주기 수열을 모두 모은 것}\} \tag{2.1.10}$$

은 마당 $\mathcal{A}_\Upsilon$의 원소가 아니다. ◇

보기 2.1.16 집합 S가 자연수의 집합 $\mathbb{J}_+$일 때, 자연수 하나가 원소인 집합들의 묶음 $\mathcal{G} = \{\{1\}, \{2\}, \cdots\}$으로 만든 – 곧, $\mathcal{G}$를 품는 가장 작은 – 마당 $\mathcal{F}_N = \mathcal{A}(\mathcal{G})$를 생각하자. 그러면 $\mathbb{J}_+ \in \mathcal{F}_N$이고 $\emptyset \in \mathcal{F}_N$이다. 그러나, $\mathcal{G}$에 들어 있는 집합들을 어떻게 유한 번 집합 연산하더라도 짝수를 모두 모은 집합 $\{2, 4, \cdots\}$을 얻을 수 없으므로 짝수를 모두 모은 집합은 $\mathcal{F}_N$의 원소가 아니다. 따라서, $\mathcal{F}_N$은 S의 마당이지만 시그마 마당은 아니다. ◇

보기 2.1.17 집합 S가 유리수의 집합 $\mathbb{Q}$일 때, 자연수 하나가 원소인 집합들의 묶음 $\mathcal{G} = \{\{1\}, \{2\}, \cdots\}$을 품는 가장 작은 – 곧, $\mathcal{G}$로 만든 – 마당을 $\mathcal{F}_N = \mathcal{A}(\mathcal{G})$처럼 두자. 이때, 자연수가 하나씩만 들어 있는 집합들을 어떻게 유한 번 집합 연산하더라도 자연수를 모두 모은 집합 $\mathbb{J}_+ = \{1, 2, \cdots\}$을 얻을 수 없으므로 $\mathbb{J}_+$는 $\mathcal{F}_N$의 원소가 아니다. 또한, 쉽게 알 수 있듯이 $\mathcal{F}_N$은 S의 시그마 마당이 아니다. ◇

보기 2.1.18 집합 $\Omega = [0, \infty)$에서 $0 \le a \le b < \infty$일 때 $[a, b)$ 꼴인 구간과 $[a, \infty)$ 꼴인 구간들을 모두 모은 묶음

$$\mathcal{F}_1 = \{[a, b),\ [a, \infty) : 0 \le a \le b < \infty\} \tag{2.1.11}$$

과 $\mathcal{F}_1$에 들어 있는 구간들을 유한 번 합집합한 것들을 모두 모은 묶음 $\mathcal{F}_2$를 생각해 보자. 그러면, $[a, a) = \emptyset \in \mathcal{F}_1$이고, $a = 0$일 때를 생각하면 $[a, \infty) = \Omega \in \mathcal{F}_1$이다. 그러나, $0 \le a \le b < \infty$일 때 $[a, b) \in \mathcal{F}_1$이지만, $0 < a < b < \infty$일 때 $[a, b)^c = [0, a) \cup [b, \infty) \notin \mathcal{F}_1$이다. 그러므로 $\mathcal{F}_1$은 Ω의 마당이 아니다. 한편, $\mathcal{F}_1$ 안에 들어 있는 구간을 유한 번 합집합한 것들을 어떻게 골라서 유한 번 합집합하더라도 다시 구간의 합이고, 구간의 유한 합의 여집합은 다시 구간의 합이

며, $\emptyset \in \mathcal{F}_2$이고, $\Omega \in \mathcal{F}_2$이므로 $\mathcal{F}_2$는 Ω의 마당이다[8]. 또한, 보기를 들면, $n = 1, 2, \cdots$일 때 $A_n = \left[0, \frac{1}{n}\right) \in \mathcal{F}_2$인데 $\bigcap_{n=1}^{\infty} A_n = \{0\}$은[9] $\mathcal{F}_2$에 들어 있지 않으므로 $\mathcal{F}_2$는 Ω의 시그마 마당이 아니다. ◇

보기 2.1.19 추상 공간을 $\Omega = \mathbb{R}$처럼 두고, $b \le c$일 때 $(-\infty, a]$, $(b, c]$, 또는 (d, ∞) 꼴인 구간을 유한 번 합집합한 것들을 모두 모은 묶음 $\mathcal{F}$를 생각하자. 그러면 $\mathcal{F}$는 $\mathbb{R}$의 마당이지만, $\bigcap_{n=1}^{\infty} \left(b - \frac{1}{n}, c\right] = [b, c]$는 $\mathcal{F}$에 들어 있지 않으므로 $\mathcal{F}$는 $\mathbb{R}$의 시그마 마당이 아니다. ◇

보기 2.1.20 집합 Ω의 시그마 마당들 $\{\mathcal{F}_i\}_{i=1}^{\infty}$를 생각하자. 그러면 $\bigcap_{n=1}^{\infty} \mathcal{F}_n$은 늘 시그마 마당이다. 그러나, $\bigcup_{n=1}^{\infty} \mathcal{F}_n$은 시그마 마당이 아닐 때도 있다. 보기를 들면, $\Omega = \{\omega_1, \omega_2, \omega_3\}$이라고 두고 두 시그마 마당 $\mathcal{F}_1 = \{\emptyset, \{\omega_1\}, \{\omega_2, \omega_3\}, \Omega\}$와 $\mathcal{F}_2 = \{\emptyset, \{\omega_2\}, \{\omega_1, \omega_3\}, \Omega\}$를 생각하자. 그러면 $\mathcal{F}_1 \cap \mathcal{F}_2 = \{\emptyset, \Omega\}$는 시그마 마당이지만, $\mathcal{F}_1 \cup \mathcal{F}_2 = \{\emptyset, \{\omega_1\}, \{\omega_2\}, \{\omega_2, \omega_3\}, \{\omega_1, \omega_3\}, \Omega\}$는 시그마 마당이 아닐 뿐더러 마당조차도 아니다. 또 다른 보기로는 $\Omega = \{\omega_1, \omega_2, \cdots\}$일 때

$$\mathcal{F}_1 = \{\emptyset, \Omega, \{\omega_1\}, \Omega - \{\omega_1\}\}, \tag{2.1.12}$$

$$\mathcal{F}_2 = \{\emptyset, \Omega, \{\omega_2\}, \Omega - \{\omega_2\}\}, \tag{2.1.13}$$

$$\vdots$$

$$\mathcal{F}_n = \{\emptyset, \Omega, \{\omega_n\}, \Omega - \{\omega_n\}\}, \tag{2.1.14}$$

$$\vdots$$

처럼 두면

$$\bigcup_{n=1}^{\infty} \mathcal{F}_n = \{\emptyset, \Omega, \{\omega_1\}, \{\omega_2\}, \cdots, \Omega - \{\omega_1\}, \Omega - \{\omega_2\}, \cdots\} \tag{2.1.15}$$

인데, 이 집합 묶음은 마당조차 아니다. ◇

뜻매김 2.1.4

집합 Ω의 부분집합의 묶음 $\mathcal{G}$를 생각하자. 묶음 $\mathcal{G}$에 들어 있는 집합을 모두 품는 가장 작은 시그마 마당을 $\mathcal{G}$로 만든 시그마 마당이라고 부르고 $\sigma(\mathcal{G})$로 쓴다.

위에서, '시그마 마당 $\sigma(\mathcal{G})$가 가장 작음'은 '묶음 $\mathcal{G}$에 들어 있는 집합을 모두 품는 어떤 시그마 마당도 $\sigma(\mathcal{G})$를 품음'을 뜻한다.

보기 2.1.21 집합 $S = \{a, b, c, d\}$와 S의 부분집합의 묶음 $\mathcal{C} = \{\{a\}\}$를 생각하자. 이때, $\mathcal{C}$를 품는 가장 작은 – 곧, $\mathcal{C}$로 만든 – 시그마 마당은 $\sigma(\mathcal{C}) = \{\emptyset, \{a\}, \{b, c, d\}, S\}$이다. ◇

보기 2.1.22 셀 수 없는 집합인 한쪽 2진 수열을 모두 모은 공간 $\Upsilon = \{\mathbf{a} = (a_1, a_2, \cdots) : a_i \in \{0, 1\}\}$을 전체 집합으로 둘 때, $\{\{\mathbf{a}_i\} : \mathbf{a}_i \in \Upsilon\}$로 만든 마당 $\mathcal{A}_\Upsilon = \mathcal{A}(\{\{\mathbf{a}_i\} : \mathbf{a}_i \in \Upsilon\})$을 생

[8] 이 보기에서 '$0 \le a \le b < \infty$'를 '$0 \le a < b < \infty$'로 바꾸면, 빈 집합이 $\mathcal{F}_2$의 원소가 아니므로 $\mathcal{F}_2$는 마당이 아니다.

[9] 식 (1.5.11)에서 알 수 있다.

각하자. 그러면 보기 1.1.45에서 다룬 집합

$$\Upsilon_T = \{2\text{진 주기 수열을 모두 모은 것}\} \tag{2.1.16}$$

을 생각할 때 $\Upsilon_T \notin \mathcal{A}_\Upsilon$이다. 이때, Υ로 만든 시그마 마당 $\mathcal{F}(\Upsilon)$를 생각하면

$$\Upsilon_T \in \mathcal{F}(\Upsilon) \tag{2.1.17}$$

이다. ◇

위에서 다룬 시그마 마당을 바탕으로 다음 절에서 확률공간이라는 개념을 다룰 것이다. 특히, 시그마 마당은 실수 공간에서 확률공간을 다루고자 할 때 매우 중요한 역할을 한다.

2.2 확률공간

한편으로는 앞으로 일어날 일을 미리 정확히 알 수 없고, 또 다른 한편으로는 어떤 시스템이 매우 복잡하여 완벽히 분석하고 기술하거나 제어할 수 없다. 그럴 때에는 확률성이라는 개념이 매우 쓸모 있고 또 중요한 역할을 한다. 확률성을 띠는 구체적인 보기로 잡음, 동전 던지기, 주사위 굴리기, 확산[10], 산란[11]과 같은 것을 들 수 있다. 확률론은 확률성을 지닌 이러한 현상을 수학적으로 모형화하여 해석하는 것인데, 이때 필요한 원소나 연산과 같은 것을 뜻매김하고 모아 놓은 수학적 공간을 확률공간이라고 부른다. 조금 더 구체적으로는, 표본공간이라고 부르는 추상 공간, 사건공간이라고 부르는 표본공간의 시그마 마당, 그리고 사건이라고 부르는 사건공간의 원소 – 곧, 집합 – 하나하나에 구간 $[0, 1]$에 있는 값을 – 곧, 확률을 – 배정하는 확률측도를 모아 확률공간이라고 일컫는다.

2.2.1 표본공간

뜻매김 2.2.1 확률 실험[12]

몇 번이고 거듭할 수 있고, 실험 상황을 완벽히 제어할 수 있다고 두더라도 결과를 미리 정확히 알 수 없는 실험을 확률 실험이라고 부른다.

보기 2.2.1 동전 던지기는 확률 실험이다. 그 까닭은 실험 상황을 완벽히 제어하더라도, 곧 동전이 어떻게 만들어졌는지 완벽히 알더라도 – 보기를 들어, 동전이 대칭이더라도 – 결과를 미리 알 수 없기 때문이다. ◇

보기 2.2.2 (품질 제어) 어떤 상품을 만들 때 기계를 아무리 잘 만들고 설치하여 쓰더라도 만든 상품들이 똑같지 않을 수 있다. 곧, 상품 만드는 일을 확률 실험으로 모형화할 수 있다. ◇

[10] diffusion
[11] dispersion 또는 scattering
[12] random experiment

보기 2.2.3 (유전) 유전 법칙이 알려져 있지만, 태어날 아이의 성별이나 눈 색깔을 미리 확실히 알 수 없고, 확률론을 써서 다룰 수 있다. ◇

보기 2.2.4 (절차, 관측, 모형) 확률 실험에서는 절차, 관측, 모형[13]을 명확하게 설정하여야 한다. 보기를 들면, 동전 던지기에서 이 세 가지를 다음과 같이 설정할 수 있다.

- 절차: 동전 하나를 위로 던져서 바닥에 떨어뜨린다.
- 관측: 떨어진 동전이 움직임을 멈추었을 때, 보이는 쪽을 살펴 본다.
- 모형: 동전은 대칭이고, 이전 결과가 현재 결과에 영향을 미치지 않는다. ◇

뜻매김 2.2.2 표본공간[14]

확률 실험에서 나올 수 있는 결과를 모두 모은 집합을 표본공간이라고 부른다.

표본공간은 확률 실험에서 나올 수 있는 결과를 모두 모은 집합, 곧 집합에서 다룬 추상 공간 또는 전체집합을 일컫는 것이다. 추상 공간과 마찬가지로, 표본공간은 자주 S나 Ω로 쓴다.

뜻매김 2.2.3 표본점, 기초 결과[15]

표본공간의 원소를 표본점 또는 기초 결과라고 부른다.

보기 2.2.5 동전 던지기에서 표본공간은 $S = \{앞, 뒤\}$이고 표본점은 앞과 뒤이다. 주사위 굴리기에서 표본공간은 $S = \{1, 2, 3, 4, 5, 6\}$이고 표본점은 $1, 2, \cdots, 6$이다. 어떤 수가 처음 나올 때까지 주사위를 굴린 횟수의 표본공간은 $S = \{1, 2, \cdots\}$이고 표본점은 $1, 2, \cdots$이다. ◇

보기 2.2.6 실수 a와 b 사이의 값을 하나 마음대로 고르는 확률 실험에서 표본공간은 $\Omega = (a, b)$이다. ◇

보기 2.2.5에서 다룬 표본공간들은 원소들을 셀 수 있는 만큼 모은 집합이다. 그 표본공간들처럼 셀 수 있는 표본공간을 이산 표본공간 또는 이산 공간[16]이라고 부른다. 한편, 표본점들이 연속인 표본공간을 연속 표본공간[17]이라고 한다. 보기 2.2.6에서 다룬 표본공간 $\Omega = (a, b)$는 연속 표본공간이며 셀 수 없는 공간이다. 이산 공간에서 얻는 유한 차원 벡터 공간은 이산 공간이다. 한편, 이산 공간에서 얻는 무한 차원 벡터 공간은 수열 공간이라고도 부르는데 이 공간은 연속 공간임을 새겨서 둘 만하다. 끝으로, 이산 공간과 연속 공간이 섞인 공간을 혼합 표본공간[18]이라고 부른다.

실수의 집합 $\mathbb{R}$, 0보다 작지 않은 실수의 집합

$$\mathbb{R}_0 = \{x : x \geq 0\}, \tag{2.2.1}$$

[13] procedure, observation, model
[14] sample space
[15] sample point, elementary outcome
[16] discrete sample space 또는 discrete space
[17] continuous sample space. 연속 표본공간은 연속 공간이라고 부르기도 한다.
[18] mixed sample space 또는 hybrid sample space

0부터 $k-1$까지의 정수 집합

$$\mathbb{J}_k = \{0, 1, \cdots, k-1\}, \tag{2.2.2}$$

자연수의 집합 $\mathbb{J}_+ = \{1, 2, \cdots\}$, 또, 정수의 집합 $\mathbb{J} = \{\cdots, -1, 0, 1, \cdots\}$과 같은 가리킴 수 집합[19]들을 $\mathbb{I}$라고 쓰면, 일반적으로 표본공간들 $\{\Omega_t, t \in \mathbb{I}\}$의 곱 공간[20]을 다음과 같이 뜻매김할 수 있다.

$$\prod_{t\in\mathbb{I}} \Omega_t = \{\text{모든 } \{a_t, t \in \mathbb{I}\} : a_t \in \Omega_t\}. \tag{2.2.3}$$

이때, 혼동이 일어날 걱정이 없거나 $\Omega_t = \Omega$일 때에는 $\prod_{t\in\mathbb{I}} \Omega_t$ 대신 $\Omega^{\mathbb{I}}$를 쓰기도 한다.

뜻매김 2.2.4 이산 결합 공간[21]

크기가 m인 – 곧, 원소를 m개 품은 – 이산 표본공간 Ω_1에서의 확률 실험과 크기가 n인 이산 표본공간 Ω_2에서의 확률 실험을 함께 시행할 때, 전체 표본공간 Ω는 결합 공간 $\Omega_1 \times \Omega_2$이고, 그 크기는 mn이다.

보기 2.2.7 동전 하나 던지기와 주사위 하나 굴리기를 한꺼번에 시행하면 표본공간은 $S = \{(\text{앞}, 1), (\text{앞}, 2), \cdots, (\text{앞}, 6), (\text{뒤}, 1), (\text{뒤}, 2), \cdots, (\text{뒤}, 6)\}$이고, 그 크기는 $2 \times 6 = 12$이다. ◇

보기 2.2.8 동전 둘을 한 번 던지면 – 또는 동전 하나를 두 번 던지면 – 표본공간은 $S = \{(\text{앞}, \text{앞}), (\text{앞}, \text{뒤}), (\text{뒤}, \text{앞}), (\text{뒤}, \text{뒤})\}$이고, 그 크기는 $2 \times 2 = 4$이다. ◇

보기 2.2.9 이산 공간 $\Omega = \{a_1, a_2, \cdots, a_m\}$을 생각하자. 이 이산 공간에서 얻은 k차원 벡터 공간 $\Omega^k = \{\text{모든 벡터 } \boldsymbol{b} = (b_1, b_2, \cdots, b_k) : b_i \in \Omega\}$는 – 곧, Ω의 k겹 데카르트 공간은 – 보기 1.1.42와 1.1.43에서도 이미 간접적으로 보았듯이 이산 공간이다. 그러나, 이산 공간인 Ω에서 얻은 수열 공간 $\Omega^{\mathbb{J}} = \{\text{모든 무한 수열 } \{\cdots, c_{-1}, c_0, c_1, \cdots\} : c_i \in \Omega\}$와 $\Omega^{\mathbb{J}_+} = \{\text{모든 무한 수열 } \{d_1, d_2, \cdots\} : d_i \in \Omega\}$는 연속 공간이다. ◇

보기 2.2.10 표본공간 $\Omega = \{0, 1\}$을 생각하고 $\Omega_1 = \Omega_2 = \cdots = \Omega_k = \Omega$라고 두자. 그러면 공간 $\prod_{i=1}^{k} \Omega_i = \Omega^k = \{(a_1, a_2, \cdots, a_k) : a_i \in \{0, 1\}\}$은 Ω의 k겹 데카르트 공간이고, 길이가 k인 2진 벡터들의 공간이며 곱 공간의 보기이다. ◇

2.2.2 사건공간

뜻매김 2.2.5 사건공간, 사건[22]

표본공간에서 얻은 시그마 마당을 사건공간이라고 부르고, 사건공간의 원소를 사건이라고 부른다.

---

[19] index set
[20] product space
[21] discrete combined space

확률론에서 말하는 사건은 집합론에서 다룬 집합을 다른 이름으로 부르는 것이라고 볼 수 있으며, 잴 수 있는 집합[23]이라고 부르기도 한다. 다만, 잴 수 없는 집합[24]은 사건으로 삼을 수 없다. 또, 잴 수 있는 집합이 늘 사건인 것은 아니고, 사건공간의 원소로 뽑힌 집합만이 사건이다.

보기 2.2.11 표본공간이 $S = \{ㄱ, ㄴ, ㄷ\}$일 때, 사건공간 $\mathcal{C} = \{\{ㄱ\}, \{ㄴ, ㄷ\}, S, \emptyset\}$을 생각하자. 이 사건공간 $\mathcal{C}$에서 S의 부분집합 $\{ㄱ\}$, $\{ㄴ, ㄷ\}$, S, $\emptyset$은 사건이다. 그러나, S의 부분집합 가운데에서 집합 $\{ㄴ\}$, $\{ㄷ\}$, $\{ㄱ, ㄷ\}$ $\{ㄱ, ㄴ\}$은 사건이 아니다. ◊

사건공간의 원소는 모두 표본공간의 부분집합이지만, 위 보기에서 알 수 있듯이 표본공간의 부분집합이 늘 사건공간의 원소인 – 곧, 사건인 – 것은 아니다. 이와 같은 까닭 때문에 사건공간이 무엇인지를 사건이 무엇인지보다 먼저 뜻매김하는 것이 바르다.

뜻매김 2.2.6 기초 사건[25]

표본공간의 한 점만으로 이루어진 – 곧, 홑원소 집합인 – 사건을 기초 사건이라고 부른다.

보기 2.2.12 동전 던지기를 생각하자. 그러면 표본공간은 $S = \{앞, 뒤\}$이다. 이때, 사건공간 $\mathcal{F} = \{S, \emptyset, \{앞\}, \{뒤\}\}$를 생각하면, S, $\{앞\}$, $\{뒤\}$, $\emptyset$은 모두 사건이다. 또, $\{앞\}$과 $\{뒤\}$는 기초 사건이다. ◊

무엇보다도, 사건공간의 원소는 – 곧, 사건은 – 집합이라는 것을 새겨서 두어야 한다. 그러므로, 표본공간의 원소는 사건일 수 없으며, 표본공간의 부분집합만이 사건일 수 있다.

보기 2.2.13 주사위 굴리기를 생각하면 표본공간은 $S = \{1, 2, 3, 4, 5, 6\}$이다. 이때, 표본공간 S의 원소 1은 어떤 때에도 사건일 수 없다. 한편, 표본공간 S의 부분집합 $\{1, 2, 3\}$은 때에 따라서 사건일 수 있다. 이것은 사건공간이 $\mathcal{F} = \{\{1, 2, 3\}, \{4, 5, 6\}, S, \emptyset\}$일 때와 $\mathcal{F} = \{\{1, 2\}, \{3, 4, 5, 6\}, S, \emptyset\}$일 때를 생각하면 쉽게 알 수 있다. ◊

한편, 어떤 집합이 사건이면 그 여집합은 – 그것이 일어날 수 없더라도 – 사건공간의 원소라는 것을 새겨서 둘 만하다.

보기 2.2.14 어떤 회로에서 전류를 재는 실험을 생각하자. 실수 $\mathbb{R}$을 표본공간으로 삼아 $\{a : a \leq 1000 \text{ mA}\}$가 사건 가운데에서 하나라면, 그 회로에 흐르는 전류가 1000 mA를 넘을 수 없더라도, $\{a : a > 1000 \text{ mA}\}$는 사건일 것이다. ◊

표본공간이 정해져 있어도, 일반적으로, 사건공간을 여럿 만들 수 있다. 이것은 전체집합에서 얻을 수 있는 시그마 마당이 하나가 아니라는 것을 되새겨서 보면 저절로 나오는 것이다. 표

[22] event space, event
[23] measurable set
[24] 부록 2.4에서 다룬다.
[25] elementary event

본공간이 Ω일 때 $\{\emptyset, \Omega\}$는 가장 작은 시그마 마당, 곧 가장 작은 사건공간이다. 뜻매김 1.1.13에서 다룬 바 있듯이, 표본공간 Ω의 부분집합을 모두 모은 것을 거듭제곱 집합이라고 부르고 2^Ω로 쓰는데, 거듭제곱 집합은 표본공간의 가장 큰 사건공간이다.

보기 2.2.15 (가위바위보) 가위바위보의 표본공간은 $\Omega = \{$가위, 바위, 보$\}$이다. 이 표본공간의 가장 작은 사건공간은 $\mathcal{F}_S = \{\emptyset, \Omega\}$이고, 가장 큰 사건공간은 $\mathcal{F}_L = 2^\Omega = \{\emptyset, \{$가위$\}, \{$바위$\}, \{$보$\}, \{$가위, 바위$\}, \{$가위, 보$\}, \{$바위, 보$\}, \Omega\}$이다. ◇

이제, 마당을 바탕으로 확률론을 이야기하지 않고 마당보다 더 좁은 – 엄격한 – 개념인 시그마 마당을 바탕으로 확률론을 이야기해야하는 까닭을 살펴 보자. 먼저, 표본공간이 유한 집합이면 마당은 곧 시그마 마당이므로 마당을 바탕으로 확률론을 이야기해도 아무 문제가 없다. 그러나, 표본공간이 무한 집합일 때 마당을 바탕으로 확률론을 이야기하려면 아래 보기에서 다루듯이 쓸모 있는[26] 어떤 집합을 사건으로 삼을 수 없을 뿐 아니라, 사건의 극한을 다룰 수 없다. 이러한 까닭으로 말미암아 마당이 아니라 시그마 마당을 바탕으로 확률론을 말하는 것이다.

보기 2.2.16 (극한 집합과 마당) 사건공간을 시그마 마당이 아니고 마당으로 뜻매김한다고 두자. 그러면 마당 안에서 어떤 집합 열을 생각할 때 그 극한이 그 마당의 원소일 때도 있겠지만, 그 극한이 그 마당의 원소가 아닐 때도 있다. 보기를 들면, 유한 구간 (a, b)가 모두 사건이더라도 홑원소 집합은 – 꼴이 (a, b)인 구간을 유한 번 집합 연산하여 홑원소 집합을 얻을 수 없기 때문에 – 사건이 아닐 수 있다. 그러므로, 마당을 바탕으로 확률론을 이야기한다면 "측정전압이 a와 b 사이이다."라는 사건을 – 따라서, 이 사건의 확률을 – 뜻매김할 수 있다고 두더라도, "측정전압이 a이다."라는 것은 – 따라서, 이것의 확률은 – 뜻매김할 수 없다. 이때, 시그마 마당을 사건공간으로 두면 이러한 모자라는 점을 없앨 수 있다. 곧, 마당은 극한에 대하여 닫혀 있지 않기 때문에 마당을 바탕으로는 확률론을 이야기하기가 알맞지 않다. ◇

이미 2.1.2절에서 이야기하였듯이 전체 집합이 유한할 때에는 극한이라는 것이 크게 뜻이 없고 마당이 곧 시그마 마당이므로 마당을 바탕으로 확률론을 이야기하든 시그마 마당을 바탕으로 확률론을 이야기하든 그리 크게 다를 바가 없다. 그러나, 표본 공간이 무한 집합일 때에는, 마당이 끝없이 많은 집합 연산에 대하여 닫혀 있다는 것을 보장하지 않기 때문에, 원소 집합이 끝없이 많은 마당을 생각하여 끝없이 집합 연산하면 – 곧, 극한을 생각하면 – 그 결과가 그 마당에 다시 들어 있지 않을 수도 있다. 이러한 까닭으로, 표본 공간이 무한 집합일 때에는, 더 일반적인 – 더 넓은 – 개념이지만 유한 번 집합 연산할 때에만 닫혀 있다는 것을 보장해주는 마당이 아니라, 덜 일반적이지만 '셀 수 있을 만큼 끝없이 많이 집합 연산할 때에도 닫혀 있음'을 보장해 주는 시그마 마당을 사건공간으로 삼아 확률론을 생각하는 것이다.

느슨하게 말하자면 사건공간은 표본공간의 부분집합을 모은 것 또는 단위사건을 묶은 것이고, 조금 더 엄밀하게 말하자면 셀 수 있는 만큼의 집합 연산에 대하여 닫혀 있는 부분집합의 묶음이다. 사건공간은 셀 수 있을 만큼의 합집합, 차집합, 여집합, 곱집합에 대하여 닫혀 있다.

[26]보기 2.1.15에서 말하였듯이 $\Upsilon_T = \{$2진 주기 수열을 모두 모은 것$\}$도 쓸모 있는 집합 가운데에서 하나이다.

이 사실을 바탕으로 드 모르간의 법칙을 쓰면, 사건공간은 셀 수 있을 만큼의 다른 집합 연산에 대하여도 닫혀 있다는 것을 알 수 있다. 다만, 사건공간은 셀 수 있을 만큼의 집합 연산에 대하여 닫혀 있지만, 셀 수 없을 만큼의 집합 연산에 대하여는 닫혀 있지 않다. 보기를 들면, $\{H_r : r \in \{1, 2, \cdots\}\}$이 모두 사건이면 $\bigcup_{r=1}^{\infty} H_r$은 사건이지만 $\{B_r : r \in [0,1]\}$이 모두 사건들이더라도

$$\bigcup_{r\in[0,1]} B_r \tag{2.2.4}$$

는 사건이 아닐 수 있다는 것을 새겨서 두어야 한다.

이제 사건공간을 뜻매김하는 조건 가운데에서 하나인 '셀 수 있는 만큼 많은 합집합 연산에 대하여 닫혀 있음'을 – (2.1.7)에서 보았듯이 집합 $\{B_n\}_{n=1}^{\infty}$가 모두 사건공간 $\mathcal{F}$의 원소이면

$$\bigcup_{i=1}^{\infty} B_i \in \mathcal{F} \tag{2.2.5}$$

임을 – 조금 더 다루어 보자. 먼저, (1.5.8)과 (1.5.9)에서 $\{B_n\}_{n=1}^{\infty}$의 극한 $\lim\limits_{n\to\infty} B_n$을

$$\lim_{n\to\infty} B_n = \begin{cases} \bigcup\limits_{i=1}^{\infty} B_i, & \{B_n\}_{n=1}^{\infty}\text{가 줄지 않는 열일 때,} \\ \bigcap\limits_{i=1}^{\infty} B_i, & \{B_n\}_{n=1}^{\infty}\text{가 늘지 않는 열일 때} \end{cases} \tag{2.2.6}$$

처럼 뜻매김하였음을 새기자. 그러면 $\mathcal{F}$ 안에서 고른 집합 열 $\{B_n\}_{n=1}^{\infty}$가 (2.2.5)를 만족시키면, 이 집합 열 $\{B_n\}_{n=1}^{\infty}$는

$$\lim_{n\to\infty} B_n \in \mathcal{F}, \quad \{B_n\}_{n=1}^{\infty}\text{가 줄지 않는 열일 때} \tag{2.2.7}$$

도 만족시킨다는 것을 – 곧, (2.2.5)이면 (2.2.7)임을 – 알 수 있다.

보기 2.2.17 (극한 집합과 사건공간) 사건공간 $\mathcal{F}$ 안에 있는 사건 열 $\{H_n\}_{n=1}^{\infty}$가 줄지 않는 열이라고 두자. 식 (1.5.8)과 (2.2.6)에서 보았듯이 이 집합 열의 극한은 $\lim\limits_{n\to\infty} H_n = \bigcup\limits_{n=1}^{\infty} H_n$처럼 셀 수 있는 합집합으로 뜻매김할 수 있다. 그런데, 사건을 셀 수 있을 만큼 합집합한 것은 사건이므로 극한 $\lim\limits_{n\to\infty} H_n$도 사건이다. 보기를 들어, $\left\{\left[1, 2-\frac{1}{n}\right)\right\}_{n=1}^{\infty}$가 모두 사건이라면 이 줄지 않는 사건 열의 극한 $[1,2)$도 사건이다. 또한, 꼴이 (a,b)인 유한 구간이 모두 사건이라면 $\{(-n,b)\}_{n=1}^{\infty}$의 극한인 $(-\infty,b)$도 마땅히 사건일 것이다. 이것과 비슷하게 사건공간 $\mathcal{F}$에 들어 있는 사건 열 $\{B_n\}_{n=1}^{\infty}$가 늘지 않는 열이라고 두자. 그러면 이 사건 열의 극한은 사건을 셀 수 있을 만큼 곱집합한 것이므로 – 곧, (1.5.9)이나 (2.2.6)에서 보았듯이 $\lim\limits_{n\to\infty} B_n = \bigcap\limits_{n=1}^{\infty} B_n$이므로 – 사건일 것이다. 따라서, 꼴이 (a,b)인 유한 구간이 모두 사건이라면 $\left\{\left(a-\frac{1}{n}, a+\frac{1}{n}\right)\right\}_{n=1}^{\infty}$의 극한인 홑원소 집합 $\{a\}$ 또한 사건이다. ◇

보기 2.2.18 (무한 합집합과 극한의 동등) 식 (2.2.5)와 (2.2.7)은 서로 동등함을 보이자. 먼저, (2.2.5)인 집합 묶음에서는 (2.2.7)임은 이미 보았다. 다음에, (2.2.7)인 집합 묶음 $\mathcal{F}$에서 (2.2.5)임을 보이자. 집합 묶음 $\mathcal{F}$에서 아무렇게나 고른 집합 열 $\{G_i\}_{i=1}^{\infty}$를 생각하여 $H_n = \bigcup\limits_{i=1}^{n} G_i$처럼 두자. 그러면 $\bigcup\limits_{n=1}^{\infty} G_n = \bigcup\limits_{n=1}^{\infty} H_n$임과 $\{H_n\}_{n=1}^{\infty}$는 줄지 않는 열이라는 것을 쉽게 알 수 있다. 또한, $\{H_n\}_{n=1}^{\infty}$가 줄지 않는 열이므로 (2.2.6)에서 $\bigcup\limits_{i=1}^{\infty} H_i = \lim\limits_{n\to\infty} H_n$이다. 따라서,

$\bigcup_{n=1}^{\infty} G_n = \bigcup_{n=1}^{\infty} H_n = \lim_{n\to\infty} H_n \in \mathcal{F}$이다. 곧, (2.2.7)인 집합 묶음 $\mathcal{F}$ 안의 집합 열 $\{G_i\}_{i=1}^{\infty}$를 어떻게 고르더라도 늘

$$\bigcup_{n=1}^{\infty} G_n \ \in \ \mathcal{F} \tag{2.2.8}$$

임을 – 곧, (2.2.5)임을 – 알 수 있다. 따라서, 두 조건 (2.2.5)와 (2.2.7)은 서로 동등하다. 이것은 (2.2.5) 대신 (2.2.7)을 사건공간이 만족시켜야할 조건으로 삼을 수 있다는 것을 뜻한다. 마찬가지로, (2.2.5) 대신

$$\lim_{n\to\infty} B_n \ \in \ \mathcal{F}, \quad \{B_n\}_{n=1}^{\infty}\text{가 늘지 않는 열일 때} \tag{2.2.9}$$

를 사건공간이 만족시켜야할 조건으로 삼을 수 있다. ◇

이제, 뜻매김 2.1.4에서 다룬 가장 작은 시그마 마당이라는 개념을 바탕으로, 연속 공간의 대표라고 할 수 있는 실수 공간이 표본공간일 때 쓸모 있는 사건공간을 생각해 보자.

뜻매김 2.2.7 보렐 마당[27]

표본공간이 실수 집합 $\mathbb{R}$일 때 열린 구간 (a,b)를 모두 모은 묶음으로 만든 – 곧, 열린 구간을 모두 품는 가장 작은 – 시그마 마당

$$\mathcal{B}(\mathbb{R}) \ = \ \sigma(\text{모든 열린 구간}) \tag{2.2.10}$$

을 보렐 마당, 보렐 체, 보렐 시그마 마당, 보렐 시그마 체, 또는 보렐 시그마 대수라고 부른다.

보렐 마당의 원소를 – 곧, 열린 구간들을 셀 수 있을 만큼 집합 연산하여 얻은 집합들을 – 보렐 집합[28]이라고 부른다.

보기 2.2.19 몇 가지 집합 연산을 거치면 홑원소 집합 $\{x\} = \bigcap_{n=1}^{\infty}\left(x-\frac{1}{n}, x+\frac{1}{n}\right)$, 반 열린 구간 $[x,y) = (x,y)\cup\{x\}$와 $(x,y] = (x,y)\cup\{y\}$, 또 닫힌 구간 $[x,y] = (x,y)\cup\{x\}\cup\{y\}$는 모두 보렐 집합이라는 것을 알 수 있다. 또, 반 열린 구간 $[x,+\infty) = (-\infty,x)^c$과 $(-\infty,x] = (-\infty,x)\cup\{x\}$, 열린 구간 $(x,\infty) = (-\infty,x]^c$도 보렐 집합이다. ◇

보렐 마당 $\mathcal{B}(\mathbb{R})$은, 말할 것도 없이 시그마 마당일 뿐더러, 실수 집합에서 뜻매김할 수 있는 시그마 마당 가운데에서 가장 쓸모 있고 널리 쓰이는 것이다. 이 시그마 마당에는 유한 또는 무한 열린 구간 (a,b), 유한 또는 무한 닫힌 구간 $[a,b]$, 유한 또는 무한 반 열린 구간 $[a,b)$와 $(a,b]$, 홑원소 집합, 그리고 이들을 집합 연산한 결과가 모두 들어 있다. 한편, 보렐 마당 $\mathcal{B}(\mathbb{R})$은 $\mathbb{R}$의 부분집합을 모두 모은 것과 다르다. 곧, 보렐 시그마 마당에 들어 있지 않는 실수의 부분집합이 있는데, 그와 같은 집합의 보기로 부록 2.4에서 다루는 비탈리 집합[29]을 들 수 있다.

한편, 실수의 부분집합 Ω'이 표본공간일 때에는 Ω'의 보렐 시그마 마당

$$\mathcal{B}(\Omega') \ = \ \{E : E = H\cap\Omega',\ H\in\mathcal{B}(\mathbb{R})\} \tag{2.2.11}$$

[27] Borel field, Borel σ field, 또는 Borel σ algebra
[28] Borel set
[29] Vitali set

을 사건공간으로 삼을 수 있다. 특히, 표본공간 Ω가 실수 집합의 이산 부분집합 A라면 A의 보렐 마당 $\mathcal{B}(A)$는 A의 거듭제곱 집합 2^A와 같다.

2.2.3 확률측도

이제, 확률측도를 생각해 보자.

뜻매김 2.2.8 잴 수 있는 공간[30]

표본공간 Ω와 사건공간 $\mathcal{F}$의 짝 $(\Omega, \mathcal{F})$를 잴 수 있는 공간이라고 부른다.

뜻매김 2.2.9 확률측도[31]

잴 수 있는 공간 $(\Omega, \mathcal{F})$에서 아래 네 공리를 만족시키며 사건 H_i마다 실수 $P(H_i)$를 배정하는 집합 함수 P를 확률측도 또는 확률이라고 부른다.

공리 1.

$$P(H_i) \ \geq \ 0. \tag{2.2.12}$$

공리 2.

$$P(\Omega) \ = \ 1. \tag{2.2.13}$$

공리 3. 유한 개의 사건 $\{H_i\}_{i=1}^{n}$이 서로 배반이면

$$P\left(\bigcup_{i=1}^{n} H_i\right) \ = \ \sum_{i=1}^{n} P(H_i). \tag{2.2.14}$$

공리 4. 셀 수 있을 만큼 많은 사건 $\{H_i\}_{i=1}^{\infty}$가 서로 배반이면

$$P\left(\bigcup_{i=1}^{\infty} H_i\right) \ = \ \sum_{i=1}^{\infty} P(H_i). \tag{2.2.15}$$

확률측도 P는 사건에 확률을 배정하는 함수이며, 확률 함수, 확률 분포, 또는 분포[32]라고 부르기도 한다. 이때, 함수값 $P(E)$는 사건 E가 일어날 확률을 뜻하며, $\Pr\{E\}$로 쓰기도 한다.

확률측도를 뜻매김하는 공리 1–4는 직관적으로도 그럴듯한 것이다. 확률은 0보다 작지 않아야 한다는 첫째 공리는, 넓이, 부피, 무게와 같은 다른 잣대와 마찬가지로, 어떻게 보면 마음대로 고른 셈이다. 둘째 공리는 "무언가는 일어난다."는 또는 "실험을 거치면 얻을 수 있는 결과 가운데에서 어느 것이든 하나는 얻는다."를 뜻한다. 셋째 공리는 덧셈성 또는 유한 덧셈성[33]이라고 불리는데, 서로 공통점이 없는 사건을 합집합한 결과의 확률은 사건마다의 확률을 더한 값과 같다는 것이다. 이 셋째 공리는 조금 더 근본적으로 부피, 무게, 넓이, 질량과 같은 다른 잣

[30] measurable space

[31] probability measure

[32] probability function, probability distribution, 또는 distribution

[33] additivity 또는 finite additivity

대와 마찬가지로 확률도 덧셈성을 지녀야 함을 뜻한다. 보기를 들면, 서로 겹치지 않는 영역을 더할 때 그 넓이는 더하는 영역의 넓이를 더한 값과 같아야 한다.

공리 4는 셀 수 있는 덧셈성[34]이라고 불리는 것이다. 공리 4는 공리 3을 끝없이, 점근적으로, 또는 극한으로 확장한 것이다. 바로 이 공리 4가 고전적인 – 초보적인 – 확률론과 콜모고로프[35]가 발전시킨 현대 확률론을 나누는 것이다. 사건들의 극한으로밖에 나타낼 수 없는 복잡한 사건의 확률을 계산하고자 점근 결과나 극한 결과들을 다룰 때 공리 4가 필요하다. 이 공리는 마치 적분을 급수의 극한으로 얻는 것과 같다. 한편, 공리 3을 공리 4의 특별한 것으로 보아, 공리 3과 공리 4를 묶어서 하나로 쓰기도 한다.

위 확률의 공리에서

$$P(\emptyset) = 0 \tag{2.2.16}$$

이고, H가 사건공간의 원소일 때

$$P(H^c) = 1 - P(H) \tag{2.2.17}$$

이며,

$$P(H) \le 1 \tag{2.2.18}$$

임을 쉽게 알 수 있다. 또, 사건공간이 $\mathcal{F} = \{\Omega, \emptyset\}$일 때에 잴 수 있는 공간 $(\Omega, \mathcal{F})$에서 생각할 수 있는 확률측도는 $P(\Omega) = 1$, $P(\emptyset) = 0$뿐이라는 것을 확률의 공리와 (2.2.16)을 바탕으로 쉽게 알 수 있다.

보기 2.2.20 제대로 만든[36] 동전을 한 번 던지는 실험에서 표본공간 $\Omega = \{앞, 뒤\}$와 사건공간 $\mathcal{F} = 2^{\Omega}$를 생각하면 $P(앞) = P(뒤) = \frac{1}{2}$, $P(\Omega) = 1$, $P(\emptyset) = 0$처럼 둘 수 있다. ◇

보기 2.2.21 표본공간 $\Omega = \{0, 1\}$과 사건공간 $\mathcal{F} = \{\{0\}, \{1\}, \Omega, \emptyset\}$을 생각하자. 그러면 잴 수 있는 공간 $(\Omega, \mathcal{F})$에서 확률측도의 보기를 하나 들면 $P(\{0\}) = \frac{3}{10}$, $P(\{1\}) = \frac{7}{10}$, $P(\emptyset) = 0$, $P(\Omega) = 1$이다. ◇

이산 표본공간에서는 늘 거듭제곱 집합을 사건공간으로 삼는다. 곧, 이산 공간에서는 표본공간에서 만들 수 있는 부분집합을 모두 사건으로 보아도 쓸모 있는 이론을 얻을 수 있다. 그러나, 실수 공간과 같은 연속 공간에서는 만들 수 있는 부분집합을 모두 사건으로 두면 모순이 일어날 뿐만 아니라[37] 사건집합이 너무 커서 쓸모 없다. 따라서, 연속 공간에서는 사건공간에 들어갈 알맞은 집합들을 – 사건들을 – 고르고 그 사건들에만 확률을 배정하고 그 사건공간에 들어 있지 않는 사건은 다루지 않는다. 곧, 사건공간에 들어 있지 않은 사건의 확률은 뜻매김하지 않는다.

---

[34]countable additivity

[35]Kolmogorov

[36]'던졌을 때 앞이 나오는 만큼 뒤가 나오는'이라는 뜻이다.

[37]뜻매김 2.부.12에서 다루는 비탈리 집합 $\mathbb{V}_0$은 실수 공간의 부분집합이다. 이때, 구간 $(-1, 1)$ 안에 있는 서로 다른 유리수를 모두 늘어 놓은 것을 $\{\alpha_i\}_{i=1}^{\infty}$라고 하고 옮김 연산자를 $T_t(x) = x + t$라고 둔 뒤 $\{T_{\alpha_i}\mathbb{V}_0\}_{i=1}^{\infty}$를 사건으로 두면 모순이 일어남을 쉽게 알 수 있다.

그뿐만 아니라, 표본공간이 이산일 때에는 홑원소 집합에 확률을 배정하여도 그 결과를 쓸모 있게 다룰 수 있다. 그러나, 표본공간이 연속일 때에는 홑원소 집합에 확률을 배정하는 방식은 그다지 쓸모 있는 것이 아니다.

보기 2.2.22 두 수 0과 1 사이의 실수를 치우침 없이 고르는 확률 실험을 생각하자. 그러면 0과 1 사이에는 실수가 셀 수 없을 만큼 많으므로 그 값이 어떠하든, 실수 하나를 고를 확률은 0이라고 할 수 있다. 그런데, 어떤 수를 하나 고를 확률이 0이라는 것으로는 '고른 수가 0.1과 0.5 사이에 있을 확률'과 같은 것의 확률을 얻을 수는 없다. 따라서, 연속 공간에서는 홑원소 집합이 아닌 구간 집합에 확률을 배정해야 쓸모 있는 사건을 얻을 수 있다. ◊

뜻매김 2.2.10 확률공간[38]

표본공간 S, S의 사건공간 $\mathcal{F}$, 그리고 확률측도 P가 이루는 공간을 확률공간 $(S, \mathcal{F}, P)$라고 부른다.

이 뜻매김에서, 표본공간 S가 유한하다면 사건공간 $\mathcal{F}$는 시그마 마당이 아니라 마당이어도 좋음을 알 수 있다. 그 까닭은 표본공간이 유한하면 시그마 마당과 마당이 같기 때문이다.

2.3 확률

2.3.1 확률의 성질

확률공간 $(\Omega, \mathcal{F}, P)$를 생각할 때 공리 1–4에 보인 (2.2.12)–(2.2.15)에서 다음과 같은 성질[39]을 얻을 수 있다.

성질 1. 먼저, $i = 1, 2, \cdots$ 일 때 $B_i \in \mathcal{F}$라고 두자. 그러면

$$B_i \subset B_j \text{ 이면} \quad P(B_i) \le P(B_j) \tag{2.3.1}$$

이고

$$P\left(\bigcup_{i=1}^{\infty} B_i\right) \le \sum_{i=1}^{\infty} P(B_i) \tag{2.3.2}$$

이다.

성질 2. 묶음 $\{B_i\}_{i=1}^{\infty}$가 표본공간 Ω의 셀 수 있는 분할이고, $\{B_i \in \mathcal{F}\}_{i=1}^{\infty}$이며, $G \in \mathcal{F}$라고 하자. 그러면

$$P(G) = \sum_{i=1}^{\infty} P(G \cap B_i) \tag{2.3.3}$$

이다.

[38] probability space

[39] 이 성질들 가운데에서 (2.3.2)를 부울 부등식이라고 Boole inequality 한다. 부울 부등식 (2.3.2)도, 뜻매김 2.2.9에서 공리 3과 공리 4를 나누어 쓴 것처럼, 둘로 나누어 쓸 수 있다.

성질 3. 사건 $\{B_i\}_{i=1}^n$ 가운데에서 r개를 골라서 곱사건을 만드는

$$ {}_n\mathrm{C}_r = \frac{n!}{r!(n-r)!} \tag{2.3.4}$$

가지 방법에 대하여 그 곱사건의 확률을 더한 것을 $\sum_{i_1<i_2<\cdots<i_r} P(B_{i_1}B_{i_2}\cdots B_{i_r})$로 쓰면,

$$\begin{aligned} P\left(\bigcup_{i=1}^n B_i\right) &= (-1)^0\sum_{i=1}^n P(B_i) + (-1)^1\sum_{i_1<i_2} P(B_{i_1}B_{i_2}) + \cdots \\ &\quad +(-1)^{r-1}\sum_{i_1<i_2<\cdots<i_r} P(B_{i_1}B_{i_2}\cdots B_{i_r}) + \cdots + (-1)^{n-1}P(B_1B_2\cdots B_n) \end{aligned} \tag{2.3.5}$$

이다.

위 (2.3.5)는 $n=2$일 때

$$P(B_1\cup B_2) = P(B_1)+P(B_2)-P(B_1\cap B_2) \tag{2.3.6}$$

처럼, $n=3$일 때

$$\begin{aligned} P(B_1\cup B_2\cup B_3) &= P(B_1)+P(B_2)+P(B_3)-P(B_1\cap B_2)-P(B_2\cap B_3) \\ &\quad -P(B_3\cap B_1)+P(B_1\cap B_2\cap B_3) \end{aligned} \tag{2.3.7}$$

처럼 조금 더 구체적으로 쓸 수 있다.

보기 2.3.1 어떤 확률공간에서 $P(\text{가}\cup\text{나}) = \frac{7}{10}$, $P(\text{가}) = \frac{1}{2}$, $P(\text{나}) = \frac{3}{10}$일 때 $P(\text{가}\cap\text{나})$를 얻어보시오.

풀이 식 (2.3.6)을 쓰면 $P(\text{가}\cap\text{나}) = P(\text{가})+P(\text{나})-P(\text{가}\cup\text{나}) = 0.1$이다. ◇

보기 2.3.2 제대로 만든 동전을 이어서 세 번 던지는 확률 실험을 생각하자. 그러면 표본공간 Ω에서 생각할 수 있는 기초 사건은 $2^3=8$개 있고 그 기초 사건들의 확률은 모두 같다. 이때, 앞이 적어도 한 번 나올 확률 p_1을 얻어보시오.

풀이 기초 사건 여덟 개 가운데에서 어느 사건이 일어날 확률도 $\frac{1}{8}$이다. 그러므로, 앞이 적어도 한 번 나올 확률을

$$\begin{aligned} p_1 &= P(\{\text{앞, 앞, 앞}\}+P(\{\text{앞, 앞, 뒤}\})+P(\{\text{앞, 뒤, 앞}\})+P(\{\text{뒤, 앞, 앞}\}) \\ &\quad +P(\{\text{앞, 뒤, 뒤}\})+P(\{\text{뒤, 앞, 뒤}\})+P(\{\text{뒤, 뒤, 앞}\}) \\ &= \frac{7}{8} \end{aligned} \tag{2.3.8}$$

처럼 직접 얻을 수도 있고, 사건 '적어도 한 번은 동전 앞면이 나옴'은 사건 '세 번 모두 동전 뒷면이 나옴'의 보사건임을 바탕으로 $p_1 = 1-\frac{1}{8} = \frac{7}{8}$처럼 얻을 수도 있다. ◇

사건의 확률이 0이라는 것이 그 사건이 일어나지 않는다는 것은 – 곧, 그 사건이 일어나지 않는 사건 $\emptyset$이라는 것은 – 아니다. 보기를 들면, 실수 공간에서 a가 어떤 값이더라도 $P(\{a\}) = 0$이지만 사건 $\{a\}$는 일어나지 않는 사건 $\emptyset$과 다르다. 일반적으로, $P(\text{가}) = P(\text{나})$이면 "**가**와 **나**는 확률에서 같다."라고 말한다. 한편,

$$P(\text{가}) = P(\text{나}) = P(\text{가나}) \tag{2.3.9}$$

또는 $P((\text{가}+\text{나})-\text{가나}) = P\left(\text{가나}^c + \text{가}^c\text{나}\right) = 0$, 곧

$$P(\text{가}\Delta\text{나}) = 0 \tag{2.3.10}$$

이면 "**가**와 **나**는 확률 1로 – 또는 거의 어디서나, 거의 언제나, 거의 틀림 없이, 거의 확실히, 거의 모든 점에서 – 같다."라고[40] 한다. 보기를 들면, $P(\text{가}) = 0$이면 $P(\emptyset) = P(\text{가}) = P(\text{가}\cap\emptyset) = 0$이므로 **가**는 $\emptyset$과 거의 틀림 없이 같고, $P(\text{가}) = 1$이면 $P(\Omega) = P(\text{가}) = P(\text{가}\cap\Omega) = 1$이므로 **가**는 Ω와 거의 틀림 없이 같다. 이때, **가**와 **나**가 거의 틀림 없이 같다는 것이 반드시 **가** = **나**를 뜻하지는 않는다.

보기 2.3.3 표본공간 $\Omega = [0,1]$에서 구간의 길이를 그 구간의 확률이라고 할 때, 네 구간 $A_1 = [0.1, 0.2]$, $A_2 = [0.1, 0.2)$, $A_3 = (0.1, 0.2]$, $A_4 = (0.1, 0.2)$를 생각하자. 그러면 $P(A_i) = P(A_j) = P(A_iA_j) = 0.1$이지만 $i \neq j$일 때 $A_i \neq A_j$이다. 곧, $i \neq j$일 때 A_i와 A_j는 확률에서 같고 또 확률 1로 같지만 같은 집합은 아니다. 한편, $B = [0.3, 0.4]$를 생각하면 $P(A_1) = P(B) = 0.1$이므로 A_1과 B는 확률에서 같지만 같은 집합은 아니다. ◇

정리 2.3.1 한 표본공간에서 사건 $\{A_i\}_{i=1}^n$을 생각하면

$$\sum_{i=1}^n P\{A_i\} - \sum_{i=1}^n \sum_{k=i+1}^n P\{A_i \cap A_k\} \le P\left\{\bigcup_{i=1}^n A_i\right\} \le \sum_{i=1}^n P\{A_i\} \tag{2.3.11}$$

이다[41]. ■■

증명 먼저,

$$B_i = \begin{cases} A_i - \bigcup_{k=i+1}^n A_k, & i = 1, 2, \cdots, n-1, \\ A_n, & i = n \end{cases} \tag{2.3.12}$$

처럼 두자. 그러면 $\bigcup_{i=1}^n B_i = \bigcup_{i=1}^n A_i$이고, $i \neq k$일 때 $B_i \cap B_k = \emptyset$이므로 $P\left(\bigcup_{i=1}^n A_i\right) = P\left(\bigcup_{i=1}^n B_i\right)$, 곧

$$P\left(\bigcup_{i=1}^n A_i\right) = \sum_{i=1}^n P(B_i) \tag{2.3.13}$$

임을 알 수 있다. 한편, $B_i \subset A_i$이므로 i를 어떻게 고르더라도 $P(B_i) = P\left(A_i - \bigcup_{k=i+1}^n A_k\right)$이고 따라서

$$P(B_i) \le P(A_i) \tag{2.3.14}$$

[40] 뜻매김 1.1.24에서도 다룬 바 있다.

[41] 이 식을 본페로니 Bonferroni 부등식이라고 부른다.

이다. 이제, (2.3.13)과 (2.3.14)에서

$$P\left(\bigcup_{i=1}^{n} A_i\right) \le \sum_{i=1}^{n} P(A_i) \tag{2.3.15}$$

를 얻는다. 다음에, (1.1.13)에서 보았듯이 $A - B = A - AB$이므로 $P(A - B) = P(A - AB)$임과, (1.1.21)에서 알 수 있듯이 $A_i \cap \left(\bigcup_{k=i+1}^{n} A_k\right) = \bigcup_{k=i+1}^{n} (A_i \cap A_k)$이므로 $P\left\{A_i \cap \left(\bigcup_{k=i+1}^{n} A_k\right)\right\}$ $= P\left\{\bigcup_{k=i+1}^{n} (A_i \cap A_k)\right\}$임을 새기면, (2.3.12)를 바탕으로 $P(B_i) = P\left(A_i - \bigcup_{k=i+1}^{n} A_k\right) = P$ $(A_i) - P\left\{A_i \cap \left(\bigcup_{k=i+1}^{n} A_k\right)\right\}$를

$$P(B_i) = P(A_i) - P\left\{\bigcup_{k=i+1}^{n} (A_i \cap A_k)\right\} \tag{2.3.16}$$

처럼 쓸 수 있다. 한편, (2.3.15)를 쓰면 $P\left\{\bigcup_{k=i+1}^{n} (A_i \cap A_k)\right\} \le \sum_{k=i+1}^{n} P(A_i \cap A_k)$이므로, 이 결과를 (2.3.16)에 쓰면

$$\begin{aligned} P(A_i) - \sum_{k=i+1}^{n} P(A_i \cap A_k) &\le P(A_i) - P\left\{\bigcup_{k=i+1}^{n} (A_i \cap A_k)\right\} \\ &= P(B_i) \end{aligned} \tag{2.3.17}$$

임을 알 수 있다. 이제, (2.3.13)과 (2.3.17)에서

$$\begin{aligned} \sum_{i=1}^{n} P(A_i) - \sum_{i=1}^{n} \sum_{k=i+1}^{n} P(A_i \cap A_k) &\le \sum_{i=1}^{n} P(B_i) \\ &= P\left(\bigcup_{i=1}^{n} A_i\right) \end{aligned} \tag{2.3.18}$$

을 얻는다. 끝으로, (2.3.15)와 (2.3.18)에서 (2.3.11)을 얻을 수 있다. □

보기 2.3.4 표본공간 $S = \{1, 2, \cdots, 10\}$과 사건공간 2^S을 생각하자. 이제, 확률측도를 $k = 1, 2, \cdots, 10$일 때 $P(k) = \frac{k}{55}$라고[42] 두고, 세 사건 $A_1 = \{1, 2, 3\}$, $A_2 = \{3, 4, 5, 6\}$, $A_3 = \{5, 6, 7, 8\}$을 생각하자. 그러면 $P\left(\bigcup_{i=1}^{n} A_i\right) = P\left(\bigcup_{i=1}^{3} A_i\right) = \frac{36}{55}$이다. 또, $P(A_1) = \frac{6}{55}$이고, $P(A_2) = \frac{18}{55}$이며, $P(A_3) = \frac{26}{55}$이므로 $\sum_{i=1}^{n} P(A_i) = \frac{50}{55}$이다. 끝으로, $P(A_1 \cap A_2) = \frac{3}{55}$이고, $P(A_2 \cap A_3) = \frac{11}{55}$이며, $P(A_3 \cap A_1) = 0$이므로 $\sum_{i=1}^{3} P(A_i) - \sum_{i=1}^{3} \sum_{k=i+1}^{3} P(A_i \cap A_k) = \frac{50}{55} - \left(\frac{3}{55} + \frac{11}{55}\right) = \frac{36}{55}$이다. 곧, (2.3.11)이 성립한다는 것을 볼 수 있다. ◇

2.3.2 확률의 다른 뜻매김

확률은 여러 가지 방식으로 뜻매김할 수 있다. 현대 확률론에서는, 이제까지 2.2.1–2.2.3절에서 다루었듯이, 시그마 마당이라는 개념을 생각하고 확률공간을 뜻매김하여 네 공리를 바탕으로 확

[42]확률측도 P는 집합 함수이므로 $P(\{k\})$가 바른 꼴이다. 그렇지만, 그리 큰 문제가 없으면 $P(k)$ 또는 $P\{k\}$처럼 쓰기도 한다.

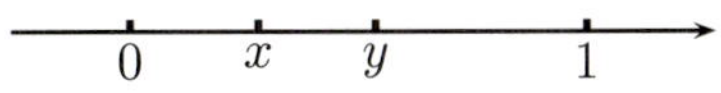

그림 2.3.1 막대기를 자르는 곳: $0 < x, y < 1$

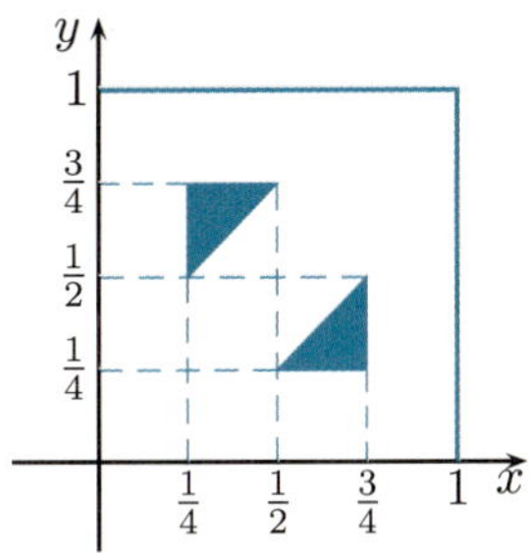

그림 2.3.2 세 도막이 모두 $\frac{1}{4}$보다 길도록 막대기 자르기

률을 뜻매김한다. 한편, 확률을 다른 바탕에서 뜻매김할 수도 있는데, 확률을 뜻매김하는 그 밖의 방법으로 잘 알려진 두 가지를 살펴 보면 다음과 같다.

2.3.2.1 고전적 뜻매김

확률 실험에서 결과들이 모두 같은 정도로 일어날 때, 일어날 수 있는 결과의 가짓수와 바라는 결과의 가짓수의 비율로 확률을 뜻매김할 수 있다. 곧, 나올 수 있는 모든 결과의 가짓수를 N, 바라는 결과 A의 가짓수를 N_A라고[43] 할 때 A의 확률은

$$P(A) = \frac{N_A}{N} \tag{2.3.19}$$

이다.

보기 2.3.5 제대로 만든 동전을 던져 앞이 나올 확률을 얻어보시오.
풀이 일어날 수 있고 확률이 같은 결과가 앞과 뒤 두 가지이고 바라는 결과는 그 가운데에서 한 가지 앞이므로, 얻으려는 확률은 – 곧, 앞이 나올 확률은 – $\frac{1}{2}$이다. ◇

보기 2.3.6 길이가 1인 줄을 아무렇게나 셋으로 나눌 때 세 도막이 모두 $\frac{1}{4}$보다 길 확률 P_3을 얻어보시오.
풀이 길이가 1인 줄을 수 직선 위의 구간 $[0, 1]$이라고 생각하고, 자르는 곳의 좌표를 x와 y라고 두면, $0 < x < 1$이고 $0 < y < 1$이다. 이제, $x < y$이고 $\frac{1}{4} < x < \frac{1}{2}$이며 $x + \frac{1}{4} < y < \frac{3}{4}$이거나, $x > y$이고 $\frac{1}{4} < y < \frac{1}{2}$이며 $y + \frac{1}{4} < x < \frac{3}{4}$이면 세 도막이 모두 $\frac{1}{4}$보다 길 것이다. 따라서,

$$P_3 = \frac{\text{바라는 것이 일어나는 } (x, y) \text{ 영역의 넓이}}{\text{전체 } (x, y) \text{ 영역의 넓이}} \tag{2.3.20}$$

을 바탕으로 바라는 확률을 얻으면

$$P_3 = \frac{x < y,\ \frac{1}{4} < x < \frac{1}{2},\ x + \frac{1}{4} < y < \frac{3}{4} \text{인 영역의 넓이}}{0 < x < 1 \text{이고 } 0 < y < 1 \text{인 영역의 넓이}}$$

[43] 모든 결과의 '가짓수' N과 바라는 결과 A의 '가짓수' N_A에서, '가짓수'는 보기 2.3.6에서 다루듯이 넓이, 부피, 길이일 때도 있다.

$$+ \frac{x > y,\ y + \frac{1}{4} < x < \frac{3}{4},\ \frac{1}{4} < y < \frac{1}{2}\text{인 영역의 넓이}}{0 < x < 1\text{이고 } 0 < y < 1\text{인 영역의 넓이}}$$
$$= \int_{\frac{1}{4}}^{\frac{1}{2}} \int_{x+\frac{1}{4}}^{\frac{3}{4}} 1\, dy\, dx + \int_{\frac{1}{4}}^{\frac{1}{2}} \int_{y+\frac{1}{4}}^{\frac{3}{4}} 1\, dx\, dy$$
$$= \frac{1}{16} \tag{2.3.21}$$

이다. ◇

보기 2.3.7 굵기를 0으로 볼 수 있는 막대기에서 두 곳을 아무렇게나 골라서 자른 세 도막이 세모를 이룰 확률 P_T을 얻어보시오.

풀이 막대기의 길이를 1로 보자. 보기 2.3.6에서 다룬 것과 비슷하게 생각하여 자르는 곳의 좌표를 x와 y라고 두면 $0 < x < 1$이고 $0 < y < 1$이다. 또, $x < y$이면 세 도막의 길이는 x, $y - x$, $1 - y$이고, $x > y$이면 세 도막의 길이는 y, $x - y$, $1 - x$이다. 이제, 두 도막의 길이를 더한 것이 나머지 도막의 길이보다 커야 세모를 이룰 수 있으므로, $\left\{0 < x < 1, 0 < y < 1, x < y, y > \frac{1}{2}, y < x + \frac{1}{2}, x < \frac{1}{2}\right\}$이거나 $\left\{0 < x < 1, 0 < y < 1, x > y, x > \frac{1}{2}, x < y + \frac{1}{2}, y < \frac{1}{2}\right\}$이면 세 도막으로 세모를 이룰 수 있다. 따라서,

$$P_T = \frac{\text{바라는 것이 일어나는 } (x,y) \text{ 영역의 넓이}}{\text{전체 } (x,y) \text{ 영역의 넓이}} \tag{2.3.22}$$

를 바탕으로 바라는 확률을 얻으면

$$P_T = \frac{\left\{0 < x < 1, 0 < y < 1, x < y, y > \frac{1}{2}, y < x + \frac{1}{2}, x < \frac{1}{2}\right\}\text{인 영역의 넓이}}{0 < x < 1\text{이고 } 0 < y < 1\text{인 영역의 넓이}}$$
$$+ \frac{\left\{0 < x < 1, 0 < y < 1, x > y, x > \frac{1}{2}, x < y + \frac{1}{2}, y < \frac{1}{2}\right\}\text{인 영역의 넓이}}{0 < x < 1\text{이고 } 0 < y < 1\text{인 영역의 넓이}}$$
$$= \frac{1}{4} \tag{2.3.23}$$

이다[44]. ◇

보기 2.3.8 집적회로 n개 가운데에서 m개가 불량일 때, 이 집적회로 n개 가운데에서 아무렇게나 집은 하나가 불량일 확률 α_1을 얻어보시오.

풀이 집적회로 n개 가운데에서 아무렇게나 하나 집는 방법의 가지수는 ${}_n\mathrm{C}_1$이고 불량인 집적회로 m개 가운데에서 아무렇게나 하나 집는 방법의 가지수는 ${}_m\mathrm{C}_1$이므로, 집적회로 n개 가운데에서 하나를 아무렇게나 집을 때 집은 것이 불량일 확률은 $\alpha_1 = \frac{{}_m\mathrm{C}_1}{{}_n\mathrm{C}_1} = \frac{m}{n}$이다. ◇

고전적 뜻매김으로 어떠한 사건의 확률을 얻고자 할 때에는 그 사건에 알맞은 결과의 가짓수를 잘 세어야 하는데, 이것은 보통 순열조합론[45]의 문제이기도 하다. 한편, 확률을 고전적으로 뜻매김할 때에 잊지 않아야 할 것은 "일어날 확률이 모두 같다."는 조건이다. 아래 보기에서 알 수 있듯이 고전적 뜻매김을 바탕으로 확률을 바르게 얻으려면 같은 확률로 일어날 수 있는 결과의 집합을 제대로 명확하게 구분해야 한다.

[44] 보기 3.4.2에서 비슷한 문제를 다시 다룬다.

[45] combinatorics

보기 2.3.9 제대로 만든[46] 주사위 둘을 굴려서 나오는 수를 더한 것이 7일 확률을 얻어보시오.

풀이

(풀이 1) 먼저, "제대로 만든 주사위 둘을 굴려서 나오는 수를 더하면 열한 가지 결과 (2, 3, ⋯, 12)를 얻을 수 있으므로 확률은 $\frac{1}{11}$이다."라고 말할 수 있다.

(풀이 2) 한편, "제대로 만든 주사위를 구별하지 않고 나오는 수를 (x, y), $x \geq y$ 꼴로 쓰면 스물한 가지 $(1, 1)$, $(2, 1)$, $(2, 2)$, $(3, 1)$, $\cdots$, $(6, 6)$이고, 바라는 결과는 그 가운데에서 세 가지 $(3, 4)$, $(5, 2)$, $(6, 1)$이므로 확률은 $\frac{3}{21} = \frac{1}{7}$이다."라고 말할 수 있다.

(풀이 3) 끝으로, "일어날 수 있고 확률이 같은 결과가 서른 여섯 가지 (x, y), $1 \leq x, y \leq 6$이고, 바라는 결과는 그 가운데에서 여섯 가지 (x, y), $x + y = 7$, $1 \leq x, y \leq 6$이다. 그러므로, 얻으려는 확률은 $\frac{6}{36} = \frac{1}{6}$이다."라고 말할 수 있다.

위 가운데에서 풀이 1과 풀이 2는 어느 것도 바른 풀이가 아니다. 그 까닭은 모두 그 대상 결과가 '일어날 확률이 같은' 것이 아니기 때문이다. 보기를 들면, 첫째 풀이에서는 두 수를 더한 것이 2인 것과 3인 것이 같은 확률로 일어나지 않는다. 마찬가지로, 둘째 풀이에서는 $(1, 1)$과 $(2, 1)$이 같은 확률로 일어나지 않는다. 곧, 풀이 3만이 바른 것이다. ◇

그뿐만 아니라, 실험에서 나올 수 있는 결과가 끝없이 많을 때에는 보기 2.2.4에서 말한 실험의 절차, 관측, 모형을 더욱 명확히 뜻매김해야 한다. 이제, 아래 보기를 살펴 보자.

보기 2.3.10 반지름이 r인 동그라미 C에 '아무렇게나' 현 AB를 그릴 때, 현의 길이 l이 $\sqrt{3}r$보다 작지 않을 확률 p를 얻어보시오. 이 문제는 버트란드 역설[47]이라고 부른다.

풀이

(풀이 1) 현의 중점 M을 아무렇게나 고른다고 두자. 그러면 그림 2.3.3에 보였듯이 동그라미 C와 중심이 같고 반지름이 $\frac{r}{2}$인 동그라미 C_1의 위 또는 안에 M이 있으면 $l \geq \sqrt{3}r$이므로 $p = \frac{\pi r^2}{4}\left(\pi r^2\right)^{-1} = \frac{1}{4}$이다.

(풀이 2) 점 A를 정해두고 C 위의 점을 아무렇게나 B로 고른다고 두자. 그러면 그림 2.3.4에 보인 것처럼 A에서 C를 따라서 $\frac{2\pi r}{3}$ 떨어져 있는 두 점을 D와 E라고 할 때, 짧은 호 DE 위에 B를 두면 $l \geq \sqrt{3}r$인데, 짧은 호 DE의 길이는 $\frac{2\pi r}{3}$이므로 $p = \frac{2}{3}\pi r(2\pi r)^{-1} = \frac{1}{3}$이다.

(풀이 3) 동그라미 C의 지름 FK에 직교하도록 현 AB를 그린다고 두자. 그러면 그림 2.3.5에서 볼 수 있듯이 F에서 K쪽으로 $\frac{r}{2}$만큼 간 점 G와, K에서 F쪽으로 $\frac{r}{2}$만큼 간 점 H 사이에 AB의 중점 M을 잡으면 $l \geq \sqrt{3}r$이다. 따라서, $p = \frac{r}{2r} = \frac{1}{2}$이다.

이 보기는, 그 바탕에 있는 '실험'을 명확히 정해야 고전적 뜻매김으로 확률을 바르게 얻을 수 있음을 보여준다. ◇

2.3.2.2 상대 빈도 뜻매김

확률 실험을 여러 번 시행하여 바라는 결과가 나오는 상대 빈도[48]로 확률을 정할 수 있다. 실험

[46] '굴렸을 때 1, 2, 3, 4, 5, 6 가운데에서 어느 것도 다른 것만큼 나오는'이라는 뜻이다.

[47] Bertrand's paradox

[48] relative frequency

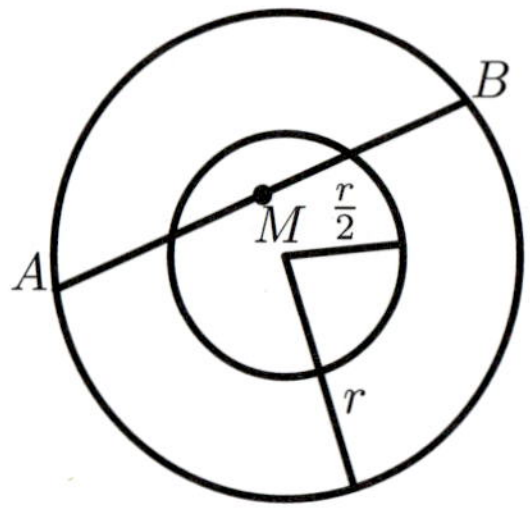

그림 2.3.3 버트란드 역설: 풀이 1

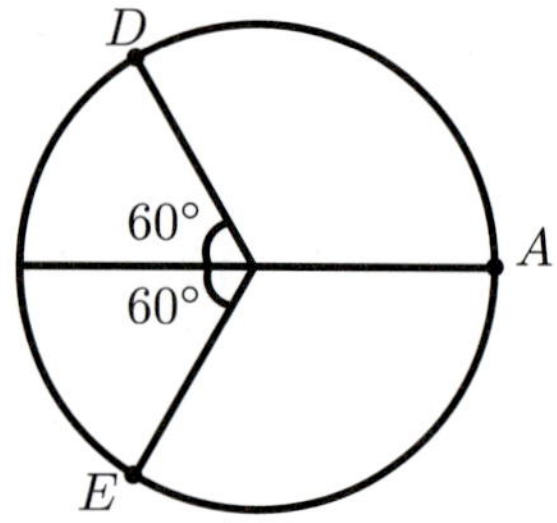

그림 2.3.4 버트란드 역설: 풀이 2

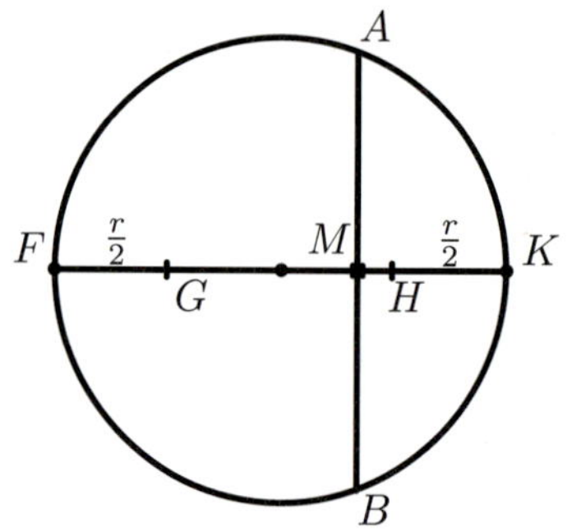

그림 2.3.5 버트란드 역설: 풀이 3

횟수를 n, 바라는 결과 A가 나온 횟수를 n_A라고 두면, 바라는 결과 A의 상대 빈도는

$$q_n(A) = \frac{n_A}{n} \tag{2.3.24}$$

이다. 이때, 실험 횟수 n이 커지면 상대 빈도 $q_n(A)$는 일정한 값으로 자리를 잡아 가는 때가 자주 일어난다. 곧, 바라는 결과 A의 확률은 $n \to \infty$일 때의 상대 빈도의 극한값으로

$$P(A) = \lim_{n\to\infty} q_n(A) \tag{2.3.25}$$

처럼 나타낼 수 있다. 이 뜻매김은 (2.3.25)에 보인 극한값을 실제로 얻을 수 없고 다만 어림 셈으로밖에 얻을 수 없다는 단점을 지니고 있다.

보기 2.3.11 (보험회사) 보험회사에서 어떤 나이의 사람들을 대상으로 생명보험 상품을 만들고자 한다. 그런데, 그 나이의 사람이 한 해 동안 살아 있을 확률은 해마다 바뀌므로 고전적 뜻매김은 쓰기 어렵다. 이런 때에는, 앞으로도 이제까지와 같은 경향을 보일 것이라고 추정하여 오랫동안 쌓아둔 그 나이 사람들의 기록을 바탕으로 상대 빈도를 얻어 한 해 동안 살아 있을 확률로 둔 다음, 그 확률을 바탕으로 보험료를 정할 수 있다. ◇

2.4 조건부 확률

확률론에서 매우 쓸모 있는 개념 가운데에서 하나가 조건부 확률이다. 조건부 확률은 한 사건이 일어났다고 둘 때 다른 사건이 일어날 확률을 일컫는 것이다. 조건부 확률이 쓸모 있고 중요한

까닭은 다음과 같다. 첫째, 여러 가지 실제 상황에서 우리가 얻으려는 것이 부분 정보가 있을 때의 확률, 곧 조건부 확률이기 때문이다. 둘째, 바라는 확률을 바로 얻을 수 있더라도, 알맞게 조건화하여 조건부 확률을 먼저 얻으면, 바라는 확률을 종종 더 쉽게 얻을 수 있기 때문이다.

뜻매김 2.4.1 조건부 확률[49]

사건 B가 일어났을 때 사건 A의 조건부 확률을 $P(A|B)$로 쓰며,

$$P(A|B) = \frac{P(A\cap B)}{P(B)}, \quad P(B) > 0\text{일 때} \tag{2.4.1}$$

이다.

곧, 사건 B가 일어났을 때 사건 A의 조건부 확률이란, 처음 표본공간 Ω 대신 조건 사건 B를 새 표본공간으로 둔 A의 확률을 일컫는다. 이때, B를 새 표본공간으로 둔 사건 A를 $A|B$처럼 쓰기도 한다. 한편, 뜻매김 2.4.1에서 쉽게

$$A\subset B\text{이면} \quad P(A|B) = \frac{P(A)}{P(B)} \tag{2.4.2}$$

와

$$B\subset A\text{이면} \quad P(A|B) = 1 \tag{2.4.3}$$

임을 알 수 있다.

보기 2.4.1 조건 사건 B가 표본공간 Ω이면 $A\cap B = A\cap\Omega = A$이고 $P(B) = P(\Omega) = 1$이므로 $P(A|\Omega) = P(A)$이다. ◇

보기 2.4.2 제대로 만든 주사위를 한 번 굴려 나온 수를 살펴 본다고 두자. 나온 수가 짝수라고 할 때 그 수가 2일 확률을 얻어보시오.

풀이 먼저, **가** $=\{2\}$라고 두고 **나** $=\{2,4,6\}$이라고 두면 바라는 확률은 $P($**가**$|$**나**$)$이다. 이제, **가** $\cap$ **나** $=$ **가**, $P($**가** $\cap$ **나**$) = P($**가**$) = \frac{1}{6}$, $P($**나**$) = \frac{1}{2} \neq 0$이다. 따라서, $P($**가**$|$**나**$) = \frac{1}{6}\left(\frac{1}{2}\right)^{-1} = \frac{1}{3}$이다. 곧, $P($**가**$|$**나**$)$는 **나** $=\{$짝수$\} = \{2,4,6\}$을 새 표본공간으로 보았을 때 **가** $=\{2\}$의 확률이다. ◇

보기 2.4.3 사람이 여자일 확률이 α라고 하자. 김아무개에게는 아이가 둘 있다. 이때, 김아무개가 "큰 아이는 딸입니다."라고 말하였을 때 둘째가 딸일 확률 p_1을 얻어보시오. 또, 김아무개가 "하나는 딸입니다."라고 말하였을 때 나머지 아이가 딸일 확률 p_2를 얻어보시오.

풀이 먼저, $p_1 = \Pr\{\text{둘째=딸}|\text{ 첫째=딸}\} = \frac{\Pr\{\text{첫째=딸, 둘째=딸}\}}{\Pr\{\text{첫째=딸}\}} = \frac{\alpha^2}{\alpha} = \alpha$이다. 한편, $\Pr\{\text{한 아이는 딸}\} = \Pr\{\text{첫째=딸, 둘째=딸}\} + \Pr\{\text{첫째=딸, 둘째=아들}\} + \Pr\{\text{첫째=아들, 둘째 = 딸}\} = 2\alpha - \alpha^2$이므로 $p_2 = \Pr\{\text{나머지 아이=딸}|\text{ 한 아이=딸}\} = \frac{\Pr\{\text{첫째=딸, 둘째=딸}\}}{\Pr\{\text{한 아이=딸}\}} = \frac{\alpha^2}{2\alpha-\alpha^2} = \frac{\alpha}{2-\alpha}$이다. ◇

[49] conditional probability

2.4.1 곱셈 정리와 덧셈 정리

정리 2.4.1 곱셈 정리, 덧셈 정리[50] 사건 $\{B_i\}_{i=1}^n$의 공통사건 $\bigcap_{i=1}^n B_i = \prod_{i=1}^n B_i = B_1B_2 \cdots B_n$의 확률은, $i = 2, 3, \cdots, n$일 때 $P(B_i | B_1B_2 \cdots B_{i-1}) > 0$이면,

$$P\left(\bigcap_{i=1}^n B_i\right) = P(B_1)P(B_2|B_1)P(B_3|B_1B_2)\cdots P(B_n|B_1B_2\cdots B_{n-1}) \tag{2.4.4}$$

처럼 쓸 수 있으며, 이 결과를 곱셈 정리라고 부른다. 곱셈 정리와 비슷하게

$$P\left(\bigcup_{i=1}^n B_i\right) = P(B_1) + P(B_1^cB_2) + P(B_1^cB_2^cB_3) + \cdots + P\left(B_1^cB_2^c\cdots B_{n-1}^cB_n\right) \tag{2.4.5}$$

를 덧셈 정리라고 부른다. ■■

위에서 (2.4.5)는 (2.3.5)와 같은 것이다. 또, (2.4.4)에서 $n = 2$일 때를 생각하면

$$\begin{aligned} P(B_1 \cap B_2) &= P(B_1)P(B_2|B_1) \\ &= P(B_2)P(B_1|B_2) \end{aligned} \tag{2.4.6}$$

이다. 이제, $1 = P(\Omega|B_2) = P(B_1^c \cup B_1|B_2) = P(B_1^c|B_2) + P(B_1|B_2)$에서 $P(B_1^c|B_2) = 1 - P(B_1|B_2)$라는 것을 새기고 (2.4.6)을 쓰면, $n = 2$일 때 (2.4.5)에서 $P(B_1 \cup B_2) = P(B_1) + P(B_1^cB_2) = P(B_1) + P(B_2)P(B_1^c|B_2) = P(B_1) + P(B_2)\{1 - P(B_1|B_2)\}$, 곧

$$\begin{aligned} P(B_1 \cup B_2) &= P(B_1) + P(B_2) - P(B_2)P(B_1|B_2) \\ &= P(B_1) + P(B_2) - P(B_1 \cap B_2) \end{aligned} \tag{2.4.7}$$

을 얻는데 이 식은 (2.3.6)과 같다.

보기 2.4.4 어떤 주머니에 노란 공이 셋, 파란 공이 둘 들어 있다. 이 주머니에서 공을 하나 꺼낸 뒤, 그 공을 주머니에 다시 넣지 않고 공을 하나 더 꺼낸다. 이때, 처음 공이 노란 공이고 둘째 공이 파란 공일 확률은 얼마인가?

풀이

(방법 1) 나올 수 있는 결과는 모두 ${}_5\mathrm{P}_2$가지이고, 바라는 결과, 곧 '처음 공은 노란 공이고 둘째 공은 파란 공'은 ${}_3\mathrm{P}_1 \times {}_2\mathrm{P}_1$가지이다. 따라서, 바라는 확률은 $\frac{{}_3\mathrm{P}_1 \times {}_2\mathrm{P}_1}{{}_5\mathrm{P}_2} = \frac{3}{10}$이다.

(방법 2) 먼저, **가** = {처음 공은 노란 공}과 **나** = {둘째 공은 파란 공}이라고 둘 수 있다. 그러면 P(**가**)는 이 주머니에서 노란 공을 꺼낼 확률이므로 P(**가**) $= \frac{3}{5}$이다. 한편, P(**나**|**가**)는 처음 공이 노란 공일 때 둘째 공이 파란 공일 확률이고, 이 확률은 노란 공 하나를 꺼낸 뒤, 주머니에 남아 있는 노란 공 둘, 파란 공 둘 가운데에서 파란 공을 꺼낼 확률이다. 곧, P(**나**|**가**) $= \frac{2}{4}$이다. 따라서, P(**가나**) $= P$(**나**|**가**)P(**가**) $= \frac{3}{10}$이다. ◇

다시, 두 사건 E와 F를 생각하자. 먼저, 사건 E를

$$E = EF \cup EF^c \tag{2.4.8}$$

[50] multiplication theorem, addition theorem

처럼 바꾸어 쓸 수 있다. 그런데, EF와 EF^c는 서로 배반이므로 (2.2.14)를 바탕으로 $P(E) = P(EF) + P(EF^c) = P(E|F)P(F) + P(E|F^c)P(F^c)$처럼 쓴 다음

$$P(E) = P(E|F)P(F) + P(E|F^c)\{1 - P(F)\} \tag{2.4.9}$$

를 얻을 수 있다. 식 (2.4.9)가 뜻하는 바는 사건 F가 일어났을 때 사건 E의 조건부 확률과 사건 F가 일어나지 않았을 때 사건 E의 조건부 확률을 각각 조건 사건 F와 F^c의 확률을 가중값으로 두어 더하면 사건 E의 확률을 얻을 수 있다는 것이다. 식 (2.4.9)를 바탕으로 삼으면 직접 얻기 어려운 확률을 조건부 확률을 써서 쉽게 얻을 수 있다.

보기 2.4.5 주머니 1에는 흰 공이 둘, 검은 공이 넷, 주머니 2에는 흰 공이 하나, 검은 공이 하나 들어 있다. 주머니 1에서 아무렇게나 공을 하나 꺼내 주머니 2에 넣은 뒤, 주머니 2에서 아무렇게나 공을 하나 꺼낸다. 주머니 2에서 꺼낸 공이 흴 확률을 얻어보시오. 또, 주머니 2에서 꺼낸 공이 희다고 두었을 때, 주머니 1에서 꺼낸 공이 흰 공일 확률을 얻어보시오.

풀이 주머니 1에서 꺼낸 공이 흰 공일 사건을 **첫**, 주머니 2에서 꺼낸 공이 흰 공일 사건을 **둘**이라고 두자. 그러면 $P(\text{첫}) = \frac{2}{6}$, $P(\text{둘}|\text{첫}) = \frac{2}{3}$, $P(\text{둘}|\text{첫}^c) = \frac{1}{3}$, $P(\text{첫}^c) = \frac{4}{6}$이므로 $P(\text{둘}) = P(\text{둘}|\text{첫})P(\text{첫}) + P(\text{둘}|\text{첫}^c)P(\text{첫}^c) = \frac{4}{9}$이고, 따라서 $P(\text{첫}|\text{둘}) = \frac{P(\text{첫둘})}{P(\text{둘})} = \frac{P(\text{둘}|\text{첫})P(\text{첫})}{P(\text{둘})} = \frac{1}{2}$이다. ◇

보기 2.4.6 (주사위 둘) 제대로 만든 주사위 둘을 한꺼번에 굴려 나오는 수를 더한다고 두자. 더한 값이 5나 7일 때까지 주사위 둘을 거듭 굴린다고 할 때, 5가 7보다 먼저 나올 확률은 얼마인가?

풀이 처음 $(n-1)$번 굴릴 동안 5나 7이 나오지 않고 n째 시행에서 5가 나오는 사건을 B_n이라고 두면 $\{B_n\}_{n=1}^{\infty}$은 서로 배반이므로 (2.4.5)를 새기면, 바라는 확률은 $P\left(\bigcup_{n=1}^{\infty} B_n\right) = \sum_{n=1}^{\infty} P(B_n)$이다. 그런데, $P(5) = \frac{4}{36}$이고 $P(7) = \frac{6}{36}$이고 5가 나오는 사건은 7이 나오는 사건과 서로 배반이므로

$$\begin{aligned} P(B_n) &= \Pr\{\text{처음 } (n-1)\text{번 굴릴 동안 5나 7이 나오지 않음}\} \times \Pr\{\text{5가 나옴}\} \\ &= [1 - \{P(5) + P(7)\}]^{n-1} P(5) \\ &= \left(\frac{13}{18}\right)^{n-1} \frac{1}{9} \end{aligned} \tag{2.4.10}$$

이다. 따라서, 바라는 확률은 $P\left(\bigcup_{n=1}^{\infty} B_n\right) = \frac{1}{9}\sum_{n=1}^{\infty}\left(\frac{13}{18}\right)^{n-1} = \frac{2}{5}$이다. ◇

보기 2.4.7 보기 2.4.6을 다음과 같이 조금 다른 방향에서 직관적으로 살펴볼 수 있다. 확률 실험에서 서로 배반인 두 사건 E와 F를 생각하고, 이 확률 실험을 거듭한다고 두자. 그러면 사건 E가 사건 F보다 먼저 일어날 확률은

$$\frac{E\text{가 일어날 확률}}{E\text{나 } F\text{가 일어날 확률}} = \frac{P(E)}{P(E) + P(F)} \tag{2.4.11}$$

이다. 이제, 식 (2.4.11)을 바탕으로 보기 2.4.6을 풀면 Pr{5가 7보다 먼저 일어남} $= \frac{4}{36}\left(\frac{4}{36}+\frac{6}{36}\right)^{-1} = \frac{2}{5}$임을 알 수 있다. ♢

2.4.2 전체확률 정리와 베이스의 정리

식 (2.4.9)에서 조건 사건 수를 둘에서 여럿으로 확장하여 보자. 묶음 $\{B_j\}_{j=1}^n$ 안의 사건들이 모두 서로 배반이고 $A \subseteq \bigcup_{j=1}^n B_j$라고 두자. 그러면 $A \cap \left(\bigcup_{j=1}^n B_j\right) = \bigcup_{j=1}^n (A \cap B_j)$인데, $A \cap \left(\bigcup_{j=1}^n B_j\right) = A$이고 $\{A \cap B_j\}_{j=1}^n$은 모두 서로 배반이므로 $P(A) = P\left\{\bigcup_{j=1}^n (A \cap B_j)\right\}$는

$$P(A) = \sum_{j=1}^n P(AB_j) \tag{2.4.12}$$

이다. 이제, $P(AB_j) = P(A|B_j)P(B_j)$를 새기면 아래 정리를 얻는다.

정리 2.4.2 전체확률 정리[51] 서로 배반인 사건들의 묶음 $\{B_j\}_{j=1}^n$에서 $A \subseteq \bigcup_{j=1}^n B_j$이면

$$P(A) = \sum_{j=1}^n P(A|B_j)P(B_j) \tag{2.4.13}$$

이다. ■■

정리 2.4.2에서 다룬 전체확률 정리는 조건부 확률을 바탕으로 바라는 확률을 얻을 때 매우 쓸모 있다. 아래 보기들을 살펴 보자.

보기 2.4.8 주사위 하나를 굴리는 실험에서 $A = \{1,2,3\}$을 생각하자. 그러면, $B_1 = \{1,2\}$이고 $B_2 = \{3,4,5,6\}$일 때에는 $P(B_1) = \frac{1}{3}$, $P(B_2) = \frac{2}{3}$, $P(A|B_1) = \frac{P(AB_1)}{P(B_1)} = \frac{1}{3} \times \left(\frac{1}{3}\right)^{-1} = 1$, $P(A|B_2) = \frac{P(AB_2)}{P(B_2)} = \frac{1}{6} \times \left(\frac{2}{3}\right)^{-1} = \frac{1}{4}$이므로 $P(A) = \frac{1}{2} = 1 \times \frac{1}{3} + \frac{1}{4} \times \frac{2}{3}$이다. 한편, $B_1 = \{1\}$이고 $B_2 = \{2,3,5\}$일 때에는 $P(B_1) = \frac{1}{6}$, $P(B_2) = \frac{1}{2}$, $P(A|B_1) = \frac{P(AB_1)}{P(B_1)} = 1$, $P(A|B_2) = \frac{P(AB_2)}{P(B_2)} = \frac{2}{3}$이므로 $P(A) = \frac{1}{2} = 1 \times \frac{1}{6} + \frac{2}{3} \times \frac{1}{2}$이다. ♢

보기 2.4.9 어떤 모임의 60%가 여자이고 40%가 남자이다. 여자 가운데에서 45%가 안경을 썼고, 남자 가운데에서 25%가 안경을 썼다. 이 모임에서 한 사람을 고르니 안경을 쓴 사람이었다. 이때, 그 사람이 남자일 확률을 얻어보시오.

풀이 먼저, **남** = {남자}, **여** = {여자}, **안** = {안경 씀}이라고 두면, 남^c = **여**이고, $P(\text{여}) = 0.6$이며, $P(\text{남}) = 0.4$이고, $P(\text{안}|\text{여}) = 0.45$이며, $P(\text{안}|\text{남}) = 0.25$이므로, (2.4.1)과 (2.4.13)을 쓰면 $P(\text{남}|\text{안}) = \frac{P(\text{남안})}{P(\text{안})} = \frac{P(\text{안}|\text{남})P(\text{남})}{P(\text{안}|\text{남})P(\text{남})+P(\text{안}|\text{여})P(\text{여})} = \frac{10}{37}$임을 알 수 있다. ♢

사건 묶음 $\{B_i\}_{i=1}^n$과 일어날 확률이 0보다 큰 사건 A를 생각하자. 그러면, 조건부 확률의 뜻매김에서 $P(B_k|A) = \frac{P(B_kA)}{P(A)}$이고 $P(B_kA) = P(A|B_k)P(B_k)$이므로

[51] total probability theorem

$$P(B_k|A) = \frac{P(A|B_k)P(B_k)}{P(A)} \tag{2.4.14}$$

이다. 이제, 묶음 $\{B_i\}_{i=1}^n$의 사건들이 모두 서로 배반이고 $A \subseteq \bigcup_{i=1}^n B_i$이라면, 전체확률 정리 (2.4.13)에서 본 $P(A) = \sum_{j=1}^n P(A|B_j)P(B_j)$라는 결과를 (2.4.14)와 알맞게 엮어서 여러 모로 매우 쓸모 있는 베이스의 정리를 얻을 수 있다.

정리 2.4.3 베이스의 정리[52] 묶음 $\{B_i\}_{i=1}^n$의 사건들이 모두 서로 배반이고 $P(A) \neq 0$이며 $A \subseteq \bigcup_{i=1}^n B_i$이면

$$P(B_k|A) = \frac{P(A|B_k)P(B_k)}{\sum_{j=1}^n P(A|B_j)P(B_j)} \tag{2.4.15}$$

이다. ■■

위 정리에서 A가 $\bigcup_{j=1}^n B_j$의 부분집합이 아니면 $P(A) \neq \sum_{j=1}^n P(A|B_j)P(B_j)$이기 때문에 $P(B_k|A)$를 얻고자 할 때 (2.4.15)를 쓰는 것이 바르지 않다. 그와 같은 때에 $P(B_k|A)$를 얻으려면 (2.4.15)의 분모 $\sum_{j=1}^n P(A|B_j)P(B_j)$를 $P(A)$로 되바꾸어 넣은 (2.4.14)를 써야 한다.

보기 2.4.10 주사위 하나를 굴리는 실험에서 $A = \{2,4,5,6\}$, $B_1 = \{1,2\}$, $B_2 = \{3,4,5\}$를 생각하자. 그러면, $P(A) = \frac{2}{3}$이다. 한편, $P(B_1) = \frac{1}{3}$, $P(B_2) = \frac{1}{2}$, $P(A|B_1) = \frac{P(AB_1)}{P(B_1)} = \frac{1}{6} \times \left(\frac{1}{3}\right)^{-1} = \frac{1}{2}$, $P(A|B_2) = \frac{P(AB_2)}{P(B_2)} = \frac{1}{3} \times \left(\frac{1}{2}\right)^{-1} = \frac{2}{3}$이므로, $\sum_{j=1}^2 P(A|B_j)P(B_j) = \frac{1}{2}$이다. 곧, $A = \{2,4,5,6\}$이 $B_1 \cup B_2 = \{1,2,3,4,5\}$의 부분집합이 아니므로 $\sum_{j=1}^2 P(A|B_j)P(B_j) \neq P(A)$이다. 이때, (2.4.14)를 쓴 $P(B_2|A) = \frac{P(A|B_2)P(B_2)}{P(A)} = \frac{1}{2}$이 바른 것이고, (2.4.15)를 그대로 써서 얻은 $P(B_2|A) = \frac{P(A|B_2)P(B_2)}{\sum_{j=1}^2 P(A|B_j)P(B_j)} = \frac{2}{3}$는 바른 것이 아니다. ◇

이제 베이스의 정리를 어떻게 활용할 수 있는지 아래 보기로 살펴 보자.

보기 2.4.11 어떤 부품이 주머니 넷에 각각 2000, 500, 1000, 1000개 담겨 있다. 주머니에 들어 있는 부품이 잘못 만든 부품일 확률은 주머니마다 각각 0.05, 0.4, 0.1, 0.1이다.
(가) 주머니를 마음대로 골라서 그 안에서 부품을 하나 꺼내었을 때 그 부품이 잘못 만든 부품일 확률은 얼마인가?
(나) 꺼낸 부품이 잘못 만든 부품이라고 둘 때 그 부품이 둘째 주머니에서 나온 것일 확률은 얼마인가?
(다) 꺼낸 부품이 잘못 만든 부품이라고 둘 때 그 부품이 셋째 주머니에서 나온 것일 확률은 얼마인가?

[52] Bayes' theorem

풀이

(가) 먼저, $A = \{$꺼낸 부품이 잘못 만든 부품임$\}$과 $B_i = \{i$째 주머니에서 부품을 꺼냄$\}$이라고 두면, $i = 1, 2, 3, 4$일 때 $P(B_i) = \frac{1}{4}$이다. 보기를 들면, $P(A|B_2)$는 고른 주머니가 둘째 주머니라고 둘 때 꺼낸 부품이 잘못 만든 부품일 확률을 나타내므로 그 값은 0.4이다. 이제, $\{B_i\}$는 전체집합의 쪼갬이므로 전체확률 정리를 쓰면 $P(A) = \sum_{i=1}^{4} P(A|B_i)P(B_i) = \frac{1}{4} \times 0.05 + \frac{1}{4} \times 0.4 + \frac{1}{4} \times 0.1 + \frac{1}{4} \times 0.1$, 곧

$$P(A) = \frac{13}{80} \tag{2.4.16}$$

을 얻는다.

(나) 얻어야 할 확률은 $P(B_2|A)$이다. 따라서, $P(B_2) = \frac{1}{4}$, $P(A|B_2) = 0.4$, (2.4.16)에서 얻은 $P(A) = \frac{13}{80}$을 새겨서 베이스의 정리를 쓰면 $P(B_2|A) = \frac{P(A|B_2)P(B_2)}{P(A)}$에서 $P(B_2|A) = \frac{P(A|B_2)P(B_2)}{\sum_{j=1}^{4} P(A|B_j)P(B_j)} = \frac{0.4 \times \frac{1}{4}}{\frac{13}{80}} = \frac{8}{13}$를 얻는다.

(다) 위 (나)에서와 비슷하게, $P(B_3|A) = \frac{P(A|B_3)P(B_3)}{P(A)}$처럼 나타낼 수 있으므로, $P(B_3) = \frac{1}{4}$, $P(A|B_3) = 0.1$, (2.4.16)에서 얻은 $P(A) = \frac{13}{80}$을 새겨서 베이스의 정리를 쓰면 $P(B_3|A) = \frac{0.1 \times \frac{1}{4}}{\frac{13}{80}} = \frac{2}{13}$를[53] 얻는다. 덧붙이자면, 꺼낸 부품이 잘못 만든 부품이라고 둘 때, 그 부품이 첫째 주머니에서 나온 것일 확률과 그 부품이 넷째 주머니에서 나온 것일 확률을 위 (나) 또는 (다)와 비슷하게 얻어 다 더하면 1이다. 바꾸어 말하면, $\sum_{i=1}^{4} P(B_i|A) = P(\Omega|A) = 1$이다. ◇

2.4.3 독립 사건

주머니 두 개를 생각하자. 주머니 1에는 노란 공이 하나, 파란 공이 둘 들어 있고, 주머니 2에는 노란 공이 둘, 파란 공이 넷 들어 있다고 두자. 그러면, 주머니를 하나 골라서 그 안에서 공을 아무렇게나 하나 집는다고 할 때 $P\{$노란 공$\} = P\{$노란 공$|$주머니 1$\}P\{$주머니 1$\} + P\{$노란 공$|$주머니 2$\}P\{$주머니 2$\} = \frac{1}{3}$이고, 마찬가지로 계산하면 $P\{$파란 공$\} = \frac{2}{3}$이다. 이때,

$$P\{\text{노란 공}\} = P\{\text{노란 공}|\text{주머니 1}\} = P\{\text{노란 공}|\text{주머니 2}\} \tag{2.4.17}$$

이고 $P\{$파란 공$\} = P\{$파란 공$|$주머니 1$\} = P\{$파란 공$|$주머니 2$\}$이다. 따라서, 처음에 어느 주머니를 고르더라도, 또 주머니 1을 고를 확률 p_1과 주머니 2를 고를 확률 $p_2 = 1 - p_1$이 어떠하더라도, 집은 공이 노란 공일 확률은 $\frac{1}{3}$이고 파란 공일 확률은 $\frac{2}{3}$이다. 바꾸어 말하면, 어느 주머니를 고르는지가 집은 공이 노란 공일지 파란 공일지에 영향을 미치지 않는다. 한편, 주머니 1에는 노란 공이 하나, 파란 공이 둘 들어 있고, 주머니 2에는 노란 공이 둘, 파란 공이 하나 들어 있다면, 주머니를 하나 골라서 그 안에서 공을 아무렇게나 하나 집을 때, 어느 주머니를 고르는지가 집은 공이 노란 공일지 파란 공일지에 영향을 미친다. 이와 같이 어떤 사건이 다른 사건에 영향을 미치는지 그렇지 않는지를 나타내는 개념이 '독립'이다.

[53] 여기에서, $\frac{13}{80} = 0.1625$, $\frac{8}{13} \approx 0.6154$, $\frac{2}{13} \approx 0.1538$이다.

뜻매김 2.4.2 두 사건의 독립[54]

두 사건 A와 B의 공통사건의 확률이 두 사건의 확률의 곱과 같으면, 곧

$$P(A \cap B) = P(A)P(B) \tag{2.4.18}$$

이면, 사건 A와 B는 서로 독립이라고 부른다.

보기 2.4.12 집합 $S = \{1, 2, \cdots, 9\}$에서 고른 수가 k일 사건의 확률이 $P(k) = \frac{1}{9}$, $k = 1, 2, \cdots, 9$라고 두고, 사건 $A = \{1, 2, 3\}$과 $B = \{3, 4, 5\}$를 생각하자. 그러면, $P(A) = \frac{1}{3}$이고 $P(B) = \frac{1}{3}$이며 $P(AB) = P(3) = \frac{1}{9}$이므로, $P(AB) = P(A)P(B)$이다. 따라서, A와 B는 서로 독립이다. 마찬가지로, 집합 $S = \{1, 2, \cdots, 6\}$에서 고른 수가 k일 사건의 확률이 $P(k) = \frac{1}{6}$, $k = 1, 2, \cdots, 6$일 때 $C = \{1, 2, 3\}$과 $D = \{3, 4\}$는 서로 독립이다. ◇

보기 2.4.13 집합 $S = \{1, 2, \cdots, 5\}$에서 고른 수가 k일 사건의 확률이 $P(k) = \frac{1}{5}$, $k = 1, 2, \cdots, 5$일 때에는, 빈 집합이나 S가 아닌 어떤 두 사건을 생각하더라도 서로 독립이 아니다. 한편, 집합 $S = \{1, 2, \cdots, 5\}$에서 고른 수가 k일 사건의 확률이 $P(1) = \frac{1}{10}$, $P(2) = P(3) = P(4) = \frac{1}{5}$, $P(5) = \frac{3}{10}$이라면 $\{3, 4\}$와 $\{4, 5\}$는 서로 독립이다. ◇

두 사건 가운데에서 하나가 표본공간 S처럼 확률이 1인 사건이거나 빈 집합 $\emptyset$처럼 확률이 0인 사건이면 (2.4.18)이 성립하므로, 아래 정리를 얻는다.

정리 2.4.4 확률이 1이거나 0인 사건은 어느 사건과도 서로 독립이다. ■■

한편, 서로 배반인 두 사건은 일반적으로 서로 독립이 아니지만, (2.4.18)에서 아래 정리를 알 수 있다.

정리 2.4.5 서로 배반인 두 사건 가운데에서 적어도 하나의 확률이 0이면 그 두 사건은 서로 독립이다. ■■

보기 2.4.14 표본공간이 $S = \{1, 2, 3\}$이고, S의 거듭제곱 집합 $2^S = \{\emptyset, \{1\}, \{2\}, \cdots, S\}$가 사건공간이며, 확률 측도가 $P\{1\} = 0$, $P\{2\} = \frac{1}{3}$, $P\{3\} = \frac{2}{3}$인 확률공간을 생각하자. 그러면, 사건 $\{2\}$와 $\{3\}$은 서로 배반인데, $P\{2\} \neq 0$이고 $P\{3\} \neq 0$이므로 서로 독립이 아니다. 한편, 사건 $\{1\}$과 $\{2\}$는 서로 배반이고 또 서로 독립이다. ◇

이제, $P(A^c) = 1 - P(A)$와 조건부 확률의 뜻매김 (2.4.1)을 새기면 다음을 쉽게 알 수 있다.

정리 2.4.6 사건 A와 B가 독립이면, $P(A|B) = P(A)$이고, $P(B|A) = P(B)$이며, A와 B^c도 독립이다. ■■

---

[54] independent. '독립임'을 때로는 '영향을 받지 않음'이라고 쓰기도 한다.

보기 2.4.15 집합 $S = \{1, 2, \cdots, 6\}$에서 고른 수가 k일 사건의 확률이 $P(k) = \frac{1}{6}$, $k = 1, 2, \cdots, 6$라고 두면, 보기 2.4.12에서 보았듯이 사건 $A = \{1, 2, 3\}$과 $B = \{3, 4\}$는 서로 독립이다. 이때, $B^c = \{1, 2, 5, 6\}$이므로 $P(B^c) = \frac{2}{3}$이고 $P(AB^c) = P(1, 2) = \frac{1}{3}$이다. 곧, $P(AB^c) = P(A)P(B^c)$이므로 A와 B^c는 서로 독립이다. 또, $P(A|B) = P(1, 2, 3|3, 4) = \frac{1}{2} = P(A)$이고 $P(B|A) = P(3, 4|1, 2, 3) = \frac{1}{3} = P(B)$이다. ◇

뜻매김 2.4.3 여러 사건의 독립

집합 $\{1, 2, \cdots, n\}$의 유한 부분집합 J를 어떻게 두더라도

$$P\left(\bigcap_{i \in J} A_i\right) = \prod_{i \in J} P(A_i) \tag{2.4.19}$$

이면, 사건 $A_1, A_2, \cdots, A_n$을 서로 독립이라고 부른다.

보기 2.4.16 사건 **가**, **나**, **다**가 서로 독립이고, $P(\text{가나}) = \frac{1}{3}$, $P(\text{나다}) = \frac{1}{6}$, $P(\text{가다}) = \frac{2}{9}$일 때, 사건 **다**의 확률을 얻어보시오.

풀이 먼저, $P(\text{가}) = a$, $P(\text{나}) = b$, $P(\text{다}) = c$라고 두면, $ab = \frac{1}{3}$이고 $ca = \frac{2}{9}$이므로, $bc = \frac{2}{27a^2} = \frac{1}{6}$이다. 따라서 $a = \frac{2}{3}$이다. 그러면 $ca = \frac{2}{9}$이므로, 사건 **다**의 확률은 $P(\text{다}) = c = \frac{1}{3}$이라는 것을 알 수 있다. ◇

한편, 여러 사건을 생각할 때, 둘씩 고른 것은 모두 서로 독립이더라도 전체적으로 독립이 아닐 수 있다.

보기 2.4.17 표본공간이 $\Omega = \{1, 2, 3, 4\}$이고 결과가 나올 확률이 모두 같은 확률실험에서 세 사건 $A_1 = \{1, 2\}$, $A_2 = \{2, 3\}$, $A_3 = \{1, 3\}$을 생각하자. 그러면, $P(A_1) = P(A_2) = P(A_3) = \frac{1}{2}$이고, $P(A_1A_2) = P(\{2\}) = \frac{1}{4}$이며, $P(A_2A_3) = P(\{3\}) = \frac{1}{4}$이고, $P(A_3A_1) = P(\{1\}) = \frac{1}{4}$이므로 A_1과 A_2는 서로 독립이고, A_2와 A_3은 서로 독립이며, A_3과 A_1은 서로 독립이다. 그러나, $P(A_1A_2A_3) = \Pr\{\emptyset\} = 0$이고 $P(A_1)P(A_2)P(A_3) = \frac{1}{8}$이므로 세 사건 A_1, A_2, A_3은 서로 독립이 아니다. 셋 또는 그보다 많은 사건들이 둘 씩만 모두 서로 독립이면, 짝 독립[55]이라고 부르기도 한다. ◇

보기 2.4.18 (직렬 연결과 병렬 연결[56]) 어떤 회로가 동작하는지는 다른 회로의 영향을 받지 않는다고 두자. 또, 회로 하나가 제대로 동작할 확률은 p라고 두자. 이제, 회로 n개가 모두 직렬로 이어져 있을 때 전체 회로가 제대로 동작하는 사건 W_1의 확률과 회로 n개가 모두 병렬로 이어져 있을 때 전체 회로가 제대로 동작하는 사건 W_2의 확률을 얻어보시오.

풀이 회로 n개가 모두 직렬로 이어져 있을 때에는 회로가 모두 제대로 동작해야만 전체 회로가 제대로 동작하므로

$$P(W_1) = p^n \tag{2.4.20}$$

[55] pair-wise independence

[56] series connection, parallel connection

이다. 한편, 회로 n개가 모두 병렬로 이어져 있을 때에는 회로 n개 가운데에서 적어도 하나가 제대로 동작하면 전체 회로가 제대로 동작한다. 여기에서, 적어도 하나가 제대로 동작하는 사건은 어느 회로도 제대로 동작하지 않는 사건의 보집합이고, 어느 회로도 제대로 동작하지 않는 확률은 $(1-p)^n$이다. 그러므로, 전체 확률 1에서 어느 회로도 제대로 동작하지 않는 확률을 빼면 바라는 확률

$$P(W_2) \;=\; 1-(1-p)^n \tag{2.4.21}$$

을 얻는다. 여기에서, $p \in (0,1)$이고 $n = 1, 2, \cdots$일 때 $1-(1-p)^n > p^n$이라는 것을 눈여겨 볼 만하다. 곧, 회로를 병렬로 잇는 것이 직렬로 잇는 것보다 더 안정적이다. 이것은 예비 자원이 많을수록 더 안정적이라는 뜻이다. ◇

2.5 여러 가지 확률공간

이제, 한편으로는 확률측도와 동등하고 다른 한편으로는 미분이나 적분과 같은 연산을 다루기 조금 더 편한 함수를 살펴 보자.

2.5.1 이산 공간과 확률질량함수

표본공간 Ω가 셀 수 있는 집합[57]이고, 사건공간 $\mathcal{F}$가 표본공간의 거듭제곱 집합이라고 두자.

뜻매김 2.5.1 확률질량함수[58]

표본공간 Ω가 셀 수 있는 집합일 때 두 조건

$$p(\omega) \;\geq\; 0, \quad \omega \in \Omega, \tag{2.5.1}$$

$$\sum_{\omega \in \Omega} p(\omega) \;=\; 1 \tag{2.5.2}$$

를 만족시키며 표본점 ω마다 실수를 하나 이어 주는 함수 $p(\omega)$를 확률질량함수라고 부른다.

확률질량함수를 줄여서 질량함수라고 부르기도 한다. 확률질량함수 $p(\omega)$는 사건 $\{\omega\}$의 확률 $P(\{\omega\})$를 나타내는 함수이다. 또, (2.5.1)과 (2.5.2)에서

$$p(\omega) \;\leq\; 1, \quad \omega \in \Omega \tag{2.5.3}$$

임을 알 수 있다.

보기 2.5.1 표본공간이 $\Omega = \mathbb{J}_0 = \{0, 1, \cdots\}$인 확률공간에서 확률질량함수가

$$p(x) \;=\; \begin{cases} \frac{1}{3}, & x=0; \quad c, \;\; x=1; \\ 2c, & x=2; \quad 0, \;\; \text{그 밖에는} \end{cases} \tag{2.5.4}$$

[57] 이산 공간에서 확률질량함수를 다룰 때에는 자주 $\{0, 1, \cdots\}$나 $\{1, 2, \cdots\}$을 표본공간으로 삼는다.

[58] probability mass function (pmf) 또는 mass function

일 때, 상수 c를 정하시오.

풀이 식 (2.5.2)에서 $\sum_{x\in\Omega} p(x) = \frac{1}{3} + 3c = 1$이어야 하므로 $c = \frac{2}{9}$이다. ◇

확률질량함수를 바탕으로 집합 함수

$$P(F) = \sum_{\omega\in F} p(\omega), \qquad F \in \mathcal{F} \tag{2.5.5}$$

를 생각해 보자. 그러면 이 집합 함수 P는 확률측도라는 것을 쉽게 알 수 있다. 거꾸로, 확률측도 P를 써서 확률질량함수를 나타내면

$$p(\omega) = P(\{\omega\}) \tag{2.5.6}$$

과 같다. 확률질량함수는 표본점을 바탕으로 뜻매김하는 것이고, 확률측도는 집합을 – 사건을 – 바탕으로 뜻매김한다는 것을 새겨서 두어야 한다. 보통, 이산 공간에서는 확률질량함수를 다루는 것이 확률측도를 다루는 것보다 편리하다.

보기 2.5.2 (두 점 확률질량함수) 표본공간이 $\Omega = \{x_1, x_2\}$이고 $\alpha \in (0,1)$일 때 함수

$$p(x) = \begin{cases} 1-\alpha, & x = x_1, \\ \alpha, & x = x_2 \end{cases} \tag{2.5.7}$$

을 두 점 확률질량함수[59]라고 부른다. ◇

뜻매김 2.5.2 베르누이 시행[60]

나올 수 있는 결과가 둘인, 곧 표본공간의 원소가 둘인, 독립 실험을 베르누이 시행이라고 부른다.

보기 2.5.3 (베르누이 확률질량함수) 보기 2.5.2에서 다룬 두 점 확률질량함수에서 $x_1 = 0$이고 $x_2 = 1$이라고 두면 함수

$$p(x) = \begin{cases} 1-\alpha, & x = 0, \\ \alpha, & x = 1 \end{cases} \tag{2.5.8}$$

을 얻는다. 이 함수를 베르누이 확률질량함수[61]라고 부르고, 그 분포를 $b(1,\alpha)$로 쓰는데, 여기에서 1은 베르누이 시행이 한 번임을 나타낸다. 베르누이 확률질량함수는 두 결과 가운데에서 바라는 결과의 – 곧, '성공'의 – 확률이 α인 베르누이 시행이 나타내는 확률질량함수이다. ◇

보기 2.5.4 제대로 만든 주사위를 굴리는 실험에서 $A = \{1,2,3,4\}$와 $A^c = \{5,6\}$을 생각하자. 그러면 우리가 바라는 집합을 A라고 두면 사건 A의 분포는 $b\left(1, \frac{2}{3}\right)$이다. ◇

보기 2.5.5 (고른 확률질량함수) 표본공간이 $\Omega = \mathbb{J}_n = \{0, 1, \cdots, n-1\}$일 때 함수

---

[59] two-point pmf

[60] Bernoulli trial

[61] Bernoulli pmf. 이진 binary 확률질량함수라고 부르기도 한다.

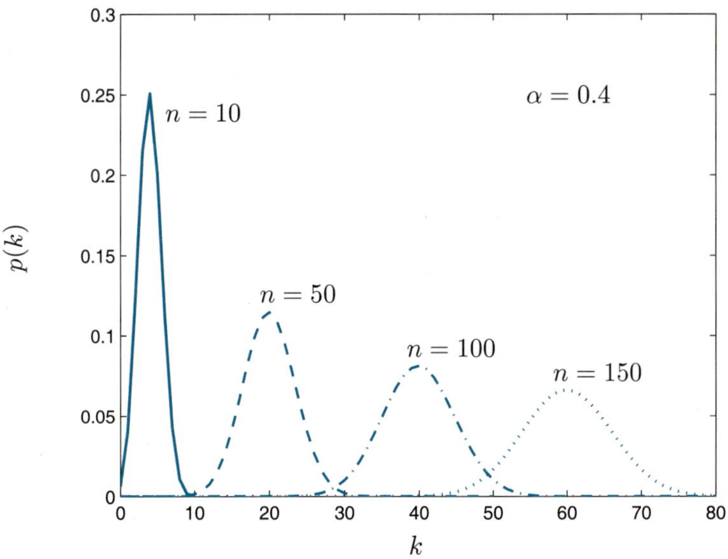

그림 2.5.1 이항 확률질량함수의 덮개[64]

$$p(k) = \frac{1}{n}, \quad k \in \mathbb{J}_n \tag{2.5.9}$$

를 고른 확률질량함수[62]라고 부른다. ◇

보기 2.5.6 (기하 확률질량함수) 표본공간이 $\Omega = \mathbb{J}_0 = \{0, 1, \cdots\}$이고 $\alpha \in (0, 1)$일 때 함수

$$p(k) = (1-\alpha)^k \alpha, \quad k \in \Omega \tag{2.5.10}$$

을 기하 확률질량함수[63]라고 부르고, 그 분포를 매개변수가 α인 기하 분포라고 부르고, 때로는 $Geom(\alpha)$처럼 쓴다. 보기를 들면, 성공 확률이 α인 베르누이 시행을 처음으로 성공할 때까지 거듭할 때 실패 횟수의 분포가 $Geom(\alpha)$이다. 어떨 때에는 $\Omega = \{1, 2, \cdots\}$이고 $\alpha \in (0, 1)$일 때 함수 $p(k) = (1-\alpha)^{k-1}\alpha$, $k \in \Omega$를 기하 확률질량함수라고 부르기도 한다. 보기를 들면, 성공 확률이 α인 베르누이 시행을 처음으로 성공할 때까지 거듭한 횟수는 이 기하 확률질량함수로 나타낼 수 있다. ◇

보기 2.5.7 (이항 확률질량함수) 보기 2.5.3에서 다룬 이진 확률질량함수를 바탕으로 다음과 같이 이항 확률질량함수를 뜻매김할 수 있다. 표본공간이 $\mathbb{J}_{n+1} = \{0, 1, \cdots, n\}$이고 $\alpha \in (0, 1)$일 때 함수

$$p(k) = {}_n\mathrm{C}_k \alpha^k (1-\alpha)^{n-k}, \quad k \in \mathbb{J}_{n+1} \tag{2.5.11}$$

[62]uniform pmf
[63]geometric pmf
[64]envelope. 포락선이라고 부르기도 한다.

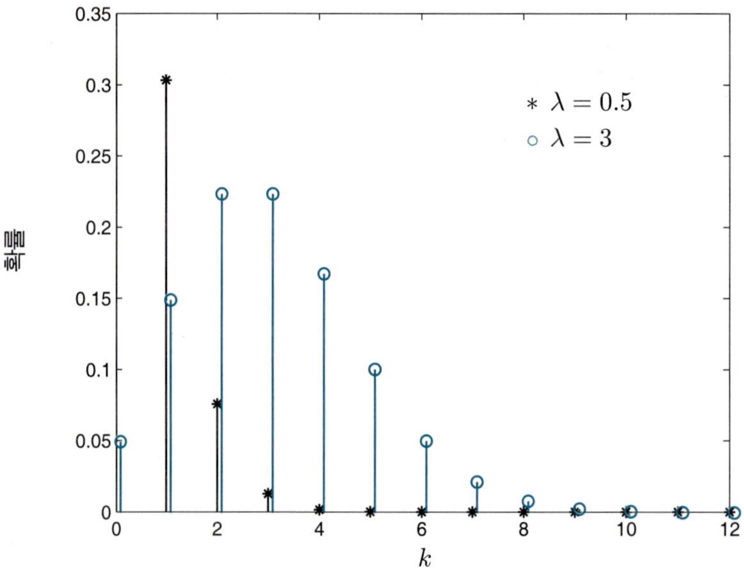

그림 2.5.2 포아송 확률질량함수 ($\lambda = 0.5$일 때 $p(0) = \frac{1}{\sqrt{e}} \approx 0.61$)

을 이항 확률질량함수[65]라고 부르고, 그 분포를 $b(n,\alpha)$로 쓴다. 여기에서, ${}_n\mathrm{C}_r = \frac{n!}{(n-r)!r!}$는 이항 식 $(x+y)^n$을 전개할 때 $x^r y^{n-r}$ 항의 계수와 같아서 이항 계수라고 불리고 1.4.3.1에서 다룬 바 있으며 $\binom{n}{r}$처럼 쓰기도 한다. 이항 확률질량함수는 3.5.2절에서 조금 더 자세히 다시 다룬다. ◇

보기 2.5.8 (포아송 확률질량함수) 표본공간이 $\Omega = \mathbb{J}_0 = \{0, 1, \cdots\}$이고 $\lambda \in (0,\infty)$일 때 함수

$$p(k) \;=\; e^{-\lambda}\frac{\lambda^k}{k!}, \quad k \in \mathbb{J}_0 \tag{2.5.12}$$

를 포아송 확률질량함수[66]라고 부르고, 그 분포를 $P(\lambda)$로 쓴다. 여기에서, $\frac{p(k+1)}{p(k)} = \frac{\lambda}{k+1}$이므로, λ가 정수이면 $p(0) \le p(1) \le \cdots \le p(\lambda-1) = p(\lambda) \ge p(\lambda+1) \ge p(\lambda+2) \ge \cdots$이고, λ가 정수가 아니면 $p(0) \le p(1) \le \cdots \le p(\lfloor\lambda\rfloor - 1) \le p(\lfloor\lambda\rfloor)$이고 $p(\lfloor\lambda\rfloor) \ge p(\lfloor\lambda\rfloor+1) \ge \cdots$이다. 여기에서, 바닥 함수 $\lfloor x \rfloor$는 부록 1.2의 (1.부.44) 아래에서 다룬 바 있다. 포아송 확률질량함수는 3.5.3절에서 조금 더 자세히 다시 다룬다. ◇

보기 2.5.9 (음이항 확률질량함수) 표본공간이 $\Omega = \mathbb{J}_0 = \{0, 1, \cdots\}$이고 $r \in (0,\infty)$이며 $\alpha \in (0,1)$일 때 함수

$$p(x) \;=\; {}_{-r}\mathrm{C}_x \alpha^r (\alpha-1)^x, \quad x \in \mathbb{J}_0 \tag{2.5.13}$$

을 음이항 확률질량함수[67]라고 부르고, 그 분포를 $NB(r,\alpha)$처럼 쓴다. 식 (2.5.13)에서 r은 성

---

[65] binomial pmf
[66] Poisson pmf
[67] negative binomial pmf

공 횟수, α는 성공할 확률을 나타낸다. 보기를 들면, 성공이 r회 나타날 때까지 성공할 확률이 α인 베르누이 시행을 거듭한 횟수의 분포가 $NB(r,\alpha)$이다. 다만, 표본공간이 $\{0,1,\cdots\}$인지 $\{r,r+1,\cdots\}$인지, r이 성공을 나타내는지 실패를 나타내는지, 또, α가 성공할 확률인지 실패할 확률인지에 따라서 $NB(r,\alpha)$의 뜻과 그 확률질량함수의 꼴이 조금씩 바뀐다.

이제, 부록 2.1에 보인 (1.부.12)에서 $p=-r$이고 $z=\alpha-1$이라고 두면 $\sum_{x=0}^{\infty} {}_{-r}\mathrm{C}_x(\alpha-1)^x = (1+\alpha-1)^{-r} = \alpha^{-r}$이므로 $\sum_{x=0}^{\infty} p(x)=1$임을 알 수 있다. 따라서, ${}_{-r}\mathrm{C}_x = \frac{1}{x!}(-r)(-r-1)\cdots(-r-x+1)$, 곧

$$ {}_{-r}\mathrm{C}_x \;=\; (-1)^x\, {}_{r+x-1}\mathrm{C}_x \tag{2.5.14}$$

를[68] 바탕으로 (2.5.13)을 다시 쓰면 $p(x) = {}_{r+x-1}\mathrm{C}_x \alpha^r(1-\alpha)^x$, 곧

$$ p(x) \;=\; {}_{r+x-1}\mathrm{C}_{r-1}\alpha^r(1-\alpha)^x, \quad x\in\mathbb{J}_0 \tag{2.5.15}$$

와 같다. 여기에서, $\sum_{x=0}^{\infty} p(x) = 1$이므로 $\sum_{x=0}^{\infty} {}_{r+x-1}\mathrm{C}_x\,(1-\alpha)^x = \sum_{x=0}^{\infty} \frac{(r+x-1)!}{(r-1)!x!}\,(1-\alpha)^x = \sum_{x=0}^{\infty} {}_{r+x-1}\mathrm{C}_{r-1}\,(1-\alpha)^x$, 곧

$$ \sum_{x=0}^{\infty} {}_{r+x-1}\mathrm{C}_x\,(1-\alpha)^x \;=\; \alpha^{-r} \tag{2.5.16}$$

임을 눈여겨볼 만하다. 한편, $r=1$이면 음이항 확률질량함수는 보기 2.5.6에서 다룬 기하 확률질량함수이다. 또, r이 자연수인 음이항 확률질량함수는 파스칼 확률질량함수[69]라고, r이 실수인 음이항 확률질량함수는 폴리야 확률질량함수[70]라고 나누어 부르기도 한다. 또한, r이 자연수이면 (2.5.15)에서 $x+r=y$로 두면

$$ p(y) \;=\; {}_{y-1}\mathrm{C}_{r-1}\alpha^r(1-\alpha)^{y-r}, \quad y=r,r+1,\cdots, \tag{2.5.17}$$

을 얻을 수 있다. 때로는 (2.5.17)을 음이항 확률질량함수라고 일컫기도 한다. ◇

2.5.2 연속 공간과 확률밀도함수

표본공간이 실수 집합이고 사건공간이 보렐 마당일 때를 생각해 보자.

뜻매김 2.5.3 확률밀도함수[71]

잴 수 있는 공간 $(\Omega,\mathcal{F}) = (\mathbb{R},\mathcal{B}(\mathbb{R}))$에서

$$ f(r) \;\geq\; 0, \qquad r\in\Omega, \tag{2.5.18}$$

$$ \int_\Omega f(r)dr \;=\; 1 \tag{2.5.19}$$

를 만족시키는 실수 함수 f를 확률밀도함수 또는 밀도함수라고 부른다.

---

[68] 여기에서, $(-r)(-r-1)\cdots(-r-x+1) = (-1)^x r(r+1)\cdots(r+x-1)$이다. 식 (2.5.14)는 표 1.부.2를 바탕으로 얻을 수도 있다.

[69] Pascal pmf

[70] Polya pmf

앞에서 다룬 확률질량함수 $p(\omega)$는 바로 확률 $P(\{\omega\})$를 나타내지만, 확률밀도함수 $f(x)$는 확률 $P(\{x\})$를 나타내는 것이 아니라는 점을 새겨 두어야 한다.

보기 2.5.10 확률밀도함수가 $f(x) = \begin{cases} \frac{1}{4}, & 0 \le x < 1, \\ c, & 1 \le x < 2, \\ 0, & \text{그 밖에는} \end{cases}$ 일 때, 상수 c를 정하시오.

풀이 식 (2.5.19)에서 $\int_{-\infty}^{\infty} f(r)dr = \int_0^1 \frac{1}{4}dr + \int_1^2 cdr = \frac{1}{4} + c = 1$이므로 $c = \frac{3}{4}$이다. ◇

이제, 확률밀도함수 f를 바탕으로 집합 함수

$$P(F) \ = \ \int_F f(r)dr, \qquad F \in \mathcal{B}(\mathbb{R}) \tag{2.5.20}$$

을 뜻매김하면 이 집합 함수 P는 확률측도이다. 이 식은 확률측도를 확률밀도함수로 나타내는 식이라고 볼 수도 있고, (2.5.5)와 대응하는 식인 셈이다. 그러나, (2.5.6)에서 본 것처럼 확률질량함수는 확률측도로 나타낼 수는 있지만, 확률밀도함수를 확률측도로 나타내는 식은 없다.

여기에서, 한 가지 짚어 보자. 두 식 (2.5.19)와 (2.5.20)에 나오는 적분들은 뜻이 있는가? 우리가 자주 쓰는 리만 적분을 생각하면 구간이나 구간들의 유한 합집합인 사건에서 리만 적분할 수 있다. 리만 적분은 일반적으로 대부분의 공학 문제나 계산에서 이해하고 쓸 만하지만, 몇 가지 알맞지 않은 점이 있다. 특히, 수렴하는 함수의 적분 열의 극한과 극한 함수의 적분이 다를 수도 있기 때문에 극한과 적분의 순서를 바꿀 수 없다는 단점이 있다. 또, 어떨 때에는 리만 적분을 뜻매김할 – 얻을 – 수 없다. 보기를 들면,

$$f(r) \ = \ \begin{cases} 1, & r \in [0,1], \\ 0, & \text{그 밖에는} \end{cases} \tag{2.5.21}$$

처럼 둘 때 집합 $F = \{r : r\text{은 무리수}, r \in [0,1]\}$에서 $f(r)$을 리만 적분할 수 없다. 이런 단점은 리만 적분 대신 르벡 적분을 써서 없앨 수 있다. 리만 적분과 견주었을 때, 르벡 적분이 지니고 있는 두 가지 중요한 성질은 아래와 같다.

(가) 르벡 적분은 보렐 집합에서 언제나 뜻매김할 수 있다.

(나) 르벡 적분을 쓰면 적분과 극한의 순서를 – 거의 언제나 – 바꿀 수 있다. 더구나, 리만 적분할 수 있다면 르벡 적분할 수도 있고, 이때, 부록 2.3에서도 말하였듯이 그 둘은 같다는 것이 알려져 있다. 곧, '계산할 때에는 리만 적분, 이론적 원리는 르벡 적분'이라고 할 수 있다.

확률밀도함수는 확률질량함수와 마찬가지로 – 사건이 아니라 – 표본공간의 점에서 뜻매김하는 것이다. 다만, 확률질량함수의 값과 달리, 확률밀도함수의 값은 확률을 직접적으로 나타내는 것이 아닐뿐더러 1보다 클 수도 있다. 또한, 연속 공간에서는 셀 수 있는 집합의 확률은 0이고, 확률밀도함수의 값이 0이 아니더라도 한 점의 확률은 0이다. 보기를 들어, 확률밀도함수

$$f(x) \ = \ \begin{cases} 2, & x \in [0, 0.5], \\ 0, & \text{그 밖에는} \end{cases} \tag{2.5.22}$$

[71] probability density function (pdf) 또는 density function

를 생각하자. 이때, 구간 $[0, 0.5]$에서 어떤 수 a를 생각하더라도 $P(\{a\}) = 0$이다. 다만, 한 점에서 확률밀도함수의 값을 그 점을 품는 아주 작은 구간과 곱한 것은 그 구간의 확률을 나타낸다. 보기를 들면, $f(x)$가 확률밀도함수이고 $f(3) = 4$이면, $x = 3$ 근처의 매우 작은 구간 $[3, 3 + dx)$의 확률은

$$f(3)dx \;=\; 4dx \tag{2.5.23}$$

이다. 바꾸어 말하면, 사건 안에 있는 모든 점들에서 확률질량함수를 더하여 그 사건의 확률을 계산할 수 있듯이, 어떤 사건 안에 있는 모든 점들에서 확률밀도함수를 적분하여 그 사건의 확률을 얻을 수 있다.

자주 쓰는 확률밀도함수의 보기를 몇 가지 들면 아래와 같다.

보기 2.5.11 (고른 확률밀도함수) 함수

$$f(r) \;=\; \frac{1}{b-a}u(r-a)u(b-r) \tag{2.5.24}$$

를 고른 확률밀도함수 또는 네모 확률밀도함수[72]라고 부르고, 그 분포를 $U[a, b]$로 쓴다. ◇

식 (2.5.24)에서 $r \in [a, b]$를 $r \in [a, b)$, $r \in (a, b]$, 또는 $r \in (a, b)$로 바꾼 확률밀도함수가 나타내는 분포를 각각 $U[a, b)$, $U(a, b]$, 또는 $U(a, b)$로 쓰는데, 매우 특별한 때가 아니면 이 네 분포는 모두 같은 것이라고 볼 수 있으므로 서로 바꾸어[73] 쓰기도 한다. 한편, 구간 $[0, 1]$에서의 고른 확률밀도함수가 나타내는 확률측도를 르벡 측도[74] 또는 르벡 길이라고 부른다.

보기 2.5.12 셀 수 있는 부분집합들은 어떻게 고르더라도 그 르벡 길이가 모두 0이다. 한편, 보기 1.1.47에서 다룬 칸토르 집합 $\mathbb{C}$는 셀 수 없는 집합이지만 르벡 길이가 0이다. ◇

보기 2.5.13 (지수 확률밀도함수) 실수 λ가 0보다 클 때

$$f(r) \;=\; \lambda e^{-\lambda r}u(r) \tag{2.5.25}$$

를 지수 확률밀도함수[75]라고 부르고, $\lambda = 1$인 지수 확률밀도함수를 표준 지수 확률밀도함수라고 부른다. 여기에서, λ를 비율[76]이라고 부른다. 지수 확률밀도함수는 3.5.4절에서 조금 더 자세히 다시 다룬다. ◇

보기 2.5.14 (라플라스 확률밀도함수) 실수 λ가 0보다 클 때

$$f(r) \;=\; \frac{\lambda}{2}e^{-\lambda|r|} \tag{2.5.26}$$

---

[72] uniform pdf 또는 rectangular pdf

[73] 이때, 두 끝 점 $r = a$와 $r = b$에서는 확률밀도함수 $f(r)$의 값이 분포가 $U[a, b]$, $U[a, b)$, $U(a, b]$, $U(a, b)$ 가운데에서 어느 것인지에 따라서 다르다. 그러나, 그 밖의 점에서는, 분포가 이 넷 가운데에서 어느 것이더라도, 확률밀도함수의 값이 같다.

[74] Lebesgue measure

[75] exponential pdf

[76] rate

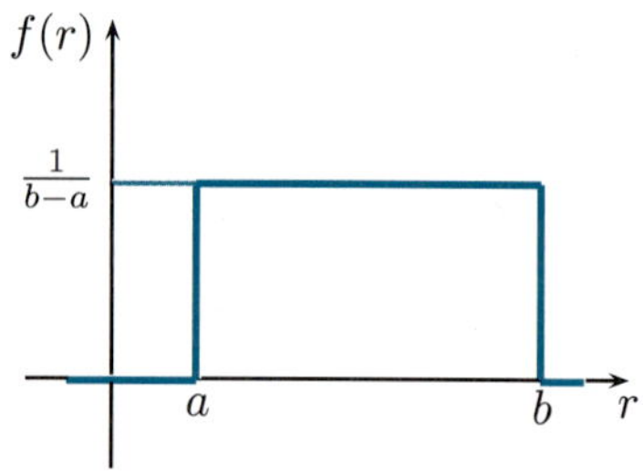

그림 2.5.3 고른 확률밀도함수

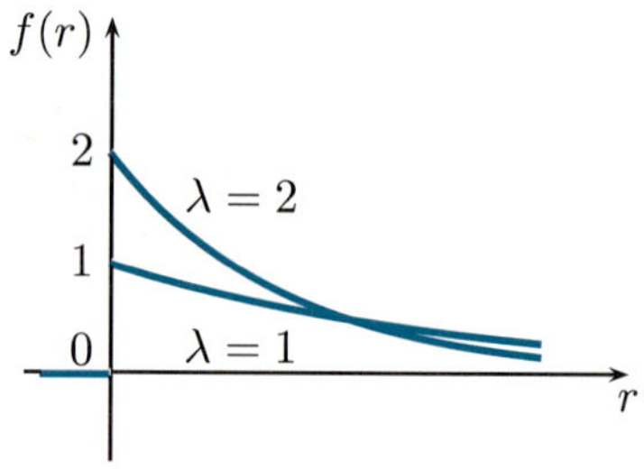

그림 2.5.4 지수 확률밀도함수

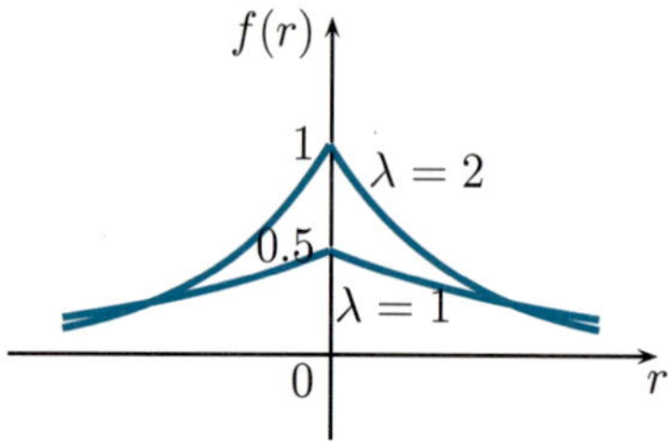

그림 2.5.5 라플라스 확률밀도함수

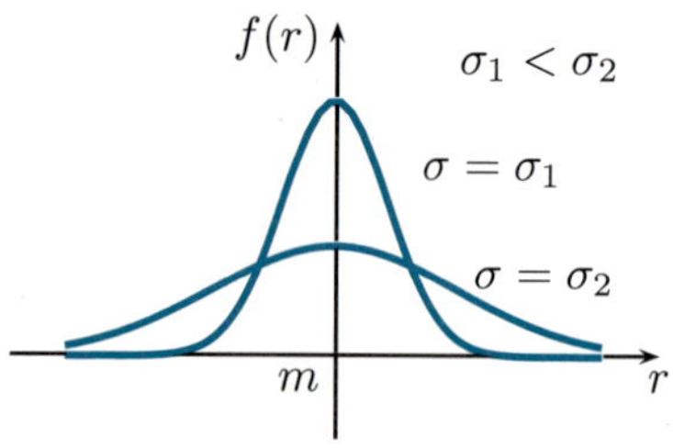

그림 2.5.6 정규 확률밀도함수

을 라플라스 확률밀도함수 또는 겹 지수 확률밀도함수[77]라고 하고, 그 분포를 $L(\lambda)$로 쓴다. ◇

보기 2.5.15 (정규 확률밀도함수) 확률밀도함수

$$f(r) = \frac{1}{\sqrt{2\pi\sigma^2}} \exp\left\{-\frac{(r-m)^2}{2\sigma^2}\right\} \tag{2.5.27}$$

을 정규 확률밀도함수[78]라고 하고, 그 분포를 $N\left(m, \sigma^2\right)$으로 쓴다. 특히, $m = 0$이고 $\sigma^2 = 1$인 정규 확률밀도함수를 표준 정규 확률밀도함수[79]라고 부른다. 정규 분포는 가우스 분포, 가우스-라플라스 분포, 드무아브르-라플라스[80] 분포, 또는 제2 라플라스 분포라고 부를 때도 있다. 정규 확률밀도함수는 3.5.1절에서, 또, 다차원으로 확장한 정규 확률밀도함수는 5장에서, 조금 더 자세히 다시 다룬다. ◇

보기 2.5.16 (코쉬 확률밀도함수) 실수 α가 0보다 크고, β가 실수일 때

$$f(r) = \frac{\alpha}{\pi} \frac{1}{(r-\beta)^2 + \alpha^2} \tag{2.5.28}$$

---

[77]Laplace pdf 또는 double exponential pdf
[78]Gaussian pdf 또는 normal pdf
[79]standard normal pdf
[80]de Moivre-Laplace

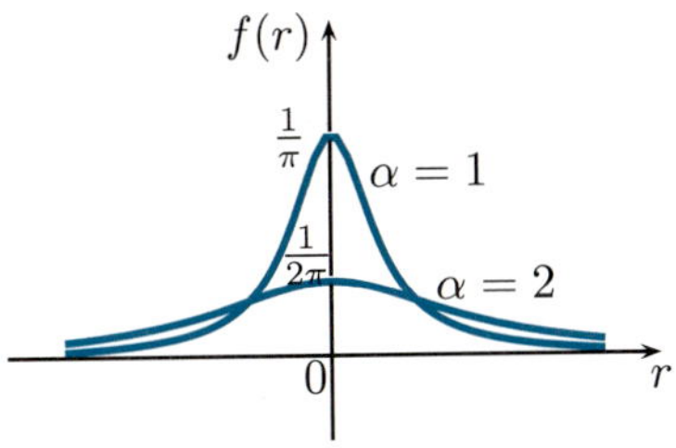

그림 2.5.7 코쉬 확률밀도함수

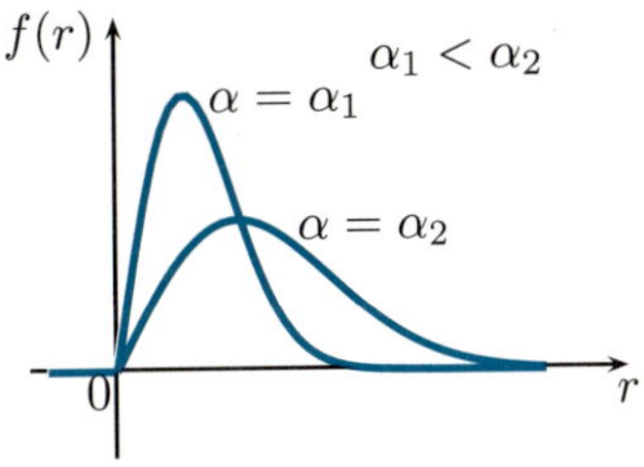

그림 2.5.8 레일리 확률밀도함수

을 코쉬[81] 확률밀도함수라고 부르고 그 분포를 $C(\beta, \alpha)$처럼 쓴다. 코쉬 확률밀도함수는 로렌츠[82] 확률밀도함수 또는 브라이트-위그너[83] 확률밀도함수라고 부르기도 한다. 이 책에서는 $\beta = 0$일 때를 주로 생각하며, 그때의 분포를 $C(\alpha)$로 쓴다. ◇

보기 2.5.17 (레일리 확률밀도함수) 확률밀도함수

$$f(r) = \frac{r}{\alpha^2} \exp\left(-\frac{r^2}{2\alpha^2}\right) u(r) \tag{2.5.29}$$

를 레일리 확률밀도함수[84]라고 부른다. ◇

보기 2.5.18 함수 $f(v) = av \exp\left(-v^2\right) u(v)$가 확률밀도함수일 때, a의 값을 얻어보시오.
풀이 확률밀도함수를 모든 영역에서 적분하면 그 값이 1이다. 그런데, $\int_{-\infty}^{\infty} f(v) dv = a \int_0^{\infty} v \exp\left(-v^2\right) dv = \frac{a}{2}$이므로 $a = 2$이다. ◇

보기 2.5.19 (로지스틱 확률밀도함수) 실수 k가 0보다 클 때

$$f(r) = \frac{ke^{-kr}}{\left(1 + e^{-kr}\right)^2} \tag{2.5.30}$$

을 로지스틱 확률밀도함수[85]라고 부른다. ◇

보기 2.5.20 (감마 확률밀도함수) 두 실수 α와 β가 모두 0보다 클 때

$$f(r) = \frac{1}{\beta^\alpha \Gamma(\alpha)} r^{\alpha - 1} \exp\left(-\frac{r}{\beta}\right) u(r) \tag{2.5.31}$$

을 감마 확률밀도함수[86]라고 부르고, 그 분포를 $G(\alpha, \beta)$로 쓴다. 식 (2.5.31)에서 바로 알 수 있듯이, $\alpha = 1$일 때 감마 확률밀도함수는 (2.5.25)에서 다룬 지수 확률밀도함수와 같다. ◇

---

[81] Cauchy
[82] Lorentz
[83] Breit-Wigner
[84] Rayleigh pdf
[85] logistic pdf
[86] gamma pdf

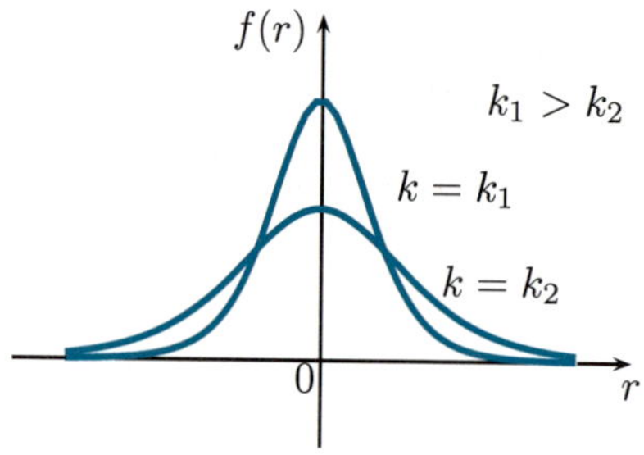

그림 2.5.9 로지스틱 확률밀도함수

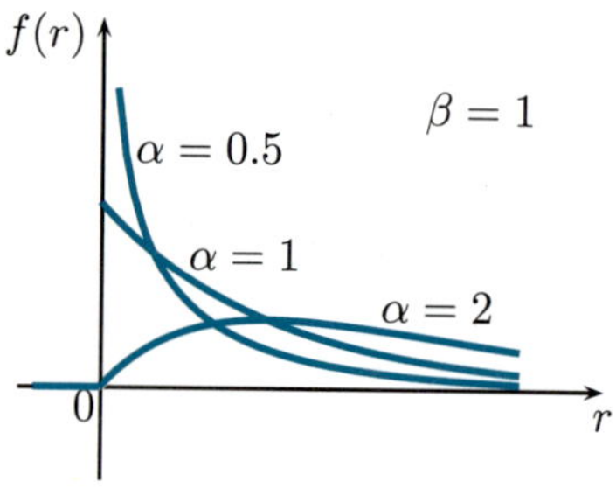

그림 2.5.10 감마 확률밀도함수

보기 2.5.21 (베타 확률밀도함수) 두 실수 α와 β가 모두 0보다 클 때

$$f(r) = \frac{r^{\alpha-1}(1-r)^{\beta-1}}{\tilde{B}(\alpha,\beta)}u(r)u(1-r) \tag{2.5.32}$$

을 베타 확률밀도함수[87]라고 부르고, 그 분포를 $B(\alpha,\beta)$로 쓴다. 여기에서, $\tilde{B}(\alpha,\beta)$는 (1.4.95)에서 다룬 베타 함수인데 베타 함수 $\tilde{B}(\alpha,\beta)$를 분포 $B(\alpha,\beta)$로 잘못 볼 수 있을 때를 빼고는 베타 함수를 $B(\alpha,\beta)$로도 쓴다. ◇

표 2.5.1에 조금 더 자세히 정리해 두었듯이 $\alpha = 1$이고 $\beta > 1$이면 (2.5.32)에 보인 베타 확률밀도함수 $f(r)$은 $(0,1)$에서 주는 함수이고, $f(0) = \beta$이며, $f(1) = 0$이다. 또, $\alpha > 1$이고 $\beta = 1$이면, 베타 확률밀도함수 $f(r)$은 $(0,1)$에서 느는 함수이고, $f(0) = 0$이며, $f(1) = \alpha$이다. 한편,

$$f'(r) = r^{\alpha-2}(1-r)^{\beta-2}\{\alpha-1-(\alpha+\beta-2)r\} \tag{2.5.33}$$

이므로 베타 확률밀도함수 $f(r)$은 $\alpha > 1$이고 $\beta > 1$이면 $\left(0, \frac{\alpha-1}{\alpha+\beta-2}\right)$에서는 느는 함수이고, $\left(\frac{\alpha-1}{\alpha+\beta-2}, 1\right)$에서는 주는 함수이며, $f(0) = f(1) = 0$이다. 곧, $\alpha > 1$이고 $\beta > 1$일 때 $f(r)$은 꼭짓점이 하나인 함수로서, α가 1에 가깝거나 β가 클수록 0에 더 가까운 곳에서, α가 크거나 β가 1에 가까울수록 1에 더 가까운 곳에서, $\alpha > \beta$이면 $\frac{1}{2}$과 1 사이에서, $\alpha = \beta$이면 $\frac{1}{2}$에서, $\alpha < \beta$이면 0과 $\frac{1}{2}$ 사이에서 가장 크다. 베타 확률밀도함수의 이런 특성은 이산분포의 순서 통계량[88]을 다룰 때 쓰인다.

보기 2.5.22 분포 $B\left(\frac{1}{2},\frac{1}{2}\right)$의 확률밀도함수는

$$f(r) = \frac{1}{\pi\sqrt{r(1-r)}}u(r)u(1-r) \tag{2.5.34}$$

인데, $r = \cos^2 v$로 두면 $\int_0^1 f(r)dr = \int_{\frac{\pi}{2}}^0 \frac{-2\cos v \sin v}{\pi \cos v \sin v}dv = 1$임을 쉽게 알 수 있다. 확률밀도함수 (2.5.34)를 역 정현[89] 확률밀도함수라고 부른다. ◇

---

[87]beta pdf
[88]order statistic
[89]arc sine 또는 inverse sine

표 2.5.1 베타 확률밀도함수 $f(r)$, $0 < r < 1$

	$0<\alpha<1$	$\alpha=1$	$\alpha>1$
$0<\beta<1$	줄다가 느는 함수	느는 함수. $f(0)=\beta$.	느는 함수
$\beta=1$	주는 함수. $f(1)=\alpha$.	$f(r)=1$	느는 함수. $f(0)=0, f(1)=\alpha$.
$\beta>1$	주는 함수	주는 함수. $f(0)=\beta, f(1)=0$.	늘다가 주는 함수. $f(0)=0, f(1)=0$.

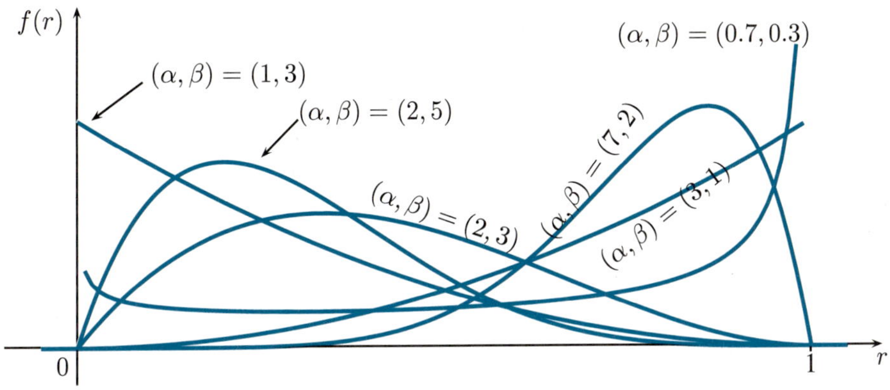

그림 2.5.11 베타 확률밀도함수

2.5.3 혼합 공간

잴 수 있는 공간 $(\Omega, \mathcal{A})$에서 뜻매김한 확률측도들 $\{P_i\}_{i=1}^{\infty}$와 0보다 작지 않고 다 더하면 1인 수들 $\{a_i\}_{i=1}^{\infty}$를 생각할 때, 집합 함수

$$P(A) \;=\; \sum_{i=1}^{\infty} a_i P_i(A) \qquad (2.5.35)$$

도 $(\Omega, \mathcal{A})$에서의 확률측도인데, 이런 확률측도를 혼합 확률측도[90]라고 부른다. 혼합 확률측도의 중요한 보기는, f가 확률밀도함수이고 p가 확률질량함수일 때,

$$P(A) \;=\; \lambda \sum_{x\in A_d} p(x) + (1-\lambda)\int_{x\in A_c} f(x)dx, \quad 0<\lambda<1 \qquad (2.5.36)$$

과 같이 연속 확률측도와 이산 확률측도를 더한 것이다. 여기에서, A_d는 이산 영역이고 A_c는 연속 영역이며 $A = A_d \cup A_c$이다.

보기 2.5.23 두 점 0과 1에서 확률이 각각 $\frac{1}{4}$과 $\frac{1}{2}$이고, 그 사이에서는 고르게 퍼져 있는 분포의 확률밀도함수는

[90]mixed probability measure

$$f(r) = \frac{1}{4}\delta(r) + \frac{1}{2}\delta(r-1) + \frac{1}{4}, \quad r \in [0,1] \tag{2.5.37}$$

이다. ◇

보기 2.5.24 확률질량함수

$$p(r) = \begin{cases} \frac{1}{2}, & r=0; \quad \frac{1}{3}, \ r=1; \\ \frac{1}{6}, & r=2; \quad 0, \ r\text{이 그 밖의 정수일 때} \end{cases} \tag{2.5.38}$$

이 가리키는 확률공간을 확률밀도함수를 써서 나타낼 수도 있는데, 이때, 확률밀도함수는

$$f(r) = \frac{1}{2}\delta(r) + \frac{1}{3}\delta(r-1) + \frac{1}{6}\delta(r-2) \tag{2.5.39}$$

와 같다. 여기에서, 보기를 들면, $p(0) = \int_{0^-}^{0^+} f(x)dx = \frac{1}{2}$이다. ◇

위 두 보기는 충격 함수를 쓰면 이산 또는 혼합 분포에서도 확률밀도함수를 쓸 수 있다는 것을 알려준다. 다만, 보기 2.5.24가 뜻하는 바는 "식 (2.5.38)에 보인 확률질량함수와 (2.5.39)에 보인 확률밀도함수가 같다."가 아니라, "이산 확률공간을 확률질량함수로 나타낼 수도 있고 확률밀도함수로 나타낼 수도 있다."라는 것을 새겨서 두자. 이때, 정수 a를 어떻게 두더라도

$$\int_{a^-}^{a^+} f(x)dx = p(a) \tag{2.5.40}$$

처럼 본다면, 충격 함수를 써서 나타낸 확률밀도함수 $f(r)$은 확률질량함수 $p(r)$과 같은 확률공간을 가리킨다고 말할 수 있다. 곧, 어떤 확률질량함수 $p(r)$과 확률밀도함수 $f(r)$이 같은 확률공간을 나타내는지를 알아보려면 확률질량함수 $p(r)$과 확률밀도함수 $f(r)$이 (2.5.40)을 만족시키는지를 살펴 보아야 한다.

부록

부록 2.1 극한 사건의 확률과 확률의 연속성

정리 2.부.1 극한 사건의 확률 1 줄지 않는 열이나 늘지 않는 열의 극한 사건의 확률은 그 열을 이루는 사건의 확률의 극한과 같다. 곧, 사건 열 $\{B_n\}_{n=1}^{\infty}$가 줄지 않는 열 또는 늘지 않는 열이면

$$\lim_{n\to\infty} \mathbf{Pr}(B_n) = \mathbf{Pr}\left(\lim_{n\to\infty} B_n\right) \tag{2.부.1}$$

이다. ■■

증명 먼저, $\{B_n\}_{n=1}^{\infty}$가 줄지 않는 열이면, $\overset{n-1}{\underset{i=1}{\cup}} B_i = B_{n-1}$이다. 이제, $F_1 = B_1$이고, $n = 2, 3, \cdots$일 때 $F_n = B_n - \overset{n-1}{\underset{i=1}{\cup}} B_i = B_n \cap B_{n-1}^c$인 사건 열 $\{F_i\}_{i=1}^{\infty}$를 생각하자. 곧, F_n은 B_n의 원소 가운데에서 B_1, B_2, $\cdots$, B_{n-1}의 원소를 뺀 나머지가 모인 사건이다. 이때, $\{F_n\}_{n=1}^{\infty}$는 서로 배반이고, $\overset{\infty}{\underset{i=1}{\cup}} F_i = \overset{\infty}{\underset{i=1}{\cup}} B_i = \lim_{n\to\infty} B_n$이며, 자연수 n이 어떤 값이더라도 $\overset{n}{\underset{i=1}{\cup}} F_i = \overset{n}{\underset{i=1}{\cup}} B_i$라는 것을 쉽게 알 수 있다. 따라서, (2.2.15)를 새기면 $\mathbf{Pr}\left(\lim_{n\to\infty} B_n\right) = \mathbf{Pr}\left(\overset{\infty}{\underset{i=1}{\cup}} B_i\right) = \mathbf{Pr}\left(\overset{\infty}{\underset{i=1}{\cup}} F_i\right) = \sum_{i=1}^{\infty} \mathbf{Pr}(F_i) = \lim_{n\to\infty} \sum_{i=1}^{n} \mathbf{Pr}(F_i) = \lim_{n\to\infty} \mathbf{Pr}\left(\overset{n}{\underset{i=1}{\cup}} F_i\right)$, 곧

$$\mathbf{Pr}\left(\lim_{n\to\infty} B_n\right) = \lim_{n\to\infty} \mathbf{Pr}(B_n) \tag{2.부.2}$$

이다. 한편 $\{B_n\}_{n=1}^{\infty}$가 늘지 않는 열이면 $\{B_n^c\}_{n=1}^{\infty}$는 줄지 않는 열이므로 (2.부.2)에서 $\mathbf{Pr}\left(\lim_{n\to\infty} B_n^c\right) = \mathbf{Pr}\left(\overset{\infty}{\underset{i=1}{\cup}} B_i^c\right)$, 곧

$$\mathbf{Pr}\left(\lim_{n\to\infty} B_n^c\right) = \lim_{n\to\infty} \mathbf{Pr}(B_n^c) \tag{2.부.3}$$

이다. 그런데, $\overset{\infty}{\underset{i=1}{\cup}} B_i^c = \left(\overset{\infty}{\underset{i=1}{\cap}} B_i\right)^c$이므로 $\mathbf{Pr}\left\{\left(\overset{\infty}{\underset{i=1}{\cap}} B_i\right)^c\right\} = \lim_{n\to\infty} \mathbf{Pr}(B_n^c)$이고 이 식을 바꾸어 쓰면 $1 - \mathbf{Pr}\left(\overset{\infty}{\underset{i=1}{\cap}} B_i\right) = \lim_{n\to\infty} \{1 - \mathbf{Pr}(B_n)\} = 1 - \lim_{n\to\infty} \mathbf{Pr}(B_n)$이다. 곧, $\{B_n\}_{n=1}^{\infty}$가 늘지 않는 열이면

$$\mathbf{Pr}\left(\lim_{n\to\infty} B_n\right) = \lim_{n\to\infty} \mathbf{Pr}(B_n) \tag{2.부.4}$$

이다. □

위 결과 (2.부.2)와 (2.부.4)에서

$$\mathbf{Pr}\left(\overset{\infty}{\underset{i=1}{\cup}} B_i\right) = \lim_{n\to\infty} \mathbf{Pr}(B_n), \quad \text{사건 열 } \{B_n\}_{n=1}^{\infty}\text{가 줄지 않는 열일 때} \tag{2.부.5}$$

와

$$\mathbf{Pr}\left(\overset{\infty}{\underset{i=1}{\cap}} B_i\right) = \lim_{n\to\infty} \mathbf{Pr}(B_n), \quad \text{사건 열 } \{B_n\}_{n=1}^{\infty}\text{가 늘지 않는 열일 때} \tag{2.부.6}$$

을 각각 확률의 아래에서의 연속성과 확률의 위에서의 연속성[91]이라고 부른다.

정리 2.부.1에서는 줄지 않는 열 또는 늘지 않는 열만 생각하였다. 그런데, 단조 열이 아닌 일반적인 사건 열을 생각하더라도, 아래에 보이듯이, 정리 2.부.1에서 얻은 결과와 마찬가지 결과를 얻을 수 있다.

정리 2.부.2 **극한 사건의 확률 2** 사건 열 $\{B_n\}_{n=1}^{\infty}$의 극한 사건 $\lim\limits_{n\to\infty} B_n$이 존재하면, 그 극한 사건의 확률은 확률 열의 극한과 같다. 곧,

$$\lim_{n\to\infty} \mathsf{Pr}(B_n) = \mathsf{Pr}\left(\lim_{n\to\infty} B_n\right) \tag{2.부.7}$$

이다. ■■

증명 먼저, 실수 열 $\{a_n\}_{n=1}^{\infty}$의 극한점 가운데에서 가장 큰 것을 $\overline{a_n}$, 가장 작은 것을 $\underline{a_n}$이라고 두면, $\underline{a_n} = \overline{a_n}$일 때 이 값을 이 수열의 극한값이라고 부르고 $\lim\limits_{n\to\infty} a_n$으로 쓴다는 것을 생각하자. 이제, $\left\{\bigcup\limits_{k=n}^{\infty} B_k\right\}_{n=1}^{\infty}$는 늘지 않는 열이므로 뜻매김 1.5.5에서 다룬 늘지 않는 열의 극한 확률에서 $\mathsf{Pr}\left(\limsup\limits_{n\to\infty} B_n\right) = \mathsf{Pr}\left(\bigcap\limits_{n=1}^{\infty}\bigcup\limits_{k=n}^{\infty} B_k\right)$, 곧

$$\mathsf{Pr}\left(\limsup_{n\to\infty} B_n\right) = \lim_{n\to\infty} \mathsf{Pr}\left(\bigcup_{k=n}^{\infty} B_k\right) \tag{2.부.8}$$

을 얻는다. 그런데, $B_n \subset \bigcup\limits_{k=n}^{\infty} B_k$이므로 $\mathsf{Pr}(B_n) \le \mathsf{Pr}\left(\bigcup\limits_{k=n}^{\infty} B_k\right)$이고, 따라서

$$\overline{\mathsf{Pr}(B_n)} \le \lim_{n\to\infty} \mathsf{Pr}\left(\bigcup_{k=n}^{\infty} B_k\right) \tag{2.부.9}$$

이다. 위 두 식 (2.부.8)과 (2.부.9)에서

$$\overline{\mathsf{Pr}(B_n)} \le \mathsf{Pr}\left(\limsup_{n\to\infty} B_n\right) \tag{2.부.10}$$

을 알 수 있다. 이 결과와 비슷하게 $\left\{\bigcap\limits_{k=n}^{\infty} B_k\right\}_{n=1}^{\infty}$는 줄지 않는 열이므로 뜻매김 1.5.5에서 다룬 줄지 않는 열의 극한 확률에서

$$\begin{aligned} \mathsf{Pr}\left(\liminf_{n\to\infty} B_n\right) &= \mathsf{Pr}\left(\bigcup_{n=1}^{\infty}\bigcap_{k=n}^{\infty} B_k\right) \\ &= \lim_{n\to\infty} \mathsf{Pr}\left(\bigcap_{k=n}^{\infty} B_k\right) \\ &\le \underline{\mathsf{Pr}(B_n)} \end{aligned} \tag{2.부.11}$$

을 얻는다. 위에서, $\bigcap\limits_{k=n}^{\infty} B_k \subset B_n$이므로 $\mathsf{Pr}\left(\bigcap\limits_{k=n}^{\infty} B_k\right) \le \mathsf{Pr}(B_n)$이고, 따라서

$$\lim_{n\to\infty} \mathsf{Pr}\left(\bigcap_{k=n}^{\infty} B_k\right) \le \underline{\mathsf{Pr}(B_n)} \tag{2.부.12}$$

임을 (2.부.11)의 마지막 줄에 썼다. 이제, $\lim\limits_{n\to\infty} B_n$이 존재하면 (2.부.10)과 (2.부.11)에서

[91] continuity from below, continuity from above

$$\begin{aligned}\overline{\Pr(B_n)} &\leq \Pr\left(\limsup_{n\to\infty} B_n\right)\\ &= \Pr\left(\lim_{n\to\infty} B_n\right)\\ &= \Pr\left(\liminf_{n\to\infty} B_n\right)\\ &\leq \underline{\Pr(B_n)}\end{aligned} \tag{2.부.13}$$

를 얻는다. 그러므로, $\overline{\Pr(B_n)} \geq \underline{\Pr(B_n)}$을 (2.부.13)과 묶으면 바라는 결과

$$\begin{aligned}\Pr\left(\lim_{n\to\infty} B_n\right) &= \overline{\Pr(B_n)}\\ &= \underline{\Pr(B_n)}\\ &= \lim_{n\to\infty} \Pr(B_n)\end{aligned} \tag{2.부.14}$$

를 얻는다. □

뜻매김 2.부.1 확률의 연속성[92]

사건 열 $\{B_n\}_{n=1}^{\infty}$의 극한 사건이 E일 때, $\Pr(B_n)$도 $\Pr(E)$에 수렴함이 직관적으로 타당한 바, (2.부.1)과 (2.부.7)에서 보인

$$\lim_{n\to\infty} \Pr(B_n) = \Pr\left(\lim_{n\to\infty} B_n\right) \tag{2.부.15}$$

를 확률의 연속성이라고 부른다.

곧, 확률의 연속성이란 사건 열의 극한의 확률은 그 사건 열이 나타내는 확률 열의 극한과 같다는 것을 뜻한다.

부록 2.2 보렐-캔텔리 정리

이제, 상한 사건의 확률을 다룬 보렐-캔텔리 정리를 살펴 보자.

정리 2.부.3 보렐-캔텔리[93] 정리 1 사건 열 $\{B_n\}$의 확률들 $\{\Pr(B_n)\}_{n=1}^{\infty}$를 모두 더한 값이 수렴하면 – 곧, $\sum_{n=1}^{\infty} \Pr(B_n) < \infty$이면 – $\{B_n\}$의 상한 사건의 확률 $\Pr\left(\overline{B_n}\right)$는 0이다. ■■

증명 먼저, $\sum_{n=1}^{\infty} \Pr(B_n) = V < \infty$이라고 두자. 이제 $V = \sum_{k=1}^{n-1} \Pr(B_k) + \sum_{k=n}^{\infty} \Pr(B_k)$처럼 쓴 뒤 $n \to \infty$일 때를 생각하면 $\sum_{k=1}^{\infty} \Pr(B_k) = \lim_{n\to\infty} \left\{\sum_{k=1}^{n-1} \Pr(B_k) + \sum_{k=n}^{\infty} \Pr(B_k)\right\} = \sum_{k=1}^{\infty} \Pr(B_k) + \lim_{n\to\infty} \sum_{k=n}^{\infty} \Pr(B_k)$이므로

$$\lim_{n\to\infty} \sum_{k=n}^{\infty} \Pr(B_k) = 0 \tag{2.부.16}$$

[92] continuity of probability

[93] Borel-Cantelli

이다. 이제 (2.부.16)을 새겨서 두고 (2.부.8)과 부울 부등식 (2.3.2)를 쓰면 $\Pr\left\{\limsup_{n\to\infty} B_n\right\}$ $= \lim_{n\to\infty} \Pr\left(\bigcup_{k=n}^{\infty} B_k\right) \le \lim_{n\to\infty} \sum_{k=n}^{\infty} \Pr(B_k)$, 곧

$$\Pr\left\{\limsup_{n\to\infty} B_n\right\} = 0 \tag{2.부.17}$$

이다. □

정리 2.부.4 **보렐-캔텔리 정리 2** 사건 열 $\{B_n\}_{n=1}^{\infty}$가 독립이고 확률 $\{\Pr(B_n)\}_{i=1}^{\infty}$를 모두 더한 값이 발산하면 – 곧, $\sum_{n=1}^{\infty} \Pr(B_n) \to \infty$이면 – 사건 열 $\{B_n\}_{n=1}^{\infty}$의 상한 사건의 확률 $\Pr\left(\overline{B_n}\right)$는 1이다. ■■

증명 정리 2.부.3의 증명에서와 마찬가지로 $\Pr\left\{\limsup_{n\to\infty} B_n\right\} = \lim_{n\to\infty} \Pr\left(\bigcup_{i=n}^{\infty} B_i\right)$, 곧

$$\Pr\left\{\limsup_{n\to\infty} B_n\right\} = \lim_{n\to\infty} \left\{1 - \Pr\left(\bigcap_{i=n}^{\infty} B_i^c\right)\right\} \tag{2.부.18}$$

이다. 이제, $\sum_{k=1}^{\infty} \Pr(B_k) = \sum_{k=1}^{n-1} \Pr(B_k) + \sum_{k=n}^{\infty} \Pr(B_k)$이고 n이 어떤 수이더라도 $\sum_{k=1}^{n-1} \Pr(B_k) \le n-1$이므로, $\sum_{k=1}^{\infty} \Pr(B_k) \to \infty$이면 $\sum_{k=n}^{\infty} \Pr(B_k) \to \infty$이다. 그러므로, $\{B_i\}_{i=1}^{\infty}$가 서로 독립이고, 따라서 $\{B_i^c\}_{i=1}^{\infty}$가 서로 독립이라는 것을 새기면 $\Pr\left(\bigcap_{i=n}^{\infty} B_i^c\right) = \prod_{i=n}^{\infty} \Pr(B_i^c) = \prod_{i=n}^{\infty} \{1 - \Pr(B_i)\}$이다. 이제, $x \ge 0$일 때 $1 - x \le e^{-x}$라는 것을 새기면

$$\begin{aligned} \Pr\left(\bigcap_{i=n}^{\infty} B_i^c\right) &\le \prod_{i=n}^{\infty} \exp\{-\Pr(B_i)\} \\ &= \exp\left\{-\sum_{i=n}^{\infty} \Pr(B_i)\right\} \\ &= 0 \end{aligned} \tag{2.부.19}$$

를 얻는데, 이 식을 (2.부.18)에 쓰면 바라는 결과를 얻는다. □

보렐-캔텔리 정리를 쓰면, $\{B_n\}$이 독립 사건 열일 때 – 무한 급수 $\sum_{n=1}^{\infty} \Pr(B_n)$은 수렴하거나 발산하므로 – 상한 사건의 확률 $\Pr\left(\overline{B_n}\right)$는 0 또는 1이라는 것을 쉽게 알 수 있다. 보렐-캔텔리 정리는 6.2.2.2절에서 큰 수의 센 법칙을 다룰 때에도 꽤 쓸모 있다.

보기 2.부.1 확률이 $\Pr\{X_n = 0\} = \frac{1}{n^2} = 1 - \Pr\{X_n = 1\}$이고 서로 독립인 수열 $\{X_n\}_{n=1}^{\infty}$를 생각하여, $B_n = \{X_n = 0\}$이라고 두자. 그러면 $\sum_{n=1}^{\infty} \Pr(B_n) = \frac{\pi^2}{6} < \infty$이므로 정리 2.부.3에서 $\Pr\left\{\limsup_{n\to\infty} B_n\right\} = \Pr\{B_n\text{이 끝없이 자주 일어남}\} = 0$ 임을 알 수 있다. 따라서, n이 충분히 큰 수이면, X_n이 0일 확률은 0이고, X_n이 1일 확률은 1이다. 곧, 거의 틀림 없이 $\lim_{n\to\infty} X_n = 1$이다. ◇

보기 2.부.2 확률이 $\Pr\{X_n = 0\} = \frac{1}{n} = 1 - \Pr\{X_n = 1\}$이고 서로 독립인 수열 $\{X_n\}_{n=1}^{\infty}$를 생각하여, $B_n = \{X_n = 0\}$이라고 두면 $\sum_{n=1}^{\infty} \Pr(B_n) = \infty$이다. 그러므로, 정리 2.부.3에서 $\Pr\{B_n$이 끝없이 자주 일어남$\} = 1$이라는 것을 – 곧, 거의 확실히 $X_n = 0$이라는 것을 – 알 수 있다. 한편, $\sum_{n=1}^{\infty} \Pr(B_n^c) = \infty$이므로 정리 2.부.3에서 $\Pr\{B_n^c$이 끝없이 자주 일어남$\} = 1$이라는 것을 – 곧, 거의 확실히 $X_n = 1$이라는 것을 – 알 수 있다. 바꾸어 말하면, 거의 틀림 없이 X_n은 끝없이 자주 0이고, 또 끝없이 자주 1이다. 따라서, 극한값 $\lim_{n\to\infty} X_n$이 없을 – 곧, X_n이 수렴하지 않을 – 확률은 1이다. ◇

부록 2.3 측도와 르벡 적분

일상생활에서 자주 마주치는 길이, 넓이, 부피, 무게는 잣대의 – 곧, 측도의 – 하나라고 할 수 있다. 막대기의 길이, 집의 넓이, 공의 부피, 짐의 무게를 잘 살펴 보면, 길이, 넓이, 부피, 무게는 어느 것이나 주어진 대상을 숫자 하나와 이어 주는 것임을 알 수 있으며, 대상이 하나일 때뿐 아니라 일반적으로 여럿을 묶은 것에도 마찬가지로 숫자 하나를 이어 준다는 것을 쉽게 알 수 있다.

측도는 집합과 숫자를 이어 주는 집합 함수이다. 그렇지만, 집합 함수가 모두 다 측도인 것은 아니고, 어떤 조건을 만족시키는 것만 측도이다. 보기를 들어, 무게라는 측도를 살펴 보면, 물이 가득 들어 있는 병의 무게는 빈 병의 무게와 병에 든 물의 무게를 더한 것과 같다. 곧, 서로 배반인 두 집합의 측도의 합은 두 집합의 합집합의 측도와 같다는 뜻이다.

뜻매김 2.부.2 잣대, 측도[94]

정의역이 시그마 마당 $\mathcal{F}$이고 0보다 작지 않은 덧셈꼴 함수[95] μ를 측도라고 부른다.

여기에서, 덧셈꼴 함수란 서로 배반인 집합의 유한한 합집합의 함숫값이 그 집합들의 함숫값을 더한 것과 같은 함수를 뜻한다. 곧, 시그마 마당 $\mathcal{F}$ 안에 있는 서로 배반인 집합들을 셀 수 있을 만큼 잡아 $A_1, A_2, \cdots$이라고 둘 때

$$\mu\left(\bigcup_{i=1}^{n} A_i\right) = \sum_i \mu(A_i) \tag{2.부.20}$$

을 만족시키는 함수 μ를 덧셈꼴 함수라고 부른다.

보기 2.부.3 유한 집합 Ω의 모든 부분집합의 묶음 $\mathcal{F} = 2^{\Omega}$를 생각하자. 이제 $A \in \mathcal{F}$일 때 A의 원소의 수를 $\mu(A)$라고 두면 이 집합 함수 μ는 측도이다. ◇

정리 2.부.5 시그마 마당 $\mathcal{F}$에서의 측도가 μ일 때, $A_n \in \mathcal{F}$이고 $A_1 \subset A_2 \subset \cdots$이라고 두자. 그러면 $A = \bigcup_{n=1}^{\infty} A_n \in \mathcal{F}$이고[96] $\lim_{n\to\infty} \mu(A_n) = \mu(A)$이다. ■■

[94] measure

[95] additive function

[96] 여기에서, $A_1 \subset A_2 \subset \cdots$이면 $\lim_{n\to\infty} A_n = \bigcup_{n=1}^{\infty} A_n$이고, $A_1 \supset A_2 \supset \cdots$이면 $\lim_{n\to\infty} A_n = \bigcap_{n=1}^{\infty} A_n$임은 (1.5.8)과

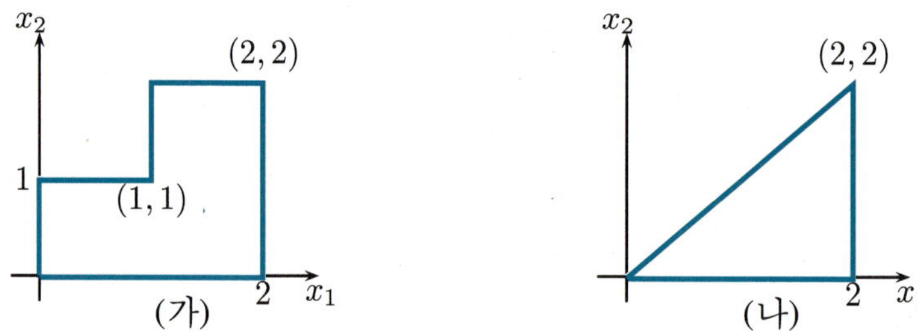

그림 2.부.1 2차원 공간에서 (가) 기본 집합인 보기와 (나) 기본 집합이 아닌 보기

증명 먼저, $\mathcal{F}$가 시그마 마당이므로 $A = \bigcup_{n=1}^{\infty} A_n$이 $\mathcal{F}$에 들어 있음은 바로 알 수 있다. 이제, $B_1 = A_1$이라고 두고, $n = 2, 3, \cdots$일 때 $B_n = A_n - A_{n-1}$이라고 두면, $\{B_n\}_{n=1}^{\infty}$는 서로 배반이고, $A_n = \bigcup_{i=1}^{n} B_i$이며, $A = \bigcup_{n=1}^{\infty} B_n$이다. 따라서, (2.부.20)에서 $\mu(A_n) = \mu\left(\bigcup_{i=1}^{n} B_i\right) = \sum_{i=1}^{n} \mu(B_i)$이고 $\mu(A) = \mu\left(\bigcup_{i=1}^{\infty} B_i\right) = \sum_{i=1}^{\infty} \mu(B_i)$이므로 $\lim_{n\to\infty} \mu(A_n) = \mu(A)$이다. □

이제, 추상 공간 Ω에서 측도를 만드는 방법을 생각해 보자. 먼저, Ω가 셀 수 있는 집합이라면 $\omega \in \Omega$일 때 음수가 아닌 수 μ_ω를 마음대로 골라서 Ω의 부분집합 A를 어떻게 고르더라도 그 측도를 $\mu(A) = \sum_{\omega \in A} \mu_\omega$로 둘 수 있다.

보기 2.부.4 추상 공간 $\Omega = \{3, 4, 5\}$에서 $\omega \in \Omega$일 때 $\mu_\omega = 5 - \omega$라고 두자. 그러면 $\mu(A) = \sum_{\omega \in A} \mu_\omega$는 측도이고, $\mu(\{3\}) = 2$, $\mu(\{4\}) = 1$, $\mu(\{5\}) = 0$, $\mu(\{3,4\}) = \mu(\{3\}) + \mu(\{4\}) = 3$, $\mu(\{3,5\}) = \mu(\{3\}) + \mu(\{5\}) = 2$, $\mu(\{4,5\}) = \mu(\{4\}) + \mu(\{5\}) = 1$, $\mu(\{3,4,5\}) = \mu(\{3\}) + \mu(\{4\}) + \mu(\{5\}) = \mu(\{3,4\}) + \mu(\{5\}) = \mu(\{4,5\}) + \mu(\{3\}) = \mu(\{3,5\}) + \mu(\{4\}) = 3$이다. ◇

한편, 셀 수 없는 집합에서 측도를 생각하려면, 기본 집합이라는 개념을 먼저 뜻매김하고, 기본 집합에서 측도를 생각한 다음 확장하여야 한다.

뜻매김 2.부.3 네모, 구간, 상자[97]

차원이 p인 유클리드 공간 $\mathbb{R}^p$에서 $\{\boldsymbol{x} = (x_1, x_2, \cdots, x_p) : a_i \le x_i \le b_i, i = 1, 2, \cdots, p\}$처럼 나타낼 수 있는 집합을 네모, 구간, 또는 상자라고 부른다.

위 뜻매김에서, $a_i \le x_i \le b_i$를 $a_i < x_i < b_i$나 $a_i < x_i \le b_i$와 같은 꼴로 바꿀 수도 있으며, $-\infty < a_i \le b_i \le \infty$이다. 특히, 빈 집합도 구간이라는 것을 새겨서 두자.

뜻매김 2.부.4 기본 집합[98]

구간을 유한 개 합집합하여 나타낼 수 있는 집합을 기본 집합이라고 부른다.

보기 2.부.5 기본 집합인 보기와 기본 집합이 아닌 보기를 그림 2.부.1에 보였다. ◇

(1.5.9)에서 이미 다루었다.

[97] interval, rectangle, box

[98] elementary set

뜻매김 2.부.5 바깥 잣대, 바깥 측도[99]

기본 집합을 모두 모은 집합 묶음 $\mathcal{E}$에서 뜻매김한 집합 함수 μ가 0보다 작지 않고 덧셈꼴이며 유한하다고 두자. 이제, $E \subset \mathbb{R}^p$일 때 $E \subset \bigcup_{i=1}^{\infty} A_i$를 만족시키는 기본 집합 묶음 $\{A_i\}_{i=1}^{\infty}$를 E의 덮개[100]라고 하고, E의 모든 덮개에 대하여 얻은 하한

$$\mu^*(E) = \inf \sum_{i=1}^{\infty} \mu(A_i) \qquad (2.부.21)$$

을 E의 바깥 잣대 또는 바깥 측도라고 부른다.

일반적으로, $E = \bigcup_{i=1}^{\infty} B_i$이면

$$\mu^*(E) \le \sum_{i=1}^{\infty} \mu^*(B_i) \qquad (2.부.22)$$

이고, A가 기본 집합이면

$$\mu^*(A) = \mu(A) \qquad (2.부.23)$$

이다.

보기 2.부.6 그림 2.부.1에 보인 집합을 생각하고, 2차원 구간

$$A_{a,b,c,d} = \{(x_1, x_2) : a \le x_1 \le b,\ c \le x_2 \le d\} \qquad (2.부.24)$$

의 측도를 $\mu(A_{a,b,c,d}) = (b-a)(d-c)$라고 두자. 그러면 그림 2.부.1의 (가)에 보인 집합을 B_1이라고 두면, $B_1 \subset A_{0,2,0,2}$, $B_1 \subset A_{0,2,0,1} \cup A_{1,2,0,2}$, 또는 $B_1 \subset A_{0,2,0,1} \cup A_{1,2,1,2}$처럼 나타낼 수 있는데, 그 가운데에서 측도가 가장 작은 덮개는 $\{A_{0,2,0,1}, A_{1,2,1,2}\}$이므로 B_1의 바깥 측도는 $\mu^*(B_1) = 2 + 1 = 3$이다. 한편, 그림 2.부.1의 (나)에 보인 집합을 B_2라고 두면, $B_2 \subset A_{0,2,0,2}$, $B_2 \subset A_{0,2,0,1} \cup A_{0,2,1,2}$, $B_2 \subset A_{0,1,0,2} \cup A_{1,2,1,2}$, $\cdots$ 처럼 나타낼 수 있는데, 그 가운데에서 측도가 가장 작은 덮개는 $n \to \infty$일 때 $\left\{A_{\frac{2(i-1)}{n},2,\frac{2(i-1)}{n},\frac{2i}{n}}\right\}_{i=1}^{n}$ 이므로 B_2의 바깥 측도는 $\mu^*(B_2) = 4 \lim_{n\to\infty} \sum_{i=1}^{n} \left(1 - \frac{i-1}{n}\right) \frac{1}{n} = 4 \int_0^1 (1-x)dx = 2$이다. ◇

뜻매김 2.부.6 유한하게 μ로 잴 수 있는 집합, μ로 잴 수 있는 집합[101]

어떤 기본 집합 열 $\{A_n\}_{n=1}^{\infty}$를 생각할 때

$$\lim_{n\to\infty} \mu^*(A_n \triangle A) = 0 \qquad (2.부.25)$$

를 만족시키는 집합 A를 유한하게 μ로 잴 수 있는 집합이라고 부르고, 유한하게 μ로 잴 수 있는 집합을 셀 수 있을 만큼 합집합하여 얻을 수 있는 집합을 μ로 잴 수 있는 집합이라고 부른다.

[99] outer measure
[100] covering
[101] finitely μ-measurable set, μ-measurable set

유한하게 μ로 잴 수 있는 집합을 모두 모은 묶음을 $\mathfrak{M}_F(\mu)$로 나타내고, μ로 잴 수 있는 집합을 모두 모은 묶음을 $\mathfrak{M}(\mu)$로 나타낸다.

정리 2.부.6 묶음 $\mathfrak{M}(\mu)$는 시그마 마당이고 바깥 측도 μ^*는 $\mathfrak{M}(\mu)$에서의 덧셈꼴 집합 함수이다. ■■

증명 증명의 대략적인 내용만 살펴 보자. 먼저, A와 B가 $\mathfrak{M}_F(\mu)$에 들어 있으면 A와 B에 각각 수렴하는 기본 집합 열 $\{A_i\}$와 $\{B_i\}$가 존재한다. 그러면 $d(A,B) = \mu^*(A\triangle B)$라고 둘 때, $d(A_i \cup A_j, B_i \cup B_j) \le d(A_i, B_i) + d(A_j, B_j)$이고, $d(A_i \cap A_j, B_i \cap B_j) \le d(A_i, B_i) + d(A_j, B_j)$이며 $|\mu^*(A) - \mu^*(B)| \le d(A,B)$라는 것을 바탕으로 $A \cup B$와 $A \cap B$가 $\mathfrak{M}_F(\mu)$에 들어 있다는 것을 보여 $\mathfrak{M}_F(\mu)$가 마당이라는 것을 보일 수 있다. 한편, $\mu^*(A) + \mu^*(B) = \mu^*(A \cup B) + \mu^*(A \cap B)$임과 $A \cap B = \emptyset$이면 $\mu^*(A \cap B) = 0$이라는 것을 쓰면 μ^*가 $\mathfrak{M}_F(\mu)$에서 유한 덧셈꼴이라는 것을 보일 수 있다.

이제, $A \in \mathfrak{M}(\mu)$이면 $A'_n \in \mathfrak{M}_F(\mu)$일 때 $A = \bigcup_{n=1}^{\infty} A'_n$으로 나타낼 수 있고, $A_1 = A'_1$, $n = 2, 3, \cdots$일 때 $A_n = \bigcup_{i=1}^{n} A'_i - \bigcup_{i=1}^{n-1} A'_i$이라고 놓으면, $A = \bigcup_{n=1}^{\infty} A_n$이다. 이것을 바탕으로 $\mu^*(A) = \sum_{i=1}^{\infty} \mu^*(A_i)$라는 것을 보여 μ^*가 $\mathfrak{M}(\mu)$에서 덧셈꼴이라는 것을 보일 수 있다. 마지막으로, $\mathfrak{M}(\mu)$ 안의 집합을 셀 수 있을 만큼 연산한 집합은 $\mathfrak{M}_F(\mu)$ 안의 집합을 셀 수 있는 만큼 합집합하여 얻을 수 있다는 것을 보여 $\mathfrak{M}(\mu)$가 시그마 마당이라는 것을 보일 수 있다. □

위 정리를 바탕으로 μ로 잴 수 있는 집합 A을 다룰 때에는 $\mu(A)$ 대신에 $\mu^*(A)$를 쓰자. 다시 말하면, 처음에 기본 집합에 대하여 μ를 뜻매김하였고, 다시 μ를 시그마 마당인 $\mathfrak{M}(\mu)$에서의 덧셈꼴 집합 함수인 μ^*로 확장하여 측도로 쓰는 것이다.

뜻매김 2.부.7 르벡 잣대, 르벡 측도[102]

유클리드 공간 $\mathbb{R}^p$의 구간 $I = \{\boldsymbol{x} = (x_1, x_2, \cdots, x_p) : a_i \le x_i \le b_i,\ i = 1, 2, \cdots, p\}$를 생각하여

$$m(I) = \prod_{i=1}^{p} (b_i - a_i) \tag{2.부.26}$$

처럼 두자. 그러면 $\{I_i\}_{i=1}^{n}$이 서로 겹치지 않는 구간이고, $A = \bigcup_{i=1}^{n} I_i$일 때

$$\mu(A) = \sum_{i=1}^{n} m(I_i) \tag{2.부.27}$$

을 $\mathbb{R}^p$에서의 르벡 측도라고 부른다.

위 뜻매김은 어떤 기본 집합도 서로 겹치지 않는 구간 $\{I_i\}_{i=1}^{n}$을 합집합하여 얻을 수 있다는 것을 바탕으로 둔 것이다. 열린 집합[103]은 열린 구간을 셀 수 있는 만큼 합집합하여 얻을 수

[102] Lebesgue measure
[103] open set

있고 μ로 잴 수 있는 집합이다. 또한, 닫힌 집합[104]은 열린 집합의 여집합으로 얻을 수 있는데 $\mathfrak{M}(\mu)$가 시그마 마당이므로 닫힌 집합도 모두 μ로 잴 수 있는 집합이다. 한편, 뜻매김 2.2.7에서 다루었듯이 보렐 집합을 모두 모은 것은 시그마 마당인데, 이 시그마 마당을 보렐 마당, 보렐체, 또는 보렐 시그마 마당이라고 부른다. 또한, μ로 잴 수 있는 집합은 늘 보렐 집합과 배반이며 측도가 0인 집합과 보렐 집합의 합집합으로 나타낼 수 있다. 르벡 측도를 쓰면, 셀 수 있는 집합은 측도가 모두 0이고, 셀 수 없는 집합 가운데에서 어떤 것[105]은 측도가 0이다.

보기 2.부.7 공간이 1차원일 때 구간 $[a,b]$의 르벡 측도는 그 구간의 길이인 $\mu([a,b]) = b-a$이다. 한편, 유리수의 집합을 Q라고 할 때, Q의 르벡 측도는 $\mu(Q) = 0$이다. ◇

뜻매김 2.부.8 측도 공간, 잴 수 있는 공간[106]

거리 공간 X에서 X의 부분집합으로 이루어진 잴 수 있는 집합들의 시그마 마당 $\mathfrak{M}$이 있고 0보다 작지 않은 덧셈꼴 집합 함수 μ가 있으면 X를 측도 공간이라고 부른다. 이때, $X \in \mathfrak{M}$이면 X를 잴 수 있는 공간이라고 부른다.

보기 2.부.8 공간 $X = \mathbb{R}^p$에서 르벡 측도를 생각하여 르벡 측도로 잴 수 있는 집합을 모두 모은 묶음을 $\mathfrak{M}$이라고 두면, X는 측도 공간이다. ◇

보기 2.부.9 공간 $X = \mathbb{J}_+$에서 집합의 원소의 수를 측도라고 하고 X의 모든 부분집합의 묶음을 $\mathfrak{M}$이라고 두면, X는 잴 수 있는 공간이다. ◇

뜻매김 2.부.9 잴 수 있는 함수[107]

집합 $\{x : f(x) > a\}$이 언제나 잴 수 있는 집합일 때 잴 수 있는 공간 X에서 뜻매김한 실수 함수 f를 잴 수 있는 함수라고 부른다.

보기 2.부.10 공간 $\mathbb{R}^p$에서 연속인 함수는 모두 잴 수 있는 함수이다. ◇

보기 2.부.11 잴 수 있는 함수의 극한이나 잴 수 있는 함수를 연산하여 얻은 함수는 대부분 잴 수 있는 함수이다. 함수 f가 잴 수 있는 함수이면 $|f|$도 잴 수 있다. 함수 f와 g가 잴 수 있는 함수이면 $\max(f,g)$와 $\min(f,g)$도 잴 수 있다. ◇

보기 2.부.12 함수 열 $\{f_n\}$이 잴 수 있는 함수의 수열이면 $\sup f_n(x)$와 $\limsup_{n\to\infty} f_n(x)$도 잴 수 있다. ◇

뜻매김 2.부.10 단순 함수[108]

잴 수 있는 공간에서 뜻매김한 함수 f의 치역이 유한하면 f를 단순 함수라고 부른다.

---

[104] closed set

[105] 보기 1.1.47에서 다룬 칸토르 집합이 그런 보기이다.

[106] metric space, measurable space

[107] measurable function

보기 2.부.13 단순 함수 f의 치역을 $\{c_1, c_2, \cdots, c_n\}$이라고 두고 $B_i = \{x : f(x) = c_i\}$라고 두면 $f(x) = \sum_{i=1}^{n} c_i K_{B_i}(x)$처럼 나타낼 수 있다. 여기에서, $K_E(x)$는 $x \in E$이면 1이고 $x \notin E$이면 0인 함수이다. ◇

정리 2.부.7 잴 수 있는 공간에서 뜻매김한 실수 함수 f를 어떻게 고르더라도 $\lim_{n\to\infty} f_n(x) = f(x)$인 단순 함수 열 $\{f_n\}$이 존재한다. 이때, f가 잴 수 있는 함수이면 $\{f_n\}$도 잴 수 있는 함수의 수열로 잡을 수 있고, $f \geq 0$이면 $\{f_n\}$을 단조 증가하도록 잡을 수 있다. ■■

증명 먼저, $f \geq 0$이면 $B_{n,i} = \left\{x : \frac{i-1}{2^n} \leq f(x) \leq \frac{i}{2^n}\right\}$, $F_n = \{x : f(x) \geq n\}$처럼 두어,

$$f_n(x) = \sum_{i=1}^{n2^n} \frac{i-1}{2^n} K_{B_{n,i}}(x) + nK_{F_n}(x) \tag{2.부.28}$$

처럼 잡으면 된다. 조금 더 일반적으로는, $f^+ = \max(f, 0)$, $f^- = -\min(f, 0)$, $f = f^+ - f^-$로 놓으면 쉽게 보일 수 있다. □

뜻매김 2.부.11 르벡 적분

잴 수 있는 공간 $(X, \mathfrak{M}, \mu)$에서 $c_i > 0$이고 $x \in X$일 때 $s(x) = \sum_{i=1}^{n} c_i K_{B_i}(x)$가 잴 수 있는 함수라고 하자. 또, $E \in \mathfrak{M}$이고 $I_E(s) = \sum_{i=1}^{n} c_i \mu(E \cap B_i)$라고 두자. 이제, 함수 f가 0보다 작지 않고 잴 수 있을 때

$$\int_E f d\mu = \sup I_E(s) \tag{2.부.29}$$

를 르벡 적분이라고 부른다.

위 뜻매김에서, 상한은 $0 \leq s \leq f$인 잴 수 있는 단순 함수 s 모두에 대하여 얻음을 뜻한다.

한편, 함수 f가 늘 0보다 큰 것은 아니라면, $f^+ = \max(f, 0), f^- = -\min(f, 0), f = f^+ - f^-$로 놓으면 f^+와 f^-도 잴 수 있는 함수이다. 이때, $\int_E f^+ d\mu$와 $\int_E f^- d\mu$ 가운데에서 적어도 하나가 유한하면 르벡 적분을

$$\int_E f d\mu = \int_E f^+ d\mu - \int_E f^- d\mu \tag{2.부.30}$$

처럼 뜻매김할 수 있다. 한편, $\int_E f^+ d\mu$와 $\int_E f^- d\mu$가 모두 유한하면 $\int_E f d\mu$가 유한하며, 함수 f가 E에서 μ에 대하여 르벡 적분할 수 있다고 말하고 E에서 $f \in \mathfrak{L}(\mu)$라고 쓴다.

구분구적법을 바탕으로 뜻매김하는 리만 적분[109]은 함수의 정의역을 잘게 나누어서 구간의 길이와 그 구간에서의 함수값을 곱하여 모두 더한 것이고, 르벡 적분은 함수의 치역을 잘게 나누어서 함수값을 그에 해당하는 정의역 구간의 측도와 곱하여 모두 더한 것이라고 볼 수 있다. 이때, 함수가 적어도 조각 연속이어야 리만 적분이 존재하지만, 르벡 적분은 리만 적분할 수 있는 함수에서는 말할 것도 없거니와 그보다 더 많은 함수에서도 존재한다.

[108] simple function
[109] Riemann integral

르벡 적분은 다음과 같은 성질을 지니고 있다.

(가) 함수 f가 E에서 잴 수 있고 값이 제한되어 있으며 $\mu(E)$가 유한하면 E에서 $f \in \mathfrak{L}(\mu)$이다.

(나) 측도 $\mu(E)$가 유한하고 $a \leq f \leq b$이면 $a\mu(E) \leq \int_E f d\mu \leq b\mu(E)$이다.

(다) 집합 E에서 $f, g \in \mathfrak{L}(\mu)$이고 $x \in E$일 때 $f(x) \leq g(x)$이면 $\int_E f d\mu \leq \int_E g d\mu$이다.

(라) 집합 E에서 $f \in \mathfrak{L}(\mu)$이고 c가 유한한 상수이면 $\int_E cf d\mu \leq c\int_E f d\mu$이고 $cf \in \mathfrak{L}(\mu)$이다.

(마) 집합 E에서 $f \in \mathfrak{L}(\mu)$이면 $|f| \in \mathfrak{L}(\mu)$이고 $\left|\int_E f d\mu\right| \leq \int_E |f| d\mu$이다.

(바) 함수 f가 E에서 잴 수 있고 $\mu(E) = 0$이면 $\int_E f d\mu = 0$이다.

(사) 함수 f가 X에서 르벡 적분할 수 있고 $A \in \mathfrak{M}$에서 $\phi(A) = \int_A f d\mu$이면 ϕ는 $\mathfrak{M}$에서 덧셈꼴이다.

(아) 먼저, $A \in \mathfrak{M}$, $B \subset A$, $\mu(A - B) = 0$이라고 두자. 그러면 $\int_A f d\mu = \int_B f d\mu$이다.

(자) 먼저, $E \in \mathfrak{M}$이고 $x \in E$일 때 $\lim_{n\to\infty} f_n(x) = f(x)$인 잴 수 있는 함수 열 $\{f_n\}$을 생각하자. 이제, $|f_n(x)| \leq g(x)$인 $g \in \mathfrak{L}(\mu)$가 있으면 $\lim_{n\to\infty} \int_E f_n d\mu = \int_E f d\mu$이다.

(차) 함수 f를 $[a, b]$에서 리만 적분할 수 있으면 f는 르벡 적분할 수 있고 르벡 측도를 쓰는 르벡 적분 값과 리만 적분 값은 같다.

부록 2.4 잴 수 없는 집합

열린 단위 구간을 $J = (0, 1)$이라고 두고, 실수 공간 $\mathbb{R}$에서 유리수의 집합을 $\mathbb{Q} = \{q\}$라고 두며, $x \in \mathbb{R}$일 때 $T_t(x) = x + t$인 옮김 연산자 $T_t : \mathbb{R} \to \mathbb{R}$을 생각하자. 이제, 셀 수 있는 집합 $\Gamma_t = T_t\mathbb{Q}$, 곧

$$\Gamma_t = \{t + q : q \in \mathbb{Q}\} \tag{2.부.31}$$

을 생각하자. 보기를 들면, $t = 5445$일 때에는 $\Gamma_{5445} = \{q + 5445\} = \mathbb{Q}$이고 $t = \pi$일 때에는 $\Gamma_\pi = \{q + \pi\}$이다. 그러면 실수 t를 어떻게 골라도 $0 < t + q < 1$인 유리수 q를 찾을 수 있으므로

$$\Gamma_t \cap J \neq \emptyset \tag{2.부.32}$$

이다. 한편, $t - s$가 유리수이면 $\Gamma_t = \{t + q\} = \{s + (t - s) + q\} = \{s + q'\} = \Gamma_s$이고, $t - s$가 무리수이면 $\Gamma_t \cap \Gamma_s = \emptyset$이라는 것을 쉽게 알 수 있다. 이것을 바탕으로 집합 묶음

$$\mathbb{K} = \{\Gamma_t : t \in \mathbb{R},\ \text{서로 다른 } \Gamma_t \text{만}\} \tag{2.부.33}$$

을 생각하자. 그러면 아래를 알 수 있다.

(가) 집합 묶음 $\mathbb{K}$는 $\mathbb{R}$의 분할이다.

(나) $\Gamma_t \in \mathbb{K}$인 유리수 t는 하나뿐이다.

(다) $\mathbb{K}$ 안에는 셀 수 없이 많은 집합이 들어 있다.

(라) $\mathbb{K}$ 안에서 서로 다른 두 집합 Γ_t와 Γ_s를 어떻게 고르더라도 $t - s$는 유리수가 아니다.

뜻매김 2.부.12 비탈리 집합

고르기 공리[110]와 (2.부.32)를 바탕으로, $\mathbb{K}$ 안에 있는 Γ_t마다 그 원소 가운데에서 구간 $(0,1)$ 안에 있는 점을 하나씩 모으면 셀 수 없는 집합

$$\mathbb{V}_0 \ = \ \{x : x \in \Gamma_t \cap J, \ \Gamma_t \in \mathbb{K}\} \tag{2.부.34}$$

를 얻는다. 이 집합 $\mathbb{V}_0$을 비탈리 집합이라고 한다.

비탈리 집합 $\mathbb{V}_0$ 안에 있는 점 x는 모두 구간 $(0,1)$ 안에 있고 $\mathbb{K}$ 안에 있는 집합과 일대일 대응한다는 것을 새겨서 두자.

이제, 구간 $(-1,1)$ 안에 있는 유리수를 모두 늘어 놓은 것[111]을 $\{\alpha_i\}_{i=1}^{\infty}$라고 두자.

정리 2.부.8 비탈리 집합 $\mathbb{V}_0$은

$$(0,1) \ \subset \ \bigcup_{i=1}^{\infty} T_{\alpha_i}\mathbb{V}_0 \ \subset \ (-1,2) \tag{2.부.35}$$

를 만족시킨다. ■■

증명 먼저, $\mathbb{V}_0$ 안에 있는 점 x를 어떻게 고르더라도 $0 < x < 1$인데, $-1 < \alpha_i < 1$이므로, $-1 < \alpha_i + x < 2$이다. 곧, $T_{\alpha_i}x \in (-1,2)$이고, 따라서

$$\bigcup_{i=1}^{\infty} T_{\alpha_i}\mathbb{V}_0 \ \subset \ (-1,2) \tag{2.부.36}$$

이다. 다음에, $(0,1)$ 안에 있는 점 x를 어떻게 고르더라도, (2.부.32)에서 보았듯이 t를 알맞게 잡으면 $x \in \Gamma_t = \{t+q\}$이다. 그러면 $x-t$는 유리수이므로 앞에서 이미 보았듯이 $\Gamma_t = \Gamma_x$이고, $x \in \Gamma_t = \Gamma_x$이다. 이제, $\Gamma_x \cap \mathbb{V}_0 \neq \emptyset$이므로 $\Gamma_x \cap \mathbb{V}_0$ 안에 있는 점을 하나 잡아 y라고 두면 $y = x+q$이고, 따라서 $y - x \in \mathbb{Q}$이다. 이때, $0 < x, y < 1$이므로 $y-x$는 $(-1,1)$ 안에 있는 유리수이고 $y - x = \alpha_i$라고 둘 수 있다. 곧, $x = y - \alpha_i = T_{-\alpha_i}y \in T_{-\alpha_i}\mathbb{V}_0$이다. 따라서,

$$(0,1) \ \subset \ \bigcup_{i=1}^{\infty} T_{\alpha_i}\mathbb{V}_0 \tag{2.부.37}$$

이다. 끝으로, (2.부.36)과 (2.부.37)에서 $(0,1) \subset \bigcup_{i=1}^{\infty} T_{\alpha_i}\mathbb{V}_0 \subset (-1,2)$이다. □

정리 2.부.9 집합 $\{T_{\alpha_i}\mathbb{V}_0\}_{i=1}^{\infty}$는 모두 서로 배반이다. 곧, $i \neq j$이면

$$(T_{\alpha_i}\mathbb{V}_0) \cap \left(T_{\alpha_j}\mathbb{V}_0\right) \ = \ \emptyset \tag{2.부.38}$$

이다. ■■

[110]axiom of choice. 고르기 공리는 "비지 않은 집합 $B \subset A$를 어떻게 고르더라도 $f(B) \in B$인 고르기 함수 $f : 2^A \to A$가 어떤 집합 A에도 존재한다."라고 쓸 수 있다. 고르기 공리는 여러 가지 다른 꼴로 쓸 수 있으며, 뜻매김 2.부.12는 "집합의 S의 분할 가운데에서 비지 않은 집합으로만 이루어진 것을 $\mathbb{P}_S$라고 두면, $\mathbb{P}_S$ 안의 어떤 집합과 곱집합하여도 그 결과가 홑원소 집합인 집합 B가 존재한다."라는 꼴을 바탕으로 한 것이다.

[111]enumeration

증명 귀류법으로 보이자. 먼저, $i \neq j$일 때, 곧 $\alpha_i \neq \alpha_j$일 때, 곱집합 $(T_{\alpha_i}\mathbb{V}_0) \cap (T_{\alpha_j}\mathbb{V}_0)$이 빈 집합이 아니라고 두자. 이제, 이 곱집합의 원소 하나를 y라고 두면, $x, x' \in \mathbb{V}_0$일 때 $y = x + \alpha_i = x' + \alpha_j$일 것이다. 여기에서, $x - x' = \alpha_j - \alpha_i$는 유리수이므로 $\Gamma_x = \Gamma_{x'}$이다. 그러므로, $\mathbb{K}$의 뜻매김에서 $x = x'$이고, 따라서 $\alpha_i = \alpha_j$인데, 이것은 $\alpha_i \neq \alpha_j$라는 것과 모순이다. 그러므로, $(T_{\alpha_i}\mathbb{V}_0) \cap (T_{\alpha_j}\mathbb{V}_0) = \emptyset$이다. □

정리 2.부.10 집합 $\{T_{\alpha_i}\mathbb{V}_0\}_{i=1}^{\infty}$는 어느 것도 르벡 측도로 잴 수 없는 집합이다. 곧, i를 어떻게 고르더라도 $T_{\alpha_i}\mathbb{V}_0 \notin \mathfrak{M}(\mu)$이다. ■■

증명 다시 귀류법을 쓰자. 집합 $\{T_{\alpha_i}\mathbb{V}_0\}_{i=1}^{\infty}$를 잴 수 있다고 두면, 측도의 성질로[112] 말미암아 그 측도는 다 같다. 따라서, $T_{\alpha_i}\mathbb{V}_0$의 르벡 측도를 $\mu(T_{\alpha_i}\mathbb{V}_0) = \beta$라고 두면, (2.부.35)에서

$$\mu((0,1)) \ \leq \ \mu\left(\bigcup_{i=1}^{\infty} T_{\alpha_i}\mathbb{V}_0\right) \ \leq \ \mu((-1,2)) \qquad (2.부.39)$$

이다. 여기에서, $\mu((0,1)) = 1$이고, $\mu((-1,2)) = 3$이다. 또, (2.부.38)에서 보았듯이 묶음 $\{T_{\alpha_i}\mathbb{V}_0\}_{i=1}^{\infty}$는 서로 배반인 집합들이므로 $\mu\left(\bigcup_{i=1}^{\infty} T_{\alpha_i}\mathbb{V}_0\right) = \sum_{i=1}^{\infty} \mu(T_{\alpha_i}\mathbb{V}_0)$, 곧

$$\mu\left(\bigcup_{i=1}^{\infty} T_{\alpha_i}\mathbb{V}_0\right) \ = \ \sum_{i=1}^{\infty} \beta \qquad (2.부.40)$$

이다. 그러므로, (2.부.39)와 (2.부.40)에서

$$1 \ \leq \ \sum_{i=1}^{\infty} \beta \ \leq \ 3 \qquad (2.부.41)$$

이다. 그런데, (2.부.41)은 $\beta = 0$이라고 해도 모순이고, $\beta > 0$이라고 해도 모순이다. 따라서, $\{T_{\alpha_i}\mathbb{V}_0\}_{i=1}^{\infty}$는 어느 것도 – 곧, $\mathbb{V}_0$도 – 르벡 측도로 잴 수 없다. □

---

[112] 측도는 옮김 불변이다. 곧, 실수 x를 어떻게 잡아도 집합 $A = \{a\}$의 측도와 집합 $A + x = \{a + x\}$의 측도는 같다.

연습 문제

문제 2.1 집합 $S = \{a, b, c, d\}$와 S의 부분집합의 묶음 $\mathcal{C} = \{\{a\}, \{b\}\}$를 생각하여 $\mathcal{C}$를 품는 가장 작은 – 곧, $\mathcal{C}$로 만든 – 마당을 얻으시오.

문제 2.2 집합 $S = \{a, b, c, d\}$와 S의 부분집합의 묶음 $\mathcal{C} = \{\{a\}, \{b\}\}$를 생각하여 $\mathcal{C}$를 품는 가장 작은 – 곧, $\mathcal{C}$로 만든 – 시그마 마당을 얻으시오.

문제 2.3 아래와 같은 확률 실험에서 표본공간 S를 얻으시오.

(가) 건전지의 수명을 재는 실험

(나) 구간 $[0, 2]$에서 마음대로 정수 n을 고른 뒤, $[0, n]$에서 마음대로 정수 m을 고르는 실험

(다) 노란 공 둘, 하얀 공 하나, 푸른 공 둘에 각각 숫자 $1, 2, \cdots, 5$가 적혀 있다. 이 공 다섯이 들어 있는 주머니에서 공 하나를 꺼내 그 공에 적혀 있는 수와 빛깔을 알아보는 실험

문제 2.4 두 집합 **가**와 **나**를 생각하여 $P(\textbf{가}) = P(\textbf{나}) = P(\textbf{가나})$일 때, 집합 $\textbf{가나}^c + \textbf{나가}^c$의 확률을 얻으시오.

문제 2.5 제대로 만든 주사위를 한 번 굴려 나오는 수를 읽는 확률 실험을 생각하자. 이제, $\textbf{가} = \{1\}$, $\textbf{나} = \{2, 4\}$, $\textbf{다} = \{1, 3, 5, 6\}$일 때, $P\{\textbf{가} \cup \textbf{나}\}$, $P\{\textbf{가} \cup \textbf{다}\}$, $P\{\textbf{가} \cup \textbf{나} \cup \textbf{다}\}$를 얻으시오.

문제 2.6 표본공간이 실수인 확률 실험에서 사건 $\textbf{가} = (-\infty, r]$과 $\textbf{나} = (-\infty, s]$를 생각하자. 여기에서, $r \leq s$이다.

(가) 사건 $\textbf{다} = (r, s]$를 **가**와 **나**로 나타내시오.

(나) $\textbf{나} = \textbf{가} \cup \textbf{다}$와 $\textbf{가} \cap \textbf{다} = \emptyset$을 보이시오.

문제 2.7 서로 다른 빨간 종이 열 장과 서로 다른 검은 종이 열 장을 아무렇게나 한 줄로 늘어놓을 때 빨간 종이와 검은 종이가 번갈아 놓일 확률을 얻으시오.

문제 2.8 마디 둘 사이에 가지 둘을 나란히 잇는다. 두 가지 가운데에서 하나는 저항 하나이고, 나머지 가지에는 저항이 둘 직렬로 달려 있다. 어느 저항이나 끊길 확률은 p이며 끊김은 독립적으로 일어난다. 이때, 두 마디 사이가 끊길 확률은 얼마인가?

문제 2.9 사건 **가**와 **나**가 독립일 때, $\textbf{가}^c$과 **나**도 독립이고, $\textbf{가}^c$과 $\textbf{나}^c$ 또한 독립이라는 것을 보이시오.

문제 2.10 표본공간이 $S = \{1, 2, 3\}$이고 사건공간이 $\mathcal{F} = 2^S$일 때, $P(\{1\}) > 0$, $P(\{2\}) > 0$, $P(\{3\}) > 0$인 확률측도를 어떻게 잡더라도 S도 아니고 $\emptyset$도 아닌 두 사건은 서로 독립이 아니라는 것을 보이시오.

문제 2.11 두 집합 **가**와 **나**를 생각할 때 아래를 보이시오.

(가) $P(\textbf{가}) = 0$이면 $P(\textbf{가나}) = 0$

(나) $P(\textbf{가}) = 1$이면 $P(\textbf{가나}) = P(\textbf{나})$

문제 2.12 만 원짜리 복권을 한 주에 백 장씩 만들어 판 뒤, 일요일에 당첨 복권을 발표하며, 당첨 복권은 하나이다. 가진 돈이 50만 원일 때 이 돈을 한꺼번에 다 쓰는 것이 당첨 확률이 더 높을지, 한 주에 한 장씩 사는 것이 당첨 확률이 더 높을지 알아보시오.

문제 2.13 제대로 만든 주사위 하나를 두 번 굴리는 실험에서 처음 나온 수가 3일 때, 두 번 던져 나온 수를 더한 것이 7일 확률을 얻으시오.

문제 2.14 제대로 만든 주사위 둘을 굴렸을 때, 작지 않은 수에서 크지 않은 수의 두 배를 뺀 것이 0보다 작을 확률을 얻으시오.

문제 2.15 집합 **마** $= \{1, 2, \cdots, k\}$에서 부분집합 **가**, **나**, **다**를 아무렇게나 얻었다. 이때, **다** $\cap$ (**가** $-$ **나**)$^c = \emptyset$일 확률을 얻으시오.

문제 2.16 정사면체의 네 꼭짓점을 ㄱ, ㄴ, ㄷ, ㄹ이라고 하자. 한 번 움직일 때 한 꼭짓점에서 다른 세 꼭짓점으로 갈 확률이 모두 $\frac{1}{3}$이라고 두자. 꼭짓점 ㄱ에서 시작하여 n번 움직여 닿은 꼭짓점이 ㄱ일 확률 $p_{n,1}$과 ㄴ일 확률 $p_{n,2}$를 얻으시오. 또, $n = 10$일 때의 값 $p_{10,1}$과 $p_{10,2}$를 얻어보시오.

문제 2.17 똑같은 구슬 N개에 숫자 $1, 2, \cdots, N$ 가운데에서 하나씩을 겹치지 않도록 적은 뒤 속이 보이지 않는 주머니에 넣어 두었다. 학번이 $1, 2, \cdots, N$인 학생들이 이 주머니에서 구슬을 하나씩 꺼낸다. 이때, 꺼낸 구슬 번호가 학번과 같으면 제대로 꺼냈다고 두자.
(가) 아무도 구슬을 제대로 꺼내지 못할 확률을 얻으시오.
(나) 조건부 확률을 써서 (가)의 확률을 다시 얻어보시오.
(다) 구슬을 제대로 꺼낸 학생 수가 k일 확률을 얻으시오.

문제 2.18 수 직선에서 구간 $[0, 1]$을 생각하자. 이 구간에 마음대로 두 점을 찍었을 때, 그 두 점 사이의 거리가 $\frac{1}{2}$보다 작을 확률을 얻으시오.

문제 2.19 사건공간 $S = \{$모든 자연수의 짝 $(i, j)\}$와 확률 함수

$$P(k, m) = \alpha(1-p)^{k+m-2} \qquad (2.문.1)$$

이 이루는 확률공간을 생각하자. 여기에서, α는 상수이다.
(가) 상수 α를 얻으시오. 또, 확률 $P\{(k, m) : k \ge m\}$을 얻으시오.
(나) 확률 $P\{(k, m) : k + m = r\}$을 $r \in \{2, 3, \cdots\}$의 함수로 얻으시오. 결과가 확률 함수라는 것을 보이시오.
(다) 확률 $P\{(k, m) : k$는 홀수$\}$를 얻으시오.

문제 2.20 사건 **가**와 **나**에서 $P($**가**$) = 0.7$이고 $P($**나**$) = 0.5$이며 $P\left([\text{가} \cup \text{나}]^c\right) = 0.1$일 때 $P($**가** $\cap$ **나**$)$, $P($**가**$|$ **나**$)$, $P($**나**$|$ **가**$)$를 얻으시오.

문제 2.21 세 사람이 과녁에 총을 한 발씩 쏜다. 세 사람이 표적을 맞히는 사건을 $\{A_i\}_{i=1}^{3}$이라고 두고, 이 세 사건이 서로 독립이라고 두자. 이제, $P(A_1) = 0.7$, $P(A_2) = 0.9$, $P(A_3) = 0.8$일 때, 두 사람만 표적을 맞힐 확률을 얻으시오.

문제 2.22 회로 부품 검사에서 **가** = {잘못 만든 회로}와 **나** = {잘못 만들었다고 판정된 회로들}이라고 두자. 이때, P(**나**| **가**) $= p$, P (**나**^{c}| **가**^{c}) $= q$, P(**가**) $= r$, 그리고 P(**나**) $= s$라고 하자. 검사는 완벽하지 않아, 두 가지 잘못이 일어날 수 있다. 곧, “잘못 만든 회로를 제대로 만든 회로로 판정한다.”와 “제대로 만든 회로를 잘못 만든 회로로 판정한다.”이다. 모르는 매개변수들인 p, q, r, s를 0 또는 1에 아주 가깝도록 제작 과정과 검사를 고안할 수 있다고 두자.
(가) 매개변수마다 0에 가까운 게 알맞은지 1에 가까운 게 알맞은지 논하시오.
(나) 조건부 확률 P {**나**^{c}| **가**}와 P {**나**| **가**^{c}}의 뜻을 논하시오.
(다) 조건부 확률 P {**가**^{c}| **나**}와 P {**가** |**나**^{c}}의 뜻을 논하시오.
(라) 매개변수 p, q, r, s 값들이 주어졌을 때, (나)와 (다)에 나온 확률들을 계산하시오.
(마) 이 실험의 표본공간 S는 무엇인가?

문제 2.23 표본공간 S의 세 사건을 **가**, **나**, **다**라고 할 때, 벤 다이어그램을 쓰지 말고 다음을 보이시오.
(가) P{**가** ∪ **나**} $=$ P\{**가**\} $+$ P\{**나**\} $-$ P\{**가나**\}.
(나) P{**가**∪**나**∪**다**} $=$ P\{**가**\}$+$$P$\{**나**\}$+$$P$\{**다**\}$+$$P$\{**가나다**\}$-$$P$\{**가나**\}$-$$P$\{**가다**\}$-$$P$\{**나다**\}.
(다) 위를 일반화하여 사건 $\{A_i\}_{i=1}^n$에서 다음을[113] 보이시오.

$$P\left\{\bigcup_{i=1}^{n} A_i\right\} \leq \sum_{i=1}^{n} P\{A_i\}. \tag{2.문.2}$$

문제 2.24 표본공간 S와 사건 E, F, $\{B_i\}_{i=1}^{\infty}$를 생각할 때 조건부 확률이 아래와 같이 확률의 세 공리를 만족시킨다는 것을 보이시오.
(가) $0 \leq P(E|F) \leq 1$.
(나) $P(S|F) = 1$.
(다) 사건 열 $B_1, B_2, \cdots$이 서로 배반이면 $P\left(\bigcup_{i=1}^{\infty} B_i \middle| F\right) = \sum_{i=1}^{\infty} P(B_i|F)$.

문제 2.25 사건 $\{A_i\}_{i=1}^n$이 표본공간 S의 분할이라고 두고, B는 S에서의 사건이라고 두자.
(가) 먼저, $i \neq j$일 때 A_i와 A_j가 독립인지 아닌지 설명하시오.
(나) 사건 $\{A_i\}_{i=1}^n$을 써서 B의 분할을 얻으시오.
(다) 전체 확률 정리 $P\{B\} = \sum_{i=1}^{n} P\{B|A_i\} P\{A_i\}$를 보이시오.
(라) 베이스의 정리 $P\{A_k|B\} = \frac{P\{B|A_k\}P\{A_k\}}{\sum_{i=1}^{n} P\{B|A_i\}P\{A_i\}}$를 보이시오.

문제 2.26 속이 보이지 않는 주머니가 둘 있다. 주머니 하나에는 노란 공이 둘, 파란 공이 셋 들어 있고, 다른 주머니에는 노란 공이 하나, 파란 공이 넷 들어 있다. 이제, 이 두 주머니 가운데에서 하나를 아무렇게나 고른 다음, 그 주머니에서 공을 하나 꺼낼 때, 꺼낸 공이 노란 공일 확률을 얻어보시오. 이 문제에서 주머니를 아무렇게나 고른다는 이야기는 두 주머니 가운데에서 어느 주머니를 고를 확률도 다 $\frac{1}{2}$로 같다는 말이다. 주머니마다 고를 확률이 다를 때는 문제 2.27에서 다룬다.

[113] 이 부등식을 합집합 상한이라고 union bound 한다.

문제 2.27 속이 보이지 않는 주머니 $1, 2, \cdots, n$을 생각하자. 주머니 i에는 노란 공이 i개, 파란 공이 $(n-i)$개 들어 있다. 이제, 주머니 i를 고를 확률이 $\frac{2i}{n(n+1)}$라고 두고, 주머니를 하나 골라서 그 주머니에서 공을 하나 꺼낼 때, 꺼낸 공이 노란 공일 확률을 얻으시오.

문제 2.28 여러 사람이 한 자리에 모여 가위바위보로 한 사람을 뽑는다. 이긴 사람이 한 사람이면 그 사람이 뽑히는 것이고, 그렇지 않으면 모두 다시 가위바위보한다고 두자. 여기에서, 누구나 가위, 바위, 또는 보를 낼 확률은 $\frac{1}{3}$씩이고, 다른 사람의 영향을 받지 않는다고 두자. 이제, n 사람이 모여 가위바위보를 시작하여 k번 만에 한 사람을 뽑을 확률 $p_{n,k}$를 얻으시오.

문제 2.29 어느 선거에서 후보 **가**는 n표를, 후보 **나**는 m표를 얻는다. 이제, $n > m$일 때 후보 **가**가 개표하는 동안 줄곧 앞설 확률을[114] 얻으시오.

문제 2.30 시간 0에서 적혈구 하나를 배양하기 시작한다. 적혈구는 1분이 지나면

$$\begin{array}{ll} \text{적혈구 둘,} & \text{확률} = \frac{1}{4}, \\ \text{백혈구 하나, 적혈구 하나,} & \text{확률} = \frac{2}{3}, \\ \text{백혈구 둘,} & \text{확률} = \frac{1}{12} \end{array} \qquad (2.\text{문}.3)$$

처럼 바뀐다. 새 적혈구는 처음 적혈구와 마찬가지로 1분이 지나면 위와 같이 바뀌고, 백혈구는 1분 뒤 사라지며, 이러한 바뀜은 모두 독립이라고 둔다. 이제, 배양 시작 $n + \frac{1}{2}$분 뒤까지 백혈구가 하나도 나타나지 않을 확률 β_0을 얻어보시오.

문제 2.31 제대로 만든 주사위를 n번 굴릴 때 5 또는 6이 k번 나오는 사건 **가**의 확률을 얻으시오.

문제 2.32 부호 0과 1이 이루는 수열 신호를 보내는 이진 통신[115] 전송로[116]를 생각하자. 이 신호의 부호들은 잡음의 영향을 받아 '잘못'이 일어날 수 있다. 곧, 그림 2.문.1에서 볼 수 있듯이 0을 보내도 1로 받을 수 있고, 1을 보내도 0으로 받을 수 있다. 이제, 보낸 부호를 X, 받은 부호를 Y라고 쓰고, 1과 0을 보낼 사전 확률[117]을 $P(X=1)=p$와 $P(X=0)=1-p$라고 두며, 어떤 부호에 미치는 잡음의 영향은 다른 부호에 미치는 잡음의 영향과 아무 관련이 없다고 두자. 또, $i=0,1$일 때 부호 i를 보냈을 때 부호 i를 받을 확률을 $P(Y=i|X=i)=p_{ii}$로 쓰자.

(가) 부호 1을 보냈을 때 잘못이 일어날 확률 $p_{10}=P(Y=0|X=1)$과 부호 0을 보냈을 때 잘못이 일어날 확률 $p_{01}=P(Y=1|X=0)$을 얻으시오.

(나) 잘못이 일어날 확률을 얻으시오.

(다) 부호 1을 받을 확률 $P(Y=1)$과 부호 0을 받을 확률 $P(Y=0)$을 얻으시오.

(라) 사후 확률[118] $P(X=j|Y=k)$를 모두 얻으시오.

---

114 이 문제의 풀이를 투표 정리라고 ballot theorem 부른다.
115 binary communication
116 channel 또는 communication channel
117 *a priori* probability 또는 prior probability
118 *a posteriori* probability 또는 posterior probability

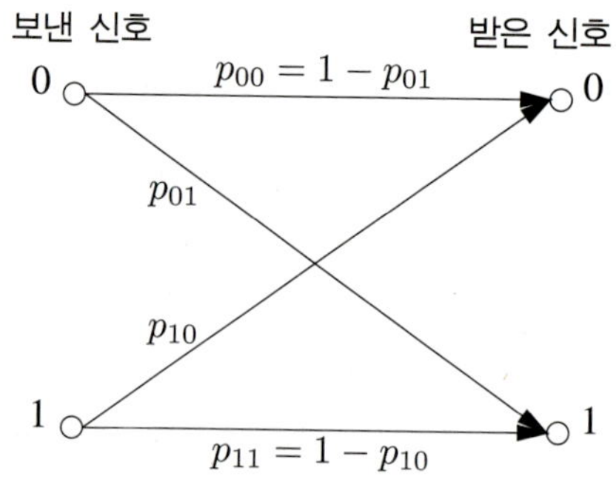

그림 2.문.1 이진 통신 전송로

(마) 이제, $p = 0.5$일 때 $p_{00} = p_{11}$인 대칭 전송로를 생각하여 $P(Y=1)$, $P(Y=0)$, $P(X=1|Y=0)$, $P(X=1|Y=1)$을 얻으시오.

문제 2.33 어떤 주머니 안에 집적회로가 n개 들어 있고 그 가운데에서 m개가 불량이다. 이 주머니에서 집적회로 하나를 아무렇게나 집으면 그 집적회로가 불량일 확률이 $\alpha_1 = \frac{m}{n}$이라는 것을 보기 2.3.8에서 보았다.

(가) 처음 아무렇게나 집은 것을 버리고 하나 더 아무렇게나 집는다고 두자. 처음 집은 것이 불량이고 하나 더 집은 것도 불량일 확률 $\alpha_{1,1}$, 처음 집은 것은 불량이 아니고 하나 더 집은 것은 불량일 확률 $\alpha_{0,1}$, 처음 집은 것은 불량이고 하나 더 집은 것은 불량이 아닐 확률 $\alpha_{1,0}$, 처음 집은 것이 불량이 아니고 하나 더 집은 것도 불량이 아닐 확률 $\alpha_{0,0}$을 얻어보시오.

(나) 위 (가)에서 '처음 아무렇게나 집은 것을 버리고'를 '처음 아무렇게나 집은 것을 주머니 안에 넣고'로 바꿀 때 확률 $\{\alpha_{i,j}\}_{i,j=0}^{1}$을 다시 얻어보시오.

(다) 집적회로 n개 가운데에서 둘을 아무렇게나 집는다고 두자. 이때, 어느 것도 불량이 아닐 확률 β_0, 하나만 불량일 확률 β_1, 둘 다 불량일 확률 β_2를 얻어보시오.

문제 2.34 상자 1에는 낡은 지우개 둘과 새 지우개 셋이, 상자 2에는 낡은 지우개 하나와 새 지우개 여섯이 들어 있다. 이제, "아무렇게나 상자를 하나 골라서 그 상자에서 지우개를 하나 아무렇게나 꺼낸다."는 확률실험을 두 번 시행하되, 처음 꺼낸 것은 버린다고 두자. 이때,

(가) 꺼낸 지우개 둘이 모두 낡은 것일 확률 P_2, 하나는 낡은 것이고 하나는 새 것일 확률 P_1, 꺼낸 지우개 둘이 모두 새 것일 확률 P_0을 얻어보시오.

(나) 꺼낸 지우개 둘이 모두 낡은 것이라고 할 때, 하나는 상자 1에서, 다른 하나는 상자 2에서 나왔을 확률을 얻어보시오.

문제 2.35 부부가 아이를 k사람 둘 확률이 αp^k이다. 여기에서, $0 < p < 1$이다.

(가) 아이의 머리가 곱슬머리임은 다른 아이들과 독립적이고, 그 확률은 b이다. 부부가 곱슬머리 아이를 r사람 둘 확률은 얼마인가?

(나) 아이가 남자 아이일 확률과 여자 아이일 확률은 같다고 두자. 부부가 남자 아이를 r사람 둘 확률을 얻으시오.

(다) 아이가 남자 아이일 확률과 여자 아이일 확률은 같다고 두자. 이제, 부부에게 남자 아이가

적어도 하나 있을 때 남자 아이가 적어도 둘일 확률을 얻으시오.

문제 2.36 식 (2.5.15)에서

$$\lim_{r\to\infty} p(x) = \frac{\lambda^x}{x!}e^{-\lambda} \tag{2.문.4}$$

를 보이시오. 이 식은 $\lim_{r\to\infty} NB\left(r, \frac{r}{r+\lambda}\right) = P(\lambda)$를 뜻한다.

문제 2.37 어떤 사람이 N원짜리 새 자동차를 사려고 돈을 모으고 있다. 이 사람이 가지고 있는 돈은 k원이며, 자동차를 사는 데에 모자라는 나머지 돈을 내기로 따려고 한다. 내기에서는 앞이 나올 확률이 p이고 뒤가 나올 확률이 $q = 1 - p$인 동전을 던져서 앞이 나오면 1원을 따고, 뒤가 나오면 1원을 잃는다. 이제, $0 < k < N$이고 이 사람이 새 차를 살 만큼 돈을 벌 때까지, 또는 가지고 있는 돈을 모두 다 잃을 때까지 이 내기를 이어 할 때, 이 사람이 가지고 있는 돈을 다 잃을 확률은 얼마인가? 이 문제를 내기꾼 파산 문제[119]라고 부른다.

문제 2.38 튤립 알뿌리가 스물다섯 개씩 들어 있는 봉지가 커다란 상자 안에 많이 들어 있다. 전체 봉지 가운데에서 $\frac{3}{4}$에는 빨간 튤립 알뿌리가 다섯 개, 노란 튤립 알뿌리가 스무 개 들어 있고, 나머지 $\frac{1}{4}$에는 빨간 튤립 알뿌리가 열다섯 개, 노란 튤립 알뿌리가 열 개 들어 있다. 이제, 봉지 하나를 마음대로 고르고, 그 봉지에서 알뿌리 하나를 아무렇게나 골라서 심었을 때, 다음 확률을 얻으시오.

(가) 빨간 튤립 꽃이 필 확률 p_1

(나) 노란 튤립 꽃이 필 확률 p_2

(다) 빨간 튤립 꽃이 피었을 때, 고른 봉지가 빨간 알뿌리가 열다섯 개, 노란 튤립 알뿌리가 열 개 담긴 것이었을 조건부 확률

문제 2.39 표본공간이 $\Omega = \mathbb{J}_0 = \{0, 1, \cdots\}$인 확률공간에서 확률질량함수가

$$p(x) = \begin{cases} 5c^2 + c, & x = 0; \quad 3 - 13c, \quad x = 1; \\ c, & x = 2; \quad 0, \qquad\qquad \text{그 밖에는} \end{cases} \tag{2.문.5}$$

일 때, 상수 c를 정하시오.

문제 2.40 표준 정규 확률밀도함수를 $g(x)$라고 두고

$$Q(x) = \frac{1}{\sqrt{2\pi}} \int_x^\infty \exp\left(-\frac{t^2}{2}\right) dt \tag{2.문.6}$$

처럼 쓰자. 이제, $x > 0$일 때, 다음을 보이시오.

$$\frac{x}{1+x^2}\, g(x) < Q(x) < \frac{1}{2}\exp\left(-\frac{x^2}{2}\right). \tag{2.문.7}$$

문제 2.41 주머니 k개에 빛깔이 $C_1, C_2, \cdots, C_n$인 공이 들어 있다. 주머니 U_j를 고를 확률이 $P(U_j) = u_j$이고, 주머니 U_j에 들어 있는 공 가운데에서 하나를 집을 때 그 빛깔이 C_i일 확률이 $P(C_i|U_j) = c_{ij}$이다. 여기에서, $\left\{\sum_{i=1}^{n} c_{ij} = 1\right\}_{j=1}^{k}$이고 $\sum_{j=1}^{k} u_j = 1$이다.

---

[119] gambler's ruin problem

(가) 먼저, $\{c_{i1} = c_{i2} = \cdots = c_{ik}\}_{i=1}^{n}$이면 $\{P(U_j) = u_j\}_{j=1}^{k}$가 어떠하더라도 고른 주머니와 집은 공의 빛깔이 서로 독립이라는 – 곧, $\left\{\{P(C_iU_j) = P(C_i)P(U_j)\}_{i=1}^{n}\right\}_{j=1}^{k}$이라는 – 것을 보이시오.

(나) 이제, $n = 2$이고, $k = 3$이며, $u_1 = u_3 = \frac{1}{4}$이고, $u_2 = \frac{1}{2}$일 때, $P(C_1U_1) = P(C_1)P(U_1)$이 성립하는 데에 필요한 조건을 $\{c_{11}, c_{12}, c_{13}\}$으로 나타내시오.

문제 2.42 주머니 1에는 노란 공이 네 개, 파란 공이 다섯 개 들어 있고, 주머니 2에는 노란 공이 하나, 파란 공이 하나 들어 있으며, 주머니 3에는 노란 공이 하나, 파란 공이 둘 들어 있다. 또, 주머니 i를 고를 사건 U_i의 확률은 $P(U_1) = P(U_3) = \frac{1}{4}$, $P(U_2) = \frac{1}{2}$이다. 주머니를 하나 골라서 그 안에서 아무렇게나 공을 하나 집을 때 집은 공이 노란 공일 사건을 Y, 파란 공일 사건을 B라고 두자.

(가) 사건 U_1과 Y는 서로 독립인가? 사건 U_1과 B는 서로 독립인가?

(나) 사건 U_2와 Y는 서로 독립인가? 사건 U_3과 B는 서로 독립인가?

문제 2.43 표본공간이 $\Omega = \{1,2,3,4\}$이고 결과가 나올 확률이 모두 같은 확률실험에서 세 사건 $A_1 = \{1,3,4\}$, $A_2 = \{2,3,4\}$, $A_3 = \{3\}$를 생각하자. 이때 세 사건 A_1, A_2, A_3이 서로 독립인지 아닌지 밝히시오.

문제 2.44 이어지는 실험 둘을 생각하자. 첫 시행에서 나올 수 있는 결과는 **가** 또는 **나**이고, 둘째 시행에서 나올 수 있는 결과는 **다** 또는 **라**이다. 이제, 일어날 수 있는 결과 조합 네 가지의 확률이 $P(\textbf{가다}) = \frac{1}{3}$, $P(\textbf{가라}) = \frac{1}{6}$, $P(\textbf{나다}) = \frac{1}{6}$, $P(\textbf{나라}) = \frac{1}{3}$일 때, **가**와 **다**가 독립인지 아닌지 보이시오.

문제 2.45 두 사람이 어떤 곳에서 10분 넘게 상대방을 기다리지 않고 10시와 11시 사이에 만나기로 하였다. 이 두 사람이 10시와 11시 사이에 독립적으로 그곳에 간다고 할 때 만날 확률을 얻으시오.

문제 2.46 두 아이를 생각해 보자. 어떤 아이든 소녀일 확률이나 소년일 확률이 같다고 두자. 이제, 나이가 더 많은 아이가 소년일 때 두 아이가 다 소년일 확률 p_1과 적어도 한 아이가 소년일 때 두 아이가 모두 소년일 확률 p_2를 얻으시오.

문제 2.47 항아리 1에는 빨간 공이 셋, 하얀 공이 둘 들어 있고, 항아리 2에는 빨간 공이 넷, 하얀 공이 셋 들어 있다. 항아리 1에서 공 하나를 마음대로 꺼낸 뒤 이 공을 항아리 2에 넣는다. 그 뒤, 항아리 2에서 공 하나를 마음대로 꺼내었을 때, 그 공이 빨간 공일 확률을 얻으시오.

문제 2.48 **시**, **지**, **피** 세 사람이 동전을 던지되, 다른 면이 나온 동전을 던진 사람이 이긴다. 다른 면이 나오지 않으면 동전을 모두 다시 던진다.

(가) 경기가 공정함을, 곧 어느 사람이나 이길 가능성은 같음을 보이시오.

(나) 다른 면이 나오지 않은 것은 세는 횟수에 넣지 않고 동전을 열 번 던질 때, **지**가 정확하게 여덟 번 이길 확률과 적어도 여덟 번 이길 확률을 얻으시오.

문제 2.49 마이티라는 놀이는 세 사람, 네 사람, 또는 다섯 사람이 함께 즐기는 놀이이다. 다

표 2.문.1 마이티에서 몇 가지 확률

	(1) **차**가 "내게 조커가 없군."이라고 중얼거림	(2) **차**가 "내게 마이티도 조커도 없군."이라고 중얼거림
(가) 조커가 있을 확률	$\frac{3}{43}=\frac{78}{1118}$, 석 장 뭉치, 0, 뭉치 **차**, $\frac{10}{43}=\frac{260}{1118}$, 나머지 뭉치.	$\frac{3}{43}=\frac{21}{301}$, 석 장 뭉치, 0, 뭉치 **차**, $\frac{10}{43}=\frac{70}{301}$, 나머지 뭉치.
(나) 마이티가 있을 확률	$\frac{63}{1118}$, 석 장 뭉치, $\frac{5}{26}=\frac{215}{1118}$, 뭉치 **차**, $\frac{105}{559}=\frac{210}{1118}$, 나머지 뭉치.	$\frac{3}{43}=\frac{21}{301}$, 석 장 뭉치, 0, 뭉치 **차**, $\frac{10}{43}=\frac{70}{301}$, 나머지 뭉치.
(다) 마이티와 조커 가운데에서 하나만 있을 확률	$\frac{135}{1118}$, 석 장 뭉치, $\frac{5}{26}=\frac{215}{1118}$, 뭉치 **차**, $\frac{190}{559}=\frac{380}{1118}$, 나머지 뭉치.	$\frac{40}{301}$, 석 장 뭉치, 0, 뭉치 **차**, $\frac{110}{301}$, 나머지 뭉치.
(라) 마이티와 조커 적어도 하나가 있을 확률	$\frac{69}{559}=\frac{138}{1118}$, 석 장 뭉치, $\frac{5}{26}=\frac{215}{1118}$, 뭉치 **차**, $\frac{425}{1118}$, 나머지 뭉치.	$\frac{41}{301}$, 석 장 뭉치, 0, 뭉치 **차**, $\frac{125}{301}$, 나머지 뭉치.
(마) 마이티와 조커 둘 다 있을 확률	$\frac{3}{1118}$, 석 장 뭉치, 0, 뭉치 **차**, $\frac{45}{1118}$, 나머지 뭉치.	$\frac{1}{301}$, 석 장 뭉치, 0, 뭉치 **차**, $\frac{15}{301}$, 나머지 뭉치.

섯 사람이 이 놀이를 즐길 때에는 포커[120]에서 쓰는 서양 딱지 한 벌에 조커[121] 한 장을 보태 딱지를 모두 쉰 세 장 쓴다. 한편, 이 놀이에서 가장 힘이 센 딱지를 마이티라고 부르는데, 보통 삽[122] 에이[123]가 마이티이다[124]. 쉰 세 장을 석 장 뭉치 하나와 열 장 뭉치 다섯으로 나누어 석 장 뭉치는 덮어 두고, **차**, **자**, **아**, **사**, **바**에게 열 장 뭉치를 하나씩 나누어 준다. 여기에서, **차**가 말하는 것은 늘 참이라고 두고, **차**가 (1) "내게 마이티도 조커도 없군."이라고 중얼거렸을 때와 (2) "내게 조커가 없군."이라고 중얼거렸을 때, 아래 확률을 얻어 표 2.문.1에 모아 적어 둔 값과 같다는 것을 보이시오.

(가) 조커가 i째 뭉치에 있을 확률

(나) 마이티가 i째 뭉치에 있을 확률

(다) 마이티와 조커 가운데에서 하나만 i째 뭉치에 있을 확률

(라) 마이티와 조커 가운데에서 적어도 하나가 i째 뭉치에 있을 확률

(마) 마이티와 조커 둘 다 i째 뭉치에 있을 확률

---

[120] poker

[121] joker

[122] spade

[123] A

[124] 다만, 삽을 힘 센 무늬로 정하면 삽 에이 대신 마름모 diamond 에이를 마이티로 삼는다.

문제 2.50 어떤 모임에 남자 서른 사람과 여자 스무 사람이 있다. 남자의 40%와 여자의 60%가 마이티를 친다고 할 때, 마이티를 치는 사람이 남자일 확률을 얻으시오.

문제 2.51 고속도로 요금 내는 곳을 지나는 자동차가 승용차일 확률은 0.5, 트럭일 확률은 0.3, 버스일 확률은 0.2이다. 자동차가 모두 50대 지나갔을 때, 승용차가 30대, 트럭이 15대, 버스가 5대일 확률을 얻으시오.

제 3 장

확률변수

제 3 장 확률변수

앞 장에서 뜻매김한 확률을 바탕으로 이 장에서는 확률변수에 대한 여러 가지 내용을 다룬다.

3.1 분포

3.1.1 확률변수

쉽게 말하면, 확률변수는 정의역이 표본공간인 실수 함수를 일컫는 것이다. 곧, 표본공간 Ω를 생각할 때 확률변수 $X : \Omega \to \mathbb{R}$의 치역을 S_X라고 두면 $S_X = \{x : x = X(s),\ s \in \Omega\} \subset \mathbb{R}$이다. 사실, 확률변수는 '변수'가 아니라 '함수'이지만, 이제까지의 관례를 따라서 이 책에서도 확률변수라고 부른다. 보통, 확률변수는 대문자로 X, Y, $\cdots$과 같이 쓰고, 확률변수의 값은 – 이 값을 실현[1]이라고도 부른다 – x, y, $\cdots$과 같이 소문자로 나타낸다.

뜻매김 3.1.1 확률변수[2]

확률 실험 결과들이 이루는 표본공간 Ω를 생각하자. 이 표본공간 Ω의 원소 ω에 실수값 $x = X(\omega)$를 배정하는 함수 X를 확률변수라고 부른다.

확률변수를 수학적으로 엄밀히 뜻매김하려면 '잴 수 있는 함수'라는 개념이 필요하다.

뜻매김 3.1.2 잴 수 있는 함수[3]

확률공간 $(\Omega,\ \mathcal{F},\ P)$의 표본공간 Ω를 실수 $\mathbb{R}$에 대응시키는 함수 f가

$$B \in \mathcal{B}(\mathbb{R})\text{이면} \quad f^{-1}(B) \in \mathcal{F} \tag{3.1.1}$$

을 만족시키면 함수 f를 잴 수 있는 함수라고 부른다.

식 (3.1.1)에서 $f^{-1}(B) = \{\omega : f(\omega) \in B\}$는 뜻매김 1.2.5에서 다룬 B의 본디 그림자를 나타낸다. 잴 수 있는 함수를 바탕으로 두면 확률변수를 아래와 같이 뜻매김할 수 있다.

---

[1] realization

[2] random variable

[3] measurable function

뜻매김 3.1.3 확률변수

확률공간 위에서 뜻매김한 잴 수 있는 함수를 확률변수라고 부른다.

보기 3.1.1 실수 a를 어떻게 고르더라도 $f^{-1}(\{-\infty, a\})$가 보렐 집합인 실수 함수 f를 보렐 함수라고 부르는데, 보렐 함수는 잴 수 있는 함수의 한 가지이다. ◇

어떤 함수가 확률변수인지를 판단하기는 그리 쉽지 않다. 다만, (가) 확률공간 $(\Omega, \mathcal{F}, P)$에서 사건공간 $\mathcal{F}$가 거듭제곱 집합이면 함수 $f: \Omega \to \mathbb{R}$은 모두 확률변수이고, (나) $\Omega = \mathbb{R}$이고 $\mathcal{F} = \mathcal{B}(\mathbb{R})$인 확률공간 $(\Omega, \mathcal{F}, P)$에서는 우리가 마주치는 함수들 – 연속 함수, 다항식, 계단 함수, 삼각 함수, 잴 수 있는 함수들의 극한, 잴 수 있는 함수들의 최대 최소, $\cdots$ – 거의 모두가 확률변수이다.

보기 3.1.2 표본공간이 $\Omega = \{1, 2, 3\}$이고 사건공간이 $\mathcal{F} = \{\Omega, \emptyset, \{1, 2\}, \{3\}\}$일 때, $f(1) = 1$, $f(2) = 2$, $f(3) = 3$인 함수 f는 $(\Omega, \mathcal{F})$에서 $(\mathbb{R}, \mathcal{B}(\mathbb{R}))$을 잇는 함수이다. 그런데, $\{1\} \in \mathcal{B}(\mathbb{R})$이지만 $f^{-1}(\{1\}) = \{1\} \notin \mathcal{F}$이므로 f는 확률변수가 아니다. ◇

확률변수는 그 값이 어떠한지를 바탕으로 아래와 같이 셋으로 나눌 수 있다.

뜻매김 3.1.4 이산 확률변수, 연속 확률변수, 혼합 확률변수[4]

치역이 셀 수 있는 집합인 확률변수를 이산 확률변수라고 부르고, 치역이 셀 수 없는 집합인 확률변수를 연속 확률변수라고 한다. 또, 이산 확률변수와 연속 확률변수가 섞인 꼴인 확률변수를 혼합 확률변수라고 부른다.

이산 확률변수 가운데에서 치역이 유한한 것을 유한 확률변수[5]라고 부르기도 한다. 연속 확률변수는 확률밀도함수로, 이산 확률변수는 확률질량함수로 확률 특성을 나타낼 수 있다. 한편, 셀 수 있는 집합을 다룬 뜻매김 1.1.22와 이산 확률변수를 다룬 뜻매김 3.1.4를 잘 새겨서 보면, 이산 확률변수의 치역을 $\{0, 1, 2, \cdots\}$ 또는 $\{1, 2, 3, \cdots\}$의 부분집합으로 보아도 좋음을 알 수 있다.

보기 3.1.3 (이산 확률변수) 아래 확률변수 X_1, X_2, Y는 모두 이산 확률변수이다.

(가) 주사위 굴리기 실험에서 나온 주사위 눈을 x라고 할 때 $X_1(x) = x$와

$$X_2(x) = \begin{cases} 0, & x = \text{홀수}, \\ 1, & x = \text{짝수}. \end{cases} \tag{3.1.2}$$

(나) 디지털 통신에서 보낼 부호를 b라고 할 때, $Y(b) = b$. ◇

보기 3.1.4 (연속 확률변수) 아래 확률변수 L, Θ, D는 모두 연속 확률변수이다.

(가) 중심이 원점 O이고 반지름이 1인 동그라미 안에 아무렇게나 찍은 점 Q의 좌표가 (x, y)일 때, 선분 $\overline{OQ}$의 길이 $L(Q) = \sqrt{x^2 + y^2}$. 선분 $\overline{OQ}$와 x 축이 이루는 각 $\Theta(Q) = \tan^{-1}\left(\frac{y}{x}\right)$.

[4] discrete random variable, continuous random variable, mixed-type random variable

[5] finite random variable

(나) 실수 r과 r을 반올림한 수 $\tilde{r}$의 차 $D(r) = |r - \tilde{r}|$. ◇

보기 3.1.5 (혼합 확률변수) 전화를 걸었을 때 상대의 응답이 $g \in \{$받음, 통화하고 있음, 받지 않음$\}$이라고 두자. 그러면 통화 시간 t를 나타내는 확률변수를

$$X(g) = t, \quad t \geq 0 \tag{3.1.3}$$

처럼 쓸 수 있다. 이때, $X = 0$일 때 0보다 큰 확률 $\Pr\{X = 0\}$이 존재하고 $X > 0$에서는 연속이므로 X는 혼합 확률변수이다. ◇

3.1.2 누적분포함수

확률공간 $(\Omega, \mathcal{F}, P)$에서 뜻매김한 확률변수 X의 치역을 A라고 두자. 이제, $B \in \mathcal{B}(A)$일 때, B의 본디 그림자를 $X^{-1}(B)$라고 쓰면

$$\Pr\{B\} = \Pr\left\{X^{-1}(B)\right\} \tag{3.1.4}$$

이다. 이 식은 어떤 사건의 확률이 그 사건의 본디 그림자의 확률과 같음을 뜻하는데, 이 식을 바탕으로 확률변수의 확률측도를 얻을 수 있다.

보기 3.1.6 제대로 만든 주사위를 굴리는 실험을 생각하자. 그러면 $\Omega = \{1, 2, 3, 4, 5, 6\}$이고, $\omega \in \Omega$일 때 $\Pr\{\omega\} = \frac{1}{6}$이라고 둘 수 있다. 이제, 확률변수 X를 $\omega = 1$이면 $X(\omega) = -1$이고, $\omega = 2, 3, 4$이면 $X(\omega) = -2$이며, $\omega = 5, 6$이면 $X(\omega) = -3$이라고 뜻매김하면 $A = \{-3, -2, -1\}$을 얻는다. 이때, $X^{-1}(\{-3\}) = \{5, 6\}$이고, $X^{-1}(\{-2\}) = \{2, 3, 4\}$이며, $X^{-1}(\{-1\}) = \{1\}$이라는 것을 쉽게 알 수 있다. 이제, 확률변수 X의 확률측도를 얻으면 $P_X(\{-3\}) = \Pr\left\{X^{-1}(\{-3\})\right\} = \Pr\{5, 6\} = \frac{1}{3}$이고, $P_X(\{-2\}) = \Pr\{2, 3, 4\} = \frac{1}{2}$이며, $P_X(\{-1\}) = \Pr\{1\} = \frac{1}{6}$이다. ◇

식 (3.1.4)를 바탕으로 확률변수의 분포를 조금 더 엄밀하게 뜻매김한 다음, 분포를 조금 더 쉽게 다룰 수 있도록 누적분포함수를 뜻매김하자. 그 뒤, 확률질량함수나 확률밀도함수가 누적분포함수와 어떻게 이어지는지 살펴 보자. 먼저, 확률공간 $(\Omega, \mathcal{F}, P)$에서 뜻매김한 확률변수 X와 그 치역 $A \subset \mathbb{R}$을 생각하자. 그러면 $B \in \mathcal{B}(A)$일 때, 집합

$$X^{-1}(B) = \{\omega : X(\omega) \in B\} \tag{3.1.5}$$

는 Ω의 부분집합이고, 확률변수의 뜻매김으로 말미암아 사건공간 $\mathcal{F}$의 원소이다. 이제 (3.1.5)에 보인 $X^{-1}(B)$를 바탕으로 확률변수 X의 분포를 뜻매김하면 다음과 같다.

뜻매김 3.1.5 분포[6]

집합 함수

$$\begin{aligned} P_X(B) &= P\left(X^{-1}(B)\right) \\ &= P\left(\{\omega : X(\omega) \in B\}\right), \quad B \in \mathcal{B}(A) \end{aligned} \tag{3.1.6}$$

을, 곧 확률변수 X의 확률측도를, X의 분포라고 부른다.

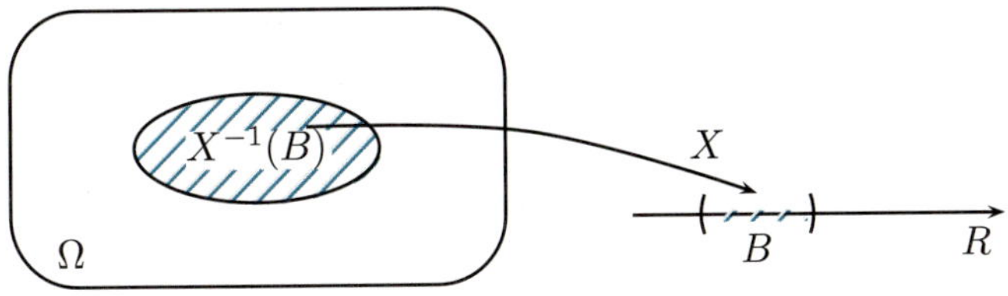

$$P_X(B) = P(\{\omega : X(\omega) \in B\}) = P\left(X^{-1}(B)\right)$$

그림 3.1.1 확률변수 X의 분포

바꾸어 말하면, X의 '확률적 특성'을 지닌 함수를 X의 분포라고 일컫는다. 식 (3.1.6)에서 $\mathcal{B}(A)$는 A의 보렐 시그마 마당을 나타내며 (2.2.11)에서 뜻매김한 바 있다. 식 (3.1.6)이 나타내는 X의 확률측도 P_X는 새로운 확률공간 $(A, \mathcal{B}(A), P_X)$를 이루는 바, 이제는 처음에 시작한 확률공간 $(\Omega, \mathcal{F}, P)$는 잊고, $(\Omega, \mathcal{F}, P)$와 동등하고 표본점 x가 실수인 확률공간 $(A, \mathcal{B}(A), P_X)$만 생각하여도 좋다는 것이다. 식 (3.1.6)이 나타내는 관계를 그림 3.1.1에 나타내었다.

분포는 확률측도와 한가지이므로, 2장에서 보았듯이 확률질량함수나 확률밀도함수로 확률변수의 분포를 나타낼 수 있다. 먼저, 치역 A가 이산 공간인 확률변수 X를 생각하면 확률질량함수 p_X와 분포 P_X를

$$p_X(x) \;=\; P_X(\{x\}), \quad x \in A \tag{3.1.7}$$

과

$$P_X(B) \;=\; \sum_{x \in B} p_X(x), \quad B \in \mathcal{B}(A) \tag{3.1.8}$$

처럼 서로서로 나타낼 수 있다. 한편, 확률변수 X가 연속 확률변수이고, 그 치역이 A이며, 확률밀도함수가 f_X라면,

$$P_X(B) \;=\; \int_B f_X(x)dx, \quad B \in \mathcal{B}(A) \tag{3.1.9}$$

처럼 쓸 수 있다. 위에서 (3.1.9)는 (3.1.8)과 대응하지만, (3.1.7)과 대응하는 연속 확률변수에서의 식은 없다. 다만, 아래에 뜻매김하는 누적분포함수를 바탕으로 이산 확률변수에서는 확률질량함수를 누적분포함수로, 연속 확률변수에서는 확률밀도함수를 누적분포함수로 나타낼 수 있다.

뜻매김 3.1.6 누적분포함수[7]

표본공간 Ω와 확률변수 X를 생각하자. 이제, x가 실수일 때 $A_x = \{s : s \in \Omega, X(s) \leq x\}$라고 두면, $\Pr\{A_x\} = \Pr\{X \leq x\} = P_X((-\infty, x])$이다. 이때, 함수

$$F_X(x) \;=\; P_X((-\infty, x]) \tag{3.1.10}$$

을 확률변수 X의 누적분포함수라고 부른다.

[6] distribution

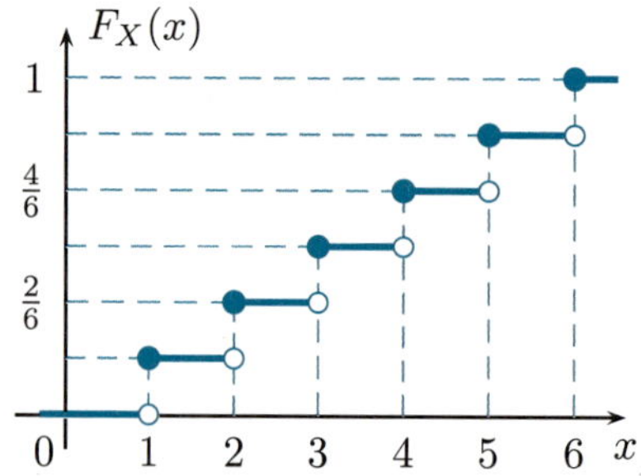

그림 3.1.2 제대로 만든 주사위를 굴려 나온 수 X의 누적분포함수 $F_X(x)$

바꾸어 말하면, 누적분포함수 $F_X(x)$는 확률변수 X가 반 열린 구간 $(-\infty, x]$에 들어갈 확률을 나타내는 함수이다. 보기를 들면, $F_X(2)$는 확률변수 X가 반 열린 구간 $(-\infty, 2]$에 들어갈 확률, 곧 사건 $\{-\infty < X \leq 2\}$의 확률이다.

확률변수의 확률적인 특성은 누적분포함수, 확률밀도함수, 또는 확률질량함수로 나타낼 수 있는데, 이 함수들 가운데에서 어느 것이든 가리킬 때에 분포 함수, 확률 분포 함수, 또는 확률 함수라고 부른다. 다만, 때로는 누적분포함수만을 분포 함수라고 일컫기도 하고, 앞에 나온 2.2.3절에서 말하였듯이 확률 함수는 좁은 뜻에서는 확률측도 P를 가리킨다.

보기 3.1.7 제대로 만든 주사위를 굴려 나온 수를 확률변수 X라고 두자. 그러면 누적분포함수 $F_X(x) = P\{X \leq x\}$는

$$F_X(x) = \begin{cases} 1, & x \geq 6\text{일 때}, \\ \frac{i}{6}, & i \leq x < i+1,\ i = 1, 2, 3, 4, 5\text{일 때}, \\ 0, & x < 1\text{일 때} \end{cases} \tag{3.1.11}$$

이다. 그림 3.1.2에 누적분포함수 $F_X(x)$를 보였다. ◇

보기 3.1.8 구간 $[0, 1]$에서 점 하나를 마음대로 골라서 그 좌표를 확률변수 Y라고 하자. 그러면 $x \geq 1$이면 $P\{Y \leq x\} = 1$이고, $0 \leq x < 1$이면 $P\{Y \leq x\} = x$이며, $x < 0$이면 $P\{Y \leq x\} = 0$이므로 확률변수 Y의 누적분포함수는

$$F_Y(x) = \begin{cases} 1, & x \geq 1\text{일 때}, \\ x, & 0 \leq x < 1\text{일 때}, \\ 0, & x < 0\text{일 때} \end{cases} \tag{3.1.12}$$

이다. 그림 3.1.3에 누적분포함수 $F_Y(x)$를 보였다. ◇

정리 3.1.1 누적분포함수 F는 줄지 않는 함수이다. 곧, $x_1 < x_2$이면 $F(x_1) \leq F(x_2)$이다. 또, $F(-\infty) = 0$이고 $F(\infty) = 1$이다. ■■

[7]cumulative distribution function (cdf) 또는 distribution function (df)

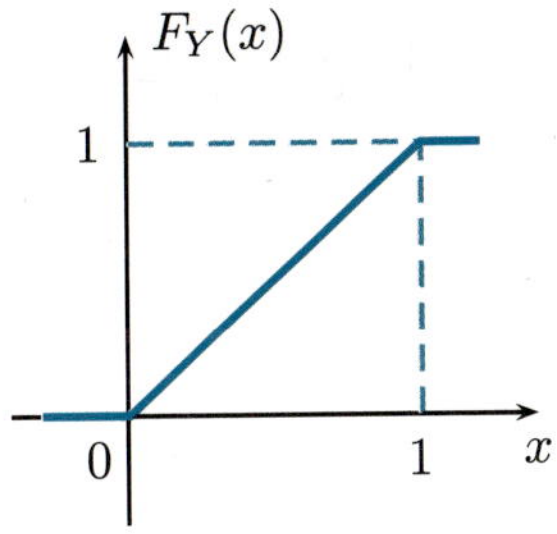

그림 3.1.3 구간 $[0,1]$에서 마음대로 고른 좌표 Y의 누적분포함수 $F_Y(x)$

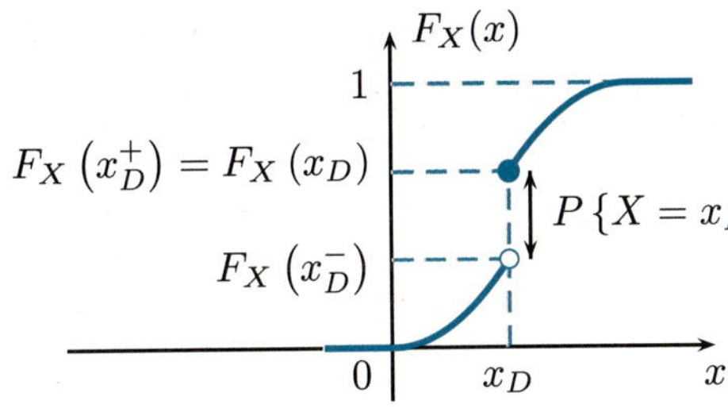

그림 3.1.4 혼합 확률변수의 누적분포함수 보기

한편, 누적분포함수의 뜻매김에서

$$P\{X > x\} \;=\; 1 - F_X(x) \tag{3.1.13}$$

이고, $a \le b$일 때

$$P\{a < X \le b\} \;=\; F_X(b) - F_X(a) \tag{3.1.14}$$

임을 알 수 있다. 이산 확률변수에서, 또 그림 3.1.4에서도 알 수 있듯이 혼합 확률변수에서, 누적분포함수 $F_X(x)$의 불연속 점을 x_D라고 두면 $F_X\left(x_D\right) = F_X\left(x_D^+\right)$이고

$$F_X\left(x_D\right) - F_X\left(x_D^-\right) \;=\; P\left\{X = x_D\right\} \tag{3.1.15}$$

임을 새겨서 둘 만하다. 그러나, 연속 확률변수에서 한 점의 확률은 0이다: 곧, X가 연속 확률변수이면 x가 어떤 값이더라도

$$P\{X = x\} \;=\; 0 \tag{3.1.16}$$

이고

$$F_X\left(x\right) - F_X\left(x^-\right) \;=\; 0 \tag{3.1.17}$$

이다.

정리 3.1.2 누적분포함수 F는 오른쪽에서 연속이다. 곧, $\varepsilon > 0$일 때

$$F(x) \;=\; \lim_{\varepsilon \to 0} F(x+\varepsilon) \tag{3.1.18}$$

이다. ■■

증명 먼저, $\alpha_i \ge \alpha_{i+1}$이고 $\lim_{i\to\infty} \alpha_i = 0$인 주는 열 $\{\alpha_i\}_{i=1}^{\infty}$를 생각하자. 그러면

$$\begin{aligned}\lim_{\varepsilon \to 0} F_X(x+\varepsilon) - F_X(x) \;&=\; \lim_{i\to\infty} \left\{F_X(x+\alpha_i) - F_X(x)\right\} \\ &=\; \lim_{i\to\infty} P\{X \in (x, x+\alpha_i]\} \end{aligned} \tag{3.1.19}$$

이다. 이제, $(x, x+\alpha_i] \supset (x, x+\alpha_{i+1}]$이므로 (2.부.1)에서 $\lim_{i\to\infty} P\{X \in (x, x+\alpha_i]\} = P\Big\{\lim_{i\to\infty} (X \in (x, x+\alpha_i])\Big\} = P\Big\{\bigcap_{i=1}^{\infty} (x, x+\alpha_i]\Big\} = P\{\emptyset\}$, 곧

$$\lim_{i\to\infty} P\{X \in (x, x+\alpha_i]\} \;=\; 0 \tag{3.1.20}$$

이다. 그러므로 $\lim_{\varepsilon\to 0} F_X(x+\varepsilon) = F_X(x)$이다. □

보기 3.1.9 (확률측도와 여러 가지 적분) 확률측도를 P라고 두고 그에 대응하는 누적분포함수를 F라고 두자. 이제, g가 적분할 수 있는 함수일 때

$$\int g\,dP \quad \text{또는} \quad \int g\,dF \tag{3.1.21}$$

을 르벡-스틸체즈 적분이라고 부르며,

$$\int_{[a,b)} g\,dP \;=\; \int_a^b g\,dF \tag{3.1.22}$$

처럼 쓴다. 이때, $F(x) = x$, $x \in [0,1]$이면, 그 측도 P를 정리 2.부.7에서 말하였듯이 르벡 측도라고 부르고,

$$\int_{[a,b)} g\,dx \;=\; \int_a^b g\,dx \tag{3.1.23}$$

은 르벡 적분이다. 특히, g가 $[a,b]$에서 연속이면 르벡-스틸체즈 적분 $\int_a^b g\,dF$는 리만-스틸체즈 적분이 되고, 르벡 적분 $\int_a^b g\,dx$는 리만 적분이 된다. ◇

보기 3.1.7과 3.1.8에서 보았듯이 여러 확률변수의 누적분포함수를 생각할 때에는 F_X, F_Y, $\cdots$ 처럼 아랫첨자를 써서 알아볼 수 있도록 한다. 한편, 분포 P_X가 나타내는 누적분포함수를 F_X, 확률밀도함수를 f_X라고 할 때, 확률변수 X의 분포가 P_X라는 것을 $X \sim P_X$, $X \sim F_X$, 또는 $X \sim f_X$로 쓴다. 보기를 들면, $X \sim P(\lambda)$는 확률변수 X가 매개변수가 λ인 포아송 분포를 따른다는 뜻이고, $X \sim U[a,b)$는 확률변수 X가 구간 $[a,b)$에 고르게 퍼져 있는 확률변수라는 뜻이며, $Y \sim f_Y(t) = e^{-t}u(t)$는 확률변수 Y의 확률밀도함수가 $f_Y(t) = e^{-t}u(t)$라는 뜻이다.

정리 3.1.3 누적분포함수에는 뜀 불연속 점이 많아야 셀 수 있을 만큼 있다. ■■

증명 누적분포함수 $F(x)$가 x_0에서 불연속이라고 두자. 이제, n이 자연수일 때, 뜀이 반 열린 구간 $\left(\frac{1}{n+1}, \frac{1}{n}\right]$ 안에 있는 불연속 점들의 집합을 D_n이라고 두면, D_n에 있는 원소는 많아야 n – 그렇지 않으면, $F(\infty) - F(-\infty) > 1$일 테니 – 개이다. 곧, 뜀이 $\frac{1}{2}$과 1 사이인 불연속 점은 많아야 하나, 뜀이 $\frac{1}{3}$과 $\frac{1}{2}$ 사이인 불연속 점은 많아야 둘, $\cdots$, 뜀이 $\frac{1}{n}$과 $\frac{1}{n-1}$ 사이인 불연속 점은 많아야 $n-1$개, $\cdots$ 있다. 따라서, 불연속 점들은 셀 수 있을 만큼 있다. □

위 정리는, 모든 점에서 오른쪽 연속이거나 왼쪽 연속인 함수에는 불연속 점들이 많더라도 셀 수 있을 만큼만 있다는 조금 더 일반적인 정리나, 단조 실수 함수에는 불연속 점들이 많더라도 셀 수 있을 만큼만 있다는 조금 더 일반적인 정리에서도 알 수 있다.

이제, 누적분포함수의 특성을 바탕으로 앞에서 다룬 연속, 이산, 혼합 확률변수를 다시 뜻매김할 수 있다.

뜻매김 3.1.7 이산, 연속, 혼합 확률변수

누적분포함수가 연속인 확률변수는 연속 확률변수, 누적분포함수가 계단 꼴 함수인 확률변수는 이산 확률변수, 누적분포함수가 불연속이지만 계단 꼴 함수가 아닌 확률변수는 혼합 확률변수이다.

혼합 확률변수의 누적분포함수 보기 하나를 그림 3.1.4에 보였다.

3.1.3 확률밀도함수와 확률질량함수

일반적으로 누적분포함수는 언제나 – 곧, 연속 확률변수, 이산 확률변수, 혼합 확률변수 세 가지 모두에서 – 잘 뜻매김할 수 있다. 확률변수 X의 누적분포함수를 F_X라고 두고, X가 연속 확률변수일 때 그 확률밀도함수를 f_X, X가 이산 확률변수일 때 그 확률질량함수를 p_X라고 두자. 그러면 연속 확률변수에서는 확률밀도함수 f_X를 바탕으로, 이산 확률변수에서는 확률질량함수 p_X를 바탕으로 누적분포함수 $F_X(x) = P_X((-\infty, x])$를

$$F_X(x) = \begin{cases} \int_{-\infty}^{x} f_X(y)dy, & X\text{가 연속 확률변수일 때,} \\ \sum\limits_{y=-\infty}^{x} p_X(y), & X\text{가 이산 확률변수일 때} \end{cases} \tag{3.1.24}$$

처럼 나타낼 수 있다. 또, 혼합 확률변수의 누적분포함수 F_X는 확률밀도함수와 확률질량함수를 써서, $0 < \alpha < 1$일 때

$$F_X(x) = \alpha \sum_{k \le x} p_X(k) + (1-\alpha) \int_{-\infty}^{x} f_X(y)dy \tag{3.1.25}$$

처럼 나타낼 수 있다. 식 (3.1.25)가 우리에게 실제로 필요할 만큼 충분히 일반적인 누적분포함수 꼴이다. 다만, 부록 3.1에서 조금 더 이야기하듯이 가장 일반적으로는 누적분포함수를 절대 연속 함수, 이산 함수, 특이 함수의 가중합으로 쓸 수 있다. 한편, 확률변수 X의 누적분포함수가 F_X일 때 사건 B의 확률 $P_X(B) = \int_B dF_X(x)$는

$$P_X(B) = \begin{cases} \int_B f_X(x)dx, & X\text{가 연속 확률변수일 때,} \\ \sum\limits_{x \in B} p_X(x), & X\text{가 이산 확률변수일 때} \end{cases} \tag{3.1.26}$$

처럼 얻을 수 있다.

보기 3.1.10 (레일리 확률변수의 누적분포함수) 레일리 확률변수 R의 확률밀도함수는 $f_R(x) = \frac{x}{\alpha^2} \exp\left(-\frac{x^2}{2\alpha^2}\right) u(x)$이고, 누적분포함수는 $F_R(x) = \int_{-\infty}^{x} \frac{t}{\alpha^2} \exp\left(-\frac{t^2}{2\alpha^2}\right) u(t)dt$, 곧

$$F_R(x) = \left\{1 - \exp\left(-\frac{x^2}{2\alpha^2}\right)\right\} u(x) \tag{3.1.27}$$

이다. 이때, $\alpha = 1$이면, 사건 $\{1 < R < 2\}$의 확률은 $\int_1^2 f_R(t)dt = F_R(2) - F_R(1) = \sqrt{e^{-1}} - e^{-2} \approx 0.4712$이다. ◇

정리 3.1.4 확률변수 X의 확률밀도함수 f_X가 짝함수이면, 곧, $f_X(x) = f_X(-x)$이면

$$1 - F_X(x) = F_X(-x) \tag{3.1.28}$$

이다. ■■

증명 먼저, $f_X(x) = f_X(-x)$이므로 $P\{X > x\} = \int_x^\infty f_X(y)dy = \int_{-x}^{-\infty} f_X(-t)(-dt) = \int_{-\infty}^{-x} f_X(t)dt = F_X(-x)$이다. 그러므로, (3.1.13)을 새기면 (3.1.28)을 알 수 있다. □

보기 3.1.11 (겹 지수 확률변수와 로지스틱 확률변수의 누적분포함수) 확률밀도함수가, $k > 0$일 때 $f_L(x) = \frac{ke^{-kx}}{(1+e^{-kx})^2}$인 로지스틱 분포와, $\lambda > 0$일 때 $f_D(x) = \frac{\lambda}{2}e^{-\lambda|x|}$인 겹 지수 분포를 생각하자. 이 분포들의 누적분포함수는 각각

$$F_L(x) = \frac{1}{1+e^{-kx}} \tag{3.1.29}$$

이고,

$$F_D(x) = \begin{cases} \frac{1}{2}e^{\lambda x}, & x \le 0, \\ 1 - \frac{1}{2}e^{-\lambda x}, & x \ge 0 \end{cases} \tag{3.1.30}$$

이다. 로지스틱 분포의 누적분포함수 (3.1.29)와 겹 지수 분포의 누적분포함수 (3.1.30)에서도 정리 3.1.4를 확인할 수 있다. ◇

보기 3.1.12 (코쉬 확률변수의 누적분포함수) 확률밀도함수가 (2.5.28)에 보인 $f_C(r) = \frac{\alpha}{\pi}\left\{(r-\beta)^2 + \alpha^2\right\}^{-1}$인 코쉬 분포의 누적분포함수는

$$F_C(x) = \frac{1}{2} + \frac{1}{\pi}\tan^{-1}\left(\frac{x-\beta}{\alpha}\right) \tag{3.1.31}$$

이다. ◇

거꾸로, 확률변수 X가 연속 확률변수일 때에는

$$\begin{aligned} f_X(x) &= \frac{d}{dx}F_X(x) \\ &= \lim_{\varepsilon \to 0} \frac{1}{\varepsilon} P\{x < X \le x + \varepsilon\} \end{aligned} \tag{3.1.32}$$

처럼 확률밀도함수를 누적분포함수로 나타낼 수 있고, 확률변수 X가 이산 확률변수일 때에는

$$p_X(x_i) = F_X(x_i) - F_X(x_{i-1}) \tag{3.1.33}$$

처럼 확률질량함수를 누적분포함수로 나타낼 수 있다는 것을 (3.1.24)에서 알 수 있다.

한편, 이산 확률변수를 다룰 때에는 거의 확률질량함수만 쓰지만, 계단 함수의 도함수인 충격 함수를 바탕으로 두면 이산 확률변수를 다룰 때에도 확률밀도함수를 생각할 수 있다. 곧, 이산 확률변수 X의 누적분포함수를 F_X, 확률질량함수를 p_X로 쓰면 $F_X(x) = \sum_{x_i \le x} p_X(x_i) = \sum_i p_X(x_i)\, u(x - x_i)$이므로, 이산 확률변수 X의 확률밀도함수 $f_X(x) = \frac{d}{dx}F_X(x)$는

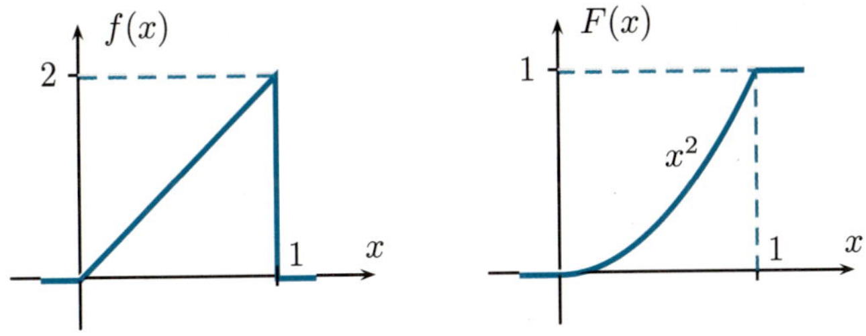

그림 3.1.5 확률밀도함수 $f(x) = 2xu(x)\ u(1-x)$와 그 누적분포함수 $F(x)$

$$
\begin{aligned}
f_X(x) &= \frac{d}{dx}\sum_i p_X(x_i)\, u(x - x_i) \\
&= \sum_i p_X(x_i)\, \delta(x - x_i) \qquad (3.1.34)
\end{aligned}
$$

처럼 쓸 수 있다. 끝으로, 우리가 다루는 확률밀도함수 f에서는 늘

$$\lim_{x\to\pm\infty} f(x) = 0, \qquad (3.1.35)$$

$$\lim_{x\to\pm\infty} f'(x) = 0 \qquad (3.1.36)$$

으로 보아도 좋다는 것을 새겨서 두자.

보기 3.1.13 확률밀도함수 $f(x)$가 구간 $[0,1]$에서 $2x$이고, 그 밖의 구간에서는 0일 때, 그 누적분포함수 $F(x)$를 그리시오.

풀이 먼저, 누적분포함수 $F(x) = \int_{-\infty}^{x} f(t)dt$를 얻으면

$$
F(x) = \begin{cases} 0, & x < 0; \quad x^2, \ 0 \le x < 1; \\ 1, & x \ge 1 \end{cases} \qquad (3.1.37)
$$

이다. 그림 3.1.5에 이 확률밀도함수와 누적분포함수를 보였다. ♢

보기 3.1.14 확률밀도함수가

$$f(x) = \frac{1}{2}\{u(x) - u(x-1)\} + \frac{1}{3}\delta(x-1) + \frac{1}{6}\delta(x-2) \qquad (3.1.38)$$

일 때, 누적분포함수를 얻고 그 꼴을 그리시오.

풀이 먼저, 누적분포함수 $F(x) = \int_{-\infty}^{x} f(t)dt$를 얻으면

$$
F(x) = \begin{cases} 0, & x < 0; \quad \frac{x}{2}, \quad 0 \le x < 1; \\ \frac{5}{6}, & 1 \le x < 2; \quad 1, \quad 2 \le x \end{cases} \qquad (3.1.39)
$$

이다. 그림 3.1.6에 확률밀도함수 (3.1.38)과 누적분포함수 (3.1.39)를 보였다. ♢

보기 3.1.15 제대로 만든 주사위를 한 번 굴릴 때 나오는 수를 확률변수 X라고 두자. 그러면 X의 누적분포함수는 $F_X(x) = \frac{1}{6}\sum_{i=1}^{6} u(x-i)$이고, 이 식을 미분하면 X의 확률밀도함수

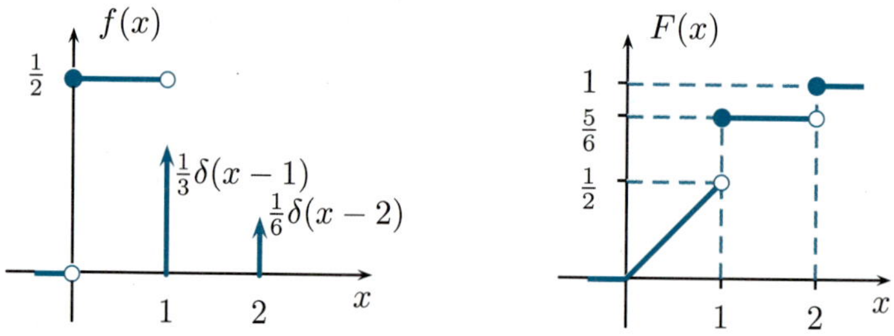

그림 3.1.6 확률밀도함수 $f(x) = \frac{1}{2}\{u(x) - u(x-1)\} + \frac{1}{3}\delta(x-1) + \frac{1}{6}\delta(x-2)$와 그 누적분포함수 $F(x)$

$$f_X(x) \;=\; \frac{1}{6}\sum_{i=1}^{6}\delta(x-i) \tag{3.1.40}$$

을 얻는다. 한편, X의 확률질량함수는

$$p_X(i) \;=\; \begin{cases} \frac{1}{6}, & i = 1, 2, \cdots, 6, \\ 0, & \text{그 밖에는} \end{cases} \tag{3.1.41}$$

이다. ◇

보기 3.1.15에서 보았듯이 확률밀도함수를 써서 연속 확률변수를 다루는 것은 확률질량함수를 써서 이산 확률변수를 다루는 것과 매우 비슷하다. 따라서, 앞으로는 주로 확률밀도함수를 바탕으로 연속 확률변수를 다루도록 한다. 일반적으로 이산 확률변수를 다루는 식은 연속 확률변수를 다루는 식을 바탕으로 쉽게 얻을 수 있다.

보기 3.1.16 보기 2.5.23에서 다룬 (2.5.37)은 혼합 확률변수의 확률밀도함수이다. ◇

보기 3.1.17 어떤 주머니 안에 하얀 공이 W개, 검은 공이 B개 들어 있다. 이 주머니에서 공을 하나씩 n번 꺼내되 꺼낸 공을 다시 넣지 않는다[8]. 꺼낸 공 가운데에서 하얀 공의 수를 확률변수 X라고 할 때, X의 확률질량함수를 얻어보시오.

풀이 꺼낸 공을 다시 넣지 않으므로 $X = k$일 확률은

$$\Pr\{X = k\} \;=\; \frac{{}_B\mathrm{C}_{n-k}\;{}_W\mathrm{C}_k}{{}_{W+B}\mathrm{C}_n} \tag{3.1.42}$$

임을 쉽게 알 수 있다. 이때, $\{0 \le k \le W, 0 \le n-k \le B\}$가 아니면 – 곧, $\max(0, n-B) \le k \le \min(n, W)$가 아니면 – 위 확률은 0이므로, $\check{k} = \max(0, n-B)$라고 쓸 때 X의 확률질량함수를

$$p_X(k) \;=\; \begin{cases} \dfrac{{}_B\mathrm{C}_{n-k}\;{}_W\mathrm{C}_k}{{}_{W+B}\mathrm{C}_n}, & k = \check{k}, \check{k}+1, \cdots, \min(n, W), \\ 0, & \text{그 밖에는} \end{cases} \tag{3.1.43}$$

[8]이때, X의 분포는 초기하 hypergeometric 분포이다.

처럼[9] 쓸 수 있다. 여기에서, $W = 0$이면 $p_X(0) = 1$이고 $k \neq 0$일 때 $p_X(k) = 0$으로, 또 $B = 0$이면 $p_X(n) = 1$이고 $k \neq n$일 때 $p_X(k) = 0$으로 (3.1.43)이 바뀜을 알 수 있다. 한편, 꺼낸 공을 다시 넣는다고 할 때의 분포를 문제 3.5에서 다룬다. ◇

확률변수 X의 확률밀도함수를 f_X, 누적분포함수 F_X라고 두고, 누적분포함수는 오른쪽에서 연속이라는 것을 새기면, (3.1.14)에 보인 사건 $\{x_1 < X \leq x_2\}$의 확률은

$$\begin{aligned} P\{x_1 < X \leq x_2\} &= F_X(x_2) - F_X(x_1) \\ &= \int_{x_1^+}^{x_2^+} f_X(x)dx \end{aligned} \tag{3.1.44}$$

처럼 얻을 수 있다. 여기에서, (3.1.44)와 비슷하게 $P\{x_1 \leq X < x_2\} = \int_{x_1^-}^{x_2^-} f_X(x)dx$이고, $P\{x_1 \leq X \leq x_2\} = \int_{x_1^-}^{x_2^+} f_X(x)dx$이며, $P\{x_1 < X < x_2\} = \int_{x_1^+}^{x_2^-} f_X(x)dx$인데, 확률밀도함수 f_X가 x_1과 x_2에서 충격 함수를 품고 있지 않으면 이 셋은 모두 (3.1.44)와 같다. 한편, (3.1.44)를 쓰면 정리 3.1.1에서 보인 $F(\infty) = 1$을 $\int_{-\infty}^{\infty} f(x)dx = P\{-\infty < X \leq \infty\} = F(\infty) = 1$처럼 다시 볼 수 있다.

보기 3.1.18 확률밀도함수가 $f_Z(z) = \frac{1}{\sqrt{2\pi}} \exp\left(-\frac{z^2}{2}\right)$인 - 곧, 표준 정규 - 확률변수 Z를 생각하자. 그러면 $P\{|Z| \leq 1\} = \int_{-1}^{1} f_Z(z)dz \approx 0.6826$이고, $P\{|Z| \leq 2\} \approx 0.9544$이며, $P\{|Z| \leq 3\} \approx 0.9974$이다. ◇

3.2 확률변수의 함수의 분포

확률변수 X의 확률 특성을 알고 있을 때, 이 확률변수를 잴 수 있는 함수 g로 변환한 새로운 확률변수 $Y = g(X)$의 확률 특성을 생각해 보자.

3.2.1 누적분포함수

확률변수 Y의 누적분포함수 $F_Y(v) = \Pr\{Y \leq v\} = \Pr\{g(X) \leq v\}$는

$$F_Y(v) = \Pr\{x : g(x) \leq v, x \in A\} \tag{3.2.1}$$

이다. 이 식에서 A는 확률변수 X의 표본공간이다. 이제, (3.2.1)을 바탕으로, 확률변수 Y가 연속 확률변수일 때 확률변수 Y의 확률밀도함수를 얻으면

$$f_Y(v) = \frac{d}{dv} F_Y(v) \tag{3.2.2}$$

이고, 확률변수 Y가 이산 확률변수일 때 확률변수 Y의 확률질량함수를 얻으면

[9] 여기에서, p가 0보다 작지 않은 정수이고 q가 정수일 때 $q < 0$ 또는 $q > p$이면 표 1.부.2에서 알 수 있듯이 ${}_p\mathrm{C}_q = 0$이라는 것을 새겨서 $\max(0, n-B) \leq k \leq \min(n, W)$는 $-\infty < k < \infty$로 바꾸어 쓸 수도 있다.

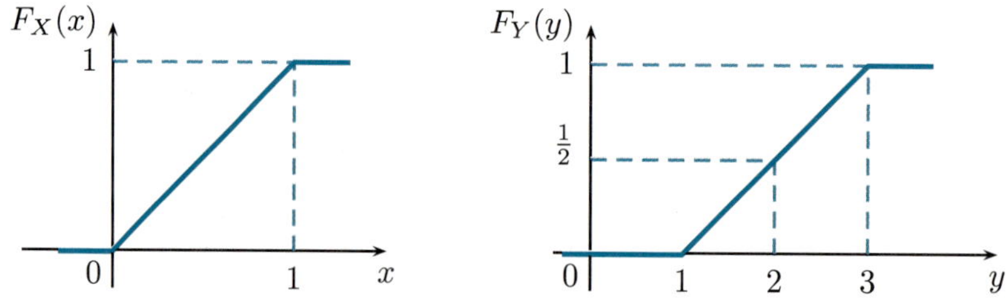

그림 3.2.1 확률변수 X의 누적분포함수 F_X와 $Y=2X+1$의 누적분포함수 F_Y

$$p_Y(v) \;=\; F_Y(v)-F_Y(v-1) \tag{3.2.3}$$

이다. 확률질량함수를 얻는 식 (3.2.3)은 확률변수의 치역을 – 뜻매김 3.1.4 바로 다음에 이야기하였듯이 – 정수의 부분집합으로 보았을 때이고, 조금 더 일반적으로는

$$p_Y(v_i) \;=\; F_Y(v_i)-F_Y(v_{i-1}) \tag{3.2.4}$$

처럼 쓸 수 있다.

보기 3.2.1 (일차 함수) 상수 a가 0이 아닐 때, 확률변수 $Y=aX+b$의 누적분포함수 F_Y를 X의 누적분포함수 F_X로 나타내시오.

풀이 집합 $\{Y\le y\}$는 집합 $\{aX+b\le y\}$와 같다는 것을 바탕으로 누적분포함수의 뜻매김을 새겨서 누적분포함수 $F_Y(y)=P\{Y\le y\}=P\{aX+b\le y\}$를 얻으면

$$\begin{aligned} F_Y(y) \;&=\; \begin{cases} P\left\{X\le \frac{y-b}{a}\right\}, & a>0, \\ P\left\{X\ge \frac{y-b}{a}\right\}, & a<0 \end{cases} \\ &=\; \begin{cases} F_X\left(\frac{y-b}{a}\right), & a>0, \\ P\left\{X=\frac{y-b}{a}\right\}+1-F_X\left(\frac{y-b}{a}\right), & a<0 \end{cases} \end{aligned} \tag{3.2.5}$$

이다. ◇

보기 3.2.2 확률변수 X의 누적분포함수가

$$F_X(x) \;=\; \begin{cases} 0, \;\; x\le 0; \qquad x, \;\; 0\le x\le 1; \\ 1, \;\; x\ge 1 \end{cases} \tag{3.2.6}$$

일 때, 확률변수 $Y=2X+1$의 누적분포함수는

$$F_Y(y) \;=\; \begin{cases} 0, \;\; y\le 1; \qquad \frac{y-1}{2}, \;\; 1\le y\le 3; \\ 1, \;\; y\ge 3 \end{cases} \tag{3.2.7}$$

이다. 그림 3.2.1에 이 누적분포함수들을 보였다. ◇

보기 3.2.3 (역) 확률변수 X가 연속 확률변수일 때, $Y=\frac{1}{X}$의 누적분포함수를 얻어보시오.

풀이 먼저, $\left\{\frac{1}{X}\le y\right\}=\left\{X\le yX^2\right\}=\{(yX-1)X\ge 0\}$이라는 것을 새기면

$$
\begin{aligned}
F_Y(y) &= P\{X(yX-1) \ge 0\} \\
&= \begin{cases} P\left\{X \le 0 \text{ 또는 } X \ge \frac{1}{y}\right\}, & y > 0, \\ P\{X \le 0\}, & y = 0, \\ P\left\{\frac{1}{y} \le X \le 0\right\}, & y < 0 \end{cases} \\
&= \begin{cases} F_X(0) + 1 - F_X\left(\frac{1}{y}\right), & y > 0, \\ F_X(0), & y = 0, \\ F_X(0) - F_X\left(\frac{1}{y}\right), & y < 0 \end{cases}
\end{aligned} \tag{3.2.8}
$$

이다. ◇

보기 3.2.4 (제곱) 상수 a가 0보다 클 때, 확률변수 $Y = aX^2$의 누적분포함수를 X의 누적분포함수 F_X로 나타내시오.

풀이 쉽게 알 수 있듯이, 집합 $\{Y \le y\}$는 집합 $\left\{aX^2 \le y\right\}$와 같으므로 Y의 누적분포함수는 $F_Y(y) = P\{Y \le y\} = P\left\{X^2 \le \frac{y}{a}\right\}$, 곧

$$
F_Y(y) = \begin{cases} 0, & y < 0, \\ P\left\{-\sqrt{\frac{y}{a}} \le X \le \sqrt{\frac{y}{a}}\right\}, & y \ge 0 \end{cases} \tag{3.2.9}
$$

이고, 이 식을 X의 누적분포함수 F_X를 써서 나타내면

$$
\begin{aligned}
F_Y(y) &= \begin{cases} 0, & y < 0, \\ F_X\left(\sqrt{\frac{y}{a}}\right) - F_X\left(-\sqrt{\frac{y}{a}}\right) + \Pr\left\{X = -\sqrt{\frac{y}{a}}\right\}, & y \ge 0 \end{cases} \\
&= \left[F_X\left(\sqrt{\frac{y}{a}}\right) - F_X\left(-\sqrt{\frac{y}{a}}\right) + \Pr\left\{X = -\sqrt{\frac{y}{a}}\right\}\right] u(y)
\end{aligned} \tag{3.2.10}
$$

이다. 여기에서, $u(0) = 1$이라고 둔 셈이다. ◇

보기 3.2.5 보기 3.2.4를 바탕으로 $F_X(x) = \left(1 - \frac{2}{3}e^{-x}\right) u(x)$일 때 $Y = X^2$의 누적분포함수를 얻어보시오.

풀이 먼저, $\alpha = \ln \frac{2}{3}$이라고 두면 $e^{\alpha} = \frac{2}{3}$이다. 또, (3.2.10)에 $\Pr\{X = 0\} = F_X\left(0^+\right) - F_X\left(0^-\right) = \frac{1}{3} - 0 = \frac{1}{3}$이라는 것을 새기면, $x < 0$일 때 $F_Y(x) = 0$이고, $x = 0$일 때 $F_Y(0) = \{1 - \exp(\alpha)\} - \{1 - \exp(\alpha)\} + \Pr\{X = 0\} = \frac{1}{3}$이다. 끝으로, $x > 0$일 때에는, $F_X(\sqrt{x}) = \{1 - \exp(-\sqrt{x} + \alpha)\} u(\sqrt{x}) = 1 - \exp(-\sqrt{x} + \alpha)$와 $F_X(-\sqrt{x}) = \{1 - \exp(\sqrt{x} + \alpha)\} u(-\sqrt{x}) = 0$을 새기면, $F_Y(x) = F_X(\sqrt{x}) - F_X(-\sqrt{x}) = 1 - \exp(-\sqrt{x} + \alpha)$이다. 곧,

$$
F_Y(x) = \left(1 - \frac{2}{3}e^{-\sqrt{x}}\right) u(x) \tag{3.2.11}
$$

이다. 누적분포함수 $F_X(x)$와 $F_Y(x)$를 그림 3.2.2에 보였다. ◇

보기 3.2.6 (제곱근) 확률변수 X가 나타낼 수 있는 값은 0보다 작지 않다. 이때, 확률변수 $Y = \sqrt{X}$의 누적분포함수를 X의 누적분포함수 F_X로 나타내시오.

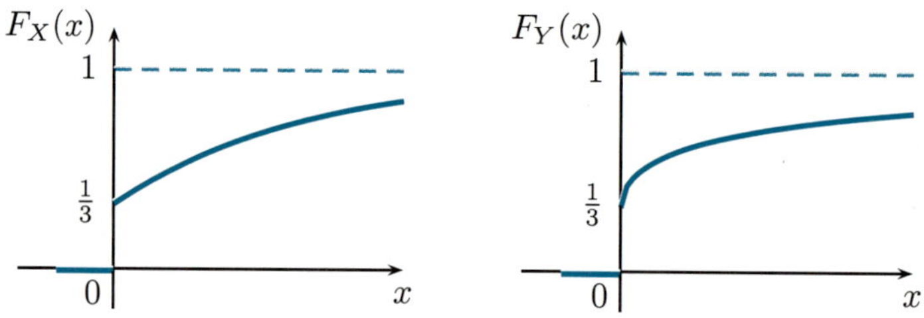

그림 3.2.2 누적분포함수 $F_X(x) = \left(1 - \frac{2}{3}e^{-x}\right) u(x)$와 $Y = X^2$의 누적분포함수 $F_Y(x) = \left(1 - \frac{2}{3}e^{-\sqrt{x}}\right) u(x)$

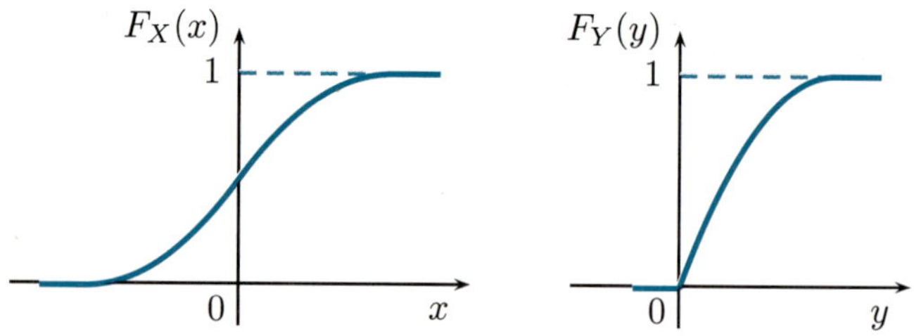

그림 3.2.3 확률변수 X의 누적분포함수 $F_X(x)$와 $Y = |X|$의 누적분포함수 $F_Y(y)$

풀이 누적분포함수의 뜻매김을 바탕으로, $F_Y(y) = \Pr\{Y \le y\} = \Pr\left\{\sqrt{X} \le y\right\}$를 새기면

$$\begin{aligned} F_Y(y) &= \begin{cases} 0, & y < 0, \\ \Pr\left\{X \le y^2\right\}, & y \ge 0 \end{cases} \\ &= F_X\left(y^2\right) u(y) \end{aligned} \tag{3.2.12}$$

을 얻을 수 있다. ◇

보기 3.2.7 (크기, 절댓값) 연속 확률변수 X의 누적분포함수가 F_X일 때, 한 점이 나타내는 확률은 0이라는 것을 새겨서, X의 크기 $Y = |X|$의 누적분포함수 $F_Y(y) = \Pr\{Y \le y\} = \Pr\{|X| \le y\}$를 얻으면

$$\begin{aligned} F_Y(y) &= \begin{cases} 0, & y < 0, \\ \Pr\{-y \le X \le y\}, & y \ge 0 \end{cases} \\ &= \begin{cases} 0, & y < 0, \\ F_X(y) - F_X(-y) + \Pr\{X = -y\}, & y \ge 0 \end{cases} \\ &= \{F_X(y) - F_X(-y)\}\, u(y) \end{aligned} \tag{3.2.13}$$

이다. 누적분포함수 $F_X(x)$와 $F_Y(y)$의 보기 하나를 그림 3.2.3에 보였다. ◇

보기 3.2.8 (제한기) 제한기

$$g(x) = \begin{cases} b, & x \ge b, \\ x, & -b \le x < b, \\ -b, & x < -b \end{cases} \tag{3.2.14}$$

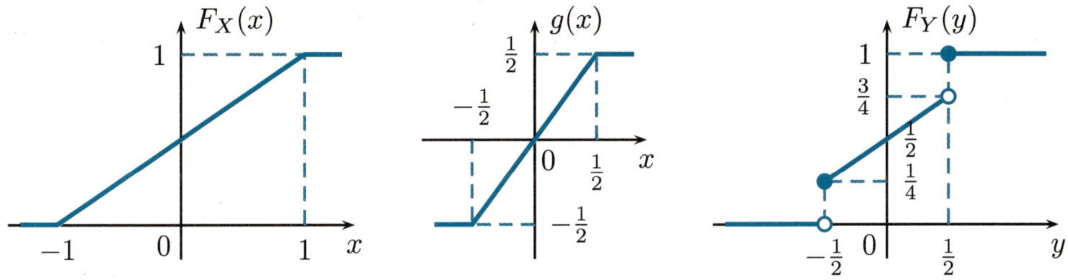

그림 3.2.4 확률변수 X의 분포가 $U(-1,1)$일 때 X의 누적분포함수 F_X, 제한기 $g(x)$, $Y = g(X)$의 누적분포함수 F_Y

를 거친 확률변수 $Y = g(X)$의 누적분포함수를 X의 누적분포함수 F_X로 나타내시오.

풀이 먼저, 확률변수 Y는 $-b$보다 작을 수 없으므로 $y < -b$이면 $F_Y(y) = 0$이고, 확률변수 Y는 b보다 클 수 없으므로 $y \geq b$이면 $F_Y(y) = F_Y(b) = 1$이며, $-b \leq y < b$이면 $F_Y(y) = P\{Y \leq y\} = P\{X \leq y\}$이므로 $F_Y(y) = F_X(y)$이다. 따라서,

$$F_Y(y) = \begin{cases} 1, & y \geq b, \\ F_X(y), & -b \leq y < b, \\ 0, & y < -b \end{cases} \tag{3.2.15}$$

이다. 이 보기에서 다룬 제한기 출력의 누적분포함수 $F_Y(y)$는 어느 점 y에서도 오른쪽에서 연속이고, $y = \pm b$에서 일반적으로 불연속이다. ◇

보기 3.2.9 (고른 확률변수와 제한기) 확률변수 X의 분포가 $U(-1,1)$일 때

$$g(X) = \begin{cases} \frac{1}{2}, & X \geq \frac{1}{2}, \\ X, & -\frac{1}{2} \leq X < \frac{1}{2}, \\ -\frac{1}{2}, & X < -\frac{1}{2} \end{cases} \tag{3.2.16}$$

의 누적분포함수를 얻어보시오.

풀이 식 (3.2.15)를 바탕으로 확률변수 $Y = g(X)$의 누적분포함수를

$$F_Y(y) = \begin{cases} 1, & y \geq \frac{1}{2}, \\ \frac{1}{2}(y+1), & -\frac{1}{2} \leq y < \frac{1}{2}, \\ 0, & y < -\frac{1}{2} \end{cases} \tag{3.2.17}$$

처럼 얻을 수 있다. 그림 3.2.4에 이 누적분포함수를 보였다. ◇

3.2.2 확률밀도함수

먼저, 적분한 두 변수 함수를 미분할 때 쓸모 있는 아래 정리를 새겨서 두자.

정리 3.2.1 라이프니츠 법칙[10] 함수 $a(x)$와 $b(x)$가 미분할 수 있는 함수이고, 두 변수 함수 $g(t,x)$와 $\frac{\partial}{\partial x} g(t,x)$가 x와 t의 연속 함수일 때

[10]Leibnitz's rule

$$\frac{\partial}{\partial x}\int_{a(x)}^{b(x)} g(t,x)dt = g(b(x),x)\frac{db(x)}{dx} - g(a(x),x)\frac{da(x)}{dx} + \int_{a(x)}^{b(x)} \frac{\partial g(t,x)}{\partial x}dt \quad (3.2.18)$$

이다. ■■

보기 3.2.10 함수 $a(x) = x$, $b(x) = x^2$, $g(t,x) = 2t + x$를 생각하자. 그러면 $\int_x^{x^2}(2t + x)dt = x^4 + x^3 - 2x^2$이므로 $\frac{\partial}{\partial x}\int_{a(x)}^{b(x)} g(t,x)dt = 4x^3 + 3x^2 - 4x$이다. 한편, $\frac{\partial g(t,x)}{\partial x} = 1$이므로 $\int_{a(x)}^{b(x)} \frac{\partial g(t,x)}{\partial x}dt = x^2 - x$이다. 따라서, $g(b(x),x) = 2x^2 + x$, $g(a(x),x) = 3x$, $\frac{da(x)}{dx} = 1$, $\frac{db(x)}{dx} = 2x$라는 것을 새기면 $g(b(x),x)\frac{db(x)}{dx} - g(a(x),x)\frac{da(x)}{dx} + \int_{a(x)}^{b(x)} \frac{\partial g(t,x)}{\partial x}dt = 2x\left(2x^2 + x\right) - 3x + x^2 - x = 4x^3 + 3x^2 - 4x$이다. ◇

3.2.2.1 일대일 변환

확률변수 X의 확률밀도함수를 f_X라고 두자. 그러면 $Y = g(X)$의 누적분포함수는 $F_Y(y) = P\{Y \leq y\}$이다. 먼저, 변환 g가 미분할 수 있고 느는 함수이면 $\{Y \leq y\} = \left\{X \leq g^{-1}(y)\right\}$이므로, 누적분포함수 $F_Y(y) = F_X\left(g^{-1}(y)\right)$는

$$F_Y(y) = \int_{-\infty}^{g^{-1}(y)} f_X(t)dt \quad (3.2.19)$$

이고, 따라서 $Y = g(X)$의 확률밀도함수 $f_Y(y) = \frac{d}{dy}F_Y(y) = f_X\left(g^{-1}(y)\right)\frac{dg^{-1}(y)}{dy}$는

$$f_Y(y) = f_X(x)\frac{dx}{dy} \quad (3.2.20)$$

처럼 얻을 수 있다. 여기에서, g^{-1}는 g의 역함수이고, $y = g(x)$이며, $x = g^{-1}(y)$이다. 한편, g가 미분할 수 있고 주는 함수일 때에는, $F_Y(y) = P\{Y \leq y\} = P\left\{X \geq g^{-1}(y)\right\}$이므로, $Y = g(X)$의 누적분포함수는

$$F_Y(y) = \int_{g^{-1}(y)}^{\infty} f_X(t)dt \quad (3.2.21)$$

이고 확률밀도함수 $f_Y(y) = \frac{d}{dy}F_Y(y) = -f_X\left(g^{-1}(y)\right)\frac{dg^{-1}(y)}{dy}$는

$$f_Y(y) = -f_X(x)\frac{dx}{dy} \quad (3.2.22)$$

이다. 따라서, (3.2.20)과 (3.2.22)를 모아 한꺼번에 쓰면 아래 정리를 얻는다.

정리 3.2.2 함수 g가 미분할 수 있고 주는 함수이거나 미분할 수 있고 느는 함수이면, $Y = g(X)$의 확률밀도함수는

$$f_Y(y) = \left.\frac{f_X(x)}{|g'(x)|}\right|_{x=g^{-1}(y)} \quad (3.2.23)$$

이다. ■■

식 (3.2.23)을 $f_Y(y) = \frac{f_X\left(g^{-1}(y)\right)}{|g'(g^{-1}(y))|}$ 또는 $f_Y(y) = \left[f_X(x)\left|\frac{dx}{dy}\right|\right]_{x=g^{-1}(y)}$처럼 쓸 수도 있으며, (3.2.23)을 '상징적으로'

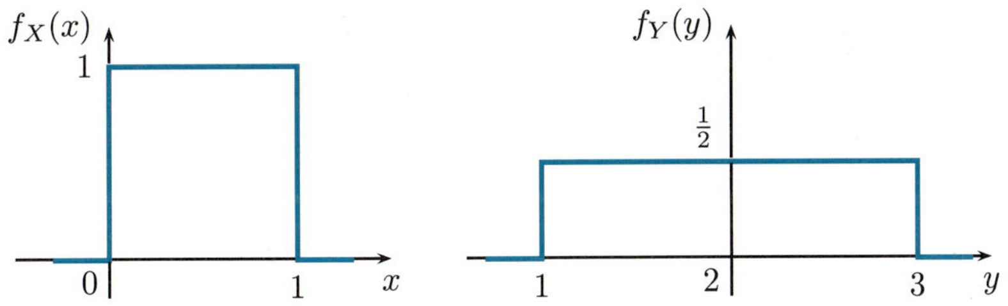

그림 3.2.5 확률변수 $X \sim U[0,1)$의 확률밀도함수 f_X와 $Y = 2X+1$의 확률밀도함수 f_Y

$$f_Y(y)|dy| \;=\; f_X(x)|dx| \tag{3.2.24}$$

처럼 바꾸어 쓰면 조금 더 기억하기 쉽다. 식 (3.2.24)는 '확률 보존의 법칙'을 – 또는 확률 불변의 법칙을 – 나타낸다. 곧, 확률변수 X의 영역 $|dx|$가 g라는 함수를 거쳐 확률변수 $Y = g(X)$의 영역 $|dy|$와 이어진다면, 확률변수 X의 영역 $|dx|$의 확률 $f_X(x)|dx|$가 확률변수 Y의 영역 $|dy|$의 확률 $f_Y(y)|dy|$와 같다는 것이다.

보기 3.2.11 (일차 함수) 실수 a가 0이 아닐 때, 확률변수 $Y = aX+b$를 생각하자. 그러면 함수 $y = g(x) = ax+b$의 역함수는 $x = g^{-1}(y) = \frac{y-b}{a}$이고 $\left|g'\left(g^{-1}(y)\right)\right| = |a|$이므로, (3.2.23)에서

$$f_{aX+b}(y) \;=\; \frac{1}{|a|} f_X\left(\frac{y-b}{a}\right) \tag{3.2.25}$$

를 얻을 수 있다. 이 식은 보기 3.2.1에서 얻은 누적분포함수 (3.2.5)를 미분하여 얻을 수 있는 결과 $f_{aX+b}(y) = \frac{d}{dy}F_{aX+b}(y)$와 같다. 그림 3.2.5에 $X \sim U[0,1)$일 때 확률밀도함수 $f_X(x) = u(x)u(1-x)$와 $Y = 2X+1$의 확률밀도함수 $f_Y(y) = \frac{1}{2}u(y+1)u(3-y)$를 보였다. ◇

보기 3.2.12 식 (3.2.25)를 써서, $X \sim G(\alpha,\beta)$이고 $c>0$일 때, $Y = cX$의 확률밀도함수를 얻어보시오.

풀이 식 (2.5.31)과 (3.2.25)를 쓰면

$$\begin{aligned} f_{cX}(y) \;&=\; \frac{1}{c}\frac{1}{\beta^\alpha\Gamma(\alpha)}\left(\frac{y}{c}\right)^{\alpha-1}\exp\left(-\frac{y}{c\beta}\right)u\left(\frac{y}{c}\right) \\ &=\; \frac{1}{(c\beta)^\alpha\Gamma(\alpha)}y^{\alpha-1}\exp\left(-\frac{y}{c\beta}\right)u(y) \end{aligned} \tag{3.2.26}$$

이다. 곧, $X \sim G(\alpha,\beta)$이고 $c>0$이면 $cX \sim G(\alpha, c\beta)$이다. ◇

보기 3.2.13 (역) 확률변수 $Y = \frac{1}{X}$을 생각하자. 그러면 함수 $y = g(x) = \frac{1}{x}$의 역함수는 $x = g^{-1}(y) = \frac{1}{y}$이고 $\left|g'\left(g^{-1}(y)\right)\right| = y^2$이므로, (3.2.23)에서

$$f_{\frac{1}{X}}(y) \;=\; \frac{1}{y^2} f_X\left(\frac{1}{y}\right) \tag{3.2.27}$$

을 얻을 수 있다. 이 결과는 (3.2.8)을 미분하여 얻을 수도 있다. 그림 3.2.6에 $X \sim U[0,1)$일 때 확률밀도함수 $f_X(x)$와 $Y = \frac{1}{X}$의 확률밀도함수 $f_Y(y)$를 보였다. ◇

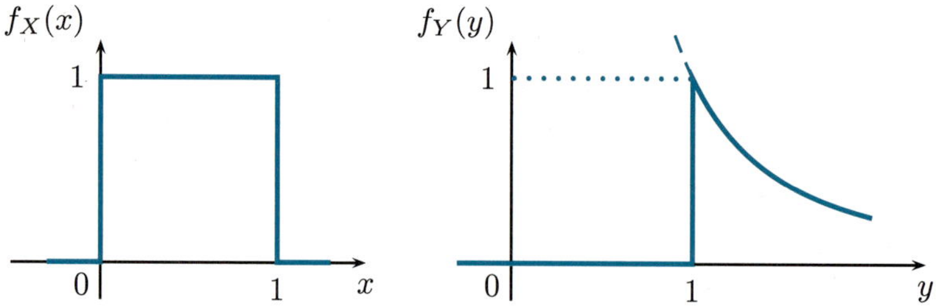

그림 3.2.6 확률변수 $X \sim U[0,1)$의 확률밀도함수 $f_X(x)$와 $Y = \frac{1}{X}$의 확률밀도함수 $f_Y(y)$

보기 3.2.14 확률변수 X의 분포가 코쉬 분포 $C(\alpha)$일 때, $Y = \frac{1}{X}$의 분포를 얻어보시오.

풀이 먼저, $f_X(x) = \frac{\alpha}{\pi}\frac{1}{x^2+\alpha^2}$이므로 (3.2.27)을 쓰면 바로 $f_Y(y) = \frac{1}{\alpha\pi}\frac{1}{y^2+\frac{1}{\alpha^2}}$임을 알 수 있다. 곧, 확률변수 X의 분포가 $C(\alpha)$이면 확률변수 $\frac{1}{X}$의 분포는 $C\left(\frac{1}{\alpha}\right)$이다. ◇

보기 3.2.15 (제곱근) 확률변수 $Y = \sqrt{X}$의 확률밀도함수 f_Y를 확률변수 X의 확률밀도함수 f_X로 나타내시오.

풀이 먼저, $y < 0$이면 $y = \sqrt{x}$의 풀이는 없고, 따라서 $f_Y(y) = 0$이다. 다음으로 $y > 0$이면 $y = \sqrt{x}$의 풀이는 $x = y^2$이고, $g'(x) = \frac{1}{2\sqrt{x}}$이다. 곧,

$$f_{\sqrt{X}}(y) = 2yf_X\left(y^2\right)u(y) \tag{3.2.28}$$

이다. 이 결과는 (3.2.12)에 보인 $F_{\sqrt{X}}(y) = F_X\left(y^2\right)u(y)$를 미분하여 얻을 수 있는 $f_{\sqrt{X}}(y) = 2yf_X\left(y^2\right)u(y) + F_X(0)\delta(y)$와 $y = 0$을 뺀 모든 점에서 같다. 여기에서, $\sqrt{X}$를 뜻매김하려면 $\Pr\{X < 0\} = 0$이어야 하므로, X가 연속 확률변수일 때에는 $F_X(0) = \Pr\{X \leq 0\} = \Pr\{X = 0\} = 0$이고, 따라서 $F_X(0)\delta(y) = 0$이다. 한편, $\Pr\{X < 0\} = 0$이라는 것을 새기면 $x < 0$일 때 $f_X(x) = 0$이므로, $\int_{-\infty}^{\infty} f_{\sqrt{X}}(y)dy = \int_0^{\infty} 2yf_X\left(y^2\right)dy = \int_0^{\infty} f_X(t)dt = \int_{-\infty}^{\infty} f_X(t)dt = 1$이다[11]. ◇

보기 3.2.16 확률변수 X의 확률밀도함수가

$$f_X(x) = \begin{cases} x, & 0 \leq x < 1, \\ 2-x, & 1 \leq x < 2, \\ 0, & x < 0 \text{ 또는 } x \geq 2 \end{cases} \tag{3.2.29}$$

일 때 $Y = \sqrt{X}$의 확률밀도함수를 얻어보시오.

풀이 먼저,

$$f_X\left(y^2\right) = \begin{cases} y^2, & 0 \leq y^2 < 1, \\ 2-y^2, & 1 \leq y^2 < 2, \\ 0, & y^2 < 0 \text{ 또는 } y^2 \geq 2 \end{cases} \tag{3.2.30}$$

[11] 한편, $F_X(0) = \int_{-\infty}^{0} f_X(t)dt$이므로 $\int_{-\infty}^{\infty} f_{\sqrt{X}}(y)dy = \int_0^{\infty} 2yf_X\left(y^2\right)dy + F_X(0) = \int_0^{\infty} f_X(t)dt + \int_{-\infty}^{0} f_X(t)dt = \int_{-\infty}^{\infty} f_X(t)dt = 1$처럼 쓸 수도 있다.

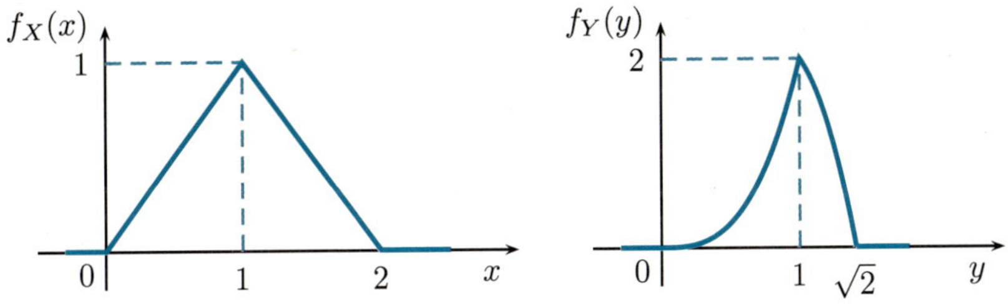

그림 3.2.7 확률변수 X의 확률밀도함수 $f_X(x)$와 $Y=\sqrt{X}$의 확률밀도함수 $f_Y(y)$

임을 새겨서, (3.2.28)을 쓰면 $f_Y(y)=\begin{cases} 2y^3, & 0\le y^2<1, \\ 2y\left(2-y^2\right), & 1\le y^2<2, \\ 0, & y^2<0 \text{ 또는 } y^2\ge 2 \end{cases}$, 곧

$$f_Y(y) = \begin{cases} 2y^3, & 0\le y<1, \\ 2y\left(2-y^2\right), & 1\le y<\sqrt{2}, \\ 0, & y<0 \text{ 또는 } y\ge\sqrt{2} \end{cases} \tag{3.2.31}$$

을 얻을 수 있다. 그림 3.2.7에 이 확률밀도함수를 보였다. ◊

보기 3.2.17 (지수 함수) 확률변수 $Y=e^X$의 확률밀도함수 f_Y를 X의 확률밀도함수 f_X로 나타내시오.

풀이 먼저, $y\le 0$이면 $y=e^x$의 풀이는 없고, 따라서 $f_Y(y)=0$이다. 다음으로, $y>0$이면 $y=e^x$의 풀이는 $x=\ln y$이고 $g'(x)=e^x$이다. 곧, $u(0)=0$이라고 두면

$$f_{e^X}(y) = \frac{1}{y}f_X(\ln y)u(y) \tag{3.2.32}$$

이다. ◊

보기 3.2.18 확률변수 X의 분포가 $N\left(m,\sigma^2\right)$일 때, $Y=e^X$의 분포를 얻어보시오.

풀이 먼저, $f_X(x)=\frac{1}{\sqrt{2\pi}\sigma}\exp\left\{-\frac{(x-m)^2}{2\sigma^2}\right\}$이므로

$$f_Y(y) = \frac{1}{\sqrt{2\pi\sigma^2}\,y}\exp\left\{-\frac{(\ln y-m)^2}{2\sigma^2}\right\}u(y) \tag{3.2.33}$$

인데, 이 확률밀도함수가 나타내는 분포를 대수정규[12] 분포라고 부른다. 그림 3.2.8에 정규 확률변수 $X\sim N\left(0,\sigma^2\right)$의 확률밀도함수 $f_X(x)$와 대수정규 확률변수 $Y=e^X$의 확률밀도함수 (3.2.33)을 보였다. ◊

3.2.2.2 일반적인 변환

위 (3.2.23)에서는 변환 g가 일대일 함수일 때를 다루었다. 이제 조금 더 일반적으로 변환 $y=g(x)$의 풀이가 여럿일 때를 생각해 보자.

[12] lognormal

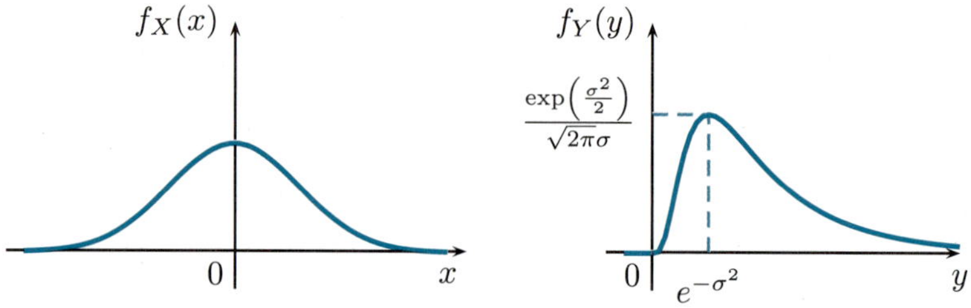

그림 3.2.8 정규 확률변수 $X \sim N\left(0, \sigma^2\right)$의 확률밀도함수 $f_X(x)$와 대수정규 확률변수 $Y = e^X$의 확률밀도함수 $f_Y(y)$

정리 3.2.3 방정식 $y = g(x)$의 풀이가 $x_1, x_2, \cdots$ 이라면 – 곧, $y = g\left(x_1\right) = g\left(x_2\right) = \cdots = \cdots$ 이라면 – 확률변수 $Y = g(X)$의 확률밀도함수는

$$f_Y(y) = \sum_i \frac{f_X\left(x_i\right)}{\left|g'\left(x_i\right)\right|} \tag{3.2.34}$$

처럼 얻을 수 있다. ■■

위 정리를 써서 몇 가지 보기에서 확률밀도함수를 얻어보자.

보기 3.2.19 (제곱) 상수 a가 0보다 클 때 확률변수 $Y = aX^2$의 확률밀도함수 f_Y를 X의 확률밀도함수 f_X로 나타내시오.

풀이 먼저, $y < 0$이면 $y = ax^2$의 풀이는 없고, 따라서 $f_Y(y) = 0$이다. 다음에, $y > 0$이면 $y = ax^2$의 풀이는 $x_1 = \sqrt{\frac{y}{a}}$와 $x_2 = -\sqrt{\frac{y}{a}}$이고, $g'(x) = 2ax$이므로 $\left|g'\left(x_1\right)\right| = \left|g'\left(x_2\right)\right| = 2a\sqrt{\frac{y}{a}}$이다. 곧,

$$f_{aX^2}(y) = \frac{1}{2\sqrt{ay}}\left\{f_X\left(\sqrt{\frac{y}{a}}\right) + f_X\left(-\sqrt{\frac{y}{a}}\right)\right\} u(y) \tag{3.2.35}$$

이다. 이 식은 (3.2.10)에 보인 누적분포함수를 y로 미분하여 얻은 결과와 같다. ◇

보기 3.2.20 확률변수 X의 분포가 $N(0,1)$일 때, $Y = X^2$의 분포를 얻어보시오. 먼저, $f_X(x) = \frac{1}{\sqrt{2\pi}} \exp\left(-\frac{x^2}{2}\right)$이므로 $f_Y(y) = \frac{1}{\sqrt{2\pi y}} \exp\left(-\frac{y}{2}\right) u(y)$이다[13]. ◇

보기 3.2.21 (크기) 확률변수 $Y = |X|$의 확률밀도함수 f_Y를 X의 확률밀도함수 f_X로 나타내시오.

풀이 먼저, $y < 0$이면 $y = |x|$의 풀이는 없고, 따라서 $f_Y(y) = 0$이다. 다음으로, $y > 0$이면 $y = |x|$의 풀이는 $x_1 = y$와 $x_2 = -y$이고 $|g'(x)| = 1$이므로

$$f_Y(y) = \left\{f_X(y) + f_X(-y)\right\} u(y) \tag{3.2.36}$$

이다. 이 식은 (3.2.13)에서 얻은 $F_Y(y)$를 y로 미분한 다음, $\left\{f_X(y) + f_X(-y)\right\} u(y) + \left\{F_X(y) - F_X(-y)\right\} \delta(y) = \left\{f_X(y) + f_X(-y)\right\} u(y) + \left\{F_X(0) - F_X(0)\right\} \delta(y)$를 새겨서 얻는 결과인

[13] 이 확률밀도함수는 자유도가 1인 중심 카이 제곱 확률밀도함수라고 부른다. 중심 카이 제곱 분포는 비중심 카이 제곱 분포와 더불어 5.4.2절에서 조금 더 자세히 다룬다.

$$
\begin{aligned}
f_Y(y) &= \frac{d}{dy}\left[\{F_X(y) - F_X(-y)\}\, u(y)\right] \\
&= \{f_X(y) + f_X(-y)\}\, u(y) \qquad (3.2.37)
\end{aligned}
$$

와 같다. ◇

보기 3.2.22 (삼각함수: 정현) 상수 a가 0보다 크고, θ가 상수이며, $X \sim U[-\pi, \pi)$일 때 X의 정현 함수[14] $Y = a\sin(X+\theta)$의 확률밀도함수 f_Y와 누적분포함수 F_Y를 얻으시오.

풀이 먼저, $y = a\sin(x+\theta)$의 풀이는 $|y| = a$일 때 하나이고 $|y| > a$일 때 없다. 또, $|y| < a$일 때 풀이는 둘이고, 그 둘을 x_1과 x_2라고 두면 $f_X(x_1) = f_X(x_2) = \frac{1}{2\pi}$이다. 그러므로, (3.2.34)를 새기면

$$
f_Y(y) = \frac{1}{\pi\sqrt{a^2 - y^2}} u(a - |y|) \qquad (3.2.38)
$$

임을 알 수 있다. 다음으로, $F_Y(y)$를 얻어보자. 먼저, $y \geq 0$일 때 $\alpha = \sin^{-1}\frac{y}{a}$이고 $0 \leq \alpha < \frac{\pi}{2}$라고 두면, $x_1 = \alpha - \theta$이고 $x_2 = \pi - \alpha - \theta$이므로 $F_Y(y) = P\{Y \leq y\} = P\{-\pi \leq X \leq x_1\} + P\{x_2 \leq X < \pi\}$이다. 여기에서, $P\{-\pi \leq X \leq x_1\} = \frac{1}{2\pi}(x_1 + \pi)$이고 $P\{x_2 \leq X < \pi\} = \frac{1}{2\pi}(\pi - x_2)$이므로 $F_Y(y) = \frac{1}{2\pi}(2\pi + 2\alpha - \pi)$, 곧

$$
F_Y(y) = \frac{1}{2} + \frac{1}{\pi}\sin^{-1}\frac{y}{a} \qquad (3.2.39)
$$

를 얻는다. 그리고, $y < 0$일 때에는 $\beta = \sin^{-1}\frac{y}{a}$이고 $-\frac{\pi}{2} \leq \beta < 0$이라고 두면, $x_1 = \beta - \theta$이고 $x_2 = -\pi - \beta - \theta$이며 $x_1 - x_2 = \pi + 2\beta$이므로 누적분포함수는 $F_Y(y) = P\{Y \leq y\} = P\{x_2 \leq X \leq x_1\} = \frac{1}{2\pi}(\pi + 2\beta)$, 곧

$$
F_Y(y) = \frac{1}{2} + \frac{1}{\pi}\sin^{-1}\frac{y}{a} \qquad (3.2.40)
$$

을 얻는다. 위 (3.2.39)와 (3.2.40)에서

$$
F_Y(y) = \begin{cases} 0, & y \leq -a, \\ \frac{1}{2} + \frac{1}{\pi}\sin^{-1}\frac{y}{a}, & |y| \leq a, \\ 1, & y \geq a \end{cases} \qquad (3.2.41)
$$

임을 알 수 있다[15]. 말할 것도 없이, 누적분포함수 (3.2.41)은 (3.2.38)에서 얻은 확률밀도함수를 적분하여 얻을 수도 있다. 곧, $F_Y(y) = \int_{-\infty}^{y} \frac{u(a-|t|)}{\pi\sqrt{a^2-t^2}} dt$이므로 $y \leq -a$이면 $F_Y(y) = 0$이고, $-a \leq y \leq a$이면 $F_Y(y) = \frac{1}{\pi}\int_{-\frac{\pi}{2}}^{\sin^{-1}\frac{y}{a}} \frac{1}{a\cos\theta} a\cos\theta d\theta = \frac{1}{\pi}\left(\sin^{-1}\frac{y}{a} + \frac{\pi}{2}\right) = \frac{1}{2} + \frac{1}{\pi}\sin^{-1}\frac{y}{a}$이고, $y \geq -a$이면 $F_Y(y) = \frac{1}{2} + \frac{1}{\pi}\sin^{-1} 1 = 1$이다. 그림 3.2.9에 확률밀도함수 $f_X(x)$, 확률밀도함수 $f_Y(y)$, 누적분포함수 $F_Y(y)$를 $a = 2$일 때 보였다. 문제 3.4에서 조금 더 일반적인 때를 다룬다. ◇

[14] sine function. sin

[15] 여기에서, $a < 0$일 때에는, 위 식에 나온 a를 모두 $|a|$로 바꾸어야 한다.

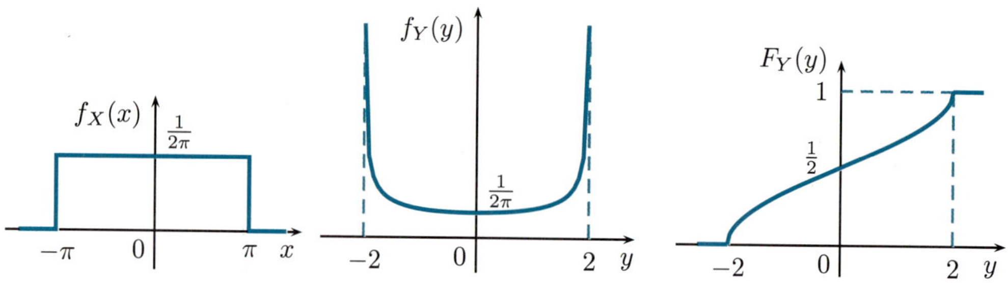

그림 3.2.9 고른 확률변수 $X \sim U[-\pi, \pi)$의 확률밀도함수 $f_X(x)$, $Y = 2\sin(X+\theta)$의 확률밀도함수 $f_Y(y)$, Y의 누적분포함수 $F_Y(y)$

보기 3.2.23 (부호) 연속 확률변수 X의 누적분포함수를 F_X라고 두고 부호[16] 함수

$$\begin{aligned}\operatorname{sgn}(x) &= u(x) - u(-x) \\ &= 2u(x) - 1 \\ &= \begin{cases} 1, & x > 0, \\ 0, & x = 0, \\ -1, & x < 0 \end{cases}\end{aligned} \tag{3.2.42}$$

를 생각하자. 이제, 확률변수 X의 부호 – 또는 부호 통계량[17] – $Z = \operatorname{sgn}(X)$의 분포를 생각해 보자. 먼저, 부호 Z의 누적분포함수 $F_Z(z) = \Pr\{Z \leq z\} = \Pr\{\operatorname{sgn}(X) \leq z\}$는

$$\begin{aligned}F_Z(z) &= \begin{cases} 0, & z < -1, \\ \Pr\{X \leq 0\}, & -1 \leq z < 1, \\ 1, & z \geq 1 \end{cases} \\ &= F_X(0)u(z+1) + \{1 - F_X(0)\}u(z-1)\end{aligned} \tag{3.2.43}$$

이다. 따라서, Z의 확률밀도함수 $f_Z(z) = \frac{dF_Z(z)}{dz}$는

$$f_Z(z) = F_X(0)\delta(z+1) + \{1 - F_X(0)\}\delta(z-1) \tag{3.2.44}$$

이다. 쉽게 알 수 있듯이 Z의 확률질량함수는

$$p_Z(z) = \begin{cases} F_X(0), & z = -1, \\ 1 - F_X(0), & z = 1, \\ 0, & \text{그 밖에는} \end{cases} \tag{3.2.45}$$

이다. ◇

3.2.2.3 변환 찾기

이제까지 다룬 것은 확률변수 X의 누적분포함수 F_X와 변환 g를 알 때 확률변수 $Y = g(X)$의 누적분포함수 F_Y를 얻는 것이었다. 거꾸로, 누적분포함수 F_X와 F_Y를 알고 있을 때, g를 어

[16] sign.
[17] sign 또는 sign statistic

떻게 찾을 수 있을까? 바꾸어 말하면, 누적분포함수가 F_X인 확률변수를 누적분포함수가 F_Y인 확률변수로 바꾸어 주는 변환은 무엇인가?

이 물음은

$$F_X(x) \;\rightarrow\; \text{고른 분포} \;\rightarrow\; F_Y(y) \tag{3.2.46}$$

처럼 고른 분포를 가운데 단계로 두어 쉽게 풀 수 있다. 누적분포함수 F_Y의 역함수 F_Y^{-1}과 누적분포함수 F_X가 연속이고 느는 함수라고 두자. 이제, 확률변수

$$Z \;=\; F_X(X) \tag{3.2.47}$$

을 생각해 보자. 그러면, F_X가 연속이고 느는 함수이므로 $X = F_X^{-1}(Z)$이고 $\{F_X(X) \le z\} = \{X \le F_X^{-1}(z)\}$이다. 따라서, $0 \le z < 1$일 때 Z의 누적분포함수는 $F_Z(z) = P\{Z \le z\} = P\{F_X(X) \le z\} = P\{X \le F_X^{-1}(z)\} = F_X\left(F_X^{-1}(z)\right) = z$이다[18]. 곧,

$$Z \;\sim\; U[0,1) \tag{3.2.48}$$

이고, $0 \le z < 1$일 때 $F_Z(z) = z$이다. 다음에, 확률변수

$$V \;=\; F_Y^{-1}(Z) \tag{3.2.49}$$

를 생각하여 (3.2.48)을 새기면, V의 누적분포함수 $P\{V \le y\} = P\{F_Y^{-1}(Z) \le y\} = P\{Z \le F_Y(y)\} = F_Z(F_Y(y)) = F_Y(y)$를 얻는다. 곧, $X \sim F_X$이면 $V = F_Y^{-1}(Z) = F_Y^{-1}(F_X(X)) \sim F_Y$이다. 이 결과를 아래 정리처럼 나타낼 수 있다

정리 3.2.4 누적분포함수가 F_X인 확률변수를 누적분포함수가 F_Y인 확률변수로 바꾸어 주는 변환은 $g = F_Y^{-1} \circ F_X$이다. ■■

이 결과가 뜻하는 바를 그림 3.2.10에 보였듯이

$$X \sim F_X \;\rightarrow\; F_X(X) \sim U[0,1), \tag{3.2.50}$$

$$Z \sim U[0,1) \;\rightarrow\; F_Y^{-1}(Z) \sim F_Y, \tag{3.2.51}$$

$$X \sim F_X \;\rightarrow\; F_Y^{-1}(F_X(X)) \sim F_Y \tag{3.2.52}$$

처럼 쓸 수 있다. 이 결과는 난수 발생[19]에 쓰인다.

보기 3.2.24 (레일리 분포의 난수 발생) 고른 확률변수 $X \sim U[0,1)$에서 레일리 확률변수 $Y \sim f_Y(y) = \frac{y}{\alpha^2}\exp\left(-\frac{y^2}{2\alpha^2}\right)u(y)$를 얻어보시오.

풀이 먼저, Y의 누적분포함수가 $F_Y(y) = \left\{1 - \exp\left(-\frac{y^2}{2\alpha^2}\right)\right\}u(y)$이므로, (3.2.51)에서 알 수 있듯이 변환 함수는 $g(x) = F_Y^{-1}(x) = \sqrt{-2\alpha^2\ln(1-x)}$이다. 곧, $X \sim U[0,1)$이면 $Y = \sqrt{-2\alpha^2\ln(1-X)}$의 누적분포함수는 $F_Y(y) = \left\{1 - \exp\left(-\frac{y^2}{2\alpha^2}\right)\right\}u(y)$이다. ◇

---

[18] 여기에서, F_X가 연속 함수이므로 (3.부.27)에서 볼 수 있듯이 $F_X\left(F_X^{-1}(z)\right) = z$이다.

[19] random number generation

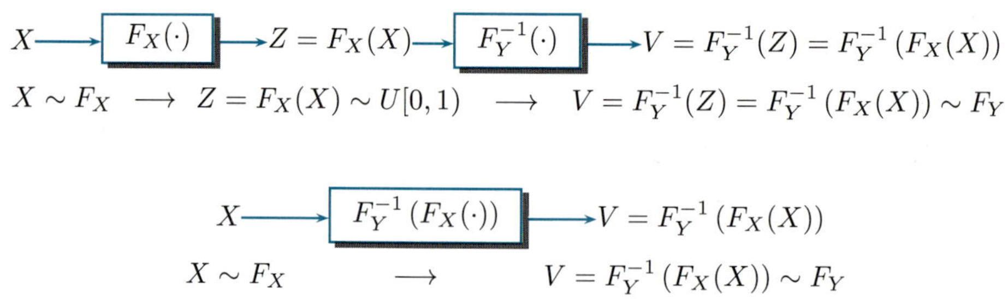

그림 3.2.10 누적분포함수가 F_X인 확률변수를 누적분포함수가 F_Y인 확률변수로 바꾸어 주는 변환

보기 3.2.25 (고른 확률 표본에서 일반적인 이산 확률 표본을 얻는 방법) 분포가 $U(0,1)$인 확률 표본을 X라고 두자. 또 바라는 확률질량함수 $p_Y(y_n) = P(Y = y_n)$을

$$p_Y(y_n) = P(Y = y_n) = \begin{cases} p_n, & n = 1, 2, \cdots, \\ 0, & \text{그 밖에는} \end{cases} \tag{3.2.53}$$

처럼 두자. 그러면 $p_0 = 0$이라고 둘 때

$$\sum_{k=0}^{Y-1} p_k < X \leq \sum_{k=0}^{Y} p_k \tag{3.2.54}$$

를 만족시키는 정수 Y는 확률질량함수가 (3.2.53)인 확률 표본이다. ◇

3.3 기댓값과 적률

확률변수의 확률적 특성은 그 분포로 나타내면 가장 확실하다. 다른 한편으로는, 확률변수의 확률적 특성을 알맞게 요약해 주는 대표적인 숫자 몇 개로 확률변수를 기술할 수밖에 없는 때가 – 보기를 들면, 확률변수의 분포를 모를 때가 – 있는데, 그럴 때에 확률변수의 확률적 특성을 몇 가지 관점에서 나타내는 것들을 살펴 보자.

먼저, 확률변수의 확률적 특성을 나타내는 것 가운데에서 확률변수를 '대표'하는 값을 대푯값 또는 중심값[20]이라고 부르는데, 널리 쓰이는 대푯값은 기댓값, 중앙값, 최빈값이다.

뜻매김 3.3.1 최빈값[21]

확률변수 X가 연속 확률변수이면 그 확률밀도함수를 f_X라고 두고 이산 확률변수이면 그 확률질량함수를 p_X라고 두자. 이때, 실수 x가 어떤 값이더라도

$$f_X(x_{mod}) \geq f_X(x), \quad X\text{가 연속 확률변수일 때,} \tag{3.3.1}$$

$$p_X(x_{mod}) \geq p_X(x), \quad X\text{가 이산 확률변수일 때} \tag{3.3.2}$$

이면, x_{mod}를 확률변수 X의 최빈값이라고 부른다.

[20] central value

최빈값은 확률변수 가운데에서 가장 자주 일어나는 값이라는 뜻이다. 곧, (3.3.1)과 (3.3.2)에서 알 수 있듯이 최빈값은 일어날 확률이 가장 높은 – 또는 확률밀도함수 값이 가장 큰 – 값을 가리킨다.

뜻매김 3.3.2 중앙값[22]

조건 $\Pr\{X \le \alpha\} \ge \frac{1}{2}$과 $\Pr\{X \ge \alpha\} \ge \frac{1}{2}$을 둘 다 만족시키는 수 α를 확률변수 X의 중앙값이라고 부른다.

거칠게 말하면, 중앙값은 누적 확률이 0.5인 점을 가리키는 것인데, 분포가 대칭이면 누적분포함수의 대칭점이 중앙값이다. 중앙값은 기댓값이 없는 분포를 다룰 때 '중심'을 나타내는 역할을 맡는 매개변수로서 중요한 자리를 차지한다. 한편, 중앙값은 $0 < p < 1$일 때 $\Pr\{X \le \xi_p\} \ge p$와 $\Pr\{X \ge \xi_p\} \ge 1-p$를 만족시키는 수 ξ_p로 뜻매김하는 p차 분위수[23]의 – 또는 $100p$ 백분위수[24]의 – 하나이다. 여기에서, 누적분포함수가 F_X인 확률변수 X의 p차 분위수를 ξ_p라고 하면

$$p \;\le\; F_X(\xi_p) \;\le\; p + \Pr\{X = \xi_p\} \tag{3.3.3}$$

이다. 그러므로, $\Pr\{X = \xi_p\} = 0$이면 – 보기를 들어, X가 연속 확률변수이면 – $F_X(x) = p$의 풀이가 ξ_p이다: 이 식의 풀이는 누적분포함수 F_X가 세게 느는 함수일 때에는 오직 하나이지만, 누적분포함수 F_X가 세게 느는 함수가 아니면 여럿 일 – 때로는 셀 수 없을 만큼 많을 – 수 있는데, 그 하나하나가 다 p차 분위수이다.

중앙값과 최빈값은 여럿일 때도 있으며, 중앙값이 여럿일 때에는 그 한가운데를 중앙값으로 보기도 한다.

보기 3.3.1 확률질량함수가 $p_X(1) = \frac{1}{3}$, $p_X(2) = \frac{1}{2}$, $p_X(3) = \frac{1}{6}$이면 $\Pr\{X \le 2\} = \frac{1}{3} + \frac{1}{2} = \frac{5}{6} \ge \frac{1}{2}$이고 $\Pr\{X \ge 2\} = \frac{1}{2} + \frac{1}{6} = \frac{2}{3} \ge \frac{1}{2}$이므로 중앙값은 2이다[25]. 집합 $\{1,2,3,4\}$에 고르게 퍼져 있는 이산 분포에서는 구간 $[2,3]$ 안의 어느 실수도 중앙값이고[26], 최빈값은 $1, 2, 3$, 또는 4이다. ◇

보기 3.3.2 분포가 $N(1,1)$인 확률변수의 최빈값은 1이다. 한편, 확률질량함수가 $p_X(1) = \frac{1}{3}$, $p_X(2) = \frac{1}{2}$, $p_X(3) = \frac{1}{6}$이면 확률변수 X의 최빈값은 2이다. ◇

3.3.1 기댓값

이제, 대푯값으로 가장 널리 쓰이는 기댓값을 다루어 보자.

---

[21] mode

[22] median

[23] quantile of order p

[24] $100p$-th percentile

[25] 여기에서, $\Pr\{X \le x_{med}\} = \Pr\{X \ge x_{med}\}$을 만족시키는 실수 x_{med}를 확률변수 X의 중앙값으로 뜻매김하면 중앙값이 없다.

[26] 여기에서, $\Pr\{X \le x_{med}\} = \Pr\{X \ge x_{med}\}$을 만족시키는 실수 x_{med}를 확률변수 X의 중앙값으로 뜻매김하면 구간 $(2,3)$ 안의 어느 실수도 중앙값이다.

뜻매김 3.3.3 기댓값, 평균[27]

확률변수 X의 누적분포함수를 F_X라고 두자. 이때, $\int_{-\infty}^{\infty} |x|\, dF_X(x) < \infty$이면 $E\{X\} = \int_{-\infty}^{\infty} x dF_X(x)$, 곧

$$E\{X\} = \begin{cases} \int_{-\infty}^{\infty} x f_X(x)dx, & X\text{가 연속 확률변수일 때}, \\ \sum\limits_{x=-\infty}^{\infty} x p_X(x), & X\text{가 이산 확률변수일 때} \end{cases} \tag{3.3.4}$$

를 확률변수 X의 기댓값 또는 평균이라고 부른다.

기댓값은 통계학적 평균 또는 앙상블 평균[28]이라고 부르기도 한다. 또한, $E\{X\}$는 $E(X)$나 $E[X]$처럼 쓰기도 한다.

보기 3.3.3 (고른 확률변수) 확률변수 $X \sim U[a,b)$를 생각하자. 그러면 X의 확률밀도함수는 $f_X(x) = \frac{1}{b-a}u(b-x)u(x-a)$이므로, X의 기댓값은 $E\{X\} = \int_a^b \frac{x}{b-a}dx = \frac{b^2-a^2}{2(b-a)} = \frac{a+b}{2}$이다. 한편, X의 최빈값은 a와 b 사이의 실수 모두이고, X의 중앙값은 평균과 같은 $\frac{a+b}{2}$이다. ◇

보기 3.3.4 (세 대푯값) 꼭짓점이 하나인 확률변수에서 중앙값은 보통 최빈값과 기댓값의 사이에 오지만 어떨 때에는 그렇지 않다. 보기를 들면, 확률변수 X의 확률밀도함수를

$$f(x) = \begin{cases} 0, & x \le 0, \\ x, & 0 < x \le c, \\ ce^{-\lambda(x-c)}, & x > c \end{cases} \tag{3.3.5}$$

처럼 두고, $c \ge 1$이며, $\frac{c^2}{2} + \frac{c}{\lambda} = 1$이라고 두자. 그러면 확률변수 X의 기댓값은 $\mu = \frac{c^3}{3} + \frac{c^2}{\lambda} + \frac{c}{\lambda^2}$이고 중앙값이 1이며, 최빈값은 c이다. 이때, c를 1보다 크지만 충분히 1에 가깝게 잡으면 $\lambda \approx 2$이고 $\mu \approx \frac{13}{12}$이므로, $f(x)$는 꼭짓점이 하나이지만, 그 중앙값은 기댓값보다 작고, 또 최빈값보다 작다. ◇

정리 3.3.1 확률변수 X의 누적분포함수를 F라고 할 때, $\lim\limits_{x\to\infty} x\{1-F(x)\} = 0$은 $E\{X\}$가 존재할 필요조건이다. ■■

증명 먼저, $x\{1-F(x)\}$를 바꾸어 쓰면 $x\{1-F(x)\} = x\left\{\int_{-\infty}^{\infty} f(t)dt - \int_{-\infty}^{x} f(t)dt\right\} = x\int_x^{\infty} f(t)dt$이다. 한편, $E\{X\} = m$이라고 두면, x가 0보다 클 때, $\int_x^{\infty} tf(t)dt \ge x\int_x^{\infty} f(t)dt$이므로

$$\begin{aligned} m &= \int_{-\infty}^{x} tf(t)dt + \int_x^{\infty} tf(t)dt \\ &\ge \int_{-\infty}^{x} tf(t)dt + x\int_x^{\infty} f(t)dt \end{aligned} \tag{3.3.6}$$

이다. 여기에서, $\lim\limits_{x\to\infty} \int_{-\infty}^{x} tf(t)dt = \int_{-\infty}^{\infty} tf(t)dt = m$이므로, $x \to \infty$일 때 (3.3.6)이 성립하려면 $\lim\limits_{x\to\infty} x\int_x^{\infty} f(t)dt \to 0$이어야 함을 알 수 있다. □

[27] expectation, expected value, stochastic average, 또는 mean

[28] statistical average 또는 ensemble average

한편, 문제 3.1에서 보인 (3.문.2)를 바탕으로 어떤 확률변수에서도

$$E\{X\} = \int_0^\infty \Pr\{X > x\}dx - \int_{-\infty}^0 \Pr\{X \leq x\}dx \tag{3.3.7}$$

임을 알 수 있다. 이 식은 $E\{|X|\} < \infty$일 필요충분조건은 $\int_0^\infty \Pr\{X > x\}dx$와 $\int_{-\infty}^0 \Pr\{X \leq x\}dx$가 둘 다 수렴함이라는 뜻이다.

3.3.2 확률변수의 함수의 기댓값

앞에서 다룬 내용을 바탕으로, X의 확률 함수를 알 때 $Y = g(X)$의 기댓값을 얻어보자. 먼저, $Y = g(X)$의 누적분포함수를 F_Y라고 쓰면 확률변수의 함수 $Y = g(X)$의 기댓값은

$$E\{Y\} = \int_{-\infty}^\infty y \, dF_Y(y) \tag{3.3.8}$$

이므로, X의 확률 함수를 바탕으로 Y의 확률 함수를 얻어 $Y = g(X)$의 기댓값을 얻을 수 있다. 한편, $Y = g(X)$이므로 그 기댓값은 $E\{Y\} = E\{g(X)\} = \int_{-\infty}^\infty g(x)dF_X(x)$, 곧

$$E\{Y\} = \begin{cases} \int_{-\infty}^\infty g(x)f_X(x)dx, & \text{연속 확률변수,} \\ \sum\limits_{x=-\infty}^{\infty} g(x)p_X(x), & \text{이산 확률변수} \end{cases} \tag{3.3.9}$$

이다. 식 (3.3.8)과 (3.3.9)는 Y의 기댓값을 얻을 때 쓸 수 있는 방법을 둘 말해 준다. 그 첫째 방법인 (3.3.8)은 X의 확률 함수에서 Y의 누적분포함수를 먼저 얻어 적분하는 방법이다. 둘째 방법인 (3.3.9)는 Y의 누적분포함수를 얻지 않고, X의 누적분포함수를 $g(x)$와 곱하여 적분하는 것이다. 확률변수 Y의 누적분포함수를 얻어야 할 다른 까닭이 없을 때에는 둘째 방법을 쓰면 더 빠르고 쉽게 확률변수 Y의 평균을 얻을 수 있다.

보기 3.3.5 확률변수 $X \sim U[0,1)$을 생각하여 $Y = X^2$의 기댓값을 얻어보시오.

풀이

(방법 1) 먼저, (3.2.35)를 바탕으로 Y의 확률밀도함수를 얻으면 $f_Y(y) = \frac{1}{2\sqrt{y}}\left\{f_X\left(\sqrt{y}\right) + f_X\left(-\sqrt{y}\right)\right\}u(y) = \frac{1}{2\sqrt{y}}\{u(y) - u(y-1)\}$이다. 이제 (3.3.8)을 쓰면 $E\{Y\} = \int_0^1 \frac{y}{2\sqrt{y}}dy = \frac{1}{2}\int_0^1 \sqrt{y}dy = \frac{1}{3}$이다.

(방법 2) 한편, (3.3.9)를 쓰면 바로 $E\{Y\} = \int_0^1 x^2 dx = \frac{1}{3}$을 얻을 수 있다. ◇

기댓값의 뜻매김에서 아래를 쉽게 알 수 있다.

(가) 확률변수 X가 0보다 작지 않다면 – 곧, $\Pr\{X \geq 0\} = 1$이면 – $E(X) \geq 0$이다.

(나) 상수의 평균은 그 상수이다. 곧, $\Pr\{X = c\} = 1$이면 $E(X) = c$이다.

(다) 기댓값은 선형 연산이다. 곧, $E\left\{\sum\limits_{i=1}^n a_i g_i(X)\right\} = \sum\limits_{i=1}^n a_i E\{g_i(X)\}$이다.

(라) 함수 h를 어떻게 잡더라도 $|E\{h(X)\}| \leq E\{|h(X)|\}$이다.

(마) 두 함수 h_1과 h_2를 생각하자. 이때, 어느 점 x에서도 $h_1(x) \leq h_2(x)$이면 $E\{h_1(X)\} \leq E\{h_2(X)\}$이다.

(바) 함수 h를 어떻게 잡더라도 $\min(h(X)) \leq E\{h(X)\} \leq \max(h(X))$이다.

보기 3.3.6 위 성질 (다)를 바탕으로, a와 b는 상수이고 X는 확률변수이면 $E\{aX+b\} = aE\{X\}+b$임을 알 수 있다. ◇

보기 3.3.7 연속 확률변수 X의 분포가 $U(1,9)$이고 $h(X) = \frac{1}{\sqrt{X}}$일 때, $h(E\{X\})$, $E\{h(X)\}$, $\min(h(X))$, $\max(h(X))$를 견주어보시오.

풀이 보기 3.3.3에서 얻은 결과를 쓰면 $h(E\{X\}) = h(5) = \frac{1}{\sqrt{5}}$이고, (3.3.9)를 쓰면 $E\{h(X)\} = \int_{-\infty}^{\infty} h(x)f_X(x)dx = \int_1^9 \frac{1}{8\sqrt{x}}dx = \frac{1}{2}$이다. 또한, $\min(h(X)) = \frac{1}{\sqrt{9}} = \frac{1}{3}$이고 $\max(h(X)) = \frac{1}{\sqrt{1}} = 1$이다. 곧, $\frac{1}{\sqrt{5}} < \frac{1}{2}$이고 $\frac{1}{3} < \frac{1}{2} < 1$이므로 성질 (바)를 확인할 수 있다. ◇

3.3.3 적률과 분산

뜻매김 3.3.4 적률[29]

확률변수 X의 누적분포함수를 F_X라고 두자. 이제, $n=0,1,\cdots$일 때 $E\{|X|^n\} = \int_{-\infty}^{\infty}|x|^n dF_X(x) < \infty$이면, $m_n = E\{X^n\}$, 곧

$$m_n = \int_{-\infty}^{\infty} x^n dF_X(x) \tag{3.3.10}$$

을 확률변수 X의 n째 적률이라고 부른다.

바꾸어 말하면, 확률변수의 거듭제곱의 기댓값을 적률이라고 부르고, 적률은 확률변수의 함수의 기댓값 가운데에서 하나이다. 확률변수 X의 n째 적률은

$$m_n = \begin{cases} \int_{-\infty}^{\infty} x^n f_X(x)dx, & \text{연속 확률변수,} \\ \sum\limits_{x=-\infty}^{\infty} x^n p_X(x), & \text{이산 확률변수} \end{cases} \tag{3.3.11}$$

처럼 쓸 수 있다.

뜻매김 3.3.5 중심 적률[30]

확률변수 X의 n째 중심 적률은, $n=0,1,\cdots$일 때 $\mu_n = E\{(X-E\{X\})^n\}$, 곧

$$\mu_n = \begin{cases} \int_{-\infty}^{\infty} (x-m_1)^n f_X(x)dx, & \text{연속 확률변수,} \\ \sum\limits_{x=-\infty}^{\infty} (x-m_1)^n p_X(x), & \text{이산 확률변수} \end{cases} \tag{3.3.12}$$

를 일컫는다.

뜻매김 3.3.5에서 $m_0 = \mu_0 = 1$, $m_1 = E\{X\}$, $\mu_1 = 0$이다. 조금 더 일반적으로 적률 $\{m_n\}_{n=0}^{\infty}$와 중심 적률 $\{\mu_n\}_{n=0}^{\infty}$가 서로 어떻게 이어져 있는지 살펴 보자. 먼저, $E\{(X-m_1)^n\} = E\left\{\sum\limits_{k=0}^{n} {}_n\mathrm{C}_k X^k (-m_1)^{n-k}\right\}$이므로

$$\mu_n = \sum_{k=0}^{n} {}_n\mathrm{C}_k m_k (-m_1)^{n-k} \tag{3.3.13}$$

[29] moment
[30] central moment

이다. 거꾸로, $m_n = E\left[\{(X-m_1)+m_1\}^n\right] = E\left\{\sum_{k=0}^{n} {}_n\mathrm{C}_k \left(X-m_1\right)^k m_1^{n-k}\right\}$이므로

$$m_n = \sum_{k=0}^{n} {}_n\mathrm{C}_k \mu_k m_1^{n-k} \tag{3.3.14}$$

이다.

한편, 적률과 적률의 함수 가운데에서 어떤 것들은 다른 것들보다 더 자주 쓰이고 확률변수의 확률 특성을 잘 드러낸다. 그 가운데에서 대표적으로 중요한 것이 분산이다.

뜻매김 3.3.6 분산, 표준 편차[31]

확률변수의 둘째 중심 적률 μ_2를 분산이라고 부르고, 분산의 제곱근 둘 가운데에서 0보다 작지 않은 것을 표준 편차라고 부른다.

확률변수 X의 분산은 자주 σ_X^2, $\mathrm{Var}\{X\}$, 또는 $V\{X\}$처럼 나타내며, $E\left\{(X-E\{X\})^2\right\} = E\left\{X^2\right\} - E^2\{X\}$이므로

$$\begin{aligned} \sigma_X^2 &= E\left\{X^2\right\} - E^2\{X\} \\ &= m_2 - m_1^2 \end{aligned} \tag{3.3.15}$$

와 같이 얻을 수도 있다. 한편, a가 실수일 때 $\mathrm{Var}\{aX\} = a^2\mathrm{Var}\{X\}$라는 것을 새겨서 두면 좋다.

보기 3.3.8 (고른 확률변수의 평균과 분산) 확률밀도함수가 $f_X(r) = \frac{1}{b-a}\{u(r-a)-u(r-b)\}$인 고른 확률변수 X의 평균 $E\{X\} = \int_a^b \frac{x}{b-a}dx$은

$$E\{X\} = \frac{a+b}{2} \tag{3.3.16}$$

이고 분산 $\mathrm{Var}\{X\} = \int_a^b \frac{x^2}{b-a}\,dx - \left(\frac{a+b}{2}\right)^2$은

$$\mathrm{Var}\{X\} = \frac{1}{12}(b-a)^2 \tag{3.3.17}$$

이다. ◊

보기 3.3.9 (지수 확률변수의 평균과 분산) 확률밀도함수가 $f(r) = \lambda e^{-\lambda r}u(r)$인 지수 확률변수 X의 평균 $E\{X\} = \lambda\int_0^\infty re^{-\lambda r}dr$은

$$E\{X\} = \frac{1}{\lambda} \tag{3.3.18}$$

이고, 분산 $\mathrm{Var}\{X\} = \lambda\int_0^\infty r^2e^{-\lambda r}dr - \left(\frac{1}{\lambda}\right)^2$은

$$\mathrm{Var}\{X\} = \frac{1}{\lambda^2} \tag{3.3.19}$$

이다. ◊

[31] variance, standard deviation

보기 3.3.10 (정규 확률변수의 평균과 분산) 분포가 $N\left(m, \sigma^2\right)$인 정규 확률변수 X의 평균과 분산을 얻어보시오.

풀이 먼저, $\frac{x-m}{\sqrt{2\sigma^2}} = t$라고 두면 기댓값은 $E\{X\} = \int_{-\infty}^{\infty} \frac{\sqrt{2}\sigma t + m}{\sqrt{2\pi\sigma^2}} \exp\left(-t^2\right)\sqrt{2}\sigma dt$, 곧

$$\begin{aligned} E\{X\} &= \frac{1}{\sqrt{\pi}}\left\{\int_{-\infty}^{\infty} \sqrt{2}\sigma t \exp\left(-t^2\right) dt + m\int_{-\infty}^{\infty} \exp\left(-t^2\right) dt\right\} \\ &= \frac{m}{\sqrt{\pi}}\sqrt{\pi} \\ &= m \end{aligned} \tag{3.3.20}$$

이고, 2차 적률은 $E\left\{X^2\right\} = \frac{1}{\sqrt{2\pi\sigma^2}}\int_{-\infty}^{\infty}\left(2\sigma^2 t^2 + 2\sqrt{2}m\sigma t + m^2\right)\exp\left(-t^2\right)\sqrt{2}\sigma dt$, 곧

$$\begin{aligned} E\left\{X^2\right\} &= \frac{1}{\sqrt{\pi}}\left\{\int_{-\infty}^{\infty} 2\sigma^2 t^2 \exp\left(-t^2\right) dt + m^2\sqrt{\pi}\right\} \\ &= \frac{1}{\sqrt{\pi}}\left(\sigma^2\sqrt{\pi} + m^2\sqrt{\pi}\right) \\ &= \sigma^2 + m^2 \end{aligned} \tag{3.3.21}$$

이다. 따라서, $\mathrm{Var}\{X\} = E\left\{X^2\right\} - m^2 = \sigma^2$이다. 식 (3.3.20)과 (3.3.21)에

$$\int_{-\infty}^{\infty} t^k \exp\left(-t^2\right) dt = \begin{cases} \sqrt{\pi}, & k = 0, \\ 0, & k = 1, \\ \frac{\sqrt{\pi}}{2}, & k = 2 \end{cases} \tag{3.3.22}$$

를 썼다. 식 (3.3.22)의 첫째와 셋째 결과는 표준 정규 확률밀도함수를 적분하면 1이라는 것을 – 곧, $\frac{1}{\sqrt{2\pi}}\exp\left(-\frac{x^2}{2}\right)dx = 1$을 – 쓰고 부분 적분하면 쉽게 보일 수 있다. 또, 둘째 결과는 $\int_0^{\infty} t\exp\left(-t^2\right)dt < \infty$이고 $t\exp\left(-t^2\right)$이 홀함수라는 것을 새기면 바로 알 수 있다. ◇

보기 3.3.11 (이항 확률변수의 평균과 분산) 분포가 $b(n,p)$인 이항 확률변수 X의 평균은

$$E\{X\} = np \tag{3.3.23}$$

이고, 분산은

$$\sigma_X^2 = np(1-p) \tag{3.3.24}$$

이다. ◇

보기 3.3.12 (포아송 확률변수의 평균과 분산) 분포가 $P(\lambda)$인 포아송 확률변수 X를 생각하자. 그러면 X의 평균 $E\{X\} = \sum_{k=1}^{\infty} k\frac{e^{-\lambda}\lambda^k}{k!} = \lambda\sum_{k=0}^{\infty}\frac{e^{-\lambda}\lambda^k}{k!}$은

$$E\{X\} = \lambda \tag{3.3.25}$$

이고, 둘째 적률은 $E\left\{X^2\right\} = \lambda^2 + \lambda$이며, 분산은

$$\sigma_X^2 = \lambda \tag{3.3.26}$$

이다. ◇

보기 3.3.13 (코쉬 확률변수의 평균과 분산) 확률밀도함수가 $f(r) = \frac{\alpha}{\pi}\frac{1}{r^2+\alpha^2}$인 코쉬 확률변수를 생각하자. 그러면 절대 적률 $E\{|X|\} = \infty$이고 $E\left\{|X|^2\right\} = \infty$이기 때문에 코쉬 확률변수의 평균과 분산은 존재하지 않는다. 또, 확률질량함수가

$$p(k) \;=\; \begin{cases} \frac{6}{\pi^2 k^2}, & k = 1, 2, \cdots, \\ 0, & \text{그 밖에는} \end{cases} \tag{3.3.27}$$

인 확률변수의 기댓값과 분산은 없다. ◇

보기 3.3.14 (정규 확률변수의 적률과 절대 적률) 확률변수 $X \sim N\left(0, \sigma^2\right)$을 생각하자. 먼저, (1.4.82)에 적어 둔 $\Gamma\left(\frac{1}{2}\right) = \sqrt{\pi}$를 새기면, $\int_{-\infty}^{\infty} \exp\left(-\alpha x^2\right) dx = 2\int_0^{\infty} e^{-t}\frac{dt}{2\sqrt{\alpha t}} = \frac{1}{\sqrt{\alpha}}\Gamma\left(\frac{1}{2}\right)$, 곧

$$\int_{-\infty}^{\infty} \exp\left(-\alpha x^2\right) dx \;=\; \sqrt{\frac{\pi}{\alpha}} \tag{3.3.28}$$

이고[32] 이 식을 $k = 1, 2, \cdots$일 때 α로 k번 미분하면[33]

$$\int_{-\infty}^{\infty} x^{2k} \exp\left(-\alpha x^2\right) dx \;=\; \frac{1 \times 3 \times \cdots \times (2k-1)}{2^k \alpha^k}\sqrt{\frac{\pi}{\alpha}} \tag{3.3.29}$$

임을[34] 알 수 있다. 그러므로, (3.3.29)를 바탕으로 삼고 확률밀도함수 $f(x)$가 대칭이라는 것을 쓰면

$$E\{X^n\} \;=\; \begin{cases} 0, & n\text{이 홀수일 때}, \\ (n-1)!!\,\sigma^n, & n\text{이 짝수일 때} \end{cases} \tag{3.3.30}$$

을 얻는다. 여기에서, k가 정수일 때

$$(2k-1)!! \;=\; (2k-1)(2k-3) \times \cdots \times 3 \times 1 \tag{3.3.31}$$

이다. 위 결과 가운데에서

$$E\left\{X^4\right\} \;=\; 3\sigma^4 \tag{3.3.32}$$

와

$$E\left\{X^6\right\} \;=\; 15\sigma^6 \tag{3.3.33}$$

은 눈여겨보아 둘 만하다. 한편, n이 짝수이면 $E\{|X|^n\} = E\{X^n\}$이다. 또, $\int_0^{\infty} x^n e^{-a^2x^2} dx = \int_0^{\infty} \frac{t^{\frac{n}{2}}}{a^n} e^{-t}\frac{dt}{2a\sqrt{t}} = \frac{1}{2a^{n+1}}\int_0^{\infty} t^{\frac{n}{2}-\frac{1}{2}} e^{-t} dt$, 곧

$$\int_0^{\infty} x^n e^{-a^2x^2} dx \;=\; \frac{1}{2a^{n+1}}\Gamma\left(\frac{n+1}{2}\right) \tag{3.3.34}$$

---

[32] 평균이 0이고 분산이 $\sigma^2 = \frac{1}{2\alpha}$인 정규 확률밀도함수 $\frac{\sqrt{\alpha}}{\sqrt{\pi}} \exp\left(-\alpha x^2\right)$을 모든 실수 x에서 적분하면 1이라는 것을 – 곧, $\int_{-\infty}^{\infty} \frac{\sqrt{\alpha}}{\sqrt{\pi}} \exp\left(-\alpha x^2\right) dx = 1$이라는 것을 – 바탕으로 얻을 수도 있다.

[33] 정리 3.2.1에 보인 (3.2.18)을 쓰면 쉽게 얻을 수 있다.

[34] 이 식은 $\int_{-\infty}^{\infty} x^{2k} \exp(-\alpha x^2) dx = 2\int_0^{\infty} \left(\frac{t}{\alpha}\right)^k e^{-t}\frac{dt}{2\sqrt{\alpha t}} = \frac{1}{\alpha^k\sqrt{\alpha}}\Gamma\left(k+\frac{1}{2}\right) = \frac{(2k-1)(2k-3)\cdots 1}{2^k\alpha^k\sqrt{\alpha}}\Gamma\left(\frac{1}{2}\right)$처럼 얻을 수도 있다.

를 새기면, n이 홀수 $2k+1$일 때 $E\{|X|^n\} = \int_{-\infty}^{\infty} |x|^n f_X(x)dx = \frac{\sqrt{2}}{\sqrt{\pi\sigma^2}} \int_0^{\infty} x^{2k+1} \exp\left(-\frac{x^2}{2\sigma^2}\right)$ $dx = 2^k k! \sqrt{\frac{2}{\pi}} \sigma^{2k+1} = 2^{\frac{n-1}{2}} \Gamma\left(\frac{n+1}{2}\right) \sqrt{\frac{2}{\pi}} \sigma^n$이다. 바꾸어 말하면,

$$E\{|X|^n\} = \begin{cases} 2^k k! \sqrt{\frac{2}{\pi}} \sigma^{2k+1}, & n = 2k+1\text{일 때}, \\ (n-1)!!\sigma^n, & n\text{이 짝수일 때} \end{cases} \tag{3.3.35}$$

이다. 위 결과 가운데에서

$$E\{|X|\} = \sqrt{\frac{2}{\pi}}\sigma \tag{3.3.36}$$

과

$$E\left\{|X|^3\right\} = \sqrt{\frac{8}{\pi}}\sigma^3 \tag{3.3.37}$$

은 눈여겨보아 둘 만하다. ◇

보기 3.3.15 (대칭성과 적률) 분포가 대칭이면, 곧 누적분포함수를 F라고 할 때, $F(-x) = 1 - F(x)$이면, 홀수째 적률은 모두 0이다. 그러나 홀수째 적률이 모두 0이라고 분포가 꼭 대칭인 것은 아니다. 보기를 들어, $\gamma \in [-1, 1]$일 때 확률밀도함수

$$f_\gamma(x) = \frac{1}{24} \exp\left(-x^{\frac{1}{4}}\right) \left(1 - \gamma \sin x^{\frac{1}{4}}\right) I_{(0,\infty)}(x) \tag{3.3.38}$$

을[35] 생각하자. 이제, $t = \sin^{-1}\left(-\frac{b}{\sqrt{a^2+b^2}}\right)$일 때

$$\int x^n e^{ax} \sin bx\, dx = e^{ax} \sum_{k=1}^{n+1} \frac{(-1)^{k+1}\ n!\ x^{n-k+1}}{(n-k+1)!(a^2+b^2)^{\frac{k}{2}}} \sin(bx + kt) \tag{3.3.39}$$

임을 쓰면, $k = 0, 1, \cdots$일 때 $\int_0^{\infty} x^k \exp\left(-x^{\frac{1}{4}}\right) \sin x^{\frac{1}{4}} dx = 0$이므로, γ가 어떤 값이더라도 k째 적률은 $\int_0^{\infty} \frac{x^k}{24} \exp\left(-x^{\frac{1}{4}}\right) dx = \frac{1}{6} \int_0^{\infty} v^{4k+3} e^{-v} dv = \frac{1}{6}\Gamma(4k+4)$이다. 이제, $\gamma \neq \beta$일 때

$$f(x) = \begin{cases} \frac{1}{2} f_\gamma(x), & x \geq 0, \\ \frac{1}{2} f_\beta(-x), & x < 0 \end{cases} \tag{3.3.40}$$

을 생각하면 $f(x)$는 짝함수가 아니지만, 차수가 같을 때 $f_\gamma(x)$의 적률과 $f_\beta(x)$의 적률이 같으므로 $f(x)$의 $2n+1$째 적률은

$$\begin{aligned} \int_{-\infty}^{\infty} x^{2n+1} f(x)\, dx &= \frac{1}{2}\left\{\int_0^{\infty} x^{2n+1} f_\gamma(x)\, dx + \int_{-\infty}^{0} x^{2n+1} f_\beta(-x)\, dx\right\} \\ &= \frac{1}{2}\left\{\int_0^{\infty} x^{2n+1} f_\gamma(x)\, dx - \int_0^{\infty} x^{2n+1} f_\beta(x)\, dx\right\} \\ &= 0 \end{aligned} \tag{3.3.41}$$

이다. 조금 더 구체적으로, $\gamma = 1$이고 $\beta = -1$이면 홀수째 적률은 $\alpha_{2n+1} = 0$이고, 짝수째 적률은 $\alpha_{2n} = \frac{1}{6}(8n+3)!$이다. 확률밀도함수 (3.3.38)을 그림 3.3.1에 보였다. ◇

[35] 여기에서, $I_A(x) = \begin{cases} 0, & x \notin A, \\ 1, & x \in A \end{cases}$ 는 지시 함수라고 indicator function 부른다. 보기를 들면, $I_{[0,\infty)}(x)$나 $I_{(0,\infty)}(x)$는 단위 계단 함수 $u(x)$와 같은 것이다.

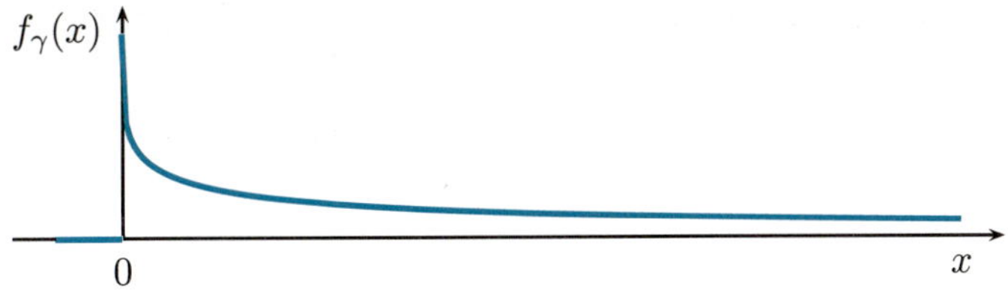

그림 3.3.1 확률밀도함수 $f_\gamma(x) = \frac{1}{24}\exp\left(-x^{\frac{1}{4}}\right)\left(1-\gamma\sin x^{\frac{1}{4}}\right) I_{(0,\infty)}(x)$: $\gamma \neq \beta$일 때 $f(x) = \frac{1}{2}\left\{f_\gamma(x)u(x) + f_\beta(-x)u(-x)\right\}$는 홀수째 적률이 모두 0이지만 대칭이 아닌 확률밀도함수이다.

3.3.4 특성함수와 적률생성함수

앞에서 다루었듯이 원칙적으로 누적분포함수, 확률밀도함수, 또는 확률질량함수를 바탕으로 적률을 얻을 수 있다. 그런데, 보기를 들면 미분 방정식을 바로 풀 수도 있지만 라플라스 변환을 쓰면 더 쉽게 풀 수도 있듯이, 적률을 얻을 때 라플라스 변환이나 푸리에 변환을 쓰면 적률을 조금 더 쉽게 얻을 수 있다.

단위 직교 바탕[36] 함수 집합 $\left\{\frac{1}{\sqrt{2\pi}}e^{j\omega x}\right\}_{\omega\in\mathbb{R}}$은 $\left\langle \frac{1}{\sqrt{2\pi}}e^{j\omega x}, \frac{1}{\sqrt{2\pi}}e^{j\nu x}\right\rangle = \frac{1}{2\pi}\int_{-\infty}^{\infty} e^{j\omega x}e^{-j\nu x} dx = \frac{1}{2\pi}\int_{-\infty}^{\infty} e^{j(\omega-\nu)x}dx$, 곧

$$\left\langle \frac{1}{\sqrt{2\pi}}e^{j\omega x}, \frac{1}{\sqrt{2\pi}}e^{j\nu x}\right\rangle = \delta(\omega-\nu) \tag{3.3.42}$$

와[37] 같은 성질을 지니고 있다. 이 단위 직교 바탕 함수 집합 $\left\{\frac{1}{\sqrt{2\pi}}e^{j\omega x}\right\}_{\omega\in\mathbb{R}}$을 바탕으로 함수 $h(x)$의 푸리에 변환 $H(\omega) = \mathcal{F}\{h(x)\}$를[38]

$$H(\omega) = \int_{-\infty}^{\infty} h(x)e^{-j\omega x}dx \tag{3.3.43}$$

처럼, 그 역변환 $h(x) = \mathcal{F}^{-1}\{H(\omega)\}$를

$$h(x) = \frac{1}{2\pi}\int_{-\infty}^{\infty} H(\omega)e^{j\omega x}d\omega \tag{3.3.44}$$

처럼 뜻매김할 수 있다.

3.3.4.1 특성함수

뜻매김 3.3.7 특성함수[39]

함수 $\varphi_X(\omega) = E\left\{e^{j\omega X}\right\}$, 곧

$$\varphi_X(\omega) = \begin{cases} \int_{-\infty}^{\infty} f_X(x)e^{j\omega x}dx, & \text{연속 확률변수,} \\ \sum_{x=-\infty}^{\infty} p_X(x)e^{j\omega x}, & \text{이산 확률변수} \end{cases} \tag{3.3.45}$$

를 확률변수 X의 특성함수라고 부른다.

[36] orthonormal basis
[37] 보기를 들면 (1.문.11)에서 알 수 있다.
[38] 이 책에서, 홀로 쓰이는 $\mathcal{F}$는 대수를, 연산자 또는 함수 꼴로 쓰이는 $\mathcal{F}$는 푸리에 변환을 나타낸다.

한편, 뜻매김 3.1.4 바로 다음에 밝혔듯이, k가 정수일 때 이산 확률변수에서는 $x_k = k$라고 둘 수 있으므로, $p_k = p_X(x_k) = p_X(k) = P\{X = x_k\} = P\{X = k\}$라고 두면, 뜻매김 3.3.7에서 다룬 이산 확률변수의 특성함수는

$$\varphi(\omega) = \sum_{k=-\infty}^{\infty} p_k e^{jk\omega} \tag{3.3.46}$$

처럼 쓸 수 있다.

정리 3.3.2 두 확률변수의 누적분포함수가 같으면 특성함수도 같고, 특성함수가 같으면 누적분포함수도 같다. ■■

바꾸어 말하면, 특성함수는 확률변수의 확률적 특징을 나타내는 여러 방법 가운데에서 하나라고 말할 수 있다.

보기 3.3.16 (기하 분포와 음이항 분포) 확률질량함수가 $p(k) = (1-\alpha)^k\alpha,\ k \in \{0, 1, \cdots\}$인 기하 확률변수의 특성함수는

$$\varphi(\omega) = \frac{\alpha}{1-(1-\alpha)e^{j\omega}} \tag{3.3.47}$$

이고, 확률질량함수가 $p(k) = (1-\alpha)^{k-1}\alpha,\ k \in \{1, 2, \cdots\}$인 기하 확률변수의 특성함수는 $\varphi(\omega) = \frac{\alpha e^{j\omega}}{1-(1-\alpha)e^{j\omega}}$이다. 또, 확률질량함수가 (2.5.15)와 같은 음이항 분포의 특성함수는

$$\varphi(\omega) = \frac{\alpha^r}{\{1-(1-\alpha)e^{j\omega}\}^r} \tag{3.3.48}$$

이고, 확률질량함수가 (2.5.17)과 같은 음이항 분포의 특성함수는 $\varphi(\omega) = \left\{\frac{\alpha e^{j\omega}}{1-(1-\alpha)e^{j\omega}}\right\}^r$이다. ◇

보기 3.3.17 (정규 분포) 평균이 m이고 분산은 σ^2인 정규 확률변수의 특성함수는 $\varphi(\omega) = \int_{-\infty}^{\infty} \frac{1}{\sqrt{2\pi}\sigma} \exp\left\{-\frac{1}{2\sigma^2}\left(x^2 - 2mx + m^2\right) + j\omega x\right\} dx$, 곧

$$\begin{aligned}\varphi(\omega) &= \exp\left(-\frac{\sigma^2\omega^2}{2} + jm\omega\right)\frac{1}{\sqrt{2\pi}\sigma}\int_{-\infty}^{\infty}\exp\left[-\frac{1}{2\sigma^2}\left\{x - \left(m + j\omega\sigma^2\right)\right\}^2\right] dx \\ &= \exp\left(-\frac{\sigma^2\omega^2}{2} + jm\omega\right) \end{aligned} \tag{3.3.49}$$

이다. ◇

3.3.4.2 특성함수의 성질

특성함수 $\varphi(\omega)$는 아래와 같은 성질을 지니고 있다.

(가) 특성함수 $\varphi(\omega)$는 $\omega = 0$일 때 그 크기가 가장 크고 1이다. 곧, $|\varphi(\omega)| \le \varphi(0) = 1$이다.

(나) 특성함수 $\varphi(\omega)$는 어느 실수 ω에서도 고르게 연속[40]이다.

(다) 특성함수 $\varphi(\omega)$는 준양정치[41]이다. 곧, $\{\omega_k\}_{k=1}^n$과 $\{z_k\}_{k=1}^n$을 어떻게 고르더라도

---

[39] characteristic function (cf)

[40] 뜻매김 1.3.2에서 다룬 바 있다.

[41] positive semi-definite

$$\sum_{l=1}^{n}\sum_{k=1}^{n} z_l \bar{z}_k \varphi(\omega_l - \omega_k) \;\geq\; 0 \tag{3.3.50}$$

이다.

증명

(가) 먼저, $\varphi(0) = E\{1\} = 1$임은 쉽게 알 수 있다. 또, 특성함수가 $\varphi(\omega)$인 확률변수의 확률밀도함수를 f라고 두면 $|\varphi(\omega)| \leq \int_{-\infty}^{\infty} \left|e^{j\omega x}\right| f(x)dx = 1$이다.

(나) 실수 ε이 0보다 큰 수일 때, $0 < \mu_0 < \frac{\varepsilon}{2}$인 실수 μ_0을 생각하자. 또, 주기가 π이고 $|y| \leq \frac{\pi}{2}$일 때 $\bar{b}(y) = |y| + \mu_0$인 함수 $\bar{b}(y)$를 생각하면,

$$|\sin y| \;\leq\; \bar{b}(y) \tag{3.3.51}$$

임을 알 수 있다. 다음에, 특성함수가 $\varphi(\omega)$인 확률변수 X의 확률밀도함수를 f_X라고 할 때 $E\left\{\bar{b}(X)\right\} = \int_{-\infty}^{\infty} \bar{b}(x) f_X(x)dx = \mu_0 + \sum_{n=-\infty}^{\infty} \int_{n\pi-\frac{\pi}{2}}^{n\pi+\frac{\pi}{2}} |x - n\pi| f_X(x)dx = \bar{\mu}$처럼 두면, $0 < \mu_0 \leq \bar{\mu} \leq \frac{\pi}{2} + \mu_0 < \infty$임과, ν가 상수일 때

$$\begin{aligned} E\left\{\bar{b}(\nu X)\right\} &= \mu_0 + \sum_{n=-\infty}^{\infty} \int_{n\pi-\frac{\pi}{2}}^{n\pi+\frac{\pi}{2}} |\nu(x - n\pi)| f_X(x)dx \\ &= |\nu|(\bar{\mu} - \mu_0) + \mu_0 \end{aligned} \tag{3.3.52}$$

임을 알 수 있다. 한편, $\left|e^{j\alpha X} - e^{j\beta X}\right| = \sqrt{\{\cos(\alpha X) - \cos(\beta X)\}^2 + \{\sin(\alpha X) - \sin(\beta X)\}^2}$ $= \sqrt{2 - 2\cos\{(\alpha - \beta)X\}}$이므로 (3.3.51)을 쓰면

$$\begin{aligned} \left|e^{j\alpha X} - e^{j\beta X}\right| &= 2\left|\sin\frac{(\alpha - \beta)X}{2}\right| \\ &\leq 2\bar{b}\left(\frac{\alpha - \beta}{2}X\right) \end{aligned} \tag{3.3.53}$$

이다. 이제, $\delta = \frac{\varepsilon - 2\mu_0}{\bar{\mu}}$이라고 두면, $0 < \delta < \infty$이다. 그러므로, (3.3.52)와 (3.3.53)을 쓰면, $|\alpha - \beta| < \delta$일 때 $|\varphi(\alpha) - \varphi(\beta)| = \left|E\left\{e^{j\alpha X} - e^{j\beta X}\right\}\right| \leq E\left\{\left|e^{j\alpha X} - e^{j\beta X}\right|\right\} \leq |\alpha - \beta|(\bar{\mu} - \mu_0) + 2\mu_0$, 곧

$$\begin{aligned} |\varphi(\alpha) - \varphi(\beta)| &< \frac{\varepsilon - 2\mu_0}{\bar{\mu}}(\bar{\mu} - \mu_0) + 2\mu_0 \\ &\leq \begin{cases} \frac{\varepsilon - 2\mu_0}{\bar{\mu} - \mu_0}(\bar{\mu} - \mu_0) + 2\mu_0, & \bar{\mu} - \mu_0 \neq 0\text{일 때}, \\ 2\mu_0, & \bar{\mu} - \mu_0 = 0\text{일 때} \end{cases} \\ &\leq \varepsilon \end{aligned} \tag{3.3.54}$$

임을 알 수 있다. 따라서, $\varepsilon > 0$을 어떻게 잡더라도, $|\alpha - \beta| < \delta = \frac{\varepsilon - 2\mu_0}{\bar{\mu}}$이면 $|\varphi(\alpha) - \varphi(\beta)| < \varepsilon$이다. 곧, $\varphi(\omega)$는 어느 실수 ω에서도 고르게 연속이다.

(다) 특성함수가 $\varphi(\omega)$인 확률변수의 확률밀도함수를 f라고 두면 $\sum_{l=1}^{n}\sum_{k=1}^{n} z_l \bar{z}_k \varphi(\omega_l - \omega_k) = \sum_{l=1}^{n}\sum_{k=1}^{n} z_l \bar{z}_k \int_{-\infty}^{\infty} e^{j(\omega_l - \omega_k)x} f(x)dx = \int_{-\infty}^{\infty} \sum_{l=1}^{n} z_l e^{j\omega_l x} \sum_{k=1}^{n} \bar{z}_k e^{-j\omega_k x} f(x)dx$이므로

$$\sum_{l=1}^{n}\sum_{k=1}^{n} z_l \bar{z}_k \varphi(\omega_l - \omega_k) = E\left\{\left|\sum_{l=1}^{n} z_l e^{j\omega_l X}\right|^2\right\} \geq 0 \tag{3.3.55}$$

이다. □

정리 3.3.3 확률변수 X의 특성함수를 φ_X라고 두면, $a, b \in \mathbb{R}$이고 $Y = aX + b$일 때 Y의 특성함수는

$$\varphi_Y(\omega) = e^{jb\omega}\varphi_X(a\omega) \tag{3.3.56}$$

이다. ■■

보기 3.3.18 보기 3.3.17에서 평균은 m이고 분산은 σ^2인 정규 확률변수 X의 특성함수는 $\varphi_X(\omega) = \exp\left(-\frac{\sigma^2\omega^2}{2} + jm\omega\right)$임을 보았다. 이제, 이 식을 바탕으로 (3.3.56)을 써서 $Y = \frac{1}{\sigma}(X - m)$의 특성함수를 얻으면 $\varphi_Y(\omega) = \exp\left\{j\omega\left(-\frac{m}{\sigma}\right)\right\}\exp\left\{-\frac{\sigma^2}{2}\left(\frac{\omega^2}{\sigma^2}\right) + jm\left(\frac{\omega}{\sigma}\right)\right\}$, 곧

$$\varphi_Y(\omega) = \exp\left(-\frac{\omega^2}{2}\right) \tag{3.3.57}$$

이다. 따라서, $X \sim N\left(m, \sigma^2\right)$이면 $\frac{1}{\sigma}(X - m) \sim N(0, 1)$이다. ◇

3.3.4.3 적률생성함수

뜻매김 3.3.8 적률생성함수[42]

함수 $M_X(t) = E\left\{e^{tX}\right\}$, 곧

$$M_X(t) = \int_{-\infty}^{\infty} e^{tx} dF_X(x) \tag{3.3.58}$$

을 확률변수 X의 적률생성함수라고 부른다.

바꾸어 말하면, 확률변수 X의 확률밀도함수 f를 라플라스 변환[43]한 것을 $\mathcal{M}(t) = \mathcal{L}(f)$라고 할 때, $\mathcal{M}(-t)$가 확률변수 X의 적률생성함수이다. 적률생성함수 $M(t)$와 특성함수 $\varphi(\omega)$는

$$\varphi(\omega) = M(t)\Big|_{t=j\omega} \tag{3.3.59}$$

처럼 이어져 있다. 곧, 특성함수와 적률생성함수는 근본적으로 한 가지이다. 특성함수는 그 수렴성을 보장할 수 있으며, 푸리에 변환의 이론을 따라서 특성함수를 역변환하여 누적분포함수를 – 적어도 이론적으로는 – 언제나 얻을 수 있으나, 적률생성함수는 수렴 구간을 생각해야 하며 어떤 분포에서는 존재하지 않을 수도 있다. 그와 같은 점을 새겨서 둔다면, 적률생성함수와 특성함수는 거의 같은 것이라고 볼 수 있다.

---

[42] moment generating function (mgf)

[43] Laplace transform

특성함수를 역변환하면 확률밀도함수를 얻을 수 있는 것과 마찬가지로 적률생성함수를 역변환하면 확률밀도함수를 얻을 수 있다. 그러나, 잘 알려진 바와 같이 역 라플라스 변환은 역 푸리에 변환보다 더 복잡하므로, 확률밀도함수를 얻으려면, 역 라플라스 변환표를 쓰거나 특성함수를 역 푸리에 변환하는 것이 좋다.

앞 3.2절에서 다룬 확률변수의 함수의 기댓값을 되새기고 뜻매김 3.3.7과 3.3.8을 바탕으로 $Y = g(X)$의 특성함수를 얻으면 $\varphi_Y(\omega) = E\left\{e^{j\omega Y}\right\} = \int_{-\infty}^{\infty} e^{j\omega y} dF_Y(y)$, 곧

$$\begin{aligned} \varphi_Y(\omega) &= E\left\{e^{j\omega g(X)}\right\} \\ &= \int_{-\infty}^{\infty} e^{j\omega g(x)} dF_X(x) \end{aligned} \tag{3.3.60}$$

이고, 여기에서 $j\omega$를 t로 두면 $Y = g(X)$의 적률생성함수

$$M_Y(t) = \int_{-\infty}^{\infty} e^{tg(x)} dF_X(x) \tag{3.3.61}$$

을 얻는다.

3.3.4.4 특성함수와 누적분포함수

특성함수 뜻매김에서

$$\varphi(\omega) = \mathcal{F}\{f(x)\}_{\omega \to -\omega} \tag{3.3.62}$$

임을 쉽게 알 수 있다. 곧, 특성함수란 확률밀도함수 또는 확률질량함수를 푸리에 변환하여 그 켤레[44]를 얻은 것이다. 따라서, 푸리에 변환의 성질을 쓰면

$$\begin{aligned} f(x) &= \mathcal{F}^{-1}\{\varphi(-\omega)\} \\ &= \frac{1}{2\pi}\int_{-\infty}^{\infty} \varphi(\omega) e^{-j\omega x} d\omega \end{aligned} \tag{3.3.63}$$

처럼 특성함수에서 확률밀도함수를 얻을 수 있다.

한편, 단위 계단 함수 $u(x)$의 푸리에 변환은

$$\mathcal{F}\{u(x)\} = \pi\delta(\omega) + \frac{1}{j\omega} \tag{3.3.64}$$

이다[45]. 또, 누적분포함수 $F(x) = \int_{-\infty}^{x} f(t)dt$를

$$F(x) = f(x) * u(x) \tag{3.3.65}$$

와 같이 확률밀도함수 $f(x)$와 단위 계단 함수 $u(x)$의 길쌈으로 나타낼 수 있다. 그런데, 두 함수를 길쌈한 것의 푸리에 변환은 두 함수의 푸리에 변환의 곱과 같으므로, 누적분포함수 $F(x)$의 푸리에 변환은 $\mathcal{F}\{F(x)\} = \mathcal{F}\{f(x)\}\mathcal{F}\{u(x)\} = \varphi(-\omega)\left\{\pi\delta(\omega) + \frac{1}{j\omega}\right\}$, 곧

[44] conjugate
[45] 문제 1.26에서 자세히 다루었다.

$$\mathcal{F}\{F(x)\} = \pi\varphi(0)\delta(\omega) + \frac{\varphi(-\omega)}{j\omega} \tag{3.3.66}$$

이다. 식 (3.3.66)을 역변환하여 누적분포함수 $F(x)$를 특성함수 $\varphi(\omega)$로 나타내면

$$\begin{aligned} F(x) &= \frac{1}{2\pi}\int_{-\infty}^{\infty}\left\{\pi\varphi(0)\delta(\omega) + \frac{\varphi(-\omega)}{j\omega}\right\}\exp(j\omega x)\,d\omega \\ &= \frac{\varphi(0)}{2} + \frac{1}{2\pi j}\int_{-\infty}^{\infty}\frac{\varphi(-\omega)}{\omega}\exp(j\omega x)\,d\omega \\ &= \frac{\varphi(0)}{2} + \frac{j}{2\pi}\int_{-\infty}^{\infty}\frac{\varphi(\omega)}{\omega}\exp(-j\omega x)\,d\omega \end{aligned} \tag{3.3.67}$$

이다.

3.3.4.5 누적 적률

특성함수 $\varphi(\omega)$의 자연 대수 $\psi(\omega) = \ln\varphi(\omega) = \ln\left\{1 + \sum_{s=1}^{\infty}(j\omega)^s\frac{m_s}{s!}\right\}$를 $\omega = 0$ 근처에서 $j\omega$의 거듭제곱 급수로 풀어서 쓰면

$$\begin{aligned} \psi(\omega) &= \left\{\sum_{s=1}^{\infty}(j\omega)^s\frac{m_s}{s!}\right\} - \frac{1}{2}\left\{\sum_{s=1}^{\infty}(j\omega)^s\frac{m_s}{s!}\right\}^2 + \frac{1}{3}\left\{\sum_{s=1}^{\infty}(j\omega)^s\frac{m_s}{s!}\right\}^3 + \cdots \\ &= m_1\frac{j\omega}{1!} + \left(m_2 - m_1^2\right)\frac{(j\omega)^2}{2!} + \left(m_3 - 3m_1m_2 + 2m_1^3\right)\frac{(j\omega)^3}{3!} + \cdots \\ &= \sum_{n=1}^{\infty}k_n\frac{(j\omega)^n}{n!} \end{aligned} \tag{3.3.68}$$

이다. 이 식을 바탕으로 아래와 같이 누적 적률을 뜻매김한다.

뜻매김 3.3.9 누적 적률[46]

식 (3.3.68)에서 k_n은

$$k_n = \frac{\partial^n}{\partial(j\omega)^n}\psi(\omega)\bigg|_{\omega=0} \tag{3.3.69}$$

와 같으며 n째 누적 적률이라고 부른다.

보기 3.3.19 첫째 누적 적률 $k_1 = m_1$은 평균, 둘째 누적 적률 $k_2 = m_2 - m_1^2 = \sigma^2$은 분산, 셋째 누적 적률 $k_3 = m_3 - 3m_2m_1 + 2m_1^3 = \mu_3$은 셋째 중심 적률, 넷째 누적 적률은 $k_4 = m_4 - 4m_3m_1 - 3m_2^2 + 12m_2m_1^2 - 6m_1^4 = \mu_4 - 3\left(m_2 - m_1^2\right)^2 = \mu_4 - 3\sigma^4$, $\cdots$ 이다. ◇

뜻매김 3.3.10 변동 계수, 비틀림, 뾰족함[47]

확률변수 X의 평균을 m, 분산을 σ^2, n째 중심 적률을 μ_n, n째 누적 적률을 k_n이라고 할 때, $v_1 = \frac{\sigma}{m}$, $v_2 = \frac{\mu_3}{\sigma^3} = \frac{k_3}{\sqrt{k_2^3}}$, $v_3 = \frac{\mu_4}{\sigma^4} = 3 + \frac{k_4}{k_2^2}$를 각각 변동 계수, 비틀림, 뾰족함이라고 부른다.

[46] cumulant

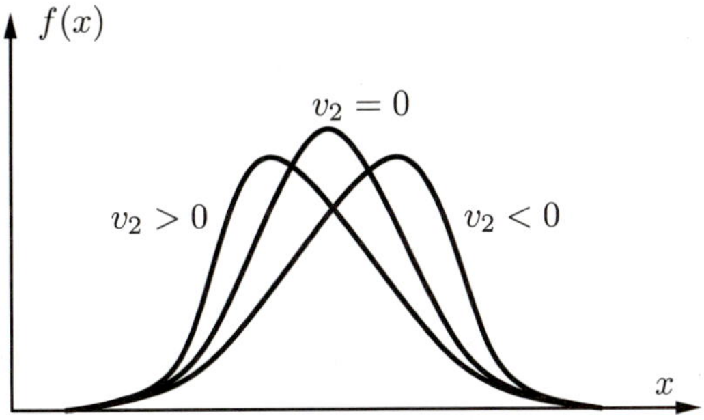

그림 3.3.2 비틀림 v_2와 확률밀도함수의 대칭성

이미 살펴 본 바와 같이 확률변수의 확률적 특성을 나타낼 때 가장 먼저 생각할 수 있는 것이 기댓값이고, 그 다음이 분산이다. 한편, 기댓값과 분산 다음으로, 위에 뜻매김한 변동 계수, 비틀림, 뾰족함이라는 매개변수로 확률변수의 확률적 특성을 조금 더 자세히 나타낼 수 있다.

변동 계수는 평균으로 정규화한 퍼짐을 가리키는 잣대이고, 비틀림은 분포가 얼마나 비대칭인지를 나타내는 잣대로 자주 쓰인다. 곧, $v_2 = 0$이면 분포가 평균에 대하여 대칭이고, $v_2 > 0$이면 분포의 최빈값이 평균보다 작으며[48], $v_2 < 0$이면 분포의 최빈값이 평균보다 크다[49].

보기 3.3.20 (기하 분포와 음이항 분포) 매개변수가 α인 기하 분포의 비틀림은 $v_2 = \frac{2-\alpha}{\sqrt{1-\alpha}}$이고, 음이항 분포 $NB(r, \alpha)$의 비틀림은 $v_2 = \frac{2-\alpha}{\sqrt{(1-\alpha)r}}$이다. ◇

보기 3.3.21 (지수 분포) 확률변수 X의 확률밀도함수가 $f_X(x) = \lambda \exp(-\lambda x)\, u(x)$라고 하자. 그러면 보기 3.3.9에서 보았듯이 $E\{X\} = m = \frac{1}{\lambda}$이고, $\mu_2 = \text{Var}\{X\} = \sigma^2 = \frac{1}{\lambda^2}$이며, $\mu_3 = \int_0^\infty \left(x - \frac{1}{\lambda}\right)^3 \lambda e^{-\lambda x} dx = -\left[\left\{\left(x - \frac{1}{\lambda}\right)^3 + \frac{3}{\lambda}\left(x - \frac{1}{\lambda}\right)^2 + \frac{6}{\lambda^2}\left(x - \frac{1}{\lambda}\right) + \frac{6}{\lambda^3}\right\} e^{-\lambda x}\right]_0^\infty = \frac{2}{\lambda^3}$이다. 그러므로, 변동 계수는 $v_1 = \frac{\sigma}{m} = \left(\frac{1}{\lambda}\right)\left(\frac{1}{\lambda}\right)^{-1} = 1$이고 비틀림은 $v_2 = \frac{\mu_3}{\sigma^3} = \left(\frac{2}{\lambda^3}\right)\left(\frac{1}{\lambda^3}\right)^{-1} = 2$이다. ◇

한편, 뾰족함 v_3은 분포가 정규 분포와 견주어볼 때 얼마나 뾰족한지를 나타낸다. 곧, $v_3 = 3$이면 정규 분포와 뾰족함이 같고, $v_3 < 3$이면 정규 분포보다 덜 뾰족하며, – 평탄[50]하며, – $v_3 > 3$이면 정규 분포보다 더 뾰족하다 – 초정규[51]이다.

보기 3.3.22 (지수 분포) 확률변수 X의 확률밀도함수가 $f_X(x) = \lambda \exp(-\lambda x)\, u(x)$라고 하자. 그러면 보기 3.3.21에서 보았듯이 $\sigma = \frac{1}{\lambda}$이고, $\mu_4 = \int_0^\infty \left(x - \frac{1}{\lambda}\right)^4 \lambda e^{-\lambda x} dx = -\left[\left\{\left(x - \frac{1}{\lambda}\right)^4 + \frac{4}{\lambda}\left(x - \frac{1}{\lambda}\right)^3 + \frac{12}{\lambda^2}\left(x - \frac{1}{\lambda}\right)^2 + \frac{24}{\lambda^3}\left(x - \frac{1}{\lambda}\right) + \frac{24}{\lambda^4}\right\} e^{-\lambda x}\right]_0^\infty$, 곧

$$\mu_4 = \frac{9}{\lambda^4} \tag{3.3.70}$$

[47] coefficient of variation, skewness, kurtosis
[48] 이때, 오른쪽으로 비틀렸다고 한다.
[49] 이때, 왼쪽으로 비틀렸다고 한다.
[50] platykurtic. mild peak
[51] leptokurtic. sharp peak

이므로 뾰족함은 $v_3 = \frac{\mu_4}{\sigma^4} = \left(\frac{9}{\lambda^4}\right)\left(\frac{1}{\lambda^4}\right)^{-1} = 9$이다. ◇

3.3.5 적률 정리

평균이나 분산과 같은 적률 또는 적률의 함수를 얻으려면 그때마다 적분을 계산해야 한다. 그런데, 여기에서 다룰 적률 정리를 쓰면 조금 더 적률을 쉽게 얻을 수 있다. 곧, 적률의 뜻매김을 바로 써서 적률을 얻을 때에는 얻으려는 적률 수만큼 거듭 적분해야 하지만, 적률 정리를 쓰면 한 번 적분하여 특성함수나 적률생성함수를 얻은 다음 얻으려는 적률 수만큼 미분하여 적률을 얻을 수 있다. 일반적으로 미분보다 적분을 얻기가 더 어려우므로 둘째 방법이 더 편리하리라는 것을 잘 알 수 있다.

정리 3.3.4 적률 정리[52] 확률변수 X의 특성함수를 $\varphi_X(\omega)$, 적률생성함수를 $M_X(t)$라고 두자. 이때, $\varphi_X(\omega)$ 또는 $M_X(t)$를 0에서 k번 미분할 수 있다면 X의 k째 적률을

$$\begin{aligned} m_k &= j^{-k} \frac{\partial^k}{\partial w^k}\varphi_X(\omega)\bigg|_{\omega=0} \\ &= j^{-k}\varphi_X^{(k)}(0) \end{aligned} \tag{3.3.71}$$

또는

$$m_k = M_X^{(k)}(0) \tag{3.3.72}$$

처럼 얻을 수 있다. ■■

증명 먼저, 특성함수 $\varphi_X(\omega)$를 쓰자. 그러면 $j^{-k}\frac{\partial^k}{\partial w^k}e^{j\omega x}\Big|_{\omega=0} = x^k$를 새겨서 $E\left\{X^k\right\} = \int_{-\infty}^{\infty} x^k f_X(x)dx = \int_{-\infty}^{\infty} f_X(x)\frac{1}{j^k}\frac{\partial^k}{\partial w^k}e^{j\omega x}\Big|_{\omega=0} dx = j^{-k}\frac{\partial^k}{\partial w^k}\int_{-\infty}^{\infty} f_X(x)e^{j\omega x}dx\Big|_{\omega=0}$를 얻으면

$$E\left\{X^k\right\} = j^{-k}\frac{\partial^k}{\partial w^k}\varphi_X(\omega)\bigg|_{\omega=0} \tag{3.3.73}$$

이다. 이 식과 비슷하게 적률생성함수를 미분하면 $M_X^{(k)}(t) = E\left\{X^k e^{tX}\right\}$를 얻을 수 있으므로 바라는 결과를 얻는다. □

보기 3.3.23 확률변수 X의 분포가 $N\left(m,\sigma^2\right)$일 때에는 보기 3.3.17에서 보았듯이 $\varphi_X(\omega) = \exp\left(-\frac{\omega^2\sigma^2}{2} + jm\omega\right)$이므로 $E\{X\} = j^{-1}\varphi'_X(0) = m$이고, $E\left\{X^2\right\} = j^{-2}\varphi''_X(0) = m^2+\sigma^2$이며, 따라서 $\mathrm{Var}\{X\} = \sigma^2$이다. ◇

보기 3.3.24 (지수 분포) 확률변수 X의 확률밀도함수가 $f_X(x) = \lambda\exp(-\lambda x)u(x)$라고 하자. 그러면 $t<\lambda$일 때[53] $M_X(t) = \int_0^{\infty}\lambda\exp(-\lambda x)\exp(tx)dx = \frac{\lambda}{\lambda-t}$이다. 따라서, $M'_X(0) = \frac{\lambda}{(\lambda-t)^2}\Big|_{t=0} = \frac{1}{\lambda}$이고 $M''_X(0) = \frac{2(\lambda-t)\lambda}{(\lambda-t)^4}\Big|_{t=0} = \frac{2}{\lambda^2}$이다. 이 두 결과를 쓰면 $E\{X\} = \frac{1}{\lambda}$이고 $\mathrm{Var}\{X\} = \frac{1}{\lambda^2}$이다. 이 식은 보기 3.3.9에서 직접 얻은 것과 같다. ◇

[52] moment theorem

[53] 꼭 필요한 때가 아니면, 앞으로는 이러한 수렴 영역을 굳이 밝혀 적지 않는다.

이산 확률변수의 특성함수를 바탕으로 적률을 얻을 때에는 $z = e^{j\omega}$로 두면, 또 이산 확률변수의 적률생성함수에서 적률을 얻을 때에는 $s = e^t$로 두면 더 쉬울 때가 많다.

보기 3.3.25 (이항 분포) 확률변수 K의 분포를 이항 분포 $b(n,p)$라고 두면 특성함수는 $\varphi_K(\omega) = \sum_{k=0}^{n} {}_n\mathrm{C}_k p^k (1-p)^{n-k} e^{jk\omega}$, 곧

$$\varphi_K(\omega) = \left\{pe^{jw} + (1-p)\right\}^n \tag{3.3.74}$$

이다. 여기에서, $e^{j\omega} = z$로 두어 $\gamma_K(z) = \varphi_K(\omega)\Big|_{e^{j\omega}=z}$ 처럼 쓰면

$$\gamma_K(z) = (pz + 1 - p)^n \tag{3.3.75}$$

이다. 이제,

$$\frac{\partial^i}{\partial z^i}\gamma_K(z) = E\left\{K(K-1)\cdots(K-i+1)z^{K-i}\right\} \tag{3.3.76}$$

이므로 $\gamma_K^{(i)}(1) = E\{K(K-1)\cdots(K-i+1)\}$이다. 따라서, $\gamma_K(1) = 1$, $\gamma_K'(1) = E\{K\} = np$, $\gamma_K''(1) = E\left\{K^2\right\} - E\{K\} = n(n-1)p^2$을 얻는다. 이 식을 쓰면, $E\{K\} = np$와 $\mathrm{Var}\{K\} = np(1-p)$를 얻는다. ◇

보기 3.3.26 (포아송 분포) 확률변수 K의 분포가 포아송 분포 $P(\lambda)$라고 두자. 그러면 $k = 0, 1, 2, \cdots$일 때 $P\{K = k\} = e^{-\lambda}\frac{\lambda^k}{k!}$이므로 $\gamma_K(z) = e^{-\lambda}\sum_{k=0}^{\infty}\frac{\lambda^k z^k}{k!} = e^{\lambda(z-1)}$이고 $\varphi_K(\omega) = \exp\left\{\lambda\left(e^{j\omega}-1\right)\right\}$이다. 곧, $\gamma_K'(1) = E\{K\} = \lambda$이고 $\gamma_K''(1) = E\left\{K^2\right\} - E\{K\} = \lambda^2$이다. 따라서, $E\{K\} = \lambda$이고 $\mathrm{Var}\{K\} = \lambda$이다. 한편, K의 적률생성함수는 $G_K(s) = M_K(t)\Big|_{s=e^t} = \sum_{k=0}^{\infty} s^k \frac{\lambda^k}{k!}e^{-\lambda}$, 곧

$$G_K(s) = e^{\lambda(s-1)} \tag{3.3.77}$$

이고, 이 식을 써서도 평균, 분산, $\cdots$을 얻을 수 있다. ◇

적률 정리에서 간접적으로 아래를 알 수 있다. 마치 테일러 급수[54]나 푸리에 급수[55]의 계수를 써서 어떤 함수를 나타낼 수 있듯이, 적률이나 중심 적률은 확률밀도함수를 나타낼 수 있는 계수인 셈이다. 곧, 확률변수 X의 적률생성함수 $M_X(t)$를 급수 전개하면

$$M_X(t) = \sum_{n=0}^{\infty}\frac{E\left\{X^n\right\}}{n!}t^n \tag{3.3.78}$$

이다. 여기에서, 계수 $\frac{E\{X^n\}}{n!}$이 – 곧, 적률 또는 중심 적률이 – 모두 같은 두 분포는 서로 같다는 것을 알 수 있다. 이 사실을 바탕으로 처음 몇 계수를 – 보기를 들면, 평균과 둘째 적률을 – 견주어 보아 두 분포가 얼마나 같은지 살펴볼 수 있다.

[54] Taylor series
[55] Fourier series

3.4 조건부 분포

3.4.1 조건부 확률 함수

뜻매김 3.4.1 조건부 확률질량함수

일어날 확률이 0보다 큰 사건 A가 이미 일어났다고 둘 때 이산 확률변수 X의 확률질량함수를 사건이 주어진 조건부 확률질량함수라고 부르고 $p_{X|A}(x)$처럼 쓴다. 이때, $p_{X|A}(x) = P(X = x|A)$, 곧

$$p_{X|A}(x) = \frac{P(X = x,\, A)}{P(A)} \tag{3.4.1}$$

이다.

보기 3.4.1 제대로 만든 주사위를 굴려 나온 눈을 확률변수 X라고 두자. 이제, 주사위를 굴려 나온 눈이 홀수임을 알고 있을 때 X의 확률질량함수는, 사건 '주사위를 굴려 나온 눈이 홀수'를 A라고 두면 $P(A) = \frac{1}{2}$이므로,

$$p_{X|A}(x) = \begin{cases} \frac{1}{3}, & x = 1, 3, 5, \\ 0, & \text{그 밖에는} \end{cases} \tag{3.4.2}$$

이다. ◊

뜻매김 3.4.2 조건부 누적분포함수와 조건부 확률밀도함수

사건 A를 조건으로 할 때 – 곧, 사건 A가 일어났다고 할 때 –

$$\begin{aligned} F_{X|A}(x) &= P\{X \le x|A\} \\ &= \frac{P\{X \le x, A\}}{P\{A\}} \end{aligned} \tag{3.4.3}$$

을 확률변수 X의 조건부 누적분포함수라고 부른다. 또, X가 연속 확률변수일 때

$$f_{X|A}(x) = \frac{d}{dx} F_{X|A}(x) \tag{3.4.4}$$

를 사건 A가 일어났을 때 확률변수 X의 조건부 확률밀도함수라고 부른다.

여기에서 $F_{X|A}(x)$를 $F_{X|A}(x|A)$나 $F_X(x|A)$처럼, 또 $f_{X|A}(x)$를 $f_{X|A}(x|A)$나 $f_X(x|A)$처럼 쓰기도 한다. 말할 것도 없이, 조건부 누적분포함수도 누적분포함수이므로 $F_{X|A}(\infty|A) = 1$이고, $F_{X|A}(-\infty|A) = 0$이며, $x_1 < x_2$일 때 $F_{X|A}(x_1|A) \le F_{X|A}(x_2|A)$이다.

한편, (2.4.1)에서 다룬 조건부 확률 $P\{A|B\} = \frac{P\{B|A\}P\{A\}}{P\{B\}}$에서 조건 사건 $B = \{x_1 < X \le x_2\}$를 생각하면, 사건 A의 조건부 확률은

$$\begin{aligned} P\{A|x_1 < X \le x_2\} &= \frac{P\{x_1 < X \le x_2|A\}}{P\{x_1 < X \le x_2\}} P\{A\} \\ &= \frac{F_{X|A}(x_2|A) - F_{X|A}(x_1|A)}{F_X(x_2) - F_X(x_1)} P\{A\} \end{aligned} \tag{3.4.5}$$

처럼 쓸 수 있다. 이제, $x_1 = x$라고 두고 $x_2 = x + \Delta x$라고 두면 (3.4.5)에서 $\lim_{\Delta x \to 0} P\{A|B\} = P\{A|X = x\}$, 곧

$$\begin{aligned}\lim_{\Delta x\to 0} P\{A|B\} &= \lim_{\Delta x\to 0} \frac{F_{X|A}(x+\Delta x|A) - F_{X|A}(x|A)}{F_X(x+\Delta x) - F_X(x)} P\{A\} \\ &= \lim_{\Delta x\to 0} \frac{F_{X|A}(x+\Delta x|A) - F_{X|A}(x|A)}{\Delta x} \times \frac{\Delta x}{F_X(x+\Delta x) - F_X(x)} P\{A\} \\ &= \frac{f_{X|A}(x|A)}{f_X(x)} P\{A\} \qquad (3.4.6)\end{aligned}$$

을 얻는다. 끝으로, (3.4.6)에서

$$f_{X|A}(x|A)P\{A\} = P\{A|X = x\}f_X(x) \qquad (3.4.7)$$

임을 알 수 있다.

정리 3.4.1 **전체확률 정리** 식 (3.4.7)을 적분하고 $\int_{-\infty}^{\infty} f_{X|A}(x|A)dx = 1$이라는 것을 생각하면

$$P\{A\} = \int_{-\infty}^{\infty} P\{A|X = x\}f_X(x)dx \qquad (3.4.8)$$

을 얻는데, 이 식을 연속 확률변수에서의 전체확률 정리라고 부른다. 마찬가지로

$$P\{A\} = \sum_x P\{A|X = x\}p_X(x) \qquad (3.4.9)$$

를 이산 확률변수에서의 전체확률 정리라고 부른다. ■■

보기 3.4.2 굵기를 0으로 볼 수 있는 막대기를 아무렇게나 둘로 자른다. 그 두 도막 가운데에서 하나를 아무렇게나 골라서 다시 아무렇게나 둘로 자른다. 이렇게 얻은 세 도막이 세모를 이룰 확률 P_{T2}를 얻어보시오.

풀이 먼저, 막대기의 길이를 1이라고 두자. 이제, 보기 2.3.6과 2.3.7에서 다룬 것과 비슷하게 생각하여, 수 직선 위의 구간 $[0,1]$에서 처음 자르는 자리를 확률변수 X라고 두면, 확률변수 X의 확률밀도함수는 $f_X(v) = u(v)u(1-v)$이다. 또, 처음 잘라서 얻은 수 직선 위의 구간 $[0, X]$를 왼 도막, 구간 $[X, 1]$을 오른 도막이라고 부르자. 그러면 처음 자른 자리가 t일 때 – 곧, $X = t$일 때 – (3.4.8)을 바탕으로

$$\begin{aligned}P_{T2} &= \int_{-\infty}^{\infty} P\{\text{세 도막으로 세모}|\, X = t\}\, f_X(t)\, dt \\ &= \int_0^1 P\{\text{세 도막으로 세모}|\, X = t\}\, dt \qquad (3.4.10)\end{aligned}$$

임을 알 수 있다. 한편, 두 도막의 길이를 더한 것이 나머지 도막의 길이보다 커야 세 도막으로 세모를 만들 수 있다. 그러므로, $0 < t < \frac{1}{2}$이면, 오른 도막을 골라서 자르는 자리가 $\left(\frac{1}{2}, t + \frac{1}{2}\right)$에 들어 있도록[56] 잘라야 세모를 이룰 수 있으며, 그 확률은 $P\{\text{세 도막으로 세모}|\, X = t\} = \Pr\{\text{오른 도막을 고름}\}\Pr\left\{\text{자르는 자리가 } \left(\frac{1}{2}, t + \frac{1}{2}\right)\text{에 들어 있음}\,\middle|\, \text{오른 도막을 고름}\right\}$, 곧

[56] 오른 도막을 골라서 자른 곳을 y라고 두면, 세 도막의 길이는 t, $y - t$, $1 - y$이고, 이 셋 가운데에서 둘을 더한 것이 나머지 하나보다 크다는 조건을 y의 식으로 나타내면 $\frac{1}{2} < y < t + \frac{1}{2}$이다.

$$P\{\text{세 도막으로 세모}|\,X=t\} \;=\; \frac{1}{2}\frac{\left(\frac{1}{2},t+\frac{1}{2}\right)\text{의 길이}}{\text{오른 도막의 길이}} \;=\; \frac{1}{2}\frac{t}{1-t} \tag{3.4.11}$$

이다. 마찬가지로, $\frac{1}{2}<t<1$이면 왼 도막을 골라서 자르는 자리가 $\left(t-\frac{1}{2},\frac{1}{2}\right)$에 들어 있도록[57] 잘라야 세모를 이룰 수 있으며, 그 확률은 $P\{\text{세 도막으로 세모}|\,X=t\} = \Pr\{\text{왼 도막을 고름}\}$ $\Pr\left\{\text{나누는 자리가 } \left(t-\frac{1}{2},\frac{1}{2}\right)\text{에 들어 있음}\,|\,\text{왼 도막을 고름}\right\}$, 곧

$$P\{\text{세 도막으로 세모}|\,X=t\} \;=\; \frac{1}{2}\frac{1-t}{t} \tag{3.4.12}$$

이다. 따라서, (3.4.11)과 (3.4.12)를 (3.4.10)에 넣으면 $P_{T2} = \int_0^{\frac{1}{2}} \frac{1}{2}\frac{t}{1-t}dt + \int_{\frac{1}{2}}^{1} \frac{1}{2}\frac{1-t}{t}dt = \left[-\frac{1}{2}(t + \ln|1-t|)\right]_{t=0}^{\frac{1}{2}} + \left[\frac{1}{2}(-t+\ln|t|)\right]_{t=\frac{1}{2}}^{1} = \ln 2 - \frac{1}{2} \approx 0.1931$이다.

이제, 처음 잘라서 얻은 두 도막 가운데에서 하나를 고를 때, 짧은 도막을 고르면 세모를 만들 수 없다는 사실을 생각하여, 늘 긴 도막을 고른다고 두자. 그러면 세 도막이 세모를 이룰 확률이

$$2P_{T2} \;=\; 2\ln 2 - 1 \;\approx\; 0.3863 \tag{3.4.13}$$

임을 쉽게 알 수 있다. 이 값은 보기 2.3.7에서 얻은 $\frac{1}{4}$보다도 크다. 이때 "긴 것을 골라야 세모를 만들 수 있다."는 정보를 쓴 까닭으로 말미암아 확률이 높아진 것이다. ◇

이제, (2.4.13)에서 다룬 전체확률 정리 $P\{E\} = \sum_{i=1}^{n} P\{E|B_i\}P\{B_i\}$에서 $E=\{X\le x\}$라고 두면, (3.4.8)과 비슷하게 아래를 얻는다.

정리 3.4.2 묶음 $\{B_i\}_{i=1}^{n}$이 확률변수 X의 치역의 분할이면, X의 누적분포함수는

$$F_X(x) \;=\; \sum_{i=1}^{n} F_{X|B_i}(x|B_i)\,P\{B_i\} \tag{3.4.14}$$

처럼 나타낼 수 있다. 또, X가 연속 확률변수일 때에는 X의 확률밀도함수를

$$f_X(x) \;=\; \sum_{i=1}^{n} f_{X|B_i}(x|B_i)\,P\{B_i\} \tag{3.4.15}$$

처럼, X가 이산 확률변수일 때에는 X의 확률질량함수를

$$p_X(x) \;=\; \sum_{i=1}^{n} p_{X|B_i}(x|B_i)\,P\{B_i\} \tag{3.4.16}$$

처럼 나타낼 수 있다. ■■

[57] 왼 도막을 골라서 자른 곳을 y라고 두면, 세 도막의 길이는 y, $t-y$, $1-t$이고, 이 셋 가운데에서 둘을 더한 것이 나머지 하나보다 크다는 조건을 y의 식으로 나타내면 $t-\frac{1}{2}<y<\frac{1}{2}$이다.

보기 3.4.3 비트 0과 1을 주고받는 통신 시스템에서 수신기 관측값을 확률변수 X라고 두고, 비트 0을 보내는 사건을 H_0, 비트 1을 보내는 사건을 H_1이라고 두자. 이제, $P(H_0) = \frac{1}{4}$이고, $P(H_1) = \frac{3}{4}$이며, X의 조건부 확률밀도함수가

$$f_{X|H_0}(x) = \frac{2}{3}u\left(\frac{3}{4} - |x|\right) \tag{3.4.17}$$

이고

$$f_{X|H_1}(x) = \frac{2}{3}u\left(x - \frac{1}{4}\right)u\left(\frac{7}{4} - x\right) \tag{3.4.18}$$

이면, X의 확률밀도함수는

$$\begin{aligned} f_X(x) &= \frac{1}{4}f_{X|H_0}(x) + \frac{3}{4}f_{X|H_1}(x) \\ &= \begin{cases} \frac{1}{6}, & -\frac{3}{4} \le x < \frac{1}{4}; \quad \frac{2}{3}, \quad \frac{1}{4} \le x < \frac{3}{4}; \\ \frac{1}{2}, & \frac{3}{4} \le x < \frac{7}{4}; \quad 0, \quad \text{그 밖에는} \end{cases} \end{aligned} \tag{3.4.19}$$

이다. ◇

정리 3.4.3 베이스의 정리 식 (3.4.7)에 (3.4.8)을 쓰면

$$\begin{aligned} f_{X|A}(x|A) &= \frac{P\{A|X=x\}}{P\{A\}}f_X(x) \\ &= \frac{P\{A|X=x\}f_X(x)}{\int_{-\infty}^{\infty} P\{A|X=x\}f_X(x)dx} \end{aligned} \tag{3.4.20}$$

이다. ■■

식 (3.4.3)에서 다룬 조건부 누적분포함수는

$$\begin{aligned} F_{X|A}(x|A) &= \int_{-\infty}^{x} f_{X|A}(t|A)dt \\ &= \frac{\int_{-\infty}^{x} P\{A|X=t\}f_X(t)dt}{P\{A\}} \end{aligned} \tag{3.4.21}$$

처럼 (3.4.20)을 바탕으로 조건부 확률밀도함수를 적분하여 얻을 수도 있다. 한편, 조건부 누적분포함수를 뜻매김하는 식 (3.4.3)과 (3.4.21)에서

$$P\{A, X \le x\} = \int_{-\infty}^{x} P\{A|X=t\}f_X(t)dt \tag{3.4.22}$$

를 알 수 있다.

보기 3.4.4 연속 확률변수 X의 확률밀도함수를 f_X, 누적분포함수를 F_X라고 하자. 이때, 조건부 누적분포함수 $F_{X|X\le a}(x|X \le a)$와 조건부 확률밀도함수 $f_{X|X\le a}(x|X \le a)$를 f_X와 F_X로 나타내시오.

풀이 먼저, 조건부 누적분포함수 $F_{X|X\le a}(x|X \le a) = P\{X \le x|X \le a\}$는

$$F_{X|X\le a}(x|X \le a) = \frac{P\{X \le x, X \le a\}}{P\{X \le a\}} \tag{3.4.23}$$

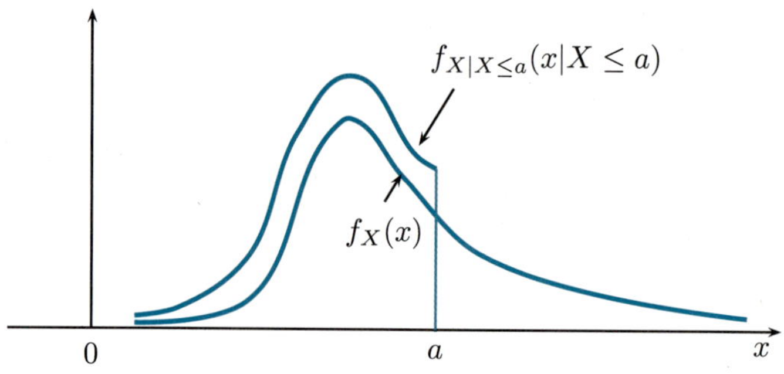

그림 3.4.1 확률밀도함수 f_X와 조건부 확률밀도함수 $f_{X|X\le a}(x)$

처럼 쓸 수 있다. 여기에서, $x \le a$라면 $P\{X \le x, X \le a\} = P\{X \le x\}$이므로

$$F_{X|X\le a}(x|X \le a) = \frac{P\{X \le x\}}{P\{X \le a\}} = \frac{F_X(x)}{F_X(a)} \tag{3.4.24}$$

이다. 다음에, $x > a$라면 $P\{X \le x, X \le a\} = P\{X \le a\}$이므로

$$F_{X|X\le a}(x|X \le a) = 1 \tag{3.4.25}$$

이다. 따라서, (3.4.24)와 (3.4.25)에서

$$f_{X|X\le a}(x|X \le a) = \frac{f_X(x)}{F_X(a)}u(a-x) \tag{3.4.26}$$

을 얻는다. 이 결과를 그림 3.4.1에 보였다. ◇

보기 3.4.5 (시스템의 고장) 어떤 시스템이 고장나는 시간을 확률변수 X라고 두고, X의 누적분포함수를 F라고 두자. 곧, $F(t) = P\{X \le t\}$는 시간 t 전에 시스템이 고장날 확률이고, $1 - F(t) = P\{X > t\}$는 시간 t 전에 시스템이 고장나지 않을 확률이다. 한편, 조건부 고장률 $\beta(t)$는

$$\beta(t)dt = P\{\text{시간 } t \text{ 전에 시스템이 고장나지 않았을 때 시간 구간 } (t, t+dt)\text{에 시스템이 고장남}\} \tag{3.4.27}$$

을 바탕으로 뜻매김한다. 이제, (3.4.3)에서 $A = \{X > t\}$라고 두고 그 결과를 미분하면 X의 조건부 확률밀도함수 $f_{X|X>t}(x|X > t) = \frac{F'(x)}{1-F(t)} = \frac{f(x)}{\int_t^\infty f(x)dx}$를 얻는다. 이 식을 바탕으로 조건부 고장률 $\beta(t) = f_{X|X>t}(t|X > t)$을

$$\beta(t) = \frac{F'(t)}{1-F(t)} \tag{3.4.28}$$

처럼 쓸 수 있다. 이 미분 방정식을 풀면 $-\ln(1-F(x)) = \int_0^x \beta(t)dt$이므로

$$F(x) = 1 - \exp\left(-\int_0^x \beta(t)dt\right) \tag{3.4.29}$$

를 얻고, 이 식을 미분하여 $f(x) = \beta(x)\exp\left(-\int_0^x \beta(t)dt\right)$를 얻을 수 있다. ◇

3.4.2 사건과 조건부 기댓값

뜻매김 3.4.3 조건부 기댓값

조건부 분포를 바탕으로

$$E\{Y|A\} = \begin{cases} \int_{-\infty}^{\infty} y f_{Y|A}(y|A)dy, & Y\text{가 연속 확률변수일 때,} \\ \sum_{y} y p_{Y|A}(y|A), & Y\text{가 이산 확률변수일 때} \end{cases} \quad (3.4.30)$$

을 얻을 수 있는데, 이 기댓값을 A가 일어났을 때 Y의 조건부 기댓값 또는 조건부 평균[58]이라고 부른다.

보기 3.4.6 확률변수 X의 확률밀도함수를 f_X라고 두고, $A = \{X \leq a\}$일 때 X의 조건부 평균을 얻어보시오.

풀이 조건부 확률밀도함수 (3.4.26)을 써서 (3.4.30)을 바탕으로 X의 조건부 평균 $E\{X|A\} = \int_{-\infty}^{\infty} x f_{X|A}(x|A)dx = \int_{-\infty}^{\infty} x f_{X|X\leq a}(x|X \leq a)dx = \int_{-\infty}^{a} \frac{x f_X(x)}{F_X(a)} dx$을 얻으면

$$E\{X|A\} = \frac{1}{F_X(a)} \int_{-\infty}^{a} x f_X(x)dx \quad (3.4.31)$$

이다. 여기에서, $\lim_{a\to\infty} E\{X|A\} = \frac{1}{F_X(\infty)} \int_{-\infty}^{\infty} x f_X(x)dx$이다. 이 결과는, $F_X(\infty) = 1$이라는 것을 새기면, 평균 $E\{X\} = \int_{-\infty}^{\infty} x f_X(x)dx$를

$$E\{X\} = \frac{1}{F_X(\infty)} \int_{-\infty}^{\infty} x f_X(x)dx \quad (3.4.32)$$

처럼 쓸 수 있다는 이야기와 직관적으로 걸맞은 결과이다. ◇

뜻매김 3.4.3을 확장하면, 사건 A가 일어났을 때, 확률변수의 함수 $Y = g(X)$의 조건부 기댓값은 $E\{g(X)|A\} = \int_{-\infty}^{\infty} g(x)dF_{X|A}(x|A)$, 곧

$$E\{g(X)|A\} = \begin{cases} \int_{-\infty}^{\infty} g(x) f_{X|A}(x|A)dx, & \text{연속 확률변수,} \\ \sum_{x=-\infty}^{\infty} g(x) p_{X|A}(x|A), & \text{이산 확률변수} \end{cases} \quad (3.4.33)$$

처럼 얻을 수 있다.

3.4.3 조건화하여 기댓값 얻기

어떤 사건의 확률을 얻고자 할 때, 알맞은 조건을 생각하여 조건부 확률을 먼저 얻으면 매우 쉽게 바라는 확률을 얻을 수 있다는 것을 2.4절에서 이미 살펴 보았다. 이제, 이것과 비슷하게 기댓값을 얻을 때에도 직접 얻는 것보다 조건부 기댓값을 먼저 얻고 그것을 다시 평균하여 기댓값을 얻는 방법이 꽤 쓸모 있다는 것을 알아 보자. 이런 방법은 4.4.3절에서 확률벡터의 조건부 기댓값을 다룰 때 조금 더 자세히 다룰 것이다.

[58]conditional expectation, conditional expected value, 또는 conditional mean

정리 3.4.4 묶음 $\{A_1, A_2, \cdots, A_n\}$이 확률변수 X의 치역의 분할이면, X의 기댓값을

$$E\{X\} = \sum_{k=1}^{n} E\{X|A_k\} P(A_k) \tag{3.4.34}$$

처럼 나타낼 수 있다. ■■

증명 이산 확률변수일 때에만 보이자. 식 (2.4.13)을 쓰면 $E\{X\} = \sum_x x p_X(x) = \sum_x \sum_{k=1}^{n} x p_{X|A_k}(x) P(A_k) = \sum_{k=1}^{n} \sum_x x p_{X|A_k}(x) P(A_k) = \sum_{k=1}^{n} E\{X|A_k\} P(A_k)$이다. □

보기 3.4.7 속이 보이지 않는 주머니 안에 노란 공이 a개, 파란 공이 b개 들어 있다. 이 주머니에서 아무렇게나 공을 하나 꺼낸 다음, 그 공이 노란 공이면 주머니에 다시 넣고, 파란 공이면 다른 곳에 있는 노란 공과 바꾸어 주머니 안에 넣는다. 이런 실험을 n번 시행한 뒤, 주머니 안에 들어 있는 노란 공 수 X_n의 기댓값 $E\{X_n\} = M_n$은

$$M_{n+1} = \left(1 - \frac{1}{a+b}\right) M_n + 1 \tag{3.4.35}$$

를 만족시킨다는 것을 보이고, (3.4.35)를 풀어서

$$M_n = a + b - b\left(1 - \frac{1}{a+b}\right)^n \tag{3.4.36}$$

임을 보이시오. 끝으로, $(n+1)$째 시행에서 꺼낸 공이 노란 공일 확률 P_{n+1}을 얻어보시오.

풀이 먼저,

$$\begin{aligned} M_{n+1} = {} & E\{X_{n+1} | (n+1)\text{째 꺼낸 공이 노란 공}\} \Pr\{(n+1)\text{째 꺼낸 공이 노란 공}\} \\ & + E\{X_{n+1} | (n+1)\text{째 꺼낸 공이 파란 공}\} \Pr\{(n+1)\text{째 꺼낸 공이 파란 공}\} \end{aligned} \tag{3.4.37}$$

처럼 쓸 수 있는데,

$$E\{X_{n+1} | (n+1)\text{째 꺼낸 공이 노란 공}\} = M_n, \tag{3.4.38}$$

$$\Pr\{(n+1)\text{째 꺼낸 공이 노란 공}\} = \frac{M_n}{a+b}, \tag{3.4.39}$$

$$E\{X_{n+1} | (n+1)\text{째 꺼낸 공이 파란 공}\} = M_n + 1, \tag{3.4.40}$$

$$\Pr\{(n+1)\text{째 꺼낸 공이 파란 공}\} = 1 - \frac{M_n}{a+b} \tag{3.4.41}$$

이므로 $M_{n+1} = M_n \times \frac{M_n}{a+b} + (M_n + 1)\left(1 - \frac{M_n}{a+b}\right) = M_n\left(1 - \frac{1}{a+b}\right) + 1$이다. 이제, $\mu = 1 - \frac{1}{a+b}$로 두면 $M_{n+1} = \mu M_n + 1 = \mu(\mu M_{n-1} + 1) + 1 = \mu^2 M_{n-1} + 1 + \mu = \cdots = \mu^{n+1} M_0 + 1 + \mu + \cdots + \mu^n$인데, $M_0 = a$이므로 $M_{n+1} = a\mu^{n+1} + \frac{1-\mu^{n+1}}{1-\mu} = a + b - b\left(1 - \frac{1}{a+b}\right)^{n+1}$이다. 또 $n = 0, 1, \cdots$일 때 $P_{n+1} = \frac{M_n}{a+b} = 1 - \frac{b}{a+b}\left(1 - \frac{1}{a+b}\right)^n$임을 알 수 있다. ◇

3.5 대표적인 확률변수

이 절에서는 널리 쓰이는 대표적인 확률변수 몇 가지를 조금 더 자세히 다루어 본다. 가장 먼저 정규 확률변수를 생각해 보자.

3.5.1 정규 확률변수

뜻매김 3.5.1 정규 확률변수[59]

확률밀도함수가

$$f(x) = \frac{1}{\sqrt{2\pi\sigma^2}} \exp\left\{-\frac{(x-m)^2}{2\sigma^2}\right\} \tag{3.5.1}$$

꼴인 확률변수를 정규 확률변수라고 부르고, 그 분포를 $N\left(m, \sigma^2\right)$으로 쓴다.

보기 2.5.15에서도 말하였듯이, 평균이 0이고 분산이 1인 정규 분포 $N(0,1)$을 표준 정규 분포라고 부른다. 이제, 표준 정규 확률밀도함수

$$g(x) = \frac{1}{\sqrt{2\pi}} \exp\left(-\frac{x^2}{2}\right) \tag{3.5.2}$$

를 생각하고, 이 함수 $g(x)$의 적분인 표준 정규 누적분포함수를

$$\Phi(x) = \frac{1}{\sqrt{2\pi}} \int_{-\infty}^{x} \exp\left(-\frac{t^2}{2}\right) dt \tag{3.5.3}$$

처럼 두자. 그러면 (3.1.28)에서 보았듯이 $g(x)$의 대칭성으로 말미암아

$$\Phi(-x) = 1 - \Phi(x) \tag{3.5.4}$$

임을 쉽게 알 수 있다. 또한, 분포가 $N\left(m, \sigma^2\right)$인 확률변수의 누적분포함수는

$$F(x) = \Phi\left(\frac{x-m}{\sigma}\right) \tag{3.5.5}$$

처럼 나타낼 수 있다.

뒤에 – 정리 6.2.12에 – 나오는 중심 극한 정리에서 알 수 있듯이, 정규 분포는 여러 분포 가운데에서 가장 중요하고 널리 쓰이는 것이라고 해도 지나친 말이 아니다. 한편, (3.3.49)에서도 보았듯이 정규 분포 $N\left(m, \sigma^2\right)$의 특성함수는

$$\varphi(\omega) = \exp\left(jm\omega - \frac{\sigma^2\omega^2}{2}\right) \tag{3.5.6}$$

이고 적률생성함수는

$$M(t) = \exp\left(mt + \frac{\sigma^2 t^2}{2}\right) \tag{3.5.7}$$

이다.

한편, 정규 분포의 꼬리 부분은 통계, 통신, 신호 처리와 같은 여러 영역에서 매우 자주 쓰인다. 여기에서는 정규 분포의 꼬리 확률을 어떻게 어림할 수 있는지 간단히 살펴 보자. 먼저, 위 (3.5.3)에서 뜻매김한 표준 정규 누적분포함수를 바탕으로 잘못 함수[60] $\Theta(x) = \text{erf}(x) = \frac{2}{\sqrt{\pi}} \int_0^x \exp\left(-t^2\right) dt$를

[59]normal random variable. 가우스 확률변수라고 Gaussian random variable 부르기도 한다.
[60]error function

$$\mathrm{erf}(x) \;=\; 2\Phi\left(\sqrt{2}x\right) - 1 \tag{3.5.8}$$

처럼 쓸 수 있다. 이제, 표준 정규 확률밀도함수 $g(x)$와 그 꼬리 적분

$$Q(x) \;=\; \frac{1}{\sqrt{2\pi}}\int_x^\infty \exp\left(-\frac{t^2}{2}\right)dt \tag{3.5.9}$$

을 생각하자. 이 꼬리 적분 $Q(x)$를 표준 정규 보 누적분포함수[61]라고 부르기도 한다. 표준 정규 확률밀도함수와 꼬리 적분을 쓰면 $x > 0$일 때 부등식

$$\frac{x}{1+x^2}g(x) \;<\; Q(x) \;<\; \frac{g(x)}{x} \tag{3.5.10}$$

을 얻을 수 있다. 꼬리 적분 $Q(x)$를 함수 $Q_a(x) = \frac{1}{(1-a)x+a\sqrt{x^2+b}}g(x)$처럼 어림하고 $Q_a(0) = Q(0) = \frac{1}{2}$이라고 두자. 그러면 a와 b는 $a\sqrt{2\pi b} = 2$를 만족시켜야 한다. 여기에서, $x > 0$일 때에만 생각하면, $a \approx 0.344$이고 $b \approx 5.334$이면 $Q_a(x)$는 $Q(x)$의 최적 상한이고, $a = \frac{1}{\pi}$이고 $b = 2\pi$이면 $Q_a(x)$는 $Q(x)$의 최적 하한이며, $a \approx 0.339$이고 $b \approx 5.510$이면 $Q_a(x)$는 $Q(x)$의 최적 어림셈임이 – 곧, $\max\left|\frac{Q_a(x)-Q(x)}{Q(x)}\right|$이 가장 작음이 – 알려져 있다.

3.5.2 이항 확률변수

뜻매김 3.5.2 이항 분포[62]

베르누이 시행을 거듭하여 얻은 결과가 나타내는 분포를 이항 분포라고 한다. 분포가 $b(1,p)$인 베르누이 시행을 n번 거듭한 이항 분포를 $b(n,p)$로 쓴다.

곧, 바라는 사건 A가 일어날 확률은 $P(A) = p$이고, A가 일어나지 아니할 – 또는 A^c가 일어날 – 확률은 $P(A^c) = 1 - P(A) = q$인 실험을 n번 독립적으로 시행하면, 그 결과는 이항 분포를 나타낸다. 이때, 바라는 사건 A가 일어날 횟수를 확률변수 K라고 두고 $K = k$일 확률을 $P_n(k)$로 쓰면, $k = 0, 1, \cdots, n$일 때

$$\begin{aligned} P_n(k) &= P\{\text{베르누이 시행 } n\text{번 가운데에서 바라는 사건이 } k\text{번 일어남}\} \\ &= {}_n\mathrm{C}_k p^k q^{n-k} \end{aligned} \tag{3.5.11}$$

이다. 한편, 이항 분포 $b(n,p)$의 누적분포함수는 $\lfloor x \rfloor \le x < \lfloor x \rfloor + 1$일 때

$$F(x) \;=\; \sum_{k=0}^{\lfloor x \rfloor} {}_n\mathrm{C}_k p^k q^{n-k} \tag{3.5.12}$$

임과, 확률변수 K의 분포가 $b(n,p)$일 때

$$P\{x \le K \le y\} \;=\; \sum_{k=\lceil x \rceil}^{\lfloor y \rfloor} P_n(k) \tag{3.5.13}$$

임을 쉽게 알 수 있다. 또한, 충격 함수를 써서 이항 분포의 확률밀도함수를 나타내면 $f(x) = \sum_{k=0}^{n} {}_n\mathrm{C}_k p^k q^{n-k}\delta(x-k)$이다.

[61] complementary standard normal cdf

[62] binomial distribution

보기 3.5.1 제대로 만든 주사위를 다섯 번 굴려 2가 나오는 횟수를 확률변수 X라고 두자. 그러면 이 확률변수의 분포는 $b\left(5, \frac{1}{6}\right)$이다. 곧, $k = 0, 1, \cdots, 5$일 때 $P_5(k) = {}_5\mathrm{C}_k \left(\frac{1}{6}\right)^k \left(\frac{5}{6}\right)^{5-k} = \frac{3125}{7776} \times \frac{{}_5\mathrm{C}_k}{5^k}$이다. ◇

보기 3.5.2 제대로 만든 주사위를 일곱 번 굴려 짝수가 나오는 횟수를 확률변수 Y라고 두자. 그러면 이 확률변수 Y의 분포는 $b\left(7, \frac{1}{2}\right)$이다. 곧, $k = 0, 1, \cdots, 7$일 때 $P_7(k) = {}_7\mathrm{C}_k \left(\frac{1}{2}\right)^k \times \left(\frac{1}{2}\right)^{7-k} = \frac{{}_7\mathrm{C}_k}{128}$이다. ◇

식 (3.5.11)에 보인 $\{P_n(k)\}_{k=0}^n$은, $(n+1)p$가 정수이면 $k = (n+1)p - 1$과 $k = (n+1)p$일 때까지, $(n+1)p$가 정수가 아니면 $k = [(n+1)p]$일 때까지 늘고, 그 다음부터는 주는 수열이다.

보기 3.5.3 분포 $b\left(3, \frac{1}{4}\right)$에서는 $k = (n+1)p - 1 = 0$과 $k = 1$일 때 $P_n(k)$가 가장 크다. 구체적으로, $P_3(0) = P_3(1) = \frac{27}{64}$, $P_3(2) = \frac{9}{64}$, $P_3(3) = \frac{1}{64}$이다. ◇

한편, $P_n(k) = {}_n\mathrm{C}_k p^k (1-p)^{n-k}$을 얻으려면 ${}_n\mathrm{C}_k$를 먼저 얻어야 한다. 그런데, n이 크고 k가 $\frac{n}{2}$에 가까우면 이 계산이 매우 어렵다. 따라서, 이럴 때 $P_n(k)$를 어림할 수 있는 식이 실제로 꽤 쓸모 있다. 이제, $n \to \infty$일 때 이항 분포의 점근 특성을 살펴 보자.

뜻매김 3.5.3 낮은 차수 함수 $o(x)$

함수 f와 g가

$$\lim_{x \to \infty} \frac{f(x)}{g(x)} = 0 \tag{3.5.14}$$

를 만족시키면 "$x \to \infty$일 때 f가 g보다 차수가 낮다."라고 말하고, $f = o(g)$로 쓴다.

뜻매김 3.5.3에서, $x \to \infty$일 때 $f = o(g)$이면 $x \to \infty$일 때 f가 g보다 느리게 커진다는 것을 알 수 있다.

뜻매김 3.5.4 높은 차수 함수 $O(x)$

실수 x가 충분히 클 때 $f(x)$와 $g(x)$가 0보다 크다고 두자. 이제, x가 충분히 클 때

$$\frac{f(x)}{g(x)} \le M \tag{3.5.15}$$

를 만족시키고 0보다 큰 정수 M이 있으면 "$x \to \infty$일 때 f의 차수는 높아야 g의 차수이다."라고 말하고, $f = O(g)$라고 쓴다.

위 두 뜻매김 3.5.3과 3.5.4에서, x가 충분히 클 때 함수 f와 g가 모두 0보다 크다면, $f = o(g)$이면 $f = O(g)$이라는 것을 알 수 있다.

보기 3.5.4 함수 $f(x) = \ln x$와 $g(x) = x$를 생각하자. 그러면 $\lim\limits_{x \to \infty} \frac{\ln x}{x} = 0$이므로 $x \to \infty$일 때 $\ln x = o(x)$이고, $\lim\limits_{x \to \infty} \frac{x^2}{x^3+1} = 0$이므로 $x \to \infty$일 때 $x^2 = o\left(x^3 + 1\right)$이다. ◇

보기 3.5.5 실수 x가 충분히 크면 $\frac{x + \sin x}{x} \le 2$이므로 $x \to \infty$일 때 $x + \sin x = O(x)$이다. 한

편, $x \to \infty$일 때 $\frac{e^x+x^2}{e^x} \to 1$이므로 $x \to \infty$일 때 $e^x + x^2 = O(e^x)$이고, $x \to \infty$일 때 $\frac{x}{e^x} \to 0$이므로 $x \to \infty$일 때 $x = o(e^x)$이다. ◇

보기 3.5.6 실수 x가 어떤 값이더라도 $\cos x = O(1)$이고 $\sin x = O(|x|)$이며, x가 크면 $x = O\left(x^2\right)$이고 $x^2 + 2x = O\left(x^2\right)$이다. 한편, $x \to 0$일 때 $x^2 = o(x)$이고, $\tan x^3 = o\left(x^2\right)$이며, $\sqrt{x} = o\left(x^{0.4}\right)$이다. ◇

정리 3.5.1 드무아브르-라플라스 정리[63] 이항 분포 $b(n,p)$에서 $npq \gg 1$이면, $k = np \pm O\left(\sqrt{npq}\right)$일 때 – 곧, 상수 a가 0보다 크고 $k \in \left(np - a\sqrt{npq}, np + a\sqrt{npq}\right)$일 때 –

$$ {}_n\mathrm{C}_k p^k (1-p)^{n-k} \approx \frac{1}{\sqrt{2\pi npq}} \exp\left\{-\frac{(k-np)^2}{2npq}\right\} \tag{3.5.16} $$

처럼 쓸 수 있다. 여기에서, $n \to \infty$이면 이 어림식을 등식으로 바꾸어 쓸 수 있다. ■■

증명 부록 3.2에서 보인다. □

보기 3.5.7 분포가 $b\left(10, \frac{1}{2}\right)$인 이항 확률변수 K를 생각하자. 이때, $P\{K=5\} = P_{10}(5) = {}_{10}\mathrm{C}_5 \left(\frac{1}{2}\right)^{10} = \frac{63}{256} \approx 0.246$이고 정규 어림셈 값은 $P\{K=5\} \approx \frac{e^0}{\sqrt{2\pi \times 10 \times \frac{1}{2} \times \frac{1}{2}}} \approx 0.252$이다. ◇

보기 3.5.8 제대로 만든 주사위를 1000번 굴려 짝수가 나오는 횟수의 분포는 $b\left(1000, \frac{1}{2}\right)$이다. 곧, 짝수가 500번 나올 확률은 $P_{1000}(500) \approx \left(\sqrt{2\pi \times 1000 \times \frac{1}{2} \times \frac{1}{2}}\right)^{-1} \approx 0.0252$이고, 짝수가 510번 나올 확률은 $P_{1000}(510) \approx \left(\sqrt{500\pi}\right)^{-1} e^{-\frac{100}{500}} \approx 0.0207$이다. ◇

부록 3.2에서 보인 정리 3.5.1을 증명하는 방법을 새겨서 확률 $P\{k_1 \le k \le k_2\} = \sum_{k=k_1}^{k_2} {}_n\mathrm{C}_k p^k (1-p)^{n-k}$를 어림해 보자. 먼저, $npq \gg 1$이면, $k_2 - k_1 = O\left(\sqrt{npq}\right)$일 때

$$ \begin{aligned} \sum_{k=k_1}^{k_2} {}_n\mathrm{C}_k p^k (1-p)^{n-k} &\approx \frac{1}{\sqrt{2\pi npq}} \sum_{k=k_1}^{k_2} \exp\left\{-\frac{(k-np)^2}{2npq}\right\} \\ &\approx \frac{1}{\sqrt{2\pi npq}} \int_{k_1}^{k_2} \exp\left\{-\frac{(x-np)^2}{2npq}\right\} dx \\ &= \Phi\left(\frac{k_2 - np}{\sqrt{npq}}\right) - \Phi\left(\frac{k_1 - np}{\sqrt{npq}}\right) \end{aligned} \tag{3.5.17} $$

을 얻을 수 있다. 식 (3.5.17)의 적분을 살펴 보면, k_1과 k_2의 차가 1보다 매우 클 때에는 어림셈 오차가 매우 작으나, 그렇지 않을 때에는 어림셈 오차가 커질 수도 있다는 것을 알 수 있다. 이러한 적분 오차를 줄이고자, 이항 분포의 구간 확률에 대한 어림셈을

$$ \sum_{k=k_1}^{k_2} {}_n\mathrm{C}_k p^k (1-p)^{n-k} \approx \Phi\left(\frac{k_2 - np + 0.5}{\sqrt{npq}}\right) - \Phi\left(\frac{k_1 - np - 0.5}{\sqrt{npq}}\right) \tag{3.5.18} $$

처럼 고쳐서 쓰기도 하는데, 이 식과 같이 고치는 것을 연속성 고치기[64]라고 부른다.

---

[63] de Moivre-Laplace theorem. 드무아브르-라플라스 정리를 이항 확률변수의 정규 어림셈이라고 Gaussian approximation 부르기도 한다.

[64] continuity correction. 식 (6.2.66), 보기 6.2.26, 문제 6.10에서도 다룬다.

보기 3.5.9 보기 3.5.8에서 짝수가 500, 501, 또는 502번 나올 확률은 $P_{1000}(500)+P_{1000}(501) + P_{1000}(502) \approx 0.0754$이다. 이 확률을 (3.5.17)을 써서 어림셈하면 $\Phi\left(\frac{2}{\sqrt{250}}\right) - \Phi\left(\frac{0}{\sqrt{250}}\right) \approx 0.0503$이고, (3.5.18)을 써서 어림셈하면 $\Phi\left(\frac{2.5}{\sqrt{250}}\right) - \Phi\left(\frac{-0.5}{\sqrt{250}}\right) \approx 0.0754$이다. ◇

정리 3.5.2 포아송 극한 정리[65] 이항 분포 $b(n,p)$에서 $p \to 0$이고, $n \to \infty$일 때 $np \to \lambda$이면, $k = O(np)$일 때

$$P_n(k) \;\to\; \frac{\lambda^k}{k!}e^{-\lambda} \tag{3.5.19}$$

이다. ■■

증명 부록 3.2에서 보인다. □

보기 3.5.10 어떤 사건이 분포 $b\left(1000, 10^{-3}\right)$을 따라서 일어날 때, 이 사건이 한 번도 일어나지 않을 확률은 $P_{1000}(0) = \left(1-10^{-3}\right)^{1000} \approx 0.3677$이고 이 확률의 포아송 어림 값은 $\exp(-np) = e^{-1} \approx 0.3679$이다. ◇

보기 3.5.11 보기 3.5.7에서 $K \sim b\left(10, \frac{1}{2}\right)$일 때 $P\{K=5\}$가 0.246쯤이고, 이 확률의 정규 어림셈 값이 0.252쯤이라는 것을 본 바 있다. 이 확률을 포아송 어림으로 얻어보면, $\frac{5^5}{5!}e^{-5} \approx 0.1755$이다. 한편, 보기 3.5.10에서 $K \sim b\left(1000, 10^{-3}\right)$일 때 $P\{K=0\} \approx 0.3677$이고, $P\{K=0\}$의 포아송 어림 값이 0.3679쯤이라는 것을 본 바 있다. 이 확률을 정규 어림셈으로 얻어보면, 평균이 1이고 분산이 $1-10^{-3}$인 정규 분포에서의 확률로 $\frac{1}{\sqrt{1.998\pi}}\exp\left(-\frac{1}{1.998}\right) \approx 0.2420$쯤이다. ◇

보기 3.5.10과 3.5.11에서 드러나듯이, p가 0에 가까우면 포아송 어림이 정규 어림셈보다 낫고, 그렇지 않으면 정규 어림셈이 포아송 어림보다 낫다.

3.5.3 포아송 확률변수

뜻매김 3.5.5 포아송 확률변수

확률질량함수가

$$p_k \;=\; e^{-\lambda}\frac{\lambda^k}{k!}, \qquad k = 0, 1, 2, \cdots, \quad \lambda > 0 \tag{3.5.20}$$

인 확률변수를 포아송 확률변수라고 부르고, 그 분포를 포아송 분포라고 부르며 $P(\lambda)$로 쓰고, λ를 포아송 비율이라고 부른다.

포아송 확률질량함수 $\{p_k\}_{k=0}^{\infty}$는 늘다가 주는 수열이거나 주는 수열인데, $\lambda < 1$이면 $k=0$일 때, $\lambda \geq 1$이고 정수이면 $k=\lambda$와 $\lambda-1$일 때, $\lambda \geq 1$이고 정수가 아니면 $k=[\lambda]$일 때 가장 크다. 한편, 포아송 확률변수의 누적분포함수는

[65] Poisson limit theorem. 포아송 어림이라고 Poisson approximation 부르기도 한다.

$$F(x) = e^{-\lambda} \sum_{k=0}^{\lfloor x \rfloor} \frac{\lambda^k}{k!} \tag{3.5.21}$$

이다.

이제, 구간 $\left[-\frac{T}{2}, \frac{T}{2}\right]$ 안에 마음 내키는 대로 점을 n개 찍는다고 두자. 그러면 $-\frac{T}{2} \leq t_1 < t_2 \leq \frac{T}{2}$, $p = \frac{t_2 - t_1}{T} = \frac{t_a}{T}$, $q = 1 - p$라고 할 때

$$\begin{aligned} P\{\text{구간 } (t_1, t_2)\text{에 점이 } k\text{개 있음}\} &= {}_n\mathrm{C}_k \left(\frac{t_a}{T}\right)^k \left(1 - \frac{t_a}{T}\right)^{n-k} \\ &= {}_n\mathrm{C}_k p^k q^{n-k} \end{aligned} \tag{3.5.22}$$

이다. 한편, 길이가 t_a인 구간과 길이가 t_b인 구간이 서로 겹치지 않더라도

$$\begin{aligned} & P\{\text{길이가 } t_a\text{인 구간에 점이 } k_a\text{개, 길이가 } t_b\text{인 구간에 점이 } k_b\text{개}\} \\ &= \frac{n!}{k_a! k_b! (n - k_a - k_b)!} \left(\frac{t_a}{T}\right)^{k_a} \left(\frac{t_b}{T}\right)^{k_b} \left(1 - \frac{t_a}{T} - \frac{t_b}{T}\right)^{n - k_a - k_b} \\ &\neq P\{\text{길이가 } t_a\text{인 구간에 점이 } k_a\text{개}\} P\{\text{길이가 } t_b\text{인 구간에 점이 } k_b\text{개}\} \end{aligned} \tag{3.5.23}$$

이므로 구간 $\left[-\frac{T}{2}, \frac{T}{2}\right]$이 유한할 때에는 두 사건 {길이가 t_a인 구간에 점 k_a개}와 {길이가 t_b인 구간에 점 k_b개}는 독립이 아니다. 그런데, $\lambda = \frac{n}{T}$이라고 두면, $n \to \infty$이고 $T \to \infty$일 때 $p = \frac{t_a}{T} \to 0$이고 $np = \lambda t_a$이므로, (3.5.19)에서 다룬 포아송 극한 정리를 새기면 $P\{$길이가 t_a인 구간에 점이 k개 있음$\} \to e^{-\lambda t_a} \frac{(\lambda t_a)^k}{k!}$이고, $\left(1 - \frac{t_a}{T} - \frac{t_b}{T}\right)^{n - k_a - k_b} \to e^{-n\left(\frac{t_a}{T} + \frac{t_b}{T}\right)} = \exp\left\{-\lambda (t_a + t_b)\right\}$이며, $\frac{n!}{k_a! k_b! (n - k_a - k_b)!} \to \frac{n^{k_a + k_b}}{k_a! k_b!}$이다. 따라서,

$$\begin{aligned} & P\{\text{길이가 } t_a\text{인 구간에 점이 } k_a\text{개, 길이가 } t_b\text{인 구간에 점이 } k_b\text{개}\} \\ &= e^{-\lambda t_a} \frac{(\lambda t_a)^{k_a}}{k_a!} e^{-\lambda t_b} \frac{(\lambda t_b)^{k_b}}{k_b!} \\ &= P\{\text{길이가 } t_a\text{인 구간에 점이 } k_a\text{개}\} P\{\text{길이가 } t_b\text{인 구간에 점이 } k_b\text{개}\} \end{aligned} \tag{3.5.24}$$

이다. 곧, 두 사건 {길이가 t_a인 구간에 점 k_a개}와 {길이가 t_b인 구간에 점 k_b개}는 독립이다. 여기에서 다룬 끝없이 많은 점의 집합을 아래에 뜻매김하듯이 확률 포아송 점 또는 포아송 점이라고 부른다.

뜻매김 3.5.6 확률 포아송 점[66]

아래 두 성질을 만족시키는 점들을 매개변수가 λ인 확률 포아송 점 또는 포아송 점이라고 부른다.
(가) $P\{$길이가 t인 구간에 점 k개$\} = e^{-\lambda t} \frac{(\lambda t)^k}{k!}$
(나) 구간 D_a와 D_b가 겹치지 않으면 $\{D_a$ 안에 점 k_a개$\}$와 $\{D_b$ 안에 점 k_b개$\}$는 서로 독립

여기에서, 매개변수 λ는 단위 구간 안에 들어 있는 점의 수를 나타낸다.

보기 3.5.12 포아송 점을 생각하자. 세 시점 $t_1 \leq t_2 \leq t_3$을 생각하여, 구간 $D_c = (t_1, t_3)$에 점이 k_c개 있을 때, 구간 $D_a = (t_1, t_2)$에 점이 k_a개 있을 확률을 얻어보시오.

---

[66] random Poisson points 또는 Poisson points

풀이 먼저, $D_b = (t_2, t_3)$, $k_b = k_c - k_a$, $t_a = t_2 - t_1$, $t_b = t_3 - t_2$, $t_c = t_3 - t_1$이라고 두자. 그러면

$$\begin{aligned} & P\{\text{구간 } D_a\text{에 점이 } k_a\text{개 있음}\,|\,\text{구간 } D_c\text{에 점이 } k_c\text{개 있음}\} \\ &= \frac{P\{\text{구간 } D_a\text{에 점이 } k_a\text{개 있고, 구간 } D_c\text{에 점이 } k_c\text{개 있음}\}}{P\{\text{구간 } D_c\text{에 점이 } k_c\text{개 있음}\}} \\ &= \frac{P\{\text{구간 } D_a\text{에 점이 } k_a\text{개 있고}\}P\{\text{구간 } D_b\text{에 점이 } k_b\text{개 있음}\}}{P\{\text{구간 } D_c\text{에 점이 } k_c\text{개 있음}\}} \end{aligned} \tag{3.5.25}$$

이므로

$$\begin{aligned} & P\{\text{구간 } D_a\text{에 점이 } k_a\text{개 있음}\,|\,\text{구간 } D_c\text{에 점이 } k_c\text{개 있음}\} \\ &= \left\{e^{-\lambda t_a}\frac{(\lambda t_a)^{k_a}}{k_a!}e^{-\lambda t_b}\frac{(\lambda t_b)^{k_b}}{k_b!}\right\}\left\{e^{-\lambda t_c}\frac{(\lambda t_c)^{k_c}}{k_c!}\right\}^{-1} \\ &= \frac{k_c!}{k_a!k_b!}\left(\frac{t_a}{t_c}\right)^{k_a}\left(\frac{t_b}{t_c}\right)^{k_b} \end{aligned} \tag{3.5.26}$$

을 얻는다. ◇

보기 3.5.13 포아송 점들의 집합 $\{t_i\}$를 생각하자. 고정점 t_0에서 오른쪽으로 첫째 점까지의 거리를 확률변수 X라고 두자. 그러면 $x \geq 0$일 때 누적분포함수 $F_X(x) = P\{X \leq x\} = P\{t_0\text{과 } t_0 + x\text{사이에 적어도 점이 하나 있음}\}$는

$$\begin{aligned} F_X(x) &= 1 - P\{(t_0, t_0 + x)\text{에 점이 하나도 없음}\} \\ &= 1 - e^{-\lambda x} \end{aligned} \tag{3.5.27}$$

이다. 따라서, $f_X(x) = \lambda e^{-\lambda x}u(x)$이고, X는 지수 확률변수이다. ◇

보기 3.5.14 단위 구간에 평균 λ개 있는 포아송 점과 상수 a를 생각하자. 구간 $(0, a)$ 안에 있는 포아송 점의 수를 확률변수 N이라고 두자. 그러면 $P\{N = k\} = e^{-\lambda a}\frac{(\lambda a)^k}{k!}$이다. 곧, 너비가 a인 구간 안에 있는 포아송 점의 수는 포아송 분포 $P(\lambda a)$를 따른다. ◇

3.5.4 지수 확률변수

뜻매김 3.5.7 지수 확률변수

상수 λ가 0보다 클 때 확률밀도함수가

$$f(x) = \lambda e^{-\lambda x}u(x) \tag{3.5.28}$$

인 확률변수를 매개변수 – 지수 비율 또는 비율 – λ인 지수 확률변수라고 부른다.

지수 확률변수의 적률생성함수 $M(t) = \int_0^\infty e^{tx}\lambda e^{-\lambda x}dx$는

$$M(t) = \frac{\lambda}{\lambda - t}, \quad t < \lambda \tag{3.5.29}$$

이므로, 기댓값 $E\{X\} = \frac{1}{\lambda}$, 2차 적률 $E\{X^2\} = \left.\frac{2\lambda}{(\lambda-t)^3}\right|_{t=0} = \frac{2}{\lambda^2}$, 그리고 분산 $\text{Var}\{X\} = \frac{2}{\lambda^2} - \frac{1}{\lambda^2} = \frac{1}{\lambda^2}$을 쉽게 얻을 수 있다. 한편, 지수 확률변수의 누적분포함수는

$$F(x) = \left(1 - e^{-\lambda x}\right) u(x) \tag{3.5.30}$$

이다. 따라서, $s, t \geq 0$일 때 $P\{X > s+t \mid X > t\} = \frac{P\{X>s+t\}}{P\{X>t\}} = \frac{1-F(s+t)}{1-F(t)} = e^{-\lambda s}$이므로

$$P\{X > s+t \mid X > t\} = P\{X > s\} \tag{3.5.31}$$

이다. 식 (3.5.31)이 나타내는 특성을 지수 분포의 무기억[67] 성질이라고 부른다.

보기 3.5.15 어떤 전구의 수명이 지수 분포를 따른다고 두자. 이때, (3.5.31)은 그 전구가 어떤 순간 t에 켜져 있다면 그 전구의 남은 수명의 분포는 본래 수명 분포와 같다는 것을 뜻한다. 곧, t시간 동안 켜져 있던 전구가 $t+s$시간 동안 켜져 있을 – 곧, s시간만큼 더 켜져 있을 – 확률은 단순히 이 전구가 s시간 동안 켜져 있을 확률과 같다는 것을 뜻한다. 다시 말하면, 어떤 순간에 살펴 본 전구의 남은 수명의 분포는 사용하지 않은 전구의 남은 수명 분포와 같다. 이것은 다음과 같이 해석할 수도 있다. 한 장소에 들어온 사람이 전구가 켜져 있는 것을 보았지만 그 전구가 언제부터 켜져 있었는지는 모르고 있다면, 그 전구는 앞으로 얼마나 더 켜져 있으리라고 생각할 수 있을까? 그 전구의 수명이 지수 분포를 따른다면, 놀랍게도, 그 전구의 남은 수명은 새 전구의 수명과 같다. 조금 다르게 말하면, 과거에 일어난 일이 미래의 일에 영향을 끼치지 않는다는 것이다. 결국 전구가 이제까지 얼마 동안 켜져 있었는지 알 수 없다. 이런 성질을 마르코프[68] 성질이라고 부른다. 이 보기의 결론이 조금 이상하다고 느끼겠지만, 이렇게 느껴지는 까닭은 우리가 평소에 보는 전구의 수명이 실제로 지수 분포가 아닐 때가 많기 때문이다. ◇

식 (3.5.31)을 다시 쓰면

$$P\{X > s+t\} = P\{X > s\}P\{X > t\} \tag{3.5.32}$$

인데, 연속 분포 가운데에서는 지수 분포만이[69] (3.5.32)를 만족시킨다. 이 사실은 아래와 같이 보일 수 있다. 어떤 함수 $g(\cdot)$가

$$g(s+t) = g(s)g(t) \tag{3.5.33}$$

을[70] 만족시킨다고 두자. 그러면 자연수 m과 n을 어떻게 두더라도, $g(1) = g\left(\frac{1}{n} + \frac{1}{n} + \cdots + \frac{1}{n}\right) = g^n\left(\frac{1}{n}\right)$이므로, $g\left(\frac{1}{n}\right) = g^{\frac{1}{n}}(1)$이고 $g\left(\frac{m}{n}\right) = g\left(\frac{1}{n} + \frac{1}{n} + \cdots + \frac{1}{n}\right) = g^m\left(\frac{1}{n}\right)$이다. 따라서, $g\left(\frac{m}{n}\right) = g^{\frac{m}{n}}(1)$이고, 함수 $g(\cdot)$가 오른쪽에서 연속이면 $x \geq 0$일 때 $g(x) = g^x(1)$로 쓸 수 있다. 여기에서, $g(1) = g^2\left(\frac{1}{2}\right) \geq 0$이므로 $\lambda = -\log\{g(1)\}$이라고 두면 $g(x) = e^{-\lambda x}$이다. 이제, (3.5.30)과 $g(x)$를 견주어 보면 바라는 바를 알 수 있다.

---

[67] memoryless

[68] Markov

[69] 지수 분포와 비슷하게 이산 분포 가운데에서는 기하 분포만이 (3.5.32)를 만족시킨다.

[70] 한편, 이 식과 비슷한 꼴 $g(s+t) = g(s) + g(t)$를 코쉬 방정식이라고 부른다.

보기 3.5.16 은행에서 일을 끝내는 데에 걸리는 시간이 지수 확률변수이고, 그 평균이 10분이라고 두자. 또, 은행에 오는 손님은 일이 끝나면 바로 은행을 떠난다고 두자. 이제, 은행에 온 손님이 일을 처리하려고 15분보다 오래 기다릴 확률을 얻어보시오. 또, 10시에 도착하여 10분 기다린 손님이 10시 15분에도 은행에서 기다리고 있을 확률을 얻어보시오.

풀이 손님이 은행에서 기다리는 시간을 X라고 두고 그 누적분포함수를 F라고 두자. 그러면, 기다리는 시간은 일을 처리하는 데에 걸리는 시간과 같으므로, X는 비율이 $\lambda = \frac{1}{10}$인 지수 확률변수이다. 따라서, 은행에 온 손님이 일을 처리하려고 15분보다 오래 기다릴 확률을 얻으면 $P\{X > 15\} = 1 - P\{X \leq 15\} = 1 - F(15) = e^{-15\lambda} = e^{-\frac{3}{2}} \approx 0.2231$이다. 다음으로, 지수 확률변수는 과거의 영향을 받지 않으므로 10시에 도착하여 10분 기다린 손님이 10시 15분에도 은행에서 기다리고 있을 확률은 손님이 기다려야 할 시간이 5분보다 길 확률과 같다. 곧, 10시에 도착하여 10분 기다린 손님이 10시 15분에도 은행에서 기다리고 있을 확률은 $P\{X > 5\} = e^{-5\lambda} = e^{-\frac{1}{2}} \approx 0.6065$이다. ◇

보기 3.5.17 어떤 전구의 수명은 평균이 열 시간인 지수 확률변수이다. 확률변수론이라는 책을 쓰고자 연구실로 돌아온 한 교수가 방에 그 전구가 켜져 있는 것을 보았다. 써야 할 부분이 다섯 시간 분량이라면, 전구가 꺼지기 전에 교수가 그 일을 마칠 확률을 얻어보자. 또 전구의 수명이 지수 확률변수가 아니라면 어떠한지 생각해보자.

풀이 전구의 수명을 X라고 두면, $\lambda = \frac{1}{10}$이므로 $P\{X > 5\} = 1 - F(5) = e^{-5\lambda} = e^{-\frac{1}{2}} \approx 0.6065$이다. 곧, 그 교수가 불이 꺼지기 전에 책 쓰기를 마칠 수 있는 확률은 절반을 조금 넘는 61%쯤이다. 다음에, 전구의 수명이 지수 확률변수가 아닐 때를 생각해 보자. 그러면, 그 교수가 방에 돌아왔을 때까지 전구가 켜져 있었던 시간을 t라고 두고 그 누적분포함수를 F라고 두면, 얻으려는 확률은 $P\{\text{전구가 꺼지기 전에 일을 마침}\} = P\{X > t+5 | X > t\}$, 곧

$$P\{\text{전구가 꺼지기 전에 일을 마침}\} = \frac{1 - F(t+5)}{1 - F(t)} \tag{3.5.34}$$

이다. 따라서, 전구가 켜진 지 얼마나 되었는지 알 수 없다면, 이 확률은 얻을 수 없다. ◇

지수 확률변수가 과거를 기억하지 못한다는 특성을 조금 더 알아볼 때 고장 비율 함수[71]를 쓴다. 이 고장 비율 함수는 위험 비율 함수[72] 또는 보기 3.4.5에서 다룬 조건부 고장률이라고 부르기도 한다. 보기 3.4.5에서 보았듯이 확률변수 X가 0보다 크고 그 확률밀도함수가 f이며 누적분포함수가 F일 때, 고장 비율 함수 $\beta(t)$는

$$\beta(t) = \frac{f(t)}{1 - F(t)} \tag{3.5.35}$$

이다. 이 고장 비율 함수는 t시간 동안 작동한 물체가 그 뒤의 짧은 시간 dt 동안 더 작동하지 못할 확률, 곧 t시간 동안 작동한 뒤 고장이 날 확률이라고 볼 수 있다. 다시 말하면, $\beta(t)$는 t시간 동안 작동한 물체가 고장이 날 조건부 고장률을 나타낸다. 이제, 지수 확률변수에서 이 고장 비율 함수를 알아보자. 지수 확률변수는 과거를 기억하지 않으므로 t시간 동안 작동한 물체가

[71] failure rate function
[72] hazard rate function

고장날 확률과 새 물체가 고장날 확률이 같다. 곧 $\beta(t) = \frac{\lambda e^{-\lambda t}}{e^{-\lambda t}} = \lambda$에서 볼 수 있듯이, 지수 확률변수에서 고장 비율 함수는 t와 관련이 없는 상수인데, 이 λ를 지수 확률변수의 비율이라고 부른다. 이 값은 지수 확률변수 평균의 역수로 나타나며, 일정한 시간 동안 얼마나 많은 사건이 일어나는가를 나타내기에 이렇게 불린다. 여기에서 말하는 '비율'은 어떤 것이 일어나는 빈도를 뜻한다고 생각할 수 있다. 보기를 들어, 어떤 사건이 발생하는 시간이 평균 0.1인 지수 확률변수이면, 지수 비율 $\lambda = \frac{1}{0.1} = 10$은 그 사건이 단위 시간마다 평균적으로 열 번 일어난다는 것을 알려준다.

보기 3.5.18 (지수 분포와 기하 분포) 매개변수가 λ인 지수 확률변수 X를 생각할 때 $K = \lceil X \rceil$는 매개변수가 $p = 1 - e^{-\lambda}$인 기하 확률변수라는 것을 보이시오.

풀이 확률변수 K의 확률질량함수는 $p_K(k) = P(k-1 < X \le k) = F_X(k) - F_X(k-1) = \exp\{-\lambda(k-1)\} - \exp(-\lambda k) = \{\exp(-\lambda)\}^{k-1}\{1 - \exp(-\lambda)\} = p(1-p)^{k-1}$이다. 그러므로, $K = \lceil X \rceil$는 매개변수가 $1 - e^{-\lambda}$인 기하 확률변수이다. 한편, 확률변수 X가 연속 확률변수이므로 $K_1 = \lfloor X \rfloor + 1$도 기하 확률변수이다. ◇

부록

부록 3.1 누적분포함수와 역 누적분포함수

(가) 누적분포함수

누적분포함수를 함수론의 관점에서 조금 더 자세히 다루어 보자.

뜻매김 3.부.1 누적분포함수

실수 x의 함수 $F(x)$가 아래 세 가지 조건을 만족시키면 $F(x)$를 누적분포함수라고 부른다.
(가) 함수 $F(x)$는 줄지 않는다. 곧, $h > 0$일 때 $F(x+h) \geq F(x)$이다.
(나) 함수 $F(x)$는 오른쪽에서 연속이다. 곧, $F(x^+) = F(x)$이다.
(다) 극한값 $\lim_{x\to-\infty} F(x) = 0$이고 $\lim_{x\to\infty} F(x) = 1$이다.

누적분포함수는 유한한 단조함수이다. 한편, 0보다 큰 수 ε을 어떻게 고르더라도 $F(x+\varepsilon) - F(x-\varepsilon) > 0$인 점 x를 $F(x)$의 느는 점이라고 부르고, $F(x) = F(x^-)$인 점 x를 $F(x)$의 연속 점이라고 부르며, $F(x^+) = F(x) \neq F(x^-)$인 점 x를 $F(x)$의 불연속 점이라고 부른다. 이때, 뜻매김 1.3.3에서 이미 보았듯이 $p_x = F(x^+) - F(x^-) = F(x) - F(x^-)$는 점 x에서 $F(x)$의 뜀이다. 누적분포함수에는 1종 불연속 점만 – 곧, 뜀 불연속 점만 – 있으며, 불연속 점에서 누적분포함수의 뜀은 0보다 크고 1을 넘지 않으며 연속 점에서 누적분포함수의 뜀은 0이다.

보기 3.부.1 ($Y = g(X)$의 누적분포함수) 확률변수 X가 그림 3.부.1에 보인 함수 g를 거친다고 두자. 이 그림에서 y_1은 $y = g(x)$의 극솟값이고, x_1과 x_{11}은 $y_1 = g(x)$의 풀이 둘이며, y_2는 $y = g(x)$의 극댓값이고, x_2와 x_{22}는 $y_2 = g(x)$의 풀이 둘이다. 한편, $y_1 < y < y_2$일 때, 가로축과 나란한 곧은 선 $Y = y$가 함수 $Y = g(X)$와 만나는 세 점의 X 좌표를 작은 것부터 늘어놓은 것을 x_3, x_4, x_5라고 두자. 그러면 $x_{11} < x_3 < x_2 < x_4 < x_1 < x_5 < x_{22}$이고 y가 y_1과 y_2 사이에 들어 있을 때 $y = g(x_3) = g(x_4) = g(x_5)$이다. 이제, 확률변수 $Y = g(X)$의 누적분포함수 F_Y를 얻으시오. 또, 이 누적분포함수가 연속 함수인지 이야기해 보시오.

풀이 먼저, $y > y_2$이거나 $y < y_1$이면 그림 3.부.1에서 알 수 있듯이 $\Pr\{Y \leq y\} = \Pr\{g(X) \leq y\} = \Pr\{X \leq g^{-1}(y)\}$이므로

$$F_Y(y) = F_X\left(g^{-1}(y)\right) \qquad (3.부.1)$$

이다. 다음에, $y = y_1$이면 $\{Y \leq y_1\} = \{g(X) \leq y_1\} = \{X \leq x_{11}\} + \{X = x_1\}$이므로

$$F_Y(y) = F_X(x_{11}) + \Pr\{X = x_1\} \qquad (3.부.2)$$

를 얻는다. 한편, $y_1 < y < y_2$이면 $\{g(X) \leq y\} = \{X \leq x_3\} + \{x_4 \leq X \leq x_5\} = \{X \leq x_3\} + \{x_4 < X \leq x_5\} + \{X = x_4\}$이므로 Y의 누적분포함수는

$$F_Y(y) = F_X(x_3) + F_X(x_5) - F_X(x_4) + \Pr\{X = x_4\} \qquad (3.부.3)$$

이다. 끝으로, $y = y_2$이면 $\{g(X) \leq y_2\} = \{X \leq x_{22}\}$이므로

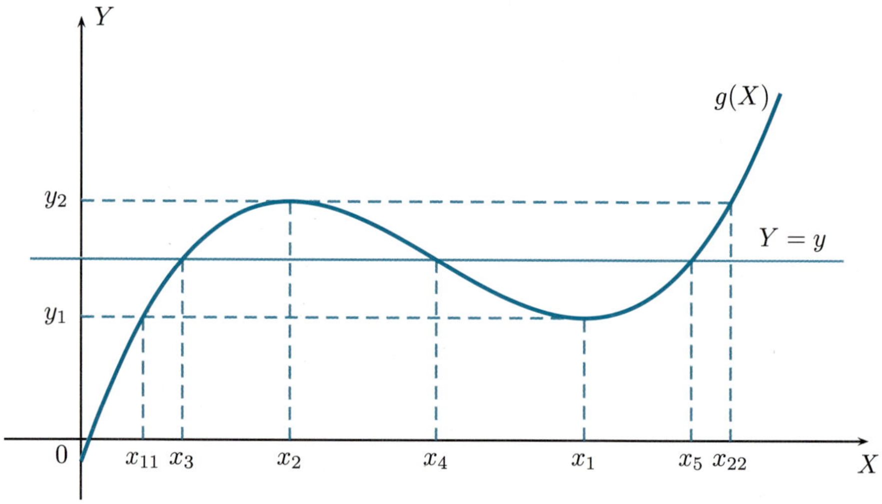

그림 3.부.1 새 확률변수 $Y=g(X)$의 누적분포함수 얻기

$$F_Y(y) \;=\; F_X(x_{22}) \tag{3.부.4}$$

를 얻는다. 이제까지 얻은 (3.부.1)–(3.부.4)를 모아 쓰면 Y의 누적분포함수는

$$F_Y(y) \;=\; \begin{cases} F_X\left(g^{-1}(y)\right), & y<y_1, \\ F_X(x_{11})+\Pr\{X=x_1\}, & y=y_1, \\ F_X(x_3)+F_X(x_5)-F_X(x_4)+\Pr\{X=x_4\}, & y_1<y<y_2, \\ F_X(x_{22}), & y=y_2, \\ F_X\left(g^{-1}(y)\right), & y>y_2 \end{cases} \tag{3.부.5}$$

이다.

다음으로 누적분포함수 (3.부.5)의 연속성을 다루어 보자. 먼저, $y\uparrow y_1$이면 $g^{-1}(y)\to x_{11}^-$이므로 $\lim\limits_{y\uparrow y_1} F_Y(y)=\lim\limits_{y\uparrow y_1} F_X\left(g^{-1}(y)\right)$, 곧

$$\lim_{y\uparrow y_1} F_Y(y) \;=\; F_X\left(x_{11}^-\right) \tag{3.부.6}$$

이다. 한편, $y\downarrow y_1$이면 $x_3\to x_{11}^+$, $x_4\to x_1^-$, $x_5\to x_1^+$이고, $F_X\left(x_{11}^+\right)=F_X(x_{11})$이며, $F_X\left(x_1^+\right)-F_X\left(x_1^-\right)=\Pr\{X=x_1\}$이고, 확률변수 X가 이산 확률변수이든 연속 확률변수이든 $\Pr\left\{X=x_1^-\right\}$는 늘 0이므로[73]

$$\begin{aligned}\lim_{y\downarrow y_1} F_Y(y) &= \lim_{y\downarrow y_1}\{F_X(x_3)+F_X(x_5)-F_X(x_4)+\Pr\{X=x_4\}\} \\ &= F_X\left(x_{11}^+\right)+F_X\left(x_1^+\right)-F_X\left(x_1^-\right)+\Pr\left\{X=x_1^-\right\} \\ &= F_X(x_{11})+\Pr\{X=x_1\}\end{aligned} \tag{3.부.7}$$

[73] 이산 확률변수의 확률질량함수 $p_X(k)=\Pr\{X=k\}$는 k가 정수가 아니면 0이라는 것을 – 곧, $\Pr\left\{X=k^-\right\}=0$이라는 것을 – 되새기자.

이다. 곧, 누적분포함수 $F_Y(y)$가 $y = y_1$에서 (가) 오른쪽 연속이고 (나) $F_X(x_{11}) + \Pr\{X = x_1\} - F_X\left(x_{11}^-\right) = \Pr\{X = x_1\} + \Pr\{X = x_{11}\}$이 0일 때에만 – 곧, $\Pr\{X = x_1\} = \Pr\{X = x_{11}\} = 0$일 때에만 – 왼쪽 연속이라는 것을 (3.부.5) 둘째 줄, (3.부.6), (3.부.7)에서 알 수 있다. 한편, $y \uparrow y_2$이면 $x_3 \to x_2^-$, $x_4 \to x_2^+$, $x_5 \to x_{22}^-$이고, $F_X\left(x_2^+\right) - F_X\left(x_2^-\right) = \Pr\{X = x_2\}$이며, 확률변수 X가 이산 확률변수이든 연속 확률변수이든 $\Pr\left\{X = x_2^+\right\}$는 늘 0이라는 것을 새기면

$$
\begin{aligned}
\lim_{y \uparrow y_2} F_Y(y) &= \lim_{y \uparrow y_2} \{F_X(x_3) + F_X(x_5) - F_X(x_4) + \Pr\{X = x_4\}\} \\
&= F_X\left(x_2^-\right) + F_X\left(x_{22}^-\right) - F_X\left(x_2^+\right) + \Pr\left\{X = x_2^+\right\} \\
&= F_X\left(x_{22}^-\right) - \Pr\{X = x_2\} \qquad (3.부.8)
\end{aligned}
$$

이고, $y \downarrow y_2$이면 $g^{-1}(y) \to x_{22}^+$인데 $F_X\left(x_{22}^+\right) = F_X(x_{22})$이므로

$$
\begin{aligned}
\lim_{y \downarrow y_2} F_Y(y) &= \lim_{y \downarrow y_2} F_X\left(g^{-1}(y)\right) \\
&= F_X(x_{22}) \qquad (3.부.9)
\end{aligned}
$$

이다. 곧, 누적분포함수 $F_Y(y)$가 $y = y_2$에서 (가) 오른쪽 연속이고 (나) $F_X(x_{22}) - F_X\left(x_{22}^-\right) + \Pr\{X = x_2\} = \Pr\{X = x_2\} + \Pr\{X = x_{22}\}$가 0일 때에만 – 곧, $\Pr\{X = x_2\} = \Pr\{X = x_{22}\} = 0$일 때에만 – 왼쪽 연속이라는 것을 (3.부.5) 넷째 줄, (3.부.8), (3.부.9)에서 알 수 있다. 문제 3.56과 3.57에서 확률변수의 함수의 누적분포함수의 연속성에 대해 조금 더 다룬다. ◇

누적분포함수 $F(x)$의 불연속 점들의 집합을 $\{x_\nu\}$라고 두고 점 $x = x_\nu$에서 $F(x)$의 뜀을 $p_{x_\nu} = F\left(x_\nu^+\right) - F\left(x_\nu^-\right)$라고 쓰자. 이제, x를 넘지 않는 $F(x)$의 불연속 점들에서 $F(x)$의 뜀을 더한 것을 $\Psi(x)$라고 두자. 곧,

$$
\Psi(x) = \sum_{x_\nu \le x} p_{x_\nu} \qquad (3.부.10)
$$

이다. 이 함수 $\Psi(x)$는 $\{x_\nu\}$에서만 늘고, x_ν를 포함하지 않는 닫힌 구간에서는 늘 상수이다. 이런 함수를 계단 함수라고 부른다. 이제,

$$
\psi(x) = F(x) - \Psi(x) \qquad (3.부.11)
$$

처럼 두면 $\Psi(x)$는 오른쪽에서만 연속이지만 함수 $\psi(x)$는 연속 함수이다. 함수 $\Psi(x)$와 $\psi(x)$는 모두 줄지 않는 함수이며 $\Psi(-\infty) = \psi(-\infty) = 0$, $\Psi(+\infty) = a_1 \le 1$, $\psi(+\infty) = b \le 1$을 만족시킨다. 이때, 함수 $F_d(x) = \frac{1}{a_1}\Psi(x)$와 $F_c(x) = \frac{1}{b}\psi(x)$를 생각하면, 이 둘은 모두 누적분포함수이다. 이제, (3.부.11)을 바꾸어 쓰면

$$
F(x) = \Psi(x) + \psi(x), \qquad (3.부.12)
$$

곧

$$
F(x) = a_1 F_d(x) + b F_c(x) \qquad (3.부.13)
$$

이다. 그림 3.부.2에 누적분포함수 $F(x) = \Psi(x) + \psi(x)$를 계단 함수 $\Psi(x)$와 연속 함수 $\psi(x)$로 나눈 보기를 하나 보였다.

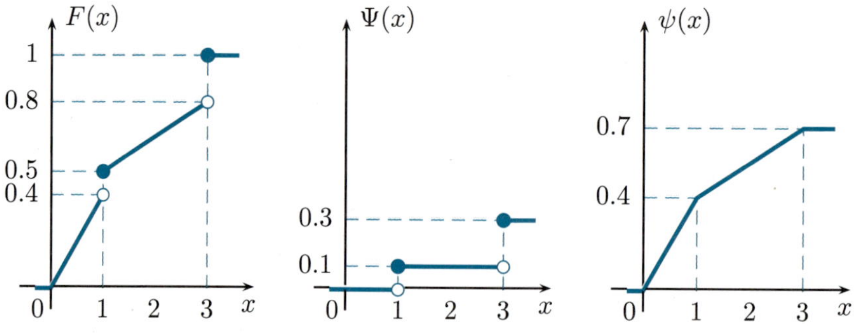

그림 3.부.2 누적분포함수 $F(x) = \Psi(x) + \psi(x)$를 계단 함수 $\Psi(x)$와 연속 함수 $\psi(x)$로 나눈 보기

식 (3.부.12)에 보인 분해는 하나뿐이므로 (3.부.13)의 분해 또한 하나뿐이라는 것을 아래와 같이 보일 수 있다. 먼저, $F(x) = \Psi(x) + \psi(x) = \Psi_1(x) + \psi_1(x)$처럼 두 가지로 분해할 수 있다고 두고, 이 식을 바꾸어 쓰면 $\Psi(x) - \Psi_1(x) = \psi_1(x) - \psi(x)$이다. 이 식 왼쪽은 계단 함수에서 계단 함수를 뺀 것이므로 계단 함수이고, 오른쪽은 연속 함수이므로, 왼쪽도 오른쪽도 0이어야 한다. 곧, $\Psi_1(x) = \Psi(x)$이고 $\psi_1(x) = \psi(x)$이다. 여기까지 말한 것으로 아래를 보인 셈이다.

정리 3.부.1 어떤 누적분포함수 $F(x)$도 $0 \le a_1 \le 1$이고 $0 \le b \le 1$이며 $a_1 + b = 1$일 때

$$F(x) = a_1 F_d(x) + b F_c(x) \tag{3.부.14}$$

처럼 계단 꼴 누적분포함수 $F_d(x)$와 연속 누적분포함수 $F_c(x)$로 나타낼 수 있다. ■■

위 정리에서, $F_d(x)$를 $F(x)$의 불연속 – 또는 이산 – 부분이라고 부르고 $F_c(x)$를 $F(x)$의 연속 부분이라고 부른다. 이제, 앞에서 다룬 정리 3.1.3에서 바로 $\int_D dF_d(x) = 1$을[74] 만족시키는 셀 수 있는 집합 D가 존재함을 알 수 있다. 한편, 함수 $F_c(x)$는 연속이지만 모든 점에서 늘 미분할 수 있는 것은 아니다. 다만, 어떤 누적분포함수도 거의 모든 점에서 미분할 수 있으므로 르벡 분해 정리[75]를 바탕으로 (3.부.14)에 보인 연속 부분 $F_c(x)$를

$$F_c(x) = b_1 F_{ac}(x) + b_2 F_s(x) \tag{3.부.15}$$

처럼 두 연속 함수 $F_{ac}(x)$와 $F_s(x)$로 나눌 수 있다. 여기에서, $b_1 \ge 0$이고 $b_2 \ge 0$이며 $b_1 + b_2 = 1$이다. 먼저, 함수 $F_{ac}(x)$는 $F_{ac}(x)$의 도함수를 적분한 것이다. 곧, $F_{ac}(x) = \int_{-\infty}^{x} F'_{ac}(y)dy$이다. 더욱이, 집합 N의 르벡 측도가 0이면 늘 $\int_N dF_{ac}(x) = 0$이고, 이 식은 $F_{ac}(x)$가 절대 연속 함수라는 것을 가리키는 것이다. 한편, 함수 $F_s(x)$는 연속 함수이지만 거의 모든 점에서 도함수가 0이다. 게다가, 르벡 측도가 0인 집합 N을 잘 고르면 $\int_N dF_s(x) = 1$이고 이 식은 $F_s(x)$가 특이 함수라는 것을 말하는 것이다. 따라서, (3.부.14)와 (3.부.15)를 묶으면 아래를 얻을 수 있다.

[74] 이 적분은 르벡-스틸체즈 적분이다.

[75] Lebesgue decomposition theorem

정리 3.부.2 어느 누적분포함수 $F(x)$도, $a_1 \geq 0$, $a_2 \geq 0$, $a_3 \geq 0$, $a_1 + a_2 + a_3 = 1$일 때, 계단 함수 $F_d(x)$, 절대 연속 함수 $F_{ac}(x)$, 특이 함수 $F_s(x)$로

$$F(x) = a_1 F_d(x) + a_2 F_{ac}(x) + a_3 F_s(x) \tag{3.부.16}$$

처럼 나타낼 수 있다. ■■

식 (3.부.16)의 세 계수 a_1, a_2, a_3 가운데에서 하나가 1이면, 누적분포함수는 순수하다고 한다. 이때, $a_1 = 1$이면 이산 누적분포함수, $a_2 = 1$이면 절대 연속 누적분포함수, $a_3 = 1$이면 특이 누적분포함수이다. 누적분포함수는 실질적으로 거의 다 이산 누적분포함수이거나 절대 연속 누적분포함수이다. 특이 누적분포함수는 이론적으로는 뜻이 있지만, 실제로는 거의 나타나지 않기 때문에 통계학에서는 절대 연속 누적분포함수를 연속 누적분포함수라고 생각하고 특이 누적분포함수는 다루지 않는다. 이 책에서도, 누적분포함수를 다룰 때 다른 말이 없으면 연속은 절대 연속을 가리키는 것으로 본다.

한편, 불연속 점들이 같은 간격으로 떨어진 이산 분포를 격자[76] 분포라고 부르고, 그 불연속 점들을 격자점이라고 부르며, 바로 이웃에 있는 두 격자점의 사이를 뼘[77]이라고 부른다.

보기 3.부.2 (특이 누적분포함수) 특이 누적분포함수의 보기를 하나 살펴 보자. 닫힌 구간 $[0,1]$과 보기 1.1.47에서 다룬 칸토르 집합 $\mathbb{C}$의 점 x를 3진법으로 써서

$$\begin{aligned} x &= \sum_{i=1}^{\infty} \frac{a_i(x)}{3^i} \\ &= 0.a_1(x)a_2(x)a_3(x)\cdots \end{aligned} \tag{3.부.17}$$

과 같다고 두면, 보기 1.1.47에서 말하였듯이 $a_i(x) \in \{0,1\}$이다. 이때, (3.부.17)처럼 x를 3진법으로 썼을 때 처음 1이 나오는 자리를 $n(x)$라고 나타내되, 1이 끝내 나오지 않으면 $n(x) = \infty$라고 두자. 이제 보기 1.3.11에서 다룬 칸토르 함수 $\phi_C(x)$를 바탕으로 누적분포함수

$$\begin{aligned} F(x) &= \begin{cases} 0, & x < 0\text{일 때}, \\ g(x), & x \in ([0,1] - \mathbb{C})\text{ 일 때}, \\ \sum_j \frac{c_j}{2^j}, & x = \sum_j \frac{2c_j}{3^j} \in \mathbb{C}\text{일 때}, \\ 1, & x \geq 1\text{일 때} \end{cases} \\ &= \begin{cases} 0, & x < 0\text{일 때}, \\ \phi_C(x), & 0 \leq x \leq 1\text{일 때}, \\ 1, & x \geq 1\text{일 때} \end{cases} \\ &= \begin{cases} 0, & x \leq 0\text{일 때}, \\ \frac{1}{2^{1+n(x)}} + \sum_{i=1}^{n(x)} \frac{a_i(x)}{2^{i+1}}, & 0 \leq x \leq 1\text{일 때}, \\ 1, & x \geq 1\text{일 때} \end{cases} \end{aligned} \tag{3.부.18}$$

[76] lattice
[77] span

을 생각하자. 여기에서,

$$g(x) = \begin{cases} \frac{1}{2}, & \frac{1}{3} < x < \frac{2}{3} \text{일 때}, \\ \frac{1}{2^k} + \sum_{j=1}^{k-1} \frac{c_j}{2^j}, & x \in A_{2c_1, 2c_2, \cdots, 2c_{k-1}} \text{일 때} \end{cases} \tag{3.부.19}$$

이다. 그러면 $F(x)$가 연속 누적분포함수라는 것을 쉽게 알 수 있다. 한편, 보기 1.3.11에서 보았듯이 $F(x)$의 도함수는 거의 모든 점에서 – 곧, $x \in ([0,1] - \mathbb{C})$일 때 – 0이므로 확률밀도함수가 아니고, 따라서 $F(x)$는 절대 연속 누적분포함수가 아니라 특이 누적분포함수이다.

누적분포함수 (3.부.18)의 값을 몇 개 구체적으로 얻어보면 아래와 같다. 먼저, $\frac{1}{9} = 0.01_3$이고 $n\left(\frac{1}{9}\right) = 2$이므로 $F\left(\frac{1}{9}\right) = \frac{1}{2^{1+2}} + \sum_{i=1}^{2} \frac{a_i\left(\frac{1}{9}\right)}{2^{i+1}} = \frac{1}{8} + \frac{1}{8} = \frac{1}{4}$이고, $\frac{2}{9} = 0.02_3$이고 $n\left(\frac{2}{9}\right) = \infty$이므로 $F\left(\frac{2}{9}\right) = \frac{1}{2^{\infty}} + \sum_{i=1}^{\infty} \frac{a_i\left(\frac{2}{9}\right)}{2^{i+1}} = \frac{1}{4}$이며, $\frac{1}{3} = 0.1_3$이고 $n\left(\frac{1}{3}\right) = 1$이므로 $F\left(\frac{1}{3}\right) = \frac{1}{2^{1+1}} + \sum_{i=1}^{1} \frac{a_i\left(\frac{1}{3}\right)}{2^{i+1}} = \frac{1}{2}$이다. 이 결과들과 비슷하게 $\frac{2}{3} = 0.2_3$이고 $n\left(\frac{2}{3}\right) = \infty$이므로 $F\left(\frac{2}{3}\right) = 0 + \frac{2}{4} = \frac{1}{2}$이고, $0 = 0.0_3$이고 $n(0) = \infty$이므로 $F(0) = 0$이며, $1 = 0.22\cdots_3$이고 $n(1) = \infty$이므로 $F(1) = 0 + \sum_{i=1}^{\infty} \frac{2}{2^{i+1}} = 1$이다. ◇

(나) 역 누적분포함수

누적분포함수 F의 역함수를 – 곧, 역 누적분포함수를 – F^{-1}이라고 두자. 그러면, $0 < u < 1$일 때 역 누적분포함수 F^{-1}을

$$F^{-1}(u) = \inf\{x : F(x) \geq u\} \tag{3.부.20}$$

처럼 조금 더 명확하게 쓸 수 있다. 이제, F가 줄지 않는 함수이므로 $y_1 < y_2$일 때 $\{x : F(x) \geq y_2\} \subseteq \{x : F(x) \geq y_1\}$이고, 따라서 $\inf\{x : F(x) \geq y_1\} \leq \inf\{x : F(x) \geq y_2\}$이다. 그러므로, $y_1 < y_2$일 때

$$F^{-1}(y_1) \leq F^{-1}(y_2) \tag{3.부.21}$$

이다. 곧, 누적분포함수와 마찬가지로, 역 누적분포함수도 줄지 않는 함수이다.

보기 3.부.3 누적분포함수

$$F_1(x) = \begin{cases} 0, & x \leq 0; & \frac{x}{3}, & 0 \leq x < 1; \\ \frac{1}{2}, & 1 \leq x \leq 2; & \frac{1}{2}(x-1), & 2 \leq x \leq 3; \\ 1, & x \geq 3 \end{cases} \tag{3.부.22}$$

를 생각하자. 그러면 역 누적분포함수

$$F_1^{-1}(u) = \begin{cases} 3u, & 0 < u \leq \frac{1}{3}; & 1, & \frac{1}{3} \leq u \leq \frac{1}{2}; \\ 2u+1, & \frac{1}{2} < u < 1 \end{cases} \tag{3.부.23}$$

을 얻을 수 있다. 보기를 들면, $F_1^{-1}\left(\frac{1}{3}\right) = \inf\left\{x : F_1(x) \geq \frac{1}{3}\right\} = \inf\{x : x \geq 1\} = 1$이고, $F_1^{-1}\left(\frac{1}{2}\right) = \inf\left\{x : F_1(x) \geq \frac{1}{2}\right\} = \inf\{x : x \geq 1\} = 1$이다. 여기에서, 누적분포함수와 달리, 역 누적분포함수는 왼쪽에서 연속이라는 것을 알 수 있다. 그림 3.부.3에 누적분포함수 F_1과 역 누적분포함수 F_1^{-1}을 그려 두었다. ◇

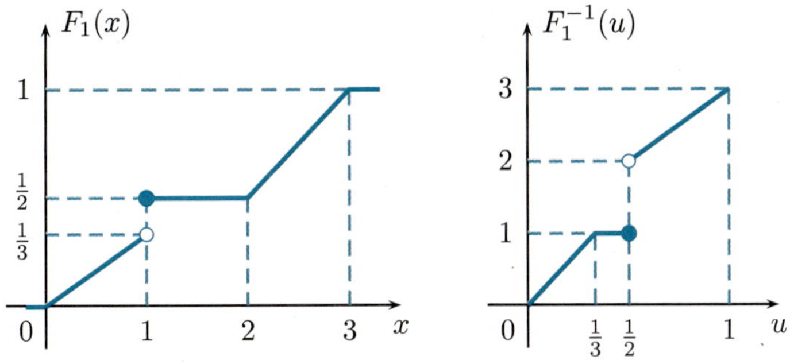

그림 3.부.3 누적분포함수 F_1과 역 누적분포함수 F_1^{-1}

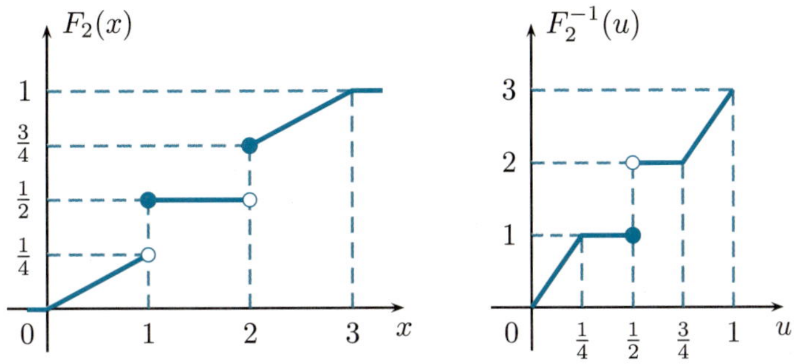

그림 3.부.4 누적분포함수 F_2와 역 누적분포함수 F_2^{-1}

보기 3.부.4 누적분포함수

$$F_2(x) = \begin{cases} 0, & x < 0; \qquad \frac{x}{4}, \qquad 0 \le x < 1; \\ \frac{1}{2}, & 1 \le x < 2; \quad \frac{1}{4}(x+1), \quad 2 \le x < 3; \\ 1, & x \ge 3 \end{cases} \tag{3.부.24}$$

와 역 누적분포함수

$$F_2^{-1}(u) = \begin{cases} 4u, & 0 < u \le \frac{1}{4}; \qquad 1, \qquad \frac{1}{4} \le u \le \frac{1}{2}; \\ 2, & \frac{1}{2} < u \le \frac{3}{4}; \quad 4u-1, \quad \frac{3}{4} \le u < 1 \end{cases} \tag{3.부.25}$$

를 생각하면 $F_2\left(F_2^{-1}\left(\frac{1}{4}\right)\right) = F_2(1) = \frac{1}{2} \ge \frac{1}{4}$이고, $F_2\left(F_2^{-1}\left(\frac{1}{2}\right)\right) = F_2(1) = \frac{1}{2} \ge \frac{1}{2}$이며, $F_2^{-1}(F_2(1)) = F_2^{-1}\left(\frac{1}{2}\right) = 1 \le 1$이고, $F_2^{-1}\left(F_2\left(\frac{3}{2}\right)\right) = F_2^{-1}\left(\frac{1}{2}\right) = 1 \le \frac{3}{2}$이다. 그림 3.부.4에 누적분포함수 F_2와 역 누적분포함수 F_2^{-1}을 그려 두었다. ◇

정리 3.부.3 누적분포함수를 F, 역 누적분포함수를 F^{-1}이라고 두자. 그러면 $0 < u < 1$일 때

$$F\left(F^{-1}(u)\right) \ge u \tag{3.부.26}$$

이고, F가 연속 함수이면

$$F\left(F^{-1}(u)\right) = u \tag{3.부.27}$$

이다. ■■

증명 먼저, $F(x) \geq u$인 모든 x의 집합을 S_u라고 두고 그 가운데에서 가장 작은 수를 x_L이라고[78] 두자. 그러면

$$F^{-1}(u) = x_L \tag{3.부.28}$$

이고, S_u에서 어떤 점 x를 고르더라도 $F(x) \geq u$이므로

$$F(x_L) \geq u \tag{3.부.29}$$

이다. 또, $F(x) \geq u$인 x의 모든 집합이 S_u이므로 S_u의 여집합 S_u^c에서 어떤 점 x를 고르더라도 $F(x) < u$일 것이다. 그런데, S_u에서 가장 작은 수가 x_L이고, $\epsilon > 0$이면 $x_L - \epsilon < x_L$이므로 $x_L - \epsilon \in S_u^c$이고, 따라서 $\epsilon > 0$이면

$$F(x_L - \epsilon) < u \tag{3.부.30}$$

이다. 이제, (3.부.28)을 (3.부.29)에 넣으면 $F\left(F^{-1}(u)\right) \geq u$를 얻는다. 다음에, (3.부.28)을 새기고 (3.부.29)와 (3.부.30)을 묶어서 쓰면 $F\left(F^{-1}(u) - \epsilon\right) < u \leq F\left(F^{-1}(u)\right)$이다. 곧, u는 $F\left(F^{-1}(u) - \epsilon\right)$과 $F\left(F^{-1}(u)\right)$ 사이에 있는 수이다. 이때, F가 연속 함수이면 $\lim\limits_{\epsilon \to 0} F\left(F^{-1}(u) - \epsilon\right) = F\left(F^{-1}(u)\right)$이므로 $u = F\left(F^{-1}(u)\right)$이다. □

한편, F가 연속 함수이더라도 $F^{-1}(F(x)) = x$가 아니고

$$F^{-1}(F(x)) \leq x \tag{3.부.31}$$

이다. 다만, $X \sim F$일 때

$$\Pr\left\{F^{-1}(F(X)) \neq X\right\} = 0 \tag{3.부.32}$$

임을 새겨서 둘 만하다.

보기 3.부.5 보기 3.부.3에서 다룬 누적분포함수 $F_1(x)$와 역 누적분포함수 $F_1^{-1}(u)$를 생각해 보자. 그러면

$$\begin{aligned} F_1\left(F_1^{-1}(u)\right) &= \begin{cases} 0, & F_1^{-1}(u) \leq 0, \\ \frac{1}{3}F_1^{-1}(u), & 0 \leq F_1^{-1}(u) < 1, \\ \frac{1}{2}, & 1 \leq F_1^{-1}(u) \leq 2, \\ \frac{1}{2}\left\{F_1^{-1}(u) - 1\right\}, & 2 \leq F_1^{-1}(u) \leq 3, \\ 1, & F_1^{-1}(u) \geq 3 \end{cases} \\ &= \begin{cases} u, \ 0 < u < \frac{1}{3}; & \frac{1}{2}, \ \frac{1}{3} \leq u \leq \frac{1}{2}; \\ u, \ \frac{1}{2} < u < 1 \end{cases} \end{aligned} \tag{3.부.33}$$

[78] 이때, 누적분포함수는 오른쪽 연속이기 때문에, 집합 S_u는 $S_u = [x_L, \infty)$ 꼴이거나 $S_u = \{x_L, x_L + 1, \cdots\}$ 꼴이다.

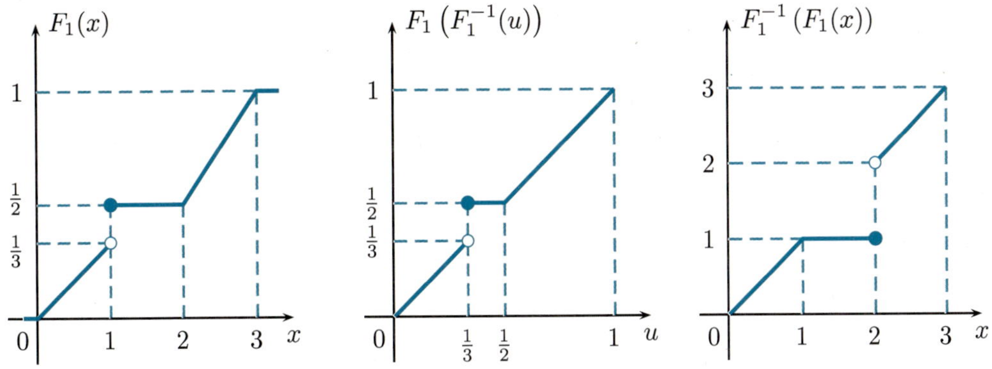

그림 3.부.5 누적분포함수 F_1에서 얻은 $F_1\left(F_1^{-1}(u)\right)$와 $F_1^{-1}\left(F_1(x)\right)$

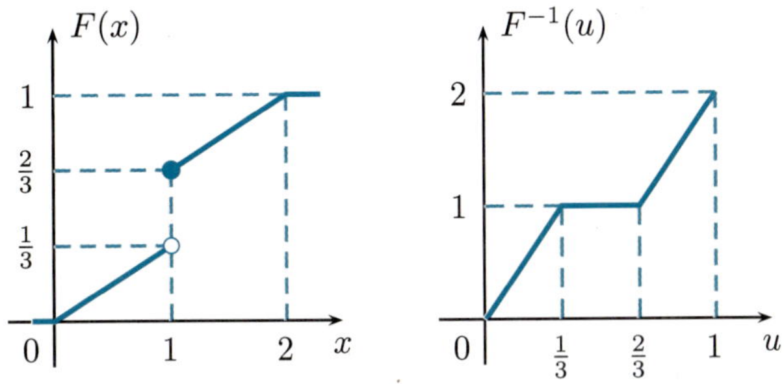

그림 3.부.6 누적분포함수 F는 연속 함수가 아니지만 역 누적분포함수 F^{-1}은 연속인 보기

이고

$$\begin{aligned} F_1^{-1}\left(F_1(x)\right) &= \begin{cases} 3F_1(x), & 0 < F_1(x) \le \frac{1}{3}; \quad 1, \ \frac{1}{3} \le F_1(x) \le \frac{1}{2}; \\ 2F_1(x)+1, & \frac{1}{2} < F_1(x) < 1 \end{cases} \\ &= \begin{cases} x, \ 0 < x < 1; \quad 1, \ 1 \le x \le 2; \\ x, \ 2 < x < 3 \end{cases} \end{aligned} \tag{3.부.34}$$

이다. 식 (3.부.33)과 (3.부.34)를 살펴 보면 (3.부.27)에서 말한 $F_1\left(F_1^{-1}(u)\right) \ge u$와 (3.부.31)에서 말한 $F_1^{-1}\left(F_1(x)\right) \le x$를 알 수 있다. 그림 3.부.5에 $F_1\left(F_1^{-1}(u)\right)$와 $F_1^{-1}\left(F_1(x)\right)$를 그려 두었다. ◇

보기 3.부.5, 문제 3.79, 문제 3.80에서 다음을 알 수 있다. 일반적으로 누적분포함수가 연속 함수이더라도 상수인 구간이 있으면 역 누적분포함수는 불연속이다. 조금 더 자세히 말하면, $a < b$일 때 $F(a) = F\left(b^-\right) = \alpha$이면 – 곧, $a \le x < b$일 때 늘 $F(x) = \alpha$이면 – 역 누적분포함수 $F^{-1}(u)$는 $u = \alpha$에서 불연속이고 $F^{-1}(\alpha) = a$이다. 한편, 누적분포함수가 연속 함수가 아니더라도 상수인 구간이 없으면 역 누적분포함수는 연속이다. 그림 3.부.6에 누적분포함수는 연속 함수가 아니지만 역 누적분포함수는 연속인 보기를 하나 보였다.

정리 3.부.4 누적분포함수 F가 연속이면, 역 누적분포함수 F^{-1}은 엄격히 는다. ■■

증명 누적분포함수 F가 연속 함수이고 $y_1 < y_2$일 때, $F^{-1}(y_1) \neq F^{-1}(y_2)$라는 것을 귀류법으로 보이자. 이제, F가 연속 함수이고 $y_1 < y_2$일 때, $F^{-1}(y_1) = F^{-1}(y_2)$라고 두자. 그러면 (3.부.27)에서 $y_1 = F\left(F^{-1}(y_1)\right) = F\left(F^{-1}(y_2)\right) = y_2$인데, 이것은 $y_1 < y_2$와 모순이다. 곧,

$$F^{-1}(y_1) \neq F^{-1}(y_2) \tag{3.부.35}$$

이다. 한편, (3.부.21)에서 보았듯이 $y_1 < y_2$일 때

$$F^{-1}(y_1) \leq F^{-1}(y_2) \tag{3.부.36}$$

이다. 위 (3.부.35)와 (3.부.36)에서, 누적분포함수 F가 연속 함수이면 $y_1 < y_2$일 때 $F^{-1}(y_1) < F^{-1}(y_2)$라는 것을 알 수 있다. □

정리 3.부.5 확률밀도함수 f가 연속이고, 그 누적분포함수를 F라고 할 때, $f\left(F^{-1}(u)\right) \neq 0$이면

$$\frac{d}{du}F^{-1}(u) = \frac{1}{f\left(F^{-1}(u)\right)} \tag{3.부.37}$$

이다. ■■

증명 먼저, 확률밀도함수 f가 연속이므로 누적분포함수 F도 연속이다. 따라서, $F^{-1}(u) = v$라고 두면 (3.부.27)에서 $F(v) = F\left(F^{-1}(u)\right) = u$이고 $du = f(v)dv$이다. 그러므로,

$$\begin{aligned}\frac{d}{du}F^{-1}(u) &= \frac{1}{f(v)}\frac{dv}{dv} \\ &= \frac{1}{f\left(F^{-1}(u)\right)}\end{aligned} \tag{3.부.38}$$

이다. □

부록 3.2 정리의 증명

(가) 정리 3.5.1의 증명

먼저, $k - np = l$이라고 두고 np가 정수일 때 $P_n(k)$를

$$\begin{aligned}{}_n\mathrm{C}_k p^k(1-p)^{n-k} &= \frac{n!}{(np+l)!(nq-l)!}p^{np+l}q^{nq-l} \\ &= \frac{n!}{(np)!(nq)!}p^{np}q^{nq} \times \frac{(np)!(nq)!}{(np+l)!(nq-l)!}\frac{p^l}{q^l}\end{aligned} \tag{3.부.39}$$

처럼 다시 쓰자. 식 (3.부.39) 오른쪽의 앞 부분에 $\sqrt{2\pi n}\left(\frac{n}{e}\right)^n < n! < \sqrt{2\pi n}\left(1+\frac{1}{4n}\right)\left(\frac{n}{e}\right)^n$에서 따온 스털링 어림셈 $n! \approx \sqrt{2\pi n}\left(\frac{n}{e}\right)^n$을 쓰면

$$\begin{aligned}\frac{n!}{(np)!(nq)!}p^{np}q^{nq} &\approx \frac{\sqrt{2\pi n}n^n e^{-n}}{\sqrt{2\pi np}(np)^{np}e^{-np}\sqrt{2\pi nq}(nq)^{nq}e^{-nq}}p^{np}q^{nq} \\ &= \frac{\sqrt{2\pi n}}{\sqrt{2\pi np}\sqrt{2\pi nq}} \times \frac{n^n p^{np}q^{nq}}{(np)^{np}(nq)^{nq}} \times \frac{e^{-n}}{e^{-np}e^{-nq}} \\ &= \frac{1}{\sqrt{2\pi npq}}\end{aligned} \tag{3.부.40}$$

을 얻는다. 다음에, (3.부.39) 오른쪽의 뒷부분을

$$\frac{(np)!(nq)!}{(np+l)!(nq-l)!}\frac{p^l}{q^l} \;=\; \frac{(np)!(npq)^l}{(np+l)!q^l}\times\frac{(nq)!p^l}{(nq-l)!(npq)^l} \qquad (3.부.41)$$

처럼 다시 쓰자. 여기에서, $t_j = \frac{j}{npq}$라고 두고, $x \approx 0$일 때 $e^x \approx 1+x$라는 것을 쓰면 $\frac{(np)!(npq)^l}{(np+l)!q^l} = \frac{(np)^l}{(np+l)(np+l-1)\cdots(np+1)} = \left\{\prod_{j=1}^{l}\left(1+\frac{j}{np}\right)\right\}^{-1} = \left\{\prod_{j=1}^{l}(1+qt_j)\right\}^{-1} \approx \left(\prod_{j=1}^{l} e^{qt_j}\right)^{-1}$과 $\frac{(nq)!p^l}{(nq-l)!(npq)^l} = \frac{(nq+1-l)\{nq+1-(l-1)\}\cdots(nq+1-1)}{(nq)^l} = \prod_{j=1}^{l}\left(\frac{nq+1}{nq}-\frac{j}{nq}\right) \approx \prod_{j=1}^{l}\left(1-\frac{j}{nq}\right) = \prod_{j=1}^{l}(1-pt_j) \approx \prod_{j=1}^{l} e^{-pt_j}$을 얻는다. 이 두 결과를 (3.부.41)에 넣으면 $\frac{(np)!(nq)!}{(np+l)!(nq-l)!}\frac{p^l}{q^l} \approx \prod_{j=1}^{l}\frac{e^{-pt_j}}{e^{qt_j}} = \prod_{j=1}^{l} e^{-t_j} = \exp\left\{-\frac{l(l+1)}{2npq}\right\}$, 곧

$$\frac{(np)!(nq)!}{(np+l)!(nq-l)!}\frac{p^l}{q^l} \;\approx\; \exp\left(-\frac{l^2}{2npq}\right) \qquad (3.부.42)$$

이다. 이제, $l = k - np$라는 것을 새기면, (3.부.39), (3.부.40), (3.부.42)에서 바라는 결과 (3.5.16)을 얻는다.

(나) 정리 3.5.2의 증명

먼저, $np \to \lambda$이면 $\lim_{n\to\infty}(1-p)^n = \lim_{n\to\infty}\left(1-\frac{\lambda}{n}\right)^n = e^{-\lambda}$이므로, $k=0$일 때에는

$$\lim_{n\to\infty} P_n(0) \;=\; e^{-\lambda} \qquad (3.부.43)$$

이다. 한편, $k = 1, 2, \cdots, n$일 때에는

$$\begin{aligned} P_n(k) &= \frac{n(n-1)\cdots(n-k+1)}{k!}p^k(1-p)^{n-k} \\ &= \frac{(np)^k}{k!}(1-p)^n\frac{\left(1-\frac{1}{n}\right)\left(1-\frac{2}{n}\right)\cdots\left(1-\frac{k-1}{n}\right)}{(1-p)^k} \end{aligned} \qquad (3.부.44)$$

이다. 여기에서, p가 작으면 $1-p \approx e^{-p}$이고, $k = 1, 2, \cdots$이 정해져 있고 $n \to \infty$이면

$$\frac{\left(1-\frac{1}{n}\right)\left(1-\frac{2}{n}\right)\cdots\left(1-\frac{k-1}{n}\right)}{(1-p)^k} \;\to\; 1 \qquad (3.부.45)$$

이다. 그러므로, $np \to \lambda$라고 두면

$$\begin{aligned} P_n(k) &\to \left(e^{-p}\right)^n\frac{\lambda^k}{k!} \\ &= e^{-\lambda}\frac{\lambda^k}{k!} \end{aligned} \qquad (3.부.46)$$

이다. 이제, (3.부.43)과 (3.부.46)에서 (3.5.19)를 얻을 수 있다.

부록 3.3 분포, 적률생성함수, 누적 적률

(가) 이산 분포의 확률질량함수와 적률생성함수

고른 분포 (이산)

$$p(k) = \frac{1}{n}, \ k = 0, 1, \cdots, n-1 \tag{3.부.47}$$

$$M(t) = \frac{1-e^{nt}}{n(1-e^t)} \tag{3.부.48}$$

기하 분포 1: $\alpha \in (0,1)$

$$p(k) = \alpha(1-\alpha)^k, \ k = 0, 1, \cdots \tag{3.부.49}$$

$$M(t) = \frac{\alpha}{1-(1-\alpha)e^t} \tag{3.부.50}$$

기하 분포 2: $\alpha \in (0,1)$

$$p(k) = \alpha(1-\alpha)^{k-1}, \ k = 1, 2, \cdots \tag{3.부.51}$$

$$M(t) = \frac{\alpha e^t}{1-(1-\alpha)e^t} \tag{3.부.52}$$

베르누이 분포: $\alpha \in (0,1)$

$$p(k) = \begin{cases} 1-\alpha, & k = 0, \\ \alpha, & k = 1 \end{cases} \tag{3.부.53}$$

$$M(t) = 1-\alpha+\alpha e^t \tag{3.부.54}$$

음이항 분포: $r > 0, \ \alpha \in (0,1)$

$$p(k) = {}_{-r}\mathrm{C}_k \alpha^r (\alpha-1)^k, \ k = 0, 1, \cdots \tag{3.부.55}$$

$$M(t) = \left\{\frac{\alpha}{1-(1-\alpha)e^t}\right\}^r \tag{3.부.56}$$

이항 분포: $n = 1, 2, \cdots, \ \alpha \in (0,1)$

$$p(k) = {}_n\mathrm{C}_k \alpha^k (1-\alpha)^{n-k}, \ k = 0, 1, \cdots \tag{3.부.57}$$

$$M(t) = \left(1-\alpha+\alpha e^t\right)^n \tag{3.부.58}$$

파스칼 분포: $r > 0, \ \alpha \in (0,1)$

$$p(k) = {}_{k-1}\mathrm{C}_{r-1} \alpha^r (1-\alpha)^{k-r}, \ k = r, r+1, \cdots \tag{3.부.59}$$

$$M(t) = \left\{\frac{\alpha e^t}{1-(1-\alpha)e^t}\right\}^r \tag{3.부.60}$$

포아송 분포: $\lambda > 0$

$$p(k) = \frac{\lambda^k}{k!}e^{-\lambda}, \ k = 0, 1, \cdots \tag{3.부.61}$$

$$M(t) = \exp\left\{-\lambda(1-e^t)\right\} \tag{3.부.62}$$

(나) 연속 분포의 확률밀도함수와 적률생성함수

감마 분포: $\alpha > 0,\ \beta > 0$

$$f(x) = \frac{x^{\alpha-1}}{\Gamma(\alpha)\beta^{\alpha}} \exp\left(-\frac{x}{\beta}\right) u(x) \tag{3.부.63}$$

$$M(t) = \frac{1}{(1-\beta t)^{\alpha}} \tag{3.부.64}$$

고른 분포 (연속): $b > a$

$$f(x) = \frac{1}{b-a} u(x-a)u(b-x) \tag{3.부.65}$$

$$M(t) = \frac{e^{bt}-e^{at}}{t(b-a)} \tag{3.부.66}$$

라플라스 (겹 지수) 분포: $\lambda > 0$

$$f(x) = \frac{\lambda}{2} e^{-\lambda|x|} \tag{3.부.67}$$

$$M(t) = \frac{\lambda^2}{\lambda^2 - t^2} \tag{3.부.68}$$

레일리 분포[79]: $\alpha > 0$

$$f(x) = \frac{x}{\alpha^2} \exp\left(-\frac{x^2}{2\alpha^2}\right) u(x) \tag{3.부.69}$$

$$M(t) = 1 + \sqrt{2\pi}\,\alpha t \exp\left(\frac{\alpha^2 t^2}{2}\right) \Phi(\alpha t) \tag{3.부.70}$$

정규 분포

$$f(x) = \frac{1}{\sqrt{2\pi\sigma^2}} \exp\left\{-\frac{(x-\mu)^2}{2\sigma^2}\right\} \tag{3.부.71}$$

$$M(t) = \exp\left(\mu t + \frac{\sigma^2 t^2}{2}\right) \tag{3.부.72}$$

중심 카이 제곱[80] 분포: $n = 1, 2, \cdots$

$$f(x) = \frac{x^{\frac{n}{2}-1}}{\Gamma\left(\frac{n}{2}\right) 2^{\frac{n}{2}}} \exp\left(-\frac{x}{2}\right) u(x) \tag{3.부.73}$$

$$M(t) = (1-2t)^{-\frac{n}{2}} \tag{3.부.74}$$

지수 분포: $\lambda > 0$

$$f(x) = \lambda e^{-\lambda x} u(x) \tag{3.부.75}$$

$$M(t) = \frac{\lambda}{\lambda - t} \tag{3.부.76}$$

코쉬 분포: $\alpha > 0$ **(적률생성함수 대신 특성함수)**

$$f(x) = \frac{\alpha}{\pi} \frac{1}{(x-\beta)^2 + \alpha^2} \tag{3.부.77}$$

$$\phi(\omega) = \exp(j\beta\omega - \alpha|\omega|) \tag{3.부.78}$$

---

[79] 식 (3.부.70)에서 $\Phi(\cdot)$는 (3.5.3)에서 뜻매김한 표준 정규 누적분포함수이다.

[80] 중심 카이 제곱 분포는 5.4.2절에서 조금 더 자세히 다룬다.

연습 문제

문제 3.1 누적분포함수 F가 절대 연속일 때

$$\lim_{x\to\infty} xF(-x) = 0 \tag{3.문.1}$$

임을 보이시오. 이 결과를 새기어서, 확률변수 X의 확률밀도함수가 연속이고 그 절대 적분이 유한하면

$$E\{X\} = \int_0^\infty \{1-F(x)\}dx - \int_{-\infty}^0 F(x)dx \tag{3.문.2}$$

임을 보이시오.

문제 3.2 연속 확률변수 X의 누적분포함수가 F_X이고 $c>0$일 때

$$g(X) = \begin{cases} X-c, & X>c, \\ 0, & -c\le X\le c, \\ X+c, & X<-c \end{cases} \tag{3.문.3}$$

의 누적분포함수를 얻어보시오.

문제 3.3 연속 확률변수 X의 누적분포함수가 F_X이고 $c>0$일 때

$$g(X) = \begin{cases} X+c, & X\ge 0, \\ X-c, & X<0 \end{cases} \tag{3.문.4}$$

의 누적분포함수를 얻어보시오.

문제 3.4 상수 a가 0보다 크고 θ가 상수일 때 확률변수 X의 정현 함수 $Y=a\sin(X+\theta)$를 생각하자. 확률변수 Y의 확률밀도함수 f_Y를 X의 확률밀도함수 f_X로 나타내시오.

문제 3.5 보기 3.1.17에서 꺼낸 공을 다시 넣는다고 할 때[81] X의 확률질량함수를 얻으시오.

문제 3.6 확률변수 X의 분포가 $U[-1,2)$일 때 확률변수 $Y=X^2+1$의 확률밀도함수와 누적분포함수를 얻으시오.

문제 3.7 확률변수 X의 확률질량함수가 $p_X(k)=\frac{1}{7}$, $k\in\{0,\pm1,\pm2,\pm3\}$일 때 $Y=X^3-3X$의 누적분포함수를 얻으시오.

문제 3.8 확률변수 X의 확률밀도함수가 $f_X(r)=\frac{1}{2^{\frac{n}{2}}\Gamma\left(\frac{n}{2}\right)}r^{\frac{n}{2}-1}\exp\left(-\frac{r}{2}\right)u(r)$일 때, 기댓값 $E\left\{X^{-1}\right\}$를 얻으시오.

문제 3.9 반파 정류기의[82] 출력 $Y=Xu(X)$의 확률밀도함수를 X의 확률밀도함수 f_X로 나타내시오.

---

[81] 이때, X의 분포는 이항 분포이다.

[82] half-wave rectifier

문제 3.10 확률변수 X의 확률밀도함수가 $f_X(x) = \theta e^{-\theta x} u(x)$일 때 $Y = \left(X - \frac{1}{\theta}\right)^2$의 확률밀도함수를 얻으시오.

문제 3.11 연속 확률변수 X의 확률밀도함수를 f_X, 누적분포함수를 F_X라고 하자. 이때, 조건부 누적분포함수 $F_{X|b<X\le a}(x|b < X \le a)$와 조건부 확률밀도함수 $f_{X|b<X\le a}(x|b < X \le a)$를 얻어보시오.

문제 3.12 확률변수 X의 분포는 $U[0,1)$이다. 이제, $0 < a < 1$일 때 조건부 평균 $E\{X|X > a\}$와 조건부 분산 $\mathrm{Var}\{X|X > a\} = E\left\{[X - E\{X|X > a\}]^2 \middle| X > a\right\}$를 얻고, $a \to 1$일 때 이 조건부 평균과 조건부 분산의 극한값을 얻어보시오.

문제 3.13 저항 R은 그 값이 900 Ω과 1100 Ω 사이에 고르게 퍼져 있는 확률변수다. 이때, R이 950 Ω과 1050 Ω 사이일 확률을 얻으시오.

문제 3.14 약속 시간보다 s분 일찍 도착하면 비용이 cs이고, s분 늦게 도착하면 비용이 ks라고 두자. 약속 장소까지 가는 데에 걸리는 시간 X의 확률밀도함수가 f_X일 때, 기대 비용을 가장 작게 만드는 출발 시간을 얻으시오.

문제 3.15 흰 공, 검은 공, 빨간 공이 하나씩 들어 있는 주머니에서 공 하나를 꺼내는 확률 실험을 생각하여 그 결과를 ω라고 두자. 확률변수 X가

$$X(\omega) = \begin{cases} \pi, & \omega = \text{흰 공 또는 검은 공}, \\ 0, & \omega = \text{빨간 공} \end{cases} \tag{3.문.5}$$

일 때 $P\{X \le \alpha\}$, $P\{X \le 0\}$, $P\{2 \le X < 4\}$를 얻으시오. 여기에서, α는 실수이다.

문제 3.16 구간 $[-1,1]$에서 고르게 퍼져 있는 연속 확률변수 U를 생각하여 확률 $P\{U > 0\}$, $P\left\{|U| < \frac{1}{3}\right\}$, $P\left\{|U| \ge \frac{3}{4}\right\}$, $P\left\{\frac{1}{3} < U < \frac{1}{2}\right\}$을 얻으시오.

문제 3.17 제대로 만든 동전 하나를 이어 던지는 실험에서 앞이 처음 나올 때까지 던진 횟수를 확률변수 K라고 두자. 두 사건 **가** $= \{K > 5\}$와 **나** $= \{K > 10\}$을 생각할 때 사건 **가**, **나**, **나**^{c}, **가** $\cap$ **나**, **가** $\cup$ **나**의 확률을 얻으시오.

문제 3.18 서로 관련이 없는 두 전송로 C_1과 C_2로 N 부호 정보를 받는다고 두자. 이때, 전송로 잡음으로 말미암아 전송로 C_1을 거친 N 부호 정보 A에는 잘못된 부호가 w_A개, 전송로 C_2를 거친 N 부호 정보 B에는 잘못된 부호가 w_B개 있다고 두자. 또, 어떤 부호에 미치는 잡음의 영향은 다른 부호에 미치는 잡음의 영향과 아무 관련이 없다고 두자.

(가) 잘못된 부호 가운데에서 A와 B에 공통인 부호의 수 D가 d일 확률 $P\{D = d\}$를 얻으시오.

(나) 확률 p로 A에서 또는 확률 $1-p$로 B에서 자리마다 부호를 하나씩 골라서 새로 N 부호 정보를 만든다고 두자. 이 N 부호 정보에 잘못된 부호의 수 K가 k일 확률 $P\{K = k\}$를 얻으시오.

(다) 이제, $N = 3$이고 $w_A = w_B = 1$일 때, $P\{D = d\}$와 $P\{K = k\}$를 얻으시오.

문제 3.19 확률변수 X의 확률밀도함수가 $f(x) = \frac{c}{x^3}u(x-1)$이다.
(가) 상수 c를 얻으시오.
(나) 확률변수 X의 평균 $E\{X\}$를 얻으시오.
(다) 확률변수 X의 분산 $\text{Var}\{X\}$가 존재하지 않는다는 것을 보이시오.

문제 3.20 확률변수 X의 누적분포함수가

$$F(x) = \begin{cases} 0, & x < 0; \quad \frac{1}{4}(x^2+1), \quad 0 \le x < 1; \\ \frac{1}{4}(x+2), & 1 \le x < 2; \quad 1, \qquad\qquad x \ge 2 \end{cases} \tag{3.문.6}$$

이다.
(가) 확률 $P\{0 < X < 1\}$과 $P\{1 \le X < 1.5\}$를 얻으시오.
(나) 확률변수 X의 평균 $\mu = E\{X\}$와 분산 $\sigma^2 = \text{Var}\{X\}$를 얻으시오.

문제 3.21 확률변수 Y의 분포가 고른 분포 $U[0,1)$이고 $a < b$일 때 $W = a + (b-a)Y$를 생각하자.
(가) 확률변수 W의 누적분포함수를 얻으시오.
(나) 확률변수 W의 분포가 무엇인지 밝히시오.

문제 3.22 연속 확률변수 X의 분포가 $U[0,1)$일 때, $Y = \frac{X}{1+X}$의 확률밀도함수를 얻으시오.

문제 3.23 연속 확률변수 X의 확률밀도함수가 f_X일 때 $Y = \frac{X}{1-X}$의 확률밀도함수를 얻고, X의 분포가 $U[0,1)$일 때 Y의 확률밀도함수를 구체적으로 보이시오.

문제 3.24 연속 확률변수 X의 확률밀도함수를 f_X일 때 확률변수 $Y = \frac{X}{1+X}$와 $Z = \frac{Y}{1-Y}$를 생각하자. 그러면 $Z = \frac{Y}{1-Y} = \frac{\frac{X}{1+X}}{1-\frac{X}{1+X}} = X$이므로, 확률변수 Z의 확률밀도함수를 f_Z라고 두면 마땅히 $f_Z(z) = f_X(z)$일 것이다. 이 사실을 문제 3.22와 3.23의 결과를 바탕으로 확인해 보시오.

문제 3.25 확률변수 X의 확률밀도함수가 $f_X(y) = \frac{1}{(1-y)^2}\left\{u(y) - u\left(y - \frac{1}{2}\right)\right\}$일 때, $Z = \frac{X}{1-X}$의 확률밀도함수를 얻으시오.

문제 3.26 연속 확률변수 X의 분포가 $U[0,1)$일 때 $Y = \frac{1+X}{1-X}$의 확률밀도함수와 $Z = \frac{X-1}{X+1}$의 확률밀도함수를 얻으시오.

문제 3.27 확률변수 X의 확률밀도함수가

$$f_X(x) = \begin{cases} 1+x, & -1 \le x < 0, \\ 1-x, & 0 \le x < 1, \\ 0, & x < -1 \text{ 또는 } x \ge 1 \end{cases} \tag{3.문.7}$$

일 때, $Y = |X|$의 확률밀도함수를 얻으시오.

문제 3.28 상수 a가 0보다 크고 θ가 상수일 때 확률변수 X의 여현 함수[83] $Y = a\cos(X+\theta)$를 생각하자.

[83] cosine function. 줄여서 cos

(가) 확률변수 X의 분포가 $U[-\pi, \pi)$일 때 Y의 확률밀도함수 f_Y를 얻으시오.

(나) 확률변수 X의 분포가 $U\left(-\frac{\pi}{2}, \frac{\pi}{2}\right)$이고 $a = 1$이며 $\theta = 0$일 때, Y의 확률밀도함수 f_Y를 얻으시오.

문제 3.29 확률변수 X의 정접 함수[84] $Y = \tan X$를 생각하자.

(가) 확률변수 Y의 확률밀도함수 f_Y를 X의 확률밀도함수 f_X로 나타내시오.

(나) 확률변수 X의 분포가 $U\left(-\frac{\pi}{2}, \frac{\pi}{2}\right)$일 때 Y의 확률밀도함수를 얻으시오.

(다) 확률변수 X의 분포가 $U(0, 2\pi)$일 때 Y의 확률밀도함수를 얻으시오.

문제 3.30 고른 확률변수 $X \sim U[0, 1)$에서 지수 확률변수 $Y \sim f_Y(y) = \lambda e^{-\lambda y} u(y)$를 얻으시오.

문제 3.31 이산 확률변수 X의 확률질량함수가 $v = 1, 2, \cdots, 6$일 때 $p_X(v) = \frac{1}{6}$이다. 이때, X의 기댓값, 최빈값, 중앙값을 얻으시오.

문제 3.32 확률변수 X의 값은 $\{1, 2, 3, 5, 15, 25, 50\}$의 원소이고, 그 확률은 $\frac{1}{7}$씩이다. 이때, $E\{|X - c|\}$를 가장 작게 만드는 c는 5라는 것을 보이시오. 그리고, 이 c와 $E\left\{(X - b)^2\right\}$을 가장 작게 만드는 b를 견주어 보시오.

문제 3.33 상수 λ가 0보다 클 때 확률밀도함수가 $f(x) = \frac{\lambda}{2} e^{-\lambda|x|}$인 겹 지수 확률변수 X의 평균과 분산을 얻으시오.

문제 3.34 확률밀도함수가 $f(r) = \frac{r^{\alpha-1}(1-r)^{\beta-1}}{\tilde{B}(\alpha, \beta)} u(r) u(1 - r)$인 확률변수 X의 k째 적률이

$$E\left\{X^k\right\} = \frac{\Gamma(\alpha + k)\Gamma(\alpha + \beta)}{\Gamma(\alpha + \beta + k)\Gamma(\alpha)} \tag{3.문.8}$$

임을 보이고, 이 확률변수 X의 평균과 분산을 얻으시오.

문제 3.35 어떤 확률변수의 적률생성함수가 $M(t)$일 때 함수 $R(t) = \ln M(t)$의 1차 도함수는 $R'(t) = \frac{M'(t)}{M(t)}$이고, 2차 도함수는 $R''(t) = \frac{M(t)M''(t) - \{M'(t)\}^2}{\{M(t)\}^2}$이다. 이제, 그 확률변수의 평균은 $\mu = R'(0)$이고 분산은 $\sigma^2 = R''(0)$이라는 것을 보이시오.

문제 3.36 확률변수 X의 확률밀도함수가 $f_X(x) = u(x) - u(x - 1)$이다. 이때, $Y = X - 2$, $Z = 2Y$, $W = Z + 1$의 확률밀도함수 f_Y, f_Z, f_W를 얻으시오.

문제 3.37 확률변수 X의 확률질량함수가 $p_X(k) = \frac{1}{4}$, $k = 1, 2, 3, 4$일 때, $Y = X + 2$, $Z = X - 2$, $W = \frac{X-2}{X+2}$의 확률질량함수 p_Y, p_Z, p_W를 얻으시오.

문제 3.38 확률변수 X의 분포가 $P\{0 \le X \le a\} = 1$을 만족시킬 때 다음을 보이시오.

(가) $E\left\{X^2\right\} \le aE\{X\}$. 언제 등호인지를 밝히시오.

(나) $\text{Var}\{X\} \le E\{X\}(a - E\{X\})$.

(다) $\text{Var}\{X\} \le \frac{a^2}{4}$. 언제 등호인지를 밝히시오.

문제 3.39 확률변수 X의 값은 0보다 작지 않다.

[84] tangent function. 줄여서 tan

(가) 확률변수 X의 값이 $0, 1, 2, \cdots$ 일 때 기댓값 $E\{X\} = \sum_{n=0}^{\infty} nP\{X = n\}$이

$$\begin{aligned} E\{X\} &= \sum_{n=0}^{\infty} P\{X > n\} \\ &= \sum_{n=1}^{\infty} P\{X \geq n\} \end{aligned} \tag{3.문.9}$$

임을 보이시오.

(나) c가 상수일 때 $X_c^- = \min(X, c)$를 생각하여 $E\{X_c^-\}$를 $F_X(x) = P\{X \leq x\}$를 써서 나타내시오.

(다) c가 상수일 때 $X_c^+ = \max(X, c)$를 생각하여, $E\{X_c^+\}$를 $F_X(x)$를 써서 나타내시오.

문제 3.40 확률변수 X의 특성함수가 $\varphi_X(\omega) = \exp\left(\mu\left[\exp\left\{\lambda\left(e^{j\omega} - 1\right)\right\} - 1\right]\right)$ 이고, $\lambda > 0$이며, $\mu > 0$이다.

(가) $E\{X\}$와 $\text{Var}\{X\}$를 얻으시오.

(나) $P\{X = 0\} = \exp\left\{-\mu\left(1 - e^{-\lambda}\right)\right\}$라는 것을 보이시오.

문제 3.41 반지름이 r이고 부피가 $V = \frac{4\pi}{3}r^3$인 공 모양 영역 안에 들어 있는 수소 분자의 수를 확률변수 N이라고 두자. 이때, N이 확률질량함수가 $p_N(n) = \frac{1}{n!}e^{-\rho V}(\rho V)^n$, $n = 0, 1, 2, \cdots$ 인 포아송 분포를 따른다고 두자. 공 중심에서 가장 가까운 수소 분자까지의 거리를 X라고 할 때, 그 확률밀도함수를 얻으시오. (귀띔: 확률 $P\{X > x\}$를 p_N으로 나타내 보시오.)

문제 3.42 함수

$$f(x) = \begin{cases} Ax, & 0 \leq x \leq 4, \\ A(8 - x), & 4 \leq x \leq 8, \\ 0, & \text{그 밖에는} \end{cases} \tag{3.문.10}$$

이 확률밀도함수일 때 A를 얻고, 누적분포함수와 확률밀도함수를 그리시오. 확률 $P\{X \leq 6\}$을 얻으시오.

문제 3.43 연속 확률변수 X의 중앙값 α를 $\int_{-\infty}^{\alpha} f_X(x)dx = \int_{\alpha}^{\infty} f_X(x)dx = \frac{1}{2}$처럼 뜻매김할 수 있다. 이때, $E\{|X - b|\}$를 가장 작게 만드는 b는 α라는 것을 보이시오.

문제 3.44 연속 확률변수 X의 누적분포함수를 F라고 할 때 확률변수 $F(X)$의 기댓값을 얻으시오.

문제 3.45 확률밀도함수가 $f_X(x) = e^x u(-x)$인 음지수 확률변수 X의 적률생성함수와 특성함수를 얻으시오. 적률생성함수를 써서 첫 네 적률을 얻으시오. 이 적률들을 직접 얻은 것과 견주어 보시오.

문제 3.46 함수 $f_X(x) = \frac{1}{\cosh(\pi x)}$이 확률밀도함수라는 것을 보이고, 그 적률생성함수를 얻으시오.

문제 3.47 함수 $f(x) = \frac{\alpha}{\cosh^n(\beta x)}$가 확률밀도함수일 때 α의 값을 얻으시오. 한편, $n = 2$이고 $\beta = \frac{k}{2}$이면 이 확률밀도함수는 로지스틱 확률밀도함수 (2.5.30)과 같다.

문제 3.48 확률밀도함수가 $f(x) = \frac{x}{\sigma^2} \exp\left(-\frac{x^2}{2\sigma^2}\right) u(x)$인 레일리 확률변수의 적률생성함수가 (3.부.70)과 같음을 보이시오.

문제 3.49 확률변수 X의 분포가 이항 분포 $b(n,p)$이고 $q = 1 - p$일 때

$$\Pr\{X = \text{짝수}\} = \frac{1}{2}\{1 + (q-p)^n\} \qquad (3.문.11)$$

과 점화식[85]

$$\Pr\{X = k+1\} = \frac{(n-k)p}{(k+1)q}\Pr\{X = k\}, \qquad k = 0, 1, \cdots, n-1 \qquad (3.문.12)$$

를 보이시오.

문제 3.50 확률변수 X의 분포가 포아송 분포 $P(\lambda)$일 때

$$\Pr\{X = \text{짝수}\} = \frac{1}{2}\left(1 + e^{-2\lambda}\right) \qquad (3.문.13)$$

과 점화식

$$\Pr\{X = k+1\} = \frac{\lambda}{k+1}\Pr\{X = k\}, \qquad k = 0, 1, 2, \cdots \qquad (3.문.14)$$

를 보이시오.

문제 3.51 확률변수 X의 확률밀도함수가

$$f_X(x) = \begin{cases} \frac{1}{2}, & -1 < x \leq 0, \\ \frac{1}{4}(2-x), & 0 < x \leq 2, \\ 0, & \text{그 밖에는} \end{cases} \qquad (3.문.15)$$

일 때 $Y = |X|$의 확률밀도함수 f_Y를 얻으시오.

문제 3.52 유한 구간 (a, b)에서 뜀이 끝없이 일어나는 누적분포함수를 하나 얻어보시오.

문제 3.53 확률변수 X의 누적분포함수가

$$F_X(x) = \begin{cases} 0, & x < -2; \qquad \frac{1}{3}(x+2), \quad -2 \leq x < -1; \\ ax + b, & -1 \leq x < 3; \qquad 1, \quad x \geq 3 \end{cases} \qquad (3.문.16)$$

이다.
(가) 두 상수 a와 b가 만족시켜야 하는 조건을 얻고, 그 조건이 가리키는 영역을 a-b 좌표에 그리시오.
(나) 다음에, $a = \frac{1}{8}$이고 $b = \frac{5}{8}$일 때 $Y = X^2$의 누적분포함수를 얻고, $\Pr\{Y = 1\}$과 $\Pr\{Y = 4\}$의 값을 얻으시오.

문제 3.54 확률변수 X의 누적분포함수가

[85] recurrence formula

$$F_X(x) = \begin{cases} 0, & x < -1; \quad \frac{1}{2}(x+1), \quad -1 \le x < 0; \\ \frac{1}{8}(x+4), & 0 \le x < 4; \quad 1, \quad x \ge 4 \end{cases} \tag{3.문.17}$$

일 때 $Y = X^2$의 누적분포함수를 얻으시오.

문제 3.55 확률변수 $Y = X^3 - 3X$의 누적분포함수 F_Y를 확률변수 X의 누적분포함수 F_X로 나타내면

$$F_Y(y) = \begin{cases} F_X(\alpha), & y < -2 \text{ 또는 } y > 2 \\ F_X(-2) + \Pr\{X = 1\}, & y = -2, \\ F_X(\beta_3) - F_X(\beta_2) + F_X(\beta_1) + \Pr\{X = \beta_2\}, & -2 < y < 2, \\ F_X(2), & y = 2 \end{cases} \tag{3.문.18}$$

과 같음을 보이시오. 여기서, α는 $y > 2$ 또는 $y < -2$일 때 3차 방정식 $y = x^3 - 3x$의 유일한 실근이고, β_1, β_2, β_3은 $-2 < y < 2$일 때 삼차 방정식 $y = x^3 - 3x$의 세 실근을 작은 것부터 나타낸 것이다. 말할 것도 없이, α, β_1, β_2, β_3은 모두 y의 함수이다.

문제 3.56 식 (3.문.18)에 보인 $Y = X^3 - 3X$의 누적분포함수 $F_Y(y)$의 연속성을 X가 연속 확률변수일 때 이야기해 보시오.

문제 3.57 확률변수 X가 이산 확률변수이고, 그 확률질량함수가

$$p_X(k) = \Pr\{X = k\}, \quad k \in \{\cdots, -1, 0, 2, \cdots\} \tag{3.문.19}$$

일 때, $Y = X^3 - 3X$의 누적분포함수 F_Y를 얻고 그 연속성에 대해 이야기해 보시오.

문제 3.58 확률변수 X의 누적분포함수가

$$F_X(x) = \begin{cases} 0, & x < -1, \\ -\frac{1}{2}\left(x^2 - 1\right), & -1 \le x < 0, \\ \frac{1}{2}\left(x^2 + 1\right), & 0 \le x < 1, \\ 1, & x \ge 1 \end{cases} \tag{3.문.20}$$

일 때 $Y = X^2$의 누적분포함수를 얻으시오.

문제 3.59 어떤 확률변수의 특성함수가 $\varphi(\omega) = \frac{1}{2\pi}\int_0^{2\pi} \exp\left\{-\frac{\omega^2}{2}\alpha(\theta)\right\} d\theta$이다. 여기에서, 매개변수 $\alpha(\theta)$는 확률변수의 특성에 따라서 $\alpha(\theta) = \frac{1}{2}$ 또는 $\alpha(\theta) = \cos^2\theta$이다.

(가) 위 적분을 계산하여 특성함수를 얻으시오.

(나) 매개변수가 $\alpha(\theta) = \frac{1}{2}$일 때 확률밀도함수 f_1을 얻으시오.

(다) 매개변수가 $\alpha(\theta) = \cos^2\theta$일 때 확률밀도함수가

$$f_2(x) = \frac{1}{\sqrt{2\pi^3}} \exp\left(-\frac{x^2}{4}\right) K_0\left(\frac{x^2}{4}\right) \tag{3.문.21}$$

임을 보이시오. 여기에서,

$$K_0(x) = \int_0^\infty \frac{\cos(xt)}{\sqrt{1+t^2}} dt\, u(x) \tag{3.문.22}$$

는 0차 2종 고친 베셀 함수이다.

(라) 이 확률변수의 확률밀도함수가 f_1일 때 평균과 분산, 또 f_2일 때 평균과 분산을 얻으시오.

(마) 확률밀도함수 f_2가 확률밀도함수 f_1보다 꼬리가 더 무거움을 – 곧, x가 넉넉히 클 때 $\frac{f_2(x)}{f_1(x)} > 1$이라는 것을 – 보이시오.

문제 3.60 식 (3.3.30)을 바탕으로, X가 표준 정규 확률변수이면

$$E\{X^n\} = \begin{cases} 0, & n\text{이 홀수일 때}, \\ 1 \times 3 \times \cdots \times (n-1), & n\text{이 짝수일 때} \end{cases} \tag{3.문.23}$$

임을 알 수 있다. 이제, 이 식을 새겨서, $Y \sim N(m, \sigma^2)$이면 $p = 0, 1, \cdots$일 때

$$E\{Y^p\} = m^p \sum_{n=0}^{\lfloor \frac{p}{2} \rfloor} \frac{p!}{2^n n!(p-2n)!} \left(\frac{\sigma}{m}\right)^{2n} \tag{3.문.24}$$

임을 보이시오. 곧, $Y \sim N(m, \sigma^2)$이면 $E\{Y^0\} = 1$, $E\{Y^1\} = m$, $E\{Y^2\} = m^2 + \sigma^2$, $E\{Y^3\} = m^3 + 3m\sigma^2$, $E\{Y^4\} = m^4 + 6m^2\sigma^2 + 3\sigma^4$, $E\{Y^5\} = m^5 + 10m^3\sigma^2 + 15m\sigma^4$, $\cdots$ 이다. (귀띔: $Y = \sigma X + m$이라는 것을 눈여겨보시오.)

문제 3.61 확률밀도함수가 $f_X(x) = \frac{x}{\alpha^2} \exp\left(-\frac{x^2}{2\alpha^2}\right) u(x)$인 레일리 확률변수 X의 평균과 분산을 얻고, 적률이

$$E\{X^n\} = \begin{cases} 1 \times 3 \times \cdots \times n\alpha^n \sqrt{\frac{\pi}{2}}, & n = 2k+1, \\ 2^k k! \alpha^{2k}, & n = 2k \end{cases} \tag{3.문.25}$$

임을 보이시오.

문제 3.62 확률밀도함수가 $f_X(x) = \frac{\sqrt{2}x^2}{\alpha^3\sqrt{\pi}} \exp\left(-\frac{x^2}{2\alpha^2}\right) u(x)$인 확률변수 X를 생각하자. 이 때,

$$E\{X^n\} = \begin{cases} 1 \times 3 \times \cdots \times (n+1)\alpha^n, & n = 2k, \\ 2^k k! \alpha^{2k-1} \sqrt{\frac{2}{\pi}}, & n = 2k-1 \end{cases} \tag{3.문.26}$$

을 보이시오.

문제 3.63 확률밀도함수가

$$f_X(x) = \frac{1}{2} u(x) u(\pi - x) \sin x \tag{3.문.27}$$

인 확률변수 X의 평균과 둘째 적률을 얻으시오.

문제 3.64 확률질량함수가 (2.5.13)에 보인 $p(x) = {}_{-r}\mathrm{C}_x \alpha^r (\alpha-1)^x$, $x \in \mathbb{J}_0$인 음이항 확률변수 X의 평균이 $E\{X\} = \frac{1-\alpha}{\alpha} r$이고 분산이 $\mathrm{Var}\{X\} = \frac{1-\alpha}{\alpha^2} r$이라는 것을 보이시오. 또 확률변수 Y의 확률질량함수가 (2.5.17)에서 보인 $p_Y(y) = {}_{y-1}\mathrm{C}_{r-1} \alpha^r (1-\alpha)^{y-r}$, $y = r, r+1, \cdots$일 때

$$E\{Y\} = \frac{r}{\alpha} \tag{3.문.28}$$

이고 $\mathrm{Var}\{Y\} = \frac{1-\alpha}{\alpha^2}$임을 보이시오.

문제 3.65 연속 확률변수 X의 확률밀도함수가 f_X일 때 크기 $Y = |X|$를 생각하자. 먼저, 반쪽 평균[86]

$$m_X^{\pm} = \int_{-\infty}^{\infty} x f_X(x) u(\pm x) dx \tag{3.문.29}$$

을 생각하면, 확률변수 X의 평균은 $m_X = m_X^+ + m_X^-$처럼 반쪽 평균으로 나타낼 수 있다. 이제, 크기 $Y = |X|$의 평균을 X의 반쪽 평균으로 나타내면

$$E\{|X|\} = m_X^+ - m_X^- \tag{3.문.30}$$

이라는 것을 보이시오. 또, $Y = |X|$의 분산을 X의 분산과 반쪽 평균으로 나타내시오.

문제 3.66 연속 확률변수 X의 누적분포함수가 F_X일 때, X의 부호 $Z = \mathrm{sgn}(X)$의 부호 Z의 평균이

$$E\{Z\} = 1 - 2F_X(0) \tag{3.문.31}$$

이고 분산이

$$V\{Z\} = 4F_X(0)\{1 - F_X(0)\} \tag{3.문.32}$$

임을 보이시오.

문제 3.67 확률변수 X의 확률질량함수가 $p(k) = (1-\alpha)^k\alpha,\ k \in \{0, 1, \cdots\}$일 때 X의 평균과 분산을 얻으시오. 또, 확률질량함수가 $p(k) = (1-\alpha)^{k-1}\alpha,\ k \in \{1, 2, \cdots\}$일 때 X의 평균과 분산을 얻으시오.

문제 3.68 정수 α, β, γ가 모두 0보다 크고 $\alpha + \beta \geq \gamma$일 때 확률질량함수가

$$p_X(x) = \frac{1}{\binom{\alpha+\beta}{\gamma}} \binom{\alpha}{\gamma - x} \binom{\beta}{x} \tag{3.문.33}$$

인 초기하 확률변수 X를 생각하자. 여기에서 $\min(\beta,\gamma) \geq \max(0, \gamma-\alpha)$임을, 또 $x \notin \{\max(0, \gamma-\alpha), \max(0,\gamma-\alpha)+1, \cdots, \min(\beta,\gamma)\}$이면 확률질량함수 (3.문.33)의 값이 0임을 알 수 있다. 이제, 이 확률변수 X의 평균과 분산을 얻으시오. 또, ν차 적률이

$$E\{X^\nu\} = \sum_{k=0}^{\nu} \left\{ \begin{matrix} \nu \\ k \end{matrix} \right\} [\beta]_k \frac{\binom{\alpha+\beta-k}{\gamma-k}}{\binom{\alpha+\beta}{\gamma}} \tag{3.문.34}$$

임을 보이시오. 여기에서,

$$\left\{ \begin{matrix} \nu \\ k \end{matrix} \right\} = \frac{1}{k!} \sum_{i=0}^{k} (-1)^i \binom{k}{i} (k-i)^\nu \tag{3.문.35}$$

---

[86] half mean. 조금 더 일반적으로, $m = 1, 2, \cdots$일 때 $\int_0^\infty x^m f_X(x)dx$를 반쪽 적률 또는 불완전 적률이라고 incomplete moments 부른다.

는 2종 스털링 수[87]를 나타낸다. 한편, $\alpha+\beta$와 β는 집단의 크기와 그 안에 들어 있는 '성공'의 수를, 또 γ는 시도 횟수를 나타낸다.

문제 3.69 확률변수 X의 확률밀도함수가 $f(x) = \frac{ke^{-kx}}{(1+e^{-kx})^2}$일 때 $E\{X^2\} = \frac{\pi^2}{3k^2}$이고, $E\{X^4\} = \frac{7\pi^4}{15k^4}$이며, (3.문.29)에서 뜻매김한 반쪽 평균은 $m_L^+ = \frac{\ln 2}{k} = -m_L^-$라는 것을 보이시오.

문제 3.70 확률밀도함수가 $f_Y(x) = \frac{\lambda^n}{(n-1)!}x^{n-1}e^{-\lambda x}u(x)$인 확률변수 Y의 적률생성함수, 기댓값, 분산을 얻으시오.

문제 3.71 앞이 나올 확률이 p인 동전이 있다. 한 번 시행에서 이 동전을 두 번 던진다고 두고 n째 시행에서 나온 결과를 바탕으로 X_n을 아래와 같이 둔다.

$$X_n = \begin{cases} 1, & \text{앞이 나온 다음 뒤가 나오면,} \\ -1, & \text{뒤가 나온 다음 앞이 나오면,} \\ 0, & \text{두 결과가 같으면} \end{cases} \tag{3.문.36}$$

이제, $Y = \min\{n : n \geq 1,\ X_n = 1 \text{ 또는 } -1\}$이라고 할 때, 확률변수 Y의 누적분포함수와 평균을 얻으시오.

문제 3.72 누적분포함수 F가 $x < 0$일 때 $F(x) = 0$이고, $0 \leq x < \infty$일 때 $F(x) < 1$이다. 또, $0 \leq x < \infty$이고 $0 \leq y < \infty$일 때

$$\frac{1-F(x+y)}{1-F(y)} = 1-F(x) \tag{3.문.37}$$

이다. 이때,

$$1-F(x) = \exp\left(-\frac{x}{\beta}\right)u(x) \tag{3.문.38}$$

인 0보다 큰 수 β가 있다는 것을 보이시오.

문제 3.73 확률변수 X의 분포가 기하 분포일 때

$$\Pr\{X > m+n|X > m\} = \Pr\{X > n\} \tag{3.문.39}$$

를 보이시오.

문제 3.74 분포 $b\left(10, \frac{1}{3}\right)$에서 k의 값이 얼마일 때 $P_{10}(k)$가 가장 큰가? 또, 분포 $b\left(11, \frac{1}{2}\right)$에서는 k의 값이 얼마일 때 $P_{11}(k)$가 가장 큰가?

문제 3.75 감기 예방 주사를 맞은 뒤 부작용을 겪을 확률이 0.005라고 두자. 이제, 1000사람이 이 예방 주사를 맞았을 때 다음 확률과 그 어림값을 얻으시오.
(가) 많아야 한 사람이 부작용을 겪을 확률
(나) 네, 다섯, 또는 여섯 사람이 부작용을 겪을 확률

[87]Stirling number of the second kind

문제 3.76 뜻매김 3.3.10을 바탕으로 이항분포 $b(n,p)$의 비틀림은 $\frac{1-2p}{\sqrt{np(1-p)}}$이고 뾰족함은 $\frac{3(n-2)}{n}+\frac{1}{np(1-p)}$임을[88] 보이시오.

문제 3.77 포아송 확률변수 X의 비율을 λ라고 두자.
(가) 먼저, $E\left\{X^3\right\}=\lambda+3\lambda^2+\lambda^3$이고, $E\left\{X^4\right\}=\lambda+7\lambda^2+6\lambda^3+\lambda^4$이며, $\mu_2=\mu_3=\lambda$이고, $\mu_4=\lambda+3\lambda^2$이라는 것을 보이시오.
(나) 변동 계수를 얻으시오.
(다) 비틀림과 뾰족함을 얻고, 그 값들을 정규분포의 값과 견주어 보시오.

문제 3.78 매개변수가 λ인 지수 확률변수 X를 생각할 때 $Y=\sqrt{2\sigma^2\lambda X}$는 매개변수가 σ인 레일리 확률변수라는 것을 보이시오.

문제 3.79 연속 누적분포함수

$$F_3(x) = \begin{cases} 0, & x \le 0; \quad \frac{x}{2}, \quad 0 \le x \le 1; \\ \frac{1}{2}, & 1 \le x \le 2; \quad \frac{1}{2}(x-1), \quad 2 \le x \le 3; \\ 1, & x \ge 3 \end{cases} \tag{3.문.40}$$

을 생각하자. 이제, F_3이 연속 함수이므로 $F_3\left(F_3^{-1}(u)\right)=u$라는 것, F_3이 연속 함수이지만 $F_3^{-1}\left(F_3(x)\right)\le x$라는 것, $X\sim F_3$일 때 $\Pr\left\{F_3^{-1}\left(F_3(X)\right)\ne X\right\}=0$이라는 것을 확인하시오. 또, $F_3(x)$, $F_3^{-1}(u)$, $F_3^{-1}\left(F_3(x)\right)$를 그려보시오.

문제 3.80 연속 누적분포함수

$$F_4(x) = \begin{cases} 0, & x \le 0; \quad \frac{2x}{3}, \quad 0 \le x \le 1; \\ \frac{2}{3}, & 1 \le x \le 2; \quad \frac{x}{3}, \quad 2 \le x \le 3; \\ 1, & x \ge 3 \end{cases} \tag{3.문.41}$$

을 생각하자. 이제, F_4가 연속 함수이므로 $F_4\left(F_4^{-1}(u)\right)=u$라는 것, F_4가 연속 함수이지만 $F_4^{-1}\left(F_4(x)\right)\le x$라는 것, $X\sim F_4$일 때 $\Pr\left\{F_4^{-1}\left(F_4(X)\right)\ne X\right\}=0$이라는 것을 확인하시오. 또 $F_4(x)$, $F_4^{-1}(u)$, $F_4^{-1}\left(F_4(x)\right)$를 그려보시오.

[88] 여기에서, $n\to\infty$이고 $p\to 0$이며 $np\to\lambda$일 때에는 비틀림이 $\frac{1}{\sqrt{\lambda}}$이고 뾰족함은 $3+\frac{1}{\lambda}$이다. 한편, $\sigma^2=np(1-p)\to\infty$일 때에는 비틀림이 $\frac{1}{\sigma}\to 0$이고 뾰족함은 $3+\frac{1}{\sigma^2}\to 3$이다.

제 4 장

확률벡터

제 4 장 확률벡터

이 장에서는 둘 또는 그보다 많은 확률변수를 묶어서 생각하는 확률벡터라는 개념을 다룬다. 확률벡터의 확률적 성질을 온전하게 이야기하려면 확률벡터를 이루는 확률변수 하나하나의 확률적 성질뿐만 아니라 확률변수들 사이의 관계로 말미암아 생기는 확률적 성질도 다루어야 한다.

4.1 확률벡터의 분포

4.1.1 확률벡터

뜻매김 4.1.1 확률벡터, 이산 확률벡터, 연속 확률벡터[1]

확률변수를 여러 개 묶은 것을 확률벡터, 다변수 확률벡터, 다변량 확률벡터, 또는 결합 확률변수라고 부른다. 또, 이산 확률변수들이 이루는 확률벡터를 이산 확률벡터라고 부르고, 연속 확률변수들이 이루는 확률벡터를 연속 확률벡터라고 부른다.

거꾸로 말하면, 확률변수는 확률벡터 가운데에서 1차원 확률벡터를 일컫는 것이라고 볼 수 있고, 확률과정[2]은 무한 차원 확률벡터인 셈이다. 확률변수, 확률벡터, 확률과정이라는 개념을 서로 섞어 쓰기도 한다. 한편, 묶인 확률변수가 n개일 때 n차원 확률벡터, n변수 확률벡터, 또는 n변량 확률벡터라고 부르고, 이산 확률변수와 연속 확률변수가 섞여 이루는 벡터를 혼합 확률벡터[3]라고 부른다. 이 책에서는 거의 연속 확률벡터와 이산 확률벡터만 다룰 것이다.

뜻매김 4.1.2 결합 누적분포함수[4]

확률벡터 $\underline{X} = (X_1, X_2, \cdots, X_n)$을 생각할 때, 곱사건 $\bigcap_{i=1}^{n} \{X_i \le x_i\}$의 확률을 나타내는 함수

$$F_{\underline{X}}(\underline{x}) = P\{X_1 \le x_1, X_2 \le x_2, \cdots, X_n \le x_n\} \tag{4.1.1}$$

을 $\underline{X}$의 결합 누적분포함수라고 부른다. 여기에서, $\underline{x} = (x_1, x_2, \cdots, x_n)$이다.

---

[1] random vector, discrete random vector, continuous random vector

[2] random process, stochastic process

[3] mixed random vector 또는 hybrid random vector

때로는 결합 누적분포함수를 누적분포함수라고 줄여서 부르기도 한다.

보기 4.1.1 제대로 만든 주사위를 두 번 굴릴 때 처음 나온 수를 X_1, 그 다음 나온 수를 X_2라고 두면, $\underline{X} = (X_1, X_2)$는 두 변수 이산 확률벡터이다. ◇

보기 4.1.2 제대로 만든 동전을 던져서 앞이 나오면 1, 뒤가 나오면 0이라고 하자. 이런 동전을 셋 던질 때 i째 동전의 값 X_i를 바탕으로 이산 확률벡터 $\underline{X} = (X_1, X_2, X_3)$을 뜻매김하자. 그러면 확률벡터 $\underline{X}$의 값은 $(0,0,0)$, $(0,0,1)$, $(0,1,0)$, $(1,0,0)$, $(1,1,0)$, $(1,0,1)$, $(0,1,1)$, $(1,1,1)$ 가운데에서 하나이다. 이제, $\underline{x} = (x_1, x_2, x_3)$이라고 쓰면 $\underline{X}$의 결합 누적분포함수 $F_{\underline{X}}(\underline{x}) = P\left\{\bigcap_{i=1}^{3}\{X_i \le x_i\}\right\}$는

$$F_{\underline{X}}(\underline{x}) = \begin{cases} 0, & \{x_1 < 0\}, \{x_2 < 0\}, \text{ 또는 } \{x_3 < 0\} \text{ 일 때;} \\ \frac{1}{8}, & \{0 \le x_1 < 1,\, 0 \le x_2 < 1,\, 0 \le x_3 < 1\} \text{ 일 때;} \\ \frac{1}{4}, & \{0 \le x_1 < 1,\, 0 \le x_2 < 1,\, x_3 \ge 1\}, \\ & \{0 \le x_1 < 1,\, x_2 \ge 1,\, 0 \le x_3 < 1\}, \text{ 또는} \\ & \{x_1 \ge 1,\, 0 \le x_2 < 1,\, 0 \le x_3 < 1\} \text{ 일 때;} \\ \frac{1}{2}, & \{0 \le x_1 < 1,\, x_2 \ge 1,\, x_3 \ge 1\}, \\ & \{x_1 \ge 1,\, 0 \le x_2 < 1,\, x_3 \ge 1\}, \text{ 또는} \\ & \{x_1 \ge 1,\, x_2 \ge 1,\, 0 \le x_3 < 1\} \text{ 일 때;} \\ 1, & \{x_1 \ge 1,\, x_2 \ge 1,\, x_3 \ge 1\} \text{ 일 때} \end{cases} \tag{4.1.2}$$

임을 알 수 있다. ◇

정리 4.1.1 결합 누적분포함수가 $F_{\underline{X}}(\underline{x})$인 확률벡터 $\underline{X} = (X_1, X_2, \cdots, X_n)$에서 X_i의 누적분포함수는, i가 아닌 모든 j에 대하여 $x_j \to \infty$라고 두어,

$$F_{X_i}(x_i) = \lim_{\substack{x_j \to \infty \\ j \neq i}} F_{\underline{X}}(\underline{x}) \tag{4.1.3}$$

처럼 얻을 수 있다. ■■

증명 다른 때에도 거의 같으므로 $n=2$일 때에만 보이자. 끝없이 커지는 느는 수열 $\{y_n\}_{n=1}^{\infty}$를 생각하면 사건들 $\{X_1 \le x, X_2 \le y_n\}_{n=1}^{\infty}$는 느는 집합이므로 $\lim_{n\to\infty}\{X_1 \le x, X_2 \le y_n\} = \bigcup_{n=1}^{\infty}\{X_1 \le x, X_2 \le y_n\} = \{X_1 \le x\}$이다. 이 식은 확률의 연속성에서 $\lim_{n\to\infty} P\{X_1 \le x, X_2 \le y_n\} = P\{X_1 \le x\}$를 뜻한다. 곧,

$$F_{X_1}(x) = \lim_{y\to\infty} F_{X_1,X_2}(x,y) \tag{4.1.4}$$

이다. □

[4]joint cdf.

조금 더 일반적으로 $\underline{X}$의 부벡터 $\underline{X}_s = (X_{s_1}, X_{s_2}, \cdots, X_{s_m})$을 생각하면

$$F_{\underline{X}_s}(\underline{x}_s) = \lim_{\substack{x_j \to \infty \\ j \notin I_s}} F_{\underline{X}}(\underline{x}) \tag{4.1.5}$$

이다. 여기에서, $I_s = \{s_1, s_2, \cdots, s_m\}$이고 $\underline{x}_s = (x_{s_1}, x_{s_2}, \cdots, x_{s_m})$이다.

뜻매김 4.1.3 결합 확률밀도함수[5]

잴 수 있는 공간 $(\Omega, \mathcal{F}) = (\mathbb{R}^k, \mathcal{B}(\mathbb{R})^k)$에서 두 조건

$$f(\underline{x}) \geq 0, \quad \underline{x} \in \mathbb{R}^k, \tag{4.1.6}$$

$$\int_{\mathbb{R}^k} f(\underline{x})\, d\underline{x} = 1 \tag{4.1.7}$$

을 만족시키는 실수 함수 f를 (k차원) 결합 확률밀도함수라고 부른다. 여기에서, $d\underline{x} = dx_1 dx_2 \cdots dx_k$이다.

문맥으로 보아 문제가 없을 때에는 결합 확률밀도함수를 줄여서 확률밀도함수라고 부르기도 한다. 결합 확률밀도함수 f를 바탕으로 사건 $F \in \mathcal{B}(\mathbb{R})^k$에서 집합 함수

$$P(F) = \int_{\underline{x} \in F} f(\underline{x})\; d\underline{x} \tag{4.1.8}$$

을 생각하면, 이 집합 함수 P는 확률측도이다. 이 식은 1차원 공간에서 확률밀도함수와 확률측도 사이의 관계를 알려주는 (2.5.20)을 여러 차원으로 넓힌 것인 셈이다.

보기 4.1.3 (곱 확률밀도함수) 함수들 $\{f_i\}_{i=1}^k$가 1차원 확률밀도함수일 때 $f(\underline{x}) = \prod_{i=1}^k f_i(x_i)$처럼 쓸 수 있는 확률밀도함수 $f(\underline{x})$를 곱 확률밀도함수[6]라고 부른다. ◇

정리 4.1.2 결합 누적분포함수가 $F_{\underline{X}}(\underline{x})$인 확률벡터 $\underline{X} = (X_1, X_2, \cdots, X_n)$의 결합 확률밀도함수는

$$f_{\underline{X}}(\underline{x}) = \frac{\partial^n}{\partial \underline{x}} F_{\underline{X}}(\underline{x}) \tag{4.1.9}$$

이다. 여기에서, $\partial \underline{x} = \partial x_1 \partial x_2 \cdots \partial x_n$이다. ■■

결합 누적분포함수와 결합 확률밀도함수는 확률벡터의 확률적 특성을 나타낸다. 위 뜻매김 4.1.2와 정리 4.1.2를 바탕으로 결합 확률밀도함수를 써서 결합 누적분포함수를 나타내면

$$F_{\underline{X}}(\underline{x}) = \int_{-\infty}^{x_n} \int_{-\infty}^{x_{n-1}} \cdots \int_{-\infty}^{x_1} f_{\underline{X}}(\underline{t})\, d\underline{t} \tag{4.1.10}$$

이다. 여기에서, $\underline{t} = (t_1, t_2, \cdots, t_n)$이고, $d\underline{t} = dt_1 dt_2 \cdots dt_n$이다. 한편, 확률벡터의 부벡터의 특성을 나타내는 함수는 그 이름 앞에 '한계[7]'를 붙여 부르기도 한다. 보기를 들면, 확률벡터에

[5] joint pdf
[6] product pdf
[7] marginal. '한계'를 '주변'이라고 쓰기도 한다.

서 한 확률변수의 누적분포함수, 확률밀도함수, 확률질량함수를 각각 그 확률변수의 한계 누적분포함수, 한계 확률밀도함수, 한계 확률질량함수라고 부른다.

이제, (4.1.10)을 (4.1.3)에 쓴 다음, X_i의 한계 누적분포함수 $F_{X_i}(x_i)$를 미분하여 X_i의 한계 확률밀도함수 $f_{X_i}(x_i)$를 얻으면

$$\begin{aligned} f_{X_i}(x_i) &= \frac{d}{dx_i}\int_{-\infty}^{\infty}\int_{-\infty}^{\infty}\cdots\int_{-\infty}^{\infty}\int_{-\infty}^{x_i}\int_{-\infty}^{\infty}\int_{-\infty}^{\infty}\cdots\int_{-\infty}^{\infty} f_{\underline{X}}(t_1,t_2,\cdots,t_n)\,dt_1dt_2\cdots dt_n \\ &= \int_{-\infty}^{\infty}\int_{-\infty}^{\infty}\cdots\int_{-\infty}^{\infty} f_{\underline{X}}(\underline{x})\,dx_1dx_2\cdots dx_{i-1}dx_{i+1}dx_{i+2}\cdots dx_n \end{aligned} \tag{4.1.11}$$

이다. 조금 더 일반적으로 $\underline{X}$의 부벡터 $\underline{X}_s = (X_{s_1}, X_{s_2}, \cdots, X_{s_m})$과 (4.1.5)를 생각하면

$$f_{\underline{X}_s}(\underline{x}_s) = \frac{\partial^m}{\partial \underline{x}_s}\left\{\lim_{\substack{x_j\to\infty \\ j\notin I_s}} F_{\underline{X}}(\underline{x})\right\} \tag{4.1.12}$$

이다. 여기에서, $I_s = \{s_1, s_2, \cdots, s_m\}$이고 $\partial\underline{x}_s = \partial x_{s_1}\partial x_{s_2}\cdots\partial x_{s_m}$이다.

뜻매김 4.1.4 결합 확률질량함수[8]

잴 수 있는 이산 공간 $(\Omega^k, \mathcal{F}^k)$에서 $\underline{x} = (x_1, x_2, \cdots, x_k) \in \Omega^k$일 때 두 조건

$$p(\underline{x}) \geq 0, \tag{4.1.13}$$

$$\sum_{\underline{x}\in\Omega^k} p(\underline{x}) = 1 \tag{4.1.14}$$

를 만족시키는 실수 함수 p를 (k차원) 결합 확률질량함수라고 부른다.

결합 확률질량함수 p를 바탕으로 사건 $F \in \mathcal{F}^k$에서 집합 함수

$$P(F) = \sum_{\underline{x}\in F} p(\underline{x}) \tag{4.1.15}$$

를 생각하면, 이 집합 함수 P는 확률측도이다. 이 식은 1차원 공간에서 확률질량함수와 확률측도 사이의 관계를 알려주는 (2.5.5)를 여러 차원으로 넓힌 것인 셈이다.

보기 4.1.4 (다항 확률질량함수) 표본공간 $\Omega^k = \mathbb{J}_{n+1}^k = \{0, 1, \cdots, n\}^k$를 생각하고, $j = 1, 2, \cdots, k$일 때 $\alpha_j \in (0,1)$이라고 두자. 그러면

$$p(\underline{x}) = \begin{cases} \binom{n}{x_1, x_2, \cdots, x_k}\alpha_1^{x_1}\alpha_2^{x_2}\cdots\alpha_k^{x_k}, & \sum_{i=1}^{k} x_i = n, \quad x_i \in \mathbb{J}_{n+1}, \\ 0, & \text{그 밖에는} \end{cases} \tag{4.1.16}$$

을 (k차) 다항 확률질량함수[9]라고 부른다. 다항 확률질량함수는 이항 확률질량함수를 여러 차원으로 넓힌 것이라고 할 수 있다. 식 (4.1.16)에서

[8] joint pmf

[9] multinomial pmf. 부록 4.1에서 조금 더 다룬다.

$$\binom{n}{n_1, n_2, \cdots, n_m} = \begin{cases} \frac{n!}{n_1!n_2!\cdots n_m!}, & \sum_{k=1}^{m} n_k = n \text{일 때}, \\ 0, & \text{그 밖에는} \end{cases} \tag{4.1.17}$$

은 (1.4.64)에서 다룬 다항 계수이다. ◇

보기 4.1.5 보기 1.4.24에서 다루었듯이 제대로 만든 주사위를 굴려 나온 눈을 생각하고, **가** $= \{1, 2, 3\}$, **나** $= \{4, 5\}$, **다** $= \{6\}$이라고 두자. 이제, 이 주사위를 10번 던질 때 **가**가 네 번, **나**가 다섯 번, **다**가 한 번 나오는 확률은 $\binom{10}{4,5,1}\left(\frac{1}{2}\right)^4\left(\frac{1}{3}\right)^5\left(\frac{1}{6}\right)^1 = \frac{35}{648} \approx 0.054$이다. ◇

이제, $\underline{X} = (X_1, X_2, \cdots, X_n)$이 n차원 이산 확률벡터일 때, $\underline{X}$의 결합 누적분포함수는 (4.1.1)처럼 쓸 수 있고, 결합 확률질량함수는

$$p_{\underline{X}}(\underline{x}) = \Pr\{\underline{X} = \underline{x}\} \tag{4.1.18}$$

처럼 쓸 수 있다. 또, 결합 누적분포함수 (4.1.1)은 결합 확률질량함수 (4.1.18)을 바탕으로

$$F_{\underline{X}}(\underline{x}) = \sum_{\underline{t} \le \underline{x}} p_{\underline{X}}(\underline{t}) \tag{4.1.19}$$

처럼 나타낼 수도 있다. 여기에서, $\underline{t} \le \underline{x}$는 $t_1 \le x_1, t_2 \le x_2, \cdots, t_n \le x_n$을 뜻한다.

4.1.2 두 변수 확률벡터

확률벡터 가운데에서 2차원 확률벡터는 자주 쓰이므로 조금 더 구체적으로 다루어 보자. 먼저, 2차원 확률벡터 (X, Y)의 결합 누적분포함수를 $F_{X,Y}(x, y) = P\{X \le x, Y \le y\}$라고 두고 결합 확률밀도함수를 $f_{X,Y}$라고 두자. 그러면

$$f_{X,Y}(x, y) = \frac{\partial^2}{\partial x \partial y} F_{X,Y}(x, y) \tag{4.1.20}$$

처럼 결합 누적분포함수 $F_{X,Y}(x, y)$에서 결합 확률밀도함수 $f_{X,Y}(x, y)$를 얻을 수 있고,

$$F_{X,Y}(x, y) = \int_{-\infty}^{y} \int_{-\infty}^{x} f_{X,Y}(u, v) du dv \tag{4.1.21}$$

처럼 결합 확률밀도함수 $f_{X,Y}(x, y)$에서 결합 누적분포함수 $F_{X,Y}(x, y)$를 얻을 수 있다. 또,

$$F_X(x) = \lim_{y \to \infty} F_{X,Y}(x, y) \tag{4.1.22}$$

처럼 (X, Y)의 결합 누적분포함수 $F_{X,Y}(x, y)$에서 X의 누적분포함수 $F_X(x) = P\{X \le x\}$를 얻을 수 있고,

$$f_X(x) = \int_{-\infty}^{\infty} f_{X,Y}(x, y) dy \tag{4.1.23}$$

처럼 (X, Y)의 결합 확률밀도함수 $f_{X,Y}(x, y)$에서 X의 확률밀도함수 $f_X(x) = \frac{\partial}{\partial x} F_X(x)$를 얻을 수 있다. 위 (4.1.22)와 (4.1.23)에서 두 확률변수 X와 Y를 서로 바꾸어 생각하면

$$F_Y(y) = \lim_{x \to \infty} F_{X,Y}(x, y) \tag{4.1.24}$$

처럼 Y의 누적분포함수 $F_Y(y) = P\{Y \le y\}$를 얻을 수 있고, $f_Y(y) = \int_{-\infty}^{\infty} f_{X,Y}(x,y)dx$처럼 Y의 확률밀도함수 $f_Y(y) = \frac{\partial}{\partial y}F_Y(y)$를 얻을 수 있다.

한편, h와 k가 0보다 작지 않은 상수일 때 2차원 누적분포함수 $F_{X,Y}(x,y)$는 아래 성질을 지닌다.

$$F_{X,Y}(x+h,y+k) + F_{X,Y}(x,y) \ge F_{X,Y}(x+h,y) + F_{X,Y}(x,y+k). \quad (4.1.25)$$

$$F_{X,Y}(x+h,y) \ge F_{X,Y}(x,y). \quad (4.1.26)$$

$$F_{X,Y}(x,y+k) \ge F_{X,Y}(x,y). \quad (4.1.27)$$

$$F_{X,Y}(-\infty,y) = 0. \quad (4.1.28)$$

$$F_{X,Y}(x,-\infty) = 0. \quad (4.1.29)$$

$$F_{X,Y}(\infty,\infty) = 1. \quad (4.1.30)$$

여기에서, 성질 (4.1.25)–(4.1.27)은, $b \ge a$이고 $d \ge c$일 때

$$\begin{aligned} P\{a < X \le b, c < Y \le d\} &= F_{X,Y}(b,d) - F_{X,Y}(a,d) - F_{X,Y}(b,c) + F_{X,Y}(a,c) \\ &\ge 0 \end{aligned} \quad (4.1.31)$$

임을 바탕으로 얻을 수 있으며, 결합 누적분포함수가 줄지 않는 함수라는 것을 뜻한다. 또, (4.1.28)과 (4.1.29)는 (2.2.16)에서 말한 $P(\emptyset) = 0$을 뜻하는 것이고, (4.1.30)은 (2.2.13)에서 다룬 $P(\Omega) = 1$을 뜻하는 것이다.

보기 4.1.6 함수

$$F(x,y) = \begin{cases} 1, & x \ge 0,\ y \ge 0,\ x+y \ge 1 \text{일 때}, \\ 0, & \text{그 밖에는} \end{cases} \quad (4.1.32)$$

를 생각하자. 이 함수는 줄지 않고, 오른쪽에서 연속이다. 그리고, x와 y가 $\pm\infty$일 때 그 값이 누적분포함수의 성질을 만족시킨다. 그러나, 위 첫째 성질 (4.1.25)를 – 곧, (4.1.31)을 – 만족시키지 아니하므로[10] 어떤 확률변수의 누적분포함수가 아니다. ◇

결합 누적분포함수가 줄지 않는 함수이므로, 2차원 공간을 생각할 때, 그 도함수인 결합 확률밀도함수 $f(x,y)$는 (4.1.6)에서도 말하였듯이 $f(x,y) \ge 0$을 만족시킨다. 또, (4.1.30)에서 본 $F(\infty,\infty) = 1$과 (4.1.21)을 새기면, 또는 (4.1.7)에서 말하였듯이, $\int_{-\infty}^{\infty}\int_{-\infty}^{\infty} f(x,y)dxdy = 1$이다.

한편, 2차원 이산 확률벡터 (X,Y)에서도 위와 비슷한 결과를 얻을 수 있다. 먼저, 결합 확률질량함수 $p_{X,Y}(x,y) = \Pr\{X = x, Y = y\}$는 사건 $\{X = x\}$와 사건 $\{Y = y\}$가 함께 일어날 확률을 뜻하고

$$\sum_{x=-\infty}^{\infty}\sum_{y=-\infty}^{\infty} p_{X,Y}(x,y) = 1 \quad (4.1.33)$$

[10] 보기를 들면, $a = c = \frac{1}{3}$, $b = d = 1$일 때 $F(b,d) - F(a,d) - F(b,c) + F(a,c) = F(1,1) - F\left(\frac{1}{3},1\right) - F\left(1,\frac{1}{3}\right) + F\left(\frac{1}{3},\frac{1}{3}\right) = 1 - 1 - 1 + 0 = -1$이다.

을 만족시킨다. 또한, 결합 누적분포함수를 결합 확률질량함수로 나타내면

$$F_{X,Y}(x,y) = \sum_{u \le x,\, v \le y} p_{X,Y}(u,v) \tag{4.1.34}$$

이고, 거꾸로, 결합 확률질량함수를 결합 누적분포함수를 써서 나타내면, 2차원 공간의 어느 정수 격자점 (x,y)에서도 $p_{X,Y}(x,y) > 0$일 때

$$p_{X,Y}(x,y) = F_{X,Y}(x,y) - F_{X,Y}(x-1,y) - F_{X,Y}(x,y-1) + F_{X,Y}(x-1,y-1) \tag{4.1.35}$$

이다. 한편, X의 확률질량함수 $p_X(x) = \Pr\{X = x\}$는

$$p_X(x) = \sum_{y=-\infty}^{\infty} p_{X,Y}(x,y) \tag{4.1.36}$$

처럼, Y의 확률질량함수는 $p_Y(y) = \Pr\{Y = y\} = \sum_{x=-\infty}^{\infty} p_{X,Y}(x,y)$처럼 얻을 수 있다.

보기 4.1.7 확률벡터 (X,Y)의 결합 확률질량함수가

$$p_{X,Y}(u,v) = \begin{cases} \frac{1}{3}, & (u,v) = (1,1), (2,4), (3,9)\text{일 때}, \\ 0, & \text{그 밖에는} \end{cases} \tag{4.1.37}$$

일 때, 확률변수 X의 확률질량함수를 얻어보자. 식 (4.1.36)을 써서 확률변수 X의 확률질량함수 $p_X(x) = \sum_v p_{X,Y}(x,v) = p_{X,Y}(x,1) + p_{X,Y}(x,4) + p_{X,Y}(x,9)$를 얻으면

$$\begin{aligned} p_X(x) &= \begin{cases} p_{X,Y}(1,1), & x = 1\text{일 때}, \\ p_{X,Y}(2,4), & x = 2\text{일 때}, \\ p_{X,Y}(3,9), & x = 3\text{일 때}, \\ 0, & \text{그 밖에는} \end{cases} \\ &= \begin{cases} \frac{1}{3}, & x = 1, 2,\ \text{또는 } 3\text{일 때}, \\ 0, & \text{그 밖에는} \end{cases} \end{aligned} \tag{4.1.38}$$

이다. ◇

한편, 확률벡터가 영역 $\mathcal{D}$ 안에 들어갈 확률은

$$\int\!\!\int_{\mathcal{D}} dF_{X,Y}(x,y) = \begin{cases} \int\!\int_{\mathcal{D}} f_{X,Y}(x,y)\,dx\,dy, & \text{연속 확률벡터}, \\ \sum\sum_{(x,y)\in\mathcal{D}} p_{X,Y}(x,y), & \text{이산 확률벡터} \end{cases} \tag{4.1.39}$$

처럼 얻을 수 있다.

보기 4.1.8 확률벡터 (X,Y)의 결합 확률밀도함수가 $f_{X,Y}(x,y) = \frac{1}{2\pi\sigma^2}\exp\left(-\frac{x^2+y^2}{2\sigma^2}\right)$일 때 중심이 원점이고 반지름이 a인 동그라미 위 또는 안에 이 두 확률변수가 들어갈 확률 $\Pr\{X^2 + Y^2 \le a^2\}$을 얻어보시오.

풀이 식 (4.1.39)를 쓰면

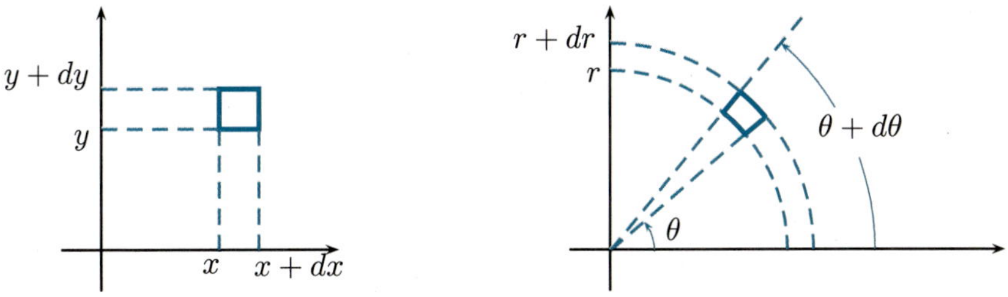

그림 4.1.1 직각 좌표계에서의 넓이 미분 $dx\,dy$를 극 좌표계로 변환한 다음의 넓이 미분 $dr\,rd\theta$

$$\Pr\left\{X^2 + Y^2 \le a^2\right\} = \iint\limits_{x^2+y^2 \le a^2} \frac{1}{2\pi\sigma^2} \exp\left(-\frac{x^2+y^2}{2\sigma^2}\right) dxdy \tag{4.1.40}$$

이다. 이제, 그림 4.1.1에 보인 것처럼 직각 좌표계 (x, y)를 극 좌표계 (r, θ)로 바꾸어 위 적분을 계산하면 $P\left\{X^2 + Y^2 \le a^2\right\} = \frac{1}{2\pi\sigma^2} \int_0^a \int_0^{2\pi} \exp\left(-\frac{r^2}{2\sigma^2}\right) rd\theta dr = -\exp\left(-\frac{r^2}{2\sigma^2}\right)\Big|_{r=0}^{a}$, 곧

$$P\left\{X^2 + Y^2 \le a^2\right\} = 1 - \exp\left(-\frac{a^2}{2\sigma^2}\right) \tag{4.1.41}$$

이다. ◇

보기 4.1.9 (점 질량[11]) 이산 확률벡터의 확률을 점 질량이라고도 부른다. 제대로 만든 주사위를 굴려 나온 수를 X, 그 두 배를 Y라고 하자. 그러면 (X, Y)의 결합 확률질량함수 $p_{ij} = p_{X,Y}(i, j) = P\{X = i, Y = j\}$는

$$p_{ij} = \begin{cases} \frac{1}{6}, & i = 1, 2, \cdots, 6,\ j = 2i, \\ 0, & \text{그 밖에는} \end{cases} \tag{4.1.42}$$

이다. 한편, 제대로 만든 주사위를 두 번 – 또는 제대로 만든 주사위 둘을 한 번 – 굴렸을 때 $U = |$첫째 수 $-$ 둘째 수$|$, $V =$ 첫째 수 $+$ 둘째 수처럼 두자. 그러면

$$\Pr\{U = 0, V = i\} = \frac{1}{36}, \quad i = 2, 4, \cdots, 12, \tag{4.1.43}$$

$$\Pr\{U = 1, V = i\} = \frac{2}{36}, \quad i = 3, 5, \cdots, 11, \tag{4.1.44}$$

$$\Pr\{U = 2, V = i\} = \frac{2}{36}, \quad i = 4, 6, 8, 10, \tag{4.1.45}$$

$$\Pr\{U = 3, V = i\} = \frac{2}{36}, \quad i = 5, 7, 9, \tag{4.1.46}$$

$$\Pr\{U = 4, V = i\} = \frac{2}{36}, \quad i = 6, 8, \tag{4.1.47}$$

$$\Pr\{U = 5, V = 7\} = \frac{2}{36} \tag{4.1.48}$$

임을 알 수 있다. ◇

[11] point mass

보기 4.1.10 (줄 질량[12]) 두 확률변수 X와 Y 가운데에서 하나는 이산 확률변수이고, 다른 하나는 연속 확률변수일 때 그 확률을 줄 질량이라고 부른다. 보기를 들면, X는 주사위를 던져 나온 수이고, Y는 구간 $(0,1)$에서 아무렇게나 고른 실수일 때 $\Pr\{X = x,\, y_1 \le Y \le y_2\}$는 줄 질량이다. ◇

보기 4.1.11 제대로 만든 주사위를 짝수가 열 번 나올 때까지 거듭 굴린다. 끝날 때까지 굴린 횟수를 N이라고 두고 i가 나온 횟수를 X_i라고 할 때 (가) X_2의 확률질량함수와 (나) X_1의 확률질량함수를 얻어보시오.

풀이

(가) 확률변수 X_2의 확률질량함수를 두 가지 방법으로 얻어보자.

(방법 1) 먼저, X_2의 확률질량함수 $p_2(k) = P\{X_2 = k\} = \sum_{j=10}^{\infty} P\{X_2 = k, N = j\}$는 $k = 0, 1, \cdots, 10$일 때

$$
\begin{aligned}
p_2(k) &= \sum_{j=10}^{\infty} [P\{j\text{째 굴릴 때 2; 나머지 } j-1\text{번 가운데에서 2는 } k-1\text{번,} \\
&\qquad 4\text{나 6은 } 10-k\text{번, 1, 3, 또는 5는 } j-10\text{번}\} + P\{j\text{째 굴릴 때 4나 6; 나머지} \\
&\qquad j-1\text{번 가운데 2는 } k\text{번, 4나 6은 } 9-k\text{번, 1, 3, 또는 5는 } j-10\text{번}\}] \\
&= \sum_{j=10}^{\infty} \left\{ \frac{1}{6} \frac{(j-1)!}{(k-1)!(10-k)!(j-10)!} \left(\frac{1}{6}\right)^{k-1} \left(\frac{1}{3}\right)^{10-k} \left(\frac{1}{2}\right)^{j-10} \right. \\
&\qquad \left. + \frac{1}{3} \frac{(j-1)!}{k!(9-k)!(j-10)!} \left(\frac{1}{6}\right)^{k} \left(\frac{1}{3}\right)^{9-k} \left(\frac{1}{2}\right)^{j-10} \right\} \\
&= \left\{ \frac{1}{(k-1)!(10-k)!} + \frac{1}{k!(9-k)!} \right\} \left(\frac{1}{6}\right)^{k} \left(\frac{1}{3}\right)^{10-k} \sum_{j=10}^{\infty} \frac{(j-1)!}{(j-10)!} \left(\frac{1}{2}\right)^{j-10} \qquad (4.1.49)
\end{aligned}
$$

이다[13]. 여기에서, (2.5.16)에 보인 $\sum_{x=0}^{\infty} {}_{r+x-1}\mathrm{C}_x\,(1-\alpha)^x = \alpha^{-r}$을 새기면 $\sum_{j=10}^{\infty} \frac{(j-1)!}{(j-10)!} \left(\frac{1}{2}\right)^{j-10} = \sum_{q=0}^{\infty} \frac{(q+9)!}{q!9!} \left(\frac{1}{2}\right)^{q} 9! = \left(\frac{1}{2}\right)^{-10} 9! = 2^{10} 9! \left\{\frac{k+10-k}{k!(10-k)!}\right\} \left(\frac{1}{6}\right)^{k} \left(\frac{1}{3}\right)^{10-k}$이므로

$$
p_2(k) = {}_{10}\mathrm{C}_k \left(\frac{1}{3}\right)^{k} \left(\frac{2}{3}\right)^{10-k} \qquad (4.1.50)
$$

이다. 곧, 확률변수 X_2의 분포는 이항 분포 $b\left(10, \frac{1}{3}\right)$이다.

(방법 2) 짝수가 나온 10번 가운데에서 2는 0, 1, $\cdots$, 10번 나올 수 있고, 짝수 $\{2, 4, 6\}$ 가운데에서 2가 나올 확률은 $\frac{1}{3}$이다. 그러므로, 2가 k번 나올 확률은, $k = 0, 1, \cdots, 10$일 때

$$
p_2(k) = {}_{10}\mathrm{C}_k \left(\frac{1}{3}\right)^{k} \left(\frac{2}{3}\right)^{10-k} \qquad (4.1.51)
$$

[12] line mass

[13] 여기에서, $k = 0$일 때 '2는 $k-1$번'과 $k = 10$일 때 '4나 6은 $9-k$번'은 빈 사건이므로 그 확률은 0이고, 이것은 $(-1)! \to \pm\infty$를 바탕으로 확인할 수 있다.

이다.

(나) 위와 비슷하게 (2.5.16)에 보인 $\sum_{x=0}^{\infty} {}_{r+x-1}\mathrm{C}_x \ (1-\alpha)^x = \alpha^{-r}$을 새겨서 확률변수 X_1의 확률질량함수 $p_1(k) = P\{X_1 = k\} = \sum_{j=10+k}^{\infty} P\{X_1 = k, N = j\}$를 얻으면, $k = 0, 1, \cdots$ 일 때

$$\begin{aligned} p_1(k) &= \sum_{j=10+k}^{\infty} P\{\text{끝에는 짝수; 나머지 } j-1\text{번 가운데에서 1이 } k\text{번;} \\ &\qquad \text{짝수가 9번; 3이나 5는 } j-k-10\text{번}\} \\ &= \sum_{j=10+k}^{\infty} \frac{1}{2} \frac{(j-1)!}{(j-k-10)!k!9!} \left(\frac{1}{6}\right)^k \left(\frac{1}{2}\right)^9 \left(\frac{1}{3}\right)^{j-k-10} \end{aligned} \tag{4.1.52}$$

이다. 이제, $\sum_{j=10+k}^{\infty} \frac{1}{2} \frac{(j-1)!}{(j-k-10)!k!9!} \left(\frac{1}{6}\right)^k \left(\frac{1}{2}\right)^9 \left(\frac{1}{3}\right)^{j-k-10} = \sum_{i=0}^{\infty} \frac{(i+k+9)!}{i!k!9!} \left(\frac{1}{6}\right)^k \left(\frac{1}{2}\right)^{10} \left(\frac{1}{3}\right)^i = \sum_{i=0}^{\infty} \frac{(i+k+9)!}{i!(k+9)!} \left(\frac{1}{3}\right)^i \frac{(k+9)!}{k!9!} \left(\frac{1}{6}\right)^k \left(\frac{1}{2}\right)^{10} = \left(\frac{2}{3}\right)^{-k-10} \frac{(k+9)!}{k!9!} \left(\frac{1}{6}\right)^k \left(\frac{1}{2}\right)^{10} = \frac{(k+9)!}{k!9!} \left(\frac{1}{4}\right)^k \left(\frac{3}{4}\right)^{10}$이므로

$$p_1(k) = {}_{k+9}\mathrm{C}_9 \left(\frac{1}{4}\right)^k \left(\frac{3}{4}\right)^{10} \tag{4.1.53}$$

이다. 그러므로, 확률변수 X_1의 분포는 확률질량함수가 (2.5.15)인 음이항 분포 $NB\left(10, \frac{3}{4}\right)$이다. ◇

4.1.3 독립 확률벡터

뜻매김 4.1.5 독립 확률벡터[14]

확률벡터의 결합 확률 함수를 한계 확률 함수의 곱으로 나타낼 수 있을 때, 그 확률벡터를 독립 확률벡터라고 부른다.

곧, 실수 벡터 $\underline{x}$를 어떻게 두더라도 확률벡터 $\underline{X}$의 결합 누적분포함수 $F_{\underline{X}}$, 확률밀도함수 $f_{\underline{X}}$, 또는 확률질량함수 $p_{\underline{X}}$가

$$F_{\underline{X}}(\underline{x}) = \prod_{i=1}^{n} F_{X_i}(x_i) \tag{4.1.54}$$

또는

$$f_{\underline{X}}(\underline{x}) = \prod_{i=1}^{n} f_{X_i}(x_i), \quad (\text{연속 확률벡터}), \tag{4.1.55}$$

$$p_{\underline{X}}(\underline{x}) = \prod_{i=1}^{n} p_{X_i}(x_i), \quad (\text{이산 확률벡터}) \tag{4.1.56}$$

을 만족시키면, 확률벡터 $\underline{X}$를 독립 확률벡터라고 부른다. 독립 확률벡터를 이루는 확률변수들은 모두 서로 독립이다.

[14] independent random vector

보기 4.1.12 보기 4.1.7에서 다루었듯이 확률벡터 (X,Y)의 결합 확률질량함수가

$$p_{X,Y}(u,v) \;=\; \begin{cases} \frac{1}{3}, & (u,v)=(1,1),(2,4),(3,9)\text{일 때}, \\ 0, & \text{그 밖에는} \end{cases} \tag{4.1.57}$$

일 때 확률벡터 (X,Y)가 독립 확률벡터인지 살펴 보자. 먼저, (4.1.36)을 쓰면 Y의 확률질량함수 $p_Y(w)=\sum\limits_u p_{X,Y}(u,w)=p_{X,Y}(1,w)+p_{X,Y}(2,w)+p_{X,Y}(3,w)$는

$$\begin{aligned} p_Y(w) \;&=\; \begin{cases} p_{X,Y}(1,1), & w=1\text{일 때}, \\ p_{X,Y}(2,4), & w=4\text{일 때}, \\ p_{X,Y}(3,9), & w=9\text{일 때}, \\ 0, & \text{그 밖에는} \end{cases} \\ &=\; \begin{cases} \frac{1}{3}, & w=1,4,\text{ 또는 }9\text{일 때}, \\ 0, & \text{그 밖에는} \end{cases} \end{aligned} \tag{4.1.58}$$

이다. 이제, (4.1.38), (4.1.57), (4.1.58)에서 $p_{X,Y}(u,w)\neq p_X(u)p_Y(w)$이다. 곧, 결합 확률질량함수가 (4.1.57)과 같은 확률벡터 (X,Y)는 독립 확률벡터가 아니다. ◇

보기 4.1.13 (버펀의 바늘[15]) 사이가 $2b$인 평행선들을 끝없이 많이 그어 둔 곳에, 굵기는 0으로 볼 수 있고 길이는 $2a$인 바늘을 떨어뜨릴 때, 이 바늘이 평행선과 닿을 확률을 $a\leq b$일 때 얻어보시오.

풀이 먼저, 그림 4.1.2에 보였듯이, 바늘 중심에서 가장 가까운 평행선까지의 거리를 X, 바늘과 평행선이 이루는 각 가운데에서 작은 것을 Θ라고 두자. 그러면 $X\sim U[0,b)$이고, $\Theta\sim U\left[0,\frac{\pi}{2}\right)$이며, X와 Θ가 서로 독립이라고 볼 수 있다. 곧, (X,Θ)의 결합 확률밀도함수 $f_{X,\Theta}(x,\theta)=f_X(x)f_\Theta(\theta)$는

$$f_{X,\Theta}(x,\theta) \;=\; \begin{cases} \frac{2}{\pi b}, & 0\leq x<b,\ 0\leq\theta<\frac{\pi}{2}, \\ 0, & \text{그 밖에는} \end{cases} \tag{4.1.59}$$

이다. 이제, $a\leq b$일 때에는 $\{(x,\theta): x\leq a\sin\theta\}=\left\{(x,\theta): 0\leq\theta<\frac{\pi}{2},\ 0\leq x\leq a\sin\theta\right\}$라는 것을 새기면 $P\{\text{바늘이 평행선과 닿음}\}=P\{(X,\Theta): X<a\sin\Theta\}=\frac{2}{\pi b}\int_0^{\frac{\pi}{2}}a\sin\theta d\theta$를

$$P\{\text{바늘이 평행선과 닿음}\} \;=\; \frac{2a}{\pi b} \tag{4.1.60}$$

처럼[16] 얻을 수 있다. 곧, 바늘이 평행선에 닿을 확률은 바늘의 길이에 비례하고 줄 사이의 거리에 반비례한다는 것이고, 이 결과는 직관적으로도 그럴만한 것이다. 한편, $a\to 0$ 또는 $b\to\infty$일 때에는, 마땅히, 바늘이 평행선에 닿을 확률이 0이다. 이 보기에서 $a\leq b$를 $a\geq b$로 바꾸었을 때, 바늘이 평행선과 닿을 확률이 얼마인지는 다음 보기에서 살펴 본다. ◇

---

[15] Buffon's needle

[16] 한편, $\{(x,\theta): x<a\sin\theta\}=\left\{(x,\theta): 0\leq x\leq a,\ \ \sin^{-1}\frac{x}{a}\leq\theta<\frac{\pi}{2}\right\}$라고 생각하면 식 (4.1.60)을 $P\{\text{바늘이 평행선과 닿음}\}=\frac{2}{\pi b}\int_0^a\int_{\sin^{-1}\frac{x}{a}}^{\frac{\pi}{2}}d\theta dx=\frac{2}{\pi b}\int_0^a\left(\frac{\pi}{2}-\sin^{-1}\frac{x}{a}\right)dx=\frac{a}{b}-\frac{2}{\pi b}\int_0^a\sin^{-1}\frac{x}{a}dx=\frac{a}{b}-\frac{2a}{\pi b}\int_0^{\frac{\pi}{2}}t\cos t\,dt=\frac{a}{b}-\frac{2a}{\pi b}(t\sin t+\cos t)\Big|_{t=0}^{\frac{\pi}{2}}=\frac{2a}{\pi b}$처럼 얻을 수도 있다.

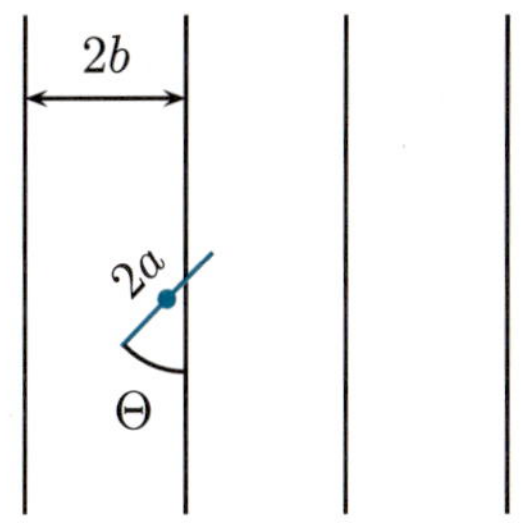

그림 4.1.2 버펀의 바늘: $a \le b$일 때

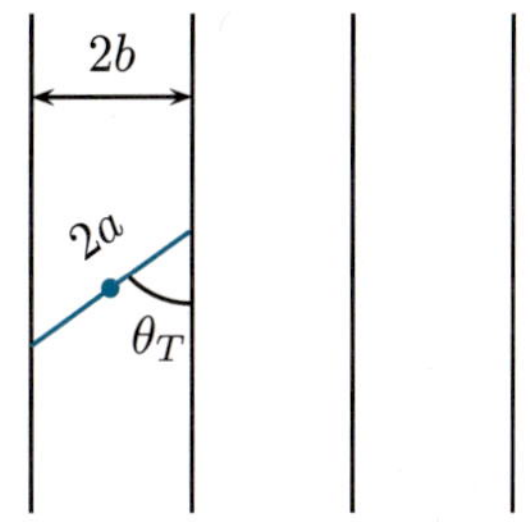

그림 4.1.3 버펀의 바늘: $a \ge b$일 때. 이 그림에서 $\theta_T = \sin^{-1}\frac{b}{a}$

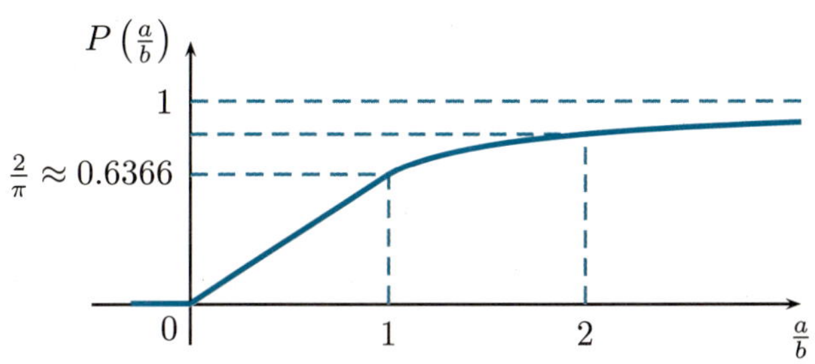

그림 4.1.4 버펀의 바늘: 바늘이 평행선과 닿을 확률 $P\left(\frac{a}{b}\right)$. $P(2) = \frac{2}{3\pi}\left(6 + \pi - 3\sqrt{3}\right) \approx 0.8372$

보기 4.1.14 버펀의 바늘이 평행선과 닿을 확률을 $a \ge b$일 때 얻어보시오.

풀이 먼저, $a \ge b$일 때 적분 구간을 $\left\{(x,\theta) : \sin^{-1}\frac{b}{a} \le \theta < \frac{\pi}{2}, 0 \le x \le b\right\} \cup \left\{(x,\theta) : 0 \le \theta \le \sin^{-1}\frac{b}{a}, 0 \le x \le a\sin\theta\right\}$처럼 두면

$$\begin{aligned} P\{\text{바늘이 평행선과 닿음}\} &= \frac{2}{\pi b}\left(\int_{\sin^{-1}\frac{b}{a}}^{\frac{\pi}{2}}\int_0^b dx\ d\theta + \int_0^{\sin^{-1}\frac{b}{a}}\int_0^{a\sin\theta} dx\ d\theta\right) \\ &= \frac{2}{\pi b}\left\{b\left(\frac{\pi}{2} - \sin^{-1}\frac{b}{a}\right) + a\int_0^{\sin^{-1}\frac{b}{a}} \sin\theta\ d\theta\right\} \\ &= 1 + \frac{2}{\pi}\left(\frac{a}{b} - \frac{\sqrt{a^2-b^2}}{b} - \sin^{-1}\frac{b}{a}\right) \end{aligned} \tag{4.1.61}$$

과 같이 바라는 확률을 얻을 수 있고, 적분 구간을 $\left\{(x,\theta) : 0 \le x \le b,\ \sin^{-1}\frac{x}{a} \le \theta < \frac{\pi}{2}\right\}$라고 생각하면 $P\{\text{바늘이 평행선과 닿음}\} = \frac{2}{\pi b}\int_0^b \int_{\sin^{-1}\frac{x}{a}}^{\frac{\pi}{2}} d\theta dx$, 곧

$$P\{\text{바늘이 평행선과 닿음}\} = 1 + \frac{2}{\pi}\left(\frac{a}{b} - \frac{\sqrt{a^2-b^2}}{b} - \sin^{-1}\frac{b}{a}\right) \tag{4.1.62}$$

처럼[17] 바라는 확률을 얻을 수 있다. ◇

위 (4.1.60)과 (4.1.61)에서 $a \to b$이면 $P\{\text{바늘이 평행선과 닿음}\} \to \frac{2}{\pi}$이고, (4.1.61)에서 b가 유한하고 $a \to \infty$이면 $P\{\text{바늘이 평행선과 닿음}\} \to 1$임을 쉽게 알 수 있다.

[17] 조금 더 자세히 보이면 $P\{\text{바늘이 평행선과 닿음}\} = \frac{2}{\pi b}\int_0^b \int_{\sin^{-1}\frac{x}{a}}^{\frac{\pi}{2}} d\theta dx = \frac{2}{\pi b}\int_0^b \left(\frac{\pi}{2} - \sin^{-1}\frac{x}{a}\right) dx = 1 - \frac{2a}{\pi b}\int_0^{\sin^{-1}\frac{b}{a}} t\cos t dt = 1 - \frac{2a}{\pi b}\left(t\sin t + \cos t\right)\Big|_{t=0}^{\sin^{-1}\frac{b}{a}} = 1 - \frac{2}{\pi}\sin^{-1}\frac{b}{a} + \frac{2a}{\pi b} - \frac{2\sqrt{a^2-b^2}}{\pi b}$ 이다.

뜻매김 4.1.6 독립이고 분포가 같은[18] 확률벡터

한계 분포가 모두 같은 독립 확률벡터를 독립이고 분포가 같은 확률벡터라고 부른다.

곧, 실수 벡터 $\underline{x}$를 어떻게 두더라도 확률벡터 $\underline{X} = (X_1, X_2, \cdots, X_n)$의 누적분포함수를

$$F_{\underline{X}}(\underline{x}) = \prod_{i=1}^{n} F_X(x_i) \tag{4.1.63}$$

처럼, 확률벡터 $\underline{X}$가 연속 확률벡터일 때 확률밀도함수를

$$f_{\underline{X}}(\underline{x}) = \prod_{i=1}^{n} f_X(x_i) \tag{4.1.64}$$

처럼, 또는 확률벡터 $\underline{X}$가 이산 확률벡터일 때 확률질량함수를

$$p_{\underline{X}}(\underline{x}) = \prod_{i=1}^{n} p_X(x_i) \tag{4.1.65}$$

처럼 쓸 수 있으면 확률벡터 $\underline{X}$를 독립이고 분포가 같은 확률벡터라고 부른다.

보기 4.1.15 제대로 만든 주사위 둘을 던져 나온 눈을 확률벡터 $\underline{X} = (X_1, X_2)$라고 두면, 이 확률벡터 $\underline{X}$는 독립이고 분포가 같은 확률벡터이다. 이때, $p_{\underline{X}}(\underline{x}) = p_X(x_1)p_X(x_2)$이고 x_i가 어떤 값이더라도 $p_{X_1}(x_i) = p_{X_2}(x_i) = p_X(x_i)$이며, $x_i = 1, 2, \cdots, 6$이면 $p_X(x_i) = \frac{1}{6}$이고, $x_i \neq 1, 2, \cdots, 6$이면 $p_X(x_i) = 0$이다. ◇

뜻매김 4.1.7 서로 독립인 두 확률벡터

확률벡터 $\underline{X} = (X_1, X_2, \cdots, X_n)$과 $\underline{Y} = (Y_1, Y_2, \cdots, Y_m)$을 생각하자. 이때, 자연수 $k \leq n$, $l \leq m$, $t_1, t_2, \cdots, t_k$, $s_1, s_2, \cdots, s_l$을 어떻게 고르더라도 $\underline{X}^d = (X_{t_1}, X_{t_2}, \cdots, X_{t_k})$와 $\underline{Y}^d = (Y_{s_1}, Y_{s_2}, \cdots, Y_{s_l})$의 결합 누적분포함수 $F_{\underline{X}^d, \underline{Y}^d}$가

$$F_{\underline{X}^d, \underline{Y}^d}\left(\underline{x}^d, \underline{y}^d\right) = F_{\underline{X}^d}\left(\underline{x}^d\right) F_{\underline{Y}^d}\left(\underline{y}^d\right) \tag{4.1.66}$$

을 만족시키면 $\underline{X}$와 $\underline{Y}$를 서로 독립이라고 부른다. 여기에서, $\underline{x}^d = (x_{t_1}, x_{t_2}, \cdots, x_{t_k})$이고 $\underline{y}^d = (y_{s_1}, y_{s_2}, \cdots, y_{s_l})$이다.

따라서, 확률벡터 $\underline{X} = (X_1, X_2, \cdots, X_n)$과 $\underline{Y} = (Y_1, Y_2, \cdots, Y_m)$이 서로 독립이면

$$f_{\underline{X}^d, \underline{Y}^d}\left(\underline{x}^d, \underline{y}^d\right) = f_{\underline{X}^d}\left(\underline{x}^d\right) f_{\underline{Y}^d}\left(\underline{y}^d\right) \quad \text{(연속 확률벡터)}, \tag{4.1.67}$$

$$p_{\underline{X}^d, \underline{Y}^d}\left(\underline{x}^d, \underline{y}^d\right) = p_{\underline{X}^d}\left(\underline{x}^d\right) p_{\underline{Y}^d}\left(\underline{y}^d\right) \quad \text{(이산 확률벡터)} \tag{4.1.68}$$

이다. 위를 확장하면 서로 독립인 여러 확률벡터를 생각할 수 있다.

쉽게 알 수 있듯이, $\underline{X}$와 $\underline{Y}$가 서로 독립인지 아닌지는 $\underline{X}$나 $\underline{Y}$가 각각 독립 확률벡터인지 아닌지와 아무 관련이 없다. 곧, $\underline{X}$와 $\underline{Y}$가 서로 독립이더라도 $\underline{X}$나 $\underline{Y}$가 독립 확률벡터가 아닐 수도 있고, $\underline{X}$와 $\underline{Y}$가 둘 다 독립 확률벡터이더라도 $\underline{X}$와 $\underline{Y}$가 서로 독립이 아닐 수도 있다.

[18] independent and identically distributed (i.i.d.)

한편, 두 확률벡터를 다룰 때에는 아래를 새겨서 두면 쓸모 있다.

정리 4.1.3 두 확률벡터 $\underline{X}_1 = (X_1, X_2, \cdots, X_m)$과 $\underline{X}_2 = (X_{m+1}, X_{m+2}, \cdots, X_{m+n})$이 서로 독립이고, 두 벡터 $\underline{g}(\underline{\cdot}) = (g_1(\cdot), g_2(\cdot), \cdots, g_m(\cdot))$과 $\underline{h}(\underline{\cdot}) = (h_1(\cdot), h_2(\cdot), \cdots, h_n(\cdot))$의 원소가 모두 연속 함수이면, 두 확률벡터 $\underline{Y}_1 = \underline{g}(\underline{X}_1)$과 $\underline{Y}_2 = \underline{h}(\underline{X}_2)$는 서로 독립이다. ■■

증명 보기 쉽도록 확률벡터가 1차원일 때를 생각하면 확률변수 Y_1과 Y_2의 결합 누적분포함수가 Y_1의 누적분포함수와 Y_2의 누적분포함수의 곱이라는 것을 보이자. 집합 $\{Y_1 \le y_1\}$과 $\{Y_2 \le y_2\}$의 본디 그림자를 각각 A_{y_1}과 B_{y_2}라고 두자. 그러면 $P\{Y_1 \le y_1, Y_2 \le y_2\} = P\{X_1 \in A_{y_1}, X_2 \in B_{y_2}\}$이므로 결합 누적분포함수 $F_{Y_1,Y_2}(y_1, y_2) = P\{X_1 \in A_{y_1}, X_2 \in B_{y_2}\}$는

$$\begin{aligned} F_{Y_1,Y_2}(y_1, y_2) &= P\{X_1 \in A_{y_1}\} P\{X_2 \in B_{y_2}\} \\ &= F_{Y_1}(y_1) F_{Y_2}(y_2) \end{aligned} \tag{4.1.69}$$

이다. □

보기 4.1.16 (일대일 대응과 독립) 쉽게 보일 수 있듯이, $g(X)$와 $h(Y)$가 독립이고 g와 h가 둘 다 일대일 대응이면 X와 Y도 독립이다. 그렇지만, 일반적으로 정리 4.1.3의 역은 성립하지 않는다. 곧, g나 h가 연속이지만 일대일 대응이 아니면, $g(X)$와 $h(Y)$가 독립이더라도 X와 Y는 독립이 아닐 때가 있다. 이산 확률변수의 보기를 들어 보자. 이제, (X, Y)의 결합 확률질량함수가

$$\begin{aligned} p_{X,Y}(-1,-1) &= \frac{3}{32}, \quad p_{X,Y}(0,-1) = \frac{5}{32}, \quad p_{X,Y}(1,-1) = \frac{3}{32}, \\ p_{X,Y}(-1,0) &= \frac{5}{32}, \quad p_{X,Y}(0,0) = \frac{8}{32}, \quad p_{X,Y}(1,0) = \frac{3}{32}, \\ p_{X,Y}(-1,1) &= \frac{1}{32}, \quad p_{X,Y}(0,1) = \frac{3}{32}, \quad p_{X,Y}(1,1) = \frac{1}{32} \end{aligned} \tag{4.1.70}$$

일 때를 생각하자. 그러면 $p_X(-1) = p_{X,Y}(-1,-1) + p_{X,Y}(-1,0) + p_{X,Y}(-1,1) = \frac{9}{32}$이고, 이 식과 비슷하게 계산하면 $p_X(0) = \frac{16}{32}$이고 $p_X(1) = \frac{7}{32}$이다. 또, $p_Y(-1) = p_{X,Y}(-1,-1) + p_{X,Y}(0,-1) + p_{X,Y}(1,-1) = \frac{11}{32}$이고, $p_Y(0) = \frac{16}{32}$이며, $p_Y(1) = \frac{5}{32}$이다. 곧, $p_{X,Y}(-1,-1) = \frac{3}{32} \neq \frac{99}{32^2} = p_X(-1)p_Y(-1)$이므로 X와 Y는 서로 독립이 아니다.

한편, $g(X) = X^2$과 $h(Y) = Y^2$을 생각해 보자. 그러면 $p_{X^2,Y^2}(0,0) = p_{X,Y}(0,0) = \frac{1}{4}$이고, $p_{X^2,Y^2}(0,1) = p_{X,Y}(0,-1) + p_{X,Y}(0,1) = \frac{1}{4}$이며, $p_{X^2,Y^2}(1,0) = p_{X,Y}(-1,0) + p_{X,Y}(1,0) = \frac{1}{4}$이고, $p_{X^2,Y^2}(1,1) = p_{X,Y}(-1,-1) + p_{X,Y}(-1,1) + p_{X,Y}(1,-1) + p_{X,Y}(1,1) = \frac{1}{4}$이다. 곧, $p_{X^2}(0) = p_{X^2,Y^2}(0,0) + p_{X^2,Y^2}(0,1) = \frac{1}{2}$이고, 이 식과 비슷하게 $p_{X^2}(1) = \frac{1}{2}$, $p_{Y^2}(0) = \frac{1}{2}$, $p_{Y^2}(1) = \frac{1}{2}$이다. 따라서, $i, j = 0, 1$일 때

$$p_{X^2,Y^2}(i,j) = p_{X^2}(i)p_{Y^2}(j) \tag{4.1.71}$$

이다. 바꾸어 말하면, X^2과 Y^2은 독립이지만 X와 Y는 독립이 아니다. ◇

4.2 확률벡터의 함수의 분포

4.2.1 결합 확률밀도함수

먼저, $\underline{Y} = \underline{g}(\underline{X})$라는 변환이 확률벡터 $\underline{X}$의 $|d\underline{x}|$라는 영역을 확률벡터 $\underline{Y}$의 $|d\underline{y}|$라는 영역과 이어준다면, 보존 법칙으로 말미암아 확률벡터 $\underline{X}$가 $|d\underline{x}|$에 들어 있을 확률 $f_{\underline{X}}(\underline{x})|d\underline{x}|$는 확률벡터 $\underline{Y}$가 $|d\underline{y}|$에 들어 있을 확률 $f_{\underline{Y}}(\underline{y})|d\underline{y}|$와 같다. 곧,

$$f_{\underline{Y}}(\underline{y})\,|d\underline{y}| \;=\; f_{\underline{X}}(\underline{x})\,|d\underline{x}| \tag{4.2.1}$$

이다.

4.2.1.1 일반식

이제, (4.2.1)을 바탕으로 확률벡터 $\underline{X} = (X_1, X_2, \cdots, X_n)$의 함수 $\underline{Y} = (Y_1, Y_2, \cdots, Y_m) = \underline{g}(\underline{X})$를 생각하면, $m = n$일 때 아래 정리를 얻을 수 있다.

정리 4.2.1 확률벡터 $\underline{X} = (X_1, X_2, \cdots, X_n)$과 변환 $\underline{g}(\underline{\cdot}) = (g_1(\cdot), g_2(\cdot), \cdots, g_n(\cdot))$, 또 $\underline{g}(\underline{x})$의 함수 행렬식[19] $J(\underline{g}(\underline{x})) = \left|\frac{\partial}{\partial \underline{x}}\underline{g}(\underline{x})\right|$, 곧

$$J(\underline{g}(\underline{x})) \;=\; \begin{vmatrix} \frac{\partial g_1}{\partial x_1} & \frac{\partial g_1}{\partial x_2} & \cdots & \frac{\partial g_1}{\partial x_n} \\ \frac{\partial g_2}{\partial x_1} & \frac{\partial g_2}{\partial x_2} & \cdots & \frac{\partial g_2}{\partial x_n} \\ \vdots & \vdots & \ddots & \vdots \\ \frac{\partial g_n}{\partial x_1} & \frac{\partial g_n}{\partial x_2} & \cdots & \frac{\partial g_n}{\partial x_n} \end{vmatrix} \tag{4.2.2}$$

를 생각하자. 그러면 연립방정식 $g_1(\underline{x}) = y_1,\ g_2(\underline{x}) = y_2,\ \cdots,\ g_n(\underline{x}) = y_n$의 풀이를 – 곧, $\{y_i\}_{i=1}^n$으로 나타낸 $\{x_i\}_{i=1}^n$을 – $\{\underline{x}^j(\underline{y})\}_{j=1}^Q = \left\{\left(x_1^j(\underline{y}), x_2^j(\underline{y}), \cdots, x_n^j(\underline{y})\right)\right\}_{j=1}^Q$ 라고 둘 때, $\underline{Y} = (Y_1, Y_2, \cdots, Y_n) = \underline{g}(\underline{X}) = (g_1(\underline{X}), g_2(\underline{X}), \cdots, g_n(\underline{X}))$의 결합 확률밀도함수는

$$f_{\underline{Y}}(\underline{y}) \;=\; \sum_{j=1}^{Q} \left.\frac{f_{\underline{X}}(\underline{x})}{|J(\underline{g}(\underline{x}))|}\right|_{\underline{x}=\underline{x}^j(\underline{y})} \tag{4.2.3}$$

이다. ■■

이제, 정리 4.2.1을 바탕으로 확률벡터의 함수의 결합 확률밀도함수를 얻는 보기를 몇 개 살펴 보자.

---

[19]Jacobian. 함수 행렬식은 변환 함수 행렬식, 자코비 행렬식, 또는 야코비 행렬식이라고 부르기도 한다. 또, 행렬식의 성질을 따르면 $J(\underline{g}(\underline{x})) = \begin{vmatrix} \frac{\partial g_1}{\partial x_1} & \frac{\partial g_2}{\partial x_1} & \cdots & \frac{\partial g_n}{\partial x_1} \\ \frac{\partial g_1}{\partial x_2} & \frac{\partial g_2}{\partial x_2} & \cdots & \frac{\partial g_n}{\partial x_2} \\ \vdots & \vdots & \ddots & \vdots \\ \frac{\partial g_1}{\partial x_n} & \frac{\partial g_2}{\partial x_n} & \cdots & \frac{\partial g_n}{\partial x_n} \end{vmatrix}$처럼 쓸 수도 있다.

보기 4.2.1 확률벡터 $\underline{X} = (X_1, X_2)$의 결합 확률밀도함수가

$$f_{\underline{X}}(x_1, x_2) = u(x_1)\,u(1-x_1)\,u(x_2)\,u(1-x_2) \qquad (4.2.4)$$

일 때 $\underline{Y} = (Y_1, Y_2) = (3X_1 - X_2, -X_1 + X_2)$의 결합 확률밀도함수 $f_{\underline{Y}}$를 얻어보시오. 또, $f_{\underline{Y}}$를 바탕으로 $Y_1 = 3X_1 - X_2$의 확률밀도함수와 $Y_2 = -X_1 + X_2$의 확률밀도함수를 얻어보시오.

풀이 먼저, 변환 $\underline{g}(x_1, x_2) = (3x_1 - x_2, -x_1 + x_2)$의 함수 행렬식은 $J\left(\underline{g}(x_1, x_2)\right) = \left|\frac{\partial \underline{g}(x_1,x_2)}{\partial(x_1,x_2)}\right| = \begin{vmatrix} 3 & -1 \\ -1 & 1 \end{vmatrix} = 2$이다. 또, 연립 방정식 $y_1 = 3x_1 - x_2$와 $y_2 = -x_1 + x_2$를 풀면 $x_1 = \frac{1}{2}y_1 + \frac{1}{2}y_2$와 $x_2 = \frac{1}{2}y_1 + \frac{3}{2}y_2$를 얻으므로 $Q = 1$이다. 따라서,

$$\begin{aligned} f_{\underline{Y}}(y_1, y_2) &= \frac{1}{|2|} f_{\underline{X}}(x_1, x_2)\Big|_{(x_1,x_2)=\left(\frac{1}{2}y_1+\frac{1}{2}y_2, \frac{1}{2}y_1+\frac{3}{2}y_2\right)} \\ &= \frac{1}{2} u\left(\frac{1}{2}y_1 + \frac{1}{2}y_2\right) u\left(1 - \frac{1}{2}y_1 - \frac{1}{2}y_2\right) u\left(\frac{1}{2}y_1 + \frac{3}{2}y_2\right) u\left(1 - \frac{1}{2}y_1 - \frac{3}{2}y_2\right) \\ &= \frac{1}{2} u(y_1 + y_2)\, u(2 - y_1 - y_2)\, u(y_1 + 3y_2)\, u(2 - y_1 - 3y_2) \qquad (4.2.5) \end{aligned}$$

이다. 그림 4.2.1에 확률밀도함수 $f_{\underline{X}}(x_1, x_2)$의 받침 $V_{\underline{X}}$와 $f_{\underline{Y}}(y_1, y_2)$의 받침

$$V_{\underline{Y}} = \{(y_1, y_2) : 0 < y_1 + y_2 < 2,\ 0 < y_1 + 3y_2 < 2\} \qquad (4.2.6)$$

을 보였다. 여기에서 (y_1, y_2)가 $V_{\underline{Y}}$에 들어 있을 때에는 $\underline{Y}$의 결합 확률밀도함수 $f_{\underline{Y}}(y_1, y_2)$의 값이 $\frac{1}{2}$이고, 그 밖의 영역에 들어 있을 때에는 0이다[20]. 이제, 그림 4.2.1에 보인 영역 $V_{\underline{Y}}$를 새겨서 결합 확률밀도함수 $f_{\underline{Y}}(y_1, y_2)$를 바탕으로 Y_1의 확률밀도함수 $f_{Y_1}(y_1) = \int_{-\infty}^{\infty} f_{\underline{Y}}(y_1, y_2)\, dy_2$를 얻으면

$$f_{Y_1}(y_1) = \begin{cases} \frac{1}{2}\int_{-y_1}^{-\frac{1}{3}(y_1-2)} dy_2 = \frac{1}{3}(y_1 + 1), & -1 < y_1 \le 0, \\ \frac{1}{2}\int_{-\frac{y_1}{3}}^{-\frac{1}{3}(y_1-2)} dy_2 = \frac{1}{3}, & 0 < y_1 \le 2, \\ \frac{1}{2}\int_{-\frac{y_1}{3}}^{2-y_1} dy_2 = 1 - \frac{y_1}{3}, & 2 < y_1 \le 3, \\ 0, & \text{그 밖에는} \end{cases} \qquad (4.2.7)$$

이고, Y_2의 확률밀도함수 $f_{Y_2}(y_2) = \int_{-\infty}^{\infty} f_{\underline{Y}}(y_1, y_2)\, dy_1$을 얻으면

$$f_{Y_2}(y_2) = \begin{cases} \frac{1}{2}\int_{-3y_2}^{2-y_2} dy_1 = 1 + y_2, & -1 < y_2 \le 0, \\ \frac{1}{2}\int_{-y_2}^{-3y_2+2} dy_1 = 1 - y_2, & 0 < y_2 \le 1, \\ 0, & \text{그 밖에는} \end{cases} \qquad (4.2.8)$$

이다. 그림 4.2.2에 확률밀도함수 $f_{Y_1}(y_1)$과 $f_{Y_2}(y_2)$를 보였다. ◇

한편, $m < n$일 때에는 보조 변수를 생각하여 $\underline{Y}$의 확률밀도함수를 얻을 수 있는데, 자세한 것은 4.2.2절에서 다룬다. 또, $m > n$일 때에는 4.5절에서 다루는 보기와 같은 매우 특별한 때를 빼고는 $\underline{g}(\underline{X})$의 확률밀도함수를 얻을 수 없고, $m = n$이지만 $J\left(\underline{g}(\underline{x})\right) = 0$일 때에도 (4.2.3)의 분모가 0인 까닭에 정리 4.2.1을 써서 $\underline{g}(\underline{X})$의 확률밀도함수를 얻을 수 없다. 이와 같은 때에 $\underline{g}(\underline{X})$의 확률밀도함수를 어떻게 얻을 수 있는지를 4.5절에서 간단히 다룬다.

[20] 참고로, $V_{\underline{Y}}$의 넓이는 2라는 것을 쉽게 알 수 있다.

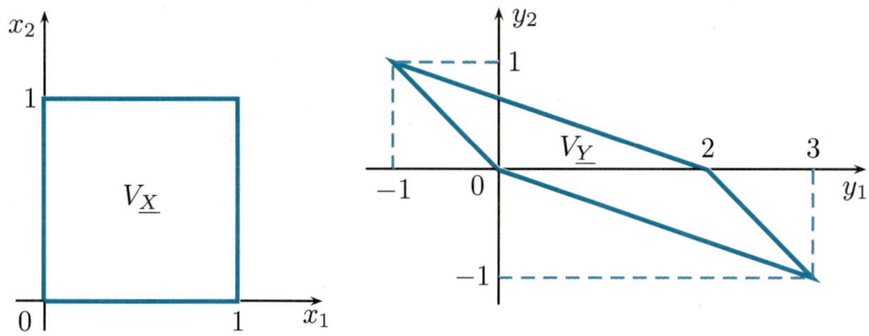

그림 4.2.1 변환이 $(Y_1, Y_2) = (3X_1 - X_2, -X_1 + X_2)$이고 확률밀도함수 $f_{\underline{X}}(x_1, x_2)$의 받침이 $V_{\underline{X}}$일 때 확률밀도함수 $f_{\underline{Y}}(y_1, y_2)$의 받침 $V_{\underline{Y}}$

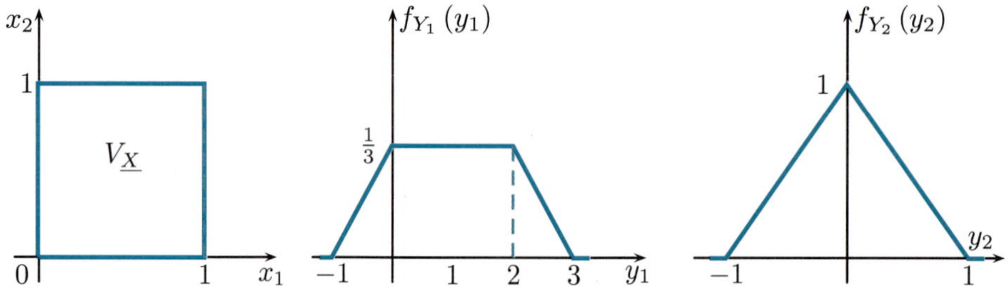

그림 4.2.2 변환이 $(Y_1, Y_2) = (3X_1 - X_2, -X_1 + X_2)$이고 확률밀도함수 $f_{\underline{X}}(x_1, x_2)$의 받침이 $V_{\underline{X}}$일 때 확률밀도함수 $f_{Y_1}(y_1)$과 확률밀도함수 $f_{Y_2}(y_2)$

4.2.1.2 일대일 변환

정리 4.2.2 이제, $\underline{g}$의 역변환 $\underline{g}^{-1} = \left(g_1^{-1}, g_2^{-1}, \cdots, g_n^{-1}\right)$이 존재하고 $\underline{g}^{-1}$을 미분할 수 있다면, $Q = 1$이고 (4.2.3)을

$$f_{\underline{Y}}(\underline{y}) = \left|J\left(\underline{g}^{-1}(\underline{y})\right)\right| f_{\underline{X}}\left(\underline{g}^{-1}(\underline{y})\right) \tag{4.2.9}$$

처럼 쓸 수 있다. 여기에서, $J\left(\underline{g}^{-1}(\underline{y})\right) = \left|\frac{\partial}{\partial \underline{y}} \underline{g}^{-1}(\underline{y})\right|$는 $\underline{g}^{-1}(\underline{y})$의 함수 행렬식이다. ■■

한편, 함수 행렬식 $J\left(\underline{g}(\underline{x})\right)$를 때때로 $J(\underline{y})$ 또는 $\left|\frac{\partial \underline{y}}{\partial \underline{x}}\right|$로, 함수 행렬식 $J\left(\underline{g}^{-1}(\underline{y})\right)$는 때때로 $J(\underline{x})$ 또는 $\left|\frac{\partial \underline{x}}{\partial \underline{y}}\right|$로 쓰기도 하며, $J\left(\underline{g}^{-1}(\underline{y})\right) = \frac{1}{J\left(\underline{g}(\underline{x})\right)}$이다.

보기 4.2.2 (선형 변환) 확률벡터 $\underline{X} = (X_1, X_2)^T$가 2차원이고 $A = \begin{bmatrix} a & b \\ c & d \end{bmatrix}$일 때, 선형 변환 $\underline{Y} = A\underline{X}$를 생각하면, $ad - bc \neq 0$일 때, (4.2.9)를 바탕으로 $f_{\underline{Y}}(\underline{y}) = \frac{1}{|\det A|} f_{\underline{X}}\left(A^{-1}\underline{y}\right)$를 얻는다. 조금 더 일반적으로, A가 $n \times n$ 행렬이고, $\det A = |A| \neq 0$이며, $\underline{b}$가 $n \times 1$ 벡터이면, $\underline{Y} = A\underline{X} + \underline{b}$의 확률밀도함수는

$$f_{\underline{Y}}(\underline{y}) = \frac{1}{|\det A|} f_{\underline{X}}\left(A^{-1}\left(\underline{y} - \underline{b}\right)\right) \tag{4.2.10}$$

이다. ◇

보기 4.2.3 확률변수 $X \sim G(\alpha_1, \beta)$와 $Y \sim G(\alpha_2, \beta)$가 서로 독립일 때 확률변수 $Z = X + Y$와 $S = \frac{X}{X+Y}$가 서로 독립이라는 것을 보이고 S의 확률밀도함수를 얻어보시오.

풀이 먼저, Z와 S로 X와 Y를 $X = ZS$와 $Y = Z - ZS$처럼 나타낼 수 있으며 이 역변환 $(X, Y) = \underline{g}^{-1}(Z, S) = (ZS, Z - ZS)$의 함수 행렬식은 $J\left(\underline{g}^{-1}(z,s)\right) = \left|\frac{\partial}{\partial(z,s)}\underline{g}^{-1}(z,s)\right| = \begin{vmatrix} s & z \\ 1-s & -z \end{vmatrix} = -z$이다. 그러므로 확률변수 Z와 S의 결합 확률밀도함수 $f_{Z,S}(z,s) = |z| f_{X,Y}(x,y)|_{x=zs,\, y=z-zs}$는

$$
\begin{aligned}
f_{Z,S}(z,s) &= \frac{|z|(zs)^{\alpha_1-1}(z-zs)^{\alpha_2-1}}{\beta^{\alpha_1+\alpha_2}\Gamma(\alpha_1)\Gamma(\alpha_2)} \exp\left(-\frac{zs}{\beta}\right)\exp\left(-\frac{z-zs}{\beta}\right) u(zs)u(z-zs) \\
&= \left\{\frac{z^{\alpha_1+\alpha_2-1}}{\beta^{\alpha_1+\alpha_2}\Gamma(\alpha_1+\alpha_2)} \exp\left(-\frac{z}{\beta}\right) u(z)\right\} \\
&\quad \times \left\{\frac{\Gamma(\alpha_1+\alpha_2)}{\Gamma(\alpha_1)\Gamma(\alpha_2)} s^{\alpha_1-1}(1-s)^{\alpha_2-1}u(1-s)u(s)\right\}
\end{aligned}
\tag{4.2.11}
$$

이다. 이 식에서, $Z = X + Y$와 $S = \frac{X}{X+Y}$는 독립이고, Z의 확률밀도함수는 $f_Z(z) = \frac{z^{\alpha_1+\alpha_2-1}}{\beta^{\alpha_1+\alpha_2}} \frac{1}{\Gamma(\alpha_1+\alpha_2)} \exp\left(-\frac{z}{\beta}\right) u(z)$이며, S의 확률밀도함수는 $f_S(s) = \frac{\Gamma(\alpha_1+\alpha_2)}{\Gamma(\alpha_1)\Gamma(\alpha_2)} s^{\alpha_1-1}(1-s)^{\alpha_2-1}u(1-s)u(s)$라는 – 곧, S의 분포는 $B(\alpha_1, \alpha_2)$라는 – 것을 바로 알 수 있다. ◇

4.2.2 결합 확률밀도함수: 보조 변수

확률벡터 $\underline{X} = (X_1, X_2, \cdots, X_n)$과 그 변환 $\underline{Y} = (Y_1, Y_2, \cdots, Y_m)$에서 m이 n보다 작을 때를 생각해보자. 그럴 때에는 보조 변수[21]를 $Y_{m+1} = X_{m+1}$, $Y_{m+2} = X_{m+2}$, $\cdots$, $Y_n = X_n$이라고 두고, 정리 4.2.1을 바탕으로 $\underline{Y^a} = (Y_1, Y_2, \cdots, Y_m, Y_{m+1}, Y_{m+2}, \cdots, Y_n)$의 확률밀도함수 $f_{\underline{Y^a}}$를 먼저 얻는다. 그 뒤, 보조 변수의 모든 영역에서 $f_{\underline{Y^a}}$를 적분하여

$$
f_{\underline{Y}}(\underline{y}) = \int_{-\infty}^{\infty}\int_{-\infty}^{\infty}\cdots\int_{-\infty}^{\infty} f_{\underline{Y^a}}\left(\underline{y^a}\right) dy_{m+1}\, dy_{m+2} \cdots dy_n \tag{4.2.12}
$$

처럼 $\underline{Y} = (Y_1, Y_2, \cdots, Y_m)$의 확률밀도함수를 얻을 수 있다. 여기에서, $\underline{y} = (y_1, y_2, \cdots, y_m)$이고 $\underline{y^a} = (y_1, y_2, \cdots, y_n)$이다.

보기 4.2.4 (더한 것의 분포) 확률벡터 $\underline{X} = (X_1, X_2)$의 결합 확률밀도함수가 $f_{\underline{X}}$일 때, 선형변환 $Y = X_1 + X_2$의 확률밀도함수를 얻어보시오.

풀이 먼저, $Y_1 = X_1 + X_2$, $Y_2 = X_2$, $\underline{Y^a} = [Y_1\, Y_2]^T$, $\underline{X} = [X_1\, X_2]^T$라고 두면, $\underline{Y^a} = A\underline{X}$이다. 여기에서, $A = \begin{bmatrix} 1 & 1 \\ 0 & 1 \end{bmatrix}$이고 $A^{-1} = \begin{bmatrix} 1 & -1 \\ 0 & 1 \end{bmatrix}$이다. 따라서, 정리 4.2.1에서 $f_{\underline{Y^a}}\left(\underline{y^a}\right) = \frac{1}{|\det(A)|} f_{\underline{X}}\left(A^{-1}\underline{y^a}\right) = f_{X_1,X_2}(y_1 - y_2, y_2)$를 얻고, 이 식을 적분하면

$$
f_Y(y) = \int_{-\infty}^{\infty} f_{X_1,X_2}(y - y_2, y_2)\, dy_2 \tag{4.2.13}
$$

을 얻는다. 이 보기는 보기 4.2.13에서 다시 다룬다. ◇

[21] auxiliary variable

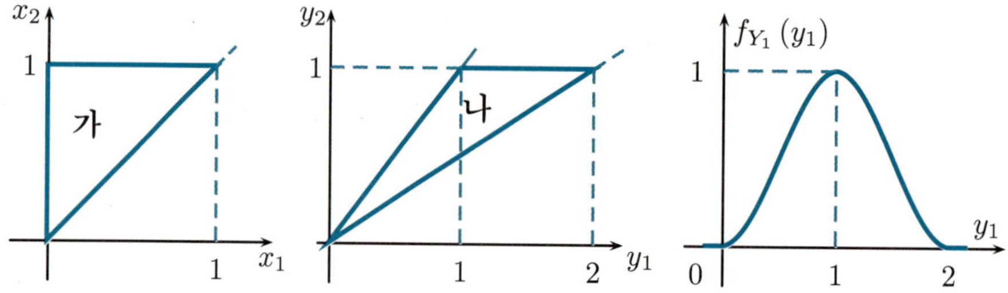

그림 4.2.3 영역 **가** $= \{(x_1, x_2) : u(x_1)u(x_2 - x_1)u(1 - x_2) \neq 0\} = \{(x_1, x_2) : 0 \leq x_1 \leq x_2, 0 \leq x_2 \leq 1\}$과 **가**를 $y_1 = x_1 + x_2, y_2 = x_2$로 변환할 때의 영역 **나** $= \{(y_1, y_2) : u(y_1 - y_2)u(2y_2 - y_1) u(1 - y_2) \neq 0\} = \{(y_1, y_2) : y_2 \leq y_1 \leq 2y_2, 0 \leq y_2 \leq 1\}$. 또, X_1과 X_2의 결합 확률밀도함수가 $f_{X_1,X_2}(x_1, x_2) = 24x_1(1 - x_2)u(x_1)u(x_2 - x_1)u(1 - x_2)$일 때 $Y_1 = X_1 + X_2$의 확률밀도함수 $f_{Y_1}(y_1)$

위 결과 (4.2.13)에서, X_1과 X_2가 서로 독립이면, $Y = X_1 + X_2$의 확률밀도함수를

$$f_Y(y) = \int_{-\infty}^{\infty} f_{X_1}(y - x) f_{X_2}(x) dx = \int_{-\infty}^{\infty} f_{X_1}(x) f_{X_2}(y - x) dx \qquad (4.2.14)$$

처럼 쓸 수 있다. 바꾸어 말하면, 서로 독립인 두 확률변수를 더한 것의 확률밀도함수는 처음 두 확률밀도함수를 길쌈한

$$f_{X+Y} = f_X * f_Y \qquad (4.2.15)$$

임을 알 수 있다.

보기 4.2.5 두 확률변수 X_1과 X_2의 결합 확률밀도함수가 $f_{X_1,X_2}(x_1, x_2) = 24x_1(1 - x_2) u(x_1)u(x_2 - x_1)u(1 - x_2)$이다. 이때, 확률변수 X_1의 한계 확률밀도함수, X_2의 한계 확률밀도함수, $Y_1 = X_1 + X_2$의 확률밀도함수를 얻어보시오.

풀이 먼저, $f_{X_1,X_2}(x_1, x_2)$의 받침은 그림 4.2.3에 보인 영역 **가**라는 것을 알 수 있다. 이제, $u(x_2 - x_1)u(1 - x_2)$는 $\{(x_1, x_2) : x_1 < x_2 < 1\} = \{x_1 : x_1 < 1\} \cap \{x_2 : x_1 < x_2 < 1\}$일 때에만 0이 아니라는 것을 새기면 X_1의 한계 확률밀도함수는

$$f_{X_1}(x_1) = 12x_1(1 - x_1)^2 u(x_1)u(1 - x_1) \qquad (4.2.16)$$

이고[22], $\int_{-\infty}^{\infty} f_{X_1}(x_1) dx_1 = \int_0^1 12x_1(1 - x_1)^2 dx_1 = 12\left(\frac{1}{2} - \frac{2}{3} + \frac{1}{4}\right) = 1$이다. 다음에, $u(x_1) u(x_2 - x_1)$은 $\{(x_1, x_2) : 0 < x_1 < x_2\} = \{x_1 : 0 < x_1 < x_2\} \cap \{x_2 : x_2 > 0\}$일 때에만 0이 아니라는 것을 새기면 X_2의 한계 확률밀도함수는

$$f_{X_2}(x_2) = \int_{-\infty}^{\infty} 24x_1(1 - x_2)u(x_1)u(x_2 - x_1) dx_1\, u(1 - x_2) = 12x_2^2(1 - x_2)u(x_2)u(1 - x_2) \qquad (4.2.17)$$

[22]조금 더 자세히 밝히면 $f_{X_1}(x_1) = \int_{-\infty}^{\infty} f_{X_1,X_2}(x_1, x_2) dx_2 = \int_{-\infty}^{\infty} 24x_1(1 - x_2)u(x_2 - x_1)u(1 - x_2) dx_2\, u(x_1) = \int_{x_1}^{1} 24x_1(1 - x_2) dx_2\, u(x_1)u(1 - x_1) = 12x_1(1 - x_1)^2 u(x_1)u(1 - x_1)$이다.

이다[23]. 한편, $\int_{-\infty}^{\infty} f_{X_2}(x_2)\,dx_2 = \int_0^1 12\left(x_2^2 - x_2^3\right) dx_2 = 1$이다.

다음으로, $Y_1 = X_1 + X_2$의 확률밀도함수를 얻어보자. 보조 변수를 $Y_2 = X_2$로 두면, $X_1 = Y_1 - Y_2$이고 $X_2 = Y_2$이며 역변환 $(X_1, X_2) = \underline{g}^{-1}(Y_1, Y_2) = (Y_1 - Y_2, Y_2)$의 함수 행렬식은 $\left|\frac{\partial \underline{g}^{-1}(y_1,y_2)}{\partial(y_1,y_2)}\right| = \begin{vmatrix} 1 & -1 \\ 0 & 1 \end{vmatrix} = 1$이다. 따라서, (Y_1, Y_2)의 결합 확률밀도함수는 $f_{Y_1,Y_2}(y_1,y_2) = f_{X_1,X_2}(x_1,x_2)\big|_{x_1=y_1-y_2,\, x_2=y_2}$, 곧

$$f_{Y_1,Y_2}(y_1,y_2) \;=\; 24(y_1-y_2)(1-y_2)\,u(y_1-y_2)\,u(2y_2-y_1) \tag{4.2.18}$$

인데, 이 함수의 받침 **나**는 그림 4.2.3에 보인 바와 같다. 이제, 그림 4.2.3에 보인 영역 **나**를 새겨서 (4.2.18)을 바탕으로 $Y_1 = X_1 + X_2$의 확률밀도함수 $f_{Y_1}(y_1) = \int_{-\infty}^{\infty} f_{Y_1,Y_2}(y_1,y_2)\,dy_2$를 얻으면

$$\begin{aligned} f_{Y_1}(y_1) \;&=\; \begin{cases} \int_{\frac{1}{2}y_1}^{y_1} 24(y_1-y_2)(1-y_2)\,dy_2, & 0 \le y_1 \le 1, \\ \int_{\frac{1}{2}y_1}^{1} 24(y_1-y_2)(1-y_2)\,dy_2, & 1 \le y_1 \le 2, \\ 0, & \text{그 밖에는} \end{cases} \\ &=\; \begin{cases} -2y_1^3 + 3y_1^2, & 0 \le y_1 \le 1, \\ 2y_1^3 - 9y_1^2 + 12y_1 - 4, & 1 \le y_1 \le 2, \\ 0, & \text{그 밖에는} \end{cases} \end{aligned} \tag{4.2.19}$$

이다[24]. 여기에서, $\int_{-\infty}^{\infty} f_{Y_1}(v)dv = \int_0^1 \left(-2v^3+3v^2\right)dv + \int_1^2 \left(2v^3 - 9v^2 + 12v - 4\right)dv = \left[-\frac{1}{2}v^4 + v^3\right]_0^1 + \left[2v^4 - 3v^3 + 6v^2 - 4v\right]_1^2 = 1$이다. 확률밀도함수 $f_{Y_1}(y_1)$도 그림 4.2.3에 보였다. ◇

뺀 것의 분포는 더한 것의 분포와 비슷하게 얻을 수 있다.

보기 4.2.6 (뺀 것의 분포) 확률벡터 $\underline{X} = (X_1, X_2)$의 결합 확률밀도함수가 $f_{\underline{X}}$일 때, 선형 변환 $Y = X_1 - X_2$의 확률밀도함수를 얻어보시오.

풀이 정리 4.2.1을 바탕으로 (4.2.13)을 얻는 것과 비슷하게 따라가면 $f_{X_1-X_2,X_2}(y_1,y_2) = f_{X_1,X_2}(y_1+y_2, y_2)$를 얻을 수 있고, 이 식을 적분하면

$$f_{X_1-X_2}(y) \;=\; \int_{-\infty}^{\infty} f_{X_1,X_2}(y+y_2, y_2)\,dy_2 \tag{4.2.20}$$

을 얻는다. ◇

보기 4.2.7 확률변수 X와 Y의 결합 확률밀도함수가 $f_{X,Y}(x,y) = \frac{1}{4}u(x)u(2-x)u(y)u(2-y)$일 때, $V = X - Y$의 확률밀도함수를 얻어보시오.

---

[23] 조금 더 자세히 밝히면 $f_{X_2}(x_2) = \int_{-\infty}^{\infty} f_{X_1,X_2}(x_1,x_2)\,dx_1 = \int_{-\infty}^{\infty} 24x_1(1-x_2)\,u(x_1)\,u(x_2-x_1)\,dx_1\, u(1-x_2) = \int_0^{x_2} 24x_1(1-x_2)\,dx_1 u(x_2)\,u(1-x_2) = 12x_2^2(1-x_2)u(x_2)\,u(1-x_2)$이다.

[24] 한편, $u(y_1-y_2)\,u(2y_2-y_1)$은 $\{(y_1,y_2) : y_2 < y_1 < 2y_2\} = \{y_1 : y_2 < y_1 < 2y_2\} \cap \{y_2 : y_2 > 0\}$일 때에만 0이 아니라는 것을 새기면 $f_{Y_2}(y_2) = \int_{-\infty}^{\infty} 24(y_1-y_2)(1-y_2)\,u(y_1-y_2)\,u(2y_2-y_1)\,u(1-y_2)\,dy_1 = (1-y_2)\int_{y_2}^{2y_2} 24(y_1-y_2)\,dy_1 u(1-y_2)\,u(y_2) = 24(1-y_2)\left[\frac{1}{2}y_1^2 - y_2 y_1\right]_{y_2}^{2y_2} u(1-y_2)\,u(y_2) = 12(1-y_2)\,y_2^2 u(1-y_2)\,u(y_2)$인데 이 식은 (4.2.17)과 같다는 것을 확인할 수 있다.

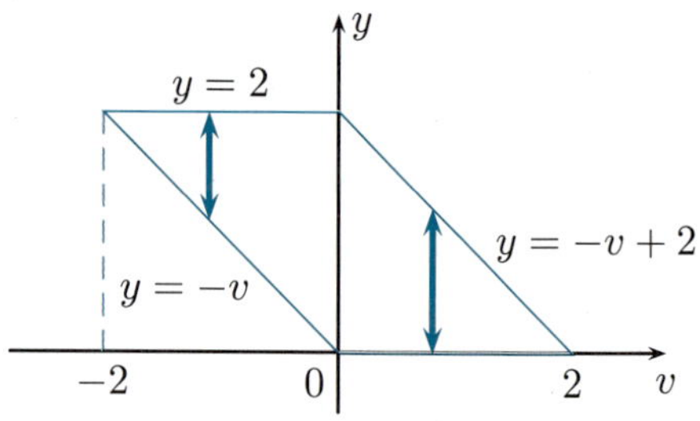

그림 4.2.4 확률변수 X와 Y의 결합 확률밀도함수가 $f_{X,Y}(x,y) = \frac{1}{4}u(x)u(2-x)u(y)u(2-y)$일 때 $V = X - Y$의 확률밀도함수를 얻고자 적분하는 영역

풀이 먼저,

$$f_{X,Y}(v+y,y) = \begin{cases} \frac{1}{4}, & 0 < v+y < 2,\ 0 < y < 2, \\ 0, & \text{그 밖에는} \end{cases} \tag{4.2.21}$$

이므로, (4.2.20)과 그림 4.2.4를 새겨서 이 식을 적분하면

$$\begin{aligned} f_V(v) &= \begin{cases} \int_{-v}^{2} \frac{1}{4}dy, & -2 < v < 0, \\ \int_{0}^{-v+2} \frac{1}{4}dy, & 0 < v < 2, \\ 0, & \text{그 밖에는} \end{cases} \\ &= \begin{cases} \frac{v+2}{4}dy, & -2 < v < 0, \\ -\frac{v-2}{4}dy, & 0 < v < 2, \\ 0, & \text{그 밖에는} \end{cases} \end{aligned} \tag{4.2.22}$$

를 얻을 수 있다. ◇

보기 4.2.8 (곱의 분포) 두 연속 확률변수 X와 Y의 곱 $Z = XY$의 확률밀도함수를 얻어보시오.

풀이 먼저, $W = X$라고 두면, $X = W$이고, $Y = \frac{Z}{W}$이며, 역변환 $(X,Y) = \underline{g}^{-1}(Z,W) = (W, \frac{Z}{W})$의 함수 행렬식은 $\left|\frac{\partial}{\partial(z,w)}\underline{g}^{-1}(z,w)\right| = \begin{vmatrix} \frac{\partial x}{\partial z} & \frac{\partial y}{\partial z} \\ \frac{\partial x}{\partial w} & \frac{\partial y}{\partial w} \end{vmatrix} = -\frac{1}{w}$이다. 따라서, $f_{Z,W}(z,w) = \frac{1}{|w|}f_{X,Y}(w, \frac{z}{w})$이다. 이 식을 $f_Z(z) = \int_{-\infty}^{\infty} f_{Z,W}(z,w)dw$처럼 적분하여 곱 $Z = XY$의 확률밀도함수를 얻으면

$$\begin{aligned} f_Z(z) &= \int_{-\infty}^{\infty} f_{X,Y}\left(x, \frac{z}{x}\right)\frac{1}{|x|}dx \\ &= \int_{-\infty}^{\infty} f_{X,Y}\left(\frac{z}{y}, y\right)\frac{1}{|y|}dy \end{aligned} \tag{4.2.23}$$

이다. ◇

보기 4.2.9 확률변수 X_1과 X_2가 독립이고 분포가 같으며 그 한계 확률밀도함수는 $f(x) = u(x)u(1-x)$이다. 이때, $Z = X_1X_2$의 확률밀도함수를 얻어보시오.

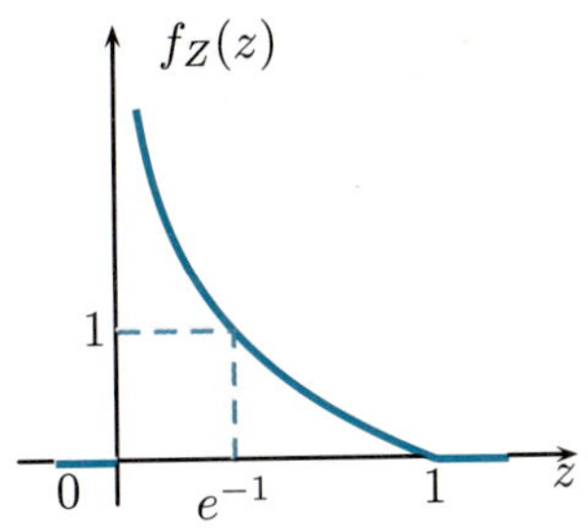

그림 4.2.5 확률변수 X_1과 X_2가 독립이고 분포가 같으며 그 한계 확률밀도함수가 $f(x) = u(x)u(1-x)$일 때, $Z = X_1X_2$의 확률밀도함수 $f_Z(z) = (-\ln z)\, u(z)u(1-z)$

풀이 먼저, 확률변수 X_1과 X_2가 독립이므로 확률벡터 (X_1, X_2)의 결합 확률밀도함수는 $f_{X_1,X_2}(x_1, x_2) = u(x_1)\, u(1-x_1)\, u(x_2)\, u(1-x_2)$이다. 그러므로, (4.2.23)을 쓰면

$$f_Z(z) \;=\; \int_{-\infty}^{\infty} u\left(\frac{z}{y}\right) u\left(1 - \frac{z}{y}\right) u(y)u(1-y)\frac{1}{|y|}dy \tag{4.2.24}$$

이다. 이제, $\left\{(y,z) : 0 < y < 1, 0 < \frac{z}{y} < 1\right\} = \{(y,z) : 0 < z < y < 1\} = \{(y,z) : z < y < 1, 0 < z < 1\}$일 때에만 (4.2.24)의 적분이 0이 아니므로 $f_Z(z) = \int_z^1 \frac{1}{y} dy u(z)u(1-z)$, 곧

$$f_Z(z) \;=\; (-\ln z)\, u(z)u(1-z) \tag{4.2.25}$$

이다. 그림 4.2.5에 $Z = X_1X_2$의 확률밀도함수 (4.2.25)를 보였다. ◇

보기 4.2.10 (몫의 분포) 두 연속 확률변수 X와 Y의 몫 $Z = \frac{X}{Y}$의 확률밀도함수를 살펴 보시오.

풀이 먼저, $V = Y$라고 두면, $X = ZV$이고 $Y = V$이다. 그러면 역변환 $(X, Y) = \underline{g}^{-1}(Z, V) = (ZV, V)$의 함수 행렬식이 $\left|\frac{\partial(zv,v)}{\partial(z,v)}\right| = \begin{vmatrix} v & 0 \\ z & 1 \end{vmatrix} = v$이므로 $f_{Z,V}(z,v) = |v| f_{X,Y}(zv, v)$를 얻는다. 이 식을 적분하면 몫 $Z = \frac{X}{Y}$의 확률밀도함수 $f_Z(z) = \int_{-\infty}^{\infty} f_{Z,V}(z,v)dv$는

$$f_Z(z) \;=\; \int_{-\infty}^{\infty} |y| f_{X,Y}(zy, y)dy \tag{4.2.26}$$

이다. ◇

보기 4.2.11 두 확률변수 X와 Y가 서로 독립이고 분포가 같으며 그 한계 확률밀도함수는 $f(x) = u(x)u(1-x)$이다. 이때, $Z = \frac{X}{Y}$의 확률밀도함수를 얻으시오.

풀이 식 (4.2.26)을 쓰면 $f_Z(z) = \int_{-\infty}^{\infty} |y|u(zy)u(y)u(1-zy)u(1-y)dy$이다. 여기에서, $\{(y,z) : zy > 0, y > 0, 1 - zy > 0, 1 - y > 0\}$을 바꾸어 쓰면 $\left\{(y,z) : z > 0, 0 < y < \min\left(1, \frac{1}{z}\right)\right\}$이므로 $Z = \frac{X}{Y}$의 확률밀도함수 $f_Z(z) = \int_0^{\min\left(1,\frac{1}{z}\right)} y\, dy\, u(z)$는

$$f_Z(z) \;=\; \begin{cases} 0, & z < 0, \\ \frac{1}{2}, & 0 < z \le 1, \\ \frac{1}{2z^2}, & z \ge 1 \end{cases} \tag{4.2.27}$$

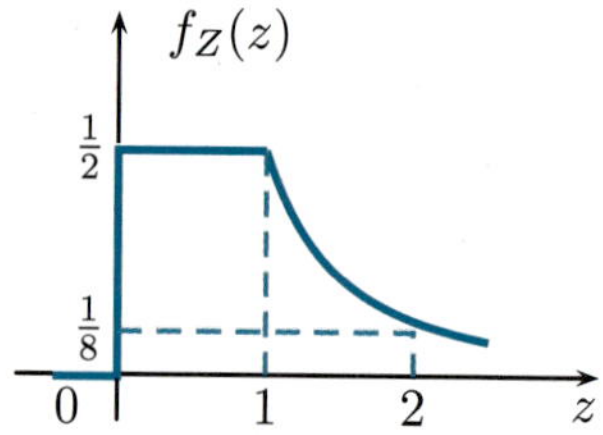

그림 4.2.6 확률변수 X와 Y가 독립이고 분포가 같으며 그 한계 확률밀도함수가 $f(x) = u(x)u(1-x)$일 때, $Z = \frac{X}{Y}$의 확률밀도함수 $f_Z(z)$

이다. 위에서, 연속이 아닌 점에서 확률밀도함수를 굳이 뜻매김하지 않아도, 또는 확률밀도함수를 어떤 값으로 두어도, 그리 크게 문제가 없는 까닭에 $f_Z(0)$을 굳이 밝히지 않았다. 그림 4.2.6에 $Z = \frac{X}{Y}$의 확률밀도함수 (4.2.27)을 보였다. ◇

4.2.3 결합 누적분포함수

앞에서 다룬 정리 4.2.1은 $\underline{Y} = \underline{g}(\underline{X})$의 결합 확률밀도함수를 바로 얻을 때 쓸모 있다. 그런데, $\underline{Y} = \underline{g}(\underline{X})$의 결합 누적분포함수 $F_{\underline{Y}}(\underline{y}) = P\{\underline{Y} \leq \underline{y}\} = P\{\underline{g}(\underline{X}) \leq \underline{y}\}$를

$$F_{\underline{Y}}(\underline{y}) = P\left\{\underline{X} \in A_{\underline{y}}\right\} \tag{4.2.28}$$

처럼 먼저 얻고 이 결합 누적분포함수를 바탕으로 결합 확률밀도함수를 얻는 것이 더 편리할 때도 있다. 위 식에서, $\{\underline{Y} \leq \underline{y}\}$는 $\{Y_1 \leq y_1, Y_2 \leq y_2, \cdots, Y_n \leq y_n\}$을 뜻하고, $A_{\underline{y}}$는 $\{\underline{Y} \leq \underline{y}\}$의 본디 그림자를 – 곧, $\{\underline{Y} \leq \underline{y}\} = \left\{\underline{X} \in A_{\underline{y}}\right\}$로 쓸 수 있는 $\underline{X}$의 영역을 – 나타낸다. 보기를 들어, $n = 1$일 때 $g(x)$가 어느 점 x에서도 줄지 않은 함수이고 $g(x)$의 역함수가 있다면, 3장에서도 본 바와 같이 $\left\{\underline{X} \in A_{\underline{y}}\right\} = \{X \leq g^{-1}(y)\}$이고, 이때, $F_Y(y) = F_X\left(g^{-1}(y)\right)$라고 쓸 수 있다.

보기 4.2.12 확률벡터 (X, Y)의 결합 확률밀도함수가

$$f_{X,Y}(x, y) = \frac{1}{2\pi\sigma^2} \exp\left(-\frac{x^2 + y^2}{2\sigma^2}\right) \tag{4.2.29}$$

이다. 이때, $Z = \sqrt{X^2 + Y^2}$와 $W = \frac{Y}{X}$의 결합 누적분포함수를 얻어보시오.

풀이 확률벡터 (Z, W)의 결합 누적분포함수 $F_{Z,W}(z, w) = P\{Z \leq z, W \leq w\}$는, $z \geq 0$일 때

$$\begin{aligned} F_{Z,W}(z, w) &= P\left\{\sqrt{X^2 + Y^2} \leq z, \frac{Y}{X} \leq w\right\} \\ &= \iint_{D_{zw}} \frac{1}{2\pi\sigma^2} \exp\left(-\frac{x^2 + y^2}{2\sigma^2}\right) dxdy \end{aligned} \tag{4.2.30}$$

이다. 여기에서, D_{zw}는 부채꼴 $\left\{(x, y) : x^2 + y^2 \leq z^2,\ x > 0,\ y \leq wx\right\}$와 부채꼴 $\left\{(x, y) : x^2 + y^2 \leq z^2,\ x < 0,\ y \geq wx\right\}$를 더한 영역이다. 이제 그림 4.1.1에서 본 것처럼 직각 좌표계에서의 적분을 극 좌표계에서의 적분으로 바꾸면

$$F_{Z,W}(z,w) = 2\int_{\theta=-\frac{\pi}{2}}^{\theta_w}\int_{r=0}^{z}\frac{1}{2\pi\sigma^2}\exp\left(-\frac{r^2}{2\sigma^2}\right)rdrd\theta$$
$$= \frac{1}{\pi\sigma^2}\left(\theta_w+\frac{\pi}{2}\right)\left[-\sigma^2\exp\left(-\frac{r^2}{2\sigma^2}\right)\right]_0^z$$
$$= \frac{\theta_w+\frac{\pi}{2}}{\pi}\left\{1-\exp\left(-\frac{z^2}{2\sigma^2}\right)\right\} \quad (4.2.31)$$

을 얻는다. 여기에서, $\theta = \tan^{-1} w$이다. ◇

한편, (2.4.1)에서 $P(A|B)P(B) = P(AB)$를 얻을 수 있고, 이 식을 새겨서 전체확률 정리 (2.4.13), (3.4.8), 또 (3.4.9)를 얻었다. 이제, 다차원 공간에서 비슷하게 생각하면

$$P\{A\} = \begin{cases} \int_{\underline{x}} P\{A\,|\underline{X}=\underline{x}\}\, f_{\underline{X}}(\underline{x})d\underline{x}, & \underline{X}\text{가 연속 확률벡터일 때,} \\ \sum_{\underline{x}} P\{A\,|\underline{X}=\underline{x}\}\, p_{\underline{X}}(\underline{x}), & \underline{X}\text{가 이산 확률벡터일 때} \end{cases} \quad (4.2.32)$$

를 알 수 있다. 이 식은 누적분포함수, 확률밀도함수, 또는 확률질량함수를 얻을 때 쓸모 있다.

보기 4.2.13 (더한 것의 분포) 확률벡터 $\underline{X} = (X_1, X_2)$의 결합 확률밀도함수가 $f_{\underline{X}}$일 때, 선형 변환 $Y = X_1 + X_2$의 확률밀도함수를 얻어보시오.

풀이 이 문제는 보기 4.2.4에서 확률밀도함수를 바탕으로 다룬 바 있다. 여기에서는 누적분포함수를 바탕으로 다루어 보자.

(방법 1) 먼저, (4.2.32)를 새기면 Y의 누적분포함수 $F_Y(y) = P\{X_1 + X_2 \le y\}$는

$$F_Y(y) = \int_{-\infty}^{\infty}\int_{-\infty}^{\infty} P\{X_1+X_2\le y|\,X_1=x_1, X_2=x_2\}\, f_{X_1,X_2}(x_1,x_2)\,dx_1dx_2 \quad (4.2.33)$$

이다. 여기에서, $x_1+x_2 \le y$이면 $\{X_1+X_2\le y|\,X_1=x_1,X_2=x_2\}$가 늘 참이고, $x_1+x_2 > y$이면 $\{X_1+X_2\le y|\,X_1=x_1,X_2=x_2\}$가 늘 거짓이다. 곧,

$$P\{X_1+X_2\le y|\,X_1=x_1,X_2=x_2\} = \begin{cases} 1, & x_1+x_2\le y, \\ 0, & x_1+x_2>y \end{cases} \quad (4.2.34)$$

이다. 따라서, Y의 누적분포함수는

$$F_Y(y) = \iint_{x_1+x_2\le y} f_{X_1,X_2}(x_1,x_2)\,dx_1dx_2$$
$$= \int_{-\infty}^{\infty}\int_{-\infty}^{y-x_2} f_{X_1,X_2}(x_1,x_2)\,dx_1dx_2 \quad (4.2.35)$$

이고 Y의 확률밀도함수 $f_Y(y) = \frac{\partial}{\partial y}F_Y(y)$는

$$f_Y(y) = \int_{-\infty}^{\infty} f_{\underline{X}}(y-x_2, x_2)\,dx_2 \quad (4.2.36)$$

이다[25]. 식 (4.2.36)을 얻을 때에 $\frac{\partial}{\partial y}\int_{-\infty}^{y-x_2} f_{\underline{X}}(x_1,x_2)\,dx_1 = f_{\underline{X}}(y-x_2,x_2)$를 썼는데, 이 식은 (3.2.18)에서 다룬 라이프니츠 법칙에서 얻을 수 있는 것이다.

[25] 이 식을 바꾸면 $f_Y(y) = \int_{-\infty}^{\infty} f_{\underline{X}}(x_1, y-x_1)\,dx_1$처럼 쓸 수도 있다.

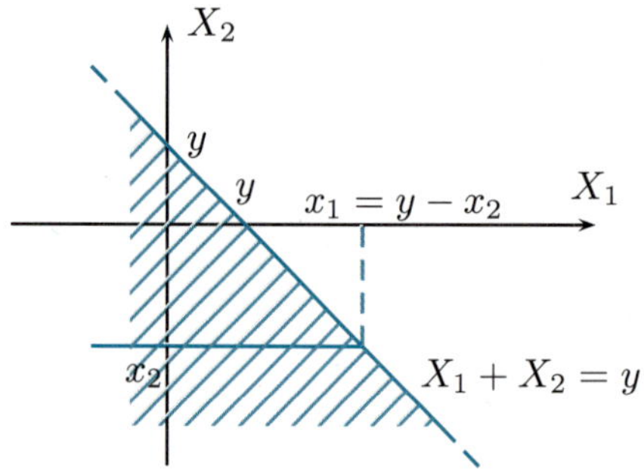

그림 4.2.7 영역 **가** $= \{(X_1, X_2) : X_1 + X_2 \leq y\}$

(방법 2) 그림 4.2.7에 보인 영역 **가** $= \{(X_1, X_2) : X_1 + X_2 \leq y\}$를 생각하면, X_2의 값 x_2가 $-\infty$에서 ∞까지 바뀔 수 있고, X_1의 값 x_1은 $-\infty$에서 $y - x_2$까지 바뀔 수 있다는 것을 새기면, $F_Y(y) = P\{Y \leq y\} = P\{X_1 + X_2 \leq y\} = \int\int_{\text{가}} f_{\underline{X}}(x_1, x_2)\, dx_1 dx_2$, 곧

$$F_Y(y) = \int_{x_2=-\infty}^{\infty} \int_{x_1=-\infty}^{y-x_2} f_{\underline{X}}(x_1, x_2)\, dx_1 dx_2 \tag{4.2.37}$$

이고[26] (4.2.36)을 얻을 수 있다. ◇

보기 4.2.14 두 확률변수 X와 Y가 서로 독립이고, 확률변수 X의 확률밀도함수는 $f_X(x) = \alpha e^{-\alpha x} u(x)$이고, 확률변수 Y의 확률밀도함수는 $f_Y(y) = \beta e^{-\beta y} u(y)$이다. 이때, $Z = X + Y$의 확률밀도함수를 얻어보시오.

풀이 먼저, 확률변수 Z의 확률밀도함수를 직접 얻어보자. 확률변수 X와 Y가 독립이므로 $f_{X,Y}(x, y) = f_X(x) f_Y(y) = \alpha\beta e^{-\alpha x} e^{-\beta y} u(x) u(y)$이다. 따라서, $u(y)u(z-y)$는 $0 < y < z$일 때에만 0이 아니라는 것을 새기고 (4.2.36)을 쓰면, $Z = X + Y$의 확률밀도함수는

$$\begin{aligned} f_Z(z) &= \int_{-\infty}^{\infty} \alpha\beta e^{-\alpha(z-y)} e^{-\beta y} u(y) u(z-y) dy \\ &= \alpha\beta e^{-\alpha z} \int_0^z e^{(\alpha-\beta)y} dy\, u(z) \\ &= \begin{cases} \frac{\alpha\beta}{\beta-\alpha}\left(e^{-\alpha z} - e^{-\beta z}\right) u(z), & \beta \neq \alpha, \\ \alpha^2 z e^{-\alpha z} u(z), & \beta = \alpha \end{cases} \end{aligned} \tag{4.2.38}$$

이다. 한편, (4.2.37)을 바탕으로 Z의 누적분포함수를

$$F_Z(z) = \alpha\beta \int_{-\infty}^{\infty} \int_{-\infty}^{z-y} e^{-\alpha x} e^{-\beta y} u(x) u(y)\, dx dy \tag{4.2.39}$$

처럼 쓸 수 있다. 여기에서, $u(x)u(y)$ 때문에 (4.2.39)의 값은 $x > 0$, $y > 0$, $z - y > 0$일 때에만 0이 아니다. 이 사실을 새기고 $\{y > 0, z - y > 0\} = \{z > y > 0\}$이라는 것을 눈여겨보아

[26]이 식에서 적분 순서를 바꾸면 $\int_{x_2=-\infty}^{\infty} \int_{x_1=-\infty}^{y-x_2} f_{\underline{X}}(x_1, x_2)\, dx_1 dx_2$는 $\int_{x_1=-\infty}^{\infty} \int_{x_2=-\infty}^{y-x_1} f_{\underline{X}}(x_1, x_2)\, dx_2 dx_1$로 바뀐다.

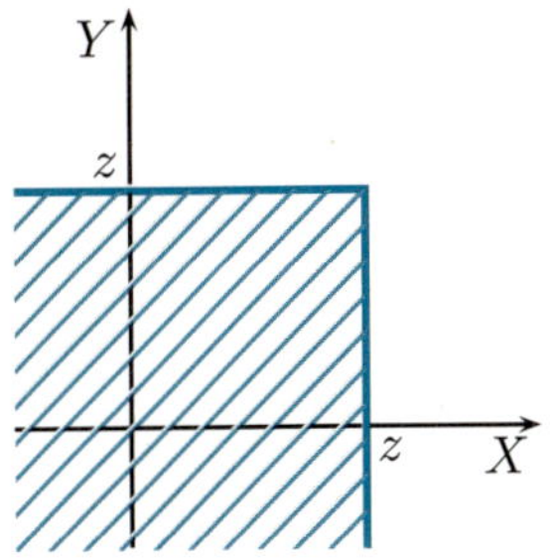

그림 4.2.8 영역 $\{(X, Y) : \max(X, Y) \leq z\}$

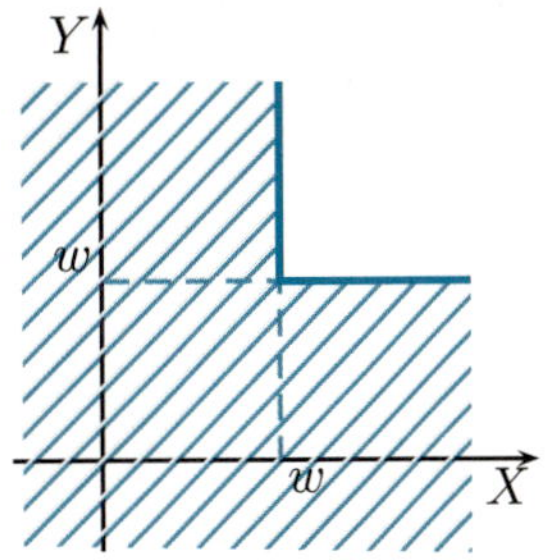

그림 4.2.9 영역 $\{(X, Y) : \min(X, Y) \leq w\}$

(4.2.39)를 다시 쓰면

$$\begin{aligned} F_Z(z) &= \alpha\beta \int_0^z \int_0^{z-y} e^{-\alpha x} e^{-\beta y} dx dy\, u(z) \\ &= \beta \int_0^z \left\{1 - e^{-\alpha(z-y)}\right\} e^{-\beta y} dy\, u(z) \\ &= \begin{cases} \left\{1 - \frac{1}{\beta-\alpha}\left(\beta e^{-\alpha z} - \alpha e^{-\beta z}\right)\right\} u(z), & \beta \neq \alpha, \\ \{1 - (1+\alpha z) e^{-\alpha z}\} u(z), & \beta = \alpha \end{cases} \end{aligned} \quad (4.2.40)$$

이다. 이 누적분포함수를 미분하여 확률밀도함수 (4.2.38)을 얻을 수도 있다. ◇

보기 4.2.15 (큰 것과 작은 것의 분포) 두 확률변수 X와 Y를 생각하여, 그 가운데에서 큰 것을 Z, 작은 것을 W라고 두자. 곧, $Z = \max(X, Y)$이고 $W = \min(X, Y)$이다. 그러면 그림 4.2.8에서 볼 수 있는 영역을 생각하여 $P\{\max(X, Y) \leq z\} = P\{X \leq z, Y \leq z\}$라는 것을 새기면 $F_Z(z) = P\{\max(X, Y) \leq z\}$, 곧

$$F_Z(z) = F_{X,Y}(z, z) \quad (4.2.41)$$

을 얻을 수 있다. 또, 그림 4.2.9에서 볼 수 있는 영역을 생각하여 $P\{W \leq w\} = 1 - P\{W > w\} = 1 - P\{\min(X, Y) > w\} = 1 - P\{X > w, Y > w\}$를 새기면 누적분포함수 $F_W(w) = P\{W \leq w\} = 1 - P\{X > w, Y > w\}$를

$$F_W(w) = F_X(w) + F_Y(w) - F_{X,Y}(w, w) \quad (4.2.42)$$

처럼 얻을 수 있다. 여기에서, $A = \{X \leq w\}$이고 $B = \{Y \leq w\}$라고 둘 때, $P(A) = P\{X \leq w\} = F_X(w)$이고, $P(B) = P\{Y \leq w\} = F_Y(w)$이며, $P(A \cap B) = P\{X \leq w, Y \leq w\} = F_{X,Y}(w, w)$이므로 $P\{X > w, Y > w\} = P\{A^c \cap B^c\} = P\{(A \cup B)^c\} = 1 - P(A \cup B)$, 곧

$$P\{X > w, Y > w\} = 1 - P(A) - P(B) + P(A \cap B) \quad (4.2.43)$$

임을 썼다. 따라서, X와 Y가 서로 독립이고 분포가 같으면, 그 누적분포함수를 F, 확률밀도함수를 f처럼 둘 때, $Z = \max(X, Y)$의 확률밀도함수 $f_Z(z) = \frac{d}{dz}F_{X,Y}(z, z) = \frac{d}{dz}F^2(z)$는

$$f_Z(z) = 2F(z)f(z) \tag{4.2.44}$$

이고, $W = \min(X,Y)$의 확률밀도함수 $f_W(w) = \frac{d}{dw}\{F_X(w)+F_Y(w)-F_{X,Y}(w,w)\} = \frac{d}{dw}\{2F(w)-F^2(w)\}$는

$$f_W(w) = 2\{1-F(w)\}f(w) \tag{4.2.45}$$

이다. ◇

보기 4.2.15와 뒤에 나오는 문제 4.31에서 다루는 확률변수 $Z = \max(X,Y)$와 $W = \min(X, Y)$를 일반화한 것을 순서 통계량이라고 부른다.

4.2.4 이산 확률벡터의 함수

앞에서는 주로 연속 확률벡터를 다루었다. 이제, 확률밀도함수와는 다르게 확률질량함수는 확률을 나타낸다는 점을 새겨서, 변환을 거친 이산 확률벡터의 확률적 특성을 살펴 보자.

보기 4.2.16 확률변수 $X \sim b(n,p)$와 $Y \sim b(n,p)$가 독립일 때 $Z = X+Y$의 확률질량함수와 $W = X-Y$의 확률질량함수를 얻어보시오.

풀이 먼저, $Z = X+Y$의 확률질량함수 $\Pr\{Z=z\} = \sum_{k=0}^{n}\Pr\{X=k, Y=z-k\}$는, $z = 0, 1, \cdots, 2n$일 때 $\Pr\{Z=z\} = \sum_{k=0}^{n} {}_n\mathrm{C}_k p^k (1-p)^{n-k} {}_n\mathrm{C}_{z-k} p^{z-k}(1-p)^{n-z+k} = \sum_{k=0}^{n} {}_n\mathrm{C}_k {}_n\mathrm{C}_{z-k}$ $p^z(1-p)^{2n-z}$, 곧

$$\Pr\{Z=z\} = {}_{2n}\mathrm{C}_z p^z(1-p)^{2n-z} \tag{4.2.46}$$

처럼 얻을 수 있다. 또, $W = X-Y$라고 두면, $w = -n, \cdots, -1, 0, 1, \cdots, n$일 때 W의 확률질량함수는 $\Pr\{W=w\} = \sum_{k=0}^{n}\Pr\{X=k+w, Y=k\}$, 곧

$$\begin{aligned}\Pr\{W=w\} &= \sum_{k=0}^{n} {}_n\mathrm{C}_{k+w}\, {}_n\mathrm{C}_k p^{2k+w}(1-p)^{2n-2k-w} \\ &= \left(\frac{p}{1-p}\right)^w \sum_{k=0}^{n} {}_n\mathrm{C}_{k+w}\, {}_n\mathrm{C}_k p^{2k}(1-p)^{2n-2k} \end{aligned} \tag{4.2.47}$$

이다. ◇

보기 4.2.17 확률변수 X와 Y는 서로 독립이고, 그 확률질량함수는 둘 다 $p(x) = (1-\alpha)\alpha^{x-1}\tilde{u}(x-1)$이다. 여기에서, $\tilde{u}(x)$는 (1.4.16)에서 다룬 이산 공간 단위 계단 함수이고 $0 < \alpha < 1$이다. 이때, 확률벡터 $(X+Y, X)$의 결합 확률질량함수를 얻고, 이들을 바탕으로 X의 한계 확률질량함수와 $X+Y$의 한계 확률질량함수를 얻어보시오.

풀이 먼저, $p_{X+Y,X}(v,x) = \Pr\{X+Y=v,\ X=x\} = \Pr\{X=x,\ Y=v-x\}$, 곧

$$p_{X+Y,X}(v,x) = (1-\alpha)^2\alpha^{v-2}\,\tilde{u}(x-1)\,\tilde{u}(v-x-1) \tag{4.2.48}$$

이다. 그러므로, $p_{X+Y}(v) = \sum_{x=-\infty}^{\infty} p_{X+Y,X}(v,x)$, 곧

$$p_{X+Y}(v) = (1-\alpha)^2\alpha^{v-2} \sum_{x=-\infty}^{\infty} \tilde{u}(x-1)\,\tilde{u}(v-x-1) \tag{4.2.49}$$

이다. 여기에서, $x-1 \geq 0$이고 $v-x-1 \geq 0$일[27] 때에는 $\tilde{u}(x-1)\,\tilde{u}(v-x-1) = 1$이고, 그 밖에는 $\tilde{u}(x-1)\,\tilde{u}(v-x-1) = 0$인데, $\{x: x-1 \geq 0,\ v-x-1 \geq 0\} = \{x: 1 \leq x \leq v-1,\ v \geq 2\}$이므로

$$\begin{aligned} p_{X+Y}(v) &= (1-\alpha)^2\alpha^{v-2} \sum_{x=1}^{v-1} \tilde{u}(v-2) \\ &= (v-1)(1-\alpha)^2\alpha^{v-2}\,\tilde{u}(v-2) \end{aligned} \tag{4.2.50}$$

이다. 한편, $p_X(x) = \sum_{v=-\infty}^{\infty} p_{X+Y,X}(v,x)$, 곧

$$p_X(x) = (1-\alpha)^2\alpha^{-2} \sum_{v=-\infty}^{\infty} \alpha^v\,\tilde{u}(x-1)\,\tilde{u}(v-x-1) \tag{4.2.51}$$

이다. 여기에서, $x-1 \geq 0$이고 $v-x-1 \geq 0$일 때에는 $\tilde{u}(x-1)\,\tilde{u}(v-x-1) = 1$이고, 그 밖에는 $\tilde{u}(x-1)\,\tilde{u}(v-x-1) = 0$인데, $\{v: x-1 \geq 0,\ v-x-1 \geq 0\} = \{v: v \geq x+1,\ x \geq 1\}$이므로

$$\begin{aligned} p_X(x) &= (1-\alpha)^2\alpha^{-2} \sum_{v=x+1}^{\infty} \alpha^v\,\tilde{u}(x-1) \\ &= (1-\alpha)\alpha^{x-1}\,\tilde{u}(x-1) \end{aligned} \tag{4.2.52}$$

이다. ◇

4.3 기댓값과 곱 적률

4.3.1 기댓값

제3장에서 다룬 확률변수의 기댓값을 여러 차원으로 확장하면 확률벡터에서의 기댓값

$$E\{g(\underline{X})\} = \int g(\underline{x})\, dF_{\underline{X}}(\underline{x}) \tag{4.3.1}$$

을 얻는다. 한편, $\{g_i\}_{i=1}^n$이 모두 잴 수 있는 함수일 때, n차원 확률벡터 $\underline{X}$에서

$$E\left\{\sum_{i=1}^n a_i g_i(X_i)\right\} = \sum_{i=1}^n a_i E\{g_i(X_i)\} \tag{4.3.2}$$

이고, 확률벡터 $\underline{X}$가 독립이면

[27] 여기에서, 보기를 들면, $v-x-1 \geq 0$은 $v-x-1 = 0, 1, \cdots$이라고 쓰는 것이 더 명확하지만 문제가 없을 때에는 이대로 쓰자.

$$E\left\{\prod_{i=1}^{n} g_i(X_i)\right\} = \prod_{i=1}^{n} E\{g_i(X_i)\} \tag{4.3.3}$$

이다.

보기 4.3.1 제대로 만든 주사위를 짝수가 열 번 나올 때까지 거듭 굴린다. 끝날 때까지 굴린 횟수를 N이라고 두고 i가 나온 횟수를 X_i라고 할 때, N의 확률질량함수, N의 기댓값, X_2의 기댓값, X_1의 기댓값을 얻어보시오.

풀이 먼저, 확률변수 N의 확률질량함수는, $k = 10, 11, \cdots$ 일 때 $\Pr\{N = k\} = \Pr\{k$째 짝수, $(k-1)$째까지 짝수 9번 나오고 나머지는 홀수$\}$ $= \left(\frac{1}{2}\right) {}_{k-1}\mathrm{C}_9 \left(\frac{1}{2}\right)^9 \left(\frac{1}{2}\right)^{k-1-9}$, 곧

$$\Pr\{N = k\} = {}_{k-1}\mathrm{C}_9 \left(\frac{1}{2}\right)^k \tag{4.3.4}$$

이다. 이 식을 바탕으로 N의 평균을 얻으면 $E\{N\} = \sum_{k=10}^{\infty} {}_{k-1}\mathrm{C}_9 \left(\frac{1}{2}\right)^k k$인데, $k\, {}_{k-1}\mathrm{C}_9 = \frac{(k-1)!}{(k-10)!9!} k = 10 \frac{k!}{(k-10)!10!} = 10\, {}_k\mathrm{C}_{10}$임을 새기고 (2.5.16)에 보인 $\sum_{x=0}^{\infty} {}_{r+x-1}\mathrm{C}_x (1-\alpha)^x = \alpha^{-r}$을 쓰면 $E\{N\} = 10 \sum_{k=10}^{\infty} {}_k\mathrm{C}_{10} \left(\frac{1}{2}\right)^k = \frac{10}{2^{10}} \sum_{j=0}^{\infty} {}_{j+10}\mathrm{C}_{10} \left(\frac{1}{2}\right)^j = \frac{10}{2^{10}} \left(\frac{1}{2}\right)^{-11} = 20$이다. 이 값은 (2.5.17)을 확률질량함수로 본 음이항 분포의 평균을 나타내는 식 (3.문.28)에서 $(r, p) = \left(10, \frac{1}{2}\right)$로 두어 바로 얻을 수도 있다. 다음에, 끝날 때까지는 짝수가 10번 나올 것이고 2, 4, 6이 같은 확률로 나올 것이므로 $E\{X_2\} = \frac{10}{3}$이다. 한편, $N = \sum_{i=1}^{6} X_i$이므로 $E\{N\} = \sum_{i=1}^{6} E\{X_i\}$인데, $E\{X_2\} = E\{X_4\} = E\{X_6\} = \frac{10}{3}$이며 $E\{X_1\} = E\{X_3\} = E\{X_5\}$이므로, X_1의 기댓값은 $E\{X_1\} = \left(20 - 3 \times \frac{10}{3}\right) \frac{1}{3} = \frac{10}{3}$이다[28]. ◇

4.3.2 곱 적률

4.3.2.1 두 변수 확률벡터

뜻매김 4.3.1 곱 적률, 곱 중심 적률[29]

기댓값

$$m_{jk} = E\left\{X^j Y^k\right\} \tag{4.3.5}$$

를 확률변수 X와 Y의 (j, k)째 곱 적률이라고 부른다. 또, 확률변수 X의 평균을 m_X, Y의 평균을 m_Y라고 할 때

$$\mu_{jk} = E\left\{(X - m_X)^j (Y - m_Y)^k\right\} \tag{4.3.6}$$

을 X와 Y의 (j, k)째 곱 중심 적률이라고 부른다. 여기에서 $j, k = 0, 1, \cdots$이다.

[28] 말할 것도 없이, 보기 4.1.11에서 이미 얻은 X_1의 확률질량함수와 X_2의 확률질량함수를 바탕으로도 X_1의 기댓값과 X_2의 기댓값을 얻을 수 있다.

뜻매김 4.3.1에서 $m_{10} = m_X = E\{X\}$이고, $m_{01} = m_Y = E\{Y\}$이며, $m_{20} = E\left\{X^2\right\}$이고, $m_{02} = E\left\{Y^2\right\}$이며, $\mu_{10} = \mu_{01} = 0$이고, $\mu_{20} = \sigma_X^2$은 X의 분산이며, $\mu_{02} = \sigma_Y^2$은 Y의 분산이라는 것을 알 수 있다.

보기 4.3.2 확률벡터 $\underline{X} = (X_1, X_2)$에서 $E\left\{X_1 X_2^3\right\}$은 $\underline{X}$의 $(1,3)$째 곱 적률이다. ◇

뜻매김 4.3.2 상관, 공분산[30]

두 확률변수의 (1,1)째 곱 적률을 상관, (1,1)째 곱 중심 적률을 공분산, 공분산을 두 확률변수의 표준 편차의 곱으로 정규화한 – 나눈 – 것을 상관계수[31]라고 부른다.

확률벡터 (X, Y)의 상관 m_{11}을 R_{XY}처럼 쓰기도 하고, 공분산 $\mu_{11} = E\{(X - E\{X\})(Y - E\{Y\})\} = E\{XY\} - E\{X\}E\{Y\}$는 K_{XY}, $\text{Cov}(X, Y)$, 또는 C_{XY}처럼[32] 쓰기도 한다. 또한

$$\begin{aligned} \mu_{11} &= m_{11} - m_{10}m_{01} \\ &= R_{XY} - m_X m_Y \end{aligned} \tag{4.3.7}$$

이고, 상관계수 ρ_{XY}는

$$\rho_{XY} = \frac{K_{XY}}{\sqrt{\sigma_X^2 \sigma_Y^2}} \tag{4.3.8}$$

처럼 나타낼 수 있다.

뜻매김 4.3.3 직교, 상관 없음[33]

상관이 0일 때 – 곧, 곱의 평균이 0일 때 – 두 확률변수가 직교한다고 한다. 한편, 곱의 평균이 평균의 곱과 같을 때 – 곧, 공분산이나 상관계수가 0일 때 – 두 확률변수가 상관이 없다고 한다.

곧, $R_{XY} = E\{XY\} = 0$이면 X와 Y는 직교한다고 한다. 한편, $\rho_{XY} = 0$, $K_{XY} = \text{Cov}(X, Y) = 0$, 또는 $E\{XY\} = E\{X\}E\{Y\}$이면 X와 Y는 상관이 없다고 한다.

정리 4.3.1 두 확률변수가 독립이면, 이 두 확률변수는 상관이 없고 그 공분산은 0이다. 그러나, 그 역은 성립하지 않는다. ■■

곧, 두 확률변수가 상관이 없다고 반드시 X와 Y가 독립인 것은 아니다. 한편, 두 확률변수가 서로 독립이고, 그 평균 가운데에서 적어도 하나가 0이면 이 두 확률변수는 직교한다.

정리 4.3.2 상관계수의 크기는 1을 넘지 않는다. ■■

---

[29] product moment, product central moment. 곱 적률을 결합 적률이라고도 joint moment 부르고 곱 중심 적률을 결합 중심 적률이라고도 joint central moment 부른다.

[30] correlation, covariance

[31] correlation coefficient

[32] 아랫첨자가 하나보다 많으면, 때에 따라서 – 보기를 들어, 곱 XY의 확률밀도함수 f_{XY}는 확률벡터 (X, Y)의 결합 확률밀도함수 $f_{X,Y}$와 다르므로 – 쉼표를 꼭 넣어야 한다. 그러나, R_{XY}, μ_{jk}, K_{XY}, $\cdots$과 같은 것들은 둘 사이의 관계를 나타내므로 쉼표가 없어도 문제가 없고, 따라서 쉼표를 넣지 않고 쓰기도 한다.

[33] orthogonality, uncorrelatedness

증명 식 (6.부.27)에서 보인 코쉬-슈바르츠 부등식 $E^2\{XY\} \le E\left\{X^2\right\} E\left\{Y^2\right\}$을 쓰면

$$E^2\{(X - m_X)(Y - m_Y)\} \;\le\; E\left\{(X - m_X)^2\right\} E\left\{(Y - m_Y)^2\right\} \tag{4.3.9}$$

을 얻는다. 곧, $K_{XY}^2 \le \sigma_X^2 \sigma_Y^2$이므로 $\rho_{XY}^2 \le 1$을 얻는다. □

보기 4.3.3 두 확률변수 X와 Y 사이를 $Y - m_Y = c(X - m_X)$ 또는 $Y = cX + d$ 꼴로 쓸 수 있으면 $|\rho| = 1$이다. ◇

4.3.2.2 다차원 확률벡터

이제, 확률벡터의 차원을 2차원에서 n차원으로 확장하여, 확률벡터 $\underline{X} = (X_1, X_2, \cdots, X_n)^T$의 평균 벡터를 $E\{\underline{X}\} = m_{\underline{X}} = (m_1, m_2, \cdots, m_n)^T$라고 두자.

뜻매김 4.3.4 상관 행렬과 분산-공분산 행렬[34]

행렬

$$\boldsymbol{R}_{\underline{X}} \;=\; E\left\{\underline{X}\,\underline{X}^H\right\} \tag{4.3.10}$$

을 확률벡터 $\underline{X}$의 상관 행렬이라고 부르고

$$\boldsymbol{K}_{\underline{X}} \;=\; \boldsymbol{R}_{\underline{X}} - m_{\underline{X}} m_{\underline{X}}^H \tag{4.3.11}$$

을 확률벡터 $\underline{X}$의 분산-공분산 행렬이라고 한다.

위에서 윗 첨자 H는 켤레 전치[35]를 뜻한다. 이제까지는 확률변수를 실수라고 생각하였으나, 복소수라고 생각하여도 그리 많이 다를 게 없다. 그러므로, 이제부터는 때때로 실수부와 허수부로 나눌 수 있는 확률벡터도 – 곧, 복소 확률벡터도 – 함께 생각한다.

뜻매김 4.3.4에서 상관 행렬 $\boldsymbol{R}_{\underline{X}} = [R_{ij}]$는 $n \times n$ 행렬이고, 그 (i,j)째 원소 $R_{ij} = R_{X_i X_j} = E\left\{X_i X_j^*\right\}$는 확률벡터 $\underline{X}$의 i째 확률변수 X_i와 j째 확률변수 X_j의 상관이다. 마찬가지로, 분산-공분산 행렬 $\boldsymbol{K}_{\underline{X}} = [K_{ij}]$도 $n \times n$ 행렬이고, 그 (i,j)째 원소 $K_{ij} = K_{X_i X_j} = E\{(X_i - m_i)(X_j - m_j)^*\}$는 확률벡터 $\underline{X}$의 i째 확률변수 X_i와 j째 확률변수 X_j의 공분산이다. 분산-공분산 행렬을 공분산 행렬[36]이라고 부르기도 한다.

보기 4.3.4 (선형 변환의 기댓값과 상관 행렬) 실수 확률벡터 $\underline{X} = (X_1, X_2, \cdots, X_n)^T$이 $n \times n$ 선형 변환 행렬 $\boldsymbol{L} = [L_{ij}]$를 거쳐서 나온 확률벡터 $\underline{Y} = (Y_1, Y_2, \cdots, Y_n)^T$, 곧

$$\underline{Y} \;=\; \boldsymbol{L}\underline{X} \tag{4.3.12}$$

를 생각해 보자. 그러면 $\underline{X}$의 평균 벡터를 $m_{\underline{X}} = (m_{X_1}, m_{X_2}, \cdots, m_{X_n})^T$처럼 쓸 때, 기댓값의 선형성을 바탕으로 $\underline{Y}$의 평균 벡터 $m_{\underline{Y}} = E\{\underline{Y}\} = (m_{Y_1}, m_{Y_2}, \cdots, m_{Y_n})^T = E\{\boldsymbol{L}\underline{X}\} = \boldsymbol{L}E\{\underline{X}\}$를 얻으면

[34] correlation matrix. variance-covariance matrix

[35] complex conjugate transpose, conjugate transpose, Hermitian transpose, Hermitian conjugate, Hermitian adjoint

[36] covariance matrix

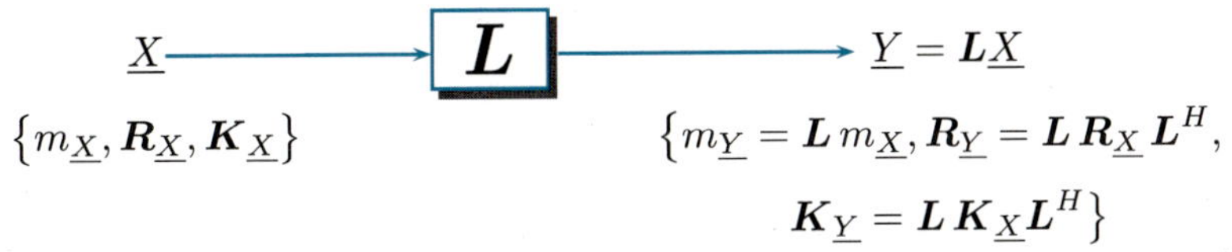

그림 4.3.1 선형 변환한 확률벡터의 평균 벡터, 상관 행렬, 공분산 행렬

$$m_{\underline{Y}} = \boldsymbol{L}\, m_{\underline{X}} \tag{4.3.13}$$

이다. 식 (4.3.13)은 새 확률벡터 $\underline{Y}$의 평균을 얻으려고 할 때, 매우 복잡한 과정을 거쳐야 얻을 수 있는 $\underline{Y}$의 결합 확률 분포를 얻는 대신 $\underline{X}$의 평균을 얻어 선형 변환하면 바로 $\underline{Y}$의 평균을 얻을 수 있다는 것을 뜻한다. 이 결과는 (3.3.9)를 확장한 것이라고 할 수 있다. 이것과 비슷하게 $\underline{X}$의 상관 행렬을 $\boldsymbol{R}_{\underline{X}}$, 분산-공분산 행렬을 $\boldsymbol{K}_{\underline{X}}$라고 두면, $\underline{Y}$의 상관 행렬 $\boldsymbol{R}_{\underline{Y}} = E\left\{\underline{Y}\,\underline{Y}^{H}\right\} = E\left\{\boldsymbol{L}\,\underline{X}\,(\boldsymbol{L}\,\underline{X})^{H}\right\} = \boldsymbol{L}\, E\left\{\underline{X}\,\underline{X}^{H}\right\} \boldsymbol{L}^{H}$은

$$\boldsymbol{R}_{\underline{Y}} = \boldsymbol{L}\, \boldsymbol{R}_{\underline{X}}\, \boldsymbol{L}^{H} \tag{4.3.14}$$

이고, 분산-공분산 행렬 $\boldsymbol{K}_{\underline{Y}} = E\left\{\left(\underline{Y} - m_{\underline{Y}}\right)\left(\underline{Y} - m_{\underline{Y}}\right)^{H}\right\} = \boldsymbol{R}_{\underline{Y}} - m_{\underline{Y}} m_{\underline{Y}}^{H} = \boldsymbol{L}\left(\boldsymbol{R}_{\underline{X}} - m_{\underline{X}} m_{\underline{X}}^{H}\right) \boldsymbol{L}^{H}$는

$$\boldsymbol{K}_{\underline{Y}} = \boldsymbol{L}\, \boldsymbol{K}_{\underline{X}} \boldsymbol{L}^{H} \tag{4.3.15}$$

이다. 곧, $\underline{Y} = \boldsymbol{L}\underline{X}$의 평균을 얻을 때와 비슷하게 $\underline{Y}$의 상관 행렬이나 분산-공분산 행렬을 얻을 때에도, $\underline{Y}$의 확률 분포를 얻지 않아도 $\underline{X}$의 상관 행렬이나 분산-공분산 행렬에서 바로 얻을 수 있다는 것이다. 이것을 정리하여 그림 4.3.1에 나타내었다. 조금 더 일반적으로 $\underline{Y} = \boldsymbol{L}\underline{X} + \underline{b}$일 때에는 $m_{\underline{Y}} = \boldsymbol{L} m_{\underline{X}} + \underline{b}$이고, $\boldsymbol{R}_{\underline{Y}} = \boldsymbol{L}\boldsymbol{R}_{\underline{X}}\boldsymbol{L}^{H} + \boldsymbol{L} m_{\underline{X}} \underline{b}^{H} + \underline{b}\left(\boldsymbol{L} m_{\underline{X}}\right)^{H} + \underline{b}\underline{b}^{H} = \boldsymbol{L}\boldsymbol{R}_{\underline{X}}\boldsymbol{L}^{H} + 2\mathrm{Re}\left(\boldsymbol{L} m_{\underline{X}} \underline{b}^{H}\right) + \underline{b}\underline{b}^{H}$이며, $\boldsymbol{K}_{\underline{Y}} = \boldsymbol{L}\, \boldsymbol{K}_{\underline{X}} \boldsymbol{L}^{H}$이다. ◇

보기 4.3.5 확률벡터 $\underline{X} = (X_1, X_2)^T$의 평균이 $m_{\underline{X}} = (1, 2)^T$이고 분산-공분산행렬은 $\boldsymbol{K}_{\underline{X}} = \begin{pmatrix} 2 & -1 \\ -1 & 1 \end{pmatrix}$이다. 이제, $\boldsymbol{L} = \begin{pmatrix} 1 & 1 \\ -1 & 1 \end{pmatrix}$일 때, $\underline{Y} = \boldsymbol{L}\underline{X}$의 평균과 분산-공분산행렬을 얻어보시오,

풀이 먼저, $\underline{Y} = \boldsymbol{L}\underline{X}$의 평균은 $m_{\underline{Y}} = \boldsymbol{L}\, m_{\underline{X}} = (3, 1)^T$이다. 다음에, $\underline{Y} = \boldsymbol{L}\underline{X}$의 분산-공분산행렬은 $\boldsymbol{K}_{\underline{Y}} = \boldsymbol{L}\, \boldsymbol{K}_{\underline{X}} \boldsymbol{L}^{H} = \begin{pmatrix} 1 & 1 \\ -1 & 1 \end{pmatrix}\begin{pmatrix} 2 & -1 \\ -1 & 1 \end{pmatrix}\begin{pmatrix} 1 & -1 \\ 1 & 1 \end{pmatrix} = \begin{pmatrix} 1 & -1 \\ -1 & 5 \end{pmatrix}$이다. ◇

정리 4.3.3 상관 행렬과 분산-공분산 행렬은 에르미트 행렬[37]이다. ■■

[37]Hermitian matrix. 행렬 $\boldsymbol{A}$와 그 켤레 전치 행렬 $\boldsymbol{A}^{H}$이 같을 때 행렬 $\boldsymbol{A}$를 에르미트 행렬이라고 부른다.

증명 두 확률변수 X_i와 X_j의 상관은 $R_{X_iX_j} = E\{X_iX_j^*\} = (E\{X_jX_i^*\})^* = R^*_{X_jX_i}$이므로 상관 행렬이 에르미트 행렬이라는 것을 알 수 있다. 마찬가지로, $Y_i = X_i - m_i$라고 두면, 분산-공분산 행렬이 에르미트 행렬이라는 것을 알 수 있다. □

정리 4.3.4 상관 행렬과 분산-공분산 행렬은 준양정치이다. ■■

증명 먼저, $\underline{a} = (a_1, a_2, \cdots, a_n)$이고 $\underline{X} = (X_1, X_2, \cdots, X_n)^T$라고 두면 $E\left\{|\underline{aX}|^2\right\} = E\{\underline{a}\underline{X}\underline{X}^H\underline{a}^H\} = \underline{a}E\{\underline{X}\underline{X}^H\}\underline{a}^H \geq 0$이므로 상관 행렬 $\boldsymbol{R}_{\underline{X}} = E\{\underline{X}\underline{X}^H\}$이 준양정치이다. 또, $Y_i = X_i - m_i$라고 두면, 분산-공분산 행렬이 준양정치임을 바로 알 수 있다. □

뜻매김 4.3.5 상관이 없는 확률벡터[38]

두 수 i와 j가 서로 다를 때 늘 $K_{X_iX_j} = 0$이면 – 곧, $E\left\{X_iX_j^*\right\} = E\{X_i\}E\left\{X_j^*\right\}$이면 – 확률벡터 $\underline{X}$를 상관이 없는 확률벡터라고 부른다.

따라서, 상관이 없는 확률벡터 $\underline{X}$의 상관 행렬 $\boldsymbol{R}_{X_iX_j} = E\{X_iX_j^*\}$은

$$R_{X_iX_j} = \begin{cases} E\left\{|X_i|^2\right\}, & i = j, \\ E\{X_i\}E\{X_j^*\}, & i \neq j \end{cases} \tag{4.3.16}$$

이고, 분산-공분산 행렬은

$$\boldsymbol{K}_{X_iX_j} = \sigma^2_{X_i}\delta_{ij} \tag{4.3.17}$$

이다[39].

뜻매김 4.3.6 서로 상관이 없는 두 확률벡터

두 수 i와 j를 어떻게 고르더라도 늘 $E\left\{X_iY_j^*\right\} = E\{X_i\}E\left\{Y_j^*\right\}$이면 확률벡터 $\underline{X}$와 $\underline{Y}$는 서로 상관이 없다고 한다.

쉽게 알 수 있듯이, $\underline{X}$와 $\underline{Y}$가 서로 상관이 없는지는 $\underline{X}$나 $\underline{Y}$가 상관이 없는 확률벡터인지 아닌지와 아무 관련이 없다. 곧, 확률벡터 $\underline{X}$와 $\underline{Y}$가 서로 상관이 없더라도 $\underline{X}$나 $\underline{Y}$가 상관이 없는 확률벡터가 아닐 수도 있고, $\underline{X}$와 $\underline{Y}$가 둘 다 상관이 없는 확률벡터이더라도 확률벡터 $\underline{X}$와 $\underline{Y}$가 서로 상관이 있을 수도 있다.

정리 4.3.5 분산-공분산 행렬이 양정치인[40] 확률벡터는 상관이 없는 확률벡터로 선형 변환할 수 있다. ■■

[38] uncorrelated random vector

[39] 상관이 없는 확률벡터를 선형 독립 확률벡터라고 부를 때도 있다. 한편, $a_1X_1 + a_2X_2 + \cdots + a_nX_n = 0$을 만족시키는 $\underline{0}$이 아닌 벡터 $\underline{a} = (a_1, a_2, \cdots, a_n)$을 찾을 수 있으면 확률벡터 $\underline{X} = (X_1, X_2, \cdots, X_n)$을 선형 종속 확률벡터라고 부르기도 한다.

[40] positive definite

증명 이 정리는 $n \times n$ 행렬 $\boldsymbol{A}$가 정규 행렬[41]이면, 직교하는 단위 벡터 n개를 $\boldsymbol{A}$의 고유 벡터로 삼을 수 있고, $\boldsymbol{P}^{-1}\boldsymbol{AP} = \boldsymbol{P}^H\boldsymbol{AP}$가 맞모 행렬[42]인 일원 행렬[43] $\boldsymbol{P}$가 존재한다는 성질을 바탕으로 보일 수 있다.

먼저, n차원 확률벡터 $\underline{X} = (X_1, X_2, \cdots, X_n)^T$의 분산-공분산 행렬 $\boldsymbol{K}_{\underline{X}}$가 양정치라고 하고, 그 고유값을 $\{\lambda_i\}_{i=1}^n$이라고 두자. 그러면 분산-공분산 행렬은 늘 에르미트 행렬이므로 $\{\lambda_i\}_{i=1}^n$은 모두 실수이고, 또, $\boldsymbol{K}_{\underline{X}}$가 양정치이므로 $\{\lambda_i\}_{i=1}^n$은 모두 0보다 크다. 이제,

$$\underline{a}_i^H \underline{a}_j = \delta_{ij} \tag{4.3.18}$$

을[44] 만족시키도록 고유값 $\{\lambda_i\}$에 대응하는 고유 벡터[45]들

$$\{\underline{a}_i\}_{i=1}^n = \left\{(a_{i1}, a_{i2}, \cdots, a_{in})^T\right\}_{i=1}^n \tag{4.3.19}$$

를 잡으면, 그 고유 벡터들이 이루는 행렬

$$\begin{aligned} \boldsymbol{A} &= (\underline{a}_1, \underline{a}_2, \cdots, \underline{a}_n)^H \\ &= \left[a_{ij}^H\right] \end{aligned} \tag{4.3.20}$$

은 일원 행렬이다. 여기에서, λ_i가 $\boldsymbol{K}_{\underline{X}}$의 고유값이고 $\underline{a}_i$가 그에 대응하는 고유 벡터이므로 $\boldsymbol{K}_{\underline{X}}\underline{a}_i = \lambda_i \underline{a}_i$라는 것을 새긴 다음, (4.3.18)을 써서 (4.3.15)를 바탕으로 확률벡터 $\underline{Y} = (Y_1, Y_2, \cdots, Y_n)^T = \boldsymbol{A}\underline{X}$의 분산-공분산 행렬 $\boldsymbol{K}_{\underline{Y}} = \boldsymbol{A}\boldsymbol{K}_{\underline{X}}\boldsymbol{A}^H$을 얻으면, $\boldsymbol{K}_{\underline{X}}(\underline{a}_1, \underline{a}_2, \cdots, \underline{a}_n) = (\lambda_1\underline{a}_1, \lambda_2\underline{a}_2, \cdots, \lambda_n\underline{a}_n)$이므로,

$$\begin{aligned} \boldsymbol{K}_{\underline{Y}} &= (\underline{a}_1, \underline{a}_2, \cdots, \underline{a}_n)^H (\lambda_1\underline{a}_1, \lambda_2\underline{a}_2, \cdots, \lambda_n\underline{a}_n) \\ &= \left[\lambda_i \underline{a}_i^H \underline{a}_j\right] \\ &= \text{diag}(\lambda_1, \lambda_2, \cdots, \lambda_n) \end{aligned} \tag{4.3.21}$$

이다. 곧, $\underline{Y} = \boldsymbol{A}\underline{X}$는 상관이 없는 확률벡터이다. □

보기 4.3.6 확률벡터 $\underline{U} = (U_1, U_2)^T \sim N(10, 0, 4, 1, 0.5)$와 $\underline{U}$의 선형 변환 $\underline{V} = (V_1, V_2)^T = \boldsymbol{L}\underline{U} = \begin{pmatrix} -2 & 5 \\ 1 & 1 \end{pmatrix}\begin{pmatrix} U_1 \\ U_2 \end{pmatrix} = \begin{pmatrix} -2U_1 + 5U_2 \\ U_1 + U_2 \end{pmatrix}$를 생각하자. 그러면 확률벡터 $\underline{V}$의 평균 벡터

---

[41] normal matrix. 행렬 $\boldsymbol{A}$와 그 켤레 전치 행렬 $\boldsymbol{A}^H$의 곱의 순서를 바꿀 수 있을 때 – 곧, $\boldsymbol{AA}^H = \boldsymbol{A}^H\boldsymbol{A}$일 때 – 행렬 $\boldsymbol{A}$를 정규 행렬이라고 부른다.

[42] diagonal matrix. 행렬 $\boldsymbol{A} = [a_{ij}]$에서 $i \neq j$일 때 $a_{ij} = 0$이면 행렬 $\boldsymbol{A}$를 맞모 행렬이라고 부르는데, 맞모 행렬은 자주 $\text{diag}(a_1, a_2, \cdots, a_n)$처럼 쓴다.

[43] unitary matrix. 행렬 $\boldsymbol{A}$의 켤레 전치 행렬이 역 행렬과 같을 때 – 곧, $\boldsymbol{A}^H = \boldsymbol{A}^{-1}$ 또는 $\boldsymbol{A}^H\boldsymbol{A} = \boldsymbol{AA}^H = \boldsymbol{I}$일 때 – 행렬 $\boldsymbol{A}$를 일원 행렬이라고 부른다. 실수 공간에서는 일원 행렬을 직교 orthogonal 행렬이라고 부른다. 한편, 에르미트 행렬은 모두 정규 행렬이고, 일원 행렬도 모두 정규 행렬이지만, 그 역은 성립하지 않는다는 것을 새겨서 두어야 한다. 보기를 들면, $\begin{pmatrix} 1 & -1 \\ 1 & 1 \end{pmatrix}$은 정규 행렬이지만, 에르미트 행렬도 일원 행렬도 아니다.

[44] 여기에서, $\delta_{ij} = \begin{cases} 1, & i = j, \\ 0, & i \neq j \end{cases}$ 또는 $\delta_k = \begin{cases} 1, & k = 0, \\ 0, & k \neq 0 \end{cases}$ 을 크로네커 Kronecker 충격 함수 또는 크로네커 함수라고 부른다.

[45] eigenvector

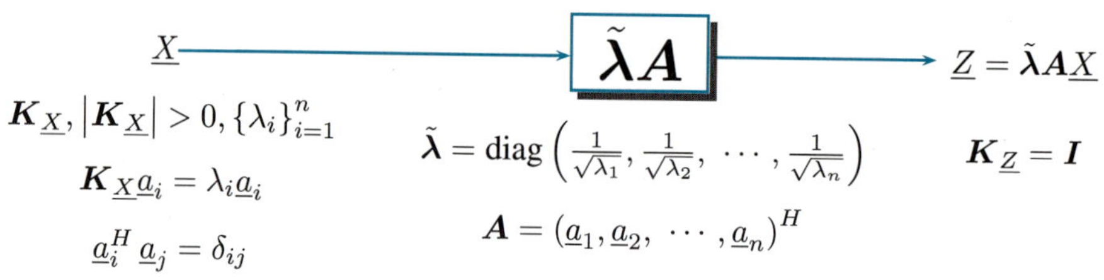

그림 4.3.2 서로 상관이 없고 분산이 모두 1인 확률변수들의 벡터로 만들기

는 $E\{\underline{V}\} = \boldsymbol{L}E\{\underline{U}\} = \begin{pmatrix} -2 & 5 \\ 1 & 1 \end{pmatrix}\begin{pmatrix} 10 \\ 0 \end{pmatrix} = \begin{pmatrix} -20 \\ 10 \end{pmatrix}$이다. 또, $\underline{U}$의 분산-공분산 행렬이 $\begin{pmatrix} 4 & 1 \\ 1 & 1 \end{pmatrix}$이므로 $\underline{V}$의 분산-공분산 행렬은 $\boldsymbol{K}_{\underline{V}} = \boldsymbol{L}\boldsymbol{K}_{\underline{U}}\boldsymbol{L}^H = \begin{pmatrix} 21 & 0 \\ 0 & 7 \end{pmatrix}$이다. ◇

이제, 정리 4.3.5에서 한 걸음 더 나아가보자. 먼저, n차원 확률벡터 $\underline{X}$의 분산-공분산 행렬 $\boldsymbol{K}_{\underline{X}}$의 고유값 $\{\lambda_i\}_{i=1}^n$이 모두 0보다 크다는 것을 새겨서

$$\tilde{\boldsymbol{\lambda}} = \mathrm{diag}\left(\frac{1}{\sqrt{\lambda_1}}, \frac{1}{\sqrt{\lambda_2}}, \cdots, \frac{1}{\sqrt{\lambda_n}}\right) \tag{4.3.22}$$

처럼 두고, $\underline{Y}$를

$$\underline{Z} = \tilde{\boldsymbol{\lambda}}\underline{Y} \tag{4.3.23}$$

처럼 선형 변환하면 $\underline{Z}$의 분산-공분산 행렬 $\boldsymbol{K}_{\underline{Z}} = \tilde{\boldsymbol{\lambda}}\boldsymbol{K}_{\underline{Y}}\tilde{\boldsymbol{\lambda}}^H$은

$$\boldsymbol{K}_{\underline{Z}} = \boldsymbol{I} \tag{4.3.24}$$

이다. 곧, $\underline{Z} = \tilde{\boldsymbol{\lambda}}\underline{Y} = \tilde{\boldsymbol{\lambda}}\boldsymbol{A}\underline{X}$는 서로 상관이 없고 분산이 모두 1인 확률변수들의 벡터이다. 그림 4.3.2에 이 내용을 보기 쉽게 나타내었다.

보기 4.3.7 확률벡터 $\underline{X} = (X_1, X_2)^T$의 분산-공분산 행렬이 $\boldsymbol{K}_{\underline{X}} = \begin{pmatrix} 13 & 12 \\ 12 & 13 \end{pmatrix}$일 때, $\underline{X}$를 상관이 없고 분산이 모두 1인 확률변수들의 벡터로 바꾸는 선형 변환을 얻어보시오.

풀이 먼저, 특성 방정식[46] $|\lambda\boldsymbol{I} - \boldsymbol{K}_{\underline{X}}| = 0$을 풀면 $\boldsymbol{K}_{\underline{X}}$의 고유값 $\lambda_1 = 25$와 단위 고유 벡터 $\frac{1}{\sqrt{2}}(1\ 1)^T$, 또 고유값 $\lambda_2 = 1$과 단위 고유 벡터 $\frac{1}{\sqrt{2}}(1\ -1)^T$를 얻을 수 있다. 이 고유 값과 고유 벡터의 두 짝으로 만든 선형 변환 $\boldsymbol{B} = \frac{1}{\sqrt{2}}\begin{pmatrix} \frac{1}{\sqrt{25}} & 0 \\ 0 & \frac{1}{\sqrt{1}} \end{pmatrix}\begin{pmatrix} 1 & 1 \\ 1 & -1 \end{pmatrix} = \frac{1}{\sqrt{50}}\begin{pmatrix} 1 & 1 \\ 5 & -5 \end{pmatrix}$를 생각하면 $\underline{W} = \boldsymbol{B}\underline{X}$의 분산-공분산 행렬 $\boldsymbol{K}_{\underline{W}} = \boldsymbol{B}\boldsymbol{K}_{\underline{X}}\boldsymbol{B}^H$은 $\boldsymbol{K}_{\underline{W}} = \frac{1}{50}\begin{pmatrix} 1 & 1 \\ 5 & -5 \end{pmatrix}\begin{pmatrix} 25 & 5 \\ 25 & -5 \end{pmatrix} = \begin{pmatrix} 1 & 0 \\ 0 & 1 \end{pmatrix}$이다. 곧, $\boldsymbol{B}$는 $\underline{X}$를 상관이 없고 분산이 모두 1인 확률변수들의 벡터로 바꾸는 선형 변환이다.

[46]characteristic equation

한편, $\boldsymbol{A} = \frac{1}{5}\begin{pmatrix} -2 & 3 \\ 3 & -2 \end{pmatrix}$처럼 두면, $\underline{Y} = \boldsymbol{A}\underline{X}$의 분산-공분산 행렬 $\boldsymbol{K}_{\underline{Y}} = \boldsymbol{A}\boldsymbol{K}_{\underline{X}}\boldsymbol{A}^H$은 $\boldsymbol{K}_{\underline{Y}} = \frac{1}{25}\begin{pmatrix} -2 & 3 \\ 3 & -2 \end{pmatrix}\begin{pmatrix} 10 & 15 \\ 15 & 10 \end{pmatrix} = \begin{pmatrix} 1 & 0 \\ 0 & 1 \end{pmatrix}$이다. 곧, $\boldsymbol{A}$도 $\boldsymbol{B}$와 마찬가지로 $\underline{X}$를 상관이 없고 분산이 모두 1인 확률변수들의 벡터로 바꾸는 선형 변환이다. 여기에서, $\boldsymbol{A}\boldsymbol{A}^H = \boldsymbol{A}^H\boldsymbol{A}$이므로 $\boldsymbol{A}$는 정규 행렬이고 $\boldsymbol{B}\boldsymbol{B}^H \neq \boldsymbol{B}^H\boldsymbol{B}$이므로 $\boldsymbol{B}$는 정규 행렬이 아니다. 또, $\boldsymbol{A}\boldsymbol{K}_{\underline{X}}\boldsymbol{A}^H = \boldsymbol{I}$이고 $\boldsymbol{B}\boldsymbol{K}_{\underline{X}}\boldsymbol{B}^H = \boldsymbol{I}$이므로 왼쪽에 $\boldsymbol{A}^{-1}$과 $\boldsymbol{B}^{-1}$을, 오른쪽에 $\left(\boldsymbol{A}^H\right)^{-1}$과 $\left(\boldsymbol{B}^H\right)^{-1}$을 각각 곱한 다음 역 행렬을 생각하면 $\boldsymbol{A}^H\boldsymbol{A} = \boldsymbol{B}^H\boldsymbol{B} = \frac{1}{25}\begin{pmatrix} 13 & -12 \\ -12 & 13 \end{pmatrix} = \boldsymbol{K}_{\underline{X}}^{-1}$을 얻는다. ◇

4.3.3 결합 특성함수와 결합 적률생성함수

뜻매김 4.3.7 결합 특성함수[47]

확률벡터 $\underline{X} = (X_1, X_2, \cdots, X_n)^T$을 생각할 때, 함수

$$\varphi_{\underline{X}}(\underline{\omega}) = E\left\{\exp\left(j\underline{\omega}^T\underline{X}\right)\right\} \tag{4.3.25}$$

를 확률벡터 $\underline{X}$의 결합 특성함수라고 일컫는다. 여기에서, $\underline{\omega} = (\omega_1, \omega_2, \cdots, \omega_n)^T$이다.

위 뜻매김을 바탕으로 연속 확률벡터 $\underline{X}$의 결합 특성함수를

$$\varphi_{\underline{X}}(\underline{\omega}) = \int_{-\infty}^{\infty}\int_{-\infty}^{\infty}\cdots\int_{-\infty}^{\infty} f_{\underline{X}}(\underline{x})\exp\left(j\underline{\omega}^T\underline{x}\right)d\underline{x} \tag{4.3.26}$$

처럼 쓸 수 있으므로, 결합 특성함수는 결합 확률밀도함수 $f_{\underline{X}}(\underline{x})$를 다차원 푸리에 변환한 것의 켤레이다. 여기에서, $\underline{x} = (x_1, x_2, \cdots, x_n)^T$이고 $d\underline{x} = dx_1dx_2\cdots dx_n$이다. 그러므로, 결합 특성함수를 역변환하면 $f_{\underline{X}}(\underline{x}) = \frac{1}{(2\pi)^n}\int_{-\infty}^{\infty}\int_{-\infty}^{\infty}\cdots\int_{-\infty}^{\infty}\varphi_{\underline{X}}(\underline{\omega})\exp\left(-j\underline{\omega}^T\underline{x}\right)d\underline{\omega}$처럼 연속 확률벡터 $\underline{X}$의 결합 확률밀도함수를 얻을 수 있다.

뜻매김 4.3.8 결합 적률생성함수[48]

함수

$$M_{\underline{X}}(\underline{t}) = E\left\{\exp\left(\underline{t}^T\underline{X}\right)\right\} \tag{4.3.27}$$

을 확률벡터 $\underline{X}$의 결합 적률생성함수라고 부른다. 여기에서, $\underline{t} = (t_1, t_2, \cdots, t_n)^T$이다.

곧, 결합 적률생성함수는 결합 확률밀도함수를 다차원 라플라스 변환하여 그 켤레를 얻은 – $\underline{t}$를 $-\underline{t}$로 바꾼 – 것이다. 또한, 결합 특성함수에서와 비슷하게 결합 적률생성함수를 역변환하면 결합 확률밀도함수를 얻을 수 있다.

말할 것도 없이, 결합 특성함수나 결합 적률생성함수에서 한계 특성함수나 한계 적률생성함수를 얻을 수 있다. 보기를 들면, 확률벡터 $\underline{X}$ 가운데에서 확률변수 X_i의 한계 특성함수는

[47] joint cf
[48] joint mgf

$$\varphi_{X_i}(\omega_i) = \varphi_{\underline{X}}(\underline{\omega})\Big|_{j \neq i\text{인 모든 } \omega_j=0} \tag{4.3.28}$$

이고 한계 적률생성함수는

$$M_{X_i}(t_i) = M_{\underline{X}}(\underline{t})\Big|_{j \neq i\text{인 모든 } t_j=0} \tag{4.3.29}$$

이다.

확률변수 X와 Y가 서로 독립일 때, g와 h가 연속 함수이면 $g(X)$와 $h(Y)$가 서로 독립이라는 것을 정리 4.1.3에서 보았다. 이제, X와 Y가 상관이 없을 때 $g(X)$와 $h(Y)$가 상관이 없는지 알아보자.

정리 4.3.6 두 확률변수 X와 Y가 서로 독립이면 $g(X)$와 $h(Y)$가 상관이 없다. 그러나, 두 확률변수 X와 Y가 상관이 없지만 서로 독립이 아니면 $g(X)$와 $h(Y)$가 상관이 없다고 할 수 없다. ■■

증명 먼저, X와 Y가 서로 독립이면 $E\{g(X)h(Y)\} = \int_{-\infty}^{\infty}\int_{-\infty}^{\infty} g(x)h(y)f_{X,Y}(x,y)dxdy = \int_{-\infty}^{\infty} g(x)f_X(x)dx \int_{-\infty}^{\infty} h(y)f_Y(y)dy = E\{g(X)\}E\{h(Y)\}$이므로 $g(X)$와 $h(Y)$는 상관이 없다. 이제, 두 확률변수 X와 Y가 상관이 없지만 서로 독립이 아닐 때, 연속 함수 g와 h를 어떻게 고르더라도 $g(X)$와 $h(Y)$가 상관이 없다고 두자. 이제, $g(x) = e^{j\omega_1 x}$라고 두고 $h(y) = e^{j\omega_2 y}$라고 두면, $E\{g(X)h(Y)\} = E\{g(X)\}E\{h(Y)\}$, 곧 $E\left\{e^{j(\omega_1 X + \omega_2 Y)}\right\} = E\left\{e^{j\omega_1 X}\right\}E\left\{e^{j\omega_2 Y}\right\}$이다. 이 결과는 X와 Y의 결합 특성함수 $\varphi_{X,Y}(\omega_1,\omega_2)$를 $\varphi_{X,Y}(\omega_1,\omega_2) = E\left\{e^{j(\omega_1 X + \omega_2 Y)}\right\} = E\left\{e^{j\omega_1 X}\right\}E\left\{e^{j\omega_2 Y}\right\} = \varphi_X(\omega_1)\varphi_Y(\omega_2)$처럼 X의 한계 특성함수와 Y의 한계 특성함수의 곱으로 나타낼 수 있다는 뜻이고, 따라서 X와 Y가 서로 독립이 아니라는 가정과 모순이다. 그러므로, X와 Y가 상관이 없지만 서로 독립이 아닐 때, $g(X)$와 $h(Y)$가 늘 상관이 없다고 할 수 없다. 곧,

$$E\{XY\} = E\{X\}E\{Y\} \nrightarrow E\{g(X)h(Y)\} = E\{g(X)\}E\{h(Y)\} \tag{4.3.30}$$

이다. □

한편, 정리 4.1.3을 새기면, 확률벡터 $\underline{X}$가 독립 확률벡터일 때 그 결합 특성함수를

$$\varphi_{\underline{X}}(\underline{\omega}) = \prod_{i=1}^{n} \varphi_{X_i}(\omega_i) \tag{4.3.31}$$

처럼 한계 특성함수의 곱으로 쓸 수 있다는 것을 쉽게 알 수 있다. 또, 정리 3.3.2에서 보았듯이 특성함수와 분포는 서로 일대일 대응하므로, 결합 특성함수가 한계 특성함수의 곱인 확률벡터는 독립 확률벡터라는 것도 쉽게 알 수 있다.

보기 4.3.8 확률벡터 $\underline{X}$가 독립이고 $Y = \sum_{i=1}^{n} X_i$이면 Y의 특성함수 $\varphi_Y(\omega) = E[\exp\{j\omega(X_1 + X_2 + \cdots + X_n)\}] = E\left\{e^{j\omega X_1}e^{j\omega X_2}\cdots e^{j\omega X_n}\right\} = \varphi_{X_1}(\omega)\varphi_{X_2}(\omega)\cdots\varphi_{X_n}(\omega)$는

$$\varphi_Y(\omega) = \prod_{i=1}^{n} \varphi_{X_i}(\omega) \tag{4.3.32}$$

이다. 따라서, 특성함수 (4.3.32)를 역변환하면 Y의 확률밀도함수 $f_Y(y)$를 얻을 수 있는데, 이 확률밀도함수 $f_Y(y)$는 X_i의 확률밀도함수 $f_{X_i}(x_i)$들을 길쌈한 것임을 쉽게 알 수 있다. 곧,

$$f_{X_1+X_2+\cdots+X_n} = f_{X_1} * f_{X_2} * \cdots * f_{X_n} \tag{4.3.33}$$

이다. 앞에서 얻은 (4.2.15)는 (4.3.33)에서 $n=2$인 때이다. ◇

보기 4.3.9 식 (4.3.32)를 써서 매개변수가 λ_i인 포아송 확률변수들 $\{X_i\}_{i=1}^n$이 서로 독립이면 $Y=\sum_{i=1}^{n} X_i$는 매개변수가 $\sum_{i=1}^{n}\lambda_i$인 포아송 확률변수라는 것을 보이시오.

풀이 분포가 $P(\lambda_i)$이면 특성함수는 $\varphi_{X_i}(\omega)=\exp\left\{\lambda_i\left(e^{j\omega}-1\right)\right\}$이므로 (4.3.32)에서 $Y=\sum_{i=1}^{n} X_i$의 특성함수 $\varphi_Y(\omega)=\prod_{i=1}^{n}\exp\left\{\lambda_i\left(e^{j\omega}-1\right)\right\}=\exp\left\{\sum_{i=1}^{n}\lambda_i\left(e^{j\omega}-1\right)\right\}$은

$$\varphi_Y(\omega) = \exp\left\{\left(\sum_{i=1}^{n}\lambda_i\right)\left(e^{j\omega}-1\right)\right\} \tag{4.3.34}$$

이다. 이 식은 $Y\sim P\left(\sum_{i=1}^{n}\lambda_i\right)$라는 것을 뜻한다. ◇

뒤에 나오는 6.2.1절에서 독립인 확률변수를 여럿 더한 것에 대해서 다시 더 다룬다. 식 (4.3.32)에서 보았듯이 X와 Y가 독립이면 $X+Y$의 특성함수는 X의 특성함수와 Y의 특성함수의 곱이다. 그러나, 그 역은 성립하지 않는다. 바꾸어 말하면, $X+Y$의 특성함수가 X의 특성함수와 Y의 특성함수의 곱이더라도 X와 Y가 독립이 아닐 때도 있다. 조금 더 자세히 말하면, 두 확률변수 X_1과 X_2가 독립이고 $X_1\sim F_1$이며 $X_2\sim F_2$이면, (가) $X_1+X_2\sim F_1*F_2$이고 (나) X_1과 X_2가 절대 연속 확률변수이고 그 확률밀도함수를 각각 f_1과 f_2라고 할 때 $X_1+X_2\sim f_1*f_2$이다. 다만, X_1과 X_2가 독립이 아니더라도 $X_1+X_2\sim f_1*f_2$일 때가 있는데, 그 보기로는 아래 보기와 함께 독립이 아닌 코쉬 확률변수를 들 수 있다.

보기 4.3.10 (더한 것의 적률생성함수가 적률생성함수의 곱이지만 독립이 아닌 두 확률변수) 이산 확률변수 (X,Y)의 결합 확률질량함수 $p_{X,Y}(x,y)=\Pr\{X=x,Y=y\}$가

$$\begin{aligned} &p_{X,Y}(1,1)=\tfrac{1}{9},\quad p_{X,Y}(1,2)=\tfrac{1}{18},\quad p_{X,Y}(1,3)=\tfrac{1}{6},\\ &p_{X,Y}(2,1)=\tfrac{1}{6},\quad p_{X,Y}(2,2)=\tfrac{1}{9},\quad p_{X,Y}(2,3)=\tfrac{1}{18},\\ &p_{X,Y}(3,1)=\tfrac{1}{18},\quad p_{X,Y}(3,2)=\tfrac{1}{6},\quad p_{X,Y}(3,3)=\tfrac{1}{9} \end{aligned} \tag{4.3.35}$$

와 같다고 두자. 그러면 X의 확률질량함수 $p_X(x)=\Pr\{X=x\}$는 $p_X(1)=p_X(2)=p_X(3)=\frac{1}{3}$이고, Y의 확률질량함수 $p_Y(y)=\Pr\{Y=y\}$는 $p_Y(1)=p_Y(2)=p_Y(3)=\frac{1}{3}$이므로 X와 Y는 서로 독립이 아니다. 한편, X와 Y의 적률생성함수는 둘 다 $M_X(t)=M_Y(t)=\frac{1}{3}\left(e^t+e^{2t}+e^{3t}\right)$이고, $X+Y$의 적률생성함수는 $M_{X+Y}(t)=\frac{1}{9}\left(e^{2t}+2e^{3t}+3e^{4t}+2e^{5t}+e^{6t}\right)$인데, 이 결과는 $M_X(t)M_Y(t)$와 같다. ◇

한편, 확률변수의 적률을 특성함수나 적률생성함수를 써서 쉽게 얻었던 것처럼 결합 특성함수나 결합 적률생성함수를 쓰면 곱 적률을 쉽게 얻을 수 있다.

정리 4.3.7 결합 특성함수에서 곱 적률 $m_{k_1k_2\cdots k_n} = E\left\{X_1^{k_1}X_2^{k_2}\cdots X_n^{k_n}\right\} = \int_{-\infty}^{\infty}\int_{-\infty}^{\infty}\cdots\int_{-\infty}^{\infty} x_1^{k_1}x_2^{k_2}\cdots x_n^{k_n} f_{\underline{X}}(\underline{x})\,d\underline{x} = \int_{-\infty}^{\infty}\int_{-\infty}^{\infty}\cdots\int_{-\infty}^{\infty} f_{\underline{X}}(\underline{x})\left(\frac{1}{j^K}\frac{\partial^K}{\partial\omega_1^{k_1}\partial\omega_2^{k_2}\cdots\partial\omega_n^{k_n}}e^{j\underline{\omega}^T\underline{x}}\right)\Big|_{\underline{\omega}=\underline{0}} d\underline{x}$를 얻으면

$$\begin{aligned} m_{k_1k_2\cdots k_n} &= j^{-K}\frac{\partial^K}{\partial\omega_1^{k_1}\partial\omega_2^{k_2}\cdots\partial\omega_n^{k_n}}\int_{-\infty}^{\infty}\int_{-\infty}^{\infty}\cdots\int_{-\infty}^{\infty} f_{\underline{X}}(\underline{x})\,e^{j\underline{\omega}^T\underline{x}}d\underline{x}\Bigg|_{\underline{\omega}=\underline{0}} \\ &= j^{-K}\frac{\partial^K\varphi_{\underline{X}}(\underline{\omega})}{\partial\omega_1^{k_1}\partial\omega_2^{k_2}\cdots\partial\omega_n^{k_n}}\Bigg|_{\underline{\omega}=\underline{0}} \end{aligned} \tag{4.3.36}$$

이다. 여기에서, $K = \sum_{i=1}^{n} k_i$이다. ■■

위와 비슷하게 결합 적률생성함수를 써서도

$$m_{k_1k_2\cdots k_n} = \frac{\partial^K M_{\underline{X}}(\underline{t})}{\partial t_1^{k_1}\partial t_2^{k_2}\cdots\partial t_n^{k_n}}\Bigg|_{\underline{t}=\underline{0}} \tag{4.3.37}$$

처럼 곱 적률을 얻을 수 있다. 특히, 2차원 확률벡터 (X, Y)의 결합 적률생성함수를 $M_{X,Y}(t_1, t_2) = E\{\exp(t_1X + t_2Y)\}$라고 쓰면 적률 정리

$$m_{kr} = \frac{\partial^{k+r}M_{X,Y}(t_1,t_2)}{\partial t_1^k\partial t_2^r}\Bigg|_{(t_1,t_2)=(0,0)} \tag{4.3.38}$$

을 얻는다.

보기 4.3.11 (특성함수와 길쌈) 두 함수 G와 H가 같으면 $F * G = F * H$이다. 그러나, 그 역이 늘 성립하는 것은 아니다: 곧, $F * G = F * H$일 때 늘 $G = H$인 것은 아니다. 보기를 살펴보자. 확률변수 X의 분포가

$$\Pr\{X = x\} = \begin{cases} \frac{1}{2}, & x = 0, \\ \frac{2}{\pi^2(2n-1)^2}, & x = \pm(2n-1)\pi, \quad n = 1, 2, \cdots, \\ 0, & \text{그 밖에는} \end{cases} \tag{4.3.39}$$

이면 특성함수 $\varphi_X(t) = \frac{1}{2} + \sum_{n=1}^{\infty}\frac{4}{\pi^2(2n-1)^2}\cos\{(2n-1)\pi t\}$는 주기가 2이고

$$\varphi_X(t) = 1 - |t|, \quad |t| \le 1 \tag{4.3.40}$$

이다. 한편,

$$\Pr\{Y = x\} = \begin{cases} \frac{4}{\pi^2(2n-1)^2}, & x = \pm\frac{(2n-1)\pi}{2}, \quad n = 1, 2, \cdots, \\ 0, & \text{그 밖에는} \end{cases} \tag{4.3.41}$$

인 확률변수 Y의 특성함수는

$$\varphi_Y(t) = (1 - |t|)\,u(2 - |t|) \tag{4.3.42}$$

이고 주기가 4이다. 식 (4.3.40)과 (4.3.42)를 살펴 보면, $|\varphi_X(t)| = |\varphi_Y(t)|$이고, $t \in (-1, 1)$일 때 $\varphi_X(t) = \varphi_Y(t)$이다. 이제, 확률변수 Z의 확률밀도함수가

$$f_Z(x) = \begin{cases} \frac{1-\cos x}{\pi x^2}, & x \neq 0, \\ \frac{1}{2\pi}, & x = 0 \end{cases} \tag{4.3.43}$$

이면, Z의 특성함수는 $\varphi_Z(t) = (1-|t|)u(1-|t|)$이다. 곧, $\varphi_Z(t)\varphi_X(t) = \varphi_Z(t)\varphi_Y(t)$이지만 $\varphi_X(t) \neq \varphi_Y(t)$이므로 X, Y, Z의 누적분포함수를 F_X, F_Y, F_Z로 쓰면 $F_Z(x) * F_X(x) = F_Z(x) * F_Y(x)$이지만 $F_X(x) \neq F_Y(x)$이다. ◇

4.4 조건부 분포

4.4.1 조건부 확률 함수

먼저, 3.4절에서 다룬 조건부 분포를 조금 더 확장해 보자. 사건 A가 일어났을 때 두 확률변수 Z와 W의 조건부 결합 누적분포함수 $F_{Z,W|A}(z,w|A) = P\{Z \leq z, W \leq w|\, A\}$는[49]

$$F_{Z,W|A}(z,w|A) = \frac{P\{Z \leq z, W \leq w, A\}}{P\{A\}} \tag{4.4.1}$$

과 같다. 이 조건부 결합 누적분포함수 $F_{Z,W|A}(z,w|A)$를 z와 w로 미분하면

$$f_{Z,W|A}(z,w|A) = \frac{\partial^2}{\partial z \partial w} F_{Z,W|A}(z,w|A) \tag{4.4.2}$$

와 같이 조건부 결합 확률밀도함수[50] $f_{Z,W|A}(z,w|A)$를 얻을 수 있다.

보기 4.4.1 영역 $A = \{X \leq x\}$일 때, 조건부 결합 누적분포함수 $F_{X,Y|A}(x,y|A)$와 조건부 결합 확률밀도함수 $f_{X,Y|A}(x,y|A)$를 얻어보시오.

풀이 먼저, $P\{X \leq x, Y \leq y|\, X \leq x\} = \frac{P\{X \leq x, Y \leq y\}}{P\{X \leq x\}}$라는 것을 새기면 조건부 결합 누적분포함수 $F_{X,Y|A}(x,y|A) = F_{X,Y|X\leq x}(x,y|X \leq x) = \frac{P\{X \leq x, Y \leq y\}}{P\{X \leq x\}}$를

$$F_{X,Y|X\leq x}(x,y|X \leq x) = \frac{F_{X,Y}(x,y)}{F_X(x)} \tag{4.4.3}$$

처럼 얻을 수 있다. 이 조건부 결합 누적분포함수 (4.4.3)을 x와 y로 미분하면

$$\begin{aligned} f_{X,Y|X\leq x}(x,y|X \leq x) &= \frac{\partial}{\partial x}\left\{\frac{1}{F_X(x)}\frac{\partial F_{X,Y}(x,y)}{\partial y}\right\} \\ &= \frac{f_{X,Y}(x,y)}{F_X(x)} - \frac{f_X(x)}{F_X^2(x)}\frac{\partial F_{X,Y}(x,y)}{\partial y} \end{aligned} \tag{4.4.4}$$

처럼 조건부 결합 확률밀도함수 $f_{X,Y|A}(x,y|A)$를 얻는다.

한편, $F_{Y|X\leq x}(y|X \leq x) = \frac{P\{X \leq x, Y \leq y\}}{P\{X \leq x\}}$, 곧

$$F_{Y|X\leq x}(y|X \leq x) = \frac{F_{X,Y}(x,y)}{F_X(x)} \tag{4.4.5}$$

---

[49] 그리 크게 문제가 없을 때에는 조건부 결합 누적분포함수를 조건부 누적분포함수라고 부르기도 한다.
[50] 그리 크게 문제가 없을 때에는 조건부 결합 확률밀도함수를 조건부 확률밀도함수라고 부르기도 한다.

이므로, (4.4.3)과 (4.4.5)에서

$$F_{Y|X\le x}(y|X \le x) \;=\; F_{X,Y|X\le x}(x, y|X \le x) \tag{4.4.6}$$

임을 알 수 있다. ◇

확률변수 하나를 조건으로 둔 조건부 결합 확률 함수를 다루어보자. 보기를 들면, 조건이 $A = \{X = x\}$일 때 또는 조건이 $A = \{Y = y\}$일 때를 일컫는다.

뜻매김 4.4.1

연속 확률벡터 (X, Y)의 조건부 결합 누적분포함수 $F_{X,Y|X=x}(x, y|X = x) = F_{Y|X=x}(y|X = x)$를 $F_{Y|X}(y|x)$처럼 쓰고 ($X = x$일 때 Y의) 조건부 누적분포함수라고도 부르고, $f_{Y|X}(y|x) = \frac{\partial}{\partial y}F_{Y|X}(y|x)$를 ($X = x$일 때 Y의) 조건부 확률밀도함수라고 부른다. 한편, 이산 확률벡터 (X, Y)의 조건부 결합 확률질량함수 $p_{X,Y|X=x}(x, y|X = x) = p_{Y|X=x}(y|X = x)$를 $p_{Y|X}(y|x)$처럼 쓰고 ($X = x$일 때 Y의) 조건부 확률질량함수라고 부른다.

확률벡터 (X, Y)에서 조건부 확률밀도함수 $f_{Y|X}(y|x)$를 결합 확률밀도함수 $f_{X,Y}(x, y)$와 한계 확률밀도함수 $f_X(x)$로, 조건부 확률질량함수 $p_{Y|X}(y|x)$를 결합 확률질량함수 $p_{X,Y}(x, y)$와 한계 확률질량함수 $p_X(x)$로 나타내면 아래 정리에 보인 바와 같다.

정리 4.4.1 이산 확률벡터 (X, Y)의 조건부 확률질량함수 $p_{Y|X}(y|x)$를

$$p_{Y|X}(y|x) \;=\; \frac{p_{X,Y}(x, y)}{p_X(x)} \tag{4.4.7}$$

처럼, 연속 확률벡터 (X, Y)의 조건부 확률밀도함수 $f_{Y|X}(y|x)$를

$$f_{Y|X}(y|x) \;=\; \frac{f_{X,Y}(x, y)}{f_X(x)} \tag{4.4.8}$$

처럼 쓸 수 있다. ■■

증명 먼저, 이산 확률벡터에서는 $p_{Y|X}(y|x) = \frac{P\{X=x, Y=y\}}{P\{X=x\}} = \frac{p_{X,Y}(x,y)}{p_X(x)}$를 얻을 수 있다. 다음에, 연속 확률벡터에서는 $F_{Y|X}(y|x) = P\{Y \le y|X = x\}$를

$$\begin{aligned} F_{Y|X}(y|x) &= \lim_{dx\to 0}\frac{P\{x \le X \le x + dx, Y \le y\}}{P\{x \le X \le x + dx\}} \\ &= \lim_{dx\to 0}\frac{\frac{F_{X,Y}(x+dx,y)-F_{X,Y}(x,y)}{dx}}{\frac{F_X(x+dx)-F_X(x)}{dx}} \\ &= \frac{1}{f_X(x)}\frac{1}{\partial x}\partial F_{X,Y}(x, y) \end{aligned} \tag{4.4.9}$$

처럼 쓸 수 있다. 따라서, $f_{Y|X}(y|x) = \frac{\partial}{\partial y}F_{Y|X}(y|x) = \frac{1}{f_X(x)}\frac{\partial^2}{\partial x\partial y}F_{X,Y}(x, y)$, 곧 (4.4.8)을 얻을 수 있다. □

마찬가지로 조건부 확률밀도함수 $f_{X|Y}(x|y) = \frac{\partial}{\partial x}F_{X|Y}(x|y)$는

$$f_{X|Y}(x|y) \;=\; \frac{f_{X,Y}(x,y)}{f_Y(y)} \tag{4.4.10}$$

처럼 쓸 수 있다. 식 (4.4.10)은 (4.4.8)에서 X, Y, x, y를 각각 Y, X, y, x로 바꾸어도 바로 얻을 수 있다. 식 (4.4.8)과 (4.4.10)은 2.4절에 보인 (2.4.1)과 같은 꼴이다.

보기 4.4.2 확률벡터 (X,Y)의 결합 확률밀도함수가 $f_{X,Y}(x,y) = 6xy(2-x-y)u(x)u(1-x)u(y)u(1-y)$일 때, 조건부 확률밀도함수 $f_{X|Y}(x|y)$를 얻어보시오.

풀이 식 (4.4.10)을 쓰고 $f_Y(y) = \int_0^1 f_{X,Y}(x,y)dx$라는 것을 새기면, $0 < x < 1$이고 $0 < y < 1$일 때 $f_{X|Y}(x|y) = \frac{6xy(2-x-y)}{\int_0^1 6xy(2-x-y)dx}$, 곧

$$f_{X|Y}(x|y) \;=\; \frac{6x(2-x-y)}{4-3y} \tag{4.4.11}$$

을 얻는다. ♢

보기 4.4.3 확률벡터 (X,Y)의 결합 확률밀도함수가 $f_{X,Y}(x,y) = 4y(x-y)e^{-(x+y)}u(y)u(x-y)$일 때, 조건부 확률밀도함수 $f_{X|Y}(x|y)$를 얻어보시오.

풀이 식 (4.4.10)을 쓰면, $0 \le y \le x < \infty$일 때 $f_{X|Y}(x|y) = \frac{4y(x-y)e^{-(x+y)}}{\int_y^\infty 4y(x-y)e^{-(x+y)}dx}$, 곧

$$f_{X|Y}(x|y) \;=\; (x-y)e^{-(x-y)} \tag{4.4.12}$$

를 얻는다. ♢

한편, $F_{Y|X}(y|x) = P\{Y \le y|X = x\}$이고 $\frac{F_{X,Y}(x,y)}{F_X(x)} = \frac{P\{X\le x, Y\le y\}}{P\{X\le x\}} = P\{Y \le y|X \le x\}$이므로

$$F_{Y|X}(y|x) \;\ne\; \frac{F_{X,Y}(x,y)}{F_X(x)} \tag{4.4.13}$$

인데, 이 결과 (4.4.13)은 새겨서 둘 만한 것이다. 끝으로, $F_{Y|X}(y|t) = \int_{-\infty}^y f_{Y|X}(s|t)ds$를 새기고 (4.4.8)을 쓰면, (4.4.9)에서 $F_{X,Y}(x,y) = \int_{-\infty}^x F_{Y|X}(y|t)f_X(t)dt = \int_{-\infty}^x \int_{-\infty}^y f_{Y|X}(s|t)ds\, f_X(t)dt = \int_{-\infty}^x \int_{-\infty}^y f_{X,Y}(t,s)dsdt$임을 알 수 있다. 이 결과는, 확률밀도함수를 적분하여 누적분포함수를 얻는다는 (4.1.10) 또는 (4.1.21)과 같은 것이다.

정리 4.4.2 이산 확률벡터 (X,Y)에서 X의 확률질량함수 p_X를

$$p_X(x) \;=\; \sum_{y=-\infty}^{\infty} p_{X|Y}(x|y)p_Y(y) \tag{4.4.14}$$

처럼, 연속 확률벡터 (X,Y)에서 X의 확률밀도함수 f_X를

$$f_X(x) \;=\; \int_{-\infty}^{\infty} f_{X|Y}(x|y)f_Y(y)dy \tag{4.4.15}$$

처럼 나타낼 수 있다. ■■

위 정리는 $p_X(x) = \sum_{y=-\infty}^{\infty} p_{X,Y}(x,y)$이고 $p_{X,Y}(x,y) = p_{X|Y}(x|y)p_Y(y)$라는 것과, $f_X(x) = \int_{-\infty}^{\infty} f_{X,Y}(x,y)dy$이고 $f_{X,Y}(x,y) = f_{X|Y}(x|y)f_Y(y)$라는 것을 새기면 쉽게 알 수 있다. 또. 앞에서 얻은 (4.1.23), (4.4.8), (4.4.10), (4.4.15)를 바탕으로 아래 정리를 얻을 수 있다.

정리 4.4.3 **베이스의 정리** 연속 확률벡터 (X,Y)에서 확률밀도함수의 값 $f_X(x)$가 0보다 큰 점 x에서

$$f_{Y|X}(y|x) = \frac{f_{X|Y}(x|y)f_Y(y)}{\int_{-\infty}^{\infty} f_{X|Y}(x|y)f_Y(y)dy} \tag{4.4.16}$$

이다. ■■

식 (4.4.16)에서 분모 $\int_{-\infty}^{\infty} f_{X|Y}(x|y)f_Y(y)dy$는 $f_X(x)$와 같다. 한편 베이스의 정리를 이산 확률벡터 (X,Y)에서 나타내면 $p_X(x) > 0$인 점 x에서

$$p_{Y|X}(y|x) = \frac{p_{X|Y}(x|y)p_Y(y)}{\sum_{y=-\infty}^{\infty} p_{X|Y}(x|y)p_Y(y)} \tag{4.4.17}$$

이다.

확률변수 X와 Y가 서로 독립이면, $F_{X,Y}(x,y) = F_X(x)F_Y(y)$이고 $f_{X,Y}(x,y) = f_X(x)f_Y(y)$이므로, $F_Y(y) > 0$인 점 y에서

$$F_{X|Y}(x|y) = F_X(x) \tag{4.4.18}$$

이고, $f_Y(y) > 0$인 점 y에서

$$f_{X|Y}(x|y) = f_X(x) \tag{4.4.19}$$

이며, $F_X(x) > 0$인 점 x에서 $F_{Y|X}(y|x) = F_Y(y)$이고, $f_X(x) > 0$인 점 x에서 $f_{Y|X}(y|x) = f_Y(y)$이다.

보기 4.4.4 확률변수 X의 확률질량함수가

$$p_X(x) = \begin{cases} \frac{1}{6}, & x=3; \quad \frac{1}{2}, \ x=4; \\ \frac{1}{3}, & x=5 \end{cases} \tag{4.4.20}$$

이다. 이때, 확률변수

$$Y = \begin{cases} 0, & X\text{가 } 4\text{일 때}, \\ 1, & X\text{가 } 3 \text{ 또는 } 5\text{일 때} \end{cases} \tag{4.4.21}$$

과 $Z = X - Y$를 생각하여, 조건부 확률질량함수 $p_{X|Y}$, $p_{Y|X}$, $p_{X|Z}$, $p_{Z|X}$, $p_{Y|Z}$, $p_{Z|Y}$와 결합 확률질량함수 $p_{X,Y}$, $p_{Y,Z}$, $p_{Z,X}$를 얻어보시오.

풀이 먼저, $p_Y(y) = \begin{cases} \Pr\{X=4\}, & y=0, \\ \Pr\{X=3 \text{ 또는 } 5\}, & y=1 \end{cases}$, 곧

$$p_Y(y) = \begin{cases} \frac{1}{2}, & y=0, \\ \frac{1}{2}, & y=1 \end{cases} \tag{4.4.22}$$

임을 쉽게 알 수 있다. 한편, $X=3$이면 $Y=1$이고 $Z=X-Y=2$이며, $X=4$이면 $Y=0$이고 $Z=X-Y=4$이며, $X=5$이면 $Y=1$이고 $Z=X-Y=4$이므로

$$\begin{aligned} p_Z(z) &= \begin{cases} \Pr\{X=3\}, & z=2, \\ \Pr\{X=4 \text{ 또는 } 5\}, & z=4 \end{cases} \\ &= \begin{cases} \frac{1}{6}, & z=2, \\ \frac{5}{6}, & z=4 \end{cases} \end{aligned} \tag{4.4.23}$$

임을 알 수 있다. 이제, (4.4.21)에서, $X=3$이면 $Y=1$이고, $X=4$이면 $Y=0$이며, $X=5$이면 $Y=1$이므로,

$$\begin{aligned} &p_{Y|X}(0|3)=0,\ p_{Y|X}(0|4)=1,\ p_{Y|X}(0|5)=0, \\ &p_{Y|X}(1|3)=1,\ p_{Y|X}(1|4)=0,\ p_{Y|X}(1|5)=1 \end{aligned} \tag{4.4.24}$$

임을 알 수 있다. 또, (4.4.17)에서 알 수 있듯이 $p_{X,Y}(x,y)=p_{Y|X}(y|x)p_X(x)$라는 것을 새겨서 (4.4.20)과 (4.4.24)를 쓰면

$$\begin{aligned} &p_{X,Y}(3,0)=0,\ p_{X,Y}(4,0)=\tfrac{3}{6},\ p_{X,Y}(5,0)=0, \\ &p_{X,Y}(3,1)=\tfrac{1}{6},\ p_{X,Y}(4,1)=0,\ p_{X,Y}(5,1)=\tfrac{2}{6} \end{aligned} \tag{4.4.25}$$

를 얻으며, (4.4.17)에서 $p_{X|Y}(x|y)=\frac{p_{X,Y}(x,y)}{p_Y(y)}$라는 것을 새겨서 (4.4.22)와 (4.4.25)를 쓰면

$$\begin{aligned} &p_{X|Y}(3|0)=0,\ p_{X|Y}(4|0)=1,\ p_{X|Y}(5|0)=0, \\ &p_{X|Y}(3|1)=\tfrac{1}{3},\ p_{X|Y}(4|1)=0,\ p_{X|Y}(5|1)=\tfrac{2}{3} \end{aligned} \tag{4.4.26}$$

을 얻는다. 한편, Z의 뜻매김과 (4.4.21)에서, $X=3$이면 $Y=1$이고 $Z=2$이며, $X=4$이면 $Y=0$이고 $Z=4$이며, $X=5$이면 $Y=1$이고 $Z=4$이므로,

$$\begin{aligned} &p_{Z|X}(2|3)=1,\ p_{Z|X}(2|4)=0,\ p_{Z|X}(2|5)=0, \\ &p_{Z|X}(4|3)=0,\ p_{Z|X}(4|4)=1,\ p_{Z|X}(4|5)=1 \end{aligned} \tag{4.4.27}$$

을 얻을 수 있고, (4.4.17)에서 $p_{X,Z}(x,z)=p_{Z|X}(z|x)p_X(x)$를 새겨서 (4.4.20)과 (4.4.27)을 쓰면

$$\begin{aligned} &p_{X,Z}(3,2)=\tfrac{1}{6},\ p_{X,Z}(4,2)=0,\ p_{X,Z}(5,2)=0, \\ &p_{X,Z}(3,4)=0,\ p_{X,Z}(4,4)=\tfrac{3}{6},\ p_{X,Z}(5,4)=\tfrac{2}{6} \end{aligned} \tag{4.4.28}$$

을 얻으며, (4.4.17)에서 $p_{X|Z}(x|z)=\frac{p_{X,Z}(x,z)}{p_Z(z)}$라는 것을 새겨서 (4.4.23)과 (4.4.28)을 쓰면

$$\begin{aligned} &p_{X|Z}(3|2)=1,\ p_{X|Z}(4|2)=0,\ p_{X|Z}(5|2)=0, \\ &p_{X|Z}(3|4)=0,\ p_{X|Z}(4|4)=\tfrac{3}{5},\ p_{X|Z}(5|4)=\tfrac{2}{5} \end{aligned} \tag{4.4.29}$$

를 얻는다. 끝으로, $p_{Z|Y}(2|0)=\Pr\{X-Y=2|Y=0\}=\Pr\{X=2|X=4\}=0$이고, $p_{Z|Y}(4|0)=\Pr\{X-Y=4|Y=0\}=\Pr\{X=4|X=4\}=1$이며, $\{X=3\}\cap\{X=3 \text{ 또는 } 5\}=\{X=3\}$이므로 $p_{Z|Y}(2|1)=\Pr\{X-Y=2|Y=1\}=\Pr\{X=3|X=3 \text{ 또는 } 5\}$는

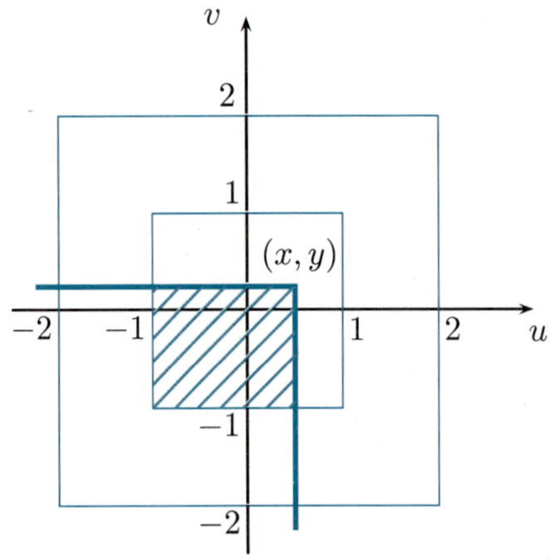

그림 4.4.1 조건이 $A = \{|X| \leq 1, |Y| \leq 1\}$일 때, 조건부 결합 누적분포함수 $F_{X,Y|A}$를 얻는 적분 영역: $|x| \leq 1, |y| \leq 1$일 때.

$$p_{Z|Y}(2|1) = \frac{\Pr\{X=3\}}{\Pr\{X=3 \text{ 또는 } 5\}} = \frac{1}{3} \tag{4.4.30}$$

이고, $p_{Z|Y}(4|1) = \Pr\{X-Y=4|Y=1\} = \frac{\Pr\{X=5\}}{\Pr\{X=3 \text{ 또는 } 5\}}$는

$$p_{Z|Y}(4|1) = \frac{2}{3} \tag{4.4.31}$$

이다. 그러므로, (4.4.17)에서 알 수 있는 $p_{Y,Z}(y,z) = p_{Z|Y}(z|y)p_Y(y)$를 새겨서 (4.4.22)와 (4.4.31)을 쓰면

$$p_{Y,Z}(0,2) = 0, \;\; p_{Y,Z}(0,4) = \tfrac{1}{2}, \;\; p_{Y,Z}(1,2) = \tfrac{1}{6}, \;\; p_{Y,Z}(1,4) = \tfrac{1}{3} \tag{4.4.32}$$

이고, (4.4.17)에서 $p_{Y|Z}(y|z) = \frac{p_{Y,Z}(y,z)}{p_Z(z)}$라는 것을 새겨서 (4.4.23)과 (4.4.32)를 쓰면

$$p_{Y|Z}(0|2) = 0, \;\; p_{Y|Z}(0|4) = \tfrac{3}{5}, \;\; p_{Y|Z}(1|2) = 1, \;\; p_{Y|Z}(1|4) = \tfrac{2}{5} \tag{4.4.33}$$

을 얻는다. ◇

보기 4.4.5 확률벡터 (X,Y)의 결합 확률밀도함수가

$$f_{X,Y}(x,y) = \frac{1}{16}u(2-|x|)\,u(2-|y|) \tag{4.4.34}$$

일 때 $A = \{|X| \leq 1, |Y| \leq 1\}$을 생각하여, 조건부 결합 누적분포함수 $F_{X,Y|A}$와 조건부 결합 확률밀도함수 $f_{X,Y|A}$를 얻어보시오.

풀이 먼저, $F_{X,Y|A}(x,y|A) = \frac{\Pr\{X\leq x, Y\leq y, A\}}{\Pr\{A\}}$이고, 여기에서 $\Pr\{A\} = \int_{-1}^{1}\int_{-1}^{1} f_{X,Y}(u,v)du\,dv = \frac{1}{16}\times 4 = \frac{1}{4}$임은 쉽게 알 수 있다. 한편,

$$\Pr\{X \leq x, Y \leq y, A\} = \iint_{\{|u|\leq 1,\ |v|\leq 1,\ u\leq x,\ v\leq y\}} f_{X,Y}(u,v)dudv \tag{4.4.35}$$

인데, 그림 4.4.1을 바탕으로 조금 생각하면, $x \geq 1$이고 $y \geq 1$이면 $\Pr\{X \leq x, Y \leq y, A\} = \Pr\{A\} = \frac{1}{4}$이고, $x \leq -1$ 또는 $y \leq -1$이면 $\Pr\{X \leq x,\ Y \leq y,\ A\} = \Pr\{\emptyset\} = 0$이라는 것을 알 수 있다. 또한, $x \geq 1$이고 $-1 \leq y \leq 1$이면 $\{|u| \leq 1,\ |v| \leq 1,\ u \leq x,\ v \leq y\} = \{|u| \leq 1,\ -1 \leq v \leq y\}$이므로 $\Pr\{X \leq x, Y \leq y, A\} = \underset{\{|u|\leq 1,\ -1\leq v\leq y\}}{\int\int} f_{X,Y}(u,v)dudv = \frac{1}{16} \times 2(y+1) = \frac{1}{8}(y+1)$이다. 이 식과 비슷하게 $-1 \leq x \leq 1$이고 $y \geq 1$이면 $\Pr\{X \leq x, Y \leq y, A\} = \frac{1}{8}(x+1)$이고, $-1 \leq x \leq 1$이고 $-1 \leq y \leq 1$이면 $\Pr\{X \leq x, Y \leq y, A\} = \frac{1}{16}(x+1)(y+1)$이다. 따라서, 조건부 결합 누적분포함수 $F_{X,Y|A}(x,y|A) = \frac{\Pr\{X\leq x, Y\leq y, A\}}{\Pr\{A\}}$는

$$F_{X,Y|A}(x,y|A) = \begin{cases} 1, & x \geq 1,\ y \geq 1, \\ \frac{1}{2}(y+1), & x \geq 1,\ -1 \leq y \leq 1, \\ \frac{1}{4}(x+1)(y+1), & -1 \leq x \leq 1,\ -1 \leq y \leq 1, \\ \frac{1}{2}(x+1), & -1 \leq x \leq 1,\ y \geq 1, \\ 0, & x \leq -1 \text{ 또는 } y \leq -1 \end{cases} \tag{4.4.36}$$

이고, 이 식을 미분하여 조건부 결합 확률밀도함수 $f_{X,Y|A}(x,y|A) = \frac{\partial^2}{\partial x \partial y} F_{X,Y|A}(x,y|A)$를 얻으면

$$f_{X,Y|A}(x,y|A) = \frac{1}{4} u(1-|x|)\, u(1-|y|) \tag{4.4.37}$$

이다. ◇

끝으로, $\underline{Y} = \underline{g}(\underline{X})$일 때, 함수 $\underline{g}(\cdot)$의 역함수를 $\underline{g}^{-1}(\cdot)$라고 두면

$$f_{\underline{Z}|\underline{Y}}\left(\underline{z}|\underline{Y} = \underline{y}\right) = f_{\underline{Z}|\underline{X}}\left(\underline{z}|\underline{X} = \underline{g}^{-1}\left(\underline{y}\right)\right) \tag{4.4.38}$$

처럼 쓸 수 있는데, 이 식은 $\underline{X}$와 $\underline{Y}$ 사이가 역함수가 있는 관계라면 $\underline{X}$를 조건으로 두거나 $\underline{Y}$를 조건으로 두거나 마찬가지라는 것을 뜻한다.

보기 4.4.6 두 확률벡터 $\underline{X}$와 $\underline{Y}$ 사이의 관계가 $\underline{Y} = \underline{g}(\underline{X}) = (X_1 + X_2, X_1 - X_2)$라고 두자. 그러면 $f_{\underline{Z}|\underline{Y}}(\underline{z}|\underline{Y} = (3,1)) = f_{\underline{Z}|\underline{X}}\left(\underline{z}|\underline{X} = \underline{g}^{-1}(3,1)\right) = f_{\underline{Z}|\underline{X}}(\underline{z}|\underline{X} = (2,1))$이다. ◇

4.4.2 조건부 기댓값

앞에서 다룬 조건부 분포를 바탕으로 조건부 기댓값을 생각해 보자. 확률변수가 하나일 때에는 이미 식 (3.4.30)에서 사건을 조건으로 둘 때의 조건부 기댓값을 생각해 보았다. 이제, 사건을 확률변수로 나타낼 수 있을 때 조건부 기댓값을 살펴 보자.

4.4.2.1 확률변수의 조건부 기댓값

식 (3.4.30)에서 다룬 조건부 기댓값 $E\{Y|B\} = \int_{-\infty}^{\infty} y f_{Y|B}(y|B)dy$에서 $B = \{X = x\}$라고 두고, $X = x$일 때 Y의 조건부 기댓값 $m_{Y|X} = E\{Y|X = x\}$를 얻으면

$$m_{Y|X} = \int_{-\infty}^{\infty} y f_{Y|X}(y|x)dy \tag{4.4.39}$$

이다.

보기 4.4.7 보기 4.4.2에서 조건부 기댓값 $E\{X|Y=y\}$를 얻어보시오.
풀이 식 (4.4.11)을 쓰면, $\int_0^1 \frac{6x^2(2-x-y)}{4-3y}dx = \frac{1}{4-3y}\left\{2(2-y)x^3 - \frac{3}{2}x^4\right\}\Big|_{x=0}^{1}$ 이므로, $0<y<1$일 때 $E\{X|Y=y\} = \int_0^1 \frac{6x^2(2-x-y)}{4-3y}dx = \frac{5-4y}{8-6y}$를 얻는다. ◇

한편, 조건부 기댓값 $E\{Y|X\}$는 확률변수 X의 함수이며 $X=x$일 때 값이 $E\{Y|X=x\}$이다. 곧, $E\{Y|X\}$도 확률변수이다.

정리 4.4.4 **조건부 기댓값의 기댓값** 기댓값 $E\{Y\}$는 조건부 기댓값 $E\{Y|X\}$를 바탕으로

$$\begin{aligned} E\{E\{Y|X\}\} &= E\{Y\} \\ &= \begin{cases} \int_{-\infty}^{\infty} E\{Y|X=x\} f_X(x)dx, & X\text{가 연속 확률변수일 때,} \\ \sum_{x=-\infty}^{\infty} E\{Y|X=x\} p_X(x), & X\text{가 이산 확률변수일 때} \end{cases} \end{aligned} \tag{4.4.40}$$

처럼 얻을 수 있다. ■■

증명 연속 확률변수일 때를 생각하면 $E\{E\{Y|X\}\} = \int_{-\infty}^{\infty} E\{Y|X=x\} f_X(x)dx = \int_{-\infty}^{\infty} \left\{\int_{-\infty}^{\infty} y f_{Y|X}(y|x)dy\right\} f_X(x)dx = \int_{-\infty}^{\infty} y \int_{-\infty}^{\infty} f_{X,Y}(x,y)dxdy = \int_{-\infty}^{\infty} y f_Y(y)dy$이므로

$$E\{E\{Y|X\}\} = E\{Y\} \tag{4.4.41}$$

이다. □

4.4.2.2 함수의 조건부 기댓값

함수 $\underline{g}(\underline{X},\underline{Y})$는 두 확률벡터 $\underline{X}$와 $\underline{Y}$의 함수이고, $\underline{g}(\underline{x},\underline{Y})$는 실수 벡터 $\underline{x}$와 확률벡터 $\underline{Y}$의 함수이다. 바꾸어 말하면, $\underline{g}(\underline{x},\underline{Y})$와 $\underline{g}(\underline{X},\underline{Y})$는 서로 다르다. 그러나, $\underline{X}=\underline{x}$일 때 $\underline{g}(\underline{X},\underline{Y})$의 조건부 평균은 $E\{\underline{g}(\underline{X},\underline{Y})|\underline{X}=\underline{x}\} = \int \underline{g}(\underline{x},\underline{y}) f_{\underline{Y}|\underline{X}}(\underline{y}|\underline{x})d\underline{y}$이고 이 기댓값은 $\underline{g}(\underline{x},\underline{Y})$의 조건부 평균 $E\{\underline{g}(\underline{x},\underline{Y})|\underline{X}=\underline{x}\} = \int \underline{g}(\underline{x},\underline{y}) f_{\underline{Y}|\underline{X}}(\underline{y}|\underline{x})d\underline{y}$와 같다. 곧,

$$\begin{aligned} E\{\underline{g}(\underline{X},\underline{Y})|\underline{X}=\underline{x}\} &= E\{\underline{g}(\underline{x},\underline{Y})|\underline{X}=\underline{x}\} \\ &= \int \underline{g}(\underline{x},\underline{y}) f_{\underline{Y}|\underline{X}}(\underline{y}|\underline{x})d\underline{y} \end{aligned} \tag{4.4.42}$$

이다. 또한, $\underline{X}$의 함수인 확률벡터 $E\{\underline{g}(\underline{X},\underline{Y})|\underline{X}\}$의 기댓값은 $E\{E\{\underline{g}(\underline{X},\underline{Y})|\underline{X}\}\} = \int\int \underline{g}(\underline{x},\underline{y}) f_{\underline{Y}|\underline{X}}(\underline{y}|\underline{x})d\underline{y} f_{\underline{X}}(\underline{x})d\underline{x} = \int\int \underline{g}(\underline{x},\underline{y}) f_{\underline{X},\underline{Y}}(\underline{x},\underline{y})d\underline{x}d\underline{y} = \int\int \underline{g}(\underline{x},\underline{y}) f_{\underline{X}|\underline{Y}}(\underline{x}|\underline{y})d\underline{x} f_{\underline{Y}}(\underline{y})d\underline{y}$이므로

$$\begin{aligned} E\{\underline{g}(\underline{X},\underline{Y})\} &= E\{E\{\underline{g}(\underline{X},\underline{Y})|\underline{X}\}\} \\ &= E\{E\{\underline{g}(\underline{X},\underline{Y})|\underline{Y}\}\} \end{aligned} \tag{4.4.43}$$

이다. 이 결과는 정리 4.4.4에서도 얻을 수 있다. 여기에서, 확률벡터 $\underline{X}$와 $\underline{Y}$가 1차원일 때 $\underline{g}(X,Y) = (Y - m_{Y|X})^2$이라고 두면

$$E\{g(X,Y)|\,X=x\} \;=\; E\left\{\left(Y-m_{Y|X}\right)^2\middle|\,X=x\right\} \tag{4.4.44}$$

를 얻는데, 이 기댓값을 $X=x$일 때 Y의 조건부 분산[51]이라고 한다.

보기 4.4.8 확률벡터 (X,Y)의 결합 확률밀도함수가 $f_{X,Y}(x,y) = \frac{y}{2}e^{-xy}u(x)u(y)u(2-y)$일 때, 조건부 기댓값 $E\left\{\exp\left(\frac{X}{2}\right)\middle|\,Y=1\right\}$을 얻어보시오.

풀이 식 (4.4.10)을 쓰면, $0<x<\infty$일 때 $f_{X|Y}(x|1) = \frac{f_{X,Y}(x,1)}{f_Y(1)} = \frac{\frac{1}{2}e^{-x}}{\int_0^\infty \frac{1}{2}e^{-x}dx} = e^{-x}$이다. 그러므로 (4.4.42)를 쓰면 $E\left\{\exp\left(\frac{X}{2}\right)\middle|\,Y=1\right\} = \int_0^\infty e^{\frac{x}{2}}e^{-x}dx = 2$이다. ◇

한편, $g(\underline{X},\underline{Y}) = \underline{g}_1(\underline{X})\,\underline{g}_2(\underline{Y})$일 때에는 (4.4.42)에서

$$E\left\{\underline{g}_1(\underline{X})\,\underline{g}_2(\underline{Y})\middle|\,\underline{X}=\underline{x}\right\} \;=\; \underline{g}_1(\underline{x})\,E\left\{\underline{g}_2(\underline{Y})\middle|\,\underline{X}=\underline{x}\right\} \tag{4.4.45}$$

이다. 이 결과를 인수 분해 성질[52]이라고 하는데, 이 성질은 $\underline{X}=\underline{x}$일 때 확률벡터 $\underline{g}_1(\underline{X})$가 – 곧, $\underline{g}_1(\underline{x})$가 – 확률적이 아니라는 것을 뜻한다.

4.4.3 조건화하여 기댓값 얻기

앞에 나온 2.4절과 3.4.3절에서 살펴 보았듯이, 확률이나 기댓값을 얻을 때, 얻으려는 확률이나 기댓값을 알맞게 조건화하여 조건부 확률이나 조건부 기댓값을 먼저 얻으면 바라는 확률이나 기댓값을 매우 쉽게 얻을 수 있다. 이제, 확률벡터에서 기댓값을 얻을 때에 알맞은 확률변수를 바탕으로 조건화하여 조건부 기댓값을 먼저 얻고 조건부 기댓값을 다시 평균하여 기댓값을 얻는 방법을 보기를 들어 다루어 보자.

보기 4.4.9 둘씩 같은 숫자 $2n$개 $\{1,1,2,2,\cdots,n,n\}$을 생각하자. 이들 가운데에서 m개를 아무렇게나 골라서 지울 때, 남아있는 짝 수의 기댓값을 얻어보시오. 다음에, $n=50$이고 $m=20$일 때 이 기댓값을 계산하시오.

풀이 먼저, m개를 지운 다음 남아 있는 짝 수를 J_m이라고 두자. 숫자 m개를 지우면 남아 있는 숫자는 $2n-m$개이므로, 짝이 아닌 숫자는 $2n-m-2J_m$개 남아있다. 따라서, 숫자를 하나 더 지울 때, 남아 있을 짝 수는 확률 $\frac{2J_m}{2n-m}$으로 J_m-1이거나 확률 $1-\frac{2J_m}{2n-m}$으로 J_m이다. 이 사실을 바탕으로

$$\begin{aligned} E\{J_{m+1}|\,J_m\} \;&=\; (J_m-1)\frac{2J_m}{2n-m} \;+\; J_m\left(1-\frac{2J_m}{2n-m}\right) \\ &=\; J_m\left(1-\frac{2}{2n-m}\right) \end{aligned} \tag{4.4.46}$$

처럼 쓸 수 있다. 이 식을 다시 평균하고 $E[E\{J_{m+1}|\,J_m\}] = E\{J_{m+1}\}$과 $E\{J_0\}=n$을 새기면 $E\{J_{m+1}\} = E\{J_m\}\left(1-\frac{2}{2n-m}\right) = E\{J_{m-1}\}\left(1-\frac{2}{2n-m}\right)\left(1-\frac{2}{2n-m+1}\right) = \cdots = E\{J_0\}$

[51] conditional variance
[52] factorization property

$\left(1-\frac{2}{2n-m}\right)\left(1-\frac{2}{2n-m+1}\right)\cdots\left(1-\frac{2}{2n}\right) = n\,\frac{(2n-m-2)}{(2n-m)}\frac{(2n-m-1)}{(2n-m+1)}\cdots\frac{(2n-3)}{(2n-1)}\frac{(2n-2)}{2n} = \frac{(2n-m-2)}{2(2n-1)}$ $(2n-m-1)$, 곧

$$E\{J_m\} = \frac{(2n-m-1)(2n-m)}{2(2n-1)} = n\,\frac{{}_{2n-2}\mathrm{C}_m}{{}_{2n}\mathrm{C}_m} \tag{4.4.47}$$

이다. 이제, $n=50$이고 $m=20$이면 $E\{J_{20}\} = \frac{79\times 80}{2\times 99} \approx 31.92$이다. ◇

보기 4.4.10 앞이 나올 확률이 p인 동전을 던지는 확률 실험을 생각하여, 앞이 이어서 r번 나올 때까지 던져야 하는 횟수의 기댓값을 얻어보시오.

풀이 먼저, 앞이 k번 이어 처음 나올 때까지 던진 횟수를 C_k라고 두면

$$C_{k+1} = \begin{cases} C_k+1, & C_{k+1}\text{째 던져 앞이 나오면,} \\ C_{k+1}+C_k+1, & C_{k+1}\text{째 던져 뒤가 나오면} \end{cases} \tag{4.4.48}$$

이다. 다음에, $\alpha_k = E\{C_k\}$라고 두고 (4.4.48)을

$$E\{C_{k+1}\} = E\left\{C_{k+1}\middle|\,\text{다음에 }\textbf{앞}\right\}P\{\text{앞}\} + E\left\{C_{k+1}\middle|\,\text{다음에 }\textbf{뒤}\right\}P\{\text{뒤}\} \tag{4.4.49}$$

에 넣으면,

$$\alpha_{k+1} = (\alpha_k+1)\,p + (\alpha_{k+1}+\alpha_k+1)\,(1-p) \tag{4.4.50}$$

이다. 이제, $\alpha_1 = E\{C_1\} = 1\times p + 2(1-p)p + 3(1-p)^2p + \cdots = \frac{1}{p}$이라는 것을 새겨서 (4.4.50)을 풀면, $\alpha_{k+1} = \frac{1}{p}\alpha_k + \frac{1}{p} = \frac{1}{p^2}\alpha_{k-1} + \frac{1}{p} + \frac{1}{p^2} = \cdots = \frac{1}{p^k}\alpha_1 + \frac{1}{p} + \frac{1}{p^2} + \cdots + \frac{1}{p^k} = \sum_{i=1}^{k+1}\frac{1}{p^i}$이다. 곧,

$$\alpha_k = \sum_{i=1}^{k}\frac{1}{p^i} \tag{4.4.51}$$

이다. 이 보기를 일반적으로 생각하면, 어떤 '무늬'가 나타나는 평균 시간을 얻는 문제로 볼 수 있다. 부록 4.2에서 무늬 문제를 조금 더 자세히 다루었다. ◇

4.5 충격 함수와 확률벡터

보기 2.5.23과 (3.1.34)에서 말하였듯이 계단 함수와 충격 함수는 이산 확률변수나 혼합 확률변수의 누적분포함수와 확률밀도함수를 나타내는 데에 꽤 쓸모 있다. 그뿐만 아니라, 계단 함수와 충격 함수를 쓰면, 조건에 따라서 여러 식으로 나타나는 결합 누적분포함수와 결합 확률밀도함수를 정확하고 쉽게 얻을 수 있다. 몇 가지 보기를 살펴 보자.

보기 4.5.1 (확률변수 X와 $Y=X+a$의 결합 누적분포함수와 결합 확률밀도함수) 연속 확률변수 X의 확률밀도함수를 f_X, 누적분포함수를 F_X라고 할 때, 상수 a를 생각하여 확률변수 X와 $Y=X+a$의 결합 누적분포함수 $F_{X,X+a}$와 결합 확률밀도함수 $f_{X,X+a}$를 얻어보시오.

풀이 먼저, $u(0) = \frac{1}{2}$이라고 두고, X와 $Y = X + a$의 결합 누적분포함수 $F_{X,X+a}(x,y) = \Pr\{X \le x, X \le y - a\}$를 얻으면

$$\begin{aligned} F_{X,X+a}(x,y) &= \begin{cases} \Pr\{X \le x\}, & x \le y-a, \\ \Pr\{X \le y-a\}, & x \ge y-a \end{cases} \\ &= F_X(\min(x, y-a)) \\ &= F_X(x)u(y-x-a) + F_X(y-a)u(x-y+a) \end{aligned} \tag{4.5.1}$$

이다. 이제, (1.4.36)에서 보았듯이 $\delta(t) = \delta(-t)$이다. 또 (1.4.42)에서 보았듯이 $F_X(t)\delta(t-a) = F_X(a)\delta(t-a)$이므로 $F_X(x)\delta(y-x-a) = F_X(y-a)\delta(x-y+a)$이다. 이 둘을 새겨서 두고 (4.5.1)을 미분하여 확률변수 X와 $Y = X + a$의 결합 확률밀도함수 $f_{X,X+a}(x,y) = \frac{\partial^2}{\partial x \partial y} F_{X,Y}(x,y)$를 얻으면

$$\begin{aligned} f_{X,X+a}(x,y) &= \frac{\partial}{\partial y}\{f_X(x)u(y-x-a) - F_X(x)\delta(y-x-a) + F_X(y-a)\delta(x-y+a)\} \\ &= f_X(x)\delta(y-x-a) \end{aligned} \tag{4.5.2}$$

와[53] 같다. 이때, $f_{X,X+a}(x,y) = f_X(y-a)\delta(y-x-a)$처럼 쓸 수도 있다. ◇

보기 4.5.2 (확률변수 X와 $Y = cX$의 결합 누적분포함수와 결합 확률밀도함수) 연속 확률변수 X의 확률밀도함수를 f_X라고 두고, 누적분포함수를 F_X라고 할 때, 상수 c를 생각하여 확률변수 X와 $Y = cX$의 결합 누적분포함수 $F_{X,cX}$와 결합 확률밀도함수 $f_{X,cX}$를 얻어보시오.

풀이 먼저, $c > 0$일 때에는 X와 $Y = cX$의 결합 누적분포함수 $F_{X,cX}(x,y) = \Pr\{X \le x, cX \le y\}$를

$$\begin{aligned} F_{X,cX}(x,y) &= \begin{cases} \Pr\{X \le x\}, & x \le \frac{y}{c}, \\ \Pr\left\{X \le \frac{y}{c}\right\}, & x \ge \frac{y}{c} \end{cases} \\ &= F_X(x)u\left(\frac{y}{c} - x\right) + F_X\left(\frac{y}{c}\right)u\left(x - \frac{y}{c}\right) \end{aligned} \tag{4.5.3}$$

처럼 얻을 수 있다. 다음에, $c < 0$이면, X와 $Y = cX$의 결합 누적분포함수는 $F_{X,cX}(x,y) = \Pr\left\{X \le x, X \ge \frac{y}{c}\right\}$, 곧

$$\begin{aligned} F_{X,cX}(x,y) &= \begin{cases} 0, & x \le \frac{y}{c}, \\ \Pr\left\{\frac{y}{c} \le X \le x\right\}, & x > \frac{y}{c} \end{cases} \\ &= \left\{F_X(x) - F_X\left(\frac{y}{c}\right)\right\}u\left(x - \frac{y}{c}\right) \end{aligned} \tag{4.5.4}$$

이다. 또, $c = 0$이면 $F_{X,cX}(x,y) = \Pr\{X \le x, cX \le y\}$는

$$\begin{aligned} F_{X,cX}(x,y) &= \begin{cases} 0, & y < 0, \\ \Pr\{X \le x\}, & y \ge 0 \end{cases} \\ &= F_X(x)u(y) \end{aligned} \tag{4.5.5}$$

[53] 여기에서, $\int_{-\infty}^{\infty}\int_{-\infty}^{\infty} f_X(x)\delta(y-x-a)dydx = \int_{-\infty}^{\infty} f_X(x)dx = 1$이라는 것을 쉽게 알 수 있다.

이다[54]. 이제, (4.5.3)–(4.5.5)를 미분하여 X와 $Y = cX$의 결합 확률밀도함수를 얻어보자. 먼저, $\delta(t) = \delta(-t)$이고 $F_X(t)\delta(t-a) = F_X(a)\delta(t-a)$이므로

$$F_X(x)\delta\left(x - \frac{y}{c}\right) = F_X\left(\frac{y}{c}\right)\delta\left(x - \frac{y}{c}\right) \tag{4.5.6}$$

임을 새기면, $c > 0$일 때 $f_{X,cX}(x,y) = \frac{\partial^2}{\partial x \partial y} F_{X,cX}(x,y)$는

$$\begin{aligned} f_{X,cX}(x,y) &= \frac{\partial}{\partial y}\left\{ f_X(x) u\left(\frac{y}{c} - x\right) - F_X(x)\delta\left(\frac{y}{c} - x\right) + F_X\left(\frac{y}{c}\right)\delta\left(x - \frac{y}{c}\right)\right\} \\ &= \frac{1}{c} f_X(x)\delta\left(\frac{y}{c} - x\right) \end{aligned} \tag{4.5.7}$$

이다. 이 식과 비슷하게 $c < 0$일 때

$$\begin{aligned} f_{X,cX}(x,y) &= \frac{\partial}{\partial y}\left\{ f_X(x) u\left(x - \frac{y}{c}\right) + \left\{F_X(x) - F_X\left(\frac{y}{c}\right)\right\}\delta\left(x - \frac{y}{c}\right)\right\} \\ &= -\frac{1}{c} f_X(x)\delta\left(x - \frac{y}{c}\right) \end{aligned} \tag{4.5.8}$$

이고, $c = 0$일 때 $f_{X,cX}(x,y) = \frac{\partial^2}{\partial x \partial y} F_X(x) u(y) = f_X(x)\delta(y)$이다. 따라서,

$$f_{X,cX}(x,y) = \begin{cases} f_X(x)\delta(y), & c = 0, \\ \frac{1}{|c|} f_X(x)\delta\left(x - \frac{y}{c}\right), & c \neq 0 \end{cases} \tag{4.5.9}$$

이다[55]. ◇

보기 4.5.1에서 $a = 0$으로 두거나, 보기 4.5.2에서 $c = 1$로 두거나, 또는 문제 4.68에서 $a = 0$, $c = 1$로 두면

$$f_{X,X}(x,y) = f_X(x)\delta(x-y) \tag{4.5.10}$$

또는 $f_{X,X}(x,y) = f_X(x)\delta(y-x) = f_X(y)\delta(x-y) = f_X(y)\delta(y-x)$처럼 쓸 수 있다. 다음에, 확률변수와 그 크기의 결합 분포를 생각해 보자.

보기 4.5.3 (확률변수 X와 $Y = |X|$의 결합 누적분포함수와 결합 확률밀도함수) 연속 확률변수 X의 확률밀도함수를 f_X, 누적분포함수를 F_X라고 두자. 그러면 확률변수 X와 그 크기 $Y = |X|$의 결합 누적분포함수 $F_{X,|X|}(x,y) = \Pr\{X \le x, -y \le X \le y\}$는

$$\begin{aligned} F_{X,|X|}(x,y) &= \begin{cases} \Pr\{-y \le X \le x\}, & -y < x < y,\ y > 0, \\ \Pr\{-y \le X \le y\}, & x > y,\ y > 0 \end{cases} \\ &= u(y+x)u(y-x)G_1(x,y) + u(y)u(x-y)G_1(y,y) \end{aligned} \tag{4.5.11}$$

처럼 얻을 수 있다. 여기에서,

---

[54] 식 (4.5.5)에서는 $u(0) = 1$로 둔 셈이다.

[55] 여기에서, $c = 0$이면 $\int_{-\infty}^{\infty}\int_{-\infty}^{\infty} f_{X,cX}(x,y)dydx = \int_{-\infty}^{\infty} f_X(x)dx \int_{-\infty}^{\infty}\delta(y)dy = 1$이다. 한편, $c \neq 0$이면 $\int_{-\infty}^{\infty}\int_{-\infty}^{\infty} f_{X,cX}(x,y)dydx = \frac{1}{|c|}\int_{-\infty}^{\infty} f_X(x)\left\{\int_{-\infty}^{\infty}\delta\left(x - \frac{y}{c}\right)dy\right\}dx$이다. 그런데, $c < 0$이면 $\int_{-\infty}^{\infty}\delta\left(x - \frac{y}{c}\right)dy = c\int_{\infty}^{-\infty}\delta(x-t)dt = -c$이고 $c > 0$이면 $\int_{-\infty}^{\infty}\delta\left(x - \frac{y}{c}\right)dy = c\int_{-\infty}^{\infty}\delta(x-t)dt = c$이므로, $\int_{-\infty}^{\infty}\delta\left(x - \frac{y}{c}\right)dy = |c|$이고 따라서 $\int_{-\infty}^{\infty}\int_{-\infty}^{\infty} f_{X,cX}(x,y)dydx = 1$이다.

$$G_1(x, y) \;=\; F_X(x) - F_X(-y) \tag{4.5.12}$$

인데, $G_1(x, -x) = 0$이라는 것을 눈여겨볼 만하다. 이제, $y < 0$일 때에는, $(x+y)(y-x) = y^2 - x^2 < 0$이므로 $u(x+y)u(y-x) = 0$이고, 따라서 (4.5.11)에서 $F_{X,|X|}(x, y) = 0$이다. 위 (4.5.11)을 얻을 때에 $u(y+x)u(y-x)u(y) = u(y-x)u(y+x)$를 썼다.

다음에, 식 (4.5.11)을 x로 미분하여,

$$\delta(y-a)f_X(y) \;=\; \delta(y-a)f_X(a), \tag{4.5.13}$$

$G_1(x, -x) = 0$, $\delta(x-y) = \delta(y-x)$, 그리고 $\alpha > 0$일 때 $u(\alpha x) = u(x)$라는 것을 쓰면

$$\begin{aligned}
\frac{\partial}{\partial x}F_{X,|X|}(x, y) \;&=\; \delta(x+y)u(y-x)G_1(x, y) - u(y+x)\delta(y-x)G_1(x, y) \\
&\quad +u(x+y)u(y-x)f_X(x) + u(y)\delta(x-y)G_1(y, y) \\
&=\; \delta(x+y)u(-2x)G_1(x, -x) - u(2x)\delta(y-x)G_1(x, x) \\
&\quad +u(x+y)u(y-x)f_X(x) + u(x)\delta(x-y)G_1(x, x) \\
&=\; u(x+y)u(y-x)f_X(x) \qquad (4.5.14)
\end{aligned}$$

를[56] 얻는다. 그러므로, 확률변수 X와 그 크기 $Y = |X|$의 결합 확률밀도함수 $f_{X,|X|}(x, y) = \frac{\partial^2}{\partial x \partial y}F_{X,|X|}(x, y)$는

$$\begin{aligned}
f_{X,|X|}(x, y) \;&=\; \{\delta(x+y)u(y-x) + u(x+y)\delta(y-x)\}f_X(x) \\
&=\; \{\delta(x+y)u(-x) + \delta(x-y)u(x)\}f_X(x) \\
&=\; \{\delta(x+y)f_X(-y) + \delta(x-y)f_X(y)\}\, u(y) \qquad (4.5.15)
\end{aligned}$$

이다. 식 (4.5.15)에서 $|X|$의 확률밀도함수 $f_{|X|}(y) = \int_{-\infty}^{\infty} f_{X,|X|}(x, y)dx$를 얻으면

$$\begin{aligned}
f_{|X|}(y) \;&=\; \int_{-\infty}^{\infty} \{\delta(x+y)f_X(-y) + \delta(x-y)f_X(y)\}\, u(y)dx \\
&=\; \{f_X(-y) + f_X(y)\}\, u(y) \qquad (4.5.16)
\end{aligned}$$

인데 이 결과는 보기 3.2.7에서 얻은 것과 같음을 쉽게 알 수 있다. 한편, $u(x) + u(-x) = 1$이므로 마땅히 $\int_{-\infty}^{\infty} f_{X,|X|}(x, y)dy = f_X(x)u(-x) + f_X(x)u(x) = f_X(x)$를 얻는다 ◇

보기 4.5.4 확률변수 X의 분포가 $U(-1, 1)$, $U(-1, 0)$, 또는 $U[0, 1)$일 때 $Y = |X|$의 분포는 모두 $U(0, 1)$임을 (4.5.16)을 바탕으로 쉽게 알 수 있다. ◇

한편, 함수 행렬식 $J\left(\underline{g}\left(\underline{x}\right)\right)$가 0이면 4.2.1.2절 바로 앞에서 말하였듯이 정리 4.2.1을 쓸 수 없다. 함수 $\underline{g}$가 n차원이면, 보기를 들어 $\{a_j\}_{j=2}^{n}$과 $\{c_j\}_{j=2}^{n}$이 모두 상수이고, $j = 2, 3, \cdots, n$일 때

$$g_j(\underline{x}) \;=\; c_j g_1(\underline{x}) + a_j \tag{4.5.17}$$

[56] 식 (1.4.26)에서 보았듯이 $\delta(0) < 0$일 때도 있으나, 여기에서는 $\delta(0) > 0$으로 두었다.

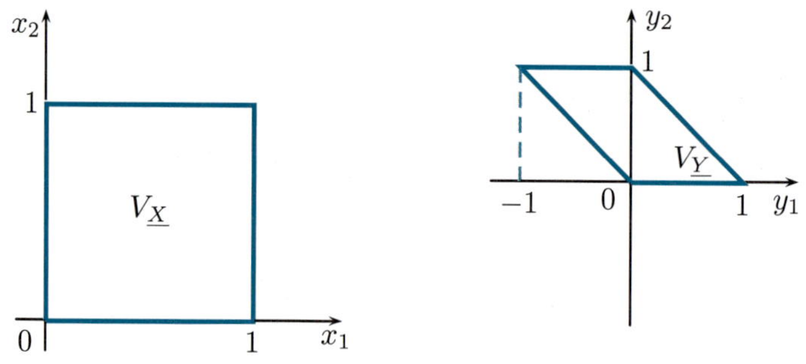

그림 4.5.1 확률밀도함수 $f_{\underline{X}}(x_1, x_2)$의 받침이 $V_{\underline{X}}$일 때 확률밀도함수 $f_{X_1-X_2}(y)$의 받침 $V_{\underline{Y}}$

꼴이면 $J\left(\underline{g}\left(\underline{x}\right)\right) = 0$이다. 이제, 확률벡터 $\underline{X}$와 그 함수 $\underline{g}\left(\underline{X}\right) = \left(g_1\left(\underline{X}\right), g_2\left(\underline{X}\right)\right)$가 모두 2차원이고 a와 c가 상수이며

$$g_2(\underline{x}) \;=\; cg_1(\underline{x}) + a \tag{4.5.18}$$

꼴일 때 $\underline{g}\left(\underline{X}\right)$의 확률밀도함수를 어떻게 얻을 수 있는지 알아보자. 먼저, 알맞은 보조 변수 Z를 – 보기를 들면, $g_1\left(\underline{X}\right)$가 $bX_2 + d$ 꼴이 아닐 때에는 $Z = X_2$를 – 생각하여 정리 4.2.1을 써서 $\left(g_1\left(\underline{X}\right), Z\right)$의 결합 확률밀도함수 $f_{g_1(\underline{X}),Z}$를 얻는다. 그 다음, $f_{g_1(\underline{X}),Z}$를 바탕으로 $g_1\left(\underline{X}\right)$의 확률밀도함수

$$f_{g_1(\underline{X})}(x) \;=\; \int_{-\infty}^{\infty} f_{g_1(\underline{X}),Z}(x,v)dv \tag{4.5.19}$$

를 얻는다. 그 뒤, (4.문.18)을 바탕으로

$$f_{g_1(\underline{X}),cg_1(\underline{X})+a}(x,y) \;=\; \begin{cases} f_{g_1(\underline{X})}(x)\delta(y-a), & c=0, \\ \frac{1}{|c|} f_{g_1(\underline{X})}(x)\delta\left(x - \frac{y-a}{c}\right), & c \neq 0 \end{cases} \tag{4.5.20}$$

처럼

$$\begin{aligned} \underline{g}\left(\underline{X}\right) &= \left(g_1\left(\underline{X}\right), g_2\left(\underline{X}\right)\right) \\ &= \left(g_1\left(\underline{X}\right), cg_1\left(\underline{X}\right) + a\right) \end{aligned} \tag{4.5.21}$$

의 결합 확률밀도함수를 얻을 수 있다.

보기 4.5.5 확률벡터 $\underline{X} = (X_1, X_2)$의 결합 확률밀도함수가 $f_{\underline{X}}\left(x_1, x_2\right) = u\left(x_1\right)u\left(1-x_1\right) u\left(x_2\right)u\left(1-x_2\right)$일 때, $(X_1 - X_2, 2X_1 - 2X_2)$의 결합 확률밀도함수와 $(X_1 - X_2, X_1 - X_2 + 2)$의 결합 확률밀도함수를 얻으시오.

풀이 먼저, $g_1\left(\underline{X}\right) = Y = X_1 - X_2$와 보조 변수 $Z = X_2$를 생각하여 확률벡터 $(Y, Z) = (X_1 - X_2, X_2)$의 결합 확률밀도함수를 얻어보자. 이 변환의 함수 행렬식은 $J\left(\left(x_1 - x_2, x_2\right)\right) = \begin{vmatrix} 1 & -1 \\ 0 & 1 \end{vmatrix} = 1$이고, $X_1 = Y + Z$이며, $X_2 = Z$이므로, (Y, Z)의 결합 확률밀도함수는

$$\begin{aligned} f_{Y,Z}(y,z) &= f_{\underline{X}}\left(x_1, x_2\right)\big|_{x_1=y+z,\, x_2=z} \\ &= u(y+z)u(1-y-z)u(z)u(1-z) \end{aligned} \tag{4.5.22}$$

이다. 따라서, 그림 4.5.1을 새겨서 $f_{Y,Z}(y,z)$를 적분하면

$$\begin{aligned}
f_Y(y) &= \int_{-\infty}^{\infty} u(y+z)u(1-y-z)u(z)u(1-z)dz \\
&= \begin{cases} 0, & |y|>1, \\ \int_{-y}^{1} dz, & -1<y<0, \\ \int_{0}^{1-y} dz, & 0<y<1 \end{cases} \\
&= \begin{cases} 0, & |y|>1, \\ 1+y, & -1<y<0, \\ 1-y, & 0<y<1 \end{cases} \\
&= (1-|x|)u(1-|x|) \qquad (4.5.23)
\end{aligned}$$

처럼 $g_1(\underline{X}) = Y = X_1 - X_2$의 확률밀도함수를 얻을 수 있다. 그러므로, (4.5.20)을 바탕으로 $(X_1 - X_2, X_1 - X_2 + 2)$의 결합 확률밀도함수는

$$f_{X_1-X_2, X_1-X_2+2}(x,y) = (1-|x|)u(1-|x|)\delta(y-x+2) \qquad (4.5.24)$$

이고, $(X_1 - X_2, 2X_1 - 2X_2)$의 결합 확률밀도함수는

$$f_{X_1-X_2, 2X_1-2X_2}(x,y) = \frac{1}{2}(1-|x|)u(1-|x|)\delta\left(x-\frac{y}{2}\right) \qquad (4.5.25)$$

임을 알 수 있다. 여기에서, $\int_{-\infty}^{\infty} \delta\left(x-\frac{y}{2}\right) dy = \int_{\infty}^{-\infty} \delta(t)(-2)dt = 2\int_{-\infty}^{\infty} \delta(t)dt = 2$이다. ◇

이 절에서 간결하게 다룬 바와 같이, 계단 함수와 충격 함수를 쓰면 조건에 따라서 여러 식으로 나타나는 결합 누적분포함수와 결합 확률밀도함수를 바르고 쉽게 얻을 수 있다. 특히, 계단 함수와 충격 함수는 순서 통계량이나 순위 통계량을 다룰 때에도 매우 쓸모 있다.

부록

부록 4.1 다항 확률변수

다항 확률변수는 보기 4.1.4에서 간단히 다룬 바 있다. 여기서 조금 더 자세히 살펴 보자.

뜻매김 4.부.1 다항 분포[57]

겹치지 않고 나올 수 있는 결과가 $\{A_i\}_{i=1}^{r}$이고, 그 확률이 $\{P\{A_i\}=p_i\}_{i=1}^{r}$인 독립 실험을 n번 거듭할 때 사건 A_i가 일어나는 횟수를 X_i라고 두자. 여기에서, $\sum_{i=1}^{r} p_i = 1$이다. 이때, $\underline{X} = (X_1, X_2, \cdots, X_r)$의 결합 분포를 다항 분포라고 한다. 이 확률벡터 $\underline{X}$의 결합 확률질량함수는 $\sum_{i=1}^{r} k_i = n$일 때

$$p_{\underline{X}}(k_1, k_2, \cdots, k_r) = \frac{n!}{k_1!k_2!\cdots k_r!} p_1^{k_1} p_2^{k_2} \cdots p_r^{k_r} \tag{4.부.1}$$

이다.

식 (4.부.1)의 등호 오른쪽은 $(t_1p_1 + t_2p_2 + \cdots + t_rp_r)^n$을 다항 전개할 때 $\prod_{j=1}^{r} t_j^{k_j}$의 계수라는 것을 눈여겨볼 만하다.

보기 4.부.1 제대로 만든 주사위를 열 번 굴렸을 때 $A_1 = \{1\}$, $A_2 = \{\text{짝수}\}$, $A_3 = \{3, 5\}$가 나오는 횟수 $\underline{X} = (X_1, X_2, X_3)$의 결합 확률질량함수는

$$p_{\underline{X}}(k_1, k_2, k_3) = \frac{10!}{k_1!k_2!k_3!} \left(\frac{1}{6}\right)^{k_1} \left(\frac{1}{2}\right)^{k_2} \left(\frac{1}{3}\right)^{k_3} \tag{4.부.2}$$

이다. 이 식을 바탕으로 집합 $\{A_1$이 세 번 일어나고, A_2가 여섯 번 일어남$\} = \{X_1 = 3, X_2 = 6, X_3 = 1\}$의 확률을 얻으면 $p_{\underline{X}}(k_1 = 3, k_2 = 6, k_3 = 1) = \frac{10!}{3!6!1!}\left(\frac{1}{6}\right)^3\left(\frac{1}{2}\right)^6\left(\frac{1}{3}\right)^1 = \frac{35}{1728} \approx 2.025 \times 10^{-2}$이다. ◇

보기 4.부.2 (다항 분포의 포아송 어림) 이항 분포와 비슷하게 다항 분포를 포아송 어림해 보자. 다항 분포에서 $n \to \infty$일 때, $p_i \to 0$이고 $np_i \to \lambda_i$이면,

$$\begin{aligned} p_{\underline{X}}(k_1, k_2, \cdots, k_r) &= \frac{n!}{k_1!k_2!\cdots k_r!} p_1^{k_1} p_2^{k_2} \cdots p_r^{k_r} \\ &\to e^{-\lambda_1}\frac{\lambda_1^{k_1}}{k_1!} e^{-\lambda_2}\frac{\lambda_2^{k_2}}{k_2!} \cdots e^{-\lambda_{r-1}}\frac{\lambda_{r-1}^{k_{r-1}}}{k_{r-1}!} \end{aligned} \tag{4.부.3}$$

이다. 이 식은 $\frac{n!}{k_r!} = \frac{n!}{\left(n - \sum_{i=1}^{r-1} k_i\right)!} = n(n-1)\cdots\left(n - \sum_{i=1}^{r-1} k_i + 1\right) \approx n^{\sum_{i=1}^{r-1} k_i}$이고, $p_r = 1 - \sum_{i=1}^{r-1} p_i \approx \exp\left(-\sum_{i=1}^{r-1} p_i\right)$이며, $p_r^{k_r} = p_r^{n - \sum_{i=1}^{r-1} k_i} \approx \exp\left\{-\left(n - \sum_{i=1}^{r-1} k_i\right)\sum_{i=1}^{r-1} p_i\right\} \approx \exp\left(-n\sum_{i=1}^{r-1}\right.$

[57] multinomial distribution

$\left.p_i\right) = \exp\left(-\sum_{i=1}^{r-1}\lambda_i\right)$임을 바탕으로 이항 분포의 포아송 어림에서와 비슷한 과정으로 보일 수 있다. 말할 것도 없이, 위 결과 (4.부.3)에서 $r=2$로 둔 것은 이항 분포에서 얻은 정리 3.5.2의 (3.5.19)와 같다는 것을 쉽게 알 수 있다. ◇

보기 4.부.3 (다항 분포의 정규 어림셈) 먼저, $k_i = np_i + O(\sqrt{n})$이면 $n \to \infty$일 때, 이항 분포의 정규 어림과 비슷하게 다항 분포를

$$\begin{aligned} p_{\underline{X}}(k_1, k_2, \cdots, k_r) &= \frac{n!}{k_1!k_2!\cdots k_r!}p_1^{k_1}p_2^{k_2}\cdots p_r^{k_r} \\ &\approx \frac{1}{\sqrt{(2\pi n)^{r-1}p_1\cdots p_r}}\exp\left\{-\frac{1}{2}\sum_{i=1}^{r}\frac{(k_i-np_i)^2}{np_i}\right\} \end{aligned} \tag{4.부.4}$$

와 같이 둘 수 있다. 식 (4.부.4)에서 $r=2$일 때를 살펴 보자. 이때, $k_1 = k$이고 $k_2 = n-k$이며 $p_1 = p$이고 $p_2 = 1-p_1 = q$라고 두면, $p_{\underline{X}}(k_1,k_2) = p_{\underline{X}}(k, n-k)$, 곧

$$\begin{aligned} p_{\underline{X}}(k_1, k_2) &\approx \frac{1}{\sqrt{2\pi npq}}\exp\left[-\frac{1}{2}\left\{\frac{(k-np)^2}{np}+\frac{(n-k-nq)^2}{nq}\right\}\right] \\ &= \frac{1}{\sqrt{2\pi npq}}\exp\left\{-\frac{1}{2}\frac{q(k-np)^2+p(np-k)^2}{npq}\right\} \\ &= \frac{1}{\sqrt{2\pi npq}}\exp\left\{-\frac{(k-np)^2}{2npq}\right\} \end{aligned} \tag{4.부.5}$$

이다. 이 결과는 이항 분포에서 얻은 정리 3.5.1의 (3.5.16)과 같은 것이다. ◇

다항 분포는 이항 분포를 일반화한 것이며 다항 분포 가운데에서 $r=2$인 것이 바로 이항 분포이다. 다항 확률벡터 $\underline{X} = (X_1, X_2, \cdots, X_r)$에서 X_i의 한계 분포는 이항 분포이다. 또, $n - \sum_{i=1}^{s} k_{a_i}$를 $s+1$째 확률변수로 생각하면 $\underline{X}$의 부벡터 $\underline{X}_s = (X_{a_1}, X_{a_2}, \cdots, X_{a_s})$의 분포도 다항 분포인데, 그 결합 확률질량함수는

$$p_{\underline{X}_s}(k_{a_1}, k_{a_2}, \cdots, k_{a_s}) = n!\frac{\left(1-\sum_{i=1}^{s}p_{a_i}\right)^{n-\sum_{i=1}^{s}k_{a_i}}}{\left(n-\sum_{i=1}^{s}k_{a_i}\right)!}\prod_{i=1}^{s}\frac{p_{a_i}^{k_{a_i}}}{k_{a_i}!} \tag{4.부.6}$$

이다. 이 식에서 $s=1$이라고 두면 이항 확률질량함수를 얻는다.

한편, $\underline{X}$의 부벡터가 주어졌을 때 나머지 확률변수가 이루는 확률벡터의 조건부 결합 분포도 다항 분포인데, 이때, 그 분포는 나머지 확률변수의 값에 따로따로 의존하는 것이 아니라 그 합에만 의존한다. 보기를 들어, $\underline{X} = (X_1, X_2, X_3, X_4)$라고 두자. 그러면 (X_1, X_3)이 주어졌을 때 (X_2, X_4)의 분포는 다항 분포이며, 이 분포는 X_1과 X_3에 따로따로 의존하지 않고 $X_1 + X_3$에만 의존한다.

끝으로, 확률벡터 $\underline{X} = (X_1, X_2, \cdots, X_r)$의 확률질량함수가 (4.부.1)과 같다고 두고 $q_i = 1-p_i$라고 두자. 그러면 $i \neq j$일 때

$$E\{X_i | X_j\} = \frac{(n-X_j)\,p_i}{1-p_j} \tag{4.부.7}$$

이고, i가 $\{b_j\}_{j=1}^{r-1}$ 가운데에서 어느 것과도 같지 않을 때

$$E\left\{X_i | X_{b_1}, X_{b_2}, \cdots, X_{b_{r-1}}\right\} = \frac{p_i}{1-\sum_{j=1}^{r-1} p_{b_j}}\left(n-\sum_{j=1}^{r-1} X_{b_j}\right) \tag{4.부.8}$$

이며, $\operatorname{Cov}(X_i, X_j) = -np_ip_j$이고,

$$\rho_{X_i,X_j} = -\sqrt{\frac{p_ip_j}{(1-p_i)(1-p_j)}} \tag{4.부.9}$$

임을 보일 수 있다.

부록 4.2 무늬가 나타나는 평균 시간

확률변수 X_k가 k째 실험 결과를 나타낸다고 할 때, 확률질량함수가

$$p_{X_k}(j) = p_j \tag{4.부.10}$$

인 실험을 생각하자. 이 실험을 거듭 시행하여 그 값을 관찰해 나간다고 두자. 이제, 무늬 $M = (i_1, i_2, \cdots, i_n)$이 처음 나타날 때까지 거듭해야 하는 실험 횟수를 이 무늬가 처음 나타나는 시간이라고 두고 이 시간을 $T = T(M) = T(i_1, i_2, \cdots, i_n)$이라고 쓰자. 보기를 들면, 바라는 무늬가 $(9,5,7)$이고, 확률변수를 관찰하였더니 $(6,4,9,5,5,\mathbf{9},\mathbf{5},\mathbf{7},3,2,\cdots)$이었다면 $T(9,5,7) = 8$이다. 이제, 무늬가 처음 나올 때까지 거듭해야 하는 평균 실험 횟수[58] $E\{T\}$를 얻어보자.

먼저, $n = 2,3,\cdots$이고 $k = 1,2,\cdots,n-1$일 때 무늬 M이

$$(i_1, i_2, \cdots, i_k) = (i_{n-k+1}, i_{n-k+2}, \cdots, i_n) \tag{4.부.11}$$

을 만족시키면 무늬 M은 겹친다[59]고 말하고, $L_k = (i_1, i_2, \cdots, i_k)$를 겹치는 조각[60]이라고 부르자. 이를테면, (ㄱ, ㄴ, ㄷ), (ㅎ, ㅋ, ㅌ, ㅍ), (ㅌ, ㅅ, ㅊ), $(4,4,5)$, $(4,1,3,3,2)$는 모두 겹치지 않는 무늬이고, (ㄹ, ㅁ, ㅈ, ㄹ, ㅁ), (ㅂ, ㅂ, ㅊ, ㅇ, ㅂ, ㅂ), $(3,4,3)$, $(5,4,5,4,5)$, $(5,4,5,4,5,4)$는 모두 겹치는 무늬들이다. 이때, (ㅂ, ㅂ, ㅊ, ㅇ, ㅂ, ㅂ), $(5,4,5,4,5)$, $(5,4,5,4,5,4)$에서 볼 수 있듯이 한 무늬에서 겹치는 조각의 길이 k는 $\frac{n}{2}$보다 길 수도 있다는 것과 겹치는 조각이 하나보다 많을 때도 있다는 것을 새겨서 두자. 또한, 겹치는 조각의 길이가 k이면 무늬의 원소는 $n-k-1$개 걸러 값이 같다는 것도 알 수 있다. 따라서, $k = n-1$이면 $M = (i_1, i_1, \cdots, i_1)$이다. 끝으로, 겹치지 않는 무늬에서는 $k = n$이라고 볼 수 있다.

(가) 거듭 방법

먼저, 길이가 1인 무늬 i_1이 나타나는 $T(i_1)$의 평균 $E\{T(i_1)\} = \sum_{k=1}^{\infty} k\Pr\{T(i_1) = k\} = \sum_{k=1}^{\infty} k(1-p_{i_1})^{k-1} p_{i_1}$을 얻으면

---

[58] 이 횟수를 무늬가 나타나는 평균 시간이라고 mean time for patterns 부른다.
[59] overlap
[60] overlapping piece. 앞뒷가지라고 bifix 부르기도 한다.

$$E\{T(i_1)\} = \frac{1}{p_{i_1}} \tag{4.부.12}$$

이다.

다음에, M에 겹치는 조각이 J개 있을 때 겹치는 조각의 길이를 $K_1 < K_2 < \cdots < K_J$라고 두고, $K_0 = 0$으로 두며, $K_{J+1} = n$이라고 두자. 그러면 $K_0 < K_1$이고 $K_J < K_{J+1} = n$이며 $M = (i_1, i_2, \cdots, i_{K_1}, i_{K_1+1}, \cdots, i_{K_2}, i_{K_2+1}, \cdots, i_{K_J}, i_{K_J+1}, \cdots, i_{n-1}, i_n)$이라는 것을 바로 알 수 있다. 이때, 겹치는 조각 $\left\{L_{K_j} = (i_1, i_2, \cdots, i_{K_j})\right\}_{j=1}^{J}$를

$$\begin{array}{ccccccccccc} & & & & & & i_1 & i_2 & \cdots & i_{K_1} \\ & & & i_1 & i_2 & \cdots & i_{K_2-K_1+1} & i_{K_2-K_1+2} & \cdots & i_{K_2} \\ & & & \vdots & \vdots & & \vdots & \vdots & & \vdots \\ i_1 & i_2 & \cdots & i_{K_J-K_2+1} & i_{K_J-K_2+2} & \cdots & i_{K_J-K_1+1} & i_{K_J-K_1+2} & \cdots & i_{K_J} \end{array} \tag{4.부.13}$$

처럼 쓰면, 같은 세로 줄에 있는 것들은 다 같으므로, $1 \le a \le b \le J$이고 $m = 1, 2, \cdots, K_a - K_{a-1}$일 때 $i_m = i_{K_b - K_a + m}$임을 알 수 있다.

이제, M이 나타난 다음, $M_{+1} = (i_1, i_2, \cdots, i_n, i_{n+1})$이 나타날 때까지 기다려야 하는 시간을 $T(A_1)$로 쓰면 $T(M_{+1}) = T(M) + T(A_1)$이므로

$$E\{T(M_{+1})\} = E\{T(M)\} + E\{T(A_1)\} \tag{4.부.14}$$

이다. 여기에서,

$$E\{T(A_1)\} = \sum_x E\{T(A_1)|\, X_{n+1} = x\} \Pr\{X_{n+1} = x\} \tag{4.부.15}$$

로 쓸 수 있다. 이제, 식 (4.부.15)에 나온 $E\{T(A_1)|\, X_{n+1} = x\}$를 살펴 보자. 먼저, 보기를 들어 $x = i_{K_j+1}$일 때, j째 겹치는 조각과 그 바로 다음 원소까지 생각한 것을 $\tilde{L}_{K_j+1} = (i_1, i_2, \cdots, i_{K_j}, i_{K_j+1})$이라고 쓰고 (4.부.11)을 새기면

$$\begin{aligned} M_{+1} &= \left(i_1, i_2, \cdots, i_{n-K_j}, i_{n-K_j+1}, i_{n-K_j+2}, \cdots, i_n, i_{K_j+1}\right) \\ &= \left(i_1, i_2, \cdots, i_{n-K_j}, i_1, i_2, \cdots, i_{K_j}, i_{K_j+1}\right) \end{aligned} \tag{4.부.16}$$

이다. 이 식을 잘 새겨서 보면 $E\left\{T(A_1) \,\middle|\, X_{n+1} = i_{K_j+1}\right\} = 1 + E\left\{T(M_{+1}) \,\middle|\, \tilde{L}_{K_j+1}\right\}$이다. 이 식과 마찬가지로 생각하면, $i_1 = i_{K_0+1}$, i_{K_1+1}, $\cdots$, i_{K_J+1}, $i_{K_{J+1}+1} = i_{n+1}$이 모두 다를 때에는

$$E\{T(A_1)|\, X_{n+1} = x\} = \begin{cases} 1 + E\left\{T(M_{+1}) \,\middle|\, \tilde{L}_{K_0+1}\right\}, & x = i_{K_0+1}, \\ 1 + E\left\{T(M_{+1}) \,\middle|\, \tilde{L}_{K_1+1}\right\}, & x = i_{K_1+1}, \\ \quad\vdots & \quad\vdots \\ 1 + E\left\{T(M_{+1}) \,\middle|\, \tilde{L}_{K_J+1}\right\}, & x = i_{K_J+1}, \\ 1, & x = i_{n+1}, \\ 1 + E\{T(M_{+1})\}, & \text{그 밖에는} \end{cases} \tag{4.부.17}$$

이다. 그런데, $E\{T(M_{+1})\} = E\left\{T(M_{+1}) \,\middle|\, \tilde{L}_{K_j+1}\right\} + E\left\{T\left(\tilde{L}_{K_j+1}\right)\right\}$이므로

$$E\left\{T\left(M_{+1}\right)\left|\tilde{L}_{K_j+1}\right.\right\} = E\left\{T\left(M_{+1}\right)\right\} - E\left\{T\left(\tilde{L}_{K_j+1}\right)\right\} \tag{4.부.18}$$

임을 새기면, (4.부.14), (4.부.15), (4.부.17)에서

$$\begin{aligned} E\left\{T\left(M_{+1}\right)\right\} &= E\{T(M)\} + \sum_{j=0}^{J} p_{i_{K_j+1}}\left[1 + E\left\{T\left(M_{+1}\right)\right\} - E\left\{T\left(\tilde{L}_{K_j+1}\right)\right\}\right] \\ &\quad + p_{i_{n+1}} \times 1 + \left(1 - p_{i_{n+1}} - \sum_{j=0}^{J} p_{i_{K_j+1}}\right)\left[1 + E\left\{T\left(M_{+1}\right)\right\}\right] \end{aligned} \tag{4.부.19}$$

인데, 이 식을 정리하면

$$p_{i_{n+1}} E\left\{T\left(M_{+1}\right)\right\} = E\{T(M)\} + 1 - \sum_{j=0}^{J} p_{i_{K_j+1}} E\left\{T\left(\tilde{L}_{K_j+1}\right)\right\} \tag{4.부.20}$$

을 얻는다.

다음에, $i_{K_0+1}, i_{K_1+1}, \cdots, i_{K_J+1}, i_{n+1}$ 가운데에서 같은 것이 있을 때를 생각해 보자. 보기를 들어, $a < b$이고 $i_{K_a+1} = i_{K_b+1}$이라고 두자. 그러면 (4.부.15)와 (4.부.17)에서 $x = i_{K_a+1} = i_{K_b+1}$일 때 M_{+1}의 뒷부분에 생기는 가장 긴 겹치는 조각이 $\tilde{L}_{K_a+1}$이 아니라 $\tilde{L}_{K_b+1}$이기 때문에 (4.부.17)의 여러 줄 가운데에서 K_a째 조각에 해당하는 '$1 + E\left\{T\left(M_{+1}\right)\left|\tilde{L}_{K_a+1}\right.\right\}, x = i_{K_a+1}$'이 사라진다는 것을 쉽게 알 수 있다. 따라서, 이 사실을 바탕으로 (4.부.19)와 (4.부.20)을 비슷하게 따라가면

$$p_{i_{n+1}} E\left\{T\left(M_{+1}\right)\right\} = E\{T(M)\} + 1 - \sum_{j} p_{i_{K_j+1}} E\left\{T\left(\tilde{L}_{K_j+1}\right)\right\} \tag{4.부.21}$$

임을 알 수 있다. 식 (4.부.21)에서 $\sum_j$는, $0 \le a < b \le J+1$일 때 $i_{K_a+1} = i_{K_b+1}$인 모든 $E\left\{T\left(\tilde{L}_{K_a+1}\right)\right\}$을 0으로 두고, $j = 0$부터 $j = J$까지 더한다는 뜻이다. 여기에서, $\{K_j\}_{j=1}^{J}$는 M_{+1}이 아니라 M의 겹치는 조각의 길이라는 것을 다시 새겨서 두어야 한다. 한편, (4.부.20)은 (4.부.21)의 특별한 때이다. 곧, (4.부.21)은 어느 때나 쓸 수 있는 올바른 식이다.

정리하자면, (4.부.12)에 보인 $E\{T(M_1)\} = E\{T(i_1)\} = \frac{1}{p_{i_1}}$에서 시작하여 (4.부.21)을 바탕으로 $E\{T(i_1, i_2)\}$, $E\{T(i_1, i_2, i_3)\}$, $\cdots$, $E\{T(M)\}$을 차례대로 얻을 수 있다.

보기 4.부.4 독립이고 분포가 같은 확률변수 $\{X_k, k = 1, 2, \cdots\}$의 한계 확률질량함수가 $p_{X_k}(j) = p_j$일 때 무늬 $M = (5, 4, 5, 3)$이 처음 나올 때까지 걸리는 시간의 기댓값을 얻어보시오.

풀이 먼저, $E\{T(5)\} = \frac{1}{p_5}$이다. 무늬 $(5, 4)$가 M_{+1}일 때에는 $J = 0$이고 $i_{K_0+1} = 5$이며 $i_{n+1} = 4$이므로

$$\sum_{j} p_{i_{K_j+1}} E\left\{T\left(\tilde{L}_{K_j+1}\right)\right\} = p_{i_1} E\left\{T\left(\tilde{L}_1\right)\right\} \tag{4.부.22}$$

이다. 곧, $E\{T(5,4)\} = \frac{1}{p_4}\left[E\{T(5)\} + 1 - p_5 E\{T(5)\}\right] = \frac{1}{p_4 p_5}$이다. 한편, 무늬 $(5, 4, 5)$가 M_{+1}일 때에는 $J = 0$이고 $i_{K_0+1} = 5 = i_{n+1}$이므로 $\sum_j p_{i_{K_j+1}} E\left\{T\left(\tilde{L}_{K_j+1}\right)\right\} = 0$이다. 따라서,

$E\{T(5,4,5)\} = \frac{1}{p_5}[E\{T(5,4)\}+1] = \frac{1}{p_4 p_5^2} + \frac{1}{p_5}$이다. 끝으로, 무늬 $(5,4,5,3)$이 M_{+1}일 때에는 $J=1$이고 $K_1 = 1$이므로 $i_{K_0+1} = i_1 = 5$, $i_{K_1+1} = i_2 = 4$, $i_{K_{J+1}+1} = i_4 = 3$이고

$$\sum_j p_{i_{K_j+1}} E\left\{T\left(\tilde{L}_{K_j+1}\right)\right\} \;=\; p_5 E\{T(5)\} + p_4 E\{T(5,4)\} \tag{4.부.23}$$

이다. 곧, $E\{T(5,4,5,3)\} = \frac{1}{p_3}[E\{T(5,4,5)\}+1-p_5E\{T(5)\}-p_4E\{T(5,4)\}] = \frac{1}{p_3p_4p_5^2}$이다. ◇

(나) 빠른 방법

위에서 얻은 (4.부.21)은 어느 때나 쓸 수 있는 올바른 식이다. 그렇지만, 기댓값 $E\{(i_1, i_2, \cdots, i_n)\}$을 얻으려면 언제나 기댓값들 $E\{(i_1)\}$, $E\{(i_1, i_2)\}$, $\cdots$, $E\{(i_1, i_2, \cdots, i_{n-1})\}$을 먼저 얻어야 하는데, 이 과정은 보기 4.부.4에서 보았듯이 비효율적인 점이 없지 않다. 이제, 조금 더 효율적인 방법을 생각해 보자.

(나-1) 겹치지 않는 무늬

무늬 M이 겹치지 않으면 $k \in \{1,2,\cdots,n-1\}$을 어떻게 골라도

$$(i_1, i_2, \cdots, i_k) \;\neq\; (i_{n-k+1}, i_{n-k+2}, \cdots, i_n) \tag{4.부.24}$$

이다. 이 식을 바탕으로,

$$\{T=j+n\} \;\rightleftarrows\; \{T>j,\, (X_{j+1}, X_{j+2}, \cdots, X_{j+n}) = M\} \tag{4.부.25}$$

를 보이자. 먼저, $T=j+n$이면 확률변수의 값이 바라는 무늬 M을 처음 이룬 것이 $(X_{j+1}, X_{j+2}, \cdots, X_{j+n})$이므로 쉽게 $T>j$이고 $(X_{j+1}, X_{j+2}, \cdots, X_{j+n}) = M$이다. 다음에, $T>j$이고

$$(X_{j+1}, X_{j+2}, \cdots, X_{j+n}) \;=\; M \tag{4.부.26}$$

일 때 $T=j+n$이라는 것을 보이자. 만약, $k \in \{1,2,\cdots,n-1\}$이고 $T=j+k$라면, $X_{j+k} = i_n, X_{j+k-1} = i_{n-1}, \cdots, X_{j+1} = i_{n-k+1}$인데, 이 식은 (4.부.24)와 (4.부.26)이 뜻하는 $(X_{j+1}, X_{j+2}, \cdots, X_{j+n}) = (i_1, i_2, \cdots, i_k) \neq (i_{n-k+1}, i_{n-k+2}, \cdots, i_n)$과 모순이다. 그러므로, k가 $\{1,2,\cdots,n-1\}$ 안의 어떤 값이더라도 $T \neq j+k$이고, 따라서 $T \geq j+n$이다. 한편, (4.부.26)은 $T \leq j+n$을 뜻한다. 곧, $T \leq j+n$이고 $T \geq j+n$이므로, $T=j+n$이다.

이제, (4.부.25)에서

$$P\{T=j+n\} \;=\; P\{T>j,\ (X_{j+1}, X_{j+2}, \cdots, X_{j+n}) = M\} \tag{4.부.27}$$

인데, $T>j$인지는 $X_1, X_2, \cdots, X_j$로만 정해지고 $X_{j+1}, X_{j+2}, \cdots, X_{j+n}$과는 독립이므로, $\hat{p} = p_{i_1}p_{i_2}\cdots p_{i_n}$이라고 두면,

$$\begin{aligned} P\{T=j+n\} &= P\{T>j\}\,P\{(X_{j+1}, X_{j+2}, \cdots, X_{j+n}) = M\} \\ &= P\{T>j\}\,\hat{p} \end{aligned} \tag{4.부.28}$$

이다. 한편, $\sum\limits_{j=0}^{\infty} P\{T=j+n\}=1$이고 $\sum\limits_{j=0}^{\infty} P\{T>j\}=P\{T>0\}+P\{T>1\}+\cdots=$ $[P\{T=1\}+P\{T=2\}+\cdots]+[P\{T=2\}+P\{T=3\}+\cdots]+\cdots=\sum\limits_{j=0}^{\infty} j\,P\{T=j\}$, 곧

$$\sum_{j=0}^{\infty} P\{T>j\} \;=\; E\{T\} \tag{4.부.29}$$

임을 새기면, (4.부.28)에서 $\hat{p}\sum\limits_{j=0}^{\infty} P\{T>j\}=\hat{p}E\{T\}=1$을 얻는다. 그러므로, $E\{T(M)\}=\frac{1}{\hat{p}}$, 곧

$$E\{T(M)\} \;=\; \frac{1}{p_{i_1}p_{i_2}\cdots p_{i_n}} \tag{4.부.30}$$

이다.

보기 4.부.5 무늬 $M=(9,5,7)$이 처음 나올 때까지는 평균 $E\{T(9,5,7)\}=\frac{1}{p_5p_7p_9}$째 관측까지 기다려야 한다. 한편, 제대로 만든 주사위를 굴려서 나온 값을 적어 나갈 때, 평균 $E\{T(3,5)\}=\frac{1}{p_3p_5}=36$번을 굴려야 $(3,5)$라는 무늬를 처음 볼 수 있다. ◇

(나-2) 겹치는 무늬

이제, 겹치는 무늬를 다루어 보자. 먼저, 무늬 M이 겹치는 무늬일 때, x를 알맞게 골라서[61] 길이가 $n+1$이고 겹치지 않는 새 무늬

$$M_x \;=\; (i_1, i_2, \cdots, i_n, x) \tag{4.부.31}$$

을 생각하자. 그러면 (4.부.30)에서

$$E\{T(M_x)\} \;=\; \frac{1}{p_x\hat{p}} \tag{4.부.32}$$

이다. 이제, $x=i_{n+1}$일 때 (4.부.31)에 보인 M_x와 (4.부.21)에 나온 M_{+1}이 같다는 것을 새겨서 (4.부.32)를 (4.부.21)에 쓰면

$$E\{T(M)\} \;=\; \frac{1}{\hat{p}} \;-\; 1 \;+\; \sum_j p_{i_{K_j+1}} E\left\{T\left(\tilde{L}_{K_j+1}\right)\right\} \tag{4.부.33}$$

을 얻는다. 그런데, M이 겹치는 무늬가 아닐 때를 생각해 보면 (4.부.33)의 마지막 항은 $\sum\limits_j p_{i_{K_j+1}} E\left\{T\left(\tilde{L}_{K_j+1}\right)\right\}=p_{i_{K_0+1}} E\left\{T\left(\tilde{L}_{K_0+1}\right)\right\}=p_{i_1}E\{T(i_1)\}=1$이다. 따라서 (4.부.33)은 (4.부.30)과 같다. 그러므로 M이 겹치는 무늬이든 아니든 (4.부.33)을 쓰면 언제나 $E\{T(M)\}$을 얻을 수 있다.

[61] 보기를 들면, $x\notin\{i_1,i_2,\cdots,i_n\}$ 또는 $x\notin\{i_{K_0+1},i_{K_1+1},\cdots,i_{K_J+1}\}$인 x를 고른다는 이야기이다. 그뿐만 아니라, 조금 더 넓게 '$(i_1,i_2,\cdots,i_n,x)$를 겹치지 않게 만드는 x'라고 말할 수도 있는데, 이때, x를 일어나지 않는 값으로 두어도 좋다. 보기를 들면, $p_1+p_2+p_3=1$일 때, $x=7$로 둘 수도 있다는 말이다.

보기 4.부.6 무늬 $(9,5,1,9,5)$에서는 $J=1$이고 $K_1=2$이므로 $\tilde{L}_{K_1+1}=(9,5,1)$이고, 따라서 (4.부.30)과 (4.부.33)에서 $E\{T(9,5,1,9,5)\}=\frac{1}{p_1p_5^2p_9^2}-1+[p_9E\{T(9)\}+p_1E\{T(9,5,1)\}]=\frac{1}{p_1p_5^2p_9^2}+\frac{1}{p_5p_9}$이다. 위와 비슷하게 무늬 $(9,5,9,1,9,5,9)$에서는 $J=2$, $K_1=1$, $K_2=3$이므로 $\tilde{L}_{K_1+1}=(9,5)$이고 $\tilde{L}_{K_2+1}=(9,5,9,1)$이다. 따라서, (4.부.30)과 (4.부.33)에서

$$\begin{aligned} E\{T(9,5,9,1,9,5,9)\} &= \frac{1}{p_1p_5^2p_9^4}-1+[p_9E\{T(9)\}+p_5E\{T(9,5)\}+p_1E\{T(9,5,9,1)\}] \\ &= \frac{1}{p_1p_5^2p_9^4}+\frac{1}{p_5p_9^2}+\frac{1}{p_9} \end{aligned} \quad (4.부.34)$$

이다. ◇

식 (4.부.30)과 (4.부.33)을 쓰면 (4.부.21)을 쓰는 것보다 $E\{T(M)\}$을 훨씬 빠르게 얻을 수 있다는 것을, 보기 4.부.4와 4.부.6을 견주어 보면, 쉽게 알 수 있다.

정리 4.부.1 무늬 $M=(i_1,i_2,\cdots,i_n)$의 겹치는 조각이 J개일 때, 겹치는 조각들의 길이를 $K_1<K_2<\cdots<K_J$라고 두고 $K_{J+1}=n$이라고 두자. 그러면

$$E\{T(M)\}=\frac{1}{p_{i_1}p_{i_2}\cdots p_{i_{K_1}}}+\frac{1}{p_{i_1}p_{i_2}\cdots p_{i_{K_2}}}+\cdots+\frac{1}{p_{i_1}p_{i_2}\cdots p_{i_n}} \quad (4.부.35)$$

이다. ■■

증명 먼저, 쓰기 쉽도록 $\alpha_j=p_{i_{K_j+1}}E\left\{T\left(\tilde{L}_{K_j+1}\right)\right\}$이고 $\beta_j=E\left\{T\left(L_{K_j}\right)\right\}$라고 두자. 다음에, (4.부.33)의 등호 오른쪽에 있는 더하기에서 $j=J$인 항은 언제나 더해진다는 것을 새겨서, $\epsilon_J=1$이라고 두고 $j=0,1,\cdots,J-1$일 때

$$\epsilon_j=\begin{cases}1, & m\in\{j+1,j+2,\cdots,J\}\text{가 어떤 값이더라도} \\ & \quad i_{K_j+1}\neq i_{K_m+1}\text{일 때,} \\ 0, & \text{그 밖에는}\end{cases} \quad (4.부.36)$$

으로 두자. 그러면 (4.부.33)을 바꾸어

$$E\{T(M)\}=\frac{1}{p_{i_1}p_{i_2}\cdots p_{i_n}}-1+\sum_{j=0}^{J}\alpha_j\epsilon_j \quad (4.부.37)$$

처럼 쓸 수 있다. 이제, $\alpha_0=p_{i_1}E\{T(i_1)\}=1$이고 $j=1,2,\cdots,J$일 때 (4.부.21)에서 $\alpha_j=\beta_j+1-\sum_{l=0}^{j-1}\alpha_l\epsilon_l$이다. 여기에서, $\{\alpha_j\}_{j=1}^{J}$를 얻으면 $\alpha_1=\beta_1+1-\epsilon_0$, $\alpha_2=\beta_2+1-(\epsilon_1\alpha_1+\epsilon_0\alpha_0)=\beta_2-\epsilon_1\beta_1+(1-\epsilon_0)(1-\epsilon_1)$, $\alpha_3=\beta_3+1-(\epsilon_2\alpha_2+\epsilon_1\alpha_1+\epsilon_0\alpha_0)=\beta_3-\epsilon_2\beta_2-\epsilon_1(1-\epsilon_2)\beta_1+(1-\epsilon_0)(1-\epsilon_1)(1-\epsilon_2)$, $\cdots$,

$$\begin{aligned}\alpha_J &= \beta_J-\epsilon_{J-1}\beta_{J-1}-\epsilon_{J-2}(1-\epsilon_{J-1})\beta_{J-2}-\cdots \\ &\quad -\epsilon_1(1-\epsilon_2)(1-\epsilon_3)\cdots(1-\epsilon_{J-1})\beta_1 \\ &\quad +(1-\epsilon_0)(1-\epsilon_1)\cdots(1-\epsilon_{J-1})\end{aligned} \quad (4.부.38)$$

이다. 따라서,

$$\begin{aligned}\sum_{j=0}^{J}\alpha_j\epsilon_j &= \beta_J + (\epsilon_{J-1}-\epsilon_{J-1})\beta_{J-1} + \{\epsilon_{J-2}-\epsilon_{J-2}\epsilon_{J-1}-\epsilon_{J-2}(1-\epsilon_{J-1})\}\beta_{J-2}\\ &\quad + \cdots + \{\epsilon_1-\epsilon_1\epsilon_2-\epsilon_1(1-\epsilon_2)\epsilon_3-\cdots-\epsilon_1(1-\epsilon_2)(1-\epsilon_3)\cdots(1-\epsilon_{J-1})\}\beta_1\\ &\quad + \{\epsilon_0+(1-\epsilon_0)\epsilon_1+(1-\epsilon_0)(1-\epsilon_1)\epsilon_2+\cdots\\ &\qquad + (1-\epsilon_0)(1-\epsilon_1)\cdots(1-\epsilon_{J-1})\} \end{aligned} \tag{4.부.39}$$

인데, 이 식의 등호 오른쪽에 있는 항들 가운데에서 둘째, 셋째, $\cdots$, 끝에서 둘째 항은 모두 0이고, 마지막 항은

$$\begin{aligned} &\epsilon_0+(1-\epsilon_0)\epsilon_1+(1-\epsilon_0)(1-\epsilon_1)\epsilon_2+\cdots+(1-\epsilon_0)(1-\epsilon_1)\cdots(1-\epsilon_{J-3})\epsilon_{J-2}\\ &\qquad +(1-\epsilon_0)(1-\epsilon_1)\cdots(1-\epsilon_{J-2})\epsilon_{J-1}+(1-\epsilon_0)(1-\epsilon_1)\cdots(1-\epsilon_{J-1})\\ &\quad = \epsilon_0+(1-\epsilon_0)\epsilon_1+(1-\epsilon_0)(1-\epsilon_1)\epsilon_2+\cdots\\ &\qquad +(1-\epsilon_0)(1-\epsilon_1)\cdots(1-\epsilon_{J-3})\epsilon_{J-2}+(1-\epsilon_0)(1-\epsilon_1)\cdots(1-\epsilon_{J-2})\\ &\quad \vdots\\ &\quad = \epsilon_0+(1-\epsilon_0)\epsilon_1+(1-\epsilon_0)(1-\epsilon_1)\\ &\quad = 1 \end{aligned} \tag{4.부.40}$$

이다. 그러므로, (4.부.40)을 새겨서 (4.부.39)를 (4.부.37)에 넣으면 $E\{T(M)\}=\frac{1}{p_{i_1}p_{i_2}\cdots p_{i_n}}-1+\beta_J+1$, 곧

$$E\{T(M)\} = \frac{1}{p_{i_1}p_{i_2}\cdots p_{i_n}} + E\{T(L_{K_J})\} \tag{4.부.41}$$

이다. 이제, L_{K_J}의 겹치는 조각은 $L_{K_1}, L_{K_2}, \cdots, L_{K_{J-1}}$이라는 것을 새겨서, (4.부.41)을 얻은 것과 비슷하게 $E\{T(L_{K_J})\}$를 얻으면 $E\{T(L_{K_J})\}=\frac{1}{p_{i_1}p_{i_2}\cdots p_{i_{K_J}}}+E\left\{T\left(L_{K_{J-1}}\right)\right\}$이고, 이 과정을 거듭한 다음, L_1은 겹치는 무늬가 아니라는 것을 새겨서 (4.부.30)을 쓰면 (4.부.35)를 얻는다. □

보기 4.부.7 식 (4.부.35)를 써서 $E\{T(5,4,4,5)\}=\frac{1+p_4^2p_5}{p_4^2p_5^2}$, $E\{T(5,4,5,4)\}=\frac{1+p_4p_5}{p_4^2p_5^2}$, $E\{T(5,4,5,4,5)\}=\frac{1}{p_4^2p_5^3}+\frac{1}{p_4p_5^2}+\frac{1}{p_5}$, $E\{T(5,4,4,5,4,4,5)\}=\frac{1}{p_4^4p_5^3}+\frac{1}{p_4^2p_5^2}+\frac{1}{p_5}$을 쉽게 얻을 수 있다. ◇

보기 4.부.8 **앞**이 나올 확률이 p인 주사위를 이어 던진다. 이때, **앞**, **뒤앞뒤**, **앞뒤앞뒤**, **앞뒤앞앞**, **앞뒤앞앞뒤앞앞**이 처음 나올 때까지 굴려야 하는 횟수의 기댓값은, $q=1-p$라고 둘 때, $E\{T(\text{앞})\}=\frac{1}{p}$, $E\{T(\text{뒤앞뒤})\}=\frac{1}{pq^2}+\frac{1}{q}$, $E\{T(\text{앞뒤앞뒤})\}=\frac{1}{p^2q^2}+\frac{1}{pq}$, $E\{T(\text{앞뒤앞앞})\}=\frac{1}{p^3q}+\frac{1}{p}$, $E\{T(\text{앞뒤앞앞뒤앞앞})\}=\frac{1}{p^5q^2}+\frac{1}{p^3q}+\frac{1}{p}$임을 쉽게 알 수 있다. ◇

연습 문제

문제 4.1 비율이 모두 μ이고 서로 독립인 지수 확률변수 n개를 생각하자. 이 n 확률변수를 더하여 얻은 확률변수의 확률밀도함수는

$$f(x) = \frac{\mu e^{-\mu x}(\mu x)^{n-1}}{(n-1)!}u(x) \tag{4.문.1}$$

임을 보이시오.

문제 4.2 어떤 주머니에 노란 공이 셋, 파란 공이 둘 들어 있다. 이 주머니에서 공을 하나 꺼낸 다음, 그 공은 버리고 다시 공을 하나 꺼내는 확률실험을 생각하자. 이제, 처음 공이 노란 공이면 $X=1$, 파란 공이면 $X=2$로 두고, 둘째 공이 노란 공이면 $Y=4$, 파란 공이면 $Y=3$으로 두자. 이때, X의 확률질량함수 p_X, Y의 확률질량함수 p_Y, X와 Y의 결합 확률질량함수 $p_{X,Y}$, X를 알 때 Y의 조건부 확률질량함수 $p_{Y|X}$, Y를 알 때 X의 조건부 확률질량함수 $p_{X|Y}$를 얻으시오. 끝으로, $X+Y$의 확률질량함수 p_{X+Y}를 얻으시오.

문제 4.3 독립이고 분포가 같은 확률변수 X_1과 X_2의 확률질량함수가 $p(1)=p(-1)=0.5$일 때 $X_3=X_1X_2$라고 두자. 이때, X_1, X_2, X_3는 둘씩 독립인가? 이 세 확률변수는 독립인가?

문제 4.4 확률벡터 (X,Y)의 결합 확률밀도함수가 $f_{X,Y}(x,y) = a\left\{1+xy\left(x^2-y^2\right)\right\}u(1-|x|)u(1-|y|)$이다. 상수 a의 값은 얼마인가? 확률변수 X와 Y는 독립인가? 독립이 아니라면 확률변수 X와 Y 사이의 상관계수는 얼마인가?

문제 4.5 속이 보이지 않는 주머니 안에 파란 공이 셋, 빨간 공이 여섯, 노란 공이 다섯 들어 있다. 이 주머니에서 아무렇게나 공을 하나 꺼내 그 빛깔을 적어 두고, 주머니에 다시 넣는 실험을 여섯 차례 거듭한다. 이때, 파란 공이 나온 횟수를 B라고 두고, 노란 공이 나온 횟수를 Y라고 두자. 이제, $Y=3$일 때 B의 조건부 확률질량함수 $p_{B|Y=3}$과 $Y=1$일 때 B의 조건부 평균 $E\{B|Y=1\}$을 얻어보시오.

문제 4.6 이항 확률변수 $X_1 \sim b(n_1,p)$와 $X_2 \sim b(n_2,p)$가 서로 독립이다. 이제, $X_1+X_2=x$일 때 X_1의 조건부 분포가 초기하 분포라는 것을 보이시오.

문제 4.7 지수 확률변수 X와 Y가 서로 독립이고 분포가 같을 때 $Z=\frac{X}{X+Y}$의 분포는 고른 분포 $U(0,1)$이라는 것을 보이시오.

문제 4.8 확률벡터 $\underline{X}=(X_1,X_2)$의 결합 확률밀도함수가

$$f_{\underline{X}}(x_1,x_2) = u\left(x_1+\frac{1}{2}\right)u\left(\frac{1}{2}-x_1\right)u\left(x_2+\frac{1}{2}\right)u\left(\frac{1}{2}-x_2\right) \tag{4.문.2}$$

일 때 $\underline{Y}=(Y_1,Y_2)=\left(X_1^2, X_1+X_2\right)$의 결합 확률밀도함수 $f_{\underline{Y}}$를 얻으시오. 또, 이 결합 확률밀도함수 $f_{\underline{Y}}$를 바탕으로 $Y_1=X_1^2$의 확률밀도함수 f_{Y_1}과 $Y_2=X_1+X_2$의 확률밀도함수 f_{Y_2}를 얻으시오.

문제 4.9 두 확률변수 X_1과 X_2의 결합 확률밀도함수가 $f_{X_1,X_2}(x,y)=\frac{1}{4}u(1-|x|)u(1-|y|)$이다. 이때, $W=\sqrt{X_1^2+X_2^2}$의 누적분포함수 F_W와 확률밀도함수 f_W를 얻으시오.

문제 4.10 확률변수 X와 Y는 서로 독립이다. 또, $\lambda > 0$이고 $\mu > 0$일 때, 그 확률밀도함수는 $f_X(x) = \lambda e^{-\lambda x}u(x)$이고 $f_Y(y) = \mu e^{-\mu y}u(y)$이다. 이제, $W = \min(X, Y)$이고

$$V = \begin{cases} 1, & X \leq Y \text{이면}, \\ 0, & X > Y \text{이면} \end{cases} \tag{4.문.3}$$

일 때, (W, V)의 결합 누적분포함수를 얻으시오.

문제 4.11 세 확률변수 X, Y, Z의 결합 확률밀도함수가 $f_{X,Y,Z}(x, y, z) = \frac{6u(x)u(y)u(z)}{(1+x+y+z)^4}$일 때, $U = X + Y + Z$의 확률밀도함수를 얻으시오.

문제 4.12 확률벡터 $\underline{X} = (X_1, X_2)$의 결합 확률밀도함수가 (가) $f_{\underline{X}}(x_1, x_2) = u(x_1)u(1-x_1)u(x_2)u(1-x_2)$일 때, 또 (나) $f_{\underline{X}}(x_1, x_2) = 2u(x_1)u(1-x_2)u(x_2-x_1)$일 때, $\underline{Y} = (Y_1, Y_2) = \left(X_1^2, X_1 + X_2\right)$의 결합 확률밀도함수 $f_{\underline{Y}}$를 얻고, $f_{\underline{Y}}$를 바탕으로 $Y_1 = X_1^2$의 확률밀도함수 f_{Y_1}과 $Y_2 = X_1 + X_2$의 확률밀도함수 f_{Y_2}를 얻으시오.

문제 4.13 확률벡터 $\underline{X} = (X_1, X_2)$의 결합 확률밀도함수가 (가) $f_{\underline{X}}(x_1, x_2) = u(x_1)u(1-x_1)u(x_2)u(1-x_2)$일 때, 또 (나) $f_{\underline{X}}(x_1, x_2) = 2u(x_1)u(1-x_2)u(x_2-x_1)$일 때, $\underline{Y} = (Y_1, Y_2) = \left(\frac{1}{2}\left(X_1^2 + X_2\right), \frac{1}{2}\left(X_1^2 - X_2\right)\right)$의 결합 확률밀도함수 $f_{\underline{Y}}$를 얻으시오. 또, 결합 확률밀도함수 $f_{\underline{Y}}$를 바탕으로 Y_1의 확률밀도함수 f_{Y_1}과 Y_2의 확률밀도함수 f_{Y_2}를 얻으시오.

문제 4.14 확률변수 $X \sim G(\alpha_1, \beta)$와 $Y \sim G(\alpha_2, \beta)$가 서로 독립이다. 이때, 확률변수 $Z = X + Y$와 $W = \frac{X}{Y}$가 서로 독립이라는 것을 보이고 Z의 확률밀도함수와 W의 확률밀도함수를 얻으시오.

문제 4.15 확률벡터 $\underline{X} = (X_1, X_2)$의 결합 확률밀도함수를 $f_{\underline{X}}$라고 두자.

(가) 확률변수 $Y_1 = \left(X_1^2 + X_2^2\right)^r$의 확률밀도함수를 $f_{\underline{X}}$로 나타내시오.

(나) 결합 확률밀도함수 $f_{\underline{X}}$가 $f_{\underline{X}}(x, y) = \frac{1}{\pi}u\left(1 - x^2 - y^2\right)$일 때 $W = \left(X_1^2 + X_2^2\right)^r$의 누적분포함수 F_W와 확률밀도함수 f_W가 다음과 같음을 보이시오.

1. $r = 0$일 때 $F_W(w)u(w-1)$. $\quad f_W(w) = \delta(w-1)$.
2. $r > 0$일 때 $F_W(w) = \begin{cases} 0, & w \leq 0, \\ w^{\frac{1}{r}}, & 0 \leq w \leq 1, \\ 1, & w \geq 1. \end{cases} \quad f_W(w) = \frac{1}{r}w^{\frac{1}{r}-1}u(w)u(1-w)$.
3. $r < 0$일 때 $F_W(w) = \begin{cases} 0, & w < 1, \\ 1 - w^{\frac{1}{r}}, & w \geq 1. \end{cases} \quad f_W(w) = -\frac{1}{r}w^{\frac{1}{r}-1}u(w-1)$.

(다) 위 (나)에서 $r = \frac{1}{2}, 1, -1$일 때 F_W와 f_W를 얻으시오.

문제 4.16 서로 독립이고 분포가 같은 세 확률변수 X_1, X_2, X_3의 한계 확률밀도함수가 모두 $f(x) = u(x)u(1-x)$이다.

(가) 확률벡터 $(Y_1, Y_2) = (X_1 + X_2 + X_3, X_1 - X_3)$의 결합 확률밀도함수 f_{Y_1,Y_2}를 얻으시오.

(나) 결합 확률밀도함수 f_{Y_1,Y_2}를 바탕으로 Y_2의 확률밀도함수 f_{Y_2}를 얻으시오.

(다) 결합 확률밀도함수 f_{Y_1,Y_2}를 바탕으로 Y_1의 확률밀도함수 f_{Y_1}을 얻으시오.

문제 4.17 확률변수 X와 Y는 서로 독립이고, 그 확률질량함수는 둘 다 $p(x) = (1-\alpha)\alpha^{x-1}$ $\tilde{u}(x-1)$이다. 여기에서, $0 < \alpha < 1$이다.

(가) 확률변수 $X+Y$의 한계 확률질량함수와 $X-Y$의 한계 확률질량함수를 얻어보시오.

(나) 확률벡터 $(X-Y, X)$의 결합 확률질량함수와 $(X-Y, Y)$의 결합 확률질량함수를 얻어보시오.

(다) 위 (나)에서 얻은 결과를 바탕으로 X의 한계 확률질량함수, Y의 한계 확률질량함수, $X-Y$의 한계 확률질량함수를 얻으시오.

(라) 확률벡터 $(X+Y, X-Y)$의 결합 확률질량함수를 얻고, 이 결합 확률질량함수를 바탕으로 $X-Y$의 한계 확률질량함수와 $X+Y$의 한계 확률질량함수를 얻어, (가)에서 얻은 것과 견주어 보시오.

문제 4.18 문제 2.30에서 배양 시작 $n+\frac{1}{2}$분 뒤의 적혈구 수를 R_n이라고 할 때, $E\{R_n\}$과 R_2의 확률질량함수 $p_2(k)$를 얻고, 이 배양에서 아무것도 남지 않을 확률 η_0을 얻으시오.

문제 4.19 보기 4.4.3에서 조건부 기댓값 $E\{X|Y=y\}$를 얻으시오.

문제 4.20 독립이고 분포가 같은 확률벡터 $\underline{X} = (X_1, X_2, X_3)$의 한계 확률밀도함수가 $f(x) = e^{-x}u(x)$이다. 이제, $Y_1 = X_1 + X_2 + X_3$, $Y_2 = \frac{X_1+X_2}{X_1+X_2+X_3}$, $Y_3 = \frac{X_1}{X_1+X_2}$처럼 둘 때 $\underline{Y} = (Y_1, Y_2, Y_3)$의 결합 확률밀도함수 $f_{\underline{Y}}(y_1, y_2, y_3)$을 얻으시오.

문제 4.21 확률변수 X_1과 X_2가 독립이고 분포가 같으며 그 한계 확률밀도함수는 $f(x) = u(x)u(1-x)$이다. 이제, $Y_1 = X_1 + X_2$이고 $Y_2 = X_1 - X_2$라고 할 때 확률벡터 (Y_1, Y_2)의 결합 확률밀도함수, 확률변수 Y_1의 한계 확률밀도함수, 확률변수 Y_2의 한계 확률밀도함수를 얻으시오.

문제 4.22 확률벡터 $\underline{X} = (X_1, X_2)$를 시계 방향으로 θ만큼 돌려 $\underline{Y} = (Y_1, Y_2)$를 얻었다고 두자. 이때, $\underline{Y}$의 확률밀도함수를 $\underline{X}$의 확률밀도함수 f_{X_1,X_2}로 나타내시오.

문제 4.23 확률변수 X와 Y의 결합 확률밀도함수 $f_{X,Y}(x,y)$의 값이 $x^2+y^2 < a^2$을 품는 영역에서 0보다 크다고 두자. 이제, $a > 0$이고 $A = \left\{X^2+Y^2 \le a^2\right\}$이라고 할 때, 조건부 결합 누적분포함수 $F_{X,Y|A}$와 조건부 결합 확률밀도함수 $f_{X,Y|A}$를 $f_{X,Y}$로 나타내는 방법을 설명해 보시오.

문제 4.24 확률벡터 (X,Y)의 결합 확률밀도함수가 $f_{X,Y}(x,y) = \frac{1}{4}u\left(1-|x|\right)u\left(1-|y|\right)$이다. 이제, $0 < a < 1$이고 $A = \left\{X^2+Y^2 \le a^2\right\}$일 때 조건부 결합 누적분포함수 $F_{X,Y|A}$와 조건부 결합 확률밀도함수 $f_{X,Y|A}$를 얻으시오.

문제 4.25 아래를 보이시오.

(가) 두 확률변수 X와 Z가 직교하지 않으면, Z와 $X-aZ$를 직교하게 만드는 상수 a가 있다.

(나) 확률변수 X와 Z가 상관이 있고 확률변수 Y와 Z가 상관이 있더라도, X와 Y는 상관이 없을 수 있다.

[61] rotation

문제 4.26 아래를 보이시오.

(가) 두 확률변수 X와 Y가 서로 독립이면 X와 Y는 상관이 없다.

(나) 확률밀도함수 f_X가 짝함수이면 X와 X^2은 상관이 없지만 서로 독립은 아니다.

문제 4.27 확률변수 X와 Y는 모두 평균이 0이고 분산이 1인 확률변수이다. 이때, 확률변수 X와 Y의 상관계수를 ρ라고 두면

$$E\left\{\max\left(X^2, Y^2\right)\right\} \ \leq \ 1 + \sqrt{1-\rho^2} \tag{4.문.4}$$

임을 보이시오.

문제 4.28 확률벡터 $\underline{X} = (X_1, X_2, X_3)^T$의 분산-공분산 행렬이 $\boldsymbol{K}_{\underline{X}} = \begin{pmatrix} 2 & 1 & 1 \\ 1 & 2 & 1 \\ 1 & 1 & 2 \end{pmatrix}$일 때, $\underline{X}$를 상관이 없는 확률벡터로 바꾸는 선형 변환과 $\underline{X}$를 상관이 없고 분산이 모두 1인 확률변수들의 벡터로 바꾸는 선형 변환을 얻으시오.

문제 4.29 확률벡터 (X, Y)의 결합 확률밀도함수가 $f_{X,Y}(x, y) = \frac{1}{y}\exp\left(-y - \frac{x}{y}\right)u(x)u(y)$이다. 이때, Y의 한계 확률밀도함수를 얻으시오.

문제 4.30 확률벡터 (X, Y)의 결합 확률질량함수가

$$p_{X,Y}(x, y) \ = \ \begin{cases} \frac{1}{2}, & (x, y) = (1, 1), \\ \frac{1}{8}, & (x, y) = (1, 2) \text{ 또는 } (2, 2), \\ \frac{1}{4}, & (x, y) = (2, 1), \\ 0, & \text{그 밖에는} \end{cases} \tag{4.문.5}$$

일 때, X의 확률질량함수와 Y의 확률질량함수를 얻으시오.

문제 4.31 확률변수 X_1과 X_2가 서로 독립이고 분포가 같으며, $\lambda > 0$일 때 그 한계 확률질량함수가 $p(x) = e^{-\lambda}\frac{\lambda^x}{x!}\tilde{u}(x)$이다. 이때, $M = \max(X_1, X_2)$의 확률질량함수와 $N = \min(X_1, X_2)$의 확률질량함수를 얻으시오.

문제 4.32 독립이고 분포가 같은 두 확률변수 X와 Y의 한계 확률밀도함수가 $f(z) = u(z) - u(z-1)$일 때 확률변수 $W = 2X$, $U = -Y$, $Z = W + U$의 확률밀도함수 f_W, f_U, f_Z를 얻으시오.

문제 4.33 세 확률변수 X_1, X_2, X_3이 서로 독립이고, 모두 구간 $[-\frac{1}{2}, \frac{1}{2}]$에서 고르게 퍼져 있을 때, 확률변수 $Y = X_1 + X_2 + X_3$의 확률밀도함수와 $E\left\{Y^4\right\}$을 얻으시오.

문제 4.34 독립인 확률변수들 $\{X_i\}_{i=1}^n$의 확률밀도함수가 $\{f_i(x_i)\}_{i=1}^n$이다. 이때, $Y_k = X_1 + X_2 + \cdots + X_k$인 확률변수들 $\{Y_k\}_{k=1}^n$의 결합 확률밀도함수를 얻으시오.

문제 4.35 확률변수 X와 Y의 결합 확률질량함수가

$$p_{X,Y}(x, y) \ = \ \begin{cases} \frac{x+y}{32}, & x = 1, 2, \ y = 1, 2, 3, 4, \\ 0, & \text{그 밖에는} \end{cases} \tag{4.문.6}$$

이다.

(가) 확률변수 X의 한계 확률질량함수와 확률변수 Y의 한계 확률질량함수를 얻으시오.

(나) 네 확률 $P\{X > Y\}$, $P\{Y = 2X\}$, $P\{X + Y = 3\}$, $P\{X \leq 3 - Y\}$를 얻으시오.

(다) 확률변수 X와 Y가 서로 독립인지 아닌지 밝히시오.

문제 4.36 확률변수 X_1과 X_2는 서로 독립이고, X_1의 확률밀도함수는 $f_{X_1}(x) = u(x)u(1 - x)$이며, X_2의 확률밀도함수는 $f_{X_2}(x) = e^{-x}u(x)$이다. 이때, $Y = X_1 + X_2$의 확률밀도함수를 얻으시오.

문제 4.37 세 포아송 확률변수 X_1, X_2, X_3이 서로 독립이고 평균이 각각 2, 1, 4이다.

(가) 확률변수 $Y = X_1 + X_2 + X_3$의 적률생성함수를 얻으시오.

(나) 확률변수 Y의 분포를 얻으시오.

문제 4.38 세 확률변수 X, Y, Z의 결합 확률밀도함수가 $f_{X,Y,Z}(x, y, z) = k(x+y+z)u(x)u(y)u(z)u(1 - x)u(1 - y)u(1 - z)$이다. 상수 k와 조건부 확률밀도함수 $f_{Z|X,Y}(z|x, y)$를 얻으시오.

문제 4.39 확률 특성이

$$P\{X = x\} = \begin{cases} \frac{\lambda^x e^{-\lambda}}{x!}, & x = 0, 1, 2, \cdots, \\ 0, & \text{그 밖에는} \end{cases} \tag{4.문.7}$$

인 확률변수 X를 생각하자. 여기에서, λ는 확률밀도함수가 $f_\Lambda(v) = e^{-v}u(v)$인 확률변수 Λ의 실현이라고 두자. 이때, $E\left\{e^{-\Lambda} \middle| X = 1\right\}$을 얻으시오.

문제 4.40 세 확률변수 U_1, U_2, U_3이 서로 독립일 때, $X = U_1$, $Y = U_1 + U_2$, $Z = U_1 + U_2 + U_3$의 결합 확률밀도함수 $f_{X,Y,Z}(x, y, z)$를 얻으시오.

문제 4.41 반지름이 1인 공 안에서 아무렇게나 점을 잡는다고 할 때, 그 자리의 3차원 좌표를 (X, Y, Z)로 쓰자.

(가) 결합 확률밀도함수 $f_{X,Y}(x, y)$와 한계 확률밀도함수 $f_X(x)$를 얻으시오.

(나) 조건부 결합 확률밀도함수 $f_{X,Y|Z}(x, y|z)$를 얻으시오. 세 확률변수 X, Y, Z는 서로 독립인가?

문제 4.42 확률벡터 (X, Y)의 결합 확률밀도함수가 $f_{X,Y}(x, y) = c\,u(r - |x| - |y|)$이다. 여기에서, c는 상수이고 r은 0보다 큰 실수이다.

(가) 상수 c를 r로 나타내고, 확률밀도함수 $f_X(x)$를 얻으시오.

(나) 확률변수 X와 Y가 서로 독립인지 아닌지 보이시오.

(다) 확률변수 $Z = |X| + |Y|$의 확률밀도함수를 얻으시오.

문제 4.43 확률변수 X와 Y는 서로 독립이고 누적분포함수가 각각 F_X와 F_Y이다. 이때, x가 어떤 값이더라도 $F_X(x) \leq F_Y(x)$이면, $P\{X \geq Y\} \geq \frac{1}{2}$이라는 것을 보이시오.

문제 4.44 2차원 확률벡터 (X, Y)의 결합 확률밀도함수가 $f_{X,Y}(x, y) = c\left(x^2 + y^2\right)u(x)u(y)u\left(1 - x^2 - y^2\right)$이다.

(가) 상수 c 값과 확률변수 X와 Y의 한계 확률밀도함수를 얻으시오. 확률변수 X와 Y는 서로 독립인가?

(나) 두 확률변수 $R = \sqrt{X^2+Y^2}$과 $\Theta = \tan^{-1}\frac{Y}{X}$의 결합 확률밀도함수 $f_{R,\Theta}$를 얻으시오.

(다) 이제, 확률벡터 (R,Θ)에

$$q(r,\theta) = \begin{cases} k, & 0 \le r \le \left(\frac{1}{2}\right)^{\frac{1}{4}}, \quad \frac{\pi(k-1)}{8} \le \theta \le \frac{\pi k}{8} \text{일 때}, \\ k+4, & \left(\frac{1}{2}\right)^{\frac{1}{4}} \le r \le 1, \quad \frac{\pi(k-1)}{8} \le \theta \le \frac{\pi k}{8} \text{일 때} \end{cases} \tag{4.문.8}$$

과 같은 극 양자화기[62]를 써서 확률변수 $Q = q(R,\Theta)$를 얻을 때, Q의 확률질량함수를 얻으시오. 여기에서, $k = 1,2,3,4$이다.

문제 4.45 두 회사에서 각각 만든 축전지 두 종류를 생각하자. 이 축전지 두 종류의 수명의 확률밀도함수는 $f(x) = 3\lambda x^2 \exp(-\lambda x^3)u(x)$와 $g(y) = 3\mu y^2 \exp(-\mu y^3)u(y)$이다. 축전지 수명이 서로 독립일 때, 수명의 확률밀도함수가 f인 축전지가 수명의 확률밀도함수가 g인 축전지보다 오래갈 확률을 얻으시오. 그리고, $\lambda = \mu$일 때 그 확률을 얻으시오.

문제 4.46 확률변수 X와 Y는 서로 독립이고 분포가 같으며, 그 한계 확률밀도함수는 둘 다 $f(x) = e^{-x}u(x)$이다.

(가) 확률변수 $U = X+Y$, $V = X-Y$, XY, $\frac{X}{Y}$, $Z = \frac{X}{X+Y}$, $\min(X,Y)$, $\max(X,Y)$, $\frac{\min(X,Y)}{\max(X,Y)}$의 확률밀도함수를 얻으시오.

(나) 다음에, $U = u$일 때 V의 조건부 확률밀도함수를 얻으시오.

(다) 두 확률변수 U와 Z가 서로 독립이라는 것을 보이시오.

문제 4.47 포아송 확률변수 X_1과 X_2가 서로 독립이고, 그 평균은 각각 λ_1과 λ_2이다.

(가) 확률변수 $X_1 + X_2$의 분포는 포아송 분포 $P(\lambda_1 + \lambda_2)$라는 것을 보이시오.

(나) 다음에, $X_1 + X_2 = n$일 때 확률변수 X_1의 조건부 분포는 이항 분포 $b\left(n, \frac{\lambda_1}{\lambda_1+\lambda_2}\right)$이라는 것을 보이시오.

문제 4.48 문제 2.17을 생각하자.

(가) 제대로 꺼낸 수를 M라고 할 때, M의 평균과 분산을 얻으시오.

(나) 제대로 꺼낸 사람은 구슬을 들고 그 자리를 떠나고, 그렇지 않은 사람들은 꺼낸 구슬을 다 모아 섞은 다음 다시 고르는 실험을 시행한다고 두자. 이때, 모든 사람이 제대로 꺼낼 때까지 걸리는 평균 시행 횟수는 N이라는 것을 보이시오.

문제 4.49 입자 하나가 자리 $0, 1, \cdots, n$을 오간다. 어느 자리에서든 1 초 뒤에는 확률 $1-p$로 바로 앞 자리로, 확률 p로 바로 다음 자리로 움직인다. 다만, 자리 0에서는 다음 자리 1로만, 또 자리 n에서는 앞 자리 $n-1$로만 움직인다. 이 입자가 자리 0에서 시작하여 자리 n에 갈 때까지 걸리는 시간의 기댓값을 얻으시오.

문제 4.50 앞이 나올 확률이 p인 동전을 마지막 세 번 가운데에서 두 번이 앞일 때까지 던진 횟수를 N이라고 두자. 다만, 맨 처음 두 번 모두 앞이 나오면 $N = 2$라고 둔다. 이때, 던진 횟

[62] polar quantizer

수 N의 기댓값을 얻으시오.

문제 4.51 과녁을 맞힐 확률이 p_1인 사람 **가**와 p_2인 사람 **나**가 과녁을 두 번 이어 맞힐 때까지 번갈아 활을 쏜다고 두자. 이제, 과녁을 맞힐 확률이 p_i인 사람이 시작하여 끝날 때까지의 평균 발사 수를 μ_i라고 할 때 μ_1과 μ_2를 얻어보시오.

문제 4.52 문제 4.51에서
(가) 끝날 때까지 과녁를 맞히는 평균 횟수를 h_i라고 할 때 h_1과 h_2를, 또,
(나) 마지막으로 과녁을 맞힌 사람이 첫째 사람일 확률 α_1과 마지막 두 번 과녁을 맞힌 사람이 첫째 사람일 확률 α_2를 얻어보시오.

문제 4.53 서로 독립이고 분포가 같은 확률변수들 $X_1, X_2, \cdots$의 한계 분포가 $U[0,1)$이다. 이제, $X_0 = x$라고 두고 $N = \min\{n : X_n < X_{n-1}\}$로 둘 때, $g(x) = E\{N\}$이라고 두자. 이제, 확률변수 X_1을 조건으로 두었을 때 $g(x)$의 적분 방정식을 얻고, 그 적분 방정식을 푸시오.

문제 4.54 앞이 나올 확률이 p인 동전을 거듭 던진다고 두자. 앞이 이어서 세 번 처음 나올 때까지 던진 횟수를 X라고 할 때,
(가) $f(k) = P\{X = k\}$에 관한 차분 방정식,
(나) 생성함수 $G_X(s) = E\left\{s^X\right\}$,
(다) 조건부 기댓값을 써서 $E\{X\}$를 얻어보시오.

문제 4.55 확률변수 X의 확률밀도함수가 $f_X(x) = u(x) - u(x-1)$일 때, 확률변수 X와 $Y = 2X + 1$의 결합 확률밀도함수를 얻으시오.

문제 4.56 영역 $A = \{x_1 < X \le x_2\}$일 때, 조건부 결합 누적분포함수 $F_{X,Y|A}(x, y|A)$와 조건부 결합 확률밀도함수 $f_{X,Y|A}(x, y|A)$를 얻으시오.

문제 4.57 확률변수 X의 확률질량함수가

$$p_X(x) \ = \ \begin{cases} \frac{1}{6}, \ \ x = 3; \quad \frac{1}{2}, \ \ x = 4; \\ \frac{1}{3}, \ \ x = 5 \end{cases} \tag{4.문.9}$$

이고, Y의 확률질량함수가

$$p_Y(y) \ = \ \begin{cases} \frac{1}{2}, \ \ y = 0, \\ \frac{1}{2}, \ \ y = 1 \end{cases} \tag{4.문.10}$$

이며, X와 Y가 서로 독립일 때, $Z = X - Y$를 생각하자. 이때, 조건부 확률질량함수 $p_{X|Z}$, $p_{Z|X}$, $p_{Y|Z}$, $p_{Z|Y}$와 결합 확률질량함수 $p_{X,Y}$, $p_{Y,Z}$, $p_{X,Z}$를 얻으시오.

문제 4.58 확률변수 T_1과 T_2는 각각 비율 λ_1과 λ_2인 지수 확률변수이고 서로 독립이다. 이제, $U = \min(T_1, T_2)$, $V = \max(T_1, T_2)$로 뜻매김하고 I는 더 작은 시간 가리킴, 곧 $T_I = U$로 뜻매김할 수 있는 시간 가리킴이라고 두자.
(가) 기댓값 $E\{U\}$, $E\{V - U\}$, $E\{V\}$를 얻으시오.
(나) 다음에, $V = T_1 + T_2 - U$라는 것을 써서 $E\{V\}$를 얻으시오.

(다) 확률벡터 $(U, V-U, I)$의 결합 확률밀도함수 $f_{U,V-U,I}$를 얻으시오.
(라) 두 확률변수 U와 $V-U$가 서로 독립인지 말해 보시오.

문제 4.59 결합 확률밀도함수가, $x \geq 0,\ y \geq 0,\ x+y \leq 1$일 때

$$f_{X,Y}(x,y) = \frac{\Gamma(p_1+p_2+p_3)}{\Gamma(p_1)\Gamma(p_2)\Gamma(p_3)} x^{p_1-1} y^{p_2-1} (1-x-y)^{p_3-1} \tag{4.문.11}$$

인 두 변수 베타 확률변수 (X,Y)를 생각하자. 여기에서, p_1, p_2, p_3은 모두 0보다 큰 수이다. 이때, X의 한계 확률밀도함수 f_X, Y의 한계 확률밀도함수 f_Y, 조건부 확률밀도함수 $f_{X|Y}$, 조건부 확률밀도함수 $f_{Y|X}$를 얻어보시오. 그리고, X를 알 때 $\frac{Y}{1-X}$의 조건부 확률밀도함수 $f_{\frac{Y}{1-X}|X}$를 얻어보시오.

문제 4.60 확률벡터 (X,Y)의 결합 확률밀도함수가 $f_{X,Y}(x,y) = \frac{1}{16}u(2-|x|)\,u(2-|y|)$일 때 $B = \{|X|+|Y| \leq 1\}$을 생각하여 조건부 결합 누적분포함수 $F_{X,Y|B}$와 조건부 결합 확률밀도함수 $f_{X,Y|B}$를 얻으시오.

문제 4.61 확률변수 X와 Y의 결합 확률밀도함수가 $f_{X,Y}(x,y) = |xy|u(1-|x|)\,u(1-|y|)$일 때, $0 < a < 1$이고 $A = \left\{X^2+Y^2 \leq a^2\right\}$이라고 두자. 이때, 조건부 결합 누적분포함수 $F_{X,Y|A}$와 조건부 결합 확률밀도함수 $f_{X,Y|A}$를 얻어보시오.

문제 4.62 확률벡터 $\underline{X} = (X_1, X_2, \cdots, X_n)$의 상관 행렬을 R이라고 두고, R의 역 행렬을 R^{-1}이라고 할 때,

$$E\left\{\underline{X}R^{-1}\underline{X}^T\right\} = n \tag{4.문.12}$$

를 보이시오.

문제 4.63 확률벡터 (X,Y)의 특성함수가 $\varphi_{X,Y}(t,s)$일 때, $Z = aX + bY$의 특성함수는 $\varphi_{X,Y}(at,bt)$라는 것을 보이시오.

문제 4.64 확률벡터 (X,Y)의 결합 확률밀도함수가

$$\begin{aligned} f_{X,Y}(x,y) = &\frac{n!}{(i-1)!(k-i-1)!(n-k)!} F^{i-1}(x)\{F(y)-F(x)\}^{k-i-1} \\ &\times\{1-F(y)\}^{n-k} f(x)f(y)u(y-x) \end{aligned} \tag{4.문.13}$$

이다. 여기에서, i, k, n은 $1 \leq i < k \leq n$을 만족시키는 자연수이고, F는 어떤 분포의 누적분포함수이며, $f(t) = \frac{d}{dt}F(t)$이다. 이때, X의 한계 확률밀도함수와 Y의 한계 확률밀도함수를 얻으시오.

문제 4.65 어떤 책에서 잘못 쓴 글자 수 N은 평균이 λ인 포아송 확률변수이다. 교정인 두 사람이 잘못 쓴 글자를 찾을 사건은 서로 독립이고, 그 확률은 각각 p_1과 p_2이다. 교정인 1은 찾았지만 교정인 2는 찾지 못한 잘못 쓴 글자 수를 X_1, 교정인 1은 찾지 못하였지만 교정인 2는 찾은 잘못 쓴 글자 수를 X_2, 두 교정인 모두 찾은 잘못 쓴 글자 수를 X_3, 두 교정인 모두 찾지 못한 잘못 쓴 글자 수를 X_4라고 두자.
(가) 네 확률변수 X_1, X_2, X_3, X_4의 결합 확률질량함수를 얻으시오.

(나) 다음을 보이시오.

$$\frac{E\{X_1\}}{E\{X_3\}} = \frac{1-p_2}{p_2}, \quad \frac{E\{X_2\}}{E\{X_3\}} = \frac{1-p_1}{p_1}. \tag{4.문.14}$$

이제, λ, p_1, p_2를 모두 모른다고 두자.

(다) 먼저, X_i를 $E\{X_i\}$, $i=1,2,3$의 추정값으로 써서 p_1, p_2, λ의 추정값을 얻으시오.

(라) 두 교정인 모두 발견하지 못한 잘못 쓴 글자 수인 X_4의 추정값을 얻으시오.

문제 4.66 확률변수 X와 그 크기 $|X|$ 사이의 상관계수가

$$\rho_{X|X|} = \frac{\int_{-\infty}^{\infty} |x|\,(x-m_X)\,f(x)dx}{\sqrt{\sigma_X^2}\sqrt{\sigma_X^2 + 4m_X^+ m_X^-}} \tag{4.문.15}$$

임을 보이시오. 여기에서 $m_X^{\pm}$는 (3.문.29)에서 다룬 반쪽 평균이다. 또, 확률밀도함수 $f_X(x)$가 아래와 같을 때 상관계수 $\rho_{X|X|}$의 값이 얼마인지 얻고, 직관적으로 얻을 수 있는 값과 견주어 보시오. (가) 확률밀도함수 $f_X(x)$가 짝함수. (나) $x \geq 0$일 때에만 $f_X(x) > 0$. (다) $x \leq 0$일 때에만 $f_X(x) > 0$.

문제 4.67 확률변수 X와 그 크기 $Y = |X|$를 생각하자. 먼저, $y \in \{y \mid \{f_X(y) + f_X(-y)\} u(y) > 0\}$일 때 조건부 확률밀도함수 $f_{X|Y}$가

$$f_{X|Y}(x|y) = \frac{f_X(x)\delta(x+y)}{f_X(x)+f_X(-x)}u(-x) + \frac{f_X(x)\delta(x-y)}{f_X(x)+f_X(-x)}u(x) \tag{4.문.16}$$

임을 보이시오. 또, 조건부 확률밀도함수 $f_{Y|X}(y|x)$를 얻으시오. (귀띔: 식 (4.5.15)를 써 보시오.)

문제 4.68 확률변수 X와 $Y = cX + a$의 결합 누적분포함수는

$$F_{X,cX+a}(x,y) = \begin{cases} F_X(x)u\left(\frac{y-a}{c} - x\right) + F_X\left(\frac{y-a}{c}\right)u\left(x - \frac{y-a}{c}\right), & c>0, \\ F_X(x)u(y-a), & c=0, \\ \left\{F_X(x) - F_X\left(\frac{y-a}{c}\right)\right\}u\left(x-\frac{y-a}{c}\right), & c<0 \end{cases} \tag{4.문.17}$$

이고 결합 확률밀도함수는

$$f_{X,cX+a}(x,y) = \begin{cases} \frac{1}{|c|}f_X(x)\delta\left(\frac{y-a}{c} - x\right), & c \neq 0, \\ f_X(x)\delta(y-a), & c=0 \end{cases} \tag{4.문.18}$$

임을 보이시오. (귀띔: 보기 4.5.1과 4.5.2에서 얻은 결과를 잘 살펴 보시오.)

문제 4.69 연속 확률변수 X의 확률밀도함수를 f, 누적분포함수를 F라고 할 때, $Y = X^2$을 생각하자.

(가) 결합 누적분포함수 $F_{X,Y}$를 얻으시오.

(나) 결합 확률밀도함수 $f_{X,Y}$를 얻은 다음, $f_{X,Y}$를 적분하여 $\int_{-\infty}^{\infty} f_{X,Y}(x,y)dy = f(x)$와

$$\int_{-\infty}^{\infty} f_{X,Y}(x,y)dx = \frac{1}{2\sqrt{y}}\{f(\sqrt{y}) + f(-\sqrt{y})\}u(y) \tag{4.문.19}$$

를 확인해 보시오.

(다) 조건부 확률밀도함수 $f_{X|Y}$를 얻으시오.

문제 4.70 식 (4.5.9)에 보인 확률밀도함수 $f_{X,cX}$가 $\int_{-\infty}^{\infty}\int_{-\infty}^{\infty} f_{X,cX}(x,y)dydx = 1$을 만족시킴을 보이시오.

문제 4.71 반파 정류기의 입력 X와 출력 $Y = Xu(X)$의 결합 누적분포함수와 결합 확률밀도함수를 X의 확률밀도함수 f_X와 누적분포함수 F_X로 나타내시오.

제 5 장

정규 확률벡터

제 5 장 정규 확률벡터

확률벡터 가운데에서 매우 중요한 자리를 차지하는 실수 정규 확률벡터를 이 장에서 조금 더 자세히 다룬다. 복소 정규 확률벡터에 대한 내용은 이 장에 다루는 내용을 바탕으로 쉽게 알아낼 수 있을 것이다.

5.1 확률 함수

5.1.1 확률밀도함수와 특성함수

뜻매김 5.1.1 정규 확률벡터[1]

크기가 $n \times n$인 에르미트 행렬 $\boldsymbol{K}$의 행렬식 $|\boldsymbol{K}|$이 0보다 크고 $\underline{m} = (m_1, m_2, \cdots, m_n)^T$일 때 확률밀도함수가

$$f_{\underline{X}}(\underline{x}) = \frac{1}{\sqrt{(2\pi)^n |\boldsymbol{K}|}} \exp\left\{-\frac{1}{2}(\underline{x}-\underline{m})^T \boldsymbol{K}^{-1}(\underline{x}-\underline{m})\right\} \qquad (5.1.1)$$

인 확률벡터 $\underline{X} = (X_1, X_2, \cdots, X_n)^T$을 n차원, n변수, 또는 n변량 (결합) 정규 확률벡터라고 부르고, 그 분포를 $N(\underline{m}, \boldsymbol{K})$로 쓴다.

보기 5.1.1 확률벡터 $\underline{X} \sim N(\underline{m}, \boldsymbol{K})$의 평균 벡터는 $\underline{m} = (m_1, m_2, \cdots, m_n)^T$이고 분산-공분산 행렬은 $\boldsymbol{K}$이며 상관 행렬은 $n \times n$차원 행렬

$$\boldsymbol{R} = \boldsymbol{K} + \underline{m}\,\underline{m}^T \qquad (5.1.2)$$

이다. ◇

결합 정규 확률벡터는 결합 정규 확률변수라고 부를 때도 있고, 줄여서 정규 확률벡터라고 부르기도 한다. 또, $\underline{m} = (0, 0, \cdots, 0)^T$이고 $\boldsymbol{K}$의 대각 원소가 모두 1인 정규 확률벡터를 표준 정규 확률벡터라고 부르고 그 분포를 표준 정규 분포라고 부른다.

[1]normal random vector, Gaussian random vector

정리 5.1.1 분포가 $N(\underline{m}, \boldsymbol{K})$인 n차원 확률벡터 $\underline{X} = (X_1, X_2, \cdots, X_n)^T$의 결합 특성함수는

$$\varphi_{\underline{X}}(\underline{\omega}) = \exp\left(j\underline{m}^T\underline{\omega} - \frac{1}{2}\underline{\omega}^T\boldsymbol{K}\underline{\omega}\right) \tag{5.1.3}$$

이다. 여기에서 $\underline{\omega} = (\omega_1, \omega_2, \cdots, \omega_n)^T$이다. ■■

증명 먼저, $\alpha = \{(2\pi)^n|\boldsymbol{K}|\}^{-\frac{1}{2}}$이라고 쓰고 $\underline{y} = (y_1, y_2, \cdots, y_n)^T = \underline{x} - \underline{m}$이라고 두면 확률벡터 $\underline{X}$의 특성함수 $\varphi_{\underline{X}}(\underline{\omega}) = E\left\{\exp\left(j\underline{\omega}^T\underline{X}\right)\right\}$는

$$\begin{aligned}
\varphi_{\underline{X}}(\underline{\omega}) &= \int_{\text{모든 } \underline{x}} \alpha \exp\left\{-\frac{1}{2}(\underline{x}-\underline{m})^T\boldsymbol{K}^{-1}(\underline{x}-\underline{m})\right\}\exp\left(j\underline{\omega}^T\underline{x}\right)d\underline{x} \\
&= \alpha\exp\left(j\underline{\omega}^T\underline{m}\right)\int_{\text{모든 } \underline{y}} \exp\left\{-\frac{1}{2}\left(\underline{y}^T\boldsymbol{K}^{-1}\underline{y} - 2j\underline{\omega}^T\underline{y}\right)\right\}d\underline{y}
\end{aligned} \tag{5.1.4}$$

이다. 여기에서, $\underline{x} = (x_1, x_2, \cdots, x_n)^T$이다. 이제, $\underline{\omega}^T\underline{y}$는 스칼라이므로 $\underline{\omega}^T\underline{y} = \left(\underline{\omega}^T\underline{y}\right)^T = \underline{y}^T\underline{\omega}$이고, $\boldsymbol{K} = \boldsymbol{K}^T$라는 것을 새기면

$$\begin{aligned}
\left(\underline{y} - j\boldsymbol{K}^T\underline{\omega}\right)^T\boldsymbol{K}^{-1}\left(\underline{y} - j\boldsymbol{K}^T\underline{\omega}\right) &= \left(\underline{y}^T\boldsymbol{K}^{-1} - j\underline{\omega}^T\boldsymbol{K}\boldsymbol{K}^{-1}\right)\left(\underline{y} - j\boldsymbol{K}^T\underline{\omega}\right) \\
&= \underline{y}^T\boldsymbol{K}^{-1}\underline{y} - j\underline{y}^T\boldsymbol{K}^{-1}\boldsymbol{K}^T\underline{\omega} - j\underline{\omega}^T\underline{y} - \underline{\omega}^T\boldsymbol{K}^T\underline{\omega} \\
&= \underline{y}^T\boldsymbol{K}^{-1}\underline{y} - 2j\underline{\omega}^T\underline{y} - \underline{\omega}^T\boldsymbol{K}\underline{\omega}
\end{aligned} \tag{5.1.5}$$

이다. 따라서, $\underline{z} = (z_1, z_2, \cdots, z_n)^T = \underline{y} - j\boldsymbol{K}^T\underline{\omega}$라고 두고, $\underline{\omega}^T\underline{m}$이 스칼라이므로 $\underline{\omega}^T\underline{m} = \left(\underline{\omega}^T\underline{m}\right)^T = \underline{m}^T\underline{\omega}$라는 것을 새기면

$$\begin{aligned}
\varphi_{\underline{X}}(\underline{\omega}) &= \alpha\exp\left(j\underline{\omega}^T\underline{m}\right) \\
&\quad\times\int_{\text{모든 } \underline{y}} \exp\left[-\frac{1}{2}\left\{\left(\underline{y} - j\boldsymbol{K}^T\underline{\omega}\right)^T\boldsymbol{K}^{-1}\left(\underline{y} - j\boldsymbol{K}^T\underline{\omega}\right) + \underline{\omega}^T\boldsymbol{K}\underline{\omega}\right\}\right]d\underline{y} \\
&= \alpha\exp\left(j\underline{\omega}^T\underline{m}\right)\exp\left(-\frac{1}{2}\underline{\omega}^T\boldsymbol{K}\underline{\omega}\right)\int_{\text{모든 } \underline{z}} \exp\left(-\frac{1}{2}\underline{z}^T\boldsymbol{K}^{-1}\underline{z}\right)d\underline{z} \\
&= \exp\left(j\underline{m}^T\underline{\omega} - \frac{1}{2}\underline{\omega}^T\boldsymbol{K}\underline{\omega}\right)
\end{aligned} \tag{5.1.6}$$

이다. □

5.1.2 두 변수 정규 확률벡터

이제 $n = 2$일 때를 생각하여 정규 확률벡터 $\underline{X} = (X_1, X_2)$의 분산-공분산 행렬을

$$\boldsymbol{K}_2 = \begin{bmatrix} \sigma_1^2 & \rho\sigma_1\sigma_2 \\ \rho\sigma_1\sigma_2 & \sigma_2^2 \end{bmatrix} \tag{5.1.7}$$

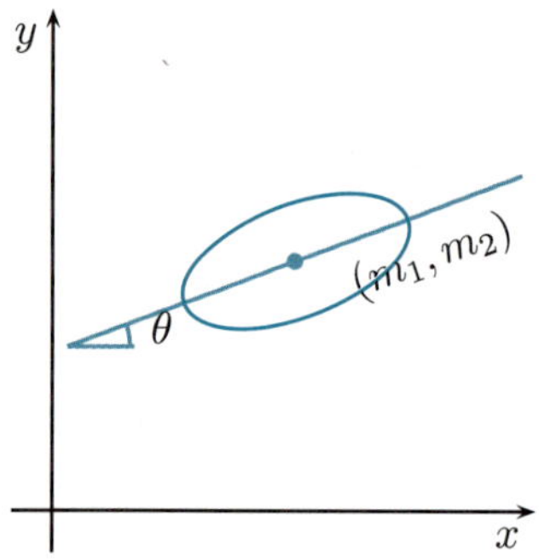

그림 5.1.1 두 변수 정규 확률밀도함수의 등고선: $\rho > 0$이고 $\sigma_1 > \sigma_2$일 때 $0 < \theta < \frac{\pi}{4}$임

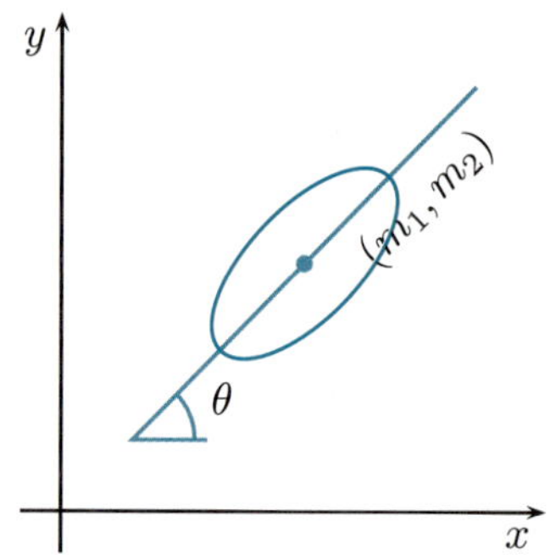

그림 5.1.2 두 변수 정규 확률밀도함수의 등고선: $\rho > 0$이고 $\sigma_1 = \sigma_2$일 때 $\theta = \frac{\pi}{4}$임

처럼 두면, $|\boldsymbol{K}_2| = \sigma_1^2\sigma_2^2\left(1-\rho^2\right)$이고

$$\boldsymbol{K}_2^{-1} \;=\; \frac{1}{\sigma_1^2\sigma_2^2\left(1-\rho^2\right)}\begin{bmatrix}\sigma_2^2 & -\rho\sigma_1\sigma_2 \\ -\rho\sigma_1\sigma_2 & \sigma_1^2\end{bmatrix} \tag{5.1.8}$$

이다. 또, 확률벡터 (X_1, X_2)의 결합 확률밀도함수는

$$\begin{aligned} f_{X_1,X_2}(x,y) \;=\; & \frac{1}{2\pi\sigma_1\sigma_2\sqrt{1-\rho^2}}\exp\left[-\frac{1}{2\left(1-\rho^2\right)}\left\{\frac{\left(x-m_1\right)^2}{\sigma_1^2}\right.\right. \\ & \left.\left. -2\rho\frac{\left(x-m_1\right)\left(y-m_2\right)}{\sigma_1\sigma_2}+\frac{\left(y-m_2\right)^2}{\sigma_2^2}\right\}\right] \end{aligned} \tag{5.1.9}$$

이다. 이때, 확률벡터 (X_1, X_2)를 두 변수 결합 정규 확률변수, 두 변량 결합 정규 확률변수, 두 변수 결합 정규 확률벡터, 또는 두 변수 정규 확률벡터[2]라고 부르고, 그 분포를 두 변수 결합 정규 분포라고 부르며 $N\left(\left(m_1, m_2\right)^T, \boldsymbol{K}_2\right)$ 또는 $N\left(m_1, m_2, \sigma_1^2, \sigma_2^2, \rho\right)$처럼 나타낸다. 여기에서, $|\rho| < 1$인데, $\rho \to 1$일 때 결합 확률밀도함수 (5.1.9)가 어떤 꼴로 바뀌는지는 뒤에 나오는 정리 5.1.3에서 살펴 본다.

식 (5.1.9)에 보인 두 변수 정규 확률밀도함수 $f_{X_1,X_2}(x,y)$의 등고선은 타원이고, 분포를 $100\alpha\%$ 품는 타원은 $x^2 - 2\rho xy + y^2 = -2\left(1-\rho^2\right)\ln(1-\alpha)$이며, 타원의 긴 축과 x축이 이루는 각은

$$\theta \;=\; \frac{1}{2}\tan^{-1}\frac{2\rho\sigma_1\sigma_2}{\sigma_1^2-\sigma_2^2} \tag{5.1.10}$$

이다. 따라서, $\rho > 0$일 때, $\sigma_1 > \sigma_2$이면 $0 < \theta < \frac{\pi}{4}$이고, $\sigma_1 = \sigma_2$이면 $\theta = \frac{\pi}{4}$이며, $\sigma_1 < \sigma_2$이면 $\frac{\pi}{4} < \theta < \frac{\pi}{2}$인데, 이 내용을 그림 5.1.1–5.1.3에 보였다.

한편, 두 변량 표준 정규 확률밀도함수를 f_2라고 쓰면 $f_2(0,0) = \left(2\pi\sqrt{1-\rho^2}\right)^{-1}$이고

$$f_2(0,y) \;=\; f_2(0,0)\exp\left\{-\frac{y^2}{2\left(1-\rho^2\right)}\right\} \tag{5.1.11}$$

[2]bivariate normal random vector

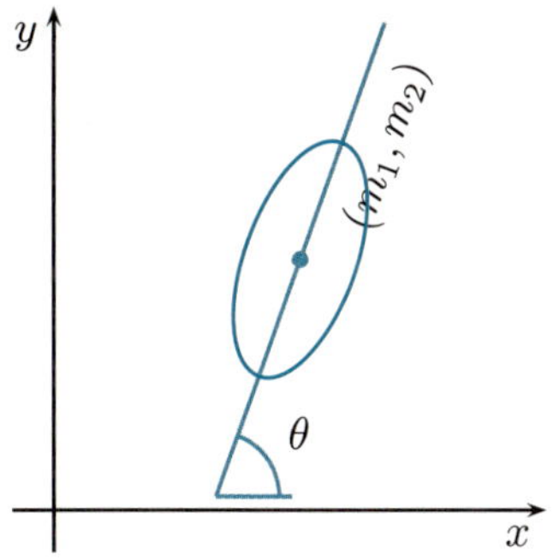

그림 5.1.3 두 변수 정규 확률밀도함수의 등고선: $\rho > 0$이고 $\sigma_1 < \sigma_2$일 때 $\frac{\pi}{4} < \theta < \frac{\pi}{2}$임

이다.

보기 5.1.2 확률벡터 $(X, Y) \sim N\left(m_1, m_2, \sigma_1^2, \sigma_2^2, \rho\right)$의 결합 특성함수는

$$\varphi_{X,Y}(u,v) = \exp\left\{j\left(m_1 u + m_2 v\right) - \frac{1}{2}\left(\sigma_1^2 u^2 + 2\rho\sigma_1\sigma_2 uv + \sigma_2^2 v^2\right)\right\} \tag{5.1.12}$$

임을 정리 5.1.1에서 알 수 있다. ◇

보기 5.1.3 결합 확률밀도함수 (5.1.9)를 x 또는 y만 남기고 적분하면, $X \sim N\left(m_1, \sigma_1^2\right)$과 $Y \sim N\left(m_2, \sigma_2^2\right)$을 알 수 있다. 곧, 결합적으로 정규인 두 확률변수는 그 하나하나 또한 정규 확률변수이다. ◇

보기 5.1.4 확률변수 X_1과 X_2가 서로 독립이고 둘 다 표준 정규 분포를 따른다고 두자. 그러면 (4.2.36)을 쓰고 $v = \sqrt{2}\left(x - \frac{y}{2}\right)$라고 두면, $Y = X_1 + X_2$의 확률밀도함수 $f_Y(y) = \frac{1}{2\pi} \int_{-\infty}^{\infty} \exp\left\{-\frac{1}{2}x^2 - \frac{1}{2}(y-x)^2\right\} dx = \frac{1}{2\pi}\int_{-\infty}^{\infty} \exp\left\{-\left(x - \frac{y}{2}\right)^2 - \frac{1}{4}y^2\right\} dx = \frac{1}{2\sqrt{\pi}} \exp\left(-\frac{1}{4}y^2\right) \int_{-\infty}^{\infty} \frac{1}{\sqrt{2\pi}} \exp\left(-\frac{1}{2}v^2\right) dv$를

$$f_Y(y) = \frac{1}{2\sqrt{\pi}} \exp\left(-\frac{y^2}{4}\right) \tag{5.1.13}$$

처럼 얻을 수 있다. 곧, 서로 독립인 두 표준 정규 확률변수를 더한 것은 분포가 $N(0,2)$인 확률변수이다. 일반적으로, $X_1 \sim N\left(m_1, \sigma_1^2\right)$이고 $X_2 \sim N\left(m_2, \sigma_2^2\right)$이며 X_1과 X_2가 서로 독립이면, $Y = X_1 + X_2 \sim N\left(m_1 + m_2, \sigma_1^2 + \sigma_2^2\right)$이다. 이 결과를 일반적으로 나타낸 것이 뒤에 나오는 정리 5.2.5이다. ◇

보기 5.1.5 두 표준 정규 확률변수 X와 Y가 서로 독립일 때, $Z = \frac{X}{Y}$의 확률밀도함수를 얻어보시오.

풀이 확률변수 X와 Y가 서로 독립이라는 사실을 바탕으로 (4.2.26)을 쓰면 $Z = \frac{X}{Y}$의 확률밀도함수는 $f_Z(z) = \int_{-\infty}^{\infty} |y| f_X(zy) f_Y(y) dy = \int_{-\infty}^{\infty} |y| \frac{1}{2\pi} \exp\left\{-\frac{1}{2}\left(z^2+1\right)y^2\right\} dy = \frac{1}{\pi}\int_0^{\infty} y \exp\left\{-\frac{1}{2}\left(z^2+1\right)y^2\right\} dy$이다. 이제, $\frac{1}{2}\left(z^2+1\right)y^2 = t$라고 두면 바라는 결과 $f_Z(z) = \frac{1}{\pi}\frac{1}{z^2+1} \int_0^{\infty} e^{-t} dt = \frac{1}{\pi}\frac{1}{z^2+1}$을 얻는다. 곧, Z는 코쉬 확률변수이다. ◇

보기 4.2.10과 5.1.5에서 얻은 결과를 바탕으로 아래를 보일 수 있다.

정리 5.1.2 확률벡터 (X,Y)의 분포가 결합 정규 분포 $N\left(0,0,\sigma_X^2,\sigma_Y^2,\rho\right)$이면 $Z=\frac{X}{Y}$의 확률밀도함수는

$$f_Z(z) \;=\; \frac{\sigma_X\sigma_Y\sqrt{1-\rho^2}}{\pi}\left(\sigma_Y^2 z^2-2\rho\sigma_X\sigma_Y z+\sigma_X^2\right)^{-1} \tag{5.1.14}$$

이고 누적분포함수는

$$F_Z(z) \;=\; \frac{1}{2}+\frac{1}{\pi}\tan^{-1}\frac{\sigma_Y z-\rho\sigma_X}{\sigma_X\sqrt{1-\rho^2}} \tag{5.1.15}$$

이다. ■■

증명 먼저, 쓰기 쉽도록 $\alpha=\left(2\pi\sigma_X\sigma_Y\sqrt{1-\rho^2}\right)^{-1}$과 $\beta=\frac{1}{2(1-\rho^2)}\left(\frac{z^2}{\sigma_X^2}-\frac{2\rho}{\sigma_X\sigma_Y}z+\frac{1}{\sigma_Y^2}\right)$처럼 두자. 이제, (4.2.26)을 쓰면 $f_Z(z)=\int_{-\infty}^{\infty}|v|f_{X,Y}(zv,v)dv$, 곧

$$\begin{aligned}
f_Z(z) &= \alpha\int_{-\infty}^{\infty}|v|\exp\left\{-\frac{1}{2\left(1-\rho^2\right)}\left(\frac{z^2v^2}{\sigma_X^2}-\frac{2\rho z v^2}{\sigma_X\sigma_Y}+\frac{v^2}{\sigma_Y^2}\right)\right\}dv\\
&= 2\alpha\int_0^{\infty}v\exp\left\{-\frac{v^2}{2\left(1-\rho^2\right)}\left(\frac{z^2}{\sigma_X^2}-\frac{2\rho z}{\sigma_X\sigma_Y}+\frac{1}{\sigma_Y^2}\right)\right\}dv\\
&= 2\alpha\int_0^{\infty}v\exp\left(-\beta v^2\right)dv
\end{aligned} \tag{5.1.16}$$

이다. 그런데, $\int_0^{\infty}v\exp\left(-\beta v^2\right)dv = -\frac{1}{2\beta}\exp\left(-\beta v^2\right)\Big|_0^{\infty} = \frac{1}{2\beta}$이므로 Z의 확률밀도함수는 $f_Z(z)=\frac{\alpha}{\beta}=\frac{\sigma_X\sigma_Y\sqrt{1-\rho^2}}{\pi}\left\{\sigma_Y^2\left(z-\frac{\rho\sigma_X}{\sigma_Y}\right)^2+\sigma_X^2\left(1-\rho^2\right)\right\}^{-1}$, 곧 (5.1.14)와 같다. 한편 $\tan\theta_z = \frac{\sigma_Y}{\sqrt{1-\rho^2}\,\sigma_X}\left(z-\frac{\rho\sigma_X}{\sigma_Y}\right)$처럼 두면 Z의 누적분포함수는 $F_Z(z)=\int_{-\infty}^{z}f_Z(t)dt = \frac{\sigma_X\sigma_Y\sqrt{1-\rho^2}}{\pi\sigma_X^2(1-\rho^2)}\int_{-\infty}^{z}\left\{1+\frac{\sigma_Y^2}{\sigma_X^2(1-\rho^2)}\left(t-\frac{\rho\sigma_X}{\sigma_Y}\right)^2\right\}^{-1}dt = \frac{\sigma_X\sigma_Y\sqrt{1-\rho^2}}{\pi\sigma_X^2(1-\rho^2)}\frac{\sigma_X\sqrt{1-\rho^2}}{\sigma_Y}\int_{-\frac{\pi}{2}}^{\theta_z}d\theta = \frac{1}{\pi}\left(\theta_z+\frac{\pi}{2}\right)$이다. 이 결과는 (5.1.15)와 같다. □

정리 5.1.3 상관계수 $\rho\to 1$일 때 두 변수 정규 확률밀도함수 (5.1.9)의 극한은

$$\lim_{\rho\to 1}f_{X_1,X_2}(x,y) \;=\; \frac{1}{\sqrt{2\pi}\sigma_1\sigma_2}\exp\left\{-\frac{\left(y-m_2\right)^2}{2\sigma_2^2}\right\}\delta\left(\frac{x-m_1}{\sigma_1}-\frac{y-m_2}{\sigma_2}\right) \tag{5.1.17}$$

이다. ■■

증명 먼저

$$\begin{aligned}
&\frac{\left(x-m_1\right)^2}{\sigma_1^2}-2\rho\frac{\left(x-m_1\right)\left(y-m_2\right)}{\sigma_1\sigma_2}+\frac{\left(y-m_2\right)^2}{\sigma_2^2}\\
&= \frac{\left(x-m_1\right)^2}{\sigma_1^2}-2\rho\frac{\left(x-m_1\right)\left(y-m_2\right)}{\sigma_1\sigma_2}+\rho^2\frac{\left(y-m_2\right)^2}{\sigma_2^2}+\frac{\left(y-m_2\right)^2}{\sigma_2^2}-\rho^2\frac{\left(y-m_2\right)^2}{\sigma_2^2}\\
&= \left(\frac{x-m_1}{\sigma_1}-\rho\frac{y-m_2}{\sigma_2}\right)^2+\left(1-\rho^2\right)\left(\frac{y-m_2}{\sigma_2}\right)^2
\end{aligned} \tag{5.1.18}$$

이므로, $\alpha = \left\{2\left(1-\rho^2\right)\right\}^{-1}$처럼 두면

$$f_{X_1,X_2}(x,y) = \sqrt{\frac{\alpha}{\pi}}\frac{\exp\left\{-\frac{(y-m_2)^2}{2\sigma_2^2}\right\}}{\sqrt{2\pi}\sigma_1\sigma_2}\exp\left\{-\alpha\left(\frac{x-m_1}{\sigma_1}-\rho\frac{y-m_2}{\sigma_2}\right)^2\right\} \quad (5.1.19)$$

이다. 이제, $\rho \to 1$일 때 $\alpha \to \infty$이고, 보기 1.4.6에서 보았듯이 $\alpha \to \infty$일 때 $\sqrt{\frac{\alpha}{\pi}}\exp\left(-\alpha x^2\right) \to \delta(x)$이므로 (5.1.17)을 얻는다. □

식 (5.1.17)은 (1.4.42)에서 본 $f(x)\delta(x-b) = f(b)\delta(x-b)$와 충격 함수의 성질 (1.4.49)에서 알 수 있는 $\delta(ax) = \frac{1}{|a|}\delta(x)$를 바탕으로

$$\begin{aligned}
\lim_{\rho\to 1} f_{X_1,X_2}(x,y) &= \frac{1}{\sqrt{2\pi}\sigma_1\sigma_2}\exp\left\{-\frac{(x-m_1)^2}{2\sigma_1^2}\right\}\delta\left(\frac{x-m_1}{\sigma_1}-\frac{y-m_2}{\sigma_2}\right) \\
&= \frac{1}{\sqrt{2\pi}}\exp\left\{-\frac{(x-m_1)(y-m_2)}{2\sigma_1\sigma_2}\right\}\delta\left\{\sigma_2(x-m_1)-\sigma_1(y-m_2)\right\} \\
&= \frac{1}{\sqrt{2\pi}}\exp\left\{-\frac{(y-m_2)^2}{2\sigma_2^2}\right\}\delta\left\{\sigma_2(x-m_1)-\sigma_1(y-m_2)\right\} \\
&= \cdots
\end{aligned} \quad (5.1.20)$$

과 같이 여러 가지 다른 꼴로 나타낼 수도 있다. 이제 (5.1.17)을 얻은 방법과 비슷하게 생각하면 아래를 얻을 수 있다.

정리 5.1.4 식 (5.1.1)에 보인 n차원 결합 정규 확률밀도함수 $f_{\underline{X}}(\underline{x})$에서 $i \neq j$인 ρ_{ij}가 모두 1로 가까이 갈 때

$$f_{\underline{X}}(\underline{x}) \to \frac{1}{\sqrt{2\pi}\sigma_1}\exp\left\{-\frac{(x_1-m_1)^2}{2\sigma_1^2}\right\}\prod_{i=2}^{n}\frac{1}{\sigma_i}\delta\left(\frac{x_1-m_1}{\sigma_1}-\frac{x_i-m_i}{\sigma_i}\right) \quad (5.1.21)$$

이다. ■■

5.1.3 세 변수 정규 확률벡터

세 변수 표준 정규 확률벡터 (X_1, X_2, X_3)의 분산-공분산 행렬을

$$\boldsymbol{K}_3 = \begin{bmatrix} 1 & \rho_{12} & \rho_{31} \\ \rho_{12} & 1 & \rho_{23} \\ \rho_{31} & \rho_{23} & 1 \end{bmatrix} \quad (5.1.22)$$

처럼 두고 그 확률밀도함수를

$$f_3(x,y,z) = \frac{1}{\sqrt{8\pi^3|\boldsymbol{K}_3|}}\exp\left\{-\frac{1}{2}(x\ y\ z)\boldsymbol{K}_3^{-1}(x\ y\ z)^T\right\} \quad (5.1.23)$$

처럼 쓰자. 그러면, X_k가 주어졌을 때 X_i와 X_j 사이의 부분 상관계수[3]를

[3] partial correlation coefficient

$$\beta_{ij,k} = \frac{\rho_{ij} - \rho_{jk}\rho_{ki}}{\sqrt{\left(1-\rho_{jk}^2\right)\left(1-\rho_{ki}^2\right)}} \tag{5.1.24}$$

처럼 쓰고

$$\alpha_{ij,k} = \sqrt{\left(1-\rho_{jk}^2\right)\left(1-\rho_{ki}^2\right)} \tag{5.1.25}$$

처럼 두면

$$\begin{aligned} |\boldsymbol{K}_3| &= 1 - \left(\rho_{12}^2 + \rho_{23}^2 + \rho_{31}^2\right) + 2\rho_{12}\rho_{23}\rho_{31} \\ &= \alpha_{ij,k}^2 \left(1 - \beta_{ij,k}^2\right) \end{aligned} \tag{5.1.26}$$

이다. 또, $f_3(0,0,0) = \left(8\pi^3 |\boldsymbol{K}_3|\right)^{-\frac{1}{2}}$ 이고

$$\boldsymbol{K}_3^{-1} = \frac{1}{|\boldsymbol{K}_3|} \begin{bmatrix} 1-\rho_{23}^2 & \rho_{23}\rho_{31} - \rho_{12} & \rho_{12}\rho_{23} - \rho_{31} \\ \rho_{23}\rho_{31} - \rho_{12} & 1-\rho_{31}^2 & \rho_{31}\rho_{12} - \rho_{23} \\ \rho_{12}\rho_{23} - \rho_{31} & \rho_{31}\rho_{12} - \rho_{23} & 1-\rho_{12}^2 \end{bmatrix} \tag{5.1.27}$$

이다.

보기 5.1.6 식 (5.1.26)에서, $\beta_{ij,k} = 0$이면 $\rho_{ij} = \rho_{jk}\rho_{ki}$이고 $|\boldsymbol{K}_3| = \alpha_{ij,k}^2 = \left(1-\rho_{jk}^2\right)\left(1-\rho_{ki}^2\right)$이다. 또, $\rho_{ij} \to 1$일 때, 거칠게 말하면 $X_i \to X_j$이므로, $\rho_{jk} \to \rho_{ki}$이다. 따라서, $\rho_{ij} \to 1$이면 $\beta_{ij,k} \to \frac{1-\rho_{jk}^2}{1-\rho_{jk}^2} = 1$이며 $|\boldsymbol{K}_3| \to -\left(\rho_{jk} - \rho_{ki}\right)^2 \to 0$이다. ◇

한편,

$$\begin{aligned} f_3(0,y,z) &= f_3(0,0,0)\exp\left\{-\frac{1}{2}(0\ y\ z)\boldsymbol{K}_3^{-1}(0\ y\ z)^T\right\} \\ &= f_3(0,0,0)\exp\left[-\frac{1}{2|\boldsymbol{K}_3|}\left\{\left(1-\rho_{31}^2\right)y^2 - 2\left(\rho_{23} - \rho_{31}\rho_{12}\right)yz + \left(1-\rho_{12}^2\right)z^2\right\}\right] \\ &= f_3(0,0,0)\exp\left\{-\frac{1}{2\left(1-\beta_{23,1}^2\right)}\left(\frac{y^2}{1-\rho_{12}^2} - \frac{2\beta_{23,1}yz}{\alpha_{23,1}} + \frac{z^2}{1-\rho_{31}^2}\right)\right\} \end{aligned} \tag{5.1.28}$$

이고

$$f_3(0,0,z) = f_3(0,0,0)\exp\left\{-\frac{\left(1-\rho_{12}^2\right)}{2|\boldsymbol{K}_3|}z^2\right\} \tag{5.1.29}$$

이다.

보기 5.1.7 식 (5.1.28)과 (5.1.29)를 바탕으로, U를 1차원 표준 정규 확률변수라고 둘 때

$$\begin{aligned} \int_{-\infty}^{\infty} h_1(z) f_3(0,0,z)dz &= \frac{1}{\sqrt{8\pi^3|\boldsymbol{K}_3|}}\int_{-\infty}^{\infty} h_1(z)\ \exp\left\{-\frac{z^2}{2\left(1-\beta_{23,1}^2\right)\left(1-\rho_{31}^2\right)}\right\}dz \\ &= \frac{\sqrt{\left(1-\beta_{23,1}^2\right)\left(1-\rho_{31}^2\right)}}{\sqrt{8\pi^3|\boldsymbol{K}_3|}}\int_{-\infty}^{\infty} h_1\left(\sqrt{\left(1-\beta_{23,1}^2\right)\left(1-\rho_{31}^2\right)}w\right)\exp\left(-\frac{w^2}{2}\right)dw \end{aligned}$$

$$= \frac{1}{\sqrt{8\pi^3(1-\rho_{12}^2)}} \int_{-\infty}^{\infty} h_1\left(\frac{\sqrt{|\boldsymbol{K}_3|}}{\sqrt{1-\rho_{12}^2}}w\right) \exp\left(-\frac{w^2}{2}\right) dw$$

$$= \frac{1}{2\pi\sqrt{1-\rho_{12}^2}} E\left\{h_1\left(\frac{\sqrt{|\boldsymbol{K}_3|}}{\sqrt{1-\rho_{12}^2}}U\right)\right\} \tag{5.1.30}$$

이고, (V_1, V_2)를 상관계수가 $\beta_{23,1}$인 2차원 표준 정규 확률벡터라고 할 때

$$\int_{-\infty}^{\infty}\int_{-\infty}^{\infty} h_2(y,z) f_3(0,y,z) dydz = \frac{1}{\sqrt{8\pi^3|\boldsymbol{K}_3|}} \int_{-\infty}^{\infty}\int_{-\infty}^{\infty} h_2(y,z)$$

$$\times \exp\left\{-\frac{1}{2(1-\beta_{23,1}^2)}\left(\frac{y^2}{1-\rho_{12}^2} - \frac{2\beta_{23,1}yz}{\alpha_{23,1}} + \frac{z^2}{1-\rho_{31}^2}\right)\right\} dydz$$

$$= \frac{\alpha_{23,1}}{\sqrt{8\pi^3|\boldsymbol{K}_3|}} \int_{-\infty}^{\infty}\int_{-\infty}^{\infty} h_2\left(\sqrt{1-\rho_{12}^2}v, \sqrt{1-\rho_{31}^2}w\right)$$

$$\times \exp\left\{-\frac{1}{2(1-\beta_{23,1}^2)}\left(v^2 - 2\beta_{23,1}vw + w^2\right)\right\} dvdw$$

$$= \frac{2\pi\alpha_{23,1}\sqrt{1-\beta_{23,1}^2}}{\sqrt{8\pi^3|\boldsymbol{K}_3|}} \int_{-\infty}^{\infty}\int_{-\infty}^{\infty} h_2\left(\sqrt{1-\rho_{12}^2}v, \sqrt{1-\rho_{31}^2}w\right) f_2(v,w)\big|_{\rho=\beta_{23,1}} dvdw$$

$$= \frac{1}{\sqrt{2\pi}} E\left\{h_2\left(\sqrt{1-\rho_{12}^2}V_1, \sqrt{1-\rho_{31}^2}V_2\right)\right\} \tag{5.1.31}$$

임을 알 수 있다. 위 두 결과 (5.1.30)과 (5.1.31)은 몇 가지 비선형 함수의 기댓값을 얻을 때에 매우 쓸모 있다. ◇

분산-공분산 행렬이 (5.1.22)에 보인 것처럼 $\boldsymbol{K}_3 = [\rho_{ij}]$인 3차원 표준 정규 확률밀도함수 $f_3(x,y,z)$를 상관계수 $\underline{\rho} = (\rho_{12}, \rho_{23}, \rho_{31})$이 드러나 보이도록 $g_{\underline{\rho}}(x,y,z)$처럼 쓰면

$$g_{\underline{\rho}}(-x,y,z) = g_{\underline{\rho}}(x,y,z)\Big|_{\langle 1\rangle}, \tag{5.1.32}$$

$$g_{\underline{\rho}}(x,-y,z) = g_{\underline{\rho}}(x,y,z)\Big|_{\langle 2\rangle}, \tag{5.1.33}$$

$$g_{\underline{\rho}}(x,y,-z) = g_{\underline{\rho}}(x,y,z)\Big|_{\langle 3\rangle} \tag{5.1.34}$$

이고, 세 변수 함수 $h(x,y,z)$를 생각할 때 보기를 들면

$$\int_0^{\infty}\int_0^{\infty}\int_{-\infty}^{0} h(x,y,z) g_{\underline{\rho}}(x,y,z) dxdydz = \int_0^{\infty}\int_0^{\infty}\int_{\infty}^{0} h(x,y,-t) g_{\underline{\rho}}(x,y,-t) dxdy(-dt)$$

$$= \int_0^{\infty}\int_0^{\infty}\int_0^{\infty} h(x,y,-z) g_{\underline{\rho}}(x,y,z) dxdydz\Big|_{\langle 3\rangle} \tag{5.1.35}$$

이다. 여기에서, $\langle k\rangle$는 첨자에 k가 들어 있는 상관계수 ρ_{jk}와 ρ_{ki}를 각각 $-\rho_{jk}$와 $-\rho_{ki}$로 바꾸어 넣음을 뜻한다.

보기 5.1.8 세 변량 표준 정규 확률벡터에서 $\beta_{ij,k} = \beta_{ji,k}$이고

$$\beta_{ij,k}\big|_{\langle i\rangle} = -\beta_{ij,k}, \tag{5.1.36}$$

$$\beta_{ij,k}\big|_{\langle k\rangle} = \beta_{ij,k}, \tag{5.1.37}$$

$$\frac{\partial}{\partial \rho_{ij}} \sin^{-1} \beta_{ij,k} = \frac{1}{\sqrt{|\boldsymbol{K}_3|}}, \tag{5.1.38}$$

$$\frac{\partial}{\partial \rho_{jk}} \sin^{-1} \beta_{ij,k} = -\frac{\rho_{ki} - \rho_{ij}\rho_{jk}}{\left(1 - \rho_{jk}^2\right) \sqrt{|\boldsymbol{K}_3|}} \tag{5.1.39}$$

이다. ◇

5.2 성질

5.2.1 부벡터의 분포와 조건부 분포

먼저 $\underline{X} = (X_1, X_2, \cdots, X_n)^T \sim N(\underline{m}, \boldsymbol{K})$일 때, 분산-공분산 행렬 $\boldsymbol{K}$와 그 역 행렬 $\boldsymbol{K}^{-1}$을 s째 행과 $s+1$째 행 사이와 s째 열과 $s+1$째 열 사이에서 나누어

$$\boldsymbol{K} = \begin{pmatrix} \boldsymbol{K}_{11} & \boldsymbol{K}_{12} \\ \boldsymbol{K}_{21} & \boldsymbol{K}_{22} \end{pmatrix} \tag{5.2.1}$$

과

$$\boldsymbol{K}^{-1} = \begin{pmatrix} \boldsymbol{\Psi}_{11} & \boldsymbol{\Psi}_{12} \\ \boldsymbol{\Psi}_{21} & \boldsymbol{\Psi}_{22} \end{pmatrix} \tag{5.2.2}$$

처럼 쓰면 $\boldsymbol{K}_{21} = \boldsymbol{K}_{12}^T$이고 $\boldsymbol{\Psi}_{21} = \boldsymbol{\Psi}_{12}^T$이며,

$$\boldsymbol{\xi} = \boldsymbol{K}_{22} - \boldsymbol{K}_{21}\boldsymbol{K}_{11}^{-1}\boldsymbol{K}_{12} \tag{5.2.3}$$

처럼 둘 때,

$$\boldsymbol{\Psi}_{11} = \boldsymbol{K}_{11}^{-1} + \boldsymbol{K}_{11}^{-1}\boldsymbol{K}_{12}\boldsymbol{\xi}^{-1}\boldsymbol{K}_{21}\boldsymbol{K}_{11}^{-1}, \tag{5.2.4}$$

$$\boldsymbol{\Psi}_{12} = -\boldsymbol{K}_{11}^{-1}\boldsymbol{K}_{12}\boldsymbol{\xi}^{-1}, \tag{5.2.5}$$

$$\boldsymbol{\Psi}_{21} = -\boldsymbol{\xi}^{-1}\boldsymbol{K}_{21}\boldsymbol{K}_{11}^{-1}, \tag{5.2.6}$$

$$\boldsymbol{\Psi}_{22} = \boldsymbol{\xi}^{-1} \tag{5.2.7}$$

이다.

정리 5.2.1 확률벡터 $\underline{X} = (X_1, X_2, \cdots, X_n)^T \sim N(\underline{m}, \boldsymbol{K})$를 생각하여 분산-공분산 행렬 $\boldsymbol{K}$를 s째 행과 s째 열에서 나누어 (5.2.1)처럼 쓰고, $\underline{X}_{(2)} = (X_{s+1}, X_{s+2}, \cdots, X_n)^T$과 $\underline{m}_{(2)} = (m_{s+1}, m_{s+2}, \cdots, m_n)^T$처럼 쓰자. 그러면

$$\underline{X}_{(2)} \sim N\left(\underline{m}_{(2)}, \boldsymbol{K}_{22}\right) \tag{5.2.8}$$

이다. 곧, 결합 정규 확률벡터의 부벡터는 모두 정규 확률벡터이다. ■■

위 정리를 바탕으로 결합 정규 확률벡터의 원소는 그 하나하나가 모두 정규 확률변수라는 것도 알 수 있는데, 이 사실은 보기 5.1.2에서 이미 본 바와 같다. 그러나, 아래 보기에서 볼 수 있듯이 정리 5.2.1의 역은 성립하지 않는다는 것을 새겨서 두어야 한다.

보기 5.2.1 (하나씩은 정규 확률변수이지만 결합 정규 확률벡터는 아닌 두 확률변수) 함수 $g(x, y) = \frac{1}{2\pi}\exp\left\{-\frac{1}{2}\left(x^2+y^2\right)\right\}$을 생각하여, 확률벡터 (X, Y)의 결합 확률밀도함수를

$$f_{X,Y}(x,y) = \begin{cases} 2g(x,y), & xy \geq 0, \\ 0, & xy < 0 \end{cases} \tag{5.2.9}$$

처럼 두자. 그러면 X의 한계 확률밀도함수는

$$\begin{aligned} f_X(x) &= \begin{cases} \frac{1}{\pi}\exp\left(-\frac{x^2}{2}\right)\int_{-\infty}^{0}\exp\left(-\frac{y^2}{2}\right)dy, & x < 0, \\ \frac{1}{\pi}\exp\left(-\frac{x^2}{2}\right)\int_{0}^{\infty}\exp\left(-\frac{y^2}{2}\right)dy, & x \geq 0 \end{cases} \\ &= \frac{1}{\sqrt{2\pi}}\exp\left(-\frac{x^2}{2}\right) \end{aligned} \tag{5.2.10}$$

이다. 또, 이 결과와 마찬가지로 Y도 정규 확률변수이다. 곧, X와 Y가 둘 다 정규 확률변수이지만 (X, Y)는 결합 정규 확률벡터가 아니다. ◇

정리 5.2.2 확률벡터 $\underline{X} = (X_1, X_2, \cdots, X_n)^T \sim N(\underline{m}, \boldsymbol{K})$를 생각하여 분산-공분산 행렬 $\boldsymbol{K}$의 역 행렬 $\boldsymbol{K}^{-1}$을 (5.2.2)처럼 s째 행과 s째 열에서 나누고, $\underline{m}_{(1)} = (m_1, m_2, \cdots, m_s)^T$와 $\underline{m}_{(2)} = (m_{s+1}, m_{s+2}, \cdots, m_n)^T$처럼 쓴다고 두자. 그러면, $\underline{X}_{(2)} = (X_{s+1}, X_{s+2}, \cdots, X_n)^T = \underline{x}_{(2)} = (x_{s+1}, x_{s+2}, \cdots, x_n)^T$일 때 $\underline{X}_{(1)} = (X_1, X_2, \cdots, X_s)^T$의 조건부 분포는

$$N\left(\underline{m}_{(1)}^T - \left(\underline{x}_{(2)} - \underline{m}_{(2)}\right)^T \boldsymbol{\Psi}_{21}\boldsymbol{\Psi}_{11}^{-1},\ \boldsymbol{\Psi}_{11}^{-1}\right) \tag{5.2.11}$$

이다. ■■

보기 5.2.2 분포가 $N\left(m_1, m_2, \sigma_1^2, \sigma_2^2, \rho\right)$인 확률벡터 (X, Y)의 결합 확률밀도함수 (5.1.9)와 분포 $N\left(m_2, \sigma_2^2\right)$의 확률밀도함수를 바탕으로 조건부 확률밀도함수를 얻으면

$$f_{X|Y}(x|y) = \frac{1}{\sqrt{2\pi\sigma_1^2\left(1-\rho^2\right)}}\exp\left(-\frac{\left[x - \left\{m_1 + \rho\frac{\sigma_1}{\sigma_2}\left(y - m_2\right)\right\}\right]^2}{2\sigma_1^2\left(1-\rho^2\right)}\right) \tag{5.2.12}$$

이다. 곧, $(X, Y) \sim N\left(m_1, m_2, \sigma_1^2, \sigma_2^2, \rho\right)$일 때 $Y = y$라는 것을 알면, X가 평균이 $m_1 + \rho\frac{\sigma_1}{\sigma_2}\left(y - m_2\right)$이고 분산이 $\sigma_1^2\left(1-\rho^2\right)$인 정규 확률변수라는 것을 뜻한다. 이 결과는 $\underline{m}_{(1)}^T = m_1$, $\left(\underline{x}_{(2)} - \underline{m}_{(2)}\right)^T = y - m_2$, $\boldsymbol{\Psi}_{21} = -\frac{\rho}{\sigma_1\sigma_2(1-\rho^2)}$, $\boldsymbol{\Psi}_{11}^{-1} = \sigma_1^2\left(1-\rho^2\right)$을 바탕으로 (5.2.11)에서 바로 얻을 수도 있다. ◇

정리 5.2.3 상관이 없는 정규 확률벡터는 독립 확률벡터이다. ■■

두 확률변수가 상관이 없더라도 그 두 확률변수가 일반적으로 서로 독립은 아님을 4장에서 이미 본 바 있다. 그런데, 결합 정규 확률벡터에서는 상관 없음이 곧 독립을 뜻한다. 보기를 들면, 2차원 정규 확률밀도함수 (5.1.9)에서 $\rho = 0$이라고 두면 쉽게 $f_{X,Y}(x,y) = f_X(x)f_Y(y)$를 얻어 결합 정규 확률벡터에서는 상관 없음이 곧 독립이라는 것을 바로 알 수 있다.

이때, 정리 5.2.3에서 정규 '확률벡터'라는 조건이 매우 중요한 요소이다. 바꾸어 말하면, 결합 정규 확률벡터가 아닌 정규 확률변수들은 상관이 없더라도 독립이 아닐 수 있다. 곧, 두 정규 확률변수를 다룰 때 상관 없음과 독립임이 같은 것이려면, 그 두 정규 확률변수가 하나씩 정규 확률변수인 것만으로는 충분하지 않고, 두 변수 정규 확률벡터이어야 한다.

보기 5.2.3 (상관이 없지만 독립이 아닌 두 정규 확률변수) 먼저, $\varphi_1(x,y)$와 $\varphi_2(x,y)$가 각각 상관계수가 ρ_1과 ρ_2인 두 변수 표준 정규 확률밀도함수라고 두자. 이제, $c_1 > 0$이고, $c_2 > 0$이며, $c_1 + c_2 = 1$일 때 (X,Y)의 결합 확률밀도함수를

$$f_{X,Y}(x,y) \;=\; c_1\varphi_1(x,y) + c_2\varphi_2(x,y) \tag{5.2.13}$$

처럼 두자. 그러면 $\rho_1 \neq \rho_2$일 때 $f_{X,Y}$는 정규 확률밀도함수가 아니므로 (X,Y)는 정규 확률벡터가 아니지만, $X \sim N(0,1)$이고, $Y \sim N(0,1)$이다. 또, X와 Y 사이의 상관계수는 $\rho_{XY} = c_1\rho_1 + c_2\rho_2$이다. 따라서, $\rho_1\rho_2 < 0$일 때, $c_1 = \frac{\rho_2}{\rho_2-\rho_1}$이고 $c_2 = \frac{\rho_1}{\rho_1-\rho_2}$처럼 두면, $c_1 > 0$이고 $c_2 > 0$이며 $c_1 + c_2 = 1$이고 $\rho_{XY} = 0$이다. 이때 X와 Y는 둘 다 정규 확률변수이고 서로 상관이 없지만 독립이 아니다. ◇

한편, 정리 5.2.3에서 아래를 얻을 수 있다.

정리 5.2.4 정규 확률벡터 $\underline{X} = (X_1, X_2, \cdots, X_n)$에서 $\sum\limits_{j=1}^{k} n_j = n$이고 서로 겹치지 않는 k 부벡터 $\underline{X}_1 = \left(X_{i_1}, X_{i_2}, \cdots, X_{i_{n_1}}\right)$, $\underline{X}_2 = \left(X_{j_1}, X_{j_2}, \cdots, X_{j_{n_2}}\right)$, $\cdots$, $\underline{X}_k = \left(X_{l_1}, X_{l_2}, \cdots, X_{l_{n_k}}\right)$를 생각하자. 이제 $S_1 = \{i_1, i_2, \cdots, i_{n_1}\}$, $S_2 = \{j_1, j_2, \cdots, j_{n_2}\}$, $\cdots$, $S_k = \{l_1, l_2, \cdots, l_{n_k}\}$라고 둘 때, 서로 다른 $a \in \{1, 2, \cdots, k\}$와 $b \in \{1, 2, \cdots, k\}$를, 또 $i \in S_a$와 $j \in S_b$를 어떻게 고르더라도 상관계수 ρ_{ij}가 모두 0이면 $\underline{X}_1$, $\underline{X}_2$, $\cdots$, $\underline{X}_k$는 서로 독립이다. ■■

보기 5.2.4 정규 확률벡터 $\underline{X} = (X_1, X_2, \cdots, X_5)$의 분산-공분산 행렬이

$$\boldsymbol{K} \;=\; \begin{pmatrix} 1 & 0 & \rho_{13} & \rho_{14} & 0 \\ 0 & 1 & 0 & 0 & \rho_{25} \\ \rho_{31} & 0 & 1 & \rho_{34} & 0 \\ \rho_{41} & 0 & \rho_{43} & 1 & 0 \\ 0 & \rho_{52} & 0 & 0 & 1 \end{pmatrix} \tag{5.2.14}$$

이면 $\underline{X}_1 = (X_1, X_3, X_4)$와 $\underline{X}_2 = (X_2, X_5)$는 서로 독립이다. ◇

5.2.2 선형 변환

먼저, 보기 5.1.4에서 얻은 결과를 일반화하면 아래와 같다.

정리 5.2.5 확률변수들 $\left\{X_i \sim N\left(m_i, \sigma_i^2\right)\right\}_{i=1}^{n}$이 서로 독립이면

$$\sum_{i=1}^{n} X_i \;\sim\; N\left(\sum_{i=1}^{n} m_i, \sum_{i=1}^{n} \sigma_i^2\right) \tag{5.2.15}$$

이다. ■■

증명 확률변수 X_i의 특성함수가 $\varphi_{X_i}(\omega) = \exp\left(jm_i\omega - \frac{1}{2}\sigma_i^2\omega^2\right)$이므로, (4.3.32)를 쓰면 $Y = \sum_{i=1}^{n} X_i$의 특성함수 $\varphi_Y(\omega) = \prod_{i=1}^{n} \exp\left(jm_i\omega - \frac{1}{2}\sigma_i^2\omega^2\right) = \exp\left\{\sum_{i=1}^{n}\left(jm_i\omega - \frac{1}{2}\sigma_i^2\omega^2\right)\right\}$는

$$\varphi_Y(\omega) = \exp\left\{j\left(\sum_{i=1}^{n} m_i\right)\omega - \frac{1}{2}\left(\sum_{i=1}^{n}\sigma_i^2\right)\omega^2\right\} \tag{5.2.16}$$

이다. 이 식은 $Y \sim N\left(\sum_{i=1}^{n} m_i, \sum_{i=1}^{n}\sigma_i^2\right)$을 뜻한다. □

정리 5.2.5를 조금 더 일반화하면, 정규 확률벡터를 선형 변환하면 다시 정규 확률벡터임을 말해주는, 아래 정리를 얻는다.

정리 5.2.6 분포가 $N\left(\underline{m}, \boldsymbol{K}\right)$인 n차원 확률벡터 $\underline{X} = (X_1, X_2, \cdots, X_n)^T$을 $|\boldsymbol{L}| \neq 0$인 $n \times n$ 행렬 $\boldsymbol{L}$로 선형 변환하여 확률벡터 $\underline{Y} = (Y_1, Y_2, \cdots, Y_n)^T = \boldsymbol{L}\underline{X}$를 얻는다고 두자. 그러면 $\underline{Y} \sim N\left(\boldsymbol{L}\underline{m}, \boldsymbol{LKL}^T\right)$이다. ■■

증명 먼저, $|\boldsymbol{L}| = D$라고 쓰면, $D \neq 0$이므로 $\underline{X} = \boldsymbol{L}^{-1}\underline{Y}$이고 이 역변환 $\underline{x} = \underline{g}^{-1}\left(\underline{y}\right) = \boldsymbol{L}^{-1}\underline{y}$의 함수 행렬식은 $\left|\frac{\partial}{\partial \underline{y}}\underline{g}^{-1}\left(\underline{y}\right)\right| = \left|\boldsymbol{L}^{-1}\right| = \frac{1}{D}$이다. 따라서, 정리 4.2.1을 바탕으로 $f_{\underline{Y}}\left(\underline{y}\right) = \frac{1}{|D|} f_{\underline{X}}\left(\underline{x}\right)\Big|_{\underline{x}=\boldsymbol{L}^{-1}\underline{y}}$를

$$\begin{aligned} f_{\underline{Y}}\left(\underline{y}\right) &= \frac{1}{|D|\sqrt{(2\pi)^n|\boldsymbol{K}|}} \exp\left\{-\frac{1}{2}\left(\boldsymbol{L}^{-1}\underline{y} - \underline{m}\right)^T \boldsymbol{K}^{-1}\left(\boldsymbol{L}^{-1}\underline{y} - \underline{m}\right)\right\} \\ &= \frac{1}{\sqrt{(2\pi)^n|D|^2|\boldsymbol{K}|}} \exp\left\{-\frac{1}{2}\left(\underline{y} - \boldsymbol{L}\underline{m}\right)^T \left(\boldsymbol{L}^{-1}\right)^T \boldsymbol{K}^{-1}\boldsymbol{L}^{-1}\left(\underline{y} - \boldsymbol{L}\underline{m}\right)\right\} \end{aligned} \tag{5.2.17}$$

처럼 얻을 수 있다. 이제, $\left(\boldsymbol{L}^T\right)^{-1} = \left(\boldsymbol{L}^{-1}\right)^T$이고 $\left|\boldsymbol{L}^T\right| = |\boldsymbol{L}| = D$라는 것을 새기면 $\boldsymbol{H} = \boldsymbol{LKL}^T$라고 둘 때 $\boldsymbol{H}^{-1} = \left(\boldsymbol{L}^T\right)^{-1}\boldsymbol{K}^{-1}\boldsymbol{L}^{-1} = \left(\boldsymbol{L}^{-1}\right)^T\boldsymbol{K}^{-1}\boldsymbol{L}^{-1}$이고 $|\boldsymbol{H}| = \left|\boldsymbol{LKL}^T\right| = |D|^2|\boldsymbol{K}|$이므로 (5.2.17)을

$$f_{\underline{Y}}\left(\underline{y}\right) = \frac{1}{\sqrt{(2\pi)^n|\boldsymbol{H}|}} \exp\left\{-\frac{1}{2}\left(\underline{y} - \boldsymbol{L}\underline{m}\right)^T \boldsymbol{H}^{-1}\left(\underline{y} - \boldsymbol{L}\underline{m}\right)\right\} \tag{5.2.18}$$

처럼 쓸 수 있다. 곧, $\underline{X} \sim N\left(\underline{m}, \boldsymbol{K}\right)$이면 $\boldsymbol{L}\underline{X} \sim N\left(\boldsymbol{L}\underline{m}, \boldsymbol{H}\right) = N\left(\boldsymbol{L}\underline{m}, \boldsymbol{LKL}^T\right)$이다. □

정리 5.2.6은 보기 5.1.4에서 보인 '결합 정규 분포인 두 확률변수를 더한 것은 정규 확률변수임'과 정리 5.2.5에서 보인 '서로 독립인 여러 정규 확률변수를 더한 것은 정규 확률변수임'을 일반화한 것이라고 할 수 있다.

보기 5.2.5 두 확률변수 X와 Y의 결합 분포가 $N(10, 0, 4, 1, 0.5)$일 때 $Z = aX + bY$와 $W = X + Y$가 상관이 없도록 a와 b를 골라 보시오.

풀이 먼저, $E\{Z\} = 10a$이고 $E\{W\} = 10$이다. 따라서, $E\{ZW\} - E\{Z\}E\{W\} = E\left\{aX^2 + bY^2 + (a+b)XY\right\} - 100a = 5a + 2b$이다. 그러므로, $5a + 2b = 0$인 두 수 a와 b를 고르면 두 확률변수 $Z = aX + bY$와 $W = X + Y$는 상관이 없다. ◇

보기 5.2.6 두 확률변수 X와 Y가 결합 분포가 $N(10, 0, 4, 1, 0.5)$라고 두자. 이때, $Z = X + Y$와 $W = X - Y$의 결합 분포를 얻어보시오.

풀이 먼저, Z와 W가 결합 정규 확률벡터라는 것을 정리 5.2.6에서 알 수 있다. 따라서, $E\{Z\}$, $E\{W\}$, $\text{Var}\{Z\}$, $\text{Var}\{W\}$, ρ_{ZW}를 얻자. 이제, $E\{X \pm Y\} = E\{X\} \pm E\{Y\}$이므로 Z의 평균은 $E\{Z\} = 10$이고 W의 평균은 $E\{W\} = 10$이다. 다음에, $E\{XY\} - E\{X\}E\{Y\} = \rho\sigma_X\sigma_Y = 0.5 \times 2 \times 1 = 1$이고, $E\left\{X^2\right\} = m_X^2 + \sigma_X^2 = 104$이며, $E\left\{Y^2\right\} = m_Y^2 + \sigma_Y^2 = 1$이므로 Z의 분산 $\sigma_Z^2 = E\left\{(X + Y - 10)^2\right\} = E\left[\{(X-10)+Y\}^2\right]$은

$$\begin{aligned} \sigma_Z^2 &= E\left\{(X-10)^2\right\} + E\left\{Y^2\right\} + 2E\{XY - 10Y\} \\ &= 7 \end{aligned} \tag{5.2.19}$$

이고, W의 분산은 $\sigma_W^2 = 3$이며, Z와 W의 상관은 $E\{ZW\} = E\left\{X^2 - Y^2\right\} = 103$이고, Z와 W 사이의 상관계수는 $\rho_{ZW} = \frac{103-100}{\sqrt{7}\sqrt{3}} = \sqrt{\frac{3}{7}}$이다. 그러므로, $(Z, W) \sim N\left(10, 10, 7, 3, \sqrt{\frac{3}{7}}\right)$이다. 이때, (Z, W)의 결합 확률밀도함수는

$$\begin{aligned} f_{Z,W}(x,y) &= \frac{1}{2\pi\sqrt{7}\sqrt{3}\sqrt{1-\frac{3}{7}}} \exp\left[-\frac{1}{2\left(1-\frac{3}{7}\right)}\left\{\frac{1}{7}(x-10)^2\right.\right. \\ &\qquad \left.\left. -2\sqrt{\frac{3}{7}}\frac{(x-10)(y-10)}{\sqrt{7\times 3}} + \frac{1}{3}(y-10)^2\right\}\right] \\ &= \frac{\sqrt{3}}{12\pi}\exp\left(-\frac{x^2}{8} + \frac{xy}{4} - \frac{7}{24}y^2 + \frac{10}{3}y - \frac{50}{3}\right) \\ &= \frac{\sqrt{3}}{12\pi}\exp\left\{-\frac{1}{24}\left(3x^2 - 6xy + 7y^2 - 80y + 400\right)\right\} \end{aligned} \tag{5.2.20}$$

이다.

한편, (Z, W)의 분포를 정리 5.2.6의 결과를 써서 다음과 같이 직접 얻을 수도 있다. 먼저, $\underline{V} = \begin{pmatrix} Z \\ W \end{pmatrix} = \begin{pmatrix} 1 & 1 \\ 1 & -1 \end{pmatrix}\begin{pmatrix} X \\ Y \end{pmatrix} = \boldsymbol{L}\begin{pmatrix} X \\ Y \end{pmatrix}$이므로, 확률벡터 $\underline{V}$의 평균 벡터는 $E\{\underline{V}\} = \boldsymbol{L}$ $E\left\{\begin{pmatrix} X \\ Y \end{pmatrix}\right\} = \begin{pmatrix} 1 & 1 \\ 1 & -1 \end{pmatrix}\begin{pmatrix} 10 \\ 0 \end{pmatrix} = \begin{pmatrix} 10 \\ 10 \end{pmatrix}$이고, 분산-공분산 행렬은 $\boldsymbol{K}_{\underline{V}} = \boldsymbol{L}\boldsymbol{K}_{(X,Y)^T}\boldsymbol{L}^T$ $= \begin{pmatrix} 1 & 1 \\ 1 & -1 \end{pmatrix}\begin{pmatrix} 4 & 1 \\ 1 & 1 \end{pmatrix}\begin{pmatrix} 1 & 1 \\ 1 & -1 \end{pmatrix} = \begin{pmatrix} 7 & 3 \\ 3 & 3 \end{pmatrix}$이다. 곧, $(Z, W) \sim N\left(\begin{pmatrix} 10 \\ 10 \end{pmatrix}, \begin{pmatrix} 7 & 3 \\ 3 & 3 \end{pmatrix}\right)$ $= N\left(10, 10, 7, 3, \sqrt{\frac{3}{7}}\right)$이다. ◇

정리 5.2.6에서 $\underline{X} = (X_1, X_2, \cdots, X_n)$이 결합 정규 확률벡터이면 선형 조합 $\sum_{i=1}^{n} a_i X_i$가 정규 확률변수라는 것을 쉽게 알 수 있다. 한편, 정리 5.2.6이 말하는 것은 '결합 분포'가 정규 분포인 확률변수들을 선형 변환하면 정규 확률변수들을 얻는다는 것이지, 한계 분포가 정규 분포인 확률변수들을 선형 변환할 때 늘 정규 확률변수들을 얻을 수 있다는 것은 아니다. 곧, 여러 정규 확률변수의 선형 조합이 정규 확률변수이려면, 그 여러 확률변수 하나하나가 정규 확률변수인 것만으로는 충분하지 않고 그 확률변수들이 여러 변수 정규 분포를 따라야 – 곧, 결합 정규

확률벡터이어야 – 한다. 바꾸어 말하면, 아래에 나오는 보기 5.2.7–5.2.9에서 다루듯이, X_i들이 모두 정규 확률변수이더라도, $\underline{X}$가 결합 정규 확률벡터가 아니면 일반적으로 X_i의 선형 조합은 정규 확률변수가 아니고, $\underline{X}$를 선형 변환한 것은 결합 정규 확률벡터가 아니다.

보기 5.2.7 (더한 것이 정규 확률변수가 아닌 정규 확률변수들) 표준 정규 확률변수 X를 생각하고 동전 던지기 확률 실험의 결과를 H라고 할 때, 확률변수

$$Y = \begin{cases} X, & H = \text{앞}, \\ -X, & H = \text{뒤} \end{cases} \tag{5.2.21}$$

을 생각하면 $Y \sim N(0,1)$이다. 한편, $E\{X\} = 0$이고, $E\{Y\} = 0$이며, $E\{XY\} = E\{E\{XY|H\}\} = \frac{1}{2}\left[E\left\{X^2\right\} + E\left\{-X^2\right\}\right] = 0$이므로, X와 Y는 상관이 없다. 그런데, 보기를 들면, $P\{|X| > 1, |Y| < 1\} = 0$이지만 $P\{|X| > 1\}P\{|Y| < 1\} > 0$이므로 X와 Y는 독립이 아니다. 게다가, $X+Y$의 분포는 정규 분포가 아니라는 것을 쉽게 알 수 있다. 곧, X와 Y가 둘 다 정규 확률변수이더라도, (X,Y)가 결합 정규 확률벡터가 아니면, $X+Y$는 정규 확률변수가 아닐 수도 있다. ◇

보기 5.2.8 (더한 것이 정규 확률변수가 아닌 정규 확률변수들) 표준 정규 확률변수 X와 0보다 큰 수 α를 생각하여 확률변수 Y를

$$Y = \begin{cases} X, & |X| \leq \alpha, \\ -X, & |X| > \alpha \end{cases} \tag{5.2.22}$$

와 같이 두자. 그러면 X와 Y는 서로 독립이 아니라는 것을 바로 알 수 있고, $B \in \mathcal{B}(\mathbb{R})$인 집합 B를 어떻게 고르더라도

$$\begin{aligned} \Pr\{Y \in B\} &= \Pr\{Y \in B | |X| \leq \alpha\}\Pr\{|X| \leq \alpha\} + \Pr\{Y \in B | |X| > \alpha\}\Pr\{|X| > \alpha\} \\ &= \Pr\{X \in B | |X| \leq \alpha\}\Pr\{|X| \leq \alpha\} + \Pr\{-X \in B | |X| > \alpha\}\Pr\{|X| > \alpha\} \\ &= \Pr\{X \in B | |X| \leq \alpha\}\Pr\{|X| \leq \alpha\} + \Pr\{X \in B | |X| > \alpha\}\Pr\{|X| > \alpha\} \\ &= \Pr\{X \in B\} \end{aligned} \tag{5.2.23}$$

이므로 Y 또한 표준 정규 확률변수이다. 이제, 표준 정규 확률밀도함수를 ϕ라고 쓰면, X와 Y 사이의 상관계수 $\rho_{XY} = E\{XY\} = 2\int_0^\alpha x^2\phi(x)dx - 2\int_\alpha^\infty x^2\phi(x)dx$는

$$\rho_{XY} = 4\int_0^\alpha x^2\phi(x)\, dx - 1 \tag{5.2.24}$$

이다. 여기에서, $g(\alpha) = \int_0^\alpha x^2\phi(x)dx$처럼 두면, $g(0) = 0$이고 $g(\infty) \to \frac{1}{2}$이며 g는 연속 함수이므로, $g(\alpha_0) = \frac{1}{4}$이고 0보다 큰 수 α_0을[4] 얻을 수 있다. 따라서, $\alpha = \alpha_0$일 때 X와 Y는 상관이 없음을 (5.2.24)에서 알 수 있다. 한편,

$$X + Y = \begin{cases} 2X, & |X| \leq \alpha, \\ 0, & |X| > \alpha \end{cases} \tag{5.2.25}$$

를 생각하면 $X+Y$의 분포는 정규 분포가 아니다. ◇

[4] 여기에서 $\alpha_0 \approx 1.54$이다.

보기 5.2.9 (정규 확률벡터와 정규 확률변수) 확률벡터 (X, Y)가 정규 확률벡터이면 X, Y, $X+Y$ 셋 모두 정규 확률변수이지만, 그 역은 성립하지 않는다. 보기를 살펴 보자. 확률벡터 (X, Y)의 결합 확률밀도함수가

$$\begin{aligned} f(x,y) &= \frac{1}{2\pi}\exp\left\{-\frac{1}{2}\left(x^2+y^2\right)\right\} \\ &\quad \times\left[1+xy\left(x^2-y^2\right)\exp\left\{-\frac{1}{2}\left(x^2+y^2+2\epsilon\right)\right\}\right] \end{aligned} \tag{5.2.26}$$

일 때를 생각하자. 여기에서 ϵ은 0보다 큰 수이다. 이때,

$$\left|xy\left(x^2-y^2\right)\exp\left\{-\frac{1}{2}\left(x^2+y^2+2\epsilon\right)\right\}\right| \leq 1 \tag{5.2.27}$$

임을[5] 눈여겨볼 만하다. 그러면 (X, Y)의 결합 특성함수는

$$\varphi(s,t) = \exp\left\{-\frac{1}{2}\left(s^2+t^2\right)\right\} + \frac{1}{32}st\left(s^2-t^2\right)\exp\left\{-\epsilon-\frac{1}{4}\left(s^2+t^2\right)\right\} \tag{5.2.28}$$

이므로 다음을 알 수 있다.

(가) $\varphi(t,0)=\varphi(0,t)=\exp\left(-\frac{1}{2}t^2\right)$이므로 $X \sim N(0,1)$이고 $Y \sim N(0,1)$이다.

(나) $\varphi(t,t)=\exp\left(-t^2\right)$이므로 $X+Y \sim N(0,2)$이다[6].

(다) $\varphi(t,-t)=\exp\left(-t^2\right)$이므로 $X-Y \sim N(0,2)$이다.

(라) $E\{XY\}=\left.\frac{\partial^2}{\partial t\partial s}\varphi(s,t)\right|_{(s,t)=(0,0)}=0$이고 $E\{X\}=E\{Y\}=0$이며 X와 Y는 서로 상관이 없다.

(마) 식 (5.2.26) 또는 (5.2.28)에서 알 수 있듯이 (X, Y)는 정규 확률벡터가 아니다. 곧, X, Y, $X+Y$ 셋 모두 정규 확률변수이지만, (X, Y)는 정규 확률벡터가 아니다. ◇

정리 5.2.7 분산-공분산 행렬이 양정치인 정규 확률벡터는 서로 독립인 표준 정규 확률벡터로 선형 변환할 수 있다. ■■

정리 5.2.7은 정리 4.3.5, 5.2.3, 5.2.6을 바탕으로, 또는 (4.3.23)과 (4.3.24)에서 바로 알 수 있다. 곧, $X \sim N\left(\underline{m}, \boldsymbol{K}\right)$이고, $|\boldsymbol{K}|>0$이며, $\boldsymbol{K}$의 고유값이 $\{\lambda_i\}$이고, λ_i에 해당하는 고유 벡터가 $\underline{a}_i$일 때, (4.3.20)과 (4.3.22)에서 다룬 행렬 $\boldsymbol{A}$와 $\tilde{\boldsymbol{\lambda}}=\operatorname{diag}\left(\frac{1}{\sqrt{\lambda_1}}, \frac{1}{\sqrt{\lambda_2}}, \cdots, \frac{1}{\sqrt{\lambda_n}}\right)$을 생각하자. 그러면

$$\underline{Y} = \tilde{\boldsymbol{\lambda}}\boldsymbol{A}\left(\underline{X}-\underline{m}\right) \tag{5.2.29}$$

의 평균 벡터는 $E\{\underline{Y}\}=\tilde{\boldsymbol{\lambda}}\boldsymbol{A}E\{\underline{X}-\underline{m}\}=\underline{0}$이다. 또한, $\underline{Y}$의 분산-공분산 행렬은 (4.3.24)에서 알 수 있듯이 $\boldsymbol{K}_{\underline{Y}}=\boldsymbol{I}$이다. 그러므로, 정리 5.2.6을 쓰면 $\underline{Y} \sim N\left(\underline{0}, \boldsymbol{I}\right)$이다. 곧, $\underline{Y}=\tilde{\boldsymbol{\lambda}}\boldsymbol{A}\left(\underline{X}-\underline{m}\right)$은 서로 독립인 표준 정규 확률변수들의 벡터이다.

---

[5] 조금 더 자세히 말하자면, $-4e^{-2} \leq xy\left(x^2-y^2\right)\exp\left\{-\frac{1}{2}\left(x^2+y^2\right)\right\} \leq 4e^{-2}$이므로, $\epsilon \geq -2+\ln 4 \approx -0.6137$이면 (5.2.27)이 성립한다.

[6] 문제 4.63에서 보았듯이 (X, Y)의 특성함수가 $\varphi_{X,Y}(t,s)$이면 $Z=aX+bY$의 특성함수는 $\varphi_Z(t)=\varphi_{X,Y}(at, bt)$이다.

보기 5.2.10 확률벡터 $\underline{U} = (U_1, U_2)^T \sim N\left((10\ 0)^T, \begin{pmatrix} 2 & -1 \\ -1 & 2 \end{pmatrix}\right)$를 서로 독립인 표준 정규 확률변수들의 벡터로 바꾸는 변환을 얻어보시오.

풀이 분산-공분산 행렬 $\begin{pmatrix} 2 & -1 \\ -1 & 2 \end{pmatrix}$의 고유값과 고유 벡터를 얻으면 $\lambda_1 = 3$과 $\underline{a}_1 = \frac{1}{\sqrt{2}}(1\ -1)^T$, 또 $\lambda_2 = 1$과 $\underline{a}_2 = \frac{1}{\sqrt{2}}(1\ 1)^T$을 얻는다. 따라서, 선형 변환 $\boldsymbol{L} = \frac{1}{\sqrt{2}}\begin{pmatrix} \frac{1}{\sqrt{3}} & 0 \\ 0 & 1 \end{pmatrix}\begin{pmatrix} 1 & -1 \\ 1 & 1 \end{pmatrix}$, 곧

$$\boldsymbol{L} = \begin{pmatrix} \frac{1}{\sqrt{6}} & -\frac{1}{\sqrt{6}} \\ \frac{1}{\sqrt{2}} & \frac{1}{\sqrt{2}} \end{pmatrix} \tag{5.2.30}$$

을 생각하면 확률벡터 $\underline{V} = \boldsymbol{L}\left(\underline{U} - (10\ 0)^T\right)$는 서로 독립인 표준 정규 확률변수들의 벡터이다. 이제, $\underline{V}$의 분산-공분산 행렬 $\boldsymbol{K}_{\underline{V}} = \boldsymbol{L}\boldsymbol{K}_{\underline{U}}\boldsymbol{L}^H = \begin{pmatrix} \frac{1}{\sqrt{6}} & -\frac{1}{\sqrt{6}} \\ \frac{1}{\sqrt{2}} & \frac{1}{\sqrt{2}} \end{pmatrix}\begin{pmatrix} 2 & -1 \\ -1 & 2 \end{pmatrix}\begin{pmatrix} \frac{1}{\sqrt{6}} & \frac{1}{\sqrt{2}} \\ -\frac{1}{\sqrt{6}} & \frac{1}{\sqrt{2}} \end{pmatrix}$를 얻어보면 $\boldsymbol{K}_{\underline{V}} = \begin{pmatrix} 1 & 0 \\ 0 & 1 \end{pmatrix}$이다. ◇

정리 5.2.8 벡터 $\underline{A} = (a_1, a_2, \cdots, a_n)^T$를 어떻게 고르더라도 선형 조합 $\underline{A}^T\underline{X}$가 정규 확률변수이면 확률벡터 $\underline{X}$는 정규 확률벡터이고, 그 역도 성립한다. ■■

5.3 비선형 함수의 기댓값

이 절에서는 정규 확률벡터에서 곱 적률과 몇 가지 비선형 함수의 기댓값을 살펴 본다. 정규 확률벡터의 곱 적률의 몇 가지 보기를 특성함수 또는 적률생성함수를 바탕으로 먼저 살펴 본 다음, 이어서 프라이스의 정리를 바탕으로 곱 적률을 포함하는 비선형 함수의 기댓값을 살펴 보자.

5.3.1 보기 몇 가지: 특성함수와 적률생성함수의 응용

특성함수 또는 적률생성함수를 바탕으로 정규 확률벡터에서 곱 적률을 얻는 방법의 보기를 먼저 살펴 보자.

보기 5.3.1 확률벡터 (X, Y)에서 곱 중심 적률을 $\mu_{ij} = E\left\{(X - m_X)^i (Y - m_Y)^j\right\}$처럼 쓸 때, $\mu_{00} = 1$, $\mu_{01} = \mu_{10} = 0$, $\mu_{20} = \sigma_1^2$, $\mu_{02} = \sigma_2^2$, $\mu_{11} = \rho\sigma_1\sigma_2$라는 것을 4.3.2.1절에서 이미 보았다. 또한, $(X, Y) \sim N\left(0, 0, \sigma_1^2, \sigma_2^2, \rho\right)$이면, $\mu_{30} = \mu_{03} = 0$이고 $\mu_{40} = 3\sigma_1^4$이라는 것을 (3.3.30)에서 본 바 있다. 이제, 적률 정리를 써서 $\mu_{31} = 3\rho\sigma_1^3\sigma_2$와 $\mu_{22} = \left(1 + 2\rho^2\right)\sigma_1^2\sigma_2^2$을 보이고, $\mu_{41} = \mu_{32} = 0$을 보이시오.

풀이 먼저, $C = E\{XY\} = \rho\sigma_1\sigma_2$와 $A = \frac{1}{2}\left(\sigma_1^2 s_1^2 + 2Cs_1s_2 + \sigma_2^2 s_2^2\right)$처럼 두고 $A^{(ij)} = \frac{\partial^{i+j}}{\partial s_1^i \partial s_2^j}A$처럼 쓰자. 그러면 $A^{(10)}\big|_{s_1=0,s_2=0} = \left[\sigma_1^2 s_1 + Cs_2\right]_{s_1=0,s_2=0} = 0$이고 $A^{(01)}\big|_{s_1=0,s_2=0} =$

$\left[\sigma_2^2 s_2 + C s_1\right]_{s_1=0, s_2=0} = 0$이다. 또한, $A^{(20)} = \sigma_1^2$이고, $A^{(11)} = C$이며, $A^{(02)} = \sigma_2^2$이고, $i+j \geq 3$일 때 $A^{(ij)} = 0$이다. 이제, 결합 적률생성함수는 $M = M(s_1, s_2) = \exp\{A\}$이므로, $M^{(ij)} = \frac{\partial^{i+j} M}{\partial s_1^i \partial s_2^j}$처럼 쓰고 위에서 얻은 $\{A^{(ij)}\}$를 새기면 $M^{(10)} = MA^{(10)}$, $M^{(20)} = M\left\{A^{(20)} + \left(A^{(10)}\right)^2\right\}$,

$$
\begin{aligned}
M^{(21)} &= M\left\{A^{(21)} + A^{(20)}A^{(01)} + 2A^{(11)}A^{(10)} + \left(A^{(10)}\right)^2 A^{(01)}\right\} \\
&= M\left\{A^{(20)}A^{(01)} + 2A^{(11)}A^{(10)} + \left(A^{(10)}\right)^2 A^{(01)}\right\}, \qquad (5.3.1) \\
M^{(31)} &= M\left\{3A^{(20)}\left(A^{(11)} + A^{(10)}A^{(01)}\right) + \left(A^{(10)}\right)^2\left(3A^{(11)} + A^{(10)}A^{(01)}\right)\right\}, \qquad (5.3.2)
\end{aligned}
$$

와

$$
\begin{aligned}
M^{(22)} &= M\left\{A^{(20)}A^{(02)} + 2\left(A^{(11)}\right)^2 + 4A^{(11)}A^{(10)}A^{(01)} + A^{(20)}\left(A^{(01)}\right)^2\right. \\
&\quad \left. + \left(A^{(10)}\right)^2 A^{(02)} + \left(A^{(10)}\right)^2\left(A^{(01)}\right)^2\right\} \qquad (5.3.3)
\end{aligned}
$$

을, 또

$$
M^{(41)} = B_{41}M \qquad (5.3.4)
$$

와

$$
M^{(32)} = B_{32}M \qquad (5.3.5)
$$

를 얻는다. 여기에서,

$$
\begin{aligned}
B_{41} &= 3\left(A^{(20)}\right)^2 A^{(01)} + 12A^{(20)}A^{(11)}A^{(10)} + 6A^{(20)}\left(A^{(10)}\right)^2 A^{(01)} \\
&\quad + 4A^{(11)}\left(A^{(10)}\right)^3 + \left(A^{(10)}\right)^3 A^{(01)} \qquad (5.3.6)
\end{aligned}
$$

이고

$$
\begin{aligned}
B_{32} &= 6A^{(20)}A^{(11)}A^{(01)} + 3A^{(20)}A^{(02)}A^{(10)} + 6A^{(11)}\left(A^{(10)}\right)^2 A^{(01)} + 6\left(A^{(11)}\right)^2 A^{(10)} \\
&\quad + A^{(02)}\left(A^{(10)}\right)^3 + 3A^{(20)}A^{(10)}\left(A^{(01)}\right)^2 + \left(A^{(10)}\right)^3\left(A^{(01)}\right)^2 \qquad (5.3.7)
\end{aligned}
$$

이다. 따라서, $M(0,0) = 1$과 위에서 얻은 $\{A^{(ij)}\}$를 새기면, (5.3.2)에서 $\mu_{31} = 3\rho\sigma_1^3\sigma_2$을[7], (5.3.3)에서 $\mu_{22} = \left(1+2\rho^2\right)\sigma_1^2\sigma_2^2$을[8], (5.3.4)와 (5.3.6)에서 $\mu_{41} = M^{(41)}\big|_{s_1=0,s_2=0} = 0$을, (5.3.5)와 (5.3.7)에서 $\mu_{32} = M^{(32)}\big|_{s_1=0,s_2=0} = 0$을 얻는다. ◇

[7] 조금 더 자세히 보이면 $\mu_{31} = M^{(31)}\big|_{s_1=0,s_2=0} = \left\{3MA^{(20)}A^{(11)}\right\}\big|_{s_1=0,s_2=0} = 3\sigma_1^2 C = 3\rho\sigma_1^3\sigma_2$이다.

[8] 조금 더 자세히 보이면 $\mu_{22} = M^{(22)}\big|_{s_1=0,s_2=0} = \left\{MA^{(20)}A^{(02)} + 2M\left(A^{(11)}\right)^2\right\}\big|_{s_1=0,s_2=0} = \sigma_1^2\sigma_2^2 + 2C^2 = \left(1+2\rho^2\right)\sigma_1^2\sigma_2^2$이다.

보기 5.3.2 세 변수 정규 확률벡터 (X_1, X_2, X_3)에서

$$E\{X_1X_2X_3\} = m_1E\{X_2X_3\} + m_2E\{X_3X_1\} + m_3E\{X_1X_2\} - 2m_1m_2m_3 \quad (5.3.8)$$

임을 보이시오.

풀이 먼저, $A = K_{11}\omega_1^2 + K_{22}\omega_2^2 + K_{33}\omega_3^2 + 2K_{12}\omega_1\omega_2 + 2K_{13}\omega_1\omega_3 + 2K_{23}\omega_2\omega_3$과 $B = m_1\omega_1 + m_2\omega_2 + m_3\omega_3$처럼 두면 정규 확률벡터 (X_1, X_2, X_3)의 결합 특성함수는 (5.1.3)에서 알 수 있듯이 $\varphi(\omega_1, \omega_2, \omega_3) = \exp\left(-\frac{1}{2}A + jB\right)$이다. 한편, $Q_i = \frac{\partial}{\partial\omega_i}\left(-\frac{1}{2}A + jB\right)$라고 두면 $\frac{\partial\varphi}{\partial\omega_i} = \varphi Q_i$이고 $\frac{\partial Q_i}{\partial\omega_j} = -K_{ij}$이므로, $\frac{\partial\varphi}{\partial\omega_1} = \varphi Q_1$이고, $\frac{\partial^2\varphi}{\partial\omega_1\partial\omega_2} = \varphi Q_1Q_2 - K_{12}\varphi$이며, $\frac{\partial^3\varphi}{\partial\omega_1\partial\omega_2\partial\omega_3} = \varphi Q_1Q_2Q_3 - K_{23}\varphi Q_1 - K_{13}\varphi Q_2 - K_{12}\varphi Q_3$이다. 이제, $\omega_1 = \omega_2 = \omega_3 = 0$이면 $\varphi = 1$이고 $Q_i = jm_i$이므로 $E\{X_1X_2X_3\} = \frac{1}{j^3}\left.\frac{\partial^3\varphi}{\partial\omega_1\partial\omega_2\partial\omega_3}\right|_{\text{모든 } \omega_i=0}$, 곧

$$\begin{aligned}
E\{X_1X_2X_3\} &= \frac{1}{j^3}\left(j^3m_1m_2m_3 - jK_{23}m_1 - jK_{13}m_2 - jK_{12}m_3\right) \\
&= m_1m_2m_3 + K_{23}m_1 + K_{13}m_2 + K_{12}m_3 \\
&= m_1m_2m_3 + [E\{X_2X_3\} - m_2m_3]\,m_1 + [E\{X_1X_3\} - m_1m_3]\,m_2 \\
&\quad + [E\{X_1X_2\} - m_1m_2]\,m_3 \\
&= m_1E\{X_2X_3\} + m_2E\{X_3X_1\} + m_3E\{X_1X_2\} - 2m_1m_2m_3 \quad (5.3.9)
\end{aligned}$$

이다. ◇

보기 5.3.3 표준 정규 확률벡터 (X_1, X_2, X_3)의 공분산을 $E\{X_iX_j\} = \rho_{ij}$라고 할 때,

$$E\left\{X_1^2X_2^2X_3^2\right\} = 1 + 2\left(\rho_{12}^2 + \rho_{23}^2 + \rho_{31}^2\right) + 8\rho_{12}\rho_{23}\rho_{31} \quad (5.3.10)$$

임을 보이시오.

풀이 적률 정리를 써서 $E\left\{X_1^2X_2^2X_3^2\right\}$을 얻어보자. 먼저,

$$\alpha(\underline{t}) = \frac{1}{2}\left(t_1^2 + t_2^2 + t_3^2 + 2\rho_{12}t_1t_2 + 2\rho_{23}t_2t_3 + 2\rho_{31}t_3t_1\right) \quad (5.3.11)$$

처럼 두면 적률생성함수는 $M = M(\underline{t}) = \exp\{\alpha(\underline{t})\}$이고, $E\left\{X_1^2X_2^2X_3^2\right\} = m_{222}$는

$$E\left\{X_1^2X_2^2X_3^2\right\} = \left.\frac{\partial^6}{\partial t_1^2\partial t_2^2\partial t_3^2}M_{X_1,X_2,X_3}(t_1, t_2, t_3)\right|_{(t_1,t_2,t_3)=(0,0,0)} \quad (5.3.12)$$

이다. 이제, $\frac{\partial}{\partial t_i} = D_i$라고 쓰면, $K_i = D_i\alpha(\underline{t}) = t_i + \rho_{ij}t_j + \rho_{ki}t_k$라고 할 때 $D_iM = K_iM$이고, $D_iK_i = 1$이며, $D_i^2M = (D_iK_i)M + K_i(D_iM) = M + K_i^2M = \left(1 + K_i^2\right)M$이고, $D_jK_i = \rho_{ji}$이며 $D_j\left(1 + K_i^2\right) = 2\rho_{ji}K_i$라는 것을 새기면 $D_2\left(D_1^2M\right) = D_2\left\{\left(1 + K_1^2\right)M\right\} = \left\{D_2\left(1 + K_1^2\right)\right\}M + \left(1 + K_1^2\right)(D_2M) = 2\rho_{12}K_1M + \left(1 + K_1^2\right)K_2M$이고

$$\begin{aligned}
D_2^2\left(D_1^2M\right) &= 2\rho_{12}\{(D_2K_1)M + K_1(D_2M)\} + \left\{D_2\left(1 + K_1^2\right)\right\}K_2M \\
&\quad + \left(1 + K_1^2\right)(D_2K_2)M + \left(1 + K_1^2\right)K_2(D_2M) \\
&= 2\rho_{12}^2M + 4\rho_{12}K_1K_2M + \left(1 + K_1^2\right)\left(1 + K_2^2\right)M \quad (5.3.13)
\end{aligned}$$

이다. 그러므로, $D_3^2\left(2\rho_{12}^2 M\right)\big|_{\underline{t}=\underline{0}} = 2\rho_{12}^2\left(1+K_3^2\right)M\big|_{\underline{t}=\underline{0}} = 2\rho_{12}^2$이고,

$$\begin{aligned} D_3^2\left(4\rho_{12}K_1K_2M\right)\big|_{\underline{t}=\underline{0}} &= 4\rho_{12}\{0+\rho_{31}\rho_{23}M+\rho_{31}K_2K_3M+\rho_{31}\rho_{23}M+0 \\ &\quad +\rho_{23}K_1K_3M + \rho_{31}K_2K_3M+\rho_{23}K_1K_3M + K_1K_2\left(1+K_3^2\right)M\}\big|_{\underline{t}=\underline{0}} \\ &= 8\rho_{12}\rho_{23}\rho_{31} \end{aligned} \tag{5.3.14}$$

이며,

$$\begin{aligned} D_3^2\left\{\left(1+K_1^2\right)\left(1+K_2^2\right)M\right\}\big|_{\underline{t}=\underline{0}} &= \{2\rho_{31}^2\left(1+K_2^2\right)M+2\rho_{31}K_12\rho_{23}K_2M \\ &\quad +2\rho_{31}K_1\left(1+K_2^2\right)K_3M+2\rho_{31}K_12\rho_{23}K_2M+\left(1+K_1^2\right)2\rho_{23}^2M \\ &\quad +\left(1+K_1^2\right)2\rho_{23}K_2K_3M+2\rho_{31}K_1\left(1+K_2^2\right)K_3M \\ &\quad +\left(1+K_1^2\right)2\rho_{23}K_2K_3M+\left(1+K_1^2\right)\left(1+K_2^2\right)\left(1+K_1^2\right)M\}\big|_{\underline{t}=\underline{0}} \\ &= 1+2\rho_{31}^2+2\rho_{23}^2 \end{aligned} \tag{5.3.15}$$

임을 알 수 있고, 따라서 $E\left\{X_1^2X_2^2X_3^2\right\} = D_3^2D_2^2D_1^2M\big|_{\underline{t}=\underline{0}}$, 곧

$$\begin{aligned} E\left\{X_1^2X_2^2X_3^2\right\} &= D_3^2\left\{2\rho_{12}^2M+4\rho_{12}K_1K_2M+\left(1+K_1^2\right)\left(1+K_2^2\right)M\right\}\big|_{\underline{t}=\underline{0}} \\ &= 1+2\left(\rho_{12}^2+\rho_{23}^2+\rho_{31}^2\right)+8\rho_{12}\rho_{23}\rho_{31} \end{aligned} \tag{5.3.16}$$

이다. ◇

한편, 문제 5.18에서 다루듯이, $\underline{X}$가 네 변수 정규 확률벡터일 때에는

$$\begin{aligned} E\left\{X_1X_2X_3X_4\right\} &= E\left\{X_1X_2\right\}E\left\{X_3X_4\right\}+E\left\{X_1X_3\right\}E\left\{X_2X_4\right\} \\ &\quad + E\left\{X_1X_4\right\}E\left\{X_2X_3\right\}-2m_1m_2m_3m_4 \end{aligned} \tag{5.3.17}$$

임을 새겨서 두면 좋다. 위에서 본 결과 (5.3.8), (5.3.10), (5.3.17)은 뒤에 보이는 곱 적률의 일반식 (5.3.59)를 바탕으로 얻을 수도 있다.

5.3.2 프라이스의 정리

아래 정리는 부호 함수, 크기 함수, 거듭 제곱과 같은 비선형 함수를 거친 정규 확률벡터의 기댓값을 얻을 때에 매우 쓸모 있다.

정리 5.3.1 (프라이스의 정리) 정규 확률벡터 $\underline{X}=(X_1,X_2,\cdots,X_n)$의 평균 벡터가 $m_{\underline{X}} = (m_1,m_2,\cdots,m_n)$이고 상관 행렬이 $\boldsymbol{R}_{\underline{X}}=[R_{ij}]$일 때 X_r과 X_s의 공분산을

$$\tilde{\rho}_{rs} = R_{rs}-m_rm_s \tag{5.3.18}$$

처럼 쓰자. 이제, $\{g_i(\cdot)\}_{i=1}^n$이 모두 기억 없는[9] 함수이면

[9] memoryless

$$\tilde{\Upsilon} = E\left\{\prod_{i=1}^{n} g_i(X_i)\right\} \tag{5.3.19}$$

처럼 둘 때

$$\frac{\partial^{k_1+k_2+\cdots+k_N}}{\partial\tilde{\rho}_{r_1s_1}^{k_1}\partial\tilde{\rho}_{r_2s_2}^{k_2}\cdots\partial\tilde{\rho}_{r_Ns_N}^{k_N}}\tilde{\Upsilon} = \left(\frac{1}{2}\right)^{\sum\limits_{m=1}^{N} k_m\delta_{r_ms_m}} E\left\{\prod_{i=1}^{n} g_i^{\left(\sum\limits_{m=1}^{N}\epsilon_{im}k_m\right)}(X_i)\right\} \tag{5.3.20}$$

이다. 여기에서, $N \in \left\{1,2,\cdots,\frac{1}{2}n(n+1)\right\}$이고, $m=1,2,\cdots,N$일 때 $r_m \in \{1,2,\cdots,n\}$이고 $s_m \in \{1,2,\cdots,n\}$이다. 또, $i=1,2,\cdots,n$이고 $m=1,2,\cdots,N$일 때 $\epsilon_{im} = \delta_{ir_m}+\delta_{is_m} \in \{0,1,2\}$는 r_m과 s_m 둘 가운데에서 몇 개가 i와 같은지를 나타내는 수로써 $\sum\limits_{i=1}^{n}\epsilon_{im}=2$를 만족시키고, δ_{ij}는 (4.3.18)에서 다룬 바 있는 크로네커 충격 함수이며, $g_i^{(k)}(x) = \frac{d^k}{dx^k}g_i(x)$는 $g_i(x)$의 k계 도함수를 나타낸다. ■■

한편, X_r과 X_s 사이의 상관계수를 ρ_{rs}, X_r의 분산을 σ_r^2처럼 쓰면 $\tilde{\rho}_{rs} = \rho_{rs}\sigma_r\sigma_s$이고 $\sigma_r^2 = \tilde{\rho}_{rr}$이다. 이제, 정리 5.3.1을 바탕으로 정규 확률벡터의 곱 적률과 비선형 처리를 거친 정규 확률벡터의 기댓값을 얻는 방법과 과정을 살펴 보자. 먼저 $n=1$일 때를 이 절에서 생각하여 그 과정을 자세히 다루어보고, 뒤에서 $n=2,3$일 때를 다룬다.

정리 5.3.1에서 $n=1$이라고 두면 $N=1$이고, $r_1=1$이며, $s_1=1$이고, $\epsilon_{11}=2$이므로, $k=k_1\delta_{11}$이라고 두자. 또, 하나 뿐인 아래 첨자 1을 모두 없애고 m_1을 m으로, $R_{11}=E\left\{X_1^2\right\}$을 R로, $\tilde{\rho}_{11}=\sigma^2=R-m^2$을 $\tilde{\rho}$로 쓰자. 그러면, (5.3.20)을

$$\frac{\partial^k}{\partial\tilde{\rho}^k}E\{g(X)\} = \left(\frac{1}{2}\right)^k E\left\{g^{(2k)}(X)\right\} \tag{5.3.21}$$

처럼 바꾸어 쓸 수 있다. 한편, X_1의 확률밀도함수를 $f_X(x)$라고 하면

$$\lim_{\tilde{\rho}\to 0} f_X(x) = \delta(x-m) \tag{5.3.22}$$

이다. 이제, (5.3.21)과 (5.3.22)를 바탕으로 정규 확률변수 X가 함수 g를 거쳐 나온 뒤의 확률변수인 $g(X)$의 기댓값 $E\{g(X)\}$를 얻는 방법을 다루어 보자.

보기 5.3.4 실수 정규 확률변수 X의 평균이 m이고 2차 적률이 $R=E\left\{X^2\right\}$일 때 $\tilde{\Upsilon} = E\left\{X^3\right\}$을 얻어보시오.

풀이 먼저, $g(x)=x^3$이라고 둘 때 $g^{(2)}(x)=6x$이므로 (5.3.21)에서 $k=1$일 때를 생각하면 $E\left\{g^{(2)}(X)\right\} = 3E\{X\} = 3m$을 얻는다. 따라서, $\tilde{\Upsilon} = 3m\tilde{\rho}+c$이다. 이제, (5.3.22)를 새기면 $\tilde{\Upsilon} \to \int_{-\infty}^{\infty} x^3\delta(x-m)dx = m^3$이고, 따라서, $c=m^3$이다. 곧,

$$\begin{aligned} E\left\{X^3\right\} &= 3m\left(R-m^2\right)+m^3 \\ &= 3mR-2m^3 \end{aligned} \tag{5.3.23}$$

이다. 이 식을 바탕으로, $X \sim N\left(m,\sigma^2\right)$이면 $E\left\{X^3\right\} = 3m\left(\sigma^2+m^2\right)-2m^3 = 3m\sigma^2+m^3$이라는 것을 알 수 있다. ◇

이제, $g(x) = x^a$일 때 적률 $E\{X^a\}$를 얻는 일반식을 얻어보자. 먼저, 실수 y를 2로 나눈 몫 $\lfloor \frac{y}{2} \rfloor$을

$$\underline{y} = \begin{cases} \frac{y-1}{2}, & y\text{가 홀수일 때,} \\ \frac{y}{2}, & y\text{가 짝수일 때} \end{cases} \tag{5.3.24}$$

처럼 아랫줄을 써서 나타내자. 그러면, 문제 5.27에서 보인 것처럼 적률 $E\{X^a\}$를 얻는 일반식은 아래에 나타낸 바와 같다.

정리 5.3.2 평균이 $m = E\{X\}$이고 분산이 $\tilde{\rho} = E\{X^2\} - m^2$인 정규 확률변수 X를 생각하자. 그러면, $a = 0, 1, \cdots$일 때

$$E\{X^a\} = \sum_{j=0}^{\underline{a}} \frac{a!}{2^j j!\,(a-2j)!} \tilde{\rho}^j m^{a-2j} \tag{5.3.25}$$

이다. ■■

보기 5.3.5 식 (5.3.25)를 쓰면

$$E\{X^4\} = 3\tilde{\rho}^2 + 6m^2\tilde{\rho} + m^4 \tag{5.3.26}$$

을 알 수 있다. 곧, (5.3.26)을 바탕으로 $X \sim N(m, \sigma^2)$일 때 $E\{X^4\} = 3\sigma^4 + 6m^2\sigma^2 + m^4$이라는 것을 알 수 있는데, $m = 0$일 때 이 식은 (3.3.32)와 같다. ◇

5.3.2.1 두 변량 정규 확률벡터의 비선형 함수

평균 벡터가 $\boldsymbol{m}_{\underline{X}} = (m_1, m_2)$이고 분산-공분산 행렬이 $\boldsymbol{K}_{\underline{X}} = \begin{bmatrix} \tilde{\rho}_{11} & \tilde{\rho}_{12} \\ \tilde{\rho}_{12} & \tilde{\rho}_{22} \end{bmatrix}$인 정규 확률벡터 $\underline{X} = (X_1, X_2)$를 생각하여, 확률변수 $g_1(X_1)$과 $g_2(X_2)$의 곱의 기댓값 $E\{g_1(X_1)\, g_2(X_2)\}$를 얻어보자.

정리 5.3.1에서 $n = 2$, $N = 1$, $r_1 = 1$, $s_1 = 2$일 때를 생각하자. 그러면 $\epsilon_{11} = 1$이고 $\epsilon_{21} = 1$이므로, (5.3.20)을

$$\frac{\partial^k}{\partial \tilde{\rho}_{12}^k} E\{g_1(X_1)\, g_2(X_2)\} = E\left\{g_1^{(k)}(X_1)\, g_2^{(k)}(X_2)\right\} \tag{5.3.27}$$

처럼 쓸 수 있다. 이제, (5.3.27)의 등호 오른쪽에 있는 기댓값 $E\left\{g_1^{(k)}(X_1)\, g_2^{(k)}(X_2)\right\}$를 쉽게 계산할 수 있을 만한 k를 찾아 그 기댓값을 얻은 뒤, 그 결과를 $\tilde{\rho}_{12}$에 대하여 적분하면 $E\{g_1(X_1)\, g_2(X_2)\}$를 얻을 수 있다. 이때, $\tilde{\rho}_{12} = 0$이면 $\rho_{12} = \frac{\tilde{\rho}_{12}}{\sigma_1\sigma_2} = 0$이므로 정리 5.2.3과 5.2.4에서 알 수 있듯이 X_1과 X_2는 서로 독립이고, 따라서 정리 4.1.3에서 $k, l = 0, 1, \cdots$일 때

$$E\left\{g_1^{(k)}(X_1)\, g_2^{(l)}(X_2)\right\}\Big|_{\tilde{\rho}_{12}=0} = E\left\{g_1^{(k)}(X_1)\right\} E\left\{g_2^{(l)}(X_2)\right\} \tag{5.3.28}$$

임을 알 수 있다. 이 식을 바탕으로 적분 상수들을 정할 수 있다. 그러므로, g_1과 g_2를 알맞게 미분한 것의 곱의 기댓값을 쉽게 계산할 수 있으면 – 보기를 들어, 함수 g_1과 g_2를 알맞게 미

표 5.3.1 일어날 수 있는 (n, N)마다 프라이스의 정리를 구체적으로 나타낸 식: $n = 2$일 때

(n, N)	$\{(r_m, s_m)\}_{m=1}^N$, $\{\delta_{r_m s_m}\}_{m=1}^N$, $\{\{\epsilon_{im}\}_{i=1}^n\}_{m=1}^N$:
	(5.3.20)을 구체적으로 쓴 식 (여기에서, $\tilde{\rho}_{rs} = R_{rs} - m_r m_s$)
$(2,1)$	$(r_1, s_1) = (1,1)$, $\delta_{r_1 s_1} = 1$, $\epsilon_{11} = 2, \epsilon_{21} = 0$:
	$\frac{\partial^k}{\partial \tilde{\rho}_{11}^k} E\{g_1(X_1) g_2(X_2)\} = \left(\frac{1}{2}\right)^k E\left\{g_1^{(2k)}(X_1) g_2(X_2)\right\}$
$(2,1)$	$(r_1, s_1) = (1,2)$, $\delta_{r_1 s_1} = 0$, $\epsilon_{11} = 1, \epsilon_{21} = 1$:
	$\frac{\partial^k}{\partial \tilde{\rho}_{12}^k} E\{g_1(X_1) g_2(X_2)\} = E\left\{g_1^{(k)}(X_1) g_2^{(k)}(X_2)\right\}$
$(2,2)$	$(r_1, s_1) = (1,1)$, $(r_2, s_2) = (1,2)$, $\delta_{r_1 s_1} = 1$, $\delta_{r_2 s_2} = 0$, $\epsilon_{11} = 2, \epsilon_{21} = 0$, $\epsilon_{12} = 1, \epsilon_{22} = 1$:
	$\frac{\partial^{k_1+k_2}}{\partial \tilde{\rho}_{11}^{k_1} \partial \tilde{\rho}_{12}^{k_2}} E\{g_1(X_1) g_2(X_2)\} = \left(\frac{1}{2}\right)^{k_1} E\left\{g_1^{(2k_1+k_2)}(X_1) g_2^{(k_2)}(X_2)\right\}$
$(2,2)$	$(r_1, s_1) = (1,1)$, $(r_2, s_2) = (2,2)$, $\delta_{r_1 s_1} = 1$, $\delta_{r_2 s_2} = 1$, $\epsilon_{11} = 2, \epsilon_{21} = 0$, $\epsilon_{12} = 0, \epsilon_{22} = 2$:
	$\frac{\partial^{k_1+k_2}}{\partial \tilde{\rho}_{11}^{k_1} \partial \tilde{\rho}_{22}^{k_2}} E\{g_1(X_1) g_2(X_2)\} = \left(\frac{1}{2}\right)^{k_1+k_2} E\left\{g_1^{(2k_1)}(X_1) g_2^{(2k_2)}(X_2)\right\}$
$(2,3)$	$(r_1, s_1) = (1,1)$, $(r_2, s_2) = (1,2)$, $(r_3, s_3) = (2,2)$, $\delta_{r_1 s_1} = 1$, $\delta_{r_2 s_2} = 0$, $\delta_{r_3 s_3} = 1$, $\epsilon_{11} = 2, \epsilon_{21} = 0$, $\epsilon_{12} = 1, \epsilon_{22} = 1$, $\epsilon_{13} = 0, \epsilon_{23} = 2$:
	$\frac{\partial^{k_1+k_2+k_3}}{\partial \tilde{\rho}_{11}^{k_1} \partial \tilde{\rho}_{12}^{k_2} \partial \tilde{\rho}_{22}^{k_3}} E\{g_1(X_1) g_2(X_2)\} = \left(\frac{1}{2}\right)^{k_1+k_3} E\left\{g_1^{(2k_1+k_2)}(X_1) g_2^{(k_2+2k_3)}(X_2)\right\}$

분한 것이 상수 또는 충격 함수이면 – $E\{g_1(X_1) g_2(X_2)\}$를 얻을 때 정리 5.3.1이 매우 쓸모 있다. 한편, $n = 2$일 때 일어날 수 있는 (n, N)마다 (5.3.20)을 조금 더 알기 쉽게 바꾸어 표 5.3.1에 적어 두었다.

보기 5.3.6 평균 벡터가 $m_{\underline{X}} = (m_1, m_2)$이고 상관 행렬이 $\boldsymbol{R}_{\underline{X}} = \begin{bmatrix} R_{11} & R_{12} \\ R_{12} & R_{22} \end{bmatrix}$인 정규 확률 벡터 $\underline{X} = (X_1, X_2)$에서 $\tilde{\Upsilon} = E\left\{X_1 X_2^2\right\}$을 얻어보시오.

풀이 먼저, $g_1(x) = x$이고 $g_2(x) = x^2$이므로 (5.3.27)에서 $k = 1$일 때를 생각하면 $\frac{d\tilde{\Upsilon}}{d\tilde{\rho}_{12}} = E\left\{g_1^{(1)}(X_1) g_2^{(1)}(X_2)\right\} = E\{2X_2\} = 2m_2$이다. 그러므로, $\tilde{\Upsilon} = 2m_2\tilde{\rho}_{12} + c$이다. 그런데, (5.3.28)을 새기면 $c = \tilde{\Upsilon}\big|_{\tilde{\rho}_{12}=0} = E\{X_1\} R_{22} = m_1 R_{22}$이므로

$$\begin{aligned} E\left\{X_1 X_2^2\right\} &= 2m_2\tilde{\rho}_{12} + m_1 R_{22} \\ &= 2m_2 R_{12} + m_1 R_{22} - 2m_1 m_2^2 \end{aligned} \tag{5.3.29}$$

이다. 표 5.3.1에서 알 수 있듯이 $\frac{\partial}{\partial \tilde{\rho}_{22}} E\left\{X_1 X_2^2\right\} = \frac{1}{2} E\{2X_1\} = E\{X_1\}$이고, (5.3.29)에서 바로 확인할 수 있다. 식 (5.3.29)는 $(X, Y) \sim N(0, 0, 1, 1, \rho)$일 때 $E\left\{XY^2\right\} = 0$을 바탕으로 확률벡터 $(W, Z) = (\sigma_1 X + m_1, \sigma_2 Y + m_2)$를 생각하여 얻을 수 있는 $E\left\{WZ^2\right\} = 2m_2\rho\sigma_1\sigma_2 + m_1\left(\sigma_2^2 + m_2^2\right)$과 같다. 또, $X_1 = X_2 = X$일 때 (5.3.29)는 (5.3.23)과 같다. ◇

곱 적률 $E\left\{X_1^aX_2^b\right\}$을 얻는 일반식은, 부록 5.1에서 보이는 것처럼, 아래와 같다.

정리 5.3.3 평균 벡터가 $m_{\underline{X}} = (m_1, m_2)$이고 분산-공분산 행렬이 $\boldsymbol{K}_{\underline{X}} = \begin{bmatrix} \tilde{\rho}_{11} & \tilde{\rho}_{12} \\ \tilde{\rho}_{12} & \tilde{\rho}_{22} \end{bmatrix}$인 정규 확률벡터 $\underline{X} = (X_1, X_2)$에서 $a, b = 0, 1, \cdots$ 일 때

$$E\left\{X_1^aX_2^b\right\} = \sum_{j=0}^{\min(a,b)} \sum_{p=0}^{a-j} \sum_{q=0}^{b-j} \frac{a!b!\ \tilde{\rho}_{12}^j \tilde{\rho}_{11}^p \tilde{\rho}_{22}^q\, m_1^{a-j-2p} m_2^{b-j-2q}}{2^{p+q} j!p!q!(a-j-2p)!(b-j-2q)!} \tag{5.3.30}$$

이다. ■■

보기 5.3.7 정리 5.3.3을 바탕으로 $E\left\{X_1^2X_2^3\right\} = \sum_{j=0}^{2}\sum_{p=0}^{2-j}\sum_{q=0}^{3-j} \frac{12\tilde{\rho}_{12}^j\tilde{\rho}_{11}^p\tilde{\rho}_{22}^q m_1^{2-j-2p}m_2^{3-j-2q}}{2^{p+q}j!p!q!(2-j-2p)!(3-j-2q)!}$, 곧

$$\begin{aligned} E\left\{X_1^2X_2^3\right\} &= m_1^2m_2^3 + 3\tilde{\rho}_{22}m_1^2m_2 + \tilde{\rho}_{11}m_2^3 + 6\tilde{\rho}_{12}m_1m_2^2 \\ &\quad +3\tilde{\rho}_{11}\tilde{\rho}_{22}m_2 + 6\tilde{\rho}_{12}\tilde{\rho}_{22}m_1 + 6\tilde{\rho}_{12}^2m_2 \end{aligned} \tag{5.3.31}$$

을 얻을 수 있다. ◇

정리 5.3.4 분포가 $N\left(m_1, m_2, \sigma_1^2, \sigma_2^2, \rho\right)$인 두 변수 정규 확률벡터 (X_1, X_2)의 곱 중심 적률을 $\mu_{ab} = E\left\{(X_1 - m_1)^a (X_2 - m_2)^b\right\}$처럼 쓰자. 그러면, a 또는 b를 2로 나눈 나머지를 ξ라고 두고 $t = \min\left(\frac{a-\xi}{2}, \frac{b-\xi}{2}\right)$처럼 쓸 때

$$\mu_{ab} = \begin{cases} 0, & a+b\text{가 홀수일 때}, \\ \frac{a!b!}{2^{g+h+\xi}} \sum_{j=0}^{t} \frac{(2\rho\sigma_1\sigma_2)^{2j+\xi}}{(g-j)!(h-j)!(2j+\xi)!} & a+b\text{가 짝수일 때} \end{cases} \tag{5.3.32}$$

이고, 순환식

$$\mu_{ab} = (a+b-1)\rho\sigma_1\sigma_2\mu_{a-1,b-1} + (a-1)(b-1)\left(1-\rho^2\right)\sigma_1^2\sigma_2^2\mu_{a-2,b-2} \tag{5.3.33}$$

이 성립한다. ■■

보기 5.3.8 정리 5.3.3에서 $a = 2g$이고 $b = 2h$이며 $m_1 = m_2 = 0$이면, (5.3.30)에서 $a - j - 2p = 0$과 $b - j - 2q = 0$을 만족시키는 항만 남으므로

$$\begin{aligned} E\left\{X_1^aX_2^b\right\} &= \sum_{j=0,2,\cdots}^{\min(a,b)} \frac{a!b!}{2^{g+h-j} j!\left(\frac{a-j}{2}\right)!\left(\frac{b-j}{2}\right)!0!0!} \tilde{\rho}_{12}^j m_1^0 m_2^0 \\ &= \sum_{j=0}^{\min(g,h)} \frac{a!b!}{2^{g+h}(2j)!(g-j)!(h-j)!} \left(2\tilde{\rho}_{12}\right)^{2j} \end{aligned} \tag{5.3.34}$$

이다. 이 결과 (5.3.34)는 (5.3.32)와 같다. 이와 비슷하게, $a = 2g+1$이고 $b = 2h+1$이며 $m_1 = m_2 = 0$일 때에도 (5.3.30)과 (5.3.32)는 서로 같다. ◇

표 5.3.2 확률벡터 (X_1, X_2)의 분포가 $N(0,0,1,1,\rho)$일 때 기댓값 $E\{g_1(X_1)g_2(X_2)\}$ 몇 가지

$g_2(X_2)\downarrow g_1(X_1)\rightarrow$	X_1	$\lvert X_1\rvert$	$\mathrm{sgn}(X_1)$	$\delta(X_1)$
X_2	ρ	0	$\sqrt{\frac{2}{\pi}}\rho$	0
$\lvert X_2\rvert$	0	$\frac{2}{\pi}\left(\rho\sin^{-1}\rho+\sqrt{1-\rho^2}\right)$	0	$\frac{1}{\pi}\sqrt{1-\rho^2}$
$\mathrm{sgn}(X_2)$	$\sqrt{\frac{2}{\pi}}\rho$	0	$\frac{2}{\pi}\sin^{-1}\rho$	0
$\delta(X_2)$	0	$\frac{1}{\pi}\sqrt{1-\rho^2}$	0	$\frac{1}{2\pi\sqrt{1-\rho^2}}$

새겨 두기: $\frac{d}{d\rho}\left(\rho\sin^{-1}\rho+\sqrt{1-\rho^2}\right)=\sin^{-1}\rho$. $\frac{d}{d\rho}\sin^{-1}\rho=\frac{1}{\sqrt{1-\rho^2}}$.
$E\{|X_i|\}=\sqrt{\frac{2}{\pi}}$. $E\{\delta(X_i)\}=\frac{1}{\sqrt{2\pi}}$.

보기 5.3.9 평균 벡터가 $m_{\underline{X}}=(0,0)$이고 분산-공분산 행렬이 $\boldsymbol{K}_{\underline{X}}=\begin{bmatrix}\tilde{\rho}_{11} & \tilde{\rho}_{12}\\ \tilde{\rho}_{12} & \tilde{\rho}_{22}\end{bmatrix}$인 정규 확률벡터 $\underline{X}=(X_1,X_2)$에서 $\tilde{\Upsilon}=E\{\mathrm{sgn}(X_1)\,\mathrm{sgn}(X_2)\}$를 얻어보시오.

풀이 분포 $N\left(0,0,\sigma_1^2,\sigma_2^2,\rho\right)$의 확률밀도함수를 f라고 쓰자. 이제, $E\{\delta(X_1)\delta(X_2)\}=f(0,0)$이고 $\frac{d}{dx}g(x)=\frac{d}{dx}\mathrm{sgn}(x)=2\delta(x)$이다. 식 (5.3.27)에서 $k=1$일 때를 생각하면 $\frac{d\tilde{\Upsilon}}{d\tilde{\rho}}=E\left\{g_1^{(1)}(X_1)\,g_2^{(1)}(X_2)\right\}=4f(0,0)=\frac{2}{\pi\sigma_1\sigma_2}\frac{1}{\sqrt{1-\rho^2}}$, 곧

$$\frac{d\tilde{\Upsilon}}{d\rho} = \frac{2}{\pi}\frac{1}{\sqrt{1-\rho^2}} \tag{5.3.35}$$

이므로, 이 식을 적분하면

$$E\{\mathrm{sgn}(X_1)\,\mathrm{sgn}(X_2)\} = \frac{2}{\pi}\sin^{-1}\rho+c \tag{5.3.36}$$

인데[10] (5.3.28)을 새기면 $E\{\mathrm{sgn}(X_1)\,\mathrm{sgn}(X_2)\}|_{\rho=0}=E\{\mathrm{sgn}(X_1)\}E\{\mathrm{sgn}(X_2)\}=0$이므로

$$E\{\mathrm{sgn}(X_1)\,\mathrm{sgn}(X_2)\} = \frac{2}{\pi}\sin^{-1}\rho \tag{5.3.37}$$

을 얻는다. 식 (5.3.37)은 $X_1=X_2$일 때 $E\{\mathrm{sgn}(X_1)\,\mathrm{sgn}(X_2)\}=E\{1\}=1$을 뜻한다. 표 5.3.2에 $\underline{X}$가 2차원 표준 정규 확률벡터일 때 몇 가지 비선형 함수의 기댓값을 보였다. ◇

한편, 확률벡터 $(X_1,X_2)\sim N(0,0,1,1,\rho)$의 확률밀도함수를 $g_\rho(x,y)$라고 쓰면, $g_\rho(-x,-y)=g_\rho(x,y)$이고 $g_\rho(-x,y)=g_\rho(x,-y)=g_{-\rho}(x,y)$이라는 것을 쉽게 알 수 있을 뿐더러, 부분 적률[11]은

$$\begin{aligned}[r,s] &= \int_0^\infty\int_0^\infty x^r y^s g_\rho(x,y)\,dxdy\\ &= \begin{cases}\frac{1}{4}\sqrt{\frac{2}{\pi}}(1+\rho), & r=1,s=0,\\ \frac{1}{2\pi}\left\{\rho\left(\frac{\pi}{2}+\sin^{-1}\rho\right)+\sqrt{1-\rho^2}\right\}, & r=1,s=1,\\ \frac{1}{2\pi}\left\{3\rho\left(\frac{\pi}{2}+\sin^{-1}\rho\right)+\left(2+\rho^2\right)\sqrt{1-\rho^2}\right\}, & r=3,s=1\end{cases}\end{aligned} \tag{5.3.38}$$

[10] 여기에서, 함수 $\sin^{-1}x$를 다룰 때 그 치역은 $\left[-\frac{\pi}{2},\frac{\pi}{2}\right]$로 둔다.
[11] partial moment. 반 적률이라고도 half moment 부른다.

이고 절대 적률[12] $\nu_{rs} = E\{|X_1^r X_2^s|\}$은

$$\nu_{rs} = \frac{2^{\frac{r+s}{2}}}{\pi}\Gamma\left(\frac{r+1}{2}\right)\Gamma\left(\frac{s+1}{2}\right){}_2F_1\left(-\frac{1}{2}r, -\frac{1}{2}s; \frac{1}{2}; \rho^2\right) \tag{5.3.39}$$

임이 알려져 있다. 여기에서, ${}_2F_1(\alpha, \beta; \gamma; z)$는 (1.부.24)에서 다룬 초기하 함수이다. 이 식을 바탕으로 $r+s \le 6$일 때 $\nu_{11} = \frac{2}{\pi}\left(\sqrt{1-\rho^2} + \rho\sin^{-1}\rho\right)$, $\nu_{12} = \nu_{21} = \sqrt{\frac{2}{\pi}}\left(1+\rho^2\right)$, $\nu_{13} = \nu_{31} = \frac{2}{\pi}\left\{\left(2+\rho^2\right)\sqrt{1-\rho^2} + 3\rho\sin^{-1}\rho\right\}$, $\nu_{22} = 1 + 2\rho^2$, $\nu_{14} = \nu_{41} = \sqrt{\frac{2}{\pi}}\left(3 + 6\rho^2 - \rho^4\right)$, $\nu_{15} = \nu_{51} = \frac{2}{\pi}\left\{\left(8 + 9\rho^2 - 2\rho^4\right)\sqrt{1-\rho^2} + 15\rho\sin^{-1}\rho\right\}$, $\nu_{42} = \nu_{24} = 3\left(1+4\rho^2\right)$, $\nu_{33} = \frac{2}{\pi}\left\{\left(4+11\rho^2\right)\sqrt{1-\rho^2} + 3\left(3+2\rho^2\right)\rho\sin^{-1}\rho\right\}$를 얻을 수 있다.

5.3.2.2 세 변량 정규 확률벡터의 비선형 함수

정리 5.3.1에서 $n = 3$일 때를 간단히 생각해보자. 이제 $N = 3$, $r_1 = 1$, $s_1 = 2$, $r_2 = 2$, $s_2 = 3$, $r_3 = 3$, $s_3 = 1$이라고 두면, $\epsilon_{11} = 1$, $\epsilon_{12} = 0$, $\epsilon_{13} = 1$, $\epsilon_{21} = 1$, $\epsilon_{22} = 1$, $\epsilon_{23} = 0$, $\epsilon_{31} = 0$, $\epsilon_{32} = 1$, $\epsilon_{33} = 1$이다. 그러므로, $\tilde{\Upsilon} = E\{g_1(X_1)\, g_2(X_2)\, g_3(X_3)\}$처럼 둘 때 (5.3.20)을

$$\begin{aligned}\frac{\partial^{k_1+k_2+k_3}}{\partial\tilde{\rho}_{12}^{k_1}\partial\tilde{\rho}_{23}^{k_2}\partial\tilde{\rho}_{31}^{k_3}}\tilde{\Upsilon} &= \left(\frac{1}{2}\right)^{\sum\limits_{m=1}^{3} k_m \delta_{r_m s_m}} E\left\{g_1^{(\epsilon_{11}k_1+\epsilon_{12}k_2+\epsilon_{13}k_3)}(X_1)\, g_2^{(\epsilon_{21}k_1+\epsilon_{22}k_2+\epsilon_{23}k_3)}(X_2)\right. \\ &\qquad \left.\times\, g_3^{(\epsilon_{31}k_1+\epsilon_{32}k_2+\epsilon_{33}k_3)}(X_3)\right\} \\ &= E\left\{g_1^{(k_1+k_3)}(X_1)\, g_2^{(k_1+k_2)}(X_2)\, g_3^{(k_2+k_3)}(X_3)\right\}\end{aligned} \tag{5.3.40}$$

처럼 쓸 수 있다. 또, (5.3.28)과 비슷하게, $k, l, m = 0, 1, \cdots$일 때

$$\begin{aligned}&E\left\{g_1^{(k)}(X_1)\, g_2^{(l)}(X_2)\, g_3^{(m)}(X_3)\right\}\Big|_{\tilde{\rho}_{12}=\tilde{\rho}_{23}=\tilde{\rho}_{31}=0} \\ &\quad = E\left\{g_1^{(k)}(X_1)\right\}E\left\{g_2^{(l)}(X_2)\right\}E\left\{g_3^{(m)}(X_3)\right\}\end{aligned} \tag{5.3.41}$$

이고

$$\begin{aligned}&E\left\{g_1^{(k)}(X_1)\, g_2^{(l)}(X_2)\, g_3^{(m)}(X_3)\right\}\Big|_{\tilde{\rho}_{31}=\tilde{\rho}_{12}=0} \\ &\quad = E\left\{g_1^{(k)}(X_1)\right\}E\left\{g_2^{(l)}(X_2)\, g_3^{(m)}(X_3)\right\}\end{aligned} \tag{5.3.42}$$

이다. 한편, $\tilde{\rho}_{12} = \tilde{\rho}_{23} = 0$일 때와 $\tilde{\rho}_{23} = \tilde{\rho}_{31} = 0$일 때에도 (5.3.42)와 비슷한 식을 얻을 수 있다. 이 식들을 알맞게 써서 $E\{g_1(X_1)\, g_2(X_2)\, g_3(X_3)\}$을 얻을 수 있다.

보기 5.3.10 평균 벡터가 $\boldsymbol{m}_{\underline{X}} = (m_1, m_2, m_3)$이고 분산-공분산 행렬이 $\boldsymbol{K}_{\underline{X}} = [\tilde{\rho}_{ij}]$인 정규 확률벡터 $\underline{X} = (X_1, X_2, X_3)$에서 $\tilde{\Upsilon} = E\{X_1 X_2 X_3\}$을 얻어보시오.

풀이 먼저 (5.3.40)에서 $\frac{\partial}{\partial\tilde{\rho}_{12}}\tilde{\Upsilon} = E\{X_3\} = m_3$, $\frac{\partial}{\partial\tilde{\rho}_{23}}\tilde{\Upsilon} = m_1$, $\frac{\partial}{\partial\tilde{\rho}_{31}}\tilde{\Upsilon} = m_2$이다. 따라서, $\tilde{\Upsilon} = m_3\tilde{\rho}_{12} + m_1\tilde{\rho}_{23} + m_2\tilde{\rho}_{31} + c$처럼 쓸 수 있다. 그런데, $\tilde{\rho}_{12} = \tilde{\rho}_{23} = \tilde{\rho}_{31} = 0$일 때

[12] absolute moment

에는 (5.3.41)에서 알 수 있듯이 $\tilde{\Upsilon} = c = E\{X_1\} E\{X_2\} E\{X_3\} = m_1 m_2 m_3$이므로 상관을 $R_{ij} = E\{X_i X_j\} = \tilde{\rho}_{ij} + m_i m_j$처럼 쓰면

$$\begin{aligned} E\{X_1 X_2 X_3\} &= m_1 \tilde{\rho}_{23} + m_2 \tilde{\rho}_{31} + m_3 \tilde{\rho}_{12} + m_1 m_2 m_3 \\ &= m_1 R_{23} + m_2 R_{31} + m_3 R_{12} - 2 m_1 m_2 m_3 \end{aligned} \tag{5.3.43}$$

이다. 이 결과 (5.3.43)은 (5.3.8)과 같고, $X_2 = X_3$일 때 (5.3.29)와 같으며, $X_1 = X_2 = X_3 = X$일 때 (5.3.23)과 같다. 한편, 평균이 0인 3차원 정규 확률벡터 $\underline{X} = (X_1, X_2, X_3)$에서 (5.3.43)은 $E\{X_1 X_2 X_3\} = 0$을 뜻한다. ◇

한편, 부분 적률

$$[r, s, t] = \int_0^\infty \int_0^\infty \int_0^\infty x^r y^s z^t g_{\underline{\rho}}(x, y, z) dx dy dz \tag{5.3.44}$$

와 절대 적률

$$\nu_{rst} = E\left\{\left|X_1^r X_2^s X_3^t\right|\right\} \tag{5.3.45}$$

를 생각할 때,

$$\begin{aligned} [1,0,0] &= \frac{1}{\sqrt{8\pi^3}} \left\{ \frac{\pi}{2} + \sin^{-1} \beta_{23,1} + \rho_{12} \left(\frac{\pi}{2} + \sin^{-1} \beta_{31,2} \right) \right. \\ &\quad \left. + \rho_{31} \left(\frac{\pi}{2} + \sin^{-1} \beta_{12,3} \right) \right\}, \end{aligned} \tag{5.3.46}$$

$$\begin{aligned} [2,0,0] &= \frac{1}{4\pi} \left\{ \frac{\pi}{2} + \sum^{c} \sin^{-1} \rho_{ij} + \rho_{12} \sqrt{1 - \rho_{12}^2} + \rho_{31} \sqrt{1 - \rho_{31}^2} \right. \\ &\quad \left. + (2\rho_{31}\rho_{12} - \rho_{23}) \sqrt{1 - \rho_{23}^2} + \frac{|\boldsymbol{K}_3| \rho_{23}}{\sqrt{1 - \rho_{23}^2}} \right\}, \end{aligned} \tag{5.3.47}$$

$$\begin{aligned} [1,1,0] &= \frac{1}{4\pi} \left\{ \rho_{12} \left(\frac{\pi}{2} + \sum^{c} \sin^{-1} \rho_{ij} \right) + \sqrt{1 - \rho_{12}^2} \right. \\ &\quad \left. + \rho_{23} \sqrt{1 - \rho_{31}^2} + \rho_{31} \sqrt{1 - \rho_{23}^2} \right\}, \end{aligned} \tag{5.3.48}$$

$$[1,1,1] = \frac{1}{\sqrt{8\pi^3}} \left\{ \sqrt{|\boldsymbol{K}_3|} + \sum^{c} (\rho_{ij} + \rho_{jk}\rho_{ki}) \left(\frac{\pi}{2} + \sin^{-1} \beta_{ij,k} \right) \right\} \tag{5.3.49}$$

이고[13]

[13] 참고문헌 (Johnson과 Kotz, 1972)와 (Kamat, 1958)에 적혀 있는 $[2,0,0]$의 끝 항 $|\boldsymbol{K}_3| \rho_{23} \sqrt{1 - \rho_{23}^2}$은 (5.3.47)에서 바로 잡은 것처럼 $\frac{|\boldsymbol{K}_3| \rho_{23}}{\sqrt{1 - \rho_{23}^2}}$으로, 또 $[1,1,0]$의 끝 두 항 $\rho_{23} \sqrt{1 - \rho_{23}^2} + \rho_{31} \sqrt{1 - \rho_{31}^2}$은 (5.3.48)에서 바로 잡은 것처럼 $\rho_{23} \sqrt{1 - \rho_{31}^2} + \rho_{31} \sqrt{1 - \rho_{23}^2}$으로 바꾸어야 바르다.

표 5.3.3 확률벡터 $\underline{X}$가 n차원이고 g_i가 나타낼 수 있는 함수 꼴이 p개일 때 생각할 수 있는 기댓값 $E\left\{\prod_{i=1}^{n} g_i(X_i)\right\}$의 수 $\binom{p+n-1}{n}$

(n,p)	$(2,2)$	$(2,4)$	$(2,4)$	$(2,5)$	$(3,2)$	$(3,3)$	$(3,4)$	$(3,5)$	$(4,2)$	$(4,3)$
$\binom{p+n-1}{n}$	3	4	5	6	10	15	10	20	35	15

$$\nu_{211} = \frac{2}{\pi}\left\{(\rho_{23}+2\rho_{12}\rho_{31})\sin^{-1}\rho_{23} + \left(1+\rho_{12}^2+\rho_{31}^2\right)\sqrt{1-\rho_{23}^2}\right\}, \tag{5.3.50}$$

$$\nu_{221} = \sqrt{\frac{2}{\pi}}\left(1+2\rho_{12}^2+\rho_{23}^2+\rho_{31}^2+4\rho_{12}\rho_{23}\rho_{31}-\rho_{23}^2\rho_{31}^2\right) \tag{5.3.51}$$

임이 알려져 있다. 식 (5.3.48)과 (5.3.49)에서 $\sum^{c}$은 순환합을[14] 뜻한다. 보기를 들면

$$\sum^{c}\sin^{-1}\rho_{ij} = \sin^{-1}\rho_{12}+\sin^{-1}\rho_{23}+\sin^{-1}\rho_{31} \tag{5.3.52}$$

이다.

함수 g_i의 꼴을 두 가지, 세 가지, 네 가지 생각하면, 표 5.3.3에 나타내었듯이, 기댓값 $E\{g_1(X_1)\,g_2(X_2)\,g_3(X_3)\}$을 각각 $\binom{2+3-1}{3}=4$가지, $\binom{3+3-1}{3}=10$가지, $\binom{4+3-1}{3}=20$가지 생각할[15] 수 있다. 이제, $\underline{X}=(X_1,X_2,X_3)$이 3차원 표준 정규 확률벡터일 때 함수 $g_i(x)$의 꼴 네 가지 $\{x,|x|,\mathrm{sgn}(x),\delta(x)\}$를 생각하자. 그러면, 표준 정규 분포의 대칭성으로 말미암아, 기댓값 스무 가지 가운데에서 홀함수 셋을 곱한 꼴인 $E\{X_1X_2\mathrm{sgn}(X_3)\}$, $E\{X_1\mathrm{sgn}(X_2)\,\mathrm{sgn}(X_3)\}$, $E\{\mathrm{sgn}(X_1)\,\mathrm{sgn}(X_2)\,\mathrm{sgn}(X_3)\}$, $E\{X_1X_2X_3\}$ 네 가지와 홀함수 하나와 짝함수 둘을 곱한 꼴인 $E\{X_1\delta(X_2)\,\delta(X_3)\}$, $E\{\mathrm{sgn}(X_1)\,|X_2|\,|X_3|\}$, $E\{\mathrm{sgn}(X_1)\,|X_2|\,\delta(X_3)\}$, $E\{\mathrm{sgn}(X_1)\,\delta(X_2)\,\delta(X_3)\}$, $E\{X_1\,|X_2|\,|X_3|\}$, $E\{X_1\,|X_2|\,\delta(X_3)\}$ 여섯 가지는 0이다. 또, (5.1.23)을 바탕으로 $E\{\delta(X_1)\,\delta(X_2)\,\delta(X_3)\}=f_3(0,0,0)$, 곧

$$E\{\delta(X_1)\,\delta(X_2)\,\delta(X_3)\} = \frac{1}{\sqrt{8\pi^3\,|\boldsymbol{K}_3|}} \tag{5.3.53}$$

을 쉽게 알 수 있고, 나머지 아홉 가지는 문제 5.21–5.23에서 다룬다. 이 열 가지 결과를 모아 표 5.3.4에 보였다. 한편, (5.3.50)에 보인 ν_{211}을 바탕으로 $E\{X_1\,|X_2|\,\mathrm{sgn}(X_3)\}=\frac{1}{2}\frac{\partial\nu_{211}}{\partial\rho_{31}}=\frac{2}{\pi}\left(\rho_{12}\sin^{-1}\rho_{23}+\rho_{31}\sqrt{1-\rho_{23}^2}\right)$처럼, 또 (5.3.51)에 보인 ν_{221}을 바탕으로 $E\{X_1X_2\,|X_3|\}=\frac{1}{4}\frac{\partial}{\partial\rho_{12}}\nu_{221}=\sqrt{\frac{2}{\pi}}\,(\rho_{12}+\rho_{23}\rho_{31})$처럼 표 5.3.4에 들어 있는 결과를 몇 가지 확인할 수 있다.

5.3.3 곱 적률의 일반식

이제, n이 자연수일 때 집합

$$\boldsymbol{a} = \{a_1, a_2, \cdots, a_n\} \tag{5.3.54}$$

[14] cyclic sum

[15] 식 (1.문.24)에서 다루었다.

표 5.3.4 확률벡터 (X_1, X_2, X_3)의 분포가 3차원 표준 정규 분포일 때 기댓값 $E\{g_1(X_1)g_2(X_2)g_3(X_3)\}$ 몇 가지

$E\{\delta(X_1)\delta(X_2)\delta(X_3)\} = \frac{1}{\sqrt{8\pi^3 \lvert \boldsymbol{K}_3 \rvert}}$
$E\{X_1X_2\lvert X_3\rvert\} = \sqrt{\frac{2}{\pi}}(\rho_{12}+\rho_{23}\rho_{31})$
$E\{\delta(X_1)\delta(X_2)\lvert X_3\rvert\} = \frac{1}{\sqrt{2\pi^3}(1-\rho_{12}^2)}\sqrt{\lvert\boldsymbol{K}_3\rvert}$
$E\{\delta(X_1)X_2X_3\} = \frac{1}{\sqrt{2\pi}}(\rho_{23}-\rho_{31}\rho_{12})$
$E\{\delta(X_1)\operatorname{sgn}(X_2)X_3\} = \frac{1}{\pi\sqrt{1-\rho_{12}^2}}(\rho_{23}-\rho_{31}\rho_{12})$
$E\{\delta(X_1)\lvert X_2\rvert\lvert X_3\rvert\} = \sqrt{\frac{2}{\pi^3}}\left\{(\rho_{23}-\rho_{31}\rho_{12})\sin^{-1}\beta_{23,1}+\sqrt{\lvert\boldsymbol{K}_3\rvert}\right\}$
$E\{\delta(X_1)\operatorname{sgn}(X_2)\operatorname{sgn}(X_3)\} = \sqrt{\frac{2}{\pi^3}}\sin^{-1}\beta_{23,1}$
$E\{X_1\lvert X_2\rvert\operatorname{sgn}(X_3)\} = \frac{2}{\pi}\left(\rho_{12}\sin^{-1}\rho_{23}+\rho_{31}\sqrt{1-\rho_{23}^2}\right)$
$E\{\operatorname{sgn}(X_1)\operatorname{sgn}(X_2)\lvert X_3\rvert\} = \sqrt{\frac{8}{\pi^3}}\left(\sin^{-1}\beta_{12,3}+\rho_{23}\sin^{-1}\beta_{31,2}+\rho_{31}\sin^{-1}\beta_{23,1}\right)$
$E\{\lvert X_1X_2X_3\rvert\} = \sqrt{\frac{8}{\pi^3}}\left\{\sqrt{\lvert\boldsymbol{K}_3\rvert}+\sum^{c}(\rho_{ij}+\rho_{jk}\rho_{ki})\sin^{-1}\beta_{ij,k}\right\}$

의 어느 원소도 0보다 작지 않은 정수라고 두고,

$$\boldsymbol{l} = \{l_{11}, l_{12}, \cdots, l_{1n}, l_{22}, l_{23}, \cdots, l_{2n}, \cdots, l_{n-1,n-1}, l_{n-1,n}, l_{nn}\} \tag{5.3.55}$$

의 원소도 모두 정수라고 두자. 또, $j > i$일 때

$$l_{ji} = l_{ij} \tag{5.3.56}$$

처럼 두며,

$$L_{\boldsymbol{a},k} = a_k - l_{kk} - \sum_{j=1}^{n} l_{jk} \tag{5.3.57}$$

처럼 쓰자. 끝으로, $\boldsymbol{l}$의 묶음

$$S_{\boldsymbol{a}} = \left\{\boldsymbol{l} : \left\{\{l_{ij} \geq 0\}_{j=i}^{n}\right\}_{i=1}^{n}, \ \{L_{\boldsymbol{a},k} \geq 0\}_{k=1}^{n}\right\} \tag{5.3.58}$$

을 생각하자. 그러면, 곱 적률의 일반식을 아래와 같이 쓸 수 있다.

정리 5.3.5 평균 벡터가 $m_{\underline{X}} = (m_1, m_2, \cdots, m_n)$이고 분산-공분산 행렬이 $\boldsymbol{K}_{\underline{X}} = [\tilde{\rho}_{ij}]$인 정규 확률벡터 $\underline{X} = (X_1, X_2, \cdots, X_n)$에서 $M_{\boldsymbol{l}} = \sum_{i=1}^{n} l_{ii}$처럼 쓸 때

$$E\left\{\prod_{k=1}^{n} X_k^{a_k}\right\} = \left(\prod_{k=1}^{n} a_k!\right)\sum_{\boldsymbol{l}\in S_{\boldsymbol{a}}} 2^{-M_{\boldsymbol{l}}}\left(\prod_{i=1}^{n}\prod_{j=i}^{n}\frac{\tilde{\rho}_{ij}^{l_{ij}}}{l_{ij}!}\right)\left(\prod_{j=1}^{n}\frac{m_j^{L_{\boldsymbol{a},j}}}{L_{\boldsymbol{a},j}!}\right) \tag{5.3.59}$$

이다. ■■

증명 부록 5.1에서 보인다. □

표 5.3.5 보기: $\boldsymbol{a} = \{1,1,2\}$일 때 $S_{\boldsymbol{a}}$의 일곱 원소 $\boldsymbol{l} = \{l_{11}, l_{12}, l_{13}, l_{22}, l_{23}, l_{33}\}$, 그 원소마다 $\{L_{\boldsymbol{a},j}\}_{j=1}^{3}$, 계수 $d_{\boldsymbol{a},\boldsymbol{l}} = 2^{-M_{\boldsymbol{l}}} \left(\prod\limits_{k=1}^{n} a_k!\right) \left(\prod\limits_{i=1}^{n}\prod\limits_{j=i}^{n} l_{ij}!\right)^{-1} \left(\prod\limits_{j=1}^{n} L_{\boldsymbol{a},j}!\right)^{-1}$, $E\left\{X_1X_2X_3^2\right\}$을 이루는 항

	$\{l_{11}, l_{12}, l_{13}, l_{22}, l_{23}, l_{33}\}$	$\{L_{\boldsymbol{a},1}, L_{\boldsymbol{a},2}, L_{\boldsymbol{a},3}\}$	$d_{\boldsymbol{a},\boldsymbol{l}}$	항
1	$\{0,0,0,0,0,0\}$	$\{1,1,2\}$	1	$m_1m_2m_3^2$
2	$\{0,0,0,0,1,0\}$	$\{1,0,1\}$	2	$2\tilde{\rho}_{23}m_1m_3$
3	$\{0,0,1,0,0,0\}$	$\{0,1,1\}$	2	$2\tilde{\rho}_{13}m_2m_3$
4	$\{0,0,1,0,1,0\}$	$\{0,0,0\}$	2	$2\tilde{\rho}_{13}\tilde{\rho}_{23}$
5	$\{0,1,0,0,0,0\}$	$\{0,0,2\}$	1	$\tilde{\rho}_{12}m_3^2$
6	$\{0,0,0,0,0,1\}$	$\{1,1,0\}$	1	$\tilde{\rho}_{33}m_1m_2$
7	$\{0,1,0,0,0,1\}$	$\{0,0,0\}$	1	$\tilde{\rho}_{12}\tilde{\rho}_{33}$

한편, $k = 1, 2, \cdots$일 때 $(-k)! \to \pm\infty$이므로, $\boldsymbol{l}$이나 $\{L_{\boldsymbol{a},j}\}_{j=1}^{n}$에 들어 있는 원소 $\frac{1}{2}n(n+1)+n$개 가운데에서 어느 하나라도 0보다 작은 정수이면 $\left(\prod\limits_{i=1}^{n}\prod\limits_{j=i}^{n} l_{ij}!\right)^{-1} \left(\prod\limits_{j=1}^{n} L_{\boldsymbol{a},j}!\right)^{-1} = 0$이다. 그러므로, (5.3.59)의 $\sum\limits_{\boldsymbol{l}\in S_{\boldsymbol{a}}}$의 $S_{\boldsymbol{a}}$를 '원소가 $\frac{1}{2}n(n+1)$개인 정수 집합을 모두 모은 묶음'과 바꿀 수 있다. 정리 5.3.5를 바탕으로 $\boldsymbol{a} = \{1,1,2\}$일 때 $E\left\{X_1X_2X_3^2\right\}$을 얻는 과정을 표 5.3.5에 간접적으로 보였다.

보기 5.3.11 정리 5.3.5를 바탕으로

$$E\{X_1X_2X_3\} = m_1m_2m_3 + \tilde{\rho}_{12}m_3 + \tilde{\rho}_{23}m_1 + \tilde{\rho}_{31}m_2 \tag{5.3.60}$$

$$\begin{aligned} E\{X_1X_2X_3X_4\} &= m_1m_2m_3m_4 + m_1m_2\tilde{\rho}_{34} + m_1m_3\tilde{\rho}_{24} + m_1m_4\tilde{\rho}_{23} + m_2m_3\tilde{\rho}_{14} \\ &\quad + m_2m_4\tilde{\rho}_{13} + m_3m_4\tilde{\rho}_{12} + \tilde{\rho}_{12}\tilde{\rho}_{34} + \tilde{\rho}_{13}\tilde{\rho}_{24} + \tilde{\rho}_{14}\tilde{\rho}_{23} \end{aligned} \tag{5.3.61}$$

을 쉽게 알 수 있다. 이 결과는 각각 (5.3.43), (5.3.17)과 같다. ◇

한편, 평균이 0인 정규 확률벡터에서는

$$E\left\{\prod_{k=1}^{n} X_k^{a_k}\right\} = \left(\prod_{k=1}^{n} a_k!\right) \sum_{\boldsymbol{l}\in T_{\boldsymbol{a}}} 2^{-M_{\boldsymbol{l}}} \left(\prod_{i=1}^{n}\prod_{j=i}^{n} \frac{\tilde{\rho}_{ij}^{\,l_{ij}}}{l_{ij}!}\right) \tag{5.3.62}$$

임을 정리 5.3.5에서 알 수 있다. 식 (5.3.62)에서, $T_{\boldsymbol{a}}$는 $l_{11} + \sum\limits_{k=1}^{n} l_{k1} = a_1$, $l_{22} + \sum\limits_{k=1}^{n} l_{k2} = a_2$, $\cdots$, $l_{nn} + \sum\limits_{k=1}^{n} l_{kn} = a_n$이고 $\left\{\{l_{ij} \geq 0\}_{j=i}^{n}\right\}_{i=1}^{n}$인 $\boldsymbol{l}$의 값의 모음을 나타낸다.

정리 5.3.6 평균이 $(0, 0, \cdots, 0)$인 n변량 정규 확률변수에서 $|\boldsymbol{a}| = \sum\limits_{k=1}^{n} a_k$가 홀수이면 $E\left\{X_1^{a_1}X_2^{a_2}\cdots X_n^{a_n}\right\} = 0$이다. ■■

증명 먼저, $k=1,2,\cdots,n$일 때의 식 $l_{kk}+\sum_{j=1}^{n} l_{kj}=a_k$를 모두 더하면 $|\boldsymbol{a}|=M_{\boldsymbol{l}}+\sum_{i=1}^{n}\sum_{j=1}^{n} l_{ij}=2M_{\boldsymbol{l}}+2\sum_{i=1}^{n-1}\sum_{j=i+1}^{n} l_{ij}$인데 이 수는 짝수이다. 따라서, $|\boldsymbol{a}|$가 홀수이면 묶음 $T_{\boldsymbol{a}}$는 빈 집합이고, $E\{X_1^{a_1}X_2^{a_2}\cdots X_n^{a_n}\}=0$이다. □

보기 5.3.12 평균이 $(0,0,\cdots,0)$인 n변량 정규 확률변수에서 $\boldsymbol{a}=\boldsymbol{1}=\{1,1,\cdots,1\}$일 때를 생각하자. 먼저, n이 홀수이면 $E\{X_1X_2\cdots X_n\}=0$임을 정리 5.3.6에서 바로 알 수 있다. 다음에, n이 짝수일 때를 살펴 보자. 음이 아닌 정수 영역에서 생각하면, $k=1,2,\cdots,n$일 때 l_{kk}는 0이고 $\{l_{1k},l_{2k},\cdots,l_{nk}\}-\{l_{kk}\}$ 가운데에서 하나는 1이며 그 밖에는 모두 0이면, $l_{kk}+\sum_{i=1}^{n} l_{ik}=1$이다. 이제, $\boldsymbol{l}\in T_{\boldsymbol{a}}$이면 $d_{\boldsymbol{1},\boldsymbol{l}}=\frac{(1!)^n}{2^0\left(\prod_{i=1}^{n}1!\right)(0!)^n}=1$이므로

$$E\{X_1X_2\cdots X_n\} = \sum_{\boldsymbol{l}\in T_{\boldsymbol{a}}}\prod_{i=1}^{n}\prod_{j=i}^{n}\tilde{\rho}_{ij}^{l_{ij}} \tag{5.3.63}$$

이다. 여기에서, $k=1,2,\cdots,n$일 때 l_{kk}에는 0을, $\{l_{1k},l_{2k},\cdots,l_{nk}\}-\{l_{kk}\}$ 가운데에서 하나에는 1을, 그 밖에는 모두 0을 배정하는 것은 $\{1,2,\cdots,n\}$을 겹치지 않도록 둘씩 $\underline{n}$짝으로 나누어 짝마다 1을 하나 배정하는 것과 같다. 이때, 짝 (j,k)는 l_{jk}의 첨자를 나타내는 셈이다. 따라서, $\{1,2,\cdots,n\}$을 겹치지 않도록 둘씩 $\underline{n}$짝으로 나누는 방법의 가짓수는, 고른 것은 같은데 고른 순서가 다른 것이 $\underline{n}!$개씩 있으므로, $\binom{n}{2}\binom{n-2}{2}\cdots\binom{2}{2}(\underline{n}!)^{-1}=\frac{n!}{2^{\underline{n}}\underline{n}!}$이다. 곧, $T_{\boldsymbol{a}}$ 안의 원소의 수, 바꾸어 말하면, (5.3.63)의 오른쪽에서 0이 아닌 항의 수는 $\frac{n!}{2^{\underline{n}}\underline{n}!}=(2\underline{n}-1)!!$이다. ◇

5.4 통계량의 분포

통계량[16]은 표본의 함수를 일컫는 것이다. 표본 또는 확률 표본[17]이라는 낱말은 주로 통계학에서 쓰이는데, 이 책에서 이제까지 다루어 온 서로 독립이고 분포가 같은 확률벡터를 뜻한다. 이 절에서는 다른 말이 없으면 기댓값이 m이고 분산이 σ^2인 표본을 생각한다.

5.4.1 표본평균과 표본분산

뜻매김 5.4.1 표본평균[18]

표본 $\underline{X}=(X_1,X_2,\cdots,X_n)$에서

$$\overline{X}_n = \frac{1}{n}\sum_{i=1}^{n} X_i \tag{5.4.1}$$

을 $\underline{X}$의 표본평균이라고 부른다.

---

[16] statistic
[17] sample 또는 random sample

정리 5.4.1 표본평균의 기댓값과 분산 표본평균 $\overline{X}_n$의 기댓값은

$$E\left\{\overline{X}_n\right\} = m \tag{5.4.2}$$

이고 분산은

$$\operatorname{Var}\left\{\overline{X}_n\right\} = \frac{\sigma^2}{n} \tag{5.4.3}$$

이다. ■■

증명 먼저, $E\left\{\overline{X}_n\right\} = \frac{1}{n}\sum_{i=1}^{n} E\{X_i\} = m$을 쉽게 알 수 있다. 이 식과 $i \neq j$일 때 $E\{X_iX_j\} = E\{X_i\}E\{X_j\} = m^2$, $i=j$일 때 $E\{X_iX_j\} = E\left\{X_i^2\right\} = \sigma^2 + m^2$, $\operatorname{Var}\left\{\overline{X}_n\right\} = E\left\{\overline{X}_n^2\right\} - E^2\left\{\overline{X}_n\right\} = E\left\{\frac{1}{n^2}\sum_{i=1}^{n} X_i \sum_{j=1}^{n} X_j\right\} - m^2 = \frac{1}{n^2}\left[\sum_{i=1}^{n} E\left\{X_i^2\right\} + \sum\sum_{i\neq j} E\{X_iX_j\}\right] - m^2 = \frac{1}{n^2}\left\{n\left(\sigma^2+m^2\right) + n(n-1)m^2\right\} - m^2$을 새기면 (5.4.3)을 얻는다. □

보기 5.4.1 표본 $\underline{X} = (X_1, X_2, \cdots, X_n)$에서 X_i의 k차 중심 적률을 $E\left\{(X_i - m)^k\right\} = \mu_k$, $k = 0, 1, \cdots$ 처럼 쓰자. 이때, 표본평균 $\overline{X}_n$의 3차 중심 적률 $\mu_3\left(\overline{X}_n\right)$를 얻어보시오.

풀이 먼저, 3차 중심 적률 $\mu_3\left(\overline{X}_n\right) = E\left\{\left(\overline{X}_n - m\right)^3\right\} = \frac{1}{n^3}E\left[\left\{\sum_{i=1}^{n}(X_i - m)\right\}^3\right]$은

$$\begin{aligned}\mu_3\left(\overline{X}_n\right) &= \frac{1}{n^3}\sum_{i=1}^{n} E\left\{(X_i-m)^3\right\} + \frac{1}{n^3}\sum_{\substack{i=1\\ i\neq j}}^{n}\sum_{j=1}^{n} E\left\{(X_i-m)^2(X_j-m)\right\} \\ &\quad + \frac{1}{n^3}\sum_{\substack{i=1\\ i\neq j, j\neq k, k\neq i}}^{n}\sum_{j=1}^{n}\sum_{k=1}^{n} E\{(X_i-m)(X_j-m)(X_k-m)\}\end{aligned} \tag{5.4.4}$$

이다. 여기에서, $E\{X_i - m\} = 0$이라는 것과 $i \neq j$일 때 X_i와 X_j가 독립이라는 것을 새기면, $i \neq j$일 때 $E\left\{(X_i-m)^2(X_j-m)\right\} = E\left\{(X_i-m)^2\right\}E\{X_j - m\} = 0$이고, $i \neq j, j \neq k, k \neq i$일 때 $E\{(X_i-m)(X_j-m)(X_k-m)\} = E\{X_i-m\}E\{X_j-m\}E\{X_k-m\} = 0$이다. 따라서, $\mu_3\left(\overline{X}_n\right) = \frac{1}{n^3}\sum_{i=1}^{n} E\left\{(X_i-m)^3\right\}$, 곧

$$\mu_3\left(\overline{X}_n\right) = \frac{\mu_3}{n^2} \tag{5.4.5}$$

이다. ◇

뜻매김 5.4.2 표본분산[19]

표본 $\underline{X} = (X_1, X_2, \cdots, X_n)$에서

$$W_n = \frac{1}{n-1}\sum_{i=1}^{n}\left(X_i - \overline{X}_n\right)^2 \tag{5.4.6}$$

을 $\underline{X}$의 표본분산이라고 부른다.

[18] sample mean

표본평균과 표본분산을 다룰 때에는 확률변수 X_i의 기대값과 분산을 각각 모평균[20]과 모분산[21]이라고 부른다. 보기를 들어서 (5.4.2)는 표본평균의 기댓값은 모평균과 같다는 것이다.

정리 5.4.2 표본분산의 기댓값은 모분산과 같다. 곧,

$$E\{W_n\} = \sigma^2 \tag{5.4.7}$$

이다. ■■

증명 먼저, $Y_i = X_i - m$이라고 두면, $E\{Y_i\} = 0$, $E\{Y_i^2\} = \sigma^2 = \mu_2$, $E\{Y_i^4\} = \mu_4$이다. 다음에, $\overline{Y} = \frac{1}{n}\sum_{i=1}^{n} Y_i = \frac{1}{n}\sum_{i=1}^{n}(X_i - m)$이라고 쓰면 $\sum_{i=1}^{n}\left(X_i - \overline{X}\right)^2 = \sum_{i=1}^{n}\left\{X_i - m - \left(\overline{X} - m\right)\right\}^2$ $= \sum_{i=1}^{n}\left\{Y_i - \frac{1}{n}\sum_{k=1}^{n}(X_k - m)\right\}^2$이므로

$$\sum_{i=1}^{n}\left(X_i - \overline{X}\right)^2 = \sum_{i=1}^{n}\left(Y_i - \overline{Y}\right)^2 \tag{5.4.8}$$

이다. 이어서 $\sum_{i=1}^{n}\left(Y_i - \overline{Y}\right)^2 = \sum_{i=1}^{n}\left(Y_i^2 - 2\overline{Y}Y_i + \overline{Y}^2\right) = \sum_{i=1}^{n} Y_i^2 - 2\overline{Y}\sum_{i=1}^{n} Y_i + n\overline{Y}^2 = \sum_{i=1}^{n} Y_i^2 - n\overline{Y}^2$이므로

$$\sum_{i=1}^{n}\left(X_i - \overline{X}\right)^2 = \sum_{i=1}^{n} Y_i^2 - n\overline{Y}^2 \tag{5.4.9}$$

이다. 따라서, $E\left\{\sum_{i=1}^{n}\left(X_i - \overline{X}\right)^2\right\} = \sum_{i=1}^{n} E\{Y_i^2\} - nE\left\{\overline{Y}^2\right\} = n\sigma^2 - \frac{n}{n^2}E\left\{\sum_{i=1}^{n}\sum_{j=1}^{n} Y_iY_j\right\} = n\sigma^2 - \frac{1}{n}\left[nE\{Y_i^2\} + 0\right] = (n-1)\sigma^2$이고 $E\{W_n\} = E\left\{\frac{1}{n-1}\sum_{i=1}^{n}\left(X_i - \overline{X}\right)^2\right\} = \sigma^2$이다. □

식 (5.4.6)의 분모에 $(n-1)$이 아니라 n을 넣은 것을 표본분산으로 뜻매김한다면 표본분산의 기댓값이 모분산과 다를 것임을 (5.4.7)에서 알 수 있다.

정리 5.4.3 X_i의 k차 중심 적률을 $E\left\{(X_i - m)^k\right\} = \mu_k$라고 쓰면, 표본분산 W_n의 분산은

$$\mathrm{Var}\{W_n\} = \frac{\mu_4}{n} - \frac{(n-3)}{n(n-1)}\mu_2^2 \tag{5.4.10}$$

이다. ■■

증명 정리 5.4.2의 증명에서 그리하였듯이 $Y_i = X_i - m$이라고 두면, $E\left\{\left(\sum_{i=1}^{n} Y_i^2 - n\overline{Y}^2\right)^2\right\}$ $= E\left\{\sum_{i=1}^{n}\sum_{j=1}^{n} Y_i^2Y_j^2 - 2n\overline{Y}^2\sum_{i=1}^{n} Y_i^2 + n^2\overline{Y}^4\right\}$, 곧

[19] sample variance
[20] population mean
[21] population variance

$$E\left\{\left(\sum_{i=1}^{n} Y_i^2 - n\overline{Y}^2\right)^2\right\} = n\mu_4 + n(n-1)\mu_2^2 - 2nE\left\{\overline{Y}^2 \sum_{i=1}^{n} Y_i^2\right\} + n^2 E\left\{\overline{Y}^4\right\} \quad (5.4.11)$$

이다. 그런데 (5.4.11)에서 $E\left\{\overline{Y}^2 \sum_{i=1}^{n} Y_i^2\right\} = \frac{1}{n^2} E\left\{\sum_{i=1}^{n}\sum_{j=1}^{n}\sum_{k=1}^{n} Y_i^2 Y_j Y_k\right\} = \frac{1}{n^2}\left[E\left\{\sum_{i=1}^{n} Y_i^4 + \sum_{i=1}^{n}\sum_{\substack{j=1 \\ i\neq j}}^{n} Y_i^2 Y_j^2\right\}\right]$는

$$E\left\{\overline{Y}^2 \sum_{i=1}^{n} Y_i^2\right\} = \frac{1}{n}\left\{\mu_4 + (n-1)\mu_2^2\right\} \quad (5.4.12)$$

이고 $E\left\{\overline{Y}^4\right\} = \frac{1}{n^4} E\left\{\sum_{i=1}^{n}\sum_{j=1}^{n}\sum_{k=1}^{n}\sum_{l=1}^{n} Y_i Y_j Y_k Y_l\right\} = \frac{1}{n^4}\left[E\left\{\sum_{i=1}^{n} Y_i^4 + 3\sum_{i=1}^{n}\sum_{\substack{j=1 \\ i\neq j}}^{n} Y_i^2 Y_j^2\right\}\right]$은[22]

$$E\left\{\overline{Y}^4\right\} = \frac{1}{n^3}\left\{\mu_4 + 3(n-1)\mu_2^2\right\} \quad (5.4.13)$$

이다. 이제, (5.4.9), (5.4.12), (5.4.13)을 새겨서 (5.4.11)을 다시 쓰면 $E\left[\left\{\sum_{i=1}^{n}\left(X_i - \overline{X}\right)^2\right\}^2\right] = E\left\{\left(\sum_{i=1}^{n} Y_i^2 - n\overline{Y}^2\right)^2\right\} = n\mu_4 + n(n-1)\mu_2^2 - \frac{2n}{n}\left\{\mu_4 + (n-1)\mu_2^2\right\} + \frac{n^2}{n^3}\left\{\mu_4 + 3(n-1)\mu_2^2\right\}$, 곧

$$E\left[\left\{\sum_{i=1}^{n}\left(X_i - \overline{X}\right)^2\right\}^2\right] = \left(n - 2 + \frac{1}{n}\right)\mu_4 + (n-1)\left(n - 2 + \frac{3}{n}\right)\mu_2^2 \quad (5.4.14)$$

이다. 따라서, (5.4.7)과 (5.4.14)에서 $\operatorname{Var}\{W_n\} = \frac{1}{(n-1)^2}\left\{\left(n-2+\frac{1}{n}\right)\mu_4 + (n-1)\left(n-2+\frac{3}{n}\right)\mu_2^2\right\} - \mu_2^2 = \frac{n^2-2n+1}{n(n-1)^2}\mu_4 + \frac{1}{n-1}\left(n-2+\frac{3}{n}-n+1\right)\mu_2^2$, 곧 (5.4.10)을 얻는다. □

정리 5.4.4 확률변수들 $\left\{X_i \sim N\left(\mu, \sigma^2\right)\right\}_{i=1}^{n}$이 서로 독립이면

$$\overline{X}_n \sim N\left(\mu, \frac{\sigma^2}{n}\right) \quad (5.4.15)$$

이고, 따라서

$$\frac{\sqrt{n}}{\sigma}\left(\overline{X}_n - \mu\right) \sim N(0,1) \quad (5.4.16)$$

이다. ■■

증명 정규 분포 $N\left(\mu, \sigma^2\right)$의 적률생성함수 $M(t) = \exp\left(\mu t + \frac{1}{2}\sigma^2 t^2\right)$을 새겨서 (5.문.28)을 쓰면 표본평균 $\overline{X}_n$의 적률생성함수 $M_{\overline{X}_n}(t) = \left\{M\left(\frac{t}{n}\right)\right\}^n = \exp\left\{\mu t + \frac{1}{2}\left(\frac{\sigma}{\sqrt{n}}\right)^2 t^2\right\}$을 얻는다. 따라서 (5.4.15)를 알 수 있다. □

[22] 이 식에서 3은 $i = j \neq k = l$, $i = k \neq j = l$, $i = l \neq k = j$ 세 가지를 가리킨다.

정리 5.4.4는 정리 5.2.5에서 얻은 결과를 써서도 보일 수 있다. 조금 더 일반적으로, 확률변수들 $\left\{X_i \sim N\left(\mu_i, \sigma_i^2\right)\right\}_{i=1}^n$이 서로 독립이면, $\overline{\mu} = \frac{1}{n}\sum_{i=1}^n \mu_i$와 $\overline{\sigma^2} = \frac{1}{n}\sum_{i=1}^n \sigma_i^2$처럼 둘 때 $\overline{X}_n \sim N\left(\overline{\mu}, \frac{\overline{\sigma^2}}{n}\right)$이고 $\frac{\sqrt{n}}{\sqrt{\overline{\sigma^2}}}\left(\overline{X}_n - \overline{\mu}\right) \sim N(0,1)$이라는 것을 쉽게 알 수 있다.

정리 5.4.5 정규 표본에서 얻은 표본평균과 표본분산은 서로 독립이다. ■■

증명 먼저 $X_i \sim N\left(\mu, \sigma^2\right)$일 때 $A = \overline{X}_n$과 $\underline{B} = (V_1, V_2, \cdots, V_n) = \left(X_1 - \overline{X}_n, X_2 - \overline{X}_n, \cdots, X_n - \overline{X}_n\right)$이 서로 독립임을 먼저 보이자. 이제, A와 $\underline{B}$의 결합 적률생성함수 $M_{A,\underline{B}}(t, t_1, t_2, \cdots, t_n) = E\left\{\exp\left(t\overline{X}_n + t_1V_1 + t_2V_2 + \cdots + t_nV_n\right)\right\} = E\left[\exp\left\{t\overline{X}_n + \sum_{i=1}^n t_i\left(X_i - \overline{X}_n\right)\right\}\right]$를 얻으면

$$
\begin{aligned}
M_{A,\underline{B}}(t, t_1, t_2, \cdots, t_n) &= E\left[\exp\left\{\left(\sum_{i=1}^n t_iX_i\right) - \left\{\left(\sum_{i=1}^n t_i\right) - t\right\}\overline{X}_n\right\}\right] \\
&= E\left[\exp\left\{\sum_{i=1}^n \frac{1}{n}\left(nt_i + t - \sum_{j=1}^n t_j\right)X_i\right\}\right] \qquad (5.4.17)
\end{aligned}
$$

이므로, $\bar{t} = \frac{1}{n}\sum_{i=1}^n t_i$라고 두면 $M_{A,\underline{B}}(t, t_1, t_2, \cdots, t_n) = \prod_{i=1}^n E\left[\exp\left\{X_i\left(\frac{t+nt_i-n\bar{t}}{n}\right)\right\}\right]$, 곧

$$
\begin{aligned}
M_{A,\underline{B}}(t, t_1, t_2, \cdots, t_n) &= \prod_{i=1}^n \exp\left\{\mu\left(\frac{t+nt_i-n\bar{t}}{n}\right) + \frac{\sigma^2}{2}\left(\frac{t+nt_i-n\bar{t}}{n}\right)^2\right\} \\
&= \prod_{i=1}^n \exp\left(\frac{\mu}{n}t + \frac{\sigma^2}{2n^2}t^2\right)\exp\left[\mu\left(t_i - \bar{t}\right) + \frac{\sigma^2}{2n^2}\left\{2nt\left(t_i - \bar{t}\right) + n^2\left(t_i - \bar{t}\right)^2\right\}\right] \\
&= \exp\left(\mu t + \frac{\sigma^2}{2n}t^2\right)\prod_{i=1}^n \exp\left\{\frac{\sigma^2}{2}\left(t_i - \bar{t}\right)^2\right\}\prod_{i=1}^n \exp\left\{\left(\mu + \frac{\sigma^2 t}{n}\right)\left(t_i - \bar{t}\right)\right\} \\
&= \exp\left(\mu t + \frac{\sigma^2}{2n}t^2\right)\exp\left\{\frac{\sigma^2}{2}\sum_{i=1}^n\left(t_i - \bar{t}\right)^2\right\}\exp\left\{\left(\mu + \frac{\sigma^2 t}{n}\right)\sum_{i=1}^n\left(t_i - \bar{t}\right)\right\} \qquad (5.4.18)
\end{aligned}
$$

이다. 여기에서 $\sum_{i=1}^n\left(t_i - \bar{t}\right) = \sum_{i=1}^n t_i - n\bar{t} = 0$이므로

$$
M_{A,\underline{B}}(t, t_1, t_2, \cdots, t_n) = \exp\left(\mu t + \frac{\sigma^2}{2n}t^2\right)\exp\left\{\frac{\sigma^2}{2}\sum_{i=1}^n\left(t_i - \bar{t}\right)^2\right\} \qquad (5.4.19)
$$

를 얻는다. 한편, 정리 5.4.4에서 보았듯이 $A = \overline{X}_n \sim N\left(\mu, \frac{\sigma^2}{n}\right)$이므로 A의 적률생성함수는

$$
M_A(t) = \exp\left(\mu t + \frac{\sigma^2}{2n}t^2\right) \qquad (5.4.20)
$$

이고, $\sum_{i=1}^n\left(t_i - \bar{t}\right) = 0$임을 다시 새기면 $\underline{B} = (V_1, V_2, \cdots, V_n)$의 적률생성함수 $M_{\underline{B}}(t_1, t_2, \cdots, t_n) = E\left\{\exp\left(t_1V_1 + t_2V_2 + \cdots + t_nV_n\right)\right\} = E\left[\exp\left\{\sum_{i=1}^n t_i\left(X_i - \overline{X}_n\right)\right\}\right] = E\left[\exp\left\{\left(\sum_{i=1}^n t_i\right.\right.\right.$

$X_i\Big) - \bar{t}\sum_{i=1}^{n} X_i\Big\}\Big] = \prod_{i=1}^{n} E\left[\exp\left\{X_i\left(t_i - \bar{t}\right)\right\}\right] = \prod_{i=1}^{n} \exp\left\{\mu\left(t_i - \bar{t}\right) + \frac{\sigma^2}{2}\left(t_i - \bar{t}\right)^2\right\} = \exp$ $\left\{\mu\sum_{i=1}^{n}\left(t_i - \bar{t}\right) + \frac{\sigma^2}{2}\sum_{i=1}^{n}\left(t_i - \bar{t}\right)^2\right\}$은

$$M_{\underline{B}}\left(t_1, t_2, \cdots, t_n\right) = \exp\left\{\frac{\sigma^2}{2}\sum_{i=1}^{n}\left(t_i - \bar{t}\right)^2\right\} \tag{5.4.21}$$

이다. 곧, (5.4.19)–(5.4.21)에서 확률변수 $\overline{X}_n$과 $(V_1, V_2, \cdots, V_n)$은 서로 독립이다. 그러므로, 정리 4.1.3을 새기면 $\overline{X}_n$과 $(V_1, V_2, \cdots, V_n)$의 함수인 $W_n = \frac{1}{n-1}\sum_{i=1}^{n}\left(X_i - \overline{X}_n\right)^2$은 서로 독립이다. □

위 정리는 정규 표본이 지니는 매우 중요한 성질 가운데 하나이다. 위 정리의 역 또한 성립함이 알려져 있다. 바꾸어 말하면, 서로 독립이고 분포가 같은 확률변수 열에서 얻은 표본평균과 표본분산이 서로 독립이면, 그 확률변수 열의 한계 분포는 정규 분포이다. 한편, 서로 독립이고 분포가 같은 확률변수 열의 한계 분포가 대칭이라는 조금 더 일반적인 때에는 표본평균과 표본분산은 서로 상관이 없다는 것이 알려져 있다.

이제 정규 표본에서 얻을 수 있는 통계량의 분포를 몇 가지 살펴 보자.

5.4.2 카이 제곱 분포

뜻매김 5.4.3 중심 카이 제곱[23]확률밀도함수

확률밀도함수

$$f(r) = \frac{1}{2^{\frac{n}{2}}\Gamma\left(\frac{n}{2}\right)} r^{\frac{n}{2}-1}\exp\left(-\frac{r}{2}\right)u(r) \tag{5.4.22}$$

를 (중심) 카이 제곱 확률밀도함수라고 부르고, 그 분포를 $\chi^2(n)$으로 쓴다.

식 (5.4.22)에서 n을 자유도[24]라고 부른다. 쉽게 알 수 있듯이 중심 카이 제곱 확률밀도함수 (5.4.22)는 (2.5.31)에서 다룬 감마 확률밀도함수 $f(r) = \frac{1}{\beta^\alpha\Gamma(\alpha)} r^{\alpha-1}\exp\left(-\frac{r}{\beta}\right)u(r)$에서 α를 $\frac{n}{2}$으로, β를 2로 둔 것과 같다. 곧, $\chi^2(n) = G\left(\frac{n}{2}, 2\right)$이다.

정리 5.4.6 표준 정규확률변수를 제곱한 것은 $\chi^2(1)$ 확률변수이다. ■■

정리 5.4.6을 새기면 한계 분포가 $N\left(\mu, \sigma^2\right)$이면 $\frac{n}{\sigma^2}\left(\overline{X}_n - \mu\right)^2 \sim \chi^2(1)$이고, 또 조금 더 일반적으로 확률변수들 $\left\{X_i \sim N\left(\mu_i, \sigma_i^2\right)\right\}_{i=1}^{n}$이 서로 독립일 때 $\frac{n}{\sigma^2}\left(\overline{X}_n - \overline{\mu}\right)^2 \sim \chi^2(1)$이다. 정리 5.4.6은 보기 3.2.20에서 이미 본 바 있다.

정리 5.4.7 확률변수 $Y \sim \chi^2(n)$의 적률생성함수는

$$M_Y(t) = (1-2t)^{-\frac{n}{2}}, \quad t < \frac{1}{2} \tag{5.4.23}$$

[23] central chi square pdf
[24] degree of freedom

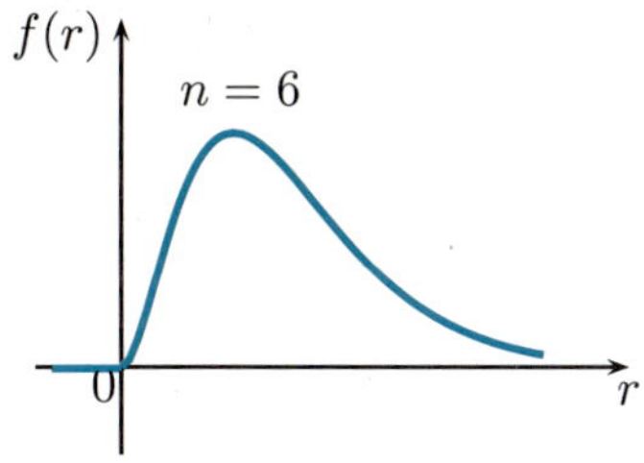

그림 5.4.1 중심 카이 제곱 확률밀도함수

이고 적률은

$$E\left\{Y^k\right\} = 2^k \frac{\Gamma\left(k+\frac{n}{2}\right)}{\Gamma\left(\frac{n}{2}\right)} \tag{5.4.24}$$

이다. ■■

증명 식 (5.4.22)를 바탕으로 적률생성함수 $M_Y(t) = E\left\{e^{tY}\right\}$를 얻으면

$$M_Y(t) = \int_0^\infty \frac{1}{2^{\frac{n}{2}}\Gamma\left(\frac{n}{2}\right)} x^{\frac{n}{2}-1} \exp\left(-\frac{1-2t}{2}x\right) dx \tag{5.4.25}$$

이다. 이제, $t < \frac{1}{2}$일 때 $y = \frac{1-2t}{2}x$처럼 두면 $x = \frac{2y}{1-2t}$이고 $dx = \frac{2dy}{1-2t}$이므로, (1.4.66)을 새기면 $M_Y(t) = \frac{1}{2^{\frac{n}{2}}\Gamma\left(\frac{n}{2}\right)} \int_0^\infty \left(\frac{2y}{1-2t}\right)^{\frac{n}{2}-1} e^{-y} \frac{2dy}{1-2t} = (1-2t)^{-\frac{n}{2}} \frac{1}{\Gamma\left(\frac{n}{2}\right)} \int_0^\infty y^{\frac{n}{2}-1} e^{-y} dy$, 곧 (5.4.23)을 얻는다. 또, Y의 적률 $E\left\{Y^k\right\} = \frac{d^k}{dt^k} M_Y(t) = \left(-\frac{n}{2}\right)\left(-\frac{n}{2}-1\right)\cdots\left\{-\frac{n}{2}-(k-1)\right\}(-2)^k = n(n+2)(n+4)\cdots(n+2k-2)$는 (5.4.24)와 같다. □

보기 5.4.2 확률변수 $Y \sim \chi^2(n)$의 기댓값은 $E\{Y\} = n$이고 분산은 $V\{Y\} = 2n$임을 쉽게 알 수 있다. ◇

보기 5.4.3 확률변수 X_n의 분포가 $\chi^2(n)$일 때, $Y_n = \frac{X_n}{n^2}$의 극한 분포[25]와 $Z_n = \frac{X_n}{n}$의 극한 분포를 얻으시오.

풀이 먼저, $M_{X_n}(t) = (1-2t)^{-\frac{n}{2}}$이다. 이제, $Y_n = \frac{X_n}{n^2}$이라고 두면 $\lim_{n\to\infty} M_{Y_n}(t) = \lim_{n\to\infty} M_{X_n}\left(\frac{t}{n^2}\right) = \lim_{n\to\infty}\left(1-2\frac{t}{n^2}\right)^{-\frac{n}{2}} = \lim_{n\to\infty}\left(1-\frac{2t}{n^2}\right)^{-\frac{n^2}{2t}\cdot\frac{t}{n}} = \lim_{n\to\infty}\exp\left(\frac{t}{n}\right) = 1$ 이므로 $\Pr\{Y_n = 0\} \to 1$이다. 마찬가지로 계산해 보면 $\lim_{n\to\infty} M_{Z_n}(t) = \lim_{n\to\infty}\left(1-\frac{2t}{n}\right)^{-\frac{n}{2t}\cdot t} = e^t$이므로 $\Pr\{Z_n = 1\} \to 1$이다. ◇

식 (5.4.23)에 보인 X_i의 적률생성함수를 바탕으로 확률변수 $\left\{X_i \sim \chi^2(k_i)\right\}_{i=1}^n$이 모두 서로 독립일 때 $S_n = \sum_{i=1}^n X_i$의 적률생성함수를 얻으면 $M_{S_n}(t) = \prod_{i=1}^n (1-2t)^{-\frac{k_i}{2}} = (1-2t)^{-\frac{1}{2}\sum_{i=1}^n k_i}$이므로 아래 정리를 바로 알 수 있다.

[25] limiting distribution

정리 5.4.8 확률변수 $\left\{X_i \sim \chi^2(k_i)\right\}_{i=1}^{n}$이 모두 서로 독립이면 $\sum_{i=1}^{n} X_i \sim \chi^2\left(\sum_{i=1}^{n} k_i\right)$이다. 또, $\left\{X_i \sim N\left(\mu_i, \sigma_i^2\right)\right\}_{i=1}^{n}$이 모두 서로 독립이면 $\sum_{i=1}^{n}\left(\frac{X_i-\mu_i}{\sigma_i}\right)^2 \sim \chi^2(n)$이다. ■■

뜻매김 5.4.4 비중심 카이 제곱 분포

분산이 같은 정규 확률변수 $\left\{X_i \sim N\left(\mu_i, \sigma^2\right)\right\}_{i=1}^{n}$이 서로 독립일 때 $Y = \sum_{i=1}^{n} \frac{X_i^2}{\sigma^2}$의 분포를 비중심 카이 제곱 분포라고 부르고 $\chi^2(n, \delta)$로 적으며 $\delta = \sum_{i=1}^{n} \frac{\mu_i^2}{\sigma^2}$을 비중심 매개변수[26]라고 부른다.

분포 $\chi^2(n, \delta)$의 확률밀도함수는

$$f(x) = \frac{1}{\sqrt{2^n \pi}} x^{\frac{n}{2}-1} \exp\left(-\frac{x+\delta}{2}\right) \sum_{j=0}^{\infty} \frac{(\delta x)^j \Gamma\left(j+\frac{1}{2}\right)}{(2j)!\, \Gamma\left(j+\frac{n}{2}\right)} u(x) \tag{5.4.26}$$

이다. 한편, (1.4.82)에서 본 $\Gamma\left(\frac{1}{2}\right) = \sqrt{\pi}$을 새기면, $\delta = 0$일 때에 (5.4.26)은 (5.4.22)와 같다. 곧, 비중심 카이 제곱 분포 $\chi^2(n, 0)$은 중심 카이 제곱 분포 $\chi^2(n)$과 같은 것이다. 문제 5.32에서 비중심 카이 제곱 확률변수 $Y \sim \chi^2(n, \delta)$의 평균이

$$E\{Y\} = n + \delta \tag{5.4.27}$$

이고, 분산이

$$\sigma_Y^2 = 2n + 4\delta \tag{5.4.28}$$

이며, 적률생성함수가

$$M_Y(t) = (1-2t)^{-\frac{n}{2}} \exp\left(\frac{\delta t}{1-2t}\right), \quad t < \frac{1}{2} \tag{5.4.29}$$

임을 보인다.

정리 5.4.9 확률변수 $\left\{X_i \sim \chi^2(k_i, \delta_i)\right\}_{i=1}^{n}$이 서로 독립이면 $S_n = \sum_{i=1}^{n} X_i$의 분포는 비중심 카이 제곱 분포 $\chi^2\left(\sum_{i=1}^{n} k_i, \sum_{i=1}^{n} \delta_i\right)$이다. ■■

증명 확률변수 $\left\{X_i \sim \chi^2(k_i, \delta_i)\right\}_{i=1}^{n}$이 서로 독립일 때 (5.4.29)에 보인 X_i의 적률생성함수를 바탕으로 S_n의 적률생성함수를 얻으면 $M_{S_n}(t) = \prod_{i=1}^{n}(1-2t)^{-\frac{k_i}{2}} \exp\left(\frac{t\delta_i}{1-2t}\right) = (1-2t)^{-\frac{1}{2}\sum_{i=1}^{n} k_i} \exp\left(\frac{t}{1-2t}\sum_{i=1}^{n} \delta_i\right)$이다. 따라서 $\sum_{i=1}^{n} X_i \sim \chi^2\left(\sum_{i=1}^{n} k_i, \sum_{i=1}^{n} \delta_i\right)$이다. □

앞에서 다룬 정리 5.4.8은 정리 5.4.9의 특별한 때이다.

[26] noncentrality parameter

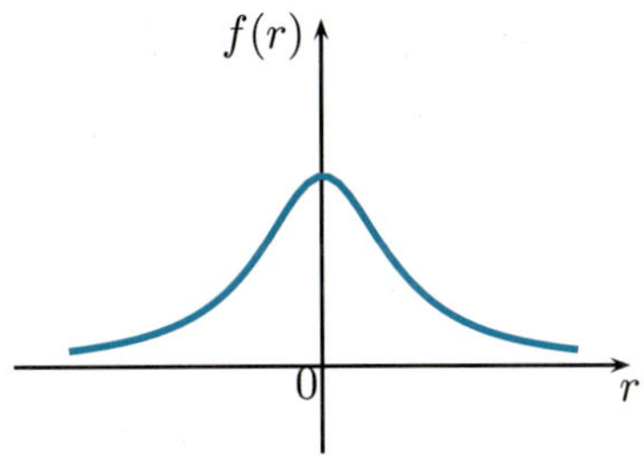

그림 5.4.2 중심 t 확률밀도함수

5.4.3 t 분포

뜻매김 5.4.5 중심 t 확률밀도함수

확률밀도함수

$$f(r) = \frac{\Gamma\left(\frac{n+1}{2}\right)}{\Gamma\left(\frac{n}{2}\right)\sqrt{n\pi}}\left(1+\frac{r^2}{n}\right)^{-\frac{n+1}{2}} \tag{5.4.30}$$

을 중심 t 확률밀도함수[27]라고 부르고 그 분포를 $t(n)$으로 쓰며 자연수 n은 자유도라고 부른다.

자유도가 1인 중심 t 확률밀도함수는 코쉬 확률밀도함수라는 것을 쉽게 알 수 있다. 곧, $t(1) = C(0,1)$이다. 그림 5.4.2에 중심 t 확률밀도함수를 하나 보였다.

보기 5.4.4 함수 $f(v) = \frac{5^3 a}{(5+v^2)^3}$가 확률밀도함수일 때, a의 값을 얻어보시오.

풀이 확률밀도함수를 모든 영역에서 적분하면 그 값이 1이라는 것을 바탕으로 $\int_{-\infty}^{\infty} f(v)dv = 5^3 a \int_{-\infty}^{\infty}\left(5+v^2\right)^{-3} dv = 1$에서 a의 값을 얻을 수 있다. 다른 방법으로는, (5.4.30)과 $f(v) = \frac{5^3 a}{(5+v^2)^3}$를 견주어 보면 $5^3 a = \frac{5^3\Gamma(3)}{\Gamma\left(\frac{5}{2}\right)\sqrt{5\pi}}$이다. 곧 $a = \frac{2}{\frac{3}{4}\sqrt{\pi}\sqrt{5\pi}} = \frac{8}{3\sqrt{5}\pi}$이다. ◇

보기 5.4.5 (중심 t 확률밀도함수의 극한) 중심 t 확률밀도함수 (5.4.30)이 $n \to \infty$일 때 무엇으로 수렴하는지 살펴 보시오

풀이 식 (1.4.76)을 새기면 $\lim_{n\to\infty} \frac{\Gamma\left(\frac{n+1}{2}\right)}{\sqrt{n\pi}\Gamma\left(\frac{n}{2}\right)} = \lim_{n\to\infty}\sqrt{\frac{n}{2}}\frac{1}{\sqrt{n\pi}} = \frac{1}{\sqrt{2\pi}}$이다. 따라서, $\lim_{n\to\infty}\left(1+\frac{x^2}{n}\right)^{-\frac{n+1}{2}} = \lim_{n\to\infty}\left(1+\frac{x^2}{n}\right)^{\frac{n}{x^2}\left(-\frac{x^2}{2}\right)} = \exp\left(-\frac{x^2}{2}\right)$임을 새기면, $n \to \infty$일 때 중심 t 확률밀도함수의 극한은 표준 정규 확률밀도함수이다. ◇

정리 5.4.10 확률변수 $X \sim N(0,1)$과 $Y \sim \chi^2(n)$이 서로 독립이면

$$T = \sqrt{n}\frac{X}{\sqrt{Y}} \sim t(n) \tag{5.4.31}$$

이다. ■■

[27]central t pdf

증명 먼저, $W = Y$라고 두면 $X = T\sqrt{\frac{W}{n}}$이다. 그러므로, 역변환 $(X, Y) = \underline{g}^{-1}(T, W) = \left(T\sqrt{\frac{W}{n}}, W\right)$의 함수 행렬식은 $J\left(\underline{g}^{-1}(t,w)\right) = \left|\frac{\partial}{\partial(t,w)}\underline{g}^{-1}(t,w)\right| = \begin{vmatrix} \sqrt{\frac{w}{n}} & \frac{1}{\sqrt{n}}\frac{t}{2\sqrt{w}} \\ 0 & 1 \end{vmatrix} = \sqrt{\frac{w}{n}}$이다. 그러므로 (T, W)의 결합 확률밀도함수는 $f_{T,W}(t,w) = \sqrt{\frac{w}{n}}\frac{1}{\sqrt{2\pi}}\exp\left(-\frac{t^2 w}{2n}\right)\frac{w^{\frac{n}{2}-1}}{2^{\frac{n}{2}}\Gamma\left(\frac{n}{2}\right)}\exp\left(-\frac{w}{2}\right)u(w)$, 곧

$$f_{T,W}(t,w) = \frac{w^{\frac{n-1}{2}}}{\sqrt{2\pi n}2^{\frac{n}{2}}\Gamma\left(\frac{n}{2}\right)}\exp\left\{-\frac{w}{2}\left(1+\frac{t^2}{n}\right)\right\}u(w) \tag{5.4.32}$$

이다. 이제, $\frac{w}{2}\left(1+\frac{t^2}{n}\right) = v$라고 두면 $\left(1+\frac{t^2}{n}\right)dw = 2dv$이므로 T의 확률밀도함수 $f_T(t) = \int_{-\infty}^{\infty} f_{T,W}(t,w)dw = \frac{1}{\sqrt{\pi n}\Gamma\left(\frac{n}{2}\right)}\left(1+\frac{t^2}{n}\right)^{-\frac{n+1}{2}}\int_0^\infty v^{\frac{n-1}{2}}e^{-v}dv$를

$$f_T(t) = \frac{\Gamma\left(\frac{n+1}{2}\right)}{\Gamma\left(\frac{n}{2}\right)\sqrt{n\pi}}\left(1+\frac{t^2}{n}\right)^{-\frac{n+1}{2}} \tag{5.4.33}$$

처럼 얻을 수 있다. 곧, $T = \sqrt{n}\frac{X}{\sqrt{Y}} \sim t(n)$이다. □

표본평균 $\overline{X}_n$와 표본분산 W_n으로 얻을 수 있는 $T = \frac{\sqrt{n}}{\sqrt{W_n}}\left(\overline{X}_n - \mu\right)$은 t 통계량[28]이라고 부르고 통계학에서 널리 쓰인다. 이제, 정리 5.4.10을 바탕으로 정규 표본에서 이 t 통계량에 대한 성질 하나를 살펴 보자.

정리 5.4.11 모평균이 μ이고 모분산이 σ^2인 정규 표본에서 표본평균을 $\overline{X}_n = \frac{1}{n}\sum_{i=1}^{n} X_i$, 표본분산을 $W_n = \frac{1}{n-1}\sum_{i=1}^{n}\left(X_i - \overline{X}_n\right)^2$이라고 할 때

$$\frac{n-1}{\sigma^2}W_n \sim \chi^2(n-1) \tag{5.4.34}$$

이고

$$\sqrt{n}\frac{\overline{X}_n - \mu}{\sqrt{W_n}} \sim t(n-1) \tag{5.4.35}$$

이다. ■■

증명 먼저, $X_i - \overline{X}_n = (X_i - \mu) - \left(\overline{X}_n - \mu\right)$와 $\sum_{i=1}^{n}\left\{(X_i-\mu)\left(\overline{X}_n-\mu\right)\right\} = n\left(\overline{X}_n - \mu\right)^2$을 새기면 표본분산을 $W_n = \frac{1}{n-1}\sum_{i=1}^{n}\left(X_i - \overline{X}_n\right)^2 = \frac{1}{n-1}\sum_{i=1}^{n}\left\{(X_i-\mu)^2 - 2(X_i-\mu)\left(\overline{X}_n-\mu\right) + \left(\overline{X}_n-\mu\right)^2\right\} = \frac{1}{n-1}\left[\left\{\sum_{i=1}^{n}(X_i-\mu)^2\right\} - n\left(\overline{X}_n-\mu\right)^2\right]$처럼 바꾸어 쓸 수 있다. 그러므로

$$\sum_{i=1}^{n}\left(\frac{X_i-\mu}{\sigma}\right)^2 = \frac{n-1}{\sigma^2}W_n + \frac{n}{\sigma^2}\left(\overline{X}_n-\mu\right)^2 \tag{5.4.36}$$

[28] t statistic

이다. 이제, 정리 5.4.6에서 보았듯이

$$\frac{n}{\sigma^2}\left(\overline{X}_n-\mu\right)^2 \;\sim\; \chi^2(1) \tag{5.4.37}$$

이고 정리 5.4.8에서 보았듯이

$$\sum_{i=1}^{n}\left(\frac{X_i-\mu}{\sigma}\right)^2 \;\sim\; \chi^2(n) \tag{5.4.38}$$

이다. 그러므로, 정리 5.4.5에서 보았듯이 $\frac{n-1}{\sigma^2}W_n$과 $\frac{n}{\sigma^2}\left(\overline{X}_n-\mu\right)^2$이 서로 독립이라는 것을 새긴 다음, (5.4.36)에서 적률생성함수를 생각하면

$$\begin{aligned} E\left[\exp\left\{t\sum_{i=1}^{n}\left(\frac{X_i-\mu}{\sigma}\right)^2\right\}\right] \;&=\; E\left[\exp\left\{t\frac{(n-1)W_n}{\sigma^2}+t\frac{n\left(\overline{X}_n-\mu\right)^2}{\sigma^2}\right\}\right] \\ &=\; E\left[\exp\left\{t\frac{(n-1)W_n}{\sigma^2}\right\}\right]E\left[\exp\left\{t\frac{n\left(\overline{X}_n-\mu\right)^2}{\sigma^2}\right\}\right] \end{aligned} \tag{5.4.39}$$

인데, 여기에서 (5.4.37)과 (5.4.38)의 적률생성함수를 생각하면

$$(1-2t)^{-\frac{n}{2}} \;=\; E\left[\exp\left\{t\frac{(n-1)W_n}{\sigma^2}\right\}\right](1-2t)^{-\frac{1}{2}} \tag{5.4.40}$$

이다. 따라서 $E\left[\exp\left\{t\frac{(n-1)W_n}{\sigma^2}\right\}\right]=(1-2t)^{-\frac{n-1}{2}}$이다. 바꾸어 말하면

$$\frac{n-1}{\sigma^2}W_n \;\sim\; \chi^2(n-1) \tag{5.4.41}$$

이다. 다음으로 (5.4.16)과 (5.4.41)을 새기고 정리 5.4.10을 쓰면

$$\frac{\sqrt{n-1}\times\frac{\sqrt{n}\left(\overline{X}_n-\mu\right)}{\sigma}}{\sqrt{\frac{(n-1)W_n}{\sigma^2}}} \;=\; \sqrt{n}\frac{\overline{X}_n-\mu}{\sqrt{W_n}} \tag{5.4.42}$$

의 분포가 $t(n-1)$임을 알 수 있다. □

보기 5.4.6 모평균이 1이고 모분산이 σ^2인 정규 표본에서 $T=\frac{\sqrt{7}\left(\overline{X}_7-1\right)}{\sqrt{W_7}}$의 분포를 얻으시오.

풀이 정리 5.4.11을 바탕으로 $T=\frac{\sqrt{7}\left(\overline{X}_7-1\right)}{\sqrt{W_7}}\sim t(6)$이라는 것을 바로 알 수 있다. ◇

뜻매김 5.4.6

두 확률변수 $X\sim N\left(\mu,\sigma^2\right)$과 $\frac{Y}{\sigma^2}\sim\chi^2(n)$이 서로 독립일 때

$$Z \;=\; \sqrt{n}\frac{X}{\sqrt{Y}} \tag{5.4.43}$$

의 분포를 자유도가 n이고 비중심 매개변수가 $\delta=\frac{\mu}{\sigma}$인 비중심 t 분포라고 부르고 $t(n,\delta)$로 쓴다.

분포 $t(n,\delta)$의 확률밀도함수는

$$f(x) \;=\; \frac{n^{\frac{n}{2}}\exp\left(-\frac{\delta^2}{2}\right)}{\Gamma\left(\frac{n}{2}\right)\sqrt{\pi}\left(n+x^2\right)^{\frac{n+1}{2}}}\sum_{j=0}^{\infty}\Gamma\left(\frac{n+j+1}{2}\right)\left(\frac{\delta^j}{j!}\right)\left(\frac{2x^2}{n+x^2}\right)^{\frac{j}{2}} \tag{5.4.44}$$

이다. 한편, $\delta = 0$일 때에 확률밀도함수 (5.4.44)를 살펴 보면 비중심 t 분포 $t(n, 0)$은 중심 t 분포 $t(n)$이라는 것을 알 수 있다. 문제 5.34에서 비중심 t 확률변수 $Z \sim t(n, \delta)$의 평균이

$$E\{Z\} = \delta \frac{\Gamma\left(\frac{n-1}{2}\right)}{\Gamma\left(\frac{n}{2}\right)} \sqrt{\frac{n}{2}}, \quad n > 1 \tag{5.4.45}$$

이고, 분산이

$$\operatorname{Var}\{Z\} = \frac{n(1+\delta^2)}{n-2} - \frac{n\delta^2}{2} \left\{ \frac{\Gamma\left(\frac{n-1}{2}\right)}{\Gamma\left(\frac{n}{2}\right)} \right\}^2, \quad n > 2 \tag{5.4.46}$$

임을 보인다.

뜻매김 5.4.7 두 변수 t 분포[29]

확률벡터 (X, Y)의 확률밀도함수가

$$\begin{aligned} f_{X,Y}(x, y) = & \frac{1}{2\pi\sigma_1\sigma_2\sqrt{1-\rho^2}} \left[1 + \frac{1}{n(1-\rho^2)} \left\{ \left(\frac{x-\mu_1}{\sigma_1} \right)^2 \right.\right. \\ & \left.\left. -2\rho \frac{(x-\mu_1)(y-\mu_2)}{\sigma_1\sigma_2} + \left(\frac{y-\mu_2}{\sigma_2} \right)^2 \right\} \right]^{-\frac{n+2}{2}} \end{aligned} \tag{5.4.47}$$

이면, 확률벡터 (X, Y)를 두 변수 t 확률벡터 또는 두 변수 결합 t 확률벡터라고 부르고, 그 분포를 두 변수 t 분포라고 부르며 $t\left(\mu_1, \mu_2, \sigma_1^2, \sigma_2^2, \rho, n\right)$으로 쓴다.

확률벡터 $(X, Y) \sim t\left(\mu_1, \mu_2, \sigma_1^2, \sigma_2^2, \rho, n\right)$에서 $E\{X\} = \mu_1$, $E\{Y\} = \mu_2$, $\operatorname{Var}\{X\} = \frac{n}{n-2}\sigma_1^2$, $\operatorname{Var}\{Y\} = \frac{n}{n-2}\sigma_2^2$이고, ρ는 X와 Y 사이의 상관계수, n은 확률밀도함수가 줄어드는 빠르기를 나타낸다. 확률벡터 (X, Y)가 두 변수 t 확률벡터일 때 분산 $\operatorname{Var}\{X\}$와 $\operatorname{Var}\{Y\}$는 $n > 2$일 때에만 뜻매김할 수 있다. 한편, $n = 2$이면 두 변수 t 확률밀도함수는 두 변수 코쉬 확률밀도함수이고, n이 커지면 두 변수 t 확률밀도함수는 두 변수 정규 확률밀도함수와 가까워진다. 또, 확률벡터 (X, Y)의 분포가 $t\left(0, 0, s^2, 1, \rho, n\right)$일 때 $E\{X|Y\} = \rho s Y$이고, $E\{XY\} = \frac{\rho s n}{n-2}$이며,

$$E\left\{X^2 \middle| Y\right\} = \frac{s^2}{(n-1)^2} \left[\left(1-\rho^2\right) n + \left\{1 + (n-2)\rho^2\right\} Y^2 \right] \tag{5.4.48}$$

이다.

5.4.4 F 분포

뜻매김 5.4.8 중심 F 확률밀도함수

확률밀도함수

$$f(r) = \frac{\Gamma\left(\frac{m+n}{2}\right)}{\Gamma\left(\frac{m}{2}\right)\Gamma\left(\frac{n}{2}\right)} \frac{m}{n} \left(\frac{m}{n} r\right)^{\frac{m}{2}-1} \left(1 + \frac{m}{n} r\right)^{-\frac{m+n}{2}} u(r) \tag{5.4.49}$$

를 중심 F 확률밀도함수[30]라고 부르고, 그 분포를 $F(m, n)$으로 쓴다. 여기에서, 자연수 짝 (m, n)은 자유도라고 부른다.

[29] bivariate t distribution

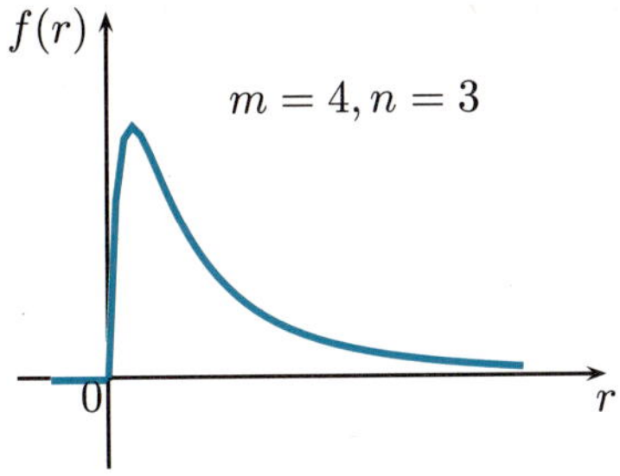

그림 5.4.3 중심 F 확률밀도함수

중심 F 분포는 앞에서 다룬 중심 카이 제곱 분포나 중심 t 분포와 더불어 수리 통계학에서 매우 중요한 분포이다. 문제 5.35에서 분포 $F(m,n)$을 따르는 확률변수 H의 적률이, $k = 1, 2, \cdots, \left\lceil \frac{n}{2} \right\rceil - 1$일 때

$$E\left\{H^k\right\} = \left(\frac{n}{m}\right)^k \frac{\Gamma\left(\frac{m}{2}+k\right)\Gamma\left(\frac{n}{2}-k\right)}{\Gamma\left(\frac{m}{2}\right)\Gamma\left(\frac{n}{2}\right)} \tag{5.4.50}$$

임을 보인다. 그림 5.4.3에 분포 $F(4,3)$의 확률밀도함수를 보였다.

정리 5.4.12 두 확률변수 $X \sim \chi^2(m)$과 $Y \sim \chi^2(n)$이 서로 독립이면

$$H = \frac{nX}{mY} \sim F(m,n) \tag{5.4.51}$$

이다. ■■

증명 보조 변수를 $V = Y$라고 두면, $X = \frac{m}{n}HV$이고 $Y = V$이다. 역변환 $(X,Y) = \underline{g}^{-1}(H, V) = \left(\frac{m}{n}HV, V\right)$의 함수 행렬식은 $J\left(\underline{g}^{-1}(r,v)\right) = \left|\frac{\partial}{\partial(r,v)}\underline{g}^{-1}(r,v)\right| = \begin{vmatrix} \frac{m}{n}v & 0 \\ \frac{m}{n}r & 1 \end{vmatrix} = \frac{m}{n}v$이므로 (H,V)의 결합 확률밀도함수 $f_{H,V}(r,v) = \frac{mv}{n} f_{X,Y}\left(\frac{m}{n}vr, v\right)$는

$$f_{H,V}(r,v) = \frac{mv}{n} f_X\left(\frac{m}{n}vr\right) f_Y(v) \tag{5.4.52}$$

이다. 이제, $f_X(x) = \left(\frac{1}{2}\right)^{\frac{m}{2}} \left\{\Gamma\left(\frac{m}{2}\right)\right\}^{-1} x^{\frac{m}{2}-1} e^{-\frac{x}{2}} u(x)$이고 $f_Y(y) = \left(\frac{1}{2}\right)^{\frac{n}{2}} \left\{\Gamma\left(\frac{n}{2}\right)\right\}^{-1} y^{\frac{n}{2}-1} e^{-\frac{y}{2}} u(y)$이므로, H의 한계 확률밀도함수 $f_H(r) = \int_{-\infty}^{\infty} f_{H,V}(r,v)dv = \int_{-\infty}^{\infty} \frac{mv}{n} f_X\left(\frac{m}{n}vr\right) f_Y(v) dv$는

$$\begin{aligned} f_H(r) &= \int_{-\infty}^{\infty} \frac{mv}{n} \frac{\left(\frac{1}{2}\right)^{\frac{m}{2}} \left(\frac{m}{n}vr\right)^{\frac{m}{2}-1}}{\Gamma\left(\frac{m}{2}\right)} \exp\left(-\frac{\frac{m}{n}vr}{2}\right) \frac{\left(\frac{1}{2}\right)^{\frac{n}{2}} v^{\frac{n}{2}-1}}{\Gamma\left(\frac{n}{2}\right)} \exp\left(-\frac{v}{2}\right) u(v) u\left(\frac{m}{n}vr\right) dv \\ &= \frac{m}{n} \frac{\left(\frac{1}{2}\right)^{\frac{m}{2}} \left(\frac{1}{2}\right)^{\frac{n}{2}}}{\Gamma\left(\frac{m}{2}\right)\Gamma\left(\frac{n}{2}\right)} \left(\frac{m}{n}r\right)^{\frac{m}{2}-1} \int_0^{\infty} v^{\frac{m+n}{2}-1} \exp\left\{-\frac{v}{2}\left(\frac{m}{n}r+1\right)\right\} dv\, u(r) \\ &= \frac{m}{n} \frac{1}{\Gamma\left(\frac{m}{2}\right)\Gamma\left(\frac{n}{2}\right)} \left(\frac{m}{n}r\right)^{\frac{m}{2}-1} \int_0^{\infty} \left(\frac{1}{2}\right)^{\frac{m+n}{2}} v^{\frac{m+n}{2}-1} \exp\left\{-\frac{v}{2}\left(\frac{m}{n}r+1\right)\right\} dv\, u(r) \end{aligned}$$

[30]central F pdf

$$= \frac{\Gamma\left(\frac{m+n}{2}\right)}{\Gamma\left(\frac{m}{2}\right)\Gamma\left(\frac{n}{2}\right)} \frac{m}{n} \left(\frac{m}{n}r\right)^{\frac{m}{2}-1} \left(1+\frac{m}{n}r\right)^{-\frac{m+n}{2}} u(r) \tag{5.4.53}$$

이다[31]. □

보기 5.4.7 확률변수 X의 분포가 $F(m,n)$일 때, 확률변수 $\frac{1}{X}$의 분포를 얻어보시오.

풀이 식 (3.2.27)과 (5.4.49)를 바탕으로, $u\left(\frac{1}{y}\right) = u(y)$를 새겨서 $Y = \frac{1}{X}$의 확률밀도함수 $f_Y(y) = \frac{1}{y^2} \frac{\Gamma\left(\frac{m+n}{2}\right)}{\Gamma\left(\frac{m}{2}\right)\Gamma\left(\frac{n}{2}\right)} \left(\frac{m}{n}\right) \left(\frac{m}{n}\frac{1}{y}\right)^{\frac{m}{2}-1} \left(1+\frac{m}{n}\frac{1}{y}\right)^{-\frac{m+n}{2}} u\left(\frac{1}{y}\right) = \frac{1}{y^2} \frac{\Gamma\left(\frac{m+n}{2}\right)}{\Gamma\left(\frac{m}{2}\right)\Gamma\left(\frac{n}{2}\right)} \left(\frac{m}{n}\right) \left(\frac{n}{m}y\right)^{1-\frac{m}{2}} \left(\frac{ny}{ny+m}\right)^{\frac{m+n}{2}} u(y) = \frac{\Gamma\left(\frac{m+n}{2}\right)}{\Gamma\left(\frac{m}{2}\right)\Gamma\left(\frac{n}{2}\right)} \left(\frac{m}{n}\right)^{\frac{m}{2}} y^{-\frac{m}{2}-1} (ny)^{\frac{m+n}{2}} (ny+m)^{-\frac{m+n}{2}} u(y)$를 얻으면

$$\begin{aligned} f_Y(y) &= \frac{\Gamma\left(\frac{m+n}{2}\right)}{\Gamma\left(\frac{m}{2}\right)\Gamma\left(\frac{n}{2}\right)} \left(\frac{m}{n}\right)^{\frac{m}{2}} y^{\frac{n}{2}-1} \left(y+\frac{m}{n}\right)^{-\frac{m+n}{2}} u(y) \\ &= \frac{\Gamma\left(\frac{m+n}{2}\right)}{\Gamma\left(\frac{m}{2}\right)\Gamma\left(\frac{n}{2}\right)} \left(\frac{n}{m}\right) \left(\frac{n}{m}y\right)^{\frac{n}{2}-1} \left(1+\frac{n}{m}y\right)^{-\frac{m+n}{2}} u(y) \end{aligned} \tag{5.4.54}$$

이다. 곧, X의 분포가 $F(m,n)$이면 $\frac{1}{X}$의 분포는 $F(n,m)$이다. ◇

보기 5.4.8 (중심 F 확률밀도함수의 극한 1) 자유도 n이 끝없이 커질 때 분포 $F(m,n)$의 확률밀도함수의 극한을 얻어보시오.

풀이 먼저, 중심 F 확률밀도함수 $f_F(x)$를

$$f_F(x) = \frac{1}{\Gamma\left(\frac{m}{2}\right)} \frac{1}{x} \underbrace{\frac{\Gamma\left(\frac{m+n}{2}\right)}{\Gamma\left(\frac{n}{2}\right)} \left(\frac{mx}{n}\right)^{\frac{m}{2}}}_{A} \left(1+\frac{mx}{n}\right)^{-\frac{m+n}{2}} u(x) \tag{5.4.55}$$

꼴로 바꾸어 쓰자. 이제, (1.4.76)을 쓰면 $\lim_{n\to\infty} A = \lim_{n\to\infty} \left(\frac{n}{2}\right)^{\frac{m}{2}} \left(\frac{mx}{n}\right)^{\frac{m}{2}} = \left(\frac{mx}{2}\right)^{\frac{m}{2}}$ 이고

$$\begin{aligned} \lim_{n\to\infty} \left(1+\frac{m}{n}x\right)^{-\frac{(m+n)}{2}} &= \lim_{n\to\infty} \left(1+\frac{m}{n}x\right)^{-\frac{n}{2}} \left(1+\frac{m}{n}x\right)^{-\frac{m}{2}} \\ &= \exp\left(-\frac{m}{2}x\right) \end{aligned} \tag{5.4.56}$$

이므로, $a = \frac{m}{2}$ 이라고 두면

$$\lim_{n\to\infty} f_F(x) = \frac{a}{\Gamma(a)} (ax)^{a-1} \exp(-ax) u(x) \tag{5.4.57}$$

이다. 곧, $n \to \infty$이면 $F(m,n) \to G\left(\frac{m}{2}, \frac{2}{m}\right)$이다. ◇

보기 5.4.9 (중심 F 확률밀도함수의 극한 2) 보기 5.4.8에서는 $n \to \infty$일 때 분포 $F(m,n)$의 확률밀도함수의 극한을 얻었다. 이제, $m \to \infty$일 때 분포 $F(m,n)$의 확률밀도함수의 극한을 얻으시오. 또, 그 결과를 바탕으로 $X \sim F(m,n)$이고 $m \to \infty$일 때 $\frac{1}{X}$의 확률밀도함수를 얻으시오.

---

[31] 여기에서 $w = \left(\frac{m}{n}r+1\right)v$로 둘 때 $\left\{\Gamma\left(\frac{m+n}{2}\right)\right\}^{-1} \int_0^\infty \left(\frac{1}{2}\right)^{\frac{m+n}{2}} w^{\frac{m+n}{2}-1} e^{-\frac{w}{2}} dw = 1$임을 썼다.

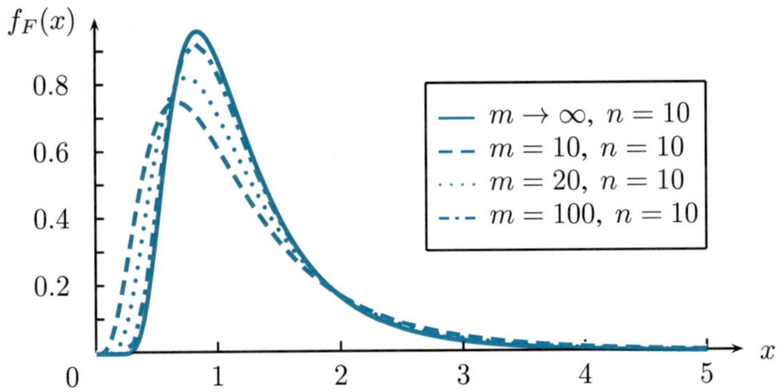

그림 5.4.4 자유도 m이 바뀔 때 중심 $F(m, 10)$ 확률밀도함수 $f_{F(m,10)}(x)$의 변화

풀이 확률밀도함수 $f_F(x)$를

$$f_F(x) = \frac{1}{\Gamma\left(\frac{n}{2}\right)} \frac{1}{x} \underbrace{\frac{\Gamma\left(\frac{m+n}{2}\right)}{\Gamma\left(\frac{m}{2}\right)} \left(\frac{n}{n+mx}\right)^{\frac{n}{2}}}_{B} \underbrace{\left(\frac{mx}{n+mx}\right)^{\frac{m}{2}}}_{C} u(x) \tag{5.4.58}$$

처럼 바꾸어 써 보자. 그러면 $\lim_{m\to\infty} C = \lim_{m\to\infty} \left(1+\frac{n}{mx}\right)^{-\frac{m}{2}} = \exp\left(-\frac{n}{2x}\right)$이고, (1.4.76)을 쓰면 $\lim_{m\to\infty} B = \lim_{m\to\infty} \frac{\left(\frac{m}{2}\right)^{\frac{n}{2}}\Gamma\left(\frac{m}{2}\right)}{\Gamma\left(\frac{m}{2}\right)} \times \left(\frac{n}{mx}\right)^{\frac{n}{2}} = \left(\frac{n}{2x}\right)^{\frac{n}{2}}$이므로, $b = \frac{n}{2}$이라고 두면

$$\lim_{m\to\infty} f_F(x) = \frac{1}{b\Gamma(b)} \left(\frac{b}{x}\right)^{b+1} \exp\left(-\frac{b}{x}\right) u(x) \tag{5.4.59}$$

를 얻는다. 그림 5.4.4에 $n = 10$일 때 m이 커지면 분포 $F(m, 10)$의 확률밀도함수가 어떻게 바뀌는지 보였고, 그림 5.4.5에는 $m \to \infty$일 때 분포 $F(m, n)$의 확률밀도함수를 셋 보여[32] 두었다. 한편, $m \to \infty$일 때 $\frac{1}{X}$의 확률밀도함수 $\lim_{m\to\infty} f_{\frac{1}{X}}(y) = \lim_{m\to\infty} \frac{1}{y^2} f_F\left(\frac{1}{y}\right) = \frac{1}{b\Gamma(b)} \frac{1}{y^2} (by)^{b+1} \exp(-by) u\left(\frac{1}{y}\right)$은

$$\lim_{m\to\infty} f_{\frac{1}{X}}(y) = \frac{b}{\Gamma(b)} (by)^{b-1} \exp(-by) u(y) \tag{5.4.60}$$

이다. 곧, $m \to \infty$일 때 $\frac{1}{X} \sim G\left(\frac{n}{2}, \frac{2}{n}\right)$이다. ◇

식 (5.4.54)에서 보았듯이 $X \sim F(m, n)$이면 $\frac{1}{X} \sim F(n, m)$이고 보기 5.4.8에서 보았듯이 $n \to \infty$일 때 $F(m, n) \to G\left(\frac{m}{2}, \frac{2}{m}\right)$이므로, $X \sim F(m, n)$이면 $m \to \infty$일 때 $\frac{1}{X} \sim G\left(\frac{n}{2}, \frac{2}{n}\right)$이다. 이 결과를 보기 5.4.9에서 직접 본 셈이다. 또, 이 결과와 (3.2.26)을 바탕으로 $X \sim F(m, n)$이면 $m \to \infty$일 때 $\frac{n}{2X} \sim G\left(\frac{n}{2}, 1\right)$이라는 것을 알 수 있다.

정리 5.4.13 확률표본 $\underline{X} = \{X_i\}_{i=1}^m$과 $\underline{Y} = \{Y_i\}_{i=1}^n$이 서로 독립이고, 그 한계 분포가 각각 $N\left(\mu_X, \sigma_X^2\right)$과 $N\left(\mu_Y, \sigma_Y^2\right)$일 때, $\underline{X}$의 표본평균을 $\overline{X}_m$, $\underline{X}$의 표본분산을 $W_{X,m}$, $\underline{Y}$의 표본평균을 $\overline{Y}_n$, $\underline{Y}$의 표본분산을 $W_{Y,n}$처럼 쓰자. 그러면

[32] 그림 5.4.4에서는 $x = \frac{a-1}{a} = \frac{m-2}{m}$일 때, 그림 5.4.5에서는 $x = \frac{b}{b+1} = \frac{n}{n+2}$일 때 확률밀도함수의 값이 가장 크다.

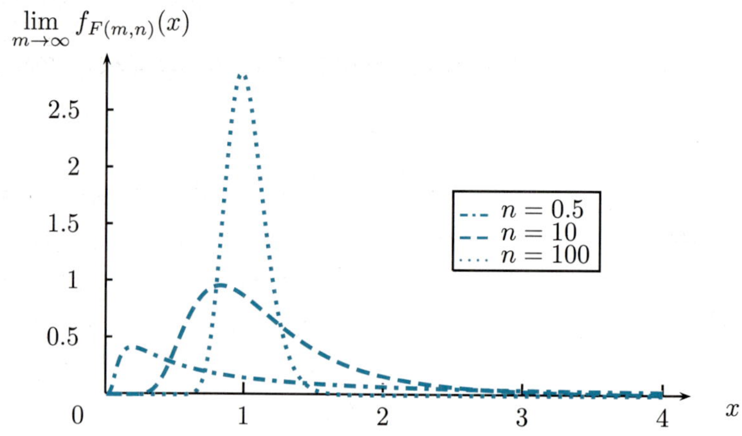

그림 5.4.5 자유도 $m \to \infty$일 때 중심 $F(m,n)$ 확률밀도함수의 극한 $\lim_{m\to\infty} f_{F(m,n)}(x)$

$$\frac{\sigma_Y^2}{\sigma_X^2}\frac{W_{X,m}}{W_{Y,n}} \sim F(m-1,n-1) \tag{5.4.61}$$

이고

$$\frac{(\overline{X}_m-\mu_X)-(\overline{Y}_n-\mu_Y)}{\sqrt{\frac{(m-1)W_{X,m}}{\sigma_X^2}+\frac{(n-1)W_{Y,n}}{\sigma_Y^2}}}\sqrt{\frac{m+n-2}{\frac{\sigma_X^2}{m}+\frac{\sigma_Y^2}{n}}} \sim t(m+n-2) \tag{5.4.62}$$

이다. ■■

증명 식 (5.4.41)에서 알 수 있듯이 $\frac{(m-1)}{\sigma_X^2}W_{X,m} \sim \chi^2(m-1)$이고 $\frac{(n-1)}{\sigma_Y^2}W_{Y,n} \sim \chi^2(n-1)$이며, 이 둘이 서로 독립이라는 것을 새기면 (5.4.61)은 정리 5.4.12에서 쉽게 알 수 있다. 또, $\overline{X}_m-\overline{Y}_n \sim N\left(\mu_X-\mu_Y, \frac{\sigma_X^2}{m}+\frac{\sigma_Y^2}{n}\right)$이고 $\frac{(m-1)}{\sigma_X^2}W_{X,m}+\frac{(n-1)}{\sigma_Y^2}W_{Y,n} \sim \chi^2(m+n-2)$이며, 이 둘이 서로 독립이라는 것을 새기면 (5.4.62)를 정리 5.4.10에서 쉽게 알 수 있다. □

뜻매김 5.4.9

비중심 카이 제곱 확률변수 $X \sim \chi^2(m,\delta)$와 카이 제곱 확률변수 $Y \sim \chi^2(n)$이 서로 독립일 때

$$H = \frac{nX}{mY} \tag{5.4.63}$$

의 분포를 자유도가 (m,n)이고 비중심 매개변수가 δ인 비중심 F 분포라고 부르고 $F(m,n,\delta)$로 쓴다.

비중심 F 분포 $F(m,n,\delta)$의 확률밀도함수는

$$f(x) = \frac{m^{\frac{m}{2}}n^{\frac{n}{2}}x^{\frac{m}{2}-1}}{\Gamma\left(\frac{n}{2}\right)\exp\left(\frac{\delta}{2}\right)}\sum_{j=0}^{\infty}\frac{\left(\frac{\delta m x}{2}\right)^j\Gamma\left(\frac{m+n+2j}{2}\right)}{j!\,\Gamma\left(\frac{m+2j}{2}\right)(mx+n)^{\frac{m+n+2j}{2}}}u(x) \tag{5.4.64}$$

이다. 한편, $\delta=0$일 때에 확률밀도함수 (5.4.64)를 살펴 보면 비중심 F 분포 $F(m,n,0)$은 중심 F 분포 $F(m,n)$이라는 것을 알 수 있다. 문제 5.36에서 분포 $F(m,n,\delta)$의 평균이

$$E\{H\} = \frac{n(m+\delta)}{m(n-2)}, \quad n = 3, 4, \cdots \tag{5.4.65}$$

이고, 분산이

$$\text{Var}\{H\} = \frac{2n^2\left\{(m+\delta)^2 + (n-2)(m+2\delta)\right\}}{m^2(n-4)(n-2)^2}, \quad n = 5, 6, \cdots \tag{5.4.66}$$

임을 보인다.

부록

부록 5.1 증명: 정규 확률벡터의 곱 적률의 일반식

정규 확률벡터의 곱 적률을 얻는 일반식인 (5.3.59)를 수학적 귀납법으로 보이자.

먼저, 프라이스의 정리를 나타내는 (5.3.20)을 바탕으로 $i \neq j$일 때

$$\frac{\partial}{\partial \tilde{\rho}_{ij}} E\left\{\prod_{k=1}^{n} X_k^{a_k}\right\} = a_i a_j E\left\{X_i^{a_i-1} X_j^{a_j-1} \prod_{\substack{k=1 \\ k\neq i,j}}^{n} X_k^{a_k}\right\} \qquad (5.부.1)$$

이고 $i = j$일 때

$$\frac{\partial}{\partial \tilde{\rho}_{ii}} E\left\{\prod_{k=1}^{n} X_k^{a_k}\right\} = \frac{a_i\,(a_i-1)}{2} E\left\{X_i^{a_i-2} \prod_{\substack{k=1 \\ k\neq i}}^{n} X_k^{a_k}\right\} \qquad (5.부.2)$$

임을 알 수 있다.

다음으로, (5.3.30)이 성립함을 먼저 보이자. 식 (5.3.25)에서 알 수 있듯이 $E\{X_1^a\}$을 풀어 쓸 때 $\tilde{\rho}_{11}^p m_1^{a-2p}$의 계수는 $d_{a,p} = \frac{a!}{2^p p!(a-2p)!}$이다. 이제 곱 적률 $E\{X_1^a X_2^b\}$을

$$E\{X_1^a X_2^b\} = \sum_{j=0}^{\min(a,b)} \sum_{p=0}^{\underline{a-j}} \sum_{q=0}^{\underline{b-j}} d_{a,b,j,p,q}\, \tilde{\rho}_{12}^j \tilde{\rho}_{11}^p \tilde{\rho}_{22}^q\, m_1^{a-j-2p} m_2^{b-j-2q} \qquad (5.부.3)$$

처럼 나타내었다고 두자. 그러면, $\tilde{\rho}_{12} = 0$일 때에는 $E\{X_1^a X_2^b\} = E\{X_1^a\} E\{X_2^b\}$이므로

$$\sum_{p=0}^{\underline{a}} \sum_{q=0}^{\underline{b}} d_{a,b,0,p,q}\, \tilde{\rho}_{11}^p \tilde{\rho}_{22}^q\, m_1^{a-2p} m_2^{b-2q} = \sum_{p=0}^{\underline{a}} d_{a,p} \tilde{\rho}_{11}^p\, m_1^{a-2p} \sum_{q=0}^{\underline{b}} d_{b,q} \tilde{\rho}_{22}^q\, m_2^{b-2q} \qquad (5.부.4)$$

이고, 따라서

$$d_{a,b,0,p,q} = \frac{a!b!}{2^{p+q} p!q!(a-2p)!(b-2q)!} \qquad (5.부.5)$$

이다. 다음에, (5.부.1)에서

$$\frac{\partial}{\partial \tilde{\rho}_{12}} E\{X_1^a X_2^b\} = abE\{X_1^{a-1} X_2^{b-1}\} \qquad (5.부.6)$$

을 얻는다. 그런데, (5.부.3)에서

$$\begin{aligned}\frac{\partial}{\partial \tilde{\rho}_{12}} E\{X_1^a X_2^b\} &= \sum_{j=1}^{\min(a,b)} \sum_{p=0}^{\underline{a-j}} \sum_{q=0}^{\underline{b-j}} j\, d_{a,b,j,p,q}\, \tilde{\rho}_{12}^{j-1} \tilde{\rho}_{11}^p \tilde{\rho}_{22}^q \\ &= \sum_{j=0}^{\min(a,b)-1} \sum_{p=0}^{\underline{a-1-j}} \sum_{q=0}^{\underline{b-1-j}} (j+1)\, d_{a,b,j+1,p,q} m_1^{a-1-j-2p} m_2^{b-1-j-2q}\end{aligned} \qquad (5.부.7)$$

이고

$$E\left\{X_1^{a-1}X_2^{b-1}\right\} = \sum_{j=0}^{\min(a-1,b-1)} \sum_{p=0}^{a-1-j} \sum_{q=0}^{b-1-j} d_{a-1,b-1,j,p,q}\, \tilde{\rho}_{12}^{j} \tilde{\rho}_{11}^{p} \tilde{\rho}_{22}^{q} \times m_1^{a-1-j-2p} m_2^{b-1-j-2q} \quad (5.부.8)$$

이다. 그러므로, $\min(a,b)-1 = \min(a-1,b-1)$이라는 것을 새기면 (5.부.6)–(5.부.8)에서

$$d_{a,b,j+1,p,q} = \frac{ab}{j+1} d_{a-1,b-1,j,p,q} \quad (5.부.9)$$

를 얻는다. 이 식을 순환적으로 거듭 쓴 뒤, (5.부.5)를 새기면

$$d_{a,b,j+1,p,q} = \frac{a!b!}{2^{p+q}p!q!(j+1)!(a-j-1-2p)!(b-j-1-2q)!} \quad (5.부.10)$$

을 얻는데, 이 결과는 (5.3.30)에 나타낸 계수와 같은 것이다.

이제, $n=1,2$일 때 (5.3.59)가 성립한다는 것을 (5.3.25)와 (5.3.30)에서 알 수 있다. 다음에, (5.3.59)가 $n=m-1$일 때 성립한다고 두면, $\tilde{\rho}_{1m} = \tilde{\rho}_{2m} = \cdots = \tilde{\rho}_{m-1,m} = 0$일 때

$$E\left\{X_1^{a_1}X_2^{a_2}\cdots X_m^{a_m}\right\} = E\left\{X_1^{a_1}X_2^{a_2}\cdots X_{m-1}^{a_{m-1}}\right\} E\left\{X_m^{a_m}\right\} \quad (5.부.11)$$

이므로, (5.3.25)와 $n=m-1$일 때의 (5.3.59)를 새기면

$$\begin{aligned} \left[d_{\boldsymbol{a}_2,\boldsymbol{l}_2}\right]_{l_{1m}\mapsto 0, l_{2m}\mapsto 0, \cdots, l_{m-1,m}\mapsto 0} &= d_{\boldsymbol{a}_1,\boldsymbol{l}_1} d_{a_m,l_{mm}} \\ &= \frac{\prod_{k=1}^{m} a_k!}{2^{M_{\boldsymbol{l}_2}} \left(\prod_{i=1}^{m-1}\prod_{j=i}^{m-1} l_{ij}!\right) l_{mm}! \left(\prod_{j=1}^{m-1} L_{\boldsymbol{a}_1,j}!\right)(a_m-2l_{mm})!} \end{aligned} \quad (5.부.12)$$

이다. 여기에서, $M_{\boldsymbol{l}} = \sum_{i=1}^{n} l_{ii}$, $\boldsymbol{a}_1 = \{a_i\}_{i=1}^{m-1}$, $\boldsymbol{a}_2 = \boldsymbol{a}_1 \cup \{a_m\}$, $\boldsymbol{l}_1 = \left\{\{l_{ij}\}_{j=i}^{m-1}\right\}_{i=1}^{m-1}$, $\boldsymbol{l}_2 = \boldsymbol{l}_1 \cup \{l_{im}\}_{i=1}^{m}$이고, $\alpha \mapsto \beta$는 α 자리에 β를 넣는 '바꿈'을 뜻한다.

다음으로, (5.부.1)에서 $(i,j) = (1,m),(2,m),\cdots,(m-1,m)$이라고 둔 다음, (5.부.6)에서 (5.부.10)에 이르는 것과 비슷한 단계를 거치면, $i=1,2,\cdots,m-1$일 때

$$\left[d_{\boldsymbol{a}_2,\boldsymbol{l}_2}\right]_{l_{im}\mapsto l_{im}+1} = \frac{a_i!a_m!\left[d_{\boldsymbol{a}_2,\boldsymbol{l}_2}\right]_{l_{im}\mapsto 0, a_i\mapsto a_i-l_{im}-1, a_m\mapsto a_m-l_{im}-1}}{(a_i-l_{im}-1)!\,(a_m-l_{im}-1)!\,(l_{im}+1)!} \quad (5.부.13)$$

을 얻는다. 이 식에서 $l_{im}+1$을 l_{im}으로 바꾸면 $i=1,2,\cdots,m-1$일 때

$$d_{\boldsymbol{a}_2,\boldsymbol{l}_2} = \frac{a_i!a_m!\left[d_{\boldsymbol{a}_2,\boldsymbol{l}_2}\right]_{l_{im}\mapsto 0, a_i\mapsto a_i-l_{im}, a_m\mapsto a_m-l_{im}}}{(a_i-l_{im})!\,(a_m-l_{im})!l_{im}!} \quad (5.부.14)$$

이다. 이제, $i=1$로 둔 (5.부.14)에서 $l_{2m}=0$이라고 두면

$$\left[d_{\boldsymbol{a}_2,\boldsymbol{l}_2}\right]_{l_{2m}\mapsto 0} = \frac{a_1!a_m!\left[d_{\boldsymbol{a}_2,\boldsymbol{l}_2}\right]_{l_{1m}\mapsto 0, l_{2m}\mapsto 0, a_1\mapsto a_1-l_{1m}, a_m\mapsto a_m-l_{1m}}}{(a_1-l_{1m})!\,(a_m-l_{1m})!l_{1m}!} \quad (5.부.15)$$

를 얻고, 이 결과를 $i=2$로 둔 (5.부.14)에 쓰면

$$\begin{aligned} d_{\boldsymbol{a}_2,\boldsymbol{l}_2} &= \frac{a_2!a_m!}{(a_2-l_{2m})!\,(a_m-l_{2m})!l_{2m}!} \times \frac{a_1!\,(a_m-l_{2m})!}{(a_1-l_{1m})!\,(a_m-l_{1m}-l_{2m})!l_{1m}!} \\ &\quad \times \left[d_{\boldsymbol{a}_2,\boldsymbol{l}_2}\right]_{l_{1m}\mapsto 0, l_{2m}\mapsto 0, a_1\mapsto a_1-l_{1m}, a_2\mapsto a_2-l_{2m}, a_m\mapsto a_m-l_{1m}-l_{2m}} \end{aligned} \quad (5.부.16)$$

을 얻는다. 이어서, (5.부.16)에서 $l_{3m}=0$라고 두면

$$[d_{\boldsymbol{a}_2,\boldsymbol{l}_2}]_{l_{3m}\mapsto 0} = \frac{a_1!a_2!a_m!}{l_{1m}!l_{2m}!(a_1-l_{1m})!(a_2-l_{2m})!(a_m-l_{1m}-l_{2m})!} \times [d_{\boldsymbol{a}_2,\boldsymbol{l}_2}]_{k=1,2,3\text{일 때 } l_{km}\mapsto 0,\, a_1\mapsto a_1-l_{1m},\, a_2\mapsto a_2-l_{2m},\, a_m\mapsto a_m-l_{1m}-l_{2m}} \tag{5.부.17}$$

을 얻고 이 결과를 $i=3$으로 둔 (5.부.14)에 쓰면

$$\begin{aligned} d_{\boldsymbol{a}_2,\boldsymbol{l}_2} &= \frac{a_3!a_m!}{(a_3-l_{3m})!(a_m-l_{3m})!l_{3m}!} \\ &\quad \times \frac{a_1!a_2!(a_m-l_{3m})!}{l_{1m}!l_{2m}!(a_1-l_{1m})!(a_2-l_{2m})!(a_m-l_{1m}-l_{2m}-l_{3m})!} \\ &\quad \times [d_{\boldsymbol{a}_2,\boldsymbol{l}_2}]_{k=1,2,3\text{일 때 } l_{km}\mapsto 0,\, a_k\mapsto a_k-l_{km};\; a_m\mapsto a_m-l_{1m}-l_{2m}-l_{3m}} \\ &= \frac{\left(\prod_{k=1}^{3} a_k!\right) a_m!}{\left(\prod_{k=1}^{3} l_{km}!\right)\left\{\prod_{k=1}^{3}(a_k-l_{km})!\right\}\left(a_m-\sum_{k=1}^{3} l_{km}\right)!} \\ &\quad \times [d_{\boldsymbol{a}_2,\boldsymbol{l}_2}]_{k=1,2,3\text{일 때 } l_{km}\mapsto 0,\, a_k\mapsto a_k-l_{km};\; a_m\mapsto a_m-\sum_{k=1}^{3} l_{km}} \end{aligned} \tag{5.부.18}$$

을 얻는다.

이제, $i=m-2$로 둔 (5.부.18)에서 $l_{m-1,m}=0$이라고 두면 얻을 수 있는 $[d_{\boldsymbol{a}_2,\boldsymbol{l}_2}]_{l_{m-1,m}\mapsto 0}$과 $i=m-1$로 둔 (5.부.14)를 새겨서, $i=m-1$일 때까지 위 과정을 거치면

$$\begin{aligned} d_{\boldsymbol{a}_2,\boldsymbol{l}_2} &= \frac{\left(\prod_{k=1}^{m-1} a_k!\right) a_m!}{\left(\prod_{k=1}^{m-1} l_{km}!\right)\left\{\prod_{k=1}^{m-1}(a_k-l_{km})!\right\}\left(a_m-\sum_{k=1}^{m-1} l_{km}\right)!} \\ &\quad \times [d_{\boldsymbol{a}_2,\boldsymbol{l}_2}]_{k=1,2,\cdots,m-1\text{일 때 } l_{km}\mapsto 0,\, a_k\mapsto a_k-l_{km};\; a_m\mapsto a_m-\sum_{k=1}^{m-1} l_{km}} \end{aligned} \tag{5.부.19}$$

를 얻는다. 끝으로, $a_m-\sum_{k=1}^{m-1} l_{km}-2l_{mm} = a_m-l_{mm}-\sum_{k=1}^{m} l_{km} = L_{\boldsymbol{a}_2,m}$이고 $j=1,2,\cdots,m-1$일 때 $[L_{\boldsymbol{a}_1,j}]_{k=1,2,\cdots,m-1\text{일 때 } a_k\mapsto a_k-l_{km}} = a_j-l_{jm}-l_{jj}-\sum_{k=1}^{m-1} l_{kj} = a_j-l_{jj}-\sum_{k=1}^{m} l_{kj} = L_{\boldsymbol{a}_2,j}$이라는 것을 새겨서 (5.부.12)를 (5.부.19)와 뭉치면

$$\begin{aligned} d_{\boldsymbol{a}_2,\boldsymbol{l}_2} &= \frac{\left(\prod_{k=1}^{m-1} a_k!\right) a_m!}{\left(\prod_{k=1}^{m-1} l_{km}!\right)\left\{\prod_{k=1}^{m-1}(a_k-l_{km})!\right\}\left(a_m-\sum_{k=1}^{m-1} l_{km}\right)!} \\ &\quad \times \frac{\left\{\prod_{k=1}^{m-1}(a_k-l_{km})!\right\}\left(a_m-\sum_{k=1}^{m-1} l_{km}\right)!}{2^{M_{\boldsymbol{l}_2}}\left(\prod_{k=1}^{m-1}\prod_{j=i}^{m-1} l_{kj}!\right) l_{mm}!\left\{\prod_{j=1}^{m-1}\left([L_{\boldsymbol{a}_1,j}]_{k=1,2,\cdots,m-1\text{일 때 } a_k\mapsto a_k-l_{km}}\right)!\right\}} \\ &\quad \times \frac{1}{\left(a_m-\sum_{k=1}^{m-1} l_{km}-2l_{mm}\right)!} \end{aligned}$$

$$= \frac{\prod_{k=1}^{m} a_k!}{2^{M_{l_2}} \left(\prod_{i=1}^{m} \prod_{j=i}^{m} l_{ij}! \right) \left(\prod_{j=1}^{m} L_{\boldsymbol{a}_2,j}! \right)} \qquad (5.부.20)$$

을 얻는다. 식 (5.부.20)은 (5.3.59)가 $n = m$일 때 성립한다는 것을 뜻한다.

부록 5.2 적분 식 몇 가지

함수

$$Q(\underline{x}) = \sum_{j=1}^{n} \sum_{i=1}^{n} a_{ij} x_i x_j \qquad (5.부.21)$$

이 $\underline{x} = (x_1, x_2, \cdots, x_n)$의 제곱[33] 꼴일 때

$$J_n = \int_0^\infty \int_0^\infty \cdots \int_0^\infty \exp\{-Q(\underline{x})\}\, d\underline{x} \qquad (5.부.22)$$

를 생각하자. 먼저, $n = 1$일 때 $Q(\underline{x}) = a_{11} x_1^2$이면

$$J_1 = \frac{\sqrt{\pi}}{2\sqrt{a_{11}}} \qquad (5.부.23)$$

이고, $n = 2$일 때 $Q(\underline{x}) = a_{11} x_1^2 + a_{22} x_1^2 + 2a_{12} x_1 x_2$이면 $\Delta_2 = a_{11} a_{22} - a_{12}^2$라고 둘 때

$$J_2 = \frac{1}{\sqrt{\Delta_2}} \left(\frac{\pi}{2} - \tan^{-1} \frac{a_{12}}{\sqrt{\Delta_2}} \right) \qquad (5.부.24)$$

이다. 또, $n = 3$일 때 $Q(\underline{x}) = a_{11} x_1^2 + a_{22} x_1^2 + a_{33} x_3^2 + 2a_{12} x_1 x_2 + 2a_{23} x_2 x_3 + 2a_{31} x_3 x_1$이면, $\Delta_3 = a_{11} a_{22} a_{33} - a_{11} a_{23}^2 - a_{22} a_{31}^2 - a_{33} a_{12}^2 + 2a_{12} a_{23} a_{31}$이라고 둘 때

$$J_3 = \frac{\sqrt{\pi}}{4\sqrt{\Delta_3}} \left(\frac{\pi}{2} + \sum^{c} \tan^{-1} \frac{a_{ij} a_{ki} - a_{ii} a_{jk}}{\sqrt{a_{ii} \Delta_3}} \right) \qquad (5.부.25)$$

임이 알려져 있다. 여기에서 $\sum^{c}$는 (5.3.52)에서 다룬 순환합이다. 한편, 표준 정규 확률밀도함수

$$\phi(x) = \frac{1}{\sqrt{2\pi}} \exp\left(-\frac{x^2}{2} \right) \qquad (5.부.26)$$

과 표준 정규 누적분포함수

$$\Phi(x) = \int_{-\infty}^{x} \phi(t)\, dt \qquad (5.부.27)$$

을 생각하여 (3.3.28)에 나타낸 $\int_{-\infty}^{\infty} \exp\left(-\alpha x^2\right) dx = \sqrt{\frac{\pi}{\alpha}}$을 쓰면

$$\begin{aligned} \int_{-\infty}^{\infty} \phi^m(x)\, dx &= \frac{1}{(2\pi)^{\frac{m}{2}}} \int_{-\infty}^{\infty} \exp\left(-\frac{mx^2}{2} \right) dx \\ &= (2\pi)^{-\frac{m-1}{2}} m^{-\frac{1}{2}} \end{aligned} \qquad (5.부.28)$$

[33] quadratic

이다. 이제, $n = 0, 1, \cdots$ 일 때

$$\begin{aligned} I_n(a) &= 2\pi \int_{-\infty}^{\infty} \Phi^n(ax)\ \phi^2(x)\, dx \\ &= \int_{-\infty}^{\infty} \Phi^n(ax)\ \exp\left(-x^2\right)\ dx \end{aligned} \quad (5.부.29)$$

을 생각하자. 이 식에서 $n = 0$이라고 두면

$$I_0(a) = \sqrt{\pi} \quad (5.부.30)$$

이고, $a = 0$이라고 두면

$$I_n(0) = \frac{\sqrt{\pi}}{2^n} \quad (5.부.31)$$

이다. 한편, $m = 0, 1, \cdots$ 일 때 $2m + 1$은 홀수이므로

$$\int_{-\infty}^{\infty} \left\{\Phi(ax) - \frac{1}{2}\right\}^{2m+1} \exp\left(-x^2\right)\ dx = 0 \quad (5.부.32)$$

인데, $\left\{\Phi(ax) - \frac{1}{2}\right\}^{2m+1} = \sum_{i=0}^{2m+1} \left(-\frac{1}{2}\right)^i {}_{2m+1}\mathrm{C}_i \Phi^{2m+1-i}(ax)$와 (5.부.29)를 쓰면, (5.부.32)에서 $\sum_{i=0}^{2m+1} \left(-\frac{1}{2}\right)^i {}_{2m+1}\mathrm{C}_i I_{2m+1-i}(a) = 0$을 얻을 수 있다. 이제 이 식을 정리하면 $m = 0, 1, \cdots$ 일 때

$$I_{2m+1}(a) = \sum_{i=1}^{2m+1} 2^{-i}(-1)^{i+1}\, {}_{2m+1}\mathrm{C}_i\ I_{2m+1-i}(a) \quad (5.부.33)$$

을 얻는다. 따라서, $m = 0$일 때 (5.부.30)과 (5.부.33)에서 $I_1(a) = \frac{1}{2}I_0(a)$는

$$I_1(a) = \frac{\sqrt{\pi}}{2} \quad (5.부.34)$$

이다. 또한, $m = 1$일 때 (5.부.30), (5.부.33), (5.부.34)에서 $I_3(a) = \frac{3}{2}I_2(a) - \frac{3}{4}I_1(a) + \frac{1}{8}I_0(a)$, 곧

$$I_3(a) = \frac{3}{2}I_2(a) - \frac{1}{4}I_0(a) \quad (5.부.35)$$

를 얻을 수 있다.

다음에, $\frac{d}{da}\Phi(ax) = x\phi(ax)$이고 $\frac{d}{da}\Phi^2(ax) = 2x\Phi(ax)\phi(ax)$라는 것을 새겨서 두고, 라이프니츠 공식 (3.2.18)을 써서 $I_2(a)$를 a로 미분한 뒤, 부분 적분하고, 그 다음에 (3.3.29)를 쓰면

$$\begin{aligned} \frac{d}{da}I_2(a) &= 2\pi \int_{-\infty}^{\infty} 2x\, \Phi(ax)\phi(ax)\, \phi^2(x)\, dx \\ &= \frac{2}{\sqrt{2\pi}} \int_{-\infty}^{\infty} \Phi(ax)\, x \exp\left(-\frac{2+a^2}{2}x^2\right)\, dx \\ &= \sqrt{\frac{2}{\pi}} \left[-\frac{\Phi(ax)}{2+a^2} \exp\left(-\frac{2+a^2}{2}x^2\right)\right]_{x=-\infty}^{\infty} \\ &\quad + \sqrt{\frac{2}{\pi}} \frac{a}{2+a^2} \int_{-\infty}^{\infty} \phi(ax) \exp\left(-\frac{2+a^2}{2}x^2\right)\, dx \end{aligned}$$

$$= \frac{a}{\pi(2+a^2)} \int_{-\infty}^{\infty} \exp\left\{-\left(1+a^2\right)x^2\right\} dx$$

$$= \frac{a}{\pi(2+a^2)} \sqrt{\frac{\pi}{1+a^2}} \tag{5.부.36}$$

이다. 그러므로, $\frac{d}{dx}\tan^{-1}x = \frac{1}{1+x^2}$에서 $\frac{d}{da}\tan^{-1}\sqrt{1+a^2} = \frac{1}{1+1+a^2}\frac{2a}{2\sqrt{1+a^2}} = \frac{a}{(2+a^2)\sqrt{1+a^2}}$라는 것과 (5.부.31)을 새기면

$$I_2(a) = \frac{1}{\sqrt{\pi}} \tan^{-1}\sqrt{1+a^2} \tag{5.부.37}$$

을 얻고, 이 식과 (5.부.35)에서

$$I_3(a) = \frac{3}{2\sqrt{\pi}} \tan^{-1}\sqrt{1+a^2} - \frac{\sqrt{\pi}}{4} \tag{5.부.38}$$

을 얻는다.

이제까지 얻은 $\{J_k\}_{k=1}^{3}$과 $\{I_k(a)\}_{k=0}^{3}$는 $\phi'(x) = -x\phi(x)$와 더불어 n이 작을 때 표준 정규 분포에서 순서 통계량의 적률을 계산하여 얻는 데에 매우 쓸모 있다.

부록 5.3 일반화된 정규 분포, 일반화된 코쉬 분포, 안정 분포

신호 처리나 통신의 여러 연구 영역뿐만 아니라 제어나 반도체와 같은 다른 연구 영역에서도 잡음을 다룰 때에는 잡음을 자주 정규 확률변수라고 둔다. 그 까닭은 아래와 같다. 첫째, 중심 극한 정리 – 정리 6.2.12 – 덕분이다. 중심 극한 정리를 따르면, 어떤 조건을 만족시킬 때 확률변수들을 더한 것이 정규 확률변수로 수렴하고, 이 조건들을 완벽하게 만족시키지 않더라도 때로는 그 더한 것을 정규 확률변수로 어림할 수 있다. 이것은 이항분포의 정규 어림셈에서도 본 바 있는 것이다. 곧, 잡음을 정규 잡음이라고 두고 실제 현상을 수학적으로 나타내더라도 참값에서 그리 크게 벗어나지 않는다는 것이다. 둘째, 잡음을 정규 잡음이라고 두면, 여러 가지 통신 또는 신호 처리 방식을 매우 간단히 얻을 수 있고, 또 그 성능을 수학적으로 쉽게 해석할 수 있기 때문이다.

그런데, 우리가 다루는 문제에서 실제 일어나는 잡음 환경을 늘 정규 환경으로 나타낼 수 있는 것은 아니고, 때로는 정규 환경이 아닌 것도 다루어야 한다. 보기를 들면, 물 속에서 음향 신호를 처리할 때의 잡음이나 저주파 대기 잡음 같은 것은 그 특성을 정규 확률변수로 모형화하기 어렵다고 알려져 있다. 다루려는 잡음이 정규 잡음이 아니라면, 마땅히 그에 맞는 확률 분포를 생각하여 신호 처리나 통신 방식을 얻는 것이 바를 것이다. 이때, 말할 것도 없이, 정규 환경에서 얻는 방식을 정규 환경이 아닌 때에도 쓸 수는 있지만, 정규 잡음에서 성능이 뛰어난 방식을 정규 환경이 아닌 때에 쓰면 그 성능이 매우 떨어질 수 있으며, 성능을 예측하기 또한 어렵다. 환경에 알맞은 확률 분포를 생각하여 신호 처리나 통신 방식을 얻어야 바라는 성능을 얻을 수 있고 또 그 성능을 예측할 수 있는 것이다.

정규 분포가 아닌 분포 가운데에서 신호 처리나 통신에서 중요하게 다룰 만한 것은 충격성[34] 분포 또는 긴꼬리[35] 분포라고 불리는 것이다. 일반적으로 충격성 분포란 꼬리가 정규 분포보다

[34] impulsive
[35] heavy-tailed

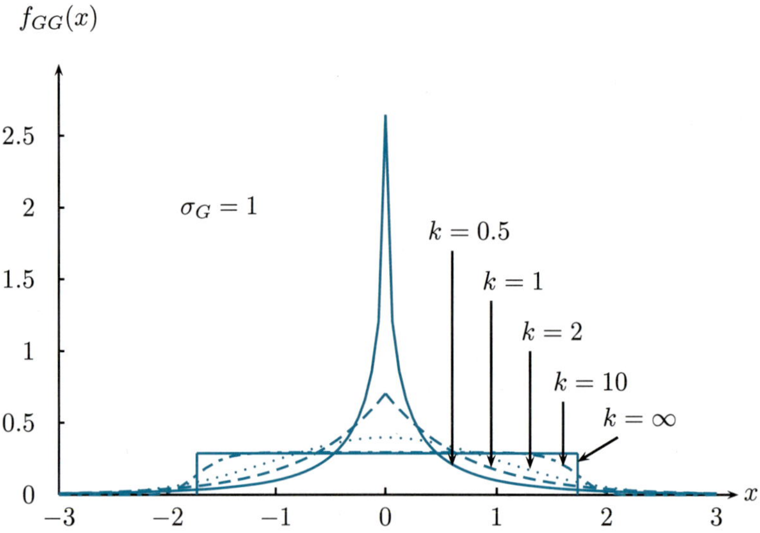

그림 5.부.1 일반화된 정규 확률밀도함수

긴 – 무거운 – 분포를 말한다. 곧, 충격성 분포는 크기가 매우 큰 값이 – 중앙값보다 매우 크거나 작은 값이 – 정규 분포보다 더 자주 일어날 수 있는 분포이다. 여기에서는 일반화된 정규 분포와 일반화된 코쉬 분포, 또 충격성 분포 가운데에서 일반화된 중심 극한 정리를 바탕으로 얻을 수 있는 안정 분포를 간단히 살펴 본다. 이 책에서는 다루지 않지만 일반화된 중심 극한 정리는 분산이 유한하지 않아 중심 극한 정리를 쓸 수 없는 확률변수들의 수렴을 다루는 정리이다.

(가) 일반화된 정규 분포

뜻매김 5.부.1 일반화된 정규 분포[36]

확률밀도함수가

$$f_{GG}(x) = \frac{k}{2A_G(k)\Gamma\left(\frac{1}{k}\right)} \exp\left[-\left\{\frac{|x|}{A_G(k)}\right\}^k\right], \ k > 0 \tag{5.부.39}$$

인 분포를 일반화된 정규 분포라고 부른다. 여기에서, $A_G(k) = \sqrt{\frac{\sigma_G^2 \Gamma\left(\frac{1}{k}\right)}{\Gamma\left(\frac{3}{k}\right)}}$이다.

그림 5.부.1에서 볼 수 있듯이 일반화된 정규 분포의 확률밀도함수는 짝함수이고, 꼭짓점이 하나이며[37], 두 매개변수로 뜻매김할 수 있다. 그 두 매개변수는 분산 σ_G^2과 확률밀도함수가 줄어드는 비율을 나타내고 0보다 큰 수 k이다.

일반화된 정규 확률밀도함수는 k의 값을 써서 여러 확률밀도함수를 나타낼 수 있으므로 꽤 쓸모 있는 확률밀도함수이다. 보기를 들면, $k = 2$이면 일반화된 정규 확률밀도함수는 정규 확률밀도함수이다. 또, $k < 2$이면 일반화된 정규 확률밀도함수는 충격성 확률밀도함수인데, 보기를

---

[36] generalized Gaussian distribution

[37] unimodal

들면 $k=1$일 때, 일반화된 정규 확률밀도함수는 겹 지수 확률밀도함수

$$f_D(x) = \frac{1}{\sqrt{2}\sigma_G} \exp\left(-\frac{\sqrt{2}|x|}{\sigma_G}\right) \quad (5.부.40)$$

이다. 일반화된 정규 확률변수 X의 적률은 r이 짝수일 때

$$E\{X^r\} = \sigma_G^r \frac{\Gamma^{\frac{r}{2}-1}\left(\frac{1}{k}\right)\Gamma\left(\frac{r+1}{k}\right)}{\Gamma^{\frac{r}{2}}\left(\frac{3}{k}\right)} \quad (5.부.41)$$

이다.

한편, (1.4.75)를 새기면 $\lim_{k\to\infty} \frac{3}{k}\Gamma\left(\frac{3}{k}\right) = 1$이고 $\lim_{k\to\infty} \frac{1}{k}\Gamma\left(\frac{1}{k}\right) = 1$이므로

$$\lim_{k\to\infty} A_G(k) = \sqrt{3}\sigma_G \quad (5.부.42)$$

이고, 따라서 $\lim_{k\to\infty} \frac{k}{2A_G(k)\Gamma\left(\frac{1}{k}\right)} = \frac{1}{2\sqrt{3}\sigma_G}$이다. 다음에, $k\to\infty$일 때, (5.부.39)에 있는 지수 함수의 극한은 $|x| \le A_G(k)$이면 – 곧, $|x| \le \sqrt{3}\sigma_G$이면 – 1이고 $|x| > A_G(k)$이면 0이다. 그러므로, $k\to\infty$일 때

$$f_{GG}(x) \to \frac{1}{2\sqrt{3}\sigma_G} u\left(\sqrt{3}\sigma_G - |x|\right) \quad (5.부.43)$$

이다. 바꾸어 말하면, $k\to\infty$일 때 일반화된 정규 확률변수의 극한은, 그림 5.부.1에서도 보였듯이, 고른 확률변수이다.

(나) 일반화된 코쉬 분포

뜻매김 5.부.2 일반화된 코쉬 분포[38]

확률밀도함수가

$$f_{GC}(x) = \frac{\tilde{B}_c(k,v)}{\tilde{D}_c^{v+\frac{1}{k}}(x)} \quad (5.부.44)$$

인 분포를 일반화된 코쉬 분포라고 부르고, $G_C(k,v)$처럼 쓴다. 여기에서, $k>0$, $v>0$, $\tilde{B}_c(k,v) = \frac{k\Gamma\left(v+\frac{1}{k}\right)}{2v^{\frac{1}{k}}A_G(k)\Gamma(v)\Gamma\left(\frac{1}{k}\right)}$, $\tilde{D}_c(x) = 1+\frac{1}{v}\left\{\frac{|x|}{A_G(k)}\right\}^k$이다.

그림 5.부.2에 일반화된 코쉬 확률밀도함수를 몇 개 보였다. 매개변수 v가 유한할 때에는 일반화된 코쉬 확률밀도함수의 꼬리는 지수 특성[39]이 아니라 대수 특성[40]을 나타낸다. 곧, $|x|$가 클 때 일반화된 코쉬 확률밀도함수 $f_{GC}(x)$의 꼬리는 $|x|^{-(kv+1)}$과 비례하며 줄어든다. 일반화된 정규 확률밀도함수와 마찬가지로 일반화된 코쉬 확률밀도함수도 여러 잡음 환경을 모형화하는 데에 쓸모 있다.

한편, $k=2$이고 $2v$가 정수이면 일반화된 코쉬 확률밀도함수는 t 확률밀도함수이고[41], $k=2$이고 $v=\frac{1}{2}$이면 일반화된 코쉬 확률밀도함수는 코쉬 확률밀도함수

[38] generalized Cauchy distribution

[39] exponential behavior

[40] algebraic behavior

[41] 여기에서, t 확률밀도함수는 뜻매김 5.4.5에서 다룬다.

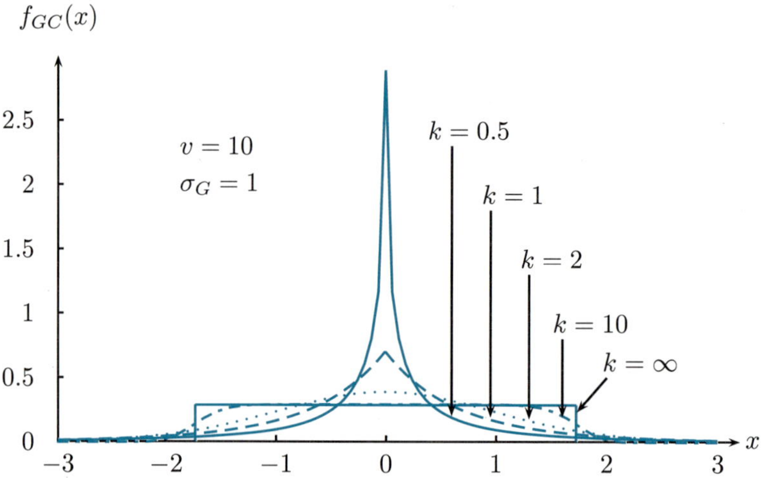

그림 5.부.2 일반화된 코쉬 확률밀도함수

$$f_C(x) \;=\; \frac{\sigma_G}{\pi\left(x^2+\sigma_G^2\right)} \tag{5.부.45}$$

이다.

다음으로, 매개변수 σ_G^2과 k가 정해져 있을 때

$$\begin{aligned}\lim_{v\to\infty} \tilde{D}_c^{v+\frac{1}{k}}(x) \;&=\; \lim_{v\to\infty}\left[1+\frac{1}{v}\left\{\frac{|x|}{A_G(k)}\right\}^k\right]^{v+\frac{1}{k}}\\ &=\; \exp\left[\left\{\frac{|x|}{A_G(k)}\right\}^k\right]\end{aligned} \tag{5.부.46}$$

이다. 또, (1.4.76)을 쓰면 $\lim\limits_{v\to\infty}\frac{\Gamma\left(v+\frac{1}{k}\right)}{v^{\frac{1}{k}}\Gamma(v)} = 1$이므로 $\lim\limits_{v\to\infty}\tilde{B}_c(k,v) = \frac{k}{2A_G(k)\Gamma\left(\frac{1}{k}\right)}\lim\limits_{v\to\infty}\frac{\Gamma\left(v+\frac{1}{k}\right)}{v^{\frac{1}{k}}\Gamma(v)} = \frac{k}{2A_G(k)\Gamma\left(\frac{1}{k}\right)}$이다. 따라서 $v\to\infty$일 때 일반화된 코쉬 확률밀도함수는 일반화된 정규 확률밀도함수와 같다. 보기를 들면, $k=2$이고 $v\to\infty$이면, 일반화된 코쉬 확률밀도함수는 정규 확률밀도함수이다. 한편, (1.4.75)에서 본 $\lim\limits_{p\to 0} p\Gamma(p) = \lim\limits_{p\to 0}\Gamma(p+1) = 1$과 (5.부.42)에서 본 $\lim\limits_{k\to\infty} A_G(k) = \sqrt{3}\sigma_G$를 쓰면, v가 정해져 있을 때 $\lim\limits_{k\to\infty}\tilde{B}_c(k,v) = \lim\limits_{k\to\infty}\frac{\Gamma(v)}{2A_G(k)\Gamma(v)\frac{1}{k}\Gamma\left(\frac{1}{k}\right)} = \frac{1}{2\sqrt{3}\sigma_G}$을 얻는다. 게다가, $|x| < \sqrt{3}\sigma_G$이면 $\lim\limits_{k\to\infty}\tilde{D}_c(x) = 1$이고, $|x| > \sqrt{3}\sigma_G$이면 $\lim\limits_{k\to\infty}\tilde{D}_c(x) = \infty$이다. 따라서, v가 정해져 있고 $k\to\infty$일 때

$$f_{GC}(x) \;\to\; \frac{1}{2\sqrt{3}\sigma_G}\,u\left(\sqrt{3}\sigma_G-|x|\right) \tag{5.부.47}$$

이다. 곧, v가 정해져 있고 $k\to\infty$일 때 일반화된 코쉬 확률변수의 극한은, 그림 5.부.2에도 보였듯이, 고른 확률변수이다.

일반화된 코쉬 확률밀도함수의 분산은

$$\sigma_{GC}^2 \;=\; \sigma_G^2 v^{\frac{2}{k}}\frac{\Gamma\left(v-\frac{2}{k}\right)}{\Gamma(v)} \tag{5.부.48}$$

이고, $vk > r$이고 r이 짝수일 때 일반화된 코쉬 확률밀도함수의 r째 적률은

$$E\{X^r\} = v^{\frac{r}{k}} \sigma_G^r \frac{\Gamma\left(v - \frac{r}{k}\right)\Gamma\left(\frac{r+1}{k}\right)\Gamma^{\frac{r}{2}-1}\left(\frac{1}{k}\right)}{\Gamma(v)\Gamma^{\frac{r}{2}}\left(\frac{3}{k}\right)} \tag{5.부.49}$$

이다.

(다) 안정 분포

안정 분포는 충격 환경을 모형화하는 데에 쓸모 있는 모형이고, 여러 실제 환경에 잘 들어맞는다는 것이 알려져 있다.

뜻매김 5.부.3 안정 분포[42]

특성함수 $\varphi(t)$가

$$\varphi(t) = \exp\left[jmt - \gamma|t|^{\alpha}\left\{1 + j\beta \mathrm{sgn}(t)\omega(t,\alpha)\right\}\right] \tag{5.부.50}$$

과 같은 꼴인 분포를 안정 분포라고 부른다. 여기에서, $0 < \alpha \le 2$이고, $|\beta| \le 1$이며, m은 실수이고, γ는 양수이며,

$$\omega(t,\alpha) = \begin{cases} \tan\frac{\alpha\pi}{2}, & \alpha \neq 1\text{일 때}, \\ \frac{2}{\pi}\log|t|, & \alpha = 1\text{일 때} \end{cases} \tag{5.부.51}$$

이다.

뜻매김 5.부.3에서, m은 위치 매개변수, α는 특성 지수, β는 대칭 매개변수, γ는 퍼짐 매개변수라고 부른다. 위치 매개변수 m은 $1 < \alpha \le 2$일 때에는 평균을, $0 < \alpha \le 1$일 때에는 중앙값을 나타낸다. 특성 지수 α는 꼬리의 무게를 – 길이를 – 나타내는데 그 값이 작을수록 꼬리가 길다, 곧 충격성이 데 세다. 특히, $\alpha = 2$이면 안정 분포는 정규 분포이다. 퍼짐 매개변수 γ는 정규 분포에서의 분산과 비슷한 역할을 맡는데, $\alpha = 2$일 때에는 – 곧, 정규 분포일 때에는 – 분산이 2γ이다. 한편, $\alpha = 1$이고 $\beta = 0$이면 안정 분포는 코쉬 분포이다.

뜻매김 5.부.4 대칭 알파-안정 분포[43]

대칭 매개변수 β가 0인 안정 분포를 대칭 알파-안정 분포라고 부르고, 대칭 매개변수 β가 0, 위치 매개변수 m이 0, 퍼짐 매개변수 γ가 1인 분포를 표준 대칭 알파-안정 분포라고 부른다.

이제, $m = 0$인 대칭 알파-안정 분포를 생각하자. 그러면 이 분포의 특성함수는

$$\varphi(t) = \exp\left(-\gamma|t|^{\alpha}\right) \tag{5.부.52}$$

처럼 쓸 수 있다. 이 특성함수를 역변환하면

$$f(x) = \begin{cases} \frac{1}{\pi\gamma^{\frac{1}{\alpha}}}\sum_{k=1}^{\infty}\frac{(-1)^{k-1}}{k!}\Gamma(\alpha k+1)\sin\left(\frac{k\alpha\pi}{2}\right)\left(\frac{|x|}{\gamma^{\frac{1}{\alpha}}}\right)^{-\alpha k-1}, & 0 < \alpha \le 1\text{일 때}, \\ \frac{1}{\pi\alpha\gamma^{\frac{1}{\alpha}}}\sum_{k=0}^{\infty}\frac{(-1)^k}{(2k)!}\Gamma\left(\frac{2k+1}{\alpha}\right)\left(\frac{x}{\gamma^{\frac{1}{\alpha}}}\right)^{2k}, & 1 \le \alpha \le 2\text{일 때} \end{cases} \tag{5.부.53}$$

[42] stable distribution

[43] symmetric α-stable (SαS) distribution

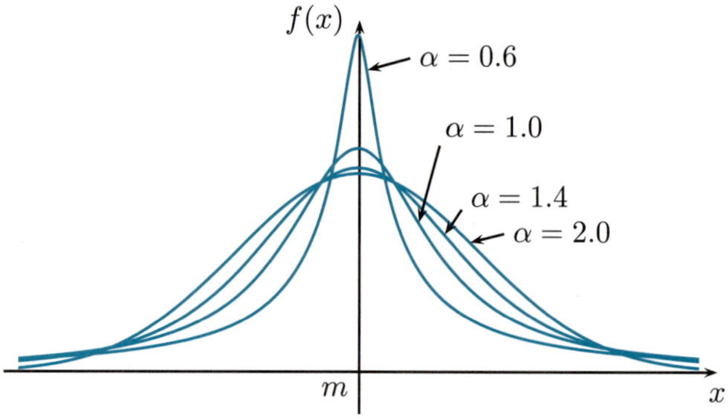

그림 5.부.3 대칭 알파-안정 분포의 확률밀도함수 $f(x)$

과 같이 $m=0$인 대칭 알파-안정 분포의 확률밀도함수를 얻을 수 있다. 그림 5.부.3에 이 확률밀도함수를 보였다. 한편, $\alpha=1$ 또는 2가 아니면 (5.부.53)을 닫힌 꼴로 나타낼 수 없음이 알려져 있다. 이제, $\alpha=1$일 때에는 (5.부.53)의 두 무한 급수가 코쉬 확률밀도함수

$$f(x) = \frac{\gamma}{\pi\left(x^2+\gamma^2\right)} \tag{5.부.54}$$

와 같으며, $\alpha=2$일 때에는 (5.부.53)의 둘째 무한 급수가 정규 확률밀도함수

$$f(x) = \frac{1}{2\sqrt{\pi\gamma}} \exp\left(-\frac{x^2}{4\gamma}\right) \tag{5.부.55}$$

와 같다는 것을 보이자. 먼저, $\alpha=1$일 때 (5.부.53)의 첫째 무한 급수는

$$\begin{aligned}
&\frac{1}{\pi\gamma}\sum_{k=1}^{\infty}\frac{(-1)^{k-1}}{k!}\Gamma(k+1)\sin\left(\frac{k\pi}{2}\right)\left(\frac{|x|}{\gamma}\right)^{-k-1} \\
&= \frac{1}{\pi\gamma}\left\{\left(\frac{|x|}{\gamma}\right)^{-2}-\left(\frac{|x|}{\gamma}\right)^{-4}+\left(\frac{|x|}{\gamma}\right)^{-6}-\left(\frac{|x|}{\gamma}\right)^{-8}+\cdots\right\} \\
&= \frac{1}{\pi\gamma}\sum_{k=0}^{\infty}(-1)^k\left(\frac{\gamma^2}{x^2}\right)^{k+1} \\
&= \frac{\gamma}{\pi\left(x^2+\gamma^2\right)}
\end{aligned} \tag{5.부.56}$$

이다. 이 식은 $\alpha=1$일 때 (5.부.53)의 둘째 무한 급수에서도 $\frac{1}{\pi\gamma}\sum\limits_{k=0}^{\infty}\frac{(-1)^k}{(2k)!}\Gamma(2k+1)\left(\frac{x}{\gamma}\right)^{2k} = \frac{1}{\pi\gamma}\sum\limits_{k=0}^{\infty}(-1)^k\left(\frac{x}{\gamma}\right)^{2k} = \frac{\gamma}{\pi(x^2+\gamma^2)}$처럼 얻을 수 있다. 다음에, $\sum\limits_{k=0}^{\infty}\frac{(-x)^k}{k!}=e^{-x}$와 (1.4.83)에서 본 $\Gamma\left(\frac{2k+1}{2}\right)=\frac{(2k)!}{2^{2k}k!}\sqrt{\pi}$를 쓰면, $\alpha=2$일 때 (5.부.53)의 둘째 무한 급수는

$$\begin{aligned}
\frac{1}{2\pi\sqrt{\gamma}}\sum_{k=0}^{\infty}\frac{(-1)^k}{(2k)!}\Gamma\left(\frac{2k+1}{2}\right)\left(\frac{x}{\sqrt{\gamma}}\right)^{2k} &= \frac{1}{2\sqrt{\pi\gamma}}\sum_{k=0}^{\infty}\frac{(-1)^k}{2^{2k}k!}\left(\frac{x^2}{\gamma}\right)^k \\
&= \frac{1}{2\sqrt{\pi\gamma}}\sum_{k=0}^{\infty}\frac{1}{k!}\left(-\frac{x^2}{4\gamma}\right)^k \\
&= \frac{1}{2\sqrt{\pi\gamma}}\exp\left(-\frac{x^2}{4\gamma}\right)
\end{aligned} \tag{5.부.57}$$

과 같다.

한편, 구간 $\left(-\frac{\pi}{2}, \frac{\pi}{2}\right]$에 고르게 퍼져 있는 확률변수 A와 평균이 1인 지수 확률변수 B가 서로 독립이라고 두자. 그러면 확률변수

$$X = \frac{\sin(\alpha A)}{(\cos A)^{\frac{1}{\alpha}}} \left[\frac{\cos\{(1-\alpha)A\}}{B}\right]^{\frac{1-\alpha}{\alpha}} \tag{5.부.58}$$

은 표준 대칭 알파-안정 확률변수라는 것이 알려져 있다. 이 결과는 대칭 알파-안정 분포를 따르는 난수들을 얻는 데에 쓸모 있다.

뜻매김 5.부.5 두 변수 균질 대칭 알파-안정 분포[44]

확률벡터 (X, Y)의 결합 확률밀도함수가

$$f_{X,Y}(x,y) = \frac{1}{4\pi^2}\int_{-\infty}^{\infty}\int_{-\infty}^{\infty} \exp\left\{-\gamma\left(\omega_1^2+\omega_2^2\right)^{\frac{\alpha}{2}} - j\left(x\omega_1 + y\omega_2\right)\right\} d\omega_1 d\omega_2 \tag{5.부.59}$$

인 분포를 두 변수 균질 대칭 알파-안정 분포라고 한다.

식 (5.부.59)에서 볼 수 있는 두 변수 균질 대칭 알파-안정 분포의 확률밀도함수는 무한 급수로 다시 쓸 수 있다. 무한 급수를 써서 확률밀도함수를 구체적으로 나타내면

$$f_{X,Y}(x,y) = \begin{cases} \frac{1}{\pi^2\gamma^{\frac{2}{\alpha}}}\sum_{k=1}^{\infty}\frac{1}{k!}2^{\alpha k}(-1)^{k-1}\Gamma^2\left(1+\frac{\alpha k}{2}\right) \\ \qquad \times \sin\left(\frac{k\alpha\pi}{2}\right)\left(\frac{\sqrt{x^2+y^2}}{\gamma^{\frac{1}{\alpha}}}\right)^{-\alpha k-2}, & 0<\alpha\le 1\text{일 때}, \\ \frac{1}{2\pi\alpha\gamma^{\frac{2}{\alpha}}}\sum_{k=0}^{\infty}\frac{1}{(k!)^2}\Gamma\left(\frac{2k+2}{\alpha}\right)\left(-\frac{x^2+y^2}{4\gamma^{\frac{2}{\alpha}}}\right)^k, & 1\le\alpha\le 2\text{일 때} \end{cases} \tag{5.부.60}$$

이다.

보기 5.부.1 식 (5.부.60)은 $\alpha = 1$이면 두 변수 코쉬 분포를, $\alpha = 2$이면 두 변수 정규 분포를 나타낸다. 곧, $\alpha = 1$이면 (5.부.60)의 두 무한 급수는

$$f_{X,Y}(x,y) = \frac{\gamma}{2\pi\left(x^2+y^2+\gamma^2\right)^{\frac{3}{2}}} \tag{5.부.61}$$

과 같고, $\alpha = 2$이면 (5.부.60)의 둘째 무한 급수는

$$f_{X,Y}(x,y) = \frac{1}{4\pi\gamma}\exp\left(-\frac{x^2+y^2}{4\gamma}\right) \tag{5.부.62}$$

와 같다는 것을 보이시오.

풀이 먼저, (1.4.83)과 비슷하게 $\Gamma\left(\frac{2k+3}{2}\right) = \frac{(2k+1)!}{2^{2k+1}k!}\sqrt{\pi}$와 $(1+x)^{-\frac{3}{2}} = \sum_{k=0}^{\infty} {}_{-\frac{3}{2}}\mathrm{C}_k x^k$, 곧

$$(1+x)^{-\frac{3}{2}} = \sum_{k=0}^{\infty}\frac{(-1)^k(2k+1)!}{2^{2k}(k!)^2}x^k \tag{5.부.63}$$

을 쓰면 $\alpha = 1$일 때 (5.부.60)의 첫 무한 급수에서

[44] bivariate isotropic symmetric α-stable (BISαS) distribution

$$\begin{aligned}
&\frac{1}{\pi^2\gamma^2}\sum_{k=1}^{\infty}\frac{2^k(-1)^{k-1}}{k!}\Gamma^2\left(\frac{k}{2}+1\right)\sin\left(\frac{k\pi}{2}\right)\left(\frac{\sqrt{x^2+y^2}}{\gamma}\right)^{-k-2} \\
&= \frac{1}{\pi^2\left(x^2+y^2\right)}\left\{\frac{2^1\Gamma^2\left(\frac{3}{2}\right)}{1!}\left(\frac{\sqrt{x^2+y^2}}{\gamma}\right)^{-1}-\frac{2^3\Gamma^2\left(\frac{5}{2}\right)}{3!}\left(\frac{\sqrt{x^2+y^2}}{\gamma}\right)^{-3}\right. \\
&\qquad \left.+\frac{2^5\Gamma^2\left(\frac{7}{2}\right)}{5!}\left(\frac{\sqrt{x^2+y^2}}{\gamma}\right)^{-5}-\frac{2^7\Gamma^2\left(\frac{9}{2}\right)}{7!}\left(\frac{\sqrt{x^2+y^2}}{\gamma}\right)^{-7}+\cdots\right\} \\
&= \frac{1}{\pi^2\left(x^2+y^2\right)}\sum_{k=0}^{\infty}\frac{(-1)^k 2^{2k+1}}{(2k+1)!}\Gamma^2\left(\frac{2k+3}{2}\right)\left(\frac{\sqrt{x^2+y^2}}{\gamma}\right)^{-2k-1} \\
&= \frac{1}{\pi\left(x^2+y^2\right)}\sum_{k=0}^{\infty}\frac{(-1)^k(2k+1)!}{2^{2k+1}(k!)^2}\left(\frac{\sqrt{x^2+y^2}}{\gamma}\right)^{-2k-1} \\
&= \frac{1}{2\pi\left(x^2+y^2\right)}\times\frac{\gamma}{\sqrt{x^2+y^2}}\sum_{k=0}^{\infty}\frac{(-1)^k(2k+1)!}{2^{2k}(k!)^2}\left(\frac{\gamma^2}{x^2+y^2}\right)^k \\
&= \frac{\gamma}{2\pi\left(x^2+y^2\right)^{\frac{3}{2}}}\left(1+\frac{\gamma^2}{x^2+y^2}\right)^{-\frac{3}{2}} \\
&= \frac{\gamma}{2\pi\left(x^2+y^2+\gamma^2\right)^{\frac{3}{2}}} \qquad (5.부.64)
\end{aligned}$$

를 얻는다. 식 (5.부.64)는

$$\begin{aligned}
\frac{1}{2\pi\gamma^2}\sum_{k=0}^{\infty}\frac{\Gamma(2k+2)}{(k!)^2}\left(-\frac{x^2+y^2}{4\gamma^2}\right)^k &= \frac{1}{2\pi\gamma^2}\sum_{k=0}^{\infty}\frac{(2k+1)!(-1)^k}{(k!)^2 2^{2k}}\left(\frac{x^2+y^2}{\gamma^2}\right)^k \\
&= \frac{1}{2\pi\gamma^2}\left(1+\frac{x^2+y^2}{\gamma^2}\right)^{-\frac{3}{2}} \\
&= \frac{\gamma}{2\pi\left(x^2+y^2+\gamma^2\right)^{\frac{3}{2}}} \qquad (5.부.65)
\end{aligned}$$

처럼 (5.부.63)을 써서 (5.부.60)의 둘째 무한 급수에서도 얻을 수 있다.

한편, $\alpha = 2$일 때에는 (5.부.60)의 둘째 무한 급수에서 $\frac{1}{4\pi\gamma}\sum_{k=0}^{\infty}\frac{\Gamma(k+1)}{(k!)^2}\left(-\frac{x^2+y^2}{4\gamma}\right)^k = \frac{1}{4\pi\gamma}\sum_{k=0}^{\infty}\frac{1}{k!}\left(-\frac{x^2+y^2}{4\gamma}\right)^k$를 얻는다. 이 결과는, $\sum_{k=0}^{\infty}\frac{(-x)^k}{k!} = e^{-x}$이므로, (5.부.62)와 같은 것이다. ◇

연습 문제

문제 5.1 결합 확률밀도함수가

$$\begin{aligned} f_{X,Y}(x,y) &= \frac{1}{2\pi\sqrt{3}}\left[\exp\left\{-\frac{2}{3}\left(x^2+xy+y^2\right)\right\}+\exp\left\{-\frac{2}{3}\left(x^2-xy+y^2\right)\right\}\right] \\ &= \frac{1}{\pi\sqrt{3}}\exp\left\{-\frac{2}{3}\left(x^2+y^2\right)\right\}\cosh\left(\frac{2}{3}xy\right) \end{aligned} \tag{5.문.1}$$

인 확률벡터 (X,Y)를 생각하자.

(가) 확률변수 X의 분포와 Y의 분포가 둘 다 $N(0,1)$이라는 것을 보이시오.

(나) 확률변수 X와 Y가 상관이 없다는 것을 보이시오.

(다) 확률벡터 (X,Y)가 두 변수 정규 확률벡터인가?

(라) 확률변수 X와 Y가 서로 독립인가?

문제 5.2 표준 정규 확률변수 X_1과 X_2가 서로 독립이라고 두자. 이제, $X_1^2+X_2^2<a^2$일 때, X_1과 X_2의 조건부 결합 확률밀도함수를 얻으시오.

문제 5.3 표준 정규 확률변수 X와 Y가 서로 독립일 때,

(가) $U=\sqrt{X^2+Y^2}$과 $V=\tan^{-1}\frac{Y}{X}$의 결합 확률밀도함수를 얻으시오.

(나) $U=\frac{1}{2}(X+Y)$와 $V=\frac{1}{2}(X-Y)^2$의 결합 확률밀도함수를 얻으시오.

문제 5.4 확률변수 X와 Y가 결합 정규 분포 $N(3,4,1,2,0.5)$를 따를 때 조건부 확률밀도함수 $f_{Y|X}(y|x)$와 조건부 확률밀도함수 $f_{X|Y}(x|y)$를 얻으시오.

문제 5.5 확률변수 $X_1 \sim N\left(\mu_1,\sigma_1^2\right)$과 $X_2 \sim N\left(\mu_2,\sigma_2^2\right)$이 서로 독립이다. 이때, $Z = X_1\cos\theta+X_2\sin\theta$와 $W=X_2\cos\theta-X_1\sin\theta$의 상관계수 ρ_{ZW}를 얻고,

$$0 \le \rho_{ZW}^2 \le \left(\frac{\sigma_1^2-\sigma_2^2}{\sigma_1^2+\sigma_2^2}\right)^2 \tag{5.문.2}$$

임을 보이시오.

문제 5.6 정규 확률변수 X와 Y는 서로 독립이다. 이때, $X+Y$와 $X-Y$가 서로 독립이라는 것을 보이시오.

문제 5.7 식 (5.2.1)과 (5.2.2)에서 $n=3$이고 $s=1$일 때를 생각하여, (5.1.22)와 (5.1.27)을 바탕으로 $\left(\boldsymbol{\Psi}_{22}-\boldsymbol{\Psi}_{21}\boldsymbol{\Psi}_{11}^{-1}\boldsymbol{\Psi}_{12}\right)^{-1}$을 계산하여 그 결과가 $\boldsymbol{K}_{22}=\begin{bmatrix}1 & \rho_{23}\\ \rho_{23} & 1\end{bmatrix}$임을 보이시오.

문제 5.8 이진 확률변수 Z의 확률질량함수는 $p_Z(1)=p_Z(-1)=0.5$이고, 확률변수 Y는 표준 정규 확률변수일 때

$$X = \begin{cases} Y, & Z=+1\text{일 때}, \\ -Y, & Z=-1\text{일 때} \end{cases} \tag{5.문.3}$$

으로 두자.

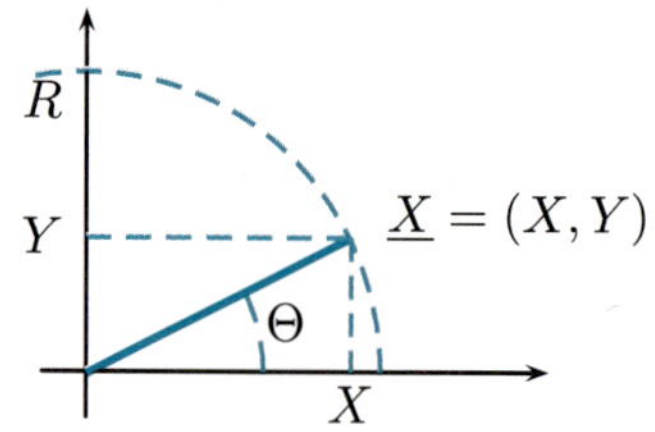

그림 5.문.1 확률벡터 $\underline{X} = (X, Y)$가 나타내는 극 좌표 확률벡터 $\underline{Y} = (R, \Theta) = (|\underline{X}|, \angle\underline{X})$

(가) 조건부 누적분포함수 $F_{X|Y}(x|y)$를 얻으시오.

(나) 확률변수 X의 누적분포함수 $F_X(x)$를 얻어, 확률변수 X가 정규 확률변수인지 밝히시오.

(다) 확률벡터 (X, Y)의 분포가 결합 정규 분포일 수 있는지 말해 보시오.

(라) 조건부 확률밀도함수 $f_{X|Y}(x|y)$와 결합 확률밀도함수 $f_{X,Y}(x, y)$를 얻으시오.

문제 5.9 정규 확률벡터 $\underline{X} = (X_1, X_2, X_3)$의 평균 벡터가 $\underline{0}$이고 분산-공분산 행렬이 $\boldsymbol{K}_{\underline{X}} = \begin{pmatrix} 1 & \frac{1}{6} & \frac{1}{36} \\ \frac{1}{6} & 1 & \frac{1}{6} \\ \frac{1}{36} & \frac{1}{6} & 1 \end{pmatrix}$일 때, $\underline{X}$를 상관이 없는 확률벡터로 바꾸는 선형 변환을 얻으시오.

문제 5.10 확률벡터 $\underline{X} = (X, Y)$를 2차원 평면에서 어떤 점의 좌표라고 두고, 이 좌표를 극 좌표로 나타낸 확률벡터 $\underline{Y} = (R, \Theta)$를 생각하자. 곧, 그림 5.문.1에 보였듯이 $R = \sqrt{X^2 + Y^2}$은 원점에서 $\underline{X}$까지의 거리이고, $\Theta = \angle\underline{X}$는 세로축의 오른쪽에 있는 가로축 부분이 나타내는 반직선과 원점에서 $\underline{X}$에 이르는 선분 사이의 각을 나타내며 $-\pi < \Theta \leq \pi$처럼 둔다. 이때, $\underline{Y}$의 결합 확률밀도함수를 $\underline{X}$의 결합 확률밀도함수로 나타내시오. 또, $\underline{X}$가 독립이고 분포가 같은 확률벡터이고 그 한계 분포가 $N(0, \sigma^2)$일 때, $\underline{Y}$가 독립 확률벡터인지 아닌지 밝히시오.

문제 5.11 식 (5.1.17)에 보인 극한 확률밀도함수 $\lim_{\rho \to 1} f_{X_1,X_2}(x, y)$에서 $\int_{-\infty}^{\infty} \lim_{\rho \to 1} f_{X_1,X_2}(x, y) dy = f_{X_1}(x)$이고 $\int_{-\infty}^{\infty} \lim_{\rho \to 1} f_{X_1,X_2}(x, y) dx = f_{X_2}(y)$임을 보이시오.

문제 5.12 평균 벡터가 $\underline{0}$이고 분산-공분산 행렬이 $\boldsymbol{K} = \begin{pmatrix} 1 & 1 & 1 \\ 1 & 2 & 1 \\ 1 & 1 & 3 \end{pmatrix}$인 정규 확률벡터 (X_1, X_2, X_3)을 생각하자. 이제, $X_1 = X_2 = 1$일 때 X_3의 조건부 분포를 얻으시오.

문제 5.13 확률벡터 $(X, Y) \sim N(m_X, m_Y, \sigma_X^2, \sigma_Y^2, \rho)$를 선형 변환한 $(Z, W) = (aX + bY, cX + dY)$를 생각하자. 이제 $ad - bc \neq 0$일 때, Z와 W가 독립일 조건을 얻어보시오.

문제 5.14 확률벡터 $(X, Y) \sim N(0, 0, \sigma_X^2, \sigma_Y^2, \rho)$를 생각하면 $E\{X^2\} = \sigma_X^2$이고 $E\{X^4\} = 3\sigma_X^4$이다. 이제, 이 식들과 (4.4.45)를 바탕으로 $E\{XY\}$, $E\{X^2Y\}$, $E\{X^3Y\}$, $E\{X^2Y^2\}$을 얻어보시오. 또, (5.3.30) 또는 (5.3.59)를 써서 얻은 것과 견주어 보시오.

문제 5.15 표준 정규 확률벡터 (X_1, X_2, X_3)의 공분산을 $E\{X_iX_j\} = \rho_{ij}$라고 할 때, 보기 5.3.3에서는 적률 정리를 써서

$$E\left\{X_1^2X_2^2X_3^2\right\} = 1+2\left(\rho_{12}^2+\rho_{23}^2+\rho_{31}^2\right)+8\rho_{12}\rho_{23}\rho_{31} \quad (5.문.4)$$

임을 보였다. 이 결과를 특성함수의 테일러 급수를 바탕으로 얻어보시오.

문제 5.16 두 확률변수 Z와 W의 결합 분포가 $N\left(m_1, m_2, \sigma_1^2, \sigma_2^2, \rho\right)$일 때 $E\left\{Z^2W^2\right\}$을 얻으시오.

문제 5.17 확률벡터 $(X,Y) \sim N\left(0,0,\sigma_1^2,\sigma_2^2,\rho\right)$에서 곱 중심 적률을 $\mu_{ij} = E\left\{X^iY^j\right\}$처럼 둘 때, 적률 정리, (5.3.30), (5.3.38), 또는 (5.3.59)를 바탕으로 μ_{51}, μ_{42}, μ_{33}을 얻어보시오.

문제 5.18 네 변수 정규 확률벡터 (X_1, X_2, X_3, X_4)에서 (5.3.17)에 나타낸

$$\begin{aligned} E\{X_1X_2X_3X_4\} &= E\{X_1X_2\}E\{X_3X_4\}+E\{X_1X_3\}E\{X_2X_4\} \\ &\quad +E\{X_1X_4\}E\{X_2X_3\}-2m_1m_2m_3m_4 \end{aligned} \quad (5.문.5)$$

를 특성함수를 바탕으로 보이시오.

문제 5.19 확률벡터 $(X,Y) \sim N(0,0,1,1,\rho)$에서 곱 절대 중심 적률을 $\nu_{ij} = E\left\{|X|^i|Y|^j\right\}$처럼 쓸 때, 직접 적분하여 $\nu_{11} = \frac{2}{\pi}\left(\sqrt{1-\rho^2}+\rho\sin^{-1}\rho\right)$이고 $\nu_{21} = \sqrt{\frac{2}{\pi}}\left(1+\rho^2\right)$이라는 것을[45] 보이시오. 또, 분포가 $N\left(0,0,\pi^2,2,\frac{1}{\sqrt{2}}\right)$인 확률벡터 (X,Y)에서 $E\{|XY|\}$를 얻으시오.

문제 5.20 표준 정규 확률벡터 $\underline{X} = (X_1, X_2)$를 생각하여 (5.3.38)을 바탕으로 $E\{|X_1|\}$, $E\{|X_1X_2|\}$, $E\left\{\left|X_1X_2^3\right|\right\}$을 얻고 $|X_1|$과 $|X_2|$ 사이의 상관계수가

$$\rho_{|X_1||X_2|} = \frac{2}{\pi-2}\left(\sqrt{1-\rho_{12}^2}+\rho_{12}\sin^{-1}\rho_{12}-1\right) \quad (5.문.6)$$

임을 보이시오. 또, 프라이스의 정리를 바탕으로

$$E\{X_1u(X_1)X_2u(X_2)\} = \frac{1}{2\pi}\left\{\sqrt{1-\rho^2}+\left(\frac{\pi}{2}+\sin^{-1}\rho\right)\rho\right\} \quad (5.문.7)$$

을[46] 보이시오. 식 (5.문.7)은 $(W,Y) \sim N\left(0,0,\sigma_W^2,\sigma_Y^2,\rho\right)$이면 $E\{WY\,u(W)u(Y)\} = \frac{\sigma_W\sigma_Y}{2\pi}\left\{\rho\cos^{-1}(-\rho)+\sqrt{1-\rho^2}\right\}$이라는 것을 뜻한다. 또, $X_1 = X_2$이면, $\rho = 1$이고 $\sigma_2 = \sigma_1$일 때를 생각하여 $E\left\{X_1^2u(X_1)\right\} = \frac{1}{2}\sigma_1^2$을 얻을 수 있는데, 이 결과는 직접 적분하여 $E\left\{X_1^2u(X_1)\right\} = \int_0^\infty \frac{x^2}{\sqrt{2\pi\sigma_1^2}}\exp\left(-\frac{x^2}{2\sigma_1^2}\right)dx = \frac{1}{2}\int_{-\infty}^\infty \frac{x^2}{\sqrt{2\pi\sigma_1^2}}\exp\left(-\frac{x^2}{2\sigma_1^2}\right)dx = \frac{1}{2}\sigma_1^2$처럼 얻은 것과 같다.

문제 5.21 프라이스의 정리를 바탕으로

$$E\{X_1X_2|X_3|\} = \sqrt{\frac{2}{\pi}}\left(\rho_{12}+\rho_{23}\rho_{31}\right) \quad (5.문.8)$$

을 보이시오.

문제 5.22 프라이스의 정리, (5.1.30), (5.1.31)을 바탕으로

---

[45] 이 적률들은 (5.3.38)을 바탕으로 얻을 수도 있다.

[46] 역여현 함수 $\cos^{-1}x$의 치역은 $[0,\pi]$로 둔다. 또, $\sqrt{1-\rho^2} = \cos\left(\sin^{-1}\rho\right)$이다. 한편, $\frac{\pi}{2}+\sin^{-1}\rho = \theta$라고 하면 $\cos\theta = \cos\left(\frac{\pi}{2}+\sin^{-1}\rho\right) = -\sin\left(\sin^{-1}\rho\right) = -\rho$이므로 $\theta = \cos^{-1}(-\rho)$이고, 따라서, $\left(\frac{\pi}{2}+\sin^{-1}\rho\right)\rho = \rho\cos^{-1}(-\rho)$이다.

$$E\left\{\delta\left(X_1\right)\delta\left(X_2\right)\left|X_3\right|\right\} = \frac{\sqrt{\left|\boldsymbol{K}_3\right|}}{\sqrt{2\pi^3}\left(1-\rho_{12}^2\right)}, \tag{5.문.9}$$

$$E\left\{\delta\left(X_1\right)X_2X_3\right\} = \frac{\rho_{23}-\rho_{31}\rho_{12}}{\sqrt{2\pi}}, \tag{5.문.10}$$

$$E\left\{\delta\left(X_1\right)\operatorname{sgn}\left(X_2\right)X_3\right\} = \frac{\rho_{23}-\rho_{31}\rho_{12}}{\pi\sqrt{1-\rho_{12}^2}}, \tag{5.문.11}$$

$$E\left\{\delta\left(X_1\right)\left|X_2\right|\left|X_3\right|\right\} = \sqrt{\frac{2}{\pi^3}}\left\{\sqrt{\left|\boldsymbol{K}_3\right|}+\left(\rho_{23}-\rho_{31}\rho_{12}\right)\sin^{-1}\beta_{23,1}\right\}, \tag{5.문.12}$$

$$E\left\{\delta\left(X_1\right)\operatorname{sgn}\left(X_2\right)\operatorname{sgn}\left(X_3\right)\right\} = \sqrt{\frac{2}{\pi^3}}\sin^{-1}\beta_{23,1} \tag{5.문.13}$$

을[47] 보이시오. 또, 프라이스의 정리와 (5.문.11)을 바탕으로

$$E\left\{X_1\left|X_2\right|\operatorname{sgn}\left(X_3\right)\right\} = \frac{2}{\pi}\left(\rho_{12}\sin^{-1}\rho_{23}+\rho_{31}\sqrt{1-\rho_{23}^2}\right) \tag{5.문.14}$$

를 보이시오.

문제 5.23 세 변수 정규 확률벡터에서 다룬 (5.3.46)–(5.3.51)을 바탕으로

$$E\left\{\left|X_1X_2X_3\right|\right\} = \sqrt{\frac{8}{\pi^3}}\left\{\sqrt{\left|\boldsymbol{K}_3\right|}+\sum^{c}\left(\rho_{ij}+\rho_{jk}\rho_{ki}\right)\sin^{-1}\beta_{ij,k}\right\} \tag{5.문.15}$$

이고[48]

$$\begin{aligned} E\left\{\operatorname{sgn}\left(X_1\right)\operatorname{sgn}\left(X_2\right)\left|X_3\right|\right\} = \sqrt{\frac{8}{\pi^3}}\left(\sin^{-1}\beta_{12,3}+\rho_{23}\sin^{-1}\beta_{31,2}\right.\\ \left.+\rho_{31}\sin^{-1}\beta_{23,1}\right) \end{aligned} \tag{5.문.16}$$

이며[49]

$$E\left\{X_1^2\operatorname{sgn}\left(X_2\right)\operatorname{sgn}\left(X_3\right)\right\} = \frac{2}{\pi}\left(\sin^{-1}\rho_{23}+\frac{2\rho_{31}\rho_{12}-\rho_{23}\rho_{12}^2-\rho_{23}\rho_{31}^2}{\sqrt{1-\rho_{23}^2}}\right) \tag{5.문.17}$$

임을[50] 보이고 (5.문.8)과 (5.문.14)를 다시 확인해 보시오.

---

[47] 여기서, $E\left\{\delta\left(X_1\right)\right\}=\frac{1}{\sqrt{2\pi}}$과 (5.3.37)에서 얻은 결과 $E\left\{\operatorname{sgn}\left(X_2\right)\operatorname{sgn}\left(X_3\right)\right\}=\frac{2}{\pi}\sin^{-1}\rho_{23}$을 쓰면, $\rho_{31}=\rho_{12}=0$일 때 (5.문.13)에서 $E\left\{\delta\left(X_1\right)\operatorname{sgn}\left(X_2\right)\operatorname{sgn}\left(X_3\right)\right\}\big|_{\rho_{31}=\rho_{12}=0}=E\left\{\delta\left(X_1\right)\right\}E\left\{\operatorname{sgn}\left(X_2\right)\operatorname{sgn}\left(X_3\right)\right\}=\sqrt{\frac{2}{\pi^3}}\sin^{-1}\rho_{23}$을 얻을 수 있는데, 이 결과는 $\sqrt{\frac{2}{\pi^3}}\sin^{-1}\beta_{23,1}\Big|_{\rho_{31}=\rho_{12}=0}$과 같다.

[48] 식 (5.문.15)에서 $E\left\{\left|X_1^2X_2\right|\right\}=E\left\{\left|X_1X_2X_3\right|\right\}\big|_{X_3\to X_1}=E\left\{\left|X_1X_2X_3\right|\right\}\big|_{\rho_{31}=1}=\sqrt{\frac{8}{\pi^3}}\left\{0+\frac{\pi}{2}\left(1+\rho^2\right)\right\}=\sqrt{\frac{2}{\pi}}\left(1+\rho^2\right)$을 쉽게 알 수 있다.

[49] 식 (5.문.16)에서 $E\left\{\left|X_3\right|\right\}=E\left\{\operatorname{sgn}\left(X_1\right)\operatorname{sgn}\left(X_2\right)\left|X_3\right|\right\}\big|_{X_2\to X_1}=E\left\{\operatorname{sgn}\left(X_1\right)\operatorname{sgn}\left(X_2\right)\left|X_3\right|\right\}\big|_{\rho_{12}=1}=\sqrt{\frac{8}{\pi^3}}\left(\sin^{-1}\frac{1-\rho_{23}^2}{1-\rho_{23}^2}+2\rho_{23}\sin^{-1}0\right)=\sqrt{\frac{2}{\pi}}$과 $E\left\{\operatorname{sgn}\left(X_1\right)X_2\right\}=E\left\{\operatorname{sgn}\left(X_1\right)\operatorname{sgn}\left(X_2\right)\left|X_3\right|\right\}\big|_{\rho_{23}=1}=\sqrt{\frac{8}{\pi^3}}\left(0+0+\rho_{12}\sin^{-1}1\right)=\sqrt{\frac{2}{\pi}}\rho_{12}$를 알 수 있다.

[50] 여기서, $\rho_{23}\to 1$이면 $X_3\to X_2$이므로 $\rho_{31}\to\rho_{12}$이고 따라서 $\lim_{\rho_{23}\to 1}\left(2\rho_{31}\rho_{12}-\rho_{23}\rho_{12}^2-\rho_{23}\rho_{31}^2\right)=0$이다. 그러므로, 로피탈의 정리를 쓰면 (5.문.17)에서

$$\lim_{\rho_{23}\to 1}\frac{2\rho_{31}\rho_{12}-\rho_{23}\rho_{12}^2-\rho_{23}\rho_{31}^2}{\sqrt{1-\rho_{23}^2}}=\lim_{\rho_{23}\to 1}\frac{-\rho_{12}^2-\rho_{31}^2}{\frac{-2\rho_{23}}{2\sqrt{1-\rho_{23}^2}}}=\lim_{\rho_{23}\to 1}\frac{\left(\rho_{12}^2+\rho_{31}^2\right)\sqrt{1-\rho_{23}^2}}{\rho_{23}}=0$$

이다.

문제 5.24 식 (5.문.16)을 바탕으로 (5.문.9)와[51] (5.문.13)을 다시 확인해 보고, (5.문.17)을 바탕으로 $E\left\{X_1^2\delta(X_2)\delta(X_3)\right\}$를 얻어보고 (5.문.11)을 다시 확인해 보시오.

문제 5.25 곱 적률 $E\left\{X_1^3X_2^4X_3^4X_4^5\right\}$을 풀어서 쓸 때 $\tilde{\rho}_{12}^2\tilde{\rho}_{22}\tilde{\rho}_{34}^4m_1m_4$의 계수를 얻으시오.

문제 5.26 프라이스의 정리를 써서 표준 정규 확률벡터 (X_1, X_2)에서

$$E\{|X_1X_2|\} = \frac{2}{\pi}\left(\sqrt{1-\rho^2}+\rho\sin^{-1}\rho\right) \tag{5.문.18}$$

을 확인해 보시오. 식 (5.문.18)은 문제 5.19에서 이미 다른 방법으로도 얻은 바 있고, $X_1 = X_2$일 때 $E\left\{X_1^2\right\} = \frac{2}{\pi}\left(\rho\sin^{-1}\rho+\sqrt{1-\rho^2}\right)\sigma_1\sigma_2\Big|_{\rho=1,\sigma_2=\sigma_1} = \sigma_1^2$을 뜻하는데, 이 식은 $X \sim N\left(0,\sigma^2\right)$이면 X의 분산이 $E\left\{X^2\right\} = \sigma^2$이라는 것을 나타낸다.

문제 5.27

(가) 식 (5.3.25)에 보인 계수

$$d_{a,j} = \frac{a!}{2^j j!\,(a-2j)!} \tag{5.문.19}$$

를 보이시오.

(나) 이제, $n = 3$일 때 (5.3.54)–(5.3.58)을 생각하여, $\{a_i = 0, 1, \cdots\}_{i=1}^{3}$일 때

$$E\left\{X_1^{a_1}X_2^{a_2}X_3^{a_3}\right\} = \sum_{\boldsymbol{l}\in S_{\boldsymbol{a}}} d_{\boldsymbol{a},\boldsymbol{l}}\left(\prod_{i=1}^{3}\prod_{j=i}^{3}\tilde{\rho}_{ij}^{\,l_{ij}}\right)\left(\prod_{j=1}^{3}m_j^{L_{\boldsymbol{a},j}}\right) \tag{5.문.20}$$

이고

$$d_{\boldsymbol{a},\boldsymbol{l}} = \frac{a_1!a_2!a_3!}{2^{\sum_{j=1}^{3}l_{jj}}\left(\prod_{i=1}^{3}\prod_{j=i}^{3}l_{ij}!\right)\left(\prod_{j=1}^{3}L_{\boldsymbol{a},j}!\right)} \tag{5.문.21}$$

임을 보이시오.

(다) 식 (5.3.59)가 (5.부.1)을 만족시킴을 보이시오.

(라) 식 (5.3.59)가 (5.부.2)를 만족시킴을 보이시오.

(마) 이제, $\boldsymbol{a} = \{1,1,\cdots,1\}$일 때 $E\{X_1X_2\cdots X_n\}$의 전개식 (5.3.59)의 등호 오른쪽에서 항 수는

$$\sum_{k=0}^{n}\frac{n!}{2^k k!(n-2k)!} \tag{5.문.22}$$

이고, $\boldsymbol{a} = \{1,1,\cdots,1,2\}$일 때 $E\left\{X_1X_2\cdots X_{n-1}X_n^2\right\}$의 전개식 (5.3.59)의 등호 오른쪽에서 항 수는

$$\sum_{k=0}^{n}\frac{n!}{2^k k!(n-2k)!}+\sum_{k=1}^{n+1}\frac{(n-1)!k}{2^{k-1}(k-1)!(n-2k+1)!} \tag{5.문.23}$$

---

[51] 이 결과를 바탕으로 $\int \frac{\sqrt{|\boldsymbol{K}_3|}}{1-\rho_{12}^2}d\rho_{12} = \sin^{-1}\beta_{12,3}+\rho_{23}\sin^{-1}\beta_{31,2}+\rho_{31}\sin^{-1}\beta_{23,1}+h(\rho_{23},\rho_{31})$임을 알 수 있다.

이며, $\boldsymbol{a} = \{1, 1, \cdots, 1, 3\}$일 때 $E\left\{X_1 X_2 \cdots X_{n-1} X_n^3\right\}$의 전개식 (5.3.59)의 등호 오른쪽에서 항 수는

$$\sum_{k=0}^{n} \frac{n!}{2^k k!(n-2k)!} + \sum_{k=1}^{n+1} \frac{(n-1)!k}{2^{k-1}(k-1)!(n-2k+1)!} + \sum_{k=2}^{n+2} \frac{(n-1)!(k+1)}{3 \times 2^{k-2}(k-2)!(n-2k+2)!} \tag{5.문.24}$$

이고, $\boldsymbol{a} = \{1, 1, \cdots, 1, 4\}$일 때 $E\left\{X_1 X_2 \cdots X_{n-1} X_n^4\right\}$의 전개식 (5.3.59)의 등호 오른쪽에서 항 수는

$$\sum_{k=0}^{n} \frac{n!}{2^k k!(n-2k)!} + \sum_{k=1}^{n+1} \frac{(n-1)!k}{2^{k-1}(k-1)!(n-2k+1)!} + \sum_{k=2}^{n+2} \frac{(n-1)!(k+1)}{3 \times 2^{k-2}(k-2)!(n-2k+2)!} + \sum_{k=2}^{n+3} \frac{(n-1)!k(k+1)}{3!2^{k-2}(k-2)!(n-2k+3)!} \tag{5.문.25}$$

임을 보이시오. 곧, $n = 2, 3, \cdots, 10$일 때 $E\{X_1 X_2 \cdots X_n\}$은 각각 2, 4, 10, 26, 76, 232, 764, 2620, 9496항을, $E\left\{X_1 X_2 \cdots X_{n-1} X_n^2\right\}$은 각각 3, 7, 17, 48, 142, 458, 1542, 5512, 20468항을, $E\left\{X_1 X_2 \cdots X_{n-1} X_n^3\right\}$은 각각 4, 9, 24, 68, 212, 694, 2424, 8824, 33728항을, $E\{X_1 X_2 \cdots X_{n-1} X_n^4\}$은 각각 5, 12, 31, 91, 283, 950, 3342, 12416, 47976항을 더한 꼴이다.

문제 5.28 일반화된 정규 확률변수 X의 적률이, r이 짝수일 때,

$$E\{X^r\} = \sigma_G^r \frac{\Gamma^{\frac{r}{2}-1}\left(\frac{1}{k}\right)\Gamma\left(\frac{r+1}{k}\right)}{\Gamma^{\frac{r}{2}}\left(\frac{3}{k}\right)} \tag{5.문.26}$$

임을 보이시오.

문제 5.29 일반화된 코쉬 확률변수 X의 r째 적률은, $vk > r$이고 r이 짝수일 때,

$$E\{X^r\} = v^{\frac{r}{k}} \sigma_G^r \frac{\Gamma\left(v - \frac{r}{k}\right)\Gamma\left(\frac{r+1}{k}\right)\Gamma^{\frac{r}{2}-1}\left(\frac{1}{k}\right)}{\Gamma(v)\Gamma^{\frac{r}{2}}\left(\frac{3}{k}\right)} \tag{5.문.27}$$

임을 보이시오.

문제 5.30 식 (5.부.61)에 보인 결합 확률밀도함수 $f_{X,Y}(x,y) = \frac{\gamma}{2\pi}\left(x^2 + y^2 + \gamma^2\right)^{-\frac{3}{2}}$에서 X의 확률밀도함수 $f_X(x)$를 얻어 그 확률밀도함수가 (2.5.28)에서 $\beta = 0$으로 둔 $f(r) = \frac{\alpha}{\pi}\left(r^2 + \alpha^2\right)^{-1}$과 같은 꼴이라는 것을 보이시오.

문제 5.31 표본 $\underline{X} = (X_1, X_2, \cdots, X_n)$에서 X_i의 적률생성함수를 $M(t)$라고 할 때 표본평균의 적률생성함수가

$$M_{\overline{X}_n}(t) = \left\{M\left(\frac{t}{n}\right)\right\}^n \tag{5.문.28}$$

임을 보이시오.

문제 5.32 비중심 카이 제곱 확률변수 $Y \sim \chi^2(n, \delta)$의 평균과 분산을 얻고, 적률생성함수가

$$M_Y(t) = (1-2t)^{-\frac{n}{2}} \exp\left(\frac{\delta t}{1-2t}\right) \qquad (5.문.29)$$

임을 보이시오.

문제 5.33 확률변수 X의 분포가 $t(k)$일 때 X의 r째 적률이

$$E\{X^r\} = \begin{cases} \frac{k^{\frac{r}{2}}\Gamma\left(\frac{k-r}{2}\right)\Gamma\left(\frac{r+1}{2}\right)}{\sqrt{\pi}\Gamma\left(\frac{k}{2}\right)}, & r < k\text{이고 } r\text{이 짝수일 때,} \\ 0, & r < k\text{이고 } r\text{이 홀수일 때} \end{cases} \qquad (5.문.30)$$

임을 보이시오.

문제 5.34 비중심 t 확률변수 $Z \sim t(n, \delta)$의 평균과 분산을 얻으시오.

문제 5.35 확률변수 H의 분포가 $F(m, n)$이면, $k = 1, 2, \cdots, \lceil \frac{n}{2} \rceil - 1$일 때

$$E\{H^k\} = \left(\frac{n}{m}\right)^k \frac{\Gamma\left(\frac{m}{2}+k\right)\Gamma\left(\frac{n}{2}-k\right)}{\Gamma\left(\frac{m}{2}\right)\Gamma\left(\frac{n}{2}\right)} \qquad (5.문.31)$$

임을 보이시오.

문제 5.36 비중심 F 확률변수 $H \sim F(m, n, \delta)$의 평균과 분산을 얻으시오.

문제 5.37 독립이고 분포가 같은 확률변수 X_1, X_2, X_3, X_4의 한계 분포가 $N(0,1)$이다. 확률변수 $Y = X_1X_2 + X_3X_4$의 확률밀도함수가 $f_Y(y) = \frac{1}{2}e^{-|y|}$임을 보이시오.

문제 5.38 확률변수 X의 분포가 $U(0,1)$이면 $Y = -2\ln X$의 분포는 $\chi^2(2)$라는 것을 보이시오. 또, $\{X_i\}_{i=1}^k$가 서로 독립이고 $X_i \sim U(0,1)$이면 $-2\sum\limits_{i=1}^{k} \ln X_i \sim \chi^2(2k)$임을 보이시오.

문제 5.39 표본평균 $\overline{X}_n = \frac{1}{n}\sum\limits_{i=1}^{n} X_i$를 생각하여, $\overline{X}_0 = 0$으로 두자. 이제,

$$\overline{X}_n = \overline{X}_{n-1} + \frac{1}{n}\left(X_n - \overline{X}_{n-1}\right) \qquad (5.문.32)$$

임을 보이시오.

문제 5.40 표본 $\underline{X} = (X_1, X_2, \cdots, X_n)$에서 X_i의 k차 중심 적률을 $E\left\{(X_i - m)^k\right\} = \mu_k$, $k = 0, 1, \cdots$처럼 쓰자. 이때, 표본평균 $\overline{X}_n$의 4차 중심 적률 $\mu_4\left(\overline{X}_n\right)$을 얻어보시오.

제 6 장

확률변수의 수렴

제 6 장 확률변수의 수렴

이 장에서는 확률변수 열과 그 수렴을 다룬다. 또, 확률변수를 응용하여 쓰는 여러 영역에서 매우 중요한 자리를 차지하는 중심 극한 정리를 살펴 본다.

6.1 확률변수의 수렴

확률변수 열의 수렴을 이야기할 때에는 "모든, 또는 거의 모든 수열이 수렴하는가? 수렴한다면, 수열들이 같은 값에 수렴하는가, 아니면, 다른 값에 수렴하는가?"와 같은 문제를 생각한다.

6.1.1 거의 틀림 없는 수렴

뜻매김 6.1.1 틀림 없는 수렴과 거의 틀림 없는 수렴[1]

확률변수 X_n을 뜻매김하는 표본공간 안의 어떤 점 ω를 잡아도

$$\lim_{n\to\infty} X_n(\omega) \;=\; X(\omega) \tag{6.1.1}$$

이면 확률변수 열 $\{X_n\}$은 X로 틀림 없이 수렴한다고 하고,

$$\Pr\left\{\omega : \lim_{n\to\infty} X_n(\omega) = X(\omega)\right\} \;=\; 1 \tag{6.1.2}$$

이면 확률변수 열 $\{X_n\}$은 X로 거의 틀림 없이 수렴한다고 한다.

틀림 없는 수렴은 언제나 수렴, 어디서나 수렴, 또는 확실한[2] 수렴이라고 부르기도 한다. 확률변수 열 $\{X_n\}$이 X로 틀림 없이 수렴하면 $X_n \xrightarrow{c} X$, $X_n \xrightarrow{e} X$, 또는 $X_n \xrightarrow{s} X$처럼 쓴다. 틀림 없는 수렴은 ω에 따라서 정해지는 수열이 모두 다 수렴해야 한다는 것을 이야기한다. 다만, ω가 다르면 수열은 다른 값에 수렴할 수도 있다.

거의 틀림 없는 수렴은 확률 1로 수렴, 거의 언제나 수렴, 거의 어디서나 수렴, 또는 거의 확실한[3] 수렴이라고 부르기도 한다. 확률변수 열 $\{X_n\}$이 X로 거의 틀림 없이 수렴하면 $X_n \xrightarrow{a.c.} X$,

---

[1] sure convergence. almost sure (a.s.) convergence

[2] always, everywhere, 또는 certain

[3] with probability 1, almost always, almost everywhere (a.e.), 또는 almost certain (a.c.)

$X_n \xrightarrow{a.e.} X$, $X_n \xrightarrow{a.s.} X$, 또는 $X_n \xrightarrow{\text{확률 } 1} X$처럼 쓴다. 한편, 거의 틀림 없이 수렴하는 확률변수 $\{X_n(\omega)\}$에서는 $\Pr(\tilde{\Omega}) = 1$이고 $\tilde{\Omega} \subseteq \Omega$일 때 $\omega \in \tilde{\Omega}$를 어떻게 고르더라도 $\lim\limits_{n\to\infty} X_n(\omega) = X(\omega)$이다. 다만, $\omega \notin \tilde{\Omega}$인 수열 $\{X_n(\omega)\}$는 수렴하지 않을 수는 있지만, 그와 같은 ω의 확률은 0이다. 곧, $\Pr\left\{\omega : \omega \notin \tilde{\Omega}, \omega \in \Omega\right\} = 0$이다.

보기 6.1.1 식 (1.5.16)에서 뜻매김한 것을 되새겨서 보면

$$X_n \xrightarrow{a.s.} 0 \tag{6.1.3}$$

과

$$0\text{보다 큰 수 } \varepsilon\text{을 어떻게 잡더라도 } \Pr\{\text{끝없이 자주 } |X_n| > \varepsilon\} = 0 \tag{6.1.4}$$

는 서로 필요충분조건이라는 것을 알 수 있다. ◇

확률변수 열 $\{X_n\}$이 거의 틀림 없이 수렴한다는 말은 0보다 큰 수 ε이 아무리 작아도 그 열의 거의 모든 확률변수가 궁극적으로는 2ε이라는 범위의 안에 들어간다는 뜻이다. 다만, 그 가운데에 수렴하지 않는 수열이 있을 수 있지만, 그에 해당하는 ω의 확률은 0일 것이다. 뒤에 다루는 큰 수의 센 법칙은 거의 틀림 없는 수렴의 보기 가운데에서 하나이다.

보기 6.1.2 구간 $[0,1]$에서 아무렇게나 한 점을 골라서 ω라고 둘 때 점 ω가 $[0,1]$의 어느 부분 구간에 들어갈 확률은 그 부분 구간의 길이와 같다고 두자. 이제, $n = 1, 2, \cdots$일 때 다섯 확률변수 열 $A_n(\omega) = \frac{\omega}{n}$, $B_n(\omega) = \omega\left(1 - \frac{1}{n}\right)$, $C_n(\omega) = \omega e^n$, $D_n(\omega) = \cos 2\pi n\omega$, $H_n(\omega) = \exp\{-n(n\omega - 1)\}$을 생각하자. 그러면 확률변수 열 $A_n(\omega)$는 ω가 어떤 값이더라도 – 곧, $\omega \in [0,1]$일 때 늘 – 0에 수렴하므로 틀림 없이 0에 수렴한다. 다음에, 확률변수 열 $B_n(\omega)$는 ω가 어떤 값이더라도 ω에 수렴하므로 틀림 없이 ω에 수렴하며, 그 극한 분포는 $U[0,1]$이다. 한편, 확률변수 열 $C_n(\omega)$는 $\omega = 0$이면 0에 수렴하고, $\omega \in (0,1]$이면 발산한다. 곧, 확률변수 열 $C_n(\omega)$는 수렴하지 않는다. 확률변수 열 $D_n(\omega)$는 $\omega \in \{0,1\}$이면 1에 수렴하고, $\omega \in (0,1)$이면 -1과 1 사이에서 진동한다. 곧, 확률변수 열 $D_n(\omega)$도 수렴하지 않는다. 끝으로, $n \to \infty$일 때, $\omega = 0$이면 $H_n(0) = e^n \to \infty$이고 $\omega \in (0,1]$이면 $H_n(\omega) \to 0$이다. 곧, $H_n(\omega)$는 틀림 없이 수렴하지는 않는다. 그렇지만, $\Pr\{\omega > 0\} = 1$이므로 $H_n(\omega)$는 거의 틀림 없이 0으로 수렴한다. ◇

보기 6.1.3 (보렐-캔텔리 정리와 거의 어디서나 수렴) 확률변수 열 $\{X_n\}_{n=1}^{\infty}$를 생각하자. 이제 $\varepsilon > 0$일 때

$$\sum_{n=1}^{\infty} \Pr\{|X_n| > \varepsilon\} < \infty \tag{6.1.5}$$

이면 보렐-캔텔리 정리를 써서 $n \to \infty$일 때 $X_n \xrightarrow{a.s.} 0$이라는 것을 바로 알 수 있다. 특히, 위 조건 (6.1.5)를 $\varepsilon_n \downarrow 0$인 수열 $\{\varepsilon_n\}$에서

$$\sum_{n=1}^{\infty} \Pr\{|X_n| > \varepsilon_n\} < \infty \tag{6.1.6}$$

으로 바꾸어도 $X_n \xrightarrow{a.s.} 0$이다. 이제, ω의 분포가 $[0,1]$에서 고르다면

$$X_n(\omega) \;=\; \begin{cases} 0, & 0 \le \omega \le 1 - \frac{1}{n}, \\ 1, & 1 - \frac{1}{n} < \omega \le 1 \end{cases} \tag{6.1.7}$$

인 확률변수 열 $\{X_n\}_{n=1}^{\infty}$은 $n \to \infty$일 때 $X_n \xrightarrow{a.s.} 0$이다. 그런데, $\varepsilon_n \downarrow 0$인 ε_n을 어떻게 잡더라도 n이 충분히 크면 $\Pr\{|X_n| > \varepsilon_n\} = \Pr\{X_n = 1\} = \frac{1}{n}$이므로 $\sum\limits_{n=1}^{\infty} \Pr\{|X_n| > \varepsilon_n\} \to \infty$이다. 그러므로, (6.1.6)은 X_n이 0으로 거의 틀림 없이 수렴하는 충분조건이지만 필요조건은 아니다. ◇

정리 6.1.1 확률변수 열 $\{X_n\}_{n=1}^{\infty}$를 생각하자. 이때, $X_n \xrightarrow{a.s.} X$이면 0보다 큰 수 ε을 어떻게 고르더라도

$$\lim_{n\to\infty} \Pr\left\{\sup_{m\ge n} |X_m - X| > \varepsilon\right\} \;=\; 0 \tag{6.1.8}$$

이고, 그 역도 성립한다. ■■

증명 먼저, $X_n \xrightarrow{a.s.} X$이면 $X_n - X \xrightarrow{a.s.} 0$이므로

$$(\text{가}) \quad X_n \;\xrightarrow{a.s.}\; 0 \tag{6.1.9}$$

와

$$(\text{나}) \quad \lim_{n\to\infty} \Pr\left\{\sup_{m\ge n} |X_m| > \varepsilon\right\} \;=\; 0 \tag{6.1.10}$$

이 서로 필요충분조건이라는 것을 보이자.

먼저, (가)라고 두자. 그러면, $A_n(\varepsilon) = \left\{\sup\limits_{m\ge n} |X_n| > \varepsilon\right\}$, $C = \left\{\lim\limits_{n\to\infty} X_n = 0\right\}$, $B_n(\varepsilon) = C \cap A_n(\varepsilon)$이라고 둘 때 $B_{n+1}(\varepsilon) \subset B_n(\varepsilon)$이고 $\bigcap\limits_{n=1}^{\infty} B_n(\varepsilon) = \emptyset$이다. 그러므로 $\lim\limits_{n\to\infty} \Pr\{B_n(\varepsilon)\} = \Pr\left\{\bigcap\limits_{n=1}^{\infty} B_n(\varepsilon)\right\} = 0$이다. 또, $C^c \cap A_n^c(\varepsilon) \subset C^c$이고 따라서 $\Pr\{C^c \cap A_n^c(\varepsilon)\} \le \Pr\{C^c\} = 0$이다. 이제, $\Pr\{C\} = 1$과 $\Pr\{C^c\} = 0$을 새기면 $\Pr\{B_n(\varepsilon)\} = \Pr\{C \cap A_n(\varepsilon)\} = 1 - \Pr\{C^c \cup A_n^c(\varepsilon)\} = 1 - \Pr\{C^c\} - \Pr\{A_n^c(\varepsilon)\} + \Pr\{C^c \cap A_n^c(\varepsilon)\} = \Pr\{A_n(\varepsilon)\} + \Pr\{C^c \cap A_n^c(\varepsilon)\}$, 곧

$$\Pr\{B_n(\varepsilon)\} \;=\; \Pr\{A_n(\varepsilon)\} \tag{6.1.11}$$

이다. 따라서, (나)를 얻는다.

다음에, (나)라고 두자. 이제, $D(\varepsilon) = \left\{\limsup\limits_{n\to\infty} |X_n| > \varepsilon > 0\right\}$처럼 쓰면 $n = 1, 2, \cdots$일 때 $D(\varepsilon) \subset A_n(\varepsilon)$이므로 $\Pr\{D(\varepsilon)\} = 0$이다. 게다가 $C^c = \left\{\lim\limits_{n\to\infty} X_n \ne 0\right\} \subset \bigcup\limits_{k=1}^{\infty} \left\{\limsup\limits_{n\to\infty} |X_n| > \frac{1}{k}\right\}$이므로 $1 - \Pr\{C\} \le \sum\limits_{k=1}^{\infty} \Pr\left\{D\left(\frac{1}{k}\right)\right\} = 0$이고, 따라서 (가)이다. □

확률변수 열이 거의 틀림 없이 수렴하는지를 보이려면, ω의 분포와 ω와 확률변수 사이의 관계를 알든지, 아니면, 수렴을 손쉽게 보일 수 있을 만큼 확률변수가 간단해야 한다. 이제, 거의 틀림 없는 수렴보다 조금 느슨한 수렴을 다루어 보자. 보기를 들면, 어떤 시점 n에서 $E\left\{(X_n - X)^2\right\}$이 작다는 관점에서 대부분의 수열 X_n이 X에 가깝기만 바랄 수도 있다. 이러한 수렴은 시간에 중점을 두는 것인데, 거의 틀림 없는 수렴과 달리 수열 모두의 수렴을 생각하는 것이 아니며, 수렴하는지 아닌지 보이기도 더 쉽다.

6.1.2 평균에서의 수렴

뜻매김 6.1.2 r째 평균에서[4] 수렴

확률변수 열 $\{X_n\}$의 r째 절대 적률 $E\{|X_n|^r\}$과 확률변수 X의 r째 절대 적률 $E\{|X|^r\}$이 모두 유한하다고 하자. 이때,

$$\lim_{n\to\infty} E\{|X_n - X|^r\} = 0 \tag{6.1.12}$$

이면 $\{X_n\}$은 X로 r째 평균에서 수렴한다고 하고, $X_n \xrightarrow{r} X$ 또는 $X_n \xrightarrow{L^r} X$와 같이 쓴다.

한편, $r = 2$일 때에는 r째 평균에서의 수렴을 제곱 평균 수렴[5]이라고 부르고,

$$\lim_{n\to\infty} E\left\{(X_n - X)^2\right\} = 0 \tag{6.1.13}$$

을

$$\underset{n\to\infty}{\text{l.i.m.}}\, X_n = X \tag{6.1.14}$$

처럼[6] 쓴다.

보기 6.1.4 확률변수 열 $\{X_n\}$의 분포가

$$\Pr\{X_n = x\} = \begin{cases} 1 - \frac{1}{n}, & x = 0, \\ \frac{1}{n}, & x = 1 \end{cases} \tag{6.1.15}$$

와 같다고 두자. 그러면 $\lim_{n\to\infty} E\left\{|X_n|^2\right\} = \lim_{n\to\infty} \frac{1}{n} = 0$이므로 확률변수 열 $\{X_n\}$은 $\Pr\{X = 0\} = 1$인 확률변수 X에 제곱 평균 수렴한다. ◇

보기 6.1.5 보기 6.1.2에서 다룬 확률변수 열 가운데에서 $B_n(\omega) = \left(1 - \frac{1}{n}\right)\omega$는 틀림 없이 ω에 수렴함을 보았다. 한편, $\lim_{n\to\infty} E\left[\{B_n(\omega) - \omega\}^2\right] = \lim_{n\to\infty} E\left\{\left(\frac{\omega}{n}\right)^2\right\} = \lim_{n\to\infty} \frac{1}{3n^2} = 0$이므로 $\{B_n(\omega)\}$는 ω에 제곱 평균 수렴한다. ◇

제곱 평균 수렴은 해석하기도 손쉽고 $E\left\{(X_n - X)^2\right\}$을 오차 전력이라고 생각할 수도 있기 때문에 공학적인 응용에서도 꽤 쓸모 있다. 이제, 아래 코쉬 기준을 알아두면 극한 확률변수 X를 모를 때에도 확률변수 열이 제곱 평균 수렴하는지 알아 볼 수 있다.

---

[4] in the r-th mean

[5] convergence in mean square

[6] 여기에서, l.i.m.은 limit in the mean을 줄인 것이다.

정리 6.1.2 코쉬 기준 확률변수 열 $\{X_n\}$이 제곱 평균 수렴할 필요충분조건은

$$\lim_{n,m\to\infty} E\left\{(X_n - X_m)^2\right\} = 0 \tag{6.1.16}$$

이다. ■■

보기 6.1.6 보기 6.1.4에서 다룬 확률변수 열 $\{X_n\}$을 생각해 보면

$$\begin{aligned} E\left\{(X_n - X_m)^2\right\} &= 1 \times \Pr\{X_n = 0, X_m = 1\} + 1 \times \Pr\{X_n = 1, X_m = 0\} + 0 \\ &= \frac{1}{n}\Pr\{X_m = 0 | X_n = 1\} + \frac{1}{m}\Pr\{X_n = 0 | X_m = 1\} \end{aligned} \tag{6.1.17}$$

이므로 $\lim_{n,m\to\infty} E\left\{(X_n - X_m)^2\right\} = 0$이고 $\{X_n\}$은 제곱 평균 수렴한다. ◇

보기 6.1.7 보기 6.1.5에서 다룬 확률변수 열 $\{B_n\}$을 생각해 보면 $\lim_{n,m\to\infty} E\left\{(B_n - B_m)^2\right\}$ $= \lim_{n,m\to\infty} E\left\{\left(\frac{1}{n} - \frac{1}{m}\right)^2 \omega^2\right\} = E\left\{\omega^2\right\} \lim_{n,m\to\infty} \left(\frac{1}{n} - \frac{1}{m}\right)^2 = 0$임을 알 수 있다. ◇

제곱 평균 수렴은 n이 커질 때 점점 더 많은 수열들이 X에 가까이 간다는 것을 뜻한다. 그렇지만, 거의 틀림 없는 수렴과 달리, 한 번 X에 가까이 간 수열이 그 뒤로도 늘 X 가까이에 머물러 있는 것은 아니다.

보기 6.1.8 보기 6.1.2에서 다룬 확률변수 열 가운데에서 $H_n(\omega) = \exp\{-n(n\omega - 1)\}$은 거의 틀림 없이 0으로 수렴함을 보았다. 이제, $\lim_{n\to\infty} E\left[\{H_n(\omega) - 0\}^2\right] = \lim_{n\to\infty} e^{2n} \int_0^1 \exp\left(-2n^2\omega\right) d\omega$ $= \lim_{n\to\infty} \frac{e^{2n}}{2n^2} \left\{1 - \exp\left(-2n^2\right)\right\} \to \infty$이므로 $\{H_n(\omega)\}$는 0으로 제곱 평균 수렴하지 않는다. ◇

6.1.3 확률 수렴과 분포에서의 수렴

뜻매김 6.1.3 확률 수렴

확률변수 열 $\{X_n\}$을 생각할 때, 0보다 큰 수 ε을 어떻게 두더라도

$$\lim_{n\to\infty} \Pr\{|X_n - X| > \varepsilon\} = 0 \tag{6.1.18}$$

이면, $\{X_n\}$은 X로 확률에서 수렴한다고 또는 확률 수렴[7]한다고 하고 $X_n \xrightarrow{p} X$처럼 쓴다.

식 (6.1.18)은 어떤 순간에는 거의 모든 수열이 2ε이라는 범위 안에 들어가 있지만 그 수열들이 그 안에 꼭 머물러 있는 것은 아니라는 것을 뜻한다는 점에서, 한 번 2ε이라는 범위 안에 들어가면 그 안에 꼭 머문다는 것을 뜻하는 (6.1.8)과 다르다. 이 사실은 $\{|X_n - X| > \varepsilon\}$과 $\left\{\sup_{m\geq n} |X_m - X| > \varepsilon\right\}$의 뜻을 잘 새겨서 보면 알 수 있다.

보기 6.1.9 확률변수 열 $\{X_n\}$의 확률질량함수 $p_{X_n}(x) = \Pr\{X_n = x\}$가

[7] convergence in probability 또는 stochastic convergence

$$p_{X_n}(x) = \begin{cases} 1-\frac{1}{n}, & x=0, \\ \frac{1}{n}, & x=1 \end{cases} \tag{6.1.19}$$

이면

$$\Pr\{|X_n| > \varepsilon\} = \begin{cases} 0, & \varepsilon \geq 1, \\ \frac{1}{n}, & 0 < \varepsilon < 1 \end{cases} \tag{6.1.20}$$

이므로 $\lim_{n\to\infty} \Pr\{|X_n| > \varepsilon\} = 0$이다. 따라서, $X_n \xrightarrow{p} 0$이다. ◇

보기 6.1.10 확률변수 열 $\{X_n\}$의 확률질량함수가

$$\Pr\{X_n = x\} = \begin{cases} \frac{1}{2n}, & x=3,4 \\ 1-\frac{1}{n}, & x=5 \end{cases} \tag{6.1.21}$$

과 같으면

$$\Pr\{|X_n - 5| > \varepsilon\} = \begin{cases} 0, & \varepsilon \geq 2, \\ \frac{1}{2n}, & 1 \leq \varepsilon < 2, \\ \frac{1}{n}, & 0 < \varepsilon < 1 \end{cases} \tag{6.1.22}$$

이므로 $\lim_{n\to\infty} \Pr\{|X_n - 5| > \varepsilon\} = 0$이다. 따라서, $X_n \xrightarrow{p} 5$이다. ◇

정리 6.1.3 확률변수 열 $\{X_n\}$이 X로 확률 수렴하고 g가 연속 함수이면 $g(X_n)$은 $g(X)$로 확률 수렴한다. ■■

보기 6.1.11 정리 6.1.3에서 눈여겨보아야 할 것은 g가 연속 함수라는 것이다. 여기에서, g가 연속 함수가 아니면 이야기가 다르다. 보기를 들어,

$$g(x) = \begin{cases} 0, & x \leq 0, \\ 1, & x > 0 \end{cases}$$

이고 $X_n \sim N\left(0, \frac{\sigma^2}{n}\right)$이면 X_n은 거의 틀림 없이 0인 확률변수 X에 확률 수렴하고, 따라서 $g(X)$도 거의 틀림 없이 0인 확률변수이다. 그러나, $g(X_n) = \begin{cases} 0, & \text{확률 } \frac{1}{2}, \\ 1, & \text{확률 } \frac{1}{2} \end{cases}$ 이므로 $g(X_n) \stackrel{p}{\nrightarrow} g(X)$이다. ◇

뜻매김 6.1.4 분포에서의 수렴

확률변수 X_n의 누적분포함수가 F_n이고 확률변수 X의 누적분포함수를 F일 때, F가 연속인 점에서 늘

$$\lim_{n\to\infty} F_n(x) = F(x) \tag{6.1.23}$$

이면, 확률변수 열 $\{X_n\}$은 확률변수 X로 분포에서 수렴, 약하게 수렴, 또는 법칙에서[8] 수렴한다고 하고, $X_n \xrightarrow{d} X$ 또는 $X_n \xrightarrow{l} X$처럼 쓴다.

보기 6.1.12 확률변수 X_n의 누적분포함수를 $F_n(x) = \int_{-\infty}^{x} \frac{\sqrt{n}}{\sigma\sqrt{2\pi}} e^{-\frac{nt^2}{2\sigma^2}} dt$처럼 두면

$$\lim_{n\to\infty} F_n(x) = \begin{cases} 0, & x < 0, \\ \frac{1}{2}, & x = 0, \\ 1, & x > 0 \end{cases} \tag{6.1.24}$$

이다. 따라서, $\{X_n\}$은 누적분포함수가

$$F(x) = \begin{cases} 0, & x < 0, \\ 1, & x \geq 0 \end{cases}$$

인 확률변수 X로 분포에서 수렴한다. 여기에서, $\lim\limits_{n\to\infty} F_n(0) \neq F(0)$이지만, 분포에서의 수렴은 누적분포함수의 불연속 점에서 수렴함은 조건으로 삼지 않는다는 것을 새기면, $F(x)$의 불연속 점인 $x = 0$에서 $F_n(x)$가 수렴하는지는 따질 까닭이 없다. ◇

6.1.4 수렴 사이의 관계

이제, 뜻매김 6.1.1–6.1.4에서 다룬 여러 가지 수렴들 사이의 관계를 살펴 보자. 먼저, $t > s > 0$이라고 두고

가 = {거의 틀림 없이 수렴하는 확률변수 열의 집합},

바 = {분포에서 수렴하는 확률변수 열의 집합},

아 = {s째 평균에서 수렴하는 확률변수 열의 집합},

타 = {t째 평균에서 수렴하는 확률변수 열의 집합},

하 = {확률 수렴하는 확률변수 열의 집합}

처럼 두자. 그러면

$$\textbf{바} \supset \textbf{하} \supset \textbf{아} \supset \textbf{타} \tag{6.1.25}$$

이고,

$$\textbf{하} \supset \textbf{가} \tag{6.1.26}$$

이다. 한편, **가**와 **아**는 서로 품지 않고, **가**와 **타**도 서로 품지 않는다.

보기 6.1.13 (분포에서 수렴하지만 확률에서 수렴하지는 않는 확률변수) 확률변수 X의 확률밀도함수가 대칭이라고 두고 $X_n = -X$라고 두자. 그러면

$$X_n \stackrel{d}{=} X \tag{6.1.27}$$

이므로[9] $X_n \xrightarrow{d} X$이다. 그러나, $n \to \infty$일 때 $\Pr\{|X_n - X| > \varepsilon\} = \Pr\left\{|X| > \frac{\varepsilon}{2}\right\} \nrightarrow 0$이므로 $X_n \stackrel{p}{\nrightarrow} X$이다. ◇

---

[8] in distribution, weakly, 또는 in law

[9] 여기에서, $\stackrel{d}{=}$는 분포가 같다는 뜻이다.

보기 6.1.14 (분포에서 수렴하지만 확률에서 수렴하지는 않는 확률변수) 표본공간이 $S = \{\omega_1, \omega_2, \omega_3, \omega_4\}$일 때 S의 모든 부분집합이 이루는 사건공간과 고른 확률측도를 생각하자. 이때, $\{X_n\}_{n=1}^{\infty}$를

$$X_n(\omega) = \begin{cases} 0, & \omega = \omega_3 \text{ 또는 } \omega_4, \\ 1, & \omega = \omega_1 \text{ 또는 } \omega_2 \end{cases} \tag{6.1.28}$$

처럼 두자. 한편, 확률변수 X를

$$X(\omega) = \begin{cases} 0, & \omega = \omega_1 \text{ 또는 } \omega_2, \\ 1, & \omega = \omega_3 \text{ 또는 } \omega_4 \end{cases} \tag{6.1.29}$$

처럼 두자. 그러면 X_n의 누적분포함수와 X의 누적분포함수는 둘 다

$$F(x) = \begin{cases} 0, & x < 0, \\ \frac{1}{2}, & 0 \le x < 1, \\ 1, & x \ge 1 \end{cases}$$

이다. 바꾸어 말하면 $X_n \xrightarrow{d} X$이다. 한편, $\omega \in S$이고 $n \ge 1$일 때 $|X_n(\omega) - X(\omega)| = 1$이므로, $n \to \infty$일 때 $\Pr\{|X_n - X| > \varepsilon\} \nrightarrow 0$이다. 곧, X_n은 X로 확률에서 수렴하지 않는다. ◇

보기 6.1.15 (확률에서 수렴하지만 거의 어디서나 수렴하지는 않는 확률변수) 독립인 확률변수 열 $\{X_n\}_{n=1}^{\infty}$에서 $\Pr\{X_n = 1\} = \frac{1}{n}$이고 $\Pr\{X_n = 0\} = 1 - \frac{1}{n}$이라고 두자. 그러면 $\varepsilon \in (0,1)$을 어떻게 고르더라도 $n \to \infty$일 때 $\Pr\{|X_n - 0| > \varepsilon\} = \Pr\{X_n = 1\} = \frac{1}{n} \to 0$이므로 $X_n \xrightarrow{p} 0$이다. 그러나, $A_n(\varepsilon) = \{|X_n - 0| > \varepsilon\}$이라고 두고 $B_m(\varepsilon) = \bigcup_{n=m}^{\infty} A_n(\varepsilon)$이라고 두면

$$\Pr\{B_m(\varepsilon)\} = 1 - \lim_{M\to\infty} \Pr\{X_n = 0,\ m \le n \le M \text{인 모든 } n\} \tag{6.1.30}$$

이다. 이제, X_n이 독립이므로 m이 어떤 자연수일 때에도 $\prod_{k=m}^{\infty} \left(1 - \frac{1}{k}\right) = 0$이라는 것을 쓰면

$$\begin{aligned} \Pr\{B_m(\varepsilon)\} &= 1 - \lim_{M\to\infty} \left(1 - \frac{1}{m}\right)\left(1 - \frac{1}{m+1}\right)\cdots\left(1 - \frac{1}{M}\right) \\ &= 1 \end{aligned} \tag{6.1.31}$$

이다. 따라서, $\lim_{m\to\infty} \Pr\{B_m(\varepsilon)\} \ne 0$이고 정리 6.1.1에서 $X_n \stackrel{a.s.}{\nrightarrow} 0$임을 알 수 있다. ◇

보기 6.1.16 (평균에서의 수렴) 부등식 $|x|^s \le 1 + |x|^r$, $0 < s < r$ 또는 (6.부.21)에 보인 리아푸노프 부등식 $[E\{|X|^s\}]^{\frac{1}{s}} \le [E\{|X|^r\}]^{\frac{1}{r}}$, $0 < s < r$을 쓰면 $0 < s < r$일 때

$$X_n \xrightarrow{L^r} X \ \Rightarrow\ X_n \xrightarrow{L^s} X \tag{6.1.32}$$

임을 바로 보일 수 있다. 한편, $0 < s < r$일 때 확률변수 열 $\{X_n\}_{n=1}^{\infty}$의 분포가

$$\Pr\{X_n = x\} = \begin{cases} n^{-\frac{r+s}{2}}, & x = n, \\ 1 - n^{-\frac{r+s}{2}}, & x = 0 \end{cases} \tag{6.1.33}$$

이면 $n \to \infty$일 때 $E\{X_n^s\} = n^{\frac{s-r}{2}} \to 0$이므로, $X_n \xrightarrow{L^r} 0$이지만 $E\{X_n^r\} = n^{\frac{r-s}{2}} \to \infty$이므로 $X_n \overset{L^s}{\nrightarrow} 0$이다. 곧, $r > s$일 때

$$X_n \xrightarrow{L^s} 0 \ \not\Rightarrow \ X_n \xrightarrow{L^r} 0 \tag{6.1.34}$$

이다. ◇

보기 6.1.17 (평균에서의 수렴과 확률에서의 수렴) 확률변수 열 $\{X_n\}_{n=1}^{\infty}$에서

$$\Pr\{X_n = x\} = \begin{cases} \frac{1}{n}, & x = e^n, \\ 1 - \frac{1}{n}, & x = 0 \end{cases} \tag{6.1.35}$$

이면, $\varepsilon > 0$이고 $n \to \infty$일 때 $\Pr\{|X_n| < \varepsilon\} = \Pr\{X_n = 0\} = 1 - \frac{1}{n} \to 1$이므로 $X_n \xrightarrow{p} 0$이다. 그러나, $E\{X_n^r\} = \frac{e^{rn}}{n} \to \infty$ 이므로 $X_n \overset{L^r}{\nrightarrow} 0$이다. ◇

보기 6.1.18 (확률 수렴과 거의 틀림 없는 수렴) 먼저, 정수 $m \in \{0, 1, \cdots, 2^k - 1\}$과 정수 $k \in \{0, 1, \cdots\}$으로 자연수 n을

$$n = 2^k + m \tag{6.1.36}$$

과 같이 유일하게 나타낼 수 있다는 것을 새겨서 두자. 이제, $n = 1, 2, \cdots$ 일 때 $\Omega = [0, 1]$에서 확률변수 열 $\{X_n\}$을

$$X_n(\omega) = \begin{cases} 2^k, & \frac{m}{2^k} \le \omega < \frac{m+1}{2^k}, \\ 0, & \text{그 밖에는} \end{cases} \tag{6.1.37}$$

로 뜻매김하고, 그 확률질량함수가

$$\Pr\{X_n = x\} = \begin{cases} \frac{1}{2^k}, & x = 2^k, \\ 1 - \frac{1}{2^k}, & x = 0 \end{cases} \tag{6.1.38}$$

과 같다고 두자. 그러면 $\omega \in \Omega$를 어떻게 고르더라도 $\lim_{n\to\infty} X_n(\omega)$가 존재하지 않으므로 X_n은 거의 틀림 없이 수렴하지는 않는다. 그러나,

$$\begin{aligned} \Pr\{|X_n| > \varepsilon\} &= \Pr\{X_n > \varepsilon\} \\ &= \begin{cases} 0, & \varepsilon \ge 2^k, \\ \frac{1}{2^k}, & 0 < \varepsilon < 2^k \end{cases} \end{aligned} \tag{6.1.39}$$

이므로 $\lim_{n\to\infty} \Pr\{|X_n| > \varepsilon\} = 0$이고, 따라서 $X_n \xrightarrow{p} 0$이다. ◇

보기 6.1.19 (적률 수렴과 거의 틀림 없는 수렴) 분포가 아래와 같은 확률변수 열 $\{X_n\}_{n=1}^{\infty}$를 생각하자.

$$\Pr\{X_n = x\} = \begin{cases} 1 - \frac{1}{n^\alpha}, & x = 0, \\ \frac{1}{2n^\alpha}, & x = \pm n. \end{cases} \tag{6.1.40}$$

여기에서, $\alpha > 0$이다. 그러면 $E\left\{|X_n|^{\frac{1}{2}}\right\} = n^{-\alpha+\frac{1}{2}}$이므로 $\alpha > \frac{3}{2}$일 때 $\sum_{n=1}^{\infty} E\left\{|X_n|^{\frac{1}{2}}\right\} < \infty$이다. 따라서, (6.부.15)에서 다룬 마르코프 부등식 $\Pr\{X \geq \alpha\} \leq \frac{E\{X\}}{\alpha}$에 $\alpha = \varepsilon$이고 $X = \sqrt{\alpha}\sqrt{|X_n|}$이라고 두면 $\Pr\{|X_n| > \varepsilon\} \leq \varepsilon^{-\frac{1}{2}} E\left\{|X|^{\frac{1}{2}}\right\}$이므로 $\varepsilon > 0$일 때 $\sum_{n=1}^{\infty} \Pr\{|X_n| > \varepsilon\} < \infty$이다. 이제 보기 6.1.3에서와 같이 보렐-캔텔리 정리를 쓰면 $X_n \xrightarrow{a.s.} 0$이다. 한편 $E\left\{|X_n|^2\right\} = \frac{1}{n^{\alpha-2}}$이므로 $\alpha \leq 2$이면 $X_n \overset{L^2}{\nrightarrow} 0$이다. 바꾸어 말하면, $\alpha \in \left(\frac{3}{2}, 2\right]$일 때 $X_n \xrightarrow{a.s.} 0$이지만 $X_n \overset{L^2}{\nrightarrow} 0$이다. ◇

보기 6.1.20 (더한 것의 수렴) 확률변수 열 $\{X_n\}_{n=1}^{\infty}$와 확률변수 열 $\{Y_n\}_{n=1}^{\infty}$가 독립이면 $X_n \xrightarrow{d} X$이고 $Y_n \xrightarrow{d} Y$일 때 $X_n + Y_n \xrightarrow{d} X + Y$이다. 그러나, 확률변수 열 $\{X_n\}_{n=1}^{\infty}$와 확률변수 열 $\{Y_n\}_{n=1}^{\infty}$가 독립이 아니면 이야기가 다르다. 보기를 들어, $X_n \xrightarrow{d} X \sim N(0,1)$이라고 두고 $Y_n = \alpha X_n$처럼 두면

$$Y_n \xrightarrow{d} Y \sim N\left(0, \alpha^2\right) \tag{6.1.41}$$

이고, 쉽게 알 수 있듯이 $X_n + Y_n = (1+\alpha)X_n$의 분포는 $N\left(0, (1+\alpha)^2\right)$으로 수렴한다. 그렇지만, $X \sim N(0,1)$이고 $Y \sim N\left(0, \alpha^2\right)$이므로, $X + Y$의 분포는 일반적으로 $N\left(0, (1+\alpha)^2\right)$과 다르다. 곧, 확률변수 열 $\{X_n\}_{n=1}^{\infty}$와 확률변수 열 $\{Y_n\}_{n=1}^{\infty}$가 독립이 아닐 때에는 $X_n \xrightarrow{d} X$이고 $Y_n \xrightarrow{d} Y$이더라도 $X_n + Y_n \overset{d}{\nrightarrow} X + Y$일 수 있다. ◇

6.2 큰 수의 법칙과 중심 극한 정리

6.2.1 확률변수의 합과 그 분포

확률변수의 합이 나타내는 확률적 성질 몇 가지는 4장에서 이미 다룬 바 있다. 구체적으로는 두 확률변수를 더한 것의 분포는 보기 4.2.4와 4.2.13에서 다루었고, 확률벡터의 원소들이 서로 독립일 때 합의 특성함수와 분포는 보기 4.3.8에서 간단히 살펴 보았다. 이제 여러 확률변수의 합을 조금 더 일반적으로 생각해보자. 확률변수의 합은 확률변수의 수렴과 극한의 성질을 이해하고 응용하는 데에 매우 중요한 역할을 한다.

정리 6.2.1 확률변수 $\{X_i\}_{i=1}^{n}$의 합 $S_n = \sum_{i=1}^{n} X_i$를 생각할 때 S_n의 기댓값은

$$E\{S_n\} = \sum_{i=1}^{n} E\{X_i\} \tag{6.2.1}$$

이고, 분산은

$$\operatorname{Var}\{S_n\} = \sum_{i=1}^{n} \operatorname{Var}\{X_i\} + 2\sum_{i=1}^{n-1}\sum_{j=i+1}^{n} \operatorname{Cov}(X_i, X_j) \tag{6.2.2}$$

이다. ■

증명 먼저, $E\{S_n\} = E\left\{\sum_{i=1}^{n} X_i\right\} = \sum_{i=1}^{n} E\{X_i\}$임은 쉽게 알 수 있다. 다음에, $\{a_i\}_{i=1}^{n}$이 상수일 때 $\text{Var}\left\{\sum_{i=1}^{n} a_i X_i\right\} = E\left\{\left(\sum_{i=1}^{n} a_i [X_i - E\{X_i\}]\right)^2\right\}$, 곧

$$\begin{aligned}\text{Var}\left\{\sum_{i=1}^{n} a_i X_i\right\} &= E\left\{\sum_{i=1}^{n}\sum_{j=1}^{n} a_i a_j (X_i - E\{X_i\})(X_j - E\{X_j\})\right\} \\ &= \sum_{i=1}^{n} a_i^2 \text{Var}\{X_i\} + 2\sum_{i=1}^{n-1}\sum_{j=i+1}^{n} a_i a_j \text{Cov}(X_i, X_j) \end{aligned} \tag{6.2.3}$$

이므로 $a_i = 1$로 두면 (6.2.2)를 얻는다. □

정리 6.2.2 확률변수 $\{X_i\}_{i=1}^{n}$이 서로 상관이 없을 때 합 $S_n = \sum_{i=1}^{n} X_i$의 분산은

$$\text{Var}\{S_n\} = \sum_{i=1}^{n} \text{Var}\{X_i\} \tag{6.2.4}$$

이다. ■■

정리 6.2.1은 합의 기댓값은 언제나 기댓값의 합이고, 합의 분산은 분산의 합에 서로 다른 확률변수 사이의 공분산을 더해 얻는다는 것을 알려 주고, 정리 6.2.2는 확률변수들이 서로 상관이 없을 때에는 공분산이 0이므로 합의 분산이 분산의 합과 같음을 알려 준다.

보기 6.2.1 평균이 모두 0이고, 곱 적률이 $E\{X_i X_j\} = \rho^{|i-j|}$인 확률변수 $\{X_i\}_{i=1}^{n}$을 생각하자. 이제, $i = 3, 4, \cdots, n$일 때, 세 확률변수의 합 $Y_i = X_{i-2} + X_{i-1} + X_i$의 기댓값과 분산을 얻어보시오.

풀이 정리 6.2.1에 보인 (6.2.1)을 쓰면 $E\{Y_i\} = E\{X_{i-2}\} + E\{X_{i-1}\} + E\{X_i\} = 0$이다. 또, $\text{Var}\{X_i\} = \rho^0 = 1$이므로 (6.2.2)를 바탕으로

$$\begin{aligned}\text{Var}\{Y_i\} &= \text{Var}\{X_{i-2}\} + \text{Var}\{X_{i-1}\} + \text{Var}\{X_i\} \\ &\quad + 2\{\text{Cov}(X_{i-2}, X_{i-1}) + \text{Cov}(X_{i-1}, X_i) + \text{Cov}(X_{i-2}, X_i)\} \\ &= 3\rho^0 + 2\rho^1 + 2\rho^1 + 2\rho^2 \\ &= 3 + 4\rho + 2\rho^2 \end{aligned} \tag{6.2.5}$$

를 얻을 수 있다. ◇

보기 6.2.2 어떤 모임에 n 사람이 선물을 하나씩 들고 참석하였다. 참석자의 이름이 하나씩 적힌 딱지 n장을 상자에 넣은 다음, 참석자마다 딱지를 하나씩 뽑아서 딱지에 적힌 사람에게 가져온 선물을 주기로 한다. 자신이 가져온 선물을 그대로 받는 사람 수를 K_n이라고 할 때 K_n의 기댓값과 분산을 얻어보시오.

풀이 먼저,

$$X_i = \begin{cases} 1, & \text{참석자 } i\text{가 자신의 딱지를 뽑을 때,} \\ 0, & \text{그 밖에는} \end{cases} \tag{6.2.6}$$

과 같은 확률변수를 뜻매김하자. 그러면

$$K_n = \sum_{i=1}^{n} X_i \tag{6.2.7}$$

처럼 쓸 수 있다. 이제, 누구라도 자기 이름이 적힌 딱지를 뽑을 확률은 $\frac{1}{n}$이므로 $E\{X_i\} = 1 \times \frac{1}{n} + 0 \times \frac{n-1}{n} = \frac{1}{n}$이고 $\text{Var}\{X_i\} = E\left\{X_i^2\right\} - E^2\{X_i\} = \frac{1}{n} - \frac{1}{n^2}$이다. 또한, $i \neq j$일 때 $\Pr\{X_iX_j = 1\} = \frac{1}{n(n-1)}$이고 $\Pr\{X_iX_j = 0\} = 1 - \frac{1}{n(n-1)}$이므로 $\text{Cov}(X_i, X_j) = E\{X_iX_j\} - E\{X_i\}E\{X_j\}$, 곧

$$\text{Cov}(X_i, X_j) = \frac{1}{n(n-1)} - \frac{1}{n^2} \tag{6.2.8}$$

이다. 따라서 $E\{K_n\} = \sum_{i=1}^{n} \frac{1}{n} = 1$이고 $\text{Var}\{K_n\} = n\text{Var}\{X_i\} + n(n-1)\text{Cov}(X_i, X_j) = 1$이다. 곧, 몇 사람이 오더라도 평균적으로 한 사람이 자신이 가져온 선물을 그대로 받는다. ◇

정리 6.2.3 서로 독립인 확률변수 $\{X_i\}_{i=1}^{n}$에서 X_i의 특성함수를 $\varphi_{X_i}(\omega)$라고 두고, 적률생성함수를 $M_{X_i}(t)$라고 두자. 그러면 $S_n = \sum_{i=1}^{n} X_i$의 특성함수는

$$\varphi_{S_n}(\omega) = \prod_{i=1}^{n} \varphi_{X_i}(\omega) \tag{6.2.9}$$

이고, 적률생성함수는

$$M_{S_n}(t) = \prod_{i=1}^{n} M_{X_i}(t) \tag{6.2.10}$$

이다. ■■

증명 식 (4.3.32)에서 보였듯이 확률변수 $\{X_i\}_{i=1}^{n}$이 독립이라는 것을 새기면 특성함수와 적률생성함수의 뜻매김에서 특성함수 $\varphi_{S_n}(\omega) = E\left\{e^{j\omega S_n}\right\} = E\left\{e^{j\omega(X_1+X_2+\cdots+X_n)}\right\}$, 곧

$$\begin{aligned} \varphi_{S_n}(\omega) &= E\left\{e^{j\omega X_1}\right\}E\left\{e^{j\omega X_2}\right\}\cdots E\left\{e^{j\omega X_n}\right\} \\ &= \prod_{i=1}^{n} \varphi_{X_i}(\omega) \end{aligned} \tag{6.2.11}$$

을 얻고, 이 식과 비슷하게 $M_{S_n}(t) = E\left\{e^{t(X_1+X_2+\cdots+X_n)}\right\} = E\left\{e^{tX_1}\right\}E\left\{e^{tX_2}\right\}\cdots E\left\{e^{tX_n}\right\} = \prod_{i=1}^{n} M_{X_i}(t)$를 얻는다. □

정리 6.2.4 확률변수 $\{X_i\}_{i=1}^{n}$이 서로 독립이고 분포가 같을 때 X_i의 특성함수를 $\varphi_X(\omega)$라고 두고 적률생성함수를 $M_X(t)$라고 두자. 그러면 합 $S_n = \sum_{i=1}^{n} X_i$의 특성함수는

$$\varphi_{S_n}(\omega) = \varphi_X^n(\omega) \tag{6.2.12}$$

이고, 적률생성함수는

$$M_{S_n}(t) = M_X^n(t) \tag{6.2.13}$$

이다. ■■

증명 확률변수 $\{X_i\}_{i=1}^n$의 분포가 모두 같다는 사실을 새기면 정리 6.2.4는 정리 6.2.3에서 바로 알 수 있다. □

보기 6.2.3 확률변수 $\{X_i\}_{i=1}^n$이 서로 독립이고 그 분포가 모두 베르누이 분포 $b(1,p)$일 때 $\{X_i\}_{i=1}^n$을 모두 더한 합 $S_n = \sum\limits_{i=1}^n X_i$의 분포를 얻어보시오.

풀이 먼저, 확률변수 X_i의 적률생성함수는 (3.부.54)에 보였듯이 $M_X(t) = 1 - p + pe^t$이다. 그러므로, 합 S_n의 적률생성함수는 $M_{S_n}(t) = (1 - p + pe^t)^n$이다. 이 식은 S_n의 분포가 이항 분포 $b(n,p)$라는 것을 뜻한다. ◇

보기 6.2.4 확률변수 $\{X_i\}_{i=1}^n$이 서로 독립이고 $X_i \sim b(k_i, p)$일 때 합 $S_n = \sum\limits_{i=1}^n X_i$의 분포를 얻어보시오.

풀이 먼저, 확률변수 X_i의 적률생성함수는 (3.부.58)에 보였듯이 $M_{X_i}(t) = (1 - p + pe^t)^{k_i}$이다. 그러므로, 합 S_n의 적률생성함수는 $M_{S_n}(t) = \prod\limits_{i=1}^n (1 - p + pe^t)^{k_i}$, 곧

$$M_{S_n}(t) = \left(1 - p + pe^t\right)^{\sum\limits_{i=1}^n k_i} \tag{6.2.14}$$

이다. 이 식은 S_n의 분포가 이항 분포 $b\left(\sum\limits_{i=1}^n k_i, p\right)$라는 것을 뜻한다. ◇

보기 6.2.5 확률변수 $\{X_i\}_{i=1}^n$이 서로 독립이고 $X_i \sim N(m_i, \sigma_i^2)$일 때 $S_n = \sum\limits_{i=1}^n X_i$의 분포는 정규 분포 $N\left(\sum\limits_{i=1}^n m_i, \sum\limits_{i=1}^n \sigma_i^2\right)$이라는 것을 정리 5.2.5에서 보인 바 있다. ◇

보기 6.2.6 확률변수 $\{X_i\}_{i=1}^n$이 서로 독립이고 그 분포가 모두 매개변수가 λ인 지수 분포일 때 $S_n = \sum\limits_{i=1}^n X_i$의 분포는 감마 분포 $G\left(n, \frac{1}{\lambda}\right)$이라는 것을 보이시오.

풀이 먼저, 확률변수 X_i의 적률생성함수는 (3.부.76)에 보였듯이 $M_X(t) = \frac{\lambda}{\lambda - t}$이다. 그러므로, S_n의 적률생성함수는 $M_{S_n}(t) = \left(\frac{\lambda}{\lambda-t}\right)^n$이고, 따라서 $S_n \sim G\left(n, \frac{1}{\lambda}\right)$이다. ◇

뜻매김 6.2.1 확률변수의 가변합[10]

확률질량함수의 받침이 $\{0, 1, \cdots\}$의 부분집합인 확률변수 N이 확률변수 $\{X_1, X_2, \cdots, X_N\}$과 서로 독립일 때, 확률변수

$$S_N = \sum_{i=1}^N X_i \tag{6.2.15}$$

를 가변합이라고 부른다. 여기에서, $S_0 = 0$으로 둔다.

확률변수 N의 확률질량함수가 $p_N(n)$이고 합 $S_n = \sum_{i=1}^{n} X_i$의 적률생성함수를 $M_{S_n}(t)$라고 두면 가변합 S_N의 적률생성함수 $M_{S_N}(t) = E\left\{e^{tS_N}\right\} = E\left[E\left\{e^{tS_N} \middle| N\right\}\right] = \sum_{n=0}^{\infty} E\left\{ e^{tS_N} \middle| N = n\right\} p_N(n) = \sum_{n=0}^{\infty} E\left\{e^{tS_n}\right\} p_N(n)$는

$$M_{S_N}(t) = \sum_{n=0}^{\infty} M_{S_n}(t) p_N(n) \tag{6.2.16}$$

처럼 쓸 수 있다.

정리 6.2.5 가변합 $S_N = \sum_{i=1}^{N} X_i$에서 확률변수 $\{X_1, X_2, \cdots, X_N\}$이 서로 독립이고 분포가 같으며, X_i의 적률생성함수가 $M_X(t)$이고, N의 적률생성함수가 $M_N(t)$라고 두자. 그러면 S_N의 적률생성함수는

$$M_{S_N}(t) = M_N\left(\ln M_X(t)\right) \tag{6.2.17}$$

이다. ■■

증명 적률생성함수의 뜻매김과 정리 4.4.4에서 다룬 조건부 기댓값의 기댓값 얻기를 써 보자. 확률변수 N의 확률질량함수를 $p_N(n)$이라고 할 때 (6.2.16)에 정리 6.2.4를 적용하면 $M_{S_N}(t) = \sum_{n=0}^{\infty} M_X^n(t) p_N(n) = \sum_{n=0}^{\infty} e^{n \ln M_X(t)} p_N(n) = E\left\{e^{N \ln M_X(t)}\right\}$, 곧

$$M_{S_N}(t) = M_N\left(\ln M_X(t)\right) \tag{6.2.18}$$

처럼 (6.2.17)을 보일 수 있다. □

한편, $\tilde{M}_N(z) = E\left\{z^N\right\}$처럼 쓰면, $\tilde{M}_N(g(t)) = E\left\{g^N(t)\right\} = \sum_n g^n(t) P\{N = n\}$이고 조건부 확률을 쓰면 $M_S(t) = E\left\{e^{tS}\right\} = E\left\{E\left\{e^{tS} \middle| N\right\}\right\} = \sum_n E\left\{e^{tS} \middle| N = n\right\} P\{N = n\} = \sum_n E\left\{e^{tX_1 + tX_2 + \cdots + tX_n}\right\} P\{N = n\} = \sum_n E\left\{e^{tX_1}\right\} E\left\{e^{tX_2}\right\} \cdots E\left\{e^{tX_n}\right\} P\{N = n\} = \sum_n M_X^n(t) P\{N = n\}$, 곧 적률생성함수 (6.2.17)을

$$M_S(t) = \tilde{M}_N\left(M_X(t)\right) \tag{6.2.19}$$

처럼 쓸 수도 있다. 이 결과는 $\tilde{M}_N\left(e^t\right) = M_N(t)$이라는, 또는 $\tilde{M}_N(A)$에서 A를 $\ln A$로 바꾸어 넣으면 M_N을 얻을 수 있다는 것에서도 쉽게 알 수 있다.

보기 6.2.7 서로 독립이고 평균이 $\frac{1}{\lambda}$인 지수 확률변수 열 $\{X_1, X_2, \cdots\}$과, X_i와 독립이고 확률질량함수가 $p_N(k) = (1-\alpha)^{k-1}\alpha,\ k \in \{1, 2, \cdots\}$인 – 곧, 기댓값이 $\frac{1}{\alpha}$인 – 기하 확률변수 N을 생각하자. 이때, 가변합 $S_N = \sum_{i=1}^{N} X_i$의 분포를 얻어보시오.

[10] variable sum. 확률합이라고 random sum 부르기도 한다.

풀이 먼저, N의 적률생성함수는 $M_N(t) = \frac{\alpha e^t}{1-(1-\alpha)e^t}$이고, X_i의 적률생성함수는 $M_X(t) = \frac{\lambda}{\lambda-t}$이므로, S_N의 적률생성함수는

$$\begin{aligned} M_{S_N}(t) &= \frac{\alpha \exp\left(\ln \frac{\lambda}{\lambda-t}\right)}{1-(1-\alpha)\exp\left(\ln \frac{\lambda}{\lambda-t}\right)} \\ &= \frac{\alpha\lambda}{\alpha\lambda - t} \end{aligned} \tag{6.2.20}$$

이다. 곧, S_N은 평균 $\frac{1}{\alpha\lambda}$인 지수 확률변수이다. 이 결과는 평균이 $\frac{1}{\lambda}$인 것을 평균 $\frac{1}{\alpha}$개 더한 것이 S_N이라는 것을 새기면 직관적으로도 걸맞은 것이다. ◇

정리 6.2.6 가변합 $S_N = \sum_{i=1}^{N} X_i$에서 $\{X_i\}$가 서로 독립이고 분포가 같을 때를 생각하자. 이제, X_i의 평균을 $E\{X\}$, 분산을 $\text{Var}\{X\}$, N의 평균을 $E\{N\}$, 분산을 $\text{Var}\{N\}$이라고 두면 S_N의 기댓값은

$$E\{S_N\} = E\{N\}E\{X\} \tag{6.2.21}$$

이고, S_N의 분산은

$$\text{Var}\{S_N\} = E\{N\}\text{Var}\{X\} + \text{Var}\{N\}E^2\{X\} \tag{6.2.22}$$

이다. ■■

증명

(방법 1) 적률생성함수를 바탕으로 (6.2.21)과 (6.2.22)를 보이자. 먼저, (6.2.17)에서 $M'_{S_N}(t) = M'_N(\ln M_X(t))\frac{M'_X(t)}{M_X(t)}$이고

$$\begin{aligned} M''_{S_N}(t) &= M''_N(\ln M_X(t))\left\{\frac{M'_X(t)}{M_X(t)}\right\}^2 \\ &\quad + M'_N(\ln M_X(t))\frac{M_X(t)M''_X(t) - \{M'_X(t)\}^2}{M^2_X(t)} \end{aligned} \tag{6.2.23}$$

이다. 이제, $M_X(0) = 1$이라는 것을 새기면 $E\{S_N\} = M'_{S_N}(0) = M'_N(0)M'_X(0)$은

$$E\{S_N\} = E\{N\}E\{X\} \tag{6.2.24}$$

이고 $E\{S^2_N\} = M''_{S_N}(0) = M''_N(0)\{M'_X(0)\}^2 + M'_N(0)\left[M''_X(0) - \{M'_X(0)\}^2\right]$은

$$E\{S^2_N\} = E\{N^2\}E^2\{X\} + E\{N\}\text{Var}\{X\} \tag{6.2.25}$$

이다. 끝으로, (6.2.24)와 (6.2.25)를 바탕으로 $\text{Var}\{S_N\} = M''_{S_N}(0) - \{M'_{S_N}(0)\}^2$은 (6.2.22)와 같음을 알 수 있다.

(방법 2) 확률변수 X_i의 기댓값을 $E\{X\}$라고 쓰면 (4.4.40)에서 $E\{Y|N\} = \sum_{i=1}^{N} E\{X_i\} = NE\{X\}$이므로 Y의 기댓값은 $E\{Y\} = E[E\{Y|N\}] = E[NE\{X\}]$, 곧

$$E\{Y\} = E\{N\}E\{X\} \tag{6.2.26}$$

이고, 2차 적률 $E\{Y^2\} = E\left[E\left\{Y^2 \middle| N\right\}\right] = E\left[E\left\{\sum_{i=1}^{N} X_i^2 + \sum_{i \neq j}^{N} X_i X_j \middle| N\right\}\right]$은

$$\begin{aligned} E\{Y^2\} &= E\left[NE\{X^2\} + N(N-1)E^2\{X\}\right] \\ &= E\{N\}\left[E\{X^2\} - E^2\{X\}\right] + E\{N^2\} E^2\{X\} \\ &= E\{N\} \operatorname{Var}\{X\} + E\{N^2\} E^2\{X\} \end{aligned} \tag{6.2.27}$$

이다. 따라서, (6.2.26)과 (6.2.27)에서 Y의 분산을 얻으면 (6.2.22)와 같다. □

보기 6.2.8 서로 독립이고 분포가 모두 $N(m, \sigma^2)$인 확률변수 열 $\{X_1, X_2, \cdots\}$과, 분포가 $P(\lambda)$이고 $\{X_1, X_2, \cdots\}$과 독립인 확률변수 N을 생각하자. 그러면 가변합 S_N의 기댓값은 $E\{S_N\} = \lambda m$이고, 분산은 $\operatorname{Var}\{S_N\} = \lambda(\sigma^2 + m^2)$이다. ◇

끝으로, 가변합의 기댓값과 분산에서 다음을 새겨서 두자.

(가) 확률변수 N이 상수 n일 때: $E\{N\} = n$이고, $\operatorname{Var}\{N\} = 0$이므로 정리 6.2.6에서 $E\{S_n\} = nE\{x\}$이고 $\operatorname{Var}\{S_n\} = n\operatorname{Var}\{X\}$이다[11].

(나) 확률변수 X_i가 상수 x일 때: $E\{X\} = x$이고, $\operatorname{Var}\{X\} = 0$이며, $S_N = Nx$이므로 $E\{S_N\} = xE\{N\}$이고 $\operatorname{Var}\{S_N\} = x^2\operatorname{Var}\{N\}$이다.

6.2.2 큰 수의 법칙

이제, 확률변수 열 $\{X_i\}_{i=1}^n$과 그 합 $S_n = \sum_{i=1}^{n} X_i$를 생각하여, $n \to \infty$일 때 이 확률변수 열의 극한을 살펴 보자.

6.2.2.1 큰 수의 약한 법칙

뜻매김 6.2.2 큰 수의 약한 법칙[12]

실수 열 $\{a_n\}$과 $b_n > 0$이고 $b_n \uparrow \infty$인 상수 열 $\{b_n\}$에 대하여

$$\frac{S_n - a_n}{b_n} \xrightarrow{p} 0 \tag{6.2.28}$$

이면 $\{X_i\}_{i=1}^{\infty}$이 큰 수의 약한 법칙을 따른다고 한다.

여기에서, $\{a_n\}$을 중심 상수, $\{b_n\}$을 정규화 상수라고 부른다. 한편, (6.2.28)을 바꾸어 쓰면 0보다 큰 수 ε을 어떻게 잡더라도

$$\lim_{n \to \infty} \Pr\left\{\left|\frac{S_n - a_n}{b_n}\right| \geq \varepsilon\right\} = 0 \tag{6.2.29}$$

임을 새겨서 두자.

[11] 이 결과는 (6.2.1)과 (6.2.4)가 나타내는 바와 같은 것이다.

[12] weak law of large numbers

정리 6.2.7 **큰 수의 약한 법칙** 평균이 $E\{X_i\} = m_i$이고 분산이 $\text{Var}\{X_i\} = \sigma_i^2$이며 어느 짝도 상관이 없는[13] 확률변수 열 $\{X_i\}_{i=1}^{\infty}$를 생각하자. 이제,

$$\sum_{i=1}^{\infty} \sigma_i^2 \ \to \ \infty \tag{6.2.30}$$

이면 $a_n = \sum\limits_{i=1}^{n} m_i$, $b_n = \sum\limits_{i=1}^{n} \sigma_i^2$으로 둘 때 큰 수의 약한 법칙이 성립한다. 곧,

$$\left(\sum_{i=1}^{n} \sigma_i^2\right)^{-1} \left(S_n - \sum_{i=1}^{n} m_i\right) \ \overset{p}{\to} \ 0 \tag{6.2.31}$$

이다. ■■

증명 식 (6.부.20)에서 다룬 체비셰프 부등식 $P\{|Y - E\{Y\}| \geq \varepsilon\} \leq \frac{\text{Var}\{Y\}}{\varepsilon^2}$을 쓰면, $n \to \infty$일 때

$$\begin{aligned}
\Pr\left\{\left|S_n - \sum_{i=1}^{n} m_i\right| > \varepsilon \sum_{i=1}^{n} \sigma_i^2\right\} \ &\leq \ \left(\varepsilon \sum_{i=1}^{n} \sigma_i^2\right)^{-2} E\left[\left\{\sum_{i=1}^{n} (X_i - m_i)\right\}^2\right] \\
&= \ \left(\varepsilon^2 \sum_{i=1}^{n} \sigma_i^2\right)^{-1}
\end{aligned} \tag{6.2.32}$$

이므로, $\Pr\left\{\left|S_n - \sum\limits_{i=1}^{n} m_i\right| > \varepsilon \sum\limits_{i=1}^{n} \sigma_i^2\right\} \to 0$ 임을 쉽게 알 수 있다. □

보기 6.2.9 평균이 $E\{X_i\} = m_i$이고 분산이 $\text{Var}\{X_i\} = \sigma_i^2$이며 어느 짝도 상관이 없는 확률변수 열 $\{X_i\}_{i=1}^{\infty}$가

$$\lim_{n\to\infty} \frac{1}{n^2} \sum_{i=1}^{n} \sigma_i^2 \ = \ 0 \tag{6.2.33}$$

을[14] 만족시키면 $\frac{1}{n}\left(S_n - \sum\limits_{i=1}^{n} m_i\right) \overset{p}{\to} 0$임을[15] 정리 6.2.7의 증명을 잘 살펴 보면 쉽게 알 수 있다. ◇

보기 6.2.10 분포가 같고 어느 짝도 상관이 없는 확률변수 열 $\{X_i\}_{i=1}^{\infty}$의 평균을 $E\{X_i\} = m$, 분산을 $\text{Var}\{X_i\} = \sigma^2$이라고 두자. 그러면 $\sum\limits_{i=1}^{\infty} \sigma^2 \to \infty$이므로 $\frac{1}{\sigma^2}\left(\frac{S_n}{n} - m\right) \overset{p}{\to} 0$임을 정리 6.2.7에서 알 수 있다. 이때, $a_n = nm$이고 $b_n = n\sigma^2$이다. ◇

앞으로는, 큰 수의 약한 법칙을 생각할 때 다른 까닭이 없으면 $b_n = n$이라고 둔다.

---

[13] pair-wise uncorrelated. 사실상 '상관이 없는'과 같은 뜻이다.
[14] 식 (6.2.33)을 마르코프 조건이라고 부르기도 한다.
[15] 이 식을 마르코프 정리라고 부르기도 한다.

보기 6.2.11 독립이고 한계 분포가 모두 $b(1,p)$인 확률벡터를 생각하면 평균은 p이고 분산은 $(1-p)p$이므로 $\frac{S_n}{n} \xrightarrow{p} p$임을 정리 6.2.7에서 알 수 있다. ◇

보기 6.2.12 독립이고 한계 분포가 모두 $C(1,0)$인 확률벡터를 생각하면, 문제 6.3에서 알 수 있듯이, $\frac{S_n}{n} \sim C(1,0)$이다. 곧, $\frac{S_n}{n}$는 0에 확률 수렴하지 않으므로 독립이고 분포가 같은 코쉬 확률변수 열에서는 큰 수의 약한 법칙이 성립하지 않는다. ◇

보기 6.2.13 (킨친[16]의 정리) 서로 독립이고 분포가 같으며 절대 평균 $E\{|X_i|\}$이 유한한 확률변수 열 $\{X_i\}$에서는 $n \to \infty$일 때 $\frac{S_n}{n} \xrightarrow{p} E\{X_1\}$임을 정리 6.2.7에서 알 수 있다. ◇

6.2.2.2 큰 수의 센 법칙

뜻매김 6.2.3 큰 수의 센 법칙[17]

실수 열 $\{a_n\}$과 $b_n > 0$이고 $b_n \uparrow \infty$인 상수 열 $\{b_n\}$에 대하여

$$\frac{S_n - a_n}{b_n} \xrightarrow{a.s.} 0 \tag{6.2.34}$$

이면 $\{X_i\}_{i=1}^{\infty}$가 큰 수의 센 법칙을 따른다고 한다.

식 (6.2.34)는

$$\Pr\left\{\lim_{n\to\infty} \frac{S_n - a_n}{b_n} = 0\right\} = 1 \tag{6.2.35}$$

를 뜻한다는 것을 새겨서 두자. 거의 틀림 없이 수렴하는 수열은 확률 수렴하므로 큰 수의 센 법칙을 따르는 확률변수 열은 큰 수의 약한 법칙도 따른다. 큰 수의 약한 법칙을 생각할 때처럼, 큰 수의 센 법칙을 생각할 때에도 정규화 상수 b_n을 n으로 둘 때가 많다. 이제, $b_n = n$일 때 확률변수 열 $\{X_i\}_{i=1}^{\infty}$가 큰 수의 센 법칙을 따르도록 만드는 충분조건을 살펴 보자.

정리 6.2.8 큰 수의 센 법칙 확률변수 열 $\{X_i\}_{i=1}^{n}$의 평균이 μ_i, 분산이 σ_i^2일 때

$$\sum_{i=1}^{\infty} \sigma_i^2 < \infty \tag{6.2.36}$$

이면 $\sum_{i=1}^{\infty}(X_i - \mu_i)$는 거의 틀림 없이 0으로 수렴한다. ■■

정리 6.2.9 크로네커 정리 수열 $\{x_n\}$의 급수 $\sum_{i=1}^{n} x_i$가 수렴하면, $b_n \uparrow \infty$인 수열 $\{b_n\}$을 생각할 때 $\lim_{n\to\infty} \frac{1}{b_n}\sum_{i=1}^{n} b_i x_i = 0$이다. ■■

---

[16] Khintchine

[17] strong law of large numbers

보기 6.2.14 독립인 확률변수 $\{X_i\}_{i=1}^{\infty}$의 평균을 μ_i, 분산을 σ_i^2이라고 두자. 이때,

$$\sum_{i=1}^{\infty} \frac{\sigma_i^2}{b_i^2} < \infty, \qquad b_i \uparrow \infty \tag{6.2.37}$$

이면

$$\frac{1}{b_n}\left[S_n - E\{S_n\}\right] \xrightarrow{a.s.} 0 \tag{6.2.38}$$

임을 정리 6.2.8과 6.2.9를 바탕으로 바로 보일 수 있다. 한편, $b_n = n$이면 (6.2.37)을

$$\sum_{n=1}^{\infty} \frac{\sigma_n^2}{n^2} < \infty \tag{6.2.39}$$

와 같이 쓸 수 있다. 식 (6.2.39)를 콜모고로프 조건이라고 부른다. ◇

보기 6.2.15 확률변수들이 서로 독립이고 그 분산이 고르게 제한되면[18] $\sum\limits_{n=1}^{\infty} \frac{\sigma_n^2}{n^2} \leq A \sum\limits_{n=1}^{\infty} \frac{1}{n^2} < \infty$이므로

$$\frac{S_n}{n} - E\left\{\frac{S_n}{n}\right\} \xrightarrow{a.s.} 0 \tag{6.2.40}$$

임을 콜모고로프 조건에서 알 수 있다. ◇

보기 6.2.16 (보렐의 큰 수의 센 법칙) 성공 확률이 p인 베르누이 시행은 분산 $(1-p)p$가 $\frac{1}{4}$보다 크지 않으므로 큰 수의 센 법칙을 만족시킨다는 것을 보기 6.2.15를 바탕으로 알 수 있다. ◇

마르코프 조건 (6.2.33)과 콜모고로프 조건 (6.2.37)은 충분조건이지 필요조건은 아니라는 것을 새겨서 두자. 한편, 정리 2.부.3과 2.부.4에서 다룬 보렐-캔텔리 정리를 바탕으로 아래를 얻을 수 있다.

정리 6.2.10 **큰 수의 센 법칙** 서로 독립이고 분포가 같으며 기댓값이 $E\{X_i\} = \mu$인 확률변수 열 $\{X_i\}$의 4차 적률이 유한하면

$$\Pr\left\{\lim_{n\to\infty} \frac{S_n}{n} = \mu\right\} = 1 \tag{6.2.41}$$

이다. 곧, 서로 독립이고 분포가 같으며 4차 적률이 유한한 확률변수 열 $\{X_i\}$에서 $\frac{S_n}{n}$은 거의 틀림 없이 μ에 수렴한다. ■■

증명 먼저, X_i의 분산을 σ^2이라고 두면, 알맞은 상수 C를 생각할 때

$$\begin{aligned} E\left[\left\{\sum_{i=1}^{n}(X_i-\mu)\right\}^4\right] &= E\left\{\sum_{i=1}^{n}(X_i-\mu)^4\right\} + 3E\left\{\sum_{i=1}^{n}(X_i-\mu)^2 \sum_{j=1, j\neq i}^{n}(X_j-\mu)^2\right\} \\ &= nE\left\{(X_1-\mu)^4\right\} + 3n(n-1)\sigma^4 \\ &\leq Cn^2 \end{aligned} \tag{6.2.42}$$

[18]uniformly bounded. 수열 $\{a_i\}_{i=1}^{\infty}$에서 M이 유한한 상수일 때 $|a_i| \leq M$인 수열을 일컫는다.

이다. 이 식을 바탕으로 (6.부.26)에 보인 비네임-체비셰프 부등식을 쓰면 $\Pr\left\{\left|\sum_{i=1}^{n}(X_i-\mu)\right| > n\varepsilon\right\} \le \frac{1}{(n\varepsilon)^4}E\left[\left\{\sum_{i=1}^{n}(X_i-\mu)\right\}^4\right] \le \frac{Cn^2}{(n\varepsilon)^4} = \frac{C'}{n^2}$이다. 여기에서, $C' = \frac{C}{\varepsilon^4}$이다. 따라서, $\sum_{n=1}^{\infty}\Pr\left\{\left|\frac{S_n}{n}-\mu\right|>\varepsilon\right\}<\infty$이므로 $A_\varepsilon = \limsup_{n\to\infty}\left\{\left|\frac{S_n}{n}-\mu\right|>\varepsilon\right\}$처럼 두면 정리 2.부.3에 보인 보렐-캔텔리 정리에서

$$\Pr\{A_\varepsilon\} = 0 \tag{6.2.43}$$

이다. 여기에서 $\{A_\varepsilon\}$은 $\varepsilon\to 0$일 때 ε을 따라 느는 수열이며, $\left\{\omega : \lim_{n\to\infty}\left|\frac{S_n}{n}-\mu\right|>0\right\}$으로 – 곧 $\left\{\omega : \lim_{n\to\infty}\frac{S_n}{n}\neq\mu\right\}$로 – 수렴하므로 (6.2.43)을 다시 쓰면 $\Pr\left\{\lim_{n\to\infty}\frac{S_n}{n}\neq\mu\right\} = \Pr\left\{\lim_{\varepsilon\to 0}A_\varepsilon\right\} = \lim_{\varepsilon\to 0}\Pr\{A_\varepsilon\} = 0$이다. 따라서, (6.2.41)을 얻는다. □

보기 6.2.17 서로 독립이고 분포가 같은 확률변수 열 $\{X_i\}$와 0보다 큰 수 K를 생각하자. 이때, i가 어떤 값이더라도 늘 $\Pr\{|X_i|<K\}=1$이면 $\overline{X}_n$은 거의 틀림 없이 – 곧, 확률 1로 – X_i의 평균 $E\{X_i\}$로 수렴한다. 이 사실은, $\Pr\{|X_i|<K\}=1$이면 4차 적률이 유한하다는 것을 생각하면, 정리 6.2.10에서 바로 알 수 있는 것이다. ◇

정리 6.2.11 **콜모고로프의 큰 수의 센 법칙** 독립이고 분포가 같으며 평균이 μ인 확률변수 열 $\{X_i\}_{i=1}^{\infty}$를 생각하자. 이때,

$$E\{|X_i|\} < \infty \tag{6.2.44}$$

이면

$$\frac{S_n}{n} \xrightarrow{a.s.} \mu \tag{6.2.45}$$

이고, 그 역도 성립한다. ■■

정리 6.2.10과 6.2.11은 각각 4차 적률과 절대 평균을 조건으로 삼고 있다는 것을 새겨서 두자.

보기 6.2.18 (큰 수의 약한 법칙과 큰 수의 센 법칙) 확률질량함수 $p_{X_n}(x)=\Pr\{X_n=x\}$가

$$p_{X_n}(x) = \begin{cases} 1-\frac{1}{n\log n}, & x=0, \\ \frac{1}{2n\log n}, & x=\pm n \end{cases} \tag{6.2.46}$$

인 독립 확률변수 열 $\{X_n\}_{n=2}^{\infty}$를 생각하자. 이제, $n\ge 2$일 때 $A_n=\{|X_n|\ge n\}$이라고 두면 $\Pr\{A_n\}=\frac{1}{n\log n}$이므로 $\sum_{n=2}^{\infty}\Pr\{A_n\}\to\infty$이다. 바꾸어 말하면, $\sum_{n=2}^{\infty}\Pr\{A_n\}$이 발산하고 X_n이 서로 독립이므로, 보렐-캔텔리 정리에서 $\{A_n$이 끝없이 자주 일어남$\}$의 확률은 1이다. 곧,

$$\begin{aligned}\Pr\{|X_n|\ge n\text{이 끝없이 자주 일어남}\} &= \Pr\left\{\left|\frac{X_n}{n}\right|\ge 1\text{이 끝없이 자주 일어남}\right\} \\ &= \Pr\left\{\lim_{n\to\infty}\frac{S_n}{n}\neq 0\right\} \\ &= 1 \end{aligned} \tag{6.2.47}$$

이다. 그러므로, $\{X_n\}_{n=2}^{\infty}$는 큰 수의 센 법칙을 만족시키지 않는다. 이제, $\text{Var}\{X_k\} = \frac{k}{\log k}$이므로

$$\begin{aligned}\frac{1}{n^2}\sum_{k=2}^{n}\text{Var}\{X_k\} &\leq \frac{1}{n^2}\left(\frac{2}{\log 2}+\int_3^{n+1}\frac{x}{\log x}dx\right)\\ &\leq \frac{2}{n^2\log 2}+\frac{(n-2)(n+1)}{n^2\log n}\\ &\rightarrow 0\end{aligned} \tag{6.2.48}$$

이고 마르코프 조건을 생각해 보면 $\{X_n\}_{n=2}^{\infty}$는 큰 수의 약한 법칙을 만족시킨다. ◇

6.2.3 중심 극한 정리

확률과 통계학뿐만 아니라 다른 여러 학문 영역에서도 널리 쓰이는 중심 극한 정리를 살펴 보자. 확률변수 열 $\{X_n\}_{n=1}^{\infty}$에서 $S_n = \sum_{k=1}^{n} X_k$를 생각하자. 이제 상수 열 $\{a_n\}$과 0보다 큰 상수 열 $\{b_n\}$을 알맞게 골라서

$$\frac{1}{b_n}(S_n - a_n) \xrightarrow{l} Y \tag{6.2.49}$$

일 때를 생각하자. 이 극한 확률변수 Y는 어떤 성질을 지닐까? 이때, 극한 확률변수 Y의 분포는 늘 안정 분포[19]라는 것이 알려져 있다. 보기를 들면, $\{X_n\}_{n=1}^{\infty}$가 독립일 때 그 한계 분포가 모두 $N(0,1)$이면 $\frac{S_n}{\sqrt{n}}$의 분포는 $N(0,1)$이고, 한계 분포가 모두 $C(1,0)$이면 $\frac{S_n}{n}$의 분포는 $C(1,0)$인데, 정규 분포와 코쉬 분포는 안정 분포의 대표적인 보기이다. 여기에서는, 어떤 조건에서 극한 확률변수 Y가 정규 확률변수인지를 살펴 본다.

보기 6.2.19 확률변수 $\{X_i\}_{i=1}^{\infty}$는 서로 독립이고, 그 한계 분포가 모두 $b(1,p)$라고 두자. 이때, $a_n = E\{S_n\} = np$라고 두고 $b_n = \sqrt{\text{Var}\{S_n\}} = \sqrt{np(1-p)}$이라고 두면, $\frac{S_n - a_n}{b_n}$의 적률생성함수 $M_n(t) = E\left\{\exp\left(\frac{S_n-np}{\sqrt{np(1-p)}}t\right)\right\} = \prod_{i=1}^{n} E\left\{\exp\left(\frac{X_i-p}{\sqrt{np(1-p)}}t\right)\right\}$는

$$\begin{aligned}M_n(t) &= \exp\left\{-\frac{npt}{\sqrt{np(1-p)}}\right\}\left\{(1-p)+p\ \exp\left(\frac{t}{\sqrt{np(1-p)}}\right)\right\}^n\\ &= \left\{(1-p)\ \exp\left(-\frac{pt}{\sqrt{np(1-p)}}\right)+p\ \exp\left(\frac{(1-p)t}{\sqrt{np(1-p)}}\right)\right\}^n\\ &= \left\{1+\frac{t^2}{2n}+o\left(\frac{1}{n}\right)\right\}^n\end{aligned} \tag{6.2.50}$$

이므로, $n\rightarrow\infty$일 때 $M_n(t)\rightarrow\exp\left(\frac{t^2}{2}\right)$이다. 여기에서, $\exp\left(\frac{t^2}{2}\right)$은 분포가 $N(0,1)$인 확률변수의 적률생성함수와 같으므로

$$P\left\{\frac{S_n-np}{\sqrt{np(1-p)}}\leq x\right\} \rightarrow \frac{1}{\sqrt{2\pi}}\int_{-\infty}^{x} e^{-\frac{t^2}{2}}dt \tag{6.2.51}$$

을 얻는다. ◇

[19] 안정 분포는 부록 5.3에서 다루었다.

정리 6.2.12 **중심 극한 정리**[20] 서로 독립이고 분포가 같은 확률변수들 $\{X_i\}_{i=1}^{n}$의 평균을 m, 분산을 σ^2이라고 할 때, 표준 정규 확률변수를 Z라고 두면

$$\frac{S_n - nm}{\sqrt{n\sigma^2}} \xrightarrow{l} Z \tag{6.2.52}$$

이다. ■■

증명 먼저 $U_i = X_i - m$이라고 두면, $E\{U_i\} = 0$이고 $E\{U_i^2\} = \sigma^2$이다. 또 $V_i = \frac{U_i}{\sqrt{n\sigma^2}}$처럼 두자. 이제 U_i의 확률밀도함수를 f_U라고 두면 V_i의 특성함수 $\varphi_V(\omega) = E\left\{\exp\left(\frac{j\omega U_i}{\sqrt{n\sigma^2}}\right)\right\}$ $= \int_{-\infty}^{\infty} \exp\left(\frac{j\omega u}{\sqrt{n\sigma^2}}\right) f_U(u)du$는

$$\begin{aligned}
\varphi_V(\omega) &= \int_{-\infty}^{\infty}\left\{1 + \frac{j\omega}{\sqrt{n\sigma^2}}u + \frac{1}{2}\left(\frac{j\omega}{\sqrt{n\sigma^2}}\right)^2 u^2 + \frac{1}{6}\left(\frac{j\omega}{\sqrt{n\sigma^2}}\right)^3 u^3 + \cdots\right\} f_U(u)du \\
&= 1 + \frac{j\omega}{\sqrt{n\sigma^2}}E\{U\} + \frac{1}{2}\left(\frac{j\omega}{\sqrt{n\sigma^2}}\right)^2 E\{U^2\} + \cdots \\
&= 1 - \frac{\omega^2}{2n} + o\left(\frac{1}{n}\right)
\end{aligned} \tag{6.2.53}$$

이다. 한편, $Z_n = \frac{S_n - nm}{\sqrt{n\sigma^2}}$이라고 두고 Z_n의 특성함수를 φ_{Z_n}이라고 두면 $Z_n = \frac{1}{\sqrt{n\sigma^2}}\sum_{i=1}^{n}(X_i - m) = \sum_{i=1}^{n} V_i$이고, $\{V_i\}$는 독립이므로, (6.2.53)에서 $\lim_{n\to\infty}\varphi_{Z_n}(\omega) = \lim_{n\to\infty}\varphi_V^n(\omega) = \lim_{n\to\infty}\left\{1 - \frac{\omega^2}{2n} + o\left(\frac{1}{n}\right)\right\}^n$, 곧

$$\lim_{n\to\infty}\varphi_{Z_n}(\omega) = \exp\left(-\frac{\omega^2}{2}\right) \tag{6.2.54}$$

를 얻는다. 바꾸어 말하면, n이 커질 때 확률변수 $Z_n = \frac{S_n - nm}{\sqrt{n\sigma^2}}$의 분포는 표준 정규 분포에 가까이 간다. □

정리 6.2.12는 부록 6.2에서 다룬 린드버그[21]의 중심 극한 정리에서도 얻을 수 있다.

보기 6.2.20 서로 독립이고 분포가 같은 확률변수 열 $\{X_i\}_{i=1}^{\infty}$의 한계 확률질량함수가 $0 < p < 1$일 때 $\Pr\{X_i = k\} = (1-p)^k p\,\tilde{u}(k)$와 같다고 두자. 여기에서, $q = 1 - p$라고 두자. 그러면 $E\{X_i\} = \frac{q}{p}$이고 $\mathrm{Var}\{X_i\} = \frac{q}{p^2}$이다. 따라서, 정리 6.2.12에서 $n \to \infty$일 때

$$\Pr\left\{\frac{\sqrt{n}\left(p\frac{S_n}{n} - q\right)}{\sqrt{q}} \le x\right\} \to \Phi(x), \qquad x \in \mathbb{R} \tag{6.2.55}$$

임을 알 수 있다. ◇

중심 극한 정리는 꽤 쓸모 있는 것이고, 여러 상황에서 쓸 수 있다. 그러나, 아래 보기에서 알 수 있듯이 중심 극한 정리를 쓸 수 없는 때도 있다는 것을 새겨서 두어야 한다.

---

[20] central limit theorem

[21] Lindeberg

보기 6.2.21 독립인 확률변수 열 $\{Y_k\}_{k=1}^{\infty}$에서 $\Pr\{Y_k = \pm 1\} = \frac{1}{2}$이라고 두고, $X_k = \frac{\sqrt{15}}{4^k} Y_k$라고 두자. 그러면 $E\{S_n\} = 0$이고 $\text{Var}\{S_n\} = 1 - 16^{-n}$이라는 것을 쉽게 알 수 있다. 곧, n이 충분히 크면 $\text{Var}\{S_n\} \approx 1$이다. 그런데, $|S_n| = |X_1 + X_2 + \cdots + X_n| \geq |X_1| - (|X_2| + |X_3| + \cdots + |X_n|) = \frac{\sqrt{15}}{4} - \frac{\sqrt{15}}{12}\left(1 - \frac{1}{4^{n-1}}\right) \geq \frac{\sqrt{15}}{6} > \frac{1}{2}$이므로 $\Pr\left\{|S_n| \leq \frac{1}{2}\right\} = 0$이다. 따라서, 어떤 점 x에서는 $\Pr\{S_n\}$은 표준 정규 누적분포함수 $\Phi(x)$에 수렴할 수 없다. 이 사실은 $\{X_i\}_{i=1}^{\infty}$가 중심 극한 정리를 만족시키지 않는다는 것을 말해주는 것이다. 이 보기의 확률변수 열 $\{X_i\}_{i=1}^{\infty}$가 중심 극한 정리를 만족시키지 않는 까닭은 X_1이 $\{X_i\}_{i=2}^{\infty}$보다 매우 커서 사실상 S_n의 분포를 좌우하기 때문이다. ◇

중심 극한 정리와 큰 수의 법칙은 꽤 넓은 범위의 확률변수 열에서 성립한다. 정리 6.2.7과 보기 6.2.15에서 알 수 있듯이 고르게 제한된 독립 확률변수 열에서는 큰 수의 법칙이 성립하고, 부록 6.2에 나오는 보기 6.부.5에서 볼 수 있듯이 분산의 합이 끝없이 커지는 독립 확률변수 열에서도 중심 극한 정리가 성립한다. 한편, 서로 독립이고 분포가 같은 확률변수 열 $\{X_i\}_{i=1}^{\infty}$에서는, Z를 표준 정규 확률변수라고 할 때,

$$\begin{aligned} \Pr\left\{\left|\frac{S_n}{n} - m\right| > \varepsilon\right\} &= \Pr\left\{\frac{|S_n - nm|}{\sigma\sqrt{n}} > \frac{\varepsilon}{\sigma}\sqrt{n}\right\} \\ &\approx 1 - \Pr\left\{|Z| \leq \frac{\varepsilon}{\sigma}\sqrt{n}\right\} \end{aligned} \quad (6.2.56)$$

이므로 중심 극한 정리에서 바로 큰 수의 법칙을 얻을 수 있다. 곧, 중심 극한 정리가 큰 수의 법칙보다 더 센 것이라고 할 수 있다. 다만, 큰 수의 법칙에서는 2차 적률의 존재를 걱정하지 않아도 된다. 그러나, 서로 독립인 확률변수 $\{X_i\}_{i=1}^{\infty}$에서 중심 극한 정리는 성립하는데 큰 수의 약한 법칙은 성립하지 않을 때도 있다. 아래 보기를 살펴 보자.

보기 6.2.22 서로 독립인 확률변수들 $\{X_k\}_{k=1}^{\infty}$의 확률질량함수가 $\lambda > 0$일 때 $\Pr\left\{X_k = k^{\lambda}\right\} = \Pr\left\{X_k = -k^{\lambda}\right\} = \frac{1}{2}$이라고 두자. 그러면, X_k의 평균은 $E\{X_k\} = 0$이고 분산은 $\text{Var}\{X_k\} = k^{2\lambda}$이다. 이제, $s_n^2 = \sum\limits_{k=1}^{n} \text{Var}\{X_k\} = \sum\limits_{k=1}^{n} k^{2\lambda}$이라고 두면 $\sum\limits_{k=1}^{n} k^{2\lambda} \geq \int_1^n x^{2\lambda} dx$이므로

$$s_n^2 \geq \frac{n^{2\lambda+1} - 1}{2\lambda + 1} \quad (6.2.57)$$

이다. 여기에서, $n > 1$이라고 볼 수 있으므로 $n > \frac{2\lambda+1}{\varepsilon^2} + 1$처럼 둘 때 $\varepsilon^2 > \frac{2\lambda+1}{n-1}$이고 $\varepsilon^2 s_n^2 > \frac{2\lambda+1}{n-1} s_n^2 \geq \frac{2\lambda+1}{n-1} \frac{n^{2\lambda+1}-1}{2\lambda+1} = n^{2\lambda} + n^{2\lambda-1} + \cdots + 1 > n^{2\lambda}$이다. 따라서, $n > \frac{2\lambda+1}{\varepsilon^2} + 1$일 때에는 $|x_{kl}| > \varepsilon s_n$이면 $|x_{kl}| > n^{\lambda}$인데, $\Pr\{X_k = x\}$는 $|x| \leq n^{\lambda}$일 때에만 0이 아니므로

$$\frac{1}{s_n^2} \sum_{k=1}^{n} \sum_{|x_{kl}| > \varepsilon s_n} x_{kl}^2 p_{kl} = 0 \quad (6.2.58)$$

이다. 바꾸어 말하면, $\lambda > 0$일 때 린드버그 조건[22]을 만족시키고 중심 극한 정리는 성립한다. 이때, $s_n^2 = \sum\limits_{k=1}^{n} k^{2\lambda} \leq \int_0^n x^{2\lambda} dx$, 곧

[22] 부록 6.2에 나온 (6.부.5)와 (6.부.6)을 일컫는다.

$$s_n^2 \leq \frac{n^{2\lambda+1}}{2\lambda+1} \tag{6.2.59}$$

와 (6.2.57)을 함께 생각하면 $s_n \approx \sqrt{\frac{n^{2\lambda+1}}{2\lambda+1}}$이라고 쓸 수 있으며, 이 식을 바탕으로 부록 6.2에 나오는 (6.부.7)에서

$$\Pr\left\{a < \sqrt{\frac{2\lambda+1}{n^{2\lambda+1}}} S_n < b\right\} \rightarrow \frac{1}{\sqrt{2\pi}}\int_a^b \exp\left(-\frac{t^2}{2}\right) dt \tag{6.2.60}$$

처럼 쓸 수 있다. 다음에, 큰 수의 약한 법칙이 성립하는지 살펴 보자. 먼저, $0 < \lambda < \frac{1}{2}$이면 (6.2.59)에서 $\frac{s_n^2}{n^2} \leq \frac{n^{2\lambda-1}}{2\lambda+1} \rightarrow 0$이므로, 보기 6.2.9를 바탕으로 큰 수의 약한 법칙이 성립한다는 것을 알 수 있다. 그러나, $\lambda \geq \frac{1}{2}$일 때에는 (6.2.60)을 바꾸어 쓰면

$$\Pr\left\{\frac{an^{\lambda-\frac{1}{2}}}{\sqrt{2\lambda+1}} < \frac{S_n}{n} < \frac{bn^{\lambda-\frac{1}{2}}}{\sqrt{2\lambda+1}}\right\} \rightarrow \frac{1}{\sqrt{2\pi}}\int_a^b \exp\left(-\frac{t^2}{2}\right) dt \tag{6.2.61}$$

이고, 이 식은 $\varepsilon > 0$일 때 늘 $\Pr\left\{-\varepsilon < \frac{S_n}{n} < \varepsilon\right\} \rightarrow 1$일 수는 없다는 것을 뜻하므로 큰 수의 약한 법칙이 성립하지 않는다. ◇

중심 극한 정리의 응용을 생각해 보자. 먼저, 정리 6.2.12에서 아래를 알 수 있다.

정리 6.2.13 독립이고 분포가 같은 확률변수 열 $\{X_i\}_{i=1}^{\infty}$에서 X_i의 평균이 m이고 분산이 σ^2이면 $\sum_{k=1}^{n} X_k$의 분포는 점근적으로 $N\left(nm, n\sigma^2\right)$이다. ■■

보기 6.2.23 확률변수 $\{X_i\}_{i=1}^{n}$이 서로 독립이고, 그 한계 분포가 모두 $U(0,1)$일 때, $S_n = \sum_{i=1}^{n} X_i$의 확률밀도함수와 정리 6.2.13에서 말한 점근 분포의 확률밀도함수를 견주어 보시오.

풀이 먼저, X_i의 확률밀도함수는

$$f_{X_i}(x) = \begin{cases} 1, & x \in (0,1), \\ 0, & \text{그 밖에는} \end{cases} \tag{6.2.62}$$

이므로, S_n의 확률밀도함수는 $f_{S_n}(x) = f_{X_1}(x) * f_{X_2}(x) * \cdots * f_{X_n}(x)$이다. 또, X_i의 평균이 $\frac{1}{2}$이고 분산이 $\frac{1}{12}$이므로 S_n의 점근 분포는 $N\left(\frac{n}{2}, \frac{n}{12}\right)$이다. 그림 6.2.1에 $n = 1, 2, 3, 4$일 때 S_n의 확률밀도함수와 점근 확률밀도함수를 함께 그렸다. 이 그림에서도, n이 클수록 실제 확률밀도함수와 점근 확률밀도함수가 더 가깝다는 것을 알 수 있다. ◇

보기 6.2.24 확률변수 $\{X_i\}_{i=1}^{n}$이 서로 독립이고, 그 한계 분포가 모두 $b\left(1, \frac{1}{2}\right)$일 때 $S_n = \sum_{i=1}^{n} X_i$의 누적분포함수와 정리 6.2.13에서 말한 점근 분포의 누적분포함수를 견주어 보시오.

풀이 보기 6.2.3에서 S_n의 분포는 $b\left(n, \frac{1}{2}\right)$이다. 한편, X_i의 평균이 $\frac{1}{2}$이고 분산이 $\frac{1}{4}$이므로, S_n의 점근 분포는 $N\left(\frac{n}{2}, \frac{n}{4}\right)$이다. 그림 6.2.2에 $n = 4, 8, 16, 32$일 때 S_n의 누적분포함수와 점근 누적분포함수를 함께 보였다. 이 그림에서, n이 클수록 실제 누적분포함수와 점근 누적분포함수가 더 가깝다는 것을 알 수 있다. ◇

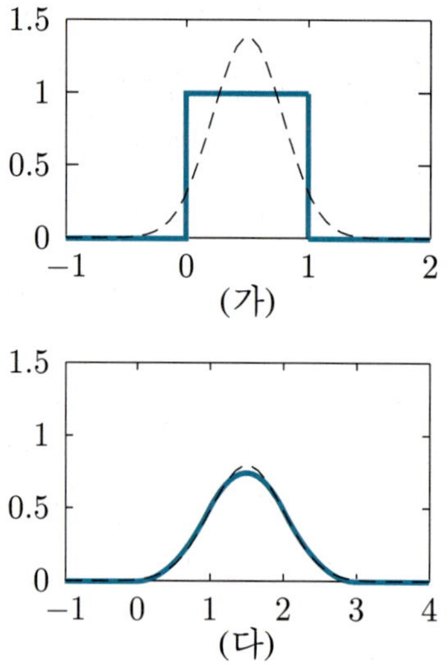

그림 6.2.1 합 S_n의 확률밀도함수와 (파란 실선) 점근 확률밀도함수 (검은 끊음선). (가) $n=1$일 때, (나) $n=2$일 때, (다) $n=3$일 때, (라) $n=4$일 때.

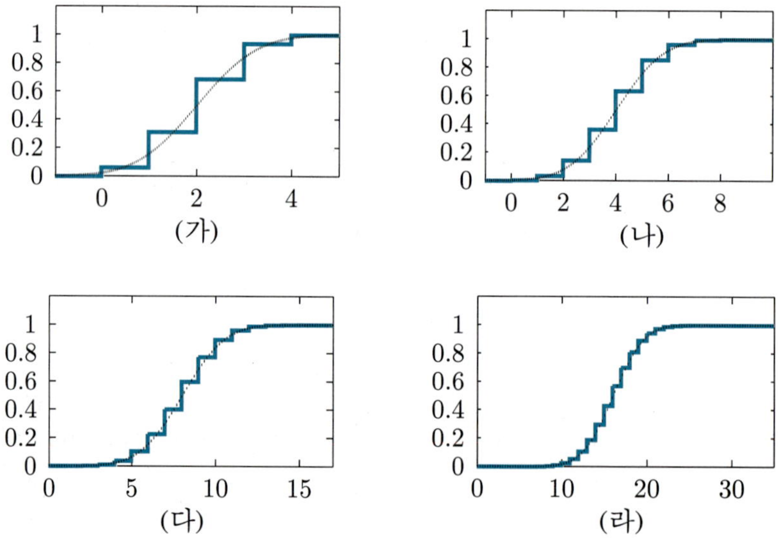

그림 6.2.2 합 S_n의 누적분포함수와 (파란 실선) 점근 누적분포함수 (검은 점선). (가) $n=4$일 때; (나) $n=8$일 때; (다) $n=16$일 때; (라) $n=32$일 때.

정리 6.2.14 독립이고 분포가 같은 확률변수 열 $\{X_i\}_{i=1}^{n}$에서 X_i의 평균이 m이고 분산이 σ^2일 때 n이 충분히 크면 확률변수 $\frac{S_n}{n}=\frac{1}{n}\sum_{i=1}^{n}X_i$의 분포는

$$N\left(m, \frac{\sigma^2}{n}\right) \tag{6.2.63}$$

처럼, S_n의 누적분포함수 F_{S_n}은

$$F_{S_n}(x) \approx \Phi\left(\frac{x-nm}{\sqrt{n\sigma^2}}\right) \tag{6.2.64}$$

처럼 어림할 수 있다. ■■

정리 6.2.14는 정리 6.2.13에서 바로 알 수 있다.

보기 6.2.25 확률변수 $\{X_i\}_{i=1}^{\infty}$는 서로 독립이고, 그 한계 분포가 모두 $b(1,p)$라고 두자. 그러면 S_n의 분포는 점근적으로 $N(np, n(1-p)p)$이다. 따라서,

$$\Pr\left\{\frac{S_n-np}{\sqrt{n(1-p)p}} \le \frac{x-np}{\sqrt{n(1-p)p}}\right\} \approx \Phi\left(\frac{x-np}{\sqrt{n(1-p)p}}\right) \tag{6.2.65}$$

를 바탕으로, n이 넉넉히 크면 $\Pr\{S_n \le x\}$를 추정할 수 있다. 실제로, $n \ge 20$이면 모자람이 없다고 본다. 보기를 들어, $n = 25$이고 $p = \frac{1}{2}$이면, $Z \sim N(0,1)$일 때 $\Pr\{S_n \le 12\} = \Pr\left\{\frac{S_n-12.5}{2.5} \le \frac{-0.5}{2.5}\right\} \approx \Pr\{Z \le -0.2\} \approx 0.421$이다. ◇

한편, 연속성 고치기[23]를 덧붙이면 더욱 나은 어림값을 얻을 수 있다. 구체적으로는 확률변수 X의 값이 정수이고 x_1과 x_2가 정수일 때

$$\Pr\{x_1 \le X \le x_2\} = \Pr\left\{x_1 - \frac{1}{2} < X < x_2 + \frac{1}{2}\right\} \tag{6.2.66}$$

임을 새기면 나은 어림값을 얻을 수 있다.

보기 6.2.26 보기 6.2.25에서 연속성 고치기를 생각하면 $\Pr\{S_n \le 12\} = \Pr\{S_n < 12.5\} \approx \Pr\{Z < 0\} = 0.5$를 얻을 수 있다. 이 값은 동전을 스물다섯 번 던질 때 앞이 많아야 열 두 번 나올 확률의 정확한 값이다. ◇

[23] 연속성 고치기는 (3.5.18)에서도 다룬 바 있다.

부록

부록 6.1 확률 함수와 적률생성함수의 수렴

확률변수 열 $\{X_n\}_{n=1}^{\infty}$를 생각하여 X_n의 누적분포함수를 F_n, 적률생성함수를 M_n이라고 두자. 먼저, $n \to \infty$일 때 누적분포함수 열은 수렴하지 않을 때도 있거니와, 수렴하더라도 누적분포함수가 아닌 것에 수렴할 때도 있다.

보기 6.부.1 누적분포함수 열

$$F_n(x) = \begin{cases} 0, & x \le 0, \\ \frac{nx}{n+1}, & 0 \le x \le 1 + \frac{1}{n}, \\ 1, & x \ge 1 + \frac{1}{n} \end{cases} \tag{6.부.1}$$

을 생각하자. 그러면 이 누적분포함수 열의 극한은

$$\lim_{n\to\infty} F_n(x) = \begin{cases} 0, & x \le 0, \\ x, & 0 \le x \le 1, \\ 1, & x \ge 1 \end{cases} \tag{6.부.2}$$

이고, 이 극한은 누적분포함수이다. ◇

보기 6.부.2 누적분포함수 열 $F_n(x) = u(x-n)$을 생각하자. 그러면 이 누적분포함수 열의 극한은 $\lim_{n\to\infty} F_n(x) = 0$인데, 이 극한은 누적분포함수가 아니다. ◇

보기 6.부.3 확률변수 열 $\{X_n\}$의 확률질량함수를 $\Pr\{X_n = -n\} = 1$처럼 두면, 적률생성함수는 $M_n(t) = e^{-nt}$이고 $M_n(t)$의 극한은

$$M(t) = \begin{cases} 0, & t > 0, \\ 1, & t = 0, \\ \infty, & t < 0 \end{cases} \tag{6.부.3}$$

인데, 이 함수 $M(t)$는 적률생성함수가 아니다. 곧, 적률생성함수 열의 극한이 늘 적률생성함수인 것은 아니다. ◇

보기 6.부.4 확률변수 X_n의 확률밀도함수가 $f_n(x) = \frac{n}{\pi}\frac{1}{1+n^2x^2}$이면 그 누적분포함수는 $F_n(x) = \frac{n}{\pi}\int_{-\infty}^{x}\frac{dt}{1+n^2t^2}$이다. 이제, X_n의 확률밀도함수의 극한은 $\lim_{n\to\infty} f_n(x) = \delta(x)$이고 누적분포함수의 극한은 $\lim_{n\to\infty} F_n(x) = u(x)$이다. 곧, $\lim_{n\to\infty} \Pr\{|X_n - 0| > \varepsilon\} = \int_{-\infty}^{-\varepsilon}\delta(x)dx + \int_{\varepsilon}^{\infty}\delta(x)dx = 0$이므로 $\{X_n\}$은 0으로 확률 수렴함을 알 수 있다. ◇

부록 6.2 린드버그의 중심 극한 정리

중심 극한 정리는 여러 가지로 나타낼 수 있다. 그 가운데에서 린드버그의 중심 극한 정리는 가장 일반적인 것일 뿐만 아니라 확률변수들의 분포가 같다는 것을 조건으로 삼지 않는다.

정리 6.부.1 중심 극한 정리 독립인 확률변수 열 $\{X_i\}_{i=1}^{\infty}$에서 X_i의 평균을 m_i, 분산을 σ_i^2, 누적분포함수를 F_i라고 두고,

$$s_n^2 = \sum_{i=1}^{n} \sigma_i^2 \tag{6.부.4}$$

로 두자. 이때, $\varepsilon > 0$이 어떤 값이더라도, 누적분포함수 F_i가 절대 연속이면 그 확률밀도함수 $f_k(x) = \frac{d}{dx}F_k(x)$가

$$\lim_{n\to\infty} \frac{1}{s_n^2} \sum_{k=1}^{n} \int_{|x-m_k|>\varepsilon s_n} (x-m_k)^2 f_k(x)dx = 0 \tag{6.부.5}$$

를 만족시키고, X_i가 이산 확률변수이면 뜀 점을 x_{kl}, 뜀을 p_{kl}이라고 둘 때

$$\lim_{n\to\infty} \frac{1}{s_n^2} \sum_{k=1}^{n} \sum_{|x_{kl}-m_k|>\varepsilon s_n} (x_{kl}-m_k)^2 p_{kl} = 0 \tag{6.부.6}$$

을[24] 만족시킨다고 두자. 그러면

$$\frac{1}{s_n}\left(n\overline{X}_n - \sum_{k=1}^{n} m_k\right) \tag{6.부.7}$$

의 분포는 표준 정규 분포에 수렴한다. ■■

보기 6.부.5 독립인 확률변수 열 $\{X_k\}_{k=1}^{\infty}$의 분포가 $U(-a_k, a_k)$이라고 두자. 그러면 $E\{X_k\} = 0$이고 $\text{Var}\{X_k\} = \frac{1}{3}a_k^2$이다. 이제, $|a_k| < A$이고 $n \to \infty$일 때 $s_n^2 = \sum_{k=1}^{n} \text{Var}\{X_k\} = \frac{1}{3}\sum_{k=1}^{n} a_k^2 \to \infty$라고 두자. 그러면, $\frac{1}{s_n^2}\sum_{k=1}^{n}\int_{|x|>\varepsilon s_n} x^2 F_k'(x)dx \le \frac{1}{s_n^2}\sum_{k=1}^{n}\int_{|x|>\varepsilon s_n} A^2 \frac{1}{2a_k}dx = \frac{A^2}{s_n^2}\sum_{k=1}^{n}$ $\text{Pr}\{|X_k| > \varepsilon s_n\}$이므로, (6.부.20)에 나온 체비셰프 부등식 $\text{Pr}\{|Y - E\{Y\}| \ge \varepsilon\} \le \frac{\text{Var}\{Y\}}{\varepsilon^2}$를 쓰면, $n \to \infty$일 때

$$\begin{aligned}\frac{1}{s_n^2}\sum_{k=1}^{n}\int_{|x|>\varepsilon s_n} x^2 F_k'(x)dx &\le \frac{A^2}{s_n^2}\sum_{k=1}^{n}\frac{\text{Var}\{X_k\}}{\varepsilon^2 s_n^2} \\ &= \frac{A^2}{\varepsilon^2 s_n^2} \\ &\to 0 \end{aligned}\tag{6.부.8}$$

이다. 한편, $\sum_{k=1}^{\infty} a_k^2 < \infty$라면 $n \to \infty$일 때 $s_n^2 \uparrow B^2$이라고 두자. 그러면 k가 주어지면 $\varepsilon_k B < a_k$를 만족시키는 ε_k를 찾을 수 있고, 이때 $\varepsilon_k s_n < \varepsilon_k B$이므로 $\text{Pr}\{|X_k| > \varepsilon_k s_n\} \ge \text{Pr}\{|X_k| > \varepsilon_k B\} > 0$이다. 이 식을 바탕으로 $n \ge k$일 때를 생각하면

$$\begin{aligned}\frac{1}{s_n^2}\sum_{j=1}^{n}\int_{|x|>\varepsilon_k s_n} x^2 F_j'(x)dx &\ge \frac{s_n^2\varepsilon_k^2}{s_n^2}\sum_{j=1}^{n}\int_{|x|>\varepsilon_k s_n} F_j'(x)dx \\ &= \frac{s_n^2\varepsilon_k^2}{s_n^2}\sum_{j=1}^{n}\text{Pr}\{|X_j| > \varepsilon_k s_n\}\end{aligned}$$

[24] 이미 보기 6.2.22에서 말하였듯이 (6.부.5)와 (6.부.6)을 린드버그 조건이라고 부른다.

$$\begin{aligned}&\geq \varepsilon_k^2 \Pr\{|X_k| > \varepsilon_k s_n\}\\ &> 0 \end{aligned} \tag{6.부.9}$$

이므로 린드버그 조건을 만족시키지 않는다. 이 사실은 고르게 제한된[25] 독립 확률변수 열에서 중심 극한 정리가 성립하는 필요충분조건은 $n \to \infty$일 때 $s_n^2 \to \infty$라는 것을 뜻한다. ◇

보기 6.부.6 독립 확률변수 열 $\{X_k\}_{k=1}^{\infty}$를 생각하자. 이제, $\delta > 0$이고 $\alpha_k = E\left\{|X_k|^{2+\delta}\right\} < \infty$이며 $\sum_{j=1}^{n} \alpha_j = o\left(s_n^{2+\delta}\right)$이라고 두자. 그러면 린드버그 조건을 만족시키고 중심 극한 정리가 성립한다. 그 까닭은, $n \to \infty$일 때 $|x| > \varepsilon s_n$이면 $|x|^{\delta} x^2 > |\varepsilon s_n|^{\delta} x^2$이므로, 곧 $x^2 < \frac{|x|^{2+\delta}}{\varepsilon^{\delta} s_n^{\delta}}$이므로

$$\begin{aligned}\frac{1}{s_n^2}\sum_{k=1}^{n}\int_{|x|>\varepsilon s_n} x^2 F_k'(x)dx &\leq \frac{1}{s_n^2}\sum_{k=1}^{n}\int_{|x|>\varepsilon s_n} \frac{|x|^{2+\delta}}{\varepsilon^{\delta}s_n^{\delta}} F_k'(x)dx\\ &\leq \frac{1}{\varepsilon^{\delta}s_n^{2+\delta}}\sum_{k=1}^{n}\int_{-\infty}^{\infty}|x|^{2+\delta}F_k'(x)dx\\ &= \frac{1}{\varepsilon^{\delta}s_n^{2+\delta}}\sum_{k=1}^{n}\alpha_k\\ &\to 0\end{aligned} \tag{6.부.10}$$

이기 때문이다. 이산 확률변수일 때에도 비슷한 방법으로 설명할 수 있다. ◇

한편, 조건 (6.부.5)와 (6.부.6)은 다음과 같은 뜻에서 필요조건이기도 하다는 것이 알려져 있다. 독립인 확률변수 열 $\{X_i\}_{i=1}^{\infty}$에서 X_i의 분산 σ_i^2이 유한하다고 두자. 그러면 $\varepsilon > 0$이 어떤 값이더라도 확률밀도함수가 (6.부.5)를 – 또는 확률질량함수가 (6.부.6)을 – 만족시키면

$$\lim_{n\to\infty} \Pr\left\{\frac{\overline{X}_n - E\left\{\overline{X}_n\right\}}{\sqrt{\mathrm{Var}\left\{\overline{X}_n\right\}}} \leq x\right\} = \Phi(x) \tag{6.부.11}$$

이고

$$\lim_{n\to\infty} \Pr\left\{\max_{1\leq k\leq n}|X_k - E\{X_k\}| > n\varepsilon\sqrt{\mathrm{Var}\left\{\overline{X}_n\right\}}\right\} = 0 \tag{6.부.12}$$

이며, 그 역도 성립한다.

부록 6.3 기댓값의 연속성. 수렴의 성질. 곱의 수렴

(가) 기댓값의 연속성

확률변수 열 $\{X_n\}$이 X에 수렴하면 기댓값 열 $\{E\{X_n\}\}$도 기댓값 $E\{X\}$에 가까이 갈 것이다. 여기에서 수렴하는 확률변수의 기댓값이 수렴하는 것을 기댓값의 연속성이라고 부른다. 말할 것도 없이 기댓값의 연속성은 부록 2.1에서 다룬 확률의 연속성을 따라서 오는 것이다.

[25] 보기 6.2.15에서 그 뜻을 말한 바 있다.

(1) 단조 수렴[26]: 정수 n이 어떤 값이더라도 $0 \le X_n \le X_{n+1}$이면 $E\{X_n\} \to E\{X\}$이다. 곧, $E\left\{\lim_{n\to\infty} X_n\right\} = \lim_{n\to\infty} E\{X_n\}$이다.
(2) 지배 수렴[27]: 정수 n을 어떻게 고르더라도 $|X_n| < Y$이고 $E\{Y\} < \infty$이면 $E\{X_n\} \to E\{X\}$이다.
(3) 유한 수렴[28]: 정수 n이 어떤 값이더라도 $|X_n| \le c$인 상수 c가 있으면 $E\{X_n\} \to E\{X\}$이다.

(나) 수렴의 성질

여러 가지 수렴 사이의 성질 몇 가지를 적어 두자. 여기에서, a와 b는 상수이다.
(1) $X_n \xrightarrow{p} X$이면 $X_n - X \xrightarrow{p} 0$이고, $aX_n \xrightarrow{p} aX$이며, $n, m \to \infty$일 때 $X_n - X_m \xrightarrow{p} 0$이다.
(2) $X_n \xrightarrow{p} X$이고 $X_n \xrightarrow{p} Y$이면, $\Pr\{X = Y\} = 1$이다.
(3) $X_n \xrightarrow{p} a$이면, $X_n^2 \xrightarrow{p} a^2$이다.
(4) $X_n \xrightarrow{p} 1$이면, $\frac{1}{X_n} \xrightarrow{p} 1$이다.
(5) $X_n \xrightarrow{p} X$이고 Y가 확률변수이면, $X_nY \xrightarrow{p} XY$이다.
(6) $X_n \xrightarrow{p} X$이고 $Y_n \xrightarrow{p} Y$이면, $X_n \pm Y_n \xrightarrow{p} X \pm Y$이고 $X_nY_n \xrightarrow{p} XY$이다.
(7) $X_n \xrightarrow{p} a$이고 $Y_n \xrightarrow{p} b \neq 0$이면, $\frac{X_n}{Y_n} \xrightarrow{p} \frac{a}{b}$이다.
(8) $X_n \xrightarrow{d} X$이면, $X_n + a \xrightarrow{d} X + a$이고, $b \neq 0$일 때 $bX_n \xrightarrow{d} bX$이다.
(9) $X_n \xrightarrow{d} a$이면, $X_n \xrightarrow{p} a$이다. 따라서, $X_n \xrightarrow{d} a \rightleftarrows X_n \xrightarrow{p} a$이다.
(10) $|X_n - Y_n| \xrightarrow{p} 0$이고 $Y_n \xrightarrow{d} Y$이면, $X_n \xrightarrow{d} Y$이다. 이 결과를 바탕으로, $X_n \xrightarrow{p} X$이면 $X_n \xrightarrow{d} X$라는 것을 보일 수 있다.
(11) $X_n \xrightarrow{d} X$이고 $Y_n \xrightarrow{p} a$이면, $X_n \pm Y_n \xrightarrow{d} X \pm a$이고, $a \neq 0$일 때 $X_nY_n \xrightarrow{d} aX$이며, $a = 0$일 때 $X_nY_n \xrightarrow{p} 0$이고, $a \neq 0$일 때 $\frac{X_n}{Y_n} \xrightarrow{d} \frac{X}{a}$이다.
(12) $X_n \xrightarrow{r=2} X$이면, $\lim_{n\to\infty} E\{X_n\} = E\{X\}$이고 $\lim_{n\to\infty} E\{X_n^2\} = E\{X^2\}$이다.
(13) $X_n \xrightarrow{L^r} X$이면, $\lim_{n\to\infty} E\{|X_n|^r\} = E\{|X|^r\}$이다.
(14) $X_1 > X_2 > \cdots > 0$이고 $X_n \xrightarrow{p} 0$이면, $X_n \xrightarrow{a.s.} 0$이다.

(다) 곱의 수렴과 극한

곱

$$A_n = \prod_{k=1}^{n} a_k \tag{6.부.13}$$

을 생각하자. 먼저, $n \to \infty$일 때 $A_n \to A$이고 $A \neq 0$이면 무한 곱 $\prod_{k=1}^{\infty} a_k$가 극한값 A로 수렴한다고 하고, A_n이 0이 아닌 유한값으로 수렴하지 않으면 발산한다고 하며, $A_n \to 0$이면

[26]monotonic convergence
[27]dominated convergence
[28]bounded convergence

A_n이 0으로 발산한다고 한다. 한편, $\{a_k\}_{k=1}^{\infty}$ 가운데에서 0인 것들을 뺀 나머지의 곱이 수렴하면 A_n은 수렴하고 그 극한값은 0이다.

곱의 수렴은 합의 수렴과 관련이 있을 때가 많다. 특히, 아래는 그 가운데에서 기본적인 것들이다.

(1) 실수 $\{a_k\}$가 모두 0보다 클 때, $\prod_{k=1}^{\infty} a_k$가 수렴하는 것과 $\sum_{k=1}^{\infty} \ln a_k$가 수렴하는 것은 서로 필요충분조건이다.

(2) 실수 $\{a_k\}$가 모두 0보다 클 때, $\prod_{k=1}^{\infty} (1+a_k)$가 수렴하는 것과 $\sum_{k=1}^{\infty} a_k$가 수렴하는 것은 서로 필요충분조건이다.

(3) 실수 $\{a_k\}$가 어느 것도 0보다 작지 않을 때, $\prod_{k=1}^{\infty} (1-a_k)$가 수렴하는 것과 $\sum_{k=1}^{\infty} a_k$가 수렴하는 것은 서로 필요충분조건이다.

부록 6.4 부등식 몇 가지

(가) 확률변수와 부등식

정리 6.부.2 **꼬리 확률[29] 부등식** 잴 수 있는 함수 h가 0보다 작지 않고 $E\{h(X)\}$가 존재하면, $\varepsilon > 0$일 때

$$P\{h(X) \geq \varepsilon\} \ \leq \ \frac{E\{h(X)\}}{\varepsilon} \tag{6.부.14}$$

이다. ■■

증명 확률변수 X가 이산 확률변수일 때를 생각하자. 먼저, $P\{X = x_k\} = p_k$라고 두면, $A = \{k : h(x_k) \geq \epsilon\}$일 때 $E\{h(X)\} = \left(\sum_A + \sum_{A^c}\right) h(x_k) p_k \geq \sum_A h(x_k) p_k$이고, 따라서 $E\{h(X)\} \geq \epsilon \sum_A p_k = \epsilon P\{h(X) \geq \epsilon\}$이므로, (6.부.14)를 얻는다. □

정리 6.부.3 **마르코프 부등식** 확률변수 X가 0보다 작지 않으면, α가 0보다 큰 수일 때

$$P\{X \geq \alpha\} \ \leq \ \frac{E\{X\}}{\alpha} \tag{6.부.15}$$

이다[30]. ■■

마르코프 부등식은 꼬리 확률 부등식 (6.부.14)에서 $h(X) = |X|^r$이라고 두고 $\varepsilon = K$라고 두면 바로 얻을 수 있다. 또 다른 방법으로, 확률밀도함수가 0보다 작지 않다는 것을 새기면 $E\{X\} = \int_0^\infty x f_X(x)dx \geq \int_\alpha^\infty x f_X(x)dx \geq \alpha \int_\alpha^\infty f_X(x)dx = \alpha P\{X \geq \alpha\}$이므로 (6.부.15)를 얻는다.

정리 6.부.4 **절대 평균[31] 부등식** 확률변수 X의 절대 평균 $E\{|X|\}$는

---

[29] tail probability

[30] 마르코프 부등식 (6.부.15)는 X를 $r > 0$일 때 $|X|^r$으로 바꾸어도 성립한다.

[31] absolute mean

$$\sum_{n=1}^{\infty} P\{|X| \geq n\} \;\leq\; E\{|X|\} \;\leq\; 1 + \sum_{n=1}^{\infty} P\{|X| \geq n\} \tag{6.부.16}$$

을 만족시킨다. ■■

증명 연속 확률변수 X의 확률밀도함수를 f_X라고 두면 $E\{|X|\} = \int_{-\infty}^{\infty} |x| f_X(x)dx = \sum_{k=0}^{\infty} \int_{k \leq |x| < k+1} |x| f_X(x)dx$이므로

$$\sum_{k=0}^{\infty} k\text{Pr}\{k \leq |X| < k+1\} \;\leq\; E\{X\} \;\leq\; \sum_{k=0}^{\infty}(k+1)\text{Pr}\{k \leq |X| < k+1\} \tag{6.부.17}$$

이다. 이제, $\sum_{k=0}^{\infty} k\text{Pr}\{k \leq |X| < k+1\} = \sum_{n=1}^{\infty}\sum_{k=n}^{\infty} \text{Pr}\{k \leq |X| < k+1\} = \sum_{n=1}^{\infty} \text{Pr}\{|X| \geq n\}$과 $\sum_{k=0}^{\infty}(k+1)\text{Pr}\{k \leq |X| < k+1\} = 1 + \sum_{k=0}^{\infty} k\text{Pr}\{k \leq |X| < k+1\} = 1 + \sum_{n=1}^{\infty} \text{Pr}\{|X| \geq n\}$을 (6.부.17)에 넣으면 (6.부.16)을 얻는다. 이산 확률변수일 때에도 비슷하게 보일 수 있다. □

정리 6.부.5 **옌센[32] 부등식** 함수 h가 볼록 함수[33]이면

$$E\{h(X)\} \;\geq\; h(E\{X\}) \tag{6.부.18}$$

이다. ■■

증명 먼저 $m = E\{X\}$라고 두자. 그러면 중간값 정리에서, $-\infty < \alpha < \infty$일 때

$$h(X) \;=\; h(m) + (X-m)h'(m) + \frac{1}{2}(X-m)^2 h''(\alpha) \tag{6.부.19}$$

이다. 이제, 위 식의 기댓값을 생각하면 $E\{h(X)\} = h(m) + \frac{1}{2}h''(\alpha)\sigma_X^2$ 인데, $h''(\alpha) \geq 0$이고 $\sigma_X^2 \geq 0$이므로, $E\{h(X)\} \geq h(m) = h(E\{X\})$이다. □

정리 6.부.6 **체비셰프[34] 부등식** 실수 ε이 0보다 크면

$$P\{|Y - E\{Y\}| \geq \varepsilon\} \;\leq\; \frac{\text{Var}\{Y\}}{\varepsilon^2} \tag{6.부.20}$$

이다. ■■

증명 확률변수 $X = (Y - E\{Y\})^2$은 0보다 작지 않으므로, (6.부.15)를 쓰면 $P\left\{(Y - E\{Y\})^2 \geq \varepsilon^2\right\} \leq \frac{1}{\varepsilon^2} E\left\{(Y - E\{Y\})^2\right\} = \frac{\text{Var}\{Y\}}{\varepsilon^2}$이다. 여기에서, $P\left\{(Y - E\{Y\})^2 \geq \varepsilon^2\right\} = P\{|Y - E\{Y\}| \geq \varepsilon\}$이므로 바라는 결과를 얻는다. □

---

[32] Jensen

[33] 두 점 x와 y를 어떻게 고르더라도, 또 $[0,1]$ 안에서 수 t를 어떻게 고르더라도, $h(tx + (1-t)y) \leq th(x) + (1-t)h(y)$일 때, 함수 h를 볼록 convex 또는 위로 오목하다고 concave up 한다. 볼록함수는 연속이고, 셀 수 있을 만큼의 점을 빼고는 어느 점에서도 늘 미분할 수 있고, 미분할 수 있는 점에서는 도함수가 줄지 않는 함수이며, 두 번 미분할 수 있으면 2계 도함수가 0보다 작지 않다.

[34] Chebyshev

정리 6.부.7 리아푸노프[35] 부등식 확률변수 X의 n째 절대 적률 $E\{|X|^n\}$이 유한하면, $1 \le s < r \le n$일 때

$$[E\{|X|^s\}]^{\frac{1}{s}} \le [E\{|X|^r\}]^{\frac{1}{r}} \qquad (6.부.21)$$

이다. ■■

증명 확률변수 X의 확률밀도함수가 f일 때 두 변수 식

$$Q(u,v) = \int_{-\infty}^{\infty} \left(u|x|^{\frac{k-1}{2}} + v|x|^{\frac{k+1}{2}}\right)^2 f(x)\,dx \qquad (6.부.22)$$

를 생각해 보자. 이제, $\beta_n = E\{|X|^n\}$으로 두면 (6.부.22)를 $Q(u,v) = (u\,v)\begin{pmatrix} \beta_{k-1} & \beta_k \\ \beta_k & \beta_{k+1} \end{pmatrix}$ $(u\,v)^T$처럼 쓸 수 있다. 그런데, u와 v를 어떻게 고르더라도 $Q \ge 0$이므로 $\begin{vmatrix} \beta_{k-1} & \beta_k \\ \beta_k & \beta_{k+1} \end{vmatrix} \ge 0$이다. 곧 $\beta_k^{2k} \le \beta_{k-1}^k \beta_{k+1}^k$이다. 그러므로, $\beta_0 = 1$이라고 할 때

$$\beta_1^2 \le \beta_0^1\beta_2^1, \quad \beta_2^4 \le \beta_1^2\beta_3^2, \quad \cdots, \quad \beta_{n-1}^{2(n-1)} \le \beta_{n-2}^{n-1}\beta_n^{n-1} \qquad (6.부.23)$$

이다. 식 (6.부.23)에서 이어져 있는 부등식 $k-1$개를 곱하면 $\beta_{k-1}^k \le \beta_k^{k-1}$을 얻는다. 그러므로 $\beta_1 \le \beta_2^{\frac{1}{2}} \le \beta_3^{\frac{1}{3}} \le \cdots \le \beta_n^{\frac{1}{n}}$을 얻을 수 있다. □

정리 6.부.8 일반화된 비네임-체비셰프 부등식 함수 $g(x)$가 $x > 0$일 때 줄지 않고 0보다 작지 않다고 두자. 이때, $\frac{E\{g(|X|)\}}{g(\varepsilon)}$를 뜻매김할 수 있다면, 0보다 큰 수 ε이 어떤 값이더라도

$$P\{|X| \ge \varepsilon\} \le \frac{E\{g(|X|)\}}{g(\varepsilon)} \qquad (6.부.24)$$

이다. ■■

증명 확률변수 X의 누적분포함수를 $F(x)$라고 두고 $E\{g(|X|)\} = \int_{|x|<\varepsilon} g(|x|)dF(x) + \int_{|x|\ge\varepsilon} g(|x|)dF(x) \ge \int_{|x|\ge\varepsilon} g(|x|)dF(x)$을 새기면

$$\begin{aligned} E\{g(|X|)\} &\ge g(\varepsilon)\int_{|x|\ge\varepsilon} dF(x) \\ &= g(\varepsilon)P\{|X| \ge \varepsilon\} \end{aligned} \qquad (6.부.25)$$

처럼 바라는 결과를 얻을 수 있다. □

일반화된 비네임-체비셰프 부등식에서 $g(x) = |x|^r$이라고 두면 아래에 보이는 비네임-체비셰프 부등식을 바로 알 수 있다. 또, 정리 6.부.6에서 다룬 체비셰프 부등식은 일반화된 비네임-체비셰프 부등식과 비네임-체비셰프 부등식의 특별한 때라는 것도 바로 알 수 있다.

[35] Lyapunov

정리 6.부.9 **비네임-체비셰프[36] 부등식** 확률변수 X의 r째 절대 적률 $E\{|X|^r\}$이 유한하면, 0보다 큰 수 ε이 어떤 값이더라도

$$P\{|X| \geq \varepsilon\} \leq \frac{E\{|X|^r\}}{\varepsilon^r} \tag{6.부.26}$$

이다. ■■

(나) 확률벡터와 부등식

정리 6.부.10 **코쉬-슈바르츠[37] 부등식** 확률변수 X와 Y를 생각할 때

$$E^2\{XY\} \leq E\left\{X^2\right\} E\left\{Y^2\right\} \tag{6.부.27}$$

이다. ■■

증명 실수 a와 b를 어떻게 고르더라도 $|ab| \leq \frac{a^2+b^2}{2}$이므로, $E\left\{X^2\right\} < \infty$이고 $E\left\{Y^2\right\} < \infty$이면 $E\{|XY|\}$가 존재한다. 이제, $E\left\{X^2\right\} = 0$이면 $P\{X = 0\} = 1$이므로 $E\{XY\} = 0$이고 따라서 (6.부.27)이 참이다. 다음으로, $E\left\{X^2\right\} > 0$일 때에는, 실수 α를 어떻게 고르더라도 $E\left\{(\alpha X + Y)^2\right\} = \alpha^2 E\left\{X^2\right\} + 2\alpha E\{XY\} + E\left\{Y^2\right\} \geq 0$임을 새겨서, $\alpha = -\frac{E\{XY\}}{E\{X^2\}}$이라고 두면 $\frac{E^2\{XY\}}{E\{X^2\}} - 2\frac{E^2\{XY\}}{E\{X^2\}} + E\left\{Y^2\right\} \geq 0$이므로 (6.부.27)을 얻을 수 있다. □

정리 6.부.11 **콜모고로프 부등식** 서로 독립인 확률변수 $\{X_i\}_{i=1}^n$의 평균은 모두 0이며, 분산이 $\left\{\sigma_i^2\right\}_{i=1}^n$일 때 $S_k = \sum\limits_{j=1}^{k} X_j$라고 두자. 그러면 0보다 큰 수 ε을 어떻게 고르더라도

$$\Pr\left\{\max_{1\leq k\leq n} |S_k| > \varepsilon\right\} \leq \sum_{i=1}^{n} \frac{\sigma_i^2}{\varepsilon^2} \tag{6.부.28}$$

이다. ■■

증명 먼저, $A_0 = \Omega$라고 두고, $k = 1, 2, \cdots, n$일 때 $A_k = \left\{\max\limits_{1\leq j\leq k} |S_j| \leq \varepsilon\right\}$이라고 두며,

$$\begin{aligned} B_k &= A_{k-1} \cap A_k^c \\ &= \{|S_1| \leq \varepsilon, |S_2| \leq \varepsilon, \cdots, |S_{k-1}| \leq \varepsilon\} \\ &\qquad \cap \ \{|S_1|, |S_2|, \cdots, |S_k| \text{ 가운데에서 적어도 하나가 } \varepsilon\text{보다 큼}\} \\ &= \{|S_1| \leq \varepsilon, |S_2| \leq \varepsilon, \cdots, |S_{k-1}| \leq \varepsilon, |S_k| > \varepsilon\} \end{aligned} \tag{6.부.29}$$

로 두자. 그러면 $A_n^c = \sum\limits_{k=1}^{n} B_k$이고 $B_k \subset \{|S_{k-1}| \leq \varepsilon, |S_k| > \varepsilon\}$이다. 이제, I_A를 사건 A의 지시 함수[38]라고 두면 $E\left\{(S_n I_{B_k})^2\right\} = E\left[\{(S_n - S_k) I_{B_k} + S_k I_{B_k}\}^2\right]$, 곧

[36] Bienayme-Chebyshev

[37] Cauchy-Schwarz

[38] 식 (3.3.38)에서 다룬 바 있다.

$$E\left\{(S_n I_{B_k})^2\right\} = E\left\{(S_n - S_k)^2 I_{B_k}\right\} + E\left\{(S_k I_{B_k})^2\right\} + E\left\{2S_k(S_n - S_k) I_{B_k}\right\} \quad (6.\text{부}.30)$$

이다. 여기에서, $S_n - S_k = X_{k+1} + X_{k+2} + \cdots + X_n$과 $S_k I_{B_k}$는 독립이고 $E\{X_k\} = 0$이라는 것과 B_k에서는 $|S_k| \geq \varepsilon$이라는 것을 쓰면 $E\left\{(S_n I_{B_k})^2\right\} = E\left\{(S_n - S_k)^2 I_{B_k}\right\} + E\left\{(S_k I_{B_k})^2\right\} \geq E\left\{(S_k I_{B_k})^2\right\}$, 곧

$$E\left\{(S_n I_{B_k})^2\right\} \geq \varepsilon^2 \mathrm{Pr}\{B_k\} \quad (6.\text{부}.31)$$

이다. 끝으로, $\sum_{k=1}^{n} E\left\{(S_n I_{B_k})^2\right\} = E\left\{S_n^2 I_{A_n^c}\right\} \leq E\left\{S_n^2\right\} = \sum_{k=1}^{n} \sigma_k^2$ 이므로, (6.부.31)을 쓰면 $\sum_{k=1}^{n} \sigma_k^2 \geq \varepsilon^2 \sum_{k=1}^{n} \mathrm{Pr}\{B_k\} = \varepsilon^2 \mathrm{Pr}\{A_n^c\}$인데, 이 식은 (6.부.28)과 같은 것이다. □

보기 6.부.7 식 (6.부.20)에서 다룬 체비셰프 부등식에서 기댓값 $E\{Y\}$를 0으로 둔 꼴

$$P\{|Y| > \varepsilon\} \leq \frac{\mathrm{Var}\{Y\}}{\varepsilon^2} \quad (6.\text{부}.32)$$

는 $n = 1$일 때의 콜모고로프 부등식과 같다. ◇

정리 6.부.12 **체르노프 한도**[39] 확률변수들 $\{X_i\}_{i=1}^{n}$이 독립이고 분포가 같을 때 이들을 모두 더한 것을 $Y_n = \sum_{i=1}^{n} X_i$라고 두자. 또, 확률변수 X_i의 적률생성함수를 $M(t) = E\left\{e^{tX_i}\right\}$라고 두고, $g(t) = \ln M(t)$로 두며, α를 실수라고 두자. 이제 $\alpha = ng'(t)$의 풀이를 t_r이라고 두면

$$P\{Y_n \geq \alpha\} \leq \exp\left[-n\left\{t_r g'(t_r) - g(t_r)\right\}\right], \quad t_r \geq 0 \quad (6.\text{부}.33)$$

이고

$$P\{Y_n \leq \alpha\} \leq \exp\left[-n\left\{t_r g'(t_r) - g(t_r)\right\}\right], \quad t_r \leq 0 \quad (6.\text{부}.34)$$

이다. ■■

여기에서, $t_r = 0$이면 $g(t_r) = \ln M(t_r) = \ln M(0) = 0$이므로, 이 두 부등식의 등호 오른쪽은 모두 1이다. 곧, $t_r = 0$이면 체르노프 한도가 알려주는 바는 "어떤 확률이 1보다 크지 않다."는 것인 셈이다. 따라서, 체르노프 한도는 $t_r \neq 0$일 때 쓸모 있다.

보기 6.부.8 표준 정규 확률변수 X를 생각하자. 그러면 $n = 1$이고 $Y_n = X$이다. 한편, 적률생성함수는 $M(t) = \exp\left(\frac{t^2}{2}\right)$이므로 $g(t) = \ln M(t) = \frac{t^2}{2}$과 $g'(t) = t$를 얻는다. 따라서, $\alpha = ng'(t) = t$의 풀이는 $t_r = \alpha$이다. 곧, 체르노프 한도를

$$P\{X \geq \alpha\} \leq \exp\left(-\frac{\alpha^2}{2}\right), \quad \alpha \geq 0 \quad (6.\text{부}.35)$$

와

$$P\{X \leq \alpha\} \leq \exp\left(-\frac{\alpha^2}{2}\right), \quad \alpha \leq 0 \quad (6.\text{부}.36)$$

처럼 쓸 수 있다. ◇

[39] Chernoff bounds

보기 6.부.9 확률변수 X의 분포가 포아송 분포 $P(\lambda)$일 때 $n=1$과 $Y_1=X$를 생각하면, 적률생성함수는 $M(t)=\exp\{\lambda(e^t-1)\}$이므로 $g(t)=\ln M(t)=\lambda(e^t-1)$이고 $g'(t)=\lambda e^t$이다. 한편, $\alpha=ng'(t)=\lambda e^t$를 풀면 $t_r=\ln\left(\frac{\alpha}{\lambda}\right)$를 얻는다. 곧, $\alpha>\lambda$이면 $t_r>0$이고, $\alpha=\lambda$이면 $t_r=0$이며, $\alpha<\lambda$이면 $t_r<0$이다. 따라서, $g(t_r)=\lambda\left(\frac{\alpha}{\lambda}-1\right)=\alpha-\lambda$, $t_r g'(t_r)=\alpha\ln\left(\frac{\alpha}{\lambda}\right)$이고 $n\left(t_r g'(t_r)-g(t_r)\right)=\ln\left(\frac{\alpha}{\lambda}\right)^{\alpha}-\alpha+\lambda$이므로

$$P(X\geq\alpha) \;\leq\; e^{-\lambda}\left(\frac{e\lambda}{\alpha}\right)^{\alpha}, \quad \alpha\geq\lambda \tag{6.부.37}$$

이고

$$P(X\leq\alpha) \;\leq\; e^{-\lambda}\left(\frac{e\lambda}{\alpha}\right)^{\alpha}, \quad \alpha\leq\lambda \tag{6.부.38}$$

이다. ◇

정리 6.부.13 홀더[40] 부등식 두 수 p와 q가 모두 1보다 크고 $\frac{1}{p}+\frac{1}{q}=1$이면

$$E\{|XY|\} \;\leq\; E^{\frac{1}{p}}\{|X^p|\}\,E^{\frac{1}{q}}\{|Y^q|\} \tag{6.부.39}$$

이다. ■■

정리 6.부.14 민코프스키[41] 부등식 실수 p가 1보다 크면

$$E^{\frac{1}{p}}\{|X+Y|^p\} \;\leq\; E^{\frac{1}{p}}\{|X^p|\}+E^{\frac{1}{p}}\{|Y^p|\} \tag{6.부.40}$$

이다. ■■

쉽게 알 수 있듯이 민코프스키 부등식은 세모 부등식 $|a-b|\leq|a-c|+|c-b|$을 일반화한 것이라고 볼 수 있다.

[40] Holder
[41] Minkowski

연습 문제

문제 6.1 표본공간이 구간 $[0,1]$일 때 확률변수 열

$$X_n(\omega) = \begin{cases} 1, & \omega \leq \frac{1}{n}, \\ 0, & \omega > \frac{1}{n} \end{cases} \tag{6.문.1}$$

을 생각하고 확률변수 $X(\omega)$를 $X(\omega) = 0,\ \omega \in [0,1]$처럼 두자. 이제, $0 \leq a \leq b \leq 1$일 때 확률측도 $\Pr\{a \leq \omega \leq b\} = b - a$를[42] 생각하자. 이때, $\{X_n(\omega)\}$가 틀림 없이 $X(\omega)$로 수렴하는지, 또 거의 틀림 없이 $X(\omega)$로 수렴하는지 밝히시오.

문제 6.2 표본공간이 구간 $[0,1]$일 때, 확률변수 열

$$X_n(\omega) = \begin{cases} 3, & 0 \leq \omega < \frac{1}{2n}, \\ 4, & 1 - \frac{1}{2n} < \omega \leq 1, \\ 5, & \frac{1}{2n} < \omega < 1 - \frac{1}{2n} \end{cases} \tag{6.문.2}$$

를 생각하고 확률변수 $X(\omega)$를 $X(\omega) = 5,\ \omega \in [0,1]$처럼 두자. 이제, $0 \leq a \leq b \leq 1$일 때 확률측도 $\Pr\{a \leq \omega \leq b\} = b - a$를 생각하자. 이때, $\{X_n(\omega)\}$가 틀림 없이 $X(\omega)$로 수렴하는지, 또 거의 틀림 없이 $X(\omega)$로 수렴하는지 밝히시오.

문제 6.3 확률변수 $\{X_i\}_{i=1}^n$이 서로 독립이다. 이제, X_i의 분포가 (가) 매개변수가 p인 기하분포, (나) $NB(r_i, p)$, (다) $P(\lambda_i)$, (라) $G(\alpha_i, \beta)$, (마) $C(\mu_i, \theta_i)$일 때, $S_n = \sum\limits_{i=1}^{n} X_i$의 분포를 각각 얻어보시오.

문제 6.4 보기 6.2.10에서 $\frac{S_n}{n}$은 무엇으로 수렴하는가?

문제 6.5 서로 독립이고 분포가 같으며 $\delta > 0$일 때 한계 확률밀도함수가 $f(x) = \frac{1+\delta}{x^{2+\delta}} u(x-1)$인 확률변수 열을 생각할 때 큰 수의 약한 법칙이 성립하는지 살펴 보시오.

문제 6.6 분포가 $P(\lambda)$인 포아송 확률변수 X를 생각하여 $Y = \frac{X-\lambda}{\sqrt{\lambda}}$처럼 두자. 이제, X의 적률생성함수가 $M_X(t) = \exp\{\lambda(e^t - 1)\}$이라는 것을 바탕으로 $\lambda \to \infty$일 때 Y가 표준 정규 확률변수에 수렴한다는 것을 보이시오.

문제 6.7 확률변수 X의 분포는 $\Pr\{X = 0\} = 1$이고, 확률변수 열 $\{X_n\}$의 확률질량함수는

$$\Pr\{X_n = x\} = \begin{cases} \frac{1}{n}, & x = 1, \\ 1 - \frac{1}{n}, & x = 0 \end{cases} \tag{6.문.3}$$

일 때, $X_n \xrightarrow{l} X$이라는 것을 보이시오.

문제 6.8 서로 독립이고 분포가 모두 $b(1,p)$인 확률변수 열 $\{X_n\}$에서 $n \to \infty$이고 $np = \lambda$일 때 $S_n = \sum\limits_{k=1}^{n} X_k$은 분포가 $P(\lambda)$인 포아송 확률변수에 수렴한다는 것을 보이시오.

---

[42] 이 확률측도는 (2.5.24) 바로 다음에 말한 르벡 길이이다.

문제 6.9 서로 독립이고 한계 분포가 모두 $B(\alpha, \beta)$인 확률변수 열 $\{X_i\}_{i=1}^{\infty}$에서 중심 극한 정리를 생각해 보시오.

문제 6.10 서로 독립인 확률변수 $\{X_i\}_{i=1}^{n}$의 분포가 모두 $P(\lambda)$이다. 이때, n이 크면 $S_n = \sum_{k=1}^{n} X_k$의 분포는 $N(n\lambda, n\lambda)$로 어림할 수 있다. 연속성 고치기를 써서 $\Pr\{50 < S_n \leq 80\}$의 값을 얻으시오.

문제 6.11 서로 독립이고 1일 확률이 p인 베르누이 확률변수 열 $\{X_i\}_{i=1}^{\infty}$, $\{X_i\}_{i=1}^{\infty}$와 독립이고 분포가 $b(n,p)$인 이항 확률변수 M, 또 X_i들을 더한 $K = \sum_{i=1}^{n} X_i$를 생각하자. 여기에서, K는 서로 독립이고 분포가 같은 베르누이 시행 n번 가운데의 성공 횟수를 가리킨다. 이때, 확률변수 $U = \sum_{i=1}^{K} X_i$와 $V = \sum_{i=1}^{M} X_i$의 기댓값을 각각 얻으시오.

문제 6.12 결과가 모두 서로 독립이고, 이기거나 질 확률은 같으며, 비기는 때가 없는 경기를 생각하자. 한 선수가 이기면 2점을 얻고 다음 경기에 또 참가할 수 있지만, 지면 0점을 얻고 다음 경기에 또 참가할 수 없다. 이 선수가 이런 경기에서 얻을 수 있는 점수 Y의 적률생성함수, 기댓값, 분산을 얻으시오.

문제 6.13 제대로 만든 동전 n개를 던질 때 앞이 뒤보다 더 많이 나올 확률을 P_n이라고 두자.

(가) 확률 P_3, P_4, P_5를 얻으시오.

(나) 극한값 $\lim_{n\to\infty} P_n$을 얻으시오.

문제 6.14 확률변수 $\{X_i\}_{i=1}^{n}$은 서로 독립이고, 한계 분포가 모두 $N(0,1)$이다. 이제, $\overline{X}_n = \frac{1}{n}\sum_{i=1}^{n} X_i$의 누적분포함수를 F_n이라고 할 때 $\lim_{n\to\infty} F_n(x)$를 얻고 그 극한이 누적분포함수인지 밝히시오.

문제 6.15 확률변수 $\{X_i\}_{i=1}^{n}$은 서로 독립이고 분포가 모두 $U(0,\theta)$일 때 $X_{[1]} = \min(X_1, X_2, \cdots, X_n)$을 생각하자. 이때 $Y_n = nX_{[1]}$은 분포에서 수렴하는가? 수렴한다면 그 극한 누적분포함수를 얻으시오.

문제 6.16 확률변수 $\{X_i\}_{i=1}^{n}$은 서로 독립이고 그 한계 누적분포함수 F는 절대 연속이다. 이제, $M_n = \max(X_1, X_2, \cdots, X_n)$이라고 두고 확률변수 열 $\{Y_n\}_{n=1}^{\infty} = \{n\{1 - F(M_n)\}\}_{n=1}^{\infty}$를 생각할 때 Y_n의 극한 누적분포함수 $\lim_{n\to\infty} F_{Y_n}(y)$를 얻으시오.

문제 6.17 누적분포함수 열

$$F_n(x) = \begin{cases} 0, & x < 0, \\ 1 - \frac{1}{n}, & 0 \leq x < n, \\ 1, & x \geq n \end{cases} \tag{6.문.4}$$

는 수렴하는가? 수렴한다면 그 극한은 무엇인가?

문제 6.18 확률변수 열 $\{Y_i = X + W_i\}_{i=0}^{n-1}$에서 X와 $\{W_i\}_{i=0}^{n-1}$은 서로 독립이고, $\{W_i\}_{i=0}^{n-1}$은 평균이 0이고 분산이 σ_i^2인 독립 정규 확률변수 열이고 $\sigma_i^2 \leq \sigma_{\max}^2 < \infty$라고 두자. 이제, 확률

변수 X를

$$\hat{X}_n = \frac{1}{n}\sum_{i=0}^{n-1} Y_i \qquad (6.문.5)$$

로 추정한다고 두고, 오차를 $\varepsilon_n = \hat{X}_n - X$처럼 두자.

(가) 확률변수 $\hat{X}_n$의 특성함수, 평균, 분산을 X와 $\{W_i\}$의 항으로 나타내시오.

(나) 공분산 $\mathrm{Cov}(Y_i, Y_j)$를 얻으시오.

(다) 확률밀도함수 $f_{\varepsilon_n}(\alpha)$와 $f_{\hat{X}|X}(\alpha|\beta)$를 얻으시오.

(라) 확률변수 $\hat{X}_n$은 X로 수렴하는가? 수렴한다면 어떤 뜻에서 수렴하는가? 수렴하지 않는다면 그 까닭은 무엇인가?

문제 6.19 확률변수 $\{X_i\}_{i=1}^{\infty}$는 서로 독립이고 분포가 같으며 한계 확률밀도함수는 $f(x) = e^{-x+\theta}u(x-\theta)$이다. 이제,

$$\min(X_1, X_2, \cdots, X_n) \xrightarrow{p} \theta \qquad (6.문.6)$$

임과, $Y = \frac{1}{n}\sum_{i=1}^{n} X_i$처럼 둘 때

$$Y \xrightarrow{p} 1+\theta \qquad (6.문.7)$$

임을 보이시오.

문제 6.20 확률변수 $\{X_i\}_{i=1}^{\infty}$가 서로 독립이고, 그 한계 분포가 모두 $U(0,\theta)$일 때

$$\max(X_1, X_2, \cdots, X_n) \xrightarrow{p} \theta \qquad (6.문.8)$$

임을 보이시오.

문제 6.21 독립이고 분포가 같은 확률변수 열 $\{X_n\}$의 한계 누적분포함수 F가

$$F(x) = \begin{cases} 0, & x \le 0, \\ x, & 0 < x \le 1, \\ 1, & x > 1 \end{cases} \qquad (6.문.9)$$

이다. 두 수열 $\{Y_n\}$과 $\{Z_n\}$을 $Y_n = \max(X_1, X_2, \cdots, X_n)$과 $Z_n = n(1-Y_n)$으로 뜻매김하자. 이때, 확률변수 열 $\{Z_n\}$은 누적분포함수가 $F(z) = (1-e^{-z})\,u(z)$인 확률변수 Z로 분포에서 수렴함을 보이시오.

문제 6.22 표본공간 $\{s\} = \{1, 2, \cdots\}$과 확률측도 $\Pr\{s = n\} = \frac{\alpha}{n^2}$를 생각하고 확률변수 열 $\{X_n : n = 1, 2, \cdots\}$을

$$X_n(s) = \begin{cases} n, & s = n, \\ 0, & s \ne n \end{cases} \qquad (6.문.10)$$

과 같이 두자. 이때, $n \to \infty$이면 $\{X_n\}$은 거의 틀림 없이 $X = 0$으로 수렴하지만, 제곱 평균에서는 수렴하지 않는다는 것을 – 곧, $E\left\{(X_n - 0)^2\right\} \nrightarrow 0$이라는 것을 – 보이시오.

문제 6.23 확률변수 $\{X_i\}_{i=1}^{\infty}$는 독립이고 분포가 같으며, 그 2차 적률은 유한하다. 이제, $Y_n = \frac{2}{n(n+1)} \sum_{i=1}^{n} iX_i$일 때 $Y_n \xrightarrow{p} E\{X_1\}$임을 보이시오.

문제 6.24 확률변수 열 $\{X_n\}_{n=1}^{\infty}$에서

$$\Pr\{X_n = x\} = \begin{cases} 1 - \frac{1}{n}, & x = 0, \\ \frac{1}{n}, & x = 1 \end{cases}$$

일 때 $\lim_{n\to\infty} E\{X_n^2\} = \lim_{n\to\infty} \frac{1}{n} = 0$이므로 $X_n \xrightarrow{r=2} 0$이다. 이제, 이 확률변수 열 $\{X_n\}_{n=1}^{\infty}$는 거의 틀림 없이 수렴하지는 않는다는 것을 보이시오.

문제 6.25 확률변수 열 $\{X_n\}_{i=1}^{n}$은 분산이 모두 σ^2으로 유한한 확률변수들의 수열이다. 이제, i와 j가 서로 다를 때 X_i와 X_j 사이의 상관계수가 늘 0보다 작으면 수열 $\{X_n\}_{i=1}^{n}$이 큰 수의 약한 법칙을 따름을 보이시오. (귀띔: 평균이 $E\{X_i\} = m_i$인 확률변수 열 $\{X_i\}_{i=1}^{\infty}$에서 $Y_n = \frac{1}{n} \sum_{k=1}^{n} (X_k - m_k)$라고 두자. 그러면 $\{X_i\}_{i=1}^{\infty}$가 큰 수의 약한 법칙을 만족시킬 필요충분조건은 $n \to \infty$일 때

$$E\left\{\frac{Y_n^2}{1+Y_n^2}\right\} \to 0 \tag{6.문.11}$$

임이 알려져 있다.)

문제 6.26 서로 독립이고 분포가 같은 확률변수 열 $\{X_i\}_{i=1}^{\infty}$에서 X_i의 평균이 μ, 분산이 σ^2이고, $E\{X_i^4\} < \infty$라고 두자. 이제, $V_n = \sum_{k=1}^{n} (X_k - \mu)^2$을 생각할 때 $\frac{V_n - A_n}{b_n} \xrightarrow{l} Z$를 만족시키는 상수 A_n과 b_n을 찾으시오. 여기에서, Z는 표준 정규 확률변수이다.

문제 6.27 수열 $\Pr\{X_k = \pm k^{\alpha}\} = \frac{1}{2}$이 큰 수의 센 법칙을 만족시킬 때 α의 범위를 얻으시오.

문제 6.28 확률밀도함수가 $f_X(x) = \frac{a}{\pi(x^2+a^2)}$인 코쉬 확률변수 X를 생각하자.

(가) 특성함수가

$$\varphi_X(w) = e^{-a|w|} \tag{6.문.12}$$

임을 보이시오.

(나) 독립이고 분포가 같은 n 코쉬 확률변수의 표본평균은 코쉬 확률변수라는 것을 보이시오.

(다) 위 결과를 중심 극한 정리와 견주어 설명하시오.

문제 6.29 확률변수 $\{X_i\}_{i=1}^{100}$은 서로 독립이고 한계 분포가 모두 $P(0.02)$이다. 이제, $S = \sum_{i=1}^{100} X_i$처럼 둘 때 중심 극한 정리를 써서 $\Pr\{S \geq 3\}$을 얻고, 그 값을 정확한 값과 견주어 보시오.

문제 6.30 누적분포함수 열

$$F_n(x) = \begin{cases} 0, & x \leq 0, \\ x\left\{1 - \frac{\sin(2n\pi x)}{2n\pi x}\right\}, & 0 < x \leq 1, \\ 1, & x \geq 1 \end{cases} \tag{6.문.13}$$

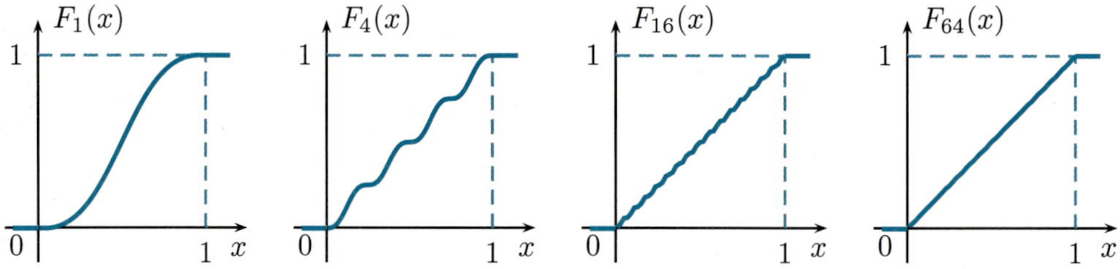

그림 6.문.1 누적분포함수 네 개: $x \in [0,1]$일 때 $F_n(x) = x\left\{1 - \frac{\sin(2n\pi x)}{2n\pi x}\right\}$

을 생각하자. 그림 6.문.1에 이 누적분포함수 열 가운데에서 네 개를 보였다. 이때, $\lim_{n\to\infty} F_n(x)$를 얻으시오. 또 $\frac{d}{dx}\left\{\lim_{n\to\infty} F_n(x)\right\}$가 $\lim_{n\to\infty}\left\{\frac{d}{dx}F_n(x)\right\}$와 같은지 살펴 보시오.

문제 6.31 서로 독립이고, 그 한계 분포가 모두 카이 제곱 분포 $\chi^2(1)$인 확률변수 $\{X_i\}_{i=1}^{\infty}$를 생각하자. 그러면 $S_n \sim \chi^2(n)$이고 $E\{S_n\} = n$이며 $\mathrm{Var}\{S_n\} = 2n$이다. 따라서, $Z_n = \frac{1}{\sqrt{2n}}(S_n - n) = \sqrt{\frac{n}{2}}\left(\frac{S_n}{n} - 1\right)$처럼 두면 Z_n의 적률생성함수 $M_n(t) = E\left\{e^{tZ_n}\right\}$는

$$
\begin{aligned}
M_n(t) &= \exp\left(-t\sqrt{\frac{n}{2}}\right)\left(1 - \frac{2t}{\sqrt{2n}}\right)^{-\frac{n}{2}} \\
&= \left\{\exp\left(t\sqrt{\frac{2}{n}}\right) - t\sqrt{\frac{2}{n}}\exp\left(t\sqrt{\frac{2}{n}}\right)\right\}^{-\frac{n}{2}}, \quad t < \sqrt{\frac{n}{2}} \qquad (6.문.14)
\end{aligned}
$$

이다. 한편, 테일러 어림셈[43]을 쓰면 $0 < \theta_n < t\sqrt{\frac{2}{n}}$일 때

$$
\exp\left(t\sqrt{\frac{2}{n}}\right) = 1 + t\sqrt{\frac{2}{n}} + \frac{t^2}{2}\left(\sqrt{\frac{2}{n}}\right)^2 + \frac{1}{6}\left(t\sqrt{\frac{2}{n}}\right)^3 \exp(\theta_n) \qquad (6.문.15)
$$

를 얻는다. 위 두 식을 바탕으로 $Z_n \xrightarrow{l} Z \sim N(0,1)$을 보이시오.

문제 6.32 축구 경기에서 어떤 선수의 슈팅 횟수 N은 평균이 $\mu = 12$인 포아송 확률변수이고, 슈팅한 공이 득점일 확률 p는 슈팅 횟수에 관계없이 $\frac{1}{8}$이라고 할 때 한 경기에서 이 선수의 득점의 분포, 평균 득점, 또 득점의 분산을 얻으시오.

문제 6.33 어느 모사 전송기[44]에서 보낸 쪽 수 W는 확률질량함수가 $p_W(k) = \frac{3^{k-1}}{4^k}$, $k \in \{1, 2, \cdots\}$인 – 곧, 기댓값이 $\frac{1}{q} = 4$인 – 기하 확률변수이고, i째 쪽에 담긴 정보량 B_i는 확률질량함수가 $p_B(k) = \frac{1}{10^5}\left(1 - 10^{-5}\right)^{k-1}$, $k \in \{1, 2, \cdots\}$인 – 곧, 기댓값이 $\frac{1}{\alpha} = 10^5$인 – 기하 확률변수이다. 이제, $\{B_i\}$가 서로 독립이고 W와 $\{B_i\}$도 서로 독립일 때 모사 전송기에서 보낸 전체 정보량의 분포를 얻으시오.

문제 6.34 지수 확률변수 열 $\{X_1, X_2, \cdots\}$은 서로 독립이고 분포가 같으며 평균은 모두 $\frac{1}{\lambda}$이다. 또, 기하 확률변수 N은 $\{X_1, X_2, \cdots\}$과 독립이고 평균이 $\frac{1}{p}$이다. 이때, 가변합 $S_N =$

[43] Taylor approximation
[44] facsimile. 줄여서 fax

$\sum_{i=1}^{N} X_i$의 기댓값과 분산을 얻으시오.

문제 6.35 기온이 섭씨 0도보다 낮은 날이 닷새 이어질 때 맺히는 고드름 수 N의 확률질량함수는 $n = 1, 2, \cdots, 5$일 때 $p_N(n) = \frac{2^{2-|3-n|}}{10}$이고, 고드름의 길이는 서로 독립이고 분포가 같으며 그 한계 확률밀도함수는 $f_L(v) = \lambda e^{-\lambda v} u(v)$이다. 또, 고드름 수와 길이는 서로 독립이라고 두자. 이제, 기온이 섭씨 0도보다 낮은 날이 닷새 이어질 때 고드름 길이의 합 T의 기댓값을 얻으시오.

문제 6.36 아래 누적분포함수 열이 수렴하는지 살펴 보고, 수렴한다면 그 극한이 무엇인지 밝히시오.

(가)

$$F_n(x) = \begin{cases} 0, & x < -n, \\ \frac{1}{2n}(x+n), & -n \le x < n, \\ 1, & x \ge n \end{cases} \tag{6.문.16}$$

인 누적분포함수 열 $\{F_n(x)\}_{n=1}^{\infty}$

(나) 누적분포함수 $F(x)$가 연속일 때 $F_n(x) = F(x+n)$인 누적분포함수 열 $\{F_n(x)\}_{n=1}^{\infty}$

(다) 누적분포함수 $F(x)$가 연속일 때 $G_n(x) = F(x + (-1)^n n)$인 누적분포함수 열 $\{G_n(x)\}_{n=1}^{\infty}$

문제 6.37 확률변수 열 $\{X_n \sim G(n, \beta)\}_{n=1}^{\infty}$에서 $Y_n = \frac{X_n}{n^2}$의 극한 분포를 얻으시오.

참고문헌

1. 김수택, 수리통계학, 자유 아카데미, 서울, 2010.
2. 송익호, 박철훈, 김광순, 박소령, 확률변수와 확률과정, 자유아카데미, 파주, 2014.
3. M. Abramowitz and I. A. Stegun (Ed.), *Handbook of Mathematical Functions*, Dover, New York, 1972.
4. G. E. Andrews, R. Askey, and R. Roy, *Special Functions*, Cambridge University, Cambridge, 1999.
5. E. Artin, *The Gamma Function* (Translated by M. Butler), Holt, Rinehart and Winston, New York, 1964.
6. N. Balakrishnan, *Handbook of the Logistic Distribution*, Marcel Dekker, New York, 1992.
7. W. Bär and F. Dittrich, "Useful formula for moment computation of normal random variables with nonzero means," *IEEE Trans. Automatic Control*, vol. 16, no. 3, pp. 263-265, June 1971.
8. R. F. Baum, "The correlation function of smoothly limited Gaussian noise," *IRE Trans. Inform. Theory*, vol. 3, no. 3, pp. 193-197, Sep. 1957.
9. E. F. Beckenbach and R. Bellam, *Inequalities*, Springer, Berlin, 1965.
10. P. J. Bickel and K. A. Doksum, *Mathematical Statistics*, Holden-Day, San Francisco, 1977.
11. P. O. Börjesson and C.-E. W. Sundberg, "Simple approximations of the error function $Q(x)$ for communications applications," *IEEE Trans. Comm.*, vol. 27, no. 3, pp. 639-643, Mar. 1979.
12. J. L. Brown, Jr., "On a cross-correlation property of stationary processes," *IRE Trans. Inform. Theory*, vol. 3, no. 1, pp. 28-31, Mar. 1957.
13. D. L. Burdick, "A note on symmetric random variables," *Ann. Math. Stat.*, vol. 43, no. 6, pp. 2039-2040, Dec. 1972.

14. B. C. Carlson, *Special Functions of Applied Mathematics*, Academic, New York, 1977.

15. J. L. Challifour, *Generalized Functions and Fourier Analysis: An Introduction*, W. A. Benjamin, Reading, 1972.

16. W. B. Davenport, Jr., *Probability and Random Processes*, McGraw-Hill, New York, 1970.

17. A. P. Dawid, "Some misleading arguments involving conditional independence," *Journ. Royal Stat. Soc., Series B (Methodological)*, vol. 41, no. 2, pp. 249-252, Sep. 1979.

18. J. L. Doob, "Heuristic approach to the Kolmogorov-Smirnov theorems," *Ann. Math. Stat.*, vol. 20, no. 3, pp. 393-403, Sep. 1949.

19. W. Feller, *An Introduction to Probability Theory and its Applications*, Third Ed., revised printing, John Wiley and Sons, New York, 1970.

20. W. A. Gardner, *Introduction to Random Processes With Applications to Signals and Systems*, Second Ed., McGraw-Hill, New York, 1990.

21. S. Geisser and N. Mantel, "Pairwise independence of jointly dependent variables," *Ann. Math. Stat.*, vol. 33, no. 1, pp. 290-291, Mar. 1962.

22. B. R. Gelbaum and J. M. H. Olmsted, *Counterexamples in Analysis*, Holden-Day, San Francisco, 1964.

23. I. M. Gelfand and I. Moiseevich, *Generalized Functions*, Academic, New York, 1964.

24. I. S. Gradshteyn and I. M. Ryzhik, *Table of Integrals, Series, and Products*, Academic, New York, 1980.

25. R. M. Gray and L. D. Davisson, *Random Processes: A Mathematical Approach for Engineers*, Prentice-Hall, Englewood Cliffs, 1986.

26. R. M. Gray and L. D. Davisson, *An Introduction to Statistical Signal Processing*, Cambridge University Press, Cambridge, 2010.

27. R. P. Grimaldi, *Discrete and Combinatorial Mathematics, Third Ed.*, Addison-Wesley, Reading, 1994.

28. A. Gut, *An Intermediate Course in Probability*, Springer-Verlag, New York, 1995.

29. J. B. S. Haldane, "Moments of the distributions of powers and products of normal variates," *Biometrika*, vol. 32, no. 3/4, pp. 226-242, Apr. 1942.

30. P. R. Halmos, *Measure Theory*, Van Nostrand Reinhold, New York, 1950.

31. G. G. Hamedani, "Nonnormality of linear combinations of normal random variables," *Amer. Stat.*, vol. 38, no. 4, pp. 295-296, Nov. 1984.

32. C. W. Helstrom, *Probability and Stochastic Processes for Engineers*, Second Ed., Prentice -Hall, Englewood Cliffs, 1991.

33. B. Holmquist, "Moments and cumulants of the multivariate normal distribution," *Stochastic Anal., Appl.*, vol. 6, no. 3, pp. 273-278, July 1988.

34. R. A. Horn and C. R. Johnson, *Matrix Analysis*, Cambridge University Press, Cambridge, 1985.

35. R. F. Hoskins, *Generalised Functions*, Ellis Horwood, Chichester, 1979.

36. R. F. Hoskins and J. S. Pinto, *Theories of Generalised Functions*, Horwood, Chichester, 2005.

37. L. Isserlis, "On a formula for the product-moment coefficient of any order of a normal frequency distribution in any number of variables," *Biometrika*, vol. 12, no. 1/2, pp. 134-139, Nov. 1918.

38. K. Ito (Ed.), *Encyclopedic Dictionary of Mathematics*, Massachusetts Institute of Technology, Cambridge, 1987.

39. N. L. Johnson and S. Kotz, *Distributions in Statistics: Continuous Univariate Distributions, Vols. I, II*, John Wiley and Sons, New York, 1970.

40. N. L. Johnson and S. Kotz, *Distributions in Statistics: Continuous Multivariate Distributions*, John Wiley and Sons, New York, 1972.

41. R. Johnsonbaugh and W. E. Pfaffenberger, *Foundations of Mathematical Analysis*, Marcel Dekker, New York, 1981.

42. D. S. Jones, *The Theory of Generalised Functions*, Second Ed., Cambridge University, Cambridge, 1982.

43. A. R. Kamat, "Incomplete moments of the trivariate normal distribution," *Sankhyā: Indian Journ. Statistics*, vol. 20, no. 3/4, pp. 321-322, Dec. 1958.

44. R. Kan, "From moments of sum to moments of product," *Journ. Multivariate Anal.*, vol. 99, no. 3, pp. 542-554. Mar. 2008.

45. R. P. Kanwal, *Generalized Functions: Theory and Applications*, Birkhauser, Boston, 2004.

46. K. Karatowski and A. Mostowski, *Set Theory*, North-Holland, Amsterdam, 1976.

47. S. A. Kassam, *Signal Detection in Non-Gaussian Noise*, Springer-Verlag, New York, 1988.

48. S. M. Kendall and A. Stuart, *Advanced Theory of Statistics, Vol. II*, Oxford University, New York, 1979.

49. S. M. Khaleelulla, *Counterexamples in Topological Vector Spaces*, Springer, Berlin, 1982.

50. A. B. Kharazishvili, *Nonmeasurable Sets and Functions*, Elsevier, Amsterdam, 2004.

51. A. I. Khuri, *Advanced Calculus with Applications in Statistics*, Wiley, New York, 2003.

52. P. Komjath and V. Totik, *Problems and Theorems in Classical Set Theory*, Springer, New York, 2006.

53. S. Kotz, N. Balakrishnan, and N. L. Johnson, *Continuous Multivariate Distributions*, Second Ed., Wiley, New York, 2000.

54. A. Leon-Garcia, *Probability, Statistics, and Random Processes for Electrical Engineering*, Third Ed., Prentice Hall, New York, 2008.

55. M. J. Lighthill, *An Introduction to Fourier Analysis and Generalised Functions*, Cambridge University, Cambridge, 1980.

56. M. Loeve, *Probability Theory*, Fourth Ed., Springer-Verlag, New York, 1977.

57. Mathematical Society of Japan, *Encyclopedic Dictionary of Mathematics, Second. Ed.*, Vol. III, MIT Press, Cambridge, 1986.

58. K. V. Mardia, *Families of Bivariate Distributions*, Charles Griffin and Company, London, 1970.

59. R. N. McDonough and A. D. Whalen, *Detection of Signals in Noise*, Second Edition, Academic, New York, 1995.

60. E. L. Melnick and A. Tenenbein, "Misspecification of the normal distribution," *Amer. Stat.*, vol. 36, no. 4, pp. 372-373, Nov. 1982.

61. D. Middleton, *An Introduction to Statistical Communication Theory*, McGraw-Hill, New York, 1960.

62. G. A. Mihram, "A cautionary note regarding invocation of the central limit theorem," *American Statistician*, vol. 23, no. 5, p. 38, Dec. 1969.

63. T. M. Mills, *Problems in Probability*, World Scientific, Singapore, 2001.

64. M. E. Munroe, *Measure and Integration*, Second Ed., Addison-Wesley, Reading, 1971.

65. S. Nabeya, "Absolute moments in 3-dimensional normal distribution," *Ann. Inst. Stat. Math.*, vol. 4, no. 1, pp. 15-30, 1952.

66. P. T. Nielsen, "On the expected duration of a search for a fixed pattern in random data," *IEEE Trans. Inform. Theory*, vol. 19, no. 5, pp. 702-704, Sep. 1973.

67. C. L. Nikias and M. Shao, *Signal Processing with Alpha-Stable distributions and Applications*, Wiley, New York, 1995.

68. I. Niven, H. S. Zuckerman, and H. L. Montgomery, *An Introduction to the Theory of Numbers, Fifth Ed.*, John, Wiley, and Sons, New York, 1991.

69. J. M. H. Olmsted, *Advanced Calculus*, Appleton-Century-Crofts, New York, 1961.

70. A. Papoulis, *The Fourier Integral and Its Applications*, McGraw-Hill, New York, 1962.

71. A. Papoulis and S. U. Pillai, *Probability, Random Variables, and Stochastic Processes*, Fourth Ed., McGraw-Hill, New York, 2002.

72. S. R. Park, J. Bae, H. Kang, and I. Song, "On the polynomial representation for the number of partitions with fixed length," *Math. Comp.*, vol. 77, no. 262, pp. 1135-1151, Apr. 2008.

73. S. R. Park, I. Song, S. Yoon, T. An, and H.-K. Min, "On the sums of the probability functions of order statistics," *Journ. Korean Stat. Soc.*, vol. 42, no. 2, pp. 257-265, June 2013.

74. J. K. Patel, C. H. Kapadia, and D. B. Owen, *Handbook of Statistical Distributions*, Marcel Dekker, New York, 1976.

75. J. K. Patel and C. B. Read, *Handbook of the Normal Distribution*, Second Ed., Marcel Dekker, New York, 1996.

76. D. A. Pierce and R. L. Dykstra, "Independence and the normal distribution," *Amer. Statistician*, vol. 23, no. 4, p. 39, Oct. 1969.

77. H. V. Poor, *An Introduction to Signal Detection and Estimation*, Second Ed., Springer, New York, 1994.

78. R. Price, "A useful theorem for nonlinear devices having Gaussian inputs," *IRE Trans. Inform. Theory*, vol. 4, no. 2, pp. 69-72, June 1958.

79. M. M. Rao, *Measure Theory and Integration*, Second Ed., Marcel Dekker, New York, 2004.

80. J. Riordan, *Combinatorial Identities*, John Wily and Sons, New York, 1968.

81. F. S. Roberts and B. Tesman, *Applied Combinatorics*, Second Ed., CRC, Boca Raton, 2009.

82. V. K. Rohatgi and A. K. Md. E. Saleh, *An Introduction to Probability and Statistics*, Second Ed., John Wiley and Sons, New York, 2001.

83. J. P. Romano and A. F. Siegel, *Counterexamples in Probability and Statistics*, Chapman and Hall, New York, 1986.

84. K. H. Rosen, J. G. Michaels, J. L. Gross, J. W. Grossman, and D. R. Shier, *Handbook of Discrete and Combinatorial Mathematics*, CRC, New York, 2000.

85. S. M. Ross, *A First Course in Probability*, Macmillan, New York, 1976.

86. S. M. Ross, *Introduction to Probability Models*, Tenth Ed., Academic, Boston, 2009.

87. H. L. Royden, *Real Analysis*, Third Ed., Macmillan, New York, 1989.

88. W. Rudin, *Principles of Mathematical Analysis*, Third Ed., McGraw-Hill, New York, 1976.

89. R. Salem, "On some singular monotonic functions which are strictly increasing," *Trans. American Math. Soc.*, vol. 53, no. 3, pp. 427-439, May 1943.

90. G. Samorodnitsky and M. S. Taqqu, *Non-Gaussian Random Processes: Stochastic Models with Infinite Variance*, Chapman and Hall, New York, 1994.

91. A. N. Shiryaev, *Probability*, Second Ed., Springer-Verlag, New York, 1996.

92. N. J. A. Sloane and S. Plouffe, *Encyclopedia of Integer Sequences*, Academic, San Diego, 1995.

93. D. M. Y. Sommerville, *An Introduction to the Geometry of N Dimensions*, Dover, New York, 1958.

94. I. Song, "A recursive formula for even order harmonic series," *Journ. Computational, Applied Math.*, vol. 21, no. 2, pp. 251-256, Feb. 1988.

95. I. Song, J. Bae, and S. Y. Kim, *Advanced Theory of Signal Detection*, Springer-Verlag, Berlin, 2002.

96. I. Song and S. Lee, "Explicit formulae for product moments of multivariate Gaussian random variables," *Stat., Prob. Lett.*, vol. 100, pp. 27-34, May 2015.

97. I. Song, S. Lee, Y. H. Kim, and S. R. Park, "Explicit formulae and implication of the expected values of some nonlinear statistics of tri-variate Gaussian variables," *Journ. Korean Stat. Soc.*, (accepted for publication).

98. I. Song, S. Lee, S. R. Park, and S. Yoon, "Asymptotic value of the probability that the first order statistic is from null hypothesis," *Applied Math.*, vol. 4, no. 12, pp. 1702-1705, Dec. 2013.

99. R. P. Stanley, *Enumerative Combinatorics, Vols. 1 and 2*, Cambridge University Press, Cambridge, 1997.

100. L. A. Steen and J. A. Seebach, Jr., *Counterexamples in Topology*, Holt, Rinehart and Winston, New York, 1970.

101. J. Stewart, *Calculus: Early Transcendentals*, Seventh Ed., Brooks/Coles, Belmont, 2012.

102. J. M. Stoyanov, *Counterexamples in Probability*, Third Ed., Dover, New York, 2013.

103. A. Stuart and J. K. Ord, *Advanced Theory of Statistics: Vol. 1. Distribution Theory*, Fifth Ed., Oxford University, New York, 1987.

104. A. A. Sveshnikov (Ed.), *Problems in Probability Theory, Mathematical Statistics and Theory of Random Functions*, Dover, New York, 1968.

105. G. B. Thomas, Jr. and R. L. Finney, *Calculus and Analytic Geometry*, Ninth Ed., Addi son-Wesley, Reading, 1996.

106. J. B. Thomas, *Introduction to Probability*, Springer-Verlag, New York, 1986.

107. K. Triantafyllopoulos, "On the central moments of the multidimensional Gaussian distribution," *Math. Scientist*, vol. 28, no. 2, pp. 125-128, Jan. 2003.

108. G. A. Tsihrintzis and C. L. Nikias, "Incoherent receiver in alpha-stable impulsive noise," *IEEE Trans. Signal Process.*, vol. 43, no. 9, pp. 2225-2229, Sep. 1995.

109. A. Tucker, *Applied Combinatorics*, John Wiley and Sons, New York, 2002.

110. N. Y. Vilenkin, *Combinatorics*, Academic, New York, 1971.

111. W. D. Wallis and J. C. George, *Introduction to Combinatorics*, CRC, New York, 2010.

112. Y. H. Wang, "Dependent random variables with independent subsets," *Amer. Math. Monthly*, vol. 86, no. 4, pp. 290-292, Apr. 1979.

113. P. Weirich, "Conditional probabilities and probabilities given knowledge of a condition," *Phil. Science*, vol. 50, no. 1, pp. 82-95, Mar. 1983.

114. G. L. Wies and E. B. Hall, *Counterexamples in Probability and Real Analysis*, Oxford University, New York, 1993.

115. C. S. Withers, "The moments of the multivariate normal," *Bull. Austral. Math. Soc.*, vol. 32, no. 1, pp. 103-107, Aug. 1985.

116. C. K. Wong, "A note on mutually independent events," *Amer. Stat.*, vol. 26, no. 2, pp. 27-28, Apr. 1972.

117. R. D. Yates and D. J. Goodman, *Probability and Stochastic Processes*, John Wiley and Sons, New York, 1999.

118. A. I. Zayed, *Handbook of Function and Generalized Function Transformations*, CRC, Boca Raton, 1996.

119. D. Zwillinger and S. Kokoska, *CRC Standard Probability and Statistics Tables and Formulae*, CRC, New York, 1999.

연습문제답

연습 문제 답: 1장 함수

문제 1.3 $A - B = A\triangle(A\cap B)$. $A\cup B = A\triangle B\triangle(A\cap B)$.

문제 1.6 계수가 정수인 다항식들의 집합은 셀 수 있는 집합이다.

문제 1.7 대수적 수들의 집합은 셀 수 있다.

문제 1.9 끝점이 둘 다 실수이고 서로 겹치지 않는 열린 구간들을 모두 모은 묶음은 셀 수 있다.

문제 1.10 (가) $f(n,m) = 2^n 3^m$. (나) $f(x) = \frac{1}{2} + \frac{1}{\pi}\arctan(x)$.
(다) $\frac{1}{2} + \frac{1}{\pi}\arctan(x) \mapsto (\alpha_1, \alpha_2, \cdots)$, $\alpha_i \in \{0,1\}$.
(라) 0과 1이 이루는 무한 수열 $(\epsilon_0, \epsilon_1, \cdots)$을 3진수 $0.(2\epsilon_0)(2\epsilon_1)\cdots$과 잇는다.
(마) 자연수 열 $(n_0, n_1, \cdots)$을 수열 (0이 n_0+1개, 1이 하나, 0이 n_1+1개, 1이 하나, $\cdots$)과 잇는다.
(바) 실수 열 $S = (x_0, x_1, \cdots)$을 생각하여 x_j를 이진법으로 $x_j = \pm\cdots\alpha_{-2}^{(j)}\alpha_{-1}^{(j)}\alpha_1^{(j)}\alpha_2^{(j)}\cdots$ 처럼 쓴다고 할 때 x_j가 0보다 크면 $\alpha_0^{(j)} = 1$, x_j가 0보다 작으면 $\alpha_0^{(j)} = 0$이라고 두고, 수열 S를 수열 $\alpha_0^{(0)}, \alpha_{-1}^{(0)}, \alpha_0^{(1)}, \alpha_1^{(0)}, \alpha_{-2}^{(0)}, \alpha_{-1}^{(1)}, \alpha_0^{(2)}, \alpha_1^{(1)}, \alpha_2^{(0)}, \alpha_{-3}^{(0)}, \alpha_{-2}^{(1)}, \alpha_{-1}^{(2)}, \alpha_0^{(3)}, \alpha_1^{(2)}, \alpha_2^{(1)}, \alpha_3^{(0)}, \cdots$과 잇는다.

문제 1.11 (가) n을 소인수 분해한 것이 $n = 2^k \times 3^l \cdots$ 일 때 $f(n) = (k,l)$로 둔다.
(나) n을 소인수 분해한 것이 $n = 2^k \times 3^l \times 5^m \cdots$ 일 때 $f(n) = \frac{(-1)^k l}{m+1}$로 둔다.
(다) 칸토르 집합의 원소가 $x = 0.\alpha_1\alpha_2\cdots$ 일 때 $f(x) = 0.\frac{\alpha_1}{2}\frac{\alpha_2}{2}\cdots$ 이라고 둔다.
(라) 0과 1이 이루는 수열 $(\alpha_1, \alpha_2, \cdots)$과 수 $0.\alpha_1\alpha_2\cdots$을 잇는다.

문제 1.12 (가) 구간 (a,b)와 (c,d)가 둘 다 유한하면 $f(x) = c + (d-c)\frac{x-a}{b-a}$.

a가 유한하고 $b = \infty$이며 (c,d)가 유한하면 $f(x) = c + \frac{2}{\pi}(d-c)\arctan(x-a)$.

다른 때에도 비슷한 방법으로.

(나) $0,1,2$가 이루는 무한 수열 $S_1 = (a_0, a_1, \cdots)$에서 1은 $1,0$으로, 2는 $1,1$로 바꾸어 써서 0과 1이 이루는 무한 수열 S_2를 얻을 때 S_1과 S_2를 잇는다.
(다) $[0,1)$ 안에 있는 수 x를 십진법으로 썼을 때 $x = 0.a_1a_2\cdots$ 이라고 두자. 이제, 이어 나오는 9들과 바로 다음에 오는 9가 아닌 숫자를 하나로 묶고, 나머지 숫자들은 하나씩 묶자. 보기를 들어, $x = 0.12979996659999793\cdots$이면, $x = 0.(1)(2)(97)(9996)(6)(5)(99997)(93)\cdots$이다 이제, 이렇게 묶은 수를 보기 쉽도록 $x = 0.(x_1)(x_2)(x_3)\cdots$ 처럼 쓰자. 여기에서, 괄호는 다만 묶음을 나타내고자 쓴 것일 뿐 다른 뜻은 없다. 그러면 $y = 0.(x_1)(x_3)(x_5)\cdots$, $z = 0.(x_2)(x_4)(x_6)\cdots$ 이라고 할 때 $f(x) = (y,z)$가 바라는 일대일 대응이다.

문제 1.14 (m,n)에서 k로: $k = g(m,n) = m + \frac{1}{2}(m+n)(m+n+1)$.

k에서 (m,n)으로: $a(a+1) \le 2k < (a+1)(a+2)$인 정수를 a라고 할 때 $m = k - \frac{1}{2}a(a+1)$. $n = a - m$.

문제 1.15 실수 공간 $\mathbb{R}$에서 끝점이 유리수인 구간들의 집합이 셀 수 있다.

문제 1.17 유리수이다. 유리수이다. 유리수가 아닐 수 있다.

문제 1.18 (가) 서로 다른 두 유리수 사이에 늘 유리수가 있다.

(나) 유리수와 무리수 사이에 늘 무리수가 있다.

(다) 서로 다른 두 유리수 사이에 늘 무리수가 있다.

(라) 서로 다른 두 무리수 사이에 늘 무리수가 있다.

(마) 서로 다른 두 무리수 사이에 늘 유리수가 있다.

(바) 유리수와 무리수 사이에 늘 유리수가 있다.

문제 1.19 집합 $A = \{a_i\}_{i=0}^{\infty}$이고, $a_i = 0.\alpha_1^{(i)}\alpha_2^{(i)}\alpha_3^{(i)}\cdots$이라고 두자. 이제, 을은 $\alpha_{2j}^{(j)} \neq 4$이면 $y_j = 4$를 고르고, $\alpha_{2j}^{(j)} = 4$이면 $y_j = 6$을 고른다고 두자. 그러면 갑이 고른 숫자 x_1, x_2, $\cdots$이 무엇이든지, 수 $0.x_1y_1x_2y_2\cdots$은 어떤 a_j들과도 같지 않으므로 A에 들어 있지 않으므로 을이 이긴다.

문제 1.25 (가) $u(ax+b) = u\left(x+\frac{b}{a}\right)u(a) + u\left(-x-\frac{b}{a}\right)u(-a)$.

$$u(\sin x) = \sum_{n=-\infty}^{\infty}\{u(x-2n\pi) - u(x-(2n+1)\pi)\}.$$

$$u\left(e^x - \pi\right) = u(x - \ln\pi) = \begin{cases} 0, & x < \ln\pi, \\ 1, & x > \ln\pi. \end{cases}$$

(나) $\int_{-\infty}^{x} u(t-y)dt = (x-y)u(x-y)$.

문제 1.27 $\delta'(x)\cos x = \delta'(x)$.

문제 1.28 $\int_{-2\pi}^{2\pi} e^{\pi x}\delta\left(x^2-\pi^2\right)dx = \frac{\cosh\pi^2}{\pi}$. $\delta(\sin x) = \delta(x) + \delta(x-\pi)$.

문제 1.29 $\int_{-\infty}^{\infty}(\cos x + \sin x)\delta'\left(x^3+x^2+x\right)dx = 1$.

문제 1.31 (가) $\left\{\left[1+\frac{1}{n},2\right)\right\}_{n=1}^{\infty} \to (1,2)$. (나) $\left\{\left[1+\frac{1}{n},2\right]\right\}_{n=1}^{\infty} \to (1,2]$.

(다) $\left\{\left(1,1+\frac{1}{n}\right]\right\}_{n=1}^{\infty} \to (1,1] = \emptyset$. (라) $\left\{\left[1,1+\frac{1}{n}\right]\right\}_{n=1}^{\infty} \to [1,1] = \{1\}$.

(마) $\left\{\left[1-\frac{1}{n},2\right)\right\}_{n=1}^{\infty} \to [1,2)$. (바) $\left\{\left[1-\frac{1}{n},2\right]\right\}_{n=1}^{\infty} \to [1,2]$.

(사) $\left\{\left(1,2-\frac{1}{n}\right)\right\}_{n=1}^{\infty} \to (1,2)$. (아) $\left\{\left[1,2-\frac{1}{n}\right)\right\}_{n=1}^{\infty} \to [1,2)$.

문제 1.34 (가) 스무 장을 한 줄로 늘어놓는 가짓수 $= 20! \approx 2.43 \times 10^{18}$.
(나) 빨간 종이와 검은 종이가 번갈아 나올 확률 $= \frac{2\times 10!\times 10!}{20!} \approx 1.08\times 10^{-5}$.

문제 1.41 $p > 0$일 때 ${}_p\mathrm{C}_0 - {}_p\mathrm{C}_1 + {}_p\mathrm{C}_2 - {}_p\mathrm{C}_3 + \cdots = 0$.

$p > 0$일 때 ${}_p\mathrm{C}_0 + {}_p\mathrm{C}_1 + {}_p\mathrm{C}_2 + {}_p\mathrm{C}_3 + \cdots = 2^p$.

$\sum_{k=0}^{\infty} {}_p\mathrm{C}_{2k+1} = \sum_{k=0}^{\infty} {}_p\mathrm{C}_{2k} = 2^{p-1}$.

문제 1.42 $(1+z)^{\frac{1}{2}} = 1 + \frac{z}{2} - \frac{z^2}{8} + \frac{z^3}{16} - \cdots$.

$$(1+z)^{-\frac{1}{2}} = \begin{cases} 1 - \frac{1}{2}z + \frac{3}{8}z^2 - \frac{5}{16}z^3 + \frac{35}{128}z^4 - \cdots, & |z| < 1, \\ z^{-\frac{1}{2}} - \frac{1}{2}z^{-\frac{3}{2}} + \frac{3}{8}z^{-\frac{5}{2}} - \frac{5}{16}z^{-\frac{7}{2}} + \frac{35}{128}z^{-\frac{9}{2}} - \cdots, & |z| > 1. \end{cases}$$

연습 문제 답: 2장 확률

문제 2.1 $\mathcal{A}(\mathcal{C}) = \{\emptyset, \{a\}, \{b\}, \{a,b\}, \{c,d\}, \{b,c,d\}, \{a,c,d\}, S\}$.

문제 2.2 $\sigma(\mathcal{C}) = \{\emptyset, \{a\}, \{b\}, \{a,b\}, \{c,d\}, \{b,c,d\}, \{a,c,d\}, S\}$.

문제 2.3 (가) 건전지의 수명을 t라고 할 때 $S = \{t : 0 \le t < \infty\}$.

(나) $S = \{(n,m) : (0,0), (1,0), (1,1), (2,0), (2,1), (2,2)\}$.

(다) $S = \{(1, \text{노란 빛깔}), (2, \text{노란 빛깔}), (3, \text{하얀 빛깔}), (4, \text{푸른 빛깔}),$

$(5, \text{푸른빛깔})\}$.

문제 2.4 $P\left(\text{가나}^c + \text{나가}^c\right) = 0$.

문제 2.5 $P\{\text{가} \cup \text{나}\} = \frac{1}{2}$. $P\{\text{가} \cup \text{다}\} = \frac{2}{3}$. $P\{\text{가} \cup \text{나} \cup \text{다}\} = 1$.

문제 2.6 (가) $\text{다} = \text{가}^c \cap \text{나}$.

문제 2.7 빨간 종이와 검은 종이가 번갈아 나올 확률 $= \frac{2 \times 10! \times 10!}{20!} \approx 1.08 \times 10^{-5}$.

문제 2.8 $P\{\text{두 마디 사이가 끊김}\} = p^2(2-p)$.

문제 2.12 한 번에 쉰 장을 사는 것이 한 주에 한 장씩 사는 것보다 당첨 확률이 높다.

문제 2.13 처음 나온 수가 3일 때 두 번 던져 나온 수를 더한 것이 7일 확률 $= \frac{1}{6}$.

문제 2.14 큰 수에서 작은 수의 두 배를 뺀 것이 0보다 작을 확률 $= \frac{1}{2}$.

문제 2.15 $\Pr\left\{\text{다} \cap (\text{가} - \text{나})^c = \emptyset\right\} = \left(\frac{5}{8}\right)^k$.

문제 2.16 $p_{n,1} = \left(-\frac{1}{4}\right)\left(-\frac{1}{3}\right)^{n-1} + \frac{1}{4}$. $p_{n,2} = \frac{1}{12}\left(-\frac{1}{3}\right)^{n-1} + \frac{1}{4}$.

$p_{10,1} = \frac{1}{4}\left\{1 - \left(-\frac{1}{3}\right)^9\right\} \approx 0.250013$. $p_{10,2} = \frac{1}{4}\left\{1 - \left(-\frac{1}{3}\right)^{10}\right\} \approx 0.249996$.

문제 2.17 (가), (나) 아무도 구슬을 제대로 꺼내지 못할 확률

$$= \begin{cases} 0, & N = 1, \\ \frac{1}{2!} - \frac{1}{3!} + \cdots + \frac{(-1)^N}{N!}, & N = 2, 3, \cdots. \end{cases}$$

(다) 구슬을 제대로 꺼낸 학생 수가 k일 확률

$$= \begin{cases} \frac{1}{k!}\left\{\frac{1}{2!} - \frac{1}{3!} + \cdots + \frac{(-1)^{N-k}}{(N-k)!}\right\}, & k = 0, 1, \cdots, N-2, \\ 0, & k = N-1, \\ \frac{1}{k!}, & k = N. \end{cases}$$

문제 2.18　두 점 사이가 0.5보다 작을 확률 $= \frac{3}{4}$.

문제 2.19　(가) $\alpha = p^2$. $P\{(k,m) : k \geq m\} = \frac{1}{2-p}$.

(나) $P\{(k,m) : k + m = r\} = p^2(1-p)^{r-2}(r-1)$.

(다) $P\{(k,m) : k\text{는 홀수}\} = \frac{1}{2-p}$.

문제 2.20　$P(\text{가} \cap \text{나}) = \frac{3}{10}$. $P(\text{가}|\text{나}) = \frac{3}{5}$. $P(\text{나}|\text{가}) = \frac{3}{7}$.

문제 2.21　두 사람만 표적을 맞힐 확률 $= \frac{398}{1000}$.

문제 2.22　(라) $P\left\{\text{나}^c \middle| \text{가}\right\} = 1 - p$ 또는 $\frac{1-s-q+qr}{r}$. $P\left\{\text{나} \middle| \text{가}^c\right\} = 1 - q$ 또는 $\frac{s-rp}{1-r}$. $P\left\{\text{가}^c \middle| \text{나}\right\} = \frac{(1-q)(1-r)}{s}$ 또는 $\frac{s-rp}{s}$. $P\left\{\text{가} \middle| \text{나}^c\right\} = \frac{(1-p)r}{1-s}$ 또는 $\frac{1-s-q+qr}{1-s}$.
(마) $S = \{$회로를 잘못 만들었고 검사에서도 잘못 만들었다고 판정함, 회로를 잘못 만들었으나 검사에서는 제대로 만들었다고 판정함, 회로를 제대로 만들었으나 검사에서는 잘못 만들었다고 판정함, 회로를 제대로 만들었고 검사에서도 제대로 만들었다고 판정함$\}$.

문제 2.25　(가) A_i와 A_j는 독립이 아니다. (나) B의 분할 $= \{BA_1, BA_2, \cdots, BA_n\}$.

문제 2.26　$P(\text{꺼낸 공이 노란 공}) = \frac{2}{5} \times \frac{1}{2} + \frac{1}{5} \times \frac{1}{2} = \frac{3}{10}$

문제 2.27　꺼낸 공이 노란 공일 확률 $= \frac{2n+1}{3n}$.

문제 2.28　$p_{n,k} = P(k\text{째에 끝남}) = \left(1 - \frac{n}{3^{n-1}}\right)^{k-1} \frac{n}{3^{n-1}}$

문제 2.29　후보 **가**가 개표하는 동안 줄곧 앞설 확률 $= \frac{n-m}{n+m}$.

문제 2.30　$\beta_0 = \left(\frac{1}{4}\right)^{2^n - 1}$

문제 2.31　$P(\text{가}) = {}_n\mathrm{C}_k \frac{2^{n-k}}{3^n}$

문제 2.32　(가) $p_{10} = 1 - p_{11}$. $p_{01} = 1 - p_{00}$.

(나) 잘못이 일어날 확률 $P(\text{잘못}) = (1 - p_{00})(1 - p) + (1 - p_{11})p$.

(다) $P(Y = 1) = pp_{11} + (1-p)(1 - p_{00})$. $P(Y = 0) = p(1 - p_{11}) + (1-p)p_{00}$.

$$\text{(라) } P(X = j | Y = k) = \begin{cases} \frac{pp_{11}}{pp_{11}+(1-p)(1-p_{00})}, & j = 1, k = 1, \\ \frac{p(1-p_{11})}{p(1-p_{11})+(1-p)p_{00}}, & j = 1, k = 0, \\ \frac{(1-p)(1-p_{00})}{pp_{11}+(1-p)(1-p_{00})}, & j = 0, k = 1, \\ \frac{(1-p)p_{00}}{p(1-p_{11})+(1-p)p_{00}}, & j = 0, k = 0. \end{cases}$$

(마) $P(Y=1)=P(Y=0)=\frac{1}{2}$. $P(X=1|Y=0)=P(X=0|Y=1)=1-p_{11}$. $P(X=1|Y=1)=P(X=0|Y=0)=p_{11}$.

문제 2.33 (가) $\alpha_{1,1}=\frac{m(m-1)}{n(n-1)}$. $\alpha_{0,1}=\frac{m(n-m)}{n(n-1)}$. $\alpha_{1,0}=\frac{m(n-m)}{n(n-1)}$. $\alpha_{0,0}=\frac{(n-m)(n-m-1)}{n(n-1)}$.
(나) $\tilde{\alpha}_{1,1}=\frac{m^2}{n^2}$. $\tilde{\alpha}_{0,1}=\frac{m(n-m)}{n^2}$. $\tilde{\alpha}_{1,0}=\frac{m(n-m)}{n^2}$. $\tilde{\alpha}_{0,0}=\frac{(n-m)^2}{n^2}$
(다) $\beta_0=\frac{(n-m)(n-m-1)}{n(n-1)}$. $\beta_1=\frac{2m(n-m)}{n(n-1)}$. $\beta_2=\frac{m(m-1)}{n(n-1)}$.

문제 2.34 (가) $P_2=\frac{15}{280}$. $P_0=\frac{143}{280}$. $P_1=\frac{122}{280}$. (나) $P_3=\frac{8}{15}$.

문제 2.35 (가) $P\{$곱슬머리 아이 r사람$\}=\frac{(1-p)(pb)^r}{(1-p+pb)^{r+1}}$.
(나) $P\{$남자 아이 r사람$\}=\frac{2(1-p)p^r}{(2-p)^{r+1}}$.
(다) $P\{$남자 아이가 적어도 둘$|$남자 아이가 적어도 하나$\}=\frac{p}{2-p}$.

문제 2.37 $p_k=\frac{\left(\frac{q}{p}\right)^k-\left(\frac{q}{p}\right)^N}{1-\left(\frac{q}{p}\right)^N}$

문제 2.38 (가) $p_1=\frac{3}{10}$. (나) $p_2=\frac{7}{10}$. (다) $P\{$빨강 15개, 노랑 10개$|$빨간 꽃$\}=\frac{1}{2}$.

문제 2.39 $c=\frac{1}{5}$.

문제 2.41 (나) $3c_{11}=2c_{12}+c_{13}$.

문제 2.42 (가) 사건 U_1과 Y는 서로 독립이다. 사건 U_1과 B는 서로 독립이다.
(나) 사건 U_2와 Y는 서로 독립이 아니다. 사건 U_3과 B는 서로 독립이 아니다.

문제 2.43 세 사건 A_1, A_2, A_3은 서로 독립이 아니다.

문제 2.44 **가**와 **다**는 서로 독립이 아니다.

문제 2.45 만날 확률 $=\frac{60\times60-50\times\frac{50}{2}\times2}{60\times60}\approx0.3056$.

문제 2.46 $p_1=\frac{1}{2}$. $p_2=\frac{1}{3}$.

문제 2.47 $P\{$빨간 공$|$주어진 조건$\}=\frac{23}{40}=0.575$.

문제 2.48 (나) $P\{$한 사람이 여덟 번 이김$\}={}_{10}\mathrm{C}_8\left(\frac{1}{4}\right)^8\left(1-\frac{1}{4}\right)^{10-8}\approx3.8624\times10^{-4}$.
$P\{$한 사람이 적어도 여덟 번 이김$\}=\sum_{k=8}^{10}{}_{10}\mathrm{C}_k\left(\frac{1}{4}\right)^k\left(1-\frac{1}{4}\right)^{10-k}$
$\approx4.1580\times10^{-4}$.

문제 2.50 마이티를 치는 사람이 남자일 확률 $=\frac{1}{2}$.

문제 2.51 $\binom{50}{30,15,5}0.5^{30}0.3^{15}0.2^5=\frac{50!}{30!15!5!}\frac{1}{2^{30}}\frac{3^{15}}{10^{15}}\frac{1}{5^5}\approx3.125\times10^{-4}$

연습 문제 답: 3장 확률변수

문제 3.2 $F_Y(y) = \begin{cases} F_X(y+c), & y \ge 0, \\ F_X(y-c), & y < 0 \end{cases}$

문제 3.3 $F_Y(y) = \begin{cases} F_X(y-c), & y \ge c, \\ F_X(0) - \Pr\{X=0\}, & -c \le y < c, \\ F_X(y+c), & y < -c \end{cases}$

문제 3.4 $y = a\sin(x+\theta)$의 풀이를 x_i라고 할 때 $f_Y(y)\frac{1}{\sqrt{a^2-y^2}}\sum_i f_X(x_i)$.

문제 3.5 $W \ne 0$이고 $B \ne 0$일 때

$$p_X(k) = \begin{cases} {}_n\mathrm{C}_k \left(\frac{B}{W+B}\right)^{n-k} \left(\frac{W}{W+B}\right)^k, & k = 0, 1, \cdots, n, \\ 0, & \text{그 밖에는.} \end{cases}$$

$W = 0$일 때 $p_X(k) = \begin{cases} 1, & k = 0, \\ 0, & \text{그 밖에는.} \end{cases}$

$B = 0$일 때 $p_X(k) = \begin{cases} 1, & k = n, \\ 0, & \text{그 밖에는.} \end{cases}$

문제 3.6 확률밀도함수: $f_Y(y) = \begin{cases} \frac{1}{3\sqrt{y-1}}, \ 1 < y \le 2; & \frac{1}{6\sqrt{y-1}}, \ 2 < y \le 5; \\ 0, \ \text{그 밖에는.} \end{cases}$

(다만, 확률밀도함수를 나타낼 때, 조건 짝 $\{1 < y \le 2,\ 2 < y \le 5\}$는 $\{1 < y \le 2,\ 2 < y < 5\}$, $\{1 < y < 2,\ 2 \le y \le 5\}$, $\{1 < y < 2,\ 2 \le y < 5\}$, $\{1 < y < 2,\ 2 < y \le 5\}$, 또는 $\{1 < y < 2,\ 2 < y < 5\}$로 바꾸어 쓸 수 있음.)

누적분포함수:

$$F_Y(y) = \begin{cases} 0, \quad y \le 1; & \frac{2}{3}\sqrt{y-1}, \quad 1 \le y \le 2; \\ \frac{1}{3} + \frac{1}{3}\sqrt{y-1}, \quad 2 \le y \le 5; & 1, \quad y \ge 5. \end{cases}$$

문제 3.7 누적분포함수 $F_Y(y) = \begin{cases} 0, \ y < -18; & \frac{1}{7}, \ -18 \le y < -2; \\ \frac{3}{7}, \ -2 \le y < 0; & \frac{4}{7}, \ 0 \le y < 2; \\ \frac{6}{7}, \ 2 \le y < 18; & 1, \ y \ge 18. \end{cases}$

문제 3.8 $E\left\{X^{-1}\right\} = \frac{1}{n-2}$, $n = 3, 4, \cdots$.

문제 3.9 $f_Y(y) = F_X(y)\delta(y) + f_X(y)u(y) = F_X(0)\delta(y) + f_X(y)u(y)$.

문제 3.10 $f_Y(y) = \begin{cases} 0, \quad y \le 0; & \frac{\theta}{e\sqrt{y}}\cosh\left(\theta\sqrt{y}\right), \quad 0 < y \le \frac{1}{\theta^2}; \\ \frac{\theta}{2e\sqrt{y}}\exp\left(-\theta\sqrt{y}\right), \quad y > \frac{1}{\theta^2}. \end{cases}$

문제 3.11 $F_{X|b<X\le a}(x|b < X \le a) = \frac{F_X(x)-F_X(b)}{F_X(a)-F_X(b)}$.

$f_{X|b<X\le a}(x|b < X \le a) = \frac{f_X(x)}{F_X(a)-F_X(b)}u(x-b)u(a-x)$

문제 3.12 $E\{X|X>a\}=\frac{1+a}{2}$. $\text{Var}\{X|X>a\}=\frac{(1-a)^2}{12}$.

문제 3.13 $P(950 \le R \le 1050)=\frac{1}{2}$.

문제 3.14 약속 장소까지 가는 데에 걸리는 시간을 X, X의 누적분포함수를 F_X라고 두자. 그러면, $F_X(t^*)=\frac{k}{k+c}$를 만족시키는 t^*을 생각할 때, 약속 시간 t^*분 전에 출발하면 기대 비용이 가장 작다.

문제 3.15 $P\{X \le \alpha\}=\frac{1}{3}u(\alpha)+\frac{2}{3}u(\alpha-\pi)$. $P\{X\le 0\}=\frac{1}{3}$. $P\{2 \le X < 4\}=\frac{2}{3}$.

문제 3.16 $P\{U>0\}=\frac{1}{2}$. $P\left\{|U|<\frac{1}{3}\right\}=\frac{1}{3}$. $P\left\{|U|\ge\frac{3}{4}\right\}=\frac{1}{4}$. $P\left\{\frac{1}{3}<U<\frac{1}{2}\right\}=\frac{1}{12}$.

문제 3.17 $P(\text{가})=P(\text{가}\cup\text{나})=\frac{1}{32}$. $P(\text{나})=P(\text{가}\cap\text{나})=\frac{1}{1024}$. $P\left(\text{나}^c\right)=\frac{1023}{1024}$.

문제 3.18 (가) $L_1=\max(0, w_A+w_B-N)$, $U_1=\min(w_A, w_B)$,

$d=L_1, L_1+1, \cdots, U_1$일 때 $P\{D=d\}=\frac{\binom{N}{d}\binom{N-d}{w_A-d}\binom{N-w_A}{w_B-d}}{\binom{N}{w_A}\binom{N}{w_B}}$

(나) $L_2=\max(0, k-w_B)$, $U_2=\min(w_A-d, k-d)$, $L_3=L_1$,

$U_3=\min(w_A+w_B, N)$, $k=L_3, L_3+1, \cdots, U_3$일 때

$P\{K=k\}=\frac{1}{\binom{N}{w_A}\binom{N}{w_B}}\sum_{d=L_1}^{U_1}\sum_{i=L_2}^{U_2}\binom{N}{d}\binom{N-d}{w_A-d}\binom{N-w_A}{w_B-d}\binom{w_A-d}{i}$

$\times\binom{w_B-d}{k-d-i}p^{w_B-k+2i}(1-p)^{k+w_A-2d-2i}$

(다) $P\{D=d\}=\begin{cases}\frac{2}{3}, & d=0,\\ \frac{1}{3}, & d=1.\end{cases}$ $P\{K=k\}=\begin{cases}\frac{1}{6}, & k=0,\\ \frac{2}{3}, & k=1,\\ \frac{1}{3}, & k=2.\end{cases}$

문제 3.19 $c=2$. $E\{X\}=2$.

문제 3.20 (가) $P\{0<X<1\}=\frac{1}{4}$. $P\{1\le X<1.5\}=\frac{3}{8}$. (나) $\mu=\frac{19}{24}$. $\sigma^2=\frac{191}{576}$.

문제 3.21 (가) $F_W(w)=\begin{cases}0, & w<a; \quad \frac{w-a}{b-a}, \quad a\le w<b;\\ 1, & w\ge b.\end{cases}$ (나) $W\sim U[a,b)$.

문제 3.22 $f_Y(y)=\frac{1}{(1-y)^2}\left\{u(y)-u\left(y-\frac{1}{2}\right)\right\}$

문제 3.23 $f_Y(y)=\frac{1}{(1+y)^2}f_X\left(\frac{y}{1+y}\right)$. X의 분포가 $U[0,1)$일 때 $f_Y(y)=\frac{1}{(1+y)^2}u(y)$

문제 3.25 $f_Z(z)=u(z)-u(z-1)$

문제 3.26 $f_Y(t)=\frac{2}{(t+1)^2}u(t-1)$. $f_Z(s)=\frac{2}{(1-s)^2}\{u(s+1)-u(s)\}$

문제 3.27 $f_Y(y)=(2-2y)u(y)u(1-y)$

문제 3.28 (가) $f_Y(y)=\frac{1}{\pi\sqrt{a^2-y^2}}u(a-|y|)$. (나) $f_Y(y)=\frac{2}{\pi\sqrt{1-y^2}}u(y)u(1-y)$

문제 3.29 (가) $f_Y(y)=\frac{1}{1+y^2}\sum_i f_X(x_i)$. (나) $f_Y(y)=\frac{1}{\pi(1+y^2)}$. (다) $f_Y(y)=\frac{1}{\pi(1+y^2)}$

문제 3.30 $X \sim U[0,1)$일 때 $Y = -\frac{1}{\lambda}\ln(1-X) \sim F_Y(y) = \left(1-e^{-\lambda y}\right)u(y)$

문제 3.31 기댓값: $E\{X\} = 3.5$. 최빈값: $1, 2, \cdots, 6$.

중앙값: 구간 $[3,4]$ 안에 있는 실수 모두

문제 3.32 $c = 5 < \frac{101}{7} = b$.

문제 3.33 $E\{X\} = 0$. $\mathrm{Var}\{X\} = \frac{2}{\lambda^2}$

문제 3.34 $E\{X\} = \frac{\alpha}{\alpha+\beta}$. $\mathrm{Var}\{X\} = \frac{\alpha\beta}{(\alpha+\beta)^2(\alpha+\beta+1)}$

문제 3.36 $f_Y(y) = u(y+2) - u(y+1)$. $f_Z(z) = \frac{1}{2}\{u(z+4) - u(z+2)\}$.

$f_W(w) = \frac{1}{2}\{u(w+3) - u(w+1)\}$.

문제 3.37 $p_Y(k) = \frac{1}{4},\ k = 3,4,5,6$. $p_Z(k) = \frac{1}{4},\ k = -1,0,1,2$.

$p_W(r) = \frac{1}{4},\ r = \pm\frac{1}{3}, 0, \frac{1}{5}$.

문제 3.39 (나) $E\{X_c^-\} = \begin{cases} c - \int_0^c F_X(x)dx, & c \geq 0, \\ c, & c < 0. \end{cases}$

(다) $E\{X_c^+\} = \begin{cases} \int_0^\infty \{1-F_X(x)\}dx + \int_0^c F_X(x)dx, & c \geq 0, \\ \int_0^\infty \{1-F_X(x)\}dx, & c < 0. \end{cases}$

문제 3.40 (가) $E\{X\} = \lambda\mu$. $\mathrm{Var}\{X\} = (1+\lambda)\lambda\mu$.

문제 3.41 $f_X(x) = 4\pi\rho x^2 \exp\left(-\frac{4}{3}\pi\rho x^3\right)u(x)$.

문제 3.42 $A = \frac{1}{16}$. $P\{X \leq 6\} = \frac{7}{8}$.

문제 3.44 $E\{F(X)\} = \frac{1}{2}$.

문제 3.45 $M(t) = \frac{1}{t+1}$. $\varphi(\omega) = \frac{1}{1+j\omega}$. $m_1 = -1$. $m_2 = 2$. $m_3 = -6$. $m_4 = 24$.

문제 3.46 적률생성함수 $M(t) = \frac{2}{\pi}\int_0^{\frac{\pi}{2}} (\tan x)^{\frac{t}{\pi}} dx$.

문제 3.47 $\alpha = \frac{|\beta|}{2^{n-1}\tilde{B}\left(\frac{n}{2},\frac{n}{2}\right)}$

문제 3.48 $M_R(t) = 1 + \sqrt{2\pi}\sigma t \exp\left(\frac{\sigma^2 t^2}{2}\right)\Phi(\sigma t)$

문제 3.51 $f_Y(y) = \begin{cases} 1 - \frac{y}{4},\ 0 \leq y < 1; & \frac{1}{2} - \frac{y}{4},\ 1 \leq y < 2; \\ 0, & \text{그 밖에는}. \end{cases}$

문제 3.52 $\left\{(\text{뜀 자리, 뜀 크기}) = \left(a + (b-a)\sum_{i=1}^{n}\left(\frac{1}{2}\right)^i, \left(\frac{1}{2}\right)^{n+1}\right)\right\}_{n=0}^{\infty}$ 이고

뜀과 그 다음 뜀 사이의 값은 일정한 누적분포함수.

문제 3.53 (가) $\{a \geq 0,\ a+\frac{1}{3} \leq b \leq -3a+1\}$

(나) $F_Y(x) = \begin{cases} 0, & x<0; \quad \frac{1}{4}\sqrt{x}, \quad 0 \leq x < 1; \\ \frac{1}{24}\left(11\sqrt{x}-1\right), & 1 \leq x < 4; \quad \frac{1}{8}\left(\sqrt{x}+5\right), \quad 4 \leq x < 9; \\ 1, & x \geq 9. \end{cases}$

$\Pr\{Y=1\} = \frac{1}{6}$. $\Pr\{Y=4\} = 0$

문제 3.54 $F_Y(x) = \begin{cases} 0, & x<0; \quad \frac{5}{8}\sqrt{x}, \quad 0 \leq x < 1; \\ \frac{1}{8}\left(\sqrt{x}+4\right), & 1 \leq x < 16; \quad 1, \quad x \geq 16. \end{cases}$

문제 3.58 $F_Y(x) = 0, \quad x<0; \qquad x, \quad 0 \leq x < 1; \qquad 1, \quad x \geq 1.$

문제 3.59 (가) $\alpha(\theta) = \frac{1}{2}$일 때 $\varphi(\omega) = \exp\left(-\frac{\omega^2}{4}\right)$.

$\alpha(\theta) = \cos^2\theta$일 때 $\varphi(\omega) = \exp\left(-\frac{\omega^2}{4}\right) I_0\left(\frac{\omega^2}{4}\right)$.

(나) 평균 0, 분산 $\frac{1}{2}$인 정규 확률밀도함수.

(라) $E\{X_1\} = 0$. $\mathrm{Var}\{X_1\} = \frac{1}{2}$. $E\{X_2\} = 0$. $\mathrm{Var}\{X_2\} = \frac{1}{2}$.

문제 3.63 $E\{X\} = \frac{\pi}{2}$. $E\{X^2\} = \frac{\pi^2}{2} - 2$

문제 3.65 $V\{Y\} = \sigma_X^2 + 4m_X^+ m_X^-$

문제 3.67 확률질량함수가 $p(k) = (1-\alpha)^k\alpha,\ k \in \{0, 1, \cdots\}$일 때: $E\{X\} = \frac{1-\alpha}{\alpha}$.

$\sigma_X^2 = \frac{1-\alpha}{\alpha^2}$.

확률질량함수가 $p(k) = (1-\alpha)^{k-1}\alpha,\ k \in \{1, 2, \cdots\}$일 때: $E\{X\} = \frac{1}{\alpha}$.

$\sigma_X^2 = \frac{1-\alpha}{\alpha^2}$.

문제 3.68 평균 $E\{X\} = \frac{\beta\gamma}{\alpha+\beta}$. 분산 $\mathrm{Var}\{X\} = \frac{\alpha\beta\gamma(\alpha+\beta-\gamma)}{(\alpha+\beta)^2(\alpha+\beta-1)}$

문제 3.70 $t < \lambda$일 때 $M_Y(t) = \frac{\lambda^n}{(\lambda-t)^n}$. $E\{Y\} = \frac{n}{\lambda}$. $\mathrm{Var}\{Y\} = \frac{n}{\lambda^2}$.

문제 3.71 $F_Y(y) = \begin{cases} 1-\left(2p^2-2p+1\right)^{\lfloor y \rfloor}, & y \geq 1, \\ 0, & y < 1. \end{cases} \quad E\{Y\} = \frac{1}{2p(1-p)}$.

문제 3.74 $b\left(10, \frac{1}{3}\right)$에서는 $k = \left[\frac{11}{3}\right] = 3$일 때 $P_{10}(k)$가 가장 크다.

$b\left(11, \frac{1}{2}\right)$에서는 $k = 5, 6$일 때 $P_{11}(k)$가 가장 크다.

문제 3.75 (가) $P\{$많아야 한 사람 부작용$\} = (0.995)^{1000} + {}_{1000}\mathrm{C}_1(0.005)^1(0.995)^{999}$

≈ 0.0401.

식 (3.5.17)을 쓸 때의 어림값: $\Phi(2.2417) - \Phi(1.7933) \approx 0.0242$.

식 (3.5.18)을 쓸 때의 어림값: $\Phi(2.4658) - \Phi(1.5692) \approx 0.0515$.

식 (3.5.19)를 쓸 때의 어림값: $\left(\frac{5^0}{0!} + \frac{5^1}{1!}\right)e^{-5} \approx 0.0404$.

(나) $P\{4 \sim 6$사람 부작용$\} = {}_{1000}\mathrm{C}_4(0.005)^4(0.995)^{996} + {}_{1000}\mathrm{C}_5(0.005)^5$
$\times(0.995)^{995} + {}_{1000}\mathrm{C}_6(0.005)^6(0.995)^{994} \approx 0.4982.$

식 (3.5.17)을 쓸 때의 어림값: $2\{\Phi(0.4483) - 0.5\} \approx 0.3472.$

식 (3.5.18)을 쓸 때의 어림값: $2\{\Phi(0.6725) - 0.5\} \approx 0.4988.$

식 (3.5.19)를 쓸 때의 어림값: $\left(\frac{5^4}{4!} + \frac{5^5}{5!} + \frac{5^6}{6!}\right) e^{-5} \approx 0.4972.$

문제 3.77 (나) 비틀림 $= \frac{1}{\sqrt{\lambda}}$. 뾰족함 $= 3 + \frac{1}{\lambda}$.

연습 문제 답: 4장 확률벡터

문제 4.2 $p_X(1) = \frac{3}{5}$, $p_X(2) = \frac{2}{5}$. $p_Y(4) = \frac{3}{5}$, $p_Y(3) = \frac{2}{5}$.
$p_{X,Y}(1,4) = \frac{3}{10}$, $p_{X,Y}(1,3) = \frac{3}{10}$, $p_{X,Y}(2,4) = \frac{3}{10}$, $p_{X,Y}(2,3) = \frac{1}{10}$.
$p_{Y|X}(4|1) = \frac{1}{2}$, $p_{Y|X}(3|1) = \frac{1}{2}$, $p_{Y|X}(4|2) = \frac{3}{4}$, $p_{Y|X}(3|2) = \frac{1}{4}$.
$p_{X|Y}(1|4) = \frac{1}{2}$, $p_{X|Y}(2|4) = \frac{1}{2}$, $p_{X|Y}(1|3) = \frac{3}{4}$, $p_{X|Y}(2|3) = \frac{1}{4}$.
$p_{X+Y}(4) = \frac{3}{10}$, $p_{X+Y}(5) = \frac{2}{5}$, $p_{X+Y}(6) = \frac{3}{10}$.

문제 4.3 둘씩 독립이다. 세 확률변수는 독립이 아니다.

문제 4.4 $a = \frac{1}{4}$. 확률변수 X와 Y는 독립이 아니다. $\rho_{XY} = 0$.

문제 4.5 $p_{B|Y=3}(0) = \frac{8}{27}$, $p_{B|Y=3}(1) = \frac{4}{9}$, $p_{B|Y=3}(2) = \frac{2}{9}$, $p_{B|Y=3}(3) = \frac{1}{27}$.
$E\{B|Y=1\} = \frac{5}{3}$

문제 4.8 $$f_{\underline{Y}}(y_1, y_2) = \begin{cases} \frac{1}{2\sqrt{y_1}}, & 0 < y_1 < \frac{1}{4}, -\sqrt{y_1} + \frac{1}{2} < y_2 < \sqrt{y_1} + \frac{1}{2}, \\ \frac{1}{\sqrt{y_1}}, & 0 < y_1 < \frac{1}{4}, \sqrt{y_1} - \frac{1}{2} < y_2 < -\sqrt{y_1} + \frac{1}{2}, \\ \frac{1}{2\sqrt{y_1}}, & 0 < y_1 < \frac{1}{4}, -\sqrt{y_1} - \frac{1}{2} < y_2 < \sqrt{y_1} - \frac{1}{2}, \\ 0, & \text{그 밖에는}. \end{cases}$$

$f_{Y_1}(y) = \frac{1}{\sqrt{y}} u(y) u\left(\frac{1}{4} - y\right)$. $f_{Y_2}(y) = (1 - |y|)\, u(1 - |y|)$.

문제 4.9 $$F_W(w) = \begin{cases} 0, & w < 0, \\ \frac{\pi}{4} w^2, & 0 \le w < 1, \\ \left(\frac{\pi}{4} - \sin^{-1} \frac{\sqrt{w^2-1}}{w}\right) w^2 + \sqrt{w^2 - 1}, & 1 \le w < \sqrt{2}, \\ 1, & w \ge \sqrt{2}. \end{cases}$$

$$f_W(w) = \begin{cases} \frac{\pi}{2} w, & 0 \le w < 1, \\ 2\left(\frac{\pi}{4} - \sin^{-1} \frac{\sqrt{w^2-1}}{w}\right) w, & 1 \le w < \sqrt{2}, \\ 0, & \text{그 밖에는} \end{cases}$$

문제 4.10 $$F_{W,V}(w, v) = \begin{cases} 1 - e^{-(\mu+\lambda)w}, & w \ge 0, \quad v \ge 1\text{일 때}, \\ \frac{\mu}{\mu+\lambda}\left\{1 - e^{-(\mu+\lambda)w}\right\}, & w \ge 0, \quad 0 \le v < 1\text{일 때}, \\ 0, & \text{그 밖에는} \end{cases}$$

문제 4.11 $f_U(v) = \frac{3v^2}{(1+v)^4}u(v)$.

문제 4.12 (가) $f_{\underline{Y}}(y_1, y_2) = \frac{1}{2\sqrt{y_1}}u(y_1)\,u(1-y_1)\,u\left(y_2 - \sqrt{y_1}\right)u\left(1 - y_2 + \sqrt{y_1}\right)$.

$$f_{Y_1}(y) = \frac{1}{2\sqrt{y}}u(y)u(1-y).\ f_{Y_2}(y) = \begin{cases} y, & 0 < y \le 1, \\ 2-y, & 1 < y \le 2, \\ 0, & \text{그 밖에는} \end{cases}$$

(나) $f_{\underline{Y}}(y_1, y_2) = \frac{1}{\sqrt{y_1}}u(y_1)\,u\left(1 - y_2 + \sqrt{y_1}\right)u\left(y_2 - 2\sqrt{y_1}\right)$.

$$f_{Y_1}(y_1) = \begin{cases} \int_{2\sqrt{y_1}}^{1+\sqrt{y_1}} \frac{dy_2}{\sqrt{y_1}} = \frac{1}{\sqrt{y_1}} - 1, & 0 < y_1 \le 1, \\ 0, & \text{그 밖에는}. \end{cases}$$

$$f_{Y_2}(y_2) = \begin{cases} \int_0^{\frac{y_2^2}{4}} \frac{dy_1}{\sqrt{y_1}} = y_2, & 0 < y_2 \le 1, \\ \int_{(y_2-1)^2}^{\frac{y_2^2}{4}} \frac{dy_1}{\sqrt{y_1}} = 2 - y_2, & 1 < y_2 \le 2, \\ 0, & \text{그 밖에는} \end{cases}$$

문제 4.13 (가) $f_{\underline{Y}}(y_1, y_2) = \frac{1}{\sqrt{y_1+y_2}}u(y_1+y_2)\,u(1-y_1-y_2)\,u(y_1-y_2)\,u(1-y_1+y_2)$

$$f_{Y_1}(y_1) = \begin{cases} 2\sqrt{2y_1}, \ 0 < y_1 \le \frac{1}{2}; & 2\left(1 - \sqrt{2y_1 - 1}\right),\ \frac{1}{2} < y_1 \le 1; \\ 0, \quad \text{그 밖에는} \end{cases}$$

$$f_{Y_2}(y_2) = \begin{cases} 2\sqrt{2y_2+1}, \ -\frac{1}{2} < y_2 \le 0; & 2\left(1 - \sqrt{2y_2}\right),\ 0 < y_2 \le \frac{1}{2}; \\ 0, \quad \text{그 밖에는} \end{cases}$$

(나) $f_{\underline{Y}}(y_1, y_2) = \frac{2}{\sqrt{y_1+y_2}}u(y_1+y_2)\,u(1-y_1+y_2)\,u\left(y_1-y_2-\sqrt{y_1+y_2}\right)$.

$$f_{Y_1}(y_1) = \begin{cases} 2\left(\sqrt{8y_1+1} - 1\right), & 0 < y_1 \le \frac{1}{2}, \\ 2\left(\sqrt{8y_1+1} - 1\right) - 4\sqrt{2y_1 - 1}, & \frac{1}{2} < y_1 \le 1, \\ 0, & \text{그 밖에는}. \end{cases}$$

$$f_{Y_2}(y_2) = \begin{cases} 4\sqrt{2y_2+1}, & -\frac{1}{2} < y_2 \le -\frac{1}{8}, \\ 4\left(\sqrt{2y_2+1} - \sqrt{8y_2+1}\right), & -\frac{1}{8} < y_2 \le 0, \\ 0, & \text{그 밖에는}. \end{cases}$$

문제 4.14 $f_Z(z) = \frac{z^{\alpha_1+\alpha_2-1}}{\beta^{\alpha_1+\alpha_2}\Gamma(\alpha_1+\alpha_2)}\exp\left(-\frac{z}{\beta}\right)u(z)$. $f_W(w) = \frac{\Gamma(\alpha_1+\alpha_2)}{\Gamma(\alpha_1)\Gamma(\alpha_2)}\frac{w^{\alpha_1-1}}{(1+w)^{\alpha_1+\alpha_2}}u(w)$

문제 4.15 (가) $f_{Y_1}(y_1) = \frac{1}{2r}u(y_1)\int_{-y_1^{\frac{1}{2r}}}^{y_1^{\frac{1}{2r}}} y_1^{-\frac{r-1}{r}}\left(y_1^{\frac{1}{r}} - y_2^2\right)^{-\frac{1}{2}}\left\{f_{\underline{X}}\left(\sqrt{y_1^{\frac{1}{r}} - y_2^2}, y_2\right) + f_{\underline{X}}\left(-\sqrt{y_1^{\frac{1}{r}} - y_2^2}, y_2\right)\right\}dy_2$

(다) $r = \frac{1}{2}$일 때 $F_W(w) = \begin{cases} w^2, & 0 \le w \le 1, \\ 0, & \text{그 밖에는}. \end{cases}$ $f_W(w) = \begin{cases} 2w, & 0 \le w \le 1, \\ 0, & \text{그 밖에는}. \end{cases}$

$r = 1$일 때 $F_W(w) = \begin{cases} w, & 0 \le w \le 1, \\ 0, & \text{그 밖에는}. \end{cases}$ $f_W(w) = \begin{cases} 1, & 0 \le w \le 1, \\ 0, & \text{그 밖에는}. \end{cases}$

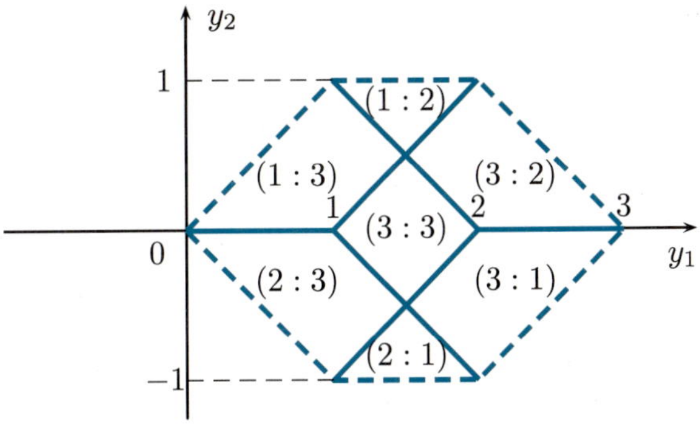

그림 답.1

$r=-1$일 때 $F_W(w)=\begin{cases}0, & w<1,\\ 1-w^{-1}, & w\ge 1.\end{cases}$ $f_W(w)=\begin{cases}0, & w<1,\\ -w^{-2}, & w>1.\end{cases}$

문제 4.16 (가) $f_{Y_1,Y_2}(y_1,y_2)=\begin{cases}\frac{1}{2}(y_1-|y_2|), & (y_1,y_2)\in(1:3)\cup(2:3),\\ 1-|y_2|, & (y_1,y_2)\in(1:2)\cup(2:1),\\ \frac{1}{2}(3-y_1-|y_2|), & (y_1,y_2)\in(3:2)\cup(3:1),\\ \frac{1}{2}, & (y_1,y_2)\in(3:3),\\ 0, & \text{그 밖에는.}\end{cases}$

(그림 답.1 참조)

(나) $f_{Y_2}(y)=(1-|y|)u(1-|y|)$

(다) $f_{Y_1}(y)=\begin{cases}\frac{1}{2}y^2, & 0\le y\le 1,\\ -y^2+3y-\frac{3}{2}, & 1\le y\le 2,\\ \frac{1}{2}(3-y)^2, & 2\le y\le 3,\\ 0, & y\le 1, y\ge 3\end{cases}$

문제 4.17 (가) $p_{X+Y}(v)=(v-1)(1-\alpha)^2\alpha^{v-2}\,\tilde{u}(v-2)$. $p_{X-Y}(w)=\frac{1-\alpha}{1+\alpha}\alpha^{|w|}\,\tilde{u}(|w|)$

(나) $p_{X-Y,X}(w,x)=(1-\alpha)^2\alpha^{2x-w-2}\,\tilde{u}(x-1)\,\tilde{u}(x-w-1)$,

$p_{X-Y,Y}(w,y)=(1-\alpha)^2\alpha^{w+2y-2}\,\tilde{u}(w+y-1)\,\tilde{u}(y-1)$

(다) $p_{X-Y}(w)=\frac{1-\alpha}{1+\alpha}\alpha^{|w|}\,\tilde{u}(|w|)$. $p_X(x)=(1-\alpha)\alpha^{x-1}\,\tilde{u}(x-1)$.

$p_Y(y)=(1-\alpha)\alpha^{y-1}\,\tilde{u}(y-1)$

(라) $p_{X+Y,X-Y}(v,w)=(1-\alpha)^2\alpha^{v-2}\,\tilde{u}\left(\frac{v+w}{2}-1\right)\tilde{u}\left(\frac{v-w}{2}-1\right)$.

$p_{X+Y}(v)=(v-1)(1-\alpha)^2\alpha^{v-2}\,\tilde{u}(v-2)$. $p_{X-Y}(w)=\frac{1-\alpha}{1+\alpha}\alpha^{|w|}\,\tilde{u}(|w|)$.

(가)에서 얻은 것과 같다.

문제 4.18 $E\{R_n\}=\left(\frac{7}{6}\right)^n$. $p_2(k)=\begin{cases}\frac{1}{64}, & k=4; \quad \frac{1}{12}, \quad k=3;\\ \frac{83}{288}, & k=2; \quad \frac{17}{36}, \quad k=1; \quad \eta_0=\frac{1}{3}.\\ \frac{9}{64}, & k=0.\end{cases}$

문제 4.19 $E\{X|Y=y\} = 2+y$

문제 4.20 $f_{\underline{Y}}(y_1, y_2, y_3) = \frac{1}{2} y_1^2 e^{-y_1} 2y_2\, u(y_1)\, u(y_2)\, u(1-y_2)\, u(y_3)\, u(1-y_3)$

문제 4.21 $f_{Y_1,Y_2}(y_1, y_2) = \frac{1}{2} u(y_1+y_2)\, u(2-y_1-y_2)\, u(y_1-y_2)\, u(2-y_1+y_2)$

$$f_{Y_1}(y_1) = \begin{cases} y_1, & 0 < y_1 \le 1, \\ 2-y_1, & 1 \le y_1 < 2, \\ 0, & \text{그 밖에는} \end{cases}$$

$$f_{Y_2}(y_2) = \begin{cases} 1+y_2, & -1 < y_2 \le 0, \\ 1-y_2, & 0 \le y_2 < 1, \\ 0, & \text{그 밖에는} \end{cases}$$

문제 4.22 $f_{Y_1,Y_2}(y_1, y_2) = f_{X_1,X_2}(y_1\cos\theta - y_2\sin\theta, y_1\sin\theta + y_2\cos\theta)$

문제 4.24 $F_{X,Y}(x, y|A)$

$$= \begin{cases} 1, & \text{영역 } 1\text{–}3, \\ 1 - \frac{1}{\pi a^2}\left(-x\sqrt{a^2-x^2} + a^2\theta_x - \frac{\pi}{2}a^2\right), & \text{영역 } 1\text{–}2, \\ 1 - \frac{1}{\pi a^2}\left(-y\sqrt{a^2-y^2} + a^2\theta_y - \frac{\pi}{2}a^2\right), & \text{영역 } 1\text{–}4, \\ 1 - \frac{1}{\pi a^2}\Big(a^2\cos^{-1}\frac{y}{a} - y\sqrt{a^2-y^2} & \\ \qquad -x\sqrt{a^2-x^2} + a^2\theta_x - \frac{\pi}{2}a^2\Big), & \text{영역 } 1\text{–}5, \\ \frac{1}{\pi a^2}\Big(xy - \frac{a^2}{2}\theta_y + \frac{y}{2}\sqrt{a^2-y^2} & \\ \qquad +\frac{x}{2}\sqrt{a^2-x^2} - \frac{a^2}{2}\cos^{-1}\frac{x}{a} + \pi a^2\Big), & \text{영역 } 1\text{–}1 \text{ 또는 } 2\text{–}1, \\ \frac{1}{\pi a^2}\Big(xy - \frac{a^2}{2}\theta_x + \frac{x}{2}\sqrt{a^2-x^2} & \\ \qquad +\frac{y}{2}\sqrt{a^2-y^2} - \frac{a^2}{2}\cos^{-1}\frac{y}{a} + \pi a^2\Big), & \text{영역 } 4\text{–}1 \text{ 또는 } 1\text{–}1, \\ \frac{1}{\pi a^2}\Big(xy - \frac{a^2}{2}\cos^{-1}\frac{y}{a} + \frac{y}{2}\sqrt{a^2-y^2} & \\ \qquad +\frac{x}{2}\sqrt{a^2-x^2} + \frac{a^2}{2}\theta_x\Big), & \text{영역 } 2\text{–}1 \text{ 또는 } 3\text{–}1, \\ \frac{1}{\pi a^2}\Big(xy - \frac{a^2}{2}\cos^{-1}\frac{x}{a} + \frac{x}{2}\sqrt{a^2-x^2} & \\ \qquad +\frac{y}{2}\sqrt{a^2-y^2} + \frac{a^2}{2}\theta_y\Big), & \text{영역 } 3\text{–}1 \text{ 또는 } 4\text{–}1, \\ \frac{1}{\pi a^2}\left(x\sqrt{a^2-x^2} + a^2\theta_x - \frac{\pi}{2}a^2\right), & \text{영역 } 2\text{–}2, \\ \frac{1}{\pi a^2}\left(y\sqrt{a^2-y^2} + a^2\theta_y - \frac{\pi}{2}a^2\right), & \text{영역 } 4\text{–}2, \\ 0, & \text{그 밖에는.} \end{cases}$$

여기에서, $\theta_w = \cos^{-1}\frac{-\sqrt{a^2-w^2}}{a}$. '영역'은 그림 답.2에 나타낸 영역.

$f_{X,Y}(x, y|A) = \frac{1}{\pi a^2} u\left(a^2 - x^2 - y^2\right)$

문제 4.28 $\underline{X}$를 상관이 없는 확률벡터로 바꾸는 선형 변환: $\boldsymbol{A} = \begin{pmatrix} \frac{1}{\sqrt{2}} & -\frac{1}{\sqrt{2}} & 0 \\ \frac{1}{\sqrt{6}} & \frac{1}{\sqrt{6}} & -\frac{2}{\sqrt{6}} \\ \frac{1}{\sqrt{3}} & \frac{1}{\sqrt{3}} & \frac{1}{\sqrt{3}} \end{pmatrix}$

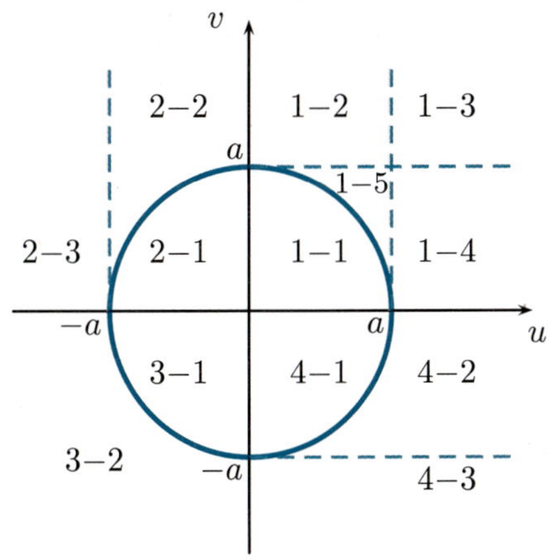

그림 답.2 조건이 $A=\{X^2+Y^2 \le a^2\}$일 때, 조건부 결합 누적분포함수 $F_{X,Y|A}$를 얻을 때의 적분 영역

$\underline{X}$를 서로 상관이 없고 분산이 모두 1인 확률변수들의 벡터로 바꾸는 선형 변환: $\begin{pmatrix} \frac{1}{\sqrt{2}} & -\frac{1}{\sqrt{2}} & 0 \\ \frac{1}{\sqrt{6}} & \frac{1}{\sqrt{6}} & -\frac{2}{\sqrt{6}} \\ \frac{1}{2\sqrt{3}} & \frac{1}{2\sqrt{3}} & \frac{1}{2\sqrt{3}} \end{pmatrix}$

문제 4.29 $f_Y(y)=\exp(-y)u(y)$.

문제 4.30 $p_X(1)=\frac{5}{8}$, $p_X(2)=\frac{3}{8}$. $p_Y(1)=\frac{3}{4}$, $p_Y(2)=\frac{1}{4}$.

문제 4.31 $M=\max(X_1,X_2)$의 확률질량함수:

$\Pr\{M=m\}=e^{-2\lambda}\frac{\lambda^m}{m!}\left(2\sum_{k=0}^{m}\frac{\lambda^k}{k!}-\frac{\lambda^m}{m!}\right)\tilde{u}(m)$

$N=\min(X_1,X_2)$의 확률질량함수:

$\Pr\{N=n\}=e^{-2\lambda}\frac{\lambda^n}{n!}\left(2\sum_{k=n+1}^{\infty}\frac{\lambda^k}{k!}+\frac{\lambda^n}{n!}\right)\tilde{u}(n)$

문제 4.32 $f_W(w)=\frac{1}{2}\{u(w)-u(w-2)\}$. $f_U(v)=u(v+1)-u(v)$.

$f_Z(z)=\begin{cases} 0, & z\le -1 \text{ 또는 } z>2; \quad \frac{z+1}{2}, \quad -1<z\le 0; \\ \frac{1}{2}, & 0<z\le 1; \quad \frac{2-z}{2}, \quad 1<z\le 2. \end{cases}$

문제 4.33 $f_Y(t)=\begin{cases} \frac{1}{2}\left(t+\frac{3}{2}\right)^2, & -\frac{3}{2}\le t<-\frac{1}{2}; \quad \frac{3}{4}-t^2, \quad -\frac{1}{2}\le t<\frac{1}{2}; \\ \frac{1}{2}\left(t-\frac{3}{2}\right)^2, & \frac{1}{2}\le t<\frac{3}{2}; \quad 0, \quad t>\frac{3}{2} \text{ 또는 } t<-\frac{3}{2}. \end{cases}$

$E\{Y^4\}=\frac{13}{80}$.

문제 4.34 $f_{Y_1,Y_2,\cdots,Y_n}(y_1,y_2,\cdots,y_n)=f_{X_1}(y_1)f_{X_2}(y_2-y_1)\cdots f_{X_n}(y_n-y_{n-1})$.

문제 4.35 (가) $p_X(x)=\frac{2x+5}{16}$, $x=1,2$. $p_Y(y)=\frac{3+2y}{32}$, $y=1,2,3,4$.

(나) $P\{X>Y\}=\frac{3}{32}$. $P\{Y=2X\}=\frac{9}{32}$. $P\{X+Y=3\}=\frac{3}{16}$.

$P\{X\le 3-Y\}=\frac{1}{4}$. (다) 독립이 아니다.

문제 4.36 $f_Y(y) = \begin{cases} 0, & y \le 0; \quad 1 - e^{-y}, \ 0 < y < 1; \\ (e-1)e^{-y}, & y \ge 1. \end{cases}$

문제 4.37 (가) $M_Y(t) = \exp\{7(e^t - 1)\}$. (나) 포아송 분포 $P(7)$.

문제 4.38 $k = \frac{2}{3}$. $f_{Z|X,Y}(z|x,y) = \frac{x+y+z}{x+y+\frac{1}{2}}, \ 0 \le x, y, z \le 1$.

문제 4.39 $E\{\exp(-\Lambda)|X = 1\} = \frac{4}{9}$.

문제 4.40 $f_{X,Y,Z}(x,y,z) = f_{U_1}(x) f_{U_2}(y-x) f_{U_3}(z-y)$.

문제 4.41 (가) $f_{X,Y}(x,y) = \frac{3}{2\pi}\sqrt{1-x^2-y^2}\,u\left(1-x^2-y^2\right)$.
$f_X(x) = \frac{3}{4}\left(1-x^2\right)u(1-|x|)$.
(나) $f_{X,Y|Z}(x,y|z) = \frac{1}{\pi(1-z^2)}u\left(1-x^2-y^2-z^2\right)$. 서로 독립이 아니다.

문제 4.42 (가) $c = \frac{1}{2r^2}$. $f_X(x) = \begin{cases} \frac{x+r}{r^2}, & -r \le x \le 0, \\ \frac{r-x}{r^2}, & 0 \le x \le r. \end{cases}$
(나) 서로 독립이 아니다. (다) $f_Z(z) = \frac{2z}{r^2}u(z)u(r-z)$.

문제 4.44 (가) $c = \frac{8}{\pi}$. $f_X(x) = \left\{\frac{8}{3\pi}\sqrt{1-x^2} + \frac{16}{3\pi}x^2\sqrt{1-x^2}\right\}u(x)u(1-x)$.
$f_Y(y) = \left\{\frac{8}{3\pi}\sqrt{1-y^2} + \frac{16}{3\pi}y^2\sqrt{1-y^2}\right\}u(y)u(1-y)$.
확률변수 X와 Y는 서로 독립이 아니다.

(나) $f_{R,\theta}(r,\theta) = \frac{8}{\pi}r^3, \ 0 \le r < 1, 0 \le \theta < \frac{\pi}{2}$. (다) $p_Q(q) = \frac{1}{8}, \ q = 1, 2, \cdots, 8$.

문제 4.45 수명의 확률밀도함수가 f인 축전지가 수명의 확률밀도함수가 g인 축전지보다 오래갈 확률$= \frac{\mu}{\lambda+\mu}$. $\lambda = \mu$일 때 그 확률$= \frac{1}{2}$.

문제 4.46 (가) $f_U(x) = xe^{-x}u(x)$. $f_V(x) = \frac{1}{2}e^{-|x|}$. $f_{XY}(g) = \int_0^\infty e^{-x}e^{-\frac{g}{x}}\frac{1}{x}dx$.
$f_{\frac{X}{Y}}(w) = \frac{u(w)}{(1+w)^2}$. $Z = \frac{X}{X+Y} = \frac{W}{1+W}$ 일 때 $f_Z(z) = u(z)u(1-z)$.
$f_{\min(X,Y)}(z) = 2e^{-2z}u(z)$. $f_{\max(X,Y)}(z) = 2\left(1-e^{-z}\right)e^{-z}u(z)$.
$f_{\frac{\min(X,Y)}{\max(X,Y)}}(x) = \frac{2}{(1+x)^2}u(x)u(1-x)$. (나) $f_{V|U}(x|y) = \frac{1}{2y}u(y)u(|x| < y)$.

문제 4.48 (가) $E\{M\} = 1$. $V\{M\} = 1$

문제 4.49 걸리는 시간의 기댓값$= \begin{cases} \frac{1}{2p-1}\left[n - \frac{1-p}{2p-1}\left\{1 - \left(\frac{1-p}{p}\right)^n\right\}\right], & p \ne \frac{1}{2}, \\ n^2, & p = \frac{1}{2} \end{cases}$

문제 4.50 $E\{N\} = \frac{1+2p-p^2}{p^2(2-p)}$

문제 4.51 $\mu_1 = \frac{2-p_1p_2+p_1^2p_2}{2p_1p_2-p_1^2p_2-p_1p_2^2+p_1^2p_2^2}$. $\mu_2 = \frac{2-p_1p_2+p_1p_2^2}{2p_1p_2-p_1^2p_2-p_1p_2^2+p_1^2p_2^2}$

문제 4.52 (가) $h_1 = \frac{p_1+p_2-p_1^2p_2+p_1^2p_2^2}{2p_1p_2-p_1^2p_2-p_1p_2^2+p_1^2p_2^2}$. $h_2 = \frac{p_1+p_2-p_1p_2^2+p_1^2p_2^2}{2p_1p_2-p_1^2p_2-p_1p_2^2+p_1^2p_2^2}$
(나) $\alpha_1 = \frac{p_1^2-2p_1^2p_2+p_1p_2}{\{1-(1-p_1)(1-p_2)\}^2}$. $\alpha_2 = \frac{p_1^2(1-p_2)}{\{1-(1-p_1)(1-p_2)\}^2}$

문제 4.53 적분 방정식: $g(x) = 1 + \int_x^1 g(y)dy$. $g(x) = e^{1-x}$

문제 4.54 (가) $f(k) = f(k-1)q + f(k-2)pq + f(k-3)p^2q + \delta(k-3)p^3$.
(나) $G_X(s) = \frac{p^3s^3}{1-qs-pqs^2-p^2qs^3}$. (다) $E\{X\} = \frac{1+p+p^2}{p^3}$

문제 4.55 $f_{X,2X+1}(x,y) = \frac{1}{2}\{u(x) - u(x-1)\}\delta\left(\frac{y-1}{2} - x\right)$

문제 4.56
$$F_{X,Y|A}(x,y|A) = \begin{cases} 0, & x < x_1, \\ \frac{F_{X,Y}(x,y)-F_{X,Y}(x_1,y)}{F_X(x_2)-F_X(x_1)}, & x_1 \le x < x_2, \\ \frac{F_{X,Y}(x_2,y)-F_{X,Y}(x_1,y)}{F_X(x_2)-F_X(x_1)}, & x \ge x_2 \end{cases}$$
$f_{X,Y|A}(x,y|A) = \frac{f_{X,Y}(x,y)}{F_X(x_2)-F_X(x_1)}u(x-x_1)u(x_2-x)$

문제 4.57
$p_{X,Y}(3,0) = \frac{1}{12}$, $p_{X,Y}(4,0) = \frac{3}{12}$, $p_{X,Y}(5,0) = \frac{2}{12}$,
$p_{X,Y}(3,1) = \frac{1}{12}$, $p_{X,Y}(4,1) = \frac{3}{12}$, $p_{X,Y}(5,1) = \frac{2}{12}$

$$p_{Z|X}(z|x) = \begin{cases} \frac{1}{2}, & x = 3,4,5; \quad z = x-1, x, \\ 0, & \text{그 밖에는} \end{cases}$$

$$p_{X,Z}(x,z) = \begin{cases} \frac{1}{12}, & x = 3; \quad z = 2,3, \\ \frac{3}{12}, & x = 4; \quad z = 3,4, \\ \frac{2}{12}, & x = 5; \quad z = 4,5, \\ 0, & \text{그 밖에는} \end{cases}$$

$p_{X|Z}(3|2) = 1$, $p_{X|Z}(3|3) = \frac{1}{4}$, $p_{X|Z}(3|4) = 0$, $p_{X|Z}(3|5) = 0$,
$p_{X|Z}(4|2) = 0$, $p_{X|Z}(4|3) = \frac{3}{4}$, $p_{X|Z}(4|4) = \frac{3}{5}$, $p_{X|Z}(4|5) = 0$,
$p_{X|Z}(5|2) = 0$, $p_{X|Z}(5|3) = 0$, $p_{X|Z}(5|4) = \frac{2}{5}$, $p_{X|Z}(5|5) = 1$

$p_{Z|Y}(2|0) = 0$, $p_{Z|Y}(3|0) = \frac{1}{6}$, $p_{Z|Y}(4|0) = \frac{3}{6}$, $p_{Z|Y}(5|0) = \frac{2}{6}$,
$p_{Z|Y}(2|1) = \frac{1}{6}$, $p_{Z|Y}(3|1) = \frac{3}{6}$, $p_{Z|Y}(4|1) = \frac{2}{6}$, $p_{Z|Y}(5|1) = 0$

$p_{Y,Z}(0,2) = 0$, $p_{Y,Z}(0,3) = \frac{1}{12}$, $p_{Y,Z}(0,4) = \frac{3}{12}$, $p_{Y,Z}(0,5) = \frac{2}{12}$,
$p_{Y,Z}(1,2) = \frac{1}{12}$, $p_{Y,Z}(1,3) = \frac{3}{12}$, $p_{Y,Z}(1,4) = \frac{2}{12}$, $p_{Y,Z}(1,5) = 0$

$p_{Y|Z}(0|2) = 0$, $p_{Y|Z}(0|3) = \frac{1}{4}$, $p_{Y|Z}(0|4) = \frac{3}{5}$, $p_{Y|Z}(0|5) = 1$,
$p_{Y|Z}(1|2) = 1$, $p_{Y|Z}(1|3) = \frac{3}{4}$, $p_{Y|Z}(1|4) = \frac{2}{5}$, $p_{Y|Z}(1|5) = 0$

문제 4.58 (가) $E\{U\} = \frac{1}{\lambda_1+\lambda_2}$. $E\{V-U\} = \frac{1}{\lambda_1} - \frac{1}{\lambda_2} + \frac{2\lambda_1}{\lambda_2}\frac{1}{\lambda_1+\lambda_2}$. $E\{V\} = \frac{1}{\lambda_1} + \frac{\lambda_1}{\lambda_2(\lambda_1+\lambda_2)}$.
(나) $E\{V\} = \frac{1}{\lambda_1} + \frac{\lambda_1}{\lambda_2(\lambda_1+\lambda_2)}$.
(다) $f_{U,V-U,I}(x,y,i) = \lambda_1\lambda_2 e^{-(\lambda_1+\lambda_2)x}\left\{\delta(i-1)e^{-\lambda_2 y} + \delta(i-2)e^{-\lambda_1 y}\right\}u(x) \times u(y)$. (라) 독립이다.

문제 4.59 $f_X(x) = \frac{\Gamma(p_1+p_2+p_3)}{\Gamma(p_1)\Gamma(p_2+p_3)}x^{p_1-1}(1-x)^{p_2+p_3-1}$.
$f_Y(y) = \frac{\Gamma(p_1+p_2+p_3)}{\Gamma(p_2)\Gamma(p_1+p_3)}y^{p_2-1}(1-y)^{p_3+p_1-1}$.

$f_{X|Y}(x|y) = \frac{\Gamma(p_1+p_3)}{\Gamma(p_1)\Gamma(p_3)} x^{p_1-1}(1-x-y)^{p_3-1}(1-y)^{1-p_1-p_3}$.

$f_{Y|X}(y|x) = \frac{\Gamma(p_2+p_3)}{\Gamma(p_2)\Gamma(p_3)} y^{p_2-1}(1-x-y)^{p_3-1}(1-x)^{1-p_2-p_3}$.

$f_{\frac{Y}{1-X},X}(z,x) = \alpha z^{p_2-1}(1-z)^{p_3-1}x^{p_1-1}(1-x)^{p_2+p_3-1}$.

$f_{\frac{Y}{1-X}|X}(z|x) = \frac{\Gamma(p_2+p_3)}{\Gamma(p_2)\Gamma(p_3)} z^{p_2-1}(1-z)^{p_3-1}$

문제 4.60 $$F_{X,Y|B}(x,y) = \begin{cases} 1, & x \geq 1,\ y \geq 1, \\ 0, & x \leq -1,\ y \leq -1, \\ & \text{또는 } y \leq -x-1, \\ \frac{1}{2}(x+1)^2, & -1 \leq x \leq 0,\ y \geq x+1, \\ \frac{1}{2}(y+1)^2, & -1 \leq y \leq 0,\ y \leq x-1, \\ \frac{1}{2}\left\{2-(1-x)^2\right\}, & 0 \leq x \leq 1,\ y \geq 1, \\ \frac{1}{2}\left\{2-(1-y)^2\right\}, & x \geq 1,\ 0 \leq y \leq 1, \\ \frac{1}{2}\left\{2-(1-x)^2-(1-y)^2\right\}, & x \leq 1,\ y \leq 1,\ y \geq -x+1, \\ \frac{1}{4}(x+y+1)^2, & x \leq 0,\ y \leq 0,\ y \geq -x-1, \\ \frac{1}{4}\left\{(x+y+1)^2-2x^2\right\}, & x \geq 0,\ y \leq 0,\ y \geq x-1, \\ \frac{1}{4}\left\{(x+y+1)^2-2y^2\right\}, & x \leq 0,\ y \geq 0,\ y \leq x+1, \\ \frac{1}{4}\left\{(x+y+1)^2 \right. & \\ \left. \quad -2\left(x^2+y^2\right)\right\}, & x \geq 0,\ y \geq 0,\ y \leq -x+1 \end{cases}$$

$f_{X,Y|B}(x,y|B) = \frac{1}{2}u\left(1-|x|-|y|\right)$

문제 4.61 $$F_{X,Y}(x,y|A) = \begin{cases} 1, & \text{영역 } 1\text{–}3, \\ 1-\frac{1}{2a^4}\left(a^2-x^2\right)^2, & \text{영역 } 1\text{–}2, \\ 1-\frac{1}{2a^4}\left(a^2-y^2\right)^2, & \text{영역 } 1\text{–}4, \\ 1-\frac{1}{2a^4}\left\{\left(a^2-x^2\right)^2+\left(a^2-y^2\right)^2\right\}, & \text{영역 } 1\text{–}5, \\ \frac{1}{4a^4}\left\{\left(a^2+x^2+y^2\right)^2-2\left(x^4+y^4\right)\right\}, & \text{영역 } 1\text{–}1, \\ \frac{1}{4a^4}\left\{\left(a^2-x^2+y^2\right)^2-2y^4\right\}, & \text{영역 } 2\text{–}1, \\ \frac{1}{2a^4}\left(a^2-x^2\right)^2, & \text{영역 } 2\text{–}2, \\ \frac{1}{4a^4}\left\{\left(a^2+x^2-y^2\right)^2-2x^4\right\}, & \text{영역 } 4\text{–}1, \\ \frac{1}{2a^4}\left(a^2-y^2\right)^2, & \text{영역 } 4\text{–}2, \\ \frac{1}{4a^4}\left(a^2-x^2-y^2\right)^2, & \text{영역 } 3\text{–}1, \\ 0, & \text{그 밖에는} \end{cases}$$

(그림 답.2 참조)

$f_{X,Y|A}(x,y) = \frac{2|xy|}{a^4}\, u\left(a^2-x^2-y^2\right)$

문제 4.64 $f_X(x) = \frac{n!}{(n-i)!(i-1)!} F^{i-1}(x)\left\{1-F(x)\right\}^{n-i} f(x)$.

$f_Y(y) = \frac{n!}{(n-k)!(k-1)!} F^{k-1}(y)\left\{1-F(y)\right\}^{n-k} f(y)$.

문제 4.65 (가) $p_{X_1,X_2,X_3,X_4}(x_1,x_2,x_3,x_4)$

$$= \begin{cases} \binom{N}{x_1,x_2,x_3,x_4}\{p_1(1-p_2)\}^{x_1}\{(1-p_1)p_2\}^{x_2} & \\ \quad\times(p_1p_2)^{x_3}\{(1-p_1)(1-p_2)\}^{x_4}, & \sum_{i=1}^{4} x_i = N\text{일 때}, \\ 0, & \text{그 밖에는}. \end{cases}$$

(다) $\hat{p}_1 = \frac{X_3}{X_2+X_3}$. $\hat{p}_2 = \frac{X_3}{X_1+X_3}$. $\hat{\lambda} = \frac{(X_2+X_3)(X_1+X_3)}{X_3}$. (라) $\hat{X}_4 = \frac{X_1X_2}{X_3}$.

문제 4.66 (가) $\rho_{X|X|} = 0$. (나) $\rho_{X|X|} = 1$. (다) $\rho_{X|X|} = -1$.

문제 4.67 $x \in \{x|\, f_X(x) > 0\}$일 때 $f_{Y|X}(y|x) = \{\delta(x+y)+\delta(x-y)\}u(y)$

문제 4.69 (가) $F_{X,X^2}(x,y)$

$$= \left[\left\{F(x) - F\left(-\sqrt{y}\right)\right\}u\left(x+\sqrt{y}\right) - \left\{F(x) - F\left(\sqrt{y}\right)\right\}u\left(x-\sqrt{y}\right)\right]u(y)$$
$$= \left\{F\left(\min\left(x,\sqrt{y}\right)\right) - F\left(-\sqrt{y}\right)\right\}u(y)u\left(x+\sqrt{y}\right) = \cdots.$$

(나) $f_{X,X^2}(x,y) = \frac{f(x)}{2\sqrt{y}}\left\{\delta\left(x+\sqrt{y}\right)+\delta\left(x-\sqrt{y}\right)\right\}u(y)$
$= \frac{f(x)}{2|x|}\delta\left(\sqrt{y}-|x|\right)u(y) = \cdots.$

(다) $f_{X|X^2}(x|y) = \frac{f(x)}{f(\sqrt{y})+f(-\sqrt{y})}\left\{\delta\left(x+\sqrt{y}\right)+\delta\left(x-\sqrt{y}\right)\right\}u(y) = \cdots.$

문제 4.71 $F_{X,Y}(x,y) = \{F_X(x)u(y-x) + F_X(y)u(x-y)\}u(y)$.

$f_{X,Y}(x,y) = f_X(x)\{u(y)\delta(y-x) + u(y-x)\delta(y)\}$.

연습 문제 답: 5장 정규 확률벡터

문제 5.1 (다) 확률벡터 (X,Y)는 두 변수 정규 확률벡터가 아니다.

(라) 확률변수 X와 Y는 서로 독립이 아니다.

문제 5.2 $f_{X_1,X_2|X_1^2+X_2^2<a^2}(x,y) = \frac{\exp\left\{-\frac{1}{2}(x^2+y^2)\right\}}{2\pi\left\{1-\exp\left(-\frac{a^2}{2}\right)\right\}}u\left(a^2-x^2-y^2\right)$

문제 5.3 (가) $f_{U,V}(t,v) = \frac{t}{\pi}\exp\left(-\frac{t^2}{2}\right)u(t)\left\{u\left(v+\frac{\pi}{2}\right)-u\left(v-\frac{\pi}{2}\right)\right\}$.

(나) $f_{U,V}(t,v) = \frac{1}{\pi\sqrt{2v}}\exp\left(-\frac{2t^2+v}{2}\right)u(v)$.

문제 5.4 $f_{Y|X}(y|x) = \frac{1}{\sqrt{3\pi}}\exp\left\{-\frac{1}{3}\left(y-4-\frac{x-3}{\sqrt{2}}\right)^2\right\}$.

$f_{X|Y}(x|y) = \sqrt{\frac{2}{3\pi}}\exp\left\{-\frac{2}{3}\left(x-3-\frac{y-4}{2\sqrt{2}}\right)^2\right\}$.

문제 5.8 (가) $F_X(x|Y=y) = \begin{cases} 0, & x<-|y|; \quad \frac{1}{2}, \quad -|y|\le x<|y|; \\ 1, & x>|y|. \end{cases}$

(나) $F_X(x) = \frac{1}{\sqrt{2\pi}}\int_{-\infty}^{x}\exp\left(-\frac{v^2}{2}\right)dv$. X는 정규 확률변수이다.

(다) 결합 정규 분포일 수 없다.

(라) $f_{X|Y}(x|y) = \frac{1}{2}\delta(x+y)+\frac{1}{2}\delta(x-y)$.

$f_{X,Y}(x,y) = \frac{1}{2}\{\delta(x+y)+\delta(x-y)\}\frac{1}{\sqrt{2\pi}}\exp\left(-\frac{y^2}{2}\right)$.

문제 5.9 $\begin{pmatrix} 1 & 3 & 2 \\ 0 & 4 & -3 \\ -1 & 3 & 2 \end{pmatrix}$.

문제 5.10 $f_{\underline{Y}}\left(\underline{y}\right) = rf_{X,Y}\left(r\cos\theta, r\sin\theta\right)u\left(r\right)$. $\underline{Y}$는 독립 확률벡터이다.

문제 5.12 $X_1 = X_2 = 1$일 때 X_3의 조건부 분포: $N(1,2)$.

문제 5.13 $ac\sigma_X^2 + (bc+ad)\rho\sigma_X\sigma_Y + bd\sigma_Y^2 = 0$

문제 5.14 $E\{XY\} = \rho\sigma_X\sigma_Y$. $E\left\{X^2Y\right\} = 0$. $E\left\{X^3Y\right\} = 3\rho\sigma_X^3\sigma_Y$.
$E\left\{X^2Y^2\right\} = \left(1+2\rho^2\right)\sigma_X^2\sigma_Y^2$

문제 5.16 $E\left\{Z^2W^2\right\} = \left(1+2\rho^2\right)\sigma_1^2\sigma_2^2 + m_2^2\sigma_1^2 + m_1^2\sigma_2^2 + m_1^2m_2^2 + 4m_1m_2\rho\sigma_1\sigma_2$

문제 5.17 $\mu_{51} = 15\rho\sigma_1^5\sigma_2$. $\mu_{42} = 3\rho\left(1+4\rho^2\right)\sigma_1^4\sigma_2^2$. $\mu_{33} = 3\rho\left(3+2\rho^2\right)\sigma_1^3\sigma_2^3$.
$E\{|XY|\} = 2 + \frac{\sqrt{2}}{6}\pi$.

문제 5.20 $E\left\{|X_1|\right\} = \sqrt{\frac{2}{\pi}}$. $E\left\{|X_1X_2|\right\} = \frac{2}{\pi}\left(\sqrt{1-\rho^2} + \rho\sin^{-1}\rho\right)$.
$E\left\{\left|X_1X_2^3\right|\right\} = \frac{2}{\pi}\left\{3\rho\sin^{-1}\rho + \left(2+\rho^2\right)\sqrt{1-\rho^2}\right\}$

문제 5.25 $\frac{3!4!4!5!}{2^1\times 2!4!} = 4320$

문제 5.34 $E\{Z\} = \delta\frac{\Gamma\left(\frac{n-1}{2}\right)}{\Gamma\left(\frac{n}{2}\right)}\sqrt{\frac{n}{2}}$, $n>1$. $\text{Var}\{Z\} = \frac{n\left(1+\delta^2\right)}{n-2} - \frac{n\delta^2}{2}\frac{\Gamma^2\left(\frac{n-1}{2}\right)}{\Gamma^2\left(\frac{n}{2}\right)}$, $n>2$.

문제 5.36 $E\{H\} = \frac{n(m+\delta)}{m(n-2)}$, $n>2$. $\text{Var}\{H\} = \frac{2n^2\left\{(m+\delta)^2+(n-2)(m+2\delta)\right\}}{m^2(n-4)(n-2)^2}$, $n>4$.

문제 5.40 $\mu_4\left(\overline{X}_n\right) = \frac{\mu_4}{n^3} + \frac{3(n-1)\mu_2^2}{n^3}$

연습 문제 답: 6장 확률변수의 수렴

문제 6.3 (가) $S_n \sim NB(n,p)$. (나) $S_n \sim NB\left(\sum_{i=1}^n r_i, p\right)$. (다) $S_n \sim P\left(\sum_{i=1}^n \lambda_i\right)$.
(라) $S_n \sim G\left(\sum_{i=1}^n \alpha_i, \beta\right)$.

문제 6.4 $\frac{S_n}{n} \xrightarrow{p} m$

문제 6.10 $\text{Pr}\{50 < S_n \le 80\} = \text{Pr}\{50.5 < S_n < 80.5\} \approx 0.9348$

문제 6.11 $E\left\{\sum_{i=1}^K X_i\right\} = p(1-p) + np^2$. $E\left\{\sum_{i=1}^M X_i\right\} = E\{M\}E\{X\} = np^2$.

문제 6.12 점수 Y의 적률생성함수 $M_Y(t) = \frac{1}{2-e^{2t}}$. 기댓값$= 2$. 분산$= 8$.

문제 6.13 $P_3 = P_5 = \frac{1}{2}$. $P_4 = \frac{5}{16}$. $\lim_{n\to\infty} P_n = \frac{1}{2}$.

문제 6.14 $\lim_{n\to\infty} F_n(x) = u(x)$. 누적분포함수이다.

문제 6.15 수렴한다. $F_{Y_n}(y) \to \left\{1 - \exp\left(-\frac{y}{\theta}\right)\right\} u(y)$.

문제 6.16 $\lim_{n\to\infty} F_{Y_n}(y) = u(y)$

문제 6.17 수렴한다. $F_n(x) \to u(x)$.

문제 6.18 (가) $\varphi_{\hat{X}_n}(w) = \varphi_X(w) \prod_{i=0}^{n-1} \varphi_{W_i}\left(\frac{w}{n}\right)$. $E\left\{\hat{X}_n\right\} = E\{X\}$.

$\text{Var}\left\{\hat{X}_n\right\} = \text{Var}\{X\} + \frac{1}{n^2}\sum_{i=0}^{n-1} \text{Var}\{W_i\}$.

(나) $\text{Cov}\left(Y_i, Y_j\right) = E\{W_iW_j\} + E\left\{X^2\right\} - E\{W_i\}E\{W_j\} - E^2\{X\}$.

(다) $\sigma^2 = \frac{1}{n^2}\sum_{i=0}^{n-1} \sigma_i^2$이라고 할 때, $f_{\varepsilon_n}(\alpha) = \frac{1}{\sqrt{2\pi\sigma^2}} \exp\left(-\frac{\alpha^2}{2\sigma^2}\right)$.

$f_{\hat{X}_n|X}(\alpha|\beta) = \frac{1}{\sqrt{2\pi\sigma^2}} \exp\left\{-\frac{(\alpha-\beta)^2}{2\sigma^2}\right\}$.

(라) $\hat{X}_n$은 X로 제곱 평균 수렴한다.

문제 6.26 $A_n = n\sigma^2$. $B_n = n\mu_4$.

문제 6.27 $\alpha \le 0$.

문제 6.29 정확한 값: $\Pr\{S \ge 3\} = 1 - 5e^{-2} \approx 0.3233$.

어림값: $\Pr\{S \ge 3\} = \Pr\left\{\frac{S-2}{\sqrt{2}} \ge \frac{1}{\sqrt{2}}\right\} = \Pr\left\{Z \ge \frac{1}{\sqrt{2}}\right\} \approx 0.2398$.

(또는 $\Pr\{S \ge 3\} = \Pr\{S > 2.5\} = \Pr\left\{Z > \frac{1}{2\sqrt{2}}\right\} \approx 0.3618$).

문제 6.32 득점의 분포: 매개변수가 μp인 포아송 확률변수.

평균 득점: $\mu p = 1.5$. 득점의 분산: $\mu p = 1.5$

문제 6.33 모사 전송기에서 보낸 전체 정보량의 분포:

기댓값이 $\frac{1}{\alpha q} = 4 \times 10^5$인 기하 확률변수

문제 6.34 기댓값: $E\left\{S_N\right\} = \frac{1}{p\lambda}$. 분산: $\text{Var}\left\{S_N\right\} = \frac{1}{p^2\lambda^2}$

문제 6.35 고드름 길이의 합 T의 기댓값: $\frac{3}{\lambda}$

문제 6.36 (가) $\lim_{n\to\infty} F_n(x) = \frac{1}{2}$. 이 극한은 누적분포함수가 아니다.

(나) $F_n(x) \to 1$. 이 극한은 누적분포함수가 아니다.

(다) $G_{2n}(x) \to 1$이고 $G_{2n+1}(x) \to 0$이므로 $\{G_n(x)\}_{n=1}^{\infty}$는 수렴하지 않는다.

문제 6.37 $F_{Y_n}(y) \to u(y - \beta)$.

찾아보기

한글 찾아보기

【ㄸ】

【ㄹ】

【ㅈ】

영어 찾아보기

【C】

[D]

[E]

[F]

【G】

【H】

【I】

[M]

[S]

[T]

[U]

[V]

[W]

지은이

송익호 (i.song@ieee.org)

서울에서 태어남 1960.
숭례 초등학교 25회 졸업 1972.
광운중학교 8회 졸업 1975.
고려대학교 사범대학 부속고등학교 8회 졸업 1978.
서울대학교 (전자공학) 공학사 1982, 공학석사 1984.
펜실베니아 대학교 (전자공학) 공학석사 1985, 공학박사 1987.
벨 통신연구소 연구원 1987.
한국과학기술원 조교수 1988, 부교수 1991, 교수 1998–.
중국 중경이공대학교 양강국제대학 교수 2017, 2019–

한국과학기술한림원 회원.
대한전자공학회, 한국음향학회, 한국정보전자통신기술학회, 한국통신학회 회원.
미국 전기전자공학회 석학회원. 영국 공학기술학회 석학회원. 일본 전자정보통신학회 회원.

지은 책: *Advanced Theory of Signal Detection* (Springer) 2002. 확률과정 (생능) 2004. *Signals and Systems with MATLAB* (홍릉과학) 2008, (Springer) 2009. 확률과정의 원리 (교보) 2009. 확률변수와 확률과정 (자유아카데미) 2014. 확률변수와 통계의 기초 (자유아카데미) 2017.

쓴 논문: 통신, 신호 처리, 응용 확률에 대한 논문 150편 남짓.